학교 시험에
자주 나오는
199유형
2245제 수록

1권 유형편
1412제로
완벽한
필수 유형 학습

2권 변형편
833제로
복습 및 학교 시험
완벽 대비

바이블

유형ON

1권

2022개정 교육과정 **공통수학2**

이투스북

| STAFF |

발행인 정선욱
퍼블리싱 총괄 남형주
개발 김태원 김한길 이유미 김윤희 박문서 권오은 이희진
기획·디자인·마케팅 조비호 김정인 강윤정
유통·제작 서준성 신성철

수학의 바이블 유형 ON 공통수학2 | 202311 초판 1쇄
펴낸곳 이투스에듀㈜ 서울시 서초구 남부순환로 2547
고객센터 1599-3225 **등록번호** 제2007-000035호 **ISBN** 979-11-389-1810-7 [53410]

유봉영 류선생 수학 교습소	**이주희** 고덕엠수학	**정유진** 전문과외	**한승우** 같이상승수학학원
유승우 중계탑클래스학원	**이준석** 목동로드맵수학학원	**정은경** 제이수학	**한승환** 반포 쌍솔학원
유자현 목동매쓰원수학학원	**이지애** 다비수학교습소	**정재윤** 성덕고등학교	**한유리** 강북청솔
유재현 일신학원	**이지연** 단디수학학원	**정진아** 정선생수학	**한정우** 휘문고등학교
윤상문 청어람수학원	**이지우** 제이 앤 수 학원	**정찬민** 목동매쓰원수학학원	**한태인** 메가스터디 러셀
윤석원 공감수학	**이지혜** 세레나영어수학학원	**정하윤**	**한현주** PMG학원
윤수현 조이학원	**이지혜** 대치파인만	**정화진** 진화수학학원	**허윤정** 미래탐구 대치
윤여균 전문과외	**이진** 수박에듀학원	**정환동** 씨앤씨0.1%의대수학	**홍상민** 수학도서관
윤영숙 윤영숙수학전문학원	**이진덕** 카이스트	**정효석** 서초 최상위하다 학원	**홍성유** 전문과외
윤형중 씨알학당	**이진희** 서준학원	**조경미** 레벨업수학(feat.과학)	**홍성주** 굿매쓰수학교습소
은현 목동CMS 입시센터 과고반	**이창석** 핵수학 전문학원	**조병호** 꿈을담는수학	**홍성진** 대치 김앤홍 수학전문학원
이건우 송파이지엠수학학원	**이충훈** QANDA	**조수경** 이투스수학학원 방학1동점	**홍성현** 서초TOT학원
이경용 열공학원	**이태경** 엑시엄수학학원	**조아라** 유일수학학원	**홍재화** 티다른수학교습소
이경주 생각하는 황소수학 서초학원	**이학송** 뷰티풀마인드 수학학원	**조아람** 로드맵	**홍정아** 홍정아수학
이규만 SUPERMATH학원	**이한결** 밸류인수학학원	**조원해** 연세YT학원	**홍준기** 서초CMS 영재관
이동훈 감성수학 중계점	**이현주** 방배 스카이에듀 학원	**조은경** 아이파크해법수학	**홍지윤** 대치수과모
이루마 김샘학원 성북캠퍼스	**이현환** 21세기 연세 단과 학원	**조은우** 한솔플러스수학학원	**홍지현** 목동매쓰원수학학원
이민아 정수학	**이혜림** 대동세무고등학교	**조의상** 서초메가스터디 기숙학원,	**황의숙** The나은학원
이민호 강안교육	**이혜림** 다오른수학교습소	강북메가, 분당메가	**황정미** 카이스트수학학원
이상문 P&S학원	**이혜수** 대치 수 학원	**조재묵** 천광학원	
이상영 대치명인학원 백마	**이효준** 다원교육	**조정은** 전문과외	
이상훈 골든벨 수학학원	**이효진** 올토수학	**조한진** 새미기픈수학	◇— 인천 —◇
이서영 개념폴리아	**임규철** 원수학	**조현탁** 전문가집단학원	**강동인** 전문과외
이서은 송림학원	**임다혜** 시대인재 수학스쿨	**주병준** 남다른 이해	**강원우** 수학을 탐하다 학원
이성용 전문과외	**임민정** 전문과외	**주용호** 아찬수학교습소	**고준호** 베스트교육(마전직영점)
이성훈 SMC수학	**임상혁** 양파아카데미	**주은재** 주은재 수학학원	**곽나래** 일등수학
이세복 일타수학학원	**임성국** 전문과외	**주정미** 수학의꽃	**곽현실** 두꺼비수학
이소윤 목동선수학학원	**임소영** 123수학	**지명훈** 선덕고등학교	**권경원** 강수학학원
이수지 전문과외	**임영주** 세빛학원	**지민경** 고래수학	**권기우** 하늘스터디 수학학원
이수진 깡수학과학학원	**임은희** 세종학원	**차민준** 이투스수학학원 중계점	**금상원** 수미다
이수호 준토에듀수학학원	**임정수** 시그마수학 고등관 (성북구)	**차용우** 서울외국어고등학교	**기미나** 기쌤수학
이슬기 예친에듀	**임지우** 전문과외	**채미옥** 최강성지학원	**기혜선** 체리온탑 수학영어학원
이승현 신도림케이투학원	**임현우** 선덕고등학교	**채성진** 수학에빠진학원	**김강현** 송도강수학학원
이승호 동작 미래탐구	**임현정** 전문과외	**채종원** 대치의 새벽	**김건우** G1230 학원
이시현 SKY미래연수학학원	**장석진** 이덕재수학이미선국어학원	**최경민** 배움틀수학학원	**김남신** 클라비스학원
이영하 서울 신길뉴타운 래미안	**장성훈** 미독수학	**최관석** 열매교육학원	**김도영** 태풍학원
프레비뉴 키움수학 공부방	**장세영** 스펀지 영어수학 학원	**최동욱** 숭의여자고등학교	**김미진** 미진수학 전문과외
이용우 올림피아드 학원	**장승희** 명품이앤엠학원	**최문석** 압구정파인만	**김미희** 희수학
이용준 수학의비밀로고스학원	**장영신** 위례솔중학교	**최백화** 최백화 수학	**김보경** 오아수학공부방
이원용 필과수 학원	**장지식** 피큐브아카데미	**최병옥** 최코치수학학원	**김연주** 하나M수학
이원희 대치동 수학공작소	**장혜윤** 수리원수학교육	**최서훈** 피큐브 아카데미	**김유미** 꼼꼼수학교습소
이유강 조재필수학학원 고등부	**전기열** 유니크학원	**최성용** 봉쌤수학교습소	**김윤경** SALT학원
이유예 스카이플러스학원	**전상현** 뉴클리어수학	**최성재** 수학공감학원	**김응수** 메타수학학원
이유원 뉴파인 안국중고등관	**전성식** 맥스수학수리논술학원	**최성희** 최쌤수학학원	**김준** 쭌에듀학원
이유진 명덕외국어고등학교	**전은나** 상상수학학원	**최세남** 엑시엄수학학원	**김진완** 성일 올림학원
이윤주 와이제이수학교습소	**전지수** 전문과외	**최엄견** 차수학학원	**김하은** 전문과외
이은숙 포르테수학	**전진남** 지니어스 수리논술 교습소	**최영준** 문일고등학교	**김현우** 더원스터디수학학원
이은영 은수학교습소	**전혜인** 송파구주이배	**최용희** 명인학원	**김현호** 온풀이 수학 1관 학원
이은주 제이플러스수학	**정광조** 로드맵수학	**최정언** 진화수학학원	**김형진** 형진수학학원
이재용 이재용 THE쉬운 수학학원	**정다운** 정다운수학교습소	**최종석** 수재학원	**김혜린** 밀턴수학
이재환 조재필수학학원	**정다운** 해내다수학교습소	**최주혜** 구주이배	**김혜영** 김혜영 수학
이정석 CMS 서초영재관	**정대영** 대치파인만	**최지나** 목동PGA전문가집단	**김혜지** 한양학원
이정섭 은지호영감수학	**정문정** 연세수학원	**최지선** 직독직해 수학연구소	**김효선** 코다에듀학원
이정한 전문과외	**정민경** 바른마테마티카학원	**최찬희** CMS서초 영재관	**남덕우** Fun수학 클리닉
이정호 정샘수학교습소	**정민준** 명인학원	**최희서** 최상위권수학교습소	**노기성** 노기성개인과외교습
이제현 압구정 막강수학	**정소흔** 대치명인sky수학학원	**편순창** 알면쉽다연세수학학원	**문초롱** 클리어수학
이종운 알바트로스학원	**정슬기** 티포인트에듀학원	**하태성** 은평G1230	**박용석** 절대학원
이종혁 강남N플러스	**정영아** 정이수학교습소	**한명석** 아드폰테스	**박재섭** 구월스카이수학과학전문학원
이종호 MathOne 수학	**정원선** McB614	**한선아** 쌍솔학원 중계점	**박정우** 청라디에이블

박창수	온풀이 수학 1관 학원
박치문	제일고등학교
박해석	효성 비상영수학원
박효성	지코스수학학원
변은경	델타수학
서대원	구름주전자
서미란	파이데이아학원
석동방	송도GLA학원
손선진	(주) 일품수학과학학원
송대익	청라 ATOZ수학과학학원
송세진	부평페르마
안서은	Sun math
안예원	ME수학전문학원
안지훈	인천주안 수학의힘
양소영	양쌤수학전문학원
오상원	종로엠스쿨 불로분원
오선아	시나브로수학
오정민	갈루아수학학원
오지연	수학의힘 용현캠퍼스
왕건일	토모수학학원
유미선	전문과외
유상현	한국외대HS어학원 / 가우스
	수학학원 원당아라캠퍼스
유성규	현수학전문학원
윤지훈	두드림하이학원
이루다	이루다 교육학원
이명희	클수있는학원
이선미	이수수학
이애희	부평해법수학교실
이재섭	903ACADEMY
이준영	민트수학학원
이진민	전문과외
이필규	신현엠베스트SE학원
이혜경	이혜경고등수학학원
이혜선	우리공부
임정혁	위리더스 학원
장태식	인천자유자재학원
장혜림	와풀수학
장효근	유레카수학학원
전우진	인사이트 수학학원
정대웅	와이드수학
조민관	이앤에스 수학학원
조민기	더배움보습학원 조쓰매쓰
조현숙	부일클래스
지경일	팁탑학원
차승민	황제수학학원
채선영	전문과외
채수현	밀턴학원
최덕호	엠스퀘어 수학교습소
최문경	영웅아카데미
최웅철	큰샘수학학원
최은진	동춘수학
최지인	윙글즈영어학원
최진	절대학원
한상윤	카일하우교육원
한영진	라야스케이브
허민선	수학나무
현미선	써니수학
현진명	에임학원

홍미영	연세영어수학
홍종우	인명여자고등학교
황면식	늘품과학수학학원

◇ 경기 ↤

강민정	한진홈스쿨
강민종	필에듀학원
강성인	인재와고수
강수정	노마드 수학 학원
강신충	원리탐구학원
강영미	쌤과통하는학원
강예슬	수학의품격
강정희	쓱보고 싹푼다
강태희	한민고등학교
경지현	화서 이지수학
고동국	고동국수학학원
고명지	고쌤수학 학원
고상준	준수학교습소
고안나	기찬에듀 기찬수학
고지윤	고수학전문학원
고진희	지니Go수학
곽진영	전문과외
구창숙	이룸학원
권영미	에스이마고수학학원
권은주	나만 수학
권주현	메이드학원
김강환	뉴파인 동탄고등관
김강희	수학전문 일비충천
김경민	평촌 바른길수학학원
김경진	경진수학학원 다산점
김경호	호수학
김경훈	행복한학생학원
김규철	콕수학오드리영어보습학원
김덕락	준수학 학원
김도완	프라매쓰 수학 학원
김도현	홍성문수학2학원
김동수	김동수학원
김동은	수학의힘 지제동삭캠퍼스
김동현	수학의 아침
김동현	JK영어수학전문학원
김미선	예일영수학원
김미옥	공부방
김민겸	더퍼스트수학교습소
김민경	더원수학
김민경	경화여자중학교
김민진	부천중동프라임영수학원
김보경	새로운 희망 수학학원
김보람	효성 스마트 해법수학
김복현	시온고등학교
김상오	리더포스학원
김상욱	WookMath
김상윤	막강한 수학
김상현	노블수학스터디
김새로미	스터디온학원
김서영	다인수학교습소
김석원	강의를아른바이를김석원수학학원
김선정	수공감학원
김선혜	수학의 아침(영재관)

김성민	수학을 권하다
김성은	블랙박스수학과학전문학원
김소영	예스셈올림피아드(호매실)
김소희	도촌동 멘토해법수학
김수림	전문과외
김수진	대림 수학의 달인
김수진	수매쓰학원
김슬기	클래스가다른학원
김승현	대치매쓰포유 동탄캠퍼스
김영아	브레인캐슬 사고력학원
김영옥	서원고등학교
김영준	청솔 교육
김영진	수학의 아침
김용덕	(주)매쓰토리수학학원
김용환	수학의아침_영통
김용희	솔로몬 학원
김원욱	아이픽수학학원
김유리	페르마수학
김윤경	국빈학원
김윤재	코스매쓰 수학학원
김은미	탑브레인수학과학학원
김은향	하이클래스
김재욱	수원영신여자고등학교
김정수	매쓰클루학원
김정연	신양영어수학학원
김정현	채움스쿨
김정환	필립스아카데미
	-Math Center
김종균	케이수학학원
김종남	제너스학원
김종화	퍼스널개별지도학원
김주용	스타수학
김준성	Imps학원
김지선	고산원탑학원
김지영	위너스영어수학학원
김지윤	광교오드수학
김지현	엠코드수학
김지효	로고스에이수학학원
김진국	스터디MK
김진록	지금수학학원
김진만	엄마영어아빠수학학원
김진민	에듀스템수학전문학원
김창영	에듀포스학원
김태익	설봉중학교
김태진	프라임리만수학학원
김태학	평택드림에듀
김하현	로지플수학
김학준	수담수학학원
김해청	에듀엠수학 학원
김현겸	성공학원
김현경	소사스카이보습학원
김현정	생각하는Y.와이수학
김현정	퍼스트
김현주	서부세종학원
김현지	프라임대치수학
김혜정	수학을 말하다
김오숙	호수악원
김호원	분당 원수학학원
김희성	멘토수학교습소

김희주	생각하는수학공간학원
나영우	평촌에듀플렉스
나혜림	마녀수학
나혜원	청북고등학교
남선규	윌러스영수학원
남세희	남세희수학학원
노상명	s4
도건민	목동LEN
류종인	공부의정석수학과학관학원
마소영	스터디MK
마정이	정이 수학
마지희	이안의학원 화정캠퍼스
맹우영	쎈수학러닝센터 수지su
맹찬영	입실론수학전문학원
모리	이젠수학과학학원
문다영	에듀플렉스
문성진	일킴훈련소입시학원
문장원	에스원 영수학원
문재웅	수학의공간
문지현	문쌤수학
문혜연	입실론수학전문학원
민동건	전문과외
민윤기	배곧 알파수학
박가빈	박가빈 수학공부방
박가을	SMC수학학원
박규진	김포하이스트
박도솔	도솔샘수학
박도현	진성고등학교
박민정	지트에듀케이션
박민정	셈수학교습소
박민주	카라Math
박상일	수학의아침 이매중등관
박성찬	성찬쌤's 수학의공간
박소연	강남청솔기숙학원
박수민	유레카영수학원
박수현	용인 능원 씨앗학원
박수현	리더가되는수학 교습소
박여진	수학의아침
박연지	상승에듀
박영주	일산 후곡 쉬운수학
박우희	푸른보습학원
박원용	동탄트리즈나루수학학원
박유승	스터디모드
박윤호	이룸학원
박은주	은주쌤샘 수학공부방
박은주	스마일수학교습소
박은진	지오수학학원
박은희	수학에빠지다
박재연	아이셀프수학교습소
박재현	렛츠(LETS)
박재홍	열린학원
박정현	서울삼육고등학교
박정화	우리들의 수학원
박종모	신갈고등학교
박종선	뮤엠영어차수학가남학원
박종필	정석수학학원
박수리	수학에반하다
박지혜	수이학원
박진한	엡실론학원

박찬현 박종호수학학원	**용다혜** 동백에듀플렉스학원	**이유림** 광교 성빈학원	**정동실** 수학의아침
박하늘 일산 후곡 쉬운수학	**우선혜** HSP수학학원	**이재민** 원탑학원	**정문영** 올타수학
박한솔 SnP수학학원	**위경진** 한수학	**이재민** 제이엠학원	**정미숙** 쑥쑥수학교실
박현숙 전문과외	**유남기** 의치한학원	**이재욱** 고려대학교	**정민정** S4국영수학원 소사벌점
박현정 탑수학 공부방	**유대호** 플랜지에듀	**이정빈** 폴라리스학원	**정보람** 후곡분석수학
박현정 빡꼼수학학원	**유현종** SMT수학전문학원	**이정희** JH영수학원	**정승호** 이프수학학원
박혜림 림스터디 고등수학	**유호애** 지윤수학	**이종문** 전문과외	**정양헌** 9회말2아웃 학원
방미영 JMI 수학학원	**윤덕환** 여주 비상에듀기숙학원	**이종익** 분당파인만학원 고등부SKY	**정연순** 탑클래스영수학원
방상웅 동탄성지학원	**윤도형** 피에스티 캠프입시학원	대입센터	**정영일** 해윰수학영어학원
배재준 연세영어고려수학 학원	**윤문성** 평촌 수학의봄날 입시학원	**이주혁** 수학의 아침	**정영진** 공부의자신감학원
백경주 수학의 아침	**윤미영** 수주고등학교	**이준** 준수학학원	**정영채** 평촌 페르마
백미라 신흥유투엠 수학학원	**윤여태** 103수학	**이지연** 브레인리그	**정옥경** 전문과외
백현규 전문과외	**윤지혜** 천개의바람영수	**이지예** 최강탑 학원	**정용석** 수학마녀학원
백흥룡 성공학원	**윤채린** 전문과외	**이지은** 과천 리쌤앤탑 경시수학 학원	**정유정** 수학VS영어학원
변상선 바른샘수학	**윤현웅** 수학을 수학하다	**이지혜** 이자경수학	**정은선** 아이원 수학
봉우리 하이클래스수학학원	**윤희** 희쌤 수학과학학원	**이진주** 분당 원수학	**정인영** 제이스터디
서정환 아이디학원	**이건도** 아론에듀학원	**이창수** 와이즈만 영재교육 일산화정센터	**정장선** 생각하는황소 수학 동탄점
서지은 전문과외	**이경민** 차앤국 수학국어전문학원	**이창훈** 나인에듀학원	**정재경** 산돌수학학원
서하율 수학의품격	**이경수** 수학의아침	**이채열** 하제입시학원	**정지영** SJ대치수학학원
서효언 아이콘수학	**이경희** 임수학교습소	**이철호** 파스칼수학학원	**정지훈** 최상위권수학영어학원 수지관
서희원 함께하는수학 학원	**이광후** 수학의 아침 중등입시센터	**이태희** 펜타수학학원	**정진욱** 수원메가스터디
설성환 설샘수학학원	특목자사관	**이한솔** 더바른수학전문학원	**정태준** 구주이배수학학원
설성희 설샘수학	**이규상** 유클리드수학	**이현희** 폴리아에듀	**정필규** 명품수학
성계형 맨투맨학원 옥정센터	**이규태** 이규태수학 1,2,3관,	**이형강** HK 수학	**정하준** 2H수학학원
성인영 정석공부방	이규태수학연구소	**이혜령** 프로젝트매쓰	**정한울** 한울스터디
성지희 SNT 수학학원	**이나경** 수학발전소	**이혜민** 대감학원	**정해도** 목동혜윰수학교습소
손경선 업앤업보습학원	**이나래** 토리103수학학원	**이혜수** 송산고등학교	**정현주** 삼성영어쎈수학은계학원
손솔아 ELA수학	**이나현** 엠브릿지수학	**이혜진** S4국영수학원고덕국제점	**정황우** 운정정석수학학원
손승태 와부고등학교	**이대훈** 밀알두레학교	**이호형** 광명 고수학학원	**조기민** 일산동고등학교
손종규 수학의 아침	**이명환** 다산 더원 수학학원	**이화원** 탑수학학원	**조민석** 마이엠수학학원
손지영 엠베스트에스이프라임학원	**이무송** U2m수학학원주엽점	**이희정** 희정쌤수학	**조병욱** 신영동수학학원
송민건 수학대가+	**이민우** 제공학원	**임명진** 서연고 수학	**조상숙** 수학의 아침 영통
송빛나 원수학학원	**이민정** 전문과외	**임우빈** 리얼수학학원	**조상희** 에이블수학학원
송숙희 써밋학원	**이보형** 매쓰코드1학원	**임율인** 탑수학교습소	**조성화** SH수학
송치호 대치명인학원(미금캠퍼스)	**이봉주** 분당성지 수학전문학원	**임은정** 마테마티카 수학학원	**조영곤** 휴브레인수학전문학원
송태원 송태원1프로수학학원	**이상윤** 엘에스수학전문학원	**임지영** 하이레벨학원	**조욱** 청산유수 수학
송혜빈 인재와 고수 본관	**이상일** 캔디학원	**임지원** 누나수학	**조은** 전문과외
송호석 수학세상	**이상준** E&T수학전문학원	**임찬혁** 차수동식캠퍼스	**조태현** 경화여자고등학교
수아 열린학원	**이상호** 양명고등학교	**임채중** 와이즈만 영재교육센터	**조현웅** 추담교육컨설팅
신경성 한수학전문학원	**이상훈** lsht	**임현주** 온수학교습소	**조현정** 깨단수학
신동휘 KDH수학	**이서령** 더바른수학전문학원	**임현지** 위너스 에듀	**주설호** SLB입시학원
신수연 신수연 수학과학 전문학원	**이서영** 수학의아침	**임형석** 전문과외	**주소연** 알고리즘 수학연구소
신일호 바른수학교육 한학원	**이성환** 주선생 영수학원	**임홍석** 엔터스카이 학원	**지슬기** 지수학학원
신정화 SnP수학학원	**이성희** 피타고라스 셀파수학교실	**장미희** 스터디모드학원	**진동준** 필탑학원
신준효 열정과의지 수학학원	**이소미** 공부의 정석학원	**장민수** 신미주수학	**진민하** 인스카이학원
안영균 생각하는수학공간학원	**이소진** 수학의 아침	**장서아** 한뜻학원	**차동희** 수학전문공감학원
안하선 안쌤수학학원	**이수동** 부천E&T수학전문학원	**장종민** 열정수학학원	**차무근** 차원이다른수학학원
안현경 매쓰온에듀케이션	**이수정** 매쓰투미수학학원	**장지훈** 예일학원	**차슬기** 브레인리그
안현수 옥길일등급수학	**이슬기** 대치깊은생각 동탄본원	**장혜민** 수학의아침	**차일훈** 대치엠에스학원
안효상 더오름영어수학학원	**이승우** 제이앤더블유학원	**전경진** 뉴파인 동탄특목관	**채준혁** 후곡분석수학학원
안효진 진수학	**이승주** 입실론수학학원	**전미영** 영재수학	**최경석** TMC수학영재 고등관
양은서 입실론수학학원	**이승진** 안중 호연수학	**전일** 생각하는수학공간학원	**최경희** 최강수학학원
양은진 수플러스수학	**이승철** 철이수학	**전지원** 원프로교육	**최근정** SKY영수학원
어성웅 어쌤수학학원	**이아현** 전문과외	**전진우** 플랜지에듀	**최다혜** 싹수학학원
엄은희 엄은희스터디	**이영현** 대치명인학원	**전희나** 대치명인학원이매점	**최대원** 수학의아침
염민식 일로드수학학원	**이영훈** 펜타수학학원	**정경주** 광교 공감수학	**최동훈** 고수학전문학원
염승호 전문과외	**이예빈** 아이콘수학	**정금재** 혜윰수학전문학원	**최문채** 이얍수학
염철호 하비투스학원	**이우선** 효성고등학교	**정다운** 수학의품격	**최범균** 전문과외
오성원 전문과외	**이원녕** 대치명인학원	**정다해** 대치깊은생각동탄본원	**최병희** 원탑영어수학입시전문학원

최성필 서진수학		조아영 플레이팩토오션시티교육원	권영애 전문과외
최수지 싹수학학원	**◇ — 부산 — ◇**	조우영 위드유수학학원	김경문 참진학원
최수진 재밌는수학	고경희 대연고등학교	조은영 MIT수학교습소	김가령 킴스아카데미
최승권 스터디올킬학원	권병국 케이스학원	조훈 캔필학원	김기현 수과람학원
최영성 에이블수학영어학원	권영린 과사람학원	채송화 채송화 수학	김미양 오렌지클래스학원
최영식 수학의신학원	김경희 해운대 수학 와이스터디	최수정 이루다수학	김민석 한수위수학학원
최용재 와이솔루션수학학원	김나현 MI수학학원	최준승 주감학원	김민정 창원스키마수학
최웅용 유타스 수학학원	김대현 연제고등학교	한주환 으뜸나무 수학학원	김병철 CL학숙
최유미 분당파인만교육	김명선 김쌤 수학	한혜경 한수학교습소	김선희 책벌레국영수학원
최윤수 동탄김샘 신수연수학과학	김민 금정미래탐구	허영재 정관 자하연	김양준 이룸학원
최윤형 청운수학전문학원	김민규 다비드수학학원	허윤정 올림수학전문학원	김연지 CL학숙
최은경 목동학원, 입시는이쌤학원	김민지 블랙박스수학전문학원	허정인 삼정고등학교	김옥경 다온수학전문학원
최정윤 송탄중학교	김유상 끝장교육	황성필 다원KNR	김인덕 성지여자고등학교
최종찬 초당필탑학원	김정은 피엠수학학원	황영찬 이룸수학	김정두 해성고등학교
최지윤 전문과외	김지연 김지연수학교습소	황진영 진심수학	김지니 수학의달인
최지형 남양 뉴탑학원	김태경 Be수학학원	황하남 과학수학의봄날학원	김진형 수풀림 수학학원
최한나 수학의 아침	김태영 뉴스터디종합학원		김치남 수나무학원
최효원 레벨업수학	김태진 한빛단과학원		김해성 AHHA수학
표광수 수지 풀무질 수학전문학원	김현경 플러스민샘수학교습소		김형균 칠원채움수학
하정훈 하쌤학원	김효상 코스터디학원	**◇ — 울산 — ◇**	김혜영 프라임수학
한경태 한경태수학전문학원	나기열 프로매스수학교습소	강규리 퍼스트클래스 수학영어전문학원	노경희 전문과외
한규욱 알찬교육학원	노하영 확실한수학학원	고규라 고수학	노현석 비코즈수학전문학원
한기언 한스수학전문학원	류형수 연제한샘학원	고영준 비엠더블유수학전문학원	문소영 문소영수학관리학원
한미정 한쌤수학	문서현 명품수학	권상수 호크마수학전문학원	민동록 민쌤수학
한상훈 1등급 수학	민상희 민상희수학	권희선 전문과외	박규태 에듀탑영수학원
한성필 더프라임	박대성 키움수학교습소	김민정 전문과외	박소현 오름수학전문학원
한수민 SM수학	박성칠 프라임학원	김봉조 퍼스트클래스 수학영어전문학원	박영진 대치스터디 수학학원
한원규 스터디모드	박연주 매쓰메이트 수학학원	김수영 학명수학학원	박우열 앤즈스터디메이트
한유호 에듀셀파 독학기숙학원	박재용 해운대 수학 와이스터디	김영배 화정김샘수학과학학원	박임수 고탑(GO TOP)수학학원
한은기 참선생 수학(동탄호수)	박주형 삼성에듀학원	김제특 퍼스트클래스수학전문학원	박정길 아쿰수학학원
한인화 전문과외	배진옥 전문과외	김현조 깊은생각수학학원	박주연 마산무학여자고등학교
한준희 매스탑수학전문사동분원학원	배철우 명지 명성학원	나순현 물푸레수학교습소	박진수 펠릭스수학학원
한지희 이음수학학원	백육일 과사람학원	박국진 강한수학전문학원	박혜인 참좋은학원
한진규 SOS학원	서자현 과사람학원	박민식 위더스수학전문학원	배미나 이루다 학원
함영호 함영호 고등수학클럽	서평승 신의학원	박원기 에듀프레소종합학원	배종우 매쓰팩토리수학학원
허란 the배움수학학원	손희옥 매쓰폴수학전문학원(부암동)	반려진 우정 수학의달인	백은애 매쓰플랜수학학원 양산물금지점
현승평 화성고등학교	송유림 한수연하이매쓰학원	성세경 위룸수학영어전문학원	백장태 창원중앙LNC학원
홍규성 전문과외	신동훈 과사람학원	안지환 전문과외	백지현 백지현수학교습소
홍성문 홍성문 수학학원	안남희 실력을키움수학	오종민 수학공작소학원	서주량 한입수학
홍성미 홍수학	안찬종 전문과외	유아름 더쌤수학전문학원	송상윤 비상한수학학원
홍세정 전문과외	오인혜 하단초 수학교실	이승목 울산 옥동 위너수학	신욱희 창익학원
홍유진 평촌 지수학학원	원옥영 괴정스타삼성영수학원	이윤희 제이앤에스영어수학	안지영 모두의수학학원
홍의찬 원수학	유소영 파플수학	이은수 삼산차수학학원	어다혜 전문과외
홍재욱 셈마루수학학원	이경덕 수학으로 물들어 가다	이한나 꿈꾸는고래학원	유인영 마산중앙고등학교
홍정욱 광교김샘수학 3.14고등수학	이동건 PME수학학원	정경래 로고스영어수학학원	유준성 시퀀스영수학원
홍지윤 HONGSSAM창의수학	이상욱 MI수학학원	최규종 울산뉴토모수학전문학원	윤영진 유클리드수학과학학원
황두연 딜라이트 영어수학	이아름누리 청어람학원	최영희 재미진최쌤수학	이근영 매스마스터수학전문학원
황민지 수학하는날 수학교습소	이연희 부산 해운대 오른수학	최이영 한양수학전문학원	이아름 애시앙 수학맛집
황삼철 멘토수학	이영민 MI수학학원	한창희 한선생&최선생 studyclass	이유진 멘토수학교습소
황선아 서나수학	이은런 더플러스수학교습소	허다민 대치동허쌤수학	이정훈 장정미수학학원
황애리 애리수학	이정화 수학의 힘 가야캠퍼스		이지수 수과람영재에듀
황영미 오산일신학원	이지영 오늘도, 영어 그리고 수학		이진우 전문과외
황은지 멘토수학과학학원	이지은 한수연하이매쓰	**◇ — 경남 — ◇**	이현주 진해 즐거운 수학
황인영 더올림수학학원	이철 과사람학원	강경희 티오피에듀	전창근 수과원학원
황재철 성빈학원	이효정 해 수학	강도윤 강도윤수학컨설팅학원	정승엽 해냄학원
황지훈 명문JS입시학원	전완재 강앤전수학학원	강지혜 강선생수학학원	조소현 스가이하이영수학원
황희찬 이이엘에스 학원	정운용 정쌤수학교습소	고민정 고민정 수학교습소	주기호 비상한수학국어학원
	정의진 남천다수인	고병옥 옥쌤수학과학학원	진경선 탑앤탑수학학원
	정휘수 제이매쓰수학방	고성대 Math911	최소현 펠릭스수학학원
	정희정 정쌤수학	고은정 수학은고쌤학원	

하수미	진동삼성영수학원	백승대	백박사학원
하윤석	거제 정금학원	백태민	학문당입시학원
한광록	대치퍼스트학원	백현식	바른입시학원
한희광	양산성신학원	변용기	라온수학학원
황진호	타임수학학원	서경도	보승수학study

◇— 대구 —◇

강민영	매씨지수학학원	서재은	절대등급수학
고민정	전문과외	성웅경	더빡쎈수학학원
곽미선	좀다른수학	손승연	스카이수학
곽병무	다원MDS	손태수	트루매쓰 학원
구정모	제니스	송영배	수학의정원
구현태	나인쌤 수학전문학원	신광섭	광 수학학원
권기현	이렇게좋은수학교습소	신수진	폴리아수학학원
권보경	수%수학교습소	신은경	황금라온수학교습소
김기연	스텝업수학	양강일	양쌤수학과학학원
김대운	중앙sky학원	오세욱	IP수학과학학원
김동규	폴리아수학학원	유화진	진수학
김동영	통쾌한 수학	윤기호	사인수학
김득현	차수학(사월보성점)	윤석창	수학의창학원
김명서	샘수학	윤혜정	채움수학학원
김미소	에스엠과학수학학원	이규철	좋은수학
김미정	일등수학학원	이나경	대구지성학원
김상우	에이치투수학 교습소	이남희	이남희수학
김수영	봉덕김쌤수학학원	이동환	동환수학
김수진	지니수학	이명희	잇츠생각수학 학원
김영진	더퍼스트 김진학원	이원경	엠제이통수학영어학원
김우진	종로학원하늘교육 사월학원	이은주	전문과외
김재홍	경일여자중학교	이인호	본투비수학교습소
김정우	이룸수학학원	이일균	수학의달인 수학교습소
김종희	학문당입시학원	이종환	이꼼수학
김지연	찐수학	이준우	깊을준수학
김지영	더이룸국어수학	이진욱	시지이룸수학학원
김지은	정화여자고등학교	이창우	강철에프엠수학학원
김진수	수학의진수수학교습소	이태형	가토수학과학학원
김창섭	섭수학과학학원	이효진	진선생수학학원
김태진	구정남수학전문학원	임신옥	KS수학학원
김태환	로고스 수학학원(침산원)	임유진	박진수학
김해은	한상철수학학원	장두영	바움수학학원
김현숙	METAMATH	장세완	장선생수학학원
김효선	매쓰업	장현정	전문과외
노경희	전문과외	전동형	땡큐수학학원
문소연	연쌤 수학비법	전수민	전문과외
문윤정	전문과외	전지영	전지영수학
민병문	엠플수학	정민호	스테듀입시학원
박경득	파란수학	정은숙	페르마학원
박도희	전문과외	정재현	율사학원
박민정	빡쎈수학교습소	조성애	조성애세움영어수학학원
박산성	Venn수학	조익제	MVP수학학원
박선희	전문과외	조인혁	루트원수학과학학원
박옥기	매쓰플랜수학학원		범어시매쓰영재교육
박정욱	연세(SKY)스카이수학학원	조지연	연쌤영·수학원
박지훈	더엠수학학원	주기헌	송현여자고등학교
박철진	전문과외	최대진	엠프로학원
박태호	프라임수학교습소	최시연	이룸수학 교습소
박현주	매쓰플래너	최정이	탑수학교습소(국우동)
방소연	나인쌤수학학원	최현정	MQ멘토수학
배한국	굿쌤수학교습소	하태호	팀하이퍼 수학학원
		한원기	한쌤수학
		현혜수	현혜수 수학
		황가영	루나수학

황지현	위드제스트수학학원

◇— 경북 —◇

강경훈	예천여자고등학교
강혜연	BK 영수전문학원
권수지	에임(AIM)수학교습소
권오준	필수학영어학원
권호준	인투학원
김대훈	이상렬입시학원
김동수	문화고등학교
김동욱	구미정보고등학교
김득락	우석여자고등학교
김보아	매쓰킹공부방
김성용	경북 영천 이리풀수학
김수현	꿈꾸는 아이
김영희	라온수학
김윤정	더채움영수학원
김은미	매쓰그로우 수학학원
김이슬	포항제철고등학교
김재경	필즈수학영어학원
김정훈	현일고등학교
김형진	닥터박수학전문학원
남영준	아르베수학전문학원
문소연	조쌤보습학원
박명훈	메디컬수학학원
박윤신	한국수학교습소
박진성	포항제철중학교
방성훈	유성여자고등학교
배재현	수학만영어도학원
백기남	수학만영어도학원
성세현	이투스수학두호장량학원
소효진	전문과외
손나래	이든샘영수학원
손주희	이루다수학과학
송종진	김천중앙고등학교
신승규	영남삼육고등학교
신승용	유신수학전문학원
신지헌	문영어수학 학원
신채윤	포항제철고등학교
염성군	근화여고
오선민	수학만영어도
오세현	칠곡수학여우공부방
오윤경	닥터박수학학원
윤장영	윤쌤아카데미
이경하	안동 풍산고등학교
이다례	문매쓰달쌤수학
이민선	공감수학학원
이상원	전문가집단 영수학원
이상현	인투학원
이성국	포스카이학원
이영성	영주여자고등학교
이재광	생존학원
이재억	안동고등학교
이혜은	김천고등학교
장아름	아름수학 학원
전정현	YB일등급수학학원
정은주	정스터디
조진우	늘품수학학원

조현정	올댓수학
채원석	영남삼육고등학교
최민	엠베스트 옥계점
최수영	수학만영어도학원
최이광	혜윰플러스학원
추민지	닥터박 수학학원
표현석	안동풍산고등학교
홍영준	하이맵수학학원
홍현기	비상아이비츠학원

◇— 광주 —◇

강민결	광주수피아여자중학교
강승완	블루마인드아카데미
공민지	심미선수학학원
곽웅수	카르페영수학원
김국진	김국진짜학원
김국철	풍암필즈수학학원
김대균	김대균수학학원
김미경	임팩트학원
김안나	풍암필즈수학학원
김원진	메이블수학전문학원
김은석	만문제수학전문학원
김재광	디투엠 영수전문보습학원
김종민	퍼스트수학학원
김태성	일곡지구 김태성 수학
김현진	에이블수학학원
나혜경	고수학학원
박용우	광주 더샘수학학원
박주홍	KS수학
박충현	본수학과학학원
박현영	KS수학
변석주	153유클리드수학전문학원
빈선욱	빈선욱수학전문학원
서세은	피타과학수학학원
손광일	송원고등학교
송승용	송승용수학학원
신예준	광주 JS영재학원
신현석	프라임아카데미
양귀제	양선생수학전문학원
양동식	A+수리수학원
이만재	매쓰로드수학 학원
이상혁	감성수학
이승현	본영수학원
이주헌	리얼매쓰수학전문학원
이창현	알파수학학원
이채연	알파수학학원
이충현	전문과외
이헌기	보문고등학교
어흥범	매쓰피아
임태관	매쓰멘토수학전문학원
장민경	일대일코칭수학학원
장성태	장성태수학학원
전주현	이창길수학학원
정다원	광주인성고등학교
정다희	다희쌤수학
정미연	신샘수학학원
정수인	더최선학원
정원섭	수리수학학원

정인용 일품수학학원
정재윤 대성여자중학교
정태규 가우스수학전문학원
정형진 BMA롱맨영수학원
조은주 조은수학교습소
조일양 서안수학
조현진 조현진수학학원
조형서 전문과외
천지선 고수학학원
최성호 광주동신여자고등학교
최승원 더풀수학학원
최지웅 미라클학원

◇— 전남 —◇

김광현 한수위수학학원
김도희 가람수학전문과외
김성문 창평고등학교
김은경 목포덕인고
김은지 나주혁신위즈수학영어학원
박미옥 목포폴리아학원
박유정 해봄학원
박진성 해남한가람학원
백지하 M&m
성준우 광양제철고등학교
유혜정 전문과외
이강화 강승학원
임정원 순천매산고등학교
정현옥 Jk영수전문
조두희
조예은 스페셜매쓰
진양수 목포덕인고등학교
한지선 전문과외

◇— 전북 —◇

강원택 탑시드 영수학원
권정욱 권정욱 수학과외
김석진 영스타트학원
김선호 혜명학원
김성혁 S수학전문학원
김수연 전선생 수학학원
김재순 김재순수학학원
김혜정 차수학
나승현 나승현전유나수학전문학원
문승혜 이일여자고등학교
민태홍 전주한일고
박광수 박선생수학학원
박미숙 매쓰트리 수학전문 (공부방)
박미화 엄쌤수학전문학원
박선미 박선생수학학원
박세희 멘토이젠수학
박소영 황규종수학전문학원
박영진 필즈수학학원
박은미 박은미수학교습소
박재성 올림수학학원
박지유 박지유수학전문학원
박철우 청운학원
배태익 스키마아카데미 수학교실

서현수 수학귀신
성영재 성영재수학전문학원
손주형 전주토피아학원
송시영 블루오션수학학원
신영진 유나이츠 학원
심우성 오늘은수학학원
양옥희 쎈수학 전주혁신학원
양은지 군산중앙고등학교
양재호 양재호카이스트학원
양형준 대들보 수학
오윤하 오늘도신이나효자학원
유현수 수학당 학원
윤병오 이투스247학원 익산
이가영 마루수학국어학원
이은지 리젠입시학원
이인성 전주우림중학교
이정현 로드맵수학학원
이지원 전문과외
이한나 알파스터디영어수학전문학원
이혜상 S수학전문학원
임승진 이터널수학영어학원
정용재 성영재수학전문학원
정혜승 샤인학원
정환희 릿지수학학원
조세진 수학의 길
채승희 윤영권수학전문학원
최성훈 최성훈수학학원
최영준 최영준수학학원
최윤 엠투엠수학학원
최형진 수학본부중고등수학전문학원

◇— 대전 —◇

강유식 연세제일학원
강홍규 최강학원
강희규 최성수학학원
고지훈 고지훈수학 지적공감학원
권은향 권샘수학
김근아 닥터매쓰205
김근하 MCstudy 학원
김남홍 대전 종로학원
김덕한 더칸수학전문학원
김도혜 더브레인코어 수학
김복응 더브레인코어 수학
김상현 세종입시학원
김수빈 제타수학학원
김승환 청운학원
김영우 뉴샘학원
김윤혜 슬기로운수학
김은지 더브레인코어 수학
김일화 대전 엘트
김주성 대전 양영학원
김지현 파스칼 대덕학원
김진 발상의전환 수학전문학원
김진수 김진수학교실
김태형 청명대입학원
심하은 고려바움수학학원
나효명 열린아카데미
류재원 양영학원

박지성 엠아이큐수학학원
배용제 굿티쳐강남학원
서동원 수학의 중심학원
서영준 힐탑학원
선진규 로하스학원
손일형 손일형수학
송규성 하이클래스학원
송다인 일인주의학원
송정은 바른수학
심훈흠 일인주의 학원
오세준 오엠수학교습소
오우진 양영학원
우현석 EBS 수학우수학원
유수림 이앤유수학학원
유준호 더브레인코어 수학
윤석주 윤석주수학전문학원
이규영 쉐마수학학원
이봉환 메이저
이성재 알파수학학원
이수진 대전관저중학교
이인욱 양영학원
이일녕 양영학원
이준희 전문과외
이채윤 대전대신고등학교
인승열 신성수학나무 공부방
임병수 모티브에듀학원
임율리 더브레인코어 수학
임현호 전문과외
장용훈 프라임수학교습소
전하윤 전문과외
전혜진 일인주의학원
정재현 양영수학학원
조영선 대전 관저중학교
조용호 오르고 수학학원
조충현 로하스학원
진상욱 양영학원 특목관
차영진 연세언더우드수학
최지영 둔산마스터학원
홍진국 저스트수학
황성필 일인주의학원
황은실 나린학원

◇— 세종 —◇

강태원 원수학
고창균 더올림입시학원
권현수 권현수 수학전문학원
김기평 바른길수학전문학원
김서현 봄날영어수학학원
김수경 김수경수학교실
김영웅 반곡고등학교
김혜림 너희가꽃이다
류바른 세종 YH영수학원(중고등관)
배명욱 GTM수학전문학원
배지후 해밀수학과학학원
윤여민 전문과외
이경미 매쓰 히어로(공부방)
이민호 세종과학예술영재학교
이지희 수학의강자학원

이현아 다정 현수학
장준영 백년대계입시학원
조은애 전문과외
최성실 샤위너스학원
최시안 고운동 최쌤수학
황성관 전문과외

◇— 충북 —◇

고정균 엠스터디수학학원
구강서 상류수학 전문학원
구태우 전문과외
김경희 점프업수학
김대호 온수학전문학원
김미화 참수학공간학원
김병용 동남 수학하는 사람들 학원
김영은 연세고려E&M
김용구 용프로수학학원
김재광 노블가온수학학원
김정호 생생수학
김주희 매쓰프라임수학학원
김하나 하나수학
김현주 루트수학학원
문지혁 수학의 문 학원
박영경 전문과외
박준 오늘수학 및 전문과외
안진아 전문과외
윤성길 엑스클래스 수학학원
윤성희 윤성수학
이경미 행복한수학 공부방
이예찬 입실론수학학원
이지수 일신여자고등학교
전병호 이루다 수학
정수연 모두의 수학
조병교 에르매쓰수학학원
조형우 와이파이수학학원
최윤아 피티엠수학학원
한상호 한매쓰수학전문학원
홍병관 서울학원

◇— 충남 —◇

강범수 전문과외
고영지 전문과외
권순필 에이커리어학원
권오운 광풍중학교
김경민 수학다이닝학원
김명은 더하다 수학
김태화 김태화수학학원
김한빛 한빛수학학원
김현영 마루공부방
남구현 내포 강의하는 아이들
노서윤 스터디멘토학원
박유진 제이홈스쿨
박재혁 명성학원
박혜정
서봉원 서산SM수학교습소
서승우 전문과외
서유리 더배움영수학원

수학의 바이블

유형 ON

1권

공통수학2

모든 유형을 싹 담은
수학의 바이블 유형 ON

단계별 수준별 학습 시스템

1. 꼭 풀어봐야 할 문제를 딱 알맞게 구성하여 학교시험 완벽 대비

- 내신 시험을 완벽히 준비할 수 있도록 시험에 나오는 모든 문제를 한 권에 담았습니다.
- 1권의 PART A의 문제를 한 번 더 풀고 싶다면 2권의 PART A′의 문제로 유형 집중 훈련을 할 수 있습니다.

2. 유형 집중 학습 구성으로 수학의 자신감 UP!

- 최신 기출 문제를 철저히 분석 / 유형별, 난이도별로 세분화하여 체계적으로 수학 실력을 키울 수 있습니다.
- 부족한 부분의 파악이 쉽고 집중 학습하기 편리한 구성으로 효과적인 학습이 가능합니다.

3. 수능을 담은 문제로 문제 해결 능력 강화

- 사고력을 요하는 문제를 통해 문제 해결 능력을 강화하여 상위권으로 도약할 수 있습니다.
- 최신 출제 경향을 담은 기출 문제, 기출변형 문제로 수능은 물론 변별력 높은 내신 문제들에 대비할 수 있습니다.

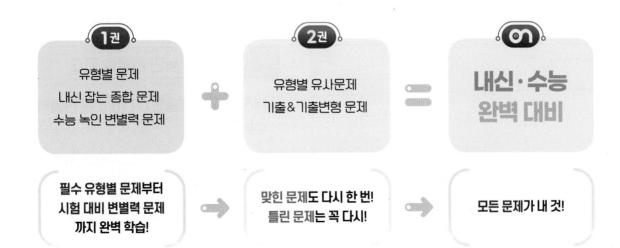

이 책의 구성과 특장

○ **1권** 모든 유형을 싹 쓸어 담아 한 권에!

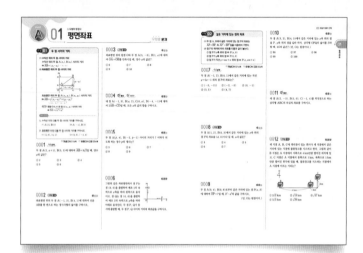

PART A 유형별 문제

≫ 학교 시험에서 자주 출제되는 핵심 기출 유형

- 교과서 및 각종 시험 기출 문제와 출제 가능성 높은 예상 문제를 싹 쓸어 담아 개념, 풀이 방법에 따라 유형화하였습니다.

- 학교 시험에서 출제되는 수능형 문제를 대비할 수 있도록 **수능 기출**, **평가원 기출**, **교육청 기출** 문제를 엄선하여 수록하였습니다.

- **확인 문제** 각 유형의 기본 개념 익힘 문제

- **대표문제** 유형을 대표하는 필수 문제

- **중요** 중요 빈출 문제, **서술형** 서술형 문제

- ▮▮▮, ▮▮▮, ▮▮▮ 난이도 하, 중, 상

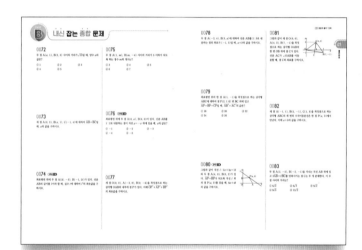

PART B 내신 잡는 종합 문제

≫ 핵심 기출 유형을 잘 익혔는지 확인할 수 있는 중단원별 내신 대비 종합 문제

- 각 중단원별로 반드시 풀어야 하는 문제를 수록하여 학교 시험에 대비할 수 있도록 하였습니다.

- 중단원 학습을 마무리하고 자신의 실력을 점검할 수 있습니다.

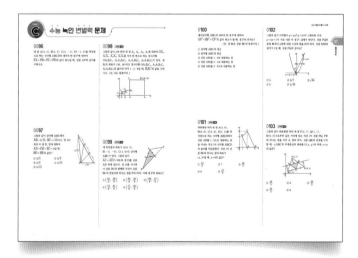

PART C 수능 녹인 변별력 문제

≫ 내신은 물론 수능까지 대비하는 변별력 높은 수능형 문제

- 문제 해결 능력을 강화할 수 있도록 복합 개념을 사용한 다양한 문제들로 구성하였습니다.

- 고난도 수능형 문제들을 통해 변별력 높은 내신 문제와 수능을 모두 대비하여 내신 고득점 달성 및 수능 고득점을 위한 실력을 쌓을 수 있습니다.

2권 — 맞힌 문제는 더 빠르고 정확하게 푸는 연습을, 틀린 문제는 다시 풀면서 완전히 내 것으로!

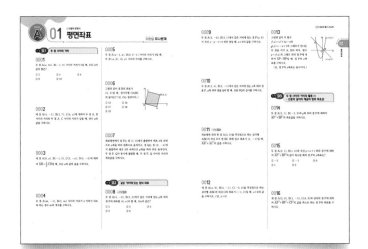

PART A′ 유형별 유사문제

» 핵심 기출 유형을 완벽히 내 것으로 만드는 유형별 연습 문제

- 1권 PART A의 동일한 유형을 기준으로 각 문제의 유사, 변형 문제로 구성하여 충분한 유제를 통해 유형별 완전 학습이 가능하도록 하였습니다. 맞힌 문제는 더 완벽하게 학습하고, 틀린 문제는 반복 학습으로 약점을 줄여나갈 수 있습니다.

- 수능 변형 , 평가원 변형 , 교육청 변형 문제로 기출 문제를 이해하고 비슷한 유형이 출제되는 경우에 대비할 수 있습니다.

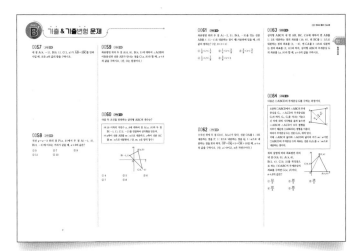

PART B′ 기출 & 기출변형 문제

» 최신 출제 경향을 담은 기출 문제와 우수 기출 문제의 변형 문제

- 기출 문제를 통해 최신 출제 경향을 파악하고 우수 기출 문제의 변형 문제를 풀어 보면서 수능 실전 감각을 키울 수 있습니다.

3권 — 풀이의 흐름을 한 눈에!

해설 정답과 풀이

» 완벽한 이해를 돕는 친절하고 명쾌한 풀이

- 문제 해결 과정을 꼼꼼하게 체크하고 이해할 수 있도록 친절하고 자세한 풀이를 실었습니다.

- 🔊 Bible Says 문제 해결에 도움이 되는 학습 비법, 반드시 알아야 할 필수 개념, 공식, 원리

- 참고 해설 이해를 돕기 위한 부가적 설명

이 책의 차례

도형의 방정식

유형 01 두 점 사이의 거리

(1) **수직선 위의 두 점 사이의 거리**

수직선 위의 두 점 $A(x_1)$, $B(x_2)$ 사이의 거리
➡ $\overline{AB} = |x_2 - x_1| = |x_1 - x_2|$

(2) **좌표평면 위의 두 점 사이의 거리**

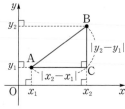

좌표평면 위의 두 점 $A(x_1, y_1)$, $B(x_2, y_2)$ 사이의 거리
➡ $\overline{AB} = \sqrt{(x_2-x_1)^2 + (y_2-y_1)^2}$
$\phantom{\overline{AB}} = \sqrt{(x_1-x_2)^2 + (y_1-y_2)^2}$

Tip 원점 $O(0, 0)$과 점 $A(x_1, y_1)$ 사이의 거리
➡ $\overline{OA} = \sqrt{x_1^2 + y_1^2}$

확인 문제

1. 수직선 위의 다음 두 점 사이의 거리를 구하시오.

(1) $A(3)$, $B(8)$ (2) $A(-1)$, $B(5)$

2. 좌표평면 위의 다음 두 점 사이의 거리를 구하시오.

(1) $(2, 5)$, $(4, 1)$ (2) $(0, 0)$, $(-3, 4)$

🎧 **개념ON** 014쪽   🎧 **유형ON 2권** 004쪽

0001 대표문제

두 점 $A(2, a+1)$, $B(5, 3)$에 대하여 $\overline{AB} = 3\sqrt{2}$일 때, 양수 a의 값은?

① 2   ② 3   ③ 4

④ 5   ⑤ 6

0002 교육청 기출

좌표평면 위의 두 점 $A(-1, 3)$, $B(4, 1)$에 대하여 선분 AB를 한 변으로 하는 정사각형의 넓이를 구하시오.

0003 교육청 기출

좌표평면 위의 원점 O와 두 점 $A(5, -5)$, $B(1, a)$에 대하여 $\overline{OA} = \overline{OB}$를 만족시킬 때, 양수 a의 값은?

① 6   ② 7   ③ 8

④ 9   ⑤ 10

0004 중요 서술형

네 점 $A(-1, 3)$, $B(a, 2)$, $C(0, a)$, $D(-4, -1)$에 대하여 $2\overline{AB} = \overline{CD}$일 때, 모든 a의 값의 합을 구하시오.

0005

두 점 $A(p, 4)$, $B(-2, p-1)$ 사이의 거리가 7 이하가 되도록 하는 정수 p의 개수는?

① 5   ② 6   ③ 7

④ 8   ⑤ 9

0006

그림과 같은 좌표평면에서 점 P는 점 $(8, 0)$을 출발하여 매초 1의 속력으로 x축을 따라 왼쪽으로 움직이고, 점 Q는 점 $(0, 6)$을 출발하여 매초 2의 속력으로 y축을 따라 아래로 움직인다. 두 점 P, Q가 동시에 출발할 때, 두 점 P, Q 사이의 거리의 최솟값을 구하시오.

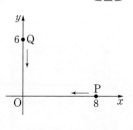

유형 02 같은 거리에 있는 점의 좌표

(1) 두 점 A, B에서 같은 거리에 있는 점 P의 좌표는
$\overline{AP}=\overline{BP}$, 즉 $\overline{AP}^2=\overline{BP}^2$임을 이용하여 구한다.
(2) 점 P의 위치에 따라 좌표를 다음과 같이 놓는다.
  ① 점 P가 x축 위의 점 ➡ P(a, 0)
  ② 점 P가 y축 위의 점 ➡ P(0, b)
  ③ 점 P가 직선 $y=mx+n$ 위의 점 ➡ P(a, $am+n$)

🎧 개념ON 016쪽　🎧 유형ON 2권 004쪽

0007 대표문제

두 점 A(-1, 2), B(0, 1)에서 같은 거리에 있는 직선
$y=2x-1$ 위의 점 P의 좌표는?

① (-5, -11)　② (-2, -5)　③ (0, -1)
④ (3, 5)　⑤ (4, 7)

0008 교육청 기출

두 점 A(1, 2), B(6, 3)에서 같은 거리에 있는 x축 위의
점 P의 좌표를 (a, 0)이라 할 때, a의 값은?

① 3　② 4　③ 5
④ 6　⑤ 7

0009

두 점 A(0, 4), B(0, 8)로부터 같은 거리에 있는 점 P(a, b)
에 대하여 $\overline{OP}=7$일 때, b^2-a^2의 값을 구하시오.
(단, O는 원점이다.)

0010

두 점 A(3, 2), B(4, 5)에서 같은 거리에 있는 x축 위의 점
을 P, y축 위의 점을 Q라 하자. 삼각형 OPQ의 넓이를 S라
할 때, $3S$의 값은? (단, O는 원점이다.)

① 96　② 97　③ 98
④ 99　⑤ 100

0011 중요

세 점 A(2, -3), B(5, 0), C(-1, 4)를 꼭짓점으로 하는
삼각형 ABC의 외심의 좌표를 구하시오.

0012 교육청 기출

세 지점 A, B, C에 대리점이 있는 회사가 세 지점에서 같은
거리에 있는 지점에 물류창고를 지으려고 한다. 그림과 같이
B 지점은 A 지점에서 서쪽으로 4 km만큼 떨어진 위치에 있
고, C 지점은 A 지점에서 동쪽으로 1 km, 북쪽으로 1 km
만큼 떨어진 위치에 있을 때, 물류창고를 지으려는 지점에서
A 지점에 이르는 거리는?

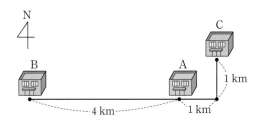

① $2\sqrt{2}$ km　② $\sqrt{13}$ km　③ $\sqrt{17}$ km
④ $2\sqrt{5}$ km　⑤ $\sqrt{29}$ km

유형 03   두 점 사이의 거리의 활용 (1) - 선분의 길이의 제곱의 합의 최솟값

두 점 A, B와 임의의 점 P에 대하여 $\overline{AP}^2 + \overline{BP}^2$의 최솟값은 다음과 같은 순서로 구한다.
❶ 점 P의 좌표를 a를 사용하여 나타낸다.
❷ $\overline{AP}^2 + \overline{BP}^2$의 값을 a에 대한 이차식으로 나타낸다.
❸ 이차식의 최솟값을 구한다.

ⓘ 개념ON 018쪽   ⓘ 유형ON 2권 005쪽

0013 　대표문제

두 점 A(6, -3), B(-2, -4)와 x축 위의 점 P에 대하여 $\overline{AP}^2 + \overline{BP}^2$의 최솟값을 구하시오.

0014 　서술형

두 점 A(4, -3), B(-2, 1)과 직선 $y = x + 2$ 위의 점 P(a, b)에 대하여 $\overline{AP}^2 + \overline{BP}^2$의 값이 최소일 때, $a^2 + b^2$의 값을 구하시오.

0015 　중요

세 점 A(-1, 2), B(0, 3), C(4, -2)와 임의의 점 P에 대하여 $\overline{AP}^2 + \overline{BP}^2 + \overline{CP}^2$의 값을 최소로 하는 점 P의 좌표는?

① $(-2, 1)$　　　② $(-1, -3)$　　　③ $(0, 2)$
④ $(1, 1)$　　　⑤ $(3, -2)$

0016

두 점 A($1-k$, 1), B($k+1$, 5)와 y축 위의 점 P에 대하여 $\overline{AP}^2 + \overline{BP}^2$의 최솟값이 18일 때, 양수 k의 값을 구하시오.

0017

그림과 같이 네 점 A(2, 4), B(-1, 2), C(-1, -3), D(4, -2)로 이루어진 사각형 ABCD가 있다. 사각형 ABCD의 내부에 한 점 P를 잡아 각 꼭짓점에 이르는 거리의 제곱의 합이 최소가 되도록 할 때, 점 P의 좌표를 구하시오.

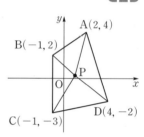

유형 04   두 점 사이의 거리의 활용 (2) - 선분의 길이의 합의 최솟값

(1) 실수 x, y, a, b에 대하여 두 점 (x, y), (a, b) 사이의 거리
➡ $\sqrt{(x-a)^2 + (y-b)^2}$

(2) 두 점 A(a, b), B(c, d)와 임의의 점 P(x, y)에 대하여 $\overline{AP} + \overline{BP} \geq \overline{AB}$에서
$\sqrt{(x-a)^2+(y-b)^2} + \sqrt{(x-c)^2+(y-d)^2}$
$\geq \sqrt{(c-a)^2+(d-b)^2}$

> 예 실수 a, b에 대하여 $\sqrt{a^2+b^2} + \sqrt{(a-1)^2+(b-2)^2}$의 최솟값을 구해 보자.
> O($0, 0$), A($1, 2$), P(a, b)라 하면
> $\sqrt{a^2+b^2} = \overline{OP}$, $\sqrt{(a-1)^2+(b-2)^2} = \overline{AP}$
> 이므로
> $\sqrt{a^2+b^2} + \sqrt{(a-1)^2+(b-2)^2}$
> $= \overline{OP} + \overline{AP}$
> $\geq \overline{OA}$
> $= \sqrt{1^2 + 2^2} = \sqrt{5}$
> 따라서 구하는 최솟값은 $\sqrt{5}$이다.

> Tip 점 P가 선분 OA 위의 점일 때, 주어진 식은 최솟값을 갖는다.
> 즉, 점 P를 점 A 또는 원점 O라 생각하고 두 점 $(0, 0)$, $(1, 2)$ 사이의 거리를 구해도 된다.

ⓘ 유형ON 2권 006쪽

0018 대표문제

실수 a, b에 대하여 $\sqrt{a^2+b^2}+\sqrt{(a-5)^2+(b+2)^2}$의 최솟값을 구하시오.

0019 ✅중요

실수 x, y에 대하여
$$\sqrt{(x+1)^2+(y-2)^2}+\sqrt{x^2+(y-3)^2}$$
의 최솟값이 p일 때, p^2의 값은?

① 1   ② 2   ③ 3

④ 4   ⑤ 5

0020 ✏️서술형

실수 x, y에 대하여
$$\sqrt{(x-a)^2+(y+2a)^2}+\sqrt{(x+3)^2+(y-5)^2}$$
의 최솟값이 $\sqrt{10}$일 때, 정수 a의 값을 구하시오.

0021

실수 x, y에 대하여
$$\sqrt{x^2+y^2}+\sqrt{(x-1)^2+(y+2)^2}+\sqrt{(x+2)^2+(y-4)^2}$$
의 최솟값을 구하시오.

유형 05 두 점 사이의 거리의 활용 (3)
- 삼각형의 세 변의 길이와 모양

(1) 세 점을 꼭짓점으로 하는 삼각형의 모양을 결정할 때는 두 점 사이의 거리를 구하는 공식을 이용하여 세 변의 길이를 각각 구한다.

(2) 세 변의 길이가 a, b, c인 삼각형에서
  ① $a=b=c$ ➡ 정삼각형
  ② $a=b$ 또는 $b=c$ 또는 $c=a$ ➡ 이등변삼각형
  ③ $a^2+b^2=c^2$ ➡ 빗변의 길이가 c인 직각삼각형

🎧개념ON 020쪽   🎧유형ON 2권 006쪽

0022 대표문제

세 점 $A(0, 6)$, $B(-3, 3)$, $C(5, 1)$을 꼭짓점으로 하는 삼각형 ABC는 어떤 삼각형인가?

① 정삼각형

② 둔각삼각형

③ $\overline{AB}=\overline{AC}$인 이등변삼각형

④ $\angle A = 90°$인 직각삼각형

⑤ $\angle B = 90°$인 직각삼각형

0023

세 점 $A(4, a)$, $B(1, 3)$, $C(-4, -2)$를 꼭짓점으로 하는 삼각형 ABC가 $\overline{AB}=\overline{AC}$인 이등변삼각형이 되도록 하는 a의 값을 구하시오.

0024 ✏️서술형

세 점 $A(1, 4)$, $B(-1, -4)$, $C(a, b)$를 꼭짓점으로 하는 삼각형 ABC가 정삼각형일 때, $a+b$의 값을 구하시오.
(단, 점 C는 제2사분면 위의 점이다.)

0025 ✔중요

세 점 A$(4, 1)$, B$(-3, 2)$, C$(3, -6)$을 꼭짓점으로 하는 삼각형 ABC의 넓이는?

① 10   ② 20   ③ 25

④ 50   ⑤ 100

0026

두 점 A$(-1, 4)$, B$(5, 2)$와 x축 위의 점 P$(p, 0)$에 대하여 삼각형 ABP가 선분 AB가 빗변인 직각삼각형이 되도록 하는 모든 p의 값의 합은?

① 2   ② 4   ③ 6

④ 8   ⑤ 10

0027

세 점 A$(0, -2a)$, B$(a, 1)$, C$(1, -1)$을 꼭짓점으로 하는 삼각형 ABC가 $\angle B = 90°$인 직각이등변삼각형일 때, a의 값은?

① -2 ② -1 ③ $-\dfrac{1}{2}$

④ $\dfrac{1}{2}$ ⑤ 1

유형 **06** **좌표를 이용하여 도형의 성질 확인하고 활용하기**

좌표를 이용하여 도형의 성질을 확인할 때에는 다음과 같은 순서로 한다.

❶ 도형의 한 변이 좌표축 위에 오도록 도형을 좌표평면 위에 놓는다.

❷ 도형의 꼭짓점에 해당하는 점의 좌표를 미지수를 사용하여 나타낸다.

❸ 두 점 사이의 거리를 구하는 공식을 이용하여 주어진 등식이 성립함을 확인한다.

🎧 개념ON 022쪽   🎧 유형ON 2권 007쪽

0028 대표문제

다음은 삼각형 ABC에서 변 BC의 중점을 M이라 할 때,
$$\overline{AB}^2 + \overline{AC}^2 = 2(\overline{AM}^2 + \overline{BM}^2)$$
이 성립함을 보이는 과정이다.

그림과 같이 직선 BC를 x축으로 하고, 점 M을 지나고 직선 BC에 수직인 직선을 y축으로 하는 좌표평면을 잡으면 점 [(가)] 은 원점이다.

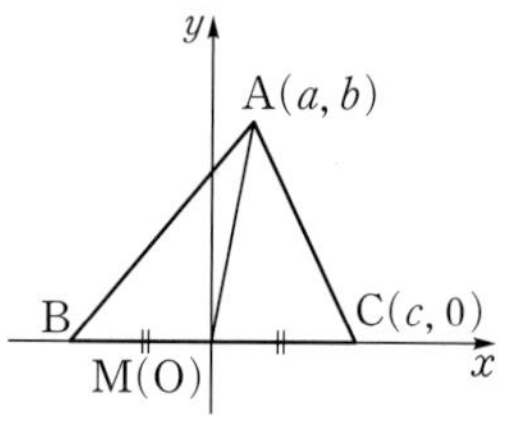

이때 삼각형 ABC의 세 꼭짓점의 좌표를 각각 A(a, b), B$($ [(나)] $, 0)$, C$(c, 0)$이라 하면

$\overline{AB}^2 + \overline{AC}^2 = 2($ [(다)] $)$

$\overline{AM}^2 + \overline{BM}^2 = $ [(다)]

$\therefore \overline{AB}^2 + \overline{AC}^2 = 2(\overline{AM}^2 + \overline{BM}^2)$

위의 과정에서 (가), (나), (다)에 알맞은 것을 써넣으시오.

0029

두 점 A$(-2, 0)$, B$(6, 0)$에 대하여 $\overline{AC} = 6$, $\overline{BC} = 4$를 만족시키는 점 C가 있다. 선분 AB의 중점을 M이라 할 때, 선분 CM의 길이를 구하시오.

0030 ✏서술형

두 점 A$(2, 0)$, B$(-2, 4)$에 대하여 $\overline{AC} = a + 2$, $\overline{BC} = a$를 만족시키는 점 C가 있다. 선분 AB의 중점을 M이라 할 때, $\overline{CM} = \sqrt{29}$이다. 이때 양수 a의 값을 구하시오.

0031

다음은 직사각형 ABCD의 내부에 점 P가 있을 때,
$$\overline{PA}^2+\overline{PC}^2=\overline{PB}^2+\overline{PD}^2$$
이 성립함을 보이는 과정이다.

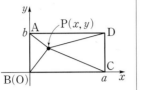

그림과 같이 직선 BC를 x축으로 하고, 직선 AB를 y축으로 하는 좌표평면을 잡으면 점 ⟨개⟩ 는 원점이다.
이때 직사각형 ABCD의 세 꼭짓점의 좌표를 각각 A$(0, b)$, C$(a, 0)$, D$(⟨내⟩, ⟨대⟩)$라 하고 점 P의 좌표를 (x, y)라 하면
$$\overline{PA}^2+\overline{PC}^2=x^2+y^2+(⟨래⟩)^2+(⟨매⟩)^2$$
$$\overline{PB}^2+\overline{PD}^2=x^2+y^2+(⟨래⟩)^2+(⟨매⟩)^2$$
$$\therefore \overline{PA}^2+\overline{PC}^2=\overline{PB}^2+\overline{PD}^2$$

위의 과정에서 ⟨개⟩~⟨매⟩에 알맞지 <u>않은</u> 것은?

① ⟨개⟩ B   ② ⟨내⟩ a ③ ⟨대⟩ b

④ ⟨래⟩ $x-a$ ⑤ ⟨매⟩ $x-b$

0032

다음은 평행사변형 ABCD에 대하여
$$\overline{AC}^2+\overline{BD}^2=2(\overline{AB}^2+\overline{BC}^2)$$
이 성립함을 보이는 과정이다.

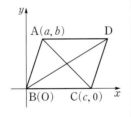

그림과 같이 직선 BC를 x축으로 하고, 점 B를 지나고 직선 BC에 수직인 직선을 y축으로 하는 좌표평면을 생각하면 점 B는 원점이다.
이때 평행사변형 ABCD의 세 꼭짓점의 좌표를 각각
A(a, b), C$(c, 0)$ $(c>0)$, D$(a+⟨개⟩, b)$라 하면
$$\overline{AC}^2+\overline{BD}^2=2(⟨내⟩)$$
$$\overline{AB}^2+\overline{BC}^2=⟨대⟩+c^2$$
$$\therefore \overline{AC}^2+\overline{BD}^2=2(\overline{AB}^2+\overline{BC}^2)$$

위의 과정에서 ⟨개⟩, ⟨내⟩, ⟨대⟩에 알맞은 것을 써넣으시오.

0033

그림과 같은 평행사변형 ABCD에서 B$(2, 2)$, D$(8, 10)$이고 $\overline{AB}=5$, $\overline{BC}=7$일 때, 선분 AC의 길이를 구하시오.

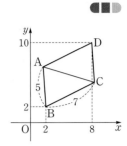

유형 07 선분의 내분점

좌표평면 위의 두 점 A(x_1, y_1), B(x_2, y_2)에 대하여 선분 AB를 $m:n$ $(m>0, n>0)$으로 내분하는 점을 P, 중점을 M이라 하면

(1) P$\left(\dfrac{mx_2+nx_1}{m+n}, \dfrac{my_2+ny_1}{m+n}\right)$

(2) M$\left(\dfrac{x_1+x_2}{2}, \dfrac{y_1+y_2}{2}\right)$ → 중점은 선분을 $1:1$로 내분하는 점이다.

Tip 수직선 위의 두 점 A(x_1), B(x_2)에 대하여 선분 AB를 $m:n$ $(m>0, n>0)$으로 내분하는 점을 P, 중점을 M이라 하면
$$P\left(\frac{mx_2+nx_1}{m+n}\right), M\left(\frac{x_1+x_2}{2}\right)$$

확인 문제

1. 수직선 위의 두 점 A(-2), B(6)에 대하여 다음을 구하시오.
   (1) 선분 AB를 $3:1$로 내분하는 점 P의 좌표
   (2) 선분 AB의 중점 M의 좌표

2. 좌표평면 위의 두 점 A$(1, -2)$, B$(4, 1)$에 대하여 다음을 구하시오.
   (1) 선분 AB를 $1:2$로 내분하는 점 P의 좌표
   (2) 선분 AB의 중점 M의 좌표

🎧 개념ON 032쪽   🎧 유형ON 2권 007쪽

0034 대표문제

두 점 A$(2, -6)$, B$(-3, 4)$에 대하여 선분 AB를 $3:2$로 내분하는 점을 P, $1:4$로 내분하는 점을 Q라 할 때, 선분 PQ의 중점의 좌표를 구하시오.

0035 ✓중요

좌표평면 위의 두 점 $A(-7, -2)$, $B(3, a)$에 대하여 선분 AB를 $1:4$로 내분하는 점 P의 좌표가 $(b, 0)$일 때, $a+b$의 값을 구하시오.

0036

수직선 위의 두 점 $A(-2)$, $B(a)$에 대하여 선분 AB를 $1:2$로 내분하는 점 P와 $5:1$로 내분하는 점 Q 사이의 거리가 3일 때, 양수 a의 값을 구하시오.

0037 ✓중요 ✏서술형

두 점 $A(3, -1)$, $B(-2, 4)$에 대하여 선분 AB를 $2:3$으로 내분하는 점을 P, $4:1$로 내분하는 점을 Q라 할 때, 두 점 P, Q 사이의 거리를 구하시오.

0038

두 점 $A(-2, -7)$, $B(1, 5)$를 이은 선분 AB를 삼등분하는 두 점 중 점 A에 가까운 점을 $C(a, b)$, 점 B에 가까운 점을 $D(c, d)$라 할 때, $ad-bc$의 값을 구하시오.

0039 ✏서술형

세 점 $A(a+1, -1)$, $B(2, b-1)$, $C(a-2, b+2)$에 대하여 선분 AB를 $2:5$로 내분하는 점의 좌표가 $(2, 1)$이고, 선분 BC를 $1:2$로 내분하는 점의 좌표가 (x, y)일 때, xy의 값을 구하시오.

0040 교육청 기출

직선 $y=\dfrac{1}{3}x$ 위의 두 점 $A(3, 1)$, $B(a, b)$가 있다. 제2사분면 위의 한 점 C에 대하여 삼각형 BOC와 삼각형 OAC의 넓이의 비가 $2:1$일 때, $a+b$의 값은? (단, $a<0$이고, O는 원점이다.)

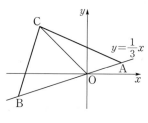

① -8 ② -7 ③ -6
④ -5 ⑤ -4

0041 교육청 기출

좌표평면 위의 두 점 A, B에 대하여 선분 AB의 중점의 좌표가 $(1, 2)$이고, 선분 AB를 $3:1$로 내분하는 점의 좌표가 $(4, 3)$일 때, $\overline{AB}^2$의 값을 구하시오.

유형 08 조건이 주어진 경우의 선분의 내분점

선분의 내분점이
(1) x축 위의 점이다. ➡ y좌표가 0이다.
  y축 위의 점이다. ➡ x좌표가 0이다.
(2) 어느 사분면 위의 점이다.
  ➡ 제1사분면: $(+, +)$, 제2사분면: $(-, +)$,
    제3사분면: $(-, -)$, 제4사분면: $(+, -)$
(3) 어느 직선 위의 점이다.
  ➡ 점의 좌표를 직선의 방정식에 대입한다.

🎧 개념ON 034쪽   🎧 유형ON 2권 008쪽

0042 대표문제

두 점 $A(-3, -1)$, $B(5, 3)$에 대하여 선분 AB를 $a : (2-a)$로 내분하는 점이 제2사분면 위에 있을 때, 실수 a의 값의 범위를 구하시오. (단, $0 < a < 2$)

0043 교육청 기출

두 점 $A(a, 0)$, $B(2, -4)$에 대하여 선분 AB를 $3 : 1$로 내분하는 점이 y축 위에 있을 때, 선분 AB의 길이는?

① $2\sqrt{5}$ ② $3\sqrt{5}$ ③ $4\sqrt{5}$
④ $5\sqrt{5}$ ⑤ $6\sqrt{5}$

0044 중요 교육청 기출

좌표평면에서 두 점 $A(-1, 4)$, $B(5, -5)$를 이은 선분 AB를 $2 : 1$로 내분하는 점이 직선 $y = 2x + k$ 위에 있을 때, 상수 k의 값은?

① -8 ② -7 ③ -6
④ -5 ⑤ -4

0045

두 점 $A(-2, 0)$, $B(0, 9)$를 이은 선분 AB를 $1 : k$로 내분하는 점이 직선 $x + 2y = 3$ 위에 있을 때, 양수 k의 값을 구하시오.

0046 서술형

두 점 $A(-4, 1)$, $B(7, -2)$를 이은 선분 AB가 y축에 의하여 $m : n$으로 내분될 때, $m+n$의 값을 구하시오.
(단, m, n은 서로소인 자연수이다.)

0047 교육청 기출

곡선 $y = x^2 - 2x$와 직선 $y = 3x + k$ $(k > 0)$이 두 점 P, Q에서 만난다. 선분 PQ를 $1 : 2$로 내분하는 점의 x좌표가 1일 때, 상수 k의 값을 구하시오. (단, 점 P의 x좌표는 점 Q의 x좌표보다 작다.)

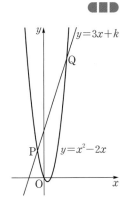

유형 **09** 선분의 내분점의 활용

① $m\overline{AB}=n\overline{BC}$ ($m>0$, $n>0$)이면
$\overline{AB}:\overline{BC}=n:m$이므로
세 점 A, B, C의 위치를 그림으
로 나타낸다.

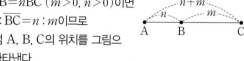

② 점 B는 선분 AC를 $n:m$으로 내분하는 점임을 이용한다.

🔲 **개념ON** 032쪽 　🔲 **유형ON 2권** 009쪽

0048 대표문제

두 점 A(-3, -2), B(1, 2)를 지나는 직선 AB 위에 있고
$3\overline{AB}=2\overline{BC}$를 만족시키는 점을 C($a$, b)라 할 때, $a+b$의
값을 구하시오. (단, $a>0$)

0049

두 점 A(-4, 5), B(1, 0)을 이은 선분 AB 위의 점 C가
$2\overline{AB}=5\overline{BC}$를 만족시킬 때, 점 C의 좌표를 구하시오.

0050

두 점 A(2, 2), B(0, 4)를 지나는 직선 AB 위의 점 C(a, b)
에 대하여 삼각형 OAC의 넓이가 20일 때, $b-a$의 값을 구하
시오. (단, O는 원점이고, $a<0$이다.)

0051 ✅중요

두 점 A(-1, -2), B(-4, 4)를 지나는 직선 AB 위에 있
고 $\overline{AB}=3\overline{BC}$를 만족시키는 점 C의 x좌표의 합은?

① -2 　　② -4 　　③ -6
④ -8 　　⑤ -10

0052

두 점 A(6, 1), B(2, 3)에 대하여 선분 AB의 연장선 위에
$k\overline{AB}=\overline{BC}$를 만족시키는 점 C($a$, 5)를 잡을 때, $a+k$의 값
을 구하시오. (단, k는 자연수이다.)

0053 ✏️서술형

두 점 A(3, 4), B(-1, 2)를 지나는 직선 AB 위의 점
C(a, b)에 대하여 삼각형 OAC의 넓이가 삼각형 OBC의 넓
이의 3배일 때, ab의 값을 구하시오.
(단, O는 원점이고, $a<0$이다.)

유형 10 삼각형의 무게중심

좌표평면 위의 세 점 $A(x_1, y_1)$, $B(x_2, y_2)$, $C(x_3, y_3)$을 꼭짓점으로 하는 삼각형 ABC의 무게중심 G의 좌표는

➡ $\left(\dfrac{x_1+x_2+x_3}{3}, \dfrac{y_1+y_2+y_3}{3} \right)$

Tip (1) 삼각형의 무게중심은 삼각형의 세 중선의 교점이다.
(2) 삼각형의 무게중심은 세 중선을 각 꼭짓점으로부터 $2:1$로 내분한다.

확인 문제

다음 세 점 A, B, C를 꼭짓점으로 하는 삼각형 ABC의 무게중심 G의 좌표를 구하시오.

(1) $A(1, 0)$, $B(-2, -4)$, $C(4, 1)$
(2) $A(-2, 3)$, $B(1, -7)$, $C(5, 2)$

🎧 개념ON 036쪽   🎧 유형ON 2권 009쪽

0054 대표문제

세 점 $A(a, -2)$, $B(3-b, a+4)$, $C(-2a, 2b+1)$을 꼭짓점으로 하는 삼각형 ABC의 무게중심의 좌표가 $(-4, 5)$일 때, $a-b$의 값을 구하시오.

0055

세 점 $A(a, b)$, $B(c, 5)$, $C(-1, 7)$을 꼭짓점으로 하는 삼각형 ABC의 무게중심이 원점일 때, $a+b+c$의 값을 구하시오.

0056 ✅중요 ✏️서술형

삼각형 ABC에서 $A(4, 2)$이고 선분 AB의 중점의 좌표는 $(-1, 0)$, 삼각형 ABC의 무게중심의 좌표는 $(0, 2)$이다. 이때 선분 BC를 $3:1$로 내분하는 점의 좌표를 구하시오.

0057 교육청 기출

좌표평면에 세 점 $A(-2, 0)$, $B(0, 4)$, $C(a, b)$를 꼭짓점으로 하는 삼각형 ABC가 있다. $\overline{AC}=\overline{BC}$이고 삼각형 ABC의 무게중심이 y축 위에 있을 때, $a+b$의 값은?

① $\dfrac{1}{2}$ ② 1 ③ $\dfrac{3}{2}$

④ 2 ⑤ $\dfrac{5}{2}$

0058 ✏️서술형

삼각형 ABC의 세 변 AB, BC, CA의 중점이 각각 $P(5, 1)$, $Q(3, 0)$, $R(1, 2)$일 때, 삼각형 ABC의 무게중심의 좌표를 (a, b)라 하자. 이때 $2a-b$의 값을 구하시오.

0059

세 점 $A(2, -4)$, $B(-3, 1)$, $C(7, 6)$을 꼭짓점으로 하는 삼각형 ABC에서 $\overline{AB}$, $\overline{BC}$, $\overline{CA}$를 $2:3$으로 내분하는 점을 각각 D, E, F라 할 때, 삼각형 DEF의 무게중심의 좌표를 구하시오.

사각형에서 중점의 활용
– 평행사변형과 마름모의 성질

(1) 평행사변형의 성질
① 두 쌍의 대변의 길이가 각각 같다.
② 두 대각선은 서로 다른 것을 이등분한다.
즉, 두 대각선의 중점이 일치한다.
(2) 마름모의 성질
① 네 변의 길이가 모두 같다.
② 두 대각선은 서로 다른 것을 수직이등분한다.
즉, 두 대각선의 중점이 일치한다.

🎧 개념ON 038쪽　　🎧 유형ON 2권 010쪽

0060 대표문제

세 점 A$(2, -1)$, B$(-1, -5)$, C$(3, -6)$에 대하여 사각형 ABCD가 평행사변형이 되도록 하는 꼭짓점 D의 좌표는?

① $(-1, 4)$　　② $(0, 3)$　　③ $(2, -1)$
④ $(3, 2)$　　⑤ $(6, -2)$

0061 중요

네 점 A$(0, 1)$, B$(-2, a)$, C$(4, b)$, D$(6, -1)$을 꼭짓점으로 하는 사각형 ABCD가 마름모일 때, $a+b$의 값을 구하시오. (단, $a<0$, $b<0$)

0062

평행사변형 ABCD의 두 꼭짓점 A, B의 좌표는 각각 $(-3, 4)$, $(-5, -2)$이고, 두 대각선 AC, BD의 교점의 좌표는 $(-1, 0)$이다. 두 꼭짓점 C, D의 좌표를 각각 (a, b), (c, d)라 할 때, $a+b+c+d$의 값을 구하시오.

0063 서술형

평행사변형 ABCD의 두 꼭짓점 A, B의 좌표는 각각 $(6, 2)$, $(4, 6)$이다. 삼각형 ABC의 무게중심의 좌표가 $(6, 4)$일 때, 꼭짓점 D의 좌표를 구하시오.

각의 이등분선의 성질

삼각형 ABC에서 $\angle$A의 이등분선이 변 BC와 만나는 점을 D라 하면
$\overline{AB} : \overline{AC} = \overline{BD} : \overline{CD}$
➡ 점 D는 선분 BC를 $\overline{AB} : \overline{AC}$로 내분하는 점이다.

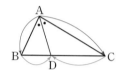

Tip 삼각형 ABC에서 $\angle$A의 외각의 이등분선이 변 BC의 연장선과 만나는 점을 D라 하면
$\overline{AB} : \overline{AC} = \overline{BD} : \overline{CD}$

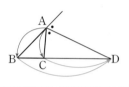

🎧 개념ON 040쪽　　🎧 유형ON 2권 011쪽

0064 대표문제

세 점 A$(-1, 4)$, B$(-4, 0)$, C$(5, -4)$를 꼭짓점으로 하는 삼각형 ABC에서 $\angle$A의 이등분선이 변 BC와 만나는 점을 D(a, b)라 할 때, ab의 값을 구하시오.

0065 교육청 기출

그림과 같이 좌표평면 위의 세 점 A$(0, a)$, B$(-3, 0)$, C$(1, 0)$을 꼭짓점으로 하는 삼각형 ABC가 있다. $\angle$ABC의 이등분선이 선분 AC의 중점을 지날 때, 양수 a의 값은?

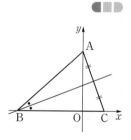

① $\sqrt{5}$　　② $\sqrt{6}$　　③ $\sqrt{7}$
④ $2\sqrt{2}$　　⑤ 3

0066 ✅중요 ✏️서술형 ◀❚❚

세 점 $A(3, 5)$, $B(0, 2)$, $C(7, 1)$을 꼭짓점으로 하는 삼각형 ABC에서 $\angle A$의 이등분선이 변 BC와 만나는 점을 D라 할 때, 삼각형 ABD와 삼각형 ACD의 넓이의 비를 가장 간단한 자연수의 비로 나타내시오.

0067 ◀❚❚

좌표평면 위의 두 점 $P(-2, 3)$, $Q(6, 9)$에 대하여 $\angle POQ$의 이등분선과 선분 PQ의 교점의 y좌표를 $\dfrac{b}{a}$라 할 때, $a+b$의 값을 구하시오.

(단, O는 원점이고, a와 b는 서로소인 자연수이다.)

0068 ◀❚❚

그림과 같이 세 점 $A(1, 1)$, $B(4, 2)$, $C(3, 0)$을 꼭짓점으로 하는 삼각형 ABC에서 $\angle A$의 외각의 이등분선과 변 BC의 연장선의 교점을 $D(a, b)$라 할 때, $a+b$의 값을 구하시오.

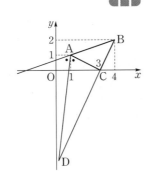

유형 13 점의 자취의 방정식

(1) 점 $P(a, b)$가 직선 $y=mx+n$ 위를 움직인다.
→ $b=ma+n$
(2) 점 P가 어떤 등식을 만족시킨다.
→ $P(x, y)$로 놓고 좌표를 등식에 대입한다.

🔊 유형ON 2권 011쪽

0069 대표문제

점 $A(2, 6)$과 직선 $y=2x+1$ 위를 움직이는 점 B에 대하여 선분 AB를 $2:1$로 내분하는 점의 자취의 방정식은?

① $-4x+y-2=0$
② $-4x+y+6=0$
③ $6x-3y-7=0$
④ $6x-3y+4=0$
⑤ $8x-y+3=0$

0070 ◀❚❚

두 점 $A(3, -2)$, $B(-1, 6)$에 대하여 $\overline{PA}^2-\overline{PB}^2=8$을 만족시키는 점 P의 자취의 방정식을 구하시오.

0071 ◀❚❚

두 점 $A(1, 3)$, $B(-2, -1)$에서 같은 거리에 있는 점 P의 자취의 방정식을 구하시오.

0072

두 점 A$(a, 1)$, B$(2, 3)$ 사이의 거리가 $\sqrt{13}$일 때, 양수 a의 값은?

① 1   ② 2   ③ 3

④ 4   ⑤ 5

0073

세 점 A$(0, 3)$, B$(a, 1)$, C$(-1, 4)$에 대하여 $\overline{AB}=\overline{BC}$일 때, a의 값을 구하시오.

0074 [교육청 기출]

좌표평면 위에 두 점 A$(2t, -3)$, B$(-1, 2t)$가 있다. 선분 AB의 길이를 l이라 할 때, 실수 t에 대하여 l^2의 최솟값을 구하시오.

0075

두 점 A$(1, m)$, B$(m, -4)$ 사이의 거리가 5 이하가 되도록 하는 정수 m의 개수는?

① 3   ② 4   ③ 5

④ 6   ⑤ 7

0076 [교육청 기출]

좌표평면 위에 두 점 A$(0, a)$, B$(6, 0)$이 있다. 선분 AB를 $1:2$로 내분하는 점이 직선 $y=-x$ 위에 있을 때, a의 값은?

① -1 ② -2 ③ -3

④ -4 ⑤ -5

0077

세 점 O$(0, 0)$, A$(-3, 0)$, B$(0, -6)$을 꼭짓점으로 하는 삼각형 OAB의 내부에 점 P가 있다. 이때 $\overline{OP}^2+\overline{AP}^2+\overline{BP}^2$의 최솟값을 구하시오.

0078

두 점 A$(-2, 4)$, B$(3, a)$에 대하여 선분 AB를 $2 : b$로 내분하는 점의 좌표가 $(-1, 3)$일 때, $a+b$의 값을 구하시오.

0079

좌표평면 위의 한 점 A$(1, -1)$을 꼭짓점으로 하는 삼각형 ABC에 대하여 점 P$(2, 1)$은 변 BC 위에 있고 $\overline{AP} = \overline{BP} = \overline{CP}$일 때, $\overline{AB}^2 + \overline{AC}^2$의 값은?

① 18   ② 20   ③ 22
④ 24   ⑤ 26

0080 교육청 기출

그림과 같이 직선 $l : 2x + 3y = 12$ 와 두 점 A$(4, 0)$, B$(0, 2)$가 있다. $\overline{AP} = \overline{BP}$가 되도록 직선 l 위의 점 P(a, b)를 잡을 때, $8a + 4b$의 값을 구하시오.

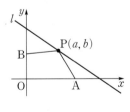

0081

그림과 같이 세 점 O$(0, 0)$, A$(4, 3)$, B$(7, -1)$을 꼭짓점으로 하는 삼각형 OAB의 한 변 OB 위에 점 C가 있다. 선분 AC가 $\angle$OAB를 이등분할 때, 점 C의 좌표를 구하시오.

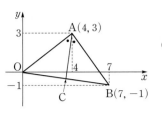

0082

세 점 A$(-1, 1)$, B$(5, -1)$, C$(1, 3)$을 꼭짓점으로 하는 삼각형 ABC의 세 변의 수직이등분선은 한 점 P(a, b)에서 만난다. 이때 $a+b$의 값을 구하시오.

0083

두 점 A$(2, -5)$, B$(-2, -1)$을 지나는 직선 AB 위에 있고 $3\overline{AB} = 2\overline{BC}$를 만족시키는 점 C는 두 개 존재한다. 이 두 점 사이의 거리는?

① $6\sqrt{2}$ ② $6\sqrt{3}$ ③ $9\sqrt{2}$
④ $9\sqrt{3}$ ⑤ $12\sqrt{2}$

0084 교육청 기출

점 A(1, 6)을 한 꼭짓점으로 하는 삼각형 ABC의 두 변 AB, AC의 중점을 각각 $M(x_1, y_1)$, $N(x_2, y_2)$라 하자. $x_1+x_2=2$, $y_1+y_2=4$일 때, 삼각형 ABC의 무게중심의 좌표는?

① $\left(\dfrac{1}{2}, \dfrac{2}{3}\right)$ ② $\left(\dfrac{1}{2}, 1\right)$ ③ $\left(1, \dfrac{2}{3}\right)$

④ $(1, 2)$ ⑤ $(2, 1)$

0085

그림과 같이 좌표평면 위의 네 점 A(0, 0), B(6, 0), C(6, 8), D(0, 8)을 꼭짓점으로 하는 사각형 ABCD의 내부의 한 점 P에 대하여 $\overline{PA}+\overline{PB}+\overline{PC}+\overline{PD}$의 값이 최소일 때, 점 P의 좌표를 구하시오.

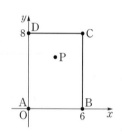

0086 교육청 기출

좌표평면에서 이차함수 $y=x^2-8x+1$의 그래프와 직선 $y=2x+6$이 만나는 두 점을 각각 A, B라 하자. 삼각형 OAB의 무게중심의 좌표를 (a, b)라 할 때, $a+b$의 값을 구하시오. (단, O는 원점이다.)

0087

직선 $y=-x$가 네 점 A(a, 6), B(0, b), C(2, c), D(d, −1)을 꼭짓점으로 하는 평행사변형 ABCD의 넓이를 이등분할 때, $a+b+c+d$의 값을 구하시오.

0088

그림과 같이 점 A(7, 3)과 두 점 B, C에 대하여 삼각형 ABC의 무게중심을 G라 하자. 점 G의 좌표가 (5, 1)이고 $\overline{AB}^2=18$, $\overline{AC}^2=30$일 때, $\overline{BC}^2$의 값을 구하시오.

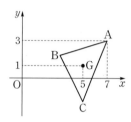

0089

그림과 같이 세 학교 A, B, C가 있다. B 학교는 A 학교에서 북쪽으로 6 km 떨어져 있고, C 학교는 A 학교에서 동쪽으로 4 km, 북쪽으로 2 km 떨어져 있다. 세 학교에서 같은 거리에 있는 지점에 도서관을 지으려고 할 때, 도서관과 각 학교 사이의 거리는?

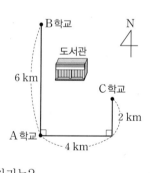

① $\sqrt{3}$ km   ② $\sqrt{5}$ km   ③ 3 km

④ $\sqrt{10}$ km   ⑤ $2\sqrt{3}$ km

0090 교육청 기출

세 양수 a, b, c에 대하여 좌표평면 위에 서로 다른 네 점 O(0, 0), A(a, 7), B(b, c), C(5, 5)가 있다. 사각형 OABC가 선분 OB를 대각선으로 하는 마름모일 때, $a+b+c$의 값을 구하시오. (단, 네 점 O, A, B, C 중 어느 세 점도 한 직선 위에 있지 않다.)

0091

좌표평면 위의 두 점 A(x_1, y_1), B(x_2, y_2)를 이은 선분 AB를 3 : 2로 내분하는 점을 C(x_3, y_3), 4 : 1로 내분하는 점을 D(x_4, y_4)라 할 때, $X\begin{pmatrix} x_1 & y_1 \\ x_2 & y_2 \end{pmatrix} = \begin{pmatrix} x_3 & y_3 \\ x_4 & y_4 \end{pmatrix}$가 되도록 하는 행렬 X의 (1, 2) 성분과 (2, 1) 성분의 합을 구하시오.

0092

그림과 같이 $\overline{AB}=6$, $\overline{BC}=4$, $\angle B = 90°$인 직각삼각형 ABC가 있다. 변 AB를 5 : 1로 내분하는 점 D와 변 BC 위의 점 E, 변 CA 위의 점 F에 대하여 삼각형 DEF 의 무게중심과 삼각형 ABC의 무게중심이 일치할 때, 선분 EF의 길이를 구하시오.

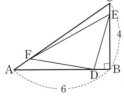

✏️ 서술형 대비하기

0093

세 점 A(a, 3), B(a, a), C(b, 4)를 꼭짓점으로 하는 삼각형 ABC가 정삼각형일 때, $(a-b)^2$의 값을 구하시오.

0094

두 점 A(4, 3), B(-2, -6)에 대하여 선분 AB를 $k : 3$으로 내분하는 점이 직선 $y = -2x + \dfrac{13}{5}$ 위에 있을 때, 실수 k의 값을 구하시오.

0095

삼각형 ABC에서 변 BC의 중점 M의 좌표는 (6, 1), 삼각형 ABC의 무게중심 G의 좌표는 (2, 3)이다. 점 A의 좌표가 (a, b)일 때, $a+b$의 값을 구하시오.

0096

네 점 $A(3, 4)$, $B(4, 3)$, $C(3, -1)$, $D(-1, 0)$을 꼭짓점으로 하는 사각형 ABCD의 내부의 한 점 P에 대하여 $\overline{PA}+\overline{PB}+\overline{PC}+\overline{PD}$의 값이 최소일 때, 선분 AP의 길이를 구하시오.

0097

그림과 같이 삼각형 ABC에서 $\overline{AB}=2\sqrt{15}$, $\overline{BC}=\sqrt{15}$이고, 변 AC 위의 두 점 D, E에 대하여 $\overline{AD}=\overline{DE}=\overline{EC}=3$일 때, $\overline{BD}+\overline{BE}$의 값은?

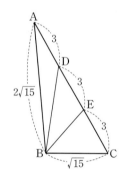

① $3\sqrt{3}$ ② $5\sqrt{3}$
③ $5\sqrt{5}$ ④ $3\sqrt{15}$
⑤ $5\sqrt{15}$

0098 교육청 기출

그림과 같이 x축 위의 네 점 A_1, A_2, A_3, A_4에 대하여 $\overline{OA_1}$, $\overline{A_1A_2}$, $\overline{A_2A_3}$, $\overline{A_3A_4}$를 각각 한 변으로 하는 정사각형 $OA_1B_1C_1$, $A_1A_2B_2C_2$, $A_2A_3B_3C_3$, $A_3A_4B_4C_4$가 있다. 점 B_4의 좌표가 $(30, 18)$이고 정사각형 $OA_1B_1C_1$, $A_1A_2B_2C_2$, $A_2A_3B_3C_3$의 넓이의 비가 $1 : 4 : 9$일 때, $\overline{B_1B_3}^2$의 값을 구하시오. (단, O는 원점이다.)

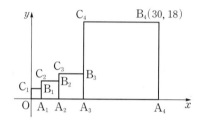

0099 교육청 기출

세 꼭짓점의 좌표가 $A(0, 3)$, $B(-5, -9)$, $C(4, 0)$인 삼각형 ABC가 있다. 그림과 같이 $\overline{AC}=\overline{AD}$가 되도록 점 D를 선분 AB 위에 잡는다. 점 A를 지나면서 선분 DC와 평행한 직선이 선분 BC의 연장선과 만나는 점을 P라 하자. 이때 점 P의 좌표는?

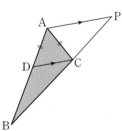

① $\left(\dfrac{61}{8}, \dfrac{29}{8}\right)$ ② $\left(\dfrac{65}{8}, \dfrac{33}{8}\right)$ ③ $\left(\dfrac{69}{8}, \dfrac{37}{8}\right)$
④ $\left(\dfrac{73}{8}, \dfrac{41}{8}\right)$ ⑤ $\left(\dfrac{77}{8}, \dfrac{45}{8}\right)$

0100

예각삼각형 ABC의 내부의 한 점 P에 대하여
$\overline{AP}^2+\overline{BP}^2+\overline{CP}^2$의 값이 최소가 될 때, 점 P의 위치는?

(단, 점 M은 선분 BC의 중점이다.)

① 삼각형 ABC의 내심
② 삼각형 ABC의 외심
③ 선분 AM을 1 : 2로 내분하는 점
④ 선분 AM을 2 : 1로 내분하는 점
⑤ 선분 AM을 2 : 3으로 내분하는 점

0101 교육청 기출

좌표평면 위의 네 점 A(3, 0),
B(6, 0), C(3, 6), D(1, 4)를 꼭
짓점으로 하는 사각형 ABCD에서
선분 AD를 1 : 3으로 내분하는 점
을 지나는 직선 l이 사각형 ABCD
의 넓이를 이등분한다. 직선 l이 선
분 BC와 만나는 점의 좌표가
(a, b)일 때, $a+b$의 값은?

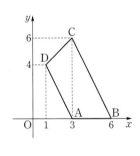

① $\dfrac{13}{2}$　　② 7　　③ $\dfrac{15}{2}$

④ 8　　⑤ $\dfrac{17}{2}$

0102

그림과 같이 이차함수 $y=ax^2\,(a>0)$의 그래프와 직선
$y=2x+1$이 서로 다른 두 점 P, Q에서 만난다. 선분 PQ의
중점 M에서 y축에 내린 수선의 발을 H라 하자. 선분 MH의
길이가 1일 때, 선분 PQ의 길이는?

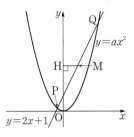

① 5　　② $2\sqrt{7}$　　③ $\sqrt{30}$
④ 6　　⑤ $2\sqrt{10}$

0103 교육청 기출

그림과 같이 좌표평면 위의 세 점 P(3, 7), Q(1, 1),
R(9, 3)으로부터 같은 거리에 있는 직선 l이 선분 PQ, PR
와 만나는 점을 각각 A, B라 하자. 선분 QR의 중점을 C라
할 때, △ABC의 무게중심의 좌표를 G(x, y)라 하면 $x+y$
의 값은?

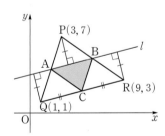

① $\dfrac{16}{3}$　　② 6　　③ $\dfrac{20}{3}$

④ $\dfrac{22}{3}$　　⑤ 8

직선의 방정식

유형별 **문제**

⋔ 개념ON 056쪽 ⋔ 유형ON 2권 014쪽

유형 **01** 한 점과 기울기가 주어진 직선의 방정식

(1) 점 (a, b)를 지나고 기울기가 m인 직선의 방정식
➡ $y-b=m(x-a)$, 즉 $y=m(x-a)+b$

(2) x축의 양의 방향과 이루는 각의 크기가 $\theta\ (0°\leq\theta<90°)$인 직선의 기울기는 $\tan\theta$이다.

(3) ① 점 (a, b)를 지나고 x축에 평행한 직선의 방정식
➡ $y=b$ ← y축에 수직인 직선
② 점 (a, b)를 지나고 y축에 평행한 직선의 방정식
➡ $x=a$ ← x축에 수직인 직선

Tip 직선 $y=ax+b\ (a, b$는 상수)의 기울기는
$\dfrac{(y의\ 값의\ 증가량)}{(x의\ 값의\ 증가량)}=a$

확인 문제

1. 다음 직선의 방정식을 구하시오.
(1) 점 $(1, -1)$을 지나고 기울기가 3인 직선
(2) 점 $(-2, 5)$를 지나고 기울기가 -1인 직선

2. 다음 직선의 방정식을 구하시오.
(1) 점 $(4, -2)$를 지나고 x축에 평행한 직선
(2) 점 $(3, 5)$를 지나고 y축에 평행한 직선
(3) 점 $(-2, 1)$을 지나고 x축에 수직인 직선
(4) 점 $(-1, 6)$을 지나고 y축에 수직인 직선

0104 대표문제

두 점 $(1, 2)$, $(-3, 8)$을 이은 선분의 중점을 지나고 기울기가 -2인 직선의 방정식이 $ax+y+b=0$일 때, $a+b$의 값은? (단, a, b는 상수이다.)

① -2 ② -1 ③ 0
④ 1 ⑤ 2

0105

직선 $2x+y+3=0$과 기울기가 같고 점 $(4, -5)$를 지나는 직선이 점 $(-1, k)$를 지날 때, k의 값을 구하시오.

0106 중요 서술형

점 $(-2, 1)$을 지나는 직선 $ax+(b-1)y+7=0$이 직선 $-4x-y+5=0$과 기울기가 같다고 할 때, 상수 a, b에 대하여 $a-b$의 값을 구하시오.

0107

세 점 $A(0, 4)$, $B(3, -1)$, $C(6, 3)$을 꼭짓점으로 하는 삼각형 ABC의 무게중심을 지나고 x축에 평행한 직선의 방정식을 구하시오.

0108

두 점 $A(-11, 15)$, $B(1, -3)$에 대하여 선분 AB를 $1:2$로 내분하는 점을 지나고 기울기가 2인 직선의 방정식을 구하시오.

0109 중요

직선 $\sqrt{3}x+ay-b=0$이 x축의 양의 방향과 이루는 각의 크기가 $30°$이고 점 $(1, -3)$을 지날 때, 상수 a, b에 대하여 $a+b$의 값은?

① $-6-\sqrt{3}$ ② $-6+\sqrt{3}$ ③ $\sqrt{3}$
④ $6-\sqrt{3}$ ⑤ $6+\sqrt{3}$

유형 02 두 점을 지나는 직선의 방정식

서로 다른 두 점 (x_1, y_1), (x_2, y_2)를 지나는 직선의 방정식

(1) $x_1 \neq x_2$일 때, $y - y_1 = \dfrac{y_2 - y_1}{x_2 - x_1}(x - x_1)$

(2) $x_1 = x_2$일 때, $x = x_1$

확인 문제

다음 두 점을 지나는 직선의 방정식을 구하시오.

(1) $(3, -2)$, $(6, 4)$　　(2) $(-1, 5)$, $(2, -4)$

🔓 개념ON 058쪽　🔓 유형ON 2권 014쪽

0110 대표문제

두 점 $(1, 2)$, $(-2, 5)$를 지나는 직선 위에 두 점 $(3, a)$, $(b, -5)$가 있을 때, $a + b$의 값은?

① 4　　　② 5　　　③ 6

④ 7　　　⑤ 8

0111 교육청 기출

좌표평면에서 두 직선 $x - 2y + 2 = 0$, $2x + y - 6 = 0$이 만나는 점과 점 $(4, 0)$을 지나는 직선의 y절편은?

① $\dfrac{5}{2}$　　② 3　　③ $\dfrac{7}{2}$

④ 4　　　⑤ $\dfrac{9}{2}$

0112 ✅중요

두 점 $A(-1, 2)$, $B(4, 7)$에 대하여 선분 AB를 $2:3$으로 내분하는 점과 점 $(2, -2)$를 지나는 직선의 x절편을 k라 할 때, $6k$의 값은?

① 8　　　② 9　　　③ 10

④ 11　　　⑤ 12

0113

세 점 $A(1, -2)$, $B(0, -1)$, $C(4, 1)$을 꼭짓점으로 하는 삼각형 ABC의 외심을 P라 할 때, 꼭짓점 A와 외심 P를 지나는 직선 AP의 방정식을 구하시오.

0114 ✏️서술형

세 점 $A(-3, 1)$, $B(-4, -2)$, C를 꼭짓점으로 하는 삼각형 ABC의 무게중심이 점 $G(-2, 1)$일 때, 꼭짓점 C와 무게중심 G를 지나는 직선 CG의 방정식을 구하시오.

0115

두 점 $(-3, 4)$, $(2, -6)$을 지나는 직선이 x축, y축에 의하여 잘려지는 선분의 길이는?

① $\sqrt{3}$　　② 2　　③ $\sqrt{5}$

④ $\sqrt{7}$　　⑤ 3

0116 ✅중요

그림과 같이 네 점 $O(0, 0)$, $A(2, 2)$, $B(5, 0)$, $C(3, -2)$를 꼭짓점으로 하는 사각형 OABC에서 두 대각선의 교점의 좌표를 (a, b)라 할 때, $4a + b$의 값을 구하시오.

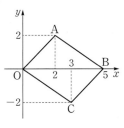

0117 ✏️서술형

그림과 같은 정사각형 ABCD에 대하여 A(0, 4), B(2, 0)일 때, 직선 CD의 x절편을 구하시오. (단, 두 점 C, D는 제1사분면 위에 있다.)

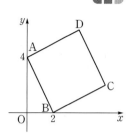

0118 교육청 기출

그림과 같이 좌표평면 위의 세 점 A(3, 5), B(0, 1), C(6, -1)을 꼭짓점으로 하는 삼각형 ABC에 대하여 선분 AB 위의 한 점 D와 선분 AC 위의 한 점 E가 다음 조건을 만족시킨다.

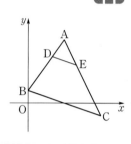

(가) 선분 DE와 선분 BC는 평행하다.
(나) 삼각형 ADE와 삼각형 ABC의 넓이의 비는 1 : 9이다.

직선 BE의 방정식이 $y=kx+1$일 때, 상수 k의 값은?

① $\dfrac{1}{8}$ ② $\dfrac{1}{4}$ ③ $\dfrac{3}{8}$

④ $\dfrac{1}{2}$ ⑤ $\dfrac{5}{8}$

0119

그림과 같은 마름모 ABCD에서 A(5, 6), B(2, 2)이고 변 BC가 x축과 평행하다. 직선 CD의 y절편을 a라 할 때, $-3a$의 값을 구하시오. (단, 두 점 C, D는 제1사분면 위에 있다.)

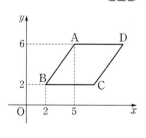

유형 03 x절편과 y절편이 주어진 직선의 방정식

x절편이 a, y절편이 b인 직선의 방정식

➡ $\dfrac{x}{a}+\dfrac{y}{b}=1$ (단, $ab \neq 0$)

Tip x절편이 a, y절편이 b인 직선은 두 점 $(a, 0)$, $(0, b)$를 지나는 직선과 같다.

확인 문제

다음을 만족시키는 직선의 방정식을 구하시오.

(1) x절편이 -2, y절편이 6인 직선
(2) x절편이 3, y절편이 -9인 직선
(3) 두 점 $(4, 0)$, $(0, 8)$을 지나는 직선

🎧 개념ON 058쪽   🎧 유형ON 2권 016쪽

0120 대표문제

x절편과 y절편의 절댓값이 같고 부호가 반대인 직선이 점 $(3, -2)$를 지날 때, 이 직선의 y절편은?

① -5 ② -4 ③ -3
④ -2 ⑤ -1

0121

x절편이 2이고 y절편이 -1인 직선이 점 $(6, a)$를 지날 때, a의 값을 구하시오.

0122

직선 $x+\dfrac{y}{2}=1$이 x축과 만나는 점을 P, 직선 $\dfrac{x}{3}+\dfrac{y}{4}=1$이 y축과 만나는 점을 Q라 할 때, 다음 중 두 점 P, Q를 지나는 직선의 방정식은?

① $x+\dfrac{y}{3}=1$ ② $x+\dfrac{y}{4}=1$ ③ $\dfrac{x}{3}+\dfrac{y}{2}=1$

④ $\dfrac{x}{4}+\dfrac{y}{2}=1$ ⑤ $\dfrac{x}{3}+\dfrac{y}{4}=1$

0123 ✏️서술형 ◀◼️◼️

점 $(4, 1)$을 지나는 직선의 x절편이 y절편의 2배일 때, 이 직선의 방정식은 $\dfrac{x}{m}+\dfrac{y}{n}=1$이다. 상수 m, n에 대하여 $m+n$의 값을 구하시오. (단, y절편은 0이 아니다.)

0124 ◀◼️◼️

두 직선 $y=ax$, $y=bx$ $(a>b)$가 직선 $\dfrac{x}{9}+\dfrac{y}{6}=1$과 x축 및 y축으로 둘러싸인 부분의 넓이를 삼등분할 때, $\dfrac{a}{b}$의 값을 구하시오.

0125 ◀◼️◼️

좌표평면에서 제3사분면을 지나지 않는 직선 $\dfrac{x}{a}+\dfrac{y}{b}=1$과 x축, y축으로 둘러싸인 부분의 넓이가 10일 때, 상수 a, b에 대하여 ab의 값을 구하시오.

0126 ✓중요 ◀◼️◼️

직선 $3x-2y=k$와 x축, y축으로 둘러싸인 삼각형의 넓이가 12일 때, 양수 k의 값을 구하시오.

유형 **04** 세 점이 한 직선 위에 있을 조건

세 점 A, B, C가 한 직선 위에 있다.
➡ (직선 AB의 기울기)=(직선 BC의 기울기)
　　　　　　　　　　=(직선 CA의 기울기)
➡ 세 점 A, B, C를 꼭짓점으로 하는 삼각형이 만들어지지 않는다.
　Tip 세 점 중 어떤 두 점을 택하여 기울기를 구해도 기울기가 일정하다.

🎧 **개념ON** 060쪽　🎧 **유형ON** 2권 017쪽

0127 대표문제

세 점 $A(-1, 1)$, $B(2, a)$, $C(-a, -11)$을 지나는 직선의 방정식을 구하시오. (단, $a>0$)

0128 교육청 기출 ◀◼️◼️

좌표평면 위의 서로 다른 세 점 $A(-1, a)$, $B(1, 1)$, $C(a, -7)$이 한 직선 위에 있도록 하는 양수 a의 값은?

① 5　　　　　② 6　　　　　③ 7
④ 8　　　　　⑤ 9

0129 ✏️서술형 ◀◼️◼️

세 점 $A(1, -4)$, $B(-6, a)$, $C(-a, 0)$을 지나는 직선의 y절편을 구하시오. (단, $a>0$)

0130 ✅중요

세 점 A$(0, a)$, B$(a-3, 1)$, C$(-2, 10)$을 꼭짓점으로 하는 삼각형이 만들어지지 않도록 하는 모든 실수 a의 값의 곱은?

① 22   ② 24   ③ 26
④ 28   ⑤ 30

유형 05   도형의 넓이를 분할하는 직선의 방정식

(1) 삼각형 ABC의 꼭짓점 A를 지나면서 그 넓이를 이등분하는 직선 ➡ 선분 BC의 중점을 지난다.
(2) 직사각형의 넓이를 이등분하는 직선
➡ 두 대각선의 교점을 지난다.

🔊 개념ON 062쪽   🔊 유형ON 2권 017쪽

0131 대표문제

세 점 A$(3, 1)$, B$(6, -4)$, C$(-2, 2)$를 꼭짓점으로 하는 삼각형 ABC의 넓이를 점 A를 지나는 직선 $y=ax+b$가 이등분할 때, 상수 a, b에 대하여 $a-b$의 값은?

① -7 ② -3 ③ -1
④ 3   ⑤ 7

0132

직선 $\dfrac{x}{5}+\dfrac{y}{10}=1$과 x축, y축으로 둘러싸인 삼각형의 넓이를 직선 $y=mx$가 이등분할 때, 상수 m의 값을 구하시오.

0133 교육청 기출

좌표평면에서 원점 O를 지나고 꼭짓점이 A$(2, -4)$인 이차함수 $y=f(x)$의 그래프가 x축과 만나는 점 중에서 원점이 아닌 점을 B라 하자. 직선 $y=mx$가 삼각형 OAB의 넓이를 이등분하도록 하는 실수 m의 값은?

① $-\dfrac{1}{6}$ ② $-\dfrac{1}{3}$ ③ $-\dfrac{1}{2}$
④ $-\dfrac{2}{3}$ ⑤ $-\dfrac{5}{6}$

0134 ✏️서술형

그림과 같이 좌표평면 위에 두 개의 직사각형이 있다. 직선 $ax+by-2=0$이 두 직사각형의 넓이를 동시에 이등분할 때, 상수 a, b에 대하여 ab의 값을 구하시오.

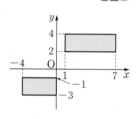

0135 ✅중요

그림과 같은 삼각형 ABD와 삼각형 ACD의 넓이의 비가 $3 : 2$일 때, 두 점 A, D를 지나는 직선의 방정식을 구하시오.

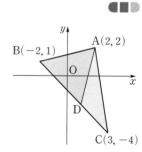

유형 06 계수의 부호에 따른 직선의 개형

직선의 방정식이 $ax+by+c=0$ ($b\neq0$) 꼴로 주어질 때, 직선의 개형은 다음과 같은 순서로 그린다.

❶ 주어진 직선의 방정식을 $y=-\dfrac{a}{b}x-\dfrac{c}{b}$ 꼴로 변형한다.

❷ 기울기 $-\dfrac{a}{b}$와 y절편 $-\dfrac{c}{b}$의 부호를 구한다.

❸ 직선의 기울어진 방향과 y절편의 위치에 따라 직선의 개형을 그린다.

Tip (1) $ab>0$ ➡ a, b의 부호가 같다.
(2) $ab=0$ ➡ $a=0$ 또는 $b=0$
(3) $ab<0$ ➡ a, b의 부호가 다르다.

확인 문제

세 상수 a, b, c가 다음 조건을 만족시킬 때, 직선 $ax+by+c=0$이 지나지 않는 사분면을 구하시오.

(1) $a>0$, $b>0$, $c>0$ (2) $a>0$, $b<0$, $c<0$

개념ON 064쪽 **유형ON 2권 018쪽**

0136 대표문제

직선 $ax+by+4=0$이 그림과 같을 때, 직선 $x-ay+b=0$의 개형은? (단, a, b는 상수이다.)

① ② ③

④ 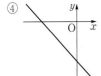 ⑤

0137 중요

$ab>0$, $bc<0$일 때, 직선 $ax+by+c=0$이 지나지 않는 사분면은? (단, a, b, c는 상수이다.)

① 제1사분면 ② 제2사분면 ③ 제3사분면
④ 제4사분면 ⑤ 제1, 3사분면

0138 서술형

직선 $ax+by+c=0$의 그래프가 그림과 같을 때, 직선 $cx+ay+b=0$이 지나지 않는 사분면을 구하시오. (단, a, b, c는 상수이다.)

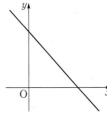

0139

이차함수 $y=ax^2+bx+c$의 그래프가 그림과 같을 때, 직선 $ax+by+c=0$이 지나지 않는 사분면은? (단, a, b, c는 상수이다.)

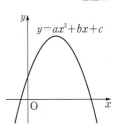

① 제1사분면 ② 제2사분면
③ 제3사분면 ④ 제4사분면
⑤ 제2, 4사분면

0140

직선 $ax+by+c=0$에 대하여 보기에서 옳은 것만을 있는 대로 고른 것은? (단, a, b, c는 상수이다.)

보기
ㄱ. $ac>0$, $bc>0$이면 제1, 2, 3사분면을 지난다.
ㄴ. $ab<0$, $ac>0$이면 제1, 2, 3사분면을 지난다.
ㄷ. $ab<0$, $bc=0$이면 제2, 4사분면을 지난다.
ㄹ. $ab=0$, $bc<0$이면 제1, 2사분면을 지난다.

① ㄱ, ㄴ ② ㄱ, ㄷ ③ ㄴ, ㄷ
④ ㄴ, ㄹ ⑤ ㄷ, ㄹ

유형 07 정점을 지나는 직선

직선 $ax+by+c+k(a'x+b'y+c')=0$이 실수 k의 값에 관계없이 항상 지나는 점의 좌표

➡ 연립방정식 $\begin{cases} ax+by+c=0 \\ a'x+b'y+c'=0 \end{cases}$ 의 해

확인 문제

다음 직선이 실수 k의 값에 관계없이 항상 지나는 점의 좌표를 구하시오.

(1) $3x+y+1+k(2x-3y+8)=0$
(2) $kx+y-k+3=0$

🎧 개념ON 066쪽 🎧 유형ON 2권 019쪽

0141 대표문제

직선 $(2k+1)x+(k+1)y+k+3=0$은 실수 k의 값에 관계없이 항상 점 P를 지난다. 이때 점 P와 원점 사이의 거리는?

① $3\sqrt{3}$　　② $2\sqrt{7}$　　③ $\sqrt{29}$
④ $\sqrt{30}$　　⑤ $\sqrt{31}$

0142

직선 $(2k-3)x+(1-k)y+5k-4=0$이 실수 k의 값에 관계없이 항상 점 (a, b)를 지난다. 이때 $b-a$의 값은?

① 3　　② 4　　③ 5
④ 6　　⑤ 7

0143 중요

직선 $(k-2)x+(k-1)y+1=0$은 실수 k의 값에 관계없이 항상 점 P를 지날 때, 기울기가 2이고 점 P를 지나는 직선의 방정식을 구하시오.

0144 서술형

직선 $(2k+1)x-(k-1)y+5k+a=0$은 실수 k의 값에 관계없이 항상 점 $(-1, b)$를 지난다. 상수 a에 대하여 ab의 값을 구하시오.

0145

점 (a, b)가 직선 $2x-y=-3$ 위에 있을 때, 직선 $bx-ay=-3$은 항상 점 (p, q)를 지난다. 이때 $p-q$의 값을 구하시오.

0146

직선 $l : (2k+1)x+(k+2)y-k+7=0$에 대하여 보기에서 옳은 것만을 있는 대로 고른 것은? (단, k는 실수이다.)

┌ 보기 ────────────
ㄱ. 직선 l은 k의 값에 관계없이 항상 점 $(3, -5)$를 지난다.
ㄴ. $k=-2$이면 직선 l은 y축에 평행하다.
ㄷ. 직선 l은 기울기가 -2인 직선이 될 수 없다.
└──────────────────

① ㄱ　　② ㄱ, ㄴ　　③ ㄱ, ㄷ
④ ㄴ, ㄷ　　⑤ ㄱ, ㄴ, ㄷ

유형 08 정점을 지나는 직선의 활용

직선 $y-b=m(x-a)$는 실수 m의 값에 관계없이 항상 점 (a, b)를 지난다.

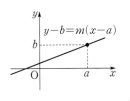

🎧 개념ON 068쪽 🎧 유형ON 2권 020쪽

0147 대표문제

두 직선 $x+y-4=0$, $mx-y+2m+1=0$이 제1사분면에서 만나도록 하는 실수 m의 값의 범위를 구하시오.

0148

직선 $(m+2)x-y-4m-3=0$이 제4사분면을 지나지 않도록 하는 모든 정수 m의 값의 합은?

① -3 ② -2 ③ -1
④ 1 ⑤ 2

0149 중요

직선 $mx+y-m-1=0$이 두 점 A$(2, 5)$, B$(5, -1)$을 이은 선분 AB와 한 점에서 만나도록 하는 실수 m의 값의 범위가 $\alpha \leq m \leq \beta$일 때, $\alpha\beta$의 값은?

① -2 ② $-\dfrac{1}{2}$ ③ $\dfrac{1}{2}$
④ 2 ⑤ 3

0150 서술형

직선 $kx-y+k-1=0$이 그림의 직사각형과 만나도록 하는 실수 k의 최댓값을 M, 최솟값을 m이라 할 때, Mm의 값을 구하시오.

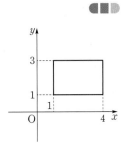

0151 중요

직선 $y=mx+3m+1$이 세 점 A$(2, 4)$, B$(3, -1)$, C$(5, 3)$을 꼭짓점으로 하는 삼각형 ABC와 만나지 않도록 하는 실수 m의 값의 범위를 구하시오.

0152

세 점 A$(1, 2)$, B$(-1, -3)$, C$(5, -1)$을 꼭짓점으로 하는 삼각형 ABC가 있다. 직선 $mx+y-m-2=0$이 삼각형 ABC의 넓이를 이등분할 때, 상수 m의 값을 구하시오.

0153

직선 $y=mx+m+2$가 실수 m의 값에 관계없이 항상 직사각형 ABCD의 넓이를 이등분한다. 꼭짓점 A의 좌표가 $(-3, -1)$일 때, 꼭짓점 C의 좌표를 구하시오.

두 직선의 교점을 지나는 직선의 방정식

두 직선 $ax+by+c=0$, $a'x+b'y+c'=0$의 교점과 점 (p, q)를 지나는 직선의 방정식은 다음과 같은 순서로 구한다.

❶ $ax+by+c+k(a'x+b'y+c')=0$ (k는 실수)으로 놓는다.

❷ ❶의 식에 $x=p$, $y=q$를 대입하여 실수 k의 값을 구한다.

❸ ❷에서 구한 k의 값을 ❶의 식에 대입하여 정리한다.

🎧 개념ON 070쪽 🎧 유형ON 2권 020쪽

0154 대표문제

두 직선 $3x+2y+1=0$, $x-y-3=0$의 교점과 점 $(2, 1)$을 지나는 직선의 방정식이 $ax+by-5=0$일 때, 상수 a, b에 대하여 ab의 값은?

① -4　　　② -3　　　③ -2
④ -1　　　⑤ 0

0155

두 직선 $x-2y+5=0$, $2x+3y+3=0$의 교점과 점 $(2, -4)$를 지나는 직선의 y절편은?

① -3　　　② -2　　　③ -1
④ 2　　　⑤ 3

0156 ✔중요 🖊서술형

두 직선 $x+y+6=0$, $2x-y+3=0$의 교점과 점 $(1, 9)$를 지나는 직선이 x축과 만나는 점을 A, y축과 만나는 점을 B라 할 때, 선분 AB의 길이를 구하시오.

0157

두 직선 $2x+y-6=0$, $x-y-5=0$의 교점과 점 $(4, 0)$을 지나는 직선이 있다. 이 직선과 x축, y축으로 둘러싸인 도형의 넓이를 구하시오.

0158

두 직선 $ax-(a-2)y-3=0$, $x+(a-2)y-5=0$의 교점과 원점을 지나는 직선의 기울기가 $\dfrac{3}{2}$일 때, 상수 a의 값을 구하시오.

0159

그림과 같이 두 직선 $x-2y+6=0$, $x+y-4=0$이 x축과 만나는 점을 각각 A, B라 하고 두 직선의 교점을 C라 하자. 점 C를 지나고 삼각형 ABC의 넓이를 이등분하는

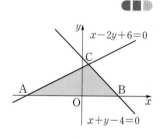

직선의 방정식이 $ax+by+2=0$일 때, 상수 a, b에 대하여 a^2+b^2의 값을 구하시오.

유형 10 두 직선의 평행과 수직

두 직선 $ax+by+c=0$, $a'x+b'y+c'=0$에서
$$(abc \neq 0,\ a'b'c' \neq 0)$$

(1) 두 직선이 평행하다. ➡ $\dfrac{a}{a'}=\dfrac{b}{b'}\neq\dfrac{c}{c'}$

(2) 두 직선이 일치한다. ➡ $\dfrac{a}{a'}=\dfrac{b}{b'}=\dfrac{c}{c'}$

(3) 두 직선이 수직이다. ➡ $aa'+bb'=0$

Tip 두 직선 $y=mx+n$, $y=m'x+n'$에서
- (1) 두 직선이 평행하다. ➡ $m=m'$, $n\neq n'$
- (2) 두 직선이 일치한다. ➡ $m=m'$, $n=n'$
- (3) 두 직선이 수직이다. ➡ $mm'=-1$

확인 문제

1. 두 직선 $y=-2x+3$, $y=(m+1)x+9$의 위치 관계가 다음 과 같을 때, 상수 m의 값을 구하시오.
   - (1) 평행하다.
   - (2) 수직이다.

2. 다음 보기의 직선 중 직선 $x-2y+6=0$과 평행한 직선과 수직인 직선을 각각 찾으시오.

   보기
   - ㄱ. $-x-2y+3=0$
   - ㄴ. $3x-6y+1=0$
   - ㄷ. $2x+y-3=0$
   - ㄹ. $8x+4y-2=0$

🔵 개념ON 078쪽 🔵 유형ON 2권 021쪽

0160 대표문제

두 직선 $(k-1)x+y-4=0$, $kx-2y+3=0$이 평행하도록 하는 상수 k의 값을 a, 수직이 되도록 하는 상수 k의 값을 b 라 할 때, $\dfrac{b}{a}$의 값을 구하시오. (단, $b>0$)

0161

점 $(1, 2)$를 지나는 직선 $(a+2)x-3y+b=0$이 직선 $x+y+2=0$에 수직일 때, 상수 a, b에 대하여 $b-a$의 값은?

① $\dfrac{1}{2}$ ② 1 ③ $\dfrac{3}{2}$

④ 2 ⑤ $\dfrac{5}{2}$

0162 교육청 기출

두 직선 $y=7x-1$과 $y=(3k-2)x+2$가 서로 평행할 때, 상수 k의 값은?

① 1 ② 2 ③ 3

④ 4 ⑤ 5

0163

두 직선 $(a-1)x+y-3=0$, $2x-(a+2)y+3=0$이 서로 만나지 않을 때, 직선 $ax+(a+2)y+4=0$과 수직이고 점 $(1, 2)$를 지나는 직선의 방정식을 구하시오.

(단, a는 상수이다.)

0164 서술형

두 직선 $ax+2y+1=0$, $bx+cy-8=0$은 수직이고, 두 직선의 교점의 좌표는 $(1, -2)$이다. 상수 a, b, c에 대하여 $a+b-c$의 값을 구하시오.

0165 중요

직선 $mx-y+3=0$이 직선 $nx-2y-2=0$과 수직이고, 직선 $(3-n)x-y-1=0$과 평행할 때, m^3+n^3의 값을 구하시오. (단, m, n은 상수이다.)

0166

직선 $3x+4y+1=0$은 직선 $8x-ay-3=0$과 수직이고, 직선 $ax+by+5=0$과 평행하다. 이때 직선 $\dfrac{x}{a}+\dfrac{y}{b}=1$과 x축, y축으로 둘러싸인 도형의 넓이를 구하시오.

(단, a, b는 상수이다.)

유형 11 **수직 또는 평행 조건이 주어진 직선의 방정식**

(1) 수직인 두 직선 ➡ 두 직선의 기울기의 곱이 -1이다.
(2) 평행한 두 직선 ➡ 두 직선의 기울기는 같고, y절편은 다르다.

개념ON 076쪽   **유형ON 2권** 022쪽

0167 대표문제

두 점 $(-2, 6)$, $(4, -2)$를 지나는 직선에 평행하고 점 $(3, 1)$을 지나는 직선의 방정식이 $ax+3y+b=0$일 때, 상수 a, b에 대하여 $a-b$의 값은?

① 13   ② 15   ③ 17
④ 19   ⑤ 21

0168

좌표평면 위의 두 점 $A(1, 5)$, $B(4, 2)$에 대하여 선분 AB를 $1:2$로 내분하는 점을 지나고, 직선 AB에 수직인 직선의 방정식을 $ax-y+b=0$이라 할 때, $a+b$의 값을 구하시오.

0169 교육청 기출

좌표평면 위의 점 $(1, a)$를 지나고 직선 $4x-2y+1=0$과 평행한 직선의 방정식이 $bx-y+5=0$일 때, 두 상수 a, b에 대하여 $a \times b$의 값은?

① 6   ② 8   ③ 10
④ 12   ⑤ 14

0170 교육청 기출

점 $(1, 0)$을 지나는 직선과 직선 $(3k+2)x-y+2=0$이 y축에서 수직으로 만날 때, 상수 k의 값은?

① $-\dfrac{5}{6}$ ② $-\dfrac{1}{2}$ ③ $-\dfrac{1}{3}$
④ $\dfrac{1}{6}$ ⑤ $\dfrac{3}{2}$

0171 중요

그림과 같이 점 $A(4, 7)$에서 직선 $x+2y-8=0$에 내린 수선의 발을 $H(a, b)$라 할 때, ab의 값은?

① 2   ② 3
③ 4   ④ 5
⑤ 6

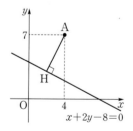

0172 서술형

그림과 같이 두 직선 l_1, l_2가 y축
과 점 A(0, 4)에서 만나고, x축과
각각 점 B(-3, 0), C에서 만난
다. ∠BAO=∠ACO일 때, 직선
l_2에 평행하고 점 (4, -5)를 지나
는 직선의 방정식을 $ax+by+8=0$이라 하자. 상수 a, b에
대하여 $a+b$의 값을 구하시오. (단, O는 원점이다.)

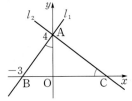

0173 교육청 기출

두 점 (3, 5), (5, 3)을 지나는 직선이 두 직선 $y=x$, $y=3x$
와 만나는 교점을 각각 A, B라 할 때, 삼각형 OAB의 넓이
를 구하시오. (단, O는 원점이다.)

0174

직선 $3x+y-12=0$과 x축, y축으로 둘러싸인 부분의 넓이
를 직선 $3x+y-12=0$과 평행한 직선 $ax+y+b=0$이 이등
분할 때, 상수 a, b에 대하여 a^4-b^2의 값을 구하시오.

유형 12 선분의 수직이등분선의 방정식

선분 AB의 수직이등분선을 l이라 하면
(1) 직선 l은 선분 AB의 중점을 지난다.
(2) 직선 l과 직선 AB의 기울기의 곱은
 -1이다.

⋒ 개념ON 078쪽 ⋒ 유형ON 2권 023쪽

0175 대표문제

두 점 A(2, 5), B(-4, 1)에 대하여 선분 AB의 수직이등
분선의 방정식이 $ax+by-3=0$일 때, 상수 a, b에 대하여
$a+b$의 값을 구하시오.

0176

직선 $5x+2y-10=0$이 x축, y축과 만나는 점을 각각 A, B
라 할 때, 선분 AB를 수직이등분하는 직선이 점 (-5, a)를
지난다. 이때 a의 값은?

① $-\dfrac{41}{10}$ ② $-\dfrac{1}{10}$ ③ $\dfrac{1}{10}$

④ 1 ⑤ $\dfrac{41}{10}$

0177 중요

두 점 A(-1, a), B(5, b)를 이은 선분 AB의 수직이등분
선의 방정식이 $x-2y+2=0$일 때, ab의 값을 구하시오.

0178 교육청 기출

그림과 같이 좌표평면 위에 마름모 ABCD가 있다. 두 점 A, C의 좌표가 각각 (1, 3), (5, 1)이고, 두 점 B, D를 지나는 직선 l의 방정식이 $2x+ay+b=0$일 때, ab의 값을 구하시오. (단, a, b는 상수이다.)

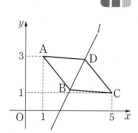

0179 서술형

세 점 A$(-3, 2)$, B$(5, -2)$, C$(1, -6)$을 꼭짓점으로 하는 삼각형 ABC의 세 변의 수직이등분선의 교점의 좌표를 (a, b)라 할 때, $a+b$의 값을 구하시오.

0180

그림과 같은 마름모 ABCD에 대하여 A$(-1, 6)$, C$(n, 0)$이고, 대각선 AC의 길이가 10이다. 두 점 B, D를 지나는 직선 l의 방정식이 $4x+ay+b=0$일 때, 상수 a, b에 대하여 ab의 값을 구하시오. (단, $n>0$)

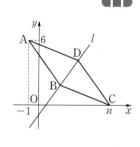

유형 **13** **세 직선의 위치 관계**

서로 다른 세 직선이 삼각형을 이루지 않는 경우는 다음과 같다.

(1) 세 직선이 한 점에서 만날 때
  ➡ 한 직선이 나머지 두 직선의 교점을 지난다.
  ➡ 세 직선이 좌표평면을 6개의 영역으로 나눈다.

(2) 세 직선 중 두 직선이 평행할 때
  ➡ 두 직선의 기울기는 같고, 나머지 한 직선의 기울기는 다르다.
  ➡ 세 직선이 좌표평면을 6개의 영역으로 나눈다.

(3) 세 직선이 모두 평행할 때
  ➡ 세 직선의 기울기가 모두 같다.
  ➡ 세 직선이 좌표평면을 4개의 영역으로 나눈다.

🎧 개념ON 080쪽 🎧 유형ON 2권 024쪽

0181 대표문제

세 직선 $x+y=0$, $x-2y+1=0$, $3x+ay-5=0$이 삼각형을 이루지 않도록 하는 모든 상수 a의 값의 합은?

① 7　　　　② 9　　　　③ 11
④ 13　　　　⑤ 15

0182 중요

세 직선 $3x+2y=5$, $2x-y=8$, $kx+3y=6$이 한 점에서 만날 때, 상수 k의 값을 구하시오.

0183

세 직선 $2x-y+5=0$, $3x+4y-1=0$, $ax+2y-6=0$에 의하여 생기는 교점이 2개가 되도록 하는 모든 상수 a의 값의 곱을 구하시오.

0184

서로 다른 세 직선 $ax-2y-5=0$, $3x+y-2=0$, $x+by+1=0$에 의하여 좌표평면이 4개의 영역으로 나누어질 때, 상수 a, b에 대하여 ab의 값을 구하시오.

0185

서로 다른 세 직선 $4x-3y+2=0$, $x-4y+10=0$, $ax+y-5=0$으로 둘러싸인 삼각형이 직각삼각형이 되도록 하는 모든 상수 a의 값의 곱을 구하시오.

유형 14 점과 직선 사이의 거리

점 (x_1, y_1)과 직선 $ax+by+c=0$ 사이의 거리는

➡ $\dfrac{|ax_1+by_1+c|}{\sqrt{a^2+b^2}}$

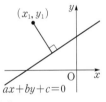

Tip 원점과 직선 $ax+by+c=0$ 사이의 거리는

➡ $\dfrac{|c|}{\sqrt{a^2+b^2}}$

확인 문제

1. 다음에서 주어진 점과 직선 사이의 거리를 구하시오.
   (1) 점 $(1, 2)$, 직선 $x+y-5=0$
   (2) 점 $(-3, 4)$, 직선 $3x-4y+5=0$

2. 점 $(-4, 1)$과 다음 직선 사이의 거리를 구하시오.
   (1) 직선 $x=5$　　　　(2) 직선 $y=-2$

🎧 개념ON 088쪽　🎧 유형ON 2권 024쪽

0186 대표문제

점 $(\sqrt{3}, 1)$과 직선 $y=\sqrt{3}x+n$ 사이의 거리가 3일 때, 양수 n의 값은?

① 1　　　　② 2　　　　③ 3
④ 4　　　　⑤ 5

0187 교육청 기출

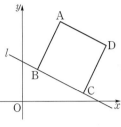

그림과 같이 좌표평면 위에 점 A$(a, 6)$ $(a>0)$과 두 점 $(6, 0)$, $(0, 3)$을 지나는 직선 l이 있다. 직선 l 위의 서로 다른 두 점 B, C와 제1사분면 위의 점 D를 사각형 ABCD가 정사각형이 되도록 잡는다. 정사각형 ABCD의 넓이가 $\dfrac{81}{5}$일 때, a의 값은?

① 2　　　　② $\dfrac{9}{4}$　　　　③ $\dfrac{5}{2}$
④ $\dfrac{11}{4}$　　　　⑤ 3

0188 중요

점 $(2, 1)$을 지나고 원점으로부터의 거리가 $\sqrt{5}$인 직선 l의 기울기를 구하시오.

0189 서술형

직선 $y=-\dfrac{1}{2}x+4$에 수직이고, 원점으로부터의 거리가 $\sqrt{3}$인 직선 중 제2사분면을 지나지 않는 직선의 방정식을 구하시오.

0190

두 점 $(4, 5)$, $(-1, 0)$을 지나는 직선 위를 움직이는 점 P에 대하여 선분 OP의 길이의 최솟값을 a라 하자. 이때 $4a^2$의 값은? (단, O는 원점이다.)

① 2　　　　② 4　　　　③ 6
④ 8　　　　⑤ 10

0191

점 A$(-1, 2)$에서 직선 $3x+4y+5=0$에 내린 수선의 발을 H라 하자. 직선 $3x+4y+5=0$ 위의 점 P가 $\overline{AP}=2\overline{AH}$를 만족시킬 때, 삼각형 AHP의 넓이를 구하시오.

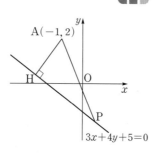

0192 ✅중요

점 $(0, k)$에서 두 직선 $x-2y=1$, $2x+y=5$에 이르는 거리가 같을 때, 모든 실수 k의 값의 곱은?

① -8 ② -6 ③ -4
④ 4 ⑤ 8

0193 교육청 기출

그림과 같이 좌표평면에 세 점 O$(0, 0)$, A$(8, 4)$, B$(7, a)$와 삼각형 OAB의 무게중심 G$(5, b)$가 있다. 점 G와 직선 OA 사이의 거리가 $\sqrt{5}$일 때, $a+b$의 값은?
(단, a는 양수이다.)

① 16   ② 17   ③ 18
④ 19   ⑤ 20

0194

직선 $(3+k)x+(1+2k)y-2+6k=0$은 실수 k의 값에 관계없이 항상 점 A를 지난다. 점 A를 지나고 원점으로부터의 거리가 $3\sqrt{2}$인 직선의 방정식이 $ax+y+b=0$일 때, 정수 a, b에 대하여 $b-a$의 값을 구하시오.

유형 15 점과 직선 사이의 거리의 최댓값

점 P와 직선 사이의 거리를 $f(k)$라 할 때,
$$f(k)=\frac{|a|}{g(k)}\ (a는\ 상수)$$
이면 $g(k)$가 최소일 때 $f(k)$는 최댓값을 갖는다.

유형ON 2권 025쪽

0195 대표문제

점 $(-3, 3)$과 직선 $3x-y+4+k(x+y)=0$ 사이의 거리를 $f(k)$라 할 때, $f(k)$의 최댓값을 구하시오.
(단, k는 실수이다.)

0196 ✅중요

원점과 직선 $(k-1)x-3y+6=0$ 사이의 거리는 $k=a$일 때 최댓값 b를 갖는다고 한다. 이때 ab의 값은?
(단, k는 실수이다.)

① 1   ② 2   ③ 3
④ 4   ⑤ 5

0197 ✐서술형 ◀◀◁

두 직선 $x-y+6=0$, $x+y=0$의 교점을 지나는 직선과 원점 사이의 거리의 최댓값을 구하시오.

0198 ◀◀◁

두 직선 $2x-y+4=0$, $3x+y-4=0$의 교점을 지나는 직선과 점 $(2, -2)$ 사이의 거리의 최댓값을 구하시오.

유형 16 평행한 두 직선 사이의 거리

평행한 두 직선 l_1, l_2 사이의 거리는 다음과 같은 순서로 구한다.
❶ 직선 l_1 위의 한 점의 좌표 (x_1, y_1)을 구한다.
❷ 점 (x_1, y_1)과 직선 l_2 사이의 거리를 구한다.
Tip 평행한 두 직선 $ax+by+c=0$, $ax+by+c'=0$ 사이의 거리는
➡ $\dfrac{|c-c'|}{\sqrt{a^2+b^2}}$

확인 문제

다음 평행한 두 직선 사이의 거리를 구하시오.
(1) $x+y-1=0$, $x+y+7=0$
(2) $3x+y-2=0$, $3x+y+8=0$

⋒ 개념ON 090쪽   ⋒ 유형ON 2권 026쪽

0199 대표문제

평행한 두 직선 $3x-4y+k=0$, $3x-4y-1=0$ 사이의 거리가 1일 때, 양수 k의 값은?

① 1   ② 2   ③ 3
④ 4   ⑤ 5

0200 ◀◀◁

직선 $x+y-7=0$ 위의 한 점 A와 직선 $x+y+5=0$ 위의 한 점 B에 대하여 선분 AB의 길이의 최솟값을 구하시오.

0201 ✅중요 ✐서술형 ◀◀◁

평행한 두 직선 $(m-1)x-2y-1=0$, $mx-(3m-2)y+3=0$ 사이의 거리를 a라 할 때, $2a$의 값을 구하시오. (단, m은 정수이다.)

0202 ◀◀◁

그림과 같이 직선 $y=mx+3$ 위의 두 점 A, B와 직선 $y=mx-2$ 위의 두 점 C, D에 대하여 사각형 ABCD는 넓이가 5인 정사각형일 때, 양수 m의 값을 구하시오.

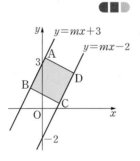

0203

좌표평면 위의 두 점 A$(-3, 0)$, B$(3, 2)$에서 직선 $x+2y-4=0$에 내린 수선의 발을 각각 C, D라 할 때, 두 직선 AC, BD 사이의 거리를 구하시오.

0204

그림과 같이 좌표평면에서 직선 l이 두 직선 $y=x-1$, $y=x+3$과 만나는 점을 각각 P, Q라 하자. 직선 l이 x축의 양의 방향과 이루는 각의 크기가 $105°$일 때, 선분 PQ의 길이를 a라 하자. 이때 $6a$의 값을 구하시오.

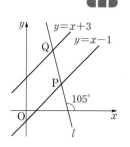

유형 17 **세 꼭짓점의 좌표가 주어진 삼각형의 넓이**

세 점 A, B, C를 꼭짓점으로 하는 삼각형 ABC의 넓이는 다음과 같은 순서로 구한다.
❶ 선분 AB의 길이와 직선 AB의 방정식을 구한다.
❷ 점 C와 직선 AB 사이의 거리 h를 구한다.
❸ $\triangle ABC=\frac{1}{2}\times\overline{AB}\times h$임을 이용하여 삼각형의 넓이를 구한다.

⋒ 개념ON 092쪽   ⋒ 유형ON 2권 026쪽

0205 대표문제

세 점 A$(1, 6)$, B$(-3, -2)$, C$(3, -4)$를 꼭짓점으로 하는 삼각형 ABC의 넓이를 구하시오.

0206

세 점 A$(3, 3)$, B$(5, -1)$, C$(a, 0)$을 꼭짓점으로 하는 삼각형 ABC의 넓이가 17일 때, 모든 실수 a의 값의 합은?

① 9 ② 10 ③ 11
④ 12 ⑤ 13

0207 🖉 서술형

그림과 같이 두 점 O$(0, 0)$, A$(2, 5)$와 직선 $5x-2y-24=0$ 위의 한 점 P를 꼭짓점으로 하는 삼각형 AOP의 넓이를 구하시오.

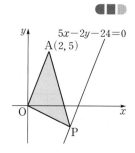

0208 ✅ 중요

세 직선 $x-y+3=0$, $4x+y-18=0$, $3x+7y-1=0$으로 둘러싸인 삼각형의 넓이를 구하시오.

0209

좌표평면 위의 네 점 A$(0, 6)$, B$(-2, 0)$, C$(1, -2)$, D$(3, 4)$를 꼭짓점으로 하는 사각형 ABCD의 넓이를 구하시오.

유형 18 · 자취의 방정식 - 점과 직선 사이의 거리

주어진 조건을 만족시키는 점의 자취의 방정식은 다음과 같은 순서로 구한다.
❶ 구하는 자취 위의 한 점의 좌표를 P(x, y)로 놓는다.
❷ 점 P와 주어진 직선 사이의 거리를 구하는 공식을 이용하여 x, y 사이의 관계식을 구한다.
└─ 점 P의 자취의 방정식

⌒ 개념ON 094쪽   ⌒ 유형ON 2권 027쪽

0210 대표문제

두 직선 $x+2y-3=0$, $2x+y+3=0$으로부터 같은 거리에 있는 점 P의 자취의 방정식 중에서 기울기가 양수인 직선의 방정식이 $x+ay+b=0$일 때, 상수 a, b에 대하여 $a+b$의 값을 구하시오.

0211

두 직선 $2x-3y+1=0$, $3x+2y+4=0$이 이루는 각을 이등분하는 직선의 방정식인 것만을 보기에서 있는 대로 고른 것은?

┌ 보기 ─────────────────
│ ㄱ. $x-5y+1=0$ ㄴ. $x+5y+3=0$
│ ㄷ. $5x-y+5=0$ ㄹ. $5x+y+2=0$
└──────────────────────

① ㄱ, ㄴ   ② ㄱ, ㄷ   ③ ㄴ, ㄷ
④ ㄴ, ㄹ   ⑤ ㄷ, ㄹ

0212 중요

두 직선 $2x+y-4=0$, $x+2y-4=0$에 대하여 두 직선 위에 있지 않은 점 P에서 두 직선에 내린 수선의 발을 각각 R, S라 할 때, $\overline{PR}=2\overline{PS}$를 만족시키는 점 P의 자취의 방정식을 구하시오.

0213 서술형

두 직선 $2x+5y+a=0$, $2x-5y-4=0$이 이루는 각을 이등분하는 직선이 점 $(-1, 1)$을 지날 때, 모든 실수 a의 값의 합을 구하시오.

0214

두 점 A$(-2, 1)$, B$(1, 5)$와 직선 AB 위에 있지 않은 점 P에 대하여 삼각형 ABP의 넓이가 10일 때, 점 P의 자취의 방정식을 구하시오.

0215

두 점 A$(-4, 7)$, B$(5, -5)$에 대하여 선분 AB를 $2 : 1$로 내분하는 점을 지나고 기울기가 $\dfrac{1}{2}$인 직선의 방정식을 구하시오.

0216

직선 $(2k-1)x+(k+3)y-3k+5=0$이 실수 k의 값에 관계없이 항상 점 P를 지날 때, 점 P와 원점을 지나는 직선의 기울기를 구하시오.

0217 교육청 기출

그림과 같이 좌표평면 위에 모든 변이 x축 또는 y축에 평행한 두 직사각형 ABCD, EFGH가 있다. 기울기가 m인 한 직선이 두 직사각형 ABCD, EFGH의 넓이를 각각 이등분할 때, $12m$의 값을 구하시오.

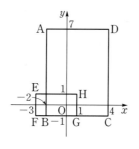

0218

두 직선 $(a-2)x+2y-1=0$과 $3x+(a-1)y+1=0$이 수직으로 만날 때의 a의 값을 α, 서로 만나지 않을 때의 a의 값을 β라 할 때, $5\alpha\beta$의 값은? (단, a는 상수이다.)

① 28 ② 30 ③ 32
④ 36 ⑤ 40

0219 교육청 기출

자연수 n에 대하여 좌표평면에서 점 A$(0, 2)$를 지나는 직선과 점 B$(n, 2)$를 지나는 직선이 서로 수직으로 만나는 점을 P라 하자. 점 P의 좌표가 $(4, 4)$일 때, 삼각형 ABP의 무게중심의 좌표를 (a, b)라 하자. $a+b$의 값은?

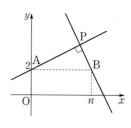

① 5 ② $\dfrac{17}{3}$ ③ $\dfrac{19}{3}$
④ 7 ⑤ $\dfrac{23}{3}$

0220

세 점 A$(5, k)$, B$(-3, 2)$, C$(6, 0)$을 꼭짓점으로 하는 삼각형 ABC가 $\angle A=90°$인 직각삼각형이 되도록 하는 실수 k의 값 중에서 양수를 a, 음수를 b라 할 때, $a-b$의 값을 구하시오.

0221

세 직선 $2x+y-5=0$, $2x-y-3=0$, $kx-2y-1=0$이 삼각형을 이루지 않도록 하는 모든 상수 k의 값의 합은?

① $\dfrac{1}{2}$ ② $\dfrac{3}{2}$ ③ $\dfrac{5}{2}$

④ $\dfrac{7}{2}$ ⑤ $\dfrac{9}{2}$

0222

세 점 A$(1, 9)$, B$(0, 2)$, C$(5, -3)$을 꼭짓점으로 하는 삼각형 ABC의 세 변의 수직이등분선의 교점의 좌표를 (a, b)라 할 때, $a+b$의 값은?

① 10   ② 11   ③ 12

④ 13   ⑤ 14

0223

직선 $3x+y=4$ 위의 점 (a, b)에 대하여 직선 $ax+by=-12$가 항상 지나는 점의 좌표는?

① $(-9, -3)$ ② $(-3, -1)$ ③ $(-1, 3)$

④ $(3, 1)$ ⑤ $(6, 2)$

0224

평행한 두 직선 $ax+by=2$, $ax+by=-3$에 대하여 상수 a, b가 $a^2+b^2=5$를 만족시킬 때, 두 직선 사이의 거리는?

① 1   ② $\sqrt{2}$ ③ $\sqrt{3}$

④ 2   ⑤ $\sqrt{5}$

0225

세 점 O$(0, 0)$, A$(2, 3)$, B$(3, -2)$에 대하여 다음 중 $\angle$AOB의 이등분선의 방정식인 것은?

① $x-5y=0$ ② $2x-5y=0$

③ $3x-5y=0$ ④ $5x-y=0$

⑤ $5x-2y=0$

0226 교육청 기출

좌표평면 위의 세 점 A$(6, 0)$, B$(0, -3)$, C$(10, -8)$에 대하여 삼각형 ABC에 내접하는 원의 중심을 P라 할 때, 선분 OP의 길이는? (단, O는 원점이다.)

① $2\sqrt{7}$ ② $\sqrt{30}$ ③ $4\sqrt{2}$

④ $\sqrt{34}$ ⑤ 6

0227

서로 다른 세 직선 $x+y=4$, $x+2y=9$, $ax-y=-8$이 좌표평면을 6개의 부분으로 나눌 때, 모든 상수 a의 값의 합을 구하시오.

0228 _{교육청} 기출

그림과 같이 좌표평면에서 직선 $y=-x+10$과 y축과의 교점을 A, 직선 $y=3x-6$과 x축과의 교점을 B, 두 직선 $y=-x+10$, $y=3x-6$의 교점을 C라 하자. x축 위의 점 D$(a, 0)$ $(a>2)$에 대하여 삼각형 ABD의 넓이가 삼각형 ABC의 넓이와 같도록 하는 a의 값은?

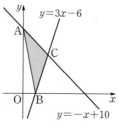

① 5
② $\dfrac{26}{5}$
③ $\dfrac{27}{5}$
④ $\dfrac{28}{5}$
⑤ $\dfrac{29}{5}$

0229

좌표평면 위의 세 점 A$(1, 2)$, B$(3, 6)$, C(a, b)에서 x축에 내린 수선의 발을 각각 A′, B′, C′이라 하면 6개의 점 A, B, C, A′, B′, C′은 다음 조건을 만족시킨다. 상수 a, b에 대하여 $a-b$의 값은?

> (가) 점 B′은 선분 A′C′을 $1:2$로 내분한다.
> (나) 두 직선 AB, BC는 서로 수직이다.

① -3
② -1
③ 0
④ 1
⑤ 3

✎ 서술형 대비하기

0230

두 점 A$(-3, 6)$, B$(7, 1)$을 지나는 직선에 수직이고 선분 AB를 $3:2$로 내분하는 점을 지나는 직선이 점 $(-1, a)$를 지날 때, a의 값을 구하시오.

0231

삼각형 ABC의 세 변 AB, BC, CA의 중점의 좌표가 각각 $(4, 6)$, $(2, -1)$, $(8, 2)$일 때, 직선 AB의 방정식을 구하시오.

0232

직선 $y=mx+2m+1$이 상수 m의 값에 관계없이 항상 직사각형 ABCD의 넓이를 이등분한다. A$(3, 5)$일 때, 꼭짓점 C의 좌표를 구하시오.

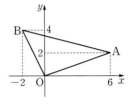
수능 녹인 변별력 문제

0233

세 점 $P(2, -4)$, $Q(-8, 10)$, $R(4, -2)$를 꼭짓점으로 하는 삼각형 PQR의 외심과 직선 $4x-3y+6=0$ 사이의 거리는?

① 1   ② 2   ③ 3

④ 4   ⑤ 5

0234

그림과 같이 직선 $y=mx$가 네 점 $A(2, 7)$, $B(2, 3)$, $C(8, 3)$, $D(8, 7)$을 꼭짓점으로 하는 직사각형 ABCD의 넓이를 이등분한다. 직선 $y=mx$에 수직이고, 직사각형 ABCD의 넓이를 이등분하는 직선의 방정식을 $ax+y+b=0$이라 할 때, 상수 a, b, m에 대하여 $a+b+m$의 값을 구하시오.

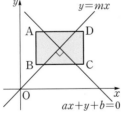

0235 [교육청 기출]

좌표평면에 세 점 $O(0, 0)$, $A(6, 2)$, $B(-2, 4)$를 꼭짓점으로 하는 삼각형이 있다. 직선 OA 위의 점 P와 직선 OB 위의 점 Q가 다음 조건을 만족시킨다.

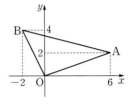

(가) 점 P는 제1사분면, 점 Q는 제2사분면 위의 점이다.

(나) ($\triangle$OPB의 넓이)$=\dfrac{1}{2}\times$ ($\triangle$OAB의 넓이)

(다) ($\triangle$OPQ의 넓이)$=\dfrac{3}{2}\times$ ($\triangle$OPB의 넓이)

이때 직선 PQ의 방정식은 $mx+ny=21$이다. 두 실수 m, n의 합 $m+n$의 값은?

① 11   ② 12   ③ 13

④ 14   ⑤ 15

0236

그림과 같이 원점 O를 꼭짓점으로 하고 평행한 두 직선 $y=-2x+8$, $y=-2x-2$와 각각 수직인 선분 PQ를 한 변으로 하는 삼각형 OPQ의 넓이가 10이다. 직선 PQ의 x절편을 a, y절편을 b라 할 때, $a+b$의 값을 구하시오.

(단, 두 점 P, Q는 제4사분면 위의 점이다.)

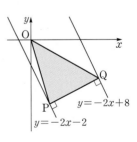

0237

그림과 같이 점 A$(1, 0)$, B$(3, 0)$ 과 y축 위의 점 F를 꼭짓점으로 하는 정육각형 ABCDEF가 있다. 점 F를 지나는 직선 $y=mx+\sqrt{3}$이 선분 DE와 만나는 점을 P라 할 때, 삼각형 PEF 와 육각형 ABCDPF의 넓이의 비는 1 : 14이다. 이때 상수 m의 값을 구하시오.

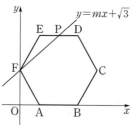

0238 교육청 기출

곡선 $y=-x^2+4$ 위의 점과 직선 $y=2x+k$ 사이의 거리의 최솟값이 $2\sqrt{5}$가 되도록 하는 상수 k의 값을 구하시오.

0239

원점과 제1사분면을 지나는 두 직선 l_1, l_2가 있다. 직선 l_1의 기울기는 직선 l_2의 기울기의 4배이고, 직선 l_2는 직선 l_1이 x축 의 양의 방향과 이루는 각을 이등분한다. 이때 직선 l_1의 기울기는?

① $\sqrt{2}$ ② $\sqrt{3}$ ③ $2\sqrt{2}$

④ $2\sqrt{3}$ ⑤ $3\sqrt{3}$

0240

그림과 같은 좌표평면 위의 두 정사각형 ABCD, CEFG에 대하여 A$(-3, 4)$, B$(-1, 0)$, E$(9, 1)$일 때, 직선 DG의 기울기는?

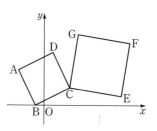

① $\dfrac{2}{3}$ ② $\dfrac{3}{4}$ ③ 1

④ $\dfrac{4}{3}$ ⑤ $\dfrac{3}{2}$

0241

직선 $3x-4y+12=0$이 x축과 만나는 점을 A라 하고, 직선 $mx-y+3-5m=0$이 x축 및 직선 $3x-4y+12=0$과 만나는 점을 각각 B, C라 하자. $\overline{AB}=\overline{AC}$일 때, 삼각형 ABC의 넓이는? (단, $m<0$)

① 30　　　　② 40　　　　③ 50
④ 60　　　　⑤ 70

0242 [교육청 기출]

좌표평면 위의 세 점 A, B, C를 꼭짓점으로 하는 삼각형 ABC의 무게중심을 G라 하고, 변 AB, 변 BC, 변 CA의 중점의 좌표를 각각 L(2, 1), M(4, −1), N(a, b)라 하자. 직선 BN과 직선 LM이 서로 수직이고, 점 G에서 직선 LM까지의 거리가 $4\sqrt{2}$일 때, ab의 값은?

(단, 무게중심 G는 제1사분면에 있다.)

① 60　　　　② 90　　　　③ 120
④ 150　　　　⑤ 180

0243

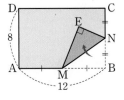

그림과 같이 $\overline{AB}=12$, $\overline{AD}=8$인 직사각형 ABCD가 있다. 변 AB의 중점을 M, 변 BC의 중점을 N이라 하고, 직사각형 ABCD를 직선 MN을 접는 선으로 하여 접었을 때, 점 B가 접힌 점을 E라 하자. 점 D와 직선 EM 사이의 거리는?

(단, 점 E는 직사각형 ABCD의 내부에 있다.)

① $\dfrac{111}{13}$　　　　② $\dfrac{112}{13}$　　　　③ $\dfrac{113}{13}$
④ $\dfrac{114}{13}$　　　　⑤ $\dfrac{115}{13}$

0244

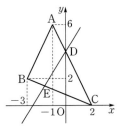

그림과 같이 세 점 A(-1, 6), B(-3, 2), C(2, 0)을 꼭짓점으로 하는 삼각형 ABC가 있다. 변 AC가 y축과 만나는 점 D를 지나고 삼각형 ABC의 넓이를 이등분하는 직선이 변 BC와 만나는 점을 E라 할 때, 직선 DE의 방정식은 $ax+by+28=0$이다. 상수 a, b에 대하여 $a+b$의 값을 구하시오.

유형 **01** 중심의 좌표가 주어진 원의 방정식

(1) 중심의 좌표가 (a, b)이고 반지름의 길이가 r인 원의 방정식은
$$(x-a)^2+(y-b)^2=r^2$$
> **Tip** 중심이 원점이고 반지름의 길이가 r인 원의 방정식은
> $$x^2+y^2=r^2$$
> **예** 중심의 좌표가 $(1, -2)$이고 반지름의 길이가 3인 원의 방정식은
> $(x-1)^2+\{y-(-2)\}^2=3^2$, 즉 $(x-1)^2+(y+2)^2=9$

(2) 중심의 좌표가 (a, b)이고 점 (x_1, y_1)을 지나는 원의 방정식은 $(x-a)^2+(y-b)^2=r^2$으로 놓고 점 (x_1, y_1)의 좌표를 대입하여 구한다.

확인 문제

다음 원의 방정식을 구하시오.

(1) 중심이 원점이고 반지름의 길이가 4인 원
(2) 중심의 좌표가 $(2, -3)$이고 반지름의 길이가 5인 원

🎧 **개념ON** 108쪽 　🎧 **유형ON 2권** 032쪽

0245 대표문제

원 $(x-4)^2+(y+1)^2=2$와 중심이 같고 점 $(3, 2)$를 지나는 원의 넓이는?

① 5π 　　② 8π 　　③ 10π
④ 13π 　　⑤ 15π

0246

원 $x^2+y^2-4x-2y-2k+8=0$의 반지름의 길이가 1일 때, 상수 k의 값을 구하시오.

0247 교육청 기출

원 $x^2+y^2-8x+6y=0$의 넓이는 $k\pi$이다. k의 값을 구하시오.

0248 교육청 기출

두 상수 a, b에 대하여 이차함수 $y=x^2-4x+a$의 그래프의 꼭짓점을 A라 할 때, 점 A는 원 $x^2+y^2+bx+4y-17=0$의 중심과 일치한다. $a+b$의 값은?

① -1 　　② -2 　　③ -3
④ -4 　　⑤ -5

0249 중요 서술형

두 점 $A(2, 6)$, $B(8, -3)$을 이은 선분 AB를 $1:2$로 내분하는 점을 중심으로 하고 점 A를 지나는 원의 방정식을 구하시오.

0250

원 $(x-2)^2+(y+5)^2=4$와 중심이 같고 점 $(4, -1)$을 지나는 원이 점 $(0, a)$를 지날 때, 모든 a의 값의 곱을 구하시오.

0251

세 점 $A(-1, 1)$, $B(2, 5)$, $C(5, 6)$을 꼭짓점으로 하는 삼각형 ABC의 무게중심을 G라 할 때, 점 G를 중심으로 하고 선분 AG를 반지름으로 하는 원의 방정식을 구하시오.

유형 02 중심이 직선 위에 있는 원의 방정식

(1) 중심이 x축 위에 있는 원의 방정식
 ➡ $(x-a)^2+y^2=r^2$
(2) 중심이 y축 위에 있는 원의 방정식
 ➡ $x^2+(y-b)^2=r^2$
(3) 중심이 함수 $y=f(x)$의 그래프 위에 있는 원의 방정식
 ➡ $(x-a)^2+\{y-f(a)\}^2=r^2$

🎧 개념ON 112쪽 🎧 유형ON 2권 032쪽

0252 대표문제

중심이 y축 위에 있고 두 점 $(-3, 0)$, $(2, 1)$을 지나는 원의 방정식은?

① $(x-2)^2+y^2=10$ ② $x^2+(y-2)^2=10$
③ $x^2+(y+2)^2=13$ ④ $(x+2)^2+y^2=13$
⑤ $(x+2)^2+(y+2)^2=16$

0253

직선 $y=2x+3$이 원 $x^2+y^2-4x-2ay-19=0$의 중심을 지날 때, 상수 a의 값은?

① 4   ② 5   ③ 6
④ 7   ⑤ 8

0254

중심이 x축 위에 있고 넓이가 25π인 원이 점 $(2, 3)$을 지날 때, 이 원의 중심의 좌표는 $(\alpha, 0)$ 또는 $(\beta, 0)$이다. 이때 $\alpha+\beta$의 값을 구하시오.

0255 ✅중요

중심이 x축 위에 있고 두 점 $(1, 3)$, $(5, 1)$을 지나는 원에 대하여 보기에서 옳은 것만을 있는 대로 고르시오.

┌ 보기 ┐
ㄱ. 점 $(-1, 1)$을 지난다.
ㄴ. 중심의 좌표는 $(2, 0)$이다.
ㄷ. 넓이는 5π이다.

0256

중심이 직선 $y=-x-1$ 위에 있고 두 점 $(-1, -1)$, $(6, 0)$을 지나는 원의 반지름의 길이는?

① $2\sqrt{2}$ ② 3   ③ $3\sqrt{2}$
④ 5   ⑤ $5\sqrt{2}$

0257

중심이 직선 $y=x$ 위에 있고 반지름의 길이가 $4\sqrt{2}$인 원이 원점을 지날 때, 이 원의 방정식을 구하시오.
(단, 원의 중심은 제1사분면 위에 있다.)

0258

직선 $x+4y+a=0$이 두 원 $x^2+y^2-12x-2y+1=0$, $x^2+y^2+2bx-3by+8=0$의 중심을 지날 때, 상수 a, b에 대하여 $a-b$의 값을 구하시오.

0259 🖉 서술형 ◀▮▮

중심이 직선 $y=2x+1$ 위에 있고 두 점 $(-6, 4)$, $(1, -3)$ 을 지나는 원에 대하여 x좌표가 3인 원 위의 두 점을 A, B라 할 때, 선분 AB의 길이를 구하시오.

유형 03 두 점을 지름의 양 끝 점으로 하는 원의 방정식

두 점 A, B를 지름의 양 끝 점으로 하는 원에 대하여
(1) (원의 중심) = ($\overline{AB}$의 중점)
(2) (반지름의 길이) = $\frac{1}{2}\overline{AB}$

🎧 개념ON 110쪽 🎧 유형ON 2권 033쪽

0260 대표문제

두 점 A$(-5, 2)$, B$(3, 4)$를 지름의 양 끝 점으로 하는 원의 방정식이 $(x-a)^2+(y-b)^2=c$일 때, 상수 a, b, c에 대하여 $a+b+c$의 값은?

① 16 　　② 17 　　③ 18
④ 19 　　⑤ 20

0261 ◀▮▮

좌표평면 위의 두 점 A$(2, 3)$, B$(5, 0)$에 대하여 선분 AB 를 $1:2$로 내분하는 점을 C라 하자. 선분 BC를 지름으로 하는 원의 중심의 좌표를 (a, b)라 할 때, $a+b$의 값은?

① 1 　　② 2 　　③ 3
④ 4 　　⑤ 5

0262 🖉 서술형 ◀▮▮

직선 $5x-4y-40=0$이 x축, y축과 만나는 점을 각각 P, Q 라 할 때, 두 점 P, Q를 지름의 양 끝 점으로 하는 원의 방정식을 구하시오.

0263 ◀▮▮

세 점 A$(-1, 3)$, B$(6, 4)$, C$(8, -6)$을 꼭짓점으로 하는 삼각형 ABC에 대하여 꼭짓점 A에서 변 BC에 그은 중선을 지름으로 하는 원의 방정식이 $x^2+y^2+ax+by+c=0$일 때, $a-b-c$의 값을 구하시오. (단, a, b, c는 상수이다.)

0264 ◀▮▮

세 점 A$(2, 3)$, B$(-1, -1)$, C$(8, -5)$를 꼭짓점으로 하는 삼각형 ABC에서 ∠A의 이등분선이 변 BC와 만나는 점을 D라 할 때, 두 점 A, D를 지름의 양 끝 점으로 하는 원의 넓이를 구하시오.

유형 04 원의 방정식이 되기 위한 조건

방정식 $x^2+y^2+Ax+By+C=0$이 나타내는 도형이 원이 되려면

➡ 주어진 방정식을 $(x-a)^2+(y-b)^2=c$ 꼴로 변형하였을 때, $c>0$이어야 한다. → $c=r^2$이므로 $r^2>0$

Tip x, y에 대한 이차방정식 $x^2+y^2+Ax+By+C=0$은 중심의 좌표가 $\left(-\dfrac{A}{2}, -\dfrac{B}{2}\right)$, 반지름의 길이가 $\dfrac{\sqrt{A^2+B^2-4C}}{2}$인 원을 나타낸다. (단, $A^2+B^2-4C>0$)

🔵 **개념ON** 114쪽 🔵 **유형ON** 2권 034쪽

0265 대표문제

방정식 $x^2+y^2+2kx-8y+20=0$이 원을 나타내도록 하는 실수 k의 값의 범위는?

① $-3<k<3$ ② $-2<k<2$

③ $0<k<2$ ④ $k<-1$ 또는 $k>1$

⑤ $k<-2$ 또는 $k>2$

0266 ✅중요

다음 중 원의 방정식이 <u>아닌</u> 것은?

① $x^2+y^2+x+y=0$

② $x^2+y^2-x+2y-3=0$

③ $x^2+y^2-2x+y+2=0$

④ $x^2+y^2+2x+4y+3=0$

⑤ $x^2+y^2-4x+2y+4=0$

0267

방정식 $x^2+y^2-4x+6y-2k+5=0$이 y축과 만나지 않는 원을 나타낼 때, 실수 k의 값의 범위가 $a<k<b$이다. 상수 a, b에 대하여 $a+b$의 값은?

① -8 ② -6 ③ -4

④ -2 ⑤ 0

0268

방정식 $x^2+y^2-2kx+8ky+16k^2+2k+5=0$이 나타내는 도형의 넓이가 3π가 되도록 하는 양수 k의 값을 구하시오.

0269 ✏️서술형

방정식 $x^2+y^2-2x+a^2-8a-8=0$이 원을 나타낼 때, 이 원의 넓이가 최대가 되도록 하는 반지름의 길이를 구하시오.
(단, a는 실수이다.)

유형 05 세 점을 지나는 원의 방정식

세 점 A, B, C를 지나는 원의 방정식은 다음과 같은 순서로 구한다.

❶ 원의 중심의 좌표를 P(a, b)로 놓는다.

❷ $\overline{PA}=\overline{PB}=\overline{PC}$임을 이용하여 a, b 사이의 관계식을 세운다.

❸ ❷의 방정식을 연립하여 a, b의 값을 구한다.

❹ 반지름의 길이는 $\overline{PA}$의 길이와 같음을 이용하여 반지름의 길이를 구한다.

🔵 **개념ON** 116쪽 🔵 **유형ON** 2권 034쪽

0270 대표문제 교육청 기출

좌표평면 위의 세 점 A$(-2, 0)$, B$(4, 0)$, C$(1, 2)$를 지나는 원이 있다. 이 원의 중심의 좌표를 (p, q)라 할 때, $p+q$의 값은?

① $-\dfrac{3}{4}$ ② $-\dfrac{5}{8}$ ③ $-\dfrac{1}{2}$

④ $-\dfrac{3}{8}$ ⑤ $-\dfrac{1}{4}$

0271 ✅중요

네 점 $A(0, -3)$, $B(2, 3)$, $C(4, -1)$, $D(k, 1)$이 한 원 위에 있을 때, 양수 k의 값을 구하시오.

0272

세 점 $A(0, 5)$, $B(a, 0)$, $C(-a, 0)$을 지나는 원의 반지름의 길이가 3일 때, 양수 a의 값을 구하시오.

0273

세 직선 $x-y-4=0$, $x+2y-7=0$, $3x-y=0$으로 만들어지는 삼각형의 외접원의 넓이를 구하시오.

유형 **06** x축 또는 y축에 접하는 원의 방정식

원 $(x-a)^2+(y-b)^2=r^2$이

(1) x축에 접할 때
  ➡ (반지름의 길이)
     $=|$(중심의 y좌표)$|$
     $=|b|$
  ➡ $(x-a)^2+(y-b)^2=b^2$

(2) y축에 접할 때
  ➡ (반지름의 길이)
     $=|$(중심의 x좌표)$|$
     $=|a|$
  ➡ $(x-a)^2+(y-b)^2=a^2$

확인 문제

다음 원의 방정식을 구하시오.

(1) 중심의 좌표가 $(3, -1)$이고 x축에 접하는 원

(2) 중심의 좌표가 $(2, -5)$이고 y축에 접하는 원

🔊 **개념ON** 118쪽   🔊 **유형ON** 2권 034쪽

0274 대표문제

y축에 접하는 원 $x^2+y^2+8x+ky+8=0$의 중심이 제3사분면 위에 있을 때, 실수 k의 값은?

① -6 ② $-4\sqrt{2}$ ③ $2\sqrt{7}$

④ $4\sqrt{2}$ ⑤ 6

0275

넓이가 9π인 원이 점 $(6, 0)$에서 x축에 접할 때, 이 원의 방정식은? (단, 원의 중심은 제4사분면 위에 있다.)

① $(x-6)^2+(y+2)^2=9$

② $(x-6)^2+(y+3)^2=9$

③ $(x-6)^2+(y+6)^2=9$

④ $(x-3)^2+(y+2)^2=9$

⑤ $(x-3)^2+(y+6)^2=9$

0276 ✅중요

중심이 직선 $y=x+3$ 위에 있고 점 $(-3, 5)$를 지나며 x축에 접하는 원의 방정식을 구하시오.

0277 ✏️서술형

원 $x^2+y^2+ax-8y+b=0$이 점 $(-1, 3)$을 지나고 y축에 접하도록 하는 상수 a, b에 대하여 $a+b$의 값을 구하시오.

0278

두 점 $(1, 3)$, $(2, 2)$를 지나고 y축에 접하는 두 원의 반지름의 길이의 합은?

① 4   ② 5   ③ 6
④ 7   ⑤ 8

0279

세 점 $A(-2, 0)$, $B(2, 0)$, $C(0, 2\sqrt{3})$을 꼭짓점으로 하는 삼각형 ABC의 내접원의 넓이를 구하시오.

0280

원 $x^2+y^2-4x-2y=a-3$이 x축과 만나고, y축과 만나지 않도록 하는 실수 a의 값의 범위는?

① $a>-2$ ② $a\geq-1$ ③ $-1\leq a<2$
④ $-2<a\leq2$ ⑤ $-2\leq a<3$

유형 07 x축과 y축에 동시에 접하는 원의 방정식

x축과 y축에 동시에 접하고 반지름의 길이가 r인 원의 방정식
➡ |(중심의 x좌표)| = |(중심의 y좌표)| = (반지름의 길이)

(1) 중심이 제1사분면 위에 있으면
   ➡ $(x-r)^2+(y-r)^2=r^2$

(2) 중심이 제2사분면 위에 있으면
   ➡ $(x+r)^2+(y-r)^2=r^2$

(3) 중심이 제3사분면 위에 있으면
   ➡ $(x+r)^2+(y+r)^2=r^2$

(4) 중심이 제4사분면 위에 있으면
   ➡ $(x-r)^2+(y+r)^2=r^2$

확인 문제

중심의 좌표가 $(4, -4)$이고 x축과 y축에 동시에 접하는 원의 방정식을 구하시오.

🎧 개념ON 118쪽   🎧 유형ON 2권 035쪽

0281 대표문제

점 $(6, 3)$을 지나고 x축과 y축에 동시에 접하는 두 원의 중심 사이의 거리를 구하시오.

0282

원 $x^2+y^2-4x+2ay-3+b=0$이 x축과 y축에 동시에 접할 때, 상수 a, b에 대하여 ab의 값은? (단, $a>0$)

① 8   ② 10   ③ 12
④ 14   ⑤ 16

0283 ✅중요

중심이 직선 $2x-y-9=0$ 위에 있고 제4사분면에서 x축과 y축에 동시에 접하는 원의 방정식을 구하시오.

0284

반지름의 길이가 a이고 x축과 y축에 동시에 접하는 원이 점 $(2a, 2)$를 지날 때, a의 값을 구하시오.

0285 교육청 기출

곡선 $y=x^2-x-1$ 위의 점 중 제2사분면에 있는 점을 중심으로 하고, x축과 y축에 동시에 접하는 원의 방정식은
$x^2+y^2+ax+by+c=0$이다.
이때 $a+b+c$의 값을 구하시오.

(단, a, b, c는 상수이다.)

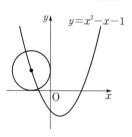

0286

중심이 곡선 $y=x^2-12$ 위에 있고 x축과 y축에 동시에 접하는 모든 원의 넓이의 합을 구하시오.

유형 08 원 밖의 한 점과 원 위의 점 사이의 거리

원 밖의 한 점 P와 원의 중심 O 사이의 거리를 d, 원의 반지름의 길이를 r라 할 때, 점 P와 원 위의 점 사이의 거리의

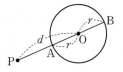

(1) 최댓값 ➡ $\overline{PO}+\overline{OB}=d+r$
(2) 최솟값 ➡ $\overline{PO}-\overline{OA}=d-r$

⋒ 유형ON 2권 036쪽

0287 대표문제

점 $A(-1, 4)$와 원 $x^2+y^2-6x+4y-3=0$ 위의 점 P에 대하여 선분 AP의 길이의 최댓값을 M, 최솟값을 m이라 할 때, Mm의 값은?

① 27　　　② 36　　　③ 43
④ 48　　　⑤ 51

0288 교육청 기출

좌표평면에서 점 $A(4, 3)$과 원 $x^2+y^2=16$ 위의 점 P에 대하여 선분 AP의 길이의 최솟값은?

① 1　　　② 2　　　③ 3
④ 4　　　⑤ 5

0289 ✅중요

점 $(-4, 8)$에서 원 $x^2+y^2=r^2$에 이르는 거리의 최댓값이 $6\sqrt{5}-1$일 때, 양수 r의 값을 구하시오.

0290 ✏️서술형

원 $x^2+y^2+6x-12y+20=0$ 위의 점과 원 $x^2+y^2-4x+8y+11=0$ 위의 점 사이의 거리의 최댓값과 최솟값의 곱을 구하시오.

0291

점 $A(5, 12)$와 원 $x^2+y^2=4$ 위의 점 P에 대하여 선분 AP의 길이가 정수인 점 P의 개수는?

① 3   ② 5   ③ 8

④ 10   ⑤ 13

유형 09   자취의 방정식

주어진 조건을 만족시키는 점의 자취의 방정식은 다음과 같은 순서로 구한다.
❶ 구하는 점의 좌표를 (x, y)로 놓는다.
❷ 주어진 조건을 이용하여 x, y 사이의 관계식을 구한다.

🔎 유형ON 2권 036쪽

0292 대표문제

점 $A(3, -1)$과 원 $x^2+y^2+4x-2y=0$ 위의 점 P를 이은 선분 AP의 중점의 자취의 길이를 구하시오.

0293 ✔️중요

두 점 $A(4, -5)$, $B(2, -7)$과 원 $x^2+y^2=18$ 위의 점 P를 꼭짓점으로 하는 삼각형 ABP의 무게중심 G의 자취의 방정식이 $(x-a)^2+(y-b)^2=c$일 때, 상수 a, b, c에 대하여 $a+b+c$의 값은?

① -2 ② -1 ③ 0

④ 1 ⑤ 2

0294 교육청 기출

좌표평면 위에 두 점 $A(0, 0)$, $B(0, 2)$가 있다. $\overline{PA}^2+\overline{PB}^2=4$를 만족하는 점 $P(x, y)$에 대하여 $y-x^2$의 최댓값과 최솟값의 합은?

① $-\dfrac{7}{4}$ ② $-\dfrac{1}{4}$ ③ $\dfrac{1}{4}$

④ $\dfrac{7}{4}$ ⑤ 2

0295

두 점 $O(0, 0)$, $A(0, 6)$을 이은 선분 OA를 빗변으로 하는 직각삼각형의 다른 한 꼭짓점을 P라 할 때, 점 P의 자취의 방정식은?

① $x^2+y^2=9$ (단, $x \neq 0$)

② $(x-3)^2+y^2=9$ (단, $x \neq 0$)

③ $(x-3)^2+y^2=9$ (단, $y \neq 0$)

④ $x^2+(y-3)^2=9$ (단, $x \neq 0$)

⑤ $x^2+(y-3)^2=9$ (단, $y \neq 0$)

유형 10 자취의 방정식 - 아폴로니오스의 원

두 점 A, B에 대하여
$\overline{\mathrm{AP}}:\overline{\mathrm{BP}}=m:n$
$(m>0,\ n>0,\ m\neq n)$
인 점 P의 자취
➡ 이 자취는 원이며 이 원을
   아폴로니오스의 원이라 한다.

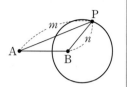

ⓝ 유형ON 2권 037쪽

0296 대표문제

두 점 $\mathrm{A}(-3,\ 0)$, $\mathrm{B}(0,\ 6)$으로부터의 거리의 비가 $2:1$인 점의 자취는 원을 나타낸다. 이 원의 중심의 좌표는?

① $(-8,\ 1)$ ② $(-1,\ -8)$ ③ $(1,\ -8)$
④ $(1,\ 8)$ ⑤ $(8,\ 1)$

0297 서술형

두 점 $\mathrm{A}(-1,\ 0)$, $\mathrm{B}(7,\ 0)$으로부터의 거리의 비가 $1:3$인 점 P에 대하여 삼각형 PAB의 넓이의 최댓값을 구하시오.

0298

두 점 $\mathrm{A}(-2,\ 1)$, $\mathrm{B}(4,\ 1)$로부터의 거리의 비가 $1:2$인 점 P에 대하여 $\angle$PBA의 크기가 최대일 때, 선분 BP의 길이를 구하시오.

유형 11 두 원의 위치 관계

두 원의 반지름의 길이를 각각 r, r', 중심 사이의 거리를 d라 하면 두 원의 위치 관계에 따른 r, r', d 사이의 관계식은 다음과 같다.

두 원의 위치 관계	그림	관계식
한 원이 다른 원의 외부에 있다.		$r+r'<d$
외접한다.		$r+r'=d$
서로 다른 두 점에서 만난다.		$|r-r'|<d<r+r'$
내접한다.		$|r-r'|=d$
한 원이 다른 원의 내부에 있다.		$|r-r'|>d$

ⓝ 유형ON 2권 037쪽

0299 대표문제

두 원 $(x+4)^2+y^2=9$, $x^2+(y-3)^2=r^2$이 서로 다른 두 점에서 만나도록 하는 모든 자연수 r의 값의 합은?

① 15 ② 18 ③ 22
④ 25 ⑤ 35

0300

두 원 $x^2+y^2-4x-2ay+4=0$, $x^2+y^2+4x+6y+12=0$이 외접하도록 하는 상수 a의 값을 구하시오.

0301 ✏️서술형 ◀❙❙▷

두 원 $(x+5)^2+(y-2)^2=36$, $(x-1)^2+(y+6)^2=r^2$이 접하도록 하는 모든 양수 r의 값의 합을 구하시오.

0302 ◀❙❙▷

두 원 $(x-2)^2+(y-7)^2=16$, $(x+3)^2+(y+5)^2=r^2$이 만나지 않도록 하는 자연수 r의 개수는? (단, $r \leq 20$)

① 10　　　　② 11　　　　③ 12
④ 13　　　　⑤ 14

유형 **12** **두 원의 교점을 지나는 직선의 방정식**

서로 다른 두 점에서 만나는 두 원 $x^2+y^2+ax+by+c=0$, $x^2+y^2+a'x+b'y+c'=0$의 교점을 지나는 직선의 방정식
➡ $x^2+y^2+ax+by+c-(x^2+y^2+a'x+b'y+c')=0$
즉, $(a-a')x+(b-b')y+c-c'=0$

확인 문제
두 원 $x^2+y^2-3x-4y-6=0$, $x^2+y^2-7x+4y+3=0$의 교점을 지나는 직선의 방정식을 구하시오.

⋒ 개념ON 122쪽　⋒ 유형ON 2권 038쪽

0303 대표문제

두 원 $x^2+y^2+x-3y=0$, $x^2+y^2-3x+5y-2=0$의 교점을 지나는 직선과 평행하고 점 (4, 1)을 지나는 직선의 방정식을 구하시오.

0304 ◀❙❙▷

두 원 $x^2+y^2+7x=0$, $x^2+y^2-5x+6y-12=0$의 교점을 지나는 직선이 x축, y축과 만나는 점을 각각 A, B라 할 때, 삼각형 OAB의 넓이를 구하시오. (단, O는 원점이다.)

0305 ✔️중요 ◀❙❙▷

두 원 $x^2+y^2+ax+y-1=0$, $x^2+y^2+6x+ay-6=0$의 교점을 지나는 직선이 점 (3, 5)를 지날 때, 상수 a의 값은?

① -4　　　② -2　　　③ 2
④ 4　　　　⑤ 6

0306 ✏️서술형 ◀❙❙▷

두 원 $(x+a)^2+y^2=9$, $x^2+(y+1)^2=25$의 교점을 지나는 직선이 직선 $x+3y=4$와 수직일 때, 상수 a의 값을 구하시오.

0307 ◀❙❙▷

원 $(x-2)^2+(y-4)^2=r^2$이 원 $(x-1)^2+(y-1)^2=4$의 둘레를 이등분할 때, 양수 r의 값은?

① 3　　　　② $2\sqrt{3}$　　　③ $\sqrt{14}$
④ 4　　　　⑤ $\sqrt{17}$

0308

두 원 $x^2+y^2+2y-8=0$, $x^2+y^2-2x-4y=0$의 교점을 A, B라 할 때, 선분 AB의 중점의 좌표를 구하시오.

0311 교육청 기출

좌표평면 위의 두 원 $x^2+y^2=20$과 $(x-a)^2+y^2=4$가 서로 다른 두 점에서 만날 때, 공통인 현의 길이가 최대가 되도록 하는 양수 a의 값을 구하시오.

유형 13 **공통인 현의 길이**

두 원 O, O'의 교점을 A, B라 하고 $\overline{OO'}$과 $\overline{AB}$의 교점을 C라 할 때, $\overline{AB}$의 길이는 다음과 같은 순서로 구한다.

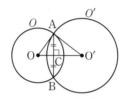

❶ 직선 AB의 방정식을 구한다.
❷ 점과 직선 사이의 거리를 구하는 공식을 이용하여 $\overline{OC}$ 또는 $\overline{O'C}$의 길이를 구한다.
❸ 두 직각삼각형 OAC 또는 O'AC에서 피타고라스 정리를 이용하여 $\overline{AC}$의 길이를 구한다.
➡ 직각삼각형 AOC에서 $\overline{AC}=\sqrt{\overline{OA}^2-\overline{OC}^2}$
❹ $\overline{AB}=2\overline{AC}$임을 이용하여 $\overline{AB}$의 길이를 구한다.

ⓘ 개념ON 134쪽 ⓘ 유형ON 2권 039쪽

0309 대표문제

두 원 $x^2+y^2=4$, $x^2+y^2+8x-6y+6=0$의 공통인 현의 길이를 구하시오.

0312

두 원 $x^2+y^2+4x+8y=0$, $x^2+y^2-2x-k=0$의 공통인 현의 길이가 8이 되도록 하는 모든 상수 k의 값의 합을 구하시오.

유형 14 **두 원의 교점을 지나는 원의 방정식**

두 원 $x^2+y^2+Ax+By+C=0$, $x^2+y^2+A'x+B'y+C'=0$의 교점을 지나는 원의 방정식을
$x^2+y^2+Ax+By+C+k(x^2+y^2+A'x+B'y+C')=0$
$(k\neq-1)$
으로 놓고 원이 지나는 점의 좌표를 대입하여 k의 값을 구한다.

확인 문제

두 원 $x^2+y^2-4x+2y+4=0$, $x^2+y^2-6x-4y+8=0$의 교점과 점 $(1, 0)$을 지나는 원의 방정식을 구하시오.

ⓘ 개념ON 124쪽 ⓘ 유형ON 2권 039쪽

0313 대표문제

두 원 $(x+1)^2+y^2=5$, $(x+3)^2+(y-2)^2=9$의 교점과 원점을 지나는 원의 방정식을 $x^2+y^2+Ax+By+C=0$이라 할 때, 실수 A, B, C에 대하여 $A+B+C$의 값을 구하시오.

0310 중요

두 원 $O: x^2+y^2=12$, $O': (x-2)^2+y^2=16$의 공통인 현을 AB라 할 때, 원 O'의 중심 O'에 대하여 삼각형 O'AB의 넓이를 구하시오.

0314 ✔중요

두 원 $x^2+y^2-3x+6y+7=0$, $x^2+y^2-8=0$의 교점과 점 $(1, 1)$을 지나는 원의 넓이를 구하시오.

0315 ✏서술형

두 원 $x^2+y^2-2y-2=0$, $x^2+y^2+2ax-10y+12=0$의 교점과 점 $(0, 1)$을 지나는 원의 넓이가 8π일 때, 양수 a의 값을 구하시오.

0316

두 원 $x^2+y^2+6x+4y-11=0$, $x^2+y^2-4=0$의 교점을 지나고 중심의 좌표가 $(3, 2)$인 원의 반지름의 길이는?

① $2\sqrt{2}$ ② 3 ③ $\sqrt{10}$
④ $\sqrt{11}$ ⑤ $2\sqrt{3}$

0317

두 원 $x^2+y^2+4x=0$, $x^2+y^2-2x-4y-8=0$의 교점을 지나고 중심이 y축 위에 있는 원의 둘레의 길이는?

① $\dfrac{4}{3}\pi$ ② $\dfrac{8}{3}\pi$ ③ 4π
④ $\dfrac{16}{3}\pi$ ⑤ $\dfrac{20}{3}\pi$

유형 15 원과 직선의 위치 관계 - 서로 다른 두 점에서 만날 때

원과 직선이 서로 다른 두 점에서 만나려면
(1) 원의 중심과 직선 사이의 거리를 d, 원의 반지름의 길이를 r라 할 때 ➡ $d<r$
(2) 원의 방정식과 직선의 방정식을 연립하여 얻은 이차방정식의 판별식을 D라 할 때 ➡ $D>0$

확인 문제
원 $x^2+y^2=25$와 직선 $x-y+4=0$의 위치 관계를 말하시오.

⚙개념ON 130쪽   ⚙유형ON 2권 040쪽

0318 대표문제

원 $(x-2)^2+(y+3)^2=10$과 직선 $y=3x-k$가 서로 다른 두 점에서 만나도록 하는 정수 k의 개수를 구하시오.

0319

원 $(x-1)^2+(y-4)^2=r^2$과 직선 $4x+3y+1=0$이 서로 다른 두 점에서 만날 때, 자연수 r의 최솟값은?

① 2 ② 3 ③ 4
④ 5 ⑤ 6

0320 ✅중요

원 $x^2+(y+1)^2=1$과 직선 $y=mx+3$이 서로 다른 두 점에서 만날 때, 실수 m의 값의 범위를 구하시오.

0321

원 $(x-a)^2+y^2=9$가 두 직선 $3x+4y-3=0$, $x-\sqrt{3}y+2=0$과 서로 다른 네 점에서 만나도록 하는 정수 a의 개수는?

① 6   ② 7   ③ 8
④ 9   ⑤ 10

유형 16 **현의 길이**

반지름의 길이가 r인 원의 중심에서 d만큼 떨어진 현의 길이를 l이라 하면

➡ $l=2\sqrt{r^2-d^2}$

🔼 **개념ON** 132쪽   🔼 **유형ON 2권** 040쪽

0322 대표문제

원 $(x+3)^2+(y-3)^2=16$과 직선 $y=x+4$의 두 교점을 A, B라 할 때, 선분 AB의 길이를 구하시오.

0323

원 $x^2+y^2-2x+9y-8=0$이 x축과 만나서 생기는 현의 길이는?

① 4   ② 5   ③ 6
④ 7   ⑤ 8

0324 교육청 기출

그림과 같이 원의 중심 $\mathrm{C}(a, b)$가 제1사분면 위에 있고, 반지름의 길이가 r이며 원점 O를 지나는 원이 있다. 원과 x축, y축이 만나는 점 중 O가 아닌 점을 각각 A, B라 하자. 네 점 O, A, B, C가 다음 조건을 만족시킬 때, $a+b+r^2$의 값을 구하시오.

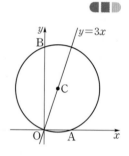

(가) $\overline{\mathrm{OB}}-\overline{\mathrm{OA}}=4$
(나) 두 점 O, C를 지나는 직선의 방정식은 $y=3x$이다.

0325 ✅중요 ✏️서술형

원 $x^2+y^2-8x+6y-11=0$이 직선 $3x+4y+5=0$과 만나는 두 점을 A, B라 하고 원의 중심을 C라 할 때, 삼각형 ABC의 넓이를 구하시오.

0326

그림과 같이 좌표평면에서 원 $x^2+y^2-2x-4y+k=0$과 직선 $2x-y+5=0$이 두 점 A, B에서 만난다. $\overline{AB}=4$일 때, 상수 k의 값은?

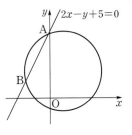

① -4 ② -3
③ -2 ④ -1
⑤ 0

0327

원 $(x+3)^2+(y-2)^2=9$와 직선 $x-2y+2=0$의 두 교점을 지나는 원 중에서 넓이가 최소인 원의 넓이는?

① π ② $\sqrt{3}\pi$ ③ 2π
④ $\sqrt{5}\pi$ ⑤ 4π

0328

원 $x^2+y^2-10y=0$과 직선 $mx-y-10=0$의 두 교점 P, Q와 원의 중심 C를 꼭짓점으로 하는 삼각형 CPQ가 정삼각형이 되도록 하는 양수 m의 값을 구하시오.

유형 17 원과 직선의 위치 관계 - 접할 때

원과 직선이 접하려면
(1) 원의 중심과 직선 사이의 거리를 d, 원의 반지름의 길이를 r라 할 때 ➡ $d=r$
(2) 원의 방정식과 직선의 방정식을 연립하여 얻은 이차방정식의 판별식을 D라 할 때 ➡ $D=0$

확인 문제
원 $x^2+y^2=2$와 직선 $x-y+2=0$의 위치 관계를 말하시오.

🔘 개념ON 130쪽 🔘 유형ON 2권 041쪽

0329 대표문제

원 $(x-2)^2+(y+4)^2=20$과 직선 $x+2y+k=0$이 접할 때, 양수 k의 값은?

① 2 ② 8 ③ 12
④ 16 ⑤ 20

0330 교육청 기출

직선 $x+2y+5=0$이 원 $(x-1)^2+y^2=r^2$에 접할 때, 양수 r의 값은?

① $\dfrac{7\sqrt{5}}{5}$ ② $\dfrac{6\sqrt{5}}{5}$ ③ $\sqrt{5}$
④ $\dfrac{4\sqrt{5}}{5}$ ⑤ $\dfrac{3\sqrt{5}}{5}$

0331 서술형

중심의 좌표가 $(-3, -5)$이고 직선 $3x-y+k=0$에 접하는 원의 넓이가 15π일 때, 모든 실수 k의 값의 합을 구하시오.

0332

x축, y축 및 직선 $12x-5y-24=0$에 동시에 접하고 중심이 제4사분면 위에 있는 두 원 중 큰 원의 둘레의 길이는?

① 6π ② 12π ③ 18π

④ 24π ⑤ 30π

0333 ✔중요

두 직선 $6x-8y+1=0$, $8x-6y-5=0$에 동시에 접하고 중심이 직선 $y=x+1$ 위에 있는 원의 방정식을 $(x-a)^2+(y-b)^2=c$라 할 때, 상수 a, b, c에 대하여 abc의 값을 구하시오.

0334 교육청 기출

직선 $y=x$ 위의 점을 중심으로 하고, x축과 y축에 동시에 접하는 원 중에서 직선 $3x-4y+12=0$과 접하는 원의 개수는 2이다. 두 원의 중심을 각각 A, B라 할 때, $\overline{AB}^2$의 값을 구하시오.

0335

직선 $x+3y-k=0$과 두 원 $(x-2)^2+y^2=10$, $(x+2)^2+(y+2)^2=10$의 교점의 개수를 각각 a, b라 할 때, $a+b=3$을 만족시키는 모든 실수 k의 값의 합을 구하시오.

유형 **18** 접선의 길이

중심의 좌표가 $O(a, b)$이고 반지름의 길이가 r인 원 밖의 한 점 $A(x_1, y_1)$에서 원에 그은 접선의 접점을 P라 하면

➡ 직각삼각형 OPA에서

$$\overline{PA}=\sqrt{\overline{OA}^2-\overline{OP}^2}$$
$$=\sqrt{(x_1-a)^2+(y_1-b)^2-r^2}$$

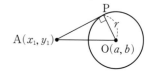

🔵 개념ON 136쪽   🔵 유형ON 2권 041쪽

0336 대표문제

점 $P(-1, 2)$에서 원 $x^2+y^2-6x+2y+2=0$에 그은 접선의 접점을 Q라 할 때, 선분 PQ의 길이를 구하시오.

0337

그림과 같이 점 $P(-4, 0)$에서 원 $x^2+y^2=1$에 그은 두 접선의 접점을 각각 A, B라 할 때, 사각형 OAPB의 넓이는?

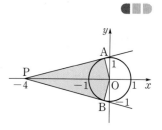

① $\sqrt{15}$ ② $\sqrt{30}$

③ $2\sqrt{15}$ ④ $2\sqrt{30}$

⑤ $6\sqrt{5}$

0338 ✅중요

점 $P(a, 0)$에서 원 $x^2+y^2+8x-10y+27=0$에 그은 접선의 길이가 6일 때, 양수 a의 값은?

① $\dfrac{1}{2}$　　　② 1　　　③ $\dfrac{3}{2}$

④ 2　　　⑤ $\dfrac{5}{2}$

0339 ✏️서술형

점 $P(-3, 1)$에서 원 $(x-3)^2+(y-5)^2=r^2$에 그은 두 접선의 접점을 각각 A, B라 하자. $\angle APB=60°$일 때, 선분 PA의 길이를 구하시오. (단, r는 상수이다.)

0340

점 $A(3, -4)$에서 원 $x^2+y^2=5$에 그은 두 접선의 접점을 각각 P, Q라 할 때, 선분 PQ의 길이를 구하시오.

유형 19   원과 직선의 위치 관계 - 만나지 않을 때

원과 직선이 만나지 않으려면
(1) 원의 중심과 직선 사이의 거리를 d, 원의 반지름의 길이를 r라 할 때 ➡ $d>r$
(2) 원의 방정식과 직선의 방정식을 연립하여 얻은 이차방정식의 판별식을 D라 할 때 ➡ $D<0$

확인 문제
원 $x^2+y^2=3$과 직선 $3x-y+10=0$의 위치 관계를 말하시오.

🔊 개념ON 130쪽　　🔊 유형ON 2권 042쪽

0341   대표문제

원 $(x-2)^2+y^2=2$와 직선 $y=m(x-4)$가 만나지 않도록 하는 실수 m의 값의 범위가 $m<\alpha$ 또는 $m>\beta$일 때, $\beta-\alpha$의 값은?

① -1　　　② 0　　　③ 1

④ 2　　　⑤ 3

0342

원 $x^2+y^2=1$과 직선 $y=3x+k$가 만나지 않도록 하는 실수 k의 값의 범위가 $k<\alpha$ 또는 $k>\beta$일 때, $(2\alpha-\beta)^2$의 값을 구하시오.

0343

원 $(x-k)^2+y^2=20$과 직선 $x-2y+6=0$이 만나지 않을 때, 실수 k의 값의 범위를 구하시오.

0344 서술형

원 O는 제3사분면 위의 점 $(3a,\ 2a)$를 중심으로 하고 넓이가 16π이다. 직선 $3x-4y+5=0$이 원 O와 만나지 않을 때, 정수 a의 최댓값을 구하시오.

0345 중요

두 점 $(2,\ -4)$, $(8,\ 2)$를 지름의 양 끝 점으로 하는 원이 직선 $x+y+k=0$과 만나지 않도록 하는 자연수 k의 최솟값은?

① 2 ② 3 ③ 4
④ 5 ⑤ 6

유형 20 원 위의 점과 직선 사이의 거리

원의 중심 O와 직선 사이의 거리를 d, 원의 반지름의 길이를 r라 할 때, 원 위의 점과 직선 사이의 거리의

(1) 최댓값
➡ $\overline{HB}=\overline{OH}+\overline{OB}=d+r$

(2) 최솟값
➡ $\overline{HA}=\overline{OH}-\overline{OA}=d-r$

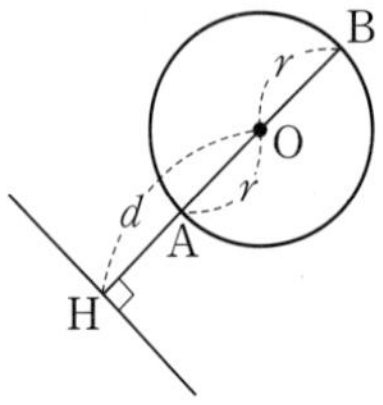

개념ON 138쪽 유형ON 2권 043쪽

0346 대표문제

원 $x^2+y^2+4x+6y-7=0$ 위의 점 P와 직선 $x+2y-7=0$ 사이의 거리의 최댓값을 M, 최솟값을 m이라 할 때, $M+m$의 값은?

① $3\sqrt{5}$ ② $4\sqrt{5}$ ③ $5\sqrt{5}$
④ $6\sqrt{5}$ ⑤ $7\sqrt{5}$

0347

원 $x^2+y^2=4$ 위의 점 P와 직선 $5x-12y+k=0$ 사이의 거리의 최댓값이 5일 때, 양수 k의 값은?

① 35 ② 37 ③ 39
④ 41 ⑤ 43

0348 서술형

원 $x^2+y^2-8x+12y+42=0$ 위의 점 P와 직선 $x+3y-6=0$ 사이의 거리가 정수인 점 P의 개수를 구하시오.

0349 교육청 기출

좌표평면에서 원 $x^2+y^2=2$ 위를 움직이는 점 A와 직선 $y=x-4$ 위를 움직이는 두 점 B, C를 연결하여 삼각형 ABC를 만들 때, 정삼각형이 되는 삼각형 ABC의 넓이의 최솟값과 최댓값의 비는?

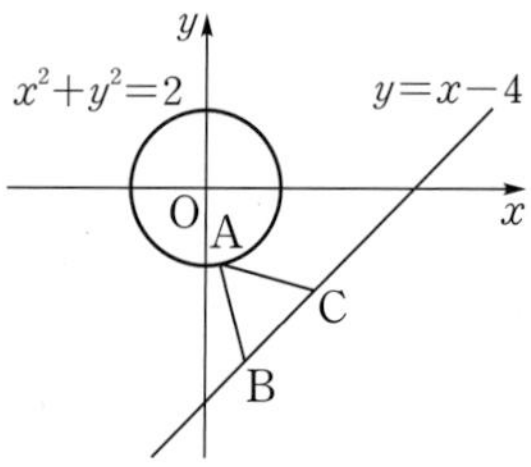

① 1 : 7 ② 1 : 8 ③ 1 : 9
④ 1 : 10 ⑤ 1 : 11

유형 21 원의 접선의 방정식 - 기울기가 주어질 때

(1) 원 $x^2+y^2=r^2\ (r>0)$에 접하고 기울기가 m인 직선의 방정식 ➡ $y=mx\pm r\sqrt{m^2+1}$

> 예 원 $x^2+y^2=4$에 접하고 기울기가 3인 직선의 방정식은
> $y=3x\pm2\sqrt{3^2+1}$ ∴ $y=3x\pm2\sqrt{10}$

(2) 원 $(x-a)^2+(y-b)^2=r^2\ (r>0)$에 접하고 기울기가 m인 직선의 방정식
➡ 구하는 직선의 방정식을 $y=mx+k\ (k$는 상수)로 놓고 원의 중심 (a, b)와 이 직선 사이의 거리가 원의 반지름의 길이 r와 같음을 이용한다.

확인 문제

원 $x^2+y^2=6$에 접하고 기울기가 2인 직선의 방정식을 구하시오.

🎧 개념ON 148쪽 🎧 유형ON 2권 043쪽

0350 대표문제

직선 $x+3y-6=0$에 수직이고 원 $x^2+y^2=10$에 접하는 직선의 방정식을 모두 구하시오.

0351 교육청 기출

직선 $y=x+2$와 평행하고 원 $x^2+y^2=9$에 접하는 직선의 y절편을 k라 할 때, k^2의 값을 구하시오.

0352 중요

원 $(x-2)^2+(y+3)^2=3$에 접하고 기울기가 2인 두 직선의 y절편의 곱은?

① 22 ② 26 ③ 30
④ 34 ⑤ 38

0353

원 $x^2+y^2=8$에 접하고 기울기가 1 또는 -1인 직선들로 이루어진 도형의 넓이는?

① 30 ② 32 ③ 34
④ 36 ⑤ 38

0354 서술형

원 $x^2+y^2-2x-8y+5=0$에 접하고 x축의 양의 방향과 이루는 각의 크기가 60°인 두 접선이 y축과 만나는 점을 각각 P, Q라 할 때, 선분 PQ의 길이를 구하시오.

0355

원 $x^2+y^2=100$ 위의 두 점 A$(0, -10)$, B$(8, 6)$과 원 위를 움직이는 점 C에 대하여 삼각형 ABC의 넓이의 최댓값을 구하시오.

원의 접선의 방정식 - 원 위의 한 점이 주어질 때

(1) 원 $x^2+y^2=r^2$ 위의 점 (x_1, y_1)에서의 접선의 방정식
   ➡ $x_1x+y_1y=r^2$

(2) 원 $(x-a)^2+(y-b)^2=r^2$ 위의 점 (x_1, y_1)에서의 접선의 방정식
   ➡ 원의 접선이 두 점 (a, b), (x_1, y_1)을 지나는 직선과 수직임을 이용한다.
   ➡ $(x_1-a)(x-a)+(y_1-b)(y-b)=r^2$

확인 문제

원 $x^2+y^2=5$ 위의 점 $(1, 2)$에서의 접선의 방정식을 구하시오.

🎧 개념ON 150쪽 🎧 유형ON 2권 044쪽

0356 대표문제

원 $x^2+y^2=17$ 위의 점 (a, b)에서의 접선의 기울기가 -4일 때, ab의 값은?

① $-3\sqrt{10}$　　　② -4　　　③ $2\sqrt{3}$
④ 4　　　⑤ $3\sqrt{10}$

0357 교육청 기출

좌표평면에서 원 $x^2+y^2=1$ 위의 점 중 제1사분면에 있는 점 P에서의 접선이 점 $(0, 3)$을 지날 때, 점 P의 x좌표는?

① $\dfrac{2}{3}$　　　② $\dfrac{\sqrt{5}}{3}$　　　③ $\dfrac{\sqrt{6}}{3}$
④ $\dfrac{\sqrt{7}}{3}$　　　⑤ $\dfrac{2\sqrt{2}}{3}$

0358 교육청 기출

좌표평면에서 원 $x^2+y^2=25$ 위의 점 $(3, -4)$에서의 접선이 원 $(x-6)^2+(y-8)^2=r^2$과 만나도록 하는 자연수 r의 최솟값을 구하시오.

0359 중요

원 $x^2+y^2-10x+8y+21=0$ 위의 점 $(1, -2)$에서의 접선이 점 $(a, -10)$을 지날 때, a의 값을 구하시오.

0360 서술형

원 $(x-1)^2+(y-2)^2=10$ 위의 두 점 A$(2, -1)$, B$(4, 3)$에 대하여 점 A에서의 접선과 점 B에서의 접선이 만나는 점의 좌표를 구하시오.

0361

원 $x^2+y^2=10$ 위의 두 점 $(-1, 3)$, (a, b)에서의 접선이 서로 수직일 때, $b-2a$의 최댓값을 구하시오.

0362

원 $x^2+y^2=9$ 위의 점 $P(a, b)$에서의 접선이 원 $x^2+y^2-6x+8=0$과 서로 다른 두 점에서 만날 때, 정수 a의 개수는?

① 1   ② 2   ③ 3

④ 4   ⑤ 5

유형 23 원의 접선의 방정식 – 원 밖의 한 점이 주어질 때

원 밖의 점 (a, b)에서 원에 그은 접선의 기울기를 m이라 하면 접선의 방정식은

$y-b=m(x-a)$, 즉 $mx-y-ma+b=0$ …… ㉠

이므로 원의 중심과 직선 ㉠ 사이의 거리가 원의 반지름의 길이와 같음을 이용하여 m의 값을 구한다.

➡ (원의 중심과 직선 사이의 거리)=(원의 반지름의 길이)

확인 문제

점 $(0, 5)$에서 원 $x^2+y^2=5$에 그은 접선의 방정식을 구하려고 한다. 다음 물음에 답하시오.

(1) 접점의 좌표가 (x_1, y_1)인 직선의 방정식을 구하시오.

(2) (1)의 직선이 점 $(0, 5)$를 지남을 이용하여 x_1, y_1의 값을 각각 구하시오.

(3) 접선의 방정식을 구하시오.

🎧 개념ON 152쪽   🎧 유형ON 2권 045쪽

0363 대표문제

점 $(2, 6)$에서 원 $(x-7)^2+(y-5)^2=8$에 그은 두 접선의 기울기의 곱을 구하시오.

0364

원점에서 원 $x^2+y^2+4x-2y+4=0$에 그은 두 접선의 기울기의 합을 a라 할 때, $-3a$의 값을 구하시오.

0365 교육청 기출

좌표평면 위의 점 $(2, -4)$에서 원 $x^2+y^2=2$에 그은 두 접선이 각각 y축과 만나는 점의 좌표를 $(0, a)$, $(0, b)$라 할 때, $a+b$의 값은?

① 4   ② 6   ③ 8

④ 10   ⑤ 12

0366 중요

두 원 $O: x^2+y^2=1$, $O': x^2+(y-2)^2=1$에 대하여 직선 l이 원 O에 접하면서 원 O'의 넓이를 이등분할 때, 직선 l의 방정식을 모두 구하시오.

0367

점 $(1, a)$에서 원 $x^2+y^2+4x-2y+2=0$에 그은 두 접선의 기울기의 합이 6일 때, a의 값을 구하시오.

0368

원 $(x-2)^2+(y-3)^2=20$ 밖의 한 점 $(8, a)$에서 이 원에 그은 두 접선이 서로 수직일 때, 모든 a의 값의 합을 구하시오.

0369 대표문제

그림과 같이 두 원 $(x+1)^2+(y+1)^2=9$, $(x-4)^2+(y+2)^2=1$에 동시에 접하는 접선을 그을 때, 두 접점 A, B 사이의 거리를 구하시오.

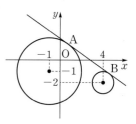

0370

그림과 같이 두 원 $x^2+y^2=1$, $(x-4)^2+y^2=r^2$에 동시에 접하는 접선을 긋고 그 접점을 각각 A, B라 할 때, 선분 AB의 길이는 $\sqrt{7}$이다. 이때 양수 r의 값은?

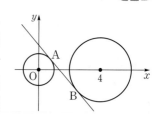

① 2   ② $2\sqrt{2}$ ③ 3

④ 4   ⑤ $3\sqrt{2}$

유형 24 두 원에 동시에 접하는 접선의 길이

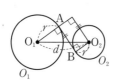

(1) 두 원 O_1, O_2의 반지름의 길이가 각각 r, r'($r>r'$)이고 $\overline{O_1O_2}=d$일 때
➡ $\overline{AB}=\sqrt{d^2-(r-r')^2}$
➡ $\overline{AB}$는 공통외접선

(2) 두 원 O_1, O_2의 반지름의 길이가 각각 r, r'이고 $\overline{O_1O_2}=d$일 때
➡ $\overline{AB}=\sqrt{d^2-(r+r')^2}$
➡ $\overline{AB}$는 공통내접선

확인 문제

그림의 두 원 O, O'에서 공통접선 AB의 길이를 구하시오.

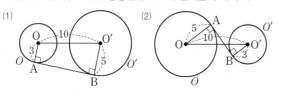

0371

그림과 같이 두 원 $x^2+y^2-6x+4y-3=0$, $x^2+y^2-12x-8y+48=0$에 동시에 접하는 두 접선을 긋고 그 접점을 각각 A, B, C, D라 할 때, 선분 AB의 길이와 선분 CD의 길이를 차례대로 구하시오.

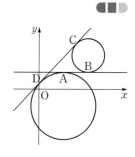

🎧 유형ON 2권 045쪽

0372

원 $x^2+y^2+ax+4y+2a=0$의 중심의 좌표가 $(1, -2)$일 때, 다음 중 이 원 위의 점인 것은? (단, a는 상수이다.)

① $(-2, 0)$ ② $(0, 1)$ ③ $(2, 2)$
④ $(3, -1)$ ⑤ $(4, -2)$

0373

중심이 직선 $y=ax$ 위에 있고 x축에 접하는 원의 방정식이 $(x-a)^2+(y-b)^2=16$일 때, 상수 a, b에 대하여 $|ab|$의 값을 구하시오.

0374

중심이 직선 $y=x-2$ 위에 있고 두 점 $(0, 4)$, $(6, 6)$을 지나는 원의 중심의 좌표를 구하시오.

0375

직선 $x-5y-6=0$에 수직이고 원 $x^2+y^2=25$에 접하는 두 직선이 y축과 만나는 점을 각각 P, Q라 할 때, 선분 PQ의 길이를 구하시오.

0376

다음 조건을 만족시키는 모든 원의 반지름의 길이의 합은?

㈎ 원은 점 $(-1, 2)$를 지난다.
㈏ 원은 x축, y축에 동시에 접한다.

① 4   ② 5   ③ 6
④ 7   ⑤ 8

0377

원 $(x+5)^2+(y-2)^2=25$ 위의 점 $(-8, 6)$에서의 접선과 x축, y축으로 둘러싸인 도형의 넓이는?

① 88   ② 92   ③ 96
④ 100   ⑤ 104

0378

방정식 $x^2+y^2+2(k+2)y-k^2+7k+4=0$이 반지름의 길이가 3 이하인 원을 나타내도록 하는 정수 k의 최솟값은?

① -2 ② -1 ③ 0

④ 1 ⑤ 2

0379

두 원 $x^2+y^2+2y-4=0$, $x^2+y^2-4x-2ay+4=0$의 교점과 두 점 $(2, 4)$, $(3, 3)$을 지나는 원의 중심의 좌표는?

(단, a는 상수이다.)

① $(-1, 2)$ ② $(1, -2)$ ③ $(1, 2)$

④ $(2, -1)$ ⑤ $(2, 1)$

0380

세 점 $A(-2, 1)$, $B(-1, 0)$, $C(5, 0)$을 꼭짓점으로 하는 삼각형 ABC의 외접원의 방정식이 $x^2+y^2+ax+by+c=0$일 때, $a+b+c$의 값은? (단, a, b, c는 상수이다.)

① -17 ② -16 ③ -15

④ -14 ⑤ -13

0381 교육청 기출

그림과 같이 원 $x^2+y^2=25$와 직선 $y=f(x)$가 제2사분면에 있는 원 위의 점 P에서 접할 때, $f(-5)f(5)$의 값을 구하시오.

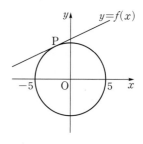

0382

두 원 $x^2+y^2=r^2$, $x^2+(y-4)^2=9$가 만나도록 하는 자연수 r의 개수는?

① 4 ② 5 ③ 6

④ 7 ⑤ 8

0383

두 원 $x^2+y^2=4$, $(x-1)^2+(y-2)^2=4$의 두 교점을 지나는 원 중에서 넓이가 최소인 원의 둘레의 길이는?

① $\sqrt{10}\pi$ ② $\sqrt{11}\pi$ ③ $2\sqrt{3}\pi$

④ $\sqrt{13}\pi$ ⑤ $\sqrt{14}\pi$

0384

점 P(3, 6)에서 원 $(x-2)^2+(y+1)^2=14$에 그은 두 접선의 접점을 A, B라 할 때, 선분 AB의 길이를 구하시오.

0385

두 원 $x^2+y^2=10$, $x^2+y^2-4x+4y+2=0$의 공통인 현의 중점의 좌표가 (a, b)일 때, $a-b$의 값을 구하시오.

0386

점 A(2, 0)과 원 $x^2+y^2=27$ 위의 임의의 점 P에 대하여 선분 AP를 2 : 1로 내분하는 점 Q가 나타내는 도형의 둘레의 길이를 구하시오.

0387

원 $x^2+y^2=8$ 위의 점 P(a, b)에서의 접선이 x축, y축과 만나는 점을 각각 A, B라 할 때, $\overline{AB}=4\sqrt{2}$이다. 이때 ab의 값은? (단, 점 P는 제3사분면 위에 있다.)

① 3   ② 4   ③ 6
④ 8   ⑤ 9

0388 교육청 기출

좌표평면 위의 점 (3, 4)를 지나는 직선 중에서 원점과의 거리가 최대인 직선을 l이라 하자. 원 $(x-7)^2+(y-5)^2=1$ 위의 점 P와 직선 l 사이의 거리의 최솟값을 m이라 할 때, $10m$의 값을 구하시오.

0389

행렬 $A=\begin{pmatrix} x & y \\ y & -x \end{pmatrix}$에 대하여 $A^2=4E$를 만족시키는 점 P(x, y)가 나타내는 도형을 C라 하자. 점 Q(4, 3)과 도형 C 위의 점 사이의 거리의 최댓값을 구하시오. (단, E는 단위행렬이다.)

0390

점 $(4, a)$에서 원 $x^2+y^2-2x+4y=0$에 그은 두 접선의 기울기의 합이 $\frac{3}{2}$일 때, a의 값은?

① -2 ② -1 ③ 0
④ 1 ⑤ 2

0391 교육청 기출

좌표평면에서 원 $C: x^2+y^2-4x-2ay+a^2-9=0$이 다음 조건을 만족시킨다.

> ㈎ 원 C는 원점을 지난다.
> ㈏ 원 C는 직선 $y=-2$와 서로 다른 두 점에서 만난다.

원 C와 직선 $y=-2$가 만나는 두 점 사이의 거리는?

(단, a는 상수이다.)

① $4\sqrt{2}$ ② 6 ③ $2\sqrt{10}$
④ $2\sqrt{11}$ ⑤ $4\sqrt{3}$

0392 교육청 기출

좌표평면 위의 세 점 A$(6, 0)$, B$(0, -3)$, C$(10, -8)$에 대하여 삼각형 ABC에 내접하는 원의 중심을 P라 할 때, 선분 OP의 길이는? (단, O는 원점이다.)

① $2\sqrt{7}$ ② $\sqrt{30}$ ③ $4\sqrt{2}$
④ $\sqrt{34}$ ⑤ 6

✏️ 서술형 대비하기

0393

두 원 $x^2+y^2+x-8=0$, $x^2+y^2+3x+4y-4=0$의 교점을 지나는 직선에 수직이고 점 $(-3, -1)$을 지나는 직선의 방정식을 구하시오.

0394

중심이 직선 $x+4y+5=0$ 위에 있고 y축에 접하는 원 C가 x축에 의하여 잘린 현의 길이가 $2\sqrt{5}$일 때, 원 C의 넓이를 구하시오. (단, 원 C의 중심은 제4사분면 위에 있다.)

0395

두 점 $(1, 7)$, $(-5, 1)$을 지름의 양 끝 점으로 하는 원과 직선 $x+3y-k=0$이 서로 다른 두 점에서 만나도록 하는 실수 k의 값의 범위가 $a<k<b$일 때, $b-a$의 값을 구하시오.

PART C 수능 녹인 변별력 문제

0396

좌표평면에서 한 직선이 세 원 $x^2+y^2+2x-14y+49=0$, $x^2+y^2-10x+10y+46=0$, $x^2+y^2-2kx+2y+k^2-8=0$ 의 넓이를 각각 이등분할 때, 상수 k의 값은?

① 2   ② 3   ③ 4
④ 5   ⑤ 6

0397

그림과 같이 원 $x^2+y^2=4$ 위를 움직이는 점 P와 두 점 A$(0, -8)$, B$(6, 0)$에 대하여 사각형 AQBP 가 평행사변형이 되도록 점 Q를 정한다. 선분 PQ의 길이의 최댓값을 M, 최솟값을 m이라 할 때, Mm의 값을 구하시오.

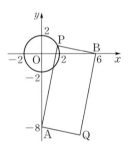

0398

그림과 같이 원 $x^2+y^2=4$를 선분 PQ를 접는 선으로 하여 접었더니 점 $(1, 0)$에서 x축에 접하였다. 직선 PQ의 방정식이 $ax+by-5=0$ 일 때, $a+b$의 값은?

(단, a, b는 상수이다.)

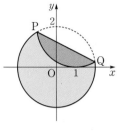

① 5   ② 6   ③ 7
④ 8   ⑤ 9

0399

좌표평면에서 반지름의 길이가 r인 원이 x축, y축에 동시에 접할 때, 점 P$(-2, 3)$이 이 원의 내부에 있도록 하는 모든 자연수 r의 값의 합은?

① 20   ② 27   ③ 35
④ 44   ⑤ 54

03 원의 방정식

0400

두 원 $x^2+y^2-10x+6y+24=0$, $x^2+y^2-4x=0$의 교점을 지나고 x축에 접하는 원의 둘레의 길이는?

① π ② 2π ③ 4π

④ 6π ⑤ 8π

0401 교육청 기출

좌표평면 위의 두 점 $A(-\sqrt{5}, -1)$, $B(\sqrt{5}, 3)$과 직선 $y=x-2$ 위의 서로 다른 두 점 P, Q에 대하여 $\angle APB=\angle AQB=90°$일 때, 선분 PQ의 길이를 l이라 하자. l^2의 값을 구하시오.

0402

두 점 $A(0, -6)$, $B(3, 0)$에 대하여 $\overline{AP}:\overline{BP}=2:1$을 만족시키는 점 P가 있다. 세 점 A, B, P를 꼭짓점으로 하는 삼각형 ABP의 넓이의 최댓값을 구하시오.

0403 교육청 기출

좌표평면에 두 원
$$C_1 : x^2+y^2=1,$$
$$C_2 : x^2+y^2-8x+6y+21=0$$
이 있다. 그림과 같이 x축 위의 점 P에서 원 C_1에 그은 한 접선의 접점을 Q, 점 P에서 원 C_2에 그은 한 접선의 접점을 R 라 하자. $\overline{PQ}=\overline{PR}$일 때, 점 P의 x좌표는?

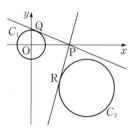

① $\dfrac{19}{8}$ ② $\dfrac{5}{2}$ ③ $\dfrac{21}{8}$

④ $\dfrac{11}{4}$ ⑤ $\dfrac{23}{8}$

0404

그림과 같이 원 $x^2+y^2=25$ 위의 점 $P(-3, 4)$에서의 접선이 x축과 만나는 점을 Q라 하자. 점 Q를 중심으로 하고 반지름이 선분 PQ인 원이 x축과 만나는 점 중 원 $x^2+y^2=25$의 내부에 있는 점을 R라 하자. 점 Q에서 선분 PR에 내린 수선의 발을 H라 할 때, 선분 PH의 길이를 구하시오.

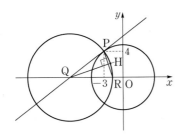

0405 교육청 기출

좌표평면에 원 $C_1: (x+7)^2+(y-2)^2=20$이 있다. 그림과 같이 점 $P(a, 0)$에서 원 C_1에 그은 두 접선을 l_1, l_2라 하자. 두 직선 l_1, l_2가 원 $C_2: x^2+(y-b)^2=5$에 모두 접할 때, 두 직선 l_1, l_2의 기울기의 곱을 c라 하자. $11(a+b+c)$의 값을 구하시오. (단, a, b는 양의 상수이다.)

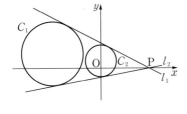

0406 교육청 기출

좌표평면 위에 두 원

$$C_1: (x+6)^2+y^2=4,$$
$$C_2: (x-5)^2+(y+3)^2=1$$

과 직선 $l: y=x-2$가 있다. 원 C_1 위의 점 P에서 직선 l에 내린 수선의 발을 H_1, 원 C_2 위의 점 Q에서 직선 l에 내린 수선의 발을 H_2라 하자. 선분 H_1H_2의 길이의 최댓값을 M, 최솟값을 m이라 할 때, 두 수 M, m의 곱 Mm의 값을 구하시오.

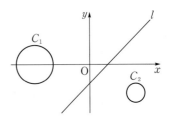

0407 교육청 기출

좌표평면 위의 세 점 $A(-5, -1)$, B, C가 다음 조건을 만족시킨다.

> (가) 삼각형 ABC의 무게중심의 좌표는 $(-1, 1)$이다.
> (나) 세 점 A, B, C를 지나는 원의 중심은 원점이다.

삼각형 ABC의 넓이가 $\dfrac{q}{p}\sqrt{105}$일 때, $p+q$의 값을 구하시오.
(단, p와 q는 서로소인 자연수이다.)

04 도형의 이동

I. 도형의 방정식

유형 01 점의 평행이동

점 $P(x, y)$를 x축의 방향으로 a만 큼, y축의 방향으로 b만큼 평행이 동한 점 P'의 좌표는

$(x+a, y+b)$
x 대신 $x+a$, y 대신 $y+b$를 대입

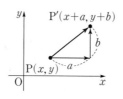

Tip 'x축의 방향으로 a만큼'이라는 것은 $a > 0$일 때에는 양의 방향으로, $a < 0$일 때에는 음의 방향으로 $|a|$만큼 평행이동함을 뜻한다.

예 점 $(2, 3)$을 x축의 방향으로 1만큼, y축의 방향으로 -2만큼 평행이동한 점의 좌표는 $(2+1, 3-2)$, 즉 $(3, 1)$이다.

확인 문제

평행이동 $(x, y) \longrightarrow (x+2, y-4)$에 의하여 다음 점이 옮겨지는 점의 좌표를 구하시오.

(1) $(1, 2)$　　　　　　　(2) $(-4, 3)$

⊕ **개념ON** 164쪽　　⊕ **유형ON 2권** 048쪽

0408 대표문제

점 $(2, -5)$를 점 $(-1, -4)$로 옮기는 평행이동에 의하여 점 $(6, -3)$이 옮겨지는 점의 좌표는?

① $(-9, -4)$　　② $(3, -4)$　　③ $(3, -2)$
④ $(9, -2)$　　⑤ $(9, -4)$

0409

평행이동 $(x, y) \longrightarrow (x+a, y-2)$에 의하여 점 $(1, -3)$이 $(7, b)$로 옮겨질 때, $a+b$의 값은?

① -2　　　② -1　　　③ 0
④ 1　　　⑤ 2

0410 교육청 기출

점 $(-4, 3)$을 x축의 방향으로 a만큼, y축의 방향으로 b만큼 평행이동한 점의 좌표가 $(1, 5)$일 때, $a+b$의 값을 구하시오. (단, a, b는 상수이다.)

0411 중요

점 (a, b)를 x축의 방향으로 4만큼, y축의 방향으로 -6만큼 평행이동한 점의 좌표가 $(-3, 5)$일 때, $b-a$의 값은?

① -18　　　② -4　　　③ 2
④ 4　　　⑤ 18

0412 서술형

두 점 $A(a, -4)$, $B(-8, b)$를 각각 두 점 $A'(2, -2)$, $B'(-3, 4)$로 옮기는 평행이동에 의하여 점 $(a+1, b-2)$가 옮겨지는 점의 좌표를 구하시오.

0413

점 $(4, 2)$를 점 $(-1, 3)$으로 옮기는 평행이동에 의하여 두 점 $A(a, b)$, $B(1, -5)$가 각각 $A'(3, 2)$, $B'(c, d)$로 옮겨질 때, $a+b+c+d$의 값을 구하시오.

0414

세 점 $A(-1, 2)$, $B(3, -3)$, $C(a, -5)$를 x축의 방향으로 -4만큼, y축의 방향으로 b만큼 평행이동한 점을 각각 A', B', C'이라 하자. 삼각형 $A'B'C'$의 무게중심의 좌표가 $(-3, 4)$일 때, $a+b$의 값을 구하시오.

유형 02 점의 평행이동의 활용

평행이동한 점의 좌표를 구한 후 다음을 이용하여 미지수의 값을 구한다.

(1) 점이 직선 또는 원 위에 있다. ➡ 점의 좌표를 직선 또는 원의 방정식에 대입한다.

(2) 두 점 사이의 거리 ➡ 공식을 이용한다.

Tip 두 점 (x_1, y_1), (x_2, y_2) 사이의 거리는

$$\sqrt{(x_2-x_1)^2+(y_2-y_1)^2}$$

🔵 **개념ON** 164쪽　🔵 **유형ON 2권** 049쪽

0415 대표문제

점 (a, b)를 x축의 방향으로 -2만큼, y축의 방향으로 3만큼 평행이동하였더니 원 $x^2+y^2-4x+8y+16=0$의 중심과 일치하였다. 이때 $a+b$의 값을 구하시오.

0416

좌표평면 위의 점 P를 x축의 방향으로 3만큼, y축의 방향으로 4만큼 평행이동한 점을 P′이라 할 때, 선분 PP′의 길이는?

① 3　　　　② $\sqrt{10}$　　　　③ 4

④ $2\sqrt{5}$　　　　⑤ 5

0417

평행이동 $(x, y) \longrightarrow (x+1, y-2)$에 의하여 점 $(-2, 3)$이 직선 $y=mx+5$ 위의 점으로 옮겨질 때, 상수 m의 값은?

① 0　　　　② 2　　　　③ 4

④ 6　　　　⑤ 8

0418 ✅중요

점 $A(-1, 3)$을 x축의 방향으로 a만큼, y축의 방향으로 -5만큼 평행이동하였더니 원점 O로부터의 거리가 처음 거리의 2배가 되었다. 이때 양수 a의 값은?

① 3　　　　② 4　　　　③ 5

④ 6　　　　⑤ 7

0419

평행이동 $(x, y) \longrightarrow (x+a, y+b)$에 의하여 점 $A(4, 2)$가 점 B로 옮겨질 때, $\overline{AB}=2\sqrt{3}$이고 점 B와 직선 $x+y-6=0$ 사이의 거리는 $\sqrt{2}$이다. 이때 ab의 값을 구하시오.

0420

양수 a와 음수 b에 대하여 점 $A(-1, 4)$를 x축의 방향으로 a만큼 평행이동한 점을 B라 하고, 점 B를 y축의 방향으로 b만큼 평행이동한 점을 C라 하자. 세 점 A, B, C를 지나는 원의 중심의 좌표가 $(1, 3)$일 때, $a-b$의 값을 구하시오.

0421

세 점 $O(0, 0)$, $A(4, 0)$, $B(a, b)$를 x축의 방향으로 m만큼, y축의 방향으로 n만큼 평행이동한 점을 차례대로 O′, A′, B′이라 하자. B′$(3, 5\sqrt{3})$이고 삼각형 O′A′B′이 정삼각형일 때, $\dfrac{n}{m}$의 값을 구하시오. (단, $a>0$, $b>0$)

직선 $y=mx+n$을 x축의 방향으로 a만큼, y축의 방향으로 b만큼 평행이동한 직선의 방정식은

$y-b=m(x-a)+n$, 즉 $y=mx-ma+n+b$

x 대신 $x-a$, y 대신 $y-b$를 대입

Tip 직선 l을 평행이동한 직선을 l'이라 하면 두 직선 l, l'은 서로 평행하다.

확인 문제

다음 직선을 x축의 방향으로 1만큼, y축의 방향으로 -2만큼 평행이동한 도형의 방정식을 구하시오.

(1) $x+y+5=0$ (2) $x-2y+3=0$

🔊 개념ON 166쪽   🔊 유형ON 2권 050쪽

0422 대표문제

점 $(-2, 5)$를 점 $(3, -1)$로 옮기는 평행이동에 의하여 직선 $x+3y-6=0$이 직선 $x+ay+b=0$으로 옮겨질 때, 상수 a, b에 대하여 $a-b$의 값은?

① -10 ② -4 ③ 1
④ 4 ⑤ 10

0423 교육청 기출

직선 $2x+y+5=0$을 x축의 방향으로 2만큼, y축의 방향으로 -1만큼 평행이동한 직선의 방정식이 $2x+y+a=0$일 때, 상수 a의 값은?

① 1 ② 2 ③ 3
④ 4 ⑤ 5

0424 중요

직선 $3x-4y+k=0$을 x축의 방향으로 1만큼, y축의 방향으로 -3만큼 평행이동한 직선이 점 $(4, -2)$를 지날 때, 상수 k의 값을 구하시오.

0425 교육청 기출

직선 $y=3x-5$를 x축의 방향으로 a만큼, y축의 방향으로 $2a$만큼 평행이동한 직선이 직선 $y=3x-10$과 일치할 때, 상수 a의 값을 구하시오.

0426

직선 $x+y-2=0$을 x축의 방향으로 a만큼, y축의 방향으로 3만큼 평행이동한 직선과 x축, y축으로 둘러싸인 부분의 넓이가 32일 때, 양수 a의 값은?

① 1 ② 2 ③ 3
④ 4 ⑤ 5

0427 서술형

직선 $y=ax+b$를 x축의 방향으로 3만큼, y축의 방향으로 -4만큼 평행이동하면 직선 $y=\frac{1}{3}x+6$과 y축 위에서 수직으로 만난다. 이때 상수 a, b에 대하여 ab의 값을 구하시오.

0428

직선 $l : x+2y+1=0$을 x축의 방향으로 2만큼, y축의 방향으로 a만큼 평행이동한 직선을 m이라 할 때, 두 직선 l과 m 사이의 거리가 $2\sqrt{5}$이다. 이때 양수 a의 값을 구하시오.

유형 04 도형의 평행이동 - 원

원 $(x-a)^2+(y-b)^2=r^2$을 x축의 방향으로 m만큼, y축의 방향으로 n만큼 평행이동한 원의 방정식은

$$(x-m-a)^2+(y-n-b)^2=r^2$$

Tip (1) 원 $x^2+y^2=r^2$을 x축의 방향으로 m만큼, y축의 방향으로 n만큼 평행이동한 원의 방정식은

$$(x-m)^2+(y-n)^2=r^2$$

(2) 원을 평행이동하여도 원의 반지름의 길이가 변하지 않으므로 원의 평행이동은 원의 중심의 평행이동으로 생각할 수 있다.

확인 문제

다음 원을 x축의 방향으로 -2만큼, y축의 방향으로 1만큼 평행이동한 도형의 방정식을 구하시오.

(1) $x^2+y^2=9$ (2) $(x-1)^2+(y+2)^2=4$

🎧 **개념ON** 168쪽   🎧 **유형ON 2권** 051쪽

0429 대표문제

평행이동 $(x, y) \longrightarrow (x+a, y+b)$에 의하여 원 $x^2+y^2+4x-6y+9=0$이 중심이 원점인 원이 되었다. 이때 $a+b$의 값을 구하시오.

0430 교육청 기출

원 $x^2+y^2=16$을 x축의 방향으로 4만큼 평행이동한 원이 점 $(4, a)$를 지날 때, 양수 a의 값은?

① 1   ② 2   ③ 3
④ 4   ⑤ 5

0431 교육청 기출

원 $x^2+(y+4)^2=10$을 x축의 방향으로 -4만큼, y축의 방향으로 2만큼 평행이동하였더니 원 $x^2+y^2+ax+by+c=0$과 일치하였다. $a+b+c$의 값은? (단, a, b, c는 상수이다.)

① 14   ② 16   ③ 18
④ 20   ⑤ 22

0432 교육청 기출

좌표평면에서 두 양수 a, b에 대하여 원 $(x-a)^2+(y-b)^2=b^2$을 x축의 방향으로 3만큼, y축의 방향으로 -8만큼 평행이동한 원을 C라 하자. 원 C가 x축과 y축에 동시에 접할 때, $a+b$의 값은?

① 5   ② 6   ③ 7
④ 8   ⑤ 9

0433 ✅ 중요

점 $(2, -1)$을 점 $(-1, 1)$로 옮기는 평행이동에 의하여 원 $x^2+y^2-8x+2y+8=0$이 옮겨지는 원의 중심의 좌표는?

① $(-3, -2)$ ② $(-3, 2)$ ③ $(-1, -3)$
④ $(1, 1)$ ⑤ $(1, 3)$

0434

원 $C_1 : x^2+y^2-2x+6y+1=0$을 x축의 방향으로 5만큼, y축의 방향으로 a만큼 평행이동한 원을 C_2라 하자. 두 원 C_1, C_2의 중심 사이의 거리가 $\sqrt{41}$일 때, 양수 a의 값을 구하시오.

0435

원 $x^2+y^2-ax-by-1=0$을 x축의 방향으로 3만큼, y축의 방향으로 2만큼 평행이동한 원의 중심의 좌표가 $(1, 4)$이고 반지름의 길이가 r일 때, $a+b+r$의 값을 구하시오.

(단, a, b는 상수이다.)

0436 🖊 서술형 ◀▮▮

원 $x^2+y^2-10x+4y+4=0$을 원 $x^2+y^2=25$로 옮기는 평행이동에 의하여 원 $x^2+y^2-2y-15=0$이 옮겨지는 원의 중심과 원점 사이의 거리를 구하시오.

유형 05 도형의 평행이동 - 포물선

포물선 $y=ax^2+bx+c$를 x축의 방향으로 m만큼, y축의 방향으로 n만큼 평행이동한 포물선의 방정식은

$$y-n=a(x-m)^2+b(x-m)+c$$

Tip 포물선을 평행이동하여도 그 모양이 변하지 않으므로 포물선의 평행이동은 포물선의 꼭짓점의 평행이동으로 생각할 수 있다.

확인 문제

다음 포물선을 x축의 방향으로 -1만큼, y축의 방향으로 3만큼 평행이동한 도형의 방정식을 구하시오.

(1) $y=x^2+x+2$　　　　(2) $y=x^2-4x+1$

🔒 개념ON 168쪽　🔒 유형ON 2권 051쪽

0437 대표문제

포물선 $y=2x^2-12x+17$을 x축의 방향으로 a만큼, y축의 방향으로 $a-3$만큼 평행이동한 포물선의 꼭짓점이 x축 위에 있을 때, a의 값은?

① -4　　　　② -3　　　　③ -1

④ 3　　　　⑤ 4

0438 ◀▮▮

포물선 $y=x^2+4x+9$를 x축의 방향으로 1만큼, y축의 방향으로 -4만큼 평행이동한 포물선의 꼭짓점의 좌표는?

① $(-2, 5)$　　　② $(-1, 1)$　　　③ $(1, -1)$

④ $(2, -5)$　　　⑤ $(5, -2)$

0439 ◀▮▮

포물선 $y=3x^2-12x+10$을 x축의 방향으로 a만큼, y축의 방향으로 b만큼 평행이동하면 포물선 $y=3x^2$과 일치한다. 이때 $a-b$의 값을 구하시오.

0440 ✓ 중요 ◀▮▮

도형 $f(x, y)=0$을 도형 $f(x+a, y-a)=0$으로 옮기는 평행이동에 의하여 포물선 $y=-4x^2-8x-1$을 옮겼더니 꼭짓점이 직선 $y=2x-1$ 위에 있을 때, a의 값은?

① -4　　　　② -3　　　　③ -2

④ 2　　　　⑤ 3

0441 🖊 서술형 ◀▮▮

점 $(-2, -4)$를 원점으로 옮기는 평행이동에 의하여 포물선 $y=x^2+6x-4$가 옮겨질 때, 옮겨진 포물선의 꼭짓점의 좌표를 (a, b)라 하자. 이때 $a-b$의 값을 구하시오.

0442 교육청 기출 ◀▮▮

좌표평면에서 포물선 $y=x^2-2x$를 포물선 $y=x^2-12x+30$으로 옮기는 평행이동에 의하여 직선 $l : x-2y=0$이 직선 l'으로 옮겨진다. 두 직선 l, l' 사이의 거리를 d라 할 때, d^2의 값을 구하시오.

유형 06 도형의 평행이동의 활용

평행이동한 도형의 방정식을 구한 후 다음을 이용하여 미지수의 값을 구한다.

(1) 세 직선이 삼각형을 이루지 않는다. ➡ 세 직선이 한 점에서 만나거나 세 직선 중 두 개 이상이 평행하다.

(2) 직선이 원의 넓이를 이등분한다. ➡ 직선이 원의 중심을 지난다.

(3) 직선이 원에 접한다. ➡ 원의 중심과 직선 사이의 거리가 원의 반지름의 길이와 같다.

> **Tip** 점 (x_1, y_1)과 직선 $ax+by+c=0$ 사이의 거리는
> $$\frac{|ax_1+by_1+c|}{\sqrt{a^2+b^2}}$$

(4) 두 원의 위치 관계가 주어진다. ➡ 두 원의 중심 사이의 거리와 두 원의 반지름의 길이의 합 또는 차를 비교한다.

🎧 **개념ON** 166쪽, 168쪽 🎧 **유형ON 2권** 052쪽

0443 대표문제

직선 $y=3x+k$를 x축의 방향으로 -1만큼, y축의 방향으로 2만큼 평행이동하면 원 $x^2+y^2=10$에 접할 때, 양수 k의 값을 구하시오.

0444

직선 $2x-y+1=0$을 y축의 방향으로 a만큼 평행이동한 직선과 두 직선 $x+4y-5=0$, $3x+2y-5=0$이 삼각형을 이루지 않도록 하는 a의 값은?

① -4 ② -2 ③ 2
④ 4 ⑤ 6

0445

직선 $y=5x-3$을 x축의 방향으로 a만큼, y축의 방향으로 a만큼 평행이동한 직선이 원 $(x+1)^2+(y-4)^2=16$의 넓이를 이등분할 때, a의 값을 구하시오.

0446 ✅중요

직선 $x-2y+k=0$을 x축의 방향으로 3만큼, y축의 방향으로 -3만큼 평행이동한 직선과 직선 $y=\frac{1}{2}x-3$ 사이의 거리가 $3\sqrt{5}$일 때, 모든 상수 k의 값의 합을 구하시오.

0447 교육청 기출

좌표평면에서 원 $(x+1)^2+(y+2)^2=9$를 x축의 방향으로 3만큼, y축의 방향으로 a만큼 평행이동한 원을 C라 하자. 원 C의 넓이가 직선 $3x+4y-7=0$에 의하여 이등분되도록 하는 상수 a의 값은?

① $\frac{1}{4}$ ② $\frac{3}{4}$ ③ $\frac{5}{4}$
④ $\frac{7}{4}$ ⑤ $\frac{9}{4}$

0448 ✏️서술형

평행이동 $(x, y) \longrightarrow (x+a, y+b)$에 의하여 원 $(x+5)^2+(y-4)^2=36$이 옮겨지는 원이 x축과 y축에 모두 접하고 그 중심은 제1사분면 위에 있을 때, $a-b$의 값을 구하시오.

0449

포물선 $y=x^2+4x$를 x축의 방향으로 a만큼, y축의 방향으로 $-2a$만큼 평행이동하면 직선 $y=x$와 두 점 A, B에서 만난다. 선분 AB의 중점이 원점일 때, a의 값을 구하시오.

점 (x, y)를 x축, y축, 원점, 직선 $y=x$, 직선 $y=-x$에 대하여 대칭이동한 점의 좌표는 다음과 같다.

(1) x축: y좌표의 부호를 바꾼다. ➡ $(x, -y)$
(2) y축: x좌표의 부호를 바꾼다. ➡ $(-x, y)$
(3) 원점: x좌표, y좌표의 부호를 모두 바꾼다. ➡ $(-x, -y)$
(4) 직선 $y=x$: x좌표와 y좌표를 서로 바꾼다. ➡ (y, x)
(5) 직선 $y=-x$: x좌표와 y좌표의 부호를 모두 바꾼 후 이들을 서로 바꾼다. ➡ $(-y, -x)$

Tip 원점에 대한 대칭이동은 x축에 대하여 대칭이동한 후 y축에 대하여 대칭이동한 것과 같다.

확인 문제

점 $(2, -1)$을 다음 점 또는 직선에 대하여 대칭이동한 점의 좌표를 구하시오.
(1) x축 (2) y축
(3) 원점 (4) 직선 $y=x$
(5) 직선 $y=-x$

🔘 **개념ON** 178쪽 🔘 **유형ON 2권** 053쪽

0450 대표문제

점 $P(2, 5)$를 직선 $y=x$에 대하여 대칭이동한 점을 Q, 점 Q를 x축에 대하여 대칭이동한 점을 R라 할 때, 삼각형 PQR의 넓이는?

① 2   ② 4   ③ 6
④ 8   ⑤ 10

0451

점 $(4, -1)$을 x축에 대하여 대칭이동한 점을 P, y축에 대하여 대칭이동한 점을 Q라 할 때, 선분 PQ의 길이는?

① $\sqrt{14}$ ② $\sqrt{17}$ ③ $2\sqrt{14}$
④ $2\sqrt{17}$ ⑤ $3\sqrt{14}$

0452 교육청 기출

점 $(5, 4)$를 직선 $y=x$에 대하여 대칭이동한 후, y축의 방향으로 1만큼 평행이동한 점의 좌표는 (a, b)이다. ab의 값을 구하시오.

0453 교육청 기출

좌표평면 위의 점 $(1, a)$를 직선 $y=x$에 대하여 대칭이동한 점을 A라 하자. 점 A를 x축에 대하여 대칭이동한 점의 좌표가 $(2, b)$일 때, $a+b$의 값은?

① 1   ② 2   ③ 3
④ 4   ⑤ 5

0454

점 (a, b)를 x축에 대하여 대칭이동한 점이 제2사분면 위에 있을 때, 점 $(a+b, ab)$를 y축에 대하여 대칭이동한 후 원점에 대하여 대칭이동한 점은 어느 사분면 위에 있는가?

① 제1사분면   ② 제2사분면
③ 제3사분면   ④ 제4사분면
⑤ 어느 사분면 위에 있는지 알 수 없다.

0455 서술형

점 $P(3, 1)$을 x축, y축에 대하여 대칭이동한 점을 각각 A, B라 하고, 점 $Q(a, b)$를 y축에 대하여 대칭이동한 점을 C라 하자. 세 점 A, B, C가 한 직선 위에 있을 때, 직선 PQ의 기울기를 구하시오. (단, $a \neq \pm 3$)

0456 중요

직선 $y=x+4$ 위의 점 A를 직선 $y=x$에 대하여 대칭이동한 점을 B, 점 B를 원점에 대하여 대칭이동한 점을 C라 할 때, 삼각형 ABC의 넓이가 56이다. 이때 점 A의 좌표를 구하시오. (단, 점 A는 제1사분면 위의 점이다.)

유형 08 도형의 대칭이동 - 직선

도형 $f(x, y)=0$을 x축, y축, 원점, 직선 $y=x$, 직선 $y=-x$에 대하여 대칭이동한 도형의 방정식은 다음과 같다.

(1) x축: y 대신 $-y$를 대입한다. ➡ $f(x, -y)=0$

(2) y축: x 대신 $-x$를 대입한다. ➡ $f(-x, y)=0$

(3) 원점: x 대신 $-x$를, y 대신 $-y$를 대입한다.
    ➡ $f(-x, -y)=0$

(4) 직선 $y=x$: x 대신 y를, y 대신 x를 대입한다.
    ➡ $f(y, x)=0$

(5) 직선 $y=-x$: x 대신 $-y$를, y 대신 $-x$를 대입한다.
    ➡ $f(-y, -x)=0$

확인 문제

직선 $x+y+3=0$을 다음 점 또는 직선에 대하여 대칭이동한 도형의 방정식을 구하시오.

(1) x축   (2) y축
(3) 원점   (4) 직선 $y=x$
(5) 직선 $y=-x$

⋔ 개념ON 180쪽   ⋔ 유형ON 2권 054쪽

0457 대표문제

직선 $y=3x+4$를 x축에 대하여 대칭이동한 직선에 수직이고 점 $(3, 1)$을 지나는 직선의 방정식은?

① $y=-3x+10$ ② $y=-x+4$

③ $y=-\dfrac{1}{3}x+2$ ④ $y=\dfrac{1}{3}x$

⑤ $y=3x-8$

0458

직선 $3x-5y+8=0$을 직선 $y=-x$에 대하여 대칭이동한 직선의 방정식은?

① $3x+5y+8=0$ ② $3x+5y-8=0$

③ $3x-5y-8=0$ ④ $5x-3y+8=0$

⑤ $5x-3y-8=0$

0459 교육청 기출

좌표평면에서 직선 $3x-2y+a=0$을 원점에 대하여 대칭이동한 직선이 점 $(3, 2)$를 지날 때, 상수 a의 값은?

① 1   ② 2   ③ 3
④ 4   ⑤ 5

0460 교육청 기출

직선 $y=ax-6$을 x축에 대하여 대칭이동한 직선이 점 $(2, 4)$를 지날 때, 상수 a의 값은?

① 1   ② 2   ③ 3
④ 4   ⑤ 5

0461 중요

직선 $y=\dfrac{1}{2}x-2$를 직선 $y=x$에 대하여 대칭이동한 직선을 l_1, 직선 l_1을 원점에 대하여 대칭이동한 직선을 l_2라 할 때, 직선 l_2의 x절편을 구하시오.

0462 서술형

두 직선 $ax-by+1=0$, $(a-4)x-(2-b)y-1=0$이 직선 $y=x$에 대하여 서로 대칭일 때, 상수 a, b에 대하여 $a-2b$의 값을 구하시오.

0463

직선 $(k+1)x+(k+2)y+2(k-1)=0$을 직선 $y=-x$에 대하여 대칭이동한 직선은 실수 k의 값에 관계없이 항상 점 (a, b)를 지난다. 이때 $a-b$의 값을 구하시오.

원의 대칭이동은 원의 중심을 대칭이동하여 그 좌표를 구한다. 이때 반지름의 길이는 변하지 않는다.

📖 개념ON 180쪽 📖 유형ON 2권 055쪽

0464 대표문제

중심의 좌표가 $(-1, 4)$이고 반지름의 길이가 r인 원을 x축에 대하여 대칭이동하였더니 점 $(3, -1)$을 지났다. 이때 r의 값은?

① 1 ② 2 ③ 3
④ 4 ⑤ 5

0465

원 $(x+3)^2+(y-4)^2=1$을 원점에 대하여 대칭이동한 원과 x축의 방향으로 a만큼, y축의 방향으로 b만큼 평행이동한 원이 일치할 때, $a-b$의 값을 구하시오.

0466

원 $x^2+y^2+4x-8y+16=0$을 y축에 대하여 대칭이동한 원의 중심이 원점을 지나는 직선 l 위에 있을 때, 직선 l의 기울기를 구하시오.

0467

원 $(x+1)^2+(y+3)^2=4$를 원점에 대하여 대칭이동한 원을 C라 하고, 직선 $mx-y+6=0$을 y축에 대하여 대칭이동한 직선을 l이라 하자. 직선 l이 원 C의 중심을 지날 때, 상수 m의 값은?

① 3 ② 4 ③ 5
④ 6 ⑤ 7

0468

원 $x^2+y^2-6x+4y+9=0$을 직선 $y=-x$에 대하여 대칭이동한 원의 넓이를 직선 $y=2x+k$가 이등분할 때, 상수 k의 값을 구하시오.

0469 ✅중요 ✏️서술형

원 $x^2+y^2-10x+6y-11=0$을 직선 $y=x$에 대하여 대칭이동하면 y축과 서로 다른 두 점에서 만난다. 이때 두 점 사이의 거리를 구하시오.

0470 교육청 기출

원 $C_1: x^2-2x+y^2+4y+4=0$을 직선 $y=x$에 대하여 대칭이동한 원을 C_2라 하자. C_1 위의 임의의 점 P와 C_2 위의 임의의 점 Q에 대하여 두 점 P, Q 사이의 최소 거리는?

① $2\sqrt{3}-2$ ② $2\sqrt{3}+2$ ③ $3\sqrt{2}-2$
④ $3\sqrt{2}+2$ ⑤ $3\sqrt{3}-2$

0471

원 $C : (x-5)^2+(y-5)^2=25$를 x축, y축, 원점에 대하여 대칭이동한 원을 차례대로 C_1, C_2, C_3이라 할 때, 네 원 C, C_1, C_2, C_3으로 둘러싸인 도형의 넓이는?

① $25-5\pi$ ② $50-10\pi$ ③ $50-5\pi$
④ $100-25\pi$ ⑤ $100-10\pi$

유형 10 도형의 대칭이동 - 포물선

포물선의 대칭이동은 포물선의 꼭짓점을 대칭이동하여 구한다.

Tip (1) 포물선을 y축에 대하여 대칭이동하면 ➡ x^2의 계수가 같다.
(2) 포물선을 x축 또는 원점에 대하여 대칭이동하면 ➡ x^2의 계수의 절댓값은 같고 부호는 반대이다.

개념ON 180쪽 유형ON 2권 055쪽

0472 대표문제

포물선 $y=x^2+ax+b$를 원점에 대하여 대칭이동한 포물선의 꼭짓점의 좌표가 $(-1, -3)$일 때, 상수 a, b에 대하여 $a+b$의 값을 구하시오.

0473

포물선 $y=x^2-5x-7$을 x축에 대하여 대칭이동한 포물선이 점 $(4, a)$를 지날 때, a의 값은?

① -43 ② -11 ③ 3
④ 11 ⑤ 43

0474

포물선 $y=x^2-2ax+4$를 y축에 대하여 대칭이동한 포물선의 꼭짓점이 직선 $y=2x+1$ 위에 있을 때, 양수 a의 값은?

① 1 ② 2 ③ 3
④ 4 ⑤ 5

0475 중요

포물선 $y=ax^2$을 x축에 대하여 대칭이동한 후 y축에 대하여 대칭이동하였더니 점 $\left(-\frac{2}{3}, 4\right)$를 지날 때, 상수 a의 값은?

① -9 ② -6 ③ -4
④ 6 ⑤ 9

0476 서술형

포물선 $y=x^2-6x-3$을 원점에 대하여 대칭이동한 후 y축에 대하여 대칭이동한 포물선의 꼭짓점이 직선 $y=ax-9$ 위에 있을 때, 상수 a의 값을 구하시오.

0477

다음 보기 중 직선 $y=-x$에 대하여 대칭이동할 때, 처음 도형과 일치하는 것만을 있는 대로 고른 것은?

보기
ㄱ. $x-y+3=0$
ㄴ. $(x-2)^2+(y+2)^2=9$
ㄷ. $y=x^2+5$

① ㄱ ② ㄴ ③ ㄱ, ㄴ
④ ㄱ, ㄷ ⑤ ㄱ, ㄴ, ㄷ

유형 11 대칭이동의 활용

> 대칭이동한 도형의 방정식을 구한 후 다음을 이용하여 미지수의 값을 구한다.
> (1) 직선이 원의 넓이를 이등분한다. ➡ 직선이 원의 중심을 지난다.
> (2) 직선이 원에 접한다. ➡ 원의 중심과 직선 사이의 거리가 원의 반지름의 길이와 같다.

🔵 개념ON 180쪽   🔵 유형ON 2권 056쪽

0478 대표문제

직선 $3x+4y-a=0$을 원점에 대하여 대칭이동하였더니 원 $(x+1)^2+(y-2)^2=4$에 접하였다. 이때 모든 상수 a의 값의 합은?

① -20　　② -10　　③ -5
④ 10　　⑤ 20

0479

원 $(x-1)^2+(y+3)^2=2$를 직선 $y=x$에 대하여 대칭이동한 원을 C, 직선 $x-ay-6=0$을 x축에 대하여 대칭이동한 직선을 l이라 하자. 직선 l이 원 C의 중심을 지날 때, 상수 a의 값을 구하시오.

0480

직선 $l: y=\dfrac{12}{5}x+a$를 직선 $y=-x$에 대하여 대칭이동한 직선을 m이라 할 때, 직선 m과 직선 $5x-12y+12a=0$ 사이의 거리는 2이다. 이때 양수 a의 값은?

① $\dfrac{2}{13}$　　② $\dfrac{2}{7}$　　③ $\dfrac{13}{7}$
④ 2　　⑤ $\dfrac{26}{7}$

0481

원 $x^2+y^2-6x+8y+24=0$을 y축에 대하여 대칭이동하였더니 직선 $y=ax$에 접하였다. 이때 모든 상수 a의 값의 합을 구하시오.

0482 중요

포물선 $y=-x^2+3x-5$를 원점에 대하여 대칭이동하면 직선 $y=ax+1$과 접한다고 할 때, 양수 a의 값을 구하시오.

0483

원 $(x+1)^2+(y+1)^2=2$의 $x\le0$, $y\le0$인 부분과 이 부분을 각각 x축, y축, 원점에 대하여 대칭이동하여 생기는 모든 곡선으로 둘러싸인 부분의 넓이는?

① $4\pi+8$　　② $4\pi+16$　　③ $8\pi+16$
④ $8\pi+32$　　⑤ $16\pi+32$

0484 서술형

원 $x^2+y^2-4x-10y+25=0$을 x축에 대하여 대칭이동한 원이 직선 $y=\dfrac{3}{4}x-a$와 서로 다른 두 점에서 만날 때, 상수 a의 값의 범위를 구하시오.

유형 12 점과 도형의 평행이동과 대칭이동의 활용

점 또는 도형의 평행이동과 대칭이동을 연속하여 할 때에는 주어진 순서대로 적용하여 점의 좌표 또는 도형의 방정식을 구한다.

예 도형 $f(x, y)=0$

x축의 방향으로 m만큼, y축의 방향으로 n만큼 평행이동 → $f(x-m, y-n)=0$

직선 $y=x$에 대하여 대칭이동 → $f(y-m, x-n)=0$

개념ON 182쪽　유형ON 2권 056쪽

0485 대표문제

원 $(x-3)^2+(y+5)^2=10$을 x축의 방향으로 a만큼, y축의 방향으로 b만큼 평행이동한 원이 직선 $y=x$에 대하여 대칭이동한 원과 겹쳐질 때, $a-b$의 값은?

① -16　② -8　③ 0
④ 8　⑤ 16

0486

점 P를 x축의 방향으로 -1만큼, y축의 방향으로 2만큼 평행이동한 후 x축에 대하여 대칭이동하였더니 점 $(2, -6)$이 되었다. 이때 점 P의 좌표는?

① $(-3, -8)$　② $(-3, 4)$　③ $(3, 4)$
④ $(3, 8)$　⑤ $(4, 8)$

0487 중요

포물선 $y=x^2-4x+a-7$을 원점에 대하여 대칭이동한 후 y축의 방향으로 -2만큼 평행이동한 포물선이 y축과 만나는 점의 y좌표가 1일 때, 상수 a의 값을 구하시오.

0488 서술형

원 $(x-2)^2+(y-3)^2=25$를 x축의 방향으로 -5만큼 평행이동한 후 직선 $y=-x$에 대하여 대칭이동한 원이 x축과 만나는 두 점을 P, Q라 할 때, 선분 PQ의 길이를 구하시오.

0489 교육청 기출

좌표평면에 두 점 A$(-3, 1)$, B$(1, k)$가 있다. 점 A를 y축에 대하여 대칭이동한 점을 P라 하고, 점 B를 y축의 방향으로 -5만큼 평행이동한 점을 Q라 하자. 직선 BP와 직선 PQ가 서로 수직이 되도록 하는 모든 실수 k의 값의 곱은?

① 8　② 10　③ 12
④ 14　⑤ 16

0490 교육청 기출

직선 $y=-\frac{1}{2}x-3$을 x축의 방향으로 a만큼 평행이동한 후 직선 $y=x$에 대하여 대칭이동한 직선을 l이라 하자. 직선 l이 원 $(x+1)^2+(y-3)^2=5$와 접하도록 하는 모든 상수 a의 값의 합은?

① 14　② 15　③ 16
④ 17　⑤ 18

유형 13 도형 $f(x, y) = 0$의 평행이동과 대칭이동

그래프로 주어진 도형을 평행이동하거나 대칭이동한 도형은 다음을 이용하여 찾는다.

(1) $f(x, y) = 0 \rightarrow f(x-a, y-b) = 0$
　➡ x축의 방향으로 a만큼, y축의 방향으로 b만큼 평행이동

(2) $f(x, y) = 0 \rightarrow f(x, -y) = 0$
　➡ x축에 대하여 대칭이동

(3) $f(x, y) = 0 \rightarrow f(-x, y) = 0$
　➡ y축에 대하여 대칭이동

(4) $f(x, y) = 0 \rightarrow f(-x, -y) = 0$
　➡ 원점에 대하여 대칭이동

(5) $f(x, y) = 0 \rightarrow f(y, x) = 0$
　➡ 직선 $y = x$에 대하여 대칭이동

(6) $f(x, y) = 0 \rightarrow f(-y, -x) = 0$
　➡ 직선 $y = -x$에 대하여 대칭이동

예　방정식 $f(y, x-2) = 0$이 나타내는 도형
　➡ 방정식 $f(x, y) = 0$이 나타내는 도형을 직선 $y = x$에 대하여 대칭이동하면 $f(y, x) = 0$
　　이때 이 방정식이 나타내는 도형을 x축의 방향으로 2만큼 평행이동하면 $f(y, x-2) = 0$
　　즉, 방정식 $f(y, x-2) = 0$이 나타내는 도형은 방정식 $f(x, y) = 0$이 나타내는 도형을 직선 $y = x$에 대하여 대칭이동한 후 x축의 방향으로 2만큼 평행이동한 것이다.

🎧 유형ON 2권 057쪽

0491 대표문제

방정식 $f(x, y) = 0$이 나타내는 도형이 그림과 같은 ◣ 모양일 때, 다음 중 방정식 $f(-x-1, y) = 0$이 나타내는 도형은?

①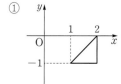

②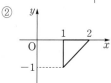

③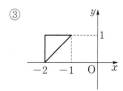

④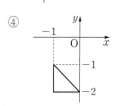

⑤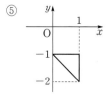

0492 교육청 기출

좌표평면에서 방정식 $f(x, y) = 0$이 나타내는 도형이 그림과 같은 ⌐ 모양일 때, 다음 중 방정식 $f(x+1, 2-y) = 0$이 좌표평면에 나타내는 도형은?

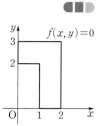

①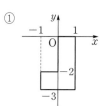

②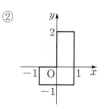

③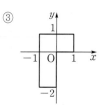

④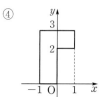

⑤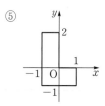

0493 중요

방정식 $f(x, y) = 0$이 나타내는 도형이 [그림 1]과 같을 때, [그림 2]와 같은 도형을 나타내는 방정식인 것만을 보기에서 있는 대로 고른 것은?

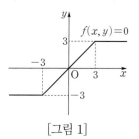

[그림 1]

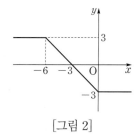

[그림 2]

보기

　ㄱ. $f(x+3, -y) = 0$　　ㄴ. $f(3-x, y) = 0$
　ㄷ. $f(-x-3, y) = 0$　　ㄹ. $f(y, x-3) = 0$

① ㄱ　　　② ㄷ　　　③ ㄱ, ㄷ
④ ㄴ, ㄹ　　　⑤ ㄷ, ㄹ

유형 14 점 (a, b)에 대한 대칭이동

점 $P(x, y)$를 점 $A(a, b)$에 대하여 대칭이동한 점을 $P'(x', y')$이라 하면 점 A는 $\overline{PP'}$의 중점이다.

$$\Rightarrow a = \frac{x+x'}{2}, \ b = \frac{y+y'}{2}$$

확인 문제

두 점 $(2, -3)$, $(-6, 5)$가 점 P에 대하여 대칭일 때, 점 P의 좌표를 구하시오.

⌂ 개념ON 192쪽　⌂ 유형ON 2권 058쪽

0494 대표문제

점 $(2a, -7)$을 점 $(-1, -2)$에 대하여 대칭이동한 점의 좌표가 $(-4, b+1)$일 때, $a+b$의 값은?

① -4　　② -3　　③ 3

④ 4　　⑤ 5

0495

점 $A(5, -2)$를 점 $P(3, 1)$에 대하여 대칭이동한 점의 좌표는?

① $(-1, 2)$　　② $(-1, 4)$　　③ $(1, 2)$

④ $(1, 4)$　　⑤ $(3, 4)$

0496

직선 $x+2y-1=0$을 점 $(2, -3)$에 대하여 대칭이동한 직선의 방정식은?

① $x-2y-9=0$　　② $x-2y+1=0$

③ $x-2y+9=0$　　④ $x+2y+1=0$

⑤ $x+2y+9=0$

0497 ✅ 중요

원 $x^2+y^2-4x+3=0$을 점 $(-2, 5)$에 대하여 대칭이동한 원의 중심의 좌표가 (a, b)이고 반지름의 길이가 r일 때, $a+b+r$의 값을 구하시오.

0498 ✏️ 서술형

두 포물선 $y=x^2+2x+2$, $y=-x^2-6x-4$가 점 $P(a, b)$에 대하여 대칭일 때, ab의 값을 구하시오.

0499

포물선 $y=x^2+ax$를 점 $(1, 4)$에 대하여 대칭이동한 포물선과 직선 $y=3x-8$이 만나는 두 점이 원점에 대하여 대칭일 때, 상수 a의 값을 구하시오.

0500

직선 $3x-y+4=0$을 점 $\left(\frac{1}{2}, -\frac{3}{2}\right)$에 대하여 대칭이동한 직선과 원 $x^2+y^2=16$의 두 교점 사이의 거리는?

① $\sqrt{6}$　　② $\sqrt{10}$　　③ $2\sqrt{6}$

④ $2\sqrt{10}$　　⑤ $4\sqrt{6}$

직선 $y=mx+n$에 대한 대칭이동

점 $P(x, y)$를 직선 $l : y=mx+n$에 대하여 대칭이동한 점을 $P'(x', y')$이라 하면

(1) 중점 조건
 ➡ $\overline{PP'}$의 중점 M은 직선 l 위에 있다.
(2) 수직 조건 ➡ $\overline{PP'} \perp l$ ➡ (기울기의 곱)$=-1$

🔓 개념ON 194쪽 🔓 유형ON 2권 058쪽

0501 대표문제

두 점 $(1, 3)$, $(3, 9)$가 직선 $y=ax+b$에 대하여 대칭일 때, 상수 a, b에 대하여 $b-a$의 값은?

① -7 ② $-\dfrac{19}{3}$ ③ -6

④ $\dfrac{19}{3}$ ⑤ 7

0502 ◀▮▯

점 $P(4, 2)$를 직선 $y=x+1$에 대하여 대칭이동한 점의 좌표는?

① $(-3, -2)$ ② $(-2, 4)$ ③ $(-1, 5)$
④ $(1, 5)$ ⑤ $(4, 2)$

0503 ◀▮▯

두 점 $P(-2, 2)$, $Q(6, 6)$이 직선 l에 대하여 대칭일 때, 직선 l과 x축, y축으로 둘러싸인 삼각형의 넓이를 구하시오.

0504 ✅ 중요 ◀▮▯

원 $(x-4)^2+(y+5)^2=1$을 직선 $y=x-3$에 대하여 대칭이동한 원의 방정식은?

① $(x-2)^2+(y-2)^2=1$ ② $(x-2)^2+(y-1)^2=1$
③ $(x-2)^2+(y+1)^2=1$ ④ $(x+2)^2+(y-1)^2=1$
⑤ $(x+2)^2+(y+1)^2=1$

0505 ✏ 서술형 ◀▮▯

두 원 $x^2+y^2=16$, $(x-2)^2+(y+4)^2=16$이 직선 $ax-by-10=0$에 대하여 대칭일 때, 상수 a, b에 대하여 ab의 값을 구하시오.

0506 ◀▮▯

원 $C_1 : x^2+(y-3)^2=9$를 x축의 방향으로 1만큼, y축의 방향으로 -3만큼 평행이동한 원을 C_2라 하자. 두 원 C_1, C_2의 두 교점을 A, B라 할 때, 점 $(1, 2)$를 직선 AB에 대하여 대칭이동한 점의 좌표는?

① $\left(-\dfrac{6}{5}, -\dfrac{1}{5}\right)$ ② $\left(-\dfrac{2}{5}, \dfrac{1}{5}\right)$ ③ $\left(\dfrac{2}{5}, \dfrac{1}{5}\right)$
④ $\left(\dfrac{6}{5}, -\dfrac{1}{5}\right)$ ⑤ $\left(\dfrac{6}{5}, \dfrac{7}{5}\right)$

유형 16 대칭이동을 이용한 선분의 길이의 최솟값

좌표평면 위의 두 점 A, B와 직선 l 위의 점 P에 대하여 $\overline{AP}+\overline{BP}$의 최솟값은 다음과 같은 순서로 구한다.

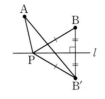

❶ 점 B를 직선 l에 대하여 대칭이동한 점 B′의 좌표를 구한다.

❷ $\overline{AP}+\overline{BP}=\overline{AP}+\overline{B'P}\geq\overline{AB'}$
➡ $\overline{AP}+\overline{BP}$의 최솟값은 $\overline{AB'}$의 길이와 같다.

Tip 선분의 길이의 합의 최솟값을 구할 때에는 한 점을 대칭이동하여 두 선분을 이루는 점들이 모두 한 직선 위에 있도록 한다.

🎧 개념ON 196쪽   🎧 유형ON 2권 059쪽

0507 대표문제

두 점 A(3, 4), B(9, 15)와 직선 $y=x$ 위의 점 P에 대하여 $\overline{AP}+\overline{BP}$의 최솟값은?

① $2\sqrt{29}$ ② $5\sqrt{5}$ ③ $\sqrt{146}$
④ $4\sqrt{10}$ ⑤ 13

0508

두 점 A(0, 4), B(6, 4)와 x축 위의 점 P에 대하여 $\overline{AP}+\overline{BP}$의 최솟값은?

① $3\sqrt{7}$ ② 8 ③ 10
④ $4\sqrt{7}$ ⑤ 12

0509 ✓중요

그림과 같이 두 점 A(1, 5), B(7, 3)과 y축 위를 움직이는 점 P, x축 위를 움직이는 점 Q에 대하여 $\overline{AP}+\overline{PQ}+\overline{QB}$의 최솟값을 구하시오.

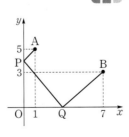

0510 교육청 기출

좌표평면 위에 두 점 A(1, 2), B(2, 1)이 있다. x축 위의 점 C에 대하여 삼각형 ABC의 둘레의 길이의 최솟값이 $\sqrt{a}+\sqrt{b}$일 때, 두 자연수 a, b의 합 $a+b$의 값을 구하시오.

(단, 점 C는 직선 AB 위에 있지 않다.)

0511 교육청 기출

좌표평면 위에 점 A(0, 1)과 직선 $l : y=-x+2$가 있다. 직선 l 위의 제1사분면 위의 점 B(a, b)와 x축 위의 점 C에 대하여 $\overline{AC}+\overline{BC}$의 값이 최소일 때, a^2+b^2의 값은?

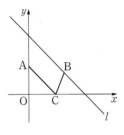

① $\dfrac{1}{2}$ ② 1
③ $\dfrac{3}{2}$ ④ 2
⑤ $\dfrac{5}{2}$

0512

그림과 같이 좌표평면에서 점 P는 원 $(x-6)^2+(y+3)^2=4$ 위의 점이고, 점 Q는 x축 위의 점이다. 점 A(0, -5)에 대하여 $\overline{AQ}+\overline{QP}$의 최솟값을 구하시오.

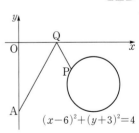

0513 교육청 기출

좌표평면 위의 점 $(2, 3)$을 x축의 방향으로 -1만큼, y축의 방향으로 2만큼 평행이동한 점의 좌표가 (a, b)일 때, $a+b$의 값은?

① 4　　　　② 5　　　　③ 6

④ 7　　　　⑤ 8

0514 교육청 기출

좌표평면 위의 점 $P(a, a^2)$을 x축의 방향으로 $-\dfrac{1}{2}$만큼, y축의 방향으로 2만큼 평행이동한 점이 직선 $y=4x$ 위에 있을 때, 상수 a의 값은?

① -2　　　② -1　　　③ 0

④ 1　　　　⑤ 2

0515

직선 $3x-4y+1=0$을 x축의 방향으로 3만큼, y축의 방향으로 -1만큼 평행이동한 직선이 x축, y축에 의하여 잘리는 선분의 길이는?

① 5　　　　② $5\sqrt{2}$　　　③ $5\sqrt{3}$

④ 10　　　　⑤ $10\sqrt{2}$

0516 교육청 기출

직선 $y=kx+1$을 x축의 방향으로 2만큼, y축의 방향으로 -3만큼 평행이동시킨 직선이 원 $(x-3)^2+(y-2)^2=1$의 중심을 지날 때, 상수 k의 값은?

① $\dfrac{7}{2}$　　　② 4　　　③ $\dfrac{9}{2}$

④ 5　　　　⑤ $\dfrac{11}{2}$

0517

점 $A(-2, 6)$을 x축에 대하여 대칭이동한 점을 B, 직선 $y=x$에 대하여 대칭이동한 점을 C라 할 때, 삼각형 ABC의 넓이를 구하시오.

0518

포물선 $y=-2x^2-8x-5$를 x축의 방향으로 $a+1$만큼, y축의 방향으로 $a-6$만큼 평행이동한 포물선의 꼭짓점이 x축 위에 있을 때, 평행이동한 포물선의 꼭짓점의 좌표를 구하시오.

0519

다음 보기 중 직선 $y=x$에 대하여 대칭이동할 때, 처음 도형과 일치하는 것만을 있는 대로 고른 것은?

┌ 보기 ┐
ㄱ. $y=-x$ ㄴ. $y=3x$
ㄷ. $x^2+y^2=2$ ㄹ. $y=x^2-4x+4$

① ㄱ, ㄴ   ② ㄱ, ㄷ   ③ ㄴ, ㄹ
④ ㄱ, ㄴ, ㄷ   ⑤ ㄱ, ㄷ, ㄹ

0520

점 $(-3, 7)$을 원점에 대하여 대칭이동하고 x축의 방향으로 -5만큼, y축의 방향으로 4만큼 평행이동한 후 다시 직선 $y=-x$에 대하여 대칭이동하였더니 점 (a, b)가 되었다. 이때 $a+b$의 값은?

① -5 ② -1 ③ 0
④ 1   ⑤ 5

0521 교육청 기출

좌표평면에서 원 $x^2+y^2+10x-12y+45=0$을 원점에 대하여 대칭이동한 원을 C_1이라 하고, 원 C_1을 x축에 대하여 대칭이동한 원을 C_2라 하자. 원 C_2의 중심의 좌표를 (a, b)라 할 때, $10a+b$의 값을 구하시오.

0522

원 $x^2+y^2-4x-2y+4=0$을 y축에 대하여 대칭이동한 원이 직선 $8x+15y-k=0$과 만나도록 하는 상수 k의 값의 범위는?

① $-18 \le k \le 16$ ② $-18 \le k \le 18$
③ $-8 \le k \le 18$ ④ $8 \le k \le 18$
⑤ $16 \le k \le 18$

0523

포물선 $y=2x^2+12x+31$을 점 $P(a, b)$에 대하여 대칭이동한 포물선의 방정식이 $y=-2x^2+8x-16$일 때, $b-a$의 값을 구하시오.

0524

점 $(-3, 1)$을 점 $(1, a)$로 옮기는 평행이동에 의하여 원 $x^2+y^2+2x-6y+1=0$이 원 $x^2+y^2-bx+4y+c=0$으로 옮겨질 때, 상수 a, b, c에 대하여 $a+b+c$의 값은?

① -14 ② -6 ③ 0
④ 6   ⑤ 14

0525

다음 중 직선 $y=3x+2$를 y축에 대하여 대칭이동한 직선과 수직이고 원점으로부터의 거리가 $3\sqrt{10}$인 직선의 방정식이 될 수 있는 것은?

① $x-3y-13=0$ ② $x-3y-3=0$
③ $x-3y+30=0$ ④ $x+3y-3=0$
⑤ $x+3y+30=0$

0526

원 $(x-a)^2+(y-a)^2=b^2$을 y축의 방향으로 -2만큼 평행이동한 도형이 직선 $y=x$와 x축에 동시에 접할 때, a^2-4b의 값을 구하시오. (단, $a>2$, $b>0$)

0527

직선 $3x+4y-12=0$이 x축, y축과 만나는 점을 각각 A, B라 하자. 선분 AB를 $2:1$로 내분하는 점을 P라 할 때, 점 P를 x축, y축에 대하여 대칭이동한 점을 각각 Q, R라 하자. 삼각형 RQP의 무게중심의 좌표를 (a, b)라 할 때, $a+b$의 값을 구하시오.

0528

원 $x^2+y^2=2$를 x축의 방향으로 k만큼, y축의 방향으로 k만큼 평행이동한 원을 C라 하자. 점 A$(1, 1)$에서 원 C에 그은 두 접선이 서로 수직일 때, k의 값은? (단, $k>2$)

① $1+\sqrt{2}$ ② $2+\sqrt{2}$ ③ $1+2\sqrt{2}$
④ $3+\sqrt{2}$ ⑤ $2+2\sqrt{2}$

0529

좌표평면 위의 점 A$(-3, 4)$를 직선 $y=x$에 대하여 대칭이동한 점을 B라 하고, 점 B를 x축의 방향으로 2만큼, y축의 방향으로 k만큼 평행이동한 점을 C라 하자. 세 점 A, B, C가 한 직선 위에 있을 때, 실수 k의 값은?

① -5 ② -4 ③ -3
④ -2 ⑤ -1

0530

직선 $x-2y=9$를 직선 $y=x$에 대하여 대칭이동한 도형이 원 $(x-3)^2+(y+5)^2=k$에 접할 때, 양수 k의 값은?

① 80 ② 83 ③ 85
④ 88 ⑤ 90

0531 교육청 기출

좌표평면에서 세 점 A$(1, 3)$, B$(a, 5)$, C(b, c)가 다음 조건을 만족시킨다.

(가) 두 직선 OA, OB는 서로 수직이다.
(나) 두 점 B, C는 직선 $y=x$에 대하여 서로 대칭이다.

직선 AC의 y절편은? (단, O는 원점이다.)

① $\dfrac{9}{2}$ ② $\dfrac{11}{2}$ ③ $\dfrac{13}{2}$

④ $\dfrac{15}{2}$ ⑤ $\dfrac{17}{2}$

0532

원 $C_1 : x^2+y^2-6x+8y+24=0$을 직선 $y=x$에 대하여 대칭이동한 원을 C_2라 할 때, 원 C_1 위의 점 P와 원 C_2 위의 점 Q에 대하여 두 점 P, Q 사이의 거리의 최솟값은?

① $7\sqrt{2}-4$ ② $7\sqrt{2}-2$ ③ $7\sqrt{2}+2$

④ $8\sqrt{2}-1$ ⑤ $8\sqrt{2}+1$

0533

그림과 같이 바닥이 가로의 길이가 30 cm이고 세로의 길이가 20 cm인 직사각형 모양의 공간이 있다. 이 공간

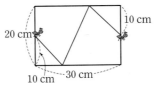

의 바닥에 있는 개미가 왼쪽 아래에서 위쪽으로 10 cm만큼 떨어진 지점에서 출발하여 그림과 같이 2개의 벽면을 거쳐 오른쪽 위에서 아래쪽으로 10 cm만큼 떨어진 지점에 도달했을 때, 이 개미가 움직인 최단 거리를 구하시오.

(단, 개미는 바닥에서만 움직인다.)

✏️ 서술형 대비하기

0534

좌표평면에서 직선 $3x-4y+2=0$을 y축의 방향으로 a만큼 평행이동한 직선이 원 $x^2+y^2=4$에 접할 때, 양수 a의 값을 구하시오.

0535

원 $(x-a)^2+(y-b)^2=36$을 x축에 대하여 대칭이동한 후 x축의 방향으로 -2만큼 평행이동한 원이 x축과 y축에 모두 접할 때, 두 양수 a, b에 대하여 $a+b$의 값을 구하시오.

0536

두 점 A$(1, 2)$, B$(1, 4)$를 직선 $y=x-3$에 대하여 대칭이동한 점을 각각 C(a, b), D(c, d)라 할 때, $ab-cd$의 값을 구하시오.

0537

좌표평면 위의 점 $P(x, y)$가 다음 규칙에 따라 이동하거나 이동하지 않는다고 한다. 점 P가 점 $A(2, 9)$에서 출발하여 어떤 점 B에서 더 이상 이동하지 않게 되었다고 할 때, 점 B의 좌표와 점 A에서 점 B에 이르기까지 이동한 횟수를 차례대로 구한 것은?

> (가) $y=3x$이면 이동하지 않는다.
> (나) $y<3x$이면 x축의 방향으로 -1만큼 이동한다.
> (나) $y>3x$이면 y축의 방향으로 -2만큼 이동한다.

① $(1, 3)$, 4 ② $(1, 3)$, 5 ③ $(3, 9)$, 4
④ $(3, 9)$, 5 ⑤ $(5, 15)$, 4

0539

방정식 $f(x, y)=0$이 나타내는 도형이 그림과 같을 때, 방정식 $f(-x, -y-1)=0$이 나타내는 도형 위의 점과 원점 사이의 거리의 최댓값을 M, 최솟값을 m이라 하자. 이때 M^2+2m^2의 값을 구하시오.

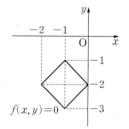

0540 교육청 기출

좌표평면 위에 두 점 $A(-4, 4)$, $B(5, 3)$이 있다. x축 위의 두 점 P, Q와 직선 $y=1$ 위의 점 R에 대하여 $\overline{AP}+\overline{PR}+\overline{RQ}+\overline{QB}$의 최솟값은?

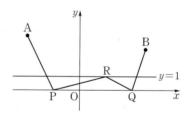

① 12 ② $5\sqrt{6}$ ③ $2\sqrt{39}$
④ $9\sqrt{2}$ ⑤ $2\sqrt{42}$

0538

점 $P(a, 4)$를 x축에 대하여 대칭이동한 점을 Q라 하고, 두 점 P, Q를 직선 $y=x$에 대하여 대칭이동한 점을 각각 R, S라 할 때, 네 점 P, Q, R, S를 꼭짓점으로 하는 사각형의 넓이가 56이다. 이때 a의 값을 구하시오. (단, $a>4$)

0541

그림과 같이 원 $x^2+y^2=100$ 위에 x좌표가 각각 3, 7인 두 점 A_1, A_2가 있다. 점 $B(-10, 0)$을 지나고 두 직선 A_1B, A_2B에 각각 수직인 두 직선이 원과 만나는 점 중 점 B가 아닌 두 점을 각각 C_1, C_2라 하자. 점 C_1의 y 좌표를 a, 점 C_2의 x좌표를 b라 할 때, a^2+b^2의 값을 구하시오. (단, 두 점 A_1, A_2는 제1사분면 위에 있다.)

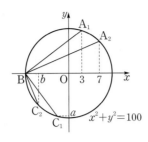

0542

주사위를 던져 나온 눈의 수 n에 따라 좌표평면 위의 원을 다음과 같은 규칙으로 이동한다.

> ㈎ n이 6의 약수이면 원을 x축의 방향으로 $n-3$만큼, y축의 방향으로 $n+2$만큼 평행이동한다.
> ㈏ n이 6의 약수가 아니면 원을 직선 $y=x$에 대하여 대칭이동한다.

주사위를 세 번 던져 나온 눈의 수가 차례대로 5, 2, 4일 때, 이 순서에 따라 원 $x^2+y^2-4y+3=0$을 이동하면 원 $x^2+y^2+Ax+By+C=0$과 일치한다. 이때 상수 A, B, C에 대하여 $A+B+C$의 값을 구하시오.

0543

두 원 $C_1 : x^2+y^2=40$, $C_2 : x^2+y^2+2x-2y-24=0$에 대하여 원 C_2의 중심을 두 원의 공통인 현에 대하여 대칭이동한 점의 좌표가 (a, b)일 때, $a+2b$의 값은?

① -14 ② -7 ③ 0
④ 7   ⑤ 14

0544 교육청 기출

그림과 같이 좌표평면 위에 두 원
$$C_1 : (x-8)^2+(y-2)^2=4,$$
$$C_2 : (x-3)^2+(y+4)^2=4$$
와 직선 $y=x$가 있다. 점 A는 원 C_1 위에 있고, 점 B는 원 C_2 위에 있다. 점 P는 x축 위에 있고, 점 Q는 직선 $y=x$ 위에 있을 때, $\overline{AP}+\overline{PQ}+\overline{QB}$의 최솟값은? (단, 세 점 A, P, Q는 서로 다른 점이다.)

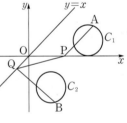

① 7   ② 8   ③ 9
④ 10   ⑤ 11

0545

세 양수 a, b, r에 대하여 원 $C : (x-1)^2+y^2=r^2$을 x축의 방향으로 a만큼, y축의 방향으로 b만큼 평행이동한 원을 C'이라 할 때, 두 원 C, C'이 다음 조건을 만족시킨다.

> (가) 원 C'은 원 C의 중심을 지난다.
> (나) 직선 $4x-3y+21=0$은 두 원 C, C'에 모두 접한다.

이때 $a+b+r$의 값을 구하시오.

0546

원 $x^2+(y-1)^2=9$ 위의 점 P에 대하여 점 P를 y축의 방향으로 -1만큼 평행이동한 후 y축에 대하여 대칭이동한 점을 Q라 하자. 두 점 A$(1, -\sqrt{3})$, B$(3, \sqrt{3})$에 대하여 삼각형 ABQ의 넓이가 최대일 때, 점 P의 y좌표는?

① $\dfrac{5}{2}$ ② $\dfrac{11}{4}$ ③ 3

④ $\dfrac{13}{4}$ ⑤ $\dfrac{7}{2}$

0547 교육청 기출

그림과 같이 좌표평면에서 세 점 O$(0, 0)$, A$(4, 0)$, B$(0, 3)$을 꼭짓점으로 하는 삼각형 OAB를 평행이동한 도형을 삼각형 O'A'B'이라 하자. 점 A'의 좌표가 $(9, 2)$일 때, 삼각형 O'A'B'에 내접하는 원의 방정식은 $x^2+y^2+ax+by+c=0$이다. $a+b+c$의 값을 구하시오. (단, a, b, c는 상수이다.)

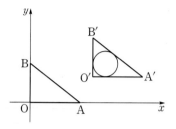

0548 교육청 기출

그림과 같이 좌표평면에서 원 $C_1 : x^2+y^2=4$를 x축의 방향으로 4만큼, y축의 방향으로 -3만큼 평행이동한 원을 C_2라 하자. 원 C_1과 직선 $4x-3y-6=0$이 만나는 두 점 A, B를 x축의 방향으로 4만큼, y축의 방향으로 -3만큼 평행이동한 점을 각각 C, D라 하자. 선분 AC, 선분 BD, 호 AB 및 호 CD로 둘러싸인 색칠된 부분의 넓이를 구하시오.

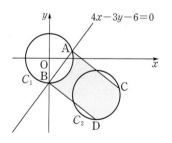

집합과 명제

집합의 뜻

유형 01 집합과 원소

(1) **집합**: 주어진 조건에 의하여 그 대상을 분명히 정할 수 있는 것들의 모임

Tip '아름다운, 좋은, 잘하는, 가까운' 등의 표현으로 대상을 분명하게 정할 수 없으면 집합이 아니다.

(2) **원소**: 집합을 이루고 있는 대상 하나하나
  ① a가 집합 A의 원소이다. ➡ $a \in A$
  ② b가 집합 A의 원소가 아니다. ➡ $b \notin A$

확인 문제

1. 다음 중 집합인 것은 '○'를, 집합이 아닌 것은 '×'를 ( ) 안에 써넣으시오.
  (1) 세 자리 자연수의 모임 ( )
  (2) 우리 반에서 몸무게가 무거운 학생들의 모임 ( )
2. 20의 양의 약수의 집합을 A라 할 때, 다음 □ 안에 기호 $\in$, $\notin$ 중 알맞은 것을 써넣으시오.
  (1) $1 \,\square\, A$ (2) $6 \,\square\, A$ (3) $12 \,\square\, A$ (4) $20 \,\square\, A$

🔼 개념ON 208쪽 🔼 유형ON 2권 064쪽

0549 대표문제

다음 중 집합인 것은?

① 100에 가까운 수들의 모임
② 몸집이 큰 동물들의 모임
③ 짝수이면서 소수인 자연수의 모임
④ 축구를 잘하는 학생들의 모임
⑤ 우리나라에서 유명한 산의 모임

0550

다음 중 집합이 <u>아닌</u> 것은?

① 혈액형이 AB형인 학생들의 모임
② 16보다 작은 4의 양의 배수의 모임
③ 키가 160 cm보다 큰 학생들의 모임
④ 100 m 달리기 기록이 빠른 학생들의 모임
⑤ 우리 학교 각 반에서 키가 가장 작은 학생들의 모임

0551

방정식 $x^3 - 2x^2 - 5x + 6 = 0$의 해의 집합을 X라 할 때, 다음 중 옳지 <u>않은</u> 것은?

① $-2 \in X$ ② $-1 \in X$ ③ $1 \in X$
④ $2 \notin X$ ⑤ $3 \in X$

0552 중요

정수 전체의 집합을 Z, 유리수 전체의 집합을 Q, 실수 전체의 집합을 R라 할 때, 다음 중 옳은 것은? (단, $i = \sqrt{-1}$)

① $\sqrt{5} \notin R$ ② $-i \in R$ ③ $2 + \sqrt{3} \in Q$
④ $\sqrt{4} \notin Z$ ⑤ $i^4 \in R$

유형 02 집합의 표현 방법

(1) **원소나열법**: 집합에 속하는 모든 원소를 { } 안에 나열하여 집합을 나타내는 방법
(2) **조건제시법**: 집합에 속하는 원소들의 공통된 성질을 제시하여 집합을 나타내는 방법 ➡ {x | x의 조건}
(3) **벤다이어그램**: 집합을 나타내는 그림

예 5 이하의 홀수인 자연수의 집합 A를 나타내면

원소나열법	조건제시법	벤다이어그램
$A = \{1, 3, 5\}$	$A = \{x \mid x$는 5 이하의 홀수인 자연수$\}$	(벤다이어그램: A 안에 1, 3, 5)

확인 문제

다음 집합을 원소나열법으로 나타낸 것은 조건제시법으로, 조건제시법으로 나타낸 것은 원소나열법으로 나타내시오.

(1) {x | x는 16의 양의 약수}
(2) {9, 18, 27, 36, 45, ⋯, 99}

🔼 개념ON 208쪽, 210쪽 🔼 유형ON 2권 064쪽

0553 대표문제

다음 중 그림과 같이 벤다이어그램으로 표현
된 집합 A를 조건제시법으로 바르게 나타낸
것은?

① $A = \{x | x$는 3의 양의 배수$\}$

② $A = \{x | x$는 10 이하의 홀수인 자연수$\}$

③ $A = \{x | x$는 4로 나눈 나머지가 1인 10 이하의 자연수$\}$

④ $A = \{x | x$는 5의 양의 약수$\}$

⑤ $A = \{x | x$는 9의 양의 약수$\}$

0554

4의 양의 약수의 집합 A에 대하여 옳지 <u>않은</u> 것은?

① $2 \in A$

② $5 \notin A$

③ $A = \{1, 2, 4\}$

④ $A = \{x | x$는 8보다 작은 8의 양의 약수$\}$

⑤ $A = \{x | x$는 5 이하의 짝수인 자연수$\}$

0555 ✅중요

다음 중 원소나열법을 조건제시법으로 바르게 나타낸 것은?

① $\{1, 2, 3, 6\} = \{x | x$는 9의 양의 약수$\}$

② $\{3, 6, 9, 12, 15\} = \{x | x$는 3의 배수인 자연수$\}$

③ $\{1, 2, 3, 4\} = \{x | x$는 $1 < x < 4$인 자연수$\}$

④ $\{2, 4, 6, 8, 10\} = \{x | x$는 10보다 작은 짝수인 자연수$\}$

⑤ $\{1, 2, 3, \cdots, 50\} = \{x | x$는 50 이하의 자연수$\}$

0556

다음 중 집합 $A = \{x | x = 3^a \times 5^b,$ a, b는 자연수$\}$의 원소가
<u>아닌</u> 것은?

① 15   ② 45   ③ 75

④ 85   ⑤ 225

0557

집합 $\{x | x$는 k보다 작은 8의 양의 배수$\}$를 원소나열법으로
나타내었을 때, $\{8, 16, 24, 32, 40\}$이 되도록 하는 자연수
k의 개수를 구하시오.

0558

두 집합 $A = \{1, 2, 3, 4, 5\}$, $B = \{0, 1, 2, 3, 4\}$에 대하여
$a \in A$, $b \in B$일 때, 이차방정식 $x^2 + ax + b = 0$이 서로 다른
두 허근을 갖도록 하는 a, b의 모든 순서쌍 (a, b)의 개수는?

① 8   ② 9   ③ 10

④ 11   ⑤ 12

0559

집합 $A = \{x | x^3 + 2ax^2 - ax - 2 = 0$인 실수$\}$에 대하여
$1 \in A$일 때, 집합 A의 모든 원소의 합을 구하시오.

(단, a는 상수이다.)

(1) **유한집합**: 원소가 유한개인 집합
(2) **무한집합**: 원소가 무수히 많은 집합
(3) **공집합**($\varnothing$): 원소가 하나도 없는 집합
Tip 공집합은 원소의 개수가 0이므로 유한집합이다.

⌒ 유형ON 2권 065쪽

0560 대표문제

다음 중 유한집합인 것은?

① $\{3, 6, 9, 12, \cdots\}$
② $\{x \mid x=2k, k$는 정수$\}$
③ $\{x \mid x$는 $|x|>3$인 정수$\}$
④ $\{x \mid x$는 100보다 큰 홀수$\}$
⑤ $\{x \mid x$는 $-2<x<-1$인 정수$\}$

0561

다음 중 공집합인 것은?

① $\{\varnothing\}$
② $\{x \mid x^2-9<0, x$는 자연수$\}$
③ $\{x \mid |x|<1, x$는 실수$\}$
④ $\{x \mid x^2-2=0, x$는 유리수$\}$
⑤ $\{x \mid (x^2+5)(x^2-1)=0, x$는 실수$\}$

0562 중요

보기에서 무한집합인 것만을 있는 대로 고르시오.

┌ 보기 ─────────────────────
ㄱ. $\{x \mid x$는 $-1<x<5$인 정수$\}$
ㄴ. $\{x \mid x$는 1보다 작은 자연수$\}$
ㄷ. $\{x \mid x$는 $x^2<1$인 실수$\}$
ㄹ. $\{x \mid x$는 $x^2+1<0$인 실수$\}$
ㅁ. $\{x+y \mid x, y$는 $0<x<1, 0<y<1$인 실수$\}$
└──────────────────────────

0563 중요 서술형

집합 $\{x \mid x^2-6x-3k=0, x$는 실수$\}$가 공집합이 되도록 하는 정수 k의 최댓값을 구하시오.

유한집합 A의 원소의 개수는 기호 $n(A)$로 나타낸다.
Tip $n(\varnothing)=0, n(\{\varnothing\})=1, n(\{0\})=1$

확인문제
다음 집합 A에 대하여 $n(A)$의 값을 구하시오.
(1) $A=\varnothing$ (2) $A=\{1, 2, 4\}$
(3) $A=\{x \mid x^2-4x+4=0\}$

⌒ 개념ON 212쪽   ⌒ 유형ON 2권 065쪽

0564 대표문제

두 집합
$\qquad A=\{x \mid x$는 100보다 작은 9의 양의 배수$\}$,
$\qquad B=\{x \mid x$는 15 이하의 소수인 자연수$\}$
에 대하여 $n(A)-n(B)$의 값은?

① 2   ② 3   ③ 4
④ 5   ⑤ 6

0565

다음 중 옳지 <u>않은</u> 것은?

① $n(\{2, 6, 10\})-n(\{2, 6\})=1$
② $n(A)=0$이면 $A=\varnothing$이다.
③ $n(\{0\})=n(\{2\})$
④ $n(\{\varnothing, a\})=2$
⑤ $n(\varnothing)-n(\{\varnothing\})=0$

0566

집합 $A=\{(x, y) \mid (x-2)^2+(y+2)^2=8, \ x, y$는 정수$\}$에 대하여 $n(A)$의 값은?

① 2   ② 4   ③ 6

④ 8   ⑤ 10

0567 ✅중요

두 집합

$\quad A=\{x \mid x$는 16의 양의 약수$\}$,

$\quad B=\{x \mid x$는 k 미만의 자연수, k는 자연수$\}$

에 대하여 $n(A)=n(B)$일 때, k의 값을 구하시오.

0568

세 집합

$\quad A=\{(x, y) \mid x^2+y^2=2, \ x, y$는 정수$\}$,

$\quad B=\{x \mid |x|<3, \ x$는 음의 정수$\}$,

$\quad C=\{x \mid x$는 a 이하의 자연수, a는 자연수$\}$

에 대하여 $n(A)-n(B)+n(C)=7$일 때, a의 값을 구하시오.

0569 교육청 기출

집합 $A=\{x \mid (k-1)x^2-8x+k=0, \ x$는 실수$\}$에 대하여 $n(A)=1$이 되게 하는 모든 상수 k의 합은?

① -1 ② 0   ③ 1

④ 2   ⑤ 3

0570 서술형

두 집합

$\quad A=\{(x, y) \mid x^2+y^2=36, \ x, y$는 정수$\}$,

$\quad B=\{x \mid x$는 k의 양의 약수, k는 자연수$\}$

에 대하여 $n(A)+n(B)=10$일 때, k의 최솟값을 구하시오.

05 집합의 뜻

유형 05 새로운 집합 구하기

주어진 집합의 원소를 이용하여 새로운 집합을 만들 때는 표를 이용하여 원소를 구하는 것이 편리하다. 이때 같은 원소는 중복하여 나열하지 않고, 원소를 빠짐없이 구해야 한다.

🔵 개념ON 210쪽, 212쪽   🔵 유형ON 2권 066쪽

0571 대표문제

두 집합 $A=\{-1, 1, 2\}$, $B=\{1, 3, 5\}$에 대하여 집합 $P=\{ab \mid a\in A, \ b\in B\}$라 할 때, 집합 P의 모든 원소의 합을 구하시오.

0572 ✅중요 서술형

집합 $A=\{1, 2, 3\}$에 대하여 집합 $B=\{a^2+b^2 \mid a\in A, \ b\in A\}$의 모든 원소의 합을 구하시오.

0573 교육청 기출

두 집합 $A=\{1,\ 2,\ 3,\ 4,\ a\}$, $B=\{1,\ 3,\ 5\}$에 대하여 집합 $X=\{x+y\,|\,x{\in}A,\ y{\in}B\}$라 할 때, $n(X)=10$이 되도록 하는 자연수 a의 최댓값을 구하시오.

0574

자연수 a에 대하여 집합 A를 $A=\{a,\ 2a,\ 3a\}$라 하고, 집합 B를 $B=\{x+y\,|\,x{\in}A,\ y{\in}A\}$라 하자. $a=n(B)$일 때, 집합 B의 모든 원소의 합을 구하시오.

0575

서로 다른 세 자연수 a, b, c $(a<b<c)$에 대하여 두 집합 $A=\{a,\ b,\ c\}$, $B=\{x+y\,|\,x{\in}A,\ y{\in}A\}$이다.
$n(B)=5$이고 집합 B의 원소 중 두 번째로 작은 원소가 15, 두 번째로 큰 원소가 29일 때, $ab-2c$의 값을 구하시오.

유형 06 **기호 $\in$, $\subset$의 사용**

(1) 집합과 원소 사이의 관계는 $\in$, $\notin$를 사용하여 나타낸다.
 ➡ (원소)$\in$(집합), (원소)$\notin$(집합)
(2) 집합과 집합 사이의 포함 관계는 $\subset$, $\not\subset$를 사용하여 나타낸다.
 ➡ (집합)$\subset$(집합), (집합)$\not\subset$(집합)

Tip 집합 $\{a,\ \{b\}\}$와 같이 집합을 원소로 갖는 경우 집합 기호가 있다고 원소인 $\{b\}$를 집합이라고 생각하지 않도록 주의한다.

🔊 **개념ON** 220쪽 🔊 **유형ON 2권** 066쪽

0576 대표문제

집합 $A=\{-1,\ 2,\ \{-1\},\ \{1,\ 2\}\}$에 대하여 다음 중 옳지 <u>않은</u> 것은?

① $\{-1,\ 2\}{\subset}A$ ② $\{1,\ 2\}{\in}A$
③ $-1{\in}A$ ④ $\{\{-1\},\ 2\}{\subset}A$
⑤ $\{\{-1\},\ \{2\}\}{\subset}A$

0577

두 집합 $A=\{1,\ 5\}$, $B=\{x\,|\,x$는 10의 양의 약수$\}$에 대하여 다음 중 옳지 <u>않은</u> 것은?

① $10{\notin}A$ ② $5{\in}A$ ③ $\{2,\ 5\}{\not\subset}A$
④ $\{1,\ 5\}{\in}B$ ⑤ $\{1,\ 5,\ 10\}{\subset}B$

0578

두 집합 A, B가 오른쪽 벤다이어그램과 같을 때, 다음 중 옳지 <u>않은</u> 것은?

① 사과$\in B$ ② 배$\notin A$
③ $\{$귤$\}{\not\subset}A$ ④ $\{$귤, 사과$\}{\subset}B$
⑤ $\{$사과, 딸기, 감$\}{\not\subset}B$

0579

두 집합 A, B에 대하여

$A=\{x \,|\, x$는 1보다 크고 50보다 작은 자연수$\}$,

$B=\{x \,|\, x$는 $(25-x)\in A$인 자연수$\}$

일 때, 다음 중 옳지 <u>않은</u> 것은?

① $1\notin A$ ② $19\in B$ ③ $\{2,\,50\}\subset A$

④ $\{48,\,49\}\not\subset B$ ⑤ $n(A)=n(B)+25$

0580 ✅중요 [교육청 기출]

집합 $A=\{1,\,2,\,\{2,\,3\},\,\varnothing\}$에 대하여 옳은 것은?

① $\{\varnothing\}\subset A$ ② $3\in A$ ③ $\{1\}\in A$

④ $\{1,\,2\}\in A$ ⑤ $\{2,\,3\}\subset A$

0581 ✅중요

집합 $A=\{0,\,\varnothing,\,\{\varnothing\},\,\{0,\,\varnothing\}\}$에 대하여 보기에서 옳은 것만을 있는 대로 고른 것은?

> **보기**
> ㄱ. $\{\varnothing\}\in A$ ㄴ. $\{\varnothing\}\subset A$
> ㄷ. $\{0,\,\varnothing\}\subset A$ ㄹ. $\{\{0,\,\varnothing\}\}\subset A$

① ㄱ, ㄷ   ② ㄴ, ㄹ   ③ ㄱ, ㄴ, ㄷ

④ ㄴ, ㄷ, ㄹ   ⑤ ㄱ, ㄴ, ㄷ, ㄹ

유형 07   집합 사이의 포함 관계

두 집합 A, B에 대하여 집합 A의 모든 원소가 집합 B에 속하면 $A\subset B$이다.

Tip 집합 사이의 포함 관계는 각 집합을 원소나열법으로 나타내어 두 집합의 모든 원소를 비교하여 판단한다.

확인 문제

다음 두 집합 X, Y 사이의 포함 관계를 기호 $\subset$를 사용하여 나타내시오.

(1) $X=\{x \,|\, x$는 5의 양의 배수$\}$,
     $Y=\{x \,|\, x$는 10의 양의 배수$\}$

(2) $X=\{x \,|\, x$는 2보다 작은 자연수$\}$,
     $Y=\{x \,|\, x$는 $|x|<2$인 정수$\}$

🎧 유형ON 2권 066쪽

0582 대표문제

세 집합

$A=\{-2,\,-1,\,0,\,1\}$,

$B=\{x \,|\, |x|<2,\ x$는 정수$\}$,

$C=\{x \,|\, x(x+1)=0\}$

사이의 포함 관계를 바르게 나타낸 것은?

① $A\subset C\subset B$ ② $B\subset A\subset C$ ③ $B\subset C\subset A$

④ $C\subset A\subset B$ ⑤ $C\subset B\subset A$

0583

정수 전체의 집합을 Z, 유리수 전체의 집합을 Q, 실수 전체의 집합을 R라 할 때, 다음 중 Z, Q, R 사이의 포함 관계를 바르게 나타낸 것은?

① $Z\subset Q\subset R$ ② $Z\subset R\subset Q$ ③ $Q\subset Z\subset R$

④ $Q\subset R\subset Z$ ⑤ $R\subset Z\subset Q$

0584 ✅중요

다음 중 두 집합 A, B에 대하여 $A \subset B$인 것은?

① $A=\{a, b, c, d\}$, $B=\{a, b, d, e\}$

② $A=\{0, 1, 2, 4\}$,
　$B=\{x \,|\, x$는 -1과 4 사이의 정수$\}$

③ $A=\{x \,|\, x$는 11 이하의 홀수인 자연수$\}$,
　$B=\{x \,|\, x$는 11보다 작은 홀수인 자연수$\}$

④ $A=\{x \,|\, x$는 8의 양의 배수$\}$,
　$B=\{x \,|\, x$는 4의 양의 배수$\}$

⑤ $A=\{x \,|\, x$는 9의 양의 약수$\}$,
　$B=\{x \,|\, x$는 3의 양의 약수$\}$

0585

세 집합

$A=\{x \,|\, x$는 $|x| \leq 1$인 정수$\}$,
$B=\{x \,|\, x^2-2x+1=0\}$,
$C=\{1-x^2 \,|\, x \in A\}$

사이의 포함 관계를 바르게 나타낸 것은?

① $A \subset B \subset C$　② $A \subset C \subset B$　③ $B \subset A \subset C$
④ $B \subset C \subset A$　⑤ $C \subset A \subset B$

0586

세 집합

$A=\{-1, 0, 1\}$,
$B=\{x+y \,|\, x \in A, y \in A\}$,
$C=\{|xy| \,|\, x \in A, y \in A\}$

사이의 포함 관계를 바르게 나타낸 것은?

① $A \subset B \subset C$　② $C \subset A \subset B$　③ $A \subset C \subset B$
④ $B \subset C \subset A$　⑤ $C \subset B \subset A$

유형 **08** 집합 사이의 포함 관계가 성립하도록 하는 미지수 구하기

(1) 집합의 원소가 유한할 때
　집합을 원소나열법으로 나타낸 후 각 원소를 비교하여 미지수를 구한다.

(2) 집합이 부등식으로 주어질 때
　집합을 수직선에 나타낸 후 포함 관계가 성립하도록 하는 미지수를 구한다.

⋒ 개념ON 222쪽　⋒ 유형ON 2권 067쪽

0587 대표문제

두 집합 $A=\{x \,|\, 1<|x|<3\}$, $B=\{x \,|\, -a<x<13-2a\}$
에 대하여 $A \subset B$를 만족시키는 모든 정수 a의 값의 합은?

(단, $-a<13-2a$)

① 10　　② 11　　③ 12
④ 13　　⑤ 14

0588 교육청 기출

두 집합

$A=\{x \,|\, (x-5)(x-a)=0\}$, $B=\{-3, 5\}$

에 대하여 $A \subset B$를 만족시키는 양수 a의 값을 구하시오.

0589

세 집합 $A=\{x \,|\, x \geq 6\}$, $B=\{x \,|\, x>a\}$, $C=\{x \,|\, x \geq 3\}$에 대하여 $A \subset B \subset C$가 성립하도록 하는 모든 정수 a의 값의 합은?

① 9　　② 12　　③ 15
④ 18　　⑤ 21

0590

두 집합

$$A=\{x\,|-3a\le x\le a\},\ B=\{x\,|-16<x<8\}$$

에 대하여 $A\subset B$가 성립하도록 하는 자연수 a의 개수를 구하시오.

0591 중요 교육청 기출

자연수 전체의 집합의 두 부분집합

$$A=\{1,\,2a\},\ B=\{x\,|\,x는\ 8의\ 약수\}$$

에 대하여 $A\subset B$를 만족시키는 모든 자연수 a의 값의 합을 구하시오.

0592 중요

두 집합 $A=\{2,\,a+4\}$, $B=\{7,\,a^2+3,\,a-1\}$에 대하여 $A\subset B$일 때, 실수 a의 값을 구하시오.

0593 서술형

두 집합

$$A=\{x\,|\,x^3-2x^2-x+2=0\},$$
$$B=\{x\,|\,x는\ a\ 초과\ b\ 이하인\ 정수\}$$

에 대하여 $A\subset B$이다. 두 정수 a, b에 대하여 a의 최댓값을 M, b의 최솟값을 m이라 할 때, $M+m$의 값을 구하시오.

(단, $a<b$)

유형 09 서로 같은 집합

두 집합 A, B에 대하여 $A\subset B$이고 $B\subset A$일 때, A와 B는 서로 같다고 하고 $A=B$로 나타낸다.

Tip 두 집합 A, B에 대하여 $A=B$일 때, A, B의 원소가 모두 같음을 이용하여 미지수를 구한다.

🎧 개념ON 224쪽 🎧 유형ON 2권 068쪽

0594 대표문제

두 집합 $A=\{1,\,a+5,\,a^2\}$, $B=\{3,\,4,\,a^2-3\}$에 대하여 $A=B$일 때, 상수 a의 값을 구하시오.

0595 교육청 기출

두 집합 $A=\{1,\,20,\,a\}$, $B=\{1,\,5,\,a+b\}$에 대하여 $A\subset B$이고 $B\subset A$일 때, b의 값은?

① 5　　　② 10　　　③ 15
④ 20　　　⑤ 25

0596

두 집합 $A=\{2x+1,\,x-1,\,x-7\}$, $B=\{-4,\,2,\,7\}$이 서로 같을 때, 양수 x의 값을 구하시오.

0597 중요 교육청 기출

두 집합 $A=\{a+2,\,a^2-2\}$, $B=\{2,\,6-a\}$에 대하여 $A=B$일 때, a의 값은?

① -2　　　② -1　　　③ 0
④ 1　　　⑤ 2

0598

실수 a에 대하여 두 집합 A, B를
$$A=\{0,\ 1,\ a\},\ B=\{0,\ 1,\ 2,\ a,\ 2a\}$$
라 하고, 집합 C를
$$C=\{x+y\,|\,x\in A,\ y\in A\}$$
라 하자. $B=C$일 때, a의 값을 구하시오. (단, $a(a-1)\neq 0$)

0599 ✅중요 📝서술형

두 집합 $A=\{3,\ 1-2a\}$, $B=\{x\,|\,x^2-bx-15=0\}$에 대하여 $A\subset B$이고 $B\subset A$일 때, $a+b$의 값을 구하시오.

(단, a, b는 상수이다.)

유형 10 **부분집합 구하기**

(1) **부분집합**: 집합 A의 모든 원소가 집합 B에 속할 때, 집합 A를 집합 B의 부분집합이라 하고 $A\subset B$로 나타낸다.

> Tip 공집합은 모든 집합의 부분집합이고, 모든 집합은 자기 자신의 부분집합이다.

(2) **진부분집합**: $A\subset B$이고 $A\neq B$일 때, A를 B의 진부분집합이라 한다.

> Tip 진부분집합은 부분집합 중 자기 자신을 제외한 부분집합이다.

확인 문제

집합 $\{a,\ b\}$의 부분집합 중 다음을 모두 구하시오.

(1) 원소의 개수가 0인 부분집합
(2) 원소의 개수가 1인 부분집합
(3) 원소의 개수가 2인 부분집합

🔵개념ON 226쪽   🔵유형ON 2권 068쪽

0600 대표문제

집합 $A=\{x\,|\,x(x+2)\leq 0,\ x$는 정수$\}$에 대하여 다음 중 옳지 <u>않은</u> 것은?

① $\varnothing$은 집합 A의 부분집합이다.
② 집합 $\{-2,\ -1,\ 0\}$은 집합 A의 부분집합이다.
③ 원소가 1개인 집합 A의 부분집합의 개수는 3이다.
④ 원소가 2개인 집합 A의 부분집합의 개수는 3이다.
⑤ 음수인 원소를 갖는 집합 A의 부분집합의 개수는 5이다.

0601

다음 중 집합 $\{0,\ 3,\ \{\varnothing\}\}$의 부분집합이 <u>아닌</u> 것은?

① $\varnothing$ ② $\{\varnothing\}$ ③ $\{3\}$
④ $\{0,\ 3\}$ ⑤ $\{0,\ 3,\ \{\varnothing\}\}$

0602 📝서술형

집합 $A=\left\{x\,\middle|\,\dfrac{25}{x}$는 자연수, x는 자연수$\right\}$의 부분집합 중 1을 원소로 갖지 않는 집합을 모두 구하시오.

0603 ✅중요

집합 $A=\{x\,|\,x$는 15 미만의 3의 양의 배수$\}$의 부분집합 X에 대하여 $n(X)=2$를 만족시키는 집합 X를 모두 구하시오.

0604

집합 $\{2,\ 3,\ 5,\ 7,\ 11\}$의 진부분집합을 X라 할 때, 집합 X의 모든 원소의 합을 $S(X)$라 하자. $S(X)$의 최댓값을 구하시오.

0605

집합 $U=\{x|x$는 9 이하의 자연수$\}$의 부분집합 A가 다음 조건을 만족시킬 때, 집합 A의 원소 중 가장 큰 값은?

㈎ $n(A)=3$
㈏ 집합 A의 세 원소를 일렬로 나열하여 만든 모든 세 자리 자연수의 합은 1554이다.

① 4   ② 5   ③ 6
④ 7   ⑤ 8

유형 11 부분집합의 개수

원소의 개수가 n인 집합 A에 대하여
(1) **집합 A의 부분집합의 개수** ➡ 2^n
(2) **집합 A의 진부분집합의 개수** ➡ 2^n-1
(3) **원소의 개수가 k인 부분집합의 개수** ➡ $_n C_k\ (k<n)$

[확인 문제]
집합 $A=\{1, 2, 3, 4\}$에 대하여 다음을 구하시오.
(1) 부분집합의 개수   (2) 진부분집합의 개수
(3) 원소의 개수가 2인 부분집합의 개수

🔗 개념ON 226쪽   🔗 유형ON 2권 069쪽

0606 [대표문제]

집합 A의 부분집합의 개수가 256이고, 집합 B의 진부분집합의 개수가 63일 때, $n(A)+n(B)$의 값은?

① 11   ② 12   ③ 13
④ 14   ⑤ 15

0607 [교육청 기출]

집합 $A=\{1, 2, 3, 4, 5, 6, 7\}$에 대하여 다음 조건을 만족시키는 집합 B의 개수를 구하시오.

㈎ $B\neq\varnothing$ ㈏ $B\subset A$
㈐ $x\in B$이면 $x\geq3$이다.

0608 [서술형]

집합 $A=\{x|x^2-12x+20<0,\ x$는 홀수$\}$의 진부분집합의 개수를 구하시오.

0609 [중요]

집합 $S=\{x|x$는 35 이하의 자연수$\}$의 공집합이 아닌 부분집합 중 모든 원소가 7의 배수로만 이루어진 집합의 개수를 구하시오.

0610 [평가원 기출]

집합 $\{1, 2, 3, 4, 5\}$의 부분집합 중 원소의 개수가 2인 부분집합을 두 개 선택할 때, 선택한 두 집합이 서로 같지 않은 경우의 수를 구하시오.

0611 [중요]

집합 $\{1, 2, 3, 4, 5, 6, 7, 8\}$의 부분집합 중 원소의 개수가 3이고 적어도 한 개의 홀수를 원소로 갖는 집합의 개수는?

① 50   ② 52   ③ 54
④ 56   ⑤ 58

0612

자연수 전체의 집합의 부분집합 A에 대하여 집합 A의 부분집합의 개수와 진부분집합의 개수를 각각 a, b라 하자. $a \in A$, $b \in A$일 때, 집합 A의 모든 원소의 합의 최솟값은? (단, $A \neq \varnothing$)

① 7   ② 9   ③ 11

④ 13   ⑤ 15

0613

집합 $A = \{\varnothing, 2, 3, \{2, 3\}\}$에 대하여 $P(A) = \{X \mid X \subset A\}$일 때, 보기에서 옳은 것만을 있는 대로 고른 것은?

┌ 보기 ─────────────────────┐
ㄱ. $\{\varnothing\} \subset P(A)$
ㄴ. $\{2, 3\} \in P(A)$
ㄷ. $P(A)$의 진부분집합의 개수는 15이다.
└──────────────────────────┘

① ㄱ   ② ㄷ   ③ ㄱ, ㄴ

④ ㄴ, ㄷ   ⑤ ㄱ, ㄴ, ㄷ

0614

집합 $A = \{x \mid x^2 - 3x - 4 < 0, x는 정수\}$에 대하여 $X \subset A$, $X \neq A$, $X \neq \varnothing$인 집합 X의 개수를 구하시오.

유형 12 **특정한 원소를 갖거나 갖지 않는 부분집합의 개수**

원소의 개수가 n인 집합 A에 대하여

(1) **집합 A의 특정한 원소 k개를 반드시 원소로 갖는 부분집합의 개수 ➡ 2^{n-k}** (단, $k < n$)

(2) **집합 A의 특정한 원소 k개를 원소로 갖지 않는 부분집합의 개수 ➡ 2^{n-k}** (단, $k < n$)

Tip 어떤 원소를 반드시 원소로 갖거나 갖지 않는 집합의 개수를 구할 때는 그 원소를 제외하고 만들 수 있는 집합의 개수를 구하면 된다.

(3) 집합 A의 원소 중 k개는 반드시 원소로 갖고, l개는 원소로 갖지 않는 부분집합의 개수 ➡ 2^{n-k-l} (단, $k+l < n$)

확인 문제

집합 $A = \{1, 2, 3, 4, 5\}$에 대하여 다음을 구하시오.

(1) 집합 A의 부분집합 중 3을 반드시 원소로 갖는 집합의 개수
(2) 집합 A의 부분집합 중 2, 5를 원소로 갖지 않는 집합의 개수

ⓝ 개념ON 228쪽   ⓝ 유형ON 2권 069쪽

0615 대표문제

집합 $A = \{x \mid 0 \leq x \leq 10, x는 정수\}$의 부분집합 중 1, 5를 반드시 원소로 갖는 부분집합의 개수를 a라 하고, 0, 2, 5를 원소로 갖지 않는 부분집합의 개수를 b라 할 때, $a - b$의 값은?

① 64   ② 128   ③ 256

④ 512   ⑤ 1024

0616

집합 $A = \{1, 2, 3, 4, 5, 6, 7\}$의 진부분집합 중 2, 7을 반드시 원소로 갖는 부분집합의 개수를 구하시오.

0617

집합 $A = \{1, 2, 3, 4, 5, 6\}$의 부분집합 중에서 원소의 최솟값이 4인 부분집합의 개수를 구하시오.

0618 ✔중요

집합 $S=\{x\,|\,x=3k,\ k$는 10 이하의 자연수$\}$에 대하여 $9\in X,\ 15\in X,\ 3\notin X$를 모두 만족시키는 집합 S의 부분집합 X의 개수는?

① 32   ② 64   ③ 128

④ 256   ⑤ 512

0619

집합 $A=\{x\,|\,x$는 12의 양의 약수$\}$에 대하여 $X\subset A$이고, $X\neq A$인 집합 X 중에서 2, 6을 반드시 원소로 갖는 집합의 개수를 구하시오.

0620

집합 $A=\{x\,|\,x$는 k 이하의 자연수$\}$의 부분집합 중 1, 3, 8을 반드시 원소로 갖고 4, 9를 원소로 갖지 않는 부분집합의 개수가 64일 때, 자연수 k의 값을 구하시오. (단, $k\geq9$)

0621 ✔중요 ✎서술형

집합 $X=\{a,\ b,\ d,\ e,\ g,\ i,\ k\}$의 부분집합 중 두 개의 모음을 원소로 갖는 부분집합의 개수를 구하시오.

유형 13 $A\subset X\subset B$를 만족시키는 집합 X의 개수

두 집합 A, B에 대하여 집합 X가 $A\subset X\subset B$를 만족시킬 때, 집합 X는 집합 B의 부분집합 중 집합 A의 모든 원소를 포함하는 부분집합이다.

➡ $n(A)=k,\ n(B)=m,\ A\subset X\subset B$일 때,
     집합 X의 개수: 2^{m-k}

Tip 집합 X의 개수는 원소가 m개인 집합의 부분집합 중 특정한 원소 k개를 반드시 포함하고 있는 집합의 개수와 같다.

확인 문제

$\{1\}\subset X\subset\{1,\ 2,\ 3\}$을 만족시키는 집합 X의 개수를 구하시오.

🎧 개념ON 230쪽   🎧 유형ON 2권 070쪽

0622 대표문제

세 집합
     $A=\{1,\ 2\}$,
     $B=\{x\,|\,x$는 6의 약수인 자연수$\}$,
     $C=\{x\,|\,x\leq n,\ x$는 자연수$\}$
가 있다. $A\subset X\subset B$를 만족시키는 집합 X의 개수와 $B\subset Y\subset C$를 만족시키는 집합 Y의 개수가 서로 같을 때, 자연수 n의 값은?

① 6   ② 7   ③ 8

④ 9   ⑤ 10

0623 교육청 기출

전체집합 $U=\{1,\ 2,\ 3,\ 4,\ 5\}$에 대하여 $\{1,\ 2\}\subset X$를 만족시키는 U의 모든 부분집합 X의 개수는?

① 2   ② 4   ③ 6

④ 8   ⑤ 10

0624

두 집합 $A=\{2,\ 4,\ 8\}$, $B=\{x\,|\,x$는 8 이하의 자연수$\}$에 대하여 $A\subset X\subset B,\ X\neq A,\ X\neq B$를 만족시키는 집합 X의 개수를 구하시오.

0625

두 집합 A, B가 오른쪽 벤다이어그램과 같을 때, $A \subset X \subset B$를 만족시키는 집합 X 중에서 6을 원소로 갖지 않는 집합의 개수를 구하시오.

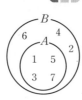

0626 ✓중요 [교육청 기출]

전체집합 $U=\{x|x$는 자연수$\}$의 두 부분집합 A, B에 대하여 $A=\{x|x$는 4의 약수$\}$, $B=\{x|x$는 12의 약수$\}$일 때, $A \subset X \subset B$를 만족시키는 집합 X의 개수를 구하시오.

0627

두 집합
$$A=\{x|x^2-5x-14<0, x \text{는 정수}\},$$
$$B=\{x|x^2-4x-5=0\}$$
에 대하여 $B \subset X \subset A$를 만족시키는 집합 X의 개수는?

① 16   ② 32   ③ 64
④ 128   ⑤ 256

0628 ✏서술형

두 집합 $A=\{1, 2, 3, \cdots, n\}$, $B=\{x|x$는 5 이하의 소수$\}$에 대하여 $B \subset X \subset A$를 만족시키는 집합 X의 개수가 128일 때, 자연수 n의 값을 구하시오.

유형 14 특별한 조건을 만족시키는 부분집합의 개수 (1)

(1) a 또는 b를 원소로 갖는 부분집합의 개수
   ➡ (전체 부분집합의 개수)
      $-$ (a, b를 모두 원소로 갖지 않는 부분집합의 개수)

(2) 특정한 원소 k개 중 적어도 한 개를 원소로 갖는 부분집합의 개수
   ➡ (전체 부분집합의 개수)
      $-$ (특정한 원소 k개를 제외한 집합의 부분집합의 개수)

🔹개념ON 228쪽, 230쪽   🔹유형ON 2권 070쪽

0629 대표문제

두 집합
$$A=\{x|x \text{는 6의 양의 약수}\},$$
$$B=\{x|x \text{는 8의 양의 약수}\}$$
에 대하여 $X \subset A$이고 $X \not\subset B$를 만족시키는 집합 X의 개수는?

① 4   ② 8   ③ 12
④ 16   ⑤ 20

0630

집합 $A=\{x|x=4n-3, n$은 7 미만의 자연수$\}$의 부분집합 중 5 또는 13을 원소로 갖는 부분집합의 개수는?

① 24   ② 30   ③ 36
④ 42   ⑤ 48

0631

집합 $A=\{a, b, c, d, e, f, g\}$의 부분집합 중에서 b, f, g 중 적어도 한 개를 원소로 갖는 부분집합의 개수를 구하시오.

0632 ✅중요 교육청 기출 ◖◼◻

집합 $A=\{1, 2, 3, 4, 5\}$의 부분집합 중에서 홀수가 한 개 이상 속해 있는 집합의 개수는?

① 16   ② 20   ③ 24

④ 28   ⑤ 32

0633 ◖◼◻

두 집합 $A=\{1, 2, 3, 4, 5, 6\}$, $B=\{x\,|\,x$는 6의 양의 약수$\}$에 대하여 집합 A의 진부분집합 중에서 집합 B의 원소를 적어도 하나 포함하는 부분집합의 개수를 구하시오.

0634 ◖◼◻

집합 A의 원소 중에서 가장 큰 원소를 $M(A)$라 하자. 집합 $B=\{1, 2, 3, 4, 5, 6, 7\}$의 부분집합 X에 대하여 $M(X)\geq5$를 만족시키는 집합 X의 개수를 구하시오.

0635 ◖◼◻

두 집합 A, B가 오른쪽 벤다이어그램과 같을 때, $A\subset X\subset B$를 만족시키고, 6의 양의 약수 중 적어도 하나를 원소로 갖는 집합 X의 개수는?

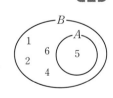

① 2   ② 8   ③ 14

④ 20   ⑤ 26

유형 15 특별한 조건을 만족시키는 부분집합의 개수 (2)

집합 A에 대하여 $a\in A$이면 $b\in A$를 만족시킨다.
➡ a가 집합 A의 원소이면 b도 반드시 집합 A의 원소이다.

🎧 유형ON 2권 071쪽

0636 대표문제

자연수 전체의 집합의 부분집합 A에 대하여

$$a\in A\text{이면 } \frac{12}{a}\in A$$

를 만족시키는 집합 A의 개수는? (단, $A\neq\varnothing$)

① 5   ② 6   ③ 7

④ 8   ⑤ 9

0637 ◖◼◻

자연수 전체의 집합의 부분집합 X에 대하여
$$x\in X\text{이면 } 6-x\in X$$
를 만족시키는 집합 X의 개수를 구하시오. (단, $X\neq\varnothing$)

0638 ✅중요 ◖◼◻

집합 $N=\{x\,|\,x$는 자연수$\}$의 부분집합 S 중 다음 조건을 만족시키는 집합 S의 개수는?

> (가) $x\in S$이면 $\dfrac{64}{x}\in S$이다.
>
> (나) 집합 S의 원소의 개수는 홀수이다.

① 4   ② 8   ③ 12

④ 16   ⑤ 20

0639

자연수 전체의 부분집합 A에 대하여 다음을 만족시킬 때, $n(A)=7$이 되도록 하는 집합 A의 개수를 구하시오.

(단, $A \neq \varnothing$)

$$x \in A이면 \frac{36}{x} \in A$$

0640

집합 $A=\{-1, 0, 1, 2\}$의 부분집합 X에 대하여

$a \in X$이고 $b \in X$이면 $ab \in X$

를 만족시키는 집합 X의 개수는? (단, $X \neq \varnothing$)

① 5   ② 7   ③ 9
④ 11   ⑤ 13

유형 **16** **부분집합의 원소의 합과 곱**

집합 $A=\{a_1, a_2, a_3, \cdots, a_n\}$의 부분집합의 개수를 N이라 할 때, 부분집합의 모든 원소의 합과 곱은 다음과 같다.

(1) 집합 A의 부분집합을 각각 A_k $(k=1, 2, 3, \cdots, N)$라 하고, 집합 A_k의 모든 원소의 합을 s_k라 할 때

$$s_1+s_2+s_3+\cdots+s_N = \frac{N}{2} \times (a_1+a_2+a_3+\cdots+a_n)$$

(2) 집합 A의 공집합이 아닌 부분집합을 각각 A_k $(k=1, 2, 3, \cdots, N-1)$라 하고, 집합 A_k의 모든 원소의 곱을 m_k라 할 때

$$m_1 m_2 m_3 \times \cdots \times m_{N-1} = (a_1 a_2 a_3 \times \cdots \times a_n)^{\frac{N}{2}}$$

🎧 유형ON 2권 071쪽

0641 대표문제

집합 $A=\{3, 6, 9, 12\}$의 부분집합을 각각 $A_1, A_2, A_3, \cdots, A_{16}$이라 하고 A_k $(k=1, 2, 3, \cdots, 16)$의 모든 원소의 합을 s_k라 할 때, $s_1+s_2+s_3+\cdots+s_{16}$의 값을 구하시오.

0642

집합 $A=\{1, 2, 3, 4, 5, 6\}$의 부분집합 중 원소의 개수가 2인 부분집합의 개수는 15이다. 이 집합을 X_k $(k=1, 2, 3, \cdots, 15)$라 하고 집합 X_k의 모든 원소의 합을 a_k라 할 때, $a_1+a_2+a_3+\cdots+a_{15}$의 값은?

① 105   ② 110   ③ 115
④ 120   ⑤ 125

0643 ✅중요

집합 X의 모든 원소의 곱을 $f(X)$라 하고, 집합 $A=\{x \mid x는 6의 양의 약수\}$의 공집합이 아닌 모든 부분집합을 각각 $A_1, A_2, A_3, \cdots, A_{15}$라 하자.
$f(A_1) \times f(A_2) \times f(A_3) \times \cdots \times f(A_{15})=6^k$을 만족시키는 자연수 k의 값을 구하시오.

0644

두 집합 $A=\{1, 27\}$, $B=\{x \mid x는 27의 양의 약수\}$에 대하여 $A \subset X \subset B$를 만족시키는 집합 X를 각각 $X_1, X_2, X_3, \cdots, X_m$ (m은 자연수)이라 하고, 집합 X_k $(k=1, 2, 3, \cdots, m)$의 모든 원소의 합을 s_k라 하자. $s_1+s_2+s_3+\cdots+s_m$의 값을 구하시오.

내신 잡는 종합 문제

0645

다음 중 집합이 <u>아닌</u> 것은?

① 우리나라 광역시의 모임
② 100보다 큰 5의 배수의 모임
③ 54의 소인수의 모임
④ 우리 반에서 시력이 나쁜 학생의 모임
⑤ 세계에서 가장 높은 산의 모임

0646

다음 중 유한집합이 <u>아닌</u> 것은?

① $\{5, 8, 11, 16\}$
② $\{x \mid x^2+x+2=0, x$는 실수$\}$
③ $\{x \mid x$는 세 자리 자연수$\}$
④ $\{x \mid x$는 $2<x<3$인 실수$\}$
⑤ $\{x \mid x=2a, a$는 10의 양의 약수$\}$

0647

집합 $A=\{\varnothing, \{\varnothing\}, 1, \{1, 2\}\}$에 대하여 다음 중 옳지 <u>않은</u> 것은?

① $\varnothing \subset A$
② $\{\varnothing\} \in A$
③ $\{1, 2\} \in A$
④ $\{\varnothing, 1, 2\} \subset A$
⑤ $\{1, \{1, 2\}\} \subset A$

0648 교육청 기출

집합 $S=\{1, 2, 3, 4, 5\}$에 대하여 집합 X를 다음과 같이 정의한다.

$$X=\{(p, q) \mid p \in S, q \in S, p$는 q의 약수$\}$$

이때 집합 X의 원소의 개수를 구하시오.

0649

세 집합

$$A=\{x \mid (x+1)(x-1) \le 0, x$는 정수$\},$$
$$B=\{x^2 \mid x \in A\},$$
$$C=\{xy \mid x \in A, y \in A\}$$

사이의 포함 관계를 바르게 나타낸 것은?

① $A \subset B \subset C$
② $A \subset C \subset B$
③ $B \subset A = C$
④ $A = C \subset B$
⑤ $B = C \subset A$

0650

실수 전체 집합의 두 부분집합

$$A=\{x \mid |x-k| \le 1\}, B=\{x \mid -2 \le x \le 3\}$$

에 대하여 $A \subset B$가 성립하도록 하는 실수 k의 최댓값은?

① -2
② -1
③ 1
④ 2
⑤ 3

0651

두 집합

$A=\{(x, y)\,|\,2x+y=11, x, y$는 자연수$\}$,

$B=\{x\,|\,x$는 k 미만의 자연수, k는 자연수$\}$

에 대하여 $n(A)=n(B)$일 때, k의 값을 구하시오.

0652

세 집합 A, B, C에 대하여 다음 중 옳은 것은?

① $n(\varnothing)<n(A)$

② $n(A)<n(B)$이면 $A\subset B$이다.

③ $A\subset B$이면 $n(A)<n(B)$이다.

④ $A\subset B\subset C$가 성립하면 $n(A)<n(C)$이다.

⑤ $n(A)\leq n(\varnothing)$이면 $A=\varnothing$이다.

0653

서로 다른 세 개의 실수로 이루어진 집합 $A=\{p, q, r\}$에 대하여 두 집합 $X=\{x+y\,|\,x\in A, y\in A, x\neq y\}$, $Y=\{7, 10, 11\}$이 서로 같을 때, 집합 A의 원소 중 가장 작은 수는?

① 1   ② 2   ③ 3

④ 4   ⑤ 5

0654

집합 $A=\{x\,|\,x=2n-7, n$은 $1\leq n<7$인 홀수$\}$의 부분집합 중 원소가 2개인 집합 X에 대하여 X의 모든 원소의 곱을 $M(X)$라 하자. $M(X)$의 최댓값을 구하시오.

0655

집합 $A=\{1, 2, 3, 4, 5, 6, 7\}$에 대하여 $\{3, 5, 7\}\subset X$, $4\not\in X$를 만족시키는 집합 A의 부분집합 X의 개수를 구하시오.

0656

전체집합 $U=\{x\,|\,x$는 한 자리 자연수$\}$의 세 부분집합

$A=\{x\,|\,x$는 짝수$\}$,

$B=\{x\,|\,x$는 4의 약수$\}$,

$C=\{x\,|\,x$는 3으로 나눈 나머지가 1인 자연수$\}$

가 있다. 세 집합 A, B, C에서 각각 한 개의 원소를 뽑아 a, b, c라 할 때, $(a-b)(b-c)(c-a)\neq 0$을 만족시키는 a, b, c의 모든 순서쌍 (a, b, c)의 개수를 구하시오.

0657

집합 $A=\{x\,|\,x$는 한 자리 자연수$\}$의 부분집합 중 적어도 하나의 짝수를 원소로 갖고 9의 양의 약수는 원소로 갖지 않는 부분집합의 개수는?

① 57   ② 58   ③ 59
④ 60   ⑤ 61

0658

두 집합
$$A=\{(x,\,y)\,|\,x^2+y^2=1,\,y\geq0\},$$
$$B=\{(1,\,0),\,(-1,\,0)\}$$
에 대하여 집합
$$C=\{(a_1+a_2,\,b_1+b_2)\,|\,(a_1,\,b_1)\in A,\,(a_2,\,b_2)\in B\}$$
가 나타내는 도형의 개형은?

①   ②   ③

④   ⑤

0659

집합 $S=\{2,\,4,\,6,\,8,\,10,\,12\}$의 공집합이 아닌 서로 다른 부분집합을 $A_1,\,A_2,\,A_3,\,\cdots,\,A_n$ (n은 자연수)이라 하자. 집합 A_k ($k=1,\,2,\,3,\,\cdots,\,n$)의 원소 중 최솟값을 a_k라 할 때, $a_1+a_2+a_3+\cdots+a_n$의 값은?

① 236   ② 240   ③ 244
④ 248   ⑤ 252

0660

다음 조건을 만족시키는 서로 다른 4개의 자연수 $a,\,b,\,c,\,d$의 모든 순서쌍 $(a,\,b,\,c,\,d)$의 개수는?

> (가) $\{a,\,b,\,c,\,d\}\subset\{1,\,2,\,3,\,4,\,5,\,6\}$
> (나) a와 d 중 적어도 하나는 홀수이다.

① 288   ② 320   ③ 328
④ 360   ⑤ 438

0661

집합 $A=\{2,\,3,\,4,\,5,\,6,\,7\}$의 공집합이 아닌 부분집합 중 모든 원소의 곱이 짝수인 부분집합의 개수는? (단, 원소가 1개인 부분집합은 그 원소를 모든 원소의 곱으로 한다.)

① 40   ② 44   ③ 48
④ 52   ⑤ 56

0662

집합 $A=\{x\,|\,x$는 15 이하의 자연수$\}$와 자연수 k에 대하여 $A_k=\{|k-x|\,|\,x\in A\}$라 하자. $k=p$일 때, $n(A_k)$는 최솟값 q를 갖는다. 이때 $p+q$의 값을 구하시오.

0663

두 행렬 $A = \begin{pmatrix} 0 & 1 \\ 1 & 0 \end{pmatrix}$, $B = \begin{pmatrix} a & b \\ c & d \end{pmatrix}$에 대하여 집합 S를

$$S = \{A^m B A^n \mid m, \ n \text{은 자연수}\}$$

라 할 때, 다음 중 집합 S의 원소가 <u>아닌</u> 것은?

① $\begin{pmatrix} a & b \\ c & d \end{pmatrix}$ ② $\begin{pmatrix} b & a \\ d & c \end{pmatrix}$ ③ $\begin{pmatrix} c & d \\ a & b \end{pmatrix}$

④ $\begin{pmatrix} d & b \\ c & a \end{pmatrix}$ ⑤ $\begin{pmatrix} d & c \\ b & a \end{pmatrix}$

0664

전체집합 $U = \{x \mid x \text{는 9 이하의 자연수}\}$의 부분집합 A는 다음 조건을 만족시킨다.

> m이 집합 A의 원소이면, m^2의 일의 자리의 수와 n^2의 일의 자리의 수가 같아지는 m이 아닌 자연수 n도 집합 A의 원소이다.

예를 들면, 2가 집합 A의 원소이면 2^2의 일의 자리의 수와 8^2의 일의 자리의 수가 같으므로 8도 집합 A의 원소이다. 공집합이 아닌 집합 A의 개수를 구하시오.

0665

자연수 a에 대하여 집합 $A(a)$를

$$A(a) = \{x \mid x \text{는 } a^n \text{의 일의 자리의 수, } n \text{은 자연수}\}$$

라 할 때, 다음 보기 중 옳은 것만을 있는 대로 고른 것은?

> **보기**
> ㄱ. $1 \in A(7)$
> ㄴ. $A(3) = A(7)$
> ㄷ. $A(8) = A(k)$를 만족시키는 35 이하의 모든 자연수 k의 값의 합은 114이다. (단, $k \neq 8$)

① ㄱ   ② ㄴ   ③ ㄱ, ㄷ
④ ㄴ, ㄷ   ⑤ ㄱ, ㄴ, ㄷ

✏️ 서술형 대비하기

0666

자연수 전체의 집합의 두 부분집합

$$A = \left\{ x \mid x = \frac{6}{n}, \ n \text{은 자연수} \right\},$$

$$B = \left\{ x \mid x = \frac{30}{n}, \ n \text{은 자연수} \right\}$$

에 대하여 $A \subset X \subset B$를 만족시키는 집합 X의 개수를 구하시오.

0667

자연수 n의 양의 약수의 집합을 A_n이라 할 때, 다음 조건을 만족시키는 모든 자연수 m의 값의 합을 구하시오.

> (가) $A_3 \subset A_m \subset A_{120}$
> (나) A_m의 부분집합의 개수는 256이다.

0668

전체집합 $U = \{x \mid x \text{는 실수}\}$의 부분집합 A에 대하여 $n(A) = 5$이고, 원소의 개수가 3인 집합 A의 부분집합들의 원소의 총합이 144일 때, 집합 A의 모든 원소의 합을 구하시오.

수능 녹인 변별력 문제

0669

집합 $A=\left\{x \,\middle|\, x=i^n-\dfrac{1}{i^n},\ n \text{은 자연수}\right\}$ 의 원소의 개수는?

(단, $i=\sqrt{-1}$)

① 1   ② 2   ③ 3

④ 4   ⑤ 5

0670

세 집합 A, B, C가 다음과 같을 때, A, B, C의 포함 관계를 바르게 나타낸 것은?

$A=\{x \,|\, x=2n-1,\ n \text{은 정수}\}$
$B=\{x \,|\, x=2n+1,\ n \text{은 정수}\}$
$C=\{x \,|\, x=4n-1,\ n \text{은 정수}\}$

① $A \subset B \subset C$ ② $A=B \subset C$ ③ $A=B=C$

④ $C \subset A=B$ ⑤ $C=B \subset A$

0671

두 집합 $A=\{5,\ 3a+4\}$, $B=\{1,\ -4-a,\ 2b+7\}$에 대하여 $A \subset B$이다. 두 실수 a, b에 대하여 $a+b$의 최댓값을 M, 최솟값을 m이라 할 때, $\dfrac{m}{M}$의 값은? (단, $a \neq 1$)

① 11   ② 12   ③ 13

④ 14   ⑤ 15

0672

집합 $A=\{2,\ 4,\ \varnothing\}$에 대하여 집합 $P(A)$를
$$P(A)=\{X \,|\, X \subset A\}$$
라 할 때, 다음 중 옳지 <u>않은</u> 것은?

① $\varnothing \in P(A)$

② $\{4\} \subset P(A)$

③ $\{2,\ 4,\ \varnothing\} \in P(A)$

④ $\{\varnothing,\ \{2\}\} \subset P(A)$

⑤ $\{\{2\},\ \{4\},\ \{\varnothing\}\} \subset P(A)$

05
집합의 뜻

0673

전체집합 $U=\{1, 2, 3, \cdots, 10\}$의 부분집합 S에 대하여 S의 원소 중 소수의 개수를 $N(S)$라 할 때, 보기에서 옳은 것만을 있는 대로 고른 것은?

> **보기**
> ㄱ. $S=\{2, 3, 4\}$이면 $N(S)=2$이다.
> ㄴ. $N(S)$의 최댓값은 4이다.
> ㄷ. $N(S)=1$인 집합 S의 개수는 2^8이다.

① ㄱ   ② ㄷ   ③ ㄱ, ㄴ
④ ㄴ, ㄷ   ⑤ ㄱ, ㄴ, ㄷ

0674

자연수 전체의 집합의 부분집합 A가 다음 조건을 만족시킨다.

> (가) $20 \in A$
> (나) $x \in A$이면 $\dfrac{20}{x} \in A$이다.

집합 A의 모든 원소의 합을 $S(A)$라 할 때, $S(A)$의 최댓값과 최솟값의 합은?

① 54   ② 57   ③ 60
④ 63   ⑤ 66

0675

집합 $X=\{x \mid x$는 10 이하의 자연수$\}$의 원소 n에 대하여 X의 부분집합 중 n을 최소의 원소로 갖는 모든 집합의 개수를 $f(n)$이라 하자. 보기에서 옳은 것만을 있는 대로 고른 것은?

> **보기**
> ㄱ. $f(8)=4$
> ㄴ. $a \in X$, $b \in X$일 때, $a < b$이면 $f(a) < f(b)$
> ㄷ. $f(1)+f(3)+f(5)+f(7)+f(9)=682$

① ㄱ   ② ㄱ, ㄴ   ③ ㄱ, ㄷ
④ ㄴ, ㄷ   ⑤ ㄱ, ㄴ, ㄷ

0676

집합 A에 대하여 $n(A)=2$일 때, $B \subset X \subset A$를 만족시키는 두 집합 B, X의 모든 순서쌍 (B, X)의 개수는?

① 8   ② 9   ③ 10
④ 11   ⑤ 12

0677

집합 $A=\{1,\ 3,\ 5,\ 7,\ 9\}$의 부분집합 중 2개 이상의 원소를 갖는 부분집합을 각각 $A_1,\ A_2,\ A_3,\ \cdots,\ A_{26}$이라 하자. 부분집합 $A_k\ (k=1,\ 2,\ \cdots,\ 26)$의 가장 큰 원소를 a_k라 할 때, $a_1+a_2+a_3+\cdots+a_{26}$의 값은?

① 194 ② 198 ③ 202

④ 206 ⑤ 210

0678

집합 $\{1,\ 2,\ 3,\ \cdots,\ 29,\ 30\}$의 부분집합 중에는 어떤 두 원소의 곱도 6의 배수가 아닌 수들로만 이루어진 것이 있다. 예를 들면 $\{1,\ 2,\ 4,\ 5,\ 20\},\ \{3,\ 5,\ 9,\ 15\}$이다. 이와 같은 부분집합 중에서 원소의 개수가 최대인 집합을 M이라고 할 때, 집합 M의 원소의 개수를 구하시오.

0679

집합 $A=\{1,\ 2,\ 3,\ 4,\ 5,\ 6,\ 7\}$에 대하여 $X\subset A$, $n(X)\geq 2$를 만족시키는 집합 X의 가장 작은 원소와 가장 큰 원소의 합을 $S(X)$라 하자. 예를 들어, $X=\{1,\ 2,\ 3\}$이면 $S(X)=1+3=4$이다. 이때 $S(X)=8$을 만족시키는 집합 X의 개수를 구하시오.

0680 교육청 기출

자연수를 원소로 가지는 집합 A에 대하여 다음 규칙에 따라 $m(A)$의 값을 정한다.

> (개) 집합 A의 원소가 1개인 경우
> 집합 A의 원소를 $m(A)$의 값으로 한다.
> (내) 집합 A의 원소가 2개 이상인 경우
> 집합 A의 원소를 큰 수부터 차례로 나열하고, 나열한 수들 사이에 $-$, $+$를 이 순서대로 번갈아 넣어 계산한 결과를 $m(A)$의 값으로 한다.

예를 들어, $A=\{5\}$이면 $m(A)=5$이다.

또, $B=\{1,\ 2,\ 4\}$, $C=\{1,\ 2,\ 4,\ 5\}$이면

$$m(B)=4-2+1=3$$
$$m(C)=5-4+2-1=2$$

가 되어 $m(B)+m(C)=(4-2+1)+(5-4+2-1)=5$이다. 집합 $\{1,\ 2,\ 3,\ 4,\ 5\}$의 공집합이 아닌 서로 다른 부분집합을 $X_1,\ X_2,\ \cdots,\ X_{31}$이라 할 때, $m(X_1)+m(X_2)+\cdots+m(X_{31})$의 값은?

① 50 ② 60 ③ 64

④ 80 ⑤ 128

PART **A**

06 Ⅱ. 집합과 명제

집합의 연산

유형별 **문제**

유형 **01** 합집합과 교집합

(1) $A \cup B = \{x \mid x \in A$ 또는 $x \in B\}$
➡ 두 집합 A와 B의 모든 원소로 이루어진 집합

(2) $A \cap B = \{x \mid x \in A$ 그리고 $x \in B\}$
➡ 두 집합 A와 B에 공통으로 속하는 원소로 이루어진 집합

Tip 조건제시법으로 주어진 집합은 원소나열법으로 나타낸 후 합집합과 교집합을 구한다.

확인 문제

두 집합 $A = \{1, 2, 3, 4\}$, $B = \{1, 3, 5, 7\}$에 대하여 다음을 구하시오.

(1) $A \cup B$ 　　　　(2) $A \cap B$

🔊 개념ON 246쪽 　🔊 유형ON 2권 074쪽

0681 대표문제

세 집합 $A = \{x \mid x$는 10 미만의 소수$\}$,
$B = \{x \mid x$는 20의 양의 약수$\}$, $C = \{x \mid x$는 6의 양의 약수$\}$
에 대하여 다음 중 옳지 않은 것은?

① $A \cap B = \{2, 5\}$
② $B \cup C = \{1, 2, 3, 4, 5, 6, 10, 20\}$
③ $(A \cap B) \cap C = \{2\}$
④ $(A \cup B) \cap C = \{2, 3\}$
⑤ $A \cup (B \cap C) = \{1, 2, 3, 5, 7\}$

0682

세 집합 $A = \{x \mid x$는 15의 약수$\}$, $B = \{x \mid x$는 6의 약수$\}$,
$C = \{1, 4, 6, 9\}$에 대하여 집합 $(A \cup B) \cap C$는?

① $\{1, 3\}$ 　　② $\{1, 6\}$ 　　③ $\{1, 3, 15\}$
④ $\{1, 6, 15\}$ 　　⑤ $\{1, 2, 6, 15\}$

0683

두 집합 A, B에 대하여 $A = \{a, c, d, f\}$, $A \cap B = \{a, f\}$,
$A \cup B = \{a, c, d, e, f, h\}$일 때, 집합 B는?

① $\{e, h\}$ 　　　　　② $\{a, d, f, h\}$
③ $\{a, e, f, h\}$ 　　　④ $\{a, c, e, f, h\}$
⑤ $\{a, c, d, e, f, h\}$

0684 ✔중요 ✎서술형

세 집합
$$A = \{x \mid x$는 15 미만의 3의 양의 배수$\},$$
$$B = \{x \mid x = 4n-1, n$은 3 이하의 자연수$\},$$
$$C = \left\{x \mid x = \frac{18}{n}, x$와 n은 자연수$\right\}$$
에 대하여 집합 $B \cup (A \cap C)$의 모든 원소의 합을 구하시오.

0685

세 집합 $A = \{1, 4, a\}$, $B = \{x \mid x$는 8의 약수$\}$,
$C = \{x \mid x = 2k, k$는 b 이하의 자연수$\}$에 대하여 집합 $A \cap B$의 모든 원소의 합이 7이고 집합 $A \cup C$의 모든 원소의 합이 21이다. 두 자연수 a, b에 대하여 $a+b$의 값은?

① 5 　　　　② 6 　　　　③ 7
④ 8 　　　　⑤ 9

124 Ⅱ. 집합과 명제

유형 02 서로소인 두 집합

(1) 두 집합 A, B가 서로소이면
 ➡ 공통된 원소가 하나도 없다.
 ➡ $A \cap B = \varnothing$
(2) 공집합은 모든 집합과 서로소이다.

확인 문제

다음 두 집합 A, B가 서로소인지 말하시오.
(1) $A = \{4, 5, 11\}$, $B = \varnothing$
(2) $A = \{x \mid x$는 10의 약수$\}$, $B = \{3, 7, 10\}$

📘 개념ON 250쪽 📘 유형ON 2권 074쪽

0686 대표문제

다음 중 두 집합 A, B가 서로소인 것은?

① $A = \{x \mid x$는 짝수인 자연수$\}$, $B = \{x \mid x$는 소수$\}$
② $A = \{x \mid x \geq 2\}$, $B = \{x \mid x^2 - 4 = 0\}$
③ $A = \{x \mid x^2 - x = 0\}$, $B = \{x \mid x + 1 = 0\}$
④ $A = \{x \mid x$는 4의 양의 약수$\}$,
  $B = \{x \mid x$는 9의 양의 약수$\}$
⑤ $A = \{x \mid x$는 3의 양의 배수$\}$,
  $B = \{x \mid x$는 7의 양의 배수$\}$

0687 교육청 기출

집합 $S = \{1, 2, 3, 4, 5\}$의 부분집합 중에서 집합 $\{1, 2\}$와 서로소인 집합의 개수는?

① 1 ② 2 ③ 4
④ 7 ⑤ 8

0688

두 집합 A, B에 대하여
  $A = \{x \mid x$는 3의 양의 약수$\}$,
  $A \cup B = \{x \mid x$는 18의 양의 약수$\}$
일 때, 집합 A와 서로소인 집합 B의 모든 원소의 합을 구하시오.

0689

두 집합 A, B에 대하여 집합 $A = \{x \mid x$는 20의 양의 약수$\}$의 부분집합 중에서 집합 B와 서로소인 집합의 개수가 16일 때, 집합 B의 원소의 개수를 구하시오. (단, $B \subset A$)

유형 03 두 집합이 서로소가 되게 하는 미지수 구하기

두 집합 A, B가 서로소이면 $A \cap B = \varnothing$, 즉 공통인 원소가 하나도 없음을 이용하여 미지수를 구한다.

📘 유형ON 2권 075쪽

0690 대표문제

두 집합 $A = \{x \mid -3 \leq x < 4\}$, $B = \{x \mid a \leq x \leq 9\}$에 대하여 A, B가 서로소일 때, 상수 a의 최솟값은?

① 4 ② 5 ③ 6
④ 7 ⑤ 8

0691 중요

두 집합 $A = \{x \mid 1 < x < 3\}$, $B = \{x \mid x > k - 1\}$에 대하여 $A \cap B = \varnothing$이 되도록 하는 상수 k의 최솟값은?

① 1 ② 2 ③ 3
④ 4 ⑤ 5

0692 서술형

두 집합 $A = \{x \mid a - 5 < x < 2a - 3\}$,
$B = \{x \mid a - 1 < x < 2a + 5\}$에 대하여 A, B가 서로소일 때, 상수 a의 최댓값을 구하시오. (단, $a > -2$)

(1) $A^C = \{x | x \in U$ 그리고 $x \notin A\}$

➡ 전체집합 U의 원소 중 집합 A에 속하지 않는 모든 원소로 이루어진 집합

(2) $A - B = \{x | x \in A$ 그리고 $x \notin B\}$

➡ 집합 A에는 속하지만 집합 B에는 속하지 않는 모든 원소로 이루어진 집합

확인 문제

전체집합 $U = \{x | x$는 6 이하의 자연수$\}$의 두 부분집합 $A = \{2, 3, 4\}$, $B = \{x | x$는 홀수$\}$에 대하여 다음을 구하시오.

(1) A^C (2) B^C (3) $A - B$

🎧 개념ON 246쪽   🎧 유형ON 2권 075쪽

0693 대표문제

전체집합 $U = \{x | x$는 10 이하의 자연수$\}$의 두 부분집합 $A = \{x | x$는 2의 배수$\}$, $B = \{x | x$는 4의 약수$\}$에 대하여 집합 $(A - B)^C$의 원소의 개수는?

① 4   ② 5   ③ 6

④ 7   ⑤ 8

0694 교육청 기출

전체집합 $U = \{x | x$는 8 이하의 자연수$\}$의 부분집합 $A = \{2, 4, 6, 8\}$에 대하여 집합 A^C의 모든 원소의 합은?

① 10   ② 12   ③ 14

④ 16   ⑤ 18

0695

세 집합 $A = \{1, 2, 4, 5\}$, $B = \{4, 5, 7, 8\}$, $C = \{1, 5, 7\}$에 대하여 집합 $A - (B - C)$는?

① $\{1\}$ ② $\{2, 5\}$ ③ $\{4, 5\}$

④ $\{1, 2, 4\}$ ⑤ $\{1, 2, 5\}$

0696

전체집합 $U = \{x | x$는 한 자리 자연수$\}$의 두 부분집합 $A = \{x | x$는 8의 약수$\}$, $B = \{x | x$는 2의 배수$\}$에 대하여 집합 $B - A^C$의 모든 원소의 합을 구하시오.

0697

전체집합 $U = \{x | x$는 실수$\}$의 두 부분집합 $A = \{x | -2 \leq x < 1\}$, $B = \{x | x < 0$ 또는 $x \geq 2\}$에 대하여 집합 $A \cup B^C$은?

① $\{x | -1 \leq x \leq 2\}$ ② $\{x | -2 \leq x < 2\}$

③ $\{x | -2 \leq x \leq 1\}$ ④ $\{x | -3 \leq x < 2\}$

⑤ $\{x | -3 \leq x \leq -2$ 또는 $2 < x \leq 3\}$

0698 ✓중요 ✐서술형

전체집합 $U = \{1, 2, 3, \cdots, 11\}$의 두 부분집합

$$A = \{x | x = 2k + 1, k$$는 자연수$\},$$
$$B = \{x | x = 3k - 1, k$$는 자연수$\}$$

에 대하여 집합 $(A \cup B) - (A - B)^C$의 모든 원소의 합을 구하시오.

0699 교육청 기출

집합 $A = \{1, 2, 3, 4\}$에 대하여 집합 B가 $B - A = \{5, 6\}$을 만족시킨다. 집합 B의 모든 원소의 합이 12일 때, 집합 $A - B$의 모든 원소의 합은?

① 5   ② 6   ③ 7

④ 8   ⑤ 9

유형 05 조건을 만족시키는 집합 구하기

문제에서 주어진 조건을 벤다이어그램으로 나타내어 구하려는 집합을 구한다.

Tip 주어진 집합의 원소를 벤다이어그램에 나타내고 전체집합의 원소 중 빠진 원소가 없는지, 중복되는 원소가 없는지 확인한다.

🎧 개념ON 252쪽 🎧 유형ON 2권 076쪽

0700 대표문제

전체집합 $U=\{x|x$는 10 이하의 자연수$\}$의 두 부분집합 A, B에 대하여 $A^C \cap B^C=\{2, 5, 9\}$, $A \cap B=\{4, 8\}$, $B^C=\{2, 5, 6, 7, 9\}$일 때, 집합 A의 모든 원소의 합은?

① 24   ② 25   ③ 26

④ 27   ⑤ 28

0701

전체집합 $U=\{x|x$는 10 이하의 자연수$\}$의 두 부분집합 A, B에 대하여 $(A \cap B)^C=\{1, 2, 4, 5, 6, 8, 10\}$이고 $A^C \cap B=\{4, 8\}$일 때, 집합 B의 원소 중 가장 큰 수와 가장 작은 수의 차는?

① 3   ② 4   ③ 5

④ 6   ⑤ 7

0702 ✅중요

전체집합 $U=\{x|x$는 12 이하의 짝수인 자연수$\}$의 두 부분집합 A, B에 대하여 $A=\{x|x=2n+4$, n은 자연수$\}$, $A \cap B=\{x|x$는 6의 배수$\}$, $A \cup B=U$일 때, 집합 B를 구하시오.

0703 ✏️서술형

전체집합 $U=\{x|x$는 11 이하의 홀수인 자연수$\}$의 두 부분집합 A, B에 대하여 $(A \cup B)^C=\{5\}$, $A \cap B=\{11\}$, $A-B=\{7\}$일 때, 집합 B의 부분집합의 개수를 구하시오.

0704

전체집합 $U=\{1, 2, 3, 4, 5, 6, 7, 8, 9\}$의 두 부분집합 A, B에 대하여 $A \cap B=\{2, 8\}$, $B-A=\{7, 9\}$, $A^C \cap B^C=\{1, 5\}$일 때, 집합 A의 모든 원소의 합은?

① 19   ② 20   ③ 21

④ 22   ⑤ 23

0705

전체집합 $U=\{x|x$는 9 이하의 자연수$\}$의 두 부분집합 A, B에 대하여 $A \cap B=\{5, 6\}$, $A \cap B^C=\{1, 2, 7\}$, $A^C \cap B^C=\{4, 9\}$이다. 집합 B의 부분집합의 개수를 a, 집합 B의 모든 원소의 합을 b라 할 때, $a+b$의 값을 구하시오.

0706

전체집합 $U=\{x\,|\,x$는 10 이하의 자연수$\}$의 공집합이 아닌 세 부분집합 A, B, C에 대하여 $B \subset C$이고
$A \cup C=\{1, 2, 3, 4, 5, 6, 7, 8\}$, $A-B=\{2, 3, 7\}$,
$B-A=\{1, 5\}$, $C-B=\{3, 4, 8\}$일 때, 집합 A의 모든 원소의 합을 구하시오.

유형 06 집합의 연산을 이용하여 미지수 구하기

집합의 연산을 이용하여 미지수를 구할 때는 다음과 같은 순서로 구한다.
❶ 주어진 조건을 이용하여 미지수의 값을 구한다.
❷ 미지수의 값을 대입하여 각 집합의 원소를 구한다.
❸ ❷에서 구한 집합이 주어진 조건을 만족시키는지 확인한다.
Tip $a \in (A \cap B)$이면 $a \in A$이고 $a \in B$임을 이용하여 방정식을 세운 후 미지수의 값을 구한다.

⋒ 개념ON 248쪽 ⋒ 유형ON 2권 076쪽

0707 대표문제

두 집합 $A=\{2, 6, a^2-a\}$, $B=\{a^2-7, a+2, 12\}$에 대하여 $A \cap B=\{2, 12\}$일 때, 상수 a의 값을 구하시오.

0708 교육청 기출

두 집합 $A=\{3, a+2, 5\}$, $B=\{b, 6, 8\}$에 대하여
$A \cap B=\{4\}$일 때, $a+b$의 값은? (단, a, b는 실수이다.)

① 2   ② 4   ③ 6
④ 8   ⑤ 10

0709

두 집합 $A=\{-2, 0, 5, 3a-b\}$, $B=\{0, 8, a+2b\}$에 대하여 $A-B=\{5\}$일 때, ab의 값은? (단, a, b는 상수이다.)

① -4 ② -3 ③ -2
④ 2   ⑤ 4

0710

두 집합 $A=\{a+1, a^2+2a, 7\}$, $B=\{a^2-2, 3\}$에 대하여 $A \cap B=\{3\}$을 만족시키는 모든 실수 a의 값의 곱은?

① -6 ② -3 ③ 1
④ 2   ⑤ 3

0711 중요 서술형

두 집합 $A=\{4, 5, 4-3a\}$, $B=\{a^2+3, 6-a, 10\}$에 대하여 $A \cup B=\{1, 4, 5, 10\}$일 때, 집합 $A \cap B$의 모든 원소의 합을 구하시오. (단, a는 상수이다.)

유형 07 집합의 연산의 성질

(1) 집합의 연산 법칙
① 교환법칙: $A \cup B = B \cup A$, $A \cap B = B \cap A$
② 결합법칙: $(A \cup B) \cup C = A \cup (B \cup C) = A \cup B \cup C$,
$(A \cap B) \cap C = A \cap (B \cap C) = A \cap B \cap C$
③ 분배법칙: $A \cap (B \cup C) = (A \cap B) \cup (A \cap C)$,
$A \cup (B \cap C) = (A \cup B) \cap (A \cup C)$

(2) 집합의 연산의 성질
전체집합 U의 두 부분집합 A, B에 대하여
① $A \cup A = A$, $A \cap A = A$ ② $A \cup \varnothing = A$, $A \cap \varnothing = \varnothing$
③ $A \cup U = U$, $A \cap U = A$ ④ $A \cup A^c = U$, $A \cap A^c = \varnothing$
⑤ $U^c = \varnothing$, $\varnothing^c = U$ ⑥ $(A^c)^c = A$
⑦ $A - B = A \cap B^c$

🔵 개념ON 254쪽, 262쪽 🔵 유형ON 2권 077쪽

0712 대표문제

전체집합 U의 두 부분집합 A, B에 대하여 다음 중 항상 옳은 것은?

① $B \subset U^c$　　　　② $U \subset (A \cup B)$
③ $\varnothing^c \subset A$　　　　④ $B \cup B^c = U$
⑤ $U - A = (A^c)^c$

0713 🟢중요

전체집합 U의 두 부분집합 A, B에 대하여 다음 중 옳지 않은 것은?

① $B \cup \varnothing = B$　　　　② $U - A^c = A$
③ $A \cap A^c = U^c$　　　　④ $B - A = A \cap B^c$
⑤ $A \cap (U \cup B) = A$

0714 교육청 기출

전체집합 U의 임의의 두 부분집합 A, B에 대하여 다음 중 집합 $A \cup (A^c \cap B)$와 같은 집합은?

① $\varnothing$　　　　② $A \cap B$　　　　③ A
④ B　　　　⑤ $A \cup B$

0715

전체집합 U의 공집합이 아닌 서로 다른 두 부분집합 A, B에 대하여 $A \cap B$와 같은 것을 보기에서 있는 대로 고르시오.

┌ 보기 ─────────────────────────┐
ㄱ. $A - B^c$　　　　　　ㄴ. $A \cap (U - B^c)$
ㄷ. $A \cap (B \cup B^c)$　　　ㄹ. $(A \cap B) \cup (A \cap A^c)$
└────────────────────────────┘

0716 ✅중요

전체집합 U의 공집합이 아닌 두 부분집합 A, B에 대하여 다음 중 나머지 넷과 다른 하나는?

① $A - B$　　　② $A \cap B^c$　　　③ $A \cap (U - B)$
④ $B - A^c$　　　⑤ $A - (A \cap B)$

유형 08 집합의 연산의 성질 − 포함 관계

전체집합 U의 두 부분집합 A, B에 대하여
(1) $A \subset B$인 경우
① $A \cap B = A$　　　　② $A \cup B = B$
③ $A - B = \varnothing$, $A \cap B^c = \varnothing$
④ $A^c \cup B = U$　　　　⑤ $B^c \subset A^c$
⑥ $B^c - A^c = \varnothing$
(2) $A \cap B = \varnothing$인 경우
① $A - B = A$　　　　② $B - A = B$
③ $A \subset B^c$　　　　④ $B \subset A^c$

🔵 개념ON 254쪽 🔵 유형ON 2권 077쪽

0717 대표문제

전체집합 U의 서로 다른 두 부분집합 A, B에 대하여 $A \cup B = A$일 때, 다음 중 옳지 않은 것은?

① $B \subset A$　　　② $A \cap B = B$　　　③ $A^c \subset B^c$
④ $A^c \cup B^c = A^c$　　⑤ $B \cap A^c = \varnothing$

06
집합의 연산

0718 교육청 기출

전체집합 U의 공집합이 아닌 두 부분집합 A, B가 서로소일 때, 다음 중 옳은 것은?

① $A \subset B^C$ ② $B \subset A$ ③ $A \cap B^C = \varnothing$

④ $B - A = \varnothing$ ⑤ $A \cup B = U$

0719

전체집합 U의 두 부분집합 A, B에 대하여 다음 중 A, B의 포함 관계가 나머지 넷과 다른 하나는?

① $A \subset B$ ② $A \cup B = B$ ③ $A - B = \varnothing$

④ $A \cup B^C = U$ ⑤ $A \cap B^C = \varnothing$

0720

전체집합 U의 세 부분집합 A, B, C에 대하여
$(A \cap B) \cup (B - C) = \varnothing$일 때, 다음 보기에서 옳은 것만을 있는 대로 고른 것은?

> **보기**
>
> ㄱ. $A \cup B = U$ ㄴ. $B \cap C = B$ ㄷ. $A \cap C = \varnothing$

① ㄱ   ② ㄴ   ③ ㄷ

④ ㄱ, ㄷ   ⑤ ㄴ, ㄷ

0721 중요

전체집합 U의 두 부분집합 A, B에 대하여 $A - B = A$일 때, 다음 중 옳지 <u>않은</u> 것은?

① $A \subset B$ ② $B - A = B$ ③ $A \subset B^C$

④ $A \cap B = \varnothing$ ⑤ $B \subset A^C$

유형 09   집합의 연산과 부분집합의 개수

주어진 조건을 만족시키는 집합 X의 개수는 다음과 같은 순서로 구한다.

❶ 집합 X에 반드시 속하는 원소 또는 속하지 않는 원소를 찾는다.

❷ ❶을 만족시키는 집합 X의 개수를 구한다.

Tip (1) $A \cup X = X$, $B \cup X = B$이면 $A \subset X$, $X \subset B$
　➡ $A \subset X \subset B$

(2) 두 집합 A, B에 대하여 $n(A) = a$, $n(B) = b$일 때,
　$A \subset X \subset B$를 만족시키는 집합 X의 개수
　➡ 2^{b-a} (단, $a < b$) 또는 1 (단, $a = b$)

🎧 개념ON 256쪽   🎧 유형ON 2권 078쪽

0722 대표문제

전체집합 $U = \{1, 3, 5, 7, 9, 11, 13, 15\}$의 세 부분집합 A, B, X에 대하여 $A = \{3, 7, 9\}$, $B = \{1, 3, 5, 9\}$일 때, $(B - A) \cup X = X$, $A \cup X = X$를 만족시키는 집합 X의 개수는?

① 2   ② 4   ③ 8

④ 16   ⑤ 32

0723

전체집합 $U = \{-2, -1, 0, 1, 2, 3\}$의 두 부분집합 A, X에 대하여 $A = \{-2, 1\}$일 때, $A - X = A$를 만족시키는 집합 X의 개수를 구하시오.

0724

집합 $A = \{x \mid x$는 7 이하의 자연수$\}$의 부분집합 X에 대하여 $\{2, 6\} \cap X \neq \varnothing$을 만족시키는 집합 X의 개수는?

① 32   ② 48   ③ 56

④ 64   ⑤ 96

0725

전체집합 $U=\{x\,|\,x$는 50 이하의 자연수$\}$의 두 부분집합
$$A=\{x\,|\,x$는 6의 배수$\},\ B=\{x\,|\,x$는 4의 배수$\}$$
가 있다. $A\cup X=A$이고 $B\cap X=\varnothing$인 집합 X의 개수는?

① 8   ② 16   ③ 32
④ 64   ⑤ 128

0726 중요 서술형

두 집합 $A=\{x\,|\,x$는 24의 양의 약수$\}$,
$B=\{x\,|\,x$는 8의 양의 약수$\}$에 대하여 $A\cap X=X$,
$(A\cap B)\cup X=X$를 만족시키는 집합 X의 개수를 구하시오.

0727 중요

전체집합 $U=\{x\,|\,x$는 9 이하의 자연수$\}$의 두 부분집합
$A=\{2,\ 4,\ 6,\ 8\}$, $B=\{6,\ 9\}$에 대하여 $A\cup C=B\cup C$를
만족시키는 집합 U의 부분집합 C의 개수는?

① 2   ② 4   ③ 8
④ 16   ⑤ 32

0728

전체집합 $U=\{1,\ 2,\ 3,\ \cdots,\ 10\}$의 두 부분집합 $A=\{3,\ 7\}$,
$B=\{1,\ 3,\ 8,\ 9\}$에 대하여 다음 조건을 모두 만족시키는 집
합 U의 부분집합 X의 개수는?

> (가) $A\cup X=X$
> (나) $(B-A)\cap X=\{1,\ 9\}$

① 8   ② 12   ③ 16
④ 32   ⑤ 64

유형 10 드모르간의 법칙

전체집합 U의 두 부분집합 A, B에 대하여
$$(A\cup B)^c=A^c\cap B^c$$
$$(A\cap B)^c=A^c\cup B^c$$

확인 문제

전체집합 $U=\{1,\ 2,\ 3,\ 4,\ 5\}$의 두 부분집합 $A=\{2,\ 4,\ 5\}$,
$B=\{2,\ 3,\ 4\}$에 대하여 다음을 구하시오.

(1) $(A\cup B)^c$ (2) $A^c\cap B^c$
(3) $(A\cap B)^c$ (4) $A^c\cup B^c$

개념ON 262쪽 유형ON 2권 078쪽

0729 대표문제

전체집합 $U=\{x\,|\,x$는 10 이하의 자연수$\}$의 두 부분집합
$A=\{1,\ 2,\ 5,\ 6\}$, $B=\{2,\ 3,\ 6,\ 7,\ 9\}$에 대하여 집합
$(A^c\cap B^c)^c\cup(A\cap B)$의 원소의 개수는?

① 4   ② 5   ③ 6
④ 7   ⑤ 8

0730 교육청 기출

전체집합 $U=\{x\,|\,x$는 20 이하의 자연수$\}$의 두 부분집합
$A=\{x\,|\,x$는 4의 배수$\}$, $B=\{x\,|\,x$는 20의 약수$\}$에 대하여
집합 $(A^c\cup B)^c$의 모든 원소의 합을 구하시오.

0731

전체집합 $U=\{1, 2, 3, 4, 5, 6, 7, 8\}$의 두 부분집합 $A=\{1, 2, 3, 6, 7, 8\}$, $B=\{1, 5, 6, 7, 8\}$에 대하여 집합 $A \cap (A \cap B^C)^C$의 부분집합 중 적어도 한 개의 짝수를 원소로 갖는 부분집합의 개수를 구하시오.

0732

전체집합 $U=\{x \,|\, x$는 10 미만의 자연수$\}$의 두 부분집합 A, B에 대하여 $A \cap B=\{1, 2\}$, $A^C \cap B=\{3, 4, 5\}$, $A^C \cap B^C=\{8, 9\}$를 만족시키는 집합 A의 진부분집합의 개수를 구하시오.

0733 ✔중요 ✐서술형

전체집합 $U=\{x \,|\, x$는 12 이하의 자연수$\}$의 세 부분집합
$\quad A=\{x \,|\, x$는 한 자리의 소수$\}$,
$\quad B=\{x \,|\, x$는 12의 약수$\}$,
$\quad C=\{x \,|\, x$는 3의 배수$\}$
에 대하여 $n(A \cup (B \cup C^C)^C)$의 값을 구하시오.

유형 **11** 집합의 연산을 간단히 하기

집합의 연산이 복잡하게 주어지면 집합의 연산 법칙과 연산의 성질을 이용하여 주어진 식을 간단히 한다.

Tip 차집합의 꼴이 주어지면 $A-B=A \cap B^C$임을 이용한다.

🎧 개념ON 262쪽, 264쪽　🎧 유형ON 2권 079쪽

0734 대표문제

전체집합 U의 세 부분집합 A, B, C에 대하여 다음 중 집합 $(A-C)-(B-C)$와 항상 같은 집합은?

① $A-C$　　② $(A \cup B)-C$　③ $(A \cap B)-C$
④ $A-(B \cup C)$　⑤ $A-(B \cap C)$

0735

전체집합 U의 두 부분집합 A, B에 대하여 다음 중 집합 $A-(A \cup B^C)$과 항상 같은 집합은?

① $\varnothing$　　　② $A \cap B$　　　③ A
④ B　　　⑤ $A \cup B$

0736

전체집합 U의 두 부분집합 A, B에 대하여 집합 $(A \cup B)^C \cup (A^C \cap B)$와 항상 같은 집합은?

① $A \cap B$　　② A^C　　　③ B^C
④ $A^C \cup B$　　⑤ $A \cap B^C$

📖 정답과 풀이 124쪽

0737 ✔중요 ✎서술형

전체집합 $U=\{x\,|\,x$는 15 이하의 자연수$\}$의 세 부분집합

$A=\{x\,|\,x$는 한 자리의 소수$\}$,

$B=\{x\,|\,x$는 3의 배수$\}$,

$C=\{x\,|\,x$는 14의 약수$\}$

에 대하여 집합 $(A\cup B)\cap(B\cup C^C)$의 모든 원소의 합을 구하시오.

유형 12 벤다이어그램과 집합

벤다이어그램의 색칠한 부분을 나타내는 집합을 찾을 때, 각 집합을 벤다이어그램으로 나타낸 후 주어진 벤다이어그램과 같은 것을 찾는다.

예 전체집합 U의 두 부분집합 A, B에 대하여 벤다이어그램에서 색칠한 부분이 나타내는 집합은 다음과 같다.

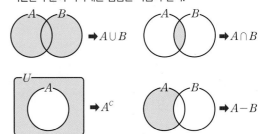

⌂개념ON 262쪽, 264쪽 ⌂유형ON 2권 080쪽

0738 ✔중요

전체집합 U의 서로 다른 두 부분집합 A, B에 대하여

$A\cap B^C=\varnothing$일 때, 다음 중 집합

$A\cap\{(A^C\cup B^C)^C\cup(B-A)\}$와 항상 같은 집합은?

① A ② B ③ $\varnothing$

④ $A^C\cap B$ ⑤ $A\cup B^C$

0740 대표문제

다음 중 오른쪽 벤다이어그램의 색칠한 부분을 나타내는 집합과 항상 같은 집합은?

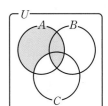

① $A\cap(B\cup C)$

② $A\cup(B\cap C)$

③ $A\cap(B\cap C^C)$

④ $A-(B\cap C)$

⑤ $A-(C-B)$

0739

전체집합 U의 서로 다른 세 부분집합 A, B, C에 대하여 보기에서 옳은 것만을 있는 대로 고른 것은?

보기
ㄱ. $(A\cup B)\cap(A-B)^C=A$
ㄴ. $(B-A)\cup(A\cap B)=B$
ㄷ. $(A\cap B)-(A\cap C)=(A\cap B)-C$
ㄹ. $(A-B)\cup(A\cap C)=A-(B-C)$

① ㄱ, ㄴ   ② ㄴ, ㄷ   ③ ㄷ, ㄹ

④ ㄱ, ㄷ, ㄹ   ⑤ ㄴ, ㄷ, ㄹ

0741

다음 중 오른쪽 벤다이어그램의 색칠한 부분을 나타내는 집합과 항상 같은 집합은?

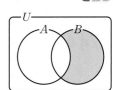

① $A^C\cup B$

② $A-(A^C\cup B)$

③ $(B-A)^C-A$

④ $A-(A\cup B^C)$

⑤ $A^C-(A\cup B^C)$

0742 ✅중요

오른쪽 그림은 전체집합 U의 서로 다른 두 부분집합 A, B 사이의 관계를 벤다이어그램으로 나타낸 것이다. 다음 중 색칠한 부분을 나타낸 집합과 같은 것은?

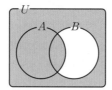

① $A \cap B^C$

② $(A \cap B) \cup B^C$

③ $(A \cap B^C) \cup A^C$

④ $(A-B)^C \cup B^C$

⑤ $(A-B) \cup (A^C \cap B^C)$

0743

전체집합 U의 세 부분집합 A, B, C에 대하여 다음 중 벤다이어그램의 색칠한 부분이 나타내는 집합이 $(A \cap B^C) \cap (C-B)$인 것은?

① ② 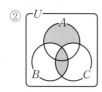 ③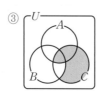

④ 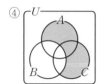 ⑤

0744

다음 보기에서 오른쪽 벤다이어그램의 색칠한 부분을 나타내는 집합만을 있는 대로 고르시오.

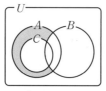

┌─ 보기 ─────────────────────────
ㄱ. $A \cap (B-C)$　　　ㄴ. $(A \cap B) \cap C$
ㄷ. $(A-B) \cap (A-C)$　　ㄹ. $(A-B) \cap (C-B)$
ㅁ. $(A-B) - (C-B)$
└──────────────────────────────

유형 13　배수와 약수의 집합의 연산

두 자연수 m, n에 대하여

(1) 자연수 k의 양의 배수의 집합을 A_k라 하면
　$A_m \cap A_n = A_p$ ➡ m과 n의 공배수의 집합
　　　　　　　　➡ p는 m과 n의 최소공배수

(2) 자연수 k의 양의 약수의 집합을 B_k라 하면
　$B_m \cap B_n = B_q$ ➡ m과 n의 공약수의 집합
　　　　　　　　➡ q는 m과 n의 최대공약수

Tip 두 자연수 m, n에 대하여

(1) k의 양의 배수의 집합을 A_k라 하면 m이 n의 배수일 때
　　$A_m \subset A_n$, $A_m \cap A_n = A_m$, $A_m \cup A_n = A_n$
　　예 4는 2의 배수이므로
　　　　$A_4 \subset A_2$, $A_4 \cap A_2 = A_4$, $A_4 \cup A_2 = A_2$

(2) k의 양의 약수의 집합을 B_k라 하면 m이 n의 약수일 때
　　$B_m \subset B_n$, $B_m \cap B_n = B_m$, $B_m \cup B_n = B_n$
　　예 2는 4의 약수이므로
　　　　$B_2 \subset B_4$, $B_2 \cap B_4 = B_2$, $B_2 \cup B_4 = B_4$

🔒 유형ON 2권 080쪽

0745 대표문제

전체집합 $U=\{1, 2, 3, \cdots, 200\}$의 부분집합 A_k를 $A_k = \{x \,|\, x$는 자연수 k의 배수$\}$라 할 때, 집합 $(A_3 \cap A_2) \cap (A_8 \cup A_{16})$의 원소의 개수를 구하시오.

0746

자연수 전체의 집합의 부분집합 A_n을 $A_n = \{x \,|\, x$는 n의 배수$\}$라 할 때, 집합 $(A_2 \cap A_3) \cup A_7$의 원소 중 네 번째로 작은 원소는? (단, n은 자연수이다.)

① 10　　　　② 12　　　　③ 14

④ 18　　　　⑤ 21

0747

자연수 n의 양의 배수의 집합을 A_n이라 할 때, 다음 중 집합 $(A_6 \cup A_{12}) \cap (A_4 \cup A_{20})$과 같은 집합은?

① A_4　　　　② A_6　　　　③ A_8

④ A_{12}　　　⑤ A_{16}

0748 ✅중요

자연수 n의 양의 약수의 집합을 A_n이라 할 때, 다음 중 집합 $A_{16} \cap A_{24} \cap A_{32}$에 속하는 원소인 것은?

① 3　　　　　② 4　　　　　③ 5

④ 6　　　　　⑤ 7

0749 교육청 기출

자연수 n에 대하여

$A_n = \{x \mid x$는 n 이하의 소수$\}$,

$B_n = \{x \mid x$는 n의 양의 약수$\}$

일 때, 옳은 것만을 보기에서 있는 대로 고른 것은?

> ┤보기├
> ㄱ. $A_3 \cap B_4 = \{2\}$
> ㄴ. 모든 자연수 n에 대하여 $A_n \subset A_{n+1}$이다.
> ㄷ. 두 자연수 m, n에 대하여 $B_m \subset B_n$이면 m은 n의 배수이다.

① ㄱ　　　　　② ㄱ, ㄴ　　　　　③ ㄱ, ㄷ

④ ㄴ, ㄷ　　　　　⑤ ㄱ, ㄴ, ㄷ

0750

두 집합 A_m, B_n을

$A_m = \{x \mid x$는 m의 양의 배수, m은 자연수$\}$,

$B_n = \{x \mid x$는 n의 양의 약수, n은 자연수$\}$

라 하자. $A_p \subset (A_4 \cap A_{10})$을 만족시키는 자연수 p의 최솟값과 $B_q \subset (B_{12} \cap B_{16})$을 만족시키는 자연수 q의 최댓값의 합을 구하시오.

유형 14　**방정식 또는 부등식의 해의 집합의 연산**

> 이차방정식 $ax^2 + bx + c = 0$ $(a > 0)$의 서로 다른 두 실근을 α, β $(\alpha < \beta)$라 하면
> (1) $\{x \mid ax^2 + bx + c = 0\} = \{\alpha, \beta\}$
> (2) $\{x \mid ax^2 + bx + c < 0\} = \{x \mid \alpha < x < \beta\}$
> (3) $\{x \mid ax^2 + bx + c > 0\} = \{x \mid x < \alpha$ 또는 $x > \beta\}$
> Tip 부등식으로 주어진 두 집합의 연산은 각각의 부등식의 해를 구하여 수직선 위에 나타낸다.
> ➡ ∩는 공통 범위를, ∪는 합친 범위를 구한다.

🎯 개념ON 248쪽　　🎯 유형ON 2권 081쪽

0751 대표문제

두 집합 $A = \{x \mid x^2 - 2x - 3 \leq 0\}$, $B = \{x \mid x^2 + ax + b \leq 0\}$에 대하여 $A \cap B = \{x \mid 1 \leq x \leq 3\}$, $A \cup B = \{x \mid -1 \leq x \leq 6\}$일 때, $b - a$의 값을 구하시오. (단, a, b는 상수이다.)

0752 ✅중요 🖊서술형

두 집합 $A = \{x \mid x^2 - 5x + 6 = 0\}$, $B = \{x \mid x^2 + ax - 18 = 0\}$에 대하여 $A - B = \{2\}$일 때, 집합 $A \cup B$를 구하시오.
(단, a는 상수이다.)

0753 교육청 기출

실수 전체의 집합 R의 두 부분집합

$A = \{x \mid x^2 - x - 6 > 0\}$, $B = \{x \mid x^2 + ax + b \leq 0\}$

가 다음 조건을 모두 만족시킬 때, 두 상수 a, b에 대하여 $a - b$의 값을 구하시오.

> ㈎ $A \cup B = R$
> ㈏ $A \cap B = \{x \mid -5 \leq x < -2\}$

0754

두 집합 $A = \{x \mid x^2 - 4x - 12 < 0\}$, $B = \{x \mid x^2 + (2 - 3a)x - 6a < 0\}$에 대하여 $A \cap B = B$일 때, 실수 a의 최댓값을 구하시오. (단, $B \neq \varnothing$)

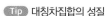

유형 15 대칭차집합

대칭차집합의 여러 가지 표현

$(A-B)\cup(B-A)$
$=(A\cap B^C)\cup(A^C\cap B)$
$=(A\cup B)-(A\cap B)$
$=(A\cup B)\cap(A\cap B)^C$
$=(A\cup B)\cap(A^C\cup B^C)$

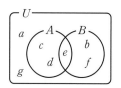

Tip 대칭차집합의 성질

전체집합 U의 두 부분집합 A, B에 대하여 연산 $*$를
$A*B=(A-B)\cup(B-A)$라 할 때

① 교환법칙: $A*B=B*A$
② 결합법칙: $(A*B)*C=A*(B*C)$
③ $A*\varnothing=\varnothing*A=A$
④ $A*A=\varnothing$
⑤ $\underbrace{A*A*A*\cdots*A}_{n개}=\begin{cases}\varnothing & (n\text{이 짝수}) \\ A & (n\text{이 홀수})\end{cases}$
⑥ $A*A^C=U$
⑦ $A*U=A^C$
⑧ $A*B=\varnothing$이면 $A=B$
⑨ $A\subset B$이면 $A*B=A^C\cap B$
⑩ $(A*B)*A=B$

🔆 **개념ON** 266쪽　🔆 **유형ON 2권** 081쪽

0755 대표문제

전체집합 $U=\{x\,|\,1\le x\le 12$인 자연수$\}$의 두 부분집합 A, B에 대하여 $A=\{3, 6, 9, 12\}$이고
$(A\cup B)\cap(A\cap B)^C=\{1, 2, 3, 6, 12\}$일 때, 집합 B의 모든 원소의 합은?

① 6 　　② 8 　　③ 10
④ 12 　　⑤ 14

0756

전체집합 U의 두 부분집합 A, B에 대하여 오른쪽 벤다이어그램에서 집합 $\{(A-B)\cup(B-A)\}^C$은?

① $\{a, e, g\}$　　② $\{b, e, f\}$
③ $\{c, d, e\}$　　④ $\{a, b, f, g\}$
⑤ $\{a, c, d, g\}$

0757 ✅중요

두 집합 A, B에 대하여 $B=\{1, 2, 3, 4, 8, 10\}$이고
$(A\cup B)-(A\cap B)=\{1, 3, 7, 8\}$일 때, 집합 A를 구하시오.

0758

전체집합 $U=\{x\,|\,x$는 9 이하의 자연수$\}$의 두 부분집합 A, B에 대하여 $A=\{x\,|\,x$는 8의 약수$\}$이고
$(A-B)\cup(B-A)=\{1, 6, 7, 8\}$일 때, 집합 $(A\cup B)^C$의 모든 원소의 합은?

① 15 　　② 17 　　③ 19
④ 21 　　⑤ 23

0759

전체집합 $U=\{x\,|\,1\le x\le 7, x$는 자연수$\}$의 두 부분집합 A, B에 대하여 $A^C\cap B^C=\{1, 2\}$, $A\cap B=\{3, 6\}$일 때, 집합 $(A-B)\cup(B-A)$의 모든 원소의 곱을 구하시오.

0760

전체집합 U의 두 부분집합 $A=\{1, 5, a-8\}$, $B=\{a^2-7a+4, a+3\}$에 대하여
$(A\cap B^C)\cup(A^C\cap B)=\{1, 5, b\}$일 때, $a+b$의 값은?
(단, a, b는 상수이다.)

① 13 　　② 14 　　③ 15
④ 16 　　⑤ 17

136 Ⅱ. 집합과 명제

0761

전체집합 U의 두 부분집합 A, B에 대하여 연산 $*$를 $A*B=(A-B)\cup(B-A)$라 할 때, 보기에서 옳은 것만을 있는 대로 고른 것은?

> **보기**
> ㄱ. $A*A=U$ 　　　　　 ㄴ. $A*B=B*A$
> ㄷ. $B*U=B^C$ 　　　　 ㄹ. $A^C*B^C=A*B$

① ㄱ, ㄹ 　　　 ② ㄴ, ㄷ 　　　 ③ ㄷ, ㄹ
④ ㄱ, ㄴ, ㄷ 　　 ⑤ ㄴ, ㄷ, ㄹ

0764 ✅중요

전체집합 U의 두 부분집합 A, B에 대하여 연산 ☆를 $A☆B=(A-B)^C\cap(B-A)^C$이라 할 때, 보기에서 옳은 것만을 있는 대로 고르시오.

> **보기**
> ㄱ. $A☆A=U$
> ㄴ. $(A☆B)☆A=B$
> ㄷ. $A☆B=A$이면 $A\subset B$이다.

유형 16 새로운 집합의 연산

새로운 집합의 연산이 주어진 경우
➡ 집합의 연산 법칙을 이용하여 간단히 정리하거나 벤다이어그램을 이용하여 문제를 해결한다.

🔊개념ON 266쪽 　🔊유형ON 2권 082쪽

0762 대표문제

전체집합 U의 두 부분집합 A, B에 대하여 연산 △를 $A△B=(A\cup B)^C\cup(A\cap B)$라 할 때, 다음 중 항상 성립한다고 할 수 <u>없는</u> 것은? (단, $U\neq\varnothing$)

① $A△B=B△A$ 　　　 ② $A△U=U$
③ $A△\varnothing=A^C$ 　　　　 ④ $A△A^C=\varnothing$
⑤ $A△B=A^C△B^C$

유형 17 유한집합의 원소의 개수 (1)

전체집합 U의 세 부분집합 A, B, C에 대하여
(1) $n(A\cup B)=n(A)+n(B)-n(A\cap B)$
　$n(A\cap B)=n(A)+n(B)-n(A\cup B)$
　Tip $A\cap B=\varnothing$일 때, $n(A\cup B)=n(A)+n(B)$
(2) $n(A\cup B\cup C)=n(A)+n(B)+n(C)$
　　　　　　$-n(A\cap B)-n(B\cap C)-n(C\cap A)$
　　　　　　$+n(A\cap B\cap C)$
(3) $n(A^C)=n(U)-n(A)$
(4) $n(A^C\cap B^C)=n((A\cup B)^C)=n(U)-n(A\cup B)$
(5) $n(A-B)=n(A\cap B^C)$
　　　　　$=n(A)-n(A\cap B)=n(A\cup B)-n(B)$

확인 문제

전체집합 U의 두 부분집합 A, B에 대하여 $n(U)=30$, $n(A)=15$, $n(B)=7$, $n(A\cap B)=3$일 때, 다음을 구하시오.

(1) $n(A\cup B)$ 　　　　 (2) $n(B^C)$
(3) $n(A-B)$ 　　　　　 (4) $n(B\cap A^C)$

🔊개념ON 272쪽 　🔊유형ON 2권 082쪽

0763 ✏서술형

전체집합 U의 두 부분집합 A, B에 대하여 연산 ◆를 $A◆B=(A\cup B)\cap A^C$이라 할 때, 전체집합 U의 세 부분집합 $A=\{1, 2, 3, 4, 5\}$, $B=\{2, 4, 6, 8, 10\}$, $C=\{5, 7, 8\}$에 대하여 집합 $(A◆B)◆C$의 모든 원소의 합을 구하시오.

0765 대표문제

전체집합 U의 두 부분집합 A, B에 대하여 $n(U)=35$, $n(A)=16$, $n(B)=17$, $n(A\cap B)=10$일 때, $n(A^C\cap B^C)$의 값은?

① 11 　　　　 ② 12 　　　　 ③ 13
④ 14 　　　　 ⑤ 15

0766

전체집합 U의 두 부분집합 A, B에 대하여
$A \cap B^c = A$, $n(A) = 9$, $n(B) = 14$일 때, $n(A \cup B)$의 값을 구하시오.

0767 ✓중요 [교육청 기출]

전체집합 U의 두 부분집합 A, B에 대하여
$n(U) = 50$, $n(A \cap B) = 12$, $n(A^c \cap B^c) = 5$일 때,
$n((A-B) \cup (B-A))$의 값은?

① 30   ② 31   ③ 32

④ 33   ⑤ 34

0768 ✓서술형

전체집합 U의 두 부분집합 A, B에 대하여
$n(U) = 50$, $n(A^c \cup B^c) = 36$, $n(B^c) = 20$일 때,
$n(B-A)$의 값을 구하시오.

0769

세 집합 A, B, C에 대하여 A와 B가 서로소이고 $n(A) = 9$,
$n(B) = 7$, $n(C) = 11$, $n(A \cup C) = 15$, $n(B \cup C) = 16$일
때, $n(A \cup B \cup C)$의 값은?

① 17   ② 18   ③ 19

④ 20   ⑤ 21

유형 18   유한집합의 원소의 개수 (2)

집합의 원소의 개수는 다음과 같은 순서로 구한다.
❶ 주어진 조건을 전체집합 U와 그 부분집합 A, B로 나타낸다.
❷ 주어진 조건을 만족시키는 집합의 원소의 개수를 구한다.

> Tip
> • '이거나', '또는', '적어도 ~인' ➡ $A \cup B$
> • '이고', '와', '모두', '둘 다' ➡ $A \cap B$
> • '만', '뿐' ➡ $A-B$ (또는 $B-A$)
> • '둘 중 하나만 ~하는' ➡ $(A-B) \cup (B-A)$
> • '둘 다 ~하지 않는' ➡ $A^c \cap B^c = (A \cup B)^c$

🔘 개념ON 272쪽   🔘 유형ON 2권 083쪽

0770 대표문제

학생 50명에게 영어, 수학 과제를 내주었더니 영어 과제를 한 학생은 35명, 수학 과제를 한 학생은 23명이고, 영어와 수학 과제를 모두 한 학생은 16명이었다. 영어, 수학 과제 중 어느 것도 하지 않은 학생 수를 구하시오.

0771 ✓중요 ✓서술형

어느 음식점에서 고객 80명을 대상으로 두 메뉴 A, B에 대한 선호도를 조사하였더니 메뉴 A를 선호하는 고객은 47명, 메뉴 B를 선호하는 고객은 59명, 메뉴 A와 메뉴 B 중 어느 것도 선호하지 않는 고객이 5명이었다. 이때 메뉴 A와 메뉴 B를 모두 선호하는 고객 수를 구하시오.

0772

어느 학교 동아리 발표회 포스터를 선정하기 위하여 세 가지 포스터 A, B, C에 대한 선호도를 조사하였더니 적어도 한 가지 포스터를 택한 학생이 48명이었다. A 포스터와 B 포스터를 택한 학생이 각각 24명, 30명이고, A 포스터와 B 포스터를 모두 택한 학생이 11명일 때, C 포스터만 택한 학생 수를 구하시오.

0773 ☑️중요 [교육청] [기출] ◀▮▮

어느 회사의 전체 신입사원 200명 중에서 소방안전 교육을 받은 사원은 120명, 심폐소생술 교육을 받은 사원은 115명, 두 교육을 모두 받지 않은 사원은 17명이다. 이 회사 전체 신입사원 200명 중에서 심폐소생술 교육만 받은 사원의 수는?

① 60   ② 63   ③ 66

④ 69   ⑤ 72

0774 ◀▮▮

어느 반 학생 35명을 대상으로 두 영화 A, B를 관람한 학생 수를 조사하였더니 영화 A를 관람한 학생은 27명, 영화 A는 관람하였지만 영화 B는 관람하지 않은 학생은 18명, 두 영화 중 어느 것도 관람하지 않은 학생은 6명이었다. 영화 B를 관람한 학생 수는?

① 8   ② 9   ③ 10

④ 11   ⑤ 12

0775 ☑️중요 ◀▮▮▮

여행 동호회 회원 48명 중 울릉도에 가 본 회원은 13명, 안면도에 가 본 회원은 19명, 제주도에 가 본 회원은 32명이고, 세 곳 모두 가 본 회원은 6명이다. 울릉도, 안면도, 제주도 중 한 곳도 가보지 않은 회원은 없다고 할 때, 세 곳 중 두 곳만 가 본 회원 수를 구하시오.

유형 19 유한집합의 원소의 개수의 최댓값과 최솟값 (1)

전체집합 U의 두 부분집합 A, B에 대하여
(1) $n(A \cap B)$의 값이 최대인 경우
 ➡ $n(A \cup B)$의 값이 최소일 때
(2) $n(A \cap B)$의 값이 최소인 경우
 ➡ $n(A \cup B)$의 값이 최대일 때

⋔개념ON 274쪽 ⋔유형ON 2권 084쪽

0776 대표문제

전체집합 U의 두 부분집합 A, B에 대하여 $n(U)=30$, $n(A)=24$, $n(B)=18$일 때, $n(A \cap B)$의 최댓값 M과 최솟값 m에 대하여 $M-m$의 값은?

① 3   ② 4   ③ 5

④ 6   ⑤ 7

0777 ◀▮▮

전체집합 $U=\{x \mid x$는 8 이하의 자연수$\}$의 두 부분집합 A, B에 대하여 $A^C \cap B^C = \{3, 7\}$, $A^C \cup B^C = \{1, 3, 6, 7, 8\}$ 일 때, $n(A)$의 최댓값과 최솟값의 합을 구하시오.

0778 ☑️중요 ✏️서술형 ◀▮▮

두 집합 A, B에 대하여 $n(A)=7$, $n(B)=12$, $n(A \cap B) \geq 4$일 때, $n(A \cup B)$의 최댓값과 최솟값의 합을 구하시오.

📖 정답과 풀이 132쪽

0779

전체집합 U의 두 부분집합 A, B에 대하여
$n(U)=22$, $n(A)=16$, $n(B)=14$일 때, $n(A-B)$의 최댓값을 구하시오.

0780

다음 조건을 만족시키는 전체집합 U의 두 부분집합 A, B에 대하여 $n(A\cup B)$의 최댓값을 M, 최솟값을 m이라 할 때, $M+m$의 값을 구하시오.

> (가) $n(A)=7$, $n(B)=10$
> (나) $A\cap B\neq\varnothing$
> (다) $A-(A\cap B^C)\neq A$

유형 20 유한집합의 원소의 개수의 최댓값과 최솟값 (2)

전체집합 U의 두 부분집합 A, B에 대하여
$n(B)<n(A)$이고, $n(U)\leq n(A)+n(B)$일 때
(1) $n(A\cap B)$의 값이 최대가 되는 경우
 ➡ $n(A\cup B)$의 값이 최소가 될 때, 즉 $B\subset A$
(2) $n(A\cap B)$의 값이 최소가 되는 경우
 ➡ $n(A\cup B)$의 값이 최대가 될 때, 즉 $A\cup B=U$

🎧 개념ON 274쪽 🎧 유형ON 2권 084쪽

0781 대표문제

어느 산악회 회원 65명 중에서 지리산을 등반해 본 회원이 59명, 한라산을 등반해 본 회원이 38명이었다. 지리산과 한라산을 모두 등반해 본 회원 수의 최댓값 M과 최솟값 m에 대하여 $M-m$의 값은?

① 4　　　　② 5　　　　③ 6
④ 7　　　　⑤ 8

0782 중요

40명의 학생을 대상으로 영어와 국어 온라인 강의를 수강하는 학생 수를 조사하였더니 영어와 국어 온라인 강의를 수강하는 학생이 각각 31명, 24명이었다. 국어만 수강하는 학생 수의 최댓값은?

① 8　　　　② 9　　　　③ 10
④ 11　　　　⑤ 12

0783 서술형

어느 마을의 200가구 중 강아지를 키우는 가구가 97가구, 고양이를 키우는 가구가 59가구이었다. 강아지와 고양이 중 어느 것도 키우지 않는 가구 수의 최댓값 M과 최솟값 m에 대하여 $M+m$의 값을 구하시오.

0784 교육청 기출

어느 학급 학생 36명을 대상으로 지난 토요일과 일요일에 축구 경기를 시청한 학생 수를 조사하였다. 그 결과 토요일에 축구 경기를 시청한 학생은 25명, 일요일에 축구 경기를 시청한 학생은 17명이었다. 토요일과 일요일 모두 축구 경기를 시청한 학생 수의 최댓값을 M, 최솟값을 m이라 할 때, $M+m$의 값은?

① 15　　　　② 17　　　　③ 19
④ 21　　　　⑤ 23

내신 잡는 종합 문제

0785

두 집합 A, B에 대하여 $A=\{1, 2, 6, 7\}$, $A\cap B=\{1, 6\}$, $A\cup B=\{1, 2, 3, 6, 7, 8\}$일 때, 집합 B는?

① $\{1, 6\}$　　② $\{6, 8\}$　　③ $\{1, 3, 6\}$

④ $\{1, 3, 8\}$　　⑤ $\{1, 3, 6, 8\}$

0786

집합 $A=\{x\,|\,x$는 한 자리의 소수$\}$의 부분집합 중 집합 $B=\{x\,|\,|x-4|=1\}$과 서로소인 집합의 개수는?

① 4　　② 8　　③ 16

④ 32　　⑤ 64

0787

전체집합 U의 두 부분집합 A, B에 대하여 오른쪽 벤다이어그램에서 집합 $(B\cap A^C)\cap (A-B)^C$을 구하시오.

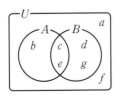

0788

전체집합 U의 두 부분집합 A, B에 대하여 연산 ◉를 $A\circledcirc B=(A-B)\cup (B-A)$라 할 때, 보기에서 옳은 것만을 있는 대로 고른 것은?

> **보기**
>
> ㄱ. $A\circledcirc A=A$
> ㄴ. $A\circledcirc A^C=\varnothing$
> ㄷ. $A\circledcirc (A-B)=A\cap B$

① ㄱ　　② ㄴ　　③ ㄷ

④ ㄱ, ㄴ　　⑤ ㄴ, ㄷ

0789

전체집합 U의 두 부분집합 $A=\{1, 4, a+7\}$, $B=\{a-1, -a+5, a^3+1, 7\}$에 대하여 $A\cap B=\{1, 9\}$일 때, 집합 $(A\cap B^C)\cup (B\cap A^C)$의 모든 원소의 합은?

① 11　　② 12　　③ 13

④ 14　　⑤ 15

0790

전체집합 U의 공집합이 아닌 두 부분집합 A, B에 대하여 $B-A=B$일 때, 보기에서 옳은 것만을 있는 대로 고른 것은?

> **보기**
>
> ㄱ. $A-B=A$　　　　　ㄴ. $B\subset A^C$
> ㄷ. $A^C\subset B^C$　　　　ㄹ. $A\cup B^C=A$

① ㄱ　　② ㄴ　　③ ㄱ, ㄴ

④ ㄱ, ㄴ, ㄹ　　⑤ ㄴ, ㄷ, ㄹ

0791

전체집합 U의 공집합이 아닌 서로 다른 두 부분집합 A, B가
$\{(A \cap B) \cup (A-B)\} \cap B = B$를 만족시킬 때, 보기에서
옳은 것만을 있는 대로 고른 것은?

> 보기
>
> ㄱ. $B \subset A$
> ㄴ. $A - B = \varnothing$
> ㄷ. $A \cup B^C = U$

① ㄱ   ② ㄴ   ③ ㄱ, ㄷ

④ ㄴ, ㄷ   ⑤ ㄱ, ㄴ, ㄷ

0792

세 집합 A, B, C에 대하여
$A = \{1, 2, 3, 4, 5\}$, $A-B = \{2, 4, 5\}$, $A-C = \{2, 3, 4\}$
일 때, 다음 중 집합 $C-B$의 원소인 것은?

① 1   ② 2   ③ 3

④ 4   ⑤ 5

0793

자연수 k의 양의 배수를 원소로 하는 집합을 A_k라 할 때,
$A_m \subset (A_{12} \cap A_{18})$, $(A_{20} \cup A_{30}) \subset A_n$을 만족시키는 두 자연
수 m, n에 대하여 m의 최솟값과 n의 최댓값의 합은?

① 30   ② 34   ③ 38

④ 42   ⑤ 46

0794

전체집합 $U = \{x \mid x$는 10 이하의 자연수$\}$의 부분집합
$A = \{x \mid x$는 10의 약수$\}$에 대하여 $(X-A) \subset (A-X)$를
만족시키는 U의 모든 부분집합 X의 개수를 구하시오.

0795

전체집합 U의 두 부분집합 A, B에 대하여
$$n(U) = 28, \ n(A^C \cap B^C) = 7, \ n(A \cap B^C) = 18$$
일 때, $n(B)$의 값은?

① 2   ② 3   ③ 4

④ 5   ⑤ 6

0796

다음 중 오른쪽 벤다이어그램의 색칠한
부분을 나타내는 집합과 항상 같은 집합
은?

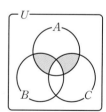

① $A \cap (B \cap C^C)^C$

② $A \cap (B \cup C) - (B \cap C)$

③ $A \cap (B \cap C)^C - (B \cup C^C)$

④ $A \cup (B \cap C)^C - (B \cap C)$

⑤ $A \cup (B \cap C) - (B \cup C)^C$

0797

전체집합 U의 두 부분집합 A, B에 대하여 연산 $\triangle$를 $A \triangle B = (A \cup B) \cap (A^C \cup B)$라 할 때, $(A \triangle B) \triangle C$와 항상 같은 집합은?

① A ② B ③ C

④ $A \cup C$ ⑤ $A \cap B \cap C$

0798

전체집합 $U = \{x \mid x$는 자연수$\}$의 두 부분집합

$\quad A = \{3x \mid x$는 6보다 작은 자연수$\}$,

$\quad B = \{x \mid x$는 10보다 작은 홀수$\}$

에 대하여 집합 $(A - B)^C \cap A$의 모든 원소의 합을 구하시오.

0799

자연수 n의 배수의 집합을 A_n이라 할 때, $A_k \cap A_2 = A_{2k}$, $A_k - A_7 = \varnothing$ 을 만족시키는 100 이하의 자연수 k의 개수를 구하시오.

0800

전체집합 $U = \{1, 2, 3, 4, 5, 6, 7, 8, 9\}$의 두 부분집합 $A = \{4, 7, 9\}$, $B = \{2, 5, 6, 8\}$에 대하여 $X \cup A = X - B$를 만족시키는 집합 U의 부분집합 X의 개수를 구하시오.

0801

두 집합 A, B에 대하여 $n(A) = 18$, $n(B) = 22$, $n((A - B) \cup (B - A)) = 26$일 때, $n(A \cup B)$의 값은?

① 31   ② 32   ③ 33

④ 34   ⑤ 35

0802

전체집합 U의 세 부분집합 A, B, C에 대하여 $B \subset C$이고, $n(U) = 45$, $n(A) = 12$, $n(C) = 19$, $n(A \cap C) = 7$일 때, $n(A^C \cap B^C \cap C^C)$의 값을 구하시오.

0803

어느 반 학생 37명을 대상으로 교내 수학경시대회와 과학경시대회에 참가하는 학생을 조사하였다. 수학경시대회에는 참가하지만 과학경시대회에는 참가하지 않는 학생은 9명이고, 어느 쪽에도 참가하지 않는 학생은 13명일 때, 이 반에서 과학경시대회에 참가하는 학생은 모두 몇 명인가?

① 15명　　　　② 16명　　　　③ 17명
④ 18명　　　　⑤ 19명

0804

어느 학교 105명의 학생을 대상으로 두 동아리 A, B의 가입 여부를 조사하였더니 동아리 A에 가입한 학생은 43명, 동아리 B에 가입한 학생은 58명이었다. 이때 동아리 A 또는 동아리 B에 가입한 학생 수의 최댓값을 M, 최솟값을 m이라 할 때, $M+m$의 값은?

① 156　　　　② 157　　　　③ 158
④ 159　　　　⑤ 160

0805

전체집합 $U=\{1, 2, 3, \cdots, 10\}$의 두 부분집합 A, B에 대하여 $A-B=\{x|x$는 짝수$\}$,
$(A \cup B) \cap A^C=\{x|x$는 홀수인 소수$\}$이다. 집합 A의 원소의 개수가 최대일 때의 집합 B의 모든 원소의 합을 m, 집합 A의 원소의 개수가 최소일 때의 집합 B의 모든 원소의 합을 n이라 할 때, $m-n$의 값을 구하시오.

✎ 서술형 대비하기

0806

자연수 k에 대하여 두 집합 $A=\{x|x^2 \geq k^2\}$, $B=\{x||x-2|<3\}$가 서로소가 되도록 하는 자연수 k의 최솟값을 구하시오.

0807

전체집합 $U=\{x|x$는 15 이하의 자연수$\}$의 두 부분집합 A, B에 대하여 연산 △를 $A \triangle B=(A \cup B) \cap (A \cap B)^C$이라 하자. $n(A)=5$, $n(B)=9$일 때, 집합 $(A \triangle B) \triangle A^C$의 원소의 개수를 구하시오.

0808

전체집합 $U=\{1, 2, 3, 4, 5, 6, 7\}$의 두 부분집합 A, B에 대하여 다음 조건을 모두 만족시키는 집합 B의 모든 원소의 합을 구하시오.

> (개) $A^C \cup B^C=\{2, 4, 5, 6, 7\}$
> (내) $\{B \cap (A \cap B)^C\} \cap (A-B)^C=\{2, 7\}$

0809

정수를 원소로 하는 두 집합 $A=\{a,\ b,\ c,\ d\}$,
$B=\{a+k,\ b+k,\ c+k,\ d+k\}$에 대하여
$A\cap B=\{2,\ 7\}$이고 집합 A의 모든 원소의 합이 10, 집합
$A\cup B$의 모든 원소의 합이 27일 때, 상수 k의 값은?

① 4   ② 5   ③ 6
④ 7   ⑤ 8

0810

전체집합 U의 두 부분집합 $A=\{1,\ 5\}$,
$B=\{x\,|\,5x-2=kx+3\}$에 대하여 $A^C\cap B=\varnothing$을 만족시키는 모든 실수 k의 값의 합은?

① 4   ② 6   ③ 7
④ 8   ⑤ 9

0811

전체집합 U의 두 부분집합 $A=\{1,\ 3,\ a-1\}$,
$B=\{a^2-4a-7,\ a+2\}$에 대하여
$(A\cup B)\cap(A^C\cup B^C)=\{1,\ 3,\ b\}$일 때, $a+b$의 값은?
(단, a, b는 상수이다.)

① 13   ② 14   ③ 15
④ 16   ⑤ 17

0812

34명인 어느 반의 모든 학생은 음악, 미술, 체육 동아리 중 적어도 한 동아리에 가입하였다. 음악, 미술, 체육 동아리에 가입한 학생이 각각 21명, 17명, 20명이고 세 동아리에 모두 가입한 학생이 5명일 때, 하나의 동아리에만 가입한 학생 수는?

① 13   ② 14   ③ 15
④ 16   ⑤ 17

0813 교육청 기출

어느 학급 전체 학생 30명 중 지역 A를 방문한 학생이 17명, 지역 B를 방문한 학생이 15명이라 하자. 이 학급 학생 중에서 지역 A와 지역 B 중 어느 한 지역만 방문한 학생 수의 최댓값을 M, 최솟값을 m이라 할 때, Mm의 값을 구하시오.

0814

전체집합 $U = \{2,\ 4,\ 6,\ 8,\ 10,\ 12\}$의 세 부분집합 A, B, C에 대하여 $n(B) = 3$, $n(B-A) = 1$, $n(B-C) = 1$이다. 오른쪽 벤다이어그램의 색칠한 부분에 속하는 원소의 합의 최댓값을 M, 최솟값을 m이라 할 때, $M-m$의 값은?

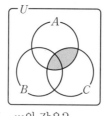

① 36　　　　② 38　　　　③ 40
④ 42　　　　⑤ 44

0815

전체집합 $U = \{x \,|\, x$는 자연수$\}$의 서로 다른 두 부분집합 A, B가 $(A \cup B) - \{(A \cap B^C) \cup (B \cap A^C)\} = \{2,\ 5,\ 8\}$을 만족시키고 집합 B의 모든 원소의 곱이 20000의 약수일 때, 집합 B의 모든 원소의 합의 최댓값은?

① 250　　　　② 251　　　　③ 265
④ 266　　　　⑤ 271

0816 교육청 기출

다항식 $f(x) = (x^2 - 7x + 11)(x^2 + 3x + 3)$에 대하여 두 집합 A, B를 $A = \{f(n) \,|\, n$은 20 이하의 자연수$\}$, $B = \{m \,|\, m$은 100 이하의 소수$\}$라 할 때, $n(A \cap B)$의 값은?

① 1　　　　② 2　　　　③ 3
④ 4　　　　⑤ 5

0817

집합 X의 모든 원소의 합을 $S(X)$라 하자. 전체집합
$U=\{1,\ 2,\ 3,\ 4,\ 5,\ 6,\ 7,\ 8\}$의 두 부분집합 A, B가 다음 조건을 모두 만족시키고 $S(A\cup B)$가 최댓값을 가질 때, $S(A\cap B)$의 값을 구하시오.

> (가) $n(A\cup B)=7$
> (나) $n(A\cap B)=2$
> (다) $S(A)>S(B)$
> (라) 집합 A의 모든 원소의 곱은 집합 B의 모든 원소의 곱과 같다.

0818

전체집합 $U=\{1,\ 2,\ 3,\ 4,\ 5,\ 6,\ 7,\ 8,\ 9,\ 10\}$의 두 부분집합 A, B가 다음 조건을 모두 만족시킨다. 집합 $B-A$의 모든 원소의 합의 최댓값을 M, 최솟값을 m이라 할 때, $M+m$의 값은?

> (가) $n(A\cup B)=7$
> (나) $n(A-B)=3$
> (다) $a\in A$이면 $\dfrac{a+1}{2}\in B$ 또는 $\dfrac{a+10}{2}\in B$이다.

① 11   ② 20   ③ 32
④ 43   ⑤ 44

0819 교육청 기출

전체집합 $U=\{x\,|\,x$는 5 이하의 자연수$\}$의 두 부분집합 $A=\{1,\ 2\}$, $B=\{2,\ 3,\ 4\}$에 대하여 $X\cap A\neq\varnothing$, $X\cap B\neq\varnothing$을 만족시키는 U의 부분집합 X의 개수를 구하시오.

0820 교육청 기출

전체집합 $U=\{x\,|\,x$는 10 이하의 자연수$\}$의 두 부분집합
$$A=\{1,\ 2,\ 3,\ 4,\ 5\},\ B=\{3,\ 4,\ 5,\ 6,\ 7\}$$
에 대하여 집합 U의 부분집합 X가 다음 조건을 만족시킬 때, 집합 X의 모든 원소의 합의 최솟값은?

> (가) $n(X)=6$
> (나) $A-X=B-X$
> (다) $(X-A)\cap(X-B)\neq\varnothing$

① 26   ② 27   ③ 28
④ 29   ⑤ 30

유형 01 명제

(1) **명제**: 참 또는 거짓을 명확하게 판별할 수 있는 문장이나 식
➡ 문장이나 식이 참이면 참인 명제, 거짓이면 거짓인 명제이다.

Tip 수아는 인간이다. ➡ 명제
수아는 똑똑하다. ➡ 명제가 아니다.

(2) **조건**: 변수의 값에 따라 참이 되기도 하고 거짓이 되기도 하는 문장이나 식

확인 문제

다음을 명제와 조건으로 구분하고, 명제인 경우에는 참, 거짓을 판별하시오.

(1) 10의 배수이면 5의 배수이다. (2) $x^2-3x-4=0$

(3) $\emptyset \not\subset \{\emptyset\}$ (4) $|x|+2>0$ (단, x는 실수)

🔵 개념ON 292쪽   🔵 유형ON 2권 088쪽

0821 대표문제

다음 중 명제인 것은?

① 민수는 키가 작다.
② 36의 양의 약수는 많다.
③ $4x-3<0$
④ $x=3$이면 $2x+5=10$이다.
⑤ 50의 약수의 개수는 적다.

0822

다음 중 거짓인 명제는?

① 고양이는 동물이다.
② x가 실수이면 부등식 $5-x \leq -x+7$이 성립한다.
③ $\sqrt{2}$는 무리수이다.
④ 한라산은 높은 산이다.
⑤ 방정식 $x^2+4=0$을 만족시키는 실수 x가 존재한다.

0823 중요

보기에서 명제인 것만을 있는 대로 고르시오.

보기
ㄱ. $x-2=x+3$ ㄴ. $4+7=8$
ㄷ. $2(x+1)=3$ ㄹ. $4x=x+3x$

0824

다음 중 명제가 아닌 것은?

① 모든 정삼각형은 서로 합동이다.
② 두 수 a, b가 짝수이면 $a+b$도 짝수이다.
③ 우리 반은 우리 학교에서 분위기가 제일 좋다.
④ $x=3$이면 $x-4=2x-7$이다.
⑤ 대응하는 세 내각의 크기가 같은 두 삼각형은 합동이다.

유형 02 명제와 조건의 부정

명제(또는 조건) p에 대하여 'p가 아니다.'라는 명제(또는 조건)를 p의 부정이라 하고, $\sim p$ (not p)로 나타낸다.
➡ 특히 명제 p가 참이면 $\sim p$는 거짓이고,
명제 p가 거짓이면 $\sim p$는 참이다.

Tip (1) $a \leq x \leq b$ ⟶부정⟶ $x<a$ 또는 $x>b$
(2) $x=a$ ⟶부정⟶ $x \neq a$
(3) 또는 ⟶부정⟶ 그리고

확인 문제

1. 다음 명제의 부정을 말하고, 그 참, 거짓을 판별하시오.
(1) $\sqrt{2}$는 유리수이다.
(2) $3+5=9$
(3) 6은 3의 배수도 아니고, 4의 배수도 아니다.

2. 실수 전체의 집합에서 다음 조건의 부정을 말하시오.
(1) $x=0$ 또는 $x=1$
(2) $-3 \leq x < 2$

🔵 개념ON 294쪽   🔵 유형ON 2권 088쪽

0825 대표문제

조건 '$a \geq 0$이고 $b<0$이다.'의 부정은?

① $a \leq 0$ 또는 $b>0$이다.   ② $a \leq 0$이고 $b \geq 0$이다.
③ $a<0$ 또는 $b>0$이다.   ④ $a<0$이고 $b \geq 0$이다.
⑤ $a<0$ 또는 $b \geq 0$이다.

0826 교육청 기출

실수 x에 대한 조건 'x는 1보다 크다.'의 부정은?

① $x<1$ ② $x \leq 1$ ③ $x=1$
④ $x \geq 1$ ⑤ $x>1$

0827

두 조건 p: $-1 < x \leq 5$, q: $-5 \leq x < 7$에 대하여 조건 'p 또는 $\sim q$'의 부정은?

① $-5 \leq x < 5$

② $x < -5$ 또는 $x \geq 7$

③ $x \leq -2$ 또는 $x > 5$

④ $-5 \leq x \leq -1$ 또는 $5 < x < 7$

⑤ $-5 < x \leq -1$ 또는 $5 < x \leq 7$

0828 ✓중요

다음 중 세 실수 a, b, c에 대하여 조건 '$abc \neq 0$'의 부정과 서로 같은 것은?

① a, b, c는 모두 0이다.

② a, b, c는 모두 0이 아니다.

③ a, b, c 중 적어도 하나는 0이다.

④ a, b, c 중 적어도 하나는 0이 아니다.

⑤ $abc < 0$ 또는 $abc > 0$이다.

0829

다음 명제 중 그 부정이 참인 것은?

① $2 < 10$

② 5는 소수이다.

③ 정사각형은 직사각형이다.

④ $3 - 5 = 2 - 4$

⑤ $5 \in \{2, 4, 6, 8\}$

0830

임의의 세 실수 x, y, z에 대하여 조건

'$(x-y)^2 + (y-z)^2 + (z-x)^2 = 0$'

의 부정과 서로 같은 것은?

① $x \neq y$이고 $y \neq z$이고 $z \neq x$

② x, y, z는 서로 다르다.

③ x, y, z 중 서로 다른 것이 적어도 하나 있다.

④ $(x-y)(y-z)(z-x) = 0$

⑤ $(x-y)(y-z)(z-x) \neq 0$

유형 03 진리집합

(1) **진리집합**: 전체집합 U의 원소 중에서 어떤 조건이 참이 되도록 하는 모든 원소의 집합을 그 조건의 진리집합이라 한다.

(2) 두 조건 p, q의 진리집합을 각각 P, Q라 할 때,

조건	진리집합
$\sim p$	P^C
p 또는 q	$P \cup Q$
p 그리고 q	$P \cap Q$

확인 문제

정수 전체의 집합에서 다음 조건의 진리집합을 구하시오.

(1) p: $x^2 - 1 = 0$

(2) q: x는 5의 양의 약수이다.

🎧 개념ON 296쪽   🎧 유형ON 2권 089쪽

0831 대표문제

전체집합 $U = \{1, 2, 3, 4\}$에 대하여 조건 p: $x^2 + 6 = 5x$의 진리집합은?

① $\varnothing$ ② $\{1, 2\}$ ③ $\{2, 3\}$

④ $\{2, 3, 4\}$ ⑤ U

0832

전체집합 $U = \{x \mid x$는 30 이하의 자연수$\}$에 대하여 조건 p가

p: x는 3의 배수이면서 24의 약수이다.

일 때, 조건 p의 진리집합을 구하시오.

0833 ✒서술형

전체집합 $U = \{1, 2, 3, 4, 5, 6, 7, 8\}$에 대하여 조건 p가

p: x는 짝수 또는 6의 약수이다.

일 때, 조건 $\sim p$의 진리집합의 모든 원소의 합을 구하시오.

0834 ✅중요

실수 전체의 집합에서 두 조건 p: $x \geq 1$, q: $x < -4$의 진리집합을 각각 P, Q라 할 때, 다음 중 조건 '$-4 \leq x < 1$'의 진리집합은?

① $P \cup Q^C$ ② $P^C \cap Q$ ③ $P^C \cup Q$

④ $(P \cup Q)^C$ ⑤ $(P \cap Q)^C$

0835

전체집합 $U = \{-3, -1, 0, 1, 3, 5\}$에 대하여 두 조건 p, q가

$$p: |x-1| < 3, \quad q: x^2 - 2x - 3 \geq 0$$

일 때, 조건 'p이고 q'의 진리집합을 구하시오.

0836

전체집합 $U = \{x \mid -2 \leq x \leq 2, x$는 정수$\}$에 대하여 두 조건 p, q가 p: $x^2 - 2x = 0$, q: $x^2 = 4$일 때, 조건 '$\sim p$ 또는 q'의 진리집합의 모든 원소의 곱을 구하시오.

0837

자연수 전체의 집합에서 두 조건 p, q가

$$p: 2 \leq x \leq 5, \quad q: x^2 - 3x + 2 = 0$$

일 때, 조건 '$\sim p$ 또는 q'의 부정의 진리집합의 모든 원소의 합을 구하시오.

유형 04 명제의 참, 거짓의 판별

두 조건 p, q의 진리집합을 각각 P, Q라 할 때,
명제 $p \longrightarrow q$ (p이면 q이다.)에서
(1) $P \subset Q$이면 명제 $p \longrightarrow q$는 참이다.
(2) $P \not\subset Q$이면 명제 $p \longrightarrow q$는 거짓이다.

Tip 조건 p는 만족시키지만 조건 q는 만족시키지 않는 예, 즉 반례를 하나라도 찾을 수 있으면 명제 $p \longrightarrow q$는 거짓이다.

🔌 개념ON 298쪽   🔌 유형ON 2권 089쪽

0838 대표문제

다음 명제 중 참인 것은?

① $3x - 1 = 5$이면 $x^2 - x - 12 = 0$이다.
② 자연수 n이 소수이면 n^2은 홀수이다.
③ x, y가 무리수이면 xy도 무리수이다.
④ x가 10의 양의 약수이면 x는 20의 양의 약수이다.
⑤ 직사각형이면 마름모이다.

0839

다음 명제 중 거짓인 것은?

① 실수 x, y에 대하여 $x^2 = y^2$이면 $x = y$이다.
② 정삼각형이면 이등변삼각형이다.
③ a, b가 유리수이면 ab도 유리수이다.
④ 실수 x에 대하여 $x^3 = 1$이면 $x = 1$이다.
⑤ 실수 x, y에 대하여 $|x| = |y|$이면 $x^2 = y^2$이다.

0840 ✅중요

세 실수 x, y, z에 대하여 보기에서 참인 명제인 것만을 있는 대로 고른 것은?

보기

ㄱ. $x < y < z$이면 $x < yz$이다.
ㄴ. $|x| + |y| + |z| = 0$이면 $x = y = z$이다.
ㄷ. $x^2 + y^2 + z^2 > 0$이면 $x \neq 0$, $y \neq 0$, $z \neq 0$이다.

① ㄱ   ② ㄴ   ③ ㄷ

④ ㄱ, ㄴ   ⑤ ㄴ, ㄷ

유형 05 거짓인 명제의 반례

두 조건 p, q의 진리집합을 각각 P, Q라 할 때, 명제 $p \longrightarrow q$가 거짓이 되도록 하는 반례 x는 $x \in P$이지만 $x \notin Q$인 원소이다.

➡ 반례로 가능한 것을 찾을 때는 집합 $P-Q$에 속하는 원소를 찾는다.

Tip $P-Q = P \cap Q^C$

📖 개념ON 298쪽   📖 유형ON 2권 090쪽

0841 대표문제

n이 10 이하의 자연수일 때, 다음 중 명제

'n이 짝수이면 n은 40의 약수이다.'

가 거짓임을 보이는 반례인 것은?

① 2   ② 4   ③ 6

④ 8   ⑤ 10

0842 중요

전체집합 U에 대하여 두 조건 p, q의 진리집합을 각각 P, Q라 하자. 두 집합 P, Q가 그림과 같을 때, 명제 '$\sim p$이면 $\sim q$이다.'가 거짓임을 보이는 원소는?

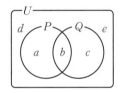

① a ② b ③ c

④ d ⑤ e

0843

전체집합 U에 대하여 두 조건 p, q의 진리집합을 각각 P, Q라 할 때, 다음 중 명제 '$\sim p$이면 q이다.'가 거짓임을 보이는 원소가 속하는 집합은?

① $P \cap Q$ ② $P^C \cap Q$ ③ $P \cap Q^C$

④ $(P \cup Q)^C$ ⑤ $P \cup Q$

0844

전체집합 $U = \{x \,|\, x$는 25 이하의 자연수$\}$에 대하여 두 조건 p, q가

  p: x는 5의 배수이다., q: x는 짝수이다.

일 때, 명제 $p \longrightarrow \sim q$가 거짓임을 보이는 반례가 될 수 있는 모든 원소의 합을 구하시오.

0845 서술형

두 조건 'p: $x < 3$ 또는 $x \geq 5$', 'q: $k < x < 7$'에 대하여 명제 $\sim p \longrightarrow q$가 거짓임을 보이는 반례 중 정수는 3뿐일 때, 실수 k의 값의 범위를 구하시오. (단, $k < 7$)

유형 06 명제의 참, 거짓과 진리집합

두 조건 p, q의 진리집합을 각각 P, Q라 할 때,

(1) 명제 $p \longrightarrow q$가 참이면 $P \subset Q$이다.

(2) 명제 $p \longrightarrow q$가 거짓이면 $P \not\subset Q$이다.

📖 개념ON 298쪽   📖 유형ON 2권 090쪽

0846 대표문제

전체집합 U에 대하여 두 조건 p, q의 진리집합을 각각 P, Q라 하자. 명제 $\sim q \longrightarrow p$가 참일 때, 다음 중 항상 옳은 것은?

① $P \cup Q = P$ ② $P \cap Q = Q$ ③ $P \cup Q^C = Q$

④ $P - Q = \varnothing$ ⑤ $P \cup Q = U$

0847

전체집합 U에 대하여 두 조건 p, q의 진리집합을 각각 P, Q라 하자. 명제 $p \longrightarrow q$가 참일 때, 다음 중 옳지 <u>않은</u> 것은?

① $P-Q=\varnothing$　　② $P \cap Q=P$　　③ $P \cup Q=Q$
④ $P \cap Q^C=P$　　⑤ $P^C \cup Q=U$

0848 ✅중요

전체집합 U에 대하여 세 조건 p, q, r의 진리집합을 각각 P, Q, R라 할 때, 세 집합 P, Q, R의 포함 관계가 벤다이어그램과 같다. 보기에서 항상 참인 명제인 것만을 있는 대로 고른 것은?

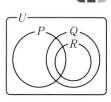

┌ **보기** ─────────────────────────
│ ㄱ. $p \longrightarrow \sim r$　　　　　ㄴ. $\sim q \longrightarrow \sim r$
│ ㄷ. $(p$이고 $q) \longrightarrow q$　　ㄹ. $(p$이고 $q) \longrightarrow r$
└──────────────────────────────

① ㄱ, ㄴ　　　　② ㄱ, ㄷ　　　　③ ㄴ, ㄷ
④ ㄴ, ㄹ　　　　⑤ ㄴ, ㄷ, ㄹ

0849 ✏️서술형

전체집합 $U=\{x | x$는 10 이하의 자연수$\}$에 대하여 두 조건 p, q의 진리집합을 각각 P, Q라 하자. 조건 p가

　p: x는 12의 약수

일 때, 명제 $\sim p \longrightarrow q$가 참이 되도록 하는 집합 Q의 개수를 구하시오.

유형 **07** **명제가 참이 되도록 하는 상수 구하기**

두 조건 p, q의 진리집합을 P, Q라 할 때, 두 집합 P, Q를 수직선 위에 나타내어 포함 관계를 비교한 후, 명제 $p \longrightarrow q$가 참이 되도록 하는 상수를 구한다.
이때 주어진 조건을 만족시키려면 등호가 포함되어야 하는지 확인한다.

∩ 개념ON 300쪽　　∩ 유형ON 2권 091쪽

0850 대표문제

명제

　'$-2 \le x < 2$이면 $a-5 < x < a+3$이다.'

가 참이 되도록 하는 실수 a의 최솟값을 구하시오.

0851

실수 x에 대한 두 조건

　p: $x^2-2x-8=0$, q: $x-a \le 0$

에 대하여 명제 $p \longrightarrow q$가 참이 되도록 하는 정수 a의 최솟값은?

① 1　　　　② 2　　　　　③ 3
④ 4　　　　⑤ 5

0852 ✅중요

두 조건

　p: $|x-1| \le k$, q: $-2 < x \le 6$

에 대하여 명제 $p \longrightarrow q$가 참이 되도록 하는 자연수 k의 개수는?

① 1　　　　② 2　　　　　③ 3
④ 4　　　　⑤ 5

0853

세 조건 p, q, r의 진리집합이 각각 $P=\{2, 6\}$, $Q=\{6, a\}$, $R=\{2, 8, b\}$이고 명제 $p \longrightarrow q$는 거짓, $q \longrightarrow r$는 참일 때, $a+b$의 값은? (단, $a \neq b$이고 a, b는 상수이다.)

① 12   ② 14   ③ 16

④ 18   ⑤ 20

0854

두 조건

$$p: x<1 \text{ 또는 } x \geq 4, \quad q: |x-a| \leq 3$$

에 대하여 명제 $\sim p \longrightarrow q$가 참이 되도록 하는 자연수 a의 개수는?

① 0   ② 1   ③ 2

④ 3   ⑤ 4

0855

두 조건 $p: |x-a|>4$, $q: |x-1| \leq 2$에 대하여 명제 $p \longrightarrow \sim q$가 참이 되도록 하는 실수 a의 최댓값과 최솟값의 합은?

① 0   ② 2   ③ 4

④ 6   ⑤ 8

0856 ✏서술형

세 조건

$$p: -2 \leq x \leq 1 \text{ 또는 } x \geq a, \quad q: x \leq b, \quad r: x \geq 5$$

에 대하여 두 명제 $r \longrightarrow p$, $\sim q \longrightarrow r$가 모두 참이 되도록 하는 a의 최댓값과 b의 최솟값의 합을 구하시오.

(단, a, b는 실수이다.)

유형 **08** '모든'이나 '어떤'을 포함한 명제

전체집합 U에 대하여 조건 p의 진리집합을 P라 할 때

(1) '모든 x에 대하여 p이다.'
➡ $P=U$이면 참, $P \neq U$이면 거짓이다.

(2) '어떤 x에 대하여 p이다.'
➡ $P \neq \varnothing$이면 참, $P = \varnothing$이면 거짓이다.

Tip '모든'을 포함하는 명제는 성립하지 않는 예가 하나만 있더라도 거짓인 명제이고, '어떤'을 포함하는 명제는 성립하는 예가 하나만 있더라도 참인 명제이다.

확인 문제 ┄┄┄┄┄┄┄┄┄┄┄┄┄┄┄┄┄┄

다음 명제의 참, 거짓을 판별하시오.

(1) 모든 실수 x에 대하여 $|x|>0$이다.
(2) 어떤 실수 x에 대하여 $x^2 \leq 0$이다.

개념ON 302쪽   유형ON 2권 091쪽

0857 대표문제

전체집합 $U=\{-2, -1, 0, 1, 2\}$의 두 원소 x, y에 대하여 다음 중 참인 명제는?

① 모든 x에 대하여 $|x| \in U$이다.
② 어떤 x에 대하여 $x^2 < 0$이다.
③ 모든 x에 대하여 $x+1 \in U$이다.
④ $|x|<3$을 만족시키지 않는 x가 있다.
⑤ 모든 x, y에 대하여 $x^2-y^2 \geq 0$이다.

0858

자연수 k에 대한 조건 '모든 자연수 x에 대하여 $x>k-5$이다.'가 참인 명제가 되도록 하는 모든 k의 값의 합은?

① 13   ② 15   ③ 17

④ 19   ⑤ 21

0859

다음 중 거짓인 명제는?

① 모든 실수 x에 대하여 $x^2=|x^2|$이다.
② 어떤 양의 실수 x에 대하여 $x^2 \leq 3x$이다.
③ 어떤 실수 x에 대하여 $x^2=0$이다.
④ 어떤 소수는 홀수가 아니다.
⑤ 모든 음이 아닌 유리수 x에 대하여 $\sqrt{x}$는 무리수이다.

0860

명제 '모든 실수 x에 대하여 $x^2+8x+2k-1\geq0$이다.'가 거짓이 되도록 하는 정수 k의 최댓값을 구하시오.

0861 ✅중요 ✏️서술형

명제

'어떤 실수 x에 대하여 $x^2-2kx+5k\leq0$이다.'

의 부정이 참이 되도록 하는 자연수 k의 최댓값을 구하시오.

0862 교육청 기출

집합 $U=\{1,\ 2,\ 3,\ 6\}$의 공집합이 아닌 부분집합 P에 대하여 명제 '집합 P의 어떤 원소 x에 대하여 x는 3의 배수이다.'가 참이 되도록 하는 집합 P의 개수를 구하시오.

0863 교육청 기출

자연수 n에 대하여 조건

'$2\leq x\leq5$인 어떤 실수 x에 대하여 $x^2-8x+n\geq0$이다.'

가 참인 명제가 되도록 하는 n의 최솟값은?

① 12　　　　② 13　　　　③ 14
④ 15　　　　⑤ 16

0864

명제 '$a\leq x\leq a+3$인 어떤 실수 x에 대하여 $2<x<7$이다.'가 참이 되도록 하는 실수 a의 값의 범위를 구하시오.

유형 09　**명제의 역, 대우의 참, 거짓**

명제 $p\longrightarrow q$에 대하여
(1) **역:** $q\longrightarrow p$　　　　(2) **대우:** $\sim q\longrightarrow\sim p$
(3) 어떤 명제와 그 대우는 참, 거짓이 항상 일치한다.

확인 문제

다음 명제의 역과 대우를 말하시오.
(1) $x^2=4$이면 $x=2$이다.
(2) $a>0$이고 $b>0$이면 $a+b>0$이다.

🎧 **개념ON** 308쪽　🎧 **유형ON 2권** 092쪽

0865 대표문제

다음 명제 중 그 역이 참인 것은? (단, x, y는 실수이다.)

① x, y가 모두 정수이면 $x+y$는 정수이다.
② x, y가 모두 무리수이면 xy는 무리수이다.
③ $x+y$가 무리수이면 x, y는 모두 무리수이다.
④ $x=0$이면 $xy=0$이다.
⑤ $x+y<0$이면 $x<0$이고 $y<0$이다.

0866 ✅중요

두 조건 p, q에 대하여 명제 $\sim p\longrightarrow q$의 역이 참일 때, 다음 중 항상 참인 명제는?

① $p\longrightarrow q$　　② $q\longrightarrow p$　　③ $\sim p\longrightarrow\sim q$
④ $p\longrightarrow\sim q$　　⑤ $\sim q\longrightarrow\sim p$

0867

보기에서 명제와 그 명제의 역이 모두 참인 것만을 있는 대로 고른 것은? (단, x, y는 실수이다.)

> ┌ 보기 ────────────────────────
> ㄱ. $x=2$이면 $x^3-8=0$이다.
> ㄴ. $0<x<y$이면 $x^3y<xy^3$이다.
> ㄷ. $x^2+y^2=0$이면 $x=0$이고 $y=0$이다.

① ㄱ   ② ㄴ   ③ ㄱ, ㄷ
④ ㄴ, ㄷ   ⑤ ㄱ, ㄴ, ㄷ

0868

보기에서 그 역과 대우가 모두 참인 명제인 것만을 있는 대로 고르시오. (단, a, b는 실수이다.)

> ┌ 보기 ────────────────────────
> ㄱ. $a=0$ 또는 $b=0$이면 $ab=0$이다.
> ㄴ. $a^2=1$이면 $a=1$이다.
> ㄷ. a, b가 모두 유리수이면 ab도 유리수이다.

0869 ✍서술형

두 조건 p: $-3<x<7$, q: $|x-a|<2$에 대하여 명제 $p \longrightarrow q$의 역이 참이 되도록 하는 모든 정수 a의 값의 합을 구하시오.

유형 10 명제의 대우를 이용하여 상수 구하기

(1) 명제 $p \longrightarrow q$가 참이면 그 대우 $\sim q \longrightarrow \sim p$도 참이다.
(2) 명제 $p \longrightarrow q$가 거짓이면 그 대우 $\sim q \longrightarrow \sim p$도 거짓이다.

확인 문제

명제 '$x^2+2\neq k$이면 $x\neq3$이다.'가 참일 때, 상수 k의 값을 구하시오.

🎧 개념ON 308쪽   🎧 유형ON 2권 092쪽

0870 대표문제

두 실수 x, y에 대하여 명제
'$x+y\leq6$이면 $x<2$ 또는 $y<k$이다.'
가 참일 때, 자연수 k의 최솟값은?

① 1   ② 2   ③ 3
④ 4   ⑤ 5

0871

명제 '$x^2-9x+18\neq0$이면 $x-k\neq0$이다.'가 참이 되도록 하는 모든 상수 k의 값의 곱을 구하시오.

0872

전체집합 $U=\{x\,|\,x$는 15 이하의 자연수$\}$에 대하여 두 조건 p, q의 진리집합이 각각
$$P=\{a, 5, a+4\}, \quad Q=\{5, 7, 3a-6\}$$
이다. 명제 $p \longrightarrow q$의 역과 대우가 모두 참일 때, 상수 a의 값을 구하시오. (단, $a\neq1$, $a\neq5$)

07
명제

0873 ✏️서술형

두 조건 $p:|x+4|>5$, $q:|x-a|<3$에 대하여 명제 $p \longrightarrow \sim q$가 참이 되도록 하는 실수 a의 값의 범위가 $m \leq a \leq M$일 때, mM의 값을 구하시오. (단, $m<M$)

0876

세 조건 p, q, r에 대하여 명제 $p \longrightarrow \sim q$와 명제 $r \longrightarrow q$가 참일 때, 보기에서 항상 참인 것만을 있는 대로 고른 것은?

> **보기**
> ㄱ. $r \longrightarrow p$　　　　ㄴ. $\sim q \longrightarrow \sim r$
> ㄷ. $\sim q \longrightarrow p$　　　　ㄹ. $p \longrightarrow \sim r$

① ㄱ　　　　② ㄴ　　　　③ ㄱ, ㄴ
④ ㄴ, ㄹ　　　　⑤ ㄷ, ㄹ

유형 11 삼단논법

세 조건 p, q, r에 대하여 두 명제 $p \longrightarrow q$, $q \longrightarrow r$가 모두 참이면 $p \longrightarrow r$가 참이다.

🎧 개념ON 310쪽　🎧 유형ON 2권 093쪽

0874 대표문제

세 조건 p, q, r에 대하여 명제 $p \longrightarrow q$와 명제 $\sim p \longrightarrow r$가 참일 때, 다음 중 반드시 참이라고 할 수 <u>없는</u> 것은?

① $\sim r \longrightarrow p$　　② $q \longrightarrow \sim p$　　③ $\sim q \longrightarrow \sim p$
④ $\sim r \longrightarrow q$　　⑤ $\sim q \longrightarrow r$

0877 ✅중요

전체집합 U의 공집합이 아닌 세 부분집합 P, Q, R가 각각 세 조건 p, q, r의 진리집합이라 하자. 두 명제 $q \longrightarrow \sim p$, $r \longrightarrow p$가 모두 참일 때, 보기에서 옳은 것만을 있는 대로 고른 것은?

> **보기**
> ㄱ. 명제 $r \longrightarrow \sim q$는 참이다.
> ㄴ. $Q \subset R^C$
> ㄷ. $P \subset R^C$

① ㄱ　　　　② ㄱ, ㄴ　　　　③ ㄱ, ㄷ
④ ㄴ, ㄷ　　　　⑤ ㄱ, ㄴ, ㄷ

0875

네 조건 p, q, r, s에 대하여 두 명제 $q \longrightarrow r$, $\sim p \longrightarrow s$가 모두 참일 때, 삼단논법에 의하여 명제 $q \longrightarrow p$가 참임을 보이기 위해 필요한 참인 명제로 옳은 것은?

① $r \longrightarrow q$　　② $s \longrightarrow \sim r$　　③ $s \longrightarrow q$
④ $\sim p \longrightarrow r$　　⑤ $\sim q \longrightarrow s$

0878 교육청 기출

전체집합 U의 공집합이 아닌 세 부분집합 P, Q, R가 각각 세 조건 p, q, r의 진리집합이라 하자. 세 명제
$$\sim p \longrightarrow r,\ r \longrightarrow \sim q,\ \sim r \longrightarrow q$$
가 모두 참일 때, 보기에서 옳은 것만을 있는 대로 고른 것은?

> **보기**
> ㄱ. $P^C \subset R$　　ㄴ. $P \subset Q$　　ㄷ. $P \cap Q = R^C$

① ㄱ　　　　② ㄴ　　　　③ ㄱ, ㄷ
④ ㄴ, ㄷ　　　　⑤ ㄱ, ㄴ, ㄷ

유형 12 삼단논법과 명제의 추론

주어진 상황을 참인 명제로 재구성한 후, 삼단논법을 이용하여 참인 새로운 명제를 이끌어낸다. 이때 대우를 이용하여 더 편리하게 삼단논법을 이용할 수 있는 상황을 만들 수도 있다.

🔊 개념ON 310쪽 🔊 유형ON 2권 093쪽

0879 대표문제

다음 두 명제가 모두 참일 때, 항상 참인 명제인 것은?

㉮ 고양이를 좋아하는 학생은 강아지를 좋아한다.
㉯ 고양이를 좋아하지 않는 학생은 코알라를 좋아하지 않는다.

① 고양이를 좋아하는 학생은 코알라를 좋아한다.
② 강아지를 좋아하는 학생은 코알라를 좋아한다.
③ 코알라를 좋아하는 학생은 강아지를 좋아한다.
④ 코알라를 좋아하지 않는 학생은 강아지를 좋아한다.
⑤ 강아지를 좋아하는 학생은 코알라를 좋아하지 않는다.

0880 교육청 기출

어느 휴대폰 제조 회사에서 휴대폰 판매량과 사용자 선호도에 대한 시장 조사를 하여 다음과 같은 결과를 얻었다.

㉮ 10대, 20대에게 선호도가 높은 제품은 판매량이 많다.
㉯ 가격이 싼 제품은 판매량이 많다.
㉰ 기능이 많은 제품은 10대, 20대에게 선호도가 높다.

위의 결과로부터 추론한 내용으로 항상 옳은 것은?

① 기능이 많은 제품은 가격이 싸지 않다.
② 가격이 싸지 않은 제품은 판매량이 많지 않다.
③ 판매량이 많지 않은 제품은 기능이 많지 않다.
④ 10대, 20대에게 선호도가 높은 제품은 기능이 많다.
⑤ 10대, 20대에게 선호도가 높은 제품은 가격이 싸지 않다.

0881

세 상자 A, B, C에 대하여 다음이 모두 참일 때, 세 상자 중 하얀색인 것을 모두 고르시오. (단, 모든 상자는 하얀색 또는 검은색이고, 두 색은 적어도 한 개씩 있다.)

㉮ A, B의 색상은 같다.
㉯ C가 하얀색이면 B는 하얀색이다.
㉰ A가 하얀색이면 B가 하얀색이거나 C가 검은색이다.

유형 13 충분조건, 필요조건, 필요충분조건

(1) 명제 $p \longrightarrow q$가 참일 때, 기호로 $p \Longrightarrow q$와 같이 나타내고 p는 q이기 위한 충분조건, q는 p이기 위한 필요조건이라 한다.

(2) 명제 $p \longrightarrow q$에 대하여 $p \Longrightarrow q$이고 $q \Longrightarrow p$일 때, 기호로 $p \Longleftrightarrow q$와 같이 나타내고 p는 q이기 위한 필요충분조건이라 한다.

Tip p가 q이기 위한 필요충분조건임을 보이기 위해서는 명제 $p \longrightarrow q$와 그 역인 $q \longrightarrow p$가 모두 참임을 보이면 된다.

확인 문제

두 조건 p, q가 p: $|x| < 1$, q: $-1 \le x \le 1$일 때 p는 q이기 위한 어떤 조건인지 말하시오.

🔊 개념ON 312쪽 🔊 유형ON 2권 094쪽

0882 대표문제

두 조건 p, q에 대하여 다음 중 p가 q이기 위한 필요충분조건인 것은? (단, x, y는 실수이다.)

① p: $x < 0$, $y < 0$ q: $xy > 0$
② p: $|x+y| = x+y$ q: $x > 0$, $y > 0$
③ p: $x^2 + y^2 > 0$ q: $x + y > 0$
④ p: $x^2 < y^2$ q: $|x| < |y|$
⑤ p: $xy < 0$ q: $x^2 + y^2 > 0$

0883

두 조건 p, q에 대하여 다음 중 p가 q이기 위한 충분조건이지만 필요조건이 아닌 것은? (단, x, y는 실수이다.)

① p: $x>3$ q: $x>5$

② p: $x=y$ q: $x^2=y^2$

③ p: $x<3$ q: $x^2<9$

④ p: $x^2+y^2>0$ q: $x>0$, $y>0$

⑤ p: xy는 유리수 q: x, y는 유리수

0884 ✅중요

두 조건 p, q에 대하여 p가 q이기 위한 필요조건이지만 충분조건이 아닌 것만을 보기에서 있는 대로 고른 것은?

(단, x, y는 실수이다.)

┌ 보기 ┐
ㄱ. p: $|x|=5$ q: $x^2=25$
ㄴ. p: $xy=|xy|$ q: $x>0$, $y>0$
ㄷ. p: $|x+y|=|x|+|y|$ q: $xy>0$
└────┘

① ㄱ   ② ㄴ   ③ ㄱ, ㄴ

④ ㄱ, ㄷ   ⑤ ㄴ, ㄷ

0885 교육청 기출

두 실수 a, b에 대하여 세 조건 p, q, r는
p: $|a|+|b|=0$, q: $a^2-2ab+b^2=0$
r: $|a+b|=|a-b|$
이다. 보기에서 옳은 것만을 있는 대로 고른 것은?

┌ 보기 ┐
ㄱ. p는 q이기 위한 충분조건이다.
ㄴ. $\sim p$는 $\sim r$이기 위한 필요조건이다.
ㄷ. (q이고 r)는 p이기 위한 필요충분조건이다.
└────┘

① ㄱ   ② ㄷ   ③ ㄱ, ㄴ

④ ㄱ, ㄷ   ⑤ ㄱ, ㄴ, ㄷ

유형 14   충분·필요조건과 명제의 참, 거짓

> 충분조건과 필요조건을 잘 구분하여 참인 명제를 구성하고, 대우와 삼단논법을 이용하여 주어진 명제의 참, 거짓을 판별한다.

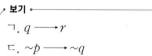
⋒ 개념ON 310, 312쪽   ⋒ 유형ON 2권 094쪽

0886 대표문제

세 조건 p, q, r에 대하여 q는 p이기 위한 충분조건이고 r는 p이기 위한 필요조건일 때, 보기에서 항상 참인 명제인 것만을 있는 대로 고른 것은?

┌ 보기 ┐
ㄱ. $q \longrightarrow r$ ㄴ. $p \longrightarrow \sim r$
ㄷ. $\sim p \longrightarrow \sim q$ ㄹ. $q \longrightarrow \sim p$
└────┘

① ㄱ, ㄴ   ② ㄱ, ㄷ   ③ ㄴ, ㄷ

④ ㄴ, ㄹ   ⑤ ㄱ, ㄷ, ㄹ

0887

세 조건 p, q, r에 대하여 두 명제 $r \longrightarrow p$, $\sim q \longrightarrow \sim p$가 모두 참일 때, 보기에서 옳은 것만을 있는 대로 고른 것은?

┌ 보기 ┐
ㄱ. r는 q이기 위한 충분조건이다.
ㄴ. p는 q이기 위한 필요조건이다.
ㄷ. p는 r이기 위한 충분조건이다.
└────┘

① ㄱ   ② ㄴ   ③ ㄱ, ㄴ

④ ㄱ, ㄷ   ⑤ ㄱ, ㄴ, ㄷ

0888 ✅중요

네 조건 p, q, r, s에 대하여
$p \longrightarrow \sim s$, $\sim p \longrightarrow \sim r$, $\sim q \longrightarrow s$
가 모두 참일 때, 보기에서 옳은 것만을 있는 대로 고른 것은?

┌ 보기 ┐
ㄱ. p는 q이기 위한 충분조건이다.
ㄴ. q는 r이기 위한 필요조건이다.
ㄷ. s는 $\sim p$이기 위한 필요조건이다.
└────┘

① ㄱ   ② ㄴ   ③ ㄱ, ㄴ

④ ㄱ, ㄷ   ⑤ ㄱ, ㄴ, ㄷ

유형 15 충분·필요·필요충분조건과 진리집합

두 조건 p, q의 진리집합을 각각 P, Q라 할 때,
(1) $P \subset Q$이면 p는 q이기 위한 충분조건이고, q는 p이기 위한 필요조건이다.
(2) $P = Q$이면 p는 q이기 위한 필요충분조건이다.
Tip $p \Longleftrightarrow q$이면 $P \subset Q$, $Q \subset P$이므로 $P = Q$이다.

🔵 개념ON 314쪽 🔵 유형ON 2권 094쪽

0889 대표문제

전체집합 U에 대하여 두 조건 p, q의 진리집합을 각각 P, Q라 하자. $\sim p$가 q이기 위한 필요조건일 때, 다음 중 항상 옳은 것은?

① $P - Q = \varnothing$　　② $P \cap Q = P$　　③ $P^C \cup Q = U$
④ $P^C \cap Q = Q$　　⑤ $P \cup Q = U$

0890

전체집합 U에 대하여 세 조건 p, q, r의 진리집합을 각각 P, Q, R라 하자. 세 집합 사이의 포함 관계가 그림과 같을 때, 다음 중 옳지 <u>않은</u> 것은?

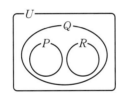

① p는 q이기 위한 충분조건이다.
② $\sim r$는 p이기 위한 필요조건이다.
③ q는 r이기 위한 충분조건이다.
④ r는 $\sim p$이기 위한 충분조건이다.
⑤ $\sim q$는 $\sim p$이기 위한 충분조건이다.

0891 중요

전체집합 U에 대하여 세 조건 p, q, r의 진리집합을 각각 P, Q, R라 하자. p는 q이기 위한 충분조건이고, r는 q이기 위한 필요조건일 때, 다음 중 항상 옳은 것은?

① $Q - R = P$　　　　② $R \subset (P \cup Q)$
③ $(P \cup R) \subset Q$　　④ $\{(P - Q) \cup R\} \subset P$
⑤ $(Q^C \cap R) \subset P^C$

0892

전체집합 U에 대하여 세 조건 p, q, r의 진리집합을 각각 P, Q, R라 할 때, $(P - Q) \cup (Q - R^C) = \varnothing$이 성립한다. 보기에서 옳은 것만을 있는 대로 고른 것은?
(단, P, Q, R는 공집합이 아니다.)

보기

ㄱ. p는 q이기 위한 충분조건이다.
ㄴ. $\sim r$는 q이기 위한 필요조건이다.
ㄷ. q는 $\sim r$이기 위한 필요충분조건이다.

① ㄱ　　　　② ㄱ, ㄴ　　　　③ ㄱ, ㄷ
④ ㄴ, ㄷ　　　⑤ ㄱ, ㄴ, ㄷ

유형 16 충분·필요·필요충분조건이 되도록 하는 상수 구하기

방정식 꼴이 주어진 경우 근을 구하여 포함 관계로 비교한다.
만약 $\ne$가 붙은 조건이 있는 경우에는 대우 관계를 이용하면 편리하다.

🔵 개념ON 316쪽 🔵 유형ON 2권 095쪽

0893 대표문제

두 조건
　　$p : x = -2$, $q : x^2 + 5x + k = 0$
에 대하여 p는 q이기 위한 충분조건일 때, 상수 k의 값은?

① 2　　　　② 4　　　　③ 6
④ 8　　　　⑤ 10

0894 서술형

두 조건
　　$p : 2x - a \ne 0$, $q : x^2 - 4x - 12 \ne 0$
에 대하여 p는 q이기 위한 필요조건이 되도록 하는 모든 상수 a의 값의 합을 구하시오.

07
명제

0895

$1-x=3x-7$은 $x^2-ax+b=0$이기 위한 필요충분조건일 때, $a+b$의 값은? (단, a, b는 실수이다.)

① -8 ② -4 ③ 0

④ 4 ⑤ 8

0896 교육청 기출

실수 x에 대한 두 조건 p, q가 다음과 같다.

$$p: x^2-4x-12=0, \quad q: |x-3|>k$$

p가 $\sim q$이기 위한 충분조건이 되도록 하는 자연수 k의 최솟값은?

① 3 ② 4 ③ 5

④ 6 ⑤ 7

0897 중요

세 조건 p, q, r의 진리집합이 각각

$$P=\{9\}, \quad Q=\{1-a, 3b-3\}, \quad R=\{1+a, b^2\}$$

이다. p는 r이기 위한 충분조건이고 q는 p이기 위한 필요조건일 때, $a+b$의 최솟값은? (단, a, b는 실수이다.)

① -13 ② -11 ③ -9

④ -7 ⑤ -5

0898 서술형

실수 x에 대하여 세 조건 p, q, r가

$$p: -5<x<2 \text{ 또는 } x \geq 4, \quad q: x \geq a, \quad r: x>b$$

이다. p는 q이기 위한 충분조건, p는 r이기 위한 필요조건이 되도록 정수 a, b의 값을 정할 때, a의 최댓값을 M, b의 최솟값을 m이라 하자. $m-M$의 값을 구하시오.

유형 17 대우를 이용한 명제의 증명

명제 $p \longrightarrow q$가 참임을 직접 증명하기 어려운 경우에는 그 명제의 대우인 $\sim q \longrightarrow \sim p$가 참임을 증명하면 된다.

ⓘ 개념ON 324쪽   ⓘ 유형ON 2권 096쪽

0899 대표문제

다음은 자연수 n에 대하여 명제

'n^2이 짝수이면 n도 짝수이다.'

를 증명한 것이다.

주어진 명제의 대우는 'n이 홀수이면 n^2도 홀수이다.'이다.

$n= \boxed{\text{(가)}}$ (k는 자연수)라 하면

$n^2 = (\boxed{\text{(가)}})^2$

$\quad\quad = 4k^2-4k+1=2(\boxed{\text{(나)}})+1$

이때 $\boxed{\text{(나)}}$ 는 0 또는 짝수인 자연수이므로 n^2은 홀수이다.

따라서 주어진 명제의 대우가 참이므로 주어진 명제도 참이다.

위의 (가), (나)에 알맞은 식을 각각 $f(k)$, $g(k)$라 할 때, $f(3)g(3)$의 값은?

① 10 ② 12 ③ 20

④ 36 ⑤ 60

0900 서술형

명제 '실수 a, b에 대하여 $a^2+b^2=0$이면 $a=0$이고 $b=0$이다.'가 참임을 대우를 이용하여 증명하시오.

0901

다음은 자연수 n에 대하여 명제

'n^2이 3의 배수이면 n도 3의 배수이다.'

를 증명한 것이다.

주어진 명제의 대우는

'n이 3의 배수가 아니면 n^2은 3의 배수가 아니다.'이다.

자연수 k에 대하여

(i) $n=$ (가) 일 때,

$n^2=3(3k^2-2k)+1$

(ii) $n=3k-2$일 때,

$n^2=3(3k^2-4k+$ (나) $)+$ (나)

(i), (ii)에서 n이 3의 배수가 아니면 n^2도 3의 배수가 아니다.

따라서 주어진 명제의 대우가 참이므로 주어진 명제도 참이다.

위의 (나)에 알맞은 수를 a, (가)에 알맞은 식을 $f(k)$라 할 때, $af(5a)$의 값을 구하시오.

0902

다음은 자연수 n에 대하여

'n^2+2가 3의 배수가 아니면 n은 3의 배수이다.'

를 증명한 것이다.

주어진 명제의 대우는

'n이 3의 배수가 아니면 n^2+2는 3의 배수이다.'이다.

$n=3k+1$ 또는 $n=$ (가) (k는 0 이상의 정수)라 하면

(i) $n=3k+1$일 때,

$n^2+2=(3k+1)^2+2=3($ (나) $)$

그러므로 n^2+2는 3의 배수이다.

(ii) $n=$ (가) 일 때,

$n^2+2=3(3k^2+4k+2)$

그러므로 n^2+2는 3의 배수이다.

(i), (ii)에 의하여 주어진 명제의 대우가 참이므로 주어진 명제도 참이다.

위의 (가), (나)에 알맞은 식을 각각 $f(k)$, $g(k)$라 할 때, $f(1)+g(1)$의 값은?

① 5   ② 7   ③ 9

④ 11   ⑤ 13

유형 18 귀류법

명제 $p \longrightarrow q$가 참임을 직접 증명하기 어려운 경우에는 그 명제 또는 명제의 결론을 부정한 다음 모순이 생기는 것을 보여주어 주어진 명제가 참임을 증명할 수 있다.

🎧 개념ON 326쪽   🎧 유형ON 2권 096쪽

0903 대표문제

다음은 $\sqrt{2}$가 무리수임을 증명하는 과정이다.

$\sqrt{2}$가 (가) 라 가정하면

$\sqrt{2}=\dfrac{n}{m}$ (m, n은 (나) 인 자연수)으로 나타낼 수 있다.

위 식의 양변을 제곱하여 정리하면

$n^2=2m^2$ …… ㉠

이때 n^2이 (다) 이므로 n도 (다) 이다.

$n=2k$ (k는 자연수)로 놓고 이를 ㉠에 대입하면

$(2k)^2=2m^2$ ∴ $m^2=2k^2$

이때 m^2이 (다) 이므로 m도 (다) 이다.

따라서 m, n이 모두 짝수이므로 m, n이 (나) 인 자연수라는 가정에 모순이다.

그러므로 $\sqrt{2}$는 무리수이다.

위의 (가), (나), (다)에 알맞은 것은?

	(가)	(나)	(다)
①	유리수	$m=n$	홀수
②	무리수	$m \neq n$	짝수
③	유리수	$m \neq n$	홀수
④	무리수	서로소	홀수
⑤	유리수	서로소	짝수

0904

다음은 명제 '자연수 a, b, c에 대하여 $a^2+b^2=c^2$이면 a, b, c 중 적어도 하나는 짝수이다.'가 참임을 귀류법을 이용하여 증명하는 과정이다.

---
a, b, c가 모두 (가) 라 가정하면

a^2+b^2은 (나) 이고 c^2은 (다) 이므로

$a^2+b^2 \neq c^2$이 되어 가정에 모순이다.

따라서 자연수 a, b, c에 대하여 $a^2+b^2=c^2$이면 a, b, c 중 적어도 하나는 짝수이다.

위의 과정에서 (가), (나), (다)에 알맞은 것을 구하시오.

0905

다음은 유리수 a, b에 대하여 명제

'$a+b\sqrt{5}=0$이면 $a=0$이고 $b=0$이다.'

가 성립함을 귀류법을 이용하여 증명하는 과정의 일부이다.

(중략)

$b\neq0$이라 가정하면 $b\sqrt{5}=-a$ $\therefore \sqrt{5}=-\dfrac{a}{b}$

이때 a, b는 유리수이므로 $-\dfrac{a}{b}$는 $\boxed{(가)}$ 가 되어 $\sqrt{5}$도

$\boxed{(가)}$ 가 된다.

이것은 $\sqrt{5}$가 $\boxed{(나)}$ 라는 사실에 모순이다.

따라서 $b=0$이고, 이를 $a+b\sqrt{5}=0$에 대입하여 정리하면

$a=\boxed{(다)}$ 이 성립한다.

(중략)

위의 (가), (나), (다)에 알맞은 것은?

	(가)	(나)	(다)
①	유리수	유리수	0
②	유리수	무리수	0
③	유리수	무리수	1
④	무리수	유리수	0
⑤	무리수	무리수	1

0906 교육청 기출

다음은 a, b, c가 정수일 때, $f(x)=ax^2+bx+c$에 대하여 $f(0)$, $f(1)$이 홀수이면 방정식 $f(x)=0$은 정수인 근을 갖지 않음을 증명한 것이다.

방정식 $f(x)=0$이 정수인 근 α를 가진다고 가정하면 $f(\alpha)=0$이다.

(i) $\alpha=2n$(n은 정수)일 때

$f(\alpha)=2(2an^2+bn)+\boxed{(가)}$

위 등식에서 우변은 $\boxed{(나)}$ 가 되어 모순이다.

(ii) $\alpha=2n+1$(n은 정수)일 때

$f(\alpha)=2(2an^2+2an+bn)+\boxed{(다)}$

위 등식에서 우변은 $\boxed{(나)}$ 가 되어 모순이다.

따라서 방정식 $f(x)=0$은 정수인 근을 갖지 않는다.

위의 과정에서 (가), (나), (다)에 알맞은 것은?

	(가)	(나)	(다)
①	$f(1)$	짝수	$f(1)$
②	$f(1)$	짝수	$f(0)$
③	$f(0)$	짝수	$f(0)$
④	$f(0)$	홀수	$f(0)$
⑤	$f(0)$	홀수	$f(1)$

0907 서술형

a, b, c가 자연수일 때, 명제 '$a^2+b^2=c^2$이면 a가 3의 배수이거나 b가 3의 배수이다.'가 참임을 귀류법으로 증명하시오.

유형 19 실수의 성질을 이용한 절대부등식의 증명

(1) **절대부등식**: 주어진 집합의 모든 원소에 대하여 항상 성립하는 부등식을 절대부등식이라 한다.

(2) 부등식 $A>B$가 절대부등식임을 증명할 때에는 $A-B>0$임을 보인다.

특히, $A>0$, $B>0$인 경우에는 실수의 성질에 의하여 $A^2-B^2>0$임을 보여도 된다. 이는 무리식 또는 절댓값 기호가 포함되어 있을 때 주로 사용한다.

Tip 절대부등식의 증명에 이용되는 실수의 성질

실수 a, b에 대하여

(1) $a>b \Longleftrightarrow a-b>0$

(2) $a^2\geq0$, $a^2+b^2\geq0$ (단, 등호는 $a=0$, $b=0$일 때 성립한다.)

(3) $a>0$, $b>0$일 때, $a>b \Longleftrightarrow a^2>b^2 \Longleftrightarrow \sqrt{a}>\sqrt{b}$

개념ON 328쪽   유형ON 2권 097쪽

0908 대표문제

x, y가 실수일 때, 다음 중 절대부등식이 <u>아닌</u> 것은?

① $x^2+x+1>0$

② $2x+\dfrac{2}{x}\geq4$

③ $x^2+36\geq12x$

④ $(x+y)^2\geq4xy$

⑤ $\sqrt{x}+\sqrt{y}>\sqrt{x+y}$ (단, $x>0$, $y>0$)

0909

세 실수 a, b, c에 대하여 다음 중 절대부등식인 것은?

① $(a-b)^2-(b-c)^2\leq(c-a)^2$

② $(a-b+c)^2\leq a^2+b^2+c^2$

③ $(a+b+c)^3\leq a^3+b^3+c^3$

④ $ab+bc+ca\leq a^2+b^2+c^2$

⑤ $(a-b)(b-c)(c-a)\leq0$

0910

다음은 실수 x, y에 대하여 부등식 $x^2+y^2 \ge xy$가 성립함을 증명하는 과정이다.

$$x^2+y^2-xy = \left(x - \boxed{\text{(가)}}\right)^2 + \frac{3}{4}y^2$$

x, y가 실수이므로

$$\left(x - \boxed{\text{(가)}}\right)^2 \ge 0, \quad \frac{3}{4}y^2 \ge 0 \text{에서}$$

$$x^2+y^2-xy \ge 0 \quad \therefore x^2+y^2 \ge xy$$

이때 등호는 $x = y = \boxed{\text{(나)}}$일 때 성립한다.

위의 (나)에 알맞은 수를 a, (가)에 알맞은 식을 $f(y)$라 할 때, $(a+2)f(a+2)$의 값을 구하시오.

0911 ✅중요

$a > 0$, $b > 0$일 때, 보기에서 옳은 것만을 있는 대로 고른 것은?

> **보기**
> ㄱ. $(2a+b)^2 > 4ab$
> ㄴ. $\sqrt{\dfrac{a+b}{2}} \ge \dfrac{\sqrt{a}+\sqrt{b}}{2}$
> ㄷ. $\sqrt{a+b} > \sqrt{a} - \sqrt{b}$

① ㄱ   ② ㄴ   ③ ㄱ, ㄴ

④ ㄱ, ㄷ   ⑤ ㄱ, ㄴ, ㄷ

0912 ✏️서술형

$a > 0$, $b > 0$일 때, 부등식
$$a^3+b^3 \ge a^2b+ab^2$$
이 성립함을 증명하고, 등호가 성립하는 경우를 구하시오.

유형 20 절댓값 기호를 포함한 절대부등식

절댓값 기호를 포함한 절대부등식 $A \ge B$를 증명할 때는 $A^2 - B^2 \ge 0$임을 보인다.

> **Tip** 절댓값 기호를 포함한 식을 제곱하여 정리할 때는 절댓값에 대한 다음 성질을 이용한다.
> (1) $|a|^2 = a^2$ (2) $|ab| = |a||b|$

🎧 개념ON 328쪽   🎧 유형ON 2권 097쪽

0913 대표문제

다음은 두 실수 a, b에 대하여 부등식 $|a| + |b| \ge |a+b|$가 성립함을 증명하는 과정이다.

$$(|a| + |b|)^2 - |a+b|^2 = 2\left(\boxed{\text{(가)}}\right)$$

$|ab| \ge ab$이므로 $2\left(\boxed{\text{(가)}}\right) \ge 0$

$$\therefore (|a| + |b|)^2 \ge |a+b|^2$$

그런데 $|a| + |b| \ge 0$, $|a+b| \ge 0$이므로

$$|a| + |b| \ge |a+b| \text{이다.}$$

(단, 등호는 $\boxed{\text{(나)}}$일 때 성립한다.)

위의 (가), (나)에 알맞은 것을 차례대로 나열한 것은?

① $|ab| - ab$, $ab \le 0$ ② $|ab| - ab$, $ab \ge 0$

③ $|ab| - ab$, $ab = 0$ ④ $|ab| + ab$, $ab \ge 0$

⑤ $|ab| + ab$, $ab \le 0$

0914

다음은 두 실수 a, b에 대하여 부등식 $|a-b| \ge |a| - |b|$를 증명하는 과정이다.

(ⅰ) $|a| \ge |b|$일 때,

$$|a-b|^2 - (|a| - |b|)^2$$
$$= a^2 - 2ab + b^2 - a^2 + 2|ab| - b^2$$
$$= 2\left(\boxed{\text{(가)}}\right) \ge 0$$

즉, $|a-b| \ge |a| - |b|$이다.

(ⅱ) $|a| < |b|$일 때,

$|a-b| > 0$, $|a| - |b| < 0$이므로

$$|a-b| > |a| - |b|$$

(ⅰ), (ⅱ)에서 $|a-b| \ge |a| - |b|$

여기서 등호가 성립하는 경우는 $|ab| = ab$이고 $|a| \ge |b|$일 때, 즉 $\boxed{\text{(나)}}$, $|a| \ge |b|$일 때이다.

위의 (가), (나)에 알맞은 것을 차례대로 나열한 것은?

① $|ab| + ab$, $ab \le 0$ ② $|ab| + ab$, $ab \ge 0$

③ $|ab| - ab$, $ab \le 0$ ④ $|ab| - ab$, $ab \ge 0$

⑤ $|ab| - ab$, $ab = 0$

07

명제

0915 🖊서술형

a, b가 실수일 때, 부등식

$$|a|+|b| \geq |a-b|$$

가 성립함을 증명하고, 등호가 성립하는 경우를 구하시오.

유형 21 산술평균과 기하평균의 관계
— 합 또는 곱이 일정할 때

$a>0$, $b>0$일 때, 다음 부등식이 항상 성립한다.

$$\frac{a+b}{2} \geq \sqrt{ab} \text{ (단, 등호는 } a=b \text{일 때 성립한다.)}$$

(산술평균) ≥ (기하평균)

(1) 합 $a+b$가 일정한 경우 ($a+b=k$)

➡ $\left(\dfrac{k}{2}\right)^2 \geq ab$이므로

곱 ab는 $a=b$일 때 최댓값 $\left(\dfrac{k}{2}\right)^2$을 갖는다.

(2) 곱 ab가 일정한 경우 ($ab=m$)

➡ $a+b \geq 2\sqrt{m}$이므로

합 $a+b$는 $a=b$일 때 최솟값 $2\sqrt{m}$을 갖는다.

확인 문제

$a>0$일 때, 다음 식의 최솟값을 구하시오.

(1) $a+\dfrac{1}{a}$
(2) $8a+\dfrac{2}{a}$

🎧 개념ON 330쪽 　🎧 유형ON 2권 097쪽

0916 대표문제

두 양수 x, y에 대하여 $3x+2y=12$일 때, xy의 최댓값은?

① 2
② 4
③ 6
④ 8
⑤ 10

0917 교육청 기출

두 실수 a, b에 대하여 $ab=8$일 때, a^2+4b^2의 최솟값을 구하시오.

0918 교육청 기출

$x>0$인 실수 x에 대하여 $4x+\dfrac{a}{x}$ $(a>0)$의 최솟값이 2일 때, 상수 a의 값은?

① $\dfrac{1}{4}$
② $\dfrac{1}{2}$
③ $\dfrac{3}{4}$
④ 1
⑤ $\dfrac{5}{4}$

0919

$a>0$, $b>0$이고 $a+2b=8$일 때, $\dfrac{2}{a}+\dfrac{1}{b}$의 최솟값을 구하시오.

0920 🖊서술형

0이 아닌 두 실수 x, y에 대하여 $9x^2+y^2=36$일 때, xy의 최댓값과 최솟값의 곱을 구하시오.

0921

$a>0$, $b>0$, $c>0$일 때, $\left(\dfrac{a}{b}+\dfrac{b}{c}\right)\left(\dfrac{b}{c}+\dfrac{c}{a}\right)\left(\dfrac{c}{a}+\dfrac{a}{b}\right)$의 최솟값은?

① 4
② 6
③ 8
④ 10
⑤ 12

○ 개념ON 332쪽   ○ 유형ON 2권 098쪽

유형 22 산술평균과 기하평균의 관계 — 식의 전개

$a>0$, $b>0$일 때, 곱으로 주어진 식을 전개한 후 산술평균과 기하평균의 관계를 이용하여

$$a+b+(상수) \geq 2\sqrt{ab}+(상수)$$

꼴로 만들어 문제를 해결할 수 있다.

0922 대표문제

양수 a에 대하여 $(a+1)\left(\dfrac{9}{a}+1\right)$의 최솟값은?

① 2　　　　　② 4　　　　　③ 9

④ 12　　　　　⑤ 16

0923

두 양수 x, y에 대하여 $(x+4y)\left(\dfrac{1}{x}+\dfrac{4}{y}\right)$의 최솟값을 구하시오.

0924 중요

$a>0$일 때, $\left(a-\dfrac{8}{a}\right)\left(a-\dfrac{2}{a}\right)$의 값이 최소가 되도록 하는 실수 a의 값을 구하시오.

0925 서술형

세 양수 a, b, c에 대하여 $(a+b+2c)\left(\dfrac{2}{a+b}+\dfrac{1}{c}\right)$의 최솟값을 구하시오.

유형 23 산술평균과 기하평균의 관계 — 식의 변형

주어진 식을

$$f(x)+\dfrac{1}{f(x)} \quad (주어진 범위에서 f(x)>0)$$

꼴이 되도록 적절히 변형한 후 산술평균과 기하평균의 관계를 이용하여 문제를 해결할 수 있다.

○ 개념ON 332쪽   ○ 유형ON 2권 098쪽

0926 대표문제

$x>-3$일 때, $x+\dfrac{4}{x+3}$의 최솟값을 m, 그때의 x의 값을 n이라 하자. 상수 m, n에 대하여 $m+n$의 값은?

① -2　　　　② -1　　　　③ 0

④ 1　　　　　⑤ 2

0927

$a>1$일 때, $25a+\dfrac{1}{a-1}$의 최솟값을 구하시오.

0928 ✓중요

이차방정식 $x^2-4x+a=0$ (a는 실수)이 허근을 가질 때,

$a+\dfrac{4}{a-4}+1$의 최솟값은?

① 6   ② 7   ③ 8

④ 9   ⑤ 10

0929 ✐서술형

$x>3$일 때, $2x-4+\dfrac{8}{x-3}\geq m$이 항상 성립하도록 하는 실수 m의 최댓값을 구하시오.

0930

두 양수 a, b에 대하여 $x=a+\dfrac{5}{b}$, $y=b+\dfrac{5}{a}$일 때, x^2+y^2의 최솟값을 구하시오.

유형 **24** 산술평균과 기하평균의 관계 – 도형에서의 활용

주어진 도형에서 산술평균과 기하평균의 관계를 활용하는 경우에는 다음과 같은 순서로 문제를 해결한다.

❶ 양수 조건이 있는지 확인한다.
❷ 문자의 합이 일정한 경우에는 곱의 최댓값을, 문자의 곱이 일정한 경우에는 합의 최솟값을 구한다.
❸ 등호 조건을 확인한다.

ⓘ 개념ON 336쪽   ⓘ 유형ON 2권 099쪽

0931 대표문제

길이가 120 cm인 철사를 겹치는 부분없이 모두 사용하여 그림과 같이 3개의 직사각형으로 이루어진 도형을 만들려고 한다. 이 도형의 전체 넓이가 최대가 되도록 할 때, 도형 바깥쪽 직사각형의 둘레의 길이는?

(단, 철사의 굵기는 고려하지 않는다.)

① 50 cm   ② 60 cm   ③ 70 cm

④ 80 cm   ⑤ 90 cm

0932

그림과 같이 수직인 두 벽면 사이에 길이가 8 m인 울타리로 막은 삼각형 모양의 텃밭이 있다. 이 텃밭의 넓이의 최댓값을 구하시오. (단, 울타리의 두께는 고려하지 않는다.)

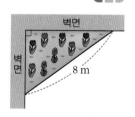

0933

넓이가 160인 강아지 놀이터를 만들기 위하여 직사각형 ABCD 모양의 울타리를 그림과 같이 설치하려고 한다. 벽과 이웃한 C 지점에서 D 지점까지의 울타리 설치 비용은 다른 곳의 $\frac{1}{4}$이다. 울타리 설치 비용을 최소로 하려고 할 때, A 지점에서 B 지점까지 설치하는 울타리의 길이를 구하시오. (단, 울타리의 설치 비용은 길이에 비례하고, 울타리의 두께는 고려하지 않는다.)

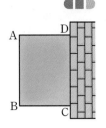

0934 교육청 기출

한 모서리의 길이가 6이고 부피가 108인 직육면체를 만들려고 한다. 이때 만들 수 있는 직육면체의 대각선의 길이의 최솟값은?

① $6\sqrt{2}$ ② 9   ③ $7\sqrt{2}$
④ 11   ⑤ $8\sqrt{2}$

0935

그림과 같이 점 (3, 6)을 지나는 직선이 x축, y축과 만나는 점을 각각 A, B라 할 때, 삼각형 OAB의 넓이의 최솟값은? (단, O는 원점이다.)

① 27   ② 30
③ 33   ④ 36
⑤ 39

유형 25 코시-슈바르츠 부등식 – 최댓값과 최솟값

a, b, x, y가 실수일 때, 다음 부등식이 항상 성립한다.
$$(a^2+b^2)(x^2+y^2) \ge (ax+by)^2$$
(단, 등호는 $\frac{x}{a}=\frac{y}{b}$일 때 성립한다.)

(1) a^2+b^2과 x^2+y^2의 값이 주어질 때
➡ $ax+by$의 최댓값과 최솟값을 구할 수 있다.
(2) a^2+b^2과 $ax+by$의 값이 주어질 때
➡ x^2+y^2의 최솟값을 구할 수 있다.

🔎 개념ON 334쪽   🔎 유형ON 2권 100쪽

0936 대표문제

실수 x, y에 대하여 $x^2+y^2=5$일 때, $x+2y$의 최댓값은 M이고 최솟값은 m이다. Mm의 값을 구하시오.

0937 중요

두 실수 x, y에 대하여 $3x+4y=25$일 때, x^2+y^2의 최솟값을 구하시오.

0938

네 실수 a, b, x, y에 대하여 $a^2+b^2=9$, $x^2+y^2=25$일 때, $ax+by$의 최솟값을 구하시오.

0939

$a>0$, $b>0$이고 $2a+5b=8$일 때, $\sqrt{2a}+\sqrt{5b}$의 최댓값은?

① 2   ② 4   ③ 6

④ 8   ⑤ 10

0940 ✅중요

실수 x, y가 $x^2+y^2=104$를 만족시킬 때, $5x+y$의 최댓값을 α, 이때의 x, y의 값을 각각 β, γ라 하자. $\alpha+\beta+\gamma$의 값은?

① 36   ② 49   ③ 64

④ 81   ⑤ 100

0941

실수 a, b에 대하여 $a^2+b^2=5$일 때, a^2+2a+b^2+b의 최댓값을 구하시오.

0942 ✏️서술형

$x^2+y^2=k$를 만족시키는 두 실수 x, y에 대하여 $2x+3y$의 최댓값과 최솟값의 차가 $4\sqrt{13}$일 때, 양수 k의 값을 구하시오.

유형 26 코시-슈바르츠 부등식 ― 도형에서의 활용

주어진 도형에서
'제곱의 합이 일정한 경우' 또는 '여러 값의 합이 주어진 경우'에는 코시-슈바르츠 부등식을 활용하여 최댓값 또는 최솟값을 구할 수 있다.

🔘 개념ON 336쪽   🔘 유형ON 2권 100쪽

0943 대표문제

대각선의 길이가 $4\sqrt{2}$인 직사각형의 둘레의 길이의 합의 최댓값은?

① 10   ② 12   ③ 14

④ 16   ⑤ 18

0944

그림과 같이 지름의 길이가 4인 원에 내접하는 직사각형의 둘레의 길이의 최댓값을 구하시오.

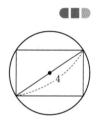

0945

높이가 5인 직육면체를 그림과 같이 모서리와 평행하도록 끈으로 포장하려 한다. 길이가 60인 끈을 모두 사용하여 포장할 수 있는 직육면체의 대각선의 길이의 최솟값이 k일 때, 양수 k의 값을 구하시오.
(단, 끈의 두께와 매듭의 길이는 고려하지 않는다.)

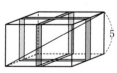

0946

x, y가 실수일 때, 다음 명제 중 참인 것은?

① $x^2 = x$이면 $x = 1$이다.

② x가 3의 배수인 자연수이면 x는 9의 배수이다.

③ $x^2 < 1$이면 $x < 1$이다.

④ $x + y \geq 0$이면 $x \geq 0$이고 $y \geq 0$이다.

⑤ $xy = 0$이면 $x = 0$이고 $y = 0$이다.

0947

전체집합 U에 대하여 세 조건 p, q, r의 진리집합을 각각 P, Q, R라 할 때, $P \cup Q = Q$, $P \cap R = R$인 관계가 성립한다. 보기에서 항상 참인 명제인 것만을 있는 대로 고른 것은?

> **보기**
>
> ㄱ. $\sim p \longrightarrow q$ ㄴ. $\sim q \longrightarrow \sim r$
>
> ㄷ. $p \longrightarrow \sim r$ ㄹ. $r \longrightarrow p$

① ㄱ, ㄴ   ② ㄱ, ㄷ   ③ ㄴ, ㄷ

④ ㄴ, ㄹ   ⑤ ㄴ, ㄷ, ㄹ

0948 교육청 기출

세 조건 p, q, r가

$p : x > 4$, $q : x > 5 - a$, $r : (x - a)(x + a) > 0$

일 때, 명제 $p \longrightarrow q$와 명제 $q \longrightarrow r$가 모두 참이 되도록 하는 실수 a의 최댓값과 최솟값의 합은?

① 3   ② $\dfrac{7}{2}$ ③ 4

④ $\dfrac{9}{2}$ ⑤ 5

0949

조건

　'모든 실수 x에 대하여 $x^2 + 2kx + 2k^2 \geq k + 2$이다.'

가 참인 명제가 되도록 하는 실수 k의 값의 범위는?

① $-1 \leq k \leq 2$ ② $-1 < k < 2$

③ $k = -1$ 또는 $k = 2$ ④ $k \leq -1$ 또는 $k \geq 2$

⑤ $k < -1$ 또는 $k > 2$

0950

명제의 역과 대우가 모두 참인 것만을 보기에서 있는 대로 고르시오. (단, x, y, z는 실수이다.)

> **보기**
>
> ㄱ. $\dfrac{x}{y} > 1$이면 $x > y$이다. (단, $y \neq 0$)
>
> ㄴ. $x^2 = y^2$이면 $|x| = |y|$이다.
>
> ㄷ. 두 집합 A, B에 대하여 $A \subset B$이면 $A \cup B = B$이다.
>
> ㄹ. $x = y$이면 $xz = yz$이다.

0951 교육청 기출

세 조건 p, q, r에 대하여 두 명제 $p \longrightarrow \sim r$와 $q \longrightarrow r$가 모두 참일 때, 다음 명제 중에서 항상 참인 것은?

① $p \longrightarrow \sim q$ ② $q \longrightarrow p$ ③ $\sim q \longrightarrow \sim r$

④ $r \longrightarrow p$ ⑤ $r \longrightarrow q$

0952 교육청 기출

두 실수 a, b에 대하여 보기에서 조건 p가 조건 q이기 위한 충분조건이지만 필요조건이 아닌 것만을 있는 대로 고른 것은?

> **보기**
> ㄱ. p: $a^2+b^2=0$ q: $a=b$
> ㄴ. p: $ab<0$ q: $a<0$ 또는 $b<0$
> ㄷ. p: $a^3-b^3=0$ q: $a^2-b^2=0$

① ㄱ   ② ㄷ   ③ ㄱ, ㄴ
④ ㄴ, ㄷ   ⑤ ㄱ, ㄴ, ㄷ

0953

실수 x에 대한 두 조건
$$p: -2 \le x-a < 2, \quad q: -2 < 3x+7 \le 19$$
에 대하여 p는 q이기 위한 충분조건이 되도록 하는 모든 정수 a의 값의 합은?

① 1   ② 2   ③ 3
④ 6   ⑤ 10

0954

두 양수 a, b에 대하여 $\left(a+\dfrac{9}{b}\right)\left(b+\dfrac{1}{a}\right)$은 $ab=m$일 때, 최솟값 n을 갖는다. 상수 m, n에 대하여 mn의 값은?

① 12   ② 24   ③ 36
④ 48   ⑤ 60

0955

한 가족의 구성원 A, B, C, D에 대하여 다음 두 명제가 모두 참일 때, 명제 'B가 어른이면 C가 어른이다.'가 참임을 보이기 위해 필요한 참인 명제로 옳은 것은?

(단, 이 가족은 어른과 아이로만 이루어져 있다.)

> (가) A가 어른이면 B는 아이다.
> (나) C가 어른이 아니면 D는 어른이다.

① A가 어른이면 D는 어른이다.
② B가 아이이면 C는 아이이다.
③ B가 어른이면 A는 아이가 아니다.
④ A가 어른이 아니면 D는 어른이다.
⑤ D가 아이가 아니면 A는 아이가 아니다.

0956 교육청 기출

다음은 $n \ge 2$인 자연수 n에 대하여 $\sqrt{n^2-1}$이 무리수임을 증명한 것이다.

> $\sqrt{n^2-1}$이 유리수라고 가정하면
> $\sqrt{n^2-1}=\dfrac{q}{p}$ (p, q는 서로소인 자연수)로 놓을 수 있다.
> 이 식의 양변을 제곱하여 정리하면 $p^2(n^2-1)=q^2$이다.
> p는 q^2의 약수이고 p, q는 서로소인 자연수이므로
> $n^2=\boxed{\quad(가)\quad}$이다.
> 자연수 k에 대하여
> (i) $q=2k$일 때
> $(2k)^2 < n^2 < \boxed{\quad(나)\quad}$인 자연수 n이 존재하지 않는다.
> (ii) $q=2k+1$일 때
> $\boxed{\quad(나)\quad} < n^2 < (2k+2)^2$인 자연수 n이 존재하지 않는다.
> (i)과 (ii)에 의하여
> $\sqrt{n^2-1}=\dfrac{q}{p}$ (p, q는 서로소인 자연수)를 만족시키는 자연수 n은 존재하지 않는다.
> 따라서 $\sqrt{n^2-1}$은 무리수이다.

위의 (가), (나)에 알맞은 식을 각각 $f(q)$, $g(k)$라 할 때, $f(2)+g(3)$의 값은?

① 50   ② 52   ③ 54
④ 56   ⑤ 58

📖 정답과 풀이 158쪽

0957

실수 x에 대하여 $x^2+\dfrac{9}{x^2+2}$는 $x=a$일 때, 최솟값 b를 갖는다. ab의 값은? (단, $a>0$)

① 4　　　　　② 6　　　　　③ 8

④ 10　　　　　⑤ 12

0958

곡선 $y=\dfrac{1}{x}$ $(x>0)$ 위의 점 $\mathrm{P}\left(a,\ \dfrac{1}{a}\right)$에서 x축과 y축에 내린 수선의 발을 각각 Q, R라 하자. 직사각형 OQPR의 둘레의 길이의 최솟값을 구하시오. (단, O는 원점이다.)

0959

명제 '어떤 실수 x에 대하여 $x^2-2ax+4\le0$이다.'가 참이고, 명제 '어떤 실수 x에 대하여 $x^2-ax+a\le0$이다.'가 거짓이 되도록 하는 모든 정수 a의 값의 합을 구하시오.

✏️ **서술형 대비하기**

0960

다음의 세 조건

$$p: x^2+ax+b=0,$$
$$q: x^2-(c-1)x-c=0,$$
$$r: x=1$$

에 대하여 p는 q이기 위한 필요충분조건이고 q는 r이기 위한 필요조건일 때, 상수 a, b, c에 대하여 $a+b+c$의 값을 구하시오.

0961

명제 '$k-1\le x\le k+3$인 어떤 실수 x에 대하여 $0\le x\le2$이다.'가 참이 되게 하는 정수 k의 개수를 구하시오.

0962

반지름의 길이가 5인 원 위의 두 점 A, B에 대하여 선분 AB는 원의 중심 O를 지난다. 이 원의 둘레 위에 한 점 P를 택할 때, $5\overline{\mathrm{AP}}+12\overline{\mathrm{BP}}$의 최댓값을 구하시오. (단, 점 P는 A, B가 아닌 원 위의 점이다.)

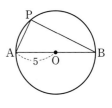

0963

전체집합 U에서의 세 조건 p, q, r의 진리집합을 각각 P, Q, R라 하자. 세 명제

$$\sim r \longrightarrow q, \quad \sim p \longrightarrow r, \quad p \longrightarrow \sim q$$

가 모두 참일 때, 보기에서 옳은 것만을 있는 대로 고른 것은?

> **보기**
> ㄱ. $R^C \subset P$
> ㄴ. $Q \subset R$
> ㄷ. $(Q-P) \cap R = Q$

① ㄱ   ② ㄱ, ㄴ   ③ ㄱ, ㄷ
④ ㄴ, ㄷ   ⑤ ㄱ, ㄴ, ㄷ

0964

세 양수 x, y, z에 대하여 $(x+y+9z)\left(\dfrac{4}{x+y}+\dfrac{1}{z}\right)$의 최솟값이 m일 때, $\sqrt{m}$의 값을 구하시오.

0965 교육청 기출

전체집합 U가 실수 전체의 집합일 때, 실수 x에 대한 두 조건 p, q가

$$p: a(x-1)(x-2) < 0, \quad q: x > b$$

이다. 두 조건 p, q의 진리집합을 각각 P, Q라 할 때, 옳은 것만을 보기에서 있는 대로 고른 것은? (단, a, b는 실수이다.)

> **보기**
> ㄱ. $a=0$일 때, $P=\varnothing$이다.
> ㄴ. $a>0$, $b=0$일 때, $P \subset Q$이다.
> ㄷ. $a<0$, $b=3$일 때, 명제 '$\sim p$이면 q이다.'는 참이다.

① ㄱ   ② ㄱ, ㄴ   ③ ㄱ, ㄷ
④ ㄴ, ㄷ   ⑤ ㄱ, ㄴ, ㄷ

0966

두 조건

$$p: k \le x \le 5, \quad q: x \le 1 \text{ 또는 } x \ge 3$$

에 대하여 명제 $\sim p \longrightarrow q$가 거짓임을 보이는 양의 정수 x가 2뿐일 때, 실수 k의 값의 범위를 구하시오. (단, $k<5$)

0967

전체집합 U의 세 부분집합 A, B, C에 대한 두 조건 p, q에 대하여 보기에서 p가 q이기 위한 필요충분조건인 것만을 있는 대로 고른 것은?

> **보기**
> ㄱ. $p: A=B$ $q: A \cup B = B$
> ㄴ. $p: A \subset B$이고 $A \subset C$ $q: A \subset (B \cap C)$
> ㄷ. $p: A \cup B = U$ $q: A = B^C$

① ㄱ   ② ㄴ   ③ ㄷ
④ ㄱ, ㄴ   ⑤ ㄴ, ㄷ

0968 교육청 기출

세 조건 p, q, r의 진리집합을 각각

$$P=\{3\}, \quad Q=\{a^2-1, b\}, \quad R=\{a, ab\}$$

라 하자. p는 q이기 위한 충분조건이고, r는 p이기 위한 필요조건일 때, $a+b$의 최솟값은? (단, a, b는 실수이다.)

① $-\dfrac{3}{2}$ ② -2 ③ $-\dfrac{5}{2}$

④ -3 ⑤ $-\dfrac{7}{2}$

0969

전체집합 $U=\{x \,|\, x$는 15 이하의 자연수$\}$에 대하여 두 조건

$$p: x는\ 12의\ 약수이다., \quad q: x는\ k의\ 배수이다.$$

의 진리집합을 각각 P, Q라 하자. 조건 'p이고 $\sim q$'의 진리집합이 P와 같도록 하는 모든 자연수 k의 값의 합을 구하시오.

(단, $k \leq 15$)

0970

세 실수 x, y, z에 대하여 조건 p, q, r를

$$p: x^2+y^2+z^2=0$$
$$q: x^2+y^2+z^2+xy+yz+zx=0$$
$$r: x^2+y^2+z^2-xy-yz-zx=0$$

이라 할 때, 보기에서 옳은 것만을 있는 대로 고른 것은?

> **보기**
> ㄱ. p는 q이기 위한 필요충분조건이다.
> ㄴ. p는 r이기 위한 충분조건이다.
> ㄷ. q는 r이기 위한 필요조건이다.

① ㄱ   ② ㄱ, ㄴ   ③ ㄱ, ㄷ
④ ㄴ, ㄷ   ⑤ ㄱ, ㄴ, ㄷ

0971

실수 x에 대한 두 조건

$$p: x^2+4ax+16 \geq 0, \quad q: x^2-2bx+9 \leq 0$$

이 있다. 다음 두 문장이 모두 참인 명제가 되도록 하는 정수 a, b의 순서쌍 (a, b)의 개수를 구하시오.

> ㈎ 모든 실수 x에 대하여 p이다.
> ㈏ p는 $\sim q$이기 위한 충분조건이다.

0972 교육청 기출

교내 체육대회에 우석, 상섭, 기훈, 종현이가 달리기 선수로 참가하였다. 달리기를 응원한 세 명의 학생 A, B, C에게 경기 결과를 물어보았다.

> A: "우석이가 1등, 종현이는 2등을 했습니다."
> B: "상섭이가 2등, 기훈이는 4등을 했습니다."
> C: "우석이가 3등, 상섭이는 4등을 했습니다."

이들 모두 두 선수의 등위를 대답했지만, 두 선수의 등위에 대한 대답 중 하나는 옳고 하나는 틀리다고 한다. 1등을 한 학생과 4등을 한 학생을 순서대로 나열하면?

(단, 같은 등위의 선수는 없다.)

① 상섭, 기훈 ② 상섭, 우석 ③ 기훈, 종현
④ 종현, 상섭 ⑤ 우석, 기훈

0973 교육청 기출

다음 조건을 만족시키는 집합 A의 개수는?

> ㈎ $\{0\} \subset A \subset \{x \mid x$는 실수$\}$
> ㈏ $a^2-2 \notin A$이면 $a \notin A$이다.
> ㈐ $n(A)=4$

① 3 ② 4 ③ 5
④ 6 ⑤ 7

0974 교육청 기출

그림과 같이 $\overline{AB}=2$, $\overline{AC}=3$, $\angle A=30°$인 삼각형 ABC의 변 BC 위의 점 P에서 두 직선 AB, AC 위에 내린 수선의 발을 각각 M, N이라 하자. $\dfrac{\overline{AB}}{\overline{PM}} + \dfrac{\overline{AC}}{\overline{PN}}$의 최솟값이 $\dfrac{q}{p}$일 때, $p+q$의 값을 구하시오. (단, p와 q는 서로소인 자연수이다.)

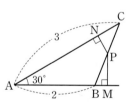

함수와 그래프

유형 **01** 함수의 뜻

(1) 집합 X의 각 원소에 집합 Y의 원소가 오직 하나씩 대응할 때
  ➡ X에서 Y로의 함수이다.
(2) 집합 X의 각 원소에 대응하는 집합 Y의 원소가 없거나 2개 이상일 때
  ➡ X에서 Y로의 함수가 아니다.

Tip 그래프를 보고 함수 여부를 판단하는 경우
    y축 또는 y축과 평행한 직선을 그었을 때
    (1) 교점이 항상 1개이면 함수의 그래프이다.
    (2) 교점이 없거나 2개 이상인 경우가 있으면 함수의 그래프가 아니다.

🎧 개념ON 354쪽, 360쪽 🎧 유형ON 2권 104쪽

0975 대표문제

두 집합 $X=\{-1,\ 0,\ 1\}$, $Y=\{0,\ 1,\ 2,\ 3\}$에 대하여 다음 중 X에서 Y로의 함수인 것은?

① $f(x)=x^3$ ② $f(x)=x-4$
③ $f(x)=x^2+3$ ④ $f(x)=|x-1|$
⑤ $f(x)=-2x+2$

0976

다음 중 함수의 그래프가 될 수 <u>없는</u> 것은?

①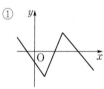

②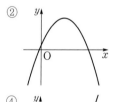

③

④

⑤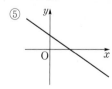

0977 ✅ 중요

두 집합 $X=\{x\,|\,-1\le x\le 2\}$, $Y=\{y\,|\,-2\le y\le 5\}$에 대하여 보기에서 X에서 Y로의 함수인 것만을 있는 대로 고른 것은?

┌ 보기 ┐
  ㄱ. $f(x)=x^2+1$
  ㄴ. $g(x)=-5|x|+3$
  ㄷ. $h(x)=2x+1$
└──────┘

① ㄱ   ② ㄷ   ③ ㄱ, ㄷ
④ ㄴ, ㄷ   ⑤ ㄱ, ㄴ, ㄷ

유형 **02** 함숫값

(1) 함수 $f(x)$에서 $f(k)$의 값 구하기
  ➡ x 대신 k를 대입하여 계산한다.
(2) 함수 $f(ax+b)$에서 $f(k)$의 값 구하기
  ➡ $ax+b=k$를 만족시키는 x의 값을 구한 후, 그 수를 x 대신 대입하여 계산한다.

확인 문제

다음 함수에 대하여 $f(2)$의 값을 구하시오.
(1) $f(x)=2x+3$
(2) $f(x)=x^2+1$
(3) $f(x)=x^2-x-1$

🎧 유형ON 2권 104쪽

0978 대표문제

함수 $f(x)$에 대하여 $f(2x+1)=x^2+k$이고 $f(3)=8$일 때, $f(k)$의 값을 구하시오. (단, k는 상수이다.)

0979

함수 f가 실수 전체의 집합에서
$$f(x)=\begin{cases} -x-1 & (x<2) \\ 3x^2-2 & (x\ge 2) \end{cases}$$
로 정의될 때, $f(-2)+f(\sqrt{5})$의 값을 구하시오.

0980 ✅중요

함수 $f(x)$에 대하여 $f\left(\dfrac{x-1}{3}\right)=2x-1$일 때, $f(3)$의 값을 구하시오.

0981 ✏️서술형

음이 아닌 정수 전체의 집합에서 정의된 함수 $f(x)$가

$$f(x)=\begin{cases} x-1 & (0\le x\le 5) \\ f(x-5) & (x>5) \end{cases}$$

일 때, $f(3)+f(22)$의 값을 구하시오.

0982

음이 아닌 정수 전체의 집합에서 정의된 함수 f가

$$f(0)=1,\ f(x)=\begin{cases} f\left(\dfrac{x}{2}\right) & (x는\ 짝수) \\ f\left(\dfrac{x-1}{2}\right) & (x는\ 홀수) \end{cases}$$

일 때, $f(5)+f(14)$의 값을 구하시오.

0983

실수 전체의 집합에서 정의된 함수 $f(x)$가

$$f(x)=\begin{cases} x+3 & (x는\ 유리수) \\ -2x & (x는\ 무리수) \end{cases}$$

일 때, 이차방정식 $x^2-8x+4=0$의 두 근 α, β에 대하여 $f(\alpha)+f(\beta)+f(\alpha\beta)$의 값을 구하시오.

유형 03 조건을 이용하여 함숫값 구하기

$f(x+y)=f(x)f(y)$ 또는 $f(x+y)=f(x)+f(y)$의 조건이 주어졌을 때 특정한 함숫값을 구하기 위해서는 x, y에 적당한 값을 대입하여 함숫값을 구한다.

🎧 유형ON 2권 105쪽

0984 대표문제

실수 전체의 집합에서 정의된 함수 f가 임의의 두 실수 a, b에 대하여 $f(a+b)=\dfrac{f(a)+f(b)+3}{5}$을 만족시킬 때, $f(4)+f(-4)$의 값을 구하시오.

0985

함수 $f(x)$가 임의의 두 실수 a, b에 대하여

$$f(a+b)=f(a)+f(b)+ab$$

를 만족시킨다. $f(1)=\dfrac{1}{2}$일 때, $f(-1)$의 값은?

① $-\dfrac{1}{2}$ ② $-\dfrac{1}{4}$ ③ 1

④ $\dfrac{1}{4}$ ⑤ $\dfrac{1}{2}$

0986 ✅중요 ✏️서술형

$f(1)=2$인 함수 $f(x)$가 다음 조건을 만족시킨다.

> (가) 모든 실수 x에 대하여 $f(x)>0$이다.
> (나) 임의의 두 실수 x, y에 대하여 $f(x+y)=f(x)f(y)$이다.

$f(2)+f(-2)$의 값을 구하시오.

0987

함수 $f(x)$가 임의의 두 실수 x, y에 대하여
$f(x+y)=f(x)+f(y)$를 만족시키고 $f(2)=3$일 때, $f\left(\dfrac{4}{3}\right)$의 값을 구하시오.

⟜ 개념ON 356쪽　⟜ 유형ON 2권 105쪽

유형 04　정의역, 공역, 치역

집합 X에서 집합 Y로의 함수 f는 기호로 $f : X \longrightarrow Y$와 같이 나타낸다.
(1) **정의역**: 집합 X
(2) **공역**: 집합 Y
(3) **치역**: 함숫값의 전체 집합, 즉 $\{f(x) | x \in X\}$

> **확인 문제**
>
> 다음 함수의 정의역과 치역을 구하시오.
> (1) $y=2x+3$
> (2) $y=-x^2+2$

0988 대표문제

두 집합 $X=\{0,\ 1,\ 2,\ 3,\ 4\}$, $Y=\{y | y$는 정수$\}$에 대하여 함수 $f : X \longrightarrow Y$를 $f(x)=(x^2+1$을 4로 나눈 나머지$)$로 정의할 때, 함수 f의 치역의 모든 원소의 합은?

① 1　　　　② 2　　　　③ 3
④ 4　　　　⑤ 5

0989

함수 $y=3x+1$의 정의역이 $\{x | x$는 8의 양의 약수$\}$일 때, 다음 중 이 함수의 치역의 원소가 <u>아닌</u> 것은?

① 1　　　　② 4　　　　③ 7
④ 13　　　⑤ 25

0990 중요

함수 $f(x)=x^2-3x+a$의 정의역이 $\{x | 0 \leq x \leq 4\}$이고 치역이 $\left\{y | -\dfrac{1}{4} \leq y \leq b\right\}$일 때, 상수 a, b에 대하여 $a+b$의 값을 구하시오. $\left($단, $b > -\dfrac{1}{4}\right)$

0991

정의역이 $\{-1,\ a,\ b,\ 5\}$인 함수 $y=x^2-4x+1$의 치역이 $\{-2,\ 6\}$일 때, 상수 a, b에 대하여 $b-a$의 값을 구하시오.
(단, $a < b$이고 $a \neq -1$, $b \neq 5$이다.)

0992

집합 $X=\{x | -3 \leq x \leq 1\}$에 대하여 X에서 X로의 함수 $f(x)=ax+b$의 치역과 공역이 서로 같다. 두 상수 a, b에 대하여 a^2+b^2의 값을 구하시오. (단, $ab \neq 0$)

0993

집합 $X=\{x | x=3k+9,\ k$는 한 자리 자연수$\}$에 대하여 X를 정의역으로 하는 함수 f를
$$f(x)=(x의\ 각\ 자리의\ 숫자를\ 모두\ 곱한\ 수)$$
로 정의하자. 예를 들어 $f(12)=1 \times 2 = 2$이다. 함수 $f(x)$의 치역의 원소의 개수는?

① 5　　　　② 6　　　　③ 7
④ 8　　　　⑤ 9

유형 05 서로 같은 함수

두 함수 f, g가 다음을 만족시키면 f와 g는 서로 같은 함수이다.
(1) 정의역이 서로 같다.
(2) 정의역의 모든 원소 x에 대하여 $f(x)=g(x)$이다.

확인 문제

정의역이 $\{-1, 0, 1\}$인 다음 두 함수 f, g가 서로 같은 함수인지 알아보시오.
(1) $f(x)=|x|-1, g(x)=x-1$
(2) $f(x)=x^3+x, g(x)=2x$

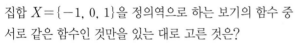
🎧 개념ON 358쪽   🎧 유형ON 2권 106쪽

0994 대표문제

집합 $X=\{a, b\}$를 정의역으로 하는 두 함수
$$f(x)=2x^2+4x-5, g(x)=x^2+3x+7$$
이 서로 같을 때, $a+b$의 값은?
(단, a와 b는 서로 다른 실수이다.)

① -2 ② -1 ③ 0
④ 1 ⑤ 2

0995

집합 $X=\{-1, 0, 1\}$을 정의역으로 하는 보기의 함수 중 서로 같은 함수인 것만을 있는 대로 고른 것은?

보기
ㄱ. $y=3x^2+3$
ㄴ. $y=\begin{cases} 2 & (x=0) \\ x^2+x & (x\neq 0) \end{cases}$
ㄷ. $y=3\left|2x^2-\dfrac{1}{2}\right|+\dfrac{3}{2}$
ㄹ. $y=2x+4$

① ㄱ, ㄴ   ② ㄱ, ㄷ   ③ ㄱ, ㄹ
④ ㄴ, ㄷ   ⑤ ㄴ, ㄹ

0996 중요 서술형

집합 $X=\{-1, 1\}$을 정의역으로 하는 두 함수
$f(x)=3x^2-x-1, g(x)=ax+b$에 대하여 $f=g$일 때, ab의 값을 구하시오. (단, a, b는 상수이다.)

0997

집합 X를 정의역으로 하는 두 함수 $f(x)=x^2$, $g(x)=5x-6$에 대하여 $f=g$가 되도록 하는 집합 X를 모두 구하시오. (단, $X\neq\varnothing$)

0998 교육청 기출

두 집합 $X=\{0, 1, 2\}, Y=\{1, 2, 3, 4\}$에 대하여 두 함수 $f:X\longrightarrow Y, g:X\longrightarrow Y$를
$$f(x)=2x^2-4x+3, g(x)=a|x-1|+b$$
라 하자. 두 함수 f와 g가 서로 같도록 하는 상수 a, b에 대하여 $2a-b$의 값은?

① -3 ② -1 ③ 1
④ 3 ⑤ 5

유형 06 일대일함수와 일대일대응

(1) 일대일함수
정의역의 두 원소 x_1, x_2에 대하여
$x_1\neq x_2$이면 $f(x_1)\neq f(x_2)$이다.
(2) 일대일대응
함수 f가 일대일함수이고, (치역)=(공역)이다.

🎧 개념ON 362쪽   🎧 유형ON 2권 107쪽

0999 대표문제

보기의 함수는 모두 실수 전체의 집합에서 실수 전체의 집합으로의 함수이다. 이 중 일대일대응인 것만을 있는 대로 고른 것은?

보기
ㄱ. $y=-0.5$
ㄴ. $y=x$
ㄷ. $y=\dfrac{1}{2}x^2$
ㄹ. $y=-2x+1$
ㅁ. $y=x^2-3x+1$
ㅂ. $y=5-x$

① ㄱ, ㄴ, ㄷ   ② ㄴ, ㄷ, ㅁ   ③ ㄴ, ㄹ, ㅁ
④ ㄴ, ㄹ, ㅂ   ⑤ ㄹ, ㅁ, ㅂ

1000 교육청 기출

두 집합 $X=\{1, 2, 3, 4\}$, $Y=\{5, 6, 7, 8\}$에 대하여 함수 f는 X에서 Y로의 일대일대응이다.

$$f(1)=7, \; f(2)-f(3)=3$$

일 때, $f(3)+f(4)$의 값은?

① 11   ② 12   ③ 13

④ 14   ⑤ 15

1001 중요 서술형

집합 $X=\{0, 1, 2\}$에 대하여 X에서 X로의 함수
$f(x)=ax^2+bx+1$이 일대일대응일 때, $a-b$의 최댓값을 구하시오. (단, a, b는 상수이다.)

1002 중요

보기는 실수 전체의 집합 R에서 R로의 함수의 그래프를 나타낸 것이다. 이 중 일대일함수의 개수를 a, 치역과 공역이 같은 함수의 개수를 b, 일대일대응의 개수를 c라 할 때, $a+b+c$의 값을 구하시오.

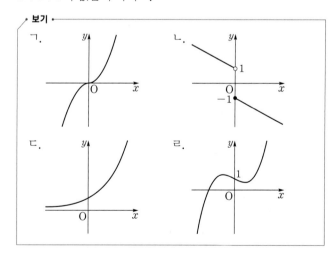

보기

ㄱ.   ㄴ.   ㄷ.   ㄹ.

유형 07 일대일대응이 되기 위한 조건

정의역의 원소 x가 범위로 주어진 경우 함수 $f(x)$가 일대일대응이 되려면

(1) x의 값이 증가할 때 $f(x)$의 값은 항상 증가하거나 항상 감소해야 한다.

(2) 정의역의 양 끝 값의 함숫값이 공역의 양 끝 값이어야 한다.

⋒ 개념 ON 364쪽   ⋒ 유형 ON 2권 107쪽

1003 대표문제

두 집합 $X=\{x|-1\leq x\leq 2\}$, $Y=\{y|-2\leq y\leq 7\}$에 대하여 X에서 Y로의 함수 $f(x)=mx+n$이 일대일대응일 때, mn의 값을 구하시오. (단, $m>0$이고, m, n은 상수이다.)

1004 교육청 기출

두 집합
$$X=\{x|-3\leq x\leq 5\}, \; Y=\{y||y|\leq a, \; a>0\}$$
에 대하여 X에서 Y로의 함수 $f(x)=2x+b$가 일대일대응이다. 두 상수 a, b에 대하여 a^2+b^2의 값은?

① 66   ② 68   ③ 70

④ 72   ⑤ 74

1005 교육청 기출

실수 전체의 집합에서 정의된 함수
$$f(x)=\begin{cases} (a+3)x+1 & (x<0) \\ (2-a)x+1 & (x\geq 0) \end{cases}$$

이 일대일대응이 되도록 하는 모든 정수 a의 개수는?

① 1   ② 2   ③ 3

④ 4   ⑤ 5

1006

두 집합 $X=\{x\,|-2\leq x\leq 3\}$, $Y=\{y\,|\,1\leq y\leq 6\}$에 대하여 X에서 Y로의 함수 $f(x)=ax+b$가 일대일대응일 때, $a+b$의 최댓값을 구하시오. (단, a, b는 상수이다.)

1007

두 집합 $X=\{x\,|\,x\geq 5\}$, $Y=\{y\,|\,y\geq 3\}$에 대하여 X에서 Y로의 함수 $f(x)=x^2-6x+a$가 일대일대응일 때, $f(7)$의 값을 구하시오. (단, a는 상수이다.)

1008

집합 $A=\{x\,|\,x\leq k\}$에 대하여 A에서 A로의 함수 $f(x)=-x^2-4x$가 일대일대응일 때, 실수 k의 값은?

① -7 ② -5 ③ -2

④ 0 ⑤ 3

1009

함수 $f(x)=a|x-2|+3x+1$이 일대일대응일 때, 실수 a의 값의 범위를 구하시오.

유형 08   항등함수와 상수함수

(1) **항등함수**

함수 $f:X\longrightarrow X$에서 $x\in X$인 모든 실수 x에 대하여 $f(x)=x$를 만족시키면 f는 항등함수이다.

(2) **상수함수**

함수 $f:X\longrightarrow Y$에서 $x\in X$인 모든 실수 x에 대하여 $f(x)=k$를 만족시키면 f는 상수함수이다. (단, $k\in Y$)

🎧 개념ON 366쪽   🎧 유형ON 2권 109쪽

1010   대표문제

보기는 집합 $X=\{2,\ 3,\ 5,\ 7\}$에서 X로의 대응을 나타낸 것이다. 이 중 함수인 것의 개수를 a, 항등함수인 것의 개수를 b, 상수함수인 것의 개수를 c라 할 때, $a+2b+3c$의 값을 구하시오.

> **보기**
>
> ㄱ. $f(x)=|x|$
> ㄴ. $g(x)=x-2$
> ㄷ. $h(x)=(x$의 양의 약수의 개수$)$
> ㄹ. $i(x)=(x$를 10으로 나눈 나머지$)$

1011   교육청 기출

집합 $X=\{-3,\ 1\}$에 대하여 X에서 X로의 함수

$$f(x)=\begin{cases}2x+a & (x<0)\\ x^2-2x+b & (x\geq 0)\end{cases}$$

이 항등함수일 때, $a\times b$의 값은? (단, a, b는 상수이다.)

① 4 ② 6 ③ 8

④ 10 ⑤ 12

1012   중요   서술형

집합 $X=\{-2,\ 0,\ 2\}$에 대하여 X에서 X로의 세 함수 f, g, h는 각각 일대일대응, 항등함수, 상수함수이고

$$f(-2)=g(2)=h(0),\ f(-2)+f(2)=f(0)$$

을 만족시킬 때, $f(2)g(-2)h(0)$의 값을 구하시오.

1013

집합 $X=\{1, 2, 3, 4\}$일 때, X에서 X로의 세 함수 f, g, h는 각각 항등함수, 상수함수, 일대일대응이고, 다음 조건을 만족시킨다. $h(2)+h(3)$의 값은?

> ㈎ $f(3)=g(3)$, $g(4)=h(4)$
> ㈏ $h(1)-h(2)=1$

① 3   ② 4   ③ 5
④ 6   ⑤ 7

1014 ✅중요

X에서 X로의 함수 $f(x)=2x^2-x$가 항등함수가 되도록 하는 공집합이 아닌 집합 X의 개수는?

① 1   ② 2   ③ 3
④ 4   ⑤ 5

1015

집합 $X=\{a, b, c\}$에 대하여 X에서 X로의 함수

$$f(x)=\begin{cases} -2 & (x<0) \\ 3x-2 & (0 \le x < 2) \\ 4 & (x \ge 2) \end{cases}$$

가 항등함수일 때, $f(a)+f(b)+f(c)$의 값은?
(단, a, b, c는 서로 다른 상수이다.)

① 1   ② 2   ③ 3
④ 4   ⑤ 5

유형 09 함수의 개수

두 집합 X, Y의 원소의 개수가 각각 m, n $(m \le n)$일 때
(1) 함수 $f:X \longrightarrow Y$의 개수 ➡ n^m
(2) 함수 $f:X \longrightarrow Y$ 중 일대일함수인 함수 f의 개수
    ➡ $_nP_m$
(3) 함수 $f:X \longrightarrow Y$ 중 일대일대응인 함수 f의 개수
    (단, $n=m$)
    ➡ $_nP_n=n!$
(4) 함수 $f:X \longrightarrow Y$ 중 $a<b$이면 $f(a)<f(b)$를 만족시키는 함수 f의 개수
    ➡ $_nC_m$
(5) 함수 $f:X \longrightarrow Y$ 중 상수함수 f의 개수 ➡ n

확인 문제

두 집합 $X=\{1, 2, 3, 4\}$, $Y=\{5, 6, 7, 8\}$에 대하여 함수 $f:X \longrightarrow Y$ 중 일대일대응인 함수 f의 개수를 구하시오.

🎧 개념ON 368쪽   🎧 유형ON 2권 110쪽

1016 대표문제

두 집합 $X=\{0, 1, 2\}$, $Y=\{-1, 0, 1, 2, 3\}$에 대하여 X에서 Y로의 함수의 개수를 a, X에서 Y로의 함수 중 일대일함수의 개수를 b, 일대일대응의 개수를 c, 상수함수의 개수를 d라 할 때, $a+b+c+d$의 값을 구하시오.

1017

집합 $X=\{1, 2, 3, 4\}$에서 집합 $Y=\{1, 2, 3, 4, 5, 6, 7\}$로의 함수 f 중에서 $a<b$이면 $f(a)<f(b)$인 함수 f의 개수는? (단, $a \in X$, $b \in X$)

① 15   ② 20   ③ 25
④ 30   ⑤ 35

1018 ✅중요 ✏️서술형

두 집합 $X=\{1, 2, 3, 4, 5\}$, $Y=\{6, 7, 8, 9, 10\}$에 대하여 X에서 Y로의 함수 중 $f(1)=6$, $f(2)=8$인 일대일대응 f의 개수를 구하시오.

1019 ✅중요

두 집합 $X=\{1, 2, 3\}$, $Y=\{a, b, c, d, e\}$에 대하여 다음 조건을 만족시키는 함수 $f:X \longrightarrow Y$의 개수는?

$x_1 \in X$, $x_2 \in X$인 임의의 두 실수 x_1, x_2에 대하여 $x_1 \neq x_2$이면 $f(x_1) \neq f(x_2)$이다.

① 6   ② 27   ③ 60
④ 120   ⑤ 125

1020 교육청 기출

집합 $A=\{-2, -1, 0, 1, 2\}$에 대하여 다음 두 조건을 모두 만족하는 함수 f의 개수를 구하시오.

㈎ 함수 f는 A에서 A로의 함수이다.
㈏ A의 모든 원소 x에 대하여 $f(-x)=-f(x)$이다.

1021 ✅중요

두 집합 $X=\{a, b, c, d, e\}$, $Y=\{1, 3, 5, 7, 9\}$에 대하여 다음 조건을 만족시키는 함수 $f:X \longrightarrow Y$의 개수는?

㈎ 함수 f는 일대일대응이다.
㈏ $f(a)+f(b)=10$

① 3   ② 6   ③ 12
④ 24   ⑤ 48

1022

두 집합 $X=\{1, 2, 3, 4, 5\}$, $Y=\{1, 2, 3, 4, 5, 6, 7, 8, 9\}$에 대하여 다음 조건을 만족시키는 함수 $f:X \longrightarrow Y$의 개수는?

㈎ $x_1 \in X$, $x_2 \in X$일 때, $x_1 < x_2$이면 $f(x_1) < f(x_2)$이다.
㈏ $f(3)=4$

① 30   ② 40   ③ 45
④ 50   ⑤ 60

1023 교육청 기출

집합 $X=\{1, 2, 3, 4\}$일 때, 함수 $f:X \longrightarrow X$ 중에서 집합 X의 모든 원소 x에 대하여 $x+f(x) \geq 4$를 만족시키는 함수 f의 개수를 구하시오.

1024 교육청 기출

집합 $X=\{1, 2, 3, 4, 5, 6, 7, 8\}$에 대하여 일대일대응인 함수 $f:X \longrightarrow X$가 다음 조건을 만족시킬 때, 함수 f의 개수를 구하시오.

㈎ p가 소수일 때, $f(p) \leq p$이다.
㈏ $a < b$이고 a가 b의 약수이면 $f(a) < f(b)$이다.

두 함수 f, g에 대하여 $(f \circ g)(a)$의 값은 다음과 같이 구한다.

(1) $(f \circ g)(a) = f(g(a))$이므로 $f(x)$에서 x 대신 $g(a)$의 값을 대입하여 구한다.

(2) 합성함수 $(f \circ g)(x)$를 직접 구한 뒤, $x = a$를 대입하여 구한다.

확인 문제

두 함수 $f(x) = x + 1$, $g(x) = -x^2 + 3$에 대하여 다음을 구하시오.

(1) $(g \circ f)(-1)$ (2) $(f \circ g)(0)$

(3) $(f \circ f)(2)$ (4) $(g \circ g)(1)$

🔍 개념ON 376쪽   🔍 유형ON 2권 111쪽

1025 대표문제

두 함수

$$f(x) = \begin{cases} 12 - 4x & (x \geq 2) \\ 4 & (x < 2) \end{cases}, \quad g(x) = \frac{1}{4}x^2 - 2$$

에 대하여 $(g \circ f)(1) + (f \circ g)(6)$의 값을 구하시오.

1026

실수 전체의 집합에서 정의된 함수 $f(x)$가

$$f(x) = \begin{cases} 3x & (x\text{는 유리수}) \\ -x^2 & (x\text{는 무리수}) \end{cases}$$

일 때, $f(\sqrt{3}) + (f \circ f)(\sqrt{3})$의 값을 구하시오.

1027

집합 $X = \{1, 2, 3, 4\}$에 대하여 함수 $f : X \longrightarrow X$가 그림과 같을 때, $(f \circ f)(4) + (f \circ f \circ f)(4)$의 값을 구하시오.

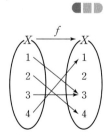

1028

실수 전체의 집합에서 정의된 세 함수

$$f(x) = -3x + 2, \quad g(x) = x, \quad h(x) = x^2 + 1$$

에 대하여 $(h \circ g \circ f)(1)$의 값은?

① 2   ② 4   ③ 6

④ 8   ⑤ 10

1029 ✅중요

두 집합 $X = \{1, 2, 3, 4\}$, $Y = \{0, 2, 4, 6\}$에 대하여 두 함수 $f : X \longrightarrow Y$, $g : Y \longrightarrow X$가 그림과 같을 때, $(g \circ f)(1) + (f \circ g)(4)$의 값은?

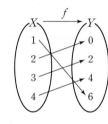 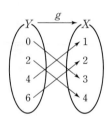

① 5   ② 6   ③ 7

④ 8   ⑤ 9

1030

세 함수 f, g, h에 대하여

$$f(x) = x + 4, \quad (h \circ g)(x) = 5x - 9$$

일 때, $(h \circ (g \circ f))(a) = -4$를 만족시키는 상수 a의 값을 구하시오.

유형 11 $f \circ g = g \circ f$인 경우

(1) $f(g(x)) = g(f(x))$에 주어진 함숫값을 대입하여 미지수를 구하거나 함숫값을 구한다.

(2) 두 합성함수 $f \circ g, g \circ f$를 직접 구한 후, 항등식을 이용하여 미지수를 구한다.

🔘 개념ON 378쪽 🔘 유형ON 2권 111쪽

1031 대표문제

집합 $X = \{1, 2, 3, 4, 5\}$에 대하여 함수 $f : X \longrightarrow X$의 대응 관계가 그림과 같다. 함수 $g : X \longrightarrow X$가 $f \circ g = g \circ f$, $g(1) = 4$를 만족시킬 때, $g(2) + g(3)$의 값을 구하시오.

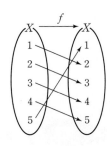

1032 ✏️ 서술형

두 함수 $f(x) = ax + 7$, $g(x) = -x + 1$에 대하여 $f \circ g = g \circ f$가 성립할 때, 상수 a의 값을 구하시오.

1033 ✅중요

집합 $X = \{1, 2, 3, 4\}$에 대하여 함수 $f : X \longrightarrow X$는
$$f(x) = \begin{cases} x+1 & (x \neq 4) \\ 1 & (x = 4) \end{cases}$$
이다. 함수 $g : X \longrightarrow X$가 $g(1) = 3$, $g \circ f = f \circ g$를 만족시킬 때, $g(2) + g(4)$의 값을 구하시오.

1034

두 함수 $f(x) = ax + 4$, $g(x) = bx - 8$이 $f \circ g = g \circ f$를 만족시킬 때, 두 양수 a, b에 대하여 $160ab$의 최댓값을 구하시오.

유형 12 $f \circ g$에 대한 조건이 주어진 경우

미지수를 포함한 두 함수 f, g에 대하여 합성함수 $f \circ g$에 대한 조건이 주어졌을 때, 합성함수 $f \circ g$를 미지수가 포함된 식으로 나타낸 후 주어진 조건을 만족시키는 미지수의 값 또는 범위를 구한다.

🔘 유형ON 2권 112쪽

1035 대표문제

두 함수 $f(x) = x^2 + a$, $g(x) = x^2 - a$에 대하여
$$(f \circ g)(1) = (g \circ f)(-1) + 4$$
일 때, 상수 a의 값은?

① -4 ② -2 ③ 0
④ 2 ⑤ 4

1036 ✅중요

함수 $f(x) = x^2 + ax$에 대하여 $(f \circ f)(x)$가 $x - 2$로 나누어떨어지도록 하는 모든 실수 a의 값의 합은?

① $-\dfrac{10}{3}$ ② -3 ③ $-\dfrac{8}{3}$
④ $-\dfrac{7}{3}$ ⑤ -2

08 함수

1037

두 함수 $f(x)=3x+2$, $g(x)=x^2-6x+a$가 모든 실수 x에 대하여 $(g \circ f)(x) \geq 0$을 만족시킬 때, 실수 a의 최솟값을 구하시오.

1038

실수 전체의 집합에서 정의된 일차함수 f가 $(f \circ f)(x)=9x-8$을 만족시킨다. 직선 $y=f(x)$의 기울기가 음수일 때, $f(-3)$의 값을 구하시오.

1039 ✅중요

실수 전체의 집합에서 정의된 함수

$$f(x)=\begin{cases} x+4 & (x \geq 2) \\ ax+3 & (x<2) \end{cases}$$

이 $(f \circ f)(-1)=-15$를 만족시킬 때, $(f \circ f)\left(\dfrac{1}{2}\right)$의 값을 구하시오. (단, a는 실수이다.)

1040

집합 $X=\{1, 2, 3, 4\}$에서 X로의 함수 f가 그림과 같다. 함수 $g : X \longrightarrow X$가 다음 조건을 만족시킬 때, $(f \circ g)(3)-(g \circ f)(3)$의 값을 구하시오.

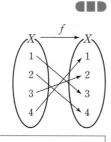

(가) 함수 g는 일대일대응이다.
(나) $(f \circ g)(1)=4$, $(g \circ f)(2)=1$
(다) $g(2)>g(3)$

1041 ✅중요

집합 $X=\{1, 2, 3, 4\}$에 대하여 X에서 X로의 두 함수 f, g가 모두 일대일대응이고, 다음 조건을 만족시킨다.

(가) $f(1)=2$, $g(3)=4$, $g(4)=2$
(나) $(g \circ f)(3)=2$, $(g \circ f)(2)=3$

$f(4)+(f \circ g)(2)$의 값은?

① 3 　　　　② 4 　　　　③ 5
④ 6 　　　　⑤ 7

🔘 개념ON 380쪽 　🔘 유형ON 2권 112쪽

유형 13 $f \circ h=g$를 만족시키는 함수 구하기

(1) $f(x)$, $g(x)$가 주어진 경우
➡ $f(h(x))=g(x)$임을 이용하여 $h(x)$를 구한다.
(2) $g(x)$, $h(x)$가 주어진 경우
➡ $h(x)=t$로 치환한 후, $f(h(x))=g(x)$에서 $g(x)$를 t에 대한 식으로 바꾸어 $f(t)$를 구한다.

1042 대표문제 교육청 기출

두 함수 $f(x)=\dfrac{1}{2}x+1$, $g(x)=-x^2+5$가 있다. 모든 실수 x에 대하여 함수 $h(x)$가 $(f \circ h)(x)=g(x)$를 만족시킬 때, $h(3)$의 값은?

① -10 　　　② -5 　　　③ 0
④ 5 　　　　⑤ 10

1043

두 함수 f, g가 $f(x)=2x+1$, $g(x)=x-1$일 때, $(h \circ f)(x)=g(x)$를 만족시키는 함수 $h(x)$에 대하여 $h(5)$의 값을 구하시오.

1044

두 함수 f, g가 $f(x)=-4x+9$, $g(x)=3x-2$일 때, $(h \circ (g \circ f))(x)=f(x)$를 만족시키는 함수 $h(x)$에 대하여 $h(-5)$의 값을 구하시오.

1045

두 함수 f, g가 $f(x)=x^2-4x+7$, $g(x)=x+a$일 때, $(h \circ g)(x)=f(x)$를 만족시키는 함수 h에 대하여 $h(1)=3$이다. $h(2)$의 값을 구하시오. (단, a는 상수이다.)

1046 ✅중요

세 함수 $f(x)=2x-4$, $g(x)=5x+k$, $h(x)$에 대하여
$$(f \circ h)(x)=g(x)$$
이고, $h(1)=g(1)$일 때, $h(k)$의 값은? (단, k는 상수이다.)

① -3 ② -2 ③ -1

④ 0 ⑤ 1

1047 ✅중요 ✍서술형

두 함수 $f(x)=2x-1$, $g(x)=4(x^2-x+1)$에 대하여 $(h \circ f)(x)=g(x)$를 만족시키는 함수 $h(x)$의 최솟값을 구하시오.

1048

두 함수 f, g가 $(f \circ g)(x)=\{g(x)\}^2-3g(x)+3$, $(g \circ f)(x)=\{g(x)\}^2-\dfrac{3}{4}$을 만족시킨다. $g(x)=ax+b$라 할 때, $a+2b$의 값은? (단, a, b는 상수이고 $a \neq 0$이다.)

① -4 ② $-\dfrac{7}{2}$ ③ -3

④ $-\dfrac{5}{2}$ ⑤ -2

유형 14 f^n 꼴의 합성함수

함수 f에 대하여 $f^{n+1}=f \circ f^n$ 꼴일 때, $f^n(a)$의 값은 다음과 같은 방법으로 구한다.
(1) $f^1(a)$, $f^2(a)$, $f^3(a)$, $\cdots$의 값에서 규칙을 찾아 $f^n(a)$의 값을 구한다.
(2) $f^1(x)$, $f^2(x)$, $f^3(x)$, $\cdots$의 식을 직접 구한 후, $f^n(x)$의 식을 구하여 x 대신 a를 대입한다.

🎧 개념ON 382쪽   🎧 유형ON 2권 113쪽

1049 대표문제

집합 $X=\{1, 2, 3, 4\}$에 대하여 함수 $f: X \longrightarrow X$가 그림과 같다. $f^1=f$, $f^{n+1}=f \circ f^n$ (n은 자연수)라 할 때, $f^{50}(1)+f^{51}(2)$의 값을 구하시오.

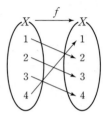

1050 ✅중요

함수 $f(x)=1-x$에 대하여 $f^{25}(7)+f^{50}(7)$의 값을 구하시오. (단, $f^1=f$, $f^{n+1}=f \circ f^n$이고, n은 자연수이다.)

1051 교육청 기출

집합 $A=\{1, 2, 3, 4\}$에 대하여 함수 $f: A \longrightarrow A$를
$$f(x)=\begin{cases} x+1 & (x \leq 3) \\ 1 & (x=4) \end{cases}$$
로 정의하자.
$$f^1(x)=f(x), \quad f^{n+1}(x)=f(f^n(x)) \ (n=1, 2, 3, \cdots)$$
라 할 때, $f^{2012}(2)+f^{2013}(3)$의 값은?

① 3 ② 4 ③ 5

④ 6 ⑤ 7

유형 15 그래프를 이용하여 합성함수의 함숫값 구하기

함수 $y=f(x)$의 그래프가 두 점 (a, b), (b, c)를 지나면
$(f \circ f)(a)=f(f(a))=f(b)=c$이다.

⬤ 개념ON 384쪽　⬤ 유형ON 2권 113쪽

1052 대표문제

그림은 함수 $y=f(x)$의 그래프와
직선 $y=x$를 나타낸 것이다.
$(f \circ f \circ f)(d)$의 값은? (단, 모든
점선은 x축 또는 y축에 평행하다.)

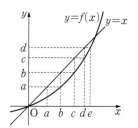

① a　　　　② b
③ c　　　　④ d
⑤ e

1053 중요

그림은 함수 $y=f(x)$의 그래프
와 직선 $y=x$를 나타낸 것이다.
$(f \circ f \circ f)(a)$의 값은? (단, 모
든 점선은 x축 또는 y축에 평행
하다.)

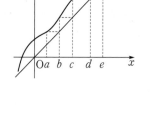

① a　　　　② b
③ c　　　　④ d
⑤ e

1054

집합 $A=\{x \mid 0 \leq x \leq 1\}$에 대하여
A에서 A로의 함수 $y=f(x)$의
그래프가 그림과 같다.
$$f^1=f, \quad f^{n+1}=f \circ f^n$$
$$(n=1, 2, 3, \cdots)$$
이라 할 때, $f^{10}\left(\dfrac{1}{4}\right)$의 값을 구하
시오.

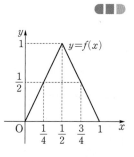

1055

집합 $X=\{x \mid -1 \leq x \leq 1\}$에 대하
여 X에서 X로의 함수 $y=f(x)$
의 그래프가 그림과 같을 때, 다음
식의 값을 구하시오. (단, $f^1=f$,
$f^{n+1}=f \circ f^n$이고, n은 자연수이
다.)

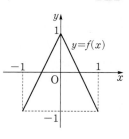

$$f\left(\frac{1}{4}\right)+f^2\left(\frac{1}{4}\right)+f^3\left(\frac{1}{4}\right)+\cdots+f^{10}\left(\frac{1}{4}\right)$$

유형 16 합성함수의 그래프 그리기

합성함수 $y=(f \circ g)(x)$의 그래프는 다음과 같은 순서로 그
린다.
❶ 두 함수 $f(x)$, $g(x)$의 함수식을 구한다.
❷ $f(g(x))$의 함수식을 구한 후, 그래프를 그린다.
　이때 필요한 경우는 x의 값의 범위를 나누어 그래프를 그린다.

⬤ 개념ON 386쪽　⬤ 유형ON 2권 114쪽

1056 대표문제

함수 $y=f(x)$의 그래프가 그림과
같다. 함수 $y=(f \circ f)(x)$의 그래
프로 알맞은 것은?

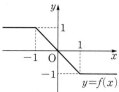

① 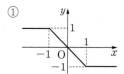　②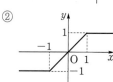

③ 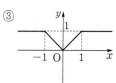　④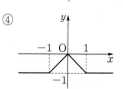

⑤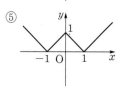

1057

함수 $y=f(x)$의 그래프가 그림과 같다. 함수 $g(x)=x+1$에 대하여 함수 $y=(f\circ g)(x)$의 그래프로 알맞은 것은?

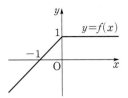

①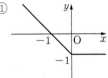

②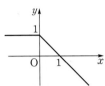

③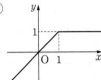

④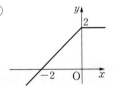

⑤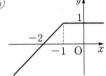

1058

집합 $\{x\,|\,0\le x\le 2\}$에서 정의된 두 함수 $y=f(x)$, $y=g(x)$의 그래프가 그림과 같다.

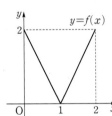
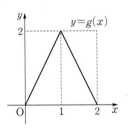

합성함수 $y=(f\circ g)(x)$의 그래프로 알맞은 것은?

①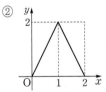

②

③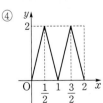

④

⑤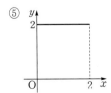

1059

집합 $\{x\,|\,0\le x\le 4\}$에서 정의된 함수 $y=f(x)$의 그래프가 그림과 같을 때, 함수 $y=(f\circ f)(x)$의 그래프와 x축, y축 및 직선 $x=4$로 둘러싸인 부분의 넓이를 S라 하자. $60S$의 값을 구하시오.

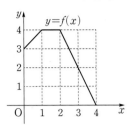

유형 **17** **역함수**

함수 f의 역함수가 f^{-1}일 때, $f^{-1}(a)=b$이면 $f(b)=a$이다.

확인 문제

물음에 답하시오.

(1) 함수 $f(x)=-x+3$에 대하여 $f^{-1}(2)=a$를 만족시키는 상수 a의 값을 구하시오.

(2) 함수 $f(x)=x-1$에 대하여 $f^{-1}(b)=7$을 만족시키는 상수 b의 값을 구하시오.

🔘 개념ON 394쪽 🔘 유형ON 2권 115쪽

1060 대표문제 교육청 기출

집합 $X=\{1, 2, 3, 4, 5\}$에 대하여 집합 X에서 집합 X로의 함수 f가 그림과 같이 정의될 때, $f(2)+f^{-1}(1)$의 값은?

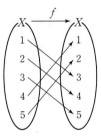

① 5   ② 6
③ 7   ④ 8
⑤ 9

1061 🖉 서술형

함수 $f(x)=ax+b$에 대하여 $f^{-1}(-2)=1$, $f^{-1}(10)=-3$일 때, a^2+b^2의 값을 구하시오. (단, a, b는 상수이다.)

1062

함수 $f(x)=ax+b$에 대하여 $f(2)=10$, $f^{-1}(4)=-1$일 때, $f(ab)$의 값은? (단, a, b는 상수이다.)

① 10 　　　　② 20 　　　　③ 30

④ 40 　　　　⑤ 50

1063 ✅중요 ✏서술형

두 함수 $f(x)=2x-3$, $g(x)=-3x+1$에 대하여 $f^{-1}(a)=k$, $g(k)=-8$일 때, a의 값을 구하시오.

(단, a, k는 상수이다.)

1064

함수 $f\left(\dfrac{5-x}{2}\right)=3x+1$에 대하여 $f^{-1}(-2)$의 값을 구하시오.

1065

함수 $f(x)=\begin{cases} x+5 & (x<2) \\ 4x-1 & (x\geq2) \end{cases}$에 대하여 $f^{-1}(4)+f^{-1}(11)$의 값을 구하시오.

1066 ✅중요

두 집합 $X=\{1, 2, 3, 4, 5\}$, $Y=\{2, 4, 6, 8, 10\}$에 대하여 함수 $f : X \longrightarrow Y$가 그림과 같다. $f^{-1}(a)+f(b)=9$를 만족시키는 두 자연수 a, b에 대하여 $a+b$의 최솟값을 구하시오.

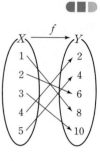

유형 18 역함수가 존재하기 위한 조건

함수 f의 역함수 f^{-1}가 존재하기 위해서는 f가 일대일대응이어야 한다.

> **Tip** 함수 f가 일대일대응이기 위해서는 다음 조건을 만족시켜야 한다.
> (i) 정의역의 두 원소 x_1, x_2에 대하여
> 　　$x_1 \neq x_2$이면 $f(x_1) \neq f(x_2)$이다.
> (ii) 치역과 공역이 서로 같다.

🎧 개념ON 396쪽 　🎧 유형ON 2권 115쪽

1067 대표문제

두 집합 $X=\{x \mid 0 \leq x \leq 2\}$, $Y=\{y \mid a \leq y \leq b\}$에 대하여 X에서 Y로의 함수 $f(x)=2x-1$의 역함수가 존재할 때, $a+b$의 값은? (단, a, b는 실수이고 $a<b$이다.)

① 1 　　　　② 2 　　　　③ 3

④ 4 　　　　⑤ 5

1068 ✅중요

실수 전체의 집합에서 정의된 함수

$f(x)=\begin{cases} (4+a)x-1 & (x>0) \\ (4-a)x-1 & (x\leq0) \end{cases}$의 역함수가 존재하기 위한 정수 a의 개수는?

① 4 　　　　② 5 　　　　③ 6

④ 7 　　　　⑤ 8

1069

정의역과 공역이 모두 실수 전체의 집합인 함수

$f(x)=\begin{cases} 3x+a & (x\ge5) \\ 2x+1 & (x<5) \end{cases}$ 의 역함수 $f^{-1}(x)$가 존재할 때,

$f(10)+f^{-1}(23)$의 값을 구하시오. (단, a는 상수이다.)

1070

함수 $f(x)=\begin{cases} x^2-1 & (x<0) \\ (a-1)x+a^2-3 & (x\ge0) \end{cases}$ 의 역함수가 존재

하도록 하는 상수 a의 값을 구하시오.

1071

함수 $f(x)=|2x-3|+kx-4$의 역함수가 존재하도록 하는 실수 k의 값의 범위를 구하시오.

1072 ✏️서술형

두 집합 $X=\{x\,|\,x\le a\}$, $Y=\{y\,|\,y\le3\}$에 대하여 X에서 Y로의 함수 $f(x)=-x^2+2x+6$의 역함수가 존재할 때, 실수 a의 값을 구하시오.

유형 19 역함수 구하기

함수 $y=f(x)$의 역함수 $y=f^{-1}(x)$는 다음과 같은 순서로 구한다.

❶ 함수 $y=f(x)$가 일대일대응인지 확인한다.

❷ $y=f(x)$를 x에 대하여 정리하여 $x=f^{-1}(y)$로 나타낸다.

❸ $x=f^{-1}(y)$에서 x와 y를 서로 바꾸어 $y=f^{-1}(x)$로 나타낸다.

❹ $y=f(x)$의 정의역을 치역으로, 치역을 정의역으로 바꾼다.

확인 문제

다음 함수의 역함수를 구하시오.

(1) $y=-2x+4$ 　　　　 (2) $y=\dfrac{1}{2}x+5$

🎧 개념ON 398쪽 　 🎧 유형ON 2권 116쪽

1073 대표문제

함수 $f(x)=2x+4$의 역함수가 $f^{-1}(x)=ax+b$일 때, 상수 a, b에 대하여 ab의 값은?

① -1 　　② 1 　　③ 2

④ 3 　　⑤ 4

1074 ✅중요

함수 $f(x)=ax+b$에 대하여 $f(2)=10$, $f^{-1}(4)=-1$일 때, $f^{-1}(x)=cx+d$이다. $abcd$의 값은?

(단, a, b, c, d는 상수이다.)

① -12 　　② -15 　　③ -18

④ -21 　　⑤ -24

1075

정의역이 실수 전체의 집합이고 역함수가 존재하는 함수 $f(x)$에 대하여 함수 $f(x-1)+3$의 역함수를 $g(x)$라 하자. $f^{-1}(5)=3$일 때, $g(8)$의 값을 구하시오.

1076 ✅중요 ✏️서술형

실수 전체의 집합에서 정의된 함수 f에 대하여
$f(4x-3)=2x-5$가 성립할 때, $f^{-1}(x)$를 구하시오.

1077

두 함수 $f(x)=2x+6$, $g(x)=-x+1$에 대하여
$h(x)=(g \circ f)(x)$의 역함수를 $h^{-1}(x)$라 할 때, $h^{-1}(7)$의
값을 구하시오.

1078

함수 $f(x)=ax+4$ $(a \neq 0)$의 역함수 $f^{-1}(x)$에 대하여
$f=f^{-1}$일 때, 상수 a의 값을 구하시오.

1079

함수 $f(x)$의 역함수를 $g(x)$라 할 때, 함수 $f(3x+4)$의 역
함수를 $g(x)$에 대한 식으로 나타낸 것으로 옳은 것은?

① $y=\dfrac{g(x)-4}{3}$ ② $y=\dfrac{g(x)+4}{3}$

③ $y=\dfrac{-g(x)+4}{3}$ ④ $y=\dfrac{-g(x)+3}{3}$

⑤ $y=\dfrac{-g(x)-3}{3}$

유형 **20** 합성함수와 역함수

(1) $(f^{-1} \circ g)(a)$의 값 구하기
 $f^{-1}(g(a))=k$라 하고, $f(k)=g(a)$를 만족시키는 k의 값
 을 구한다.
(2) $(f \circ g^{-1})(a)$의 값 구하기
 $g^{-1}(a)=k$라 하고, $g(k)=a$를 만족시키는 k의 값을 구한
 후 $f(k)$의 값을 구한다.

🎧 유형ON 2권 116쪽

1080 대표문제 교육청 기출

두 일차함수 $f(x)=x-10$, $g(x)=2x-1$에 대하여
$(f^{-1} \circ g)(1)$의 값은?

① 7 ② 8 ③ 9

④ 10 ⑤ 11

1081 교육청 기출

집합 $X=\{1, 2, 3, 4, 5\}$에 대하여 X에서 X로의 두 함수 f,
g가 각각 그림과 같을 때, $(f^{-1} \circ g)(4)$의 값은?

(단, f^{-1}는 f의 역함수이다.)

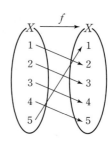 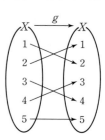

① 1 ② 2 ③ 3

④ 4 ⑤ 5

1082 교육청 기출

두 함수 $f(x)=2x+1$, $g(x)=x-3$에 대하여
$(f \circ g^{-1})(x)=ax+b$라 할 때, ab의 값은?

(단, a, b는 상수이다.)

① 6 ② 8 ③ 10

④ 12 ⑤ 14

1083 ✅중요

두 함수 $f(x)=2x+3$, $g(x)=-3x-1$에 대하여
$(f\circ g^{-1})(k)=-3$을 만족시키는 실수 k의 값을 구하시오.

1084

정의역이 $\{x\,|\,0\leq x\leq 4\}$인 함수 $f(x)$가
$$f(x)=\begin{cases} 3x+1 & (0\leq x<1) \\ x^2-2x+5 & (1\leq x\leq 4) \end{cases}$$
일 때, $(f^{-1}\circ f^{-1})(8)$의 값은?

① $\dfrac{1}{3}$　　　② $\dfrac{2}{3}$　　　③ 1

④ $\dfrac{4}{3}$　　　⑤ $\dfrac{5}{3}$

1085

함수 f와 2 이상의 자연수 n에 대하여
$$f^2(x)=f(f^1(x)),\ f^3(x)=f(f^2(x)),\ \cdots,$$
$$f^n(x)=f(f^{n-1}(x))$$
라 정의하자. 집합 $X=\{1,\,2,\,3\}$에 대하여 함수
$f:X\longrightarrow X$가 두 조건
$$f(1)=3,\ f^3=I\ (I\text{는 항등함수})$$
를 만족시킨다. 함수 f의 역함수를 g라 할 때,
$g^{14}(3)+g^{16}(2)$의 값은? (단, $f^1(x)=f(x)$)

① 2　　　② 3　　　③ 4

④ 5　　　⑤ 6

유형 **21** 역함수의 성질

두 함수 f, g의 역함수가 f^{-1}, g^{-1}일 때 다음이 성립한다.
(1) $(f^{-1})^{-1}=f$
(2) $(f^{-1}\circ f)(x)=x$, $(f\circ f^{-1})(y)=y$
(3) $(g\circ f)^{-1}=f^{-1}\circ g^{-1}\neq g^{-1}\circ f^{-1}$

🎧 개념ON 400쪽　🎧 유형ON 2권 117쪽

1086 대표문제

역함수가 존재하는 두 함수 $f(x)=ax+b$, $g(x)=x+1$에 대하여 $(f\circ(g\circ f)^{-1}\circ f)(1)=-4$일 때, $a+b$의 값을 구하시오. (단, a, b는 상수이고, $a\neq 0$이다.)

1087 ✅중요

두 함수 $f(x)=x+1$, $g(x)=x^3-1$에 대하여
$(g^{-1}\circ f)^{-1}(1)$의 값은?

① -2　　　② -1　　　③ 0

④ 1　　　⑤ 2

1088

두 함수 $f(x)=x$, $g(x)=x-2$에 대하여
$(g\circ(f\circ g)^{-1}\circ g)(3)$의 값은?

① -2　　　② -1　　　③ $-\dfrac{1}{4}$

④ 0　　　⑤ 1

08 함수

1089

집합 $\{x \,|\, x \geq 2\}$에서 정의된 함수 $f(x)$에 대하여
$f(x^2-3x)=x^4-6x^3+5x^2+12x+2$가 성립한다.
$(f \circ g)(x)=I$ (I는 항등함수)를 만족시키는 함수 $g(x)$에
대하여 $g(2)$의 값을 구하시오.

1090

두 함수 $f:X \longrightarrow Y$, $g:Y \longrightarrow Z$에 대하여 보기에서
옳은 것만을 있는 대로 고른 것은?

> **보기**
>
> ㄱ. 두 함수 f, g가 일대일대응이면 $(g \circ f)^{-1}=f^{-1} \circ g^{-1}$이다.
>
> ㄴ. 집합 X의 모든 원소 x에 대하여 $(g \circ f)(x)=x$이면 f
>   는 g의 역함수이다.
>
> ㄷ. 함수 f의 역함수 f^{-1}가 존재할 때, 두 함수 $f \circ f^{-1}$와
> $f^{-1} \circ f$는 서로 같은 함수이다.

① ㄱ   ② ㄴ   ③ ㄱ, ㄴ
④ ㄱ, ㄷ   ⑤ ㄱ, ㄴ, ㄷ

1091 ✎서술형

두 함수 $f(x)$, $g(x)$에 대하여 $(f \circ g)(x)=5x+3$이고
$h(x)=2x$일 때, $(h^{-1} \circ g^{-1} \circ f^{-1})(13)$의 값을 구하시오.

유형 22 그래프를 이용하여 역함수의 함숫값 구하기

> 함수 f와 역함수 f^{-1}에 대하여 함수 $y=f(x)$의 그래프가
> 점 (a, b)를 지난다.
> ➡ 함수 $y=f^{-1}(x)$의 그래프가 점 (b, a)를 지난다.
> ➡ $f^{-1}(b)=a$

⟲ 개념ON 402쪽   ⟲ 유형ON 2권 117쪽

1092 대표문제

함수 $y=f(x)$의 그래프와 직선
$y=x$는 그림과 같다.
$(f \circ f)^{-1}(c)$의 값은? (단, 모든
점선은 x축 또는 y축에 평행하다.)

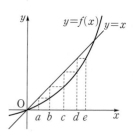

① a ② b
③ c ④ d
⑤ e

1093

역함수가 존재하는 함수
$y=f(x)$의 그래프와 직선 $y=x$
는 그림과 같다.
$(f \circ f \circ f)^{-1}(d)$의 값은? (단,
모든 점선은 x축 또는 y축에 평행
하다.)

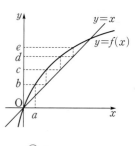

① a ② b ③ c
④ d ⑤ e

1094

정의역이 $\{x \,|\, x \geq 0\}$인 두 함수
$y=f(x)$, $y=g(x)$의 그래프와
직선 $y=x$는 그림과 같다.
$(f \circ g^{-1})(c)$의 값은? (단, 모
든 점선은 x축 또는 y축에 평행하
다.)

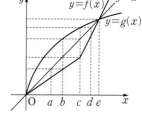

① a ② b ③ c
④ d ⑤ e

1095 교육청 기출

집합 $A=\{1, 2, 3, 4, 5\}$에 대하여 집합 A에서 집합 A로의 두 함수 $f(x)$, $g(x)$가 있다. 두 함수 $y=f(x)$, $y=(f\circ g)(x)$의 그래프가 각각 그림과 같을 때, $g(2)+(g\circ f)^{-1}(1)$의 값은?

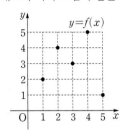
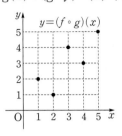

① 6   ② 7   ③ 8
④ 9   ⑤ 10

유형 23 역함수의 그래프의 성질

(1) 함수 $y=f(x)$의 그래프와 그 역함수 $y=f^{-1}(x)$의 그래프는 직선 $y=x$에 대하여 대칭이다.
(2) 함수 $y=f(x)$의 그래프와 직선 $y=x$의 교점은 반드시 함수 $y=f(x)$의 그래프와 그 역함수 $y=f^{-1}(x)$의 그래프의 교점이다.

⚲ 개념ON 404쪽   ⚲ 유형ON 2권 118쪽

1096 대표문제

함수 $f(x)=-\dfrac{1}{3}x+4$의 그래프와 그 역함수 $y=f^{-1}(x)$의 그래프의 교점의 좌표가 (a, b)일 때, $a+b$의 값을 구하시오.

1097 중요 서술형

함수 $f(x)=\dfrac{1}{2}x-\dfrac{3}{2}$의 역함수를 $f^{-1}(x)$라 하자. 두 함수 $y=f(x)$와 $y=f^{-1}(x)$의 그래프의 교점을 P라 할 때, 선분 OP의 길이를 구하시오. (단, O는 원점이다.)

1098

함수 $f(x)=x^2-2x+2$ $(x\geq1)$의 역함수를 $f^{-1}(x)$라 할 때, 두 함수 $y=f(x)$, $y=f^{-1}(x)$의 그래프의 두 교점 사이의 거리를 구하시오.

1099

역함수가 존재하는 함수 f에 대하여 함수 $y=f^{-1}(x)$의 그래프와 직선 $y=x$가 그림과 같다.
방정식 $\{f(x)\}^2=f(x)f^{-1}(x)$를 만족시키는 실수 x의 개수를 구하시오.

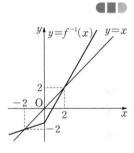

1100

함수 $f(x)=\begin{cases}3x+4 & (x<0)\\ \dfrac{1}{3}x+4 & (x\geq0)\end{cases}$ 의 역함수를 $g(x)$라 할 때, 두 함수 $y=f(x)$와 $y=g(x)$의 그래프로 둘러싸인 부분의 넓이를 구하시오.

절댓값 기호를 포함한 식의 그래프

절댓값 기호를 포함한 식의 그래프는 다음과 같은 순서로 그린다.

❶ 절댓값 기호 안의 식의 값이 0이 되는 x의 값을 구한다.
❷ 구한 x의 값을 경계로 범위를 나누어 함수식을 세운다.
❸ 세운 식을 이용하여 범위에 맞게 그래프를 그린다.

Tip 함수 $y=|x-a|+|x-b|$ $(a<b)$의 그래프는
$x<a$, $a\leq x<b$, $x\geq b$인 경우로 나누어 그린다.

🔘 개념ON 412쪽, 414쪽   🔘 유형ON 2권 119쪽

1101 대표문제

그림과 같은 그래프를 나타내는 식으로 알맞은 것은?

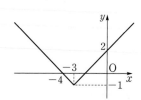

① $y=|x+1|+2$
② $y=|x-3|-1$
③ $y=|x+3|-1$
④ $y=|x-3|+2$
⑤ $y=|x+3|+2$

1102

함수 $y=-f(x)$의 그래프가 그림과 같을 때, 다음 중 함수 $y=|f(x)|$의 그래프로 알맞은 것은?

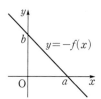

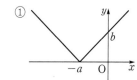
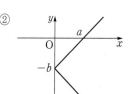

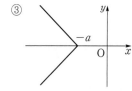
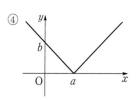

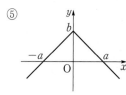

1103

함수 $f(x)=|x+3|+|x-2|$의 최솟값은?

① 2   ② 3   ③ 4
④ 5   ⑤ 6

1104 ✅중요

함수 $y=|x+2|+|x-3|+|x-5|$는 $x=a$일 때 최솟값 b를 갖는다. 상수 a, b에 대하여 $a+b$의 값은?

① 9   ② 10   ③ 11
④ 12   ⑤ 13

1105

x에 대한 방정식 $|x^2-4|=a$가 서로 다른 네 실근을 가질 때, 실수 a의 값의 범위는?

① $-1\leq a<1$ ② $0<a<4$ ③ $0\leq a<5$
④ $a\leq 0$ ⑤ $a\leq 0$ 또는 $a>5$

내신 잡는 종합 문제

1106

실수 전체의 집합 R에 대하여 함수 $f : R \longrightarrow R$를

$$f(x) = \begin{cases} 3+x^2 & (x<1) \\ 5-x^2 & (x \geq 1) \end{cases}$$

으로 정의할 때, $f(-2)+f(3)$의 값은?

① 1   ② 2   ③ 3
④ 4   ⑤ 5

1107

두 집합 $X = \{0, 1, 2\}$, $Y = \{1, 2, 3, 4\}$에 대하여 두 함수 $f : X \longrightarrow R$, $g : Y \longrightarrow R$를

$$f(x) = ax+1, \quad g(x) = x^2$$

이라 할 때, 합성함수 $g \circ f$가 정의되도록 하는 모든 상수 a의 값의 합은? (단, R는 실수 전체의 집합이다.)

① -2 ② -1 ③ 0
④ 1   ⑤ 2

1108

두 함수 $f(x) = 2x-1$, $g(x) = 2x+1$에 대하여 $(g \circ (f \circ g)^{-1} \circ g)(2) + g^5(1)$의 값을 구하시오.
(단, $g^1(x) = g(x)$이고, 자연수 n에 대하여 $g^{n+1}(x) = (g \circ g^n)(x)$이다.)

1109

두 함수 $y = f(x)$와 $y = x$의 그래프가 그림과 같고 함수 f의 역함수가 존재할 때, 보기에서 옳은 것만을 있는 대로 고른 것은? (단, 모든 점선은 x축 또는 y축에 평행하다.)

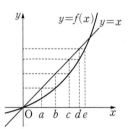

┌ 보기 ┐
$\quad$ ㄱ. $f(f(e)) = c$ $\qquad$ ㄴ. $f^{-1}(d) = d$
$\quad$ ㄷ. $(f \circ f)^{-1}(a) = b$ $\qquad$ ㄹ. $(f \circ f \circ f)^{-1}(b) = e$
└─────────────────────────────┘

① ㄱ   ② ㄱ, ㄹ   ③ ㄴ, ㄹ
④ ㄱ, ㄴ, ㄷ   ⑤ ㄱ, ㄷ, ㄹ

1110

음이 아닌 정수 전체의 집합 A에 대하여 함수 $f : A \longrightarrow A$를 $f(x) = (x^2$을 5로 나누었을 때의 나머지)로 정의할 때, 함수 f의 치역의 모든 원소의 합을 구하시오.

1111

함수 $f(x)$가 모든 실수 x에 대하여 $f(x) + 5f(1-x) = x^2$을 만족시킬 때, $f(1) + f(2) + f(3)$의 값은?

① $\dfrac{11}{24}$ ② $\dfrac{1}{2}$ ③ $\dfrac{13}{24}$
④ $\dfrac{7}{12}$ ⑤ $\dfrac{5}{8}$

1112

집합 $\{1, 2, 3\}$에서 정의된 함수 $f(x)$의 그래프가 그림과 같다. 삼차정사각행렬 A의 (i, j) 성분 a_{ij}가
$$a_{ij}=(f \circ f)(i)+f^{-1}(j)$$
일 때, 행렬 A의 모든 성분의 합을 구하시오.

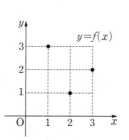

1113 교육청 기출

집합 $X=\{x \,|\, x \geq a\}$에서 집합 $Y=\{y \,|\, y \geq b\}$로의 함수 $f(x)=x^2-4x+3$이 일대일대응이 되도록 하는 두 실수 a, b에 대하여 $a-b$의 최댓값은 $\dfrac{q}{p}$이다. $p+q$의 값을 구하시오.

(단, p와 q는 서로소인 자연수이다.)

1114

두 집합 $X=\{x \,|\, 1 \leq x \leq 3\}$, $Y=\{y \,|\, -1 \leq y \leq 15\}$에 대하여 X에서 Y로의 함수 $f(x)=ax^2+b$가 일대일대응일 때, a^2+b^2의 값은? (단, a, b는 상수이고 $a>0$이다.)

① 5   ② 10   ③ 13
④ 17   ⑤ 20

1115

실수 전체의 집합에서 정의된 함수
$$f(x)=\begin{cases} 2x+3 & (x \leq -2) \\ x+a & (|x|<2) \\ x^2+bx+c & (x \geq 2) \end{cases}$$
는 일대일대응이다. b의 값이 최소일 때, $a+b+c$의 값은?

(단, a, b, c는 상수이다.)

① 3   ② 4   ③ 5
④ 6   ⑤ 7

1116

실수 전체의 집합에서 정의된 함수 $f(x)=|k^2x+1|+kx-1$이 일대일대응일 때, 실수 k의 값의 범위는?

① $k<-1$ ② $k>0$
③ $-1<k<1$ ④ $-1<k<0$ 또는 $0<k<1$
⑤ $k<-1$ 또는 $k>1$

1117

두 집합 $A=\{-2, -1, 0, 1, 2\}$, $B=\{-1, 0, 1, 2, 3\}$에 대하여 A에서 B로의 함수 중 정의역의 모든 원소에 대하여 $f(x)+f(-x)=2$를 만족시키는 함수 f의 개수는?

① 1   ② 4   ③ 9
④ 16   ⑤ 25

📖 정답과 풀이 187쪽

1118

정의역이 $\{x|x\geq0\}$인 두 함수 $y=f(x)$, $y=g(x)$의 그래프와 직선 $y=x$가 그림과 같을 때, $(f\circ f)^{-1}\left(\dfrac{1}{2}\right)+(g\circ g)\left(\dfrac{3}{2}\right)$의 값을 구하시오.

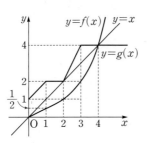

1121 교육청 기출

집합 $X=\{-2,\,-1,\,0,\,1,\,2\}$에 대하여 함수 $f:X\longrightarrow X$가 역함수가 존재하고 다음 조건을 만족시킨다.

㈎ $(f\circ f)(-1)+f^{-1}(-2)=4$
㈏ $k=0$, 1일 때, $f(k)\times f(k-2)\leq0$이다.

$6f(0)+5f(1)+2f(2)$의 값을 구하시오.

1119

집합 $X=\{1,\,2,\,3,\,4\}$에 대하여 두 함수 $f:X\longrightarrow X$, $g:X\longrightarrow X$가 다음 조건을 만족시킨다.

㈎ f, g는 일대일대응이다.
㈏ $f(1)+g^{-1}(2)=7$
㈐ $(g^{-1}\circ f)(1)+(f\circ g^{-1})(2)=6$

$f(2)g(1)$의 최댓값을 M, 최솟값을 m이라 할 때, $M+m$의 값은?

① 7 ② 8 ③ 9
④ 10 ⑤ 11

1122

네 함수 $f(x)=2x$, $g(x)=x-1$, $h(x)=ax+b$, $I(x)=x$에 대하여 보기에서 옳은 것의 개수는?

(단, a, b는 상수이다.)

보기

ㄱ. 네 함수 f, g, h, I는 모두 역함수가 존재한다.
ㄴ. $(f^{-1}\circ g)(17)=8$
ㄷ. $f^{-1}\circ g^{-1}\circ h=f$일 때, $a+b=2$이다.
ㄹ. 임의의 a, b에 대하여 $h\circ I=I\circ h$이다.
ㅁ. $g^1=g$, $g^n\circ g=g^{n+1}$ (n은 자연수)로 정의할 때, $g^{1000}(1000)<0$이다.
ㅂ. $f\circ g=f\circ g\circ h\circ g$일 때, $a+b=2$이다.
ㅅ. a, b가 모두 정수이면 $f^{-1}\circ g\neq f\circ g\circ h\circ g^{-1}$이다.

① 1 ② 2 ③ 3
④ 4 ⑤ 5

1120

두 함수
$$f(x)=\begin{cases}x^2+2ax+6 & (x<0)\\ x+6 & (x\geq0)\end{cases},\ g(x)=x+10$$
에 대하여 합성함수 $(g\circ f)(x)$의 치역이 $\{y|y\geq0\}$일 때, 상수 a의 값을 구하시오.

1123

함수 $f(x)=x+2-\left|\dfrac{x}{3}-1\right|$ 의 역함수를 $g(x)$라 할 때, 두

함수 $y=f(x)$, $y=g(x)$의 그래프와 x축, y축으로 둘러싸인

부분 중 제1사분면에 해당하는 부분의 넓이는?

① 18   ② 21   ③ 22

④ 24   ⑤ 25

1124

함수

$$f(x)=\begin{cases} a(x^2+4x)+7 & (x<-2) \\ a(x+1)-2x & (x\geq-2) \end{cases}$$

에 대하여 $f^{-1}(b)-f^{-1}(-b)=-12$가 성립할 때, $a+b$의

값은? (단, a, b는 상수이다.)

① 6   ② 7   ③ 8

④ 9   ⑤ 10

1125 교육청 기출

양의 실수 전체의 집합에서 정의된 함수 $f(x)$가 다음 조건을

만족시킬 때, $f(2015)$의 값을 구하시오.

㉮ $f(x)=1-|x-2|$ $(1\leq x\leq3)$
㉯ 모든 양의 실수 x에 대하여 $f(3x)=3f(x)$이다.

✎ 서술형 대비하기

1126

두 함수 $f(x)=4x-3$, $g(x)=-x+1$에 대하여

$(g\circ f^{-1})(a)=2$가 성립할 때, 상수 a의 값을 구하시오.

1127

$2|x|+|y|=6$의 그래프가 나타내는 도형의 넓이를 구하시

오.

1128

이차함수 $y=f(x)$의 그래프가 그

림과 같을 때, 방정식

$(f\circ f)(x)=3$의 모든 실근의 합을

구하시오.

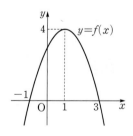

PART C 수능 녹인 변별력 문제

1129

집합 $X=\{x|a\leq x\leq b\}$에서 X로의 함수

$$f(x)=\begin{cases} x^2-6x+12 & (a\leq x<3) \\ -\dfrac{1}{2}x+\dfrac{9}{2} & (3\leq x\leq b) \end{cases}$$

가 일대일대응일 때, $10a+b$의 값을 구하시오.

(단, a, b는 $a<3<b$인 실수이다.)

1130 교육청 기출

집합 $X=\{1, 2, 3, 4, 5\}$에 대하여 X에서 X로의 함수 f의 역함수가 존재하고

$$f(1)+2f(3)=12, \quad f^{-1}(1)-f^{-1}(3)=2$$

일 때, $f(4)+f^{-1}(4)$의 값은?

① 5   ② 6   ③ 7

④ 8   ⑤ 9

1131

한 변의 길이가 a $(a>0)$인 정삼각형 ABC가 있다. 변 BC 위를 움직이는 점 P에 대하여 점 P에서 변 AB에 내린 수선의 발을 Q, 점 P를 지나고 직선 PQ와 수직인 직선이 변 CA와 만나는 점을 R라 하자. $\overline{BP}=t$ $(0<t<a)$라 하고 $f(t)=\overline{PQ}+\overline{PR}$라 할 때, 실수 전체의 집합에서 정의된 함수 $g(x)=bx+16$은 $(g\circ f)(t)=2t$ $(0<t<a)$를 만족시킨다. 두 상수 a, b에 대하여 $a-b$의 값을 구하시오.

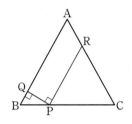

1132

집합 $X=\{1, 2, 3, 4\}$에 대하여 X에서 X로의 함수 f가

$$f(x)=\begin{cases} x^2-a & (x=1, 2) \\ x-1 & (x=3, 4) \end{cases} \quad (a는 상수)$$

이고, 함수 f의 역함수 g가 존재한다.

$$g^1(x)=g(x), \quad g^{n+1}(x)=g(g^n(x)) \ (n=1, 2, 3, \cdots)$$

라 할 때, $a+g^7(3)+g^8(3)$의 값은?

① 6   ② 7   ③ 8

④ 9   ⑤ 10

1133 교육청 기출

정의역이 실수 전체의 집합이고 이차항의 계수가 1인 이차함수 $y=f(x)$는 다음 조건을 만족시킨다.

> (개) $f(-2)=f(6)$
> (내) 함수 $f(x)$의 최솟값은 -9이다.

방정식 $f(|f(x)|)=0$의 서로 다른 실근의 개수를 구하시오.

1134

어떤 양수 k에 대하여 집합 X를
$$X=\{x\,|\,-k\le x\le k\}$$
라 하자. X에서 집합 $Y=\{y\,|\,-2\le y\le 6\}$으로의 모든 일대일대응 $f(x)=ax^2+bx+c$에 대하여 $f(0)$의 최솟값은?
(단, a, b, c는 상수이고, $a>0$이다.)

① 1
② $\dfrac{3}{4}$
③ $\dfrac{1}{2}$
④ $\dfrac{1}{4}$
⑤ 0

1135

최고차항의 계수가 1인 이차함수 $f(x)$와 최고차항의 계수가 2인 일차함수 $g(x)$가 다음 조건을 만족시킨다.

> (개) $f(x)$를 x로 나눈 나머지는 2이다.
> (내) $f(x)$와 $g(x)$의 모든 항의 계수는 양수이다.

모든 실수 x에 대하여 $f(g(x))=kf(x)$가 성립할 때, $f(\sqrt{2})-g(k)$의 값은? (단, k는 실수이다.)

① -2
② $-\sqrt{2}$
③ 0
④ $\sqrt{2}$
⑤ 2

1136

최고차항의 계수가 양수인 이차함수 $y=f(x)$의 그래프가 그림과 같다.

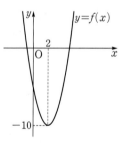

함수 $y=f(x)$의 그래프의 꼭짓점의 좌표가 $(2,\,-10)$일 때, 방정식 $(f\circ f)(x)=f(x)$의 서로 다른 모든 실근의 합을 구하시오.

1137 교육청 기출

집합 $X=\{1, 2, 3, 4\}$에 대하여 두 함수 $f:X \longrightarrow X$, $g:X \longrightarrow X$가 있다. 함수 $y=f(x)$는 $f(4)=2$를 만족시키고 함수 $y=g(x)$의 그래프는 그림과 같다.

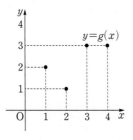

두 함수 $y=f(x)$, $y=g(x)$에 대하여 함수 $h:X \longrightarrow X$를
$$h(x)=\begin{cases} f(x) & (f(x) \geq g(x)) \\ g(x) & (g(x) > f(x)) \end{cases}$$
라 정의하자. 함수 $y=h(x)$가 일대일대응일 때, $f(2)+h(3)$의 값을 구하시오.

1138

자연수 전체의 집합을 정의역으로 하는 함수 $f(x)$가 모든 자연수 n에 대하여 다음 조건을 만족시킨다.

㉮ $f(n)=f(2n)$
㉯ $f(n)+1=f(2n+1)$

$f(1)=1$일 때, $1 \leq x \leq 256$에서 함수 $f(x)$는 $x=m$에서 최댓값 M을 갖는다. $m+M$의 값은?

① 54 ② 98 ③ 152
④ 263 ⑤ 321

1139

두 이차함수 $f(x)=x^2-2x-3$, $g(x)=x^2+2x+a$가 있다. x에 대한 방정식 $f(g(x))=f(x)$의 서로 다른 실근의 개수가 2가 되도록 하는 정수 a의 개수는?

① 1 ② 2 ③ 3
④ 4 ⑤ 5

1140 교육청 기출

집합 $X=\{1, 2, 3, 4, 5, 6, 7\}$에 대하여 함수 $f:X \longrightarrow X$가 역함수가 존재하고, 다음 조건을 만족시킨다.

㉮ $x=1, 2, 6$일 때 $(f \circ f)(x)+f^{-1}(x)=2x$이다.
㉯ $f(3)+f(5)=10$

$f(6) \neq 6$일 때, $f(4) \times \{f(6)+f(7)\}$의 값을 구하시오.

유리식과 유리함수

유형 01 **유리식의 덧셈과 뺄셈**

분모가 다른 유리식의 덧셈과 뺄셈은 분모를 통분하여 계산한다.

➡ 네 다항식 A, B, C, D $(C \neq 0, D \neq 0)$에 대하여

$$\frac{A}{C} \pm \frac{B}{C} = \frac{A \pm B}{C}, \quad \frac{A}{C} \pm \frac{B}{D} = \frac{AD \pm BC}{CD} \text{ (복부호동순)}$$

확인 문제

다음 식을 간단히 하시오.

(1) $\dfrac{1}{2x+1} + \dfrac{1}{2x-1}$

(2) $\dfrac{1}{x} - \dfrac{1}{x+2}$

(3) $\dfrac{1}{x} + \dfrac{1}{x+1} - \dfrac{1}{x(x+1)}$

⏱ 개념ON 430쪽 　 ⏱ 유형ON 2권 124쪽

1141 대표문제

$\dfrac{1}{2-x} + \dfrac{1}{2+x} + \dfrac{4}{4+x^2}$ 를 간단히 하면?

① $\dfrac{8}{4-x^2}$ 　② $\dfrac{16}{4-x^2}$ 　③ $\dfrac{16}{16-x^4}$

④ $\dfrac{32}{16-x^4}$ 　⑤ $\dfrac{32}{16+x^4}$

1142 교육청 기출

서로 다른 두 실수 a, b에 대하여

$$\frac{(a-5)^2}{a-b} + \frac{(b-5)^2}{b-a} = 0$$

일 때, $a+b$의 값을 구하시오.

1143

$\dfrac{1}{x+1} - \dfrac{1}{x^2-x+1} - \dfrac{x^2-3x}{x^3+1}$ 를 간단히 하면?

① $\dfrac{x}{x+1}$ 　② $\dfrac{x}{x^3+1}$ 　③ $\dfrac{x-1}{x^2-x+1}$

④ $\dfrac{x}{x^2-x+1}$ 　⑤ $\dfrac{x^2+x+1}{x^3+1}$

1144 중요 서술형

$\dfrac{1}{x} - \dfrac{2}{x+1} + \dfrac{2}{x+3} - \dfrac{1}{x+4}$ 을 간단히 하면

$\dfrac{ax+b}{x(x+1)(x+3)(x+4)}$ 이다. 두 상수 a, b에 대하여 $a-b$의 값을 구하시오.

1145

$\dfrac{a^2}{(a-b)(a-c)} + \dfrac{b^2}{(b-c)(b-a)} + \dfrac{c^2}{(c-a)(c-b)}$ 을 간단히 하면?

① -2 　② -1 　③ 1

④ 2 　⑤ 3

유형 02 유리식의 곱셈과 나눗셈

0이 아닌 네 다항식 A, B, C, D에 대하여 유리식의 곱셈과 나눗셈은 다음과 같이 계산한다.

(1) 유리식의 곱셈

분모는 분모끼리, 분자는 분자끼리 곱하여 계산한다.

➡ $\dfrac{A}{C} \times \dfrac{B}{D} = \dfrac{AB}{CD}$

(2) 유리식의 나눗셈

나누는 식의 분모와 분자를 서로 바꾼 식을 곱하여 계산한다.

➡ $\dfrac{A}{C} \div \dfrac{B}{D} = \dfrac{A}{C} \times \dfrac{D}{B} = \dfrac{AD}{CB}$

Tip 분모와 분자에 공통인 인수가 있을 때는 서로 약분하여 간단히 한 후 계산한다.

확인 문제

$\dfrac{x}{x+1} \times \dfrac{x+1}{x+2} \div \dfrac{x+3}{x+2}$ 을 간단히 하시오.

🎧 개념ON 430쪽　🎧 유형ON 2권 124쪽

1146 대표문제

$\dfrac{x^3-8}{x^2-3x-4} \div \dfrac{x-2}{x^2-4x} \times \dfrac{x+1}{x^2}$ 을 간단히 하면?

① $\dfrac{x^2+2x+4}{x-1}$ 　　② $\dfrac{x^3+2x^2+4x}{x-1}$

③ $\dfrac{x^2+2x+4}{x+1}$ 　　④ $\dfrac{x^3+2x^2+4x}{x+1}$

⑤ $\dfrac{x^2+2x+4}{x}$

1147

$\dfrac{4x+2}{x^2+2x} \times A = \dfrac{2x+1}{x^2+x}$ 을 만족시키는 유리식 A로 알맞은 것은?

① 1 　　② $x+1$ 　　③ $\dfrac{1}{x+2}$

④ $\dfrac{x+2}{x+1}$ 　　⑤ $\dfrac{x+2}{2(x+1)}$

1148

$\dfrac{x^2+2x-3}{x^2-x-6} \div \dfrac{x+3}{x+2} \div \dfrac{x^2+4x-5}{x^2-9}$ 를 간단히 하면?

① $\dfrac{x-3}{x-5}$ 　　② $\dfrac{x+2}{x-5}$ 　　③ $\dfrac{x+3}{x-5}$

④ $\dfrac{x+3}{x+5}$ 　　⑤ $\dfrac{x+8}{x+5}$

1149

$a^2+b^2=24$, $ab=6$일 때,

$\left(\dfrac{a+b}{a-b} + \dfrac{a-b}{a+b}\right) \div \left(\dfrac{a+b}{a-b} - \dfrac{a-b}{a+b}\right)$의 값을 구하시오.

유형 03 유리식과 항등식

유리식이 포함된 항등식은 양변에 적절한 식을 곱하여 분모가 1인 등식으로 만든 후, 양변의 동류항의 계수를 비교한다.

🎧 개념ON 432쪽　🎧 유형ON 2권 125쪽

1150 대표문제

등식 $\dfrac{a}{x+1} + \dfrac{b}{x-2} = \dfrac{x-8}{x^2-x-2}$이 x에 대한 항등식이 되도록 하는 상수 a, b에 대하여 ab의 값은? (단, $x \neq -1$, $x \neq 2$)

① -6 　　② -4 　　③ 2

④ 4 　　⑤ 6

09 유리식과 유리함수

1151 ✓중요

1보다 큰 양수 x에 대하여 등식

$$\frac{1}{1-x}+\frac{a}{1+x}+\frac{b}{1+x^2}=\frac{4}{1-x^4}$$

가 항상 성립할 때, $2a+3b$의 값은? (단, a, b는 상수이다.)

① 4   ② 5   ③ 6

④ 7   ⑤ 8

1152 📝서술형

$x\neq 1$인 모든 실수 x에 대하여 등식

$$\frac{a}{x-1}+\frac{bx+1}{x^2+x+1}=\frac{3x^2}{x^3-1}$$

이 성립할 때, ab의 값을 구하시오. (단, a, b는 상수이다.)

1153

$x\neq 2$인 모든 실수 x에 대하여 등식

$$\frac{x^4+1}{(x-2)^5}=\frac{a_1}{x-2}+\frac{a_2}{(x-2)^2}+\cdots+\frac{a_5}{(x-2)^5}$$

가 성립할 때, $a_1+a_3+a_5$의 값은?

(단, a_1, a_2, $\cdots$, a_5는 상수이다.)

① 30   ② 33   ③ 36

④ 39   ⑤ 42

유형 04 (분자의 차수)≥(분모의 차수)인 유리식

(분자의 차수)≥(분모의 차수)인 유리식은 분자를 분모로 나누어 다항식과 (분자의 차수)<(분모의 차수)인 유리식의 합으로 변형하여 계산한다.

확인 문제

$\dfrac{x^2+3x}{x+1}=ax+b+\dfrac{c}{x+1}$일 때, 상수 a, b, c의 값을 구하시오.

🔓 개념ON 434쪽   🔓 유형ON 2권 125쪽

1154 대표문제

분모를 0으로 만들지 않는 모든 실수 x에 대하여 등식

$$\frac{x-2}{x-1}+\frac{x-1}{x-2}-\frac{x+2}{x+1}-\frac{x+1}{x+2}$$
$$=\frac{ax+b}{(x+2)(x+1)(x-1)(x-2)}$$

가 성립할 때, $a+b$의 값은? (단, a, b는 상수이다.)

① 3   ② 4   ③ 5

④ 6   ⑤ 7

1155

$\dfrac{x^2+2x-1}{x-1}-\dfrac{x^2-2x-1}{x+1}=a+\dfrac{b}{x^2-1}$일 때, $a+b$의 값을 구하시오. (단, a, b는 상수이다.)

1156 ✓중요

-1이 아닌 모든 실수 x에 대하여 등식

$$\frac{f(x)}{x^3+1}=\frac{x^3+2}{x^2-x+1}-\frac{x^2+2x+2}{x+1}$$

가 항상 성립하도록 하는 다항함수 $f(x)$를 구하시오.

유형 05 부분분수로의 변형

분모가 두 개 이상의 인수의 곱이면 부분분수로 변형하여 계산한다.

➡ $\dfrac{1}{AB}=\dfrac{1}{B-A}\left(\dfrac{1}{A}-\dfrac{1}{B}\right)$ (단, $A\neq B$)

🔗 개념ON 436쪽 🔗 유형ON 2권 126쪽

1157 대표문제

자연수 n에 대하여 $f_n(x)=\dfrac{n}{x(x+n)}$ $(x>0)$이라 할 때,

$$f_2(2)+f_4(4)+f_8(8)=f_k(2)$$

를 만족시키는 자연수 k의 값은?

① 13 ② 14 ③ 15
④ 16 ⑤ 17

1158

$\dfrac{1}{1\times3}+\dfrac{1}{3\times5}+\dfrac{1}{5\times7}+\cdots+\dfrac{1}{199\times201}$의 값을 구하시오.

1159

자연수 n에 대하여 $f(n)=\dfrac{1}{(x+n)(x+n+1)}$이라 하자.

등식 $f(5)+f(6)+f(7)+\cdots+f(19)=\dfrac{c}{(x+a)(x+b)}$

가 분모를 0으로 만들지 않는 모든 실수 x에 대하여 성립할 때, $a+b-c$의 값을 구하시오. (단, a, b, c는 상수이다.)

1160 ✅중요

분모를 0으로 만들지 않는 모든 실수 x에 대하여 등식

$$\dfrac{3}{x(x+3)}+\dfrac{5}{(x+3)(x+8)}+\dfrac{7}{(x+8)(x+15)}$$
$$=\dfrac{b}{x(x+a)}$$

가 성립할 때, $a+b$의 값을 구하시오. (단, a, b는 상수이다.)

1161 ✅중요 ✏서술형

자연수 n에 대하여 $f(n)=n^2+n$일 때,

$$\dfrac{1}{f(1)}+\dfrac{1}{f(2)}+\dfrac{1}{f(3)}+\cdots+\dfrac{1}{f(99)}$$

의 값을 구하시오.

유형 06 번분수식의 계산

번분수식은 분자에 분모의 역수를 곱하여 계산한다.

➡ $\dfrac{\frac{B}{A}}{\frac{D}{C}}=\dfrac{B}{A}\div\dfrac{D}{C}=\dfrac{B}{A}\times\dfrac{C}{D}=\dfrac{BC}{AD}$ (단, $ACD\neq0$)

확인 문제

다음을 간단히 하시오.

(1) $\dfrac{1}{1+\frac{1}{x}}$　　(2) $\dfrac{x-\frac{1}{x}}{\frac{x+1}{x}}$

🔗 개념ON 438쪽 🔗 유형ON 2권 126쪽

1162 대표문제

$1-\dfrac{1}{1-\dfrac{1}{1-\frac{1}{x}}}$ 을 간단히 하시오.

1163

1보다 큰 양수 x에 대하여 등식

$$a-\dfrac{1}{b-\dfrac{1}{x}}=x+3$$

이 항상 성립할 때, $a+b$의 값을 구하시오.

(단, a, b는 상수이다.)

1164 ✅중요

분모를 0으로 만들지 않는 모든 실수 x에 대하여 등식

$$\dfrac{1+\dfrac{x}{1-x}}{1-\dfrac{1}{1+\dfrac{1}{x}}}=\dfrac{px+q}{x-1}$$가 성립할 때, pq의 값은?

(단, p, q는 상수이다.)

① -1 ② 0 ③ 1

④ 2 ⑤ 3

1165 ✏서술형

$$\dfrac{\dfrac{1}{n}-\dfrac{1}{n+2}}{\dfrac{1}{n+2}-\dfrac{1}{n+4}}$$의 값이 정수가 되도록 하는 모든 정수 n의

값의 합을 구하시오.

1166

$$\dfrac{39}{17}=a+\dfrac{1}{b+\dfrac{1}{c+\dfrac{1}{d}}}$$을 만족시키는 자연수 a, b, c, d에

대하여 $abcd$의 값을 구하시오.

유형 **07** 유리식의 값 구하기 $- \ x^n \pm \dfrac{1}{x^n}$ 꼴

자연수 n에 대하여 $x^n \pm \dfrac{1}{x^n}$ 꼴의 식의 값은 다음과 같은 곱셈 공식의 변형을 이용하여 계산한다.

(1) $x^2+\dfrac{1}{x^2}=\left(x+\dfrac{1}{x}\right)^2-2=\left(x-\dfrac{1}{x}\right)^2+2$

(2) $x^3\pm\dfrac{1}{x^3}=\left(x\pm\dfrac{1}{x}\right)^3\mp3\left(x\pm\dfrac{1}{x}\right)$ (복부호동순)

🎧 유형ON 2권 127쪽

1167 대표문제

실수 x에 대하여 $x^2-3x+1=0$일 때, $x^3+\dfrac{1}{x^3}$의 값은?

① 12 ② 15 ③ 18

④ 21 ⑤ 24

1168 ✅중요

실수 x에 대하여 $x^2-4x+1=0$일 때,

$$4x^2+2x-7+\dfrac{2}{x}+\dfrac{4}{x^2}$$의 값을 구하시오.

1169

$a+\dfrac{1}{a}=\sqrt{13}$, $a^2-\dfrac{1}{a^2}=3\sqrt{13}$일 때, $a^3-\dfrac{1}{a^3}$의 값을 구하시오.

1170

$x^2-2\sqrt{2}x+1=0$, $x^4-4\sqrt{2}x^2-1=0$일 때, $x^3-\dfrac{1}{x^3}$의 값을 구하시오.

1171 ✅중요 🖉서술형

양수 x에 대하여 $x^2+\dfrac{1}{x^2}=14$일 때, $x^5+\dfrac{1}{x^5}$의 값을 구하시오.

1172

$x^2+3x-1=0$이고 $x^4-\dfrac{1}{x^4}$의 값이 $a\sqrt{b}$일 때, $b-a$의 값을 구하시오. (단, $x>0$, a는 정수, b는 소수이다.)

1173

$x^2-kx-1=0$일 때, $4x^2+3x-\dfrac{3}{x}+\dfrac{4}{x^2}=35$이다. 이때 정수 k의 값을 구하시오.

🎧 유형ON 2권 127쪽

유형 **08** **유리식의 값 구하기 — $a+b+c=0$ 이용**

$a+b+c=0$이 주어진 경우 다음과 같은 방법으로 계산한다.
(1) $a+b=-c$ 또는 $b+c=-a$ 또는 $a+c=-b$를 대입하여 구하는 식을 간단히 한다.
(2) $a^3+b^3+c^3-3abc=(a+b+c)(a^2+b^2+c^2-ab-bc-ca)$ 에서 $a+b+c=0$을 대입하면 $a^3+b^3+c^3=3abc$임을 이용하여 구하는 식을 간단히 한다.

1174 대표문제

0이 아닌 세 실수 a, b, c에 대하여 $a+b+c=0$일 때,
$$a\left(\dfrac{1}{b}+\dfrac{1}{c}\right)+b\left(\dfrac{1}{c}+\dfrac{1}{a}\right)+c\left(\dfrac{1}{a}+\dfrac{1}{b}\right)$$
의 값을 구하시오.

1175 ✅중요

세 실수 a, b, c가 $\dfrac{1}{a}+\dfrac{1}{b}+\dfrac{1}{c}=0$을 만족시킬 때,
$$\dfrac{a}{(a+b)(c+a)}+\dfrac{b}{(b+c)(a+b)}+\dfrac{c}{(c+a)(b+c)}$$
의 값은? (단, $abc\neq0$)

① -2 ② -1 ③ 0
④ 1 ⑤ 2

1176

$a+b+c=0$일 때, $\left(1-\dfrac{a-b}{c}\right)\left(1-\dfrac{b-c}{a}\right)\left(1-\dfrac{c-a}{b}\right)$의

값은? (단, $abc\neq0$)

① -8 ② -4 ③ 0

④ 4 ⑤ 8

1177

$a-b+c=0$일 때, $a\left(-\dfrac{1}{b}+\dfrac{1}{c}\right)-b\left(\dfrac{1}{c}+\dfrac{1}{a}\right)+c\left(\dfrac{1}{a}-\dfrac{1}{b}\right)$

의 값은? (단, $abc\neq0$)

① -3 ② -2 ③ -1

④ 1 ⑤ 2

1178 서술형

0이 아닌 세 실수 a, b, c가 $\dfrac{1}{a^2}+\dfrac{1}{b^2}+\dfrac{1}{c^2}=\left(\dfrac{1}{a}+\dfrac{1}{b}+\dfrac{1}{c}\right)^2$을

만족시킬 때, $\dfrac{abc}{a^3+b^3+c^3}$의 값을 구하시오.

유형 09   유리식의 값 구하기 − 비례식이 주어질 때

조건이 비례식으로 주어질 때 다음과 같이 비례상수 k를 이용하여 각 문자를 k에 대한 식으로 나타낸 후 주어진 유리식에 대입하여 식의 값을 구한다.

(1) $x:y=a:b \Longleftrightarrow \dfrac{x}{a}=\dfrac{y}{b}$
$$\Longleftrightarrow x=ak,\ y=bk\ (단,\ k\neq0)$$

(2) $x:y:z=a:b:c \Longleftrightarrow \dfrac{x}{a}=\dfrac{y}{b}=\dfrac{z}{c}$
$$\Longleftrightarrow x=ak,\ y=bk,\ z=ck\ (단,\ k\neq0)$$

확인문제

(1) $x:y=2:3$일 때, $\dfrac{3x+y}{x+y}$의 값을 구하시오. (단, $xy\neq0$)

(2) $\dfrac{x}{3}=\dfrac{y}{4}$일 때, $\dfrac{x^2-xy+y^2}{x^2+y^2}$의 값을 구하시오. (단, $xy\neq0$)

개념ON 440쪽   유형ON 2권 128쪽

1179 대표문제

0이 아닌 세 실수 a, b, c가 $\dfrac{a+b}{3}=\dfrac{b+c}{5}=\dfrac{c+a}{6}$를 만족시킬 때, $\dfrac{a^2+2ab+c^2}{a^2+b^2+c^2}$의 값은?

① $\dfrac{4}{3}$ ② $\dfrac{5}{4}$ ③ $\dfrac{6}{5}$

④ $\dfrac{7}{6}$ ⑤ $\dfrac{8}{7}$

1180

세 실수 x, y, z에 대하여 $x:y:z=2:3:4$일 때,

$\dfrac{x+5y+2z}{2y-4x+3z}$의 값은? (단, $xyz\neq0$)

① $\dfrac{3}{2}$ ② 2 ③ $\dfrac{5}{2}$

④ 3 ⑤ $\dfrac{7}{2}$

1181

0이 아닌 세 실수 x, y, z에 대하여 $2x=3y$, $2y=3z$일 때, $\dfrac{x-y-z}{x+y+z}$의 값은?

① $-\dfrac{1}{19}$ ② $-\dfrac{2}{19}$ ③ $-\dfrac{3}{19}$

④ $-\dfrac{4}{19}$ ⑤ $-\dfrac{5}{19}$

1182 ✅중요 ✏서술형

세 실수 x, y, z에 대하여
$(x+y):(y+z):(z+x)=1:3:4$일 때,
$\dfrac{xy+yz+zx}{(x+y+z)^2}=\dfrac{q}{p}$이다. $p+q$의 값을 구하시오.

(단, $x+y+z\neq0$이고, p와 q는 서로소인 자연수이다.)

유형 10 유리식의 값 구하기 – 방정식이 주어질 때

주어진 방정식을 이용하여 각 문자를 한 문자에 대한 식으로 나타낸 후, 구하는 유리식에 대입하여 계산한다.

🎧 개념ON 440쪽   🎧 유형ON 2권 128쪽

1183 대표문제

0이 아닌 세 실수 x, y, z에 대하여 $2x+y-z=0$, $x-2y-z=0$일 때, $\dfrac{xy+yz+zx}{x^2+y^2+z^2}$의 값은?

① $\dfrac{1}{5}$ ② $\dfrac{1}{2}$ ③ 1

④ 2 ⑤ 5

1184

두 양수 x, y에 대하여 $x^2-4xy+3y^2=0$일 때, $\dfrac{x^2-2xy+2y^2}{3xy-y^2}$의 값은? (단, $x\neq y$)

① $\dfrac{1}{8}$ ② $\dfrac{1}{4}$ ③ $\dfrac{3}{8}$

④ $\dfrac{1}{2}$ ⑤ $\dfrac{5}{8}$

1185 ✅중요

세 실수 x, y, z가 $(3x-y)^2+(2y-z)^2=0$을 만족시킬 때, $\dfrac{x^2+xy+z^2}{x^2-xz+y^2}$의 값을 구하시오. (단, $xyz\neq0$)

1186

$3x+y-2z=0$, $x-2y+z=0$일 때, $\dfrac{x+y}{z-x}$의 값을 구하시오. (단, $xyz\neq0$)

1187

0이 아닌 세 실수 a, b, c에 대하여
$a-\dfrac{3}{2c}=1$, $\dfrac{a+2}{3a}-b=1$일 때, $\dfrac{2}{abc}+2$의 값은?

① 0 ② 1 ③ 2

④ 3 ⑤ 4

주어진 수량 사이의 비의 관계를 이용하여 수량을 미지수로 나타낸 후, 유리식을 만들어 해결한다.

⋒ 개념ON 440쪽   ⋒ 유형ON 2권 129쪽

1188 대표문제

한국사능력검정시험에 응시한 학생의 남녀의 비는 8 : 7, 합격자의 남녀의 비는 3 : 4, 불합격자의 남녀의 비는 5 : 3일 때, 전체 응시자 수에 대한 합격한 여학생의 비율을 p라 하자. $30p$의 값을 구하시오.

1189

그림과 같은 직육면체 모양의 상자에서 세 면 A, B, C의 넓이의 비가 $4 : 2 : 3$일 때, 세 모서리의 길이 x, y, z에 대하여 $\dfrac{12xy}{z^2}$의 값을 구하시오.

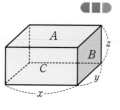

1190

어느 학교의 학생 중 동아리에 가입한 학생들의 남녀 구성비는 2 : 1, 동아리에 가입하지 않은 학생들의 남녀 구성비는 5 : 4이다. 전체 학생의 남녀 구성비가 4 : 3이고, 동아리에 가입하지 않은 학생 수와 전체 학생 수의 비가 $p : q$일 때, $p+q$의 값을 구하시오. (단, p, q는 서로소인 자연수이다.)

1191

1학년과 2학년으로 구성된 농구부에서 1학년의 남학생 수와 여학생 수의 비는 7 : 1이고, 2학년의 남학생 수와 여학생 수의 비는 9 : 1이다. 농구부 전체의 1학년 학생 수와 2학년 학생 수의 비가 8 : 1일 때, 이 농구부 전체 학생 수에 대한 남학생 수의 비율을 구하시오.

1192

한 지역의 인력 활용 정도를 판단하는 지표로 고용률이 주로 사용되며, 고용률을 산출하는 식은 다음과 같다.

$$(\text{고용률}) = \frac{(\text{취업자 수})}{(\text{15세 이상의 인구})} \times 100\,(\%)$$

A 지역과 B 지역의 15세 이상의 인구의 비는 4 : 5이고, 취업자 수의 비는 5 : 6이다. 두 지역 A, B를 통합하여 산출한 고용률이 88 %일 때, A 지역의 고용률은 x %이다. x의 값을 구하시오.

1193

A 회사의 밀가루의 가격을 p % 인상한 후, q %를 다시 인상하여 판매한다면 처음 가격의 x %를 인상한 것과 같다. 이때 x를 p, q에 대한 식으로 나타내면 $p+q+kpq$이다. 상수 k에 대하여 $400k$의 값을 구하시오.

유형 12 반비례 관계의 그래프

중학교에서 학습한 반비례 관계 $y=\dfrac{a}{x}$ $(a\neq0)$의 그래프는 다음과 같다.

	$a>0$일 때	$a<0$일 때
그래프		
지나는 사분면	제1사분면과 제3사분면	제2사분면과 제4사분면
그래프의 모양	원점에 대하여 대칭이고, 좌표축에 한없이 가까워지는 한 쌍의 매끄러운 곡선	

🔎 유형ON 2권 129쪽

1194 대표문제

다음 중 함수 $y=\dfrac{k}{x}$에 대한 설명으로 옳은 것은?

(단, k는 0이 아닌 상수이다.)

① 함수 $y=\dfrac{k}{x}$의 그래프는 원점을 지난다.

② $x>0$에서 x의 값이 커질 때, y의 값도 커진다.

③ $k>0$이면 함수 $y=\dfrac{k}{x}$의 그래프는 제2사분면을 지난다.

④ $k<0$이면 함수 $y=\dfrac{k}{x}$의 그래프는 제3사분면을 지난다.

⑤ 함수 $y=\dfrac{k}{x}$의 그래프는 원점에 대하여 대칭이다.

1195

함수 $y=-\dfrac{5}{2x}$에 대하여 보기에서 옳은 것만을 있는 대로 고르시오.

> **보기**
>
> ㄱ. $x>0$에서 x의 값이 커지면 y의 값은 작아진다.
>
> ㄴ. 함수 $y=-\dfrac{5}{2x}$의 그래프는 함수 $y=-\dfrac{1}{x}$의 그래프보다 원점에서 멀리 떨어져 있다.
>
> ㄷ. 함수 $y=-\dfrac{5}{2x}$의 그래프는 제2사분면을 지난다.

1196

반비례 관계 $y=\dfrac{1}{x}$의 그래프의 제1사분면 위의 점 A에서 x축과 y축에 각각 평행한 직선을 그어, 반비례 관계 $y=\dfrac{3}{x}$의 그래프와 만나는 점을 각각 B, C라 하자. 삼각형 ABC의 넓이를 구하시오.

유형 13 유리함수의 평행이동

(1) 함수 $y=\dfrac{k}{x}$ $(k\neq0)$의 그래프를 x축의 방향으로 p만큼, y축의 방향으로 q만큼 평행이동한 그래프의 식은
$y=\dfrac{k}{x-p}+q$이다.

(2) 두 유리함수 $y=\dfrac{k}{x}$, $y=\dfrac{l}{x-p}+q$의 그래프가 평행이동에 의하여 겹쳐지면 ➡ $k=l$

🔎 개념ON 450쪽 🔎 유형ON 2권 130쪽

1197 대표문제 교육청 기출

함수 $y=\dfrac{3}{x-2}+2$의 그래프는 함수 $y=\dfrac{a}{x}$의 그래프를 x축의 방향으로 m만큼, y축의 방향으로 n만큼 평행이동한 그래프와 일치한다. $a+m+n$의 값은?

(단, a, m, n은 상수이다.)

① 1   ② 3   ③ 5

④ 7   ⑤ 9

1198 중요 서술형

함수 $y=-\dfrac{4}{x}$의 그래프를 x축의 방향으로 -3만큼, y축의 방향으로 -2만큼 평행이동한 그래프가 점 $(-1, k)$를 지날 때, k의 값을 구하시오.

1199

함수 $y=\dfrac{a}{x}$의 그래프를 x축의 방향으로 -3만큼, y축의 방향으로 4만큼 평행이동한 그래프가 점 $(3, 3)$을 지날 때, 상수 a의 값은? (단, $a\neq0$)

① -6 ② -2 ③ 2
④ 6 ⑤ 10

1200 ✅중요

함수 $y=\dfrac{3}{x}$의 그래프를 x축의 방향으로 2만큼, y축의 방향으로 5만큼 평행이동한 그래프의 식이 $y=\dfrac{bx+c}{x+a}$일 때, $a+b+c$의 값은? (단, a, b, c는 $ab\neq c$인 상수이다.)

① -1 ② -2 ③ -3
④ -4 ⑤ -5

1201

보기의 함수 중 그 그래프를 평행이동하여 함수 $y=\dfrac{1}{x}$의 그래프와 일치하는 것만을 있는 대로 고른 것은?

┌ 보기 ────────────────────────┐
│ ㄱ. $y=\dfrac{-3x+7}{x-2}$ ㄴ. $y=\dfrac{-x+4}{x-2}$ │
│ ㄷ. $y=\dfrac{2x+1}{x+1}$ ㄹ. $y=\dfrac{4x-3}{x-1}$ │
└────────────────────────────┘

① ㄱ, ㄴ ② ㄱ, ㄹ ③ ㄴ, ㄷ
④ ㄱ, ㄷ, ㄹ ⑤ ㄴ, ㄷ, ㄹ

유형 14 유리함수의 정의역과 치역

유리함수 $f(x)=\dfrac{k}{x-p}+q \ (k\neq0)$에 대하여

(1) 정의역은 $\{x\,|\,x$는 p가 아닌 실수$\}$이다.
(2) 치역은 $\{y\,|\,y$는 q가 아닌 실수$\}$이다.

Tip 유리함수 $y=\dfrac{ax+b}{cx+d} \ (c\neq0, ad-bc\neq0)$는 식을

$y=\dfrac{k}{x-p}+q \ (k\neq0)$ 꼴로 변형한 후 정의역과 치역을 구한다.

확인 문제

다음 함수의 정의역과 치역을 구하시오.

(1) $y=\dfrac{2}{x}-3$ (2) $y=\dfrac{1}{x+2}$ (3) $y=\dfrac{1}{x+3}+1$

🔆 개념ON 452쪽 🔆 유형ON 2권 130쪽

1202 대표문제

집합 $X=\{x\,|\,x$는 3이 아닌 실수$\}$에 대하여 함수 $f(x)=\dfrac{bx+2}{x+a}$가 X에서 X로의 함수일 때, ab의 값을 구하시오. (단, a, b는 $ab\neq2$인 상수이다.)

1203

함수 $y=\dfrac{bx+5}{a-x}$의 정의역이 $\{x\,|\,x\neq2$인 실수$\}$, 치역이 $\{y\,|\,y\neq-5$인 실수$\}$일 때, 상수 a, b에 대하여 ab의 값은?

① 5 ② 10 ③ 15
④ 20 ⑤ 25

1204 ✅중요

정의역이 $\{x\,|\,0\le x\le a\}$인 함수 $y=\dfrac{2x+3}{x+1}$의 치역이

$\left\{y\,\middle|\,\dfrac{9}{4}\le y\le b\right\}$일 때, 상수 a, b에 대하여 $a+b$의 값을 구하

시오. $\left(\text{단, } a>0,\ b>\dfrac{9}{4}\right)$

1205

치역이 $\{y\,|\,y\le 0 \text{ 또는 } y\ge 5\}$인 함수 $y=\dfrac{3x+9}{x+1}$의 정의역에 속하는 모든 정수의 합을 구하시오.

1206 ✅중요 ✍서술형

함수 $f(x)=\dfrac{4x}{x+a}$의 치역이 $\{y\,|\,y\text{는 }2a\text{가 아닌 실수}\}$일 때,

함수 $y=f(x)$의 그래프는 함수 $y=\dfrac{b}{x}$의 그래프를 x축의 방향으로 c만큼, y축의 방향으로 d만큼 평행이동한 것과 같다.

상수 a, b, c, d에 대하여 $a+b+c+d$의 값을 구하시오.

(단, $a\ne 0$)

유형 15 유리함수의 그래프의 점근선

유리함수 $y=\dfrac{k}{x-p}+q\ (k\ne 0)$의 그래프의 점근선의 방정식은 $x=p$, $y=q$이다.

Tip 유리함수 $y=\dfrac{ax+b}{cx+d}\ (c\ne 0,\ ad-bc\ne 0)$의 그래프의 점근선의 방정식은 $x=-\dfrac{d}{c}$, $y=\dfrac{a}{c}$이다.

확인 문제

다음 함수의 점근선의 방정식을 구하시오.

(1) $y=\dfrac{3x-1}{x-1}$ (2) $y=\dfrac{x}{2-x}$

🎧 개념ON 454쪽 🎧 유형ON 2권 131쪽

1207 대표문제

함수 $y=\dfrac{3-x}{x+2}$의 그래프의 두 점근선의 교점의 좌표가

$(a,\ b)$일 때, $a+b$의 값을 구하시오.

1208

함수 $y=\dfrac{-3x+7}{2x+a}$의 그래프의 점근선의 방정식이 $x=-3$,

$y=b$일 때, 두 상수 a, b에 대하여 $a-2b$의 값을 구하시오.

1209

함수 $y=\dfrac{bx-3}{x+a}$의 그래프의 두 점근선이 모두 점 $(2,\ 3)$을 지날 때, 상수 a, b에 대하여 a^2+b^2의 값을 구하시오.

(단, $ab\ne -3$)

1210

0이 아닌 실수 k에 대하여 함수 $y=\dfrac{k}{x-1}+5$의 그래프가 점 $(5, 3a)$를 지나고 두 점근선의 교점의 좌표가 $(1, 2a+1)$일 때, k의 값은?

① 1   ② 2   ③ 3
④ 4   ⑤ 5

1211

두 함수 $y=\dfrac{3x-5}{x-4}$, $y=\dfrac{bx+4}{x+a}$의 그래프의 점근선이 같을 때, 상수 a, b에 대하여 ab의 값은?

① -15 ② -12 ③ -8
④ -6 ⑤ -4

1212 중요 서술형

두 유리함수 $y=\dfrac{3x-4}{x-2}$, $y=-\dfrac{2}{x+1}$의 그래프의 점근선으로 둘러싸인 부분의 넓이를 구하시오.

유형 16 유리함수의 그래프의 대칭성

유리함수 $y=\dfrac{k}{x-p}+q$ $(k\neq0)$의 그래프는

(1) 두 점근선 $x=p$, $y=q$의 교점인 점 (p, q)에 대하여 대칭이다.

(2) 두 점근선의 교점 (p, q)를 지나고 기울기가 1 또는 -1인 직선, 즉 두 직선 $y=\pm(x-p)+q$에 대하여 대칭이다.

개념ON 454쪽   유형ON 2권 132쪽

1213 대표문제

유리함수 $y=\dfrac{4x-3}{2x+1}$의 그래프가 두 직선 $y=x+p$, $y=-x+q$에 대하여 각각 대칭일 때, $p+q$의 값은? (단, p, q는 상수이다.)

① 1   ② 2   ③ 3
④ 4   ⑤ 5

1214

함수 $y=\dfrac{ax+6}{-x+3}$의 그래프가 직선 $y=-x$에 대하여 대칭일 때, 상수 a의 값을 구하시오.

1215 중요

유리함수 $y=\dfrac{1}{x}$의 그래프를 x축의 방향으로 p만큼, y축의 방향으로 q만큼 평행이동한 그래프가 점 $(3, 3)$에 대하여 대칭일 때, $p+q$의 값을 구하시오. (단, p, q는 상수이다.)

1216 ✏️서술형 ◧◧▫

유리함수 $y=\dfrac{3x+2}{x-1}$의 그래프가 점 $(p,\ q)$에 대하여 대칭이면서 직선 $y=x+r$에 대하여 대칭일 때, $p+q+r$의 값을 구하시오. (단, $p,\ q,\ r$는 상수이다.)

1217 ◧◧▫

함수 $f(x)=\dfrac{ax+6}{x+3}$의 그래프를 원점에 대하여 대칭이동한 그래프의 두 점근선이 함수 $y=f(-x)$의 그래프의 두 점근선과 일치할 때, 상수 a의 값을 구하시오. (단, $a\neq2$)

1218 교육청 기출 ◧◧◧

함수 $f(x)=\dfrac{a}{x-6}+b$에 대하여 함수 $y=\left|f(x+a)+\dfrac{a}{2}\right|$의 그래프가 y축에 대하여 대칭일 때, $f(b)$의 값은?
(단, $a,\ b$는 상수이고, $a\neq0$이다.)

① $-\dfrac{25}{6}$ ② -4 ③ $-\dfrac{23}{6}$

④ $-\dfrac{11}{3}$ ⑤ $-\dfrac{7}{2}$

유형 17 유리함수의 그래프가 지나는 사분면

유리함수 $y=\dfrac{ax+b}{cx+d}\ (c\neq0,\ ad-bc\neq0)$의 그래프가 지나는 사분면은 유리함수 $y=\dfrac{ax+b}{cx+d}$의 식을 $y=\dfrac{k}{x-p}+q\ (k\neq0)$ 꼴로 변형한 후 함수 $y=\dfrac{k}{x}$의 그래프를 x축의 방향으로 p만큼, y축의 방향으로 q만큼 평행이동하여 생각한다.

🎧 유형ON 2권 132쪽

1219 대표문제 교육청 기출

유리함수 $y=\dfrac{5}{x-p}+2$의 그래프가 제3사분면을 지나지 않도록 하는 정수 p의 최솟값은?

① 3   ② 4   ③ 5

④ 6   ⑤ 7

1220 ◧◧▫

유리함수 $y=\dfrac{2x-4}{x-1}$의 그래프가 지나지 않는 사분면은?

① 제4사분면   ② 제3사분면   ③ 제2사분면

④ 제1사분면   ⑤ 없다.

1221 ✓중요 ◧◧▫

유리함수 $y=\dfrac{3x+a}{x-1}$의 그래프가 모든 사분면을 지나도록 하는 정수 a의 최솟값은?

① -2 ② -1 ③ 0

④ 1 ⑤ 2

그래프를 이용하여 유리함수의 식 구하기

점근선의 방정식이 $x=p$, $y=q$인 유리함수의 그래프의 식은
다음과 같은 순서로 구한다.

❶ 유리함수의 식을 $y=\dfrac{k}{x-p}+q$ $(k\neq0)$로 놓는다.

❷ 그래프 위의 한 점의 좌표를 이용하여 상수 k의 값을 구한다.

🔵 개념ON 456쪽 🔵 유형ON 2권 133쪽

1222 대표문제

원점을 지나는 유리함수

$y=\dfrac{a}{x+b}+c$의 그래프가 그림과

같을 때, $a+b+c$의 값을 구하시
오. (단, a, b, c는 상수이다.)

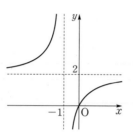

1223

함수 $y=\dfrac{a}{x+b}+c$의 그래프가 그림과
같고 점 $(5,\,2)$를 지날 때, abc의 값을
구하시오. (단, a, b, c는 상수이다.)

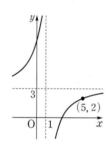

1224 ✓중요 ✏서술형

함수 $y=\dfrac{ax+b}{x+c}$의 그래프가 그림
과 같을 때, $\dfrac{b}{ac}$의 값을 구하시오.
(단, a, b, c는 상수이다.)

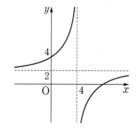

1225

함수 $y=\dfrac{ax+b}{x+c}$의 그래프가 그림과

같을 때, 함수 $y=\dfrac{bx+a}{cx-1}$의 그래프

의 점근선의 방정식은 $x=p$, $y=q$

이다. 이때 pq의 값을 구하시오.

(단, a, b, c는 상수이다.)

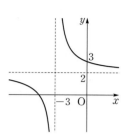

1226

함수 $y=\dfrac{ax+b}{x+c}$의 그래프가 그림과
같을 때, 보기에서 옳은 것만을 있는
대로 고르시오.

(단, a, b, c는 상수이다.)

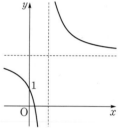

┌ 보기 ┐
ㄱ. $c<0$ ㄴ. $0<a<1$ ㄷ. $\dfrac{1}{a}-\dfrac{c}{b}<0$

1227

원점을 지나는 함수 $y=\dfrac{b}{x+a}+c$

의 그래프가 그림과 같을 때, 보기
에서 옳은 것만을 있는 대로 고른
것은? (단, a, b, c는 상수이다.)

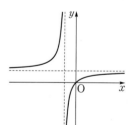

┌ 보기 ┐
ㄱ. $abc>0$ ㄴ. $b=-ac$ ㄷ. $a^3+b^3+c^3<0$

① ㄱ   ② ㄴ   ③ ㄷ
④ ㄱ, ㄴ   ⑤ ㄴ, ㄷ

유형 19 유리함수의 그래프의 성질

함수 $y=\dfrac{ax+b}{cx+d}$ $(c\neq0, ad-bc\neq0)$는 $y=\dfrac{k}{x-p}+q$ $(k\neq0)$

꼴로 변형한 후 다음과 같은 함수 $y=\dfrac{k}{x-p}+q$ $(k\neq0)$의 그래프의 성질을 이용한다.

(1) 함수 $y=\dfrac{k}{x}$의 그래프를 x축의 방향으로 p만큼, y축의 방향으로 q만큼 평행이동한 것이다.

(2) 두 직선 $x=p$, $y=q$를 점근선으로 갖는다.

> Tip 함수 $y=\dfrac{k}{x-p}+q$의 정의역은 $\{x|x는 p가 아닌 실수\}$,
> 치역은 $\{y|y는 q가 아닌 실수\}$이다.

(3) 점 (p, q)에 대하여 대칭이다.

(4) 두 직선 $y=\pm(x-p)+q$에 대하여 대칭이다.

🎧 **개념ON** 454쪽　🎧 **유형ON** 2권 133쪽

1228 대표문제

다음 중 함수 $f(x)=\dfrac{2}{x-1}+3$에 대한 설명으로 옳지 <u>않은</u> 것은?

① 정의역은 1이 아닌 실수 전체의 집합이다.

② 치역은 3이 아닌 실수 전체의 집합이다.

③ 함수 $y=f(x)$의 그래프의 점근선의 방정식은 $x=1$, $y=3$이다.

④ 함수 $y=f(x)$의 그래프는 제3사분면을 지난다.

⑤ 함수 $y=f(x)$의 그래프는 점 $(1, 3)$에 대하여 대칭이다.

1229

곡선 $f(x)=\dfrac{2x+5}{x+2}$에 대하여 보기에서 옳은 것만을 있는 대로 고르시오.

> **보기**
> ㄱ. 곡선 $y=f(x)$의 두 점근선의 교점의 좌표는 $(-2, 2)$이다.
> ㄴ. 곡선 $y=f(x)$는 제4사분면을 지난다.
> ㄷ. 곡선 $y=f(x)$는 직선 $y=x+4$에 대하여 대칭이다.

1230 교육청 기출

유리함수 $f(x)=\dfrac{x}{1-x}$에 대하여 보기에서 옳은 것만을 있는 대로 고른 것은?

> **보기**
> ㄱ. 함수 $f(x)$의 정의역과 치역이 서로 같다.
> ㄴ. 함수 $y=f(x)$의 그래프는 $y=-\dfrac{1}{x}$의 그래프를 평행이동한 것이다.
> ㄷ. 함수 $y=f(x)$의 그래프는 제2사분면을 지나지 않는다.

① ㄴ　　　② ㄷ　　　③ ㄱ, ㄷ

④ ㄴ, ㄷ　　⑤ ㄱ, ㄴ, ㄷ

1231

유리함수 $y=\dfrac{3x+2}{x-1}$의 그래프에 대하여 보기에서 옳은 것만을 있는 대로 고른 것은?

> **보기**
> ㄱ. 점 $(1, 3)$에 대하여 대칭이다.
> ㄴ. x축의 방향과 y축의 방향으로 평행이동하면 유리함수 $y=\dfrac{5}{x}$의 그래프와 일치한다.
> ㄷ. 제4사분면을 지난다.

① ㄱ　　　② ㄱ, ㄴ　　　③ ㄱ, ㄷ

④ ㄴ, ㄷ　　⑤ ㄱ, ㄴ, ㄷ

x의 값의 범위가 주어졌을 때, 그 범위에서 유리함수의 그래프를 그린 후 최댓값과 최솟값을 구한다.

🔗 개념ON 458쪽 🔗 유형ON 2권 134쪽

1232 대표문제

정의역이 $\{x\,|\,3\leq x\leq 6\}$인 함수 $y=\dfrac{2x-3}{x-2}$의 최댓값을 M, 최솟값을 m이라 할 때, $\dfrac{M}{m}$의 값은? (단, $m\neq 0$)

① 1   ② $\dfrac{4}{3}$ ③ $\dfrac{5}{3}$

④ 2   ⑤ $\dfrac{7}{3}$

1233

$3\leq x\leq 7$에서 함수 $y=\dfrac{ax+3}{x-2}$의 최댓값이 9일 때, 상수 a의 값을 구하시오. (단, $a>0$)

1234

$1\leq x\leq 2$에서 함수 $y=\dfrac{a}{x+1}+b$ $(a<0,\ b>0)$의 최댓값과 최솟값의 합이 0일 때, $5a+12b$의 값은?

(단, $a,\ b$는 상수이다.)

① -2 ② -1 ③ 0

④ 1   ⑤ 2

1235 중요 서술형

$0\leq x\leq a$에서 함수 $y=\dfrac{k}{x+1}+2$ $(k>0)$의 최댓값이 6이고 최솟값이 3일 때, 상수 $a,\ k$에 대하여 $a+k$의 값을 구하시오.

(단, $a>0$)

1236

유리함수 $y=f(x)$가 다음 조건을 모두 만족시킬 때, $-2\leq x\leq 3$에서 $y=f(x)$의 최댓값과 최솟값의 합을 a라 하자. $6a$의 값을 구하시오.

> ㈎ 그래프의 점근선의 방정식은 $x=4,\ y=-2$이다.
> ㈏ 그래프는 점 $(0,\ -4)$를 지난다.

(1) 유리함수 $y=f(x)$의 그래프를 그린 후 조건을 만족시키도록 직선 $y=g(x)$를 움직여서 위치 관계를 찾는다.
　Tip 유리함수의 그래프와 만나지 않는 직선 중 하나는 점근선이다.
(2) 유리함수 $y=f(x)$의 그래프와 직선 $y=g(x)$가 한 점에서 만날 때, 방정식 $f(x)=g(x)$의 양변에 $f(x)$의 분모를 곱한 후 이차방정식에서 판별식이 0이 되도록 값을 정한다.

🔗 개념ON 460쪽 🔗 유형ON 2권 135쪽

1237 대표문제

함수 $y=\dfrac{3x-1}{x}$의 그래프와 직선 $y=mx+3$이 만나지 않도록 하는 실수 m의 값의 범위를 구하시오.

1238 ✅중요

점 $(a, 0)$을 지나고 기울기가 1인 직선이 함수 $y=-\dfrac{1}{x}$의 그래프와 오직 한 점에서만 만날 때, 양수 a의 값을 구하시오.

1239 ✅중요

함수 $y=\dfrac{3x-5}{x+1}$의 그래프와 직선 $y=m(x-1)$이 만나도록 하는 자연수 m의 최솟값은?

① 4　　　　② 5　　　　③ 6

④ 7　　　　⑤ 8

1240 ✏️서술형

함수 $y=\dfrac{x-1}{x+2}$의 그래프와 직선 $y=kx+1$이 오직 한 점에서만 만나도록 하는 양수 k의 값을 구하시오.

1241

$3\le x\le 5$에서 부등식 $ax+3\le\dfrac{3x+1}{x-1}\le bx+3$이 항상 성립할 때, 상수 a, b에 대하여 $a-b$의 최댓값은?

① $-\dfrac{3}{5}$　　② $-\dfrac{7}{15}$　　③ $-\dfrac{1}{3}$

④ $-\dfrac{1}{5}$　　⑤ $-\dfrac{1}{15}$

유형 **22** 　유리함수의 그래프의 활용

유리함수의 그래프에서 점의 좌표와 선분의 길이 등을 한 문자로 나타내어 식을 세울 수 있다.
이때 선분의 길이 또는 도형의 넓이의 최솟값을 구하는 경우 양수 조건이 있으면 산술평균과 기하평균의 관계를 이용할 수 있다.

🎧 유형ON 2권 135쪽

1242 대표문제 교육청 기출

그림과 같이 유리함수 $y=\dfrac{k}{x}$ $(k>0)$의 그래프가 직선 $y=-x+6$과 두 점 P, Q에서 만난다. 삼각형 OPQ의 넓이가 14일 때, 상수 k의 값은? (단, O는 원점이다.)

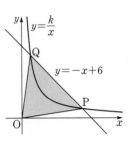

① $\dfrac{32}{9}$　　② $\dfrac{34}{9}$　　③ 4

④ $\dfrac{38}{9}$　　⑤ $\dfrac{40}{9}$

1243 교육청 기출

그림과 같이 함수 $y=\dfrac{2}{x-1}+2$의 그래프 위의 한 점 P에서 이 함수의 그래프의 두 점근선에 내린 수선의 발을 각각 Q, R라 하고, 두 점근선의 교점을 S라 하자. 사각형 PRSQ의 둘레의 길이의 최솟값은? (단, 점 P는 제1사분면 위의 점이다.)

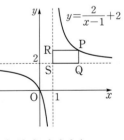

① $2\sqrt{2}$　　② 4　　③ $4\sqrt{2}$

④ 8　　⑤ $8\sqrt{2}$

09
유리식과 유리함수

1244

함수 $f(x) = \dfrac{-3x+a}{x+3}$의 그래프와 직선 $y=2x+3$의 두 교점 사이의 거리가 $4\sqrt{5}$일 때, 상수 a의 값을 구하시오.

(단, $a \neq -9$)

1245

그림과 같이 함수

$f(x) = \dfrac{4x-6}{x-3}$의 그래프 위의

두 점 $\mathrm{A}(a, f(a))$,

$\mathrm{B}(b, f(b))$에 대하여 두 점

A, B를 대각선의 양 끝점으로

하고, 각 변이 x축, y축과 평행

한 직사각형 APBQ의 넓이의 최솟값은? (단, $a>3$, $b<3$)

① 15   ② 18   ③ 21

④ 24   ⑤ 27

1246 ✅중요 ✏서술형

함수 $y = \dfrac{2x+6}{x-1}$의 그래프를 x축의 방향으로 -1만큼, y축의 방향으로 -2만큼 평행이동한 그래프의 식을 $f(x)$라 하자. 제1사분면의 함수 $y=f(x)$의 그래프 위를 움직이는 점 A와 두 점 $\mathrm{B}(-1, 0)$, $\mathrm{C}(0, -2)$를 꼭짓점으로 하는 삼각형 ABC의 넓이의 최솟값을 구하시오.

1247

그림과 같이 함수

$y = \dfrac{2x+2}{x-1}$ $(x>1)$의 그래프 위

의 점 P에서 이 함수의 그래프의

두 점근선에 내린 수선의 발을 각

각 Q, R라 하자. 삼각형 PRQ의

둘레의 길이가 최소가 될 때, 점 P

의 좌표를 (a, b)라 하고 둘레의 길이를 l이라 하자.

$a+b+l$의 값을 구하시오.

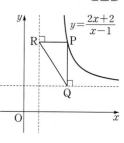

유형 23 유리함수의 합성

함수 f를 n번 합성한 함수 f^n에 대하여 함숫값 $f^n(k)$의 값은 다음과 같은 방법으로 구한다.

(1) 함숫값 $f^1(k)$, $f^2(k)$, $f^3(k)$, …를 직접 구하여 규칙성을 찾는다.

(2) 합성함수 $f^1(k)$, $f^2(k)$, $f^3(k)$, …를 차례대로 구하여 $f^n(x)$를 유추한 후 x 대신 k를 대입한다.

유형ON 2권 136쪽

1248 대표문제

함수 $f(x)=\dfrac{x-3}{x+1}$에 대하여

$$f^1(x)=f(x),\ f^{n+1}(x)=f(f^n(x))$$

로 정의할 때, $f^{2000}(2)$의 값은? (단, n은 자연수이다.)

① -5 ② -4 ③ -3

④ -2 ⑤ -1

1249

두 함수 $f(x)=\dfrac{x+a}{2x-1}$, $g(x)=\dfrac{3x-1}{x+3}$에 대하여

$(g\circ f)(1)=2$를 만족시키는 상수 a의 값은?

① 4 ② 5 ③ 6

④ 7 ⑤ 8

1250

함수 $f(x)=\dfrac{2x+1}{x-2}$에 대하여 $(f\circ f)(k)=\dfrac{4}{k}$를 만족시키는 실수 k의 값을 구하시오.

1251 중요

자연수 n과 함수 $f(x)=\dfrac{x+1}{x-1}$에 대하여

$$f^1(x)=f(x),\ f^{n+1}(x)=f(f^n(x))$$

로 정의할 때, $f^{25}(x)=\dfrac{bx+c}{x+a}$이다. $a+b+c$의 값은?

(단, a, b, c는 상수이고, $ab\neq c$이다.)

① 1 ② 2 ③ 3

④ 4 ⑤ 5

1252

그림은 유리함수 $y=f(x)$의 그래프이다. $f^1=f$, $f^{n+1}=f\circ f^n$으로 정의할 때, $f^{2000}(4)$의 값을 구하시오.

(단, n은 자연수이다.)

1253 중요 서술형

함수 $f(x)=\dfrac{x-1}{x+1}$에 대하여

$$f^1(x)=f(x),\ f^2(x)=f(f^1(x)),$$
$$f^3(x)=f(f^2(x)),\ f^4(x)=f(f^3(x)),\ \cdots$$

로 정의할 때, $f^{1003}(3)+f^{1004}(3)+f^{1005}(3)$의 값을 구하시오.

유형 24 유리함수의 역함수

유리함수 $y = \dfrac{ax+b}{cx+d}$ ($c \neq 0$, $ad-bc \neq 0$)의 역함수는 다음과 같은 순서로 구한다.

❶ x를 y에 대한 식으로 나타낸다. ➡ $x = \dfrac{dy-b}{-cy+a}$

❷ x와 y를 서로 바꾼다. ➡ $y = \dfrac{dx-b}{-cx+a}$

Tip 유리함수의 그래프는 일대일대응이므로 역함수가 항상 존재한다.

🎧 개념ON 462쪽 🎧 유형ON 2권 137쪽

1254 대표문제

함수 $f(x) = \dfrac{ax+b}{x-2}$의 그래프와 그 역함수의 그래프가 모두 점 $(3, -1)$을 지날 때, 상수 a, b에 대하여 $a+b$의 값을 구하시오.

1255

유리함수 $y = \dfrac{2x+5}{x+3}$의 역함수의 그래프가 점 (p, q)에 대하여 대칭일 때, $p-q$의 값을 구하시오.

1256

함수 $f(x) = \dfrac{kx}{2x-4}$에 대하여 $f(f(x)) = x$일 때, 상수 k의 값은?

① 1 ② 2 ③ 3
④ 4 ⑤ 5

1257 ✅ 중요

함수 $f(x) = \dfrac{6x}{x-2}$의 역함수를 $g(x)$라 할 때, 함수 $y = g(x)$의 그래프를 x축의 방향으로 a만큼, y축의 방향으로 b만큼 평행이동하면 함수 $y = f(x)$의 그래프를 원점에 대하여 대칭이동한 그래프와 일치한다. $a+b$의 값은?

① -16 ② -12 ③ -8
④ 8 ⑤ 16

유형 25 유리함수의 합성함수와 역함수

역함수가 존재하는 두 함수 $f(x)$, $g(x)$에 대하여
(1) $(f \circ g)^{-1}(x) = (g^{-1} \circ f^{-1})(x) = g^{-1}(f^{-1}(x))$
(2) $g^{-1}(f(a)) = k$이면 $g(k) = f(a)$

🎧 유형ON 2권 137쪽

1258 대표문제

두 함수 $f(x) = \dfrac{x+1}{x-2}$, $g(x) = \dfrac{3x+1}{x-1}$에 대하여 $(f^{-1} \circ g)^{-1}(5)$의 값을 구하시오.

1259 ✏️ 서술형

함수 $f(x) = \dfrac{x-2}{x-1}$에 대하여 $(f \circ f)(a) = f^{-1}(a)+2$를 만족시키는 실수 a의 값을 구하시오.

1260

함수 $f(x) = \dfrac{x+1}{3x-1}$의 역함수를 $g(x)$라 할 때, $(g \circ g \circ g \circ f)(-1)$의 값을 구하시오.

1261

함수 $f(x) = \dfrac{bx-2}{x+a}$와 그 역함수 $f^{-1}(x)$에 대하여 $f^{-1}(1) = 2$, $(f \circ f)(2) = \dfrac{1}{3}$일 때, $a+b$의 값을 구하시오. (단, a, b는 상수이다.)

내신 잡는 종합 문제

1262

$x=2+\dfrac{1}{2+\dfrac{1}{2+\dfrac{1}{x}}}$ 일 때, x^2-2x+4의 값은?

① 8   ② 7   ③ 6

④ 5   ⑤ 4

1263

함수 $y=\dfrac{x+1}{x-1}$의 그래프를 x축의 방향으로 p만큼, y축의 방향으로 q만큼 평행이동하면 함수 $y=\dfrac{2}{x+1}+2$의 그래프와 일치할 때, 두 상수 p, q에 대하여 $p+q$의 값은?

① -3 ② -1 ③ 0

④ 1 ⑤ 3

1264

유리함수 $y=\dfrac{ax+3}{2x+4}$의 그래프의 점근선의 방정식이 $x=b$, $y=3$일 때, 상수 a, b에 대하여 a^2+b^2의 값은? $\left(\text{단, } a\neq-\dfrac{3}{2}\right)$

① 20   ② 30   ③ 40

④ 50   ⑤ 60

1265

$\dfrac{x-1}{x+1}-\dfrac{x^2-x-2}{x^2+3x-4}\div\dfrac{x^2-5x+6}{x^2+x-12}$ 을 간단히 하면?

① $\dfrac{-4x}{x^2-1}$ ② $\dfrac{2x^2+2}{x^2+1}$ ③ $\dfrac{x^2-5x}{x^2-1}$

④ $\dfrac{12x+12}{(x+4)^2}$ ⑤ $\dfrac{x^2-5x}{(x+4)^2}$

1266

함수 $f(x)=-\dfrac{1}{x}+1$에 대하여

$$f^1(x)=f(x),\ f^{n+1}(x)=f(f^n(x))$$

로 정의할 때, $f^{111}(4)$의 값은? (단, n은 자연수이다.)

① $-\dfrac{3}{4}$ ② $-\dfrac{1}{3}$ ③ $\dfrac{3}{4}$

④ $\dfrac{4}{3}$ ⑤ 4

1267

정의역이 $\{x\,|\,1\leq x\leq 4\}$인 유리함수 $y=\dfrac{2x-k}{x+1}$의 최댓값이 3일 때, 상수 k의 값은?

① -4 ② -2 ③ 0

④ 2 ⑤ 4

1268

다음 중 함수 $y = \dfrac{2x+1}{x-1}$에 대한 설명으로 옳은 것은?

① 치역은 $\{y \,|\, y \neq 1$인 실수$\}$이다.

② 함수 $y = \dfrac{2x+1}{x-1}$의 그래프와 y축의 교점의 좌표는 $(0,\ 1)$ 이다.

③ 함수 $y = \dfrac{2x+1}{x-1}$의 그래프는 함수 $y = \dfrac{2}{x}$의 그래프를 평행 이동한 것이다.

④ 함수 $y = \dfrac{2x+1}{x-1}$의 그래프는 점 $(-1,\ 2)$에 대하여 대칭 이다.

⑤ 함수 $y = \dfrac{2x+1}{x-1}$의 그래프는 모든 사분면을 지난다.

1269

어느 고등학교 전교 학생회장 후보에 갑, 을 두 사람만 출마 하였다. 1학년에서 갑과 을의 득표수의 비는 $4 : 1$이었고, 2학년에서 갑과 을의 득표수의 비는 $2 : 3$이었다. 투표한 1학년의 학생 수와 2학년의 학생 수의 비가 $5 : 2$일 때, 1학년과 2학년에서 얻은 갑의 전체 득표수를 p, 을의 전체 득표수를 q 라 하자. $\dfrac{q}{p}$의 값은? (단, 중복표와 무효표는 없다.)

① $\dfrac{1}{8}$ ② $\dfrac{11}{24}$ ③ $\dfrac{13}{24}$

④ $\dfrac{5}{8}$ ⑤ $\dfrac{17}{24}$

1270

$a_1 = \dfrac{1}{3}$, $a_2 = \dfrac{1}{1-\dfrac{1}{3}}$, $a_3 = \dfrac{1}{1-\dfrac{1}{1-\dfrac{1}{3}}}$, $\cdots$과 같이 a_n을 정

할 때, $a_1 + a_2 + a_3 + \cdots + a_{90}$의 값을 구하시오.

(단, n은 자연수이다.)

1271

두 함수 $f(x) = \dfrac{x+2}{x-1}$, $g(x) = \dfrac{6x}{x+3}$에 대하여

$(g \circ (f \circ g)^{-1} \circ g)(a) = 2$를 만족시키는 실수 a의 값을 구하시오.

1272

함수 $y = \dfrac{ax+1}{x+b}$의 그래프가 직선 $y = x+5$와 직선

$y = -x-2$에 대하여 대칭일 때, $4ab$의 값을 구하시오.

(단, a, b는 상수이다.)

1273

함수 $y=\dfrac{(a+4)x+3}{x-a}$의 그래프를 x축의 방향으로 1만큼, y축의 방향으로 k만큼 평행이동한 곡선을 $y=f(x)$라 하자. 함수 $f(x)$와 그 역함수 $f^{-1}(x)$에 대하여 $f(x)=f^{-1}(x)$일 때, k의 값을 구하시오. (단, $a\neq-1$, $a\neq-3$)

1274

0이 아닌 세 실수 x, y, z에 대하여

$$\dfrac{x-y-z}{x}=\dfrac{-x+y-z}{y}=\dfrac{-x-y+z}{z}$$

가 성립한다. $\dfrac{(x+y)(y+z)(z+x)}{xyz}=p$일 때, 모든 상수 p의 값의 합은?

① 6   ② 7   ③ 8
④ 9   ⑤ 10

1275

유리함수 $y=\dfrac{x+2a-5}{x-4}$의 그래프가 지나는 사분면의 개수가 3이 되도록 하는 정수 a의 최댓값은?

① 2   ② 1   ③ 0
④ −1   ⑤ −2

1276

$-5\leq x\leq-2$인 모든 실수 x에 대하여 부등식

$$ax+2\leq\dfrac{2x-2}{x+1}\leq bx+2$$가 성립할 때, a의 최솟값과 b의 최댓값의 곱은? (단, a, b는 상수이고, $a>b$이다.)

① $\dfrac{6}{5}$ ② 1   ③ $\dfrac{4}{5}$
④ $\dfrac{3}{5}$ ⑤ $\dfrac{2}{5}$

1277

함수 $f(x)=\dfrac{2}{x-1}+3$의 그래프 위를 움직이는 점 P와 직선 $y=-x+4$ 사이의 거리의 최솟값은?

① 1   ② $\sqrt{2}$ ③ $\sqrt{3}$
④ 2   ⑤ $\sqrt{5}$

1278

유리함수 $y=\dfrac{ax+b}{cx+d}$ $(c\neq0,\ ad-bc\neq0)$의 그래프가 그림과 같다.
보기에서 옳은 것만을 있는 대로 고른 것은? (단, a, b, c, d는 상수이고, 점선은 유리함수의 그래프의 점근선이다.)

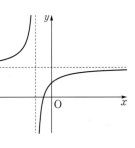

┤ 보기 ├

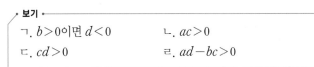

ㄱ. $b>0$이면 $d<0$ ㄴ. $ac>0$
ㄷ. $cd>0$ ㄹ. $ad-bc>0$

① ㄱ   ② ㄴ   ③ ㄴ, ㄷ
④ ㄱ, ㄴ, ㄹ   ⑤ ㄴ, ㄷ, ㄹ

1279

실수 x가 $x^4 - 2x^3 - x^2 - 2x + 1 = 0$을 만족시킬 때, $x^2 + \dfrac{1}{x^2}$ 의 값을 구하시오.

1280

함수 $f(x) = \dfrac{2x + a - 8}{x - 4}$ $(x < 4)$의 그래프와 그 역함수 $y = g(x)$의 그래프가 서로 다른 두 점에서 만나도록 하는 실수 a의 값의 범위는?

① $-2 < a < -1$ ② $-1 < a < 0$ ③ $0 < a < 1$
④ $1 < a < 2$ ⑤ $2 < a < 3$

1281

함수 $y = \dfrac{1}{x}$ $(x > 0)$의 그래프 위의 점 P에서 직선 $3ax + 4ay + 3 = 0$ $(a > 0)$까지의 거리의 최솟값을 $f(a)$라 할 때, $f(\sqrt{3}) + f(2\sqrt{3}) = \dfrac{q}{p}\sqrt{3}$이다. $p + q$의 값을 구하시오.
(단, p와 q는 서로소인 자연수이다.)

 서술형 대비하기

1282

모든 양수 x에 대하여 등식
$$\frac{1}{(x+1)(x+2) \times \cdots \times (x+10)}$$
$$= \frac{k_1}{x+1} + \frac{k_2}{x+2} + \cdots + \frac{k_{10}}{x+10}$$
이 성립할 때, $k_1 + k_2 + \cdots + k_{10}$의 값을 구하시오.
(단, $k_1, k_2, \cdots, k_{10}$은 상수이다.)

1283

함수 $f(x)$가 -1이 아닌 모든 실수 x에 대하여
$$f\left(\frac{x-1}{2}\right) = \frac{3x-5}{x+1}$$
를 만족시킬 때, $f(x)$의 역함수를 $g(x)$라 하자. 함수 $y = g(x)$의 그래프의 두 점근선의 교점의 좌표가 (a, b)일 때, $a + b$의 값을 구하시오.

1284

실수 전체의 집합을 정의역으로 하는 함수 $f(x) = \dfrac{2x}{1 + |x|}$ 의 치역을 구하시오.

수능 녹인 변별력 문제

1285

$x+\dfrac{1}{x}=-5$일 때,

$$x^{48}+5x^{49}+x^{50}+\dfrac{1}{x^{48}}+\dfrac{5}{x^{49}}+\dfrac{1}{x^{50}}$$

의 값은?

① 0 ② 1 ③ 2

④ $\dfrac{5}{2}$ ⑤ 3

1286

두 함수 $f(x)=\dfrac{1}{x}\ (x>0)$과 $g(x)=\dfrac{1}{x-4}+k\ (x>4)$에 대하여 두 함수 $y=f(x)$, $y=g(x)$의 그래프가 각각 기울기가 $-\dfrac{1}{4}$인 직선 l과 한 점에서만 만난다. 두 함수 $y=f(x)$, $y=g(x)$의 그래프의 교점의 좌표를 $(p,\ q)$라 할 때, $k+p+2q$의 값은? (단, k는 상수이다.)

① $\sqrt{2}$ ② $2\sqrt{2}$ ③ $3\sqrt{2}$

④ $4\sqrt{2}$ ⑤ $5\sqrt{2}$

1287

2 이상의 자연수 n에 대하여 함수 $y=\dfrac{1}{x}+n$의 그래프와 직선 $x=-n$ 및 x축으로 둘러싸인 부분의 넓이를 A라 하고, 함수 $y=\dfrac{1}{x}+n$의 그래프와 두 직선 $y=n+1$, $y=2n$ 및 y축으로 둘러싸인 부분의 넓이를 B라 하자. $A+2B=35$일 때, n의 값은?

① 5 ② 6 ③ 7

④ 8 ⑤ 9

1288

0이 아닌 서로 다른 두 실수 x, y에 대하여 $\dfrac{x^3+y^3}{x^3-y^3}=\dfrac{35}{19}$일 때, $\dfrac{x-3y}{x+3y}$의 값은?

① $-\dfrac{1}{2}$ ② $-\dfrac{1}{3}$ ③ $-\dfrac{1}{4}$

④ $-\dfrac{1}{5}$ ⑤ $-\dfrac{1}{6}$

09

유리식과 유리함수

1289

좌표평면에서 점 $A(3, 2)$와 함수 $y=\dfrac{2x-2}{x-3}$의 그래프 위를 움직이는 점 P에 대하여 점 A를 중심으로 하고 점 P를 지나는 원의 넓이의 최솟값은?

① 7π ② 8π ③ 9π
④ 10π ⑤ 11π

1291

함수 $f(x)=\left|\dfrac{ax+1}{x-b}\right|$이 b가 아닌 모든 실수 x에 대하여 $f(x)=f(4-x)$를 만족시킬 때, $a+b$의 값은?

(단, a, b는 상수이고, $ab\neq-1$이다.)

① 1 ② 2 ③ 3
④ 4 ⑤ 5

1290

1보다 큰 양수 k에 대하여 정의역이 $\{x\,|\,x\neq1,\ x\neq k$인 실수$\}$인 함수 $f(x)$를 $f(x)=\dfrac{2x+a}{x-1}$라 하자. 함수 $y=(f\circ f)(x)$의 그래프를 평행이동하면 함수 $y=f(x)$의 그래프와 일치할 때, $(f\circ f\circ f)(2k)$의 값은? (단, $a\neq-2$)

① 4 ② 5 ③ 6
④ 7 ⑤ 8

1292

다음 식의 분모를 0으로 만들지 않는 모든 실수 x에 대하여
$$\frac{4}{x^{16}-1}=\frac{a}{x-1}+\frac{b}{x+1}+\frac{c}{x^2+1}+\frac{d}{x^4+1}+\frac{e}{x^8+1}$$
가 성립할 때, $abcde$의 값은?

(단, a, b, c, d, e는 상수이다.)

① $\dfrac{1}{32}$ ② $\dfrac{1}{16}$ ③ $\dfrac{1}{8}$
④ $\dfrac{1}{4}$ ⑤ $\dfrac{1}{2}$

1293

함수 $y=\left|\dfrac{a}{x}-4\right|$ $(x>0)$의 그래프가 직선 $y=2$와 만나는 점을 각각 A, B라 하고 x축과 만나는 점을 C라 하자. 두 직선 AC, BC가 서로 수직이 되도록 하는 양수 a의 값은?

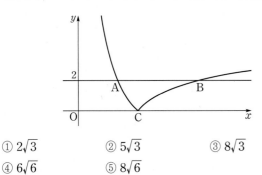

① $2\sqrt{3}$ ② $5\sqrt{3}$ ③ $8\sqrt{3}$
④ $6\sqrt{6}$ ⑤ $8\sqrt{6}$

1294

함수 $f(x)=\left|\left|\dfrac{1}{x}-m\right|-n\right|$ $(x>0)$의 그래프와 직선 $y=2$가 서로 다른 세 점에서 만나도록 하는 4 이하의 자연수 m, n의 순서쌍 (m, n)의 개수는?

① 4   ② 5   ③ 6
④ 7   ⑤ 8

1295 교육청 기출

그림과 같이 함수 $f(x)=\dfrac{k}{x-1}+k$ $(k>1)$의 그래프가 있다. 점 P$(1, k)$에 대하여 직선 OP와 함수 $y=f(x)$의 그래프가 만나는 점 중에서 원점이 아닌 점을 A라 하자. 점 P를 지나고 원점으로부터 거리가 1인 직선 l이 함수 $y=f(x)$의 그래프와 제1사분면에서 만나는 점을 B, x축과 만나는 점을 C라 하자. 삼각형 PBA의 넓이를 S_1, 삼각형 PCO의 넓이를 S_2라 할 때, $2S_1=S_2$이다. 상수 k에 대하여 $10k^2$의 값을 구하시오. (단, O는 원점이고, 직선 l은 좌표축과 평행하지 않다.)

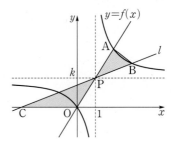

1296

유리함수 $f(x)=\dfrac{4kx-10}{2x+k^2-5}$이 다음 조건을 만족시킬 때, 상수 k의 값은?

두 집합 $A=\{x\,|\,f(x)=f^{-1}(x)\}$, $B=\{x\,|\,f(x)=x\}$에 대하여 $A\cap B\neq\varnothing$이고 $A\not\subset A\cap B$이다.

① 3   ② 1   ③ -1
④ -3 ⑤ -5

10 무리식과 무리함수

Ⅲ. 함수와 그래프

유형별 **문제**

◯ 유형ON 2권 142쪽

유형 **01** 무리식의 값이 실수가 되기 위한 조건

(1) **무리식**: 근호 안에 문자가 포함되어 있는 식 중에서 유리식으로 나타낼 수 없는 식

(2) **무리식의 값이 실수가 되기 위한 조건**
(근호 안의 식의 값)≥ 0, (분모)$\neq 0$

확인 문제

다음 무리식의 값이 실수가 되도록 하는 실수 x의 값의 범위를 구하시오.

(1) $x+\sqrt{x+1}$

(2) $\sqrt{x+2}-\sqrt{3-x}$

(3) $\dfrac{\sqrt{x+5}}{\sqrt{1-x}}$

1297 대표문제

무리식 $\dfrac{3}{\sqrt{10-2x}}$의 값이 실수가 되도록 하는 자연수 x의 개수는?

① 1   ② 2   ③ 3

④ 4   ⑤ 5

1298 중요

무리식 $\dfrac{\sqrt{x+3}}{\sqrt{6-x}}$의 값이 실수이기 위한 모든 정수 x의 개수는?

① 5   ② 6   ③ 7

④ 8   ⑤ 9

1299 교육청 기출

모든 실수 x에 대하여 $\sqrt{kx^2-kx+3}$의 값이 실수가 되도록 하는 정수 k의 개수는?

① 10   ② 11   ③ 12

④ 13   ⑤ 14

1300

무리식 $\sqrt{\dfrac{10+3x-x^2}{x^2+x+1}}$의 값이 실수가 되도록 하는 모든 정수 x의 값의 합은?

① 0   ② 3   ③ 6

④ 9   ⑤ 12

유형 **02** 제곱근의 성질

a가 실수일 때
$$\sqrt{a^2}=|a|=\begin{cases} a & (a\geq 0) \\ -a & (a<0) \end{cases}$$
임을 이용하여 주어진 식을 간단히 한다.

◯ 유형ON 2권 142쪽

1301 대표문제

$-4<a<1$일 때, $\sqrt{a^2+8a+16}+\sqrt{a^2-2a+1}$을 간단히 하면?

① $-2a-5$ ② $-2a$ ③ 2

④ 5   ⑤ $2a+5$

1302

두 실수 a, b에 대하여 $x=a^2+5b^2$, $y=ab$일 때,
$\sqrt{(x+4y)^2}+\sqrt{(x-4y)^2}$을 a, b에 대한 식으로 나타내시오.

1303

$\sqrt{2-3x}+\sqrt{x+2}$의 값이 실수가 되도록 하는 실수 x에 대하여 $\sqrt{9x^2-30x+25}-|4x+9|$를 간단히 하시오.

1304 ✅중요 📝서술형

무리식 $\sqrt{x+3}-\dfrac{1}{\sqrt{4-x}}$의 값이 실수가 되도록 하는 모든 정수 x에 대하여 $|2x-9|-\sqrt{x^2-8x+16}$의 최댓값과 최솟값의 합을 구하시오.

유형 03 음수의 제곱근의 성질

두 실수 a, b에 대하여
(1) $\sqrt{a}\sqrt{b}=-\sqrt{ab}$이면
　➡ $a<0$, $b<0$ 또는 $a=0$ 또는 $b=0$
(2) $\dfrac{\sqrt{a}}{\sqrt{b}}=-\sqrt{\dfrac{a}{b}}$이면
　➡ $a>0$, $b<0$ 또는 $a=0$, $b\neq0$

🎧 유형ON 2권 143쪽

1305 대표문제

$\sqrt{x-3}\sqrt{1-x}=-\sqrt{(x-3)(1-x)}$를 만족시키는 실수 x에 대하여 $\sqrt{(x-3)^2}-\sqrt{(1-x)^2}$을 간단히 하면?

① $-2x-4$ 　　② $-2x+2$ 　　③ $-2x+4$

④ 2 　　⑤ 4

1306 ✅중요

$\dfrac{\sqrt{x+1}}{\sqrt{x^2-4}}=-\sqrt{\dfrac{x+1}{x^2-4}}$을 만족시키는 실수 x에 대하여 $\sqrt{(x-3)^2}+\sqrt{(x+2)^2}$을 간단히 하시오.

1307

두 실수 a, b에 대하여
$$\sqrt{a-4}\sqrt{2-a}=-\sqrt{(a-4)(2-a)},$$
$$\dfrac{\sqrt{b-6}}{\sqrt{b-7}}=-\sqrt{\dfrac{b-6}{b-7}}$$
일 때, $\sqrt{(a-b)^2}+\sqrt{(a-1)^2}-|b-5|$를 간단히 하시오.

10 무리식과 무리함수

$a>0, b>0$일 때

(1) $\dfrac{a}{\sqrt{b}} = \dfrac{a\sqrt{b}}{\sqrt{b}\sqrt{b}} = \dfrac{a\sqrt{b}}{b}$

(2) $\dfrac{c}{\sqrt{a}+\sqrt{b}} = \dfrac{c(\sqrt{a}-\sqrt{b})}{(\sqrt{a}+\sqrt{b})(\sqrt{a}-\sqrt{b})} = \dfrac{c(\sqrt{a}-\sqrt{b})}{a-b}$

$\dfrac{c}{\sqrt{a}-\sqrt{b}} = \dfrac{c(\sqrt{a}+\sqrt{b})}{(\sqrt{a}-\sqrt{b})(\sqrt{a}+\sqrt{b})} = \dfrac{c(\sqrt{a}+\sqrt{b})}{a-b}$

(단, $a \neq b$)

ⓝ 개념ON 476쪽　ⓝ 유형ON 2권 143쪽

1308 대표문제

$\dfrac{x}{3+\sqrt{x+5}} + \dfrac{x}{3-\sqrt{x+5}}$ 를 간단히 하시오.

1309

$\dfrac{2-\sqrt{x}}{2+\sqrt{x}} - \dfrac{2+\sqrt{x}}{2-\sqrt{x}}$ 를 간단히 하면?

① $\dfrac{4\sqrt{x}}{x-4}$　　② $\dfrac{5\sqrt{x}}{x-4}$　　③ $\dfrac{6\sqrt{x}}{x-4}$

④ $\dfrac{7\sqrt{x}}{x-4}$　　⑤ $\dfrac{8\sqrt{x}}{x-4}$

1310 중요

$\dfrac{1}{\sqrt{x+2}-\sqrt{x}} - \dfrac{1}{\sqrt{x+2}+\sqrt{x}}$ 을 간단히 하면?

① $-\sqrt{x}$　　② $\sqrt{x}$　　③ $2\sqrt{x}$

④ $\sqrt{x+2}$　　⑤ $2\sqrt{x+2}$

1311

$\dfrac{\sqrt{x+1}-\sqrt{x-2}}{\sqrt{x+1}+\sqrt{x-2}} + \dfrac{\sqrt{x+1}+\sqrt{x-2}}{\sqrt{x+1}-\sqrt{x-2}}$ 를 간단히 하시오.

1312 교육청 기출

$2 + \dfrac{1}{2 + \dfrac{1}{2 + \dfrac{1}{2+(\sqrt{2}-1)}}}$ 을 간단히 하면?

① $2\sqrt{2}+1$　　② $\sqrt{2}+2$　　③ $\sqrt{2}+1$

④ $2\sqrt{2}-1$　　⑤ $\sqrt{2}-1$

1313

$\dfrac{1+\sqrt{5}-\sqrt{6}}{1-\sqrt{5}-\sqrt{6}} = \sqrt{a}-\sqrt{b}$ 일 때, 자연수 a, b에 대하여 ab의 값을 구하시오.

1314 중요 서술형

$f(x) = \dfrac{2}{\sqrt{x+2}+\sqrt{x+3}}$ 에 대하여
$f(2)+f(3)+f(4)+\cdots+f(22)$의 값을 구하시오.

📖 정답과 풀이 230쪽

유형 05 무리식의 값 구하기

주어진 식을 간단히 한 후 수를 대입하여 식의 값을 구한다.

🎧 개념ON 478쪽 🎧 유형ON 2권 144쪽

1315 대표문제

$x=\sqrt{5}$일 때, $\dfrac{\sqrt{x}}{\sqrt{x}-\sqrt{x-2}}+\dfrac{\sqrt{x}}{\sqrt{x}+\sqrt{x-2}}$의 값을 구하시오.

1316

$x=\sqrt{13}$일 때, $\dfrac{\sqrt{x+3}-\sqrt{x-3}}{\sqrt{x+3}+\sqrt{x-3}}$의 값은?

① $\dfrac{\sqrt{13}-3}{3}$ ② $\dfrac{\sqrt{13}-2}{3}$ ③ $\dfrac{\sqrt{13}-1}{3}$

④ $\dfrac{\sqrt{13}}{3}$ ⑤ $\dfrac{\sqrt{13}+1}{3}$

1317

$x=\dfrac{2+\sqrt{3}}{2-\sqrt{3}}$일 때, $\dfrac{1}{\sqrt{x}+1}-\dfrac{1}{\sqrt{x}-1}$의 값은?

① $\dfrac{3-2\sqrt{3}}{3}$ ② $\dfrac{4-2\sqrt{3}}{3}$ ③ $\dfrac{3-\sqrt{3}}{3}$

④ $\dfrac{2-3\sqrt{3}}{4}$ ⑤ $\dfrac{4-\sqrt{3}}{4}$

1318

$x=6\sqrt{3}-3$일 때, $\dfrac{\sqrt{x+3}}{\sqrt{x+3}-\sqrt{x}}+\dfrac{\sqrt{x+3}}{\sqrt{x+3}+\sqrt{x}}$의 값을 구하시오.

유형 06 무리식의 값 구하기 − $x=a+\sqrt{b}$ 꼴의 이용

x가 $x=a\pm\sqrt{b}$와 같이 주어지면 $x-a=\pm\sqrt{b}$로 변형한 후 양변을 제곱한다.

🎧 개념ON 478쪽 🎧 유형ON 2권 144쪽

1319 대표문제

$x=\sqrt{5}+2$일 때, x^3-4x^2+x+1의 값은?

① $\sqrt{5}$ ② $2\sqrt{5}$ ③ $\sqrt{5}+5$

④ $2\sqrt{5}-5$ ⑤ $2\sqrt{5}+5$

1320 중요

$\sqrt{3}$의 정수가 아닌 부분을 x $(0\le x<1)$라 할 때, $x^3-x^2-4x+3=a\sqrt{3}+b$이다. $a-b$의 값을 구하시오.

(단, a, b는 유리수이다.)

1321

$x=\dfrac{1+\sqrt{2}}{3}$일 때, $\dfrac{9x^4-6x^3+2x^2-2x+1}{9x^3-3x^2-3x-1}$의 값을 구하시오.

10 무리식과 무리함수

유형 07 무리식의 값 구하기
$- \ x=\sqrt{a}+\sqrt{b}, \ y=\sqrt{a}-\sqrt{b}$ 꼴의 이용

$x=\sqrt{a}+\sqrt{b}, \ y=\sqrt{a}-\sqrt{b}$ 꼴의 조건이 주어지면
$$x+y=2\sqrt{a}, \ x-y=2\sqrt{b}, \ xy=a-b$$
를 이용할 수 있도록 식을 변형한 후 계산한다.

⚙ 개념ON 478쪽 　⚙ 유형ON 2권 145쪽

1322 [대표문제]

$x=\dfrac{\sqrt{6}+\sqrt{2}}{2}$, $y=\dfrac{\sqrt{6}-\sqrt{2}}{2}$일 때, $\dfrac{\sqrt{x}+\sqrt{y}}{\sqrt{x}-\sqrt{y}}$의 값을 구하시오.

1323 [교육청 기출]

$a=\sqrt{2}-1$, $b=\sqrt{2}+1$일 때, $\dfrac{1}{a}-\dfrac{1}{b}$의 값은?

① $\dfrac{1}{2}$ 　　② 1 　　③ $\dfrac{3}{2}$

④ 2 　　⑤ $\dfrac{5}{2}$

1324

$x=\dfrac{\sqrt{3}+1}{\sqrt{3}-1}$, $y=\dfrac{\sqrt{3}-1}{\sqrt{3}+1}$일 때, $x^2-x^2y+xy^2-y^2$의 값을 구하시오.

1325

$x=\dfrac{1}{3-2\sqrt{2}}$, $y=\dfrac{1}{3+2\sqrt{2}}$일 때, $\sqrt{2x}-\sqrt{2y}$의 값을 구하시오.

유형 08 무리함수 $y=\pm\sqrt{ax}$의 그래프

(1) 함수 $y=\sqrt{ax}\ (a\neq0)$의 그래프
　① $a>0$일 때
　　정의역: $\{x|x\geq0\}$, 치역: $\{y|y\geq0\}$
　② $a<0$일 때
　　정의역: $\{x|x\leq0\}$, 치역: $\{y|y\geq0\}$
(2) 함수 $y=-\sqrt{ax}\ (a\neq0)$의 그래프
　① $a>0$일 때
　　정의역: $\{x|x\geq0\}$, 치역: $\{y|y\leq0\}$
　② $a<0$일 때
　　정의역: $\{x|x\leq0\}$, 치역: $\{y|y\leq0\}$

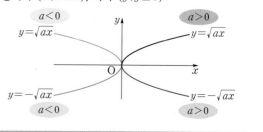

⚙ 개념ON 488쪽 　⚙ 유형ON 2권 145쪽

1326 [대표문제]

무리함수 $y=\sqrt{ax}\ (a\neq0)$에 대하여 보기에서 옳은 것만을 있는 대로 고른 것은?

┌ 보기 ┐
ㄱ. 치역은 $\{y|y\geq0\}$이다.
ㄴ. $a>0$일 때, 그래프는 제1사분면을 지난다.
ㄷ. $|a|$의 값이 커질수록 그래프는 x축에 가까워진다.
└

① ㄱ 　　② ㄷ 　　③ ㄱ, ㄴ
④ ㄴ, ㄷ 　　⑤ ㄱ, ㄴ, ㄷ

1327

유리함수 $y=\dfrac{ax+1-a^2}{x-a}$의 그래프가 제1사분면 위의 한 점에 대하여 대칭일 때, 함수 $y=\sqrt{ax}$의 정의역은? (단, $a\neq0$)

① $\{x|x\leq0\}$ 　　② $\{x|x\geq0\}$ 　　③ $\{x|x<0\}$
④ $\{x|x>0\}$ 　　⑤ $\{x|x\neq0\}$

1328 ✅중요

다음 중 함수 $y=\sqrt{ax}$ ($a\neq0$)에 대한 설명으로 옳은 것은?

① 정의역은 $\{x|x\geq0\}$이다.

② 치역은 $\{y|y\leq0\}$이다.

③ 함수 $y=\sqrt{ax}$의 그래프는 직선 $x=1$과 서로 만난다.

④ 함수 $y=\sqrt{ax}$의 그래프는 직선 $y=2$와 서로 만난다.

⑤ 함수 $y=\sqrt{ax}$의 그래프는 제1사분면을 지난다.

유형 09 무리함수의 그래프의 평행이동과 대칭이동

(1) **함수 $y=\sqrt{a(x-p)}+q$ ($a\neq0$)의 그래프**
함수 $y=\sqrt{ax}$ ($a\neq0$)의 그래프를 x축의 방향으로 p만큼, y축의 방향으로 q만큼 평행이동한 것이다.

(2) **무리함수의 대칭이동**
무리함수 $y=\sqrt{a(x-p)}+q$ ($a\neq0$)의 그래프를
① x축에 대하여 대칭이동 ➡ $y=-\sqrt{a(x-p)}-q$
② y축에 대하여 대칭이동 ➡ $y=\sqrt{-a(x+p)}+q$
③ 원점에 대하여 대칭이동 ➡ $y=-\sqrt{-a(x+p)}-q$

(3) **함수 $y=\sqrt{ax+b}+c$ ($a\neq0$)의 그래프**
$y=\sqrt{ax+b}+c$를 $y=\sqrt{a(x-p)}+q$ 꼴로 변형하여 생각한다.

확인 문제
무리함수 $y=\sqrt{2(x-1)}+3$의 그래프를 다음에 대하여 대칭이동한 그래프의 식을 구하시오.

(1) x축   (2) y축   (3) 원점

🔵 개념ON 490쪽   🔵 유형ON 2권 145쪽

1329 대표문제

함수 $y=-\sqrt{-x+6}+1$의 그래프를 x축의 방향으로 2만큼, y축의 방향으로 3만큼 평행이동한 후, x축에 대하여 대칭이동한 그래프가 함수 $y=\sqrt{ax+b}+c$의 그래프와 일치할 때, 상수 a, b, c에 대하여 $a+b+c$의 값은?

① 1   ② 3   ③ 7
④ 11   ⑤ 13

1330 ✅중요 ✏️서술형

함수 $y=-\sqrt{ax}$의 그래프를 x축의 방향으로 1만큼, y축의 방향으로 6만큼 평행이동한 그래프가 함수 $y=\dfrac{4x+3}{x+1}$의 그래프의 두 점근선의 교점을 지날 때, 상수 a의 값을 구하시오.
(단, $a\neq0$)

1331 ✅중요

보기의 함수 중 그 그래프가 평행이동 또는 대칭이동에 의하여 서로 일치하는 것끼리 짝 지은 것은?

보기

ㄱ. $y=-\sqrt{-x+3}-2$ ㄴ. $y=\dfrac{1}{2}\sqrt{4x+2}-1$

ㄷ. $y=\sqrt{4-2x}+1$ ㄹ. $y=\dfrac{1}{3}\sqrt{3x+6}$

① ㄱ, ㄴ   ② ㄱ, ㄷ   ③ ㄱ, ㄹ
④ ㄴ, ㄷ   ⑤ ㄴ, ㄹ

1332 수능기출

함수 $y=\sqrt{x+3}$의 그래프와 함수 $y=\sqrt{1-x}+k$의 그래프가 만나도록 하는 실수 k의 최댓값을 구하시오.

1333

두 함수 $f(x)=\sqrt{2x+5}$, $g(x)=\sqrt{2x-5}$의 그래프와 x축 및 직선 $y=\sqrt{5}$로 둘러싸인 부분의 넓이를 구하시오.

(1) $y=\sqrt{a(x-p)}+q$ (단, $a\neq0$)

① $a>0$일 때

정의역: $\{x|x\geq p\}$, 치역: $\{y|y\geq q\}$

② $a<0$일 때

정의역: $\{x|x\leq p\}$, 치역: $\{y|y\geq q\}$

(2) $y=\sqrt{ax+b}+c$ (단, $a\neq0$)

① $a>0$일 때

정의역: $\left\{x\left|x\geq-\dfrac{b}{a}\right.\right\}$, 치역: $\{y|y\geq c\}$

② $a<0$일 때

정의역: $\left\{x\left|x\leq-\dfrac{b}{a}\right.\right\}$, 치역: $\{y|y\geq c\}$

🔊 개념ON 492쪽 🔊 유형ON 2권 146쪽

1334 대표문제

함수 $y=\sqrt{-3x+6}+b$의 정의역이 $\{x|x\leq a\}$이고, 치역이 $\{y|y\geq4\}$일 때, 상수 a, b에 대하여 $a+b$의 값을 구하시오.

1335

무리함수 $y=\sqrt{4-2x}-1$의 정의역과 치역을 차례대로 구하시오.

1336

함수 $y=\sqrt{ax-5}+b$의 치역이 $\{y|y\geq3\}$이고, 이 함수의 그래프가 점 $(-7, 7)$을 지날 때, 상수 a, b에 대하여 ab의 값을 구하시오.

1337 중요 서술형

함수 $y=\dfrac{-2x+4}{x+3}$의 그래프의 점근선의 방정식이 $x=a$, $y=b$이고, 함수 $f(x)=\sqrt{ax+b}+c$에 대하여 $f(-2)=3$일 때, 함수 $y=f(x)$의 정의역과 치역을 각각 구하시오.

(단, a, b, c는 상수이다.)

1338

함수 $y=\dfrac{ax+5}{x-b}$의 그래프의 점근선의 방정식이 $x=2$, $y=-2$이다. 함수 $f(x)=\sqrt{ax+3b+1}$의 정의역에 속하는 자연수의 개수는? (단, a, b는 상수이다.)

① 1   ② 2   ③ 3

④ 4   ⑤ 5

1339

무리함수 $y=\sqrt{3x-1}-2$의 정의역과 치역이 각각 $\{x|x\geq a\}$, $\{y|y\geq b\}$이고, 무리함수 $y=-\sqrt{5-x}+4$의 정의역과 치역이 각각 $\{x|x\leq c\}$, $\{y|y\leq d\}$일 때, 네 직선 $x=a$, $y=b$, $x=c$, $y=d$로 둘러싸인 부분의 넓이는?

① 7   ② 14   ③ 21

④ 28   ⑤ 35

유형 11 무리함수의 그래프가 지나는 사분면

무리함수 $y=\sqrt{ax+b}+c$ $(a\neq0)$의 그래프가 지나는 사분면은 $y=\sqrt{ax+b}+c$를 $y=\sqrt{a(x-p)}+q$ 꼴로 변형한 후, 함수 $y=\sqrt{ax}$의 그래프를 평행이동하여 판단한다.

🎧 유형ON 2권 146쪽

1340 대표문제

다음 함수 중 그래프가 제3사분면을 지나지 않는 것은?

① $y=\sqrt{x+3}-2$
② $y=-\sqrt{x+9}$
③ $y=-\sqrt{x+2}+2$
④ $y=-\sqrt{-x}+5$
⑤ $y=\sqrt{4-x}-3$

1341 중요

함수 $y=-\sqrt{x+2}+1$의 그래프가 지나는 사분면만을 모두 고른 것은?

① 제1, 2사분면
② 제1, 4사분면
③ 제3, 4사분면
④ 제1, 2, 3사분면
⑤ 제2, 3, 4사분면

1342

함수 $y=\dfrac{2x+3}{x+1}$의 그래프와 함수 $y=-\sqrt{-x+1}-2$의 그래프가 공통으로 지나는 사분면만을 모두 고른 것은?

① 제2사분면
② 제3사분면
③ 제1, 2사분면
④ 제2, 3사분면
⑤ 제3, 4사분면

1343

함수 $y=-\sqrt{3x+6}+a$의 그래프가 제2, 3, 4사분면을 지나도록 하는 정수 a의 개수는?

① 1
② 2
③ 3
④ 4
⑤ 5

1344 중요 서술형

함수 $y=\dfrac{ax+b}{x+c}$의 그래프가 그림과 같을 때, 함수 $y=\sqrt{ax+b}+c$의 그래프가 지나는 사분면을 모두 구하시오.

(단, a, b, c는 상수이다.)

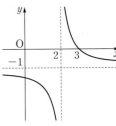

1345

함수 $y=\sqrt{ax}$ $(a<0)$의 그래프를 x축의 방향으로 2만큼, y축의 방향으로 2만큼 평행이동한 그래프가 함수 $y=\dfrac{3x-8}{x-2}$의 그래프와 제1사분면에서 만날 때, 실수 a의 값의 범위를 구하시오.

10 무리식과 무리함수

그래프를 이용하여 무리함수의 식 구하기

주어진 무리함수의 그래프가 점 (p, q)에서 시작할 때, 함수식을 $y=\sqrt{a(x-p)}+q$ $(a\neq 0)$로 놓고 그래프가 지나는 점 중 점 (p, q)가 아닌 점의 좌표를 대입하여 a의 값을 구한다.

🎧 개념ON 494쪽　🎧 유형ON 2권 147쪽

1346 대표문제

함수 $y=-\sqrt{ax+b}+c$의 그래프가 그림과 같을 때, 상수 a, b, c에 대하여 abc의 값을 구하시오.

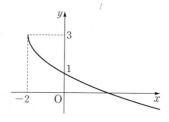

1347

무리함수 $y=\sqrt{ax+4}-2$의 그래프가 그림과 같을 때, 상수 a의 값은?

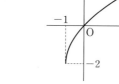

① -1　② 1
③ 2　④ 3
⑤ 4

1348 서술형

정의역이 $\{x\,|\,x\geq -2\}$인 무리함수 $f(x)=-\sqrt{ax+b}+3$의 그래프가 그림과 같다.
함수 $y=f(x)$의 그래프가 점 $(1, 0)$을 지날 때, 상수 a, b에 대하여 ab의 값을 구하시오.

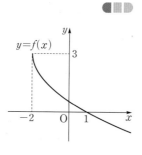

1349

함수 $y=\sqrt{ax+b}+c$의 그래프가 그림과 같을 때, 다음 중 함수
$y=\dfrac{cx-2b}{x+a}$의 그래프가 지나는 사분면만을 모두 고른 것은? (단, a, b, c는 상수이다.)

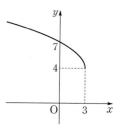

① 제1, 3사분면
② 제1, 2, 3사분면
③ 제1, 2, 4사분면
④ 제1, 3, 4사분면
⑤ 제2, 3, 4사분면

1350 ✅중요

함수 $y=\sqrt{ax+b}+c$의 그래프가 그림과 같을 때, 다음 중 함수
$y=\dfrac{b}{x+a}+c$의 그래프로 알맞은 것은? (단, a, b, c는 상수이다.)

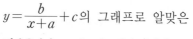

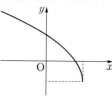

① 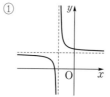　②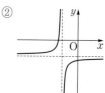

③ 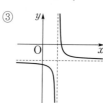　④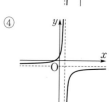

⑤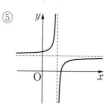

1351

함수 $y=\sqrt{a(x+p)}+q$의 그래프가 그림과 같을 때, 함수 $y=\sqrt{qx+p}-a$의 그래프가 지나지 않는 사분면은?

(단, a, p, q는 상수이다.)

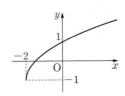

① 제1사분면
② 제2사분면
③ 제3사분면
④ 제4사분면
⑤ 없다.

유형 13 무리함수의 그래프의 성질

함수 $y=\sqrt{ax+b}+c\ (a\neq0)$는 $y=\sqrt{a(x-p)}+q$ 꼴로 변형한 후 다음과 같은 함수 $y=\sqrt{a(x-p)}+q$의 그래프의 성질을 이용한다.

(1) 함수 $y=\sqrt{ax}$의 그래프를 x축의 방향으로 p만큼, y축의 방향으로 q만큼 평행이동한 것이다.

(2) $a>0$일 때
　정의역: $\{x|x\geq p\}$, 치역: $\{y|y\geq q\}$
　$a<0$일 때
　정의역: $\{x|x\leq p\}$, 치역: $\{y|y\geq q\}$

🔵 개념ON 490, 492쪽　🔵 유형ON 2권 148쪽

1352 대표문제

다음 중 함수 $y=-\sqrt{2x-4}+3$에 대한 설명으로 옳지 <u>않은</u> 것은?

① 정의역은 $\{x|x\geq2\}$이다.
② 치역은 $\{y|y\leq3\}$이다.
③ 그래프는 제1사분면과 제3사분면을 지난다.
④ 그래프는 점 $(4,1)$을 지난다.
⑤ 그래프는 함수 $y=-\sqrt{2x}$의 그래프를 x축의 방향으로 2만큼, y축의 방향으로 3만큼 평행이동한 것이다.

1353 ✅ 중요

다음 중 함수 $y=-\sqrt{-2x+4}+3$에 대한 설명으로 옳은 것은?

① 정의역은 $\{x|x\leq2\}$이고, 치역은 $\{y|y\geq3\}$이다.
② 그래프는 함수 $y=\sqrt{2x}$의 그래프를 평행이동 또는 대칭이동하여 나타낼 수 있다.
③ 그래프는 제2사분면을 지나지 않는다.
④ 그래프는 점 $\left(\dfrac{3}{2},1\right)$을 지난다.
⑤ 그래프를 x축의 방향으로 -2만큼, y축의 방향으로 -3만큼 평행이동하면 함수 $y=\sqrt{-2x}$의 그래프와 일치한다.

1354

무리함수 $y=\sqrt{-x+2}-1$에 대하여 보기에서 옳은 것만을 있는 대로 고른 것은?

보기
ㄱ. 정의역은 $\{x|x\leq-2\}$이고, 치역은 $\{y|y\geq-1\}$이다.
ㄴ. 그래프는 제3사분면을 지나지 않는다.
ㄷ. 그래프를 x축과 y축의 방향으로 적절히 평행이동하면 함수 $y=\dfrac{1}{2}\sqrt{2-4x}+3$의 그래프와 일치한다.

① ㄱ
② ㄴ
③ ㄱ, ㄷ
④ ㄴ, ㄷ
⑤ ㄱ, ㄴ, ㄷ

정의역이 $\{x \mid p \leq x \leq q\}$인 무리함수 $f(x) = \sqrt{ax+b} + c$의
최댓값과 최솟값은 다음과 같다.

(1) $a > 0$일 때
   최솟값은 $f(p)$이고 최댓값은 $f(q)$이다.

(2) $a < 0$일 때
   최솟값은 $f(q)$이고 최댓값은 $f(p)$이다.

🎧 개념ON 496쪽　🎧 유형ON 2권 148쪽

1355 대표문제

정의역이 $\{x \mid -1 \leq x \leq 5\}$인 무리함수 $f(x) = \sqrt{2x+a} + 3$
의 최솟값이 5, 최댓값이 b일 때, $a+b$의 값을 구하시오.

(단, a, b는 상수이다.)

1356

함수 $y = \sqrt{2x-6} + a$의 최솟값이 5이고, 이 함수의 그래프가
점 $(b, 7)$을 지날 때, $a+b$의 값을 구하시오.

(단, a는 상수이다.)

1357

$-3 \leq x \leq -2$에서 함수 $y = \sqrt{-5-3x} + k$의 최솟값이 3일
때, 이 함수의 최댓값은? (단, k는 상수이다.)

① 4　　　　　② 5　　　　　③ 6

④ 7　　　　　⑤ 8

1358 ✅ 중요　✏️ 서술형

$-3 \leq x \leq 1$에서 함수 $y = -\sqrt{a-2x} + 4$의 최댓값이 3, 최솟
값이 b일 때, $a+b$의 값을 구하시오. (단, a, b는 상수이다.)

1359

함수 $y = \dfrac{ax+2}{x-b}$의 그래프의 두 점근선의 교점의 좌표가
$(5, -1)$이다. $-4 \leq x \leq 1$에서 함수 $y = a\sqrt{-x+b} + c$의 최
댓값이 2일 때, 최솟값은? (단, a, b, c는 상수이고, $a \neq 0$이다.)

① -1　　　　② $-\dfrac{1}{2}$　　　　③ 0

④ $\dfrac{1}{2}$　　　　⑤ 1

1360

함수 $y = \sqrt{|x|+1}$이 최솟값을 갖는 그래프 위의 점을 A라
하고 이 함수의 그래프와 직선 $y = 3$이 만나는 두 점을 각각
B, C라 할 때, 삼각형 ABC의 넓이를 구하시오.

유형 15 무리함수의 그래프와 직선의 위치 관계

(1) 무리함수 $y=f(x)$의 그래프와 직선 $y=g(x)$의 위치 관계
➡ 그래프를 그려 본다.

(2) 무리함수 $y=f(x)$의 그래프와 직선 $y=g(x)$가 접할 때
➡ 이차방정식 $\{f(x)\}^2=\{g(x)\}^2$의 판별식을 D라 하면 $D=0$임을 이용한다.

🔎 개념ON 498쪽　🔎 유형ON 2권 149쪽

1361　대표문제

두 함수 $f(x)=-x+k$, $g(x)=\sqrt{-x+2}$의 그래프가 서로 다른 두 점에서 만나도록 하는 실수 k의 값의 범위를 $\alpha \le k < \beta$라 하자. 실수 α, β에 대하여 $\alpha\beta$의 값은? (단, $\alpha<\beta$)

① $\dfrac{9}{2}$　　　② 5　　　③ $\dfrac{11}{2}$

④ 6　　　⑤ $\dfrac{13}{2}$

1362

함수 $y=-\sqrt{2x-4}$의 그래프와 직선 $y=-x+3a$가 접할 때, 상수 a의 값을 구하시오.

1363　중요　서술형

함수 $y=-\sqrt{x-2}+5$의 그래프와 직선 $y=mx-1$이 서로 만나지 않도록 하는 자연수 m의 최솟값을 구하시오.

1364　중요　서술형

두 집합
$$A=\{(x,\ y)\,|\,y=\sqrt{-2x+3}\},$$
$$B=\{(x,\ y)\,|\,y=-x+k\}$$
에 대하여 $n(A\cap B)=2$를 만족시키는 실수 k의 값의 범위를 $\alpha \le k < \beta$라 하자. 실수 α, β에 대하여 $\alpha\beta$의 값을 구하시오. (단, $\alpha<\beta$)

1365　교육청　기출

함수 $y=5-2\sqrt{1-x}$의 그래프와 직선 $y=-x+k$가 제1사분면에서 만나도록 하는 모든 정수 k의 값의 합은?

① 11　　　② 13　　　③ 15

④ 17　　　⑤ 19

1366

좌표평면에서 두 점 $A(1,\ 1)$, $B(3,\ 1)$을 이은 선분 AB와 함수 $y=\sqrt{kx+1}-2$의 그래프가 서로 만나도록 하는 정수 k의 개수는?

① 5　　　② 6　　　③ 7

④ 8　　　⑤ 9

유형 16 무리함수의 역함수

무리함수 $y=\sqrt{ax+b}+c$ $(a\neq0)$의 역함수는 다음과 같은 순서로 구한다.

❶ c를 이항한 후 양변을 제곱한다.
➡ $(y-c)^2=ax+b$

❷ x를 y에 대한 식으로 나타낸다.
➡ $x=\dfrac{1}{a}(y-c)^2-\dfrac{b}{a}$

❸ x와 y를 서로 바꾼다.
➡ $y=\dfrac{1}{a}(x-c)^2-\dfrac{b}{a}$ (단, $x\geq c$)

Tip 함수 $y=\sqrt{ax}$의 그래프는 함수 $y=\dfrac{x^2}{a}$ $(x\geq0)$의 그래프와 직선 $y=x$에 대하여 대칭이다.

개념ON 500쪽 유형ON 2권 150쪽

1367 대표문제

함수 $f(x)=-\sqrt{ax-2}+5$에 대하여 $f^{-1}(3)=1$일 때, 상수 a의 값을 구하시오.

1368

함수 $y=5-\sqrt{3x+2}$의 역함수가 $y=a(x+b)^2+c$이고, 이 역함수의 정의역이 $\{x|x\leq d\}$일 때, 상수 a, b, c, d에 대하여 $ab+cd$의 값을 구하시오.

1369

함수 $y=\sqrt{ax+b}$의 그래프가 점 $(3, 2)$를 지나고, 그 역함수의 그래프가 점 $(7, -12)$를 지날 때, 상수 a, b에 대하여 $b-a$의 값을 구하시오.

1370 서술형

함수 $f(x)=\sqrt{6x-2}-1$의 역함수를 $g(x)$라 할 때, 두 함수 $y=f(x)$와 $y=g(x)$의 그래프의 두 교점 사이의 거리를 구하시오.

1371 중요

무리함수 $f(x)=\sqrt{x-1}+k$의 역함수를 $g(x)$라 하자. 두 함수 $y=f(x)$와 $y=g(x)$의 그래프가 서로 다른 두 점에서 만나도록 하는 정수 k의 개수는?

① 1 ② 2 ③ 3
④ 4 ⑤ 5

1372

그림과 같이 함수 $f(x)=\sqrt{4x+5}$의 그래프와 함수 $g(x)=\dfrac{1}{4}(x^2-5)$ $(x\geq0)$의 그래프가 만나는 점을 A라 하자. 함수 $y=f(x)$의 그래프 위의 점 B$(1, 3)$을 지나고 기울기가 -1인 직선이 함수 $y=g(x)$의 그래프와 만나는 점을 C라 할 때, 선분 CA의 길이는?

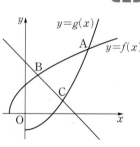

① $3\sqrt{2}$ ② $2\sqrt{5}$ ③ $\sqrt{22}$
④ $2\sqrt{6}$ ⑤ $\sqrt{26}$

유형 17 무리함수의 합성함수와 역함수

역함수가 존재하는 두 함수 $f(x)$, $g(x)$에 대하여
(1) $(f \circ g)^{-1}(x) = (g^{-1} \circ f^{-1})(x) = g^{-1}(f^{-1}(x))$
(2) $g^{-1}(f(a)) = k$이면 $g(k) = f(a)$

🎧 유형ON 2권 150쪽

1373 대표문제

역함수가 존재하는 두 함수 $f(x) = \sqrt{3x-1}$, $g(x)$에 대하여
함수 $h(x) = (g \circ f)(x)$가 $h(x) = \dfrac{3x-8}{x+2}$일 때,
$f^{-1}(3) \times g(3)$의 값은?

① $\dfrac{5}{4}$ ② $\dfrac{6}{5}$ ③ $\dfrac{7}{6}$

④ $\dfrac{8}{7}$ ⑤ $\dfrac{9}{8}$

1374 교육청 기출

함수 $f(x) = \sqrt{3x-12}$가 있다. 함수 $g(x)$가 2 이상의 모든
실수 x에 대하여 $f^{-1}(g(x)) = 2x$를 만족시킬 때, $g(3)$의
값은?

① 2 ② $\sqrt{5}$ ③ $\sqrt{6}$

④ $\sqrt{7}$ ⑤ $2\sqrt{2}$

1375

함수 $f(x) = \sqrt{2x-5}$에 대하여 함수 $g(x)$가 $(f \circ g)(x) = x$
를 만족시킬 때, $(g \circ g)(3)$의 값을 구하시오.

1376 중요

두 함수 $f(x) = \sqrt{2-x} + 1$, $g(x) = -3x+2$ $(x \geq 0)$에 대
하여 합성함수 $(f \circ g)(x)$의 역함수의 정의역은?

① $\{x \mid x \leq -2\}$ ② $\{x \mid x \leq -1\}$

③ $\{x \mid x \leq 0\}$ ④ $\{x \mid x \geq 0\}$

⑤ $\{x \mid x \geq 1\}$

1377 중요 서술형

함수 $f(x) = \dfrac{1}{2}\sqrt{x-3} + 1$에 대하여 함수 $g(x)$가 1 이상의
모든 실수 x에 대하여 $(f \circ g)(x) = x$일 때, $g(3) + g^{-1}(3)$
의 값을 구하시오.

1378

두 함수 $f(x) = \dfrac{-2x+10}{x-4}$, $g(x) = \sqrt{-x-1} + 1$에 대하여
$-5 \leq x \leq -2$에서 정의된 함수 $(f \circ g)(x)$의 최댓값과 최솟
값의 합은?

① -10 ② -7 ③ -3

④ 1 ⑤ 5

1379

무리식 $\dfrac{7}{\sqrt{14-3x}}$ 의 값이 실수가 되도록 하는 자연수 x의 개수는?

① 1   ② 2   ③ 3

④ 4   ⑤ 5

1380 교육청 기출

함수 $y=-\sqrt{x-a}+a+2$의 그래프가 점 $(a,\ -a)$를 지날 때, 이 함수의 치역은? (단, a는 상수이다.)

① $\{y|y\leq 1\}$ ② $\{y|y\geq 1\}$ ③ $\{y|y\leq 0\}$

④ $\{y|y\leq -1\}$ ⑤ $\{y|y\geq -1\}$

1381

$\dfrac{\sqrt{x+4}-\sqrt{x-2}}{\sqrt{x+4}+\sqrt{x-2}}+\dfrac{\sqrt{x+4}+\sqrt{x-2}}{\sqrt{x+4}-\sqrt{x-2}}$ 를 간단히 하면?

(단, $x>2$)

① $\dfrac{2x+2}{3}$ ② $\dfrac{2x+3}{3}$ ③ $\dfrac{2x+4}{3}$

④ $\dfrac{2x+5}{3}$ ⑤ $\dfrac{2x+6}{3}$

1382

$x=\dfrac{\sqrt{5}+\sqrt{3}}{\sqrt{5}-\sqrt{3}}$, $y=\dfrac{\sqrt{5}-\sqrt{3}}{\sqrt{5}+\sqrt{3}}$ 일 때, $\dfrac{\sqrt{x}-\sqrt{y}}{\sqrt{x}+\sqrt{y}}+\dfrac{\sqrt{x}+\sqrt{y}}{\sqrt{x}-\sqrt{y}}$의 값은?

① $4+\sqrt{15}$ ② $4-\sqrt{15}$ ③ $\dfrac{8\sqrt{5}}{5}$

④ $\dfrac{8\sqrt{15}}{15}$ ⑤ 2

1383

$f(x)=\dfrac{2}{\sqrt{x+1}+\sqrt{x+3}}$ 에 대하여
$f(2)+f(3)+f(4)+\cdots+f(46)$의 값은?

① $4+3\sqrt{3}$ ② $5+3\sqrt{3}$ ③ $6+3\sqrt{3}$

④ $4+4\sqrt{3}$ ⑤ $5+4\sqrt{3}$

1384

함수 $y=\sqrt{ax+b}+c$의 그래프를 y축에 대하여 대칭이동한 후 x축의 방향으로 -4만큼, y축의 방향으로 3만큼 평행이동하면 함수 $y=\sqrt{-2x+9}+6$의 그래프와 일치한다. 상수 a, b, c에 대하여 $a+b+c$의 값은?

① 14   ② 16   ③ 18

④ 20   ⑤ 22

1385

함수 $y=-\sqrt{ax+b}+c$의 그래프가
그림과 같을 때, $a+b+c$의 값은?
(단, a, b, c는 상수이다.)

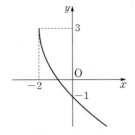

① 25 　　　　② 26

③ 27 　　　　④ 28

⑤ 29

1386

함수 $y=\sqrt{x}$의 그래프 위의 두
점 $P(a, b)$, $Q(c, d)$에 대하
여 $\dfrac{b+d}{2}=2$일 때, 직선 PQ의
기울기는? (단, $0<a<c$)

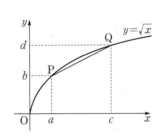

① $\dfrac{1}{5}$ 　　　　② $\dfrac{1}{4}$

③ $\dfrac{1}{3}$ 　　　　④ $\dfrac{1}{2}$

⑤ 1

1387

네 무리함수 $y=\sqrt{x}$, $y=\sqrt{-x}$, $y=\sqrt{x+9}+3$,
$y=\sqrt{9-x}+3$의 그래프로 둘러싸인 부분의 넓이는?

① 18 　　　　② 27 　　　　③ 36

④ 45 　　　　⑤ 54

1388

함수 $y=\sqrt{x}$의 그래프와 직선 $y=x+k$가 서로 다른 두 점에
서 만나도록 하는 실수 k의 값의 범위는?

① $0<k<\dfrac{1}{4}$ 　　② $0<k\le\dfrac{1}{4}$ 　　③ $0\le k<\dfrac{1}{4}$

④ $0\le k\le\dfrac{1}{2}$ 　　⑤ $0\le k<\dfrac{1}{2}$

1389

직선 $y=mx$가 무리함수 $y=\sqrt{2x-1}$의 그래프와 만날 때,
실수 m의 최댓값은?

① -2 　　　　② -1 　　　　③ 0

④ 1 　　　　⑤ 2

1390

실수 전체의 집합에서 함수 $f(x)$를
$$f(x)=\begin{cases} -\sqrt{-3x+k}+2 & (x<3) \\ \sqrt{3x-9}+2 & (x\ge3) \end{cases}$$
로 정의할 때, $f(x)$는 일대일대응이다. $f^{-1}(5)\times f^{-1}(1)$의
값은?

① 14 　　　　② 16 　　　　③ 18

④ 20 　　　　⑤ 22

1391

그림과 같이 직선 $y=-x+8$과 두 함수 $y=\sqrt{kx}$, $y=2\sqrt{x}$의 그래프가 만나는 점을 각각 A, B라 하고, 두 점 A, B에서 x축에 내린 수선의 발을 각각 C, D라 하자. $\overline{OC}:\overline{OD}=1:2$일 때, 상수 k의 값은?

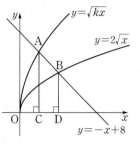

(단, $k>4$이고, O는 원점이다.)

① 15   ② 16   ③ 17
④ 18   ⑤ 19

1392

함수 $f(x)=\dfrac{1}{9}(x-k)^2+2$ $(x\geq k)$의 그래프와 함수 $g(x)=3\sqrt{x-2}+k$의 그래프가 서로 다른 두 점 A, B에서 만날 때, 선분 AB의 길이의 최댓값은? (단, k는 실수이다.)

① $5\sqrt{2}$ ② $6\sqrt{2}$ ③ $7\sqrt{2}$
④ $8\sqrt{2}$ ⑤ $9\sqrt{2}$

1393

함수 $f(x)=\sqrt{x-2}+\sqrt{6-x}$에 대하여 함수 $\{f(x)\}^2$의 최댓값을 M, 최솟값을 m이라 할 때, $\dfrac{M}{m}$의 값은?

① 2   ② 3   ③ 4
④ 5   ⑤ 6

✏️ 서술형 대비하기

1394

함수 $f(x)=\sqrt{ax+b}+c$의 그래프가 그림과 같을 때, $x\geq-3$에서 $(f\circ g)(x)=x$를 만족시키는 함수 $g(x)$에 대하여 $(g\circ f\circ g)(4)$의 값을 구하시오.

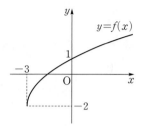

1395

자연수 n에 대하여 $\sqrt{4n^2+3n}$의 소수부분을 M이라 할 때, $\dfrac{3n}{M}$의 정수부분을 n에 대한 식으로 나타내시오.

1396

두 함수 $y=\sqrt{4x-8}$, $y=2|x-k|$의 그래프가 서로 만나도록 하는 실수 k의 값의 범위를 구하시오.

수능 녹인 변별력 문제

1397 교육청 기출

함수 $y=\sqrt{a(6-x)}$ $(a>0)$의 그래프와 함수 $y=\sqrt{x}$ 의 그래프가 만나는 점을 A라 하자. 원점 O와 점 B(6, 0)에 대하여 삼각형 AOB의 넓이가 6일 때, 상수 a의 값은?

① 1 ② 2 ③ 3

④ 4 ⑤ 5

1398

두 무리함수 $y=\sqrt{x+1}$, $y=\sqrt{3-x}+2$의 그래프와 직선 $x=-1$로 둘러싸인 영역의 내부 또는 그 경계에 포함되고 x좌표와 y좌표가 모두 정수인 점의 개수를 구하시오.

1399

함수 $f(x)=\sqrt{2-x}+\sqrt{x+5}$의 최댓값을 M, 최솟값을 m이라 할 때, $\dfrac{M}{m}$의 값을 구하시오.

1400

두 함수 $y=\sqrt{|4x-a|}$, $y=2x$의 그래프의 교점이 3개일 때, 실수 a의 값의 범위는?

① $-4<a<0$ ② $-1<a<0$ ③ $0<a<1$

④ $0<a<4$ ⑤ $1<a<4$

1401

그림과 같이 직선 $x=k$ $(k>0)$와 두 곡선 $y=\sqrt{x}$, $y=2\sqrt{x}$ 가 만나는 점을 각각 A, B라 하자. 곡선 $y=2\sqrt{x}$ 위의 한 점 C에 대하여 삼각형 ABC가 정삼각형일 때, $\sqrt{k}$의 값은?

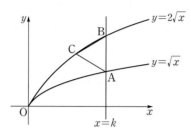

① $\dfrac{12\sqrt{3}}{11}$ ② $\dfrac{11\sqrt{3}}{10}$ ③ $\dfrac{10\sqrt{3}}{9}$

④ $\dfrac{9\sqrt{3}}{8}$ ⑤ $\dfrac{8\sqrt{3}}{7}$

1402

실수 전체의 집합에서 정의된 함수

$$f(x)=\begin{cases} \dfrac{2x-1}{x-2} & (x>5) \\ \sqrt{-2x+10}+a & (x\le5) \end{cases}$$

가 다음 조건을 모두 만족시킨다.

> (가) 치역은 $\{y|y>2\}$이다.
> (나) 임의의 두 실수 x_1, x_2에 대하여 $f(x_1)=f(x_2)$이면
> $x_1=x_2$이다.

$f(6)f(k)=11$일 때, 상수 a, k에 대하여 $a+2k$의 값을 구하시오.

1403

두 집합

$$A=\{(x,\,y)\,|\,y=\sqrt{-kx+k}-2\},$$
$$B=\{(x,\,y)\,|\,y=-\sqrt{kx+k}+2\}$$

에 대하여 $n(A\cap B)=2$일 때, 실수 k의 최댓값은?

① 4 ② 8 ③ 12
④ 16 ⑤ 20

1404

두 집합

$$A=\left\{(x,\,y)\,\Big|\,y=\dfrac{2x-6}{x-2}\right\},$$
$$B=\{(x,\,y)\,|\,y=-\sqrt{x+a}-a+4\}$$

에 대하여 $n(A\cap B)=2$를 만족시키는 실수 a의 값의 범위는?

① $-1\le a\le1$ ② $-\sqrt{2}\le a\le\sqrt{2}$
③ $-\sqrt{3}\le a\le\sqrt{3}$ ④ $-2\le a\le2$
⑤ $-\sqrt{5}\le a\le\sqrt{5}$

1405 〔교육청 기출〕

무리함수 $f(x)=\sqrt{x-k}$에 대하여 좌표평면에 곡선 $y=f(x)$와 세 점 A(1, 6), B(7, 1), C(8, 9)를 꼭짓점으로 하는 삼각형 ABC가 있다. 곡선 $y=f(x)$와 함수 $f(x)$의 역함수의 그래프가 삼각형 ABC와 만나도록 하는 실수 k의 최댓값은?

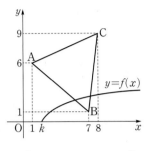

① 6   ② 5   ③ 4

④ 3   ⑤ 2

1406

좌표평면에서 두 함수
$f(x)=\sqrt{x-1}$,
$g(x)=\dfrac{1}{x+1}$ $(x>-1)$
와 그 역함수 $y=f^{-1}(x)$,
$y=g^{-1}(x)$의 그래프가 그림과 같다.

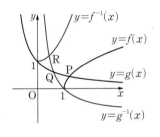

두 함수 $y=f(x)$, $y=g(x)$의 그래프의 교점을 $P(x_1, y_1)$,
두 함수 $y=g(x)$, $y=g^{-1}(x)$의 그래프의 교점을 $Q(x_2, y_2)$,
두 함수 $y=f^{-1}(x)$, $y=g^{-1}(x)$의 그래프의 교점을 $R(x_3, y_3)$
이라 하자. 보기에서 옳은 것만을 있는 대로 고른 것은?

> ┌ 보기 ┐
>
> ㄱ. $\dfrac{1}{2}<y_2<1$
>
> ㄴ. $x_1+y_1=x_3+y_3$
>
> ㄷ. $(x_3-x_2)(y_2-y_1)>(x_2-x_1)(y_3-y_2)$

① ㄱ   ② ㄴ   ③ ㄱ, ㄴ

④ ㄴ, ㄷ   ⑤ ㄱ, ㄴ, ㄷ

1407

두 함수 $y=\sqrt{3(x-a)}+\dfrac{1}{3}a$, $y=\sqrt{3(x+a)}-\dfrac{1}{3}a$의 그래프에 동시에 접하는 직선을 l이라 하고 그 접점을 각각 A, B라 하자. 원점 O에 대하여 삼각형 OAB의 넓이를 $S(a)$라 할 때, $S(a)=9$를 만족시키는 양수 a의 값은?

① 2   ② $\dfrac{9}{4}$ ③ 4

④ $\dfrac{9}{2}$ ⑤ 8

1408

함수 $y=||2x-4|-2|$의 그래프와 함수 $y=\sqrt{x+k}$의 그래프의 교점의 개수가 4가 되도록 하는 실수 k의 값의 범위가 $\alpha<k<\beta$이다. $\alpha+\beta$의 값을 구하시오.

1409 교육청 기출

그림과 같이 두 함수

$f(x) = \dfrac{1}{4}x^2 + 1$,

$g(x) = \sqrt{4x-4}$의 그래프가

한 점 $(2, 2)$에서 만난다.

자연수 k에 대하여 함수

$y = g(x)$의 그래프를 x축의

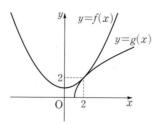

방향으로 $-k$만큼, y축의 방향으로 k만큼 평행이동한 그래프가 함수 $y=f(x)$의 그래프와 오직 한 점에서만 만나도록 하는 모든 자연수 k의 값의 합은?

① 6   ② 7   ③ 8

④ 9   ⑤ 10

1410

좌표평면에서 직선 $y=t$가 $x \geq -1$에서 정의된 두 함수

$y = \dfrac{1}{2}x^2 + 3$, $y = -\dfrac{1}{2}x^2 + x + 5$의 그래프와 만나는 서로 다른 점의 개수를 $f(t)$라 할 때, 실수 전체의 집합에서 정의된 함수 $f(t)$에 대하여 두 함수 $y=f(t)$, $y = \sqrt{\dfrac{4}{3}t}$의 그래프가 만나는 서로 다른 점의 개수는?

① 0   ② 1   ③ 2

④ 3   ⑤ 4

1411

함수 $f(x) = \sqrt{ax-3} + 2 \left(a \geq \dfrac{3}{2}\right)$에 대하여 $x \geq 2$에서 정의된 함수 $g(x)$를

$$g(x) = \begin{cases} f(x) & (f(x) < f^{-1}(x)) \\ f^{-1}(x) & (f(x) \geq f^{-1}(x)) \end{cases}$$

라 하자. 자연수 n에 대하여 함수 $y=g(x)$의 그래프와 직선 $y = x - n$이 만나는 서로 다른 점의 개수를 $h(n)$이라 하자. $h(1) = h(3) < h(2)$일 때, $g(9)$의 값은?

(단, a는 상수이다.)

① $\dfrac{26}{3}$ ② 9   ③ $\dfrac{28}{3}$

④ $\dfrac{29}{3}$ ⑤ 10

1412 교육청 기출

그림과 같이 함수 $f(x) = \sqrt{2x+3}$의 그래프와 함수

$g(x) = \dfrac{1}{2}(x^2 - 3)$ $(x \geq 0)$의 그래프가 만나는 점을 A라 하

자. 함수 $y=f(x)$ 위의 점 $\text{B}\left(\dfrac{1}{2}, 2\right)$를 지나고 기울기가 -1

인 직선 l이 함수 $y=g(x)$의 그래프와 만나는 점을 C라 할

때, 삼각형 ABC의 넓이는?

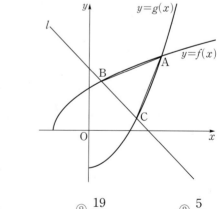

① $\dfrac{9}{4}$ ② $\dfrac{19}{8}$ ③ $\dfrac{5}{2}$

④ $\dfrac{21}{8}$ ⑤ $\dfrac{11}{4}$

I 도형의 방정식

01 평면좌표

확인 문제

유형 01 1. (1) 5　(2) 6　　2. (1) $2\sqrt{5}$　(2) 5

유형 07 1. (1) 4　(2) 2

2. (1) $(2, -1)$　(2) $\left(\dfrac{5}{2}, -\dfrac{1}{2}\right)$

유형 10 (1) $(1, -1)$　(2) $\left(\dfrac{4}{3}, -\dfrac{2}{3}\right)$

PART A 유형별 문제

0001 ④　　0002 29　　0003 ②　　0004 -2
0005 ④　　0006 $2\sqrt{5}$　　0007 ④　　0008 ②
0009 23　　0010 ③　　0011 $\left(\dfrac{6}{5}, \dfrac{4}{5}\right)$　0012 ②
0013 57　　0014 2　　0015 ④　　0016 2
0017 $\left(1, \dfrac{1}{4}\right)$　0018 $\sqrt{29}$　0019 ②　　0020 -4
0021 $3\sqrt{5}$　　0022 ④　　0023 -5　　0024 $-3\sqrt{3}$
0025 ③　　0026 ②　　0027 ①
0028 (가) M　(나) $-c$　(다) $a^2+b^2+c^2$　　0029 $\sqrt{10}$
0030 5　　0031 ⑤
0032 (가) c　(나) $a^2+b^2+c^2$　(다) a^2+b^2　　0033 $4\sqrt{3}$
0034 $(0, -2)$　0035 3　　0036 4　　0037 $2\sqrt{2}$
0038 -1　　0039 7　　0040 ①　　0041 160
0042 $\dfrac{1}{2}<a<\dfrac{3}{4}$　　　0043 ③　　0044 ①
0045 3　　0046 11　　0047 14　　0048 15
0049 $(-1, 2)$　0050 20　　0051 ④　　0052 -1
0053 -3　　0054 21　　0055 -11　0056 $(0, 4)$
0057 ⑤　　0058 5　　0059 $(2, 1)$　0060 ⑤
0061 -12　　0062 2　　0063 $(10, 0)$　0064 $\dfrac{4}{3}$
0065 ③　　0066 $3:4$　　0067 11　　0068 $-3\sqrt{2}$
0069 ④　　0070 $x-2y+4=0$
0071 $6x+8y-5=0$

PART B 내신 잡는 종합 문제

0072 ⑤　　0073 -3　　0074 2　　0075 ④
0076 ③　　0077 30　　0078 7　　0079 ②
0080 30　　0081 $\left(\dfrac{7}{2}, -\dfrac{1}{2}\right)$0082 2　　0083 ⑤
0084 ③　　0085 $(3, 4)$　0086 14　　0087 -7
0088 24　　0089 ④　　0090 19　　0091 $\dfrac{4}{5}$
0092 $\dfrac{17}{3}$　0093 3　　0094 2　　0095 1

PART C 수능 녹인 변별력 문제

0096 $\dfrac{8}{5}$　　0097 ②　　0098 116　　0099 ⑤
0100 ④　　0101 ④　　0102 ⑤　　0103 ⑤

02 직선의 방정식

확인 문제

유형 01 1. (1) $y=3x-4$　　(2) $y=-x+3$

2. (1) $y=-2$　(2) $x=3$　(3) $x=-2$　(4) $y=6$

유형 02 (1) $y=2x-8$　(2) $y=-3x+2$

유형 03 (1) $-\dfrac{x}{2}+\dfrac{y}{6}=1$　(2) $\dfrac{x}{3}-\dfrac{y}{9}=1$　(3) $\dfrac{x}{4}+\dfrac{y}{8}=1$

유형 06 (1) 제1사분면　(2) 제2사분면

유형 07 (1) $(-1, 2)$　(2) $(1, -3)$

유형 10 1. (1) -3　(2) $-\dfrac{1}{2}$　　2. 평행: ㄴ, 수직: ㄷ, ㄹ

유형 14 1. (1) $\sqrt{2}$　(2) 4　　　2. (1) 9　(2) 3

유형 16 (1) $4\sqrt{2}$　(2) $\sqrt{10}$

PART A 유형별 문제

0104 ②　　0105 5　　0106 2　　0107 $y=2$
0108 $y=2x+23$　　0109 ⑤　　0110 ⑤
0111 ④　　0112 ③　　0113 $y=2x-4$ 0114 $y=x+3$
0115 ⑤　　0116 10　　0117 7　　0118 ④
0119 22　　0120 ①　　0121 2　　0122 ②
0123 9　　0124 4　　0125 20　　0126 12
0127 $2x-y+3=0$　　0128 ①　　0129 -3
0130 ④　　0131 ⑤　　0132 2　　0133 ④
0134 -30　　0135 $y=4x-6$　　0136 ④
0137 ③　　0138 제2사분면 0139 ②　　0140 ④
0141 ③　　0142 ④　　0143 $y=2x-3$
0144 -6　　0145 1　　0146 ⑤
0147 $-\dfrac{1}{6}<m<\dfrac{3}{2}$　　　0148 ①　　0149 ①
0150 $\dfrac{4}{5}$　　0151 $m<-\dfrac{1}{3}$ 또는 $m>\dfrac{3}{5}$　　0152 4
0153 $(1, 5)$　0154 ②　　0155 ②　　0156 $2\sqrt{10}$
0157 32　　0158 3　　0159 5　　0160 3
0161 ④　　0162 ③　　0163 $x=1$　0164 8
0165 45　　0166 24　　0167 ④　　0168 3
0169 ⑤　　0170 ②　　0171 ⑤　　0172 7
0173 8　　0174 9　　0175 5　　0176 ③
0177 -32　0178 4　　0179 -1　0180 9
0181 ⑤　　0182 4　　0183 -6　0184 -2

0185 3　0186 ④　0187 ⑤　0188 -2
0189 $y=2x-\sqrt{15}$　0190 ①　0191 $2\sqrt{3}$
0192 ①　0193 ①　0194 7　0195 $2\sqrt{2}$
0196 ②　0197 $3\sqrt{2}$　0198 $2\sqrt{10}$　0199 ④
0200 $6\sqrt{2}$　0201 $\sqrt{5}$　0202 2　0203 $2\sqrt{5}$
0204 $8\sqrt{6}$　0205 28　0206 ①　0207 12
0208 25　0209 22　0210 5　0211 ③
0212 $y=\dfrac{4}{3}$ 또는 $4x+5y-12=0$　0213 -6
0214 $4x-3y-9=0$ 또는 $4x-3y+31=0$

PART B 내신 잡는 종합 문제

0215 $x-2y-4=0$　0216 $-\dfrac{1}{2}$　0217 18
0218 ③　0219 ②　0220 6　0221 ②
0222 ③　0223 ①　0224 ⑤　0225 ①
0226 ④　0227 $\dfrac{3}{2}$　0228 ②　0229 ⑤
0230 -5　0231 $x-2y+8=0$
0232 $(-7, -3)$

PART C 수능 녹인 변별력 문제

0233 ③　0234 -8　0235 ①　0236 5
0237 $\dfrac{5\sqrt{3}}{9}$　0238 15　0239 ③　0240 ①
0241 ①　0242 ⑤　0243 ②　0244 3

03 원의 방정식

확인 문제

유형 01　(1) $x^2+y^2=16$　(2) $(x-2)^2+(y+3)^2=25$
유형 06　(1) $(x-3)^2+(y+1)^2=1$ (2) $(x-2)^2+(y+5)^2=4$
유형 07　$(x-4)^2+(y+4)^2=16$
유형 12　$4x-8y-9=0$
유형 14　$x^2+y^2-3x+5y+2=0$
유형 15　서로 다른 두 점에서 만난다.
유형 17　한 점에서 만난다. (접한다.)
유형 19　만나지 않는다.
유형 21　$y=2x\pm\sqrt{30}$
유형 22　$x+2y=5$
유형 23　(1) $x_1x+y_1y=5$
　　　　(2) $x_1=-2,\ y_1=1$ 또는 $x_1=2,\ y_1=1$
　　　　(3) $-2x+y=5,\ 2x+y=5$
유형 24　(1) $4\sqrt{6}$　　　(2) 6

PART A 유형별 문제

0245 ③　0246 2　0247 25　0248 ②
0249 $(x-4)^2+(y-3)^2=13$　0250 9
0251 $(x-2)^2+(y-4)^2=18$　0252 ③　0253 ④
0254 4　0255 ㄱ, ㄴ　0256 ④
0257 $(x-4)^2+(y-4)^2=32$　0258 -12　0259 16
0260 ④　0261 ⑤　0262 $(x-4)^2+(y+5)^2=41$
0263 6　0264 $\dfrac{64}{9}\pi$　0265 ⑤　0266 ③
0267 ②　0268 4　0269 5　0270 ⑤
0271 4　0272 $\sqrt{5}$　0273 25π　0274 ④
0275 ②　0276 $(x-2)^2+(y-5)^2=25$　0277 18
0278 ③　0279 $\dfrac{4}{3}\pi$　0280 ③　0281 $12\sqrt{2}$
0282 ④　0283 $(x-3)^2+(y+3)^2=9$　0284 2
0285 1　0286 50π　0287 ②　0288 ①
0289 $2\sqrt{5}-1$　0290 61　0291 ③　0292 $\sqrt{5}\pi$
0293 ③　0294 ④　0295 ④　0296 ④
0297 12　0298 $4\sqrt{3}$　0299 ④　0300 -3
0301 20　0302 ②　0303 $y=\dfrac{1}{2}x-1$
0304 1　0305 ①　0306 3　0307 ③
0308 $\left(\dfrac{7}{10}, \dfrac{11}{10}\right)$　0309 $2\sqrt{3}$　0310 $4\sqrt{3}$
0311 4　0312 88　0313 2　0314 $\dfrac{17}{4}\pi$
0315 4　0316 ③　0317 ④　0318 19
0319 ③　0320 $m<-\sqrt{15}$ 또는 $m>\sqrt{15}$　0321 ②
0322 $2\sqrt{14}$　0323 ③　0324 14　0325 $\sqrt{35}$
0326 ①　0327 ⑤　0328 $\sqrt{11}$　0329 ④
0330 ②　0331 8　0332 ②　0333 $\dfrac{81}{50}$
0334 50　0335 -6　0336 $\sqrt{17}$　0337 ①
0338 ②　0339 $\sqrt{39}$　0340 4　0341 ④
0342 90　0343 $k<-16$ 또는 $k>4$　0344 -26
0345 ②　0346 ④　0347 ③　0348 12
0349 ③　0350 $y=3x\pm10$　0351 18
0352 ④　0353 ②　0354 $8\sqrt{3}$　0355 $40+40\sqrt{5}$
0356 ④　0357 ⑤　0358 8　0359 -3
0360 $(5, 0)$　0361 5　0362 ①　0363 $-\dfrac{7}{17}$
0364 4　0365 ③　0366 $y=-\sqrt{3}x+2,\ y=\sqrt{3}x+2$
0367 7　0368 6　0369 $\sqrt{22}$　0370 ①
0371 $3, \sqrt{41}$

PART B 내신 잡는 종합 문제

0372 ⑤　0373 8　0374 $(4, 2)$　0375 $10\sqrt{26}$
0376 ③　0377 ③　0378 ②　0379 ③
0380 ①　0381 25　0382 ④　0383 ②
0304 $\dfrac{12\sqrt{7}}{5}$　0385 3　0388 $4\sqrt{3}\lambda$　0387 ②

0388 22 0389 7 0390 ② 0391 ⑤
0392 ④ 0393 $y=2x+5$ 0394 9π 0395 $12\sqrt{5}$

PART C 수능 녹인 변별력 문제

0396 ② 0397 84 0398 ② 0399 ③
0400 ③ 0401 18 0402 15 0403 ④
0404 $\dfrac{2\sqrt{10}}{3}$ 0405 87 0406 23 0407 17

04 도형의 이동

확인 문제

유형 01 (1) $(3, -2)$ (2) $(-2, -1)$
유형 03 (1) $x+y+6=0$ (2) $x-2y-2=0$
유형 04 (1) $(x+2)^2+(y-1)^2=9$
(2) $(x+1)^2+(y+1)^2=4$
유형 05 (1) $y=x^2+3x+7$ (2) $y=x^2-2x+1$
유형 07 (1) $(2, 1)$ (2) $(-2, -1)$ (3) $(-2, 1)$
(4) $(-1, 2)$ (5) $(1, -2)$
유형 08 (1) $x-y+3=0$ (2) $x-y-3=0$
(3) $x+y-3=0$ (4) $x+y+3=0$
(5) $x+y-3=0$
유형 14 $(-2, 1)$

PART A 유형별 문제

0408 ③ 0409 ④ 0410 7 0411 ⑤
0412 $(3, 2)$ 0413 1 0414 7 0415 -3
0416 ⑤ 0417 ③ 0418 ⑤ 0419 -4
0420 6 0421 $3\sqrt{3}$ 0422 ② 0423 ②
0424 -5 0425 5 0426 ③ 0427 -3
0428 4 0429 -1 0430 ④ 0431 ⑤
0432 ① 0433 ④ 0434 4 0435 3
0436 $\sqrt{34}$ 0437 ⑤ 0438 ② 0439 -4
0440 ③ 0441 8 0442 45 0443 5
0444 ② 0445 -3 0446 6 0447 ⑤
0448 9 0449 $\dfrac{3}{2}$ 0450 ③ 0451 ④
0452 24 0453 ① 0454 ③ 0455 $\dfrac{1}{3}$
0456 $(5, 9)$ 0457 ④ 0458 ④ 0459 ⑤
0460 ① 0461 2 0462 5 0463 -10
0464 ⑤ 0465 14 0466 2 0467 ①
0468 -7 0469 12 0470 ③ 0471 ④
0472 2 0473 ④ 0474 ③ 0475 ①
0476 7 0477 ③ 0478 ② 0479 9

0480 ⑤ 0481 3 0482 7 0483 ①
0484 $4<a<9$ 0485 ① 0486 ③ 0487 4
0488 8 0489 ② 0490 ① 0491 ③
0492 ② 0493 ③ 0494 ⑤ 0495 ④
0496 ⑤ 0497 5 0498 -6 0499 -1
0500 ③ 0501 ⑤ 0502 ④ 0503 16
0504 ④ 0505 8 0506 ② 0507 ⑤
0508 ③ 0509 $8\sqrt{2}$ 0510 12 0511 ⑤
0512 8

PART B 내신 잡는 종합 문제

0513 ③ 0514 ⑤ 0515 ① 0516 ②
0517 48 0518 $(2, 0)$ 0519 ② 0520 ⑤
0521 56 0522 ① 0523 3 0524 ④
0525 ③ 0526 6 0527 $\dfrac{10}{9}$ 0528 ①
0529 ④ 0530 ① 0531 ④ 0532 ②
0533 50 cm 0534 2 0535 14 0536 4

PART C 수능 녹인 변별력 문제

0537 ① 0538 7 0539 6 0540 ④
0541 140 0542 6 0543 ④ 0544 ③
0545 12 0546 ① 0547 26 0548 16

Ⅱ 집합과 명제

05 집합의 뜻

확인 문제

유형 01 1. (1) ○ (2) ×
2. (1) ∈ (2) ∉ (3) ∉ (4) ∈

유형 02 (1) {1, 2, 4, 8, 16}
(2) {x|x는 100 이하의 9의 양의 배수}

유형 04 (1) 0 (2) 3 (3) 1

유형 07 (1) $Y \subset X$ (2) $X \subset Y$

유형 10 (1) ∅ (2) {a}, {b} (3) {a, b}

유형 11 (1) 16 (2) 15 (3) 6

유형 12 (1) 16 (2) 8

유형 13 4

PART A 유형별 문제

0549 ③	0550 ④	0551 ②	0552 ⑤
0553 ③	0554 ⑤	0555 ⑤	0556 ④
0557 8	0558 ②	0559 −2	0560 ⑤
0561 ④	0562 ㄷ, ㅁ	0563 −4	0564 ④
0565 ⑤	0566 ②	0567 6	0568 5
0569 ④	0570 12	0571 18	0572 56
0573 8	0574 100	0575 8	0576 ⑤
0577 ④	0578 ⑤	0579 ③	0580 ①
0581 ⑤	0582 ⑤	0583 ①	0584 ④
0585 ④	0586 ②	0587 ③	0588 5
0589 ②	0590 5	0591 7	0592 3
0593 0	0594 −2	0595 ③	0596 3
0597 ⑤	0598 −1	0599 1	0600 ⑤
0601 ②	0602 ∅, {5}, {25}, {5, 25}		
0603 {3, 6}, {3, 9}, {3, 12}, {6, 9}, {6, 12}, {9, 12}			
0604 26	0605 ①	0606 ④	0607 31
0608 15	0609 31	0610 45	0611 ②
0612 ①	0613 ③	0614 14	0615 ③
0616 31	0617 4	0618 ③	0619 15
0620 11	0621 48	0622 ①	0623 ④
0624 30	0625 4	0626 8	0627 ③
0628 10	0629 ③	0630 ⑤	0631 112
0632 ④	0633 59	0634 112	0635 ③
0636 ③	0637 7	0638 ②	0639 4
0640 ①	0641 240	0642 ①	0643 16
0644 136			

PART B 내신 잡는 종합 문제

0645 ④	0646 ④	0647 ④	0648 10
0649 ③	0650 ④	0651 6	0652 ⑤
0653 ③	0654 5	0655 8	0656 21

0657 ④	0658 ③	0659 ②	0660 ①
0661 ⑤	0662 16	0663 ④	0664 15
0665 ⑤	0666 16	0667 54	0668 24

PART C 수능 녹인 변별력 문제

0669 ③	0670 ④	0671 ③	0672 ②
0673 ⑤	0674 ④	0675 ③	0676 ②
0677 ③	0678 20	0679 42	0680 ④

06 집합의 연산

확인 문제

유형 01 (1) {1, 2, 3, 4, 5, 7} (2) {1, 3}

유형 02 (1) 서로소이다. (2) 서로소가 아니다.

유형 04 (1) {1, 5, 6} (2) {2, 4, 6} (3) {2, 4}

유형 10 (1) {1} (2) {1} (3) {1, 3, 5} (4) {1, 3, 5}

유형 17 (1) 19 (2) 23 (3) 12 (4) 4

PART A 유형별 문제

0681 ④	0682 ②	0683 ③	0684 36
0685 ②	0686 ③	0687 ⑤	0688 35
0689 2	0690 ①	0691 ④	0692 2
0693 ④	0694 ④	0695 ⑤	0696 14
0697 ②	0698 19	0699 ⑤	0700 ②
0701 ④	0702 {2, 4, 6, 12}		0703 16
0704 ⑤	0705 38	0706 18	0707 −3
0708 ③	0709 ①	0710 ④	0711 9
0712 ④	0713 ④	0714 ⑤	0715 ㄱ, ㄴ, ㄹ
0716 ④	0717 ④	0718 ①	0719 ④
0720 ②	0721 ①	0722 ③	0723 16
0724 ⑤	0725 ②	0726 16	0727 ⑤
0728 ④	0729 ④	0730 36	0731 12
0732 15	0733 5	0734 ④	0735 ①
0736 ②	0737 50	0738 ①	0739 ④
0740 ⑤	0741 ⑤	0742 ②	0743 ⑤
0744 ㄷ, ㅁ	0745 8	0746 ③	0747 ④
0748 ②	0749 ②	0750 24	0751 13
0752 {−6, 2, 3}		0753 17	0754 2
0755 ④	0756 ①	0757 {2, 4, 7, 10}	0765 ②
0758 ②	0759 140	0760 ③	0761 ⑤
0762 ②	0763 12	0764 ㄱ, ㄴ, ㄷ	0765 ②
0766 23	0767 ④	0768 16	0769 ④
0770 8	0771 31	0772 5	0773 ②
0774 ④	0775 4	0776 ④	0777 9
0778 37	0779 8	0780 37	0781 ③
0782 ②	0783 147	0784 ⑤	

PART B 내신 잡는 종합 문제

0785 ⑤	0786 ①	0787 {d, g}	0788 ③
0789 ④	0790 ③	0791 ③	0792 ⑤
0793 ⑤	0794 16	0795 ②	0796 ②
0797 ③	0798 12	0799 7	0800 4
0801 ③	0802 21	0803 ①	0804 ④
0805 10	0806 5	0807 6	0808 13

PART C 수능 녹인 변별력 문제

0809 ①	0810 ⑤	0811 ②	0812 ③
0813 56	0814 ②	0815 ④	0816 ②
0817 12	0818 ④	0819 22	0820 ②

07 명제

확인 문제

유형 01 (1) 참인 명제 (2) 조건
(3) 거짓인 명제 (4) 참인 명제

유형 02 1. (1) $\sqrt{2}$는 무리수이다. (참)
(2) $3+5 \neq 9$ (참)
(3) 6은 3의 배수이거나 4의 배수이다. (참)
2. (1) $x \neq 0$이고 $x \neq 1$ (2) $x < -3$ 또는 $x \geq 2$

유형 03 (1) {−1, 1} (2) {1, 5}

유형 08 (1) 거짓 (2) 참

유형 09 (1) 역: $x=2$이면 $x^2=4$이다.
대우: $x \neq 2$이면 $x^2 \neq 4$이다.
(2) 역: $a+b>0$이면 $a>0$이고 $b>0$이다.
대우: $a+b \leq 0$이면 $a \leq 0$ 또는 $b \leq 0$이다.

유형 10 11

유형 13 충분조건

유형 21 (1) 2 (2) 8

PART A 유형별 문제

0821 ④	0822 ⑤	0823 ㄱ, ㄴ, ㄹ	0824 ③
0825 ⑤	0826 ②	0827 ④	0828 ③
0829 ⑤	0830 ③	0831 ③	
0832 {3, 6, 12, 24}		0833 12	0834 ④
0835 {−1, 3}	0836 4	0837 12	0838 ④
0839 ①	0840 ②	0841 ③	0842 ③
0843 ④	0844 30	0845 $3 \leq k < 4$	0846 ⑤
0847 ④	0848 ③	0849 32	0850 −1
0851 ④	0852 ②	0853 ②	0854 ⑤

0855 ②	0856 10	0857 ①	0858 ②
0859 ⑤	0860 8	0861 4	0862 12
0863 ①	0864 $-1 < a < 7$		0865 ⑤
0866 ④	0867 ③	0868 ㄱ	0869 14
0870 ⑤	0871 18	0872 3	0873 12
0874 ②	0875 ②	0876 ④	0877 ②
0878 ②	0879 ③	0880 ⑤	0881 A, B
0882 ④	0883 ②	0884 ②	0885 ⑤
0886 ②	0887 ①	0888 ③	0889 ④
0890 ③	0891 ⑤	0892 ②	0893 ③
0894 8	0895 ⑤	0896 ③	0897 ②
0898 9	0899 ⑤	0900 풀이 참조	0901 14
0902 ④	0903 ⑤	0904 ㈎ 홀수 ㈏ 짝수 ㈐ 홀수	
0905 ②	0906 ⑤	0907 풀이 참조	0908 ②
0909 ④	0910 2	0911 ⑤	0912 풀이 참조
0913 ②	0914 ④	0915 풀이 참조	0916 ③
0917 32	0918 ①	0919 1	0920 −36
0921 ③	0922 ⑤	0923 25	0924 2
0925 8	0926 ③	0927 35	0928 ④
0929 10	0930 40	0931 ⑤	0932 16 m^2
0933 16	0934 ①	0935 ④	0936 −25
0937 25	0938 −15	0939 ②	0940 ④
0941 10	0942 4	0943 ④	0944 $8\sqrt{2}$
0945 15			

PART B 내신 잡는 종합 문제

0946 ③	0947 ④	0948 ②	0949 ④
0950 ㄴ, ㄷ	0951 ①	0952 ⑤	0953 ③
0954 ④	0955 ⑤	0956 ③	0957 ①
0958 4	0959 5	0960 0	0961 7
0962 130			

PART C 수능 녹인 변별력 문제

0963 ⑤	0964 5	0965 ②	0966 $2 < k < 5$
0967 ②	0968 ⑤	0969 92	0970 ②
0971 25	0972 ①	0973 ①	0974 28

08 함수

확인 문제

유형 02 (1) 7　　　(2) 5　　　(3) 1

유형 04 (1) 정의역: $\{x|x$는 실수$\}$, 치역: $\{y|y$는 실수$\}$
(2) 정의역: $\{x|x$는 실수$\}$, 치역: $\{y|y\leq2\}$

유형 05 (1) 서로 같은 함수가 아니다.
(2) 서로 같은 함수이다.

유형 09 24

유형 10 (1) 3　　　(2) 4　　　(3) 4　　　(4) -1

유형 17 (1) 1　　　　　　(2) 6

유형 19 (1) $y=-\dfrac{1}{2}x+2$　　　(2) $y=2x-10$

PART A 유형별 문제

0975 ④	0976 ③	0977 ③	0978 16
0979 14	0980 19	0981 3	0982 2
0983 -9	0984 2	0985 ⑤	0986 $\dfrac{17}{4}$
0987 2	0988 ③	0989 ①	0990 8
0991 2	0992 5	0993 ③	0994 ②
0995 ②	0996 -2	0997 $\{2\},\{3\},\{2,3\}$	
0998 ④	0999 ④	1000 ①	1001 4
1002 6	1003 3	1004 ②	1005 ④
1006 4	1007 15	1008 ②	
1009 $-3<a<3$		1010 10	1011 ②
1012 8	1013 ③	1014 ③	1015 ③
1016 190	1017 ⑤	1018 6	1019 ③
1020 25	1021 ④	1022 ①	1023 96
1024 18	1025 -14	1026 -12	1027 6
1028 ①	1029 ④	1030 -3	1031 6
1032 -13	1033 6	1034 180	1035 ②
1036 ①	1037 9	1038 13	1039 10
1040 -2	1041 ③	1042 ①	1043 1
1044 -1	1045 4	1046 ③	1047 3
1048 ⑤	1049 4	1050 1	1051 ④
1052 ①	1053 ④	1054 0	1055 $-\dfrac{11}{2}$
1056 ②	1057 ⑤	1058 ③	1059 405
1060 ④	1061 10	1062 ③	1063 3
1064 3	1065 2	1066 9	1067 ②
1068 ④	1069 35	1070 $-\sqrt{2}$	
1071 $k<-2$ 또는 $k>2$		1072 -1	1073 ①
1074 ③	1075 4	1076 $f^{-1}(x)=2x+7$	
1077 -6	1078 -1	1079 ①	1080 ⑤
1081 ②	1082 ⑤	1083 8	1084 ④
1085 ④	1086 -3	1087 ②	1088 ⑤
1089 4	1090 ①	1091 1	1092 ⑤

1093 ①	1094 ①	1095 ⑤	1096 6
1097 $3\sqrt{2}$	1098 $\sqrt{2}$	1099 3	1100 32
1101 ③	1102 ④	1103 ④	1104 ②
1105 ②			

PART B 내신 잡는 종합 문제

1106 ③	1107 ④	1108 66	1109 ②
1110 5	1111 ①	1112 36	1113 17
1114 ③	1115 ②	1116 ④	1117 ⑤
1118 4	1119 ④	1120 4	1121 13
1122 ④	1123 ②	1124 ③	1125 172
1126 -7	1127 36	1128 4	

PART C 수능 녹인 변별력 문제

1129 17	1130 ②	1131 16	1132 ①
1133 4	1134 ⑤	1135 ②	1136 8
1137 5	1138 ④	1139 ④	1140 50

09 유리식과 유리함수

확인 문제

유형 01 (1) $\dfrac{4x}{4x^2-1}$　(2) $\dfrac{2}{x^2+2x}$　(3) $\dfrac{2}{x+1}$

유형 02 $\dfrac{x}{x+3}$

유형 04 $a=1,\ b=2,\ c=-2$

유형 06 (1) $\dfrac{x}{x+1}$　　　　(2) $x-1$

유형 09 (1) $\dfrac{9}{5}$　　　　(2) $\dfrac{13}{25}$

유형 14 (1) 정의역: $\{x|x\neq0$인 실수$\}$, 치역: $\{y|y\neq-3$인 실수$\}$
(2) 정의역: $\{x|x\neq-2$인 실수$\}$, 치역: $\{y|y\neq0$인 실수$\}$
(3) 정의역: $\{x|x\neq-3$인 실수$\}$, 치역: $\{y|y\neq1$인 실수$\}$

유형 15 (1) $x=1,\ y=3$　　　(2) $x=2,\ y=-1$

PART A 유형별 문제

1141 ④	1142 10	1143 ②	1144 -12
1145 ③	1146 ⑤	1147 ⑤	1148 ④
1149 2	1150 ①	1151 ⑤	1152 2
1153 ⑤	1154 ④	1155 10	
1156 $f(x)=-x^2+2x$		1157 ②	1158 $\dfrac{100}{201}$
1159 10	1160 30	1161 $\dfrac{99}{100}$	1162 x
1163 3	1164 ③	1165 6	1166 24

1167 ③	1168 57	1169 36	1170 14
1171 724	1172 46	1173 -3	1174 -3
1175 ③	1176 ①	1177 ①	1178 $\dfrac{1}{3}$
1179 ⑤	1180 ③	1181 ①	1182 19
1183 ①	1184 ⑤	1185 10	1186 2
1187 ①	1188 8	1189 32	1190 13
1191 $\dfrac{79}{90}$	1192 90	1193 4	1194 ⑤
1195 ㄴ, ㄷ	1196 2	1197 ④	1198 -4
1199 ①	1200 ④	1201 ②	1202 -9
1203 ②	1204 6	1205 -2	1206 -4
1207 -3	1208 9	1209 13	1210 ④
1211 ②	1212 9	1213 ④	1214 3
1215 6	1216 6	1217 0	1218 ④
1219 ①	1220 ④	1221 ④	1222 1
1223 12	1224 2	1225 1	1226 ㄱ
1227 ②	1228 ④	1229 ㄱ, ㄷ	1230 ④
1231 ⑤	1232 ②	1233 2	1234 ③
1235 7	1236 -80	1237 $m \geq 0$	1238 2
1239 ②	1240 3	1241 ②	1242 ①
1243 ③	1244 -1	1245 ④	1246 5
1247 $11+2\sqrt{2}$	1248 ①	1249 ③	1250 -2
1251 ①	1252 4	1253 $\dfrac{3}{2}$	1254 -5
1255 5	1256 ④	1257 ①	1258 -3
1259 2	1260 -1	1261 5	

PART B 내신 잡는 종합 문제

1262 ④	1263 ②	1264 ③	1265 ①
1266 ⑤	1267 ①	1268 ⑤	1269 ②
1270 -5	1271 6	1272 21	1273 -3
1274 ②	1275 ①	1276 ⑤	1277 ④
1278 ⑤	1279 7	1280 ②	1281 29
1282 0	1283 2	1284 $\{y \mid -2 < y < 2\}$	

PART C 수능 녹인 변별력 문제

1285 ①	1286 ③	1287 ②	1288 ②
1289 ②	1290 ①	1291 ②	1292 ②
1293 ③	1294 ②	1295 20	1296 ⑤

10 무리식과 무리함수

확인 문제

유형 01 (1) $x \geq -1$　　(2) $-2 \leq x \leq 3$　　(3) $-5 \leq x < 1$

유형 09 (1) $y = -\sqrt{2(x-1)} - 3$
　　　　 (2) $y = \sqrt{-2(x+1)} + 3$
　　　　 (3) $y = -\sqrt{-2(x+1)} - 3$

PART A 유형별 문제

1297 ④	1298 ⑤	1299 ④	1300 ⑤
1301 ④	1302 $2a^2+10b^2$	1303 $-7x-4$	1304 10
1305 ③	1306 5	1307 4	1308 $\dfrac{6x}{4-x}$
1309 ⑤	1310 ②	1311 $\dfrac{4x-2}{3}$	1312 ③
1313 30	1314 6	1315 $\sqrt{5}$	1316 ②
1317 ①	1318 $4\sqrt{3}$	1319 ⑤	1320 11
1321 -2	1322 $\sqrt{3}+\sqrt{2}$	1323 ④	1324 $6\sqrt{3}$
1325 $2\sqrt{2}$	1326 ①	1327 ②	1328 ④
1329 ②	1330 -2	1331 ①	1332 2
1333 $5\sqrt{5}$	1334 6	1335 $\{x \mid x \leq 2\}, \{y \mid y \geq -1\}$	
1336 -9	1337 정의역 : $\left\{x \mid x \leq -\dfrac{2}{3}\right\}$, 치역 : $\{y \mid y \geq 1\}$		
1338 ③	1339 ④	1340 ③	1341 ⑤
1342 ②	1343 ②	1344 제2, 3, 4사분면	
1345 $a < -2$	1346 24	1347 ⑤	1348 18
1349 ③	1350 ③	1351 ①	1352 ③
1353 ②	1354 ④	1355 13	1356 10
1357 ①	1358 4	1359 ⑤	1360 16
1361 ①	1362 $\dfrac{1}{2}$	1363 4	1364 3
1365 ③	1366 ②	1367 6	1368 -5
1369 16	1370 $2\sqrt{2}$	1371 ①	1372 ②
1373 ①	1374 ③	1375 27	1376 ⑤
1377 20	1378 ②		

PART B 내신 잡는 종합 문제

1379 ④	1380 ①	1381 ①	1382 ④
1383 ②	1384 ⑤	1385 ③	1386 ②
1387 ⑤	1388 ③	1389 ④	1390 ②
1391 ④	1392 ⑤	1393 ①	1394 9
1395 $4n$	1396 $k \geq \dfrac{7}{4}$		

PART C 수능 녹인 변별력 문제

1397 ②	1398 13	1399 $\sqrt{2}$	1400 ③
1401 ⑤	1402 12	1403 ②	1404 ②
1405 ②	1406 ⑤	1407 ③	1408 $\dfrac{15}{16}$
1409 ④	1410 ③	1411 ①	1412 ④

수학의 바이블

모든 유형으로 실력을 **밝혀라!**

유형 ON
공통수학2

수학의 바이블 유형 ON 특장점

- ◆ 학습 부담은 줄이고 휴대성은 높인 1권, 2권 구조
- ◆ 고등 수학의 모든 유형을 담은 유형 문제집
- ◆ 내신 만점을 위한 내신 빈출, 서술형 대비 문항 수록
- ◆ 수능, 평가원, 교육청 기출, 기출 변형 문항 수록
- ◆ 중단원별 종합 문제로 유형별 학습의 단점 극복 및 내신 대비
- ◆ 1권과 2권의 A PART 유사 변형 문항으로 복습, 오답노트 가능

가르치기 쉽고 빠르게 배울 수 있는 **이투스북**

www.etoosbook.com

○ **도서 내용 문의**
홈페이지 > 이투스북 고객센터 > 1:1 문의
○ **도서 정답 및 해설**
홈페이지 > 도서자료실 > 정답/해설
○ **도서 정오표**
홈페이지 > 도서자료실 > 정오표
○ **선생님을 위한 강의 지원 서비스 T폴더**
홈페이지 > 교강사 T폴더

학교 시험에
자주 나오는
199유형
2245제 수록

1권 유형편
1412제로
완벽한
필수 유형 학습

2권 변형편
833제로
복습 및 학교 시험
완벽 대비

수학의 바이블

유형ON

2 권

이투스북

2022개정 교육과정 **공통수학2**

유형ON

수학의 바이블 유형ON

2권

공통수학2

이 책의 차례

Ⅰ

도형의 방정식

유형 **01**   **두 점 사이의 거리**

0001

두 점 $A(a, 2a)$, $B(-1, 3)$ 사이의 거리가 5일 때, 모든 a의 값의 합은?

① 2   ② 4   ③ 6
④ 8   ⑤ 10

0002

세 점 $A(4, -1)$, $B(2, 7)$, $C(6, a)$에 대하여 두 점 A, B 사이의 거리와 두 점 A, C 사이의 거리가 같을 때, 양수 a의 값을 구하시오.

0003

네 점 $A(0, a)$, $B(-1, 2)$, $C(2, -a)$, $D(4, -5)$에 대하여 $\overline{AB} = \frac{1}{2}\overline{CD}$일 때, 모든 a의 값의 곱을 구하시오.

0004

두 점 $A(m, -1)$, $B(3, m)$ 사이의 거리가 4 이하가 되도록 하는 정수 m의 개수를 구하시오.

0005

두 점 $A(a-1, a)$, $B(b, b-1)$ 사이의 거리가 2일 때, 두 점 (a, b), (b, a) 사이의 거리를 구하시오.

0006

그림과 같이 점 B의 좌표가 $(5, 3)$일 때, 정사각형 OABC의 넓이는? (단, O는 원점이다.)

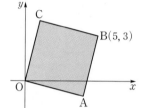

① 15   ② 16
③ 17   ④ 18
⑤ 19

0007

좌표평면에서 점 P는 점 $(7, 0)$에서 출발하여 매초 2의 속력으로 x축을 따라 왼쪽으로 움직이고, 점 Q는 점 $(0, -4)$에서 출발하여 매초 3의 속력으로 y축을 따라 위로 움직인다. 두 점 P, Q가 동시에 출발할 때, 두 점 P, Q 사이의 거리의 최솟값을 구하시오.

유형 **02**   **같은 거리에 있는 점의 좌표**

0008   교육청 변형

두 점 $A(4, -3)$, $B(2, 5)$에서 같은 거리에 있는 y축 위의 점 P의 좌표를 $(0, a)$라 할 때, $12a$의 값은?

① 2   ② 3   ③ 4
④ 5   ⑤ 6

0009

두 점 A$(2, -6)$, B$(3, 1)$에서 같은 거리에 있는 점 P(a, b)가 직선 $x-y-1=0$ 위의 점일 때, $a+b$의 값을 구하시오.

0010

두 점 A$(2, 4)$, B$(3, -1)$에서 같은 거리에 있는 x축 위의 점을 P, y축 위의 점을 Q라 할 때, 선분 PQ의 길이를 구하시오.

0011 교육청 변형

좌표평면 위의 한 점 A$(2, 0)$을 꼭짓점으로 하는 삼각형 ABC의 외심 O가 변 BC 위에 있고 좌표가 $(1, -1)$일 때, $\overline{AB}^2+\overline{AC}^2$의 값을 구하시오.

0012

세 점 A$(a, 0)$, B$(2, -1)$, C$(-3, 0)$을 꼭짓점으로 하는 삼각형 ABC의 외심 O의 좌표가 $(-1, b)$일 때, $a+b$의 값을 구하시오. (단, $a>0$)

0013

그림과 같이 두 함수 $f(x)=x^2+3x-4$와 $g(x)=-x+1$의 그래프가 만나는 두 점을 각각 A, B라 하자. 함수 $y=f(x)$의 그래프 위의 점 P에 대하여 $\overline{AP}=\overline{BP}$일 때, 점 P의 x좌표를 구하시오.

(단, 점 P의 x좌표는 음수이다.)

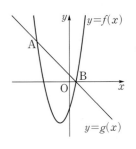

유형 03 두 점 사이의 거리의 활용 (1) - 선분의 길이의 제곱의 합의 최솟값

0014

두 점 A$(2, 1)$, B$(-2, 3)$과 y축 위의 점 P에 대하여 $\overline{AP}^2+\overline{BP}^2$의 최솟값을 구하시오.

0015

두 점 A$(2, 1)$, B$(1, 6)$과 직선 $y=x+1$ 위의 점 P에 대하여 $\overline{AP}^2+\overline{BP}^2$의 값이 최소일 때의 점 P의 x좌표는?

① -2 ② -1 ③ 0
④ 1 ⑤ 2

0016

세 점 A$(2, 0)$, B$(1, -3)$, C$(6, 0)$과 임의의 점 P에 대하여 $\overline{AP}^2+\overline{BP}^2+\overline{CP}^2$의 값을 최소로 하는 점 P의 좌표를 구하시오.

0017

두 점 $A(-5, 1)$, $B(3, k)$와 x축 위의 점 P에 대하여 $\overline{AP}^2 + \overline{BP}^2$의 최솟값이 49일 때, 양수 k의 값을 구하시오.

유형 04 **두 점 사이의 거리의 활용 (2)**
- 선분의 길이의 합의 최솟값

0018

두 점 $A(7, -2)$, $B(-1, 4)$와 x축 위의 한 점 P에 대하여 $\overline{AP} + \overline{BP}$의 최솟값을 구하시오.

0019

실수 x, y에 대하여
$$\sqrt{(x-2)^2 + (y-4)^2} + \sqrt{(x+1)^2 + (y+2)^2}$$
의 최솟값을 구하시오.

0020

실수 x, y에 대하여
$$\sqrt{x^2 + y^2} + \sqrt{(x-2)^2 + (y+3)^2} + \sqrt{(x+4)^2 + (y-6)^2}$$
의 최솟값을 구하시오.

유형 05 **두 점 사이의 거리의 활용 (3)**
- 삼각형의 세 변의 길이와 모양

0021

세 점 $A(2, -1)$, $B(5, 3)$, $C(1, 1)$을 꼭짓점으로 하는 삼각형 ABC는 어떤 삼각형인가?

① $\angle A = 90°$인 직각삼각형

② $\angle B = 90°$인 직각삼각형

③ $\angle C = 90°$인 직각삼각형

④ 이등변삼각형

⑤ 정삼각형

0022

세 점 $A(a, 1)$, $B(2, 3)$, $C(-1, -4)$를 꼭짓점으로 하는 삼각형 ABC가 $\angle A = 90°$인 직각삼각형일 때, 양수 a의 값을 구하시오.

0023

세 점 $A(a, 4)$, $B(a, a)$, $C(b, 5)$를 꼭짓점으로 하는 삼각형 ABC가 정삼각형일 때, $(a-b)^2$의 값은?

① 1   ② 2   ③ 3

④ 4   ⑤ 5

0024

세 점 $A(n-3, 0)$, $B(0, n+1)$, $C(n, 2n-1)$을 꼭짓점으로 하는 삼각형 ABC가 둔각삼각형이 되도록 하는 자연수 n의 최솟값을 구하시오.

유형 06 좌표를 이용하여 도형의 성질 확인하고 활용하기

0025

다음은 직사각형 ABCD와 임의의 한 점 P에 대하여
$$\overline{PA}^2+\overline{PC}^2=\overline{PB}^2+\overline{PD}^2$$
이 성립함을 보이는 과정이다.

그림과 같이 직선 BC를 x축으로 하고, 직선 AB를 y축으로 하는 좌표평면을 잡으면 점 B는 (가) 이다.
이때 직사각형 ABCD의 두 꼭짓점 A, C의 좌표를 각각 $(0, b)$, $(a, 0)$이라 하면 꼭짓점 D의 좌표는 (나) 이다.
점 P의 좌표를 (x, y)라 하면
$$\overline{PA}^2+\overline{PC}^2=x^2+y^2+(\boxed{(다)})^2+(y-b)^2$$
$$\overline{PB}^2+\overline{PD}^2=x^2+y^2+(x-a)^2+(\boxed{(라)})^2$$
$$\therefore \overline{PA}^2+\overline{PC}^2=\overline{PB}^2+\overline{PD}^2$$

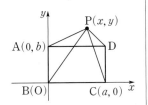

위의 과정에서 (가)~(라)에 알맞은 것을 써넣으시오.

0026

그림과 같은 삼각형 ABC에서 점 G는 삼각형 ABC의 무게중심이다. $\overline{AB}=6$, $\overline{BC}=8$, $\overline{GM}=\sqrt{3}$일 때, 선분 AC의 길이를 구하시오.

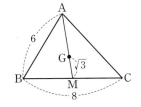

0027

다음은 삼각형 ABC의 변 BC 위의 점 D에 대하여 $\overline{BD}=2\overline{CD}$일 때, $\overline{AB}^2+2\overline{AC}^2=3(\overline{AD}^2+2\overline{CD}^2)$이 성립함을 보이는 과정이다.

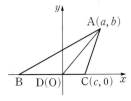

그림과 같이 직선 BC를 x축으로 하고, 점 D를 지나고 직선 BC에 수직인 직선을 y축으로 하는 좌표평면을 잡으면 점 D는 원점이다.
이때 삼각형 ABC의 세 꼭짓점의 좌표를 각각 $A(a, b)$, $B(\boxed{(가)}, 0)$, $C(c, 0)$이라 하면
$$\overline{AB}^2+2\overline{AC}^2=3(\boxed{(나)})$$
$$\overline{AD}^2+2\overline{CD}^2=\boxed{(나)}$$
$$\therefore \overline{AB}^2+2\overline{AC}^2=3(\overline{AD}^2+2\overline{CD}^2)$$

위의 과정에서 (가), (나)에 알맞은 것을 차례대로 나열한 것은?

① $-2c$, $a^2+b^2+c^2$ ② $-2c$, $a^2+b^2+2c^2$
③ $-2b$, $a^2+b^2+c^2$ ④ $-2b$, $a^2+b^2+2c^2$
⑤ $-2a$, $a^2+b^2+c^2$

유형 07 선분의 내분점

0028

수직선 위의 두 점 $A(-4)$, $B(8)$에 대하여 선분 AB를 $2:1$로 내분하는 점을 P, 선분 AB를 $1:3$으로 내분하는 점을 Q라 할 때, 선분 PQ의 중점 M의 좌표를 구하시오.

0029

좌표평면 위의 두 점 $A(-4, 1)$, $B(a, b)$에 대하여 선분 AB를 $2:1$로 내분하는 점의 좌표는 $(-2, -1)$이다. 이때 $a-b$의 값을 구하시오.

0030

두 점 A$(-1, 7)$, B$(6, 0)$에 대하여 선분 AB를 $3 : 4$로 내분하는 점을 P, $4 : 3$으로 내분하는 점을 Q라 할 때, 선분 PQ의 길이를 구하시오.

0031 교육청 변형

삼각형 ABC의 변 BC를 $5 : 1$로 내분하는 점을 P라 하고, 선분 CA를 $2 : 1$로 내분하는 점을 Q라 할 때, $\dfrac{\text{(삼각형 BQA의 넓이)}}{\text{(삼각형 APC의 넓이)}}$의 값은?

① 2   ② 3   ③ 4
④ 5   ⑤ 6

0032

두 점 A$(6, 2)$, B$(-3, 5)$에 대하여 선분 AB를 삼등분하는 두 점 중 점 A에 가까운 점을 P(a, b), 점 B에 가까운 점을 Q(c, d)라 하자. 이때 $a+b+c+d$의 값을 구하시오.

0033

두 점 A$(1, a)$, B$(-3, 4)$에 대하여 선분 AB를 $3 : 1$로 내분하는 점 P와 $1 : 3$으로 내분하는 점 Q 사이의 거리가 2일 때, a의 값을 구하시오.

유형 08   조건이 주어진 경우의 선분의 내분점

0034 교육청 변형

좌표평면 위의 두 점 A$(2, a)$, B$(4, -4)$에 대하여 선분 AB를 $3 : 1$로 내분하는 점이 x축 위에 있을 때, 상수 a의 값을 구하시오.

0035

두 점 A$(2, 0)$, B$(0, -5)$를 이은 선분 AB를 $1 : k$로 내분하는 점이 직선 $y=-2x+1$ 위에 있을 때, 양수 k의 값을 구하시오.

0036

두 점 A$(-1, 4)$, B$(6, -2)$에 대하여 선분 AB를 $(3+k) : (3-k)$로 내분하는 점 P가 제1사분면 위에 있을 때, 정수 k의 개수를 구하시오. (단, $-3 < k < 3$)

0037

직선 $x-y=3$은 두 점 A$(5, -3)$, B$(2, 1)$을 이은 선분 AB를 $m:n$으로 내분한다. 서로소인 두 자연수 m, n에 대하여 mn의 값을 구하시오.

0040

선분 AB를 $2:1$로 내분하는 점 P와 $2:3$으로 내분하는 점 Q에 대하여 $\overline{PQ}=k\overline{AB}$를 만족시키는 상수 k의 값을 구하시오.

0041

세 점 O$(0, 0)$, A$(-4, 6)$, B$(4, 2)$를 꼭짓점으로 하는 삼각형 OAB에 대하여 $3\triangle OAP=\triangle OBP$가 되도록 하는 선분 AB 위의 점 P의 좌표를 구하시오.

유형 **09** 선분의 내분점의 활용

0038

두 점 A$(3, 2)$, B$(-1, 6)$에 대하여 선분 AB의 점 B의 방향으로의 연장선 위에 $\overline{AB}=2\overline{BC}$를 만족시키는 점 C의 좌표는?

① $(-6, 10)$　　② $(-3, 8)$　　③ $(-1, 4)$
④ $(5, -2)$　　⑤ $(8, 0)$

유형 **10** 삼각형의 무게중심

0042 교육청 변형

세 점 A$(a, -3)$, B$(a-1, b)$, C$(5, -2)$를 꼭짓점으로 하는 삼각형 ABC의 무게중심의 좌표가 $(2, 0)$일 때, $a+b$의 값은?

① -6　　　　② -4　　　　③ -2
④ 4　　　　　⑤ 6

0039

두 점 A$(5, 0)$, B$(1, -2)$를 지나는 직선 AB 위에 있고 $3\overline{AB}=2\overline{BC}$를 만족시키는 점 C의 좌표를 모두 구하시오.

0043

세 점 O$(0, 0)$, A(x_1, y_1), B(x_2, y_2)를 꼭짓점으로 하는 삼각형 OAB의 무게중심의 좌표가 $(6, 8)$일 때, 선분 AB의 중점의 좌표를 구하시오.

0044

좌표평면 위의 세 점 A, B, C를 꼭짓점으로 하는 삼각형 ABC에서 점 B의 좌표가 $(-4, -1)$, 변 AC의 중점의 좌표가 $(2, 5)$이다. 삼각형 ABC의 무게중심의 좌표를 (x, y)라 할 때, $y-x$의 값을 구하시오.

0045 교육청 변형

좌표평면 위의 점 A$(3, 10)$을 한 꼭짓점으로 하는 삼각형 ABC의 두 변 AB, AC를 $1 : 2$로 내분하는 점을 각각 P(x_1, y_1), Q(x_2, y_2)라 하자. $x_1+x_2=5$, $y_1+y_2=7$일 때, 삼각형 ABC의 무게중심의 좌표는?

① $\left(-2, \dfrac{1}{3}\right)$ ② $(-2, 3)$ ③ $(2, -3)$

④ $\left(2, \dfrac{1}{3}\right)$ ⑤ $(2, 3)$

0046

두 점 A$(6, -3)$, B$(8, 5)$에 대하여 직선 AB 위에 있고 $\overline{AB}=3\overline{BC}$를 만족시키는 점 C가 두 개 존재한다. 이 두 점과 원점을 세 꼭짓점으로 하는 삼각형의 무게중심을 G(a, b)라 할 때, $a-b$의 값을 구하시오.

유형 11 사각형에서 중점의 활용 – 평행사변형과 마름모의 성질

0047

세 점 A$(1, 2)$, B$(0, -1)$, C$(3, 1)$에 대하여 사각형 ABCD가 평행사변형이 되도록 하는 꼭짓점 D의 좌표를 구하시오.

0048

네 점 A$(a, 4)$, B$(3, 7)$, C$(0, 8)$, D$(b, 5)$를 꼭짓점으로 하는 사각형 ABCD가 마름모일 때, $a+b$의 값을 모두 구하시오.

0049

평행사변형 ABCD에서 두 삼각형 ABC, ACD의 무게중심이 각각 P$(-1, 4)$, Q$(7, 2)$일 때, 평행사변형 ABCD의 두 대각선의 교점의 좌표를 구하시오.

0050

세 점 A$(5, 0)$, B$(1, -2)$, C$(-1, k)$에 대하여 평행사변형 ABCD의 둘레의 길이가 $8\sqrt{5}$일 때, 모든 상수 k의 값의 합은?

① -8 ② -4 ③ 0

④ 4 ⑤ 8

유형 12 각의 이등분선의 성질

0051

세 점 A$(2, 1)$, B$(1, -2)$, C$(0, 5)$를 꼭짓점으로 하는 삼각형 ABC가 있다. ∠A의 이등분선이 변 BC와 만나는 점을 D라 할 때, 삼각형 ABD와 삼각형 ACD의 넓이의 비는?

① $1 : \sqrt{2}$ ② $1 : 2$ ③ $\sqrt{2} : 1$

④ $2 : 1$ ⑤ $3 : 1$

0052

그림과 같이 세 점 A$(2, 7)$, B$(-4, -1)$, C$(5, 3)$을 꼭짓점으로 하는 삼각형 ABC에 대하여 ∠A의 외각의 이등분선이 변 BC의 연장선과 만나는 점을 D(a, b)라 할 때, $a+b$의 값을 구하시오.

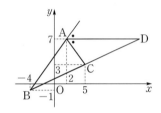

0053 교육청 변형

그림과 같은 삼각형 ABC에서 $\overline{AB}=10$, $\overline{AC}=5$, $\overline{BC}=12$이고 ∠A의 이등분선이 변 BC와 만나는 점을 D라 하자. $\overline{BD}=a$, $\overline{DC}=b$가 이차방정식 $x^2+px+q=0$의 두 근일 때, $p+q$의 값을 구하시오. (단, p, q는 상수이다.)

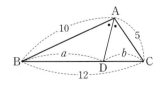

유형 13 점의 자취의 방정식

0054

두 점 A$(-2, 2)$, B$(1, -3)$에서 같은 거리에 있는 점 P의 자취의 방정식을 구하시오.

0055

직선 $x+3y=1$ 위를 움직이는 점 A와 점 B$(1, 4)$를 이은 선분 AB를 $3 : 1$로 내분하는 점의 자취의 방정식은?

① $x-y+6=0$ ② $x+3y-10=0$

③ $2x-3y+1=0$ ④ $2x+2y-7=0$

⑤ $3x+y-5=0$

0056

세 점 A$(-2, 0)$, B$(0, -5)$, C$(1, -3)$에 대하여 $\overline{AP}^2+2\overline{BP}^2=3\overline{CP}^2$을 만족시키는 점 P의 자취의 방정식은?

① $3x-2y-10=0$ ② $3x-2y+8=0$

③ $5x+y-6=0$ ④ $5x+y+12=0$

⑤ $6x-3y+14=0$

0057 교육청 변형

세 점 A(4, −1), B(0, 1), C(1, a)가 $\overline{AB}=2\overline{BC}$를 만족시킬 때, 모든 a의 값의 합을 구하시오.

0059 교육청 변형

좌표평면 위의 두 점 A(6, 8), B(4, 3)에 대하여 ∠AOB의 이등분선과 선분 AB가 만나는 점을 C(a, b)라 할 때, $a+b$의 값을 구하시오. (단, O는 원점이다.)

0060 교육청 기출

다음 두 조건을 만족하는 삼각형 ABC의 개수는?

(가) 10 이하의 자연수 a, b에 대하여 점 A(a, b)와 두 점 B(−1, 1), C(2, −2)를 연결하여 삼각형을 만든다.

(나) y축이 선분 AB를 $m:n$으로 내분하고, x축이 선분 AC를 $m:n$으로 내분한다. (단, m, n은 양의 정수)

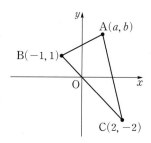

① 4　　　　② 5　　　　③ 6
④ 7　　　　⑤ 8

0058 교육청 변형

직선 $y=x-3$ 위의 점 P(a, b)에서 두 점 A(−1, 5), B(3, −3)에 이르는 거리가 같을 때, $a+b$의 값은?

① 5　　　　② 7　　　　③ 9
④ 11　　　　⑤ 13

0061 교육청 기출

좌표평면 위의 두 점 A$(-2, 5)$, B$(6, -3)$을 잇는 선분 AB를 $t : (1-t)$로 내분하는 점이 제1사분면에 있을 때, t의 값의 범위는? (단, $0 < t < 1$)

① $\dfrac{1}{8} < t < \dfrac{1}{4}$ ② $\dfrac{1}{4} < t < \dfrac{5}{8}$ ③ $\dfrac{3}{8} < t < \dfrac{3}{4}$

④ $\dfrac{1}{2} < t < \dfrac{7}{8}$ ⑤ $\dfrac{5}{8} < t < 1$

0062 교육청 변형

수직선 위에 두 점 O(0), A(a)가 있다. 선분 OA를 $1 : 2$로 내분하는 점을 P, $1 : 3$으로 내분하는 점을 Q, $1 : n$으로 내분하는 점을 R라 하자. $\overline{\text{OP}} = \overline{\text{OQ}} + 5 = \overline{\text{OR}} + 10$일 때, $a + n$의 값을 구하시오. (단, $a > 0$이고, n은 자연수이다.)

0063 교육청 기출

삼각형 ABC의 세 변 AB, BC, CA에 대하여 변 AB를 $1 : 2$로 내분하는 점의 좌표를 $(10, 8)$, 변 BC를 $1 : 3$으로 내분하는 점의 좌표를 $(5, -3)$, 변 CA를 $2 : 3$으로 내분하는 점의 좌표를 $(2, 12)$라 하자. 삼각형 ABC의 무게중심 G의 좌표를 (a, b)라 할 때, $a + b$의 값을 구하시오.

0064 교육청 기출

다음은 □ABCD의 무게중심 G를 구하는 과정이다.

오른쪽 □ABCD에서 △ABC의 무게중심을 G_1, △ACD의 무게중심을 G_2라 하자. G_1, G_2를 지나는 가늘고 긴 막대 위에 사각형을 올려 놓으면 △ABC와 △ACD가 모두 평형을 이루기 때문에 □ABCD는 평형을 이룬다. 따라서 무게중심 G는 선분 G_1G_2 위에 있다. 이때 △ABC의 넓이와 △ACD의 넓이의 비가 $m : n$이면 □ABCD의 무게중심 G의 좌표는 선분 G_1G_2를 $n : m$으로 내분하는 점이다.

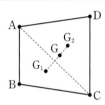

위의 설명에 따라 좌표평면 위의 네 점 O$(0, 0)$, A$(4, 0)$, B$(2, 4)$, C$(0, 2)$를 꼭짓점으로 하는 □OABC의 무게중심의 좌표를 구하면 G(α, β)이다. $\alpha + \beta$의 값은?

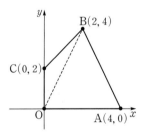

① $\dfrac{12}{5}$ ② $\dfrac{16}{5}$ ③ $\dfrac{18}{5}$

④ $\dfrac{22}{5}$ ⑤ $\dfrac{26}{5}$

02 직선의 방정식

유형 01 한 점과 기울기가 주어진 직선의 방정식

0065

점 $(1, 3)$을 지나고 직선 $y=-x+1$과 기울기가 같은 직선의 방정식이 $y=ax+b$일 때, 상수 a, b에 대하여 ab의 값을 구하시오.

0066 교육청 변형

직선 $3x-y+7=0$과 기울기가 같고 점 $(1, -2)$를 지나는 직선이 점 $(2, k)$를 지날 때, k의 값은?

① -2 ② -1 ③ 0
④ 1 ⑤ 2

0067

두 점 $(-2, 4)$, $(6, 2)$를 이은 선분의 중점을 지나고 기울기가 3인 직선의 방정식을 $ax+by-3=0$이라 할 때, 상수 a, b에 대하여 $a-b$의 값을 구하시오.

0068

직선 $y=(a+2)x-b$가 x축의 양의 방향과 이루는 각의 크기가 $45°$이고 점 $(2, -5)$를 지날 때, $a+b$의 값을 구하시오. (단, a, b는 상수이다.)

0069

두 점 $A(-4, 1)$, $B(2, -5)$에 대하여 선분 AB를 $2:1$로 내분하는 점을 지나고 기울기가 -2인 직선의 방정식을 구하시오.

유형 02 두 점을 지나는 직선의 방정식

0070

두 점 $(-4, 1)$, $(1, 6)$을 지나는 직선이 두 점 $(-2, a)$, $(b, 10)$을 지날 때, ab의 값을 구하시오.

0071

두 점 A(2, −3), B(−4, 3)에 대하여 선분 AB를 2 : 1로 내분하는 점과 점 (0, 2)를 지나는 직선의 방정식은?

① $y=\dfrac{1}{2}x+2$ ② $y=\dfrac{1}{3}x+2$ ③ $y=\dfrac{1}{4}x+2$

④ $y=\dfrac{1}{5}x+2$ ⑤ $y=\dfrac{1}{6}x+2$

0072

세 점 A(−5, −3), B(−1, 5), C(0, 1)을 꼭짓점으로 하는 삼각형 ABC의 무게중심을 G라 할 때, 꼭짓점 B와 무게중심 G를 지나는 직선의 y절편을 구하시오.

0073 교육청 변형

두 직선 $x+2y+4=0$, $2x-y-7=0$이 만나는 점과 점 (−1, 6)을 지나는 직선이 x축, y축에 의하여 잘려지는 선분의 길이를 구하시오.

0074

그림과 같이 네 점 A(−4, 4), B(−5, 0), C(4, 0), D(1, 6)을 꼭짓점으로 하는 사각형 ABCD에서 두 대각선의 교점의 좌표를 구하시오.

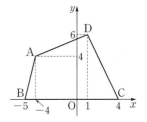

0075 교육청 변형

그림과 같이 좌표평면 위의 직사각형 ABCD에서 A(−6, 2)이고 둘레의 길이는 24, 가로의 길이는 세로의 길이의 2배이다. 이때 두 점 B와 D를 지나는 직선의 x절편을 구하시오. (단, 직사각형의 각 변은 축에 평행하다.)

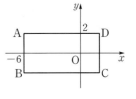

0076

두 점 A(−6, 8), B(34, 220)에 대하여 선분 AB 위의 점 중에서 x좌표와 y좌표가 모두 정수인 점의 개수는?

① 8   ② 7   ③ 6

④ 5   ⑤ 4

0077

x절편이 1이고 y절편이 2인 직선이 점 $(a, 2a)$를 지날 때, $10a$의 값을 구하시오.

0078

x절편과 y절편의 절댓값이 같고 부호가 반대인 직선이 점 $(-1, 5)$를 지날 때, 이 직선의 방정식은?

① $x-y-6=0$ ② $x-y+6=0$
③ $x+y-1=0$ ④ $x+y+1=0$
⑤ $x+y+6=0$

0079 교육청 변형

직선 $\dfrac{x}{2}-\dfrac{y}{3}=1$과 x축의 교점을 P, 직선 $3x-2y+6=0$과 y축의 교점을 Q라 할 때, 직선 PQ의 방정식을 구하시오.

0080

점 $(-2, 3)$을 지나는 직선의 y절편이 x절편의 3배일 때, 이 직선의 방정식은? (단, x절편은 0이 아니다.)

① $x-3y-3=0$ ② $x+3y-7=0$
③ $3x-y+9=0$ ④ $3x+y-3=0$
⑤ $3x+y+3=0$

0081

직선 $3x-ay=3a$가 x축, y축에 의하여 잘린 선분의 길이가 6일 때, 양수 a의 값을 구하시오.

0082

좌표평면에서 제1사분면을 지나지 않는 직선과 x축, y축으로 둘러싸인 부분의 넓이가 8일 때, 이 직선의 방정식이 될 수 있는 것은?

① $-\dfrac{x}{4}-\dfrac{y}{4}=1$ ② $-\dfrac{x}{4}+\dfrac{y}{4}=1$ ③ $\dfrac{x}{4}+\dfrac{y}{4}=1$
④ $-\dfrac{x}{8}-\dfrac{y}{8}=1$ ⑤ $\dfrac{x}{8}-\dfrac{y}{8}=1$

유형 04 세 점이 한 직선 위에 있을 조건

0083

세 점 $A(-1, -1)$, $B(a, -7)$, $C(-2, a-1)$이 한 직선 위에 있을 때, 이 직선의 기울기를 구하시오. (단, $a>0$)

0084 교육청 변형

세 점 $A(1, 3)$, $B(0, a)$, $C(a, -12)$가 한 직선 위에 있도록 하는 모든 실수 a의 값의 합은?

① -12 ② -4 ③ 0
④ 4 ⑤ 12

0085

세 점 $A(a, -2)$, $B(3, -a)$, $C(-3, -4)$가 한 직선 위에 있을 때, 이 직선의 x절편을 구하시오. (단, $a>0$)

0086

세 점 $A(1, k)$, $B(-k, -5)$, $C(-6, -11)$을 꼭짓점으로 하는 삼각형이 만들어지지 않도록 하는 양수 k의 값을 구하시오.

유형 05 도형의 넓이를 분할하는 직선의 방정식

0087

직선 $\dfrac{x}{4} - \dfrac{y}{6} = 1$과 x축, y축으로 둘러싸인 삼각형의 넓이를 직선 $y=mx$가 이등분할 때, 상수 m에 대하여 $-2m$의 값을 구하시오.

0088 교육청 변형

네 직선 $x=1$, $x=4$, $y=-1$, $y=5$로 둘러싸인 도형의 넓이를 직선 $y=ax$가 이등분할 때, 상수 a에 대하여 $5a$의 값을 구하시오.

0089

세 점 A$(1, -2)$, B$(-1, -4)$, C$(-7, 2)$를 꼭짓점으로 하는 삼각형 ABC에 대하여 점 B를 지나고 삼각형 ABC의 넓이를 이등분하는 직선의 방정식은?

① $y=-2x-6$ ② $y=-2x-2$ ③ $y=-2x$
④ $y=2x-2$ ⑤ $y=2x-6$

0090

그림과 같이 좌표평면 위에 두 직사각형 ABCD, EFGH가 있다. 두 직사각형의 넓이를 동시에 이등분하는 직선의 방정식은?

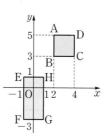

① $y=-\dfrac{5}{3}x-5$ ② $y=-\dfrac{5}{3}x-1$

③ $y=-\dfrac{5}{3}x+1$ ④ $y=\dfrac{5}{3}x-1$

⑤ $y=\dfrac{5}{3}x+5$

0091

그림과 같이 두 삼각형 ABD와 ADC의 넓이의 비가 1 : 2이고 두 점 A, D를 지나는 직선의 방정식이 $ax+by-1=0$일 때, 상수 a, b에 대하여 $a-b$의 값을 구하시오.

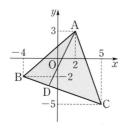

0092 [교육청] [변형]

그림과 같이 좌표평면 위에 두 직사각형 OABC, ADEF가 있다. 두 직사각형의 넓이를 동시에 이등분하는 직선의 방정식을 $x+ay+b=0$이라 할 때, ab의 값을 구하시오.

(단, a, b는 상수이다.)

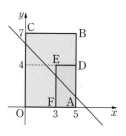

유형 06 계수의 부호에 따른 직선의 개형

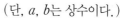

0093

직선 $2x+ay+b=0$이 제1, 2, 3사분면을 지날 때, 직선 $ax+by+1=0$이 지나지 않는 사분면을 구하시오.

(단, a, b는 상수이다.)

0094

직선 $ax+by+c=0$의 그래프가 그림과 같을 때, 직선 $cx+ay-b=0$이 지나지 않는 사분면은? (단, a, b, c는 상수이다.)

① 제1사분면 ② 제2사분면
③ 제3사분면 ④ 제4사분면
⑤ 제2, 4사분면

0095

$ac>0$, $bc<0$일 때, 직선 $ax+by+c=0$의 개형은?

(단, a, b, c는 상수이다.)

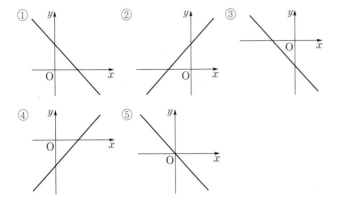

0096

직선 $ax+by+c=0$에 대하여 보기에서 옳은 것만을 있는 대로 고르시오. (단, a, b, c는 상수이다.)

> **보기**
> ㄱ. $ac>0$, $bc<0$이면 제1, 2, 3사분면을 지난다.
> ㄴ. $ab>0$, $bc<0$이면 제1사분면을 지나지 않는다.
> ㄷ. $ab<0$, $ac<0$이면 제2사분면을 지나지 않는다.
> ㄹ. $ab>0$, $c=0$이면 제1, 3사분면을 지난다.

유형 07 정점을 지나는 직선

0097

직선 $mx+y-4m+6=0$이 실수 m의 값에 관계없이 항상 점 P를 지날 때, 선분 OP의 길이를 구하시오.

(단, O는 원점이다.)

0098

직선 $(2-k)x+(2k+3)y-5k+3=0$이 실수 k의 값에 관계없이 항상 점 P를 지날 때, 기울기가 -2이고 점 P를 지나는 직선의 y절편을 구하시오.

0099

직선 $(k+1)x+(3k-1)y-10k+a=0$은 실수 k의 값에 관계없이 항상 점 $(b, 2)$를 지난다. 이때 ab의 값을 구하시오. (단, a는 상수이다.)

0100

점 (a, b)가 직선 $3x-y-1=0$ 위에 있을 때, 직선 $5ax+by=-5$는 항상 점 (p, q)를 지난다. 이때 $p+q$의 값을 구하시오.

0101

두 직선 $x+y+3=0$, $mx-y-3m+2=0$이 제3사분면에서 만나도록 하는 실수 m의 값의 범위가 $\alpha < m < \beta$일 때, $\alpha+\beta$의 값을 구하시오.

0102

직선 $(m+4)x+3y+3m=0$이 제3사분면을 지나지 않도록 하는 정수 m의 값의 개수를 구하시오.

0103

두 점 $A(-4, 0)$, $B(0, 5)$에 대하여 직선 $y=mx-2m+1$이 선분 AB와 만나도록 하는 실수 m의 값의 범위가 $a \le m \le b$일 때, ab의 값은?

① -1 ② $-\dfrac{1}{2}$ ③ $-\dfrac{1}{3}$

④ $\dfrac{1}{3}$ ⑤ 1

0104

직선 $kx-y+2k-1=0$이 그림의 직사각형과 만나도록 하는 실수 k의 최댓값을 구하시오.

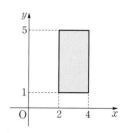

0105

세 점 $A(-2, 2)$, $B(-1, -2)$, $C(3, 4)$를 꼭짓점으로 하는 삼각형 ABC가 있다. 직선 $mx-y+2m+2=0$이 삼각형 ABC의 넓이를 이등분할 때, 상수 m의 값을 구하시오.

0106

다음 중 두 직선 $x+2y-3=0$, $x+y-2=0$의 교점과 점 $(3, -2)$를 지나는 직선 위에 있는 점의 좌표는?

① $(-2, 1)$ ② $(-1, 4)$ ③ $(0, -2)$

④ $(2, -4)$ ⑤ $(4, -3)$

0107 교육청 변형

두 직선 $3x+y+1=0$, $x+y-3=0$의 교점과 점 $(1, -1)$을 지나는 직선의 x절편을 구하시오.

0108

두 직선 $2x-3y+3=0$, $3x-4y+1=0$의 교점과 점 $(-1, 2)$를 지나는 직선이 있다. 이 직선과 x축, y축으로 둘러싸인 도형의 넓이를 구하시오.

0109

두 직선 $(a-1)x+ay-9=0$, $ax+(a-3)y-3=0$의 교점과 원점을 지나는 직선의 기울기가 1일 때, 상수 a의 값은?

① -2 ② -1 ③ 1

④ 2   ⑤ 3

유형 10 두 직선의 평행과 수직

0110

두 직선 $(3+k)x+y-4=0$, $y=-\dfrac{1}{2}x-3$이 수직일 때, 상수 k의 값을 구하시오.

0111

직선 $ax+y-b=0$이 점 $(2, -3)$을 지나고 직선 $2x+y-4=0$에 수직일 때, 상수 a, b에 대하여 ab의 값을 구하시오.

0112

두 직선 $(k+2)x+y+3=0$, $5x-(k-4)y+3=0$이 평행할 때의 상수 k의 값을 a, 일치할 때의 상수 k의 값을 b라 할 때, $a-b$의 값을 구하시오.

0113

두 직선 $x-ay-5=0$, $ax+(a-2)y+b=0$은 수직이고, 두 직선의 교점의 좌표는 $(c, -2)$이다. 이때 $a+b+c$의 값을 구하시오. (단, a, b는 상수이고 $b>0$이다.)

0114

두 점 $(-1, 2)$, $(1, 6)$을 지나는 직선에 평행하고, x절편이 3인 직선의 방정식이 $ax-y+b=0$일 때, 상수 a, b에 대하여 $a+b$의 값을 구하시오.

0115

두 점 $\mathrm{A}(-2, -1)$, $\mathrm{B}(1, -7)$을 지나는 직선에 수직이고, 선분 AB를 $2:1$로 내분하는 점을 지나는 직선의 방정식을 $x+ay+b=0$이라 할 때, 상수 a, b에 대하여 $a-b$의 값을 구하시오.

0116 교육청 변형

직선 $x-2y+8=0$에 수직이고 두 직선 $7x+y+1=0$, $3x-y-6=0$의 교점을 지나는 직선의 x절편을 구하시오.

0117

두 직선 $2x+y-5=0$, $x-2y-10=0$의 교점을 지나고 직선 $x-4y-8=0$에 평행한 직선의 방정식의 x절편을 a, y절편을 b라 할 때, $a+b$의 값을 구하시오.

0118

점 $\mathrm{P}(-3, 2)$에서 직선 $3x+y-3=0$에 내린 수선의 발을 H라 할 때, 점 H의 좌표는?

① $(-1, 1)$ ② $(0, 3)$ ③ $(1, 4)$
④ $(2, 5)$ ⑤ $(3, 7)$

0119

그림과 같이 두 점 $\mathrm{A}(4, 0)$, $\mathrm{B}(0, 2)$를 지나는 직선 l과 두 점 A, C를 지나는 직선 m이 있다.
$\angle \mathrm{OAB}=\angle \mathrm{OCA}$이고 직선 m의 방정식을 $ax-y+b=0$이라 할 때, 상수 a, b에 대하여 $a+b$의 값을 구하시오.
(단, O는 원점이다.)

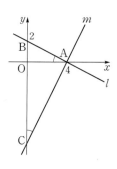

0120 교육청 변형

그림과 같이 좌표평면에서
A$(-3, 4)$와 직선 $y=k(x-4)$
위의 서로 다른 두 점 B, C가
$\overline{AB}=\overline{AC}$를 만족시킨다. 선분 BC
의 중점이 y축 위에 있을 때, 양수
k의 값을 구하시오.

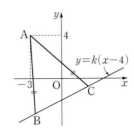

0121 교육청 변형

그림과 같이 좌표평면에서 이차함
수 $y=\dfrac{1}{2}x^2$의 그래프 위의 점
P$(2, 2)$에서의 접선을 l_1이라 하
고, 점 P를 지나고 직선 l_1과 수직
인 직선을 l_2라 하자. 직선 l_2가 이
차함수 $y=\dfrac{1}{2}x^2$의 그래프와 만나는
점 중 점 P가 아닌 점을 Q(a, b)라 할 때, $a+b$의 값을 구하
시오.

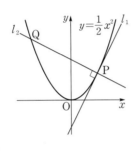

유형 **12** 선분의 수직이등분선의 방정식

0122

두 점 A$(-3, 2)$, B$(3, -4)$에 대하여 선분 AB의 수직이
등분선의 방정식을 구하시오.

0123

직선 $x-2y+8=0$이 x축, y축과 만나는 점을 각각 A, B라
할 때, 선분 AB의 수직이등분선의 y절편을 구하시오.

0124

두 점 A$(4, a)$, B$(2, -5)$를 이은 선분 AB의 수직이등분
선의 방정식이 $bx+y+1=0$일 때, $a+b$의 값을 구하시오.
(단, a, b는 정수이다.)

0125 교육청 변형

그림과 같은 마름모 ABCD에 대
하여 A$(1, 4)$, C$(n, 0)$이고, 대
각선 AC의 길이가 $2\sqrt{13}$이다. 두
점 B, D를 지나는 직선 l의 방정
식이 $3x+ay+b=0$일 때, 상수
a, b에 대하여 $a-b$의 값을 구하
시오. (단, $n>0$)

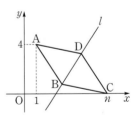

0126

세 직선 $x+2y=6$, $x-y=-6$, $ax-y=4$가 삼각형을 이루지 않도록 하는 모든 상수 a의 값의 곱을 구하시오.

0127

세 직선 $x-3y+2m-7=0$, $x-y-3=0$, $mx+2y=0$이 한 점에서 만나도록 하는 모든 실수 m의 값의 합은?

① -3 ② -2 ③ 1
④ 2 ⑤ 3

0128

서로 다른 세 직선 $x-2y-7=0$, $ax+6y+1=0$, $2x+by-3=0$에 의하여 좌표평면이 4개의 영역으로 나누어 질 때, 상수 a, b에 대하여 $a+b$의 값은?

① -8 ② -7 ③ -6
④ -5 ⑤ -4

0129

점 $(1, 3)$과 직선 $ax-y+1=0$ 사이의 거리가 1일 때, 상수 a에 대하여 $8a$의 값은?

① 4 ② 5 ③ 6
④ 7 ⑤ 8

0130

점 $(2, 0)$을 지나는 직선 l에 대하여 직선 l과 점 $(0, 4)$ 사이의 거리가 $\sqrt{2}$일 때, 직선 l의 기울기를 모두 구하시오.

0131

직선 $x+3y-2=0$에 수직이고, 원점으로부터의 거리가 $\sqrt{5}$인 직선 중 제4사분면을 지나지 않는 직선의 방정식을 구하시오.

0132

점 $(1, k)$에서 두 직선 $3x+4y-2=0$, $4x-3y+4=0$에 이르는 거리가 같도록 하는 양수 k의 값을 구하시오.

0133

직선 $(1+k)x+(k-1)y-2=0$은 실수 k의 값에 관계없이 항상 점 A를 지난다. 점 A와 직선 $3x-y+b=0$ 사이의 거리가 $\sqrt{10}$일 때, 모든 실수 b의 값의 합은?

① -10 ② -8 ③ -6
④ -4 ⑤ -2

0134 교육청 변형

그림과 같이 가로의 길이가 10, 세로의 길이가 5인 직사각형 OABC가 있다. 점 D는 선분 OB를 $2:3$으로 내분하는 점이고, 점 E는 선분 OD를 점 O 방향으로 연장한 반직선 위의 점이다.
$\overline{OE}=\overline{OD}$일 때, 점 E와 직선 CD 사이의 거리를 구하시오.

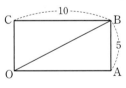

0135

그림과 같이 좌표평면의 제1사분면에 있는 두 점 A, B와 원점 O에 대하여 삼각형 OAB의 무게중심 G의 좌표는 $(8, 4)$이고, 점 B와 직선 OA 사이의 거리는 $6\sqrt{2}$이다. 변 OA의 중점이 M이고 직선 OG의 기울기가 직선 OA의 기울기보다 클 때 직선 OA의 기울기를 구하시오.

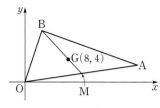

유형 15 **점과 직선 사이의 거리의 최댓값**

0136

원점과 직선 $(k+2)x+ky-8=0$ 사이의 거리는 $k=a$일 때 최댓값 b를 갖는다고 한다. 이때 b^2-a^2의 값은?
(단, k는 실수이다.)

① 30   ② 31   ③ 32
④ 33   ⑤ 34

0137

두 직선 $x-2y+2=0$, $3x-y-4=0$의 교점을 지나는 직선과 점 $(3, 5)$ 사이의 거리의 최댓값을 구하시오.

0138

평행한 두 직선 $x-y-4=0$, $x-y+k=0$ 사이의 거리가 $5\sqrt{2}$일 때, 양수 k의 값을 구하시오.

0139

직선 $3x-y=-2$ 위의 한 점 A와 직선 $3x-y=k$ 위의 한 점 B에 대하여 선분 AB의 길이의 최솟값이 $\sqrt{10}$일 때, 양수 k의 값은?

① 7   ② 8   ③ 9
④ 10   ⑤ 11

0140

평행한 두 직선 $x+ay+6=0$, $2x+3y+b=0$ 사이의 거리가 $\sqrt{13}$일 때, 상수 a, b에 대하여 $a+b$의 값을 구하시오.

(단, $b<0$)

0141

그림과 같이 평행한 두 직선 $x-y+1=0$, $x+ay-5=0$ 위에 사각형 ABCD가 정사각형이 되도록 네 점 A, B, C, D를 잡을 때, 이 정사각형의 넓이를 구하시오.

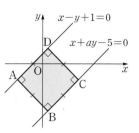

0142

세 점 A(3, 2), B(5, 0), C(-6, 1)을 꼭짓점으로 하는 삼각형 ABC의 넓이는?

① $\dfrac{5\sqrt{5}}{2}$ ② $4\sqrt{5}$ ③ 10
④ $5\sqrt{5}$ ⑤ 15

0143

세 점 A(2, 3), B(-2, 0), C(a, -4)를 꼭짓점으로 하는 삼각형 ABC의 넓이가 5일 때, 정수 a의 값을 구하시오.

0144

두 점 $O(0, 0)$, $A(4, 2)$와 직선 $x-2y+a=0$ 위의 한 점 P를 꼭짓점으로 하는 삼각형 OAP의 넓이가 8일 때, 양수 a의 값은?

① 4 　　② 6 　　③ 8
④ 10 　　⑤ 12

0145

좌표평면 위의 네 점 $A\left(6, \dfrac{7}{2}\right)$, $B(4, -2)$, $C\left(-2, -\dfrac{5}{2}\right)$, $D(0, 3)$을 꼭짓점으로 하는 사각형 ABCD의 넓이를 구하시오.

유형 18 자취의 방정식 - 점과 직선 사이의 거리

0146

두 직선 $3x+y+4=0$, $x-3y-2=0$으로부터 같은 거리에 있는 점 P의 자취의 방정식이 $ax+by+1=0$ 또는 $cx+2y+3=0$일 때, $a+b+c$의 값은?

(단, a, b, c는 상수이다.)

① -4 　　② -2 　　③ 0
④ 2 　　⑤ 4

0147

두 직선 $x+4y-2=0$, $4x-y+7=0$이 이루는 각의 이등분선 중 기울기가 양수인 직선의 x절편은?

① -3 　　② -1 　　③ 1
④ 3 　　⑤ 5

0148

두 직선 $x+3y-1=0$, $3x-y-1=0$에 대하여 두 직선 위에 있지 않은 점 P에서 두 직선에 내린 수선의 발을 각각 R, S라 할 때, $3\overline{PR}=\overline{PS}$를 만족시키는 점 P의 자취의 방정식을 모두 구하시오.

0149

두 직선 $3x-4y+8=0$, $4x+3y+a=0$이 이루는 각을 이등분하는 직선이 점 $(1, -2)$를 지날 때, 양수 a의 값은?

① 17 　　② 19 　　③ 21
④ 23 　　⑤ 25

0150 교육청 변형

두 직선 $4x-3y-6=0$, $3x+y+2=0$의 교점을 지나고 직선 $2x-y-1=0$에 평행한 직선의 x절편은?

① 3   ② 2   ③ 1

④ -1 ⑤ -2

0152 교육청 변형

그림과 같이 좌표평면에서 두 점 $A(-3, 5)$, $B(2, 0)$에 대하여 직선 $y=4x+12$가 x축과 만나는 점을 C, 선분 AB와 만나는 점을 D라 할 때, 삼각형 CBD의 넓이를 구하시오.

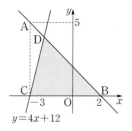

0151 교육청 변형

직선 $9x-3y+1=0$에 평행하고 점 $(1, -1)$에서 거리가 $\sqrt{10}$인 직선이 y축과 만나는 점의 좌표가 $(0, b)$일 때, 양수 b의 값은?

① 4   ② 6   ③ 14

④ 18   ⑤ 42

0153 교육청 기출

그림과 같이 원점을 지나는 직선 l이 원점 O와 다섯 개의 점 $A(5, 0)$, $B(5, 1)$, $C(3, 1)$, $D(3, 3)$, $E(0, 3)$을 선분으로 이은 도형 OABCDE의 넓이를 이등분한다.

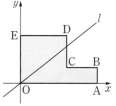

이때 직선 l의 기울기는 $\dfrac{q}{p}$이다. $p+q$의 값은?

(단, p, q는 서로소인 자연수이다.)

① 15   ② 16   ③ 17

④ 18   ⑤ 19

0154 교육청 기출

그림과 같이 ∠A=∠B=90°, $\overline{AB}$=4, $\overline{BC}$=8인 사다리꼴 ABCD에 대하여 선분 AD를 2 : 1로 내분하는 점을 P라 하자. 두 직선 AC, BP가 점 Q에서 서로 수직으로 만날 때, 삼각형 AQD의 넓이는?

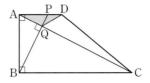

① $\dfrac{6}{5}$ ② $\dfrac{13}{10}$ ③ $\dfrac{7}{5}$

④ $\dfrac{3}{2}$ ⑤ $\dfrac{8}{5}$

0155 교육청 기출

그림과 같이 한 변의 길이가 10인 정사각형 ABCD에 내접하는 원이 있다. 선분 BC를 1 : 2로 내분하는 점을 P라 하자. 선분 AP가 정사각형 ABCD에 내접하는 원과 만나는 두 점을 Q, R라 할 때, 선분 QR의 길이는?

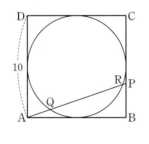

① $2\sqrt{11}$ ② $4\sqrt{3}$ ③ $2\sqrt{13}$
④ $2\sqrt{14}$ ⑤ $2\sqrt{15}$

0156 교육청 기출

그림과 같이 좌표평면 위의 점 A(8, 6)에서 x축에 내린 수선의 발을 H라 하고, 선분 OH 위의 점 B에서 선분 OA에 내린 수선의 발을 I라 하자. $\overline{BH}=\overline{BI}$일 때, 직선 AB의 방정식은 $y=mx+n$이다. $m+n$의 값은? (단, O는 원점이고, m, n은 상수이다.)

① -10 ② -9
③ -8 ④ -7
⑤ -6

0157 교육청 기출

좌표평면 위에 세 점 A(5, 3), B(2, 1), C(3, 0)을 꼭짓점으로 하는 삼각형 ABC가 있다. 선분 OC 위를 움직이는 점 D에 대하여 삼각형 ABC의 넓이와 삼각형 ADC의 넓이가 같을 때, 직선 AD의 기울기는? (단, O는 원점이다.)

① $\dfrac{5}{7}$ ② $\dfrac{3}{4}$ ③ $\dfrac{7}{9}$

④ $\dfrac{4}{5}$ ⑤ $\dfrac{9}{11}$

0158 교육청 변형

그림과 같이 좌표평면 위의 세 점 A(4, 6), B(0, 2), C(7, −3)을 꼭짓점으로 하는 삼각형 ABC에 대하여 선분 AB 위의 한 점 D와 선분 AC 위의 한 점 E가 다음 조건을 만족시킨다.

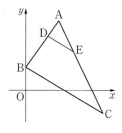

> ㈎ 선분 DE와 선분 BC는 평행하다.
> ㈏ 삼각형 ADE와 삼각형 ABC의 넓이의 비는 1 : 9이다.

점 B를 지나는 직선 $y=kx+2$가 사각형 DBCE의 넓이를 이등분시킬 때, 상수 k의 값을 구하시오.

0159 교육청 기출

두 직선 $l : ax-y+a+2=0$, $m : 4x+ay+3a+8=0$에 대하여 보기에서 옳은 것만을 있는 대로 고른 것은?

(단, a는 실수이다.)

> **보기**
> ㄱ. $a=0$일 때, 두 직선 l과 m은 서로 수직이다.
> ㄴ. 직선 l은 a의 값에 관계없이 항상 점 (1, 2)를 지난다.
> ㄷ. 두 직선 l과 m이 평행이 되기 위한 a의 값은 존재하지 않는다.

① ㄱ   ② ㄴ   ③ ㄱ, ㄷ
④ ㄴ, ㄷ   ⑤ ㄱ, ㄴ, ㄷ

0160 교육청 변형

그림과 같이 가로의 길이가 2, 세로의 길이가 3인 직사각형 ABCD가 있다. 선분 DC의 중점을 M이라 하고, 대각선 AC 위의 임의의 한 점 P에서 세 직선 BC, DC, AM에 내린 수선의 발을 각각 Q, R, S라 하자. 점 P가 $\overline{PQ}=\overline{PS}$를 만족시킬 때, 선분 PR의 길이는 a이다. 이때 $7a$의 값을 구하시오.

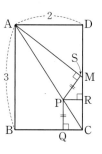

0161 교육청 변형

두 점 A(3, −2), B(−5, 4)를 이은 선분 AB의 수직이등분선을 l이라 하고, l 위의 서로 다른 두 점을 C, D라 할 때, 다음 조건을 만족시키는 실수 a, b에 대하여 $a+b$의 값은?

> ㈎ 점 C의 x좌표는 −4이다.
> ㈏ 점 D의 좌표는 (a, b)이고 제1사분면 위의 점이다.
> ㈐ 삼각형 ABD의 넓이는 삼각형 ABC의 넓이의 4배이다.

① 4   ② 6   ③ 12
④ 27   ⑤ 28

📖 정답과 풀이 280쪽

0162 (교육청 변형)

그림과 같이 좌표평면 위에 세 점 A(8, 6), B(0, 6), C(8, 0)이 있다. 선분 BC와 수직인 직선 l이 삼각형 ABC의 두 변 AB, BC와 만나는 점을 각각 P, Q라 할 때, $\triangle PBQ = \frac{1}{4} \triangle ABC$이다. 이때 직선 l의 y절편은?

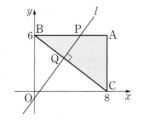

① $-\frac{1}{3}$　　② $-\frac{5}{12}$　　③ $-\frac{1}{2}$

④ $-\frac{7}{12}$　　⑤ $-\frac{2}{3}$

0163 (교육청 변형)

그림과 같이 $\overline{AB} = 10$, $\overline{BC} = 8$, $\angle B = 90°$인 직각삼각형 ABC가 있다. 변 BC를 3 : 1로 내분하는 점을 E라 하고, 변 AB 위의 점 D와 변 CA 위의 점 F에 대하여 삼각형 DEF의 무게중심과 삼각형 ABC의 무게중심이 일치할 때, 점 E와 직선 DF 사이의 거리는?

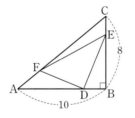

① $\sqrt{29}$　　② $\frac{31\sqrt{29}}{29}$　　③ $\frac{33\sqrt{29}}{29}$

④ $\frac{35\sqrt{29}}{29}$　　⑤ $\frac{37\sqrt{29}}{29}$

0164 (교육청 변형)

좌표평면 위에 점 A(0, 1)이 있다. 이차함수 $f(x) = \frac{1}{4}x^2$의 그래프 위의 점 $P\left(t, \frac{t^2}{4}\right)(t>0)$을 지나고 기울기가 $\frac{t}{2}$인 직선이 x축과 만나는 점을 Q라 할 때, 보기에서 옳은 것만을 있는 대로 고른 것은?

┌ 보기 ┐

ㄱ. $t=2$일 때, 점 Q의 x좌표는 1이다.

ㄴ. 두 직선 PQ와 AQ는 서로 수직이다.

ㄷ. 점 R$(-t, 3)$이 함수 $y=f(x)$의 그래프 위의 점일 때, 삼각형 RQP의 넓이는 $6\sqrt{3}$이다.

① ㄱ　　② ㄴ　　③ ㄱ, ㄴ

④ ㄱ, ㄷ　　⑤ ㄱ, ㄴ, ㄷ

0165 (교육청 변형)

그림과 같이 좌표평면에서 두 점 A(0, 3), B(6, 0)과 제1사분면 위의 점 C(a, b)가 $\overline{AC} = \overline{BC}$를 만족시킨다. 두 선분 AC, BC를 1 : 3으로 내분하는 점을 각각 P, Q라 할 때, 삼각형 CPQ의 무게중심을 G라 하자. 선분 CG의 길이가 $\frac{3\sqrt{5}}{2}$일 때, ab의 값은?

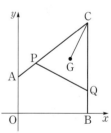

① 30　　② 35　　③ 40

④ 45　　⑤ 50

03 원의 방정식

유형 01 중심의 좌표가 주어진 원의 방정식

0166

원 $(x-2)^2+(y-3)^2=4$와 중심이 같고 점 $(1,\ 5)$를 지나는 원의 둘레의 길이를 구하시오.

0167

두 점 $A(3,\ 2)$, $B(7,\ -2)$를 이은 선분 AB를 $3:1$로 내분하는 점을 중심으로 하고 점 A를 지나는 원의 방정식이 $(x-a)^2+(y-b)^2=c$일 때, 상수 a, b, c에 대하여 $a+b+c$의 값은?

① 25 ② 24 ③ 23
④ 22 ⑤ 21

0168

원 $(x+3)^2+(y-6)^2=7$과 중심이 같고 점 $(3,\ 4)$를 지나는 원이 점 $(a,\ 0)$을 지날 때, 모든 a의 값의 합을 구하시오.

0169

원 $x^2+y^2+ax+by+a-b+3=0$의 중심의 좌표가 $(3,\ -4)$일 때, 이 원의 반지름의 길이는?
(단, a, b는 상수이다.)

① 5 ② $3\sqrt{3}$ ③ $\sqrt{30}$
④ $4\sqrt{2}$ ⑤ 6

0170

두 점 $A(-4,\ -2)$, $B(8,\ 4)$를 이은 선분 AB의 수직이등분선과 x축의 교점을 중심으로 하고 점 $\left(\dfrac{1}{2},\ 0\right)$을 지나는 원의 넓이를 구하시오.

유형 02 중심이 직선 위에 있는 원의 방정식

0171

중심이 x축 위에 있고 두 점 $(1,\ -2)$, $(3,\ 4)$를 지나는 원의 반지름의 길이를 구하시오.

0172

중심이 y축 위에 있고 두 점 $(3, -8)$, $(4, -1)$을 지나는 원에 대하여 보기에서 옳은 것만을 있는 대로 고르시오.

┌ 보기 ┐
ㄱ. 중심의 좌표는 $(0, -4)$이다.
ㄴ. 점 $(5, 0)$을 지난다.
ㄷ. 둘레의 길이는 10π이다.
└──────────────────────────────┘

0173

직선 $9x+5y+a=0$이 두 원 $x^2+y^2+6x-8y-11=0$, $x^2+y^2-2bx+5by+2=0$의 중심을 지날 때, 상수 a, b에 대하여 ab의 값을 구하시오.

0174

중심이 직선 $y=2x$ 위에 있고 두 점 $(-2, 3)$, $(0, -1)$을 지나는 원의 중심의 좌표를 (a, b), 반지름의 길이를 r라 할 때, $a+b+r^2$의 값은?

① 10　　　　② 11　　　　③ 12
④ 13　　　　⑤ 14

유형 03　두 점을 지름의 양 끝 점으로 하는 원의 방정식

0175

다음 중 두 점 $A(-1, -3)$, $B(5, 1)$을 지름의 양 끝 점으로 하는 원 위의 점인 것은?

① $(-4, -1)$　　② $(-1, 2)$　　③ $(3, 4)$
④ $(4, 2)$　　⑤ $(6, 0)$

0176

직선 $2x-y+8=0$이 x축, y축과 만나는 점을 각각 P, Q라 할 때, 두 점 P, Q를 지름의 양 끝 점으로 하는 원의 방정식을 $(x-a)^2+(y-b)^2=c$라 하자. 상수 a, b, c에 대하여 $a+b+c$의 값을 구하시오.

0177

세 점 $A(-1, 1)$, $B(6, 14)$, $C(10, 12)$에 대하여 삼각형 ABC의 무게중심과 점 A를 지름의 양 끝 점으로 하는 원의 넓이는?

① 20π　　　　② 25π　　　　③ 30π
④ 35π　　　　⑤ 40π

0178

방정식 $x^2+y^2-4kx-2y+5k+1=0$이 원을 나타내도록 하는 실수 k의 값의 범위를 구하시오.

0179

방정식 $x^2+y^2-6x+8y+4k=0$이 반지름의 길이가 3 이상인 원을 나타내도록 하는 자연수 k의 개수는?

① 3   ② 4   ③ 5
④ 6   ⑤ 7

0180

원 $x^2+y^2-6y+k^2-4k-3=0$의 넓이가 최대일 때, 이 원의 반지름의 길이를 구하시오. (단, k는 실수이다.)

0181 교육청 변형

세 점 O$(0, 0)$, A$(-4, 2)$, B$(2, 4)$를 지나는 원의 중심의 좌표를 구하시오.

0182

세 점 A$(-4, 0)$, B$(-2, 2)$, C$(0, 2)$를 꼭짓점으로 하는 삼각형 ABC의 외접원의 넓이는?

① 10π ② 12π ③ 13π
④ 16π ⑤ 20π

0183

중심이 점 $(a, -2)$이고 y축에 접하는 원이 점 $(1, -1)$을 지날 때, a의 값을 구하시오.

0184

원 $x^2+y^2+kx-10y+4=0$은 x축에 접하고 중심이 제2사분면 위에 있다. 이때 실수 k의 값을 구하시오.

0185

중심이 직선 $y=x+1$ 위에 있고 y축에 접하면서 점 $(0, 3)$을 지나는 원의 반지름의 길이는?

① 1   ② 2   ③ 3
④ 4   ⑤ 5

0186

반지름의 길이가 3이고 점 $(6, 3)$을 지나면서 x축에 접하는 두 원 O_1, O_2의 중심을 각각 P, Q라 하자. 원점 O에 대하여 삼각형 OPQ의 넓이를 구하시오.

유형 07 x축과 y축에 동시에 접하는 원의 방정식

0187

그림과 같이 점 $(2, -1)$을 지나고 x축과 y축에 동시에 접하는 원은 두 개이다. 이 두 원의 반지름의 길이의 합을 구하시오.

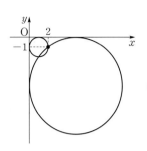

0188

원 $x^2+y^2+2ax-6y+b+4=0$이 x축과 y축에 동시에 접할 때, 상수 a, b에 대하여 $a+b$의 값을 구하시오. (단, $a>0$)

0189

중심이 직선 $3x+y+8=0$ 위에 있고 x축과 y축에 동시에 접하는 원이 있다. 이 원의 방정식이 $x^2+y^2+ax+by+c=0$일 때, 상수 a, b, c에 대하여 $a+b+c$의 값은?

(단, 원의 중심은 제2사분면 위에 있다.)

① 1   ② 4   ③ 9
④ 16   ⑤ 25

03

원의 방정식

0190

원 $x^2+y^2-4x+2y+1=0$ 위를 움직이는 점 P와 점 A$(5, 3)$에 대하여 선분 AP의 길이의 최댓값을 M, 최솟값을 m이라 할 때, $M+m$의 값을 구하시오.

0191

원 $x^2+y^2-2ax-6ay+10a^2-9=0$ 위의 점 P와 이 원 밖의 점 A$(-2, 3)$에 대하여 선분 AP의 길이의 최댓값이 8일 때, 양수 a의 값은?

① 2   ② 3   ③ 4
④ 5   ⑤ 6

0192

두 원 $x^2+y^2+8x+6y+21=0$, $x^2+y^2-8x-10y-8=0$ 위의 점을 각각 P, Q라 하자. 선분 PQ의 길이의 최댓값을 M, 최솟값을 m이라 할 때, Mm의 값을 구하시오.

0193

원 $x^2+y^2=8$ 위의 점 P(a, b)에 대하여 $\sqrt{(a-6)^2+(b-6)^2}$의 최댓값은?

① $4\sqrt{2}$ ② $5\sqrt{2}$ ③ $6\sqrt{2}$
④ $7\sqrt{2}$ ⑤ $8\sqrt{2}$

0194

점 A$(2, 7)$과 원 $x^2+y^2+6y-7=0$ 위의 점 P에 대하여 선분 AP의 중점 M이 나타내는 도형은 원이다. 이 원의 넓이를 구하시오.

0195

두 점 A$(1, -10)$, B$(8, -2)$와 원 $x^2+y^2=36$ 위의 점 P에 대하여 삼각형 ABP의 무게중심을 G라 할 때, 점 G가 나타내는 도형은 원이다. 이때 이 원의 둘레의 길이는?

① $2\sqrt{2}\pi$ ② 3π ③ 4π
④ 6π ⑤ 18π

0196 교육청 변형

두 점 $A(-4, 0)$, $B(4, 0)$에 대하여 점 $P(x, y)$가 $\overline{PA}^2 + \overline{PB}^2 = 40$을 만족시킬 때, $(x+5)^2 + (y-12)^2$의 최댓값을 구하시오.

유형 10 자취의 방정식 – 아폴로니오스의 원

0197

두 점 $A(-2, 1)$, $B(3, 1)$에 대하여 $\overline{AP} : \overline{BP} = 3 : 2$를 만족시키는 점 P가 나타내는 도형의 넓이는?

① 9π ② 16π ③ 25π

④ 36π ⑤ 49π

0198

두 점 $A(0, 0)$, $B(0, 6)$에 대하여 $\overline{PA} : \overline{PB} = 1 : k$를 만족시키는 점 P가 나타내는 도형은 원이고, 이 원의 반지름의 길이가 4일 때, 상수 k의 값을 구하시오. (단, $k > 1$)

유형 11 두 원의 위치 관계

0199

두 원 $x^2 + (y-7)^2 = a^2$, $(x-a)^2 + (y-10)^2 = 25$가 내접할 때, 상수 a의 값은? (단, $a > 0$)

① 1 ② $\dfrac{6}{5}$ ③ $\dfrac{7}{5}$

④ $\dfrac{8}{5}$ ⑤ $\dfrac{9}{5}$

0200

두 원 $(x+1)^2 + (y-3)^2 = 9$, $(x-3)^2 + (y-a)^2 = 4$가 서로 다른 두 점에서 만나도록 하는 정수 a의 개수를 구하시오.

0201

원 $x^2 + y^2 = 49$와 원 $(x-a)^2 + (y-b)^2 = 81$이 만나지 않을 때, 상수 a, b에 대하여 $a^2 + b^2$의 값의 범위를 구하시오.

0202

두 원 $(x-1)^2+(y+3)^2=9$, $x^2+y^2+2x+2y-7=0$의 교점을 지나는 직선의 방정식이 $y=ax+b$일 때, 상수 a, b에 대하여 $a+b$의 값은?

① -2 ② -1 ③ 0

④ 1 ⑤ 2

0203

두 원 $x^2+y^2-ax-2y-3=0$, $x^2+y^2+3x+ay+5=0$의 교점을 지나는 직선이 점 $(2, -3)$을 지날 때, 상수 a의 값을 구하시오.

0204

두 원 $x^2+y^2-2x-7=0$, $x^2+y^2+4x+2y+2=0$의 교점을 지나는 직선이 직선 $y=ax+5$와 수직일 때, 상수 a의 값은?

① -3 ② -1 ③ $-\dfrac{1}{3}$

④ $\dfrac{1}{3}$ ⑤ 3

0205 교육청 변형

두 원
$$C_1 : (x+a)^2+(y-3)^2=8,$$
$$C_2 : (x+1)^2+(y-2)^2=3$$
에 대하여 원 C_1이 원 C_2의 둘레를 이등분할 때, 모든 상수 a의 값의 곱은?

① -5 ② -3 ③ -1

④ 1 ⑤ 3

0206

두 원 $x^2+y^2=16$, $(x-2)^2+(y-1)^2=6$의 두 교점을 A, B라 하고, 선분 AB의 중점의 좌표를 (a, b)라 하자. 이때 $a+2b$의 값을 구하시오.

유형 13 공통인 현의 길이

0207

두 원 $x^2+y^2=9$, $(x-3)^2+(y-3)^2=3$의 공통인 현의 길이를 구하시오.

0208

두 원 $x^2+y^2=4$, $(x+2)^2+(y-1)^2=9$의 공통인 현을 선분 AB라 할 때, 원 $(x+2)^2+(y-1)^2=9$의 중심 O′에 대하여 삼각형 O′AB의 넓이를 구하시오.

0209

두 원 $x^2+y^2=20$, $(x-3)^2+(y+4)^2=25$의 두 교점을 지나는 원 중에서 넓이가 최소인 원의 넓이는?

① 12π ② 14π ③ 16π
④ 18π ⑤ 20π

유형 14 두 원의 교점을 지나는 원의 방정식

0210

두 원 $x^2+y^2-2y-8=0$, $x^2+y^2+4x-5ay+9a=0$의 교점과 두 점 $(0, 1)$, $(-2, 1)$을 지나는 원의 방정식을 구하시오. (단, a는 상수이다.)

0211

두 원 $x^2+y^2-6=0$, $x^2+y^2+ax-2y-3=0$의 교점과 점 $(0, 4)$를 지나는 원의 넓이가 20π일 때, 양수 a의 값은?

① 3   ② 4   ③ 5
④ 6   ⑤ 7

0212

두 원 $x^2+y^2-8x-6y+3=0$, $x^2+y^2-8x=0$의 교점과 점 $(0, 1)$을 지나는 원의 중심이 직선 $ax-y-1=0$ 위에 있을 때, 상수 a의 값은?

① -2 ② $-\dfrac{1}{2}$ ③ $\dfrac{1}{2}$
④ 2   ⑤ 4

0213

원 $(x-1)^2+y^2=8$과 직선 $y=-x+k$가 서로 다른 두 점에서 만나도록 하는 실수 k의 값의 범위를 구하시오.

0214

원 $x^2+y^2-12y+32=0$과 직선 $mx-y-4=0$이 서로 다른 두 점에서 만날 때, 실수 m의 값의 범위는?

① $-5<m<5$ ② $-2\sqrt{3}<m<2\sqrt{3}$

③ $-2\sqrt{6}<m<2\sqrt{6}$ ④ $m<-3$ 또는 $m>3$

⑤ $m<-2\sqrt{6}$ 또는 $m>2\sqrt{6}$

0215

원 $(x-a)^2+(y-1)^2=20$과 직선 $x+2y+a=0$이 서로 다른 두 점에서 만나도록 하는 정수 a의 개수는?

① 6   ② 7   ③ 8

④ 9   ⑤ 10

0216

원 $(x-1)^2+(y-3)^2=4$가 직선 $3x+4y-10=0$에 의하여 잘린 현의 길이를 구하시오.

0217

원 $x^2+y^2-6x-4y+4=0$이 직선 $x-2y+6=0$과 만나는 두 점을 A, B라 하고 원의 중심을 C라 할 때, 삼각형 ABC의 넓이는?

① 2   ② 4   ③ $2\sqrt{5}$

④ 8   ⑤ $4\sqrt{5}$

0218 교육청 변형

원 $x^2+y^2-6x+5=0$과 직선 $x-y+k=0$이 만나서 생기는 현의 길이가 $2\sqrt{2}$일 때, 모든 실수 k의 값의 합을 구하시오.

0219

원 $x^2+y^2+2kx+ky+k-10=0$이 실수 k의 값에 관계없이 항상 두 점 A, B를 지날 때, 선분 AB의 길이를 구하시오.

0222

그림과 같이 중심이 제2사분면 위에 있고 x축, y축 및 직선 $4x-3y+4=0$에 동시에 접하는 원은 2개이다. 두 원의 넓이의 합을 구하시오.

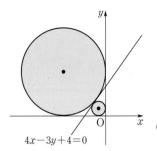

$4x-3y+4=0$

유형 **17** 원과 직선의 위치 관계 – 접할 때

0220

직선 $x+y+k=0$이 원 $(x-4)^2+y^2=18$과 한 점에서 만날 때, 양수 k의 값은?

① 2   ② 3   ③ 4
④ 5   ⑤ 6

0223

중심이 직선 $y=3x$ 위에 있고 두 직선 $2x-y+1=0$, $2x-y-7=0$에 동시에 접하는 원의 방정식을 구하시오.

0221

직선 $x-3y+k=0$이 중심의 좌표가 $(1, 3)$이고 넓이가 40π인 원에 접하도록 하는 모든 실수 k의 값의 합은?

① 12   ② 14   ③ 16
④ 18   ⑤ 20

유형 **18** 접선의 길이

0224

점 $P(-4, -2)$에서 원 $x^2+y^2-2x+14y+45=0$에 그은 접선의 접점을 Q라 할 때, 선분 PQ의 길이를 구하시오.

0225

점 $P(12, 5)$에서 원 $x^2+y^2=9$에 그은 두 접선의 접점을 각각 A, B라 할 때, 사각형 AOBP의 넓이를 구하시오.

(단, O는 원점이다.)

0226

점 $P(a, a+2)$에서 원 $x^2+y^2-2x-10y+22=0$에 그은 접선의 접점을 Q라 하자. $\overline{PQ}=4$일 때, 모든 a의 값의 합은?

① 3   ② 4   ③ 5

④ 6   ⑤ 7

0227

그림과 같이 점 $A(2, -3)$에서 원 $x^2+y^2=4$에 그은 두 접선의 접점을 각각 P, Q라 하자. 선분 PQ의 길이를 구하시오.

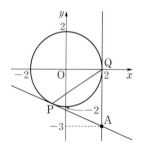

0228

원 $(x-3)^2+(y-2)^2=4$와 직선 $mx+y+2m=0$이 만나지 않도록 하는 실수 m의 값의 범위를 구하시오.

0229

두 점 $(-1, 1)$, $(5, 9)$를 지름의 양 끝 점으로 하는 원이 직선 $\sqrt{3}x+y+k=0$과 만나지 않도록 하는 자연수 k의 최솟값은?

① 1   ② 2   ③ 3

④ 4   ⑤ 5

0230

직선 $2x+y+a=0$이 원 $(x+3)^2+(y-2)^2=5$와는 만나지 않고, 원 $(x-4)^2+(y+1)^2=5$와는 만나도록 하는 정수 a의 개수는?

① 8   ② 9   ③ 10

④ 11   ⑤ 12

유형 20 원 위의 점과 직선 사이의 거리

0231

원 $x^2+y^2+2x-4y-4=0$ 위의 점 P와 직선 $3x+2y+12=0$ 사이의 거리의 최댓값을 M, 최솟값을 m이라 할 때, $M+m$의 값을 구하시오.

0232

원 $(x-2)^2+y^2=k$ 위의 점 P와 직선 $x-2y+3=0$ 사이의 거리의 최댓값을 M, 최솟값을 m이라 하자. $M-m=6$일 때, 상수 k의 값은?

① 4   ② 9   ③ 25

④ 36   ⑤ 49

0233

원 $(x-1)^2+(y-2)^2=4$ 위의 점 P와 두 점 Q$(-2, 11)$, R$(4, 3)$에 대하여 삼각형 PQR의 넓이의 최댓값을 구하시오.

유형 21 원의 접선의 방정식 - 기울기가 주어질 때

0234

직선 $2x+y-4=0$에 평행하고 원 $x^2+y^2=5$에 접하는 두 직선이 y축과 만나는 점을 각각 P, Q라 할 때, 선분 PQ의 길이를 구하시오.

0235

원 $(x-1)^2+(y+2)^2=10$에 접하고 기울기가 $-\dfrac{1}{3}$인 두 직선의 y절편의 합은?

① -2 ② $-\dfrac{8}{3}$ ③ $-\dfrac{10}{3}$

④ -4 ⑤ $-\dfrac{14}{3}$

0236

직선 $x+2y-8=0$과 수직이고 원 $x^2+y^2=k$ $(k>0)$에 접하는 두 직선이 y축과 만나는 두 점을 각각 P, Q라 하자. $\overline{PQ}=10$일 때, 상수 k의 값을 구하시오.

03
원의 방정식

0237

원 $x^2+y^2=13$ 위의 점 $(-2, 3)$에서의 접선이 직선 $y=mx-4$와 수직일 때, 상수 m의 값은?

① $-\dfrac{3}{2}$　　② $-\dfrac{2}{3}$　　③ $\dfrac{2}{3}$

④ $\dfrac{3}{2}$　　⑤ 3

0238

원 $x^2+y^2=5$ 위의 점 (a, b)에서의 접선의 기울기가 $\dfrac{1}{2}$일 때, ab의 값을 구하시오.

0239

원 $(x+2)^2+(y+3)^2=5$ 위의 점 $(-4, -2)$에서의 접선과 x축, y축으로 둘러싸인 도형의 넓이는?

① 8　　② 9　　③ 10
④ 11　　⑤ 12

0240

원 $x^2+y^2+8x-6y-1=0$ 위의 점 $(-3, -2)$에서의 접선이 점 $(5, a)$를 지날 때, a의 값은?

① $-\dfrac{3}{5}$　　② $-\dfrac{2}{5}$　　③ $-\dfrac{1}{5}$

④ $\dfrac{1}{5}$　　⑤ $\dfrac{2}{5}$

0241 교육청 변형

원 $x^2+y^2=10$ 위의 점 $(1, 3)$에서의 접선이 원 $x^2+y^2+8x+4y+k=0$에 접할 때, 실수 k의 값을 구하시오.

0242

그림과 같이 원 $x^2+y^2=2$ 위의 점 $P(a, b)$에서의 접선이 x축, y축과 만나는 점을 각각 Q, R라 할 때, $\overline{QR}=2\sqrt{2}$이다. 이때 ab 의 값을 구하시오. (단, 점 P는 제1사분면 위에 있다.)

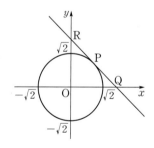

유형 23 원의 접선의 방정식 - 원 밖의 한 점이 주어질 때

0243
점 $(1, 2)$에서 원 $(x-1)^2+(y+2)^2=4$에 그은 두 접선의 기울기의 합은?

① $-2\sqrt{3}$ ② $-\sqrt{3}$ ③ 0
④ $\sqrt{3}$ ⑤ $2\sqrt{3}$

0244
원 $x^2+(y+1)^2=1$에 접하고, 원 $x^2+(y-1)^2=1$의 넓이를 이등분하는 직선 중 기울기가 양수인 직선의 x절편은?

① $-\dfrac{\sqrt{3}}{6}$ ② $-\dfrac{\sqrt{3}}{5}$ ③ $-\dfrac{\sqrt{3}}{4}$
④ $-\dfrac{\sqrt{3}}{3}$ ⑤ $-\dfrac{\sqrt{3}}{2}$

0245
점 $(2, a)$에서 원 $x^2+y^2+2x-8y+12=0$에 그은 두 접선의 기울기의 합이 $\dfrac{3}{2}$일 때, a의 값은?

① 2 ② 3 ③ 4
④ 5 ⑤ 6

0246
점 $(2\sqrt{3}, 4)$에서 원 $x^2+(y-2)^2=4$에 그은 두 접선이 이루는 각을 θ라 할 때, θ의 크기를 구하시오.
(단, $0° \le \theta \le 90°$)

유형 24 두 원에 동시에 접하는 접선의 길이

0247
그림과 같이 두 원 $(x+4)^2+(y+2)^2=4$, $(x-3)^2+(y+5)^2=1$에 동시에 접하는 접선을 그을 때, 두 접점 A, B 사이의 거리를 구하시오.

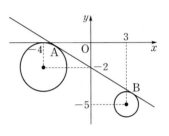

0248
그림과 같이 두 원
$$O: x^2+y^2=16, \quad O': (x-12)^2+(y-4)^2=r^2$$
에 동시에 접하는 접선을 긋고 그 접점을 각각 A, B라 할 때, 선분 AB의 길이는 $\sqrt{79}$이다. 이때 양수 r의 값은?

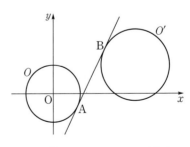

① 4 ② 5 ③ 6
④ 7 ⑤ 8

0249 교육청 변형

좌표평면 위의 두 점 A$(-6, 2)$, B$(2, a)$에 대하여 선분 AB의 수직이등분선이 원 $(x-3)^2+(y-3)^2=9$의 넓이를 이등분할 때, a의 값을 구하시오. (단, $a<0$)

0251 교육청 변형

좌표평면 위의 두 점 P$(6, 8)$, Q(a, b)에 대하여 $\overline{PQ}=5$일 때, a^2+b^2의 최댓값은?

① 169 ② 196 ③ 225
④ 256 ⑤ 289

0250 교육청 변형

점 $(0, 4)$에서 원 $x^2+y^2=4$에 그은 두 접선이 x축과 만나는 두 점을 A, B라 할 때, 선분 AB의 길이를 구하시오.

0252 교육청 기출

그림과 같이 x축과 직선 $l : y=mx$ $(m>0)$에 동시에 접하는 반지름의 길이가 2인 원이 있다. x축과 원이 만나는 점을 P, 직선 l과 원이 만나는 점을 Q, 두 점 P, Q를 지나는 직선이 y축과 만나는 점을 R라 하자. 삼각형 ROP의 넓이가 16일 때, $60m$의 값을 구하시오.

(단, 원의 중심은 제1사분면 위에 있고, O는 원점이다.)

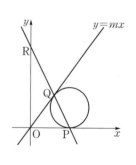

0253 교육청 기출

그림과 같이 두 점 A(4, 0), B(10, 0)을 지나고 반지름의 길이가 5인 원이 있다. 원점 O와 원 위를 움직이는 점 P에 대하여 선분 OP의 길이가 정수가 되게 하는 점 P의 개수를 구하시오.

(단, 원의 중심은 제1사분면에 있다.)

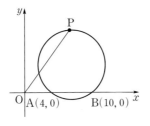

0254 교육청 기출

그림과 같이 기울기가 2인 직선 l이 원 $x^2+y^2=10$과 제2사분면 위의 점 A, 제3사분면 위의 점 B에서 만나고 $\overline{AB}=2\sqrt{5}$이다. 직선 OA와 원이 만나는 점 중 A가 아닌 점을 C라 하자. 점 C를 지나고 x축과 평행한 직선이 직선 l과 만나는 점을 D(a, b)라 할 때, 두 상수 a, b에 대하여 $a+b$의 값은? (단, O는 원점이다.)

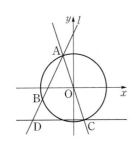

① -8 ② $-\dfrac{15}{2}$ ③ -7

④ $-\dfrac{13}{2}$ ⑤ -6

0255 교육청 기출

그림과 같이 좌표평면에 원 $C: x^2+y^2=4$와 점 A(-2, 0)이 있다. 원 C 위의 제1사분면 위의 점 P에서의 접선이 x축과 만나는 점을 B, 점 P에서 x축에 내린 수선의 발을 H라 하자. $2\overline{AH}=\overline{HB}$일 때, 삼각형 PAB의 넓이는?

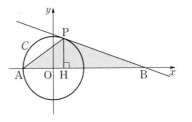

① $\dfrac{10\sqrt{2}}{3}$ ② $4\sqrt{2}$ ③ $\dfrac{14\sqrt{2}}{3}$

④ $\dfrac{16\sqrt{2}}{3}$ ⑤ $6\sqrt{2}$

0256 교육청 변형

그림과 같이 중심이 제2사분면 위에 있고 x축과 점 P에서 접하며 y축과 두 점 Q, R에서 만나는 원이 다음 조건을 만족시킨다.

> 점 P를 지나고 기울기가 -2인 직선이 원과 만나는 점 중 P가 아닌 점을 S라 할 때, $\overline{QR}=\overline{PS}=8$이다.

원점 O와 원의 중심 사이의 거리를 구하시오.

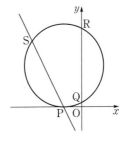

유형 01 점의 평행이동

0257 [교육청] [변형]

점 $(3, -1)$을 x축의 방향으로 a만큼, y축의 방향으로 b만큼 평행이동한 점의 좌표가 $(-2, -5)$일 때, $a+b$의 값은?

① -9 ② -1 ③ 0

④ 1 ⑤ 9

0258

평행이동 $(x, y) \longrightarrow (x+4, y-6)$에 의하여 점 $(8, -3)$으로 옮겨지는 점의 좌표를 (a, b)라 할 때, $a-b$의 값을 구하시오.

0259

점 $(2, 3)$을 점 $(-1, 4)$로 옮기는 평행이동에 의하여 점 $(6, 1)$이 옮겨지는 점의 좌표는?

① $(-3, -2)$ ② $(-1, 5)$ ③ $(3, 2)$

④ $(3, 5)$ ⑤ $(9, 0)$

0260

평행이동 $(x, y) \longrightarrow (x-3, y)$에 의하여 점 A$(7, 4)$가 점 B로 옮겨질 때, 삼각형 OAB의 넓이를 구하시오. (단, O는 원점이다.)

0261

두 점 A$(a, 1)$, B$(-2, b)$를 각각 두 점 A$'(3, 5)$, B$'(-6, 3)$으로 옮기는 평행이동에 의하여 점 $(a-2, 2b)$가 옮겨지는 점의 좌표를 구하시오.

0262

좌표평면 위의 점 (a, b)가 다음 규칙에 따라 이동할 때, 점 $(-5, 3)$이 멈출 때까지 이동한 횟수를 구하시오.

> ㈎ $ab>0$이면 점 $(a-1, b+3)$으로 이동한다.
> ㈏ $ab<0$이면 점 $(a+1, b-2)$로 이동한다.
> ㈐ $ab=0$이면 이동을 멈춘다.

유형 02 점의 평행이동의 활용

0263 교육청 변형

평행이동 $(x, y) \longrightarrow (x-2, y+2)$에 의하여 점 $(a, 2)$가
직선 $y=3x-2$ 위의 점으로 옮겨질 때, a의 값은?

① -4 ② -2 ③ -1

④ 2 ⑤ 4

0264

점 $P(a, a^2)$을 x축의 방향으로 -1만큼, y축의 방향으로
-3만큼 평행이동한 점이 포물선 $y=x^2-4x+4$ 위에 있을
때, a의 값은?

① -2 ② -1 ③ 0

④ 1 ⑤ 2

0265

점 $(3, 1)$을 x축의 방향으로 -2만큼, y축의 방향으로 1만큼
평행이동하였더니 원 $x^2+y^2+2ax-4by-1=0$의 중심과
일치하였다. 이때 $a-b$의 값을 구하시오.

(단, a, b는 상수이다.)

0266

점 $A(1, 2)$를 x축의 방향으로 a만큼, y축의 방향으로 -4만
큼 평행이동하였더니 원점 O로부터의 거리가 처음 거리의
3배가 되었다. 이때 양수 a의 값은?

① $\sqrt{39}+1$ ② $\sqrt{41}-1$ ③ $\sqrt{41}+1$

④ $3\sqrt{5}-1$ ⑤ $3\sqrt{5}+1$

0267

평행이동 $(x, y) \longrightarrow (x+a, y+b)$에 의하여 점 $A(3, 8)$
이 점 B로 옮겨질 때, $\overline{AB}=3\sqrt{6}$이고 점 B와 직선
$x+y-11=0$ 사이의 거리는 $4\sqrt{2}$이다. 이때 ab의 값은?

① -10 ② -5 ③ -2

④ 5 ⑤ 10

0268

세 점 $O(0, 0)$, $A(6, 0)$, $B(a, b)$를 x축의 방향으로 m만
큼, y축의 방향으로 n만큼 평행이동한 점을 차례대로 O′,
A′, B′이라 하자. B′$(4, 4\sqrt{3})$이고 삼각형 O′A′B′이 정삼각
형일 때, mn의 값을 구하시오. (단, $a>0$, $b>0$)

0269

직선 $y=3x+1$을 x축의 방향으로 a만큼, y축의 방향으로 b만큼 평행이동하였더니 처음 직선과 일치하였다. 이때 $\dfrac{b}{a}$의 값은? (단, $a \neq 0$)

① 1   ② 2   ③ 3
④ 4   ⑤ 5

0270

직선 $6x+y-k=0$을 x축의 방향으로 -1만큼, y축의 방향으로 3만큼 평행이동한 직선이 점 $(2, -9)$를 지날 때, 상수 k의 값을 구하시오.

0271 교육청 변형

직선 $ax-5y+2a-1=0$을 x축의 방향으로 1만큼, y축의 방향으로 n만큼 평행이동한 직선의 방정식이 $4x-5y-2=0$일 때, $a+n$의 값은? (단, a는 상수이다.)

① -5 ② -4 ③ 3
④ 4   ⑤ 5

0272

직선 $y=ax+b$를 x축의 방향으로 -3만큼, y축의 방향으로 2만큼 평행이동하면 직선 $y=3x-2$와 y축 위에서 수직으로 만날 때, 상수 a, b에 대하여 ab의 값은?

① -9 ② -3 ③ -1
④ 1   ⑤ 3

0273

직선 $y=2x-3$을 x축의 방향으로 m만큼, y축의 방향으로 4만큼 평행이동한 직선과 직선 $y=-2x-5$를 x축의 방향으로 4만큼, y축의 방향으로 n만큼 평행이동한 직선의 교점의 좌표가 $(1, 1)$일 때, $m-n$의 값을 구하시오.

0274

직선 $y=-3x+6$을 x축의 방향으로 a만큼, y축의 방향으로 -2만큼 평행이동한 직선과 직선 $y=-3x+6$ 사이의 거리가 $2\sqrt{10}$일 때, 음수 a의 값을 구하시오.

유형 04 도형의 평행이동 - 원

0275 교육청 변형

원 $x^2+y^2+4x-6y+9=0$을 x축의 방향으로 1만큼, y축의 방향으로 -2만큼 평행이동하였더니 원 $x^2+y^2+ax+by+c=0$과 일치하였다. $a+b+c$의 값은? (단, a, b, c는 상수이다.)

① -6 ② -2 ③ 0
④ 2 ⑤ 6

0276

도형 $f(x, y)=0$을 도형 $f(x+4, y-3)=0$으로 옮기는 평행이동에 의하여 원 $x^2+y^2-2x-4y+a=0$이 옮겨지는 원의 중심의 좌표가 $(b, 5)$이고 반지름의 길이가 1일 때, $a+b$의 값을 구하시오. (단, a는 상수이다.)

0277

원 $x^2+y^2-8x+2y+1=0$을 원 $x^2+y^2=16$으로 옮기는 평행이동에 의하여 원 $x^2+y^2-6y-2=0$이 옮겨지는 원의 중심을 C라 할 때, 선분 OC의 길이는? (단, O는 원점이다.)

① $\sqrt{2}$ ② 2 ③ $2\sqrt{2}$
④ 4 ⑤ $4\sqrt{2}$

유형 05 도형의 평행이동 - 포물선

0278

포물선 $y=x^2+4x+1$을 x축의 방향으로 2만큼, y축의 방향으로 -6만큼 평행이동한 포물선의 꼭짓점의 좌표를 (a, b)라 할 때, $a-b$의 값은?

① -9 ② -6 ③ 6
④ 9 ⑤ 12

0279

원점을 점 $(-1, 3)$으로 옮기는 평행이동에 의하여 포물선 $y=x^2+8x+4$가 옮겨지는 포물선의 꼭짓점의 좌표는?

① $(-5, -9)$ ② $(-5, 9)$ ③ $(5, -9)$
④ $(5, 9)$ ⑤ $(9, 5)$

0280

도형 $f(x, y)=0$을 도형 $f(x+a, y+2a)=0$으로 옮기는 평행이동에 의하여 포물선 $y=-x^2+6x-1$을 옮겼더니 꼭짓점이 x축 위에 있었을 때, a의 값을 구하시오.

0281

직선 $x+3y-1=0$을 x축의 방향으로 a만큼 평행이동하면 원 $(x-2)^2+(y+1)^2=10$에 접한다. 이때 양수 a의 값은?

① 4   ② 6   ③ 8

④ 10   ⑤ 12

0282

직선 $2x+y-k=0$을 x축의 방향으로 2만큼, y축의 방향으로 -1만큼 평행이동한 직선과 직선 $y=-2x-4$ 사이의 거리가 $\sqrt{5}$일 때, 모든 상수 k의 값의 합을 구하시오.

0283 교육청 변형

원 $(x+5)^2+(y+7)^2=4$를 x축의 방향으로 4만큼, y축의 방향으로 a만큼 평행이동한 원을 C라 하자. 원 C의 넓이가 직선 $2x+y+6=0$에 의하여 이등분되도록 하는 상수 a의 값은?

① 3   ② 5   ③ 8

④ 13   ⑤ 15

0284

원 $x^2+y^2+6x-10y+25=0$을 x축의 방향으로 a만큼, y축의 방향으로 b만큼 평행이동한 원이 x축과 y축에 모두 접한다. 이때 $a+b$의 값을 구하시오.

(단, 평행이동한 원의 중심은 제1사분면 위에 있다.)

0285

직선 $y=5x+1$을 x축의 방향으로 -1만큼, y축의 방향으로 a만큼 평행이동한 직선이 포물선 $y=2x^2+3x+5$에 접할 때, a의 값은?

① $-\dfrac{5}{2}$ ② $-\dfrac{3}{2}$ ③ $-\dfrac{1}{2}$

④ $\dfrac{3}{2}$ ⑤ $\dfrac{5}{2}$

0286

직선 $3x-2y-6=0$을 x축의 방향으로 a만큼, y축의 방향으로 b만큼 평행이동한 직선이 네 점 $P(1, 2)$, $Q(4, 0)$, $R(7, 2)$, $S(4, 4)$를 꼭짓점으로 하는 마름모 $PQRS$의 넓이를 이등분할 때, 다음 중 a, b 사이의 관계식으로 옳은 것은?

① $2a-3b-2=0$ ② $2a-3b+2=0$

③ $3a-2b-2=0$ ④ $3a-2b+2=0$

⑤ $3a+2b-2=0$

유형 07 점의 대칭이동

0287

점 $(3, -1)$을 원점에 대하여 대칭이동한 점을 P, 직선 $y=-x$에 대하여 대칭이동한 점을 Q라 할 때, 선분 PQ의 길이는?

① $2\sqrt{2}$ ② $2\sqrt{3}$ ③ $3\sqrt{2}$
④ $3\sqrt{3}$ ⑤ $4\sqrt{2}$

0288

점 $A(-4, 6)$을 x축에 대하여 대칭이동한 점을 B, 직선 $y=x$에 대하여 대칭이동한 점을 C라 할 때, 삼각형 ABC의 넓이는?

① 24   ② 30   ③ 48
④ 60   ⑤ 72

0289

점 $P(1, -2)$를 직선 $y=x$에 대하여 대칭이동한 점을 Q, x축에 대하여 대칭이동한 점을 R라 할 때, 삼각형 PQR의 무게중심의 좌표를 (a, b)라 하자. 이때 $a+b$의 값은?

① $\dfrac{1}{3}$ ② $\dfrac{2}{3}$ ③ 1
④ $\dfrac{4}{3}$ ⑤ $\dfrac{5}{3}$

0290

제3사분면 위의 점 $P(a, b)$를 x축, y축, 원점에 대하여 대칭이동한 점을 차례대로 Q, R, S라 할 때, 네 점 P, Q, R, S를 꼭짓점으로 하는 사각형의 넓이가 20이다. 이때 ab의 값은?

① 2   ② 4   ③ 5
④ 10   ⑤ 20

0291

점 $(a, -b)$를 x축에 대하여 대칭이동한 점이 제2사분면 위에 있을 때, 점 $\left(b-a, \dfrac{a}{b}\right)$를 원점에 대하여 대칭이동한 후 y축에 대하여 대칭이동한 점은 제몇 사분면 위에 있는지 구하시오.

0292

직선 $y=x+6$ 위의 점 A를 직선 $y=x$에 대하여 대칭이동한 점을 B, 점 B를 원점에 대하여 대칭이동한 점을 C라 할 때, 삼각형 ABC의 넓이가 72이다. 이때 점 A의 좌표를 구하시오. (단, 점 A는 제1사분면 위의 점이다.)

0293

직선 $3x-8y+1=0$을 직선 $y=-x$에 대하여 대칭이동한 직선의 방정식은?

① $3x-8y-1=0$ ② $3x+8y-1=0$

③ $8x-3y-1=0$ ④ $8x-3y+1=0$

⑤ $8x+3y-1=0$

0294 교육청 변형

직선 $ax+2y-5=0$을 x축에 대하여 대칭이동한 직선이 점 $(3, 2)$를 지날 때, 상수 a의 값은?

① -6 ② -3 ③ 0

④ 3 ⑤ 6

0295

직선 $x+6y-3=0$을 직선 $y=x$에 대하여 대칭이동한 직선을 l_1, 직선 l_1을 원점에 대하여 대칭이동한 직선을 l_2라 할 때, 직선 l_2의 y절편을 구하시오.

0296

직선 $y=\frac{1}{2}ax+7$을 y축에 대하여 대칭이동한 직선과 원점에 대하여 대칭이동한 직선이 서로 수직일 때, 음수 a의 값을 구하시오.

0297

점 $(2, -3)$을 지나는 직선 $y=ax+b$를 x축에 대하여 대칭이동하였더니 직선 $y=4x-9$와 만나지 않는다고 할 때, $a+b$의 값을 구하시오. (단, a, b는 상수이다.)

0298

다음 중 직선 $y=-3x+1$을 y축에 대하여 대칭이동한 직선과 수직이고 원점으로부터의 거리가 $\sqrt{10}$인 직선의 방정식이 될 수 있는 것은?

① $x-3y+10=0$ ② $x-y-10=0$

③ $x+y-3=0$ ④ $x+3y+3=0$

⑤ $x+3y+10=0$

유형 09 도형의 대칭이동 - 원

0299

중심의 좌표가 $(2, -1)$이고 반지름의 길이가 r인 원을 x축에 대하여 대칭이동하였더니 점 $(5, 5)$를 지났다. 이때 r의 값은?

① 2   ② 3   ③ 4

④ 5   ⑤ 6

0300

원 $x^2+y^2+6x-2ay+9=0$을 y축에 대하여 대칭이동한 원의 중심이 직선 $x+2y-1=0$ 위에 있을 때, 상수 a의 값을 구하시오.

0301 교육청 변형

원 $C_1 : x^2+y^2+8x-4y+16=0$을 직선 $y=x$에 대하여 대칭이동한 원을 C_2라 하자. C_1 위의 임의의 점 P와 C_2 위의 임의의 점 Q에 대하여 두 점 P, Q 사이의 최소 거리는?

① $\sqrt{2}-1$ ② $3\sqrt{2}-2$ ③ $3\sqrt{2}+2$

④ $6\sqrt{2}-4$ ⑤ $6\sqrt{2}+4$

유형 10 도형의 대칭이동 - 포물선

0302

포물선 $y=x^2-2x+k$를 y축에 대하여 대칭이동한 포물선의 꼭짓점이 직선 $y=4x+1$ 위에 있을 때, 상수 k의 값은?

① -6 ② -4 ③ -2

④ 4   ⑤ 6

0303

포물선 $y=x^2-ax-b$를 원점에 대하여 대칭이동한 포물선의 꼭짓점의 좌표가 $(-6, 11)$일 때, 상수 a, b에 대하여 $a+b$의 값은?

① -36 ② -13 ③ -11

④ 12   ⑤ 37

0304

포물선 $y=ax^2-bx$를 x축에 대하여 대칭이동한 후 y축에 대하여 대칭이동하였더니 두 점 $(1, -4)$, $(3, 0)$을 지날 때, 상수 a, b에 대하여 $b-a$의 값을 구하시오.

0305

직선 $y=ax-3$을 x축에 대하여 대칭이동하면 원 $x^2+y^2+2x+4y+1=0$의 넓이를 이등분할 때, 상수 a의 값은?

① -5 ② -4 ③ -2

④ 4 ⑤ 5

0306

포물선 $y=-x^2+5x-7$을 원점에 대하여 대칭이동하면 직선 $y=ax-2$와 접한다고 할 때, 양수 a의 값을 구하시오.

0307

원 $x^2+y^2+6x-10y+26=0$을 y축에 대하여 대칭이동한 원이 직선 $y=-x+k$와 서로 다른 두 점에서 만나도록 하는 실수 k의 값의 범위는?

① $-12<k<4$ ② $-4<k<4$

③ $-4<k<14$ ④ $4<k<12$

⑤ $4<k<14$

0308

점 $(a, -2)$를 직선 $y=x$에 대하여 대칭이동한 후 x축의 방향으로 6만큼, y축의 방향으로 -1만큼 평행이동한 점의 좌표가 $(2a, b)$이다. 이때 ab의 값을 구하시오.

0309

포물선 $y=x^2+x+a$를 x축의 방향으로 1만큼, y축의 방향으로 3만큼 평행이동한 후 x축에 대하여 대칭이동하였더니 포물선 $y=-x^2+x-10$이 되었다. 이때 상수 a의 값을 구하시오.

0310

점 $(4, 1)$을 지나는 직선을 x축의 방향으로 -2만큼 평행이동한 후 다시 y축에 대하여 대칭이동하면 점 $(3, 6)$을 지난다고 한다. 처음 직선의 기울기는?

① -5 ② -1 ③ 0

④ 1 ⑤ 5

0311

원 $(x-3)^2+(y+4)^2=20$을 x축의 방향으로 -1만큼, y축의 방향으로 2만큼 평행이동한 후 직선 $y=-x$에 대하여 대칭이동한 원이 x축과 만나는 두 점을 P, Q라 할 때, 선분 PQ의 길이는?

① 5　　　　　② 6　　　　　③ 7

④ 8　　　　　⑤ 9

0312

원 $(x-p)^2+(y-q)^2=64$를 x축에 대하여 대칭이동한 후 x축의 방향으로 3만큼 평행이동한 원이 x축과 y축에 모두 접할 때, 두 양수 p, q에 대하여 $p+q$의 값은?

① 3　　　　　② 5　　　　　③ 7

④ 11　　　　　⑤ 13

0313 교육청 변형

직선 $y=-\dfrac{1}{3}x+1$을 x축의 방향으로 a만큼 평행이동한 후 직선 $y=x$에 대하여 대칭이동한 직선을 l이라 하자. 직선 l이 원 $(x+2)^2+(y-5)^2=10$과 접하도록 하는 모든 상수 a의 값의 합은?

① -20　　　② -8　　　③ -2

④ 8　　　　　⑤ 20

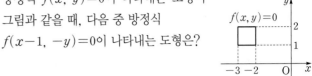

유형 13 도형 $f(x,y)=0$의 평행이동과 대칭이동

0314 교육청 변형

방정식 $f(x,y)=0$이 나타내는 도형이 그림과 같을 때, 다음 중 방정식 $f(x-1,-y)=0$이 나타내는 도형은?

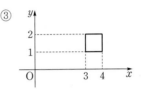
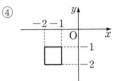

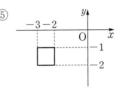
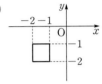

0315

방정식 $f(x,y)=0$이 나타내는 도형이 [그림 1]과 같을 때, [그림 2]와 같은 도형을 나타내는 방정식인 것만을 보기에서 있는 대로 고른 것은?

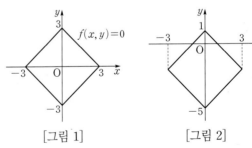

[그림 1]　　　　　[그림 2]

보기

ㄱ. $f(x,y+2)=0$

ㄴ. $f(-x,-y-2)=0$

ㄷ. $f(y-2,x)=0$

① ㄱ　　　　② ㄷ　　　　③ ㄱ, ㄴ

④ ㄴ, ㄷ　　　⑤ ㄱ, ㄴ, ㄷ

0316

점 $(a, 4)$를 점 $(1, 3)$에 대하여 대칭이동한 점의 좌표가 $(-1, b)$일 때, $a+b$의 값은?

① -5 ② -3 ③ 1

④ 3 ⑤ 5

0317

원 $x^2+y^2-12x+11=0$을 점 $(5, 3)$에 대하여 대칭이동한 원의 중심의 좌표가 (a, b)이고 반지름의 길이가 r일 때, $a+b+r$의 값을 구하시오.

0318

두 포물선 $y=x^2+2x-1$, $y=-x^2-6x-5$가 점 (a, b)에 대하여 대칭일 때, ab의 값은?

① -3 ② -2 ③ -1

④ 2 ⑤ 3

0319

두 점 $(2, -1)$, $(-6, -3)$이 직선 $y=ax+b$에 대하여 대칭일 때, 상수 a, b에 대하여 $a-b$의 값은?

① -14 ② -6 ③ -1

④ 6 ⑤ 14

0320

점 $(-4, -1)$을 직선 $2x-y+1=0$에 대하여 대칭이동한 점의 좌표를 (a, b)라 할 때, $a+b$의 값은?

① $-\dfrac{21}{5}$ ② -3 ③ $-\dfrac{13}{5}$

④ $-\dfrac{11}{5}$ ⑤ -2

0321

두 점 $P(-1, 1)$, $Q(5, -3)$이 직선 l에 대하여 대칭일 때, 직선 l과 x축, y축으로 둘러싸인 삼각형의 넓이는?

① 5 ② $\dfrac{16}{3}$ ③ $\dfrac{17}{3}$

④ 6 ⑤ $\dfrac{19}{3}$

0322

원 $(x-3)^2+(y-4)^2=6$을 직선 $y=x-1$에 대하여 대칭이동한 원의 중심의 좌표는?

① $(-5, -2)$ ② $(-5, 2)$ ③ $(2, 5)$

④ $(5, -2)$ ⑤ $(5, 2)$

0323

두 원 $x^2+y^2=16$, $x^2+y^2-4x+12y+24=0$이 직선 $ax+by-2=0$에 대하여 대칭일 때, 상수 a, b에 대하여 $2a-b$의 값은?

① $-\dfrac{7}{5}$ ② -1 ③ $-\dfrac{2}{5}$

④ 1 ⑤ $\dfrac{7}{5}$

0324

두 점 A$(-2, 1)$, B$(3, 1)$과 점 B를 직선 $y=-x+2$에 대하여 대칭이동한 점 C에 대하여 삼각형 ABC의 넓이를 구하시오.

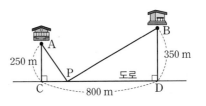

유형 16 대칭이동을 이용한 선분의 길이의 최솟값

0325

그림과 같이 직선 모양으로 뻗은 도로에서 각각 250 m, 350 m만큼 떨어진 지점에 두 집 A, B가 위치하고 있다. C 지점과 D 지점 사이의 거리가 800 m일 때, 집 A에서 도로변의 임의의 한 지점 P를 거쳐 집 B까지 가는 최단 거리는?

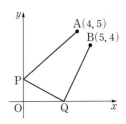

① 1000 m   ② 1100 m   ③ 1200 m

④ 1300 m   ⑤ 1400 m

0326

그림과 같이 두 점 A$(4, 5)$, B$(5, 4)$와 y축 위의 점 P, x축 위의 점 Q에 대하여 $\overline{AP}+\overline{PQ}+\overline{QB}$의 최솟값은?

① $5\sqrt{2}$ ② $6\sqrt{2}$

③ $7\sqrt{2}$ ④ $8\sqrt{2}$

⑤ $9\sqrt{2}$

0327 교육청 변형

좌표평면 위에 두 점 A$(2, 3)$, B$(3, 2)$가 있다. x축 위의 점 C에 대하여 삼각형 ABC의 둘레의 길이의 최솟값이 $\sqrt{a}+\sqrt{b}$ 일 때, 두 자연수 a, b에 대하여 $a+b$의 값을 구하시오.

(단, 점 C는 직선 AB 위에 있지 않다.)

0328 교육청 변형

좌표평면 위의 점 $P(a, a^2)$을 x축의 방향으로 $-\frac{1}{3}$만큼, y축의 방향으로 7만큼 평행이동한 점이 직선 $y=6x$ 위에 있을 때, 점 P의 좌표는?

① $(-3, 9)$ ② $(-2, 4)$ ③ $(-1, 1)$
④ $(2, 4)$ ⑤ $(3, 9)$

0329 교육청 변형

좌표평면에서 직선 $4x-3y+8=0$을 y축의 방향으로 n만큼 평행이동한 직선이 원 $x^2+y^2=4$에 접할 때, 정수 n의 값은?

① -6 ② -4 ③ -2
④ 4 ⑤ 6

0330 교육청 변형

좌표평면에서 원 $x^2+y^2+8x-4y+16=0$을 x축에 대하여 대칭이동한 원을 C_1이라 하고, 원 C_1을 직선 $y=-x$에 대하여 대칭이동한 원을 C_2라 하자. 원 C_2의 중심의 좌표를 (a, b), 반지름의 길이를 r라 할 때, $a+b+r$의 값을 구하시오.

0331 교육청 기출

좌표평면에서 제1사분면 위의 점 A를 $y=x$에 대하여 대칭이동시킨 점을 B라 하자. x축 위의 점 P에 대하여 $\overline{AP}+\overline{PB}$의 최솟값이 $10\sqrt{2}$일 때, 선분 OA의 길이를 구하시오.

(단, O는 원점이다.)

0332 [교육청 변형]

좌표평면에서 두 점 A(2, 4), B(a, 1)에 대하여 두 직선 OA, OB는 서로 수직이고 두 점 B, C는 직선 $y=x$에 대하여 대칭이다. 이때 두 점 B, C를 지나는 직선의 x절편은?

(단, O는 원점이다.)

① −2   ② −1   ③ 0
④ 1   ⑤ 2

0333 [교육청 기출]

두 양수 m, n에 대하여 좌표평면 위의 점 A(-2, 1)을 x축의 방향으로 m만큼 평행이동한 점을 B라 하고, 점 B를 y축의 방향으로 n만큼 평행이동한 점을 C라 하자. 세 점 A, B, C를 지나는 원의 중심의 좌표가 (3, 2)일 때, mn의 값은?

① 16   ② 18   ③ 20
④ 22   ⑤ 24

0334 [교육청 기출]

원 $(x+1)^2+(y+2)^2=9$를 x축의 방향으로 m만큼, y축의 방향으로 n만큼 평행이동한 원을 C라 하자. 원 C가 다음 조건을 만족시킬 때, $m+n$의 값을 구하시오.

(단, m, n은 상수이다.)

⑦ 원 C의 중심은 제1사분면 위에 있다.
④ 원 C는 x축과 y축에 동시에 접한다.

0335 [교육청 기출]

좌표평면에서 두 점 A(4, a), B(2, 1)을 직선 $y=x$에 대하여 대칭이동한 점을 각각 A′, B′이라 하고, 두 직선 AB, A′B′의 교점을 P라 하자. 두 삼각형 APA′, BPB′의 넓이의 비가 9 : 4일 때, a의 값은? (단, $a>4$)

① 5   ② $\dfrac{11}{2}$ ③ 6
④ $\dfrac{13}{2}$ ⑤ 7

0336 교육청 기출

중심이 $(4, 2)$이고 반지름의 길이가 2인 원 O_1이 있다. 원 O_1을 직선 $y=x$에 대하여 대칭이동한 후 y축의 방향으로 a만큼 평행이동한 원을 O_2라 하자. 원 O_1과 원 O_2가 서로 다른 두 점 A, B에서 만나고 선분 AB의 길이가 $2\sqrt{3}$일 때, 상수 a의 값은?

① $-2\sqrt{2}$　　　　② -2　　　　③ $-\sqrt{2}$

④ -1　　　　⑤ $-\dfrac{\sqrt{2}}{2}$

0337 교육청 기출

그림과 같이 좌표평면 위에 두 점 A$(2, 3)$, B$(-3, 1)$이 있다. 서로 다른 두 점 C와 D가 각각 x축과 직선 $y=x$ 위에 있을 때, $\overline{AD}+\overline{CD}+\overline{BC}$의 최솟값은?

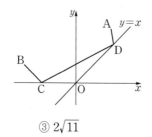

① $\sqrt{42}$　　　　② $\sqrt{43}$　　　　③ $2\sqrt{11}$

④ $3\sqrt{5}$　　　　⑤ $\sqrt{46}$

0338 교육청 변형

좌표평면에서 포물선 $y=x^2+6x$를 포물선 $y=x^2-2x-1$로 옮기는 평행이동에 의하여 직선 $l : 2x-y=0$이 직선 l'으로 옮겨진다. 두 직선 l, l' 사이의 거리를 구하시오.

0339 교육청 기출

좌표평면 위에 두 점 A$(2, 4)$, B$(6, 6)$이 있다. 점 A를 직선 $y=x$에 대하여 대칭이동한 점을 A$'$이라 하자. 점 C$(0, k)$가 다음 조건을 만족시킬 때, k의 값은?

(가) $0 < k < 3$

(나) 삼각형 A$'$BC의 넓이는 삼각형 ACB의 넓이의 2배이다.
---

① $\dfrac{4}{5}$　　　　② 1　　　　③ $\dfrac{6}{5}$

④ $\dfrac{7}{5}$　　　　⑤ $\dfrac{8}{5}$

Ⅱ

집합과 명제

집합의 뜻

유형 01 집합과 원소

0340

보기에서 집합인 것은 모두 몇 개인가?

> **보기**
> ㄱ. 학교 근처에 사는 학생들의 모임
> ㄴ. 태양계 행성들의 모임
> ㄷ. 우리나라의 높은 건물들의 모임
> ㄹ. 1보다 작은 자연수의 모임
> ㅁ. 소리가 아름다운 악기들의 모임
> ㅂ. 우리 반에서 수학 성적이 가장 좋은 학생의 모임

① 1개   ② 2개   ③ 3개
④ 4개   ⑤ 5개

0341

정수 전체의 집합을 Z, 유리수 전체의 집합을 Q, 실수 전체의 집합을 R라 할 때, 다음 중 옳지 <u>않은</u> 것은?
(단, $i=\sqrt{-1}$)

① $\sqrt{25}\in Z$ ② $\sqrt{12}\notin Q$ ③ $i^{100}\in Z$
④ $\sqrt{3}-1\in R$ ⑤ $\dfrac{1}{1-i}\in Q$

0342

집합 $A=\{(x,\,y)\,|\,ax-by=9\}$에 대하여 $(5,\,8)\in A$, $(-3,\,-12)\in A$일 때, 상수 a, b에 대하여 $a+b$의 값을 구하시오.

유형 02 집합의 표현 방법

0343

다음 중 집합 $A=\{x\,|\,x=2^a\times3^b,\ a,\ b$는 자연수$\}$의 원소가 <u>아닌</u> 것은?

① 12   ② 18   ③ 36
④ 42   ⑤ 54

0344

집합 $A=\{(x,\,y)\,|\,x+y=8,\ x,\ y$는 자연수$\}$의 원소의 개수를 구하시오.

0345

집합 $\{2,\,3,\,5,\,7,\,11,\,13\}$을 조건제시법으로 나타내면 $\{x\,|\,x$는 k 미만의 소수$\}$일 때, k의 값이 될 수 있는 자연수의 개수는?

① 2   ② 3   ③ 4
④ 5   ⑤ 6

0346

자연수 n에 대하여 세 집합 A, B, C가
$A=\{x\,|\,x=3n\}$, $B=\{x\,|\,x=3n+1\}$,
$C=\{x\,|\,x=3n+2\}$일 때, 다음 중 옳지 <u>않은</u> 것은?

① $58\in B$ ② $80\in C$ ③ $107\notin A$
④ $112\notin B$ ⑤ $141\in A$

유형 03 유한집합과 무한집합

0347

다음 중 유한집합이 <u>아닌</u> 것은?

① $\{x \,|\, x$는 가장 작은 자연수$\}$
② $\{x \,|\, x$는 200보다 작은 자연수$\}$
③ $\{x \,|\, x$는 $5 < x < 6$인 자연수$\}$
④ $\{x \,|\, x$는 $|x| \leq 4$인 실수$\}$
⑤ $\{x \,|\, (x^2+2)(x+1)=0, x$는 실수$\}$

0348

보기에서 공집합인 것만을 있는 대로 고른 것은?

┌ 보기 ─────────────────────
ㄱ. $\{\varnothing, \{\varnothing\}\}$
ㄴ. $\{x \,|\, x$는 2보다 작은 소수의 모임$\}$
ㄷ. $\{x \,|\, x^2+1=0, x$는 실수$\}$
ㄹ. $\{x \,|\, |x| < 2, x$는 정수$\}$
ㅁ. $\{x \,|\, x^2-16 < 0, x$는 실수$\}$
└──────────────────────────

① ㄱ, ㄷ   ② ㄱ, ㅁ   ③ ㄴ, ㄷ
④ ㄷ, ㄹ   ⑤ ㄹ, ㅁ

0349

집합 $\{x \,|\, x$는 $x < k$인 11의 양의 배수$\}$가 공집합이 되도록 하는 자연수 k의 최댓값을 구하시오.

유형 04 유한집합의 원소의 개수

0350

단어 'mathematics'에 들어 있는 자음으로 이루어진 집합을 A라 할 때, $n(A)$의 값은?

① 4   ② 5   ③ 6
④ 7   ⑤ 8

0351

세 집합
$A = \{x \,|\, x$는 100보다 작은 홀수인 두 자리 자연수$\}$,
$B = \{x \,|\, x$는 $|x| \leq 10$인 정수$\}$,
$C = \{x \,|\, x$는 $x^2+4 \leq 0$인 실수$\}$
에 대하여 $n(A)-n(B)-n(C)$의 값은?

① 24   ② 25   ③ 26
④ 27   ⑤ 28

0352

다음 중 옳은 것은?

① $n(\{0\}) < n(\{2\})$
② $n(\{1, 2, 3\}) - n(\{1, 2\}) = 3$
③ $n(A) = 0$이면 $A = \{\varnothing\}$
④ $n(\{\varnothing, \{\varnothing\}\}) - n(\varnothing) = 2$
⑤ $n(\{0\}) + n(\{\varnothing\}) + n(\{0, \varnothing\}) = 1$

0353

두 집합
$A = \{x \,|\, x$는 10의 양의 약수$\}$,
$B = \{x \,|\, x$는 k 이하의 짝수인 자연수, k는 자연수$\}$
에 대하여 $n(A) = n(B)$를 만족시키는 모든 k의 값의 합을 구하시오.

0354

집합 $A=\{-1,\ 0,\ 2\}$에 대하여 집합
$B=\{xy\,|\,x\in A,\ y\in A\}$를 원소나열법으로 나타내시오.

0355

두 집합 $A=\{1,\ 2,\ 3\}$, $B=\{2x\,|\,x\in A\}$에 대하여 집합
$C=\{a+b\,|\,a\in A,\ b\in B\}$일 때, 집합 C의 모든 원소의 합은?

① 36   ② 38   ③ 40
④ 42   ⑤ 44

0356 교육청 변형

집합 $A=\{1,\ 2\}$에 대하여 집합 $X=\{2^m+4^n\,|\,m\in A,\ n\in A\}$
의 모든 원소의 합은?

① 50   ② 51   ③ 52
④ 53   ⑤ 54

0357

두 집합 A, B가 오른쪽 벤다이어그램
과 같을 때, 다음 중 옳지 <u>않은</u> 것은?

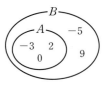

① $0\in B$ ② $-5\notin A$
③ $\{0,\ 2\}\subset A$ ④ $\{-3,\ 9\}\not\subset A$
⑤ $\{-3,\ 0,\ 2\}\not\subset B$

0358

집합 $A=\{\varnothing,\ a,\ \{b\},\ \{c\},\ \{a,\ c\}\}$에 대하여 보기에서 옳
은 것만을 있는 대로 고른 것은?

┌ 보기 ┐
ㄱ. $\{a\}\in A$ ㄴ. $b\in A$
ㄷ. $\{\varnothing\}\subset A$ ㄹ. $\{a,\ c\}\in A$
ㅁ. $\{b,\ c\}\subset A$ ㅂ. $\{\varnothing,\ a\}\subset A$
└─────────────────────┘

① ㄱ, ㄷ   ② ㄱ, ㅁ   ③ ㄴ, ㄹ
④ ㄷ, ㄹ, ㅂ   ⑤ ㄹ, ㅁ, ㅂ

0359

두 집합 A, B 사이의 포함 관계가 오른쪽 벤
다이어그램과 같은 것만을 보기에서 있는 대
로 고르시오.

┌ 보기 ┐
ㄱ. $A=\varnothing$, $B=\{\varnothing\}$
ㄴ. $A=\{0,\ 1,\ 3,\ 9\}$, $B=\{x\,|\,x=n^2,\ n=0,\ 1,\ 2,\ 3\}$
ㄷ. $A=\{x\,|\,x$는 5 이하의 소수$\}$,
   $B=\{x\,|\,x$는 15의 양의 약수$\}$
ㄹ. $A=\{x\,|\,x$는 10으로 나누어떨어지는 자연수$\}$,
   $B=\{x\,|\,x$는 5로 나누어떨어지는 자연수$\}$
ㅁ. $A=\{x\,|\,x$는 16의 양의 약수$\}$,
   $B=\{x\,|\,x$는 4의 양의 약수$\}$
└─────────────────────┘

0360

세 집합

$A=\{x|x=3n+1,\ n은\ 정수\},$
$B=\{x|x=6n+1,\ n은\ 정수\},$
$C=\{x|x=9n-5,\ n=0,\ 1,\ 2,\ 3\}$

에 대하여 보기에서 옳은 것만을 있는 대로 고른 것은?

┌ 보기 ─────────────────────────┐
ㄱ. $A \subset B$　　ㄴ. $B \subset A$　　ㄷ. $B \subset C$
ㄹ. $C \subset A$　　ㅁ. $C \subset B$
└──────────────────────────────┘

① ㄱ, ㄴ　　　② ㄱ, ㄹ　　　③ ㄴ, ㄹ
④ ㄴ, ㅁ　　　⑤ ㄷ, ㅁ

0361

세 집합

$A=\{x|x^2=4\},$
$B=\{x||x|\le 2인\ 정수\},$
$C=\{x|x^3-4x=0\}$

사이의 포함 관계를 바르게 나타낸 것은?

① $A \subset B \subset C$　　② $A \subset C \subset B$　　③ $B \subset A \subset C$
④ $B \subset C \subset A$　　⑤ $C \subset A \subset B$

0362

세 집합

$A=\{-1,\ 0,\ 1\},$
$B=\{x|x^2+1<2,\ x는\ 정수\},$
$C=\{x+y|x\in A,\ y\in A\}$

사이의 포함 관계를 바르게 나타낸 것은?

① $A \subset B \subset C$　　② $A \subset C \subset B$　　③ $B \subset A \subset C$
④ $B \subset C \subset A$　　⑤ $C \subset B \subset A$

유형 08 집합 사이의 포함 관계가 성립하도록 하는 미지수 구하기

0363

두 집합 $A=\{0,\ 1,\ a+3,\ 4a-2\}$, $B=\{x|x^2-6x=0\}$에 대하여 $B \subset A$가 성립하도록 하는 모든 자연수 a의 값의 합은?

① 4　　　　② 5　　　　③ 6
④ 7　　　　⑤ 8

0364

두 집합 $A=\{-3,\ 1-a\}$, $B=\{-a^2+1,\ -2a+3,\ 5\}$에 대하여 $A \subset B$일 때, 상수 a의 값을 구하시오.

0365

두 집합

$A=\{x|x는\ a보다\ 큰\ 정수\},$
$B=\{x|x=5n-4,\ n=0,\ 1,\ 2\}$

에 대하여 $B \subset A$를 만족시키는 정수 a의 최댓값을 구하시오.

0366

세 집합

$A=\left\{x\left|-\dfrac{5}{2}<x\le 2\right.\right\},$
$B=\{x|-4<x<3\},$
$C=\{x|a\le x\le b\}$

에 대하여 $A \subset C \subset B$가 성립한다. 정수 a, b에 대하여 $a+b$의 값은? (단, $a<b$)

① -2　　　② -1　　　③ 0
④ 1　　　　⑤ 2

0367

두 집합 $A=\{x | x$는 9의 양의 약수$\}$, $B=\{a-2,\ a+4,\ b\}$가 서로 같을 때, $a-b$의 값은? (단, a, b는 상수이다.)

① 3   ② 4   ③ 5
④ 6   ⑤ 7

0368

두 집합 $A=\{8,\ a+1,\ a^2\}$, $B=\{a^2-5,\ 8,\ 9\}$에 대하여 $A=B$일 때, 상수 a의 값을 구하시오.

0369 교육청 변형

두 집합 $A=\{8,\ a^2-3a\}$, $B=\{10,\ b^2+2b\}$에 대하여 $A \subset B$이고 $B \subset A$일 때, ab의 최댓값은? (단, a, b는 상수이다.)

① 2   ② 4   ③ 6
④ 8   ⑤ 10

0370 교육청 변형

두 집합 $A=\{-3,\ a+10,\ a^2\}$, $B=\{7,\ 9,\ a^2+4a\}$에 대하여 $A \subset B$이고 $B \subset A$일 때, 상수 a의 값을 구하시오.

0371

집합 $A=\{p,\ q\}$에 대하여 $S=\{X | X \subset A\}$라 할 때, 다음 중 집합 S의 원소가 <u>아닌</u> 것은?

① $\{\varnothing\}$ ② $\{p\}$ ③ $\{q\}$
④ $\{p,\ q\}$ ⑤ $\varnothing$

0372

집합 $A=\{0,\ 1,\ 2,\ \{1,\ 2\}\}$에 대하여 $B \subset A$이고 $n(B)=3$을 만족시키는 집합 B의 개수를 구하시오.

0373

두 집합 $A=\{x | x$는 6 미만의 자연수$\}$, $B=\{2,\ 5,\ a,\ b\}$에 대하여 집합 B가 집합 A의 진부분집합일 때, 상수 a, b에 대하여 $a+b$의 최솟값은?

(단, a, b는 2, 5가 아닌 서로 다른 자연수이다.)

① 4   ② 5   ③ 6
④ 7   ⑤ 8

0374 교육청 변형

자연수 전체의 집합의 두 부분집합

$A=\{1,\ 3a\}$, $B=\{x | x$는 15의 약수$\}$

에 대하여 $A \subset B$를 만족시키는 모든 자연수 a의 값의 합을 구하시오.

유형 11 부분집합의 개수

0375

집합 $A=\{x\,|\,x$는 21의 양의 약수$\}$의 부분집합의 개수를 a, 집합 $B=\{x\,|\,x$는 30 이하의 8의 양의 배수$\}$의 부분집합의 개수를 b라 할 때, $a-b$의 값을 구하시오.

0376

다음 집합 중 진부분집합의 개수가 31인 것은?

① $\{a,\,c,\,f,\,h,\,j,\,m\}$

② $\{-1,\,0,\,\{1,\,2\},\,\varnothing\}$

③ $\{x\,|\,x$는 16의 양의 약수$\}$

④ $\{x\,|\,x$는 15 미만의 짝수인 자연수$\}$

⑤ $\left\{x\,\Big|\,-3<x<\dfrac{3}{2},\ x$는 정수$\right\}$

0377

집합 $A=\{x\,|\,10\leq x\leq 20,\ x$는 소수$\}$에 대하여 $X\subset A$, $X\neq\varnothing$, $X\neq A$를 만족시키는 집합 X의 개수를 구하시오.

0378

집합 $A=\{x\,|\,x^3+x^2-2x=0\}$에 대하여 집합 $B=\{a+b\,|\,a\in A,\ b\in A\}$라 할 때, 집합 B의 부분집합의 개수를 구하시오.

유형 12 특정한 원소를 갖거나 갖지 않는 부분집합의 개수

0379

집합 $A=\{x\,|\,x$는 40 이하의 6의 양의 배수$\}$에 대하여 $X\subset A$이고, $X\neq A$인 집합 X 중에서 12, 30을 반드시 원소로 갖는 집합의 개수를 구하시오.

0380

집합 $A=\{1,\,2,\,3,\,\cdots,\,12\}$의 부분집합 중 모든 4의 배수를 반드시 원소로 갖고, 5의 배수를 원소로 갖지 않는 부분집합의 개수는?

① 32 ② 64 ③ 128

④ 256 ⑤ 512

0381 교육청 변형

집합 $A=\{4,\,5,\,6,\,7,\,8\}$에 대하여 다음 조건을 만족시키는 집합 A의 모든 부분집합 X의 개수를 구하시오.

> (가) $n(X)\geq 2$
> (나) 집합 X의 모든 원소의 곱은 8의 배수이다.

0382

집합 $A=\{x\,|\,2x^2+3x-14\leq 0,\ x$는 정수$\}$의 부분집합 중 두 개의 음이 아닌 정수를 원소로 갖는 부분집합의 개수는?

① 24 ② 27 ③ 30

④ 33 ⑤ 36

0383

두 집합 $A = \{a, b, c, d, e, f\}$, $B = \{a, e\}$에 대하여 $B \subset X \subset A$를 만족시키는 집합 X의 개수를 구하시오.

0384

두 집합

$A = \{x \mid x^2 - 5x + 6 = 0\}$,

$B = \{y \mid y$는 5 이하의 자연수$\}$

에 대하여 $A \subset X \subset B$를 만족시키는 집합 X의 개수를 구하시오.

0385

자연수 전체의 집합의 부분집합

$A = \left\{ x \mid x = \dfrac{24}{n}, \ n$은 자연수$\right\}$

에 대하여 다음 조건을 만족시키는 집합 X의 개수는?

| (가) $\{1, 4, 6\} \subset X$ (나) $X \subset A$ (다) $X \neq A$ |

① 30   ② 31   ③ 32
④ 33   ⑤ 34

0386

두 집합

$A = \{x \mid x$는 n 이하의 자연수$\}$,

$B = \{x \mid x$는 10 미만의 짝수인 자연수$\}$

에 대하여 $B \subset X \subset A$, $X \neq B$를 만족시키는 집합 X의 개수가 15일 때, 자연수 n의 값을 구하시오.

0387

집합 $A = \{2x - 3 \mid x$는 16의 양의 약수$\}$의 부분집합 중 -1 또는 5를 원소로 갖는 집합의 개수를 구하시오.

0388

집합 $A = \{x \mid x$는 60 이하의 7의 양의 배수$\}$의 진부분집합 중 적어도 한 개의 짝수를 원소로 갖는 집합의 개수를 구하시오.

0389

집합 $A = \{-2, -1, 0, 1, 2, 3\}$의 공집합이 아닌 부분집합 X의 원소 중 가장 작은 원소를 $m(X)$라 할 때, $m(X) \leq 0$을 만족시키는 집합 X의 개수는?

① 52   ② 56   ③ 60
④ 64   ⑤ 68

0390

집합 $A = \{x \mid x^2 + x - 6 \leq 0, \ x$는 정수$\}$의 부분집합 중 적어도 한 개의 음수를 원소로 갖는 부분집합의 개수를 구하시오.

유형 15 특별한 조건을 만족시키는 부분집합의 개수 (2)

0391

집합 $A=\{x\,|\,x$는 50 미만의 자연수$\}$의 부분집합 X가 다음 조건을 모두 만족시킬 때, 집합 X의 부분집합의 개수의 최솟값을 구하시오.

(가) $43 \in X$
(나) $x \in X$이고 $x < 49$이면 $x+1 \in X$이다.

0392 교육청 변형

자연수 전체의 집합의 부분집합 S 중

$$x \in S$$이면 $$\frac{81}{x} \in S$$

를 만족시키고 $n(S)=k$인 집합 S의 개수를 s_k라 할 때, s_3+s_4의 값을 구하시오. (단, $S \neq \varnothing$)

0393

집합 $A=\{x\,|\,x$는 100 이하의 자연수$\}$에 대하여 다음 조건을 만족시키는 집합 B의 개수는?

(가) $B \subset A$
(나) $x \in B$이면 $\frac{36}{x} \in B$이다.
(다) $n(B)$의 값은 홀수이다.

① 4 　　② 8 　　③ 12
④ 16 　　⑤ 20

유형 16 부분집합의 원소의 합과 곱

0394

집합 $A=\{1, 2, 3, 4, 5, 6\}$의 부분집합 X의 모든 원소의 합을 $S(X)$라 하자. $2 \in B$, $5 \not\in B$이고 $B \subset A$인 모든 집합 B에 대하여 $S(B)$의 값의 합은?

① 132 　　② 136 　　③ 140
④ 144 　　⑤ 148

0395

집합 X의 모든 원소의 곱을 $f(X)$라 하자. 집합 $A=\{1, 3, 9, 27, 81\}$의 공집합이 아닌 모든 부분집합을 각각 A_1, A_2, A_3, $\cdots$, A_{31}이라 할 때, $f(A_1) \times f(A_2) \times f(A_3) \times \cdots \times f(A_{31})=3^k$을 만족시키는 자연수 k의 값을 구하시오.

0396

집합 $A=\{1, 2, 3, 4, 5, 6\}$에서 두 개의 홀수를 원소로 갖는 부분집합을 A_1, A_2, A_3, $\cdots$, A_n이라 하고, 집합 A_k $(k=1, 2, 3, \cdots, n)$의 원소의 총합을 a_k라 하자. $a_1+a_2+a_3+\cdots+a_n$의 값은? (단, n은 자연수이다.)

① 272 　　② 280 　　③ 288
④ 296 　　⑤ 304

0397 교육청 변형

자연수 전체의 집합의 부분집합 A가 '$x \in A$이면 $10-x \in A$'를 만족시킬 때, 원소가 3개인 집합 A의 개수를 구하시오.

0399 교육청 기출

집합 $A = \{3, 4, 5, 6, 7\}$에 대하여 다음 조건을 만족시키는 집합 A의 모든 부분집합 X의 개수는?

> (가) $n(X) \geq 2$
> (나) 집합 X의 모든 원소의 곱은 6의 배수이다.

① 18   ② 19   ③ 20
④ 21   ⑤ 22

0398 교육청 변형

두 집합 $A = \{6, 2a, 2a+1, 2a+3\}$, $B = \{-4, a^2+2\}$에 대하여 $B \subset A$가 성립할 때, 집합 B의 모든 원소의 합을 구하시오. (단, a는 상수이다.)

0400 교육청 기출

집합 $S = \{1, 2, 3, 4, 5\}$의 부분집합 중 원소의 개수가 2개 이상인 모든 집합에 대하여 각 집합의 가장 작은 원소를 모두 더한 값은?

① 42   ② 46   ③ 50
④ 54   ⑤ 58

0401 교육청 변형

서로 다른 자연수 세 개를 원소로 갖는 집합 A에 대하여 집합 B를 $B=\{x\,|\,x=pq,\ p\in A,\ q\in A\}$라 하자. 집합 B의 원소 중 가장 큰 값이 625, 가장 작은 값이 16이고, $n(B)=5$일 때, 집합 A의 부분집합 중 원소의 개수가 2인 부분집합을 X_1, X_2, $\cdots$, X_n이라 하자. 집합 X_n의 모든 원소의 합을 S_n이라 할 때, $S_1+S_2+\cdots+S_n$의 값을 구하시오.

0402 교육청 변형

집합 $A=\left\{\dfrac{1}{2},\ \dfrac{1}{2^2},\ \dfrac{1}{2^3},\ \cdots,\ \dfrac{1}{2^9},\ \dfrac{1}{2^{10}}\right\}$의 원소 a에 대하여 집합 A의 부분집합 중 a를 가장 작은 원소로 갖는 모든 집합의 개수를 $f(a)$, a를 가장 큰 원소로 갖는 모든 집합의 개수를 $g(a)$라 할 때, $g\left(\dfrac{1}{2^4}\right)-f\left(\dfrac{1}{2^4}\right)$의 값은?

① -56 ② -48 ③ 48
④ 56 ⑤ 80

0403 교육청 변형

집합 $A=\{x\,|\,x$는 10 이하의 자연수$\}$의 원소 n에 대하여 집합 A의 부분집합 중 n을 최소의 원소로 갖는 모든 집합의 개수를 $f(n)$이라 하자. 보기에서 옳은 것만을 있는 대로 고른 것은?

보기
ㄱ. $f(1)=512$
ㄴ. $a\in A$, $b\in A$일 때, $a<b$이면 $f(a)<f(b)$이다.
ㄷ. $f(7)+f(8)+f(9)=16$

① ㄱ   ② ㄱ, ㄴ   ③ ㄱ, ㄷ
④ ㄴ, ㄷ   ⑤ ㄱ, ㄴ, ㄷ

0404 교육청 변형

두 자연수 m, n의 공약수의 개수를 $N(m,\ n)$이라 하자. 집합 $U=\{x\,|\,x$는 100 이하의 자연수$\}$의 부분집합 $A_k(a)$를
$$A_k(a)=\{x\,|\,N(a,\ x)=k\}\ (k,\ a\text{는 자연수})$$
라 할 때, 다음 보기 중 옳은 것만을 있는 대로 고른 것은?

보기
ㄱ. $4\in A_1(7)$
ㄴ. 집합 $A_3(9)$의 원소의 개수는 10이다.
ㄷ. a가 소수이면 집합 $A_2(a)$의 원소의 개수는 $\left[\dfrac{100}{a}\right]$이다.
    (단, $[x]$는 x보다 크지 않은 최대의 정수이다.)

① ㄱ   ② ㄴ   ③ ㄱ, ㄷ
④ ㄴ, ㄷ   ⑤ ㄱ, ㄴ, ㄷ

유형 01 합집합과 교집합

0405

세 집합 $A=\{x|x는 11보다 작은 홀수인 자연수\}$,
$B=\{x|x는 10의 양의 약수\}$, $C=\{x|x는 12의 양의 약수\}$
에 대하여 $n((A\cup B)\cap C)$의 값은?

① 2　　　　② 3　　　　③ 4

④ 5　　　　⑤ 6

0406 교육청 변형

두 집합 $A=\{x|x는 45의 양의 약수\}$,
$B=\{x|x는 30의 양의 약수\}$에 대하여
$A\cap B=\{x|x는 k의 양의 약수\}$일 때, 자연수 k의 값을 구하시오.

0407

오른쪽 벤다이어그램에서
$B=\{3, 4, 6, 7, 9, 10\}$,
$A\cap B=\{4, 7, 9\}$일 때, 다음 중 집합
A가 될 수 <u>없는</u> 것은?

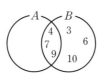

① $\{4, 7, 9\}$　　　② $\{1, 4, 7, 9\}$　　　③ $\{4, 5, 7, 9\}$
④ $\{4, 6, 7, 9\}$　　　⑤ $\{2, 4, 7, 8, 9\}$

유형 02 서로소인 두 집합

0408

두 집합 $A=\{x|1<x<15, x는 합성수\}$, $B=\{2, 7, k\}$가
서로소일 때, 다음 중 자연수 k의 값이 될 수 있는 것은?

① 4　　　　② 6　　　　③ 9

④ 10　　　　⑤ 13

0409

보기에서 집합 $\{3, 5, 7, 9\}$와 서로소인 것만을 있는 대로 고른 것은?

보기
ㄱ. $\{x|x=3n-1, n은 자연수\}$
ㄴ. $\{x|x=2^n, n은 자연수\}$
ㄷ. $\{x|x^2-x-6=0\}$
ㄹ. $\{x|x^2\leq1\}$
ㅁ. $\{x|x는 28의 양의 약수\}$

① ㄱ, ㄴ　　　② ㄱ, ㅁ　　　③ ㄴ, ㄹ
④ ㄷ, ㄹ　　　⑤ ㄹ, ㅁ

0410

집합 $A=\{x||x|\leq5, x는 정수\}$의 부분집합 중 집합
$B=\{x|x=2n-5, n은 자연수\}$와 서로소인 집합 X의 개수는?

① 4　　　　② 8　　　　③ 16

④ 32　　　　⑤ 64

유형 03 두 집합이 서로소가 되게 하는 미지수 구하기

0411

두 집합 $A=\{x|x\leq 3a-5\}$, $B=\{x|x\geq a+2\}$에 대하여 $A\cap B=\varnothing$이 되도록 하는 정수 a의 최댓값을 구하시오.

0412

두 집합 $A=\{x|k-1<x<k+1\}$, $B=\{x|x>3k-11\}$에 대하여 A와 B가 서로소일 때, 상수 k의 최솟값은?

① 5   ② 6   ③ 7
④ 8   ⑤ 9

유형 04 여집합과 차집합

0413

전체집합 $U=\{x|x$는 8 이하의 자연수$\}$의 두 부분집합 $A=\{x|x$는 6의 약수$\}$, $B=\{1, 4, 6, 8\}$에 대하여 다음 중 옳지 <u>않은</u> 것은?

① $U-B^C=\{1, 4, 6, 8\}$
② $A^C\cap B^C=\{5, 7\}$
③ $(A-B)^C=\{1, 4, 6, 7, 8\}$
④ $B-A^C=\{1, 6\}$
⑤ $A^C-B^C=\{4, 8\}$

0414

전체집합 $U=\{x|-4\leq x\leq 4\}$의 두 부분집합 $A=\{x|-3<x\leq 1\}$, $B=\{x|-2<x\leq 4\}$에 대하여 집합 $(A\cap B)^C$은?

① $\{x|-2<x\leq 1\}$
② $\{x|-3<x<1\}$
③ $\{x|-4\leq x\leq 1\}$
④ $\{x|-4\leq x<-2$ 또는 $2\leq x<4\}$
⑤ $\{x|-4\leq x\leq -2$ 또는 $1<x\leq 4\}$

0415

전체집합 U의 두 부분집합 A, B에 대하여 오른쪽 벤다이어그램에서 집합 $(A\cup B)\cap(B-A)^C$을 구하시오.

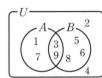

0416

전체집합 $U=\{x|x$는 10보다 작은 자연수$\}$의 세 부분집합 $A=\{x|x$는 짝수$\}$, $B=\{1, 3, 4, 5, 6\}$, $C=\{x|x$는 8의 약수$\}$에 대하여 집합 $A^C-(B-C)$의 모든 원소의 합은?

① 15   ② 16   ③ 17
④ 18   ⑤ 19

0417

전체집합 $U=\{1,\ 2,\ 3,\ \cdots,\ 10\}$의 두 부분집합 A, B에 대하여 $A-B=\{4,\ 9\}$, $B-A=\{3,\ 8,\ 10\}$, $(A\cup B)^C=\{1,\ 5\}$일 때, 집합 $A\cap B$를 구하시오.

0418

전체집합 $U=\{2,\ 4,\ 6,\ 8,\ 10\}$의 두 부분집합 A, B에 대하여 $A\cap B^C=\{2,\ 4\}$, $B-A=\{8\}$, $(A\cap B)^C=\{2,\ 4,\ 6,\ 8\}$일 때, 집합 A의 모든 원소의 합은?

① 12   ② 14   ③ 16

④ 18   ⑤ 20

0419

전체집합 $U=\{x\,|\,x$는 9 이하의 자연수$\}$의 두 부분집합 A, B에 대하여 $A^C\cap B^C=\{3,\ 4,\ 7\}$, $A\cap B=\{8\}$, $A\cap B^C=\{1,\ 2,\ 9\}$일 때, 집합 B의 모든 원소의 합은?

① 16   ② 17   ③ 18

④ 19   ⑤ 20

0420

두 집합 $A=\{-3,\ 1,\ a^2-2a-5\}$, $B=\{0,\ 3,\ 2a+1\}$에 대하여 $B-A=\{0\}$일 때, 상수 a의 값을 구하시오.

0421 교육청 변형

두 집합 $A=\{8-a,\ 6-a,\ 4-a,\ 2-a\}$, $B=\{-1,\ 4,\ 4a-a^2\}$에 대하여 $A\cap B=\{-1,\ 3\}$일 때, 집합 $A\cup B$의 모든 원소의 합은? (단, a는 상수이다.)

① 10   ② 12   ③ 14

④ 16   ⑤ 18

0422

두 집합 $A=\{6,\ a^2+4,\ 9-2a\}$, $B=\{2,\ 8,\ a+4\}$에 대하여 $A\cup B=\{2,\ 5,\ 6,\ 8\}$일 때, 집합 A의 모든 원소의 합을 구하시오. (단, a는 상수이다.)

유형 07 집합의 연산의 성질

0423

전체집합 U의 두 부분집합 A, B에 대하여 다음 중 옳지 않은 것은?

① $B \cap \varnothing^C = B$
② $A \subset U^C$
③ $A \cap (A \cup B) = A$
④ $(A \cap B) \subset (A \cup B)$
⑤ $A \cap (U \cap B^C) = A - B$

0424 [교육청 변형]

전체집합 U의 임의의 두 부분집합 A, B에 대하여 다음 중 집합 $(A \cup B^C) \cap A^C$과 같은 집합은?

① $\varnothing$
② A^C
③ B
④ $A \cup B^C$
⑤ $A^C \cap B^C$

0425

전체집합 U의 공집합이 아닌 두 부분집합 A, B에 대하여 다음 중 나머지 넷과 다른 하나는?

① $A - B^C$
② $B - A^C$
③ $B \cap (U \cap A)$
④ $A \cap (U - B^C)$
⑤ $(A \cup A^C) \cap B$

유형 08 집합의 연산의 성질 − 포함 관계

0426

전체집합 U의 서로 다른 두 부분집합 A, B에 대하여 $A \cap B = A$일 때, 다음 중 옳지 않은 것은?

① $B^C \subset A^C$
② $A \cup B = B$
③ $A - B = \varnothing$
④ $B \cap A^C = \varnothing$
⑤ $A^C \cap B^C = B^C$

0427

전체집합 U의 서로 다른 두 부분집합 A, B에 대하여 $A^C \subset B^C$일 때, 다음 중 나머지 넷과 다른 하나는?

① $A \cup B$
② $A \cap (A \cup B)$
③ $B \cup (A \cap B)$
④ $A \cup (B - A)$
⑤ $(A - B^C) \cup A$

0428

전체집합 U의 공집합이 아닌 두 부분집합 A, B에 대하여 A, B^C이 서로소일 때, 보기에서 옳은 것만을 있는 대로 고른 것은?

> **보기**
> ㄱ. $A - B = \varnothing$
> ㄴ. $(A \cap B)^C = A^C$
> ㄷ. $A^C \subset B^C$
> ㄹ. $B^C - A^C = \varnothing$

① ㄱ
② ㄴ
③ ㄱ, ㄴ
④ ㄱ, ㄴ, ㄹ
⑤ ㄴ, ㄷ, ㄹ

0429

두 집합 $A=\{a, b, c\}$, $B=\{b, d, e, f, g\}$에 대하여 $B \cup X=X$, $(A \cup B) \cap X=X$를 만족시키는 집합 X의 개수는?

① 2   ② 4   ③ 6

④ 8   ⑤ 10

0430

두 집합 $A=\{-2, -1, 0, 1, 2\}$, $B=\{-1, 1\}$에 대하여 $A \cap X=X$, $B \cap X \neq \varnothing$을 만족시키는 집합 X의 개수를 구하시오.

0431

두 집합 $A=\{1, 2, 3, 4, 5, 6, 7\}$, $B=\{1, 3, 5, 7\}$에 대하여 $(A-B) \cap X=\varnothing$, $A \cap X=X$를 만족시키는 집합 X의 개수를 구하시오.

0432

전체집합 $U=\{1, 2, 3, 4, 5, 6, 7\}$의 두 부분집합 $A=\{1, 5\}$, $B=\{4, 6, 7\}$에 대하여 $X \cup A=X$, $X \cap B^C=X$를 만족시키는 U의 부분집합 X의 개수는?

① 2   ② 4   ③ 8

④ 16   ⑤ 32

0433

전체집합 U의 두 부분집합 A, B에 대하여 $(A \cap B^C) \cup (A \cup B)^C$과 같은 집합은?

① A^C ② B^C ③ $A \cap B$

④ $A^C \cup B$ ⑤ $A \cap B^C$

0434 교육청 변형

전체집합 $U=\{x \mid x$는 11 이하의 홀수인 자연수$\}$의 두 부분집합 $A=\{1, 5, 9, 11\}$, $B=\{3, 5, 7, 9\}$에 대하여 집합 $(B-A)^C-B^C$의 모든 원소의 합은?

① 6   ② 8   ③ 10

④ 12   ⑤ 14

0435

전체집합 $U=\{x|x$는 11 이하의 자연수$\}$의 세 부분집합 A, B, C에 대하여 $C=\{1, 2, 5, 7, 8, 9, 11\}$이고 $(A^C \cup B^C) \cap C = \{1, 2, 5, 8, 11\}$일 때, 반드시 집합 $A \cap B$의 원소인 모든 수의 합은?

① 14   ② 15   ③ 16
④ 17   ⑤ 18

유형 11 집합의 연산을 간단히 하기

0436

전체집합 U의 세 부분집합 A, B, C에 대하여 다음 중 집합 $(A-B)-C$와 항상 같은 집합은?

① $(A \cap B) - C$ ② $(A \cup B) - C$
③ $A - (B \cup C)$ ④ $A - (B \cap C)$
⑤ $(B \cup C) - A$

0437 교육청 변형

전체집합 U의 공집합이 아닌 두 부분집합 A, B에 대하여 $B - A = \varnothing$일 때, 다음 중 집합 $(A \cup B^C) \cap (A^C \cup B)$와 항상 같은 집합은?

① $\varnothing$ ② $A \cap B$ ③ $A - B$
④ $A^C \cup B$ ⑤ $A \cup B^C$

0438

전체집합 U의 세 부분집합 A, B, C에 대하여 보기에서 옳은 것만을 있는 대로 고른 것은?

보기
ㄱ. $A \cap (A^C \cup B) = A \cap B$
ㄴ. $(A \cap B^C) \cup (A - B^C) = B$
ㄷ. $\{(A \cup B) \cap (A^C \cup B)\} \cap \{(C-B) \cap (B \cup C)^C\} = \varnothing$

① ㄱ   ② ㄷ   ③ ㄱ, ㄷ
④ ㄴ, ㄷ   ⑤ ㄱ, ㄴ, ㄷ

0439

전체집합 U의 서로 다른 두 부분집합 A, B에 대하여
$$B \cup \{(A-B) \cup (A \cap B)\} = A$$
가 성립할 때, 보기에서 항상 옳은 것만을 있는 대로 고르시오.

보기
ㄱ. $A \cap B = A$ ㄴ. $B - A = \varnothing$
ㄷ. $A \cup B^C = U$ ㄹ. $A^C - B^C = \varnothing$

0440

전체집합 $U=\{1, 2, 3, 4, 5, 6, 7\}$의 두 부분집합 A, B에 대하여 $A \cap B = \{2, 6, 7\}$,
$\{A \cap (A \cap B)^C\} \cap (A \cup B^C) = \{3, 5\}$가 성립할 때, 집합 A의 모든 원소의 합은?

① 23   ② 24   ③ 25
④ 26   ⑤ 27

0441

다음 중 오른쪽 벤다이어그램의 색칠한 부분을 나타내는 집합과 항상 같은 집합은?

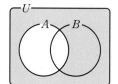

① $A^C - B$
② $U - (A - B)$
③ $U - (A \cup B)$
④ $U \cap (A \cap B)^C$
⑤ $(A \cap B)^C \cup (A - B)$

0442

다음 보기에서 오른쪽 벤다이어그램의 색칠한 부분을 나타내는 집합만을 있는 대로 고른 것은?

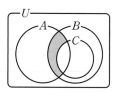

보기
ㄱ. $(A \cap B) - C$ ㄴ. $A \cap (B - C)$
ㄷ. $(A - B) \cap C$ ㄹ. $(A - C) \cap B$
ㅁ. $A \cap (B \cup C)$

① ㄱ, ㄴ   ② ㄴ, ㄷ   ③ ㄹ, ㅁ
④ ㄱ, ㄴ, ㄹ   ⑤ ㄴ, ㄷ, ㅁ

0443

다음 중 오른쪽 벤다이어그램의 색칠한 부분을 나타내는 집합과 항상 같은 집합은?

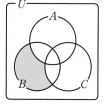

① $A \cup (B - C)$
② $(A^c \cap C^c) \cap B$
③ $(A^c \cap C^c) \cap B^c$
④ $B \cap (A \cap C)^c$
⑤ $B - (C - A)$

0444

다음 보기에서 오른쪽 벤다이어그램의 색칠한 부분을 나타내는 집합만을 있는 대로 고른 것은?

보기
ㄱ. $(A \cap C) - B$ ㄴ. $(A - B) \cap (C - B)$
ㄷ. $A - (B \cap C)$ ㄹ. $(A \cap C) - (A \cap B \cap C)$

① ㄱ   ② ㄱ, ㄴ   ③ ㄴ, ㄷ
④ ㄱ, ㄴ, ㄹ   ⑤ ㄴ, ㄷ, ㄹ

유형 **13** 배수와 약수의 집합의 연산

0445

전체집합 $U = \{1, 2, 3, \cdots, 100\}$의 부분집합 A_k를 $A_k = \{x \mid x$는 자연수 k의 배수$\}$라 할 때, 집합 $A_3 \cap (A_4 \cup A_6)$의 원소의 개수를 구하시오.

0446

전체집합 $U = \{x \mid x$는 자연수$\}$의 부분집합 $B_k = \{x \mid x$는 k의 약수$\}$에 대하여 집합 $B_{45} \cap (B_{10} \cup B_{15})$의 모든 원소의 합은? (단, k는 자연수이다.)

① 16   ② 20   ③ 24
④ 28   ⑤ 32

0447

자연수 k의 양의 배수의 집합을 A_k라 할 때, 보기에서 옳은 것만을 있는 대로 고른 것은?

> **보기**
> ㄱ. $A_{20} \cap A_{12} \subset A_{10}$
> ㄴ. $(A_5 \cap A_6) \cup A_{15} = A_5$
> ㄷ. $(A_{16} \cup A_8) \cap (A_5 \cup A_8) = A_8$

① ㄱ   ② ㄱ, ㄴ   ③ ㄱ, ㄷ

④ ㄴ, ㄷ   ⑤ ㄱ, ㄴ, ㄷ

유형 14 방정식 또는 부등식의 해의 집합의 연산

0448

두 집합 $A = \{x \,|\, x^2 - 4x + a = 0\}$, $B = \{x \,|\, x^3 + bx - 6 = 0\}$ 에 대하여 $A \cap B = \{3\}$일 때, 집합 $A \cup B$의 모든 원소의 합을 구하시오. (단, a, b는 상수이다.)

0449

두 집합 $A = \{x \,|\, x^2 - 15x + 26 > 0\}$,
$B = \{x \,|\, (x - 2k - 1)(x - k) \le 0\}$에 대하여 $A \cap B = \varnothing$이 되도록 하는 자연수 k의 개수는?

① 1   ② 2   ③ 3

④ 4   ⑤ 5

0450 교육청 변형

실수 전체의 집합의 두 부분집합 $A = \{x \,|\, x^2 - 6x + 8 \le 0\}$,
$B = \{x \,|\, x^2 + (a - 3)x - 3a \le 0\}$에 대하여
$A - B = \{x \,|\, 3 < x \le 4\}$일 때, 실수 a의 값의 범위는?

① $a \le -3$ ② $a \ge -2$ ③ $a \ge -1$

④ $a > 1$ ⑤ $a > 2$

유형 15 대칭차집합

0451

전체집합 $U = \{x \,|\, x$는 10 이하의 자연수$\}$의 두 부분집합
$A = \{x \,|\, x = 2k - 1, k$는 자연수$\}$,
$B = \{x \,|\, x = 3k - 2, k$는 자연수$\}$
에 대하여 집합 $(A \cup B) - (A \cap B)$의 모든 원소의 합을 구하시오.

0452

전체집합 $U = \{x \,|\, x$는 자연수$\}$의 두 부분집합 A, B에 대하여
$A = \{5, 10, 15, 20\}$,
$(A \cup B) \cap (A^C \cup B^C) = \{10, 20, 30, 40\}$
일 때, 집합 B의 모든 원소의 합은?

① 80   ② 85   ③ 90

④ 95   ⑤ 100

0453

전체집합 $U=\{x \mid x$는 12 미만의 자연수$\}$의 공집합이 아닌 서로 다른 두 부분집합 X, Y에 대하여 다음 조건을 만족시키는 집합 Y의 개수는?

> (가) $X=\{x \mid x$는 2의 배수$\}$
> (나) $\{(X \cup Y)-(X \cap Y)\} \subset (X-Y)$

① 24   ② 26   ③ 28
④ 30   ⑤ 32

0454

전체집합 $U=\{1, 2, 3, 4, 5, 6, 7, 8, 9, 10\}$의 두 부분집합 $A=\{2, 4, 6, 8\}$, $B=\{6, 8, 10\}$에 대하여 집합 P를 $P=(A \cup B) \cap (A \cap B)^C$이라 하자. $P \subset X \subset U$를 만족시키는 집합 X의 개수는?

① 32   ② 64   ③ 128
④ 256   ⑤ 512

0455

전체집합 U의 두 부분집합 A, B에 대하여 연산 $\diamond$를 $A \diamond B=(A \cap B^C) \cup (A^C \cap B)$라 하자. 전체집합 U의 세 부분집합 A, B, C에 대하여 보기에서 옳은 것만을 있는 대로 고른 것은?

> **보기**
> ㄱ. $A \diamond B=B \diamond A$
> ㄴ. $B \diamond B=B$
> ㄷ. $(A \diamond B) \diamond C=A \diamond (B \diamond C)$

① ㄱ   ② ㄴ   ③ ㄷ
④ ㄱ, ㄷ   ⑤ ㄴ, ㄷ

유형 16   새로운 집합의 연산

0456

전체집합 U의 두 부분집합 A, B에 대하여 연산 $\blacklozenge$를 $A \blacklozenge B=(A^C \cup B) \cap (A \cup B)$라 할 때, $B \blacklozenge (B \blacklozenge A)$와 항상 같은 집합은?

① A ② B ③ $A-B$
④ $B-A$ ⑤ $A \cap B$

0457

전체집합 U의 두 부분집합 A, B에 대하여 연산 $\odot$를 $A \odot B=(A \cap B) \cup (A \cup B)^C$이라 할 때, 다음 중 벤다이어그램의 색칠한 부분이 나타내는 집합이 $A \odot (B \odot C)$인 것은?

①   ②   ③

④   ⑤

유형 17   유한집합의 원소의 개수 (1)

0458

전체집합 U의 두 부분집합 A, B에 대하여
$$n(U)=40, \ n(B)=25, \ n(A^C \cap B^C)=10$$
일 때, $n(A \cap B^C)$의 값은?

① 5   ② 6   ③ 7
④ 8   ⑤ 9

0459 교육청 변형

전체집합 U의 두 부분집합 A, B에 대하여
$$n(U)=18, \ n(A-B)=6, \ n(B-A)=5,$$
$$n(A^C \cup B^C)=13$$
일 때, $n(A \cup B)$의 값을 구하시오.

0460

두 집합 A, B에 대하여 $n(A \cup B)=47$, $n(A)=24$, $n(B)=29$일 때, $n((A-B) \cup (B-A))$의 값을 구하시오.

0461

전체집합 U의 두 부분집합 A, B에 대하여
$$n(A)=33, \ n(A^C \cap B)=12,$$
$$n((A-B) \cup (B-A))=19$$
일 때, $n(A \cap B)$의 값은?

① 20   ② 22   ③ 24
④ 26   ⑤ 28

유형 18 유한집합의 원소의 개수 (2)

0462

어느 동아리 학생들을 대상으로 한 설문 조사에서 수학을 좋아하는 학생은 24명, 과학을 좋아하는 학생은 15명, 수학과 과학 중 적어도 하나를 좋아하는 학생은 32명이었다. 수학과 과학 중 하나만 좋아하는 학생 수는?

① 25   ② 26   ③ 27
④ 28   ⑤ 29

0463 교육청 변형

어느 반 40명의 학생을 대상으로 이용하는 휴대전화 통신사를 조사하였다. A 통신사를 이용하는 학생이 26명, B 통신사를 이용하는 학생이 19명, A, B 통신사를 제외한 다른 곳의 통신사를 이용하는 학생이 7명일 때, A 통신사만을 이용하는 학생 수를 구하시오.

0464

수강생이 45명인 어느 학원에서 모든 수강생을 대상으로 세 종류의 자격증 A, B, C의 취득 여부를 조사하였다. 자격증 A, B, C를 취득한 수강생이 각각 28명, 22명, 17명이고, 어느 자격증도 취득하지 못한 수강생이 9명이다. 이 학원의 수강생 중에서 세 자격증 A, B, C를 모두 취득한 수강생이 없을 때, 자격증 A, B, C 중 두 종류의 자격증만 취득한 수강생의 수는?

① 29   ② 30   ③ 31
④ 32   ⑤ 33

유형 19 유한집합의 원소의 개수의 최댓값과 최솟값 (1)

0465

전체집합 U의 두 부분집합 A, B에 대하여
$$n(U)=45,\ n(A)=22,\ n(B)=29$$
일 때, $n(B-A)$의 최솟값은?

① 3　　　　② 4　　　　③ 5

④ 6　　　　⑤ 7

0466

전체집합 U의 두 부분집합 A, B에 대하여
$$n(U)=57,\ n(A)=31,\ n(B^C)=14$$
일 때, $n(A\cap B)$의 최댓값 M과 최솟값 m에 대하여 $M-m$의 값을 구하시오.

0467

전체집합 U의 세 부분집합 A, B, C에 대하여
$$n(A)=17,\ n(B)=20,\ n(C)=23,$$
$$n(A\cap B)=13,\ n(A\cap B\cap C)=9$$
일 때, $n(C-(A\cup B))$의 최솟값은?

① 3　　　　② 4　　　　③ 5

④ 6　　　　⑤ 7

유형 20 유한집합의 원소의 개수의 최댓값과 최솟값 (2)

0468　교육청 변형

어느 음악학원 학생 90명 중 A 대회에 참가한 학생이 48명, B 대회에 참가한 학생이 72명이었다. A 대회와 B 대회에 모두 참가한 학생 수의 최댓값 M과 최솟값 m에 대하여 $M-m$의 값을 구하시오.

0469

어느 옷 가게를 방문한 고객 36명 중에서 티셔츠를 구매한 고객이 19명, 바지를 구매한 고객이 17명이었다. 이때 티셔츠와 바지 중 어느 것도 구매하지 않은 고객 수의 최댓값을 구하시오.

0470

어느 반 학생 27명을 대상으로 A, B 두 문제를 풀게 하였다. 문제 A를 풀지 못하고 문제 B만 푼 학생이 13명일 때, 문제 A, B를 모두 푼 학생 수의 최댓값은?

① 12　　　　② 13　　　　③ 14

④ 15　　　　⑤ 16

기출 & 기출변형 문제

0471 교육청 기출

전체집합 $U=\{x\,|\,x$는 50 이하의 자연수$\}$의 두 부분집합
$$A=\{x\,|\,x$는 30의 약수$\},\ B=\{x\,|\,x$는 3의 배수$\}$$
에 대하여 $n(A^C \cup B)$의 값은?

① 40   ② 42   ③ 44

④ 46   ⑤ 48

0472 교육청 변형

전체집합 $U=\{1,\ 2,\ 3,\ 4,\ 5,\ 6\}$의 두 부분집합 A, B에 대하여 $A\cup B=U$, $A\cap B=\{2,\ 5\}$이다. 집합 A, B의 모든 원소의 합을 각각 $f(A)$, $f(B)$라 할 때, $f(A)\times f(B)$의 최댓값은?

① 192   ② 194   ③ 196

④ 198   ⑤ 200

0473 교육청 기출

그림과 같이 a에서 g까지 7개의 전등의 점등을 이용하여 입력값을 나타내는 고정된 숫자판이 있다.

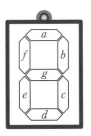

입력값의 전체집합 $U=\{2,\ 3,\ 4,\ 5\}$에 대하여, 다음은 입력값에 따른 숫자판의 점등 상태를 나타낸 것으로 어둡게 색칠된 부분은 점등된 전등이다.

입력값	2	3	4	5
점등 상태	🔢	🔢	🔢	🔢

전체집합 U의 두 부분집합 P, Q가
$$P=\{x\,|\,x$는 소수$\},\ Q=\{x\,|\,x$는 홀수$\}$$
일 때, c전등이 점등되는 모든 입력값의 집합을 옳게 나타낸 것은?

① P ② Q ③ $P\cup Q^C$

④ $P^C\cup Q$ ⑤ $P^C\cap Q^C$

0474 교육청 변형

전체집합 U의 두 부분집합 A, B에 대하여 연산 $\blacklozenge$를 $A\blacklozenge B=(A\cup B)\cap(A\cap B)^C$이라 할 때, 다음 중 벤다이어그램의 색칠한 부분을 나타낸 집합이 $(A\blacklozenge B)\blacklozenge C$인 것은?

①   ②   ③

④   ⑤

전체집합 $U=\{1, 2, 3, 4, 5, 6\}$의 두 부분집합
$A=\{1, 3, a^2-4a\}$, $B=\{a+7, 2a^2-a, 5\}$에 대하여
$A^C \cup B^C=\{1, 2, 4, 6\}$일 때, 집합 $A \cup B$의 모든 원소의 합은? (단, a는 상수이다.)

① 11   ② 12   ③ 13
④ 14   ⑤ 15

세 집합 $A=\{x|x^2-6x+9\geq0\}$,
$B=\{x|x^2+ax+b<0\}$, $C=\{x|x^2-5x\geq0\}$에 대하여
$B \cup C=A$, $B \cap C=\{x|-2<x\leq0\}$일 때, $a-b$의 값을
구하시오. (단, a, b는 상수이다.)

자연수 n에 대하여 집합 $\{x|x$는 100 이하의 자연수$\}$의 두
부분집합 A_n, B_n이
$$A_n=\{x|x는 \ n과 \ 서로소인 \ 자연수\},$$
$$B_n=\{x|x는 \ n의 \ 배수인 \ 자연수\}$$
일 때, 보기에서 옳은 것만을 있는 대로 고른 것은?

보기
ㄱ. $A_3 \cap A_4=A_6$
ㄴ. $B_4 \cap (B_3 \cup B_6)=B_{12}$
ㄷ. $n(B_3 \cup B_4)=40$

① ㄱ   ② ㄴ   ③ ㄱ, ㄴ
④ ㄴ, ㄷ   ⑤ ㄱ, ㄴ, ㄷ

두 자연수 k, m $(k \geq m)$에 대하여 전체집합
$$U=\{x|x는 \ k \ 이하의 \ 자연수\}$$
의 두 부분집합 $A=\{x|x는 \ m의 \ 약수\}$, B가 다음 조건을
만족시킨다.

(가) $B-A=\{4, 7\}$, $n(A \cup B^C)=7$
(나) 집합 A의 모든 원소의 합과 집합 B의 모든 원소의 합은
서로 같다.

집합 $A^C \cap B^C$의 모든 원소의 합은?

① 18   ② 19   ③ 20
④ 21   ⑤ 22

0479 교육청 변형

전체집합 $U = \{1, 2, 5, 8, 17, 21\}$의 두 부분집합 A, B가 다음 조건을 만족시킨다.

> (가) 집합 $A \cup B^C$의 모든 원소의 합은 집합 $B - A$의 모든 원소의 합의 5배이다.
> (나) $n(A \cup B) = 5$

집합 A의 모든 원소의 합의 최솟값을 구하시오.

$$(단, 2 \leq n(B - A) \leq 4)$$

0480 교육청 기출

어느 학교 학생 200명을 대상으로 두 체험 활동 A, B를 신청한 학생 수를 조사하였더니 체험 활동 A를 신청한 학생은 체험 활동 B를 신청한 학생보다 20명이 많았고, 어느 체험 활동도 신청하지 않은 학생은 하나 이상의 체험 활동을 신청한 학생보다 100명이 적었다. 체험 활동 A만 신청한 학생 수의 최댓값을 구하시오.

0481 교육청 기출

전체집합 U의 두 부분집합 A, B가 다음 조건을 만족시킬 때, 집합 B의 모든 원소의 합을 구하시오.

> (가) $A = \{3, 4, 5\}$, $A^C \cup B^C = \{1, 2, 4\}$
> (나) $X \subset U$이고 $n(X) = 1$인 모든 집합 X에 대하여 집합 $(A \cup X) - B$의 원소의 개수는 1이다.

0482 교육청 변형

전체집합 $U = \{x \mid x$는 10 이하의 자연수$\}$의 부분집합 A가 다음 조건을 만족시킨다.

> (가) $5 \in A$
> (나) $x \in A$이면 $10 - x \in A$

전체집합 U의 부분집합 B에 대하여 $A \cap B = \varnothing$, $A \cup B = U$일 때, 보기에서 옳은 것만을 있는 대로 고른 것은?

> **보기**
> ㄱ. $10 \in B$
> ㄴ. $n(B)$는 홀수이다.
> ㄷ. 집합 A의 모든 원소의 곱이 짝수가 되는 집합 A의 개수는 12이다.

① ㄱ   ② ㄷ   ③ ㄱ, ㄴ
④ ㄴ, ㄷ   ⑤ ㄱ, ㄴ, ㄷ

유형 01 명제

0483

다음 중 명제가 <u>아닌</u> 것은?

① $x=1$이면 $x-5=4$이다.

② 5의 약수인 자연수는 10의 약수이다.

③ $3x-7>1-x$

④ $121+79=200$

⑤ π는 유리수이다.

0484

다음 중 참인 명제는?

① $2x-5>0$

② 1.999는 2에 가깝다.

③ $\sqrt{5}$는 유리수이다.

④ 한국은 따뜻한 기후를 가진 나라이다.

⑤ 35의 양의 약수의 개수는 36의 양의 약수의 개수보다 적다.

0485

보기에서 거짓인 명제인 것만을 있는 대로 고르시오.

┌ 보기 ┐
ㄱ. 삼각형의 외각의 크기의 합은 360°이다.
ㄴ. 6의 배수는 3의 배수이다.
ㄷ. 8과 16의 최대공약수는 16이다.
ㄹ. 소수는 모두 홀수이다.

유형 02 명제와 조건의 부정

0486

다음 명제 중 그 부정이 참인 것은?

① $3\in\{1,\ 3,\ 5\}$

② 6은 소수이다.

③ $3<7$

④ 5는 40의 약수이다.

⑤ $3^2-2=(-2)^2+3$

0487

실수 전체의 집합에서 두 조건 p, q가

$p: -4\leq x\leq -1$, $q: -1<x<3$

일 때, 조건 '$\sim p$ 그리고 $\sim q$'의 부정을 구하시오.

0488

보기에서 조건 p와 그 부정 $\sim p$가 바르게 연결된 것을 있는 대로 고른 것은? (단, a, b, c는 실수이다.)

┌ 보기 ┐
ㄱ. $p: a<0$ 또는 $b<0$ $\sim p: a\geq 0$이고 $b\geq 0$
ㄴ. $p: ab=0$ $\sim p: a\neq 0$ 또는 $b\neq 0$
ㄷ. $p: a^2+b^2+c^2=0$ $\sim p: abc\neq 0$

① ㄱ   ② ㄷ   ③ ㄱ, ㄴ

④ ㄴ, ㄷ   ⑤ ㄱ, ㄴ, ㄷ

유형 03 진리집합

0489

전체집합 U가 $U=\{1, 2, 3, 4, 5\}$일 때, 조건
$p: x^2=7x-6$의 진리집합은?

① $\varnothing$ ② $\{1\}$ ③ $\{1, 2\}$
④ $\{1, 5\}$ ⑤ $\{2, 3\}$

0490 교육청 변형

전체집합 $U=\{x \,|\, x$는 한 자리의 자연수$\}$에 대하여 조건 p가
     $p: x$는 홀수 또는 10의 약수이다.
일 때, 조건 $\sim p$의 진리집합의 모든 원소의 합을 구하시오.

0491

자연수 전체의 집합에서 두 조건 p, q가
     $p: x^2-4x+4=0$, $q: 1 \le x \le 4$
일 때, 조건 'p 또는 $\sim q$'의 부정의 진리집합의 모든 원소의 합은?

① 2   ② 4   ③ 6
④ 8   ⑤ 10

유형 04 명제의 참, 거짓의 판별

0492

다음 명제 중 거짓인 것은?

① 정사각형이면 마름모이다.
② $2x-1=3$이면 $x^2-3x+2=0$이다.
③ 실수 x에 대하여 $x^{100}=1$이면 $x=1$이다.
④ 실수 x, y에 대하여 $x-y=0$이면 $x^2-y^2=0$이다.
⑤ 실수 x, y에 대하여 $|x|+|y|=0$이면 $xy=0$이다.

0493

다음 명제 중 참인 것은?

① 소수이면 홀수이다.
② 자연수 n이 홀수이면 $n(n+1)$은 홀수이다.
③ 유리수이면 정수이다.
④ 실수 a, b에 대하여 $a^2+2b^2=0$이면 $a=0$, $b=0$이다.
⑤ 3의 배수이면 6의 배수이다.

0494

두 실수 x, y에 대하여 보기에서 참인 명제인 것만을 있는 대로 고른 것은?

보기

ㄱ. $x>y>0$이면 $\dfrac{1}{x}<\dfrac{1}{y}$이다.

ㄴ. $x^2+y^2=0$이면 $|x|+|y|=0$이다.

ㄷ. $x+y \ge 0$이면 $x \ge 0$이고 $y \ge 0$이다.

① ㄱ   ② ㄱ, ㄴ   ③ ㄱ, ㄷ
④ ㄴ, ㄷ   ⑤ ㄱ, ㄴ, ㄷ

0495

전체집합 U에 대하여 두 조건 p, q의 진리집합을 각각 P, Q라 하자. 두 집합 P, Q가 그림과 같을 때, 명제 'q이면 $\sim p$이다.'가 거짓임을 보이는 원소는?

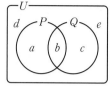

① a ② b ③ c

④ d ⑤ e

0496

다음 중 명제

    '12의 양의 약수이면 18의 양의 약수이다.'

가 거짓임을 보이는 반례로 적당한 것은?

① 1   ② 2   ③ 3

④ 4   ⑤ 6

0497

전체집합 U에 대하여 두 조건 p, q의 진리집합을 각각 P, Q라 할 때, 다음 중 명제 '$\sim q$이면 $\sim p$이다.'가 거짓임을 보이는 원소가 속하는 집합은?

① $P \cap Q$ ② $P^C \cup Q$ ③ $P - Q$

④ $Q - P$ ⑤ $P^C \cap Q^C$

0498

두 조건 p: $x \leq 2$ 또는 $x > 6$, q: $1 < x \leq k$에 대하여 명제 $\sim p \longrightarrow q$가 거짓임을 보이는 반례 중 정수는 6뿐일 때, 실수 k의 값의 범위는? (단, $k > 1$)

① $4 < k \leq 5$ ② $4 \leq k < 5$ ③ $5 < k < 6$

④ $5 < k \leq 6$ ⑤ $5 \leq k < 6$

0499

전체집합 U에 대하여 두 조건 p, q의 진리집합을 각각 P, Q라 하자. 명제 $p \longrightarrow \sim q$가 참일 때, 다음 중 항상 옳은 것은?

① $P \cup Q = Q$ ② $P^C \cup Q = P$ ③ $P \cup Q^C = U$

④ $P - Q = \varnothing$ ⑤ $Q - P = Q$

0500

전체집합 U에 대하여 세 조건 p, q, r의 진리집합을 각각 P, Q, R라 할 때, 세 집합 P, Q, R의 포함 관계가 벤다이어그램과 같다. 보기에서 항상 참인 명제인 것만을 있는 대로 고른 것은?

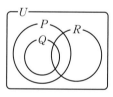

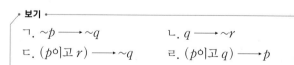

┌ 보기 ┐
ㄱ. $\sim p \longrightarrow \sim q$ ㄴ. $q \longrightarrow \sim r$
ㄷ. (p이고 r) $\longrightarrow \sim q$ ㄹ. (p이고 q) $\longrightarrow p$

① ㄱ, ㄴ   ② ㄱ, ㄷ   ③ ㄱ, ㄹ

④ ㄴ, ㄹ   ⑤ ㄱ, ㄷ, ㄹ

0501

전체집합 $U=\{x\,|\,x$는 10 이하의 자연수$\}$에 대하여 두 조건 p, q의 진리집합을 각각 P, Q라 하자. 조건 p가

p: x는 홀수인 소수

일 때, 명제 $\sim p \longrightarrow q$가 참이 되도록 하는 집합 Q의 개수를 구하시오.

유형 07 **명제가 참이 되도록 하는 상수 구하기**

0502

실수 x에 대한 두 조건

p: $x-a>0$, q: $x^2-3x-18\leq0$

에 대하여 명제 $q \longrightarrow \sim p$가 참이 되도록 하는 정수 a의 최솟값은?

① 3 ② 4 ③ 5

④ 6 ⑤ 7

0503

두 조건

p: $x<0$ 또는 $x\geq5$, q: $|x-a|\leq4$

에 대하여 명제 $\sim p \longrightarrow q$가 참이 되도록 하는 모든 자연수 a의 값의 합을 구하시오.

0504

세 조건

p: $x<a$, q: $x>3$, r: $-5<x\leq-1$ 또는 $x\geq b$

에 대하여 두 명제 $\sim p \longrightarrow q$, $q \longrightarrow r$가 모두 참이 되도록 하는 정수 a의 최솟값과 정수 b의 최댓값의 곱을 구하시오.

(단, a, b는 실수이다.)

유형 08 **'모든'이나 '어떤'을 포함한 명제**

0505

전체집합 $U=\{-3,\ -2,\ -1,\ 0,\ 1,\ 2,\ 3\}$의 두 원소 x, y에 대하여 다음 중 거짓인 명제는?

① 어떤 x에 대하여 $x^2\in U$이다.

② 모든 x에 대하여 $x^2\geq0$이다.

③ 모든 x, y에 대하여 $x-y\geq-6$이다.

④ 모든 x, y에 대하여 $x+y\geq-5$이다.

⑤ $x^2>0$을 만족시키지 않는 x가 있다.

0506

명제

'어떤 실수 x에 대하여 $x^2-3kx+2k<0$이다.'

의 부정이 거짓이 되도록 하는 자연수 k의 최솟값은?

① 1 ② 2 ③ 3

④ 4 ⑤ 5

0507

두 조건 p, q에 대하여 명제 $q \longrightarrow {\sim}p$의 역이 참일 때, 다음 중 항상 참인 명제는?

① $p \longrightarrow q$
② ${\sim}q \longrightarrow p$
③ $p \longrightarrow {\sim}q$
④ ${\sim}q \longrightarrow {\sim}p$
⑤ ${\sim}p \longrightarrow {\sim}q$

0508

다음 명제 중 그 역이 참인 것은? (단, x, y는 실수이다.)

① $0 < x < 1$이면 $x^2 < 1$이다.
② $x^2 - 2x + 1 = 0$이면 $x^2 = 1$이다.
③ $x < 0$, $y < 0$이면 $x + y < 0$이다.
④ $x^3 = y^3$이면 $x = y$이다.
⑤ $xy \neq 0$이면 $x \neq 0$ 또는 $y \neq 0$이다.

0509 교육청 변형

보기에서 명제와 그 명제의 역이 모두 참인 것만을 있는 대로 고른 것은? (단, a, b는 실수이다.)

보기

ㄱ. $a^2 + b^2 > 0$이면 $a \neq 0$ 또는 $b \neq 0$이다.
ㄴ. $ab = 0$이면 $a^2 + 2ab + 5b^2 = 0$이다.
ㄷ. $a > 0$, $b > 0$이면 $ab > 0$, $a + b > 0$이다.

① ㄱ
② ㄴ
③ ㄱ, ㄴ
④ ㄱ, ㄷ
⑤ ㄴ, ㄷ

0510

두 조건 p: $-2 \leq x \leq 5$, q: $|x - k| \leq 3$에 대하여 명제 $p \longrightarrow q$의 역이 참이 되도록 하는 모든 정수 k의 값의 합을 구하시오.

0511

두 실수 x, y에 대하여 명제

'$x + y < 10$이면 $x \leq k$ 또는 $y \leq 2$이다.'

가 참일 때, 자연수 k의 최솟값을 구하시오.

0512

두 조건 p: $|x - a| < 5$, q: $|x + 2| > 7$에 대하여 명제 $q \longrightarrow {\sim}p$가 참이 되도록 하는 실수 a의 값의 범위가 $m \leq a \leq M$일 때, $M - m$의 값은? (단, $M > m$)

① 1
② 2
③ 3
④ 4
⑤ 5

유형 11 삼단논법

0513

네 조건 p, q, r, s에 대하여 두 명제 $p \longrightarrow \sim s$, $r \longrightarrow q$가 모두 참일 때, 삼단논법에 의하여 명제 $s \longrightarrow \sim r$가 참임을 보이기 위해 필요한 참인 명제로 옳은 것은?

① $q \longrightarrow p$ ② $q \longrightarrow r$ ③ $s \longrightarrow q$
④ $q \longrightarrow s$ ⑤ $r \longrightarrow \sim p$

0514

세 조건 p, q, r에 대하여 명제 $q \longrightarrow r$와 명제 $\sim q \longrightarrow p$가 참일 때, 다음 중 반드시 참이라고 할 수 없는 것은?

① $\sim r \longrightarrow \sim q$ ② $r \longrightarrow p$ ③ $\sim p \longrightarrow r$
④ $\sim p \longrightarrow q$ ⑤ $\sim r \longrightarrow p$

0515 교육청 변형

전체집합 U에서의 세 조건 p, q, r의 진리집합을 각각 P, Q, R라 하자. 두 명제 $p \longrightarrow \sim r$, $q \longrightarrow r$가 모두 참일 때, 보기에서 옳은 것만을 있는 대로 고르시오.

> 보기
> ㄱ. 명제 $q \longrightarrow \sim p$는 참이다.
> ㄴ. $R \subset P^C$
> ㄷ. $P \subset Q^C$

유형 12 삼단논법과 명제의 추론

0516 교육청 변형

다음은 민수, 영희, 철수 3명의 학생이 학급 월간지를 제작하는 과정에서 실시한 취재와 관련한 사실을 나열한 것이다.

> (가) 세 학생 중 취재를 나간 사람이 있다.
> (나) 철수가 취재를 나갔다면 반드시 함께 취재를 나간 학생이 있다.
> (다) 영희는 취재를 나가지 않았다.

위의 결과로부터 추론한 내용으로 항상 옳은 것은?

① 철수는 반드시 취재에 나갔다.
② 민수와 철수는 함께 취재에 나갔다.
③ 민수는 취재에 나가지 않았다.
④ 민수는 혼자서만 취재에 나갔다.
⑤ 민수는 반드시 취재에 나갔다.

0517

다음 두 문장이 모두 참이라 할 때, 다음 중 참인 명제는?

> (가) 일찍 잠을 자는 학생은 소화 능력이 좋다.
> (나) 일찍 잠을 자지 않는 학생은 보리밥과 청국장을 좋아하지 않는다.

① 일찍 잠을 자는 학생은 보리밥을 좋아한다.
② 소화 능력이 좋은 학생은 청국장을 좋아한다.
③ 보리밥과 청국장을 좋아하지 않는 학생은 소화 능력이 좋다.
④ 보리밥을 좋아하지 않는 학생은 일찍 잠을 자지 않는다.
⑤ 보리밥 또는 청국장을 좋아하는 학생은 소화 능력이 좋다.

0518

두 조건 p, q에 대하여 다음 중 p가 q이기 위한 충분조건이지만 필요조건은 아닌 것은? (단, a, b, x, y는 실수이다.)

① $p: x<0$, $y<0$ $q: x+y<0$

② $p: |x|=|y|$ $q: x=y$

③ $p: |x| \leq 2$ $q: x^2-2x \leq 0$

④ $p: a^2-4ab+8b^2=0$ $q: a=b=0$

⑤ $p: ab>xy$ $q: \dfrac{a}{x}>\dfrac{y}{b}$

0519

두 조건 p, q에 대하여 다음 중 p가 q이기 위한 필요충분조건인 것은? (단, x, y는 실수이다.)

① $p: x=0$ $q: x^2 \geq 0$

② $p: x$는 홀수이다. $q: x$는 소수이다.

③ $p: x>0$, $y<0$ $q: xy<0$

④ $p: x=y$ $q: x^2+y^2=0$

⑤ $p: x^2-36=0$ $q: |x|=6$

0520 〔교육청 변형〕

두 실수 a, b에 대하여 세 조건 p, q, r는

$$p: a=b, \quad q: a^2=b^2, \quad r: |a|=|b|$$

이다. 보기에서 옳은 것만을 있는 대로 고른 것은?

> **보기**
> ㄱ. p는 q이기 위한 충분조건이지만 필요조건은 아니다.
> ㄴ. p는 r이기 위한 필요조건이지만 충분조건은 아니다.
> ㄷ. q는 r이기 위한 필요충분조건이다.

① ㄱ   ② ㄴ   ③ ㄱ, ㄴ

④ ㄱ, ㄷ   ⑤ ㄴ, ㄷ

0521

세 조건 p, q, r에 대하여 두 명제 $q \longrightarrow \sim p$, $\sim r \longrightarrow p$가 모두 참일 때, 보기에서 옳은 것만을 있는 대로 고른 것은?

> **보기**
> ㄱ. p는 $\sim q$이기 위한 필요조건이다.
> ㄴ. r는 q이기 위한 필요조건이다.
> ㄷ. $\sim p$는 r이기 위한 충분조건이다.

① ㄱ   ② ㄴ   ③ ㄱ, ㄴ

④ ㄱ, ㄷ   ⑤ ㄴ, ㄷ

0522

세 조건 p, q, r에 대하여 r는 q이기 위한 충분조건이고 p는 q이기 위한 필요조건일 때, 보기에서 항상 참인 명제인 것만을 있는 대로 고르시오.

> **보기**
> ㄱ. $r \longrightarrow p$ ㄴ. $\sim q \longrightarrow \sim r$
> ㄷ. $\sim p \longrightarrow \sim r$ ㄹ. $\sim q \longrightarrow \sim p$

0523

전체집합 U에 대하여 세 조건 p, q, r의 진리집합을 각각 P, Q, R라 하자. 세 집합 사이의 포함 관계가 그림과 같을 때, 다음 중 옳지 <u>않은</u> 것은?

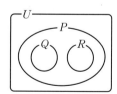

① r는 p이기 위한 충분조건이다.

② $\sim q$는 r이기 위한 필요조건이다.

③ p는 q이기 위한 필요조건이다.

④ q는 $\sim p$이기 위한 충분조건이다.

⑤ $\sim p$는 $\sim r$이기 위한 충분조건이다.

0524

전체집합 U에 대하여 세 조건 p, q, r의 진리집합을 각각 P, Q, R라 하자. r는 q이기 위한 충분조건이고, p는 q이기 위한 필요조건일 때, 다음 중 항상 옳은 것은?

① $P-R=P$ ② $(P\cap Q)\subset R$

③ $Q\subset(P\cap R)$ ④ $(P-R)\cup Q\subset R^C$

⑤ $(P\cap Q^C)\subset R^C$

0525

전체집합 U에 대하여 세 조건 p, q, r의 진리집합을 각각 P, Q, R라 할 때, $(R-P^C)\cup(Q-P)=\varnothing$이 성립한다. 보기에서 옳은 것만을 있는 대로 고른 것은?

(단, P, Q, R는 공집합이 아니다.)

┌ 보기 ┐

ㄱ. q는 p이기 위한 충분조건이다.

ㄴ. $\sim r$는 p이기 위한 필요충분조건이다.

ㄷ. $\sim q$는 r이기 위한 필요조건이다.

① ㄱ ② ㄱ, ㄴ ③ ㄱ, ㄷ

④ ㄴ, ㄷ ⑤ ㄱ, ㄴ, ㄷ

유형 **16** 충분·필요·필요충분조건이 되도록 하는 상수 구하기

0526

두 조건

p: $3-2x=x-9$, q: $x^2+ax+b=0$

에 대하여 p는 q이기 위한 필요충분조건일 때, $b-a$의 값은?

(단, a, b는 실수이다.)

① 16 ② 18 ③ 20

④ 22 ⑤ 24

0527 교육청 변형

두 조건

p: $-5<x\le6$, q: $x^2-n=0$ (n은 자연수)

에 대하여 p가 q이기 위한 필요조건이 되도록 하는 n의 개수를 구하시오. (단, x는 실수이다.)

0528 교육청 변형

실수 x에 대한 두 조건

p: $x^2-8x+16\le0$, q: $|x-a|\le1$

에 대하여 p가 q이기 위한 충분조건이 되도록 하는 실수 a의 최댓값과 최솟값의 합을 구하시오.

0529

세 조건 p, q, r의 진리집합 P, Q, R가 각각

$P=\{2-a,\ b^2+1\}$, $Q=\{1+a,\ 2b-1\}$, $R=\{5\}$

이다. r는 p이기 위한 충분조건이고 q는 r이기 위한 필요조건일 때, $a+b$의 최댓값을 구하시오. (단, a, b는 실수이다.)

0530

다음은 자연수 m, n에 대하여 명제
　　'm^2+n^2이 홀수이면 mn은 짝수이다.'
를 증명한 것이다.

> 주어진 명제의 대우는 '자연수 m, n에 대하여 mn이
> 　(가)　이면 m^2+n^2은 　(나)　이다.'이다.
> mn이 　(가)　이면 m, n은 모두 　(가)　이므로
> $m=2k-1$, $n=2l-1$ (k, l은 자연수)로 나타낼 수 있다.
> 이때 $m^2+n^2=2(\boxed{})$이므로 m^2+n^2은 　(나)　이다.
> 따라서 주어진 명제의 대우가 참이므로 주어진 명제도 참이다.

위의 (가), (나), (다)에 알맞은 것을 구하시오.

0531

다음은 명제 '두 자연수 a, b에 대하여 a^2+b^2이 4의 배수이면 a, b는 모두 짝수이다.'를 증명한 것이다.

> 주어진 명제의 대우는 '두 자연수 a, b에 대하여 a, b 중 적어도 하나가 홀수이면 a^2+b^2이 4의 배수가 아니다.'이다.
> a, b 중 적어도 하나가 홀수라 가정하면
> (i) $a=2m$, $b=2n-1$ (m, n은 자연수)일 때,
> 　a^2+b^2을 4로 나누었을 때의 나머지는 　(가)　이다.
> (ii) $a=2m-1$, $b=2n$ (m, n은 자연수)일 때,
> 　a^2+b^2을 4로 나누었을 때의 나머지는 　(나)　이다.
> (iii) $a=2m-1$, $b=2n-1$ (m, n은 자연수)일 때,
> 　a^2+b^2을 4로 나누었을 때의 나머지는 　(다)　이다.
> (i), (ii), (iii)에서 a^2+b^2은 4의 배수가 아니다.
> 따라서 주어진 명제의 대우가 참이므로 주어진 명제도 참이다.

위의 (가), (나), (다)에 알맞은 수를 각각 k_1, k_2, k_3이라 할 때, $k_1+k_2+k_3$의 값을 구하시오.

0532

다음은 명제 '$\sqrt{5}$가 무리수이면 $\sqrt{5}+1$도 무리수이다.'를 귀류법을 이용하여 증명한 것이다.

> $\sqrt{5}+1$이 　(가)　라고 가정하자.
> $\sqrt{5}+1=\dfrac{n}{m}$ (m, n은 서로소인 자연수)이라 하면
> $\sqrt{5}=\dfrac{n}{m}-1$ ...... ㉠
> 이때 ㉠의 좌변은 　(나)　, 우변은 　(다)　이므로 모순이다.
> 따라서 $\sqrt{5}$가 무리수이면 $\sqrt{5}+1$도 무리수이다.

위의 (가), (나), (다)에 알맞은 것은?

	(가)	(나)	(다)
①	유리수	유리수	무리수
②	유리수	무리수	유리수
③	유리수	무리수	무리수
④	무리수	유리수	무리수
⑤	무리수	무리수	유리수

0533 　교육청 변형

다음은 명제 '$3a=b^2+1$을 만족시키는 정수 a, b는 존재하지 않는다.'를 귀류법을 이용하여 증명한 것이다.

> $3a=b^2+1$을 만족시키는 정수 a, b가 존재한다고 가정하자.
> b가 정수이므로 정수 k에 대하여 $b=3k$ 또는 $b=3k+1$ 또는 $b=3k+2$로 나타낼 수 있다.
> (i) $b=3k$일 때,
> 　$3a=b^2+1=3(3k^2)+\boxed{}$
> 　이므로 등식을 만족시키는 정수 a가 존재하지 않는다.
> (ii) $b=3k+1$일 때,
> 　$3a=b^2+1=3(3k^2+2k)+\boxed{}$
> 　이므로 등식을 만족시키는 정수 a가 존재하지 않는다.
> (iii) $b=3k+2$일 때,
> 　$3a=b^2+1=3(3k^2+4k+1)+\boxed{}$
> 　이므로 등식을 만족시키는 정수 a가 존재하지 않는다.
> (i), (ii), (iii)에서 조건을 만족시키는 정수 a가 존재하지 않으므로 모순이다.
> 따라서 $3a=b^2+1$을 만족시키는 정수 a, b는 존재하지 않는다.

위의 (가), (나), (다)에 알맞은 수를 각각 k_1, k_2, k_3이라 할 때, $k_1 k_2 k_3$의 값을 구하시오.

유형 19 실수의 성질을 이용한 절대부등식의 증명

0534

a, b가 실수일 때, 다음 중 절대부등식이 <u>아닌</u> 것은?

① $a^2 + \dfrac{1}{a^2} \geq 2$ (단, $a \neq 0$) ② $a^2 + 3a + 3 > 0$

③ $a(a-6) \geq -9$ ④ $2ab - a^2 \leq 10b^2$

⑤ $a^2 + b^2 > ab$

0535

다음은 네 실수 a, b, x, y에 대하여 부등식
$$(a^2 + b^2)(x^2 + y^2) \geq (ax + by)^2$$
이 성립함을 증명하는 과정이다.

$(a^2 + b^2)(x^2 + y^2) - (ax + by)^2$
$= (a^2x^2 + a^2y^2 + b^2x^2 + b^2y^2) - (a^2x^2 + 2axby + b^2y^2)$
$= (\boxed{\quad (가) \quad})^2 \geq 0$
따라서 $(a^2 + b^2)(x^2 + y^2) \geq (ax + by)^2$이다.
이때 등호는 $\boxed{\quad (나) \quad}$일 때 성립한다.

위의 (가), (나)에 알맞은 것을 차례대로 나열한 것은?

① $ax - by$, $ax = by$ ② $ax - by$, $ay = bx$

③ $ay - bx$, $ax = by$ ④ $ay - bx$, $ay = bx$

⑤ $ay - bx$, $ab = xy$

0536

$a > b > 1$, $c < 0$일 때, 보기에서 옳은 것만을 있는 대로 고른 것은?

보기
ㄱ. $ab > a + b - 1$
ㄴ. $\dfrac{a+1}{b+1} > \dfrac{a}{b}$
ㄷ. $\dfrac{c}{a} > \dfrac{c}{b}$

① ㄱ ② ㄴ ③ ㄱ, ㄴ
④ ㄱ, ㄷ ⑤ ㄱ, ㄴ, ㄷ

유형 20 절댓값 기호를 포함한 절대부등식

0537

다음은 두 실수 a, b에 대하여 부등식 $|a+b| \geq |a| - |b|$를 증명하는 과정이다.

(i) $|a| \geq |b|$일 때,
  $|a+b|^2 - (|a| - |b|)^2$
  $= a^2 + 2ab + b^2 - a^2 + 2|ab| - b^2$
  $= 2(\boxed{\quad (가) \quad}) \geq 0$
  즉, $|a+b| \geq |a| - |b|$이다.
(ii) $|a| < |b|$일 때,
  $|a+b| > 0$, $|a| - |b| < 0$이므로
  $|a+b| > |a| - |b|$
(i), (ii)에서 $|a+b| \geq |a| - |b|$이다.
여기서 등호가 성립하는 경우는 $|ab| = -ab$이고 $|a| \geq |b|$,
즉 $\boxed{\quad (나) \quad}$이고, $|a| \geq |b|$일 때이다.

위의 (가), (나)에 알맞은 것을 차례대로 나열한 것은?

① $ab + |ab|$, $ab \geq 0$ ② $ab + |ab|$, $ab = 0$

③ $ab + |ab|$, $ab \leq 0$ ④ $ab - |ab|$, $ab \geq 0$

⑤ $ab - |ab|$, $ab \leq 0$

0538

a, b가 실수일 때, 부등식
$$|a-b| \geq ||a| - |b||$$
가 성립함을 증명하고, 등호가 성립하는 경우를 구하시오.

유형 21 산술평균과 기하평균의 관계
 — 합 또는 곱이 일정할 때

0539

두 양수 a, b에 대하여 $5a + b = 10$일 때, ab의 최댓값을 구하시오.

0540 교육청 변형

두 양수 a, b에 대하여 $ab=32$일 때, $2a+4b$의 최솟값을 구하시오.

0541

0이 아닌 두 실수 x, y에 대하여 $x^2+4y^2=16$일 때, xy의 최댓값을 M, 최솟값을 m이라 하자. $M-m$의 값은?

① 1　　　　　② 2　　　　　③ 4

④ 8　　　　　⑤ 16

유형 22 산술평균과 기하평균의 관계 — 식의 전개

0542

두 양수 x, y에 대하여 $(9x+y)\left(\dfrac{9}{x}+\dfrac{1}{y}\right)$의 최솟값은?

① 36　　　　　② 49　　　　　③ 64

④ 81　　　　　⑤ 100

0543

$a>0$일 때, $\left(2a-\dfrac{1}{a}\right)\left(a-\dfrac{32}{a}\right)$의 값이 최소가 되도록 하는 a의 값을 구하시오.

0544

세 양수 a, b, c에 대하여
$$(a+2b+c)\left(\dfrac{1}{a+b}+\dfrac{1}{b+c}\right)$$
의 최솟값을 구하시오.

유형 23 산술평균과 기하평균의 관계 — 식의 변형

0545

$a>2$일 때, $49a+\dfrac{1}{a-2}$의 최솟값은?

① 82　　　　　② 92　　　　　③ 102

④ 112　　　　　⑤ 122

0546

$x > -1$일 때, $x-5+\dfrac{16}{x+1}$의 최솟값을 a, 이때의 x의 값을 b라 하자. 상수 a, b에 대하여 ab의 값을 구하시오.

0547

x에 대한 이차방정식 $x^2-6x-a=0$ (a는 실수)이 서로 다른 두 실근을 가질 때, $a+\dfrac{1}{a+9}+10$의 최솟값은?

① 1   ② 2   ③ 3
④ 4   ⑤ 5

0548

두 양수 a, b에 대하여 $x=a+\dfrac{1}{b}$, $y=2b+\dfrac{2}{a}$일 때, $4x^2+y^2$의 최솟값은?

① 24   ② 32   ③ 40
④ 48   ⑤ 56

유형 24 산술평균과 기하평균의 관계 – 도형에서의 활용

0549

대각선의 길이가 l이고 부피가 200인 직육면체 모양의 상자의 한 모서리의 길이가 4일 때, l^2의 최솟값을 구하시오.

0550

길이가 10인 선분 PQ를 지름으로 하는 반원에 대하여 두 꼭짓점은 선분 PQ 위에 존재하고 남은 두 꼭짓점은 호 PQ 위에 존재하는 직사각형의 넓이의 최댓값은?

① 5   ② 10   ③ 15
④ 20   ⑤ 25

0551

그림과 같이 점 $(3, 2)$를 지나는 직선 $\dfrac{x}{a}+\dfrac{y}{b}=1$ ($a>0$, $b>0$)이 x축, y축과 만나는 점을 각각 A, B라 할 때, 삼각형 OAB의 넓이의 최솟값은? (단, O는 원점이다.)

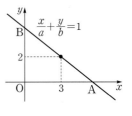

① 4   ② 8   ③ 12
④ 16   ⑤ 20

유형 25 코시-슈바르츠 부등식 − 최댓값과 최솟값

0552

실수 a, b에 대하여 $3a+b=10$일 때, a^2+b^2의 최솟값을 구하시오.

0553

실수 x, y에 대하여 $x^2+y^2=13$일 때, $3x+2y$의 최댓값은 M이고 최솟값은 m이다. $M-m$의 값은?

① 20   ② 22   ③ 24
④ 26   ⑤ 28

0554

실수 a, b에 대하여 $a^2+b^2=17$일 때, a^2-a+b^2-4b의 최솟값은?

① -34 ② -17 ③ 0
④ 17   ⑤ 34

0555

실수 x, y가 $x^2+y^2=20$을 만족시킬 때, $2x+y$의 최댓값을 α, 이때의 x, y의 값을 각각 β, γ라 하자. $\alpha+\beta+\gamma$의 값을 구하시오.

유형 26 코시-슈바르츠 부등식 − 도형에서의 활용

0556

대각선의 길이가 5인 직사각형의 둘레의 길이의 합의 최댓값은?

① $\sqrt{10}$ ② $2\sqrt{10}$ ③ $3\sqrt{10}$
④ 10   ⑤ $10\sqrt{2}$

0557

그림과 같이 반지름의 길이가 $\sqrt{2}$인 원에 내접하는 직사각형의 둘레의 길이의 최댓값을 구하시오.

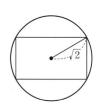

0558

그림과 같이 세 모서리의 길이가 각각 a, b, 5인 직육면체의 대각선의 길이가 $\sqrt{43}$일 때, 모든 모서리의 길이의 합의 최댓값을 구하시오.

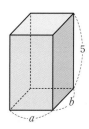

0559 교육청 변형

실수 x에 대하여 두 조건 p, q가

p: $|x-3| \leq a$, q: $x<1$ 또는 $x \geq 10$

일 때, 명제 $p \longrightarrow {\sim}q$가 참이 되도록 하는 양수 a의 최댓값을 구하시오.

0560 교육청 변형

전체집합 U가 실수 전체의 집합이고 $a \in \{-2, -1, 0, 1, 2\}$일 때, 실수 x에 대한 두 조건 p, q가

p: $ax(x-2)<0$, q: $x \leq 3a$

이다. 명제 'p이면 q이다.'가 참이 되도록 하는 모든 정수 a의 값의 합은?

① -3 ② -1 ③ 0

④ 1 ⑤ 3

0561 교육청 변형

명제

'어떤 실수 x에 대하여 $x^2 + 2kx + k + 2 \leq 0$이다.'

가 참이 되도록 하는 양수 k의 최솟값을 구하시오.

0562 교육청 변형

전체집합 U에 대하여 세 조건 p, q, r의 진리집합 P, Q, R의 포함 관계를 벤다이어그램으로 나타내면 그림과 같을 때, 보기에서 항상 참인 명제인 것만을 있는 대로 고른 것은?

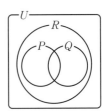

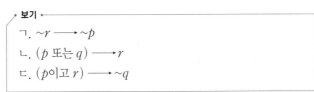

보기

ㄱ. ${\sim}r \longrightarrow {\sim}p$
ㄴ. (p 또는 q) $\longrightarrow r$
ㄷ. (p이고 r) $\longrightarrow {\sim}q$

① ㄱ   ② ㄴ   ③ ㄱ, ㄴ

④ ㄱ, ㄷ   ⑤ ㄱ, ㄴ, ㄷ

0563 교육청 변형

전체집합 $U=\{1, 2, 3\}$의 공집합이 아닌 두 부분집합 A, B에 대하여 명제

'$n(A)=n(B)$이면 $n(A)=n(A\cup B)$이다.'

의 역이 참이 되도록 하는 조건으로 보기에서 옳은 것만을 있는 대로 고르시오.

┌─ 보기 ─────────────────────────┐
ㄱ. $B\subset A$　　　ㄴ. $A=U$　　　ㄷ. $A\subset B$
└──────────────────────────────┘

0564 교육청 변형

자연수 n에 대하여 세 조건 p, q, r를 각각

$p: 2-3n\le -5$, $q: n(n-6)>16$, $r: n\ge k$

라 하자. q는 r이기 위한 충분조건, p는 r이기 위한 필요조건이 되도록 하는 모든 자연수 k의 값의 합을 구하시오.

0565 교육청 기출

양수 m에 대하여 직선 $y=mx+2m+3$이 x축, y축과 만나는 점을 각각 A, B라 하자. 삼각형 OAB의 넓이의 최솟값은? (단, O는 원점이다.)

① 8　　　　② 9　　　　③ 10
④ 11　　　⑤ 12

0566 교육청 기출

그림과 같이 양수 a에 대하여 이차함수 $f(x)=x^2-2ax$의 그래프와 직선 $g(x)=\dfrac{1}{a}x$가 두 점 O, A에서 만난다.

이차함수 $y=f(x)$의 그래프의 꼭짓점을 B라 하고 선분 AB의 중점을 C라 하자. 점 C에서 y축에 내린 수선의 발을 H라 할 때, 선분 CH의 길이의 최솟값은? (단, O는 원점이다.)

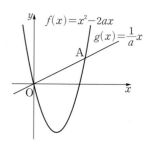

① $\sqrt{3}$　　　② 2　　　③ $\sqrt{5}$
④ $\sqrt{6}$　　　⑤ $\sqrt{7}$

함수와 그래프

0567

다음 중 함수의 그래프인 것은?

①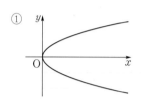

②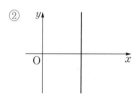

③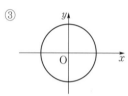

④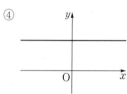

⑤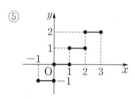

0568

두 집합 X, Y가

$$X=\{-2,\ -1,\ 0\},\ Y=\{0,\ 1,\ 2\}$$

일 때, 보기에서 X에서 Y로의 함수인 것만을 있는 대로 고르시오.

┌ 보기 ─────────────────────────────┐

ㄱ. $f(x)=x^2-1$ ㄴ. $g(x)=\begin{cases}1 & (x\geq0)\\2 & (x<0)\end{cases}$

ㄷ. $h(x)=|x|$ ㄹ. $i(x)=x+2$

└─────────────────────────────────┘

0569

다음 중 두 집합 $X=\{-1,\ 0,\ 1\}$, $Y=\{-3,\ -1,\ 0,\ 1,\ 2\}$ 에 대하여 X에서 Y로의 함수가 <u>아닌</u> 것은?

① $y=-1$　　　　　　② $y=-x^2+1$
③ $y=|x|+1$　　　　④ $y=2x-1$
⑤ $y=x-1$

0570

함수 f에 대하여 $f\left(\dfrac{x+1}{2}\right)=3x+2$일 때, $f(2)$의 값은?

① 8　　　　　　② 9　　　　　　③ 10
④ 11　　　　　⑤ 12

0571

자연수 전체의 집합 N에서 N으로의 함수 f가

$$f(x)=\begin{cases}2x & (x\text{는 홀수})\\ \dfrac{x}{2} & (x\text{는 짝수})\end{cases}$$

로 정의될 때, $f(1)+f(2)+f(3)+f(4)$의 값은?

① 7　　　　　　② 8　　　　　　③ 9
④ 10　　　　　⑤ 11

0572

음이 아닌 정수 전체의 집합에서 정의된 함수 $f(x)$가

$$f(x)=\begin{cases}x+2 & (0\leq x\leq3)\\ f(x-3) & (x>3)\end{cases}$$

일 때, $f(2)+f(19)$의 값을 구하시오.

0573

두 함수 $f(x)$, $g(x)$에 대하여

$$f\left(\frac{x+3}{2}\right)=x^3-3x+1,\ g(x+1)=f(x+3)$$

일 때, $g(0)$의 값을 구하시오.

0576

자연수 전체의 집합에서 정의된 함수 $f(x)$가 다음 조건을 만족시킨다.

> 임의의 두 홀수인 자연수 x, y에 대하여
> $f(x+y)=f(x)+f(y)$이다.

$f(10)-f(6)=4$이고 $f(2)=4$일 때, $f(8)$의 값을 구하시오.

유형 03 조건을 이용하여 함숫값 구하기

0574

함수 $f(x)$가 임의의 두 양수 a, b에 대하여

$$f(ab)=f(a)+f(b)$$

를 만족시킨다. $f(2)=2$일 때, $f\left(\dfrac{1}{64}\right)$의 값은?

① -12 ② -3 ③ 1
④ 5 ⑤ 13

유형 04 정의역, 공역, 치역

0577

함수 $y=2x+3$의 정의역이 $\{x\,|\,x$는 6의 양의 약수$\}$일 때, 다음 중 이 함수의 치역의 원소가 <u>아닌</u> 것은?

① 5 ② 7 ③ 9
④ 13 ⑤ 15

0575

실수 전체의 집합에서 정의된 함수 f가 모든 실수 x, y에 대하여 $f(x+y)=f(x)+f(y)+2$를 만족시킬 때, 보기에서 옳은 것만을 있는 대로 고른 것은?

> **보기**
> ㄱ. $f(0)=-2$
> ㄴ. 모든 실수 x에 대하여 $f(x)+f(-x)=-2$이다.
> ㄷ. $f(1)=2$이면 $f(-10)=-40$이다.

① ㄱ ② ㄱ, ㄴ ③ ㄱ, ㄷ
④ ㄴ, ㄷ ⑤ ㄱ, ㄴ, ㄷ

0578

이차함수 $y=-(x-2)^2+5$의 정의역이 $\{x\,|\,1\le x\le 4\}$이고 치역이 $\{y\,|\,a\le y\le 5\}$일 때, 실수 a의 값은?

① -1 ② 0 ③ 1
④ 2 ⑤ 3

0579

정의역이 $\{-2, -1, 0, 1\}$인 함수 $f(x)=kx^2+3$의 치역의 모든 원소의 합이 19일 때, 상수 k의 값을 구하시오.

0580

일차함수 $y=ax-2$의 정의역이 $\{x|1\le x\le 3\}$, 공역이 $\{y|-1\le y\le 4\}$일 때, 실수 a의 값의 범위는?

① $\dfrac{1}{3}\le a\le 2$ ② $1\le a\le 2$ ③ $0<a\le 3$

④ $\dfrac{1}{3}\le a\le 6$ ⑤ $1\le a\le 6$

0581

두 집합 $X=\{x|x$는 50 이하의 9의 양의 배수$\}$,
$Y=\{0, 1, 2, 3, 4, 5, 6\}$에 대하여 함수 $f : X \longrightarrow Y$를
$\qquad f(x)=(x$를 7로 나눈 나머지$)$
로 정의할 때, 함수 $f(x)$의 치역의 모든 원소의 합은?

① 8 ② 10 ③ 12
④ 14 ⑤ 16

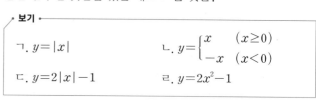

유형 05 서로 같은 함수

0582

집합 $X=\{-1, 1\}$을 정의역으로 하는 보기의 함수 중 서로 같은 함수인 것만을 있는 대로 고른 것은?

┌ 보기 ┐

ㄱ. $y=|x|$ ㄴ. $y=\begin{cases} x & (x\ge 0) \\ -x & (x<0) \end{cases}$

ㄷ. $y=2|x|-1$ ㄹ. $y=2x^2-1$

① ㄱ, ㄴ ② ㄴ, ㄹ ③ ㄱ, ㄷ, ㄹ
④ ㄴ, ㄷ, ㄹ ⑤ ㄱ, ㄴ, ㄷ, ㄹ

0583

집합 $X=\{-1, 1\}$을 정의역으로 하는 두 함수
$\qquad f(x)=x^2+ax+b, \ g(x)=x^3+bx-a$
에 대하여 $f=g$일 때, $a-b$의 값은? (단, a, b는 상수이다.)

① -2 ② -1 ③ 0
④ 1 ⑤ 2

0584

정의역이 $\{-1, 2\}$인 두 함수 $f(x)=x^2+a$, $g(x)=bx+5$에 대하여 $f=g$일 때, ab의 값을 구하시오.

(단, a, b는 상수이다.)

0585

집합 X를 정의역으로 하는 두 함수 $f(x)=x^3+3x^2-1$, $g(x)=x+2$에 대하여 $f=g$가 되도록 하는 집합 X의 개수를 구하시오. (단, $X \neq \varnothing$)

유형 06 일대일함수와 일대일대응

0586

보기에서 일대일함수인 것만을 있는 대로 고른 것은?

┌ 보기 ┄┄┄┄┄┄┄┄┄┄┄┄┄┄┄┄┄┄┄┄┄┄┄┄┄┄┄
│ ㄱ. $y=x^2-3$ $(x \leq 0)$ ㄴ. $y=|x+1|$ $(x \leq 0)$
│
│ ㄷ. $y= \begin{cases} \dfrac{1}{2}x-2 & (x \geq 2) \\ 2x-8 & (x<2) \end{cases}$
└┄┄┄┄┄┄┄┄┄┄┄┄┄┄┄┄┄┄┄┄┄┄┄┄┄┄┄┄┄┄┄┄┄

① ㄱ   ② ㄴ   ③ ㄱ, ㄷ
④ ㄴ, ㄷ   ⑤ ㄱ, ㄴ, ㄷ

0587

집합 $X=\{-1, 0, 1\}$에 대하여 X에서 X로의 함수 $f(x)=ax^2+bx+c$가 일대일대응일 때, 집합 $\{k \mid k=abc\}$의 모든 원소의 합을 구하시오. (단, a, b, c는 실수이다.)

0588

보기의 그래프 중 함수의 개수를 a, 일대일대응의 개수를 b라 할 때, $a+b$의 값을 구하시오.

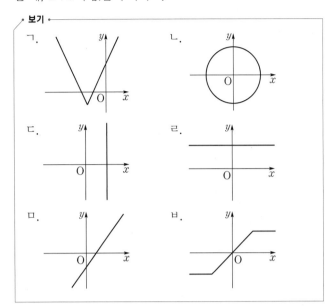

유형 07 일대일대응이 되기 위한 조건

0589 교육청 변형

실수 전체의 집합에서 정의된 함수

$$f(x)= \begin{cases} (a+4)x+2 & (x<0) \\ (1-a)x+2 & (x \geq 0) \end{cases}$$

가 일대일대응이 되도록 하는 모든 정수 a의 값의 합을 구하시오.

0590

두 집합 $X=\{x|x\geq3\}$, $Y=\{y|y\geq1\}$에 대하여 X에서 Y로의 함수 $f(x)=x^2-2x+a$가 일대일대응일 때, 상수 a의 값은?

① -3 ② -2 ③ -1

④ 0 ⑤ 1

0591

두 집합 $X=\{x|-1\leq x\leq2\}$, $Y=\{y|-3\leq y\leq3\}$에 대하여 X에서 Y로의 함수 $f(x)=ax+b$가 일대일대응일 때, a^2+b^2의 값을 구하시오. (단, a, b는 상수이다.)

0592

집합 $X=\{x|x\leq a\}$에 대하여 X에서 X로의 함수 $f(x)=-x^2+8x-10$이 일대일대응일 때, 실수 a의 값은?

① 1 ② 2 ③ 3

④ 4 ⑤ 5

0593

실수 전체의 집합에서 정의된 함수

$$f(x)=\begin{cases}(n^2-2n-15)x+4 & (x<0)\\ -(n^2-10n+21)x+4 & (x\geq0)\end{cases}$$

가 일대일대응이 되도록 하는 모든 자연수 n의 값의 합을 구하시오.

0594

두 집합 $X=\{x|-1\leq x\leq3\}$, $Y=\{y|-2\leq y\leq4\}$에 대하여 X에서 Y로의 함수 $f(x)=ax+b$가 일대일대응일 때, $f(1)$의 값은? (단, $a<0$이고, a, b는 상수이다.)

① $-\dfrac{3}{2}$ ② -1 ③ 0

④ $\dfrac{1}{2}$ ⑤ 1

0595

집합 $X=\{x|2\leq x\leq6\}$에 대하여 X에서 X로의 함수 $f(x)=ax+b$가 일대일대응일 때, $a+b$의 값은?

(단, $a<0$이고, a, b는 상수이다.)

① 3 ② 4 ③ 5

④ 6 ⑤ 7

유형 08 항등함수와 상수함수

0596

보기는 집합 $X=\{0, 1, 2\}$에서 X로의 대응을 나타낸 것이다. 이 중 함수인 것의 개수를 a, 항등함수인 것의 개수를 b, 상수함수인 것의 개수를 c라 할 때, $a+b+c$의 값은?

> 보기
> ㄱ. $f(x)=-(x-1)^2+2$
> ㄴ. $g(x)=x-|x|$
> ㄷ. $h(x)=(x^5$을 5로 나눈 나머지$)$
> ㄹ. $i(x)=(x^7$을 10으로 나눈 나머지$)$

① 5 ② 6 ③ 7
④ 8 ⑤ 9

0597

실수 전체의 집합에서 정의된 항등함수 f와 상수함수 g에 대하여 $f(-2)=g(5)$일 때, $f(5)-g(-2)$의 값은?

① 6 ② 7 ③ 8
④ 9 ⑤ 10

0598

집합 $X=\{1, 2, 3\}$에 대하여 X에서 X로의 세 함수 f, g, h는 각각 일대일대응, 항등함수, 상수함수이고 $f(1)=g(2)=h(3)$, $f(2)-f(3)=f(1)$일 때, $f(2)+g(3)+h(1)$의 값은?

① 4 ② 5 ③ 6
④ 7 ⑤ 8

0599

정의역과 공역이 모두 자연수 전체의 집합인 두 함수 f, g는 각각 항등함수, 상수함수이다. 정의역이 자연수 전체의 집합인 함수 $h(x)$를

$$h(x)=f(x)+g(x)$$

라 하자. $f(2)=g(5)$일 때, $h(4)+h(6)$의 값은?

① 11 ② 12 ③ 13
④ 14 ⑤ 15

0600

집합 X가 공집합이 아닐 때, X에서 X로의 함수 $f(x)=2x^3-x^2$이 항등함수가 되도록 하는 집합 X의 개수는?

① 3 ② 4 ③ 5
④ 6 ⑤ 7

0601

집합 $X=\{a, b, c\}$에 대하여 X에서 X로의 함수

$$f(x)=\begin{cases} (x-1)^2 & (x<3) \\ -x+7 & (x\geq3) \end{cases}$$

이 항등함수일 때, $f(a)+f(b)+f(c)$의 값은? (단, a, b, c는 서로 다른 상수이다.)

① $\dfrac{13}{2}$ ② 7 ③ $\dfrac{15}{2}$
④ 8 ⑤ $\dfrac{17}{2}$

0602

집합 $X=\{1, 2, 3\}$일 때, X에서 X로의 함수 f 중에서 항등 함수의 개수를 a, 상수함수의 개수를 b, 일대일함수의 개수를 c라 하자. $a+b+c$의 값은?

① 8   ② 9   ③ 10
④ 11   ⑤ 12

0603

집합 $X=\{-1, 0, 1\}$일 때, 집합 X의 모든 원소 x에 대하여 $f(x)+f(-x)=0$을 만족시키는 X에서 X로의 함수 f의 개수는?

① 1   ② 3   ③ 4
④ 6   ⑤ 9

0604

두 집합 $X=\{1, 2, 3, 4\}$, $Y=\{a, b, c, d, e, f\}$에 대하여 다음 조건을 만족시키는 함수 $g : X \longrightarrow Y$의 개수는?

> (가) g는 일대일함수이다.
> (나) $g(1)=a$
> (다) $g(2)\neq e$

① 24   ② 36   ③ 48
④ 60   ⑤ 72

0605

집합 $X=\{1, 2, 3, 4, 5\}$에서 X로의 함수 중에서 $f(2)<f(3)<f(4)$를 만족시키는 함수 f의 개수는?

① 50   ② 100   ③ 150
④ 200   ⑤ 250

0606

두 집합 $X=\{a, b, c, d\}$, $Y=\{1, 2, 3, 4, 5, 6\}$에 대하여 X에서 Y로의 일대일함수 중 $f(a)+f(b)+f(c)+f(d)$의 값이 짝수인 함수 f의 개수는?

① 144   ② 168   ③ 192
④ 216   ⑤ 240

0607

집합 $X=\{1, 2, 3\}$, $Y=\{1, 2, 3, 4, 5\}$에 대하여 다음 조건을 만족시키는 함수 $f : X \longrightarrow Y$의 개수는?

> (가) 집합 X의 임의의 원소 x_1, x_2에 대하여
> $f(x_1)=f(x_2)$이면 $x_1=x_2$이다.
> (나) $f(1)+f(2)f(3)=6$

① 2   ② 4   ③ 6
④ 8   ⑤ 10

유형 10 합성함수의 함숫값

0608

두 함수 f, g가 $f(x)=2x+1$, $g(x)=-x^2$일 때, $(f \circ g)(3)$의 값은?

① -49 ② -25 ③ -17
④ -12 ⑤ -3

0609

세 함수 f, g, h에 대하여
$$f(x)=x+5, \quad (h \circ g)(x)=3x-4$$
일 때, $(h \circ (g \circ f))(-2)$의 값은?

① 4 ② 5 ③ 6
④ 7 ⑤ 8

0610

두 함수
$$f(x)=\begin{cases} -x+1 & (x<-2) \\ 2 & (x \geq -2) \end{cases}, \ g(x)=2x^2-4$$
에 대하여 $(f \circ g)(0)+(g \circ f)(2)$의 값은?

① 5 ② 6 ③ 7
④ 8 ⑤ 9

0611

두 함수 $f(x)=3x-2$, $g(x)=x^2+2x-1$에 대하여
$(f \circ g)(a)=4$일 때, 양수 a의 값은?

① 1 ② 2 ③ 3
④ 4 ⑤ 5

0612

집합 $X=\{-1, 0, 1\}$에 대하여 X에서 X로의 일대일대응인 두 함수 f, g가 다음 조건을 만족시킬 때, $f(0)+g(1)$의 값을 구하시오.

> (가) $f(1)=g(0)=-1$
> (나) $(g \circ f)(1)=(f \circ g)(0)=0$

유형 11 $f \circ g=g \circ f$인 경우

0613

집합 $X=\{1, 2, 3, 4, 5\}$에 대하여 함수 $f:X \longrightarrow X$의 대응 관계가 그림과 같다. 함수 $g:X \longrightarrow X$가
$g(2)=3$, $f \circ g=g \circ f$를 만족시킬 때, $g(3)$의 값은?

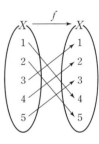

① 1 ② 2
③ 3 ④ 4
⑤ 5

0614

두 함수 $f(x)=ax+2$, $g(x)=x-4$에 대하여 $f \circ g=g \circ f$가 성립할 때, 상수 a의 값은?

① 1 ② 2 ③ 3
④ 4 ⑤ 5

0615

두 함수 $f(x)=4x+3$, $g(x)=ax+b$에 대하여
$f \circ g = g \circ f$가 성립할 때, 함수 $y=g(x)$의 그래프는 a의 값에 관계없이 점 (c, d)를 지난다. $c+d$의 값을 구하시오.

(단, a, b는 상수이다.)

유형 **12** $f \circ g$에 대한 조건이 주어진 경우

0616

함수 $f(x)=ax+b$ $(a>0)$에 대하여 $(f \circ f)(x)=9x+8$일 때, $f(3)$의 값은? (단, a, b는 상수이다.)

① 9   ② 10   ③ 11
④ 12   ⑤ 13

0617

함수 $f(x)=2x^2+a$에 대하여 $(f \circ f)(x)$가 $x+1$로 나누어 떨어질 때, 모든 실수 a의 값의 합은?

① -5 ② $-\dfrac{9}{2}$ ③ -4
④ $-\dfrac{7}{2}$ ⑤ -3

0618

함수 $f(x)=2x+a$에 대하여 함수 $g(x)$를
$g(x)=(f \circ f \circ f)(x)$라 하자. $-2 \le x \le b$에서 함수 $g(x)$의 최솟값이 -23, 최댓값이 17일 때, 상수 a, b에 대하여 ab의 값을 구하시오.

0619

집합 $A=\{2, 3, 4, 5\}$에 대하여 두 함수 $f: A \longrightarrow A$, $g: A \longrightarrow A$가 다음 조건을 만족시킨다.

㉮ 함수 g는 일대일함수이다.
㉯ $g(3)=5$, $f(3)=2$, $f(g(5))=5$
㉰ $\{g(2)\}^2 - 7g(2) + 10 = 0$

$f(4)+g(4)+g(5)$의 값은?

① 11   ② 12   ③ 13
④ 14   ⑤ 15

유형 **13** $f \circ h = g$를 만족시키는 함수 구하기

0620 교육청 변형

두 함수 $f(x)=\dfrac{x}{2}+1$, $g(x)=x^2+2$가 있다. 모든 실수 x에 대하여 함수 $h(x)$가 $(h \circ f)(x)=g(x)$를 만족시킬 때, $h(3)$의 값은?

① 15   ② 16   ③ 17
④ 18   ⑤ 19

0621

두 함수 $f(x)=\dfrac{1}{2}x+1$, $g(x)=3x+1$에 대하여 $h\circ f=g$
를 만족시키는 일차함수 $h(x)$의 식으로 알맞은 것은?

① $h(x)=6x-1$ ② $h(x)=6x-2$
③ $h(x)=6x-3$ ④ $h(x)=6x-4$
⑤ $h(x)=6x-5$

0622

실수 전체의 집합에서 정의된 두 함수 f, g에 대하여
$$f(x)=2x+1,\ (g\circ f)(x)=x^2+x-\dfrac{7}{2}$$
일 때, $(f\circ g)(-3)$의 값을 구하시오.

유형 14 f^n 꼴의 합성함수

0623

집합 $\{x\,|\,0\le x\le 1\}$에서 정의된 함수
$$f(x)=\begin{cases}2x & \left(0\le x<\dfrac{1}{2}\right)\\ -2x+2 & \left(\dfrac{1}{2}\le x\le 1\right)\end{cases}$$
에 대하여 $f^1=f$, $f^{n+1}=f^n\circ f$ (n은 자연수)라 할 때,
$f^{100}\left(\dfrac{1}{7}\right)$의 값은?

① $\dfrac{2}{7}$ ② $\dfrac{3}{7}$ ③ $\dfrac{4}{7}$
④ $\dfrac{5}{7}$ ⑤ $\dfrac{6}{7}$

정답과 풀이 353쪽

0624 교육청 변형

집합 $A=\{0, 1, 2, 3, 4\}$에 대하여 함수 $f:A\longrightarrow A$를
$$f(x)=\begin{cases}x+1 & (x\le 3)\\ 0 & (x=4)\end{cases}$$
으로 정의하자.
$$f^1(x)=f(x),\ f^{n+1}(x)=f(f^n(x))\ (n=1, 2, 3, \cdots)$$
라 할 때, $f^{199}(2)+f^{299}(3)$의 값은?

① 1   ② 2   ③ 3
④ 4   ⑤ 5

유형 15 그래프를 이용하여 합성함수의 함숫값 구하기

0625

집합 $\{x\,|\,0\le x\le 5\}$에서 정의된 함수 $y=f(x)$의 그래프가 그림과 같다. $(f\circ f)(a)=\dfrac{1}{2}$일 때, 상수 a의 값을 구하시오. (단, $0\le a\le 5$)

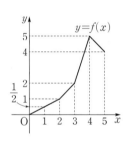

0626

그림은 두 함수 $y=f(x)$, $y=g(x)$의 그래프와 직선 $y=x$를 나타낸 것이다.
$(f\circ g\circ f)(d)=p$, $(g\circ f)(q)=c$일 때, 상수 p, q에 대하여 $p+q$의 값은?
(단, 모든 점선은 x축 또는 y에 평행하다.)

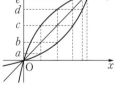

① $b+c$ ② $b+e$ ③ $2c$
④ $2e$ ⑤ $c+e$

08 함수 **113**

0627

집합 $X=\{x \mid 0 \le x \le 1, x$는 실수$\}$에 대하여 X에서 X로의 함수 $y=f(x)$의 그래프가 그림과 같다. $f^1=f$이고 2 이상의 자연수 n에 대하여

$$f^n=f \circ f^{n-1}$$

이라 할 때, $f\left(\dfrac{1}{4}\right)+f^2\left(\dfrac{1}{4}\right)+f^3\left(\dfrac{1}{4}\right)+\cdots+f^8\left(\dfrac{1}{4}\right)$의 값을 구하시오.

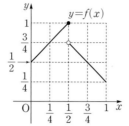

유형 16 합성함수의 그래프 그리기

0628

정의역이 $\{x \mid 0 \le x \le 3\}$인 두 함수 $y=f(x)$, $y=g(x)$의 그래프가 그림과 같다.

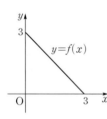 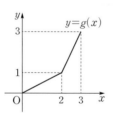

함수 $y=(g \circ f)(x)$의 그래프로 알맞은 것은?

① 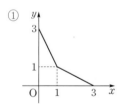   ②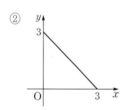

③ 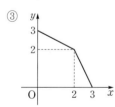   ④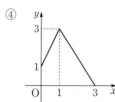

⑤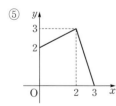

0629

집합 $\{x \mid 0 \le x \le 2\}$에서 정의된 함수 $y=f(x)$의 그래프가 그림과 같을 때, 함수 $y=(f \circ f)(x)$의 그래프로 알맞은 것은?

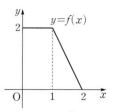

① 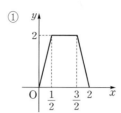   ②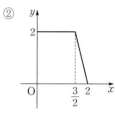

③ 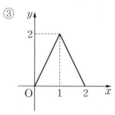   ④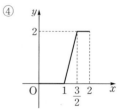

⑤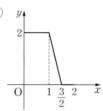

0630

정의역이 $\{x \mid 0 \le x \le 3\}$인 두 함수 $y=f(x)$, $y=g(x)$의 그래프가 그림과 같다.

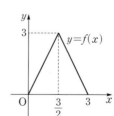 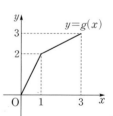

함수 $y=(f \circ g)(x)$에 대하여 보기에서 옳은 것만을 있는 대로 고르시오.

보기

ㄱ. 함수 $y=(f \circ g)(x)$의 치역은 $\{y \mid 0 \le y \le 3\}$이다.

ㄴ. 함수 $y=(f \circ g)(x)$의 그래프와 직선 $y=-2x+6$은 한 점에서 만난다.

ㄷ. 방정식 $(f \circ g)(x)=1$의 모든 실근의 곱은 $\dfrac{1}{2}$이다.

유형 17 역함수

0631

함수 $f:X\longrightarrow X$가 그림과 같을 때, $f(2)+f^{-1}(2)$의 값은?

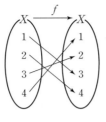

① 3   ② 4
③ 5   ④ 6
⑤ 7

0632

함수 $f(x)=2x-3$에 대하여 $f^{-1}(5)$의 값은?

① -2 ② 0   ③ 2
④ 4   ⑤ 6

0633

집합 $X=\{1, 2, 3, 4\}$에 대하여 함수 $f:X\longrightarrow X$가 일대일대응이고 $f(1)=3$, $f^{-1}(1)=3$, $f^{-1}(2)=4$를 만족시킬 때, $f(2)+f^{-1}(4)$의 값은?

① 3   ② 4   ③ 5
④ 6   ⑤ 7

0634

함수 $f(x)=\begin{cases} x+6 & (x\le4) \\ 3x-2 & (x>4) \end{cases}$에 대하여 $f^{-1}(5)+f^{-1}(13)$의 값은?

① -4 ② -2 ③ 0
④ 2   ⑤ 4

유형 18 역함수가 존재하기 위한 조건

0635

실수 전체의 집합에서 정의된 함수
$$f(x)=\begin{cases} (3-a)x+(5+a) & (x<1) \\ (3+a)x+(5-a) & (x\ge1) \end{cases}$$
의 역함수가 존재하기 위한 실수 a의 값의 범위를 구하시오.

0636

집합 $X=\{x\,|\,x\ge a\}$에 대하여 X에서 X로의 함수 $f(x)=x^2-4x-36$의 역함수가 존재할 때, 상수 a의 값은?

① 5   ② 6   ③ 7
④ 8   ⑤ 9

0637

실수 전체의 집합에서 정의된 함수 $f(x)$가
$$f(x)=\begin{cases} x^2+1 & (x\ge0) \\ (a+2)x-b+9 & (x\le0) \end{cases}$$
일 때, 함수 $f(x)$가 역함수를 갖도록 하는 정수 a, b에 대하여 $a+b$의 최솟값을 구하시오.

0638

함수 $f(x)=4x-3$에 대하여 $f^{-1}(x)=ax+b$일 때, $a+b$의 값은? (단, a, b는 상수이다.)

① 1   ② 2   ③ 3
④ 4   ⑤ 5

0639

실수 전체의 집합에서 정의된 함수 f에 대하여
$f(3x-2)=x+3$이 성립할 때, $f^{-1}(x)$를 구하시오.

0640

함수 $f(x)=\begin{cases} -2x+3 & (x \geq 1) \\ -3x+4 & (x<1) \end{cases}$의 역함수를 구하시오.

0641 교육청 변형

집합 $X=\{1, 2, 3\}$에 대하여 X에서 X로의 두 함수 f, g가 그림과 같을 때, $(g \circ f)(2)+(f \circ g^{-1})(1)$의 값은?

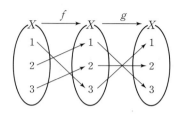

① 2   ② 3   ③ 4
④ 5   ⑤ 6

0642

두 함수 $f(x)$, $g(x)$에 대하여 $(g \circ f)(x)=3x+2$, $f^{-1}(2)=1$일 때, $g(2)$의 값은?

① 5   ② 6   ③ 7
④ 8   ⑤ 9

0643

집합 $X=\{1, 2, 3, 4\}$에 대하여 X에서 X로의 일대일대응인 두 함수 f, g가 다음 조건을 모두 만족시킬 때, $(f \circ g)(2)+f^{-1}(4)$의 값은?

> (가) 집합 X의 모든 원소 x에 대하여 $(f \circ f)(x)=x$이다.
> (나) g는 항등함수이다.
> (다) $f(1)=g(2)$, $f(3) \neq g(3)$

① 2   ② 3   ③ 4
④ 5   ⑤ 6

0644

두 함수 $f(x)=x+a$, $g(x)=ax-b$에 대하여
$(g \circ f)(x)=3x+7$일 때, $g^{-1}(4)$의 값을 구하시오.

(단, a, b는 상수이다.)

0645

함수 $f(x)=x|x|+k$에 대하여 $f^{-1}(3)=-2$일 때,
$(f^{-1} \circ f^{-1})(3)$의 값을 구하시오. (단, k는 상수이다.)

유형 21 역함수의 성질

0646

두 함수 $f(x)=2x+3$, $g(x)=-3x+7$에 대하여
$(f \circ (g \circ f)^{-1})(-1)$의 값은?

① $\dfrac{1}{2}$ ② 2 ③ $\dfrac{8}{3}$

④ 3 ⑤ $\dfrac{13}{4}$

0647

역함수가 존재하는 두 함수 $f(x)$, $g(x)$에 대하여
$(g \circ (f \circ g)^{-1} \circ f \circ g^{-1})(-2)=1$일 때, $g(1)$의 값을 구하시오.

0648

역함수가 존재하는 두 함수 $f: X \longrightarrow X$, $g: X \longrightarrow X$
에 대하여 보기에서 옳은 것만을 있는 대로 고른 것은?

┌ 보기 ┐
ㄱ. $(f \circ g^{-1} \circ f^{-1})^{-1}=f \circ g \circ f^{-1}$
ㄴ. $f=f^{-1}$이면 f는 항등함수이다.
ㄷ. $f \circ g=g \circ f$이면 $(g \circ f)^{-1}=g^{-1} \circ f^{-1}$이다.

① ㄱ ② ㄴ ③ ㄱ, ㄴ
④ ㄱ, ㄷ ⑤ ㄱ, ㄴ, ㄷ

유형 22 그래프를 이용하여 역함수의 함숫값 구하기

0649

역함수가 존재하는 함수 $y=f(x)$
의 그래프와 직선 $y=x$가 그림과
같을 때,
$(f \circ f)(2)+(f \circ f)^{-1}(3)$의 값을
구하시오. (단, 모든 점선은 x축 또
는 y축에 평행하다.)

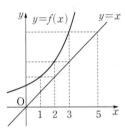

0650

일대일대응인 두 함수
$y=f(x)$, $y=g(x)$의 그래프
가 그림과 같을 때,
$(g \circ f)^{-1}(3)+g^{-1}(2)$의 값
을 구하시오.

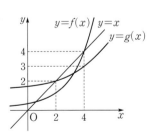

0651

역함수가 존재하는 함수 $y=f(x)$의 그래프와 직선 $y=x$가 그림과 같다. 보기에서 옳은 것만을 있는 대로 고른 것은? (단, 모든 점선은 x축 또는 y축에 평행하다.)

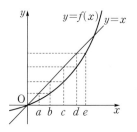

▶ 보기 ◀

ㄱ. $(f \circ f)(d)=b$　　　　ㄴ. $f^{-1}(c)=d$

ㄷ. $(f^{-1} \circ f)(c)=a$　　　ㄹ. $(f \circ f)^{-1}(a)=c$

ㅁ. $(f^{-1} \circ f^{-1})(b)=c$

① ㄱ, ㄴ, ㄷ　　　② ㄱ, ㄴ, ㄹ　　　③ ㄱ, ㄴ, ㅁ

④ ㄱ, ㄷ, ㅁ　　　⑤ ㄷ, ㄹ, ㅁ

유형 23　역함수의 그래프의 성질

0652

함수 $f(x)=-2x+3$의 그래프와 그 역함수 $y=f^{-1}(x)$의 그래프의 교점의 좌표가 (a, b)일 때, $a+b$의 값을 구하시오.

0653

함수 $f(x)=x^2-4x+k$ $(x \geq 2)$의 역함수를 $g(x)$라 할 때, 두 함수 $y=f(x)$, $y=g(x)$의 그래프의 두 교점 사이의 거리는 $\sqrt{2}$이다. 상수 k의 값을 구하시오.

0654

함수 $f(x)=\begin{cases} 3x-6 & (x \geq 2) \\ \dfrac{2}{3}x-\dfrac{4}{3} & (x < 2) \end{cases}$ 의 역함수를 $g(x)$라 할 때,

두 함수 $y=f(x)$와 $y=g(x)$의 그래프로 둘러싸인 부분의 넓이를 구하시오.

0655

함수 $f(x)=\dfrac{1}{4}x^2+2$ $(x \geq 0)$의 그래프와 두 직선 $x=2$, $x=6$ 및 x축으로 둘러싸인 도형의 넓이를 A라 할 때, 역함수 $y=f^{-1}(x)$의 그래프와 두 직선 $x=3$, $x=11$ 및 x축으로 둘러싸인 도형의 넓이를 A에 대하여 나타낸 것으로 옳은 것은?

① $60-A$　　　② $52-A$　　　③ $44-A$

④ $36-A$　　　⑤ $28-A$

0656

함수 $y=f(x)$와 그 역함수 $y=f^{-1}(x)$의 그래프가 그림과 같다. 곡선 $y=f(x)$ 위의 두 점 P, S와 곡선 $y=f^{-1}(x)$ 위의 두 점 Q, R가 다음 조건을 만족시키고 $f(2)=f^{-1}(2)+8$일 때, 사각형 PQRS의 넓이를 구하시오.

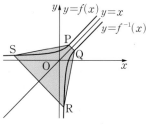

(가) 점 P의 좌표는 $(2, 3)$이다.

(나) 두 선분 PQ, SR는 각각 직선 $y=x$와 서로 수직이다.

(다) 직선 QS는 x축과 서로 평행하다.

유형 24 절댓값 기호를 포함한 식의 그래프

0657

함수 $y=f(x)$의 그래프가 그림과 같다. 다음 중 함수 $y=f(|x|)$의 그래프의 개형으로 알맞은 것은?

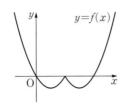

① 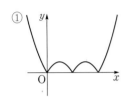 ②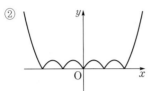

③ 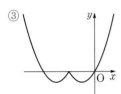 ④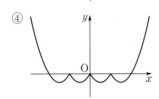

⑤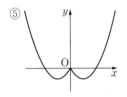

0658

함수 $y=f(x)$의 그래프가 그림과 같다. 다음 중 함수 $y=|f(x)|$의 그래프의 개형으로 알맞은 것은?

① 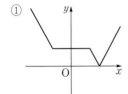 ②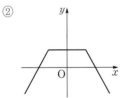

③ 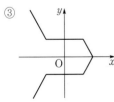 ④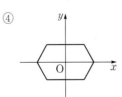

⑤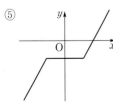

0659

다음 중 함수 $y=|x-3|$의 그래프와 직선 $y=m(x+1)-2$가 서로 만나도록 하는 상수 m의 값으로 적당하지 <u>않은</u> 것은?

① $-\dfrac{7}{2}$ ② $-\dfrac{5}{2}$ ③ $\dfrac{1}{3}$

④ $\dfrac{4}{3}$ ⑤ $\dfrac{7}{3}$

0660

다음 중 함수 $y=|x-1|+2|x-3|$의 그래프의 개형으로 알맞은 것은?

① 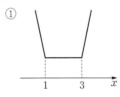 ②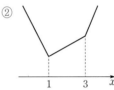

③ 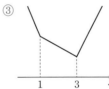 ④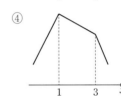

⑤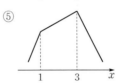

0661

역함수가 존재하는 함수 $f(x)=-|x|+\dfrac{5}{4}x+3$에 대하여 방정식 $f(|x|)=|f^{-1}(x)|$의 모든 실근의 개수는?

① 1 ② 2 ③ 3

④ 4 ⑤ 5

0662 교육청 기출

두 함수
$$f(x)=4x-5, \; g(x)=3x+1$$
에 대하여 $(f \circ g^{-1})(k)=7$을 만족시키는 실수 k의 값은?

① 4   ② 7   ③ 10

④ 13   ⑤ 16

0663 교육청 변형

집합 $X=\{-1, 0, 2\}$에 대하여 함수 $f : X \longrightarrow X$가
$$f(x)=\begin{cases} ax^2+b & (x \neq 0) \\ a(x-1)+c & (x=0) \end{cases}$$
이다. 함수 $f(x)$가 항등함수가 되도록 하는 상수 a, b, c에 대하여 $a^2+b^2+c^2$의 값은?

① 2   ② 4   ③ 6

④ 8   ⑤ 10

0664 교육청 기출

집합 $X=\{1, 2, 3, 4, 5\}$에서 집합 $Y=\{0, 2, 4, 6, 8\}$로의 함수 f를
$$f(x)=(2x^2 \text{의 일의 자리의 숫자})$$
로 정의하자. $f(a)=2$, $f(b)=8$을 만족시키는 X의 원소 a, b에 대하여 $a+b$의 최댓값은?

① 5   ② 6   ③ 7

④ 8   ⑤ 9

0665 교육청 기출

집합 $X=\{1, 2, 3, 4, 5\}$에 대하여 X에서 X로의 세 함수 f, g, h가 다음 조건을 만족시킨다.

> (가) f는 항등함수이고 g는 상수함수이다.
> (나) 집합 X의 모든 원소 x에 대하여 $f(x)+g(x)+h(x)=7$이다.

$g(3)+h(1)$의 값은?

① 2   ② 3   ③ 4

④ 5   ⑤ 6

0666 교육청 기출

집합 $X=\{x|0\le x\le 4\}$에 대하여 X에서 X로의 함수

$$f(x)=\begin{cases} ax^2+b & (0\le x<3) \\ x-3 & (3\le x\le 4) \end{cases}$$

가 일대일대응일 때, $f(1)$의 값은? (단, a, b는 상수이다.)

① $\dfrac{7}{3}$ ② $\dfrac{8}{3}$ ③ 3

④ $\dfrac{10}{3}$ ⑤ $\dfrac{11}{3}$

0668 교육청 변형

그림은 집합 X에서 X로의 두 함수 f, g를 나타낸 것이다.

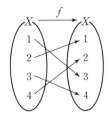 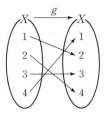

4 이하의 두 자연수 a, b에 대하여
$(f\circ g)(a)+(g\circ f)(b)=8$일 때, $a+b$의 값은?

① 4 ② 5 ③ 6

④ 7 ⑤ 8

0667 교육청 기출

$k<0$인 실수 k에 대하여 함수 $f(x)=x^2-2x+k$ $(x\ge 1)$의
그래프와 그 역함수 $y=f^{-1}(x)$의 그래프가 만나는 점을 P라
하고, 점 P에서 x축에 내린 수선의 발을 H라 하자. 삼각형
POH의 넓이가 8일 때, k의 값은? (단, O는 원점이다.)

① -6 ② -5 ③ -4

④ -3 ⑤ -2

0669 교육청 변형

함수 f에 대하여
$$f^2(x)=f(f(x)),\ f^3(x)=f(f^2(x)),\ \cdots$$
라 정의하자. 집합 $X=\{1, 2, 3, 4\}$에 대하여 함수
$f:X\longrightarrow X$가 두 조건
$$f(1)=2,\ f^3=I\ (I는\ 항등함수)$$
를 만족시킨다. 함수 f의 역함수를 g라 할 때,
$g^7(2)+g^8(1)$의 값은?

① 6 ② 5 ③ 4

④ 3 ⑤ 2

08
함수

0670 교육청 변형

두 집합 $X=\{x|x\leq0\}$, $Y=\{y|y\geq0\}$에 대하여 함수 $f:X\longrightarrow Y$가 $f(x)=3x^2$이다. 함수 $y=f(x)$의 그래프와 직선 $y=12$ 및 y축으로 둘러싸인 부분의 넓이를 A라 하고, 함수 $y=f^{-1}(x)$의 그래프와 직선 $y=-2$ 및 y축으로 둘러싸인 부분의 넓이를 B라 할 때, $A+B$의 값은?

① 6   ② 12   ③ 18

④ 24   ⑤ 30

0671 교육청 변형

정의역이 $\{x|0\leq x\leq6\}$인 두 함수 $y=f(x)$, $y=g(x)$는 일대일대응이고 그래프는 다음과 같다.

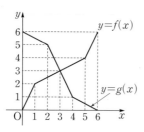

보기에서 옳은 것만을 있는 대로 고른 것은?

(단, 두 함수의 그래프는 각각 세 선분으로 되어 있다.)

보기

ㄱ. $f(f(3))=f(3)$

ㄴ. $f^{-1}(1)=\dfrac{1}{2}$

ㄷ. 함수 $y=f(x)$의 그래프와 그 역함수 $y=f^{-1}(x)$의 그래프의 교점은 2개이다.

ㄹ. $f^{-1}(a)=g(b)$를 만족시키는 두 자연수 a, b의 순서쌍 (a, b)의 개수는 5이다.

① ㄱ, ㄴ   ② ㄱ, ㄴ, ㄹ   ③ ㄱ, ㄷ, ㄹ

④ ㄴ, ㄷ, ㄹ   ⑤ ㄱ, ㄴ, ㄷ, ㄹ

0672 교육청 기출

실수 전체의 집합에서 정의된 함수

$$f(x)=\begin{cases}2x+2 & (x<2) \\ x^2-7x+16 & (x\geq2)\end{cases}$$

에 대하여 $(f\circ f)(a)=f(a)$를 만족시키는 모든 실수 a의 값의 합을 구하시오.

0673 교육청 변형

집합 $X=\{1, 2, 3\}$에 대하여 함수 $f:X\longrightarrow X$가 그림과 같이 주어져 있다.

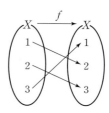

$$f^1(x)=f(x), \quad f^{n+1}=f(f^n(x)) \ (n=1, 2, 3, \cdots)$$

라 할 때, $f^{776}(2)+f^{777}(3)$의 값을 구하시오.

0674 (교육청 기출)

집합 $X=\{1, 2, 3, 4, 5, 6, 7, 8\}$에 대하여
함수 $f: X \longrightarrow X$가 다음 조건을 만족시킨다.

(가) 함수 f의 치역의 원소의 개수는 7이다.
(나) $f(1)+f(2)+f(3)+f(4)$
$\qquad +f(5)+f(6)+f(7)+f(8)=42$
(다) 함수 f의 치역의 원소 중 최댓값과 최솟값의 차는 6이다.

집합 X의 어떤 두 원소 a, b에 대하여 $f(a)=f(b)=n$을 만족하는 자연수 n의 값을 구하시오. (단, $a \neq b$)

0675 (교육청 변형)

최고차항의 계수가 음수인 이차함수 $f(x)$에 대하여 정의역과 공역이 모두 실수 전체의 집합인 함수 $g(x)$를 다음과 같이 정의하자.

$$g(x) = \begin{cases} 6x-6 & (x<-2) \\ f(x) & (-2 \le x \le 2) \\ 6x+2 & (x>2) \end{cases}$$

함수 $g(x)$의 역함수가 존재할 때, 보기에서 옳은 것만을 있는 대로 고른 것은?

보기
ㄱ. $\dfrac{f(-2) \times f(2)}{36} = -7$
ㄴ. $g(0)=2$, $g(2)=14$이면 모든 실수 x에 대하여 $f(x)-f(4) \le 0$이다.
ㄷ. 곡선 $y=f(x)$의 꼭짓점의 x좌표가 -2이면 $g^{-1}(2)=1$이다.

① ㄱ
② ㄷ
③ ㄱ, ㄴ
④ ㄴ, ㄷ
⑤ ㄱ, ㄴ, ㄷ

0676 (교육청 기출)

세 집합 $X=\{1, 2, 3, 4\}$, $Y=\{2, 3, 4, 5\}$, $Z=\{3, 4, 5\}$에 대하여 두 함수 $f: X \longrightarrow Y$, $g: Y \longrightarrow Z$가 다음 조건을 만족시킨다.

(가) 함수 f는 일대일대응이다.
(나) $x \in (X \cap Y)$이면 $g(x)-f(x)=1$이다.

보기에서 옳은 것만을 있는 대로 고른 것은?

보기
ㄱ. 함수 $g \circ f$의 치역은 Z이다.
ㄴ. $f^{-1}(5) \ge 2$
ㄷ. $f(3)<g(2)<f(1)$이면 $f(4)+g(2)=6$이다.

① ㄱ
② ㄱ, ㄴ
③ ㄱ, ㄷ
④ ㄴ, ㄷ
⑤ ㄱ, ㄴ, ㄷ

08 함수

0677 (교육청 변형)

집합 $X=\{1, 2, 3, 4, 5, 6\}$에 대하여 X에서 X로의 함수 f가 다음 조건을 만족시킨다.

(가) $x_1 \neq x_2$이면 $f(x_1) \neq f(x_2)$이다. (단, $x_1 \in X$, $x_2 \in X$)
(나) 집합 X의 어떤 원소 x에 대하여 $f(x)=3x$이다.
(다) 집합 X의 모든 원소 x에 대하여 $(f \circ f \circ f)(x)=x$이다.

보기에서 옳은 것만을 있는 대로 고른 것은?

보기
ㄱ. $f(1)=4$이면 $f(2)=6$이다.
ㄴ. $(f \circ f)(5) = f^{-1}(5)$
ㄷ. 가능한 함수 f의 개수는 20이다.

① ㄱ
② ㄷ
③ ㄱ, ㄴ
④ ㄴ, ㄷ
⑤ ㄱ, ㄴ, ㄷ

유리식과 유리함수

유형 01   유리식의 덧셈과 뺄셈

0678

$\dfrac{4}{x(x+2)}+\dfrac{4}{(x+2)(x+4)}$를 간단히 하면?

① $\dfrac{2}{x(x+2)}$ ② $\dfrac{4}{x(x+4)}$ ③ $\dfrac{6}{x(x+4)}$

④ $\dfrac{8}{x(x+4)}$ ⑤ $\dfrac{10}{x(x+6)}$

0679

$\dfrac{1}{x^2-2x}-\dfrac{1}{x^2-x-2}$을 간단히 하면?

① $\dfrac{2}{x^2+x-2}$ ② $\dfrac{1}{x^3+x^2-2x}$

③ $\dfrac{2}{x^2-x-2}$ ④ $\dfrac{1}{x^3-x^2-2x}$

⑤ $\dfrac{1}{x^2-x-2}$

0680

$\dfrac{a}{(a-b)(a-c)}+\dfrac{b}{(b-a)(b-c)}+\dfrac{c}{(c-a)(c-b)}$를 간단히 하면?

① -2 ② -1 ③ 0

④ 1 ⑤ 2

유형 02   유리식의 곱셈과 나눗셈

0681

$\dfrac{x^2-4}{x^2-2x-3}\div\dfrac{x-2}{x^2+x}$를 간단히 하면?

① $\dfrac{x}{x+1}$ ② $\dfrac{x+2}{x-3}$ ③ $\dfrac{x(x+2)}{x-3}$

④ $\dfrac{x(x-2)}{x+1}$ ⑤ $\dfrac{x(x-2)}{x-3}$

0682

$a^2+b^2=20$, $ab=5$일 때,

$\left(\dfrac{a+b}{a-b}+\dfrac{a-b}{a+b}\right)\div\left(\dfrac{a+b}{a-b}-\dfrac{a-b}{a+b}\right)$의 값을 구하시오.

0683

$\dfrac{a^2-2a-8}{a+1}\times\dfrac{a^2-3a}{a^2-5a+4}=f(a)\times\dfrac{a^2-a-6}{a-1}$을 만족시키는 유리식 $f(a)$로 알맞은 것은?

① $\dfrac{a}{a+1}$ ② $\dfrac{a+1}{a+2}$ ③ $\dfrac{a+2}{a+3}$

④ $\dfrac{a+3}{a+4}$ ⑤ $\dfrac{a+4}{a+5}$

유형 03 유리식과 항등식

0684

$x \neq -3$, $x \neq -1$인 모든 실수 x에 대하여 다음 등식이 항상 성립할 때, ab의 값은? (단, a, b는 상수이다.)

$$\frac{1}{x+1} + \frac{1}{x+3} = \frac{ax+b}{x^2+4x+3}$$

① -8 ② -6 ③ 4

④ 6 ⑤ 8

0685

다음 식의 분모를 0으로 만들지 않는 모든 실수 x에 대하여 등식

$$\frac{a}{x+1} - \frac{b}{x-2} = \frac{2x-1}{x^2-x-2}$$

이 성립할 때, $a+b$의 값은? (단, a, b는 상수이다.)

① -2 ② -1 ③ 0

④ 1 ⑤ 2

0686

2가 아닌 모든 실수 x에 대하여 등식

$$\frac{x^5+1}{(x-2)^6} = \frac{a_1}{x-2} + \frac{a_2}{(x-2)^2} + \cdots + \frac{a_6}{(x-2)^6}$$

이 성립한다. $a_1 + a_3 + a_5 = k^2$일 때, 양수 k의 값은?
(단, a_1, a_2, $\cdots$, a_6은 상수이다.)

① 7 ② 9 ③ 11

④ 13 ⑤ 15

유형 04 (분자의 차수)≥(분모의 차수)인 유리식

0687

$\dfrac{x^2-3x-4}{x^2-5x+4} - \dfrac{2}{x-1}$를 간단히 하면?

① 1 ② $\dfrac{1}{x-1}$ ③ $\dfrac{2}{x-1}$

④ $\dfrac{1}{x-4}$ ⑤ $\dfrac{2}{x-4}$

0688

$\dfrac{x^3+3}{x^2-4} - \dfrac{4}{x+2} = ax+b+\dfrac{c}{x^2-4}$일 때, $a+b+c$의 값은?
(단, a, b, c는 상수이다.)

① 11 ② 12 ③ 13

④ 14 ⑤ 15

0689

다음 식의 분모를 0으로 만들지 않는 모든 실수 x에 대하여

$$\frac{x+2}{x+1} - \frac{2x+5}{x+2} - \frac{x+4}{x+3} + \frac{2x+9}{x+4}$$
$$= \frac{ax+b}{(x+1)(x+2)(x+3)(x+4)}$$

가 성립할 때, 상수 a, b에 대하여 ab의 값을 구하시오.

09

유리식과 유리함수

0690

함수
$$f(x)=\frac{1}{(x-1)(x+1)}+\frac{1}{(x+1)(x+3)}+\frac{1}{(x+3)(x+5)}$$
에 대하여 $f(2)$의 값은?

① $-\dfrac{6}{7}$ ② $-\dfrac{3}{7}$ ③ $\dfrac{3}{7}$

④ $\dfrac{4}{7}$ ⑤ $\dfrac{6}{7}$

0691

$\dfrac{1}{3}+\dfrac{1}{15}+\dfrac{1}{35}+\cdots+\dfrac{1}{(2n-1)(2n+1)}$ 을 간단히 하시오.

(단, n은 자연수이다.)

0692

양수 x에 대하여 $f(x)=\dfrac{1}{x(x+1)}$일 때,

$f(1)+f(2)+\cdots+f(1000)$의 값을 구하시오.

0693

두 양수 x, y에 대하여 $\dfrac{\dfrac{1}{x-y}+\dfrac{1}{x+y}}{\dfrac{1}{x-y}-\dfrac{1}{x+y}}$을 간단히 하면?

(단, $x \neq y$)

① $\dfrac{1}{x-y}$ ② $\dfrac{x}{y}$ ③ $\dfrac{y}{x}$

④ $\dfrac{x-y}{x+y}$ ⑤ $\dfrac{x+y}{x-y}$

0694

$1+\dfrac{1}{1+\dfrac{1}{1+\dfrac{1}{x-1}}}$ 을 간단히 하시오.

0695

$\dfrac{48}{19}=a+\dfrac{1}{b+\dfrac{1}{c+\dfrac{1}{d}}}$ 을 만족시키는 자연수 a, b, c, d에 대

하여 $a+b+c+d$의 값은?

① 13   ② 14   ③ 15

④ 16   ⑤ 17

유형 **07** 유리식의 값 구하기 − $x^n \pm \dfrac{1}{x^n}$ 꼴

0696

$x + \dfrac{1}{x} = 3$일 때, $3x^2 + 4x + 7 + \dfrac{4}{x} + \dfrac{3}{x^2}$의 값을 구하시오.

0697

0이 아닌 두 실수 a, b에 대하여 $a^2 - 5ab + b^2 = 0$이 성립할 때, $\dfrac{a^3}{b^3} + \dfrac{b^3}{a^3}$의 값을 구하시오.

0698

$-1 < x < 0$인 실수 x에 대하여 $x^2 + 4x + 1 = 0$일 때, $x^4 - \dfrac{1}{x^4}$의 값을 구하시오.

유형 **08** 유리식의 값 구하기 − $a+b+c=0$ 이용

0699

0이 아닌 세 실수 a, b, c에 대하여 $a+b+c=0$일 때,

$$\frac{1}{(a+b)(a+c)} + \frac{1}{(b+c)(b+a)} + \frac{1}{(c+a)(c+b)}$$

의 값은?

① -2 ② -1 ③ 0

④ 1 ⑤ 2

0700

$a+b+c=0$일 때, $\dfrac{2-3a^2}{bc} + \dfrac{2-3b^2}{ca} + \dfrac{2-3c^2}{ab}$의 값은?

(단, $abc \neq 0$)

① -10 ② -9 ③ -8

④ -7 ⑤ -6

0701

0이 아닌 세 실수 a, b, c가 $\dfrac{1}{a} + \dfrac{1}{b} + \dfrac{1}{c} = 0$을 만족시킬 때,

$$\frac{abc}{a^2+b^2+c^2} \times \left(\frac{1}{a+b} + \frac{1}{b+c} + \frac{1}{c+a} \right)$$

의 값은?

(단, $a^2+b^2+c^2 \neq 0$, $a+b \neq 0$, $b+c \neq 0$, $c+a \neq 0$)

① -2 ② -1 ③ 0

④ 1 ⑤ 2

0702

0이 아닌 두 실수 a, b에 대하여 $\dfrac{a}{5}=\dfrac{b}{7}$일 때, $\dfrac{2a^2+2b^2}{-3a^2+b^2}$의 값은?

① $-\dfrac{76}{13}$ ② $-\dfrac{75}{13}$ ③ $-\dfrac{74}{13}$

④ $-\dfrac{73}{13}$ ⑤ $-\dfrac{72}{13}$

0703

0이 아닌 세 실수 x, y, z에 대하여 $3x=2y$, $5y=4z$일 때, $\dfrac{x+y+2z}{x+y-z}$의 값을 구하시오.

0704

$x:y=1:3$, $y:z=2:3$일 때, $\dfrac{6x+y+2z}{3x-y+z}$의 값은?

(단, $xyz\neq0$)

① 2 ② $\dfrac{5}{2}$ ③ 3

④ $\dfrac{7}{2}$ ⑤ 4

0705

세 실수 x, y, z가 $(2x-y)^2+(5y-2z)^2=0$을 만족시킬 때, $\dfrac{3x^2-yz+z^2}{x^2-xy+y^2}$의 값은? (단, $xyz\neq0$)

① 3 ② 4 ③ 5

④ 6 ⑤ 7

0706

세 실수 x, y, z에 대하여 $x+2y-4z=0$, $x-3y+6z=0$일 때, $\dfrac{x^2y+y^2z+z^2x}{x^3+y^3+z^3}$의 값을 구하시오. (단, $yz\neq0$)

0707

0이 아닌 세 실수 x, y, z에 대하여 $x+\dfrac{1}{3y}=1$, $3y+\dfrac{4}{z}=1$일 때, $\dfrac{4}{x}+z$의 값은?

① 1 ② 2 ③ 3

④ 4 ⑤ 5

유형 **11** 비례식의 활용

0708

어느 해에 A 학교와 B 학교에 지원한 지원자의 수의 비는 2 : 3이다. 이 중에서 A 학교의 합격자와 B 학교의 합격자의 수의 비는 1 : 2이고 불합격자의 수의 비는 3 : 2이다. A 학교에 지원한 지원자의 수를 p라 하고, 이 중에서 A 학교의 합격자의 수를 q라 할 때, $\dfrac{q}{p}$의 값은? (단, A 학교와 B 학교에 동시에 지원한 지원자는 없다.)

① $\dfrac{1}{8}$ ② $\dfrac{2}{7}$ ③ $\dfrac{3}{8}$

④ $\dfrac{4}{7}$ ⑤ $\dfrac{5}{8}$

0709

두 자동차 A, B의 연료통의 용량의 비는 8 : 5이고, 이 두 자동차가 1 L의 휘발유로 갈 수 있는 거리의 비는 7 : 8이다. 두 자동차 A, B의 연료통에 모두 휘발유를 가득 채우고 각각 112 km를 간 후, 두 자동차 A, B의 연료통에 남아 있는 휘발유의 양의 비는 4 : 1이었다. 자동차 B의 연료통에 휘발유를 가득 채운 뒤 최대 x km를 갈 수 있을 때, $3x$의 값을 구하시오. (단, 자동차의 속도와 노면 상태 등 주어진 조건 이외의 상황은 고려하지 않는다.)

유형 **12** 반비례 관계의 그래프

0710

함수 $y=\dfrac{k}{x}$의 그래프에 대한 설명으로 보기에서 옳은 것만을 있는 대로 고른 것은? (단, k는 0이 아닌 상수이다.)

┌ **보기** ───────────────────────────
│ ㄱ. 그래프 위의 점은 x좌표의 절댓값이 커질수록 x축에 가까워진다.
│ ㄴ. 좌표축에 한없이 가까워지는 한 쌍의 곡선이다.
│ ㄷ. $k>0$이면 그래프는 제1사분면과 제2사분면을 지난다.
│ ㄹ. 원점에 대하여 대칭이다.
│ ㅁ. $|k|$의 값이 커질수록 그래프는 원점에 가까워진다.
└───────────────────────────────────

① ㄱ, ㄴ, ㄷ   ② ㄱ, ㄴ, ㄹ   ③ ㄱ, ㄴ, ㅁ

④ ㄱ, ㄹ, ㅁ   ⑤ ㄴ, ㄷ, ㄹ

0711

반비례 관계 $y=\dfrac{k}{x}$ $(k\neq0)$의 그래프가 다음 조건을 만족시킬 때, 상수 k의 값은?

┌───────────────────────────────────
│ ㈎ 그래프가 제2사분면을 지난다.
│ ㈏ 그래프와 직선 $y=4$가 만나는 점을 A라 할 때, 원점 O에 대하여 $\overline{\text{OA}}^2=17$이다.
└───────────────────────────────────

① -4 ② -2 ③ 1

④ 2 ⑤ 4

0712

그림과 같이 반비례 관계 $y=\dfrac{1}{x}$ 의 그래프 위의 제1사분면에 있는 점 A에서 x축과 y축에 평행한 직선을 그어 반비례 관계 $y=\dfrac{k}{x}$ $(k>1)$의 그래프와 만나는 점을 각각 B, C라 하자. 삼각형 ABC의 넓이가 50일 때, 상수 k의 값을 구하시오.

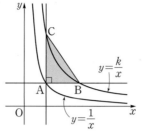

0715

보기의 함수 중 그 그래프를 평행이동하여 함수 $y=\dfrac{2}{x}$의 그래프와 일치하는 것만을 있는 대로 고른 것은?

보기
ㄱ. $y=\dfrac{2}{x-3}$ ㄴ. $y=\dfrac{1}{2x-1}+2$

ㄷ. $y=-\dfrac{x}{x+2}$ ㄹ. $y=\dfrac{2x+3}{x+1}$

① ㄱ, ㄷ ② ㄱ, ㄹ ③ ㄴ, ㄷ
④ ㄴ, ㄹ ⑤ ㄷ, ㄹ

유형 13 유리함수의 평행이동

0713

함수 $y=-\dfrac{3}{x}$의 그래프를 x축의 방향으로 a만큼, y축의 방향으로 b만큼 평행이동하면 함수 $y=\dfrac{2x+1}{x+2}$의 그래프와 일치한다. 상수 a, b에 대하여 $a+b$의 값을 구하시오.

0714 교육청 변형

함수 $y=\dfrac{4x-6}{x-1}$의 그래프는 함수 $y=\dfrac{k}{x}$ $(k\neq0)$의 그래프를 x축의 방향으로 a만큼, y축의 방향으로 b만큼 평행이동한 것이다. 상수 k, a, b에 대하여 $k+a+b$의 값은?

① 1 ② 2 ③ 3
④ 4 ⑤ 5

유형 14 유리함수의 정의역과 치역

0716

함수 $f(x)=\dfrac{bx+a^2b}{x+a}$의 정의역이 $\{x\,|\,x$는 2가 아닌 실수$\}$ 이고 치역이 $\{y\,|\,y$는 4가 아닌 실수$\}$일 때, $f(3)$의 값은?
(단, a, b는 상수이다.)

① 20 ② 22 ③ 24
④ 26 ⑤ 28

0717

함수 $f(x)=\dfrac{2x-3}{x-1}$의 정의역이 $\{x\,|\,2<x\leq3\}$이고 치역이 $\{y\,|\,1<y\leq k\}$일 때, 양수 k의 값은? (단, $k>1$)

① $\dfrac{3}{2}$ ② 2 ③ $\dfrac{5}{2}$
④ 3 ⑤ $\dfrac{7}{2}$

0718

함수 $f(x)=\dfrac{3x+2}{x+a}$ 가 집합 $X=\{x\,|\,x$는 b가 아닌 실수$\}$에서 집합 X로의 함수일 때, 함수 $y=f(x)$의 그래프는 함수 $y=\dfrac{c}{x}$의 그래프를 평행이동한 것과 같다. 상수 a, b, c에 대하여 $a+b+c$의 값을 구하시오.

0721

함수 $y=\dfrac{ax+b}{x+c}$의 그래프가 점 $(3, 5)$를 지나고 두 점근선의 교점의 좌표가 $(2, 3)$일 때, $a+bc$의 값을 구하시오.

(단, a, b, c는 상수이다.)

유형 15 유리함수의 그래프의 점근선

0719

유리함수 $y=\dfrac{2}{x-1}+3$의 그래프의 점근선의 방정식이 $x=a$, $y=b$일 때, 상수 a, b에 대하여 $a+b$의 값은?

① 1   ② 2   ③ 3

④ 4   ⑤ 5

0722

함수 $y=\dfrac{x+b}{ax+2}$의 그래프는 점 $(1, 2)$를 지나고 두 점근선 중 하나가 직선 $x=-2$이다. $-5\le x<-2$ 또는 $-2<x\le1$일 때, 이 함수의 함숫값의 범위를 구하시오.

(단, a, b는 상수이다.)

0720 교육청 변형

유리함수 $y=\dfrac{3x-4}{x-2}$의 두 점근선이 모두 점 (a, b)를 지날 때, $b-a$의 값은?

① -3 ② -2 ③ -1

④ 0   ⑤ 1

0723 교육청 변형

두 유리함수 $y=\dfrac{3x-1}{x-k}$, $y=\dfrac{-kx+2}{x-1}$의 그래프의 점근선으로 둘러싸인 부분의 넓이가 12일 때, 양수 k의 값을 구하시오. $\left(\text{단, } k\ne\dfrac{1}{3},\ k\ne1,\ k\ne2\right)$

0724

함수 $y=\dfrac{-3x+7}{x-2}$의 그래프에 대하여 보기에서 옳은 것만을 있는 대로 고른 것은?

> **보기** ━
> ㄱ. 제1, 2, 4사분면을 지난다.
> ㄴ. 점근선의 방정식은 $x=2$, $y=-3$이다.
> ㄷ. 직선 $y=x-5$에 대하여 대칭이다.

① ㄴ   ② ㄱ, ㄴ   ③ ㄱ, ㄷ
④ ㄴ, ㄷ   ⑤ ㄱ, ㄴ, ㄷ

0725

함수 $y=\dfrac{x+c}{ax+b}$의 그래프가 두 직선 $y=x-3$, $y=-x-1$에 대하여 대칭이고 점 $(2, -4)$를 지날 때, $2a+4b+c$의 값을 구하시오. (단, a, b, c는 상수이고 $ab\neq0$이다.)

0726

함수 $y=\dfrac{3x-1}{x-1}$의 그래프가 두 직선 $y=-x+a$, $y=x+b$에 대하여 대칭일 때, ab의 값은? (단, a, b는 상수이다.)

① 8   ② 9   ③ 10
④ 11   ⑤ 12

0727

함수 $y=\dfrac{4x+k-7}{x+1}$의 그래프가 제4사분면을 지나도록 하는 모든 자연수 k의 값의 합은?

① 6   ② 10   ③ 15
④ 21   ⑤ 28

0728

함수 $y=\dfrac{3x+n-6}{x-2}$의 그래프가 제3사분면을 지나지 않도록 하는 자연수 n의 개수는?

① 2   ② 3   ③ 4
④ 5   ⑤ 6

0729

유리함수 $y=\dfrac{5x+k}{x-1}$의 그래프가 좌표평면의 모든 사분면을 지나도록 하는 정수 k의 최솟값은?

① -2 ② -1 ③ 0
④ 1   ⑤ 2

유형 18 그래프를 이용하여 유리함수의 식 구하기

0730

원점을 지나는 함수 $y=\dfrac{a}{x-b}+c$ 의 그래프가 그림과 같을 때, 세 상수 a, b, c에 대하여 $a+b-c$의 값은?

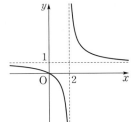

① 0   ② 1
③ 2   ④ 3
⑤ 4

0731

함수 $y=\dfrac{bx+c}{x+a}$ 의 그래프가 그림과 같을 때, $a+b+c$의 값은?
(단, a, b, c는 상수이다.)

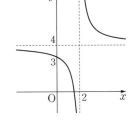

① -4 ② -2
③ 0   ④ 2
⑤ 4

0732

함수 $y=\dfrac{b}{x-a}+c$ 의 그래프가 그림과 같을 때, 다음 보기 중 옳은 것만을 있는 대로 고르시오.
(단, a, b, c는 상수이다.)

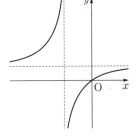

┌ **보기** ─────────────────────────
│ ㄱ. $ab<0$ ㄴ. $c-b>0$ ㄷ. $ac+\dfrac{b}{c}<0$
└──────────────────────────────

유형 19 유리함수의 그래프의 성질

0733

다음 중 유리함수 $y=\dfrac{4x+3}{2x+1}$ 의 그래프에 대한 설명으로 옳은 것은?

① 함수 $y=\dfrac{1}{2x}$ 의 그래프를 x축의 방향으로 $-\dfrac{1}{2}$만큼, y축의 방향으로 2만큼 평행이동한 것이다.

② 점근선의 방정식은 $x=\dfrac{1}{2}$, $y=2$이다.

③ 직선 $x=2$와 만나지 않는다.

④ 점 $(-1, 2)$에 대하여 대칭이다.

⑤ 제1, 3, 4사분면을 지난다.

0734 교육청 변형

유리함수 $f(x)=\dfrac{-3x-5}{x+2}$ 에 대하여 보기에서 옳은 것만을 있는 대로 고른 것은?

┌ **보기** ─────────────────────────
│ ㄱ. 함수 $y=f(x)$의 그래프의 점근선의 방정식은 $x=-3$, $y=-2$이다.
│ ㄴ. 함수 $y=f(x)$의 그래프를 x축과 y축의 방향으로 적절히 평행이동하면 함수 $y=\dfrac{-2x+3}{x-1}$ 의 그래프와 일치한다.
│ ㄷ. 함수 $y=f(x)$의 그래프는 제1사분면을 지나지 않는다.
└──────────────────────────────

① ㄴ   ② ㄷ   ③ ㄱ, ㄷ
④ ㄴ, ㄷ   ⑤ ㄱ, ㄴ, ㄷ

0735

함수 $y=\dfrac{-x+3}{x-2}$에 대하여 보기에서 옳은 것만을 있는 대로 고른 것은?

┌ 보기 ─────────────────────────
ㄱ. 정의역은 $\{x\,|\,x\neq2$인 실수$\}$이고,
  치역은 $\{y\,|\,y\neq-1$인 실수$\}$이다.
ㄴ. 함수 $y=\dfrac{-x+3}{x-2}$의 그래프는 점 $(2,\,-1)$에 대하여 대칭이다.
ㄷ. 함수 $y=\dfrac{-x+3}{x-2}$의 그래프는 함수 $y=\dfrac{1}{x}$의 그래프를 x축의 방향으로 2만큼, y축의 방향으로 -1만큼 평행이동한 것이다.
└────────────────────────────

① ㄴ   ② ㄷ   ③ ㄱ, ㄴ

④ ㄴ, ㄷ   ⑤ ㄱ, ㄴ, ㄷ

0736

함수 $y=\dfrac{3}{x}$의 그래프를 x축의 방향으로 4만큼, y축의 방향으로 -2만큼 평행이동하면 함수 $y=\dfrac{ax+b}{x+c}$의 그래프와 일치한다. 다음 보기 중 이 그래프에 대한 설명으로 옳은 것만을 있는 대로 고른 것은? (단, a, b, c는 상수이다.)

┌ 보기 ─────────────────────────
ㄱ. 제2사분면을 지나는 곡선이다.
ㄴ. 두 점근선의 교점의 좌표는 $(4,\,-2)$이다.
ㄷ. $a+b+c=5$
ㄹ. 두 직선 $y=x-6$, $y=-x+2$에 대하여 대칭이다.
└────────────────────────────

① ㄱ, ㄴ   ② ㄴ, ㄷ   ③ ㄱ, ㄴ, ㄷ

④ ㄴ, ㄷ, ㄹ   ⑤ ㄱ, ㄴ, ㄷ, ㄹ

0737

정의역이 $\{x\,|\,0\le x\le4\}$인 유리함수 $y=\dfrac{3x+13}{x+1}$의 최솟값은?

① 1   ② 2   ③ 3

④ 4   ⑤ 5

0738

정의역이 $\{x\,|\,-2\le x\le p\}$인 유리함수 $y=\dfrac{3}{x}$의 최솟값이 -9, 최댓값이 q일 때, 상수 p, q에 대하여 pq의 값은?

(단, $p>-2$)

① 1   ② $\dfrac{1}{2}$ ③ $\dfrac{1}{3}$

④ $\dfrac{1}{4}$ ⑤ $\dfrac{1}{5}$

0739

$1\le x\le a$에서 함수 $y=\dfrac{k}{x+2}+3\ (k>0)$의 최댓값이 5이고 최솟값이 4일 때, 상수 a, k에 대하여 $a+k$의 값을 구하시오.

(단, $a>1$)

유형 21 유리함수의 그래프와 직선의 위치 관계

0740

두 집합 $A=\left\{(x,\ y)\middle|y=\dfrac{-2x-1}{x+1}\right\}$,

$B=\{(x,\ y)|y=kx-k-6\}$에 대하여 $A\cap B=\varnothing$을 만족시키는 정수 k의 개수는?

① 1　　　　② 2　　　　③ 3
④ 4　　　　⑤ 5

0741

$3\leq x\leq 4$에서 유리함수 $y=\dfrac{3x}{x-2}$의 그래프와 직선 $y=ax+2$가 한 점에서 만나도록 하는 실수 a의 최댓값과 최솟값의 합은?

① $\dfrac{10}{3}$　　　② $\dfrac{11}{3}$　　　③ 4
④ $\dfrac{13}{3}$　　　⑤ $\dfrac{14}{3}$

0742

$2\leq x\leq 6$인 모든 실수 x에 대하여 부등식 $mx\leq\dfrac{2x+3}{x-1}\leq nx$가 성립하도록 하는 실수 m의 최댓값과 실수 n의 최솟값의 합은?

① 3　　　　② 4　　　　③ 5
④ 6　　　　⑤ 7

유형 22 유리함수의 그래프의 활용

0743

함수 $y=\dfrac{1}{x-1}+2\ (x>1)$의 그래프 위의 점 P에서 x축, y축에 내린 수선의 발을 각각 Q, R라 할 때, $\overline{PQ}+\overline{PR}$의 최솟값은?

① 4　　　　② 5　　　　③ 6
④ 7　　　　⑤ 8

0744

그림과 같이 함수 $f(x)=\dfrac{8}{2x-1}\ \left(x>\dfrac{1}{2}\right)$의 그래프 위의 점 A를 지나고 x축에 수직인 직선이 직선 $y=-x$와 만나는 점을 B라 하자. 선분 AB의 길이의 최솟값을 구하시오.

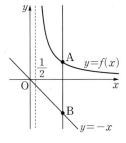

0745 교육청 변형

그림과 같이 유리함수 $y=\dfrac{k}{x}\ (k>0)$의 그래프가 직선 $y=-x+10$과 두 점 P, Q에서 만난다. 삼각형 OPQ의 넓이가 40일 때, 상수 k의 값은?
(단, O는 원점이다.)

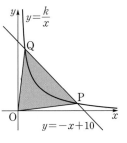

① 6　　　　② $\dfrac{56}{9}$　　　③ 7
④ $\dfrac{70}{9}$　　　⑤ 9

0746

유리함수 $y=\dfrac{4}{x}$ $(x>0)$의 그래프 위를 움직이는 점 P와 두 점 Q$(-1, 0)$, R$(0, -4)$를 꼭짓점으로 하는 삼각형 PQR의 넓이의 최솟값을 구하시오.

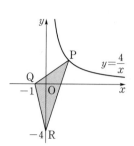

0747 교육청 변형

그림과 같이 함수 $y=\dfrac{8}{x-2}+4$ 의 그래프 위의 한 점 P에서 이 함수의 그래프의 두 점근선에 내린 수선의 발을 각각 Q, R라 하고, 두 점근선의 교점을 S라 하자. 사각형 PRSQ의 둘레의 길이의 최솟값은? (단, 점 P는 제1사분면 위의 점이다.)

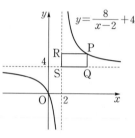

① $2\sqrt{2}$ ② 4 ③ $4\sqrt{2}$

④ 8 ⑤ $8\sqrt{2}$

유형 23 유리함수의 합성

0748

유리함수 $f(x)=\dfrac{1}{1-x}$에 대하여

$$f^1(x)=f(x),\ f^{n+1}(x)=f(f^n(x))$$

로 정의할 때, $f^{2000}(-1)$의 값은? (단, n은 자연수이다.)

① -1 ② $-\dfrac{1}{2}$ ③ $\dfrac{1}{2}$

④ 1 ⑤ 2

0749

함수 $f(x)=\dfrac{x+3}{x-1}$에 대하여

$$f^1(x)=f(x),\ f^{n+1}(x)=(f\circ f^n)(x)$$

로 정의할 때, $f^{3019}(a)=5$를 만족시키는 실수 a의 값을 구하시오. (단, n은 자연수이다.)

0750

함수 $f(x)=\dfrac{x}{1-x}$에 대하여

$$f^1=f,\ f^n=\underbrace{f\circ f\circ f\circ\cdots\circ f}_{n\text{개}}\ (n=2, 3, 4, \cdots)$$

로 정의할 때, $f^{15}(x)=\dfrac{ax+b}{cx+1}$이다. 상수 a, b, c에 대하여 $a+b+c$의 값을 구하시오.

0751

함수 $f(x)=\dfrac{3x-7}{x-2}$에 대하여 함수 $f^n(x)$를

$$f^1(x)=f(x),\ f^{n+1}(x)=f(f^n(x))\ (n\text{은 자연수})$$

으로 정의하자.

$$f^1(1)\times f^2(1)\times f^3(1)\times\cdots\times f^k(1)=10^{10}$$

을 만족시키는 모든 자연수 k의 값의 합은?

① 57 ② 58 ③ 59

④ 60 ⑤ 61

유형 24 유리함수의 역함수

0752

함수 $f(x) = \dfrac{ax+1}{x-3}$의 그래프가 정의역의 모든 원소 x에서 $(f \circ f)(x) = x$를 만족시킬 때, $f(2)$의 값은?

$\left(단, a \neq -\dfrac{1}{3} \right)$

① -7 ② -3 ③ 1
④ 3 ⑤ 5

0753

함수 $f(x) = \dfrac{ax+b}{x+c}$의 그래프가 점 $(2, -3)$에 대하여 대칭이고 $f^{-1}(2) = 0$일 때, $a+b+c$의 값은?

(단, a, b, c는 상수이고, $b \neq ac$이다.)

① -1 ② -3 ③ -5
④ -7 ⑤ -9

0754

유리함수 $f(x) = \dfrac{x-1}{x}$에 대하여 $f(x)$의 역함수를 $g(x)$라 할 때, 함수 $y = g(x) + f(g(3))$의 그래프의 점근선의 방정식이 $x = a$, $y = b$이다. $a-b$의 값은? (단, a, b는 상수이다.)

① -5 ② -4 ③ -3
④ -1 ⑤ -2

유형 25 유리함수의 합성함수와 역함수

0755

함수 $f(x) = \dfrac{-3x+3}{2x-7}$에 대하여 함수 $g(x)$가 $\dfrac{7}{2}$이 아닌 모든 양수 x에 대하여 $g(f(x)) = x$를 만족시킬 때, $(f \circ (g^{-1} \circ f)^{-1} \circ g)(1)$의 값은?

① $\dfrac{15}{7}$ ② $\dfrac{16}{7}$ ③ $\dfrac{17}{7}$
④ $\dfrac{18}{7}$ ⑤ $\dfrac{19}{7}$

0756

유리함수 $f(x) = \dfrac{x-1}{x}$에 대하여
$$f^1(x) = f(x), \quad f^{n+1}(x) = f(f^n(x)) \ (n = 1, 2, 3, \cdots)$$
으로 정의할 때, $f^{-1}(2) + f^{1562}(2)$의 값을 구하시오.

0757

두 함수 $f(x)$, $g(x)$를 $f(x) = \dfrac{2x+b}{x+a}$, $g(x) = -x+1$이라 하자. 함수 $f(x)$의 역함수 $y = f^{-1}(x)$의 그래프를 y축에 대하여 대칭이동한 후, x축의 방향으로 1만큼 평행이동한 그래프의 식을 $h(x)$라 할 때, 세 함수 $f(x)$, $g(x)$, $h(x)$는 다음 조건을 만족시킨다.

㉮ -1이 아닌 모든 실수 x에 대하여 $(f \circ g)(x) = h(x)$이다.

㉯ 함수 $y = f(x)$의 그래프를 평행이동하면 함수 $y = \dfrac{9}{x}$의 그래프와 일치한다.

상수 a, b에 대하여 $a+b$의 값을 구하시오. (단, $b \neq 2a$)

0758 교육청 변형

다음 식의 분모를 0으로 만들지 않는 모든 실수 x에 대하여

$$\frac{1}{(x-1)(x-2)(x-3)\times\cdots\times(x-20)}$$

$$=\frac{a_1}{x-1}+\frac{a_2}{x-2}+\frac{a_3}{x-3}+\cdots+\frac{a_{20}}{x-20}$$

이 성립할 때, 상수 a_1, a_2, a_3, $\cdots$, a_{20}에 대하여 $a_1+a_2+a_3+\cdots+a_{20}$의 값을 구하시오.

0759 교육청 변형

0이 아닌 세 실수 x, y, z가 $\dfrac{2x+y}{z}=\dfrac{y+z}{2x}=\dfrac{z+2x}{y}$를 만족시킬 때, $\dfrac{xy+yz+zx}{x^2+y^2+z^2}=k$이다. $9k$의 값을 구하시오.

(단, $2x+y+z\neq0$)

0760 교육청 변형

함수 $f(x)=\dfrac{2x+3}{x+5}$의 역함수 $y=f^{-1}(x)$의 그래프가 점 (a, b)에 대하여 대칭일 때, $60f(a-b)$의 값을 구하시오.

0761 교육청 변형

함수 $y=\dfrac{bx+c}{ax-1}$의 그래프가 점 $(2, 4)$를 지나고 두 직선 $x=1$, $y=2$를 점근선으로 가질 때, $a^2+b^2+c^2$의 값은?

(단, a, b, c는 상수이고, $b\neq-ac$이다.)

① 1   ② 2   ③ 3

④ 4   ⑤ 5

0762 교육청 기출

다음은 0이 아닌 세 실수 a, b, c에 대하여

$$\frac{a+b-c}{c}=\frac{a-b+c}{b}=\frac{-a+b+c}{a}$$이면

$a+b+c=0$ 또는 $a=b=c$

임을 증명하는 과정이다.

$\dfrac{a+b-c}{c}=\dfrac{a-b+c}{b}=\dfrac{-a+b+c}{a}=k$라 하면

$a+b-c=ck$ ...... ㉠

$a-b+c=bk$ ...... ㉡

$-a+b+c=ak$ ...... ㉢

㉠, ㉡, ㉢에서 $\boxed{\text{㈎}}\,(a+b+c)=0$이므로

$a+b+c=0$ 또는 $\boxed{\text{㈎}}=0$이다.

$\boxed{\text{㈎}}=0$일 때,

㉠에서 $a+b=\boxed{\text{㈏}}\,c$ ...... ㉣

㉡에서 $a+c=\boxed{\text{㈏}}\,b$ ...... ㉤

㉣, ㉤에서 $3(b-c)=0$이므로 $b=c$이다.

따라서 ㉣에서 $a=b$이므로 $a=b=c$이다.

그러므로 $\dfrac{a+b-c}{c}=\dfrac{a-b+c}{b}=\dfrac{-a+b+c}{a}$이면

$a+b+c=0$ 또는 $a=b=c$이다.

위의 과정에서 ㈎에 알맞은 식을 $f(k)$라 하고, ㈏에 알맞은
수를 m이라 할 때, $f(1)+2m$의 값은?

① 3   ② 4   ③ 5
④ 6   ⑤ 7

0763 교육청 변형

양수 x에 대하여 $x^2+\dfrac{1}{x^2}=14$가 성립할 때, 보기에서 옳은
것만을 있는 대로 고른 것은?

> **보기**
>
> ㄱ. $1+\dfrac{1}{x^2}=\dfrac{4}{x}$
>
> ㄴ. $x-4x^2+x^3+\dfrac{1}{x}-\dfrac{4}{x^2}+\dfrac{1}{x^3}=2$
>
> ㄷ. $x^{3n}-4x^{3n+1}+x^{3n+2}+\dfrac{1}{x^{3n}}-\dfrac{4}{x^{3n+1}}+\dfrac{1}{x^{3n+2}}=0$
>
> (단, n은 자연수이다.)

① ㄱ   ② ㄴ   ③ ㄱ, ㄷ
④ ㄴ, ㄷ   ⑤ ㄱ, ㄴ, ㄷ

0764 교육청 기출

실내 조명 설비에서 조명 기구의 이용률을 구하기 위해 사용
되는 실지수는 실내의 형태와 크기, 광원의 높이에 의하여 결
정된다. 직육면체 모양의 실내의 가로의 길이 x, 세로의 길이
y, 광원의 높이 h에 대하여 실지수 K는 다음과 같이 구할 수
있다고 한다.

$$K=\frac{xy}{h(x+y)}$$

직육면체 모양의 두 전시장 A, B의 실지수를 비교하려고 한
다. A의 가로의 길이는 2, 세로의 길이는 a, 광원의 높이는
$2a$이고, B의 가로의 길이는 4, 세로의 길이는 $2a$, 광원의 높
이는 a이다. B의 실지수가 A의 실지수의 k배일 때, k의 값
은? (단, 길이와 높이의 단위는 m이다.)

① $\dfrac{5}{2}$ ② 3   ③ $\dfrac{7}{2}$

④ 4   ⑤ $\dfrac{9}{2}$

0765 교육청 변형

정의역이 $\{x\,|\,3\leq x\leq 6\}$인 함수

$$f(x)=\frac{x+k}{2x-3}$$

의 치역을 Y라 하자. $\{y\,|\,2\leq y\leq 4\}\subset Y$일 때, 실수 k의 최댓
값과 최솟값의 합을 구하시오. $\left(\text{단, }k\neq -\dfrac{3}{2}\right)$

0766 교육청 변형

유리함수 $f(x)=\dfrac{bx+5}{x+a}$가 $x\neq-a$인 모든 실수 x에 대하여 $(f\circ f)(x)=x$이고, $f(5)=-2$일 때, 상수 a, b에 대하여 $a-b$의 값을 구하시오.

0767 교육청 변형

함수 $f(x)$와 그 역함수 $f^{-1}(x)$에 대하여 $(f^{-1}\circ f\circ f^{-1})\left(\dfrac{5x+4}{x+3}\right)=x+a$이고 $f(0)=4$일 때, 상수 a에 대하여 $f(a+1)$의 값을 구하시오.

0768 교육청 변형

유리함수 $y=\dfrac{x-2}{x+1}$의 그래프와 직선 $y=kx+1$이 만나지 않도록 하는 실수 k의 값의 범위를 구하시오.

0769 교육청 변형

좌표평면 위에 함수 $f(x)=\begin{cases}\dfrac{4}{x} & (x>0) \\ \dfrac{16}{x} & (x<0)\end{cases}$ 의 그래프와 직선 $y=-x$가 있다. 함수 $y=f(x)$의 그래프 위의 x좌표가 양수인 점 P를 지나고 x축에 수직인 직선이 직선 $y=-x$와 만나는 점을 Q라 하자. 점 Q를 지나고 y축에 수직인 직선이 함수 $y=f(x)$의 그래프와 만나는 점을 R라 할 때, $\overline{PQ}\times\overline{QR}$의 최솟값은?

① 12   ② 16   ③ 24

④ 36   ⑤ 48

0770 교육청 변형

집합 $X=\{x\,|\,0\le x\le 12\}$에 대하여 X에서 X로의 함수 f가

$$f(x)=\begin{cases} ax+b & (0\le x\le 3) \\ \dfrac{24}{x}-2 & (3<x\le 12) \end{cases}$$ 일 때, 함수 f는 다음 조건을

만족시킨다.

> ㈎ 함수 f의 치역은 공역과 같다.
> ㈏ 정의역의 원소 x_1, x_2에 대하여 $f(x_1)=f(x_2)$이면
> $x_1=x_2$이다.

$(f \circ f)(k)=10$일 때, 상수 k의 값을 구하시오.

(단, a, b는 상수이고 $a<0$이다.)

0771 수능 기출

좌표평면에서 곡선 $y=\dfrac{1}{2x-8}+3$과 x축, y축으로 둘러싸인

영역의 내부에 포함되고 x좌표와 y좌표가 모두 자연수인 점의

개수는?

① 3   ② 4   ③ 5

④ 6   ⑤ 7

0772 교육청 변형

함수 $f(x)=\dfrac{-x-a}{x+3}$가 다음 조건을 모두 만족시킨다.

> ㈎ $x\ne -1$인 모든 실수 x에 대하여
> $f^{-1}(x)=f(x-2)+b$이다.
> ㈏ 직선 $x=-2$는 함수 $y=(f \circ f)(x)$의 그래프의 한
>   점근선이다.

상수 a, b에 대하여 $a-b$의 값을 구하시오.

0773 교육청 기출

함수 $f(x)=\dfrac{a}{x}+b$ $(a\ne 0)$이 다음 조건을 만족시킨다.

> ㈎ 곡선 $y=|f(x)|$는 직선 $y=2$와 한 점에서만 만난다.
> ㈏ $f^{-1}(2)=f(2)-1$

$f(8)$의 값은? (단, a, b는 상수이다.)

① $-\dfrac{1}{2}$ ② $-\dfrac{1}{4}$ ③ 0

④ $\dfrac{1}{4}$ ⑤ $\dfrac{1}{2}$

10 무리식과 무리함수

III. 함수와 그래프

유형별 유사문제

유형 01 무리식의 값이 실수가 되기 위한 조건

0774

무리식 $\dfrac{\sqrt{x+3}}{\sqrt{2-x}}$ 의 값이 실수이기 위한 x의 값의 범위는?

① $-3 \le x < 2$
② $-3 \le x \le 2$
③ $-3 < x \le 2$
④ $-3 < x < 2$
⑤ $-2 \le x \le 3$

0775

무리식 $\sqrt{3-x} + \dfrac{\sqrt{2x}}{\sqrt{x+2}}$ 의 값이 실수가 되도록 하는 정수 x의 개수는?

① 2
② 3
③ 4
④ 5
⑤ 6

0776 [교육청 변형]

모든 실수 x에 대하여 $\sqrt{kx^2 - kx + 1}$ 의 값이 실수가 되도록 하는 정수 k의 개수는?

① 1
② 2
③ 3
④ 4
⑤ 5

유형 02 제곱근의 성질

0777

$-2 < a < \dfrac{1}{3}$ 일 때, $\sqrt{a^2+4a+4} - \sqrt{9a^2-6a+1}$ 을 간단히 하면?

① $-2a-3$
② $-2a+1$
③ $4a$
④ $4a-3$
⑤ $4a+1$

0778

실수 a에 대하여 $x=4a^2+5$, $y=4a$일 때, $\sqrt{(x-2y)^2} - \sqrt{(x+2y)^2}$ 을 a에 대한 식으로 나타내시오.

0779

$\sqrt{x-2} + \sqrt{3-x}$ 의 값이 실수가 되도록 하는 실수 x에 대하여 $\sqrt{(x^2-3)^2} - \sqrt{(x^2-10)^2}$ 을 간단히 하시오.

유형 03 음수의 제곱근의 성질

0780

$\sqrt{x-4}\sqrt{3-x}=-\sqrt{(x-4)(3-x)}$를 만족시키는 실수 x에 대하여 $\sqrt{x^2-8x+16}-\sqrt{9-6x+x^2}$을 간단히 하면?

① $-2x-1$ ② $-2x+1$ ③ $-2x+7$

④ $2x+1$ ⑤ $2x+7$

0781

$\dfrac{\sqrt{a+2}}{\sqrt{a-5}}=-\sqrt{\dfrac{a+2}{a-5}}$를 만족시키는 실수 a에 대하여

$\sqrt{a^2+6a+9}+\sqrt{a^2-12a+36}$을 간단히 하시오.

0782

두 실수 a, b에 대하여
$$\sqrt{a-5}\sqrt{4-a}=-\sqrt{(a-5)(4-a)},$$
$$\dfrac{\sqrt{b-1}}{\sqrt{b-3}}=-\sqrt{\dfrac{b-1}{b-3}}$$
일 때, $\sqrt{(a-b)^2}+|a-3|-\sqrt{(b-4)^2}$을 간단히 하시오.

유형 04 분모의 유리화

0783

다음 식을 간단히 하면?

$$\frac{1}{\sqrt{x+1}+\sqrt{x+2}}+\frac{1}{\sqrt{x+2}+\sqrt{x+3}}+\frac{1}{\sqrt{x+3}+\sqrt{x+4}}$$

① $\sqrt{x+1}-\sqrt{x+4}$ ② $\sqrt{x+4}-\sqrt{x+1}$

③ $\sqrt{x+1}-\sqrt{x+3}$ ④ $\sqrt{x+3}-\sqrt{x+1}$

⑤ $\sqrt{x+2}-\sqrt{x+1}$

0784 교육청 변형

$2+\dfrac{2}{2+\dfrac{2}{2+\dfrac{2}{\sqrt{3}+1}}}$의 값은?

① $\sqrt{3}-2$ ② $\sqrt{3}-1$ ③ $\sqrt{3}$

④ $\sqrt{3}+1$ ⑤ $\sqrt{3}+2$

0785

$f(x)=\dfrac{1}{\sqrt{x}+\sqrt{x+1}}$에 대하여

$f(1)+f(2)+f(3)+\cdots+f(35)$의 값은?

① 5 ② 6 ③ 7

④ $\sqrt{35}-1$ ⑤ $\sqrt{35}$

10
무리식과 무리함수

0786

$x=\sqrt{2}$일 때, $\dfrac{x}{\sqrt{x}-\dfrac{x-1}{\sqrt{x}+1}}$ 의 값은?

① $\dfrac{1}{2}$ ② $\dfrac{\sqrt{2}}{2}$ ③ 1

④ $\sqrt{2}$ ⑤ 2

0787

$x=4\sqrt{2}-4$일 때, $\dfrac{\sqrt{x+4}}{\sqrt{x+4}-\sqrt{x}}+\dfrac{\sqrt{x+4}}{\sqrt{x+4}+\sqrt{x}}$ 의 값은?

① $2\sqrt{2}$ ② $3\sqrt{2}$ ③ $4\sqrt{2}$

④ $5\sqrt{2}$ ⑤ $6\sqrt{2}$

0788

$x=\dfrac{\sqrt{3}+1}{\sqrt{3}-1}$일 때, $\dfrac{\sqrt{x}+\sqrt{2}}{\sqrt{x}-\sqrt{2}}+\dfrac{\sqrt{x}-\sqrt{2}}{\sqrt{x}+\sqrt{2}}$ 의 값은?

① $3+4\sqrt{3}$ ② $\dfrac{6+8\sqrt{3}}{3}$ ③ $\dfrac{3+4\sqrt{3}}{2}$

④ $\dfrac{6+8\sqrt{3}}{5}$ ⑤ $\dfrac{3+4\sqrt{3}}{3}$

0789

$x=2-\sqrt{3}$일 때, x^3-4x^2+3x+3의 값을 구하시오.

0790

$\sqrt{3}$의 정수가 아닌 부분을 x라 할 때, $3x^4+10x^3+9x+1$의 값은? (단, $0\le x<1$)

① $-24-21\sqrt{3}$ ② $-24-18\sqrt{3}$ ③ -24

④ $-24+18\sqrt{3}$ ⑤ $-24+21\sqrt{3}$

0791

$x=\dfrac{1-\sqrt{5}}{2}$일 때, $\dfrac{x^4-x^3+x^2-2x+3}{x^3+x^2-3x-3}$ 의 값을 구하시오.

유형 07 무리식의 값 구하기
－ $x=\sqrt{a}+\sqrt{b}$, $y=\sqrt{a}-\sqrt{b}$ 꼴의 이용

0792

$a=1+\sqrt{3}$, $b=1-\sqrt{3}$일 때, $\dfrac{1}{a}+\dfrac{1}{b}$의 값은?

① -2 ② -1 ③ 0

④ 1 ⑤ 2

0793

$x=\dfrac{1}{2-\sqrt{3}}$, $y=\dfrac{1}{2+\sqrt{3}}$일 때, $\dfrac{\sqrt{x}-\sqrt{y}}{\sqrt{x}+\sqrt{y}}$의 값은?

① $\dfrac{\sqrt{3}}{3}$ ② $\dfrac{\sqrt{2}}{2}$ ③ $\sqrt{2}$

④ $\sqrt{3}$ ⑤ 2

0794

$a=2-\sqrt{x}$, $b=2+\sqrt{x}$이고 $a^3+b^3=28$일 때, x의 값은?

(단, $x>0$)

① 1 ② 2 ③ 3

④ 4 ⑤ 5

유형 08 무리함수 $y=\pm\sqrt{ax}$의 그래프

0795

무리함수 $y=-\sqrt{ax}$ $(a\neq0)$에 대하여 보기에서 옳은 것만을 있는 대로 고른 것은?

보기
ㄱ. 치역은 $\{y\,|\,y\leq0\}$이다.
ㄴ. $a>0$일 때, 그래프는 제1사분면을 지난다.
ㄷ. $|a|$의 값이 작아질수록 그래프는 x축에 가까워진다.

① ㄱ   ② ㄷ   ③ ㄱ, ㄷ

④ ㄴ, ㄷ   ⑤ ㄱ, ㄴ, ㄷ

0796

다음 중 옳은 것은? (단, $a\neq0$)

① 함수 $y=\sqrt{ax}$의 정의역은 $\{x\,|\,x\geq0\}$이다.
② 함수 $y=-\sqrt{ax}$의 치역은 $\{y\,|\,y\geq0\}$이다.
③ 함수 $y=\sqrt{ax}$의 그래프는 제1사분면을 지난다.
④ 함수 $y=-\sqrt{ax}$의 그래프는 제4사분면을 지난다.
⑤ $a>0$이면 두 함수 $y=\sqrt{ax}$, $y=-\sqrt{ax}$의 그래프는 직선 $x=1$과 만난다.

유형 09 무리함수의 그래프의 평행이동과 대칭이동

0797

무리함수 $y=\sqrt{ax}$ $(a\neq0)$의 그래프를 x축의 방향으로 -2만큼, y축의 방향으로 -4만큼 평행이동한 그래프가 점 $(1, -1)$을 지날 때, 상수 a의 값은?

① 1 ② 2 ③ 3

④ 4 ⑤ 5

0798

함수 $y=\sqrt{ax+1}+b$의 그래프를 x축의 방향으로 m만큼, y축의 방향으로 1만큼 평행이동한 후, 원점에 대하여 대칭이동하면 함수 $y=-\sqrt{-3x+7}+4$의 그래프와 일치한다. $a+b+m$의 값은? (단, a, b, m은 상수이다.)

① -5 ② -4 ③ -3

④ -2 ⑤ -1

0799

함수 $y=\dfrac{3x+1}{x-1}$의 그래프는 함수 $y=\dfrac{a}{x}$의 그래프를 x축의 방향으로 p만큼, y축의 방향으로 q만큼 평행이동한 것이다. 함수 $y=\sqrt{ax}$의 그래프를 x축의 방향으로 p만큼, y축의 방향으로 q만큼 평행이동한 그래프의 식은? (단, a는 상수이다.)

① $y=\sqrt{4x-4}+3$ ② $y=\sqrt{4x-1}+3$

③ $y=\sqrt{2x+1}+3$ ④ $y=\sqrt{2x+2}-3$

⑤ $y=\sqrt{4x+4}-3$

유형 10 무리함수의 정의역과 치역

0800

함수 $y=\sqrt{3x+k}+4$의 정의역이 $\{x|x\geq a\}$, 치역이 $\{y|y\geq b\}$이고 그래프가 점 $(5, 7)$을 지날 때, $a+b$의 값을 구하시오. (단, a, b는 상수이다.)

0801

유리함수 $y=\dfrac{-x}{2x+2}$의 두 점근선의 방정식이 $x=a$, $y=b$이고 $c=a+b$라 할 때, 무리함수 $y=-\sqrt{ax+b}+c$의 정의역과 치역을 각각 구하시오.

0802

무리함수 $y=\sqrt{-x+2}+1$의 정의역과 치역이 각각 $\{x|x\leq a\}$, $\{y|y\geq b\}$이고, 무리함수 $y=-\sqrt{x-3}-2$의 정의역과 치역이 각각 $\{x|x\geq c\}$, $\{y|y\leq d\}$일 때, 네 직선 $x=a$, $y=b$, $x=c$, $y=d$로 둘러싸인 부분의 넓이는?

① 3   ② 5   ③ 7

④ 9   ⑤ 11

유형 11 무리함수의 그래프가 지나는 사분면

0803

무리함수 $y=-\sqrt{x+3}+2$의 그래프가 지나지 않는 사분면만을 모두 고른 것은?

① 제1사분면   ② 제3사분면

③ 제4사분면   ④ 제2사분면, 제3사분면

⑤ 제1사분면, 제4사분면

0804

다음 함수 중 그래프가 제1사분면을 지나지 않는 것은?

① $y=\sqrt{x}-1$ ② $y=-\sqrt{x}+1$

③ $y=-\sqrt{-x}+1$ ④ $y=\sqrt{x+1}-1$

⑤ $y=\sqrt{-x+1}+1$

0805

유리함수 $y=-\dfrac{12}{x}$의 그래프의 제4사분면 위의 점 $P(a, b)$와 원점 사이의 거리를 c라 하자. a, b, c가 모두 정수이고 $|a|<|b|$일 때, 함수 $y=\sqrt{c(x+a)}+b$의 그래프가 지나는 사분면만을 있는 대로 고른 것은?

① 제1사분면, 제2사분면

② 제1사분면, 제3사분면

③ 제1사분면, 제2사분면, 제3사분면

④ 제1사분면, 제3사분면, 제4사분면

⑤ 제1사분면, 제2사분면, 제3사분면, 제4사분면

유형 12   **그래프를 이용하여 무리함수의 식 구하기**

0806

무리함수 $y=\sqrt{ax+b}+c$의 그래프가 그림과 같을 때, 상수 a, b, c에 대하여 $a+b+c$의 값을 구하시오.

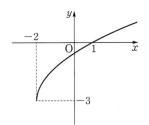

0807

함수 $y=-\sqrt{ax+b}+c$의 그래프가 그림과 같을 때, 함수 $y=\dfrac{bx+c}{x+a}$의 그래프의 두 점근선의 방정식은?

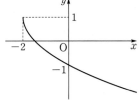

(단, a, b, c는 상수이다.)

① $x=-2$, $y=1$ ② $x=-2$, $y=2$

③ $x=-2$, $y=4$ ④ $x=2$, $y=2$

⑤ $x=2$, $y=4$

0808

무리함수 $y=a\sqrt{bx+c}$의 그래프가 그림과 같을 때, 다음 중 유리함수 $y=\dfrac{b}{x+a}+c$의 그래프로 알맞은 것은? (단, a, b, c는 상수이다.)

① 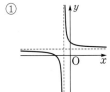   ②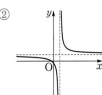

③ 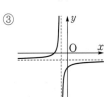   ④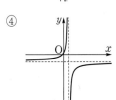

⑤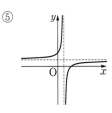

0809

다음 중 함수 $y=\sqrt{x+1}-2$에 대한 설명으로 옳은 것은?

① 정의역은 $\{x\,|\,x\le-1\}$이다.

② 치역은 $\{y\,|\,y\ge-2\}$이다.

③ 그래프는 점 $(0,\,-2)$를 지난다.

④ 그래프는 제1사분면을 지나지 않는다.

⑤ 그래프는 함수 $y=-\sqrt{x}$의 그래프를 평행이동하여 나타낼 수 있다.

0810

무리함수 $f(x)=\sqrt{4-2x}-1$에 대하여 보기에서 옳은 것만을 있는 대로 고른 것은?

> ┌ 보기 ┐
>
> ㄱ. 정의역은 $\{x\,|\,x\le2\}$, 치역은 $\{y\,|\,y\ge-1\}$이다.
>
> ㄴ. 함수 $y=f(x)$의 그래프를 적절히 평행이동하면 함수 $y=\dfrac{1}{2}\sqrt{4-8x}-3$의 그래프와 일치한다.
>
> ㄷ. 함수 $y=f(x)$의 그래프는 제3사분면을 지난다.

① ㄱ   ② ㄷ   ③ ㄱ, ㄴ

④ ㄱ, ㄷ   ⑤ ㄱ, ㄴ, ㄷ

0811

$-2\le x\le2$에서 함수 $y=-\sqrt{5-2x}+a$의 최솟값이 3이고, 최댓값이 M이다. $a+M$의 값은? (단, a는 상수이다.)

① 8   ② 9   ③ 10

④ 11   ⑤ 12

0812

$-6\le x\le-2$에서 무리함수 $y=\sqrt{1-4x}+5$의 최댓값은?

① 8   ② 9   ③ 10

④ 11   ⑤ 12

0813

무리함수 $y=-\sqrt{ax+b}+c$가 $x=\dfrac{5}{2}$일 때 최댓값 2를 갖고 그래프가 점 $(3,\,0)$을 지날 때, 상수 a, b, c에 대하여 $a-b+c$의 값은? (단, $a>0$)

① -4 ② 0   ③ 5

④ $\dfrac{20}{3}$ ⑤ 30

0814

정의역이 $\{x \mid -1 \le x \le 5\}$인 무리함수 $y = a\sqrt{4x+5} + b$의 최댓값이 2, 최솟값이 -2가 되도록 하는 모든 a의 값의 합은? (단, a, b는 상수이다.)

① -2 ② -1 ③ 0

④ 1 ⑤ 2

유형 15 무리함수의 그래프와 직선의 위치 관계

0815

함수 $y = \sqrt{x+2}$의 그래프와 직선 $y = \dfrac{1}{2}x + k$가 서로 다른 두 점에서 만나도록 하는 정수 k의 개수는?

① 0 ② 1 ③ 2

④ 3 ⑤ 4

0816

두 집합
$$A = \{(x, y) \mid y = \sqrt{x+1} + 1\},$$
$$B = \{(x, y) \mid y = 2x + k\}$$
에 대하여 $n(A \cap B) = 1$이 되도록 하는 실수 k의 최댓값은?

① $\dfrac{25}{8}$ ② $\dfrac{27}{8}$ ③ $\dfrac{29}{8}$

④ $\dfrac{31}{8}$ ⑤ $\dfrac{33}{8}$

0817

함수 $y = \sqrt{1-x} + 9$의 그래프와 직선 $y = mx + 2m$이 만나지 않도록 하는 자연수 m의 최댓값은?

① 2 ② 4 ③ 6

④ 8 ⑤ 10

0818

두 집합
$$A = \{(x, y) \mid y = \sqrt{3-x} \text{ 또는 } y = \sqrt{3+x}\},$$
$$B = \{(x, y) \mid y = 2x + k\}$$
에 대하여 $n(A \cap B) = 3$이 되도록 하는 실수 k의 값의 범위를 구하시오.

0819

두 함수 $f(x) = \sqrt{2x-k}$, $g(x) = x + |x+2|$의 그래프가 서로 다른 두 점에서 만나도록 하는 실수 k의 값의 범위가 $a \le k < b$이다. ab의 값은? (단, a, b는 실수이고, $a < b$이다.)

① $\dfrac{1}{2}$ ② $\dfrac{3}{2}$ ③ $\dfrac{5}{2}$

④ $\dfrac{7}{2}$ ⑤ $\dfrac{9}{2}$

유형 **16** 무리함수의 역함수

0820

함수 $f(x)=\sqrt{ax+b}$의 역함수를 $g(x)$라 하자. $f(2)=3$일 때, $g(2)=3$이 되도록 하는 상수 a, b에 대하여 $a+b$의 값은?

① 14   ② 15   ③ 16

④ 17   ⑤ 18

0821

무리함수 $f(x)=\sqrt{2x-4}+2$의 그래프와 그 역함수 $y=f^{-1}(x)$의 그래프의 두 교점 사이의 거리는?

① $\dfrac{\sqrt{2}}{2}$ ② $\sqrt{2}$ ③ $\sqrt{3}$

④ 2   ⑤ $2\sqrt{2}$

0822

함수 $y=2\sqrt{x}$의 그래프를 x축의 방향으로 2만큼, y축의 방향으로 a만큼 평행이동한 그래프의 식을 $y=f(x)$라 하자. 함수 $y=f(x)$의 그래프와 그 역함수 $y=f^{-1}(x)$의 그래프가 접할 때, 상수 a의 값을 구하시오.

유형 **17** 무리함수의 합성함수와 역함수

0823 교육청 변형

함수 $f(x)=\sqrt{x+a}$가 있다. 함수 $g(x)$가 2 이상의 모든 실수 x에 대하여 $f^{-1}(g(x))=3x$를 만족시키고 $g(2)=0$일 때, $f(-7a)$의 값은? (단, a는 상수이다.)

① 2   ② 4   ③ 6

④ 8   ⑤ 10

0824

역함수가 존재하는 두 함수 $f(x)=\sqrt{x-2}$, $g(x)$에 대하여 함수 $h(x)=(g\circ f)(x)$가 $h(x)=\dfrac{x-1}{x+1}$일 때, $f^{-1}(\sqrt{3})\times g(\sqrt{3})$의 값은?

① $\dfrac{10}{3}$ ② 3   ③ $\dfrac{8}{3}$

④ $\dfrac{7}{3}$ ⑤ 2

0825

정의역이 $\{x|x>1\}$인 두 함수

$$f(x)=\frac{x+2}{x-1}, \ g(x)=\sqrt{2x+1}$$

에 대하여 $(g\circ f^{-1})^{-1}(2)+(f\circ g^{-1})^{-1}(2)$의 값은?

① 7   ② 8   ③ 9

④ 10   ⑤ 11

0826 교육청 변형

$\dfrac{\sqrt{a}}{\sqrt{a}+\sqrt{b}}+\dfrac{\sqrt{b}}{\sqrt{a}-\sqrt{b}}$ 를 간단히 하면?

(단, $a\neq b$이고 $a>0$, $b>0$이다.)

① -1 　　② 0 　　③ 1

④ $\dfrac{a+b}{a-b}$ 　　⑤ $\dfrac{a-b}{a+b}$

0827 교육청 기출

$x=8$일 때, $\dfrac{1}{\sqrt{x+1}+\sqrt{x}}+\dfrac{1}{\sqrt{x+1}-\sqrt{x}}$의 값은?

① 5 　　② 6 　　③ 7

④ 8 　　⑤ 9

0828 교육청 변형

함수 $y=-\sqrt{x-2}+2$의 그래프는 함수 $y=\sqrt{x+2}$의 그래프를 x축에 대하여 대칭이동한 후 x축의 방향으로 m만큼, y축의 방향으로 n만큼 평행이동한 것이다. $m+n$의 값은?

(단, m, n은 상수이다.)

① 6 　　② 7 　　③ 8

④ 9 　　⑤ 10

0829 평가원 기출

정의역이 $\{x\,|\,x>a\}$인 함수 $y=\sqrt{2x-2a}-a^2+4$의 그래프가 오직 하나의 사분면을 지나도록 하는 실수 a의 최댓값은?

① 2 　　② 4 　　③ 6

④ 8 　　⑤ 10

0830 교육청 변형

무리함수 $y=\sqrt{2x+4}+1$의 그래프와 직선 $y=-x+k$가 제2사분면에서 만나도록 하는 모든 정수 k의 값의 합은?

① -1 ② 0 ③ 1
④ 2 ⑤ 3

0832 수능 기출

함수 $y=\sqrt{4-2x}+3$의 역함수의 그래프와 직선 $y=-x+k$가 서로 다른 두 점에서 만나도록 하는 실수 k의 최솟값은?

① 1 ② 3 ③ 5
④ 7 ⑤ 9

0831 교육청 변형

그림과 같이 직선 $x=4$와 두 곡선 $y=\sqrt{x}$, $y=\sqrt{3x}$가 만나는 점을 각각 A, B라 하자. 점 B를 지나고 x축과 평행한 직선이 곡선 $y=\sqrt{x}$와 만나는 점을 C라 하고, 점 C를 지나고 y축과 평행한 직선이 곡선 $y=\sqrt{3x}$와 만나는 점을 D라 하자. 두 직선 AD, BC의 교점을 P$(\alpha,\ \beta)$라 할 때, $\alpha\beta$의 값을 구하시오.

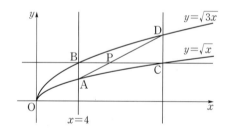

0833 교육청 기출

좌표평면 위의 두 곡선
$$y=-\sqrt{kx+2k}+4,\quad y=\sqrt{-kx+2k}-4$$
에 대하여 보기에서 옳은 것만을 있는 대로 고른 것은?

(단, k는 0이 아닌 실수이다.)

┌─ 보기 ─────────────────────────────
ㄱ. 두 곡선은 서로 원점에 대하여 대칭이다.
ㄴ. $k<0$이면 두 곡선은 한 점에서 만난다.
ㄷ. 두 곡선이 서로 다른 두 점에서 만나도록 하는 k의 최댓값은 16이다.
└──────────────────────────────────

① ㄱ ② ㄴ ③ ㄱ, ㄴ
④ ㄱ, ㄷ ⑤ ㄱ, ㄴ, ㄷ

MEMO

Ⅰ 도형의 방정식

01 평면좌표

PART A' 유형별 유사문제

0001 ①   0002 7   0003 −3   0004 5
0005 $\sqrt{2}$ 0006 ③   0007 $\sqrt{13}$ 0008 ②
0009 −3   0010 $\sqrt{26}$ 0011 8   0012 −2
0013 $-1-\sqrt{10}$ 0014 10   0015 ⑤   0016 $(3,-1)$
0017 4   0018 10   0019 $3\sqrt{5}$ 0020 $3\sqrt{13}$
0021 ③   0022 4   0023 ③   0024 2
0025 (가) 원점 (나) (a,b) (다) $x-a$ (라) $y-b$ 0026 $5\sqrt{2}$
0027 ②   0028 $\frac{3}{2}$ 0029 1   0030 $\sqrt{2}$
0031 ①   0032 10   0033 4   0034 12
0035 2   0036 3   0037 10   0038 ②
0039 $(-5,-5),(7,1)$ 0040 $\frac{4}{15}$ 0041 $(-2,5)$
0042 ⑤   0043 $(9,12)$ 0044 3   0045 ③
0046 2   0047 $(4,4)$ 0048 1, 5   0049 $(3,3)$
0050 ②   0051 ①   0052 21   0053 20
0054 $3x-5y-1=0$ 0055 ②   0056 ④

PART B' 기출 & 기출변형 문제

0057 2   0058 ④   0059 $\frac{28}{3}$ 0060 ②
0061 ②   0062 65   0063 11   0064 ②

02 직선의 방정식

PART A' 유형별 유사문제

0065 −4   0066 ④   0067 4   0068 6
0069 $y=-2x-3$ 0070 15   0071 ①
0072 9   0073 $\sqrt{10}$ 0074 $(-2,3)$ 0075 −2
0076 ④   0077 5   0078 ②
0079 $3x+2y-6=0$ 0080 ⑤   0081 $3\sqrt{3}$
0082 ①   0083 −2   0084 ④   0085 5
0086 3   0087 3   0088 4   0089 ①
0090 ④   0091 3   0092 −6   0093 제2사분면

0094 ③   0095 ②   0096 ㄱ, ㄷ   0097 $2\sqrt{13}$
0098 −5   0099 −8   0100 2   0101 2
0102 5   0103 ③   0104 $\frac{3}{2}$ 0105 $-\frac{1}{3}$
0106 ②   0107 $\frac{1}{2}$ 0108 $\frac{25}{4}$ 0109 ④
0110 −5   0111 2   0112 −4   0113 7
0114 −4   0115 8   0116 $-\frac{7}{4}$ 0117 12
0118 ②   0119 −6   0120 $\frac{1}{2}$ 0121 $\frac{3}{2}$
0122 $y=x-1$ 0123 −6   0124 −2   0125 6
0126 2   0127 ①   0128 ②   0129 ③
0130 −7, −1   0131 $y=3x+5\sqrt{2}$ 0132 1
0133 ②   0134 8   0135 $\frac{1}{7}$ 0136 ②
0137 $\sqrt{10}$ 0138 6   0139 ②   0140 $\frac{1}{2}$
0141 18   0142 ③   0143 −4   0144 ③
0145 32   0146 ④   0147 ①
0148 $y=\frac{1}{5}$ 또는 $3x+4y-2=0$ 0149 ③

PART B' 기출 & 기출변형 문제

0150 ③   0151 ②   0152 10   0153 ②
0154 ①   0155 ⑤   0156 ③   0157 ⑤
0158 $-\frac{3}{17}$ 0159 ③   0160 4   0161 ⑤
0162 ⑤   0163 ④   0164 ⑤   0165 ④

03 원의 방정식

PART A' 유형별 유사문제

0166 $2\sqrt{5}\pi$ 0167 ③   0168 −6   0169 ⑤
0170 4π 0171 $2\sqrt{5}$ 0172 ㄱ, ㄷ   0173 14
0174 ④   0175 ④   0176 22   0177 ②
0178 $k<0$ 또는 $k>\frac{5}{4}$ 0179 ②   0180 4
0181 $(-1,3)$ 0182 ①   0183 1   0184 4
0185 ②   0186 9   0187 6   0188 8
0189 ④   0190 10   0191 ①   0192 47
0193 ⑤   0194 4π 0195 ③   0196 225
0197 ④   0198 2   0199 ④   0200 5
0201 $0\le a^2+b^2<4$ 또는 $a^2+b^2>256$ 0202 ②
0203 8   0204 ④   0205 ②   0206 6
0207 2   0208 $2\sqrt{5}$ 0209 ③

0210 $x^2+y^2+2x-6y+5=0$ 0211 ②   0212 ③

0213 $-3<k<5$ 0214 ⑤   0215 ④

0216 $2\sqrt{3}$ 0217 ③   0218 -6 0219 $\dfrac{14\sqrt{5}}{5}$

0220 ①   0221 ③   0222 $\dfrac{37}{9}\pi$

0223 $(x+3)^2+(y+9)^2=\dfrac{16}{5}$ 0224 $3\sqrt{5}$ 0225 $12\sqrt{10}$

0226 ②   0227 $\dfrac{12\sqrt{13}}{13}$ 0228 $m<-\dfrac{20}{21}$ 또는 $m>0$

0229 ②   0230 ④   0231 $2\sqrt{13}$ 0232 ②

0233 25   0234 10   0235 ③   0236 5

0237 ①   0238 -2 0239 ②   0240 ②

0241 -20 0242 1   0243 ③   0244 ④

0245 ④   0246 60°   0247 $\sqrt{57}$ 0248 ②

PART B 기출 & 기출변형 문제

0249 -6 0250 $\dfrac{8\sqrt{3}}{3}$ 0251 ③   0252 80

0253 20   0254 ③   0255 ④   0256 $2\sqrt{6}$

04 도형의 이동

PART A 유형별 유사문제

0257 ①   0258 1   0259 ③   0260 6

0261 $(1,2)$ 0262 4   0263 ⑤   0264 ⑤

0265 -2 0266 ②   0267 ④   0268 $\sqrt{3}$

0269 ③   0270 6   0271 ③   0272 ④

0273 1   0274 -6 0275 ②   0276 1

0277 ⑤   0278 ④   0279 ①   0280 4

0281 ③   0282 -14 0283 ①   0284 4

0285 ②   0286 ③   0287 ⑤   0288 ④

0289 ①   0290 ③   0291 제1사분면   0292 $(3,9)$

0293 ④   0294 ④   0295 -3 0296 -2

0297 1   0298 ⑤   0299 ④   0300 -1

0301 ④   0302 ③   0303 ②   0304 8

0305 ①   0306 11   0307 ④   0308 2

0309 7   0310 ②   0311 ④   0312 ⑤

0313 ②   0314 ④   0315 ③   0316 ⑤

0317 15   0318 ②   0319 ④   0320 ③

0321 ②   0322 ⑤   0323 ④   0324 5

0325 ①   0326 ⑤   0327 28

PART B 기출 & 기출변형 문제

0328 ⑤   0329 ①   0330 8   0331 10

0332 ②   0333 ③   0334 9   0335 ②

0336 ②   0337 ④   0338 $\dfrac{\sqrt{5}}{5}$ 0339 ③

Ⅱ 집합과 명제

05 집합의 뜻

PART A 유형별 유사문제

0340 ③   0341 ⑤   0342 7   0343 ④

0344 7   0345 ③   0346 ④   0347 ④

0348 ③   0349 11   0350 ②   0351 ①

0352 ④   0353 17   0354 $B=\{-2,0,1,4\}$ 0355 ④

0356 ③   0357 ⑤   0358 ④

0359 ㄱ, ㄹ   0360 ③   0361 ②   0362 ③

0363 ②   0364 2   0365 -5 0366 ②

0367 ②   0368 3   0369 ⑤   0370 -3

0371 ①   0372 4   0373 ①   0374 6

0375 8   0376 ③   0377 14   0378 64

0379 15   0380 ③   0381 19   0382 ①

0383 16   0384 8   0385 ②   0386 8

0387 24   0388 239   0389 ②   0390 56

0391 128   0392 3   0393 ④   0394 ④

0395 160   0396 ③

PART B 기출 & 기출변형 문제

0397 ④   0398 ?   0399 ②   0400 ①

0401 78   0402 ④   0403 ①   0404 ③

06 집합의 연산

 유형별 유사문제

0405 ②	0406 15	0407 ④	0408 ⑤
0409 ③	0410 ⑤	0411 3	0412 ②
0413 ③	0414 ⑤	0415 {1, 3, 7, 9}	
0416 ③	0417 {2, 6, 7}	0418 ③	0419 ④
0420 −2	0421 ②	0422 19	0423 ②
0424 ⑤	0425 ⑤	0426 ④	0427 ③
0428 ④	0429 ②	0430 24	0431 16
0432 ②	0433 ②	0434 ⑤	0435 ③
0436 ③	0437 ④	0438 ③	0439 ㄴ, ㄷ, ㄹ
0440 ①	0441 ⑤	0442 ④	0443 ⑤
0444 ④	0445 16	0446 ③	0447 ④
0448 1	0449 ⑤	0450 ⑤	0451 31
0452 ③	0453 ④	0454 ④	0455 ④
0456 ①	0457 ④	0458 ①	0459 16
0460 41	0461 ④	0462 ④	0463 14
0464 ③	0465 ⑤	0466 14	0467 ①
0468 18	0469 17	0470 ③	

기출 & 기출변형 문제

0471 ④	0472 ③	0473 ④	0474 ④
0475 ⑤	0476 7	0477 ③	0478 ⑤
0479 24	0480 85	0481 11	0482 ⑤

07 명제

유형별 유사문제

0483 ③	0484 ⑤	0485 ㄷ, ㄹ	0486 ②
0487 −4≤x<3		0488 ①	0489 ②
0490 18	0491 ④	0492 ③	0493 ④
0494 ②	0495 ②	0496 ④	0497 ③
0498 ⑤	0499 ⑤	0500 ③	0501 8
0502 ④	0503 10	0504 12	0505 ④
0506 ①	0507 ②	0508 ④	0509 ④
0510 3	0511 8	0512 ④	0513 ①
0514 ②	0515 ㄱ, ㄴ, ㄷ	0516 ⑤	0517 ⑤
0518 ①	0519 ⑤	0520 ④	0521 ⑤
0522 ㄱ, ㄴ, ㄷ	0523 ④	0524 ④	0525 ③
0526 ⑤	0527 24	0528 8	0529 6

0530 (가) 홀수 (나) 짝수 (다) $2k^2+2l^2-2k-2l+1$			0531 4
0532 ②	0533 4	0534 ⑤	0535 ④
0536 ④	0537 ③	0538 풀이 참조	0539 5
0540 32	0541 ④	0542 ⑤	0543 2
0544 4	0545 ④	0546 6	0547 ④
0548 ②	0549 116	0550 ⑤	0551 ⑤
0552 10	0553 ④	0554 ④	0555 16
0556 ⑤	0557 8	0558 44	

기출 & 기출변형 문제

0559 2	0560 ⑤	0561 2	0562 ③
0563 ㄷ	0564 42	0565 ⑤	0566 ①

 함수와 그래프

08 함수

유형별 유사문제

0567 ④	0568 ㄴ, ㄷ, ㄹ	0569 ⑤	0570 ④
0571 ⑤	0572 7	0573 −1	0574 ①
0575 ①	0576 10	0577 ④	0578 ③
0579 2	0580 ②	0581 ⑤	0582 ⑤
0583 ④	0584 3	0585 7	0586 ③
0587 0	0588 5	0589 −6	0590 ②
0591 5	0592 ②	0593 9	0594 ⑤
0595 ⑤	0596 ①	0597 ②	0598 ⑤
0599 ④	0600 ⑤	0601 ①	0602 ③
0603 ②	0604 ③	0605 ⑤	0606 ④
0607 ②	0608 ③	0609 ②	0610 ⑤
0611 ①	0612 2	0613 ④	0614 ①
0615 −2	0616 ③	0617 ②	0618 −3
0619 ②	0620 ④	0621 ⑤	0622 −2
0623 ①	0624 ④	0625 2	0626 ⑤
0627 5	0628 ①	0629 ④	0630 ㄱ, ㄴ, ㄷ
0631 ⑤	0632 ④	0633 ②	0634 ⑤
0635 −3<a<3		0636 ⑤	0637 7
0638 ①	0639 $f^{-1}(x)=3x-11$		

$0640\ f^{-1}(x)=\begin{cases}-\dfrac{1}{2}x+\dfrac{3}{2} & (x\le1)\\[2mm]-\dfrac{1}{3}x+\dfrac{4}{3} & (x>1)\end{cases}$ 0641 ④

0642 ①   0643 ③   0644 2   0645 −3
0646 ③   0647 −2   0648 ④   0649 6
0650 6   0651 ②   0652 2   0653 6
0654 14   0655 ①   0656 32   0657 ④
0658 ①   0659 ③   0660 ③   0661 ②

PART B 기출 & 기출변형 문제

0662 ③   0663 ③   0664 ③   0665 ⑤
0666 ⑤   0667 ③   0668 ④   0669 ④
0670 ④   0671 ②   0672 6   0673 4
0674 7   0675 ③   0676 ①   0677 ③

09 유리식과 유리함수

PART A 유형별 유사문제

0678 ④   0679 ④   0680 ③   0681 ③
0682 2   0683 ①   0684 ⑤   0685 ③
0686 ③   0687 ①   0688 ②   0689 40
0690 ③   0691 $\dfrac{n}{2n+1}$ 0692 $\dfrac{1000}{1001}$ 0693 ②
0694 $\dfrac{3x-1}{2x-1}$ 0695 ①   0696 40   0697 110
0698 $-112\sqrt{3}$ 0699 ③   0700 ⑤   0701 ②
0702 ③   0703 10   0704 ⑤   0705 ④
0706 $\dfrac{4}{9}$ 0707 ④   0708 ⑤   0709 400
0710 ②   0711 ①   0712 11   0713 0
0714 ③   0715 ①   0716 ⑤   0717 ①
0718 11   0719 ④   0720 ⑤   0721 11
0722 $y\le0$ 또는 $y\ge2$ 0723 3   0724 ④
0725 1   0726 ①   0727 ④   0728 ⑤
0729 ④   0730 ④   0731 ①   0732 ㄴ, ㄷ
0733 ①   0734 ④   0735 ⑤   0736 ④
0737 ⑤   0738 ②   0739 10   0740 ②
0741 ①   0742 ②   0743 ②   0744 $\dfrac{9}{2}$
0745 ⑤   0746 6   0747 ⑤   0748 ⑤
0749 2   0750 −14   0751 ③   0752 ①
0753 ⑤   0754 ⑤   0755 ③   0756 −2
0757 3

PART B 기출 & 기출변형 문제

0758 0   0759 8   0760 85   0761 ⑤
0762 ②   0763 ③   0764 ④   0765 21
0766 10   0767 $\dfrac{9}{4}$ 0768 $0\le k<12$ 0769 ④
0770 8   0771 ④   0772 7   0773 ①

10 무리식과 무리함수

PART A 유형별 유사문제

0774 ①   0775 ④   0776 ⑤   0777 ⑤
0778 $-16a$ 0779 $2x^2-13$ 0780 ③   0781 9
0782 $2a-7$ 0783 ②   0784 ④   0785 ①
0786 ④   0787 ①   0788 ②   0789 $7-2\sqrt{3}$
0790 ⑤   0791 −5   0792 ②   0793 ①
0794 ①   0795 ③   0796 ⑤   0797 ③
0798 ②   0799 ①   0800 6
0801 정의역: $\left\{x\,\middle|\,x\le-\dfrac{1}{2}\right\}$, 치역: $\left\{y\,\middle|\,y\le-\dfrac{3}{2}\right\}$ 0802 ①
0803 ②   0804 ③   0805 ④   0806 6
0807 ③   0808 ⑤   0809 ②   0810 ③
0811 ④   0812 ③   0813 ①   0814 ③
0815 ②   0816 ①   0817 ①   0818 $6\le k<\dfrac{49}{8}$
0819 ④   0820 ①   0821 ⑤   0822 1
0823 ③   0824 ①   0825 ②

PART B 기출 & 기출변형 문제

0826 ④   0827 ②   0828 ①   0829 ①
0830 ④   0831 24   0832 ③   0833 ④

MEMO

수학의 바이블
유형 ON
공통수학2

모든 유형으로 실력을 밝혀라!

수학의 바이블 유형 ON 특장점

- ◆ 학습 부담은 줄이고 휴대성은 높인 1권, 2권 구조
- ◆ 고등 수학의 모든 유형을 담은 유형 문제집
- ◆ 내신 만점을 위한 내신 빈출, 서술형 대비 문항 수록
- ◆ 수능, 평가원, 교육청 기출, 기출 변형 문항 수록
- ◆ 중단원별 종합 문제로 유형별 학습의 단점 극복 및 내신 대비
- ◆ 1권과 2권의 A PART 유사 변형 문항으로 복습, 오답노트 가능

가르치기 쉽고 빠르게 배울 수 있는 **이투스북**

www.etoosbook.com

○ **도서 내용 문의**
홈페이지 > 이투스북 고객센터 > 1:1 문의

○ **도서 정답 및 해설**
홈페이지 > 도서자료실 > 정답/해설

○ **도서 정오표**
홈페이지 > 도서자료실 > 정오표

○ **선생님을 위한 강의 지원 서비스 T폴더**
홈페이지 > 교강사 T폴더

수학의 바이블

유형ON

정답과 풀이

이투스북

2022개정 교육과정 **공통수학2**

수학의 바이블

유형 ON

1권

정답과 풀이

공통수학2

Ⅰ 도형의 방정식

유형별 **문제**

PART A — **01 평면좌표**

유형 01 두 점 사이의 거리

확인 문제   1. (1) 5   (2) 6   2. (1) $2\sqrt{5}$ (2) 5

1. (1) $\overline{AB}=|8-3|=5$
   (2) $\overline{AB}=|5-(-1)|=6$
2. (1) $\sqrt{(4-2)^2+(1-5)^2}=\sqrt{20}=2\sqrt{5}$
   (2) $\sqrt{(-3)^2+4^2}=\sqrt{25}=5$

0001   답 ④

$\overline{AB}=3\sqrt{2}$이므로 $\sqrt{(5-2)^2+(3-a-1)^2}=3\sqrt{2}$
$\sqrt{a^2-4a+13}=3\sqrt{2}$
양변을 제곱하면
$a^2-4a+13=18,\ a^2-4a-5=0$
$(a+1)(a-5)=0$ $\therefore a=-1$ 또는 $a=5$
이때 $a>0$이므로 $a=5$

0002   답 29

$\overline{AB}=\sqrt{(4+1)^2+(1-3)^2}=\sqrt{29}$
따라서 선분 AB를 한 변으로 하는 정사각형의 넓이는
$\overline{AB}^2=(\sqrt{29})^2=29$

0003   답 ②

$\overline{OA}=\sqrt{5^2+(-5)^2}=\sqrt{50}$
$\overline{OB}=\sqrt{1^2+a^2}=\sqrt{1+a^2}$
$\overline{OA}=\overline{OB}$이므로 $\sqrt{50}=\sqrt{1+a^2}$
양변을 제곱하면
$50=1+a^2,\ a^2=49$ $\therefore a=\pm7$
이때 $a>0$이므로 $a=7$

0004   답 -2

$2\overline{AB}=\overline{CD}$이므로
$2\sqrt{(a+1)^2+(2-3)^2}=\sqrt{(-4-0)^2+(-1-a)^2}$
$2\sqrt{a^2+2a+2}=\sqrt{a^2+2a+17}$

❶

양변을 제곱하면
$4(a^2+2a+2)=a^2+2a+17$
$3a^2+6a-9=0,\ a^2+2a-3=0$

$(a+3)(a-1)=0$ $\therefore a=-3$ 또는 $a=1$

❷

따라서 모든 a의 값의 합은 $-3+1=-2$

❸

채점 기준	배점
❶ $2\overline{AB}=\overline{CD}$임을 이용하여 식 세우기	40%
❷ 모든 a의 값 구하기	40%
❸ 모든 a의 값의 합 구하기	20%

0005   답 ④

$\overline{AB}\leq7$에서 $\overline{AB}^2\leq7^2$이므로
$(-2-p)^2+(p-1-4)^2\leq49$
$p^2+4p+4+p^2-10p+25\leq49$
$2p^2-6p-20\leq0,\ p^2-3p-10\leq0$
$(p+2)(p-5)\leq0$ $\therefore -2\leq p\leq5$
따라서 정수 p는 $-2,\ -1,\ 0,\ \cdots,\ 5$의 8개이다.

0006   답 $2\sqrt{5}$

동시에 출발한 지 t초 후에 두 점 P, Q의 좌표는 각각
$(8-t,\ 0),\ (0,\ 6-2t)$이다.
$\therefore \overline{PQ}=\sqrt{(t-8)^2+(6-2t)^2}$
       $=\sqrt{5t^2-40t+100}=\sqrt{5(t-4)^2+20}$
따라서 $t=4$일 때, 두 점 P, Q 사이의 거리의 최솟값은
$\sqrt{20}=2\sqrt{5}$이다.

유형 02 같은 거리에 있는 점의 좌표

0007   답 ④

점 P가 직선 $y=2x-1$ 위의 점이므로 점 P의 좌표를
$(a,\ 2a-1)$이라 하자.
이때 $\overline{AP}=\overline{BP}$에서 $\overline{AP}^2=\overline{BP}^2$이므로
$(a+1)^2+(2a-3)^2=a^2+(2a-2)^2$
$5a^2-10a+10=5a^2-8a+4,\ -2a=-6$ $\therefore a=3$
$\therefore$ P$(3,\ 5)$

0008   답 ②

$\overline{AP}=\overline{BP}$에서 $\overline{AP}^2=\overline{BP}^2$이므로
$(a-1)^2+(-2)^2=(a-6)^2+(-3)^2$
$a^2-2a+5=a^2-12a+45,\ 10a=40$ $\therefore a=4$

0009

답 23

$\overline{AP}=\overline{BP}$에서 $\overline{AP}^2=\overline{BP}^2$이므로

$a^2+(b-4)^2=a^2+(b-8)^2$

$a^2+b^2-8b+16=a^2+b^2-16b+64$, $8b=48$ $\therefore b=6$

한편 $\overline{OP}=7$에서 $\overline{OP}^2=49$이므로 $a^2+b^2=49$

위의 식에 $b=6$을 대입하면

$a^2+36=49$ $\therefore a^2=13$

$\therefore b^2-a^2=36-13=23$

0010

답 ③

$P(a, 0)$이라 하면 $\overline{AP}=\overline{BP}$에서 $\overline{AP}^2=\overline{BP}^2$이므로

$(a-3)^2+(-2)^2=(a-4)^2+(-5)^2$

$a^2-6a+13=a^2-8a+41$, $2a=28$ $\therefore a=14$

$\therefore P(14, 0)$

$Q(0, b)$라 하면 $\overline{AQ}=\overline{BQ}$에서 $\overline{AQ}^2=\overline{BQ}^2$이므로

$(-3)^2+(b-2)^2=(-4)^2+(b-5)^2$

$b^2-4b+13=b^2-10b+41$, $6b=28$ $\therefore b=\dfrac{14}{3}$

$\therefore Q\left(0, \dfrac{14}{3}\right)$

따라서 삼각형 OPQ의 넓이 S는

$S=\dfrac{1}{2}\times14\times\dfrac{14}{3}=\dfrac{98}{3}$ $\therefore 3S=98$

0011

답 $\left(\dfrac{6}{5}, \dfrac{4}{5}\right)$

삼각형 ABC의 외심을 $P(a, b)$라 하면 $\overline{AP}=\overline{BP}=\overline{CP}$

$\overline{AP}=\overline{BP}$에서 $\overline{AP}^2=\overline{BP}^2$이므로

$(a-2)^2+(b+3)^2=(a-5)^2+b^2$

$a^2-4a+4+b^2+6b+9=a^2-10a+25+b^2$

$6a+6b=12$ $\therefore a+b=2$ ······ ㉠

$\overline{BP}=\overline{CP}$에서 $\overline{BP}^2=\overline{CP}^2$이므로

$(a-5)^2+b^2=(a+1)^2+(b-4)^2$

$a^2-10a+25+b^2=a^2+2a+1+b^2-8b+16$

$-12a+8b=-8$ $\therefore 3a-2b=2$ ······ ㉡

㉠, ㉡을 연립하여 풀면 $a=\dfrac{6}{5}$, $b=\dfrac{4}{5}$

따라서 삼각형 ABC의 외심의 좌표는 $\left(\dfrac{6}{5}, \dfrac{4}{5}\right)$이다.

 **Bible Says** 삼각형의 외심

(1) 삼각형의 세 변의 수직이등분선의 교점
(2) 삼각형의 외심에서 세 꼭짓점에 이르는 거리는
   같다.
   ➡ $\overline{OA}=\overline{OB}=\overline{OC}$ (외접원의 반지름의 길이)

0012

답 ②

그림과 같이 세 지점 A, B, C를 지점 A를 원점으로 하는 좌표평면 위에 나타내면

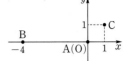

B$(-4, 0)$, C$(1, 1)$

물류창고를 지으려는 지점을 P(a, b)라 하면 $\overline{AP}=\overline{BP}=\overline{CP}$

$\overline{AP}=\overline{BP}$에서 $\overline{AP}^2=\overline{BP}^2$이므로

$a^2+b^2=(a+4)^2+b^2$, $a^2+b^2=a^2+8a+16+b^2$

$-8a=16$ $\therefore a=-2$

$\overline{BP}=\overline{CP}$에서 $\overline{BP}^2=\overline{CP}^2$이므로

$(a+4)^2+b^2=(a-1)^2+(b-1)^2$

$a^2+8a+16+b^2=a^2-2a+1+b^2-2b+1$

$10a+2b=-14$ $\therefore 5a+b=-7$

$a=-2$를 $5a+b=-7$에 대입하면

$-10+b=-7$ $\therefore b=3$

즉, P$(-2, 3)$이므로 $\overline{AP}=\sqrt{(-2)^2+3^2}=\sqrt{13}$

따라서 구하는 거리는 $\sqrt{13}$ km이다.

유형 03 두 점 사이의 거리의 활용 (1) - 선분의 길이의 제곱의 합의 최솟값

0013

답 57

점 P가 x축 위의 점이므로 P$(a, 0)$이라 하면

$\overline{AP}^2+\overline{BP}^2=(a-6)^2+3^2+(a+2)^2+4^2$

$=2a^2-8a+65$

$=2(a-2)^2+57$

따라서 $a=2$일 때, $\overline{AP}^2+\overline{BP}^2$의 최솟값은 57이다.

0014

답 2

점 P가 직선 $y=x+2$ 위의 점이므로 P$(a, a+2)$라 하면

❶

$\overline{AP}^2+\overline{BP}^2=(a-4)^2+(a+2+3)^2+(a+2)^2+(a+2-1)^2$

$=4a^2+8a+46$

$=4(a+1)^2+42$

❷

즉, $a=-1$일 때, $\overline{AP}^2+\overline{BP}^2$의 최솟값이 42이므로 P$(-1, 1)$이다.

❸

따라서 $a=-1$, $b=1$이므로

$a^2+b^2=(-1)^2+1^2=2$

❹

채점 기준	배점
❶ 점 P의 좌표를 a를 사용하여 나타내기	20%
❷ $\overline{AP}^2+\overline{BP}^2$을 a에 대한 완전제곱식을 포함한 식으로 나타내기	40%
❸ 점 P의 좌표 구하기	20%
❹ a^2+b^2의 값 구하기	20%

0015
답 ④

$P(a, b)$라 하면
$$\overline{AP}^2+\overline{BP}^2+\overline{CP}^2$$
$$=(a+1)^2+(b-2)^2+a^2+(b-3)^2+(a-4)^2+(b+2)^2$$
$$=3a^2-6a+3b^2-6b+34$$
$$=3(a-1)^2+3(b-1)^2+28$$
따라서 $a=1$, $b=1$일 때, $\overline{AP}^2+\overline{BP}^2+\overline{CP}^2$의 최솟값이 28이므로
점 P의 좌표는 $(1, 1)$이다.

0016
답 2

점 P가 y축 위의 점이므로 $P(0, a)$라 하면
$$\overline{AP}^2+\overline{BP}^2=(-1+k)^2+(a-1)^2+(-k-1)^2+(a-5)^2$$
$$=2a^2-12a+2k^2+28$$
$$=2(a-3)^2+2k^2+10$$
따라서 $a=3$일 때, $\overline{AP}^2+\overline{BP}^2$의 최솟값이 $2k^2+10$이므로
$$2k^2+10=18, \quad 2k^2=8, \quad k^2=4$$
$$\therefore k=2 \ (\because k>0)$$

0017
답 $\left(1, \dfrac{1}{4}\right)$

$P(a, b)$라 하면
$$\overline{AP}^2+\overline{BP}^2+\overline{CP}^2+\overline{DP}^2$$
$$=(a-2)^2+(b-4)^2+(a+1)^2+(b-2)^2$$
$$\quad +(a+1)^2+(b+3)^2+(a-4)^2+(b+2)^2$$
$$=4a^2-8a+4b^2-2b+55$$
$$=4(a-1)^2+4\left(b-\dfrac{1}{4}\right)^2+\dfrac{203}{4} \quad \cdots\cdots \ \ominus$$
따라서 $a=1$, $b=\dfrac{1}{4}$일 때, $\ominus$의 최솟값이 $\dfrac{203}{4}$이므로
점 P의 좌표는 $\left(1, \dfrac{1}{4}\right)$이다.

유형 04 두 점 사이의 거리의 활용 (2) - 선분의 길이의 합의 최솟값

0018
답 $\sqrt{29}$

$O(0, 0)$, $A(a, b)$, $B(5, -2)$라 하면
$$\sqrt{a^2+b^2}+\sqrt{(a-5)^2+(b+2)^2}=\overline{OA}+\overline{AB}$$
$$\geq\overline{OB}$$
$$=\sqrt{5^2+(-2)^2}=\sqrt{29}$$
따라서 구하는 최솟값은 $\sqrt{29}$이다.

0019
답 ②

$A(-1, 2)$, $B(0, 3)$, $C(x, y)$라 하면
$$\sqrt{(x+1)^2+(y-2)^2}+\sqrt{x^2+(y-3)^2}=\overline{AC}+\overline{BC}$$
$$\geq\overline{AB}$$
$$=\sqrt{1^2+(3-2)^2}=\sqrt{2}$$
따라서 $p=\sqrt{2}$이므로 $p^2=(\sqrt{2})^2=2$

0020
답 -4

$A(a, -2a)$, $B(-3, 5)$, $C(x, y)$라 하면
$$\sqrt{(x-a)^2+(y+2a)^2}+\sqrt{(x+3)^2+(y-5)^2}$$
$$=\overline{AC}+\overline{BC}$$
————————————————————————— ❶
$$\geq\overline{AB}$$
$$=\sqrt{(-3-a)^2+(5+2a)^2}$$
$$=\sqrt{5a^2+26a+34}$$
————————————————————————— ❷
이때 주어진 식의 최솟값이 $\sqrt{10}$이므로
$$5a^2+26a+34=10, \quad 5a^2+26a+24=0$$
$$(a+4)(5a+6)=0 \quad \therefore a=-4 \ 또는 \ a=-\dfrac{6}{5}$$
따라서 정수 a의 값은 -4이다.
————————————————————————— ❸

채점 기준	배점
❶ 주어진 식을 $\overline{AC}+\overline{BC}$로 표현하기	30%
❷ $\overline{AC}+\overline{BC}$의 최솟값을 a에 대한 식으로 나타내기	30%
❸ 정수 a의 값 구하기	40%

0021
답 $3\sqrt{5}$

$O(0, 0)$, $A(1, -2)$, $B(-2, 4)$, $C(x, y)$라 하면
$$\sqrt{x^2+y^2}+\sqrt{(x-1)^2+(y+2)^2}+\sqrt{(x+2)^2+(y-4)^2}$$
$$=\overline{OC}+\overline{AC}+\overline{BC}$$
이때 그림과 같이 세 점 O, A, B는 한 직선
위에 있고,
$$\overline{AC}+\overline{BC}\geq\overline{AB}$$
이므로 점 C가 선분 AB 위에 있을 때
$\overline{AC}+\overline{BC}$는 최솟값을 갖는다.
또한 $\overline{OC}$는 점 C와 점 O가 일치할 때 최솟값
0을 갖는다.
따라서 $\overline{OC}+\overline{AC}+\overline{BC}$는 점 C와 점 O가 일치할 때 최솟값을 갖는다.
$$\therefore \overline{OC}+\overline{AC}+\overline{BC}\geq0+\overline{AB}$$
$$=\sqrt{(-2-1)^2+(4+2)^2}$$
$$=\sqrt{45}=3\sqrt{5}$$
따라서 구하는 최솟값은 $3\sqrt{5}$이다.

유형 05 두 점 사이의 거리의 활용 (3) - 삼각형의 세 변의 길이와 모양

0022
답 ④

$$\overline{AB}=\sqrt{(-3)^2+(3-6)^2}=3\sqrt{2}$$
$$\overline{BC}=\sqrt{(5+3)^2+(1-3)^2}=2\sqrt{17}$$
$$\overline{CA}=\sqrt{(-5)^2+(6-1)^2}=5\sqrt{2}$$
따라서 $\overline{AB}^2+\overline{CA}^2=\overline{BC}^2$이므로 삼각형 ABC는 $\angle A=90°$인
직각삼각형이다.

0023

$\overline{AB}=\overline{AC}$에서 $\overline{AB}^2=\overline{AC}^2$이므로

$(1-4)^2+(3-a)^2=(-4-4)^2+(-2-a)^2$

$a^2-6a+18=a^2+4a+68,\ -10a=50$ ∴ $a=-5$

0024

답 $-3\sqrt{3}$

삼각형 ABC가 정삼각형이므로 $\overline{AB}=\overline{BC}=\overline{CA}$

$\overline{AB}=\overline{BC}$에서 $\overline{AB}^2=\overline{BC}^2$이므로

$(-1-1)^2+(-4-4)^2=(a+1)^2+(b+4)^2$

∴ $a^2+b^2+2a+8b-51=0$ ······ ㉠

❶

$\overline{BC}=\overline{CA}$에서 $\overline{BC}^2=\overline{CA}^2$이므로

$(a+1)^2+(b+4)^2=(1-a)^2+(4-b)^2$

$4a+16b=0$ ∴ $a=-4b$ ······ ㉡

❷

㉡을 ㉠에 대입하면 $16b^2+b^2-8b+8b-51=0$

$17b^2=51,\ b^2=3$ ∴ $b=\pm\sqrt{3}$

∴ $a=4\sqrt{3},\ b=-\sqrt{3}$ 또는 $a=-4\sqrt{3},\ b=\sqrt{3}$

❸

그런데 점 C가 제2사분면 위의 점이므로 $a=-4\sqrt{3},\ b=\sqrt{3}$

∴ $a+b=-4\sqrt{3}+\sqrt{3}=-3\sqrt{3}$

❹

채점 기준	배점
❶ $\overline{AB}=\overline{BC}$임을 이용하여 식 세우기	30%
❷ $\overline{BC}=\overline{CA}$임을 이용하여 식 세우기	30%
❸ a, b의 값 구하기	20%
❹ $a+b$의 값 구하기	20%

0025

답 ③

$\overline{AB}=\sqrt{(-3-4)^2+(2-1)^2}=5\sqrt{2}$

$\overline{BC}=\sqrt{(3+3)^2+(-6-2)^2}=10$

$\overline{CA}=\sqrt{(4-3)^2+(1+6)^2}=5\sqrt{2}$

이때 $\overline{AB}=\overline{CA}$, $\overline{AB}^2+\overline{CA}^2=\overline{BC}^2$이므로 삼각형 ABC는

∠A$=90°$인 직각이등변삼각형이다.

따라서 삼각형 ABC의 넓이는

$\dfrac{1}{2}\times\overline{AB}\times\overline{CA}=\dfrac{1}{2}\times5\sqrt{2}\times5\sqrt{2}=25$

0026

답 ②

삼각형 ABP가 선분 AB가 빗변인 직각삼각형이 되려면

$\overline{AB}^2=\overline{AP}^2+\overline{BP}^2$이어야 한다.

$\overline{AB}^2=(5+1)^2+(2-4)^2=40$

$\overline{AP}^2=(p+1)^2+(-4)^2=p^2+2p+17$

$\overline{BP}^2=(p-5)^2+(-2)^2=p^2-10p+29$

즉, $40=2p^2-8p+46$이므로 $p^2-4p+3=0$

따라서 이차방정식의 근과 계수의 관계에 의하여 모든 p의 값의

합은 4이다.

> 🔊 **Bible Says** **이차방정식의 근과 계수의 관계**
>
> 이차방정식 $ax^2+bx+c=0$의 두 근을 α, β라 하면
>
> $\alpha+\beta=-\dfrac{b}{a}$, $\alpha\beta=\dfrac{c}{a}$

0027

답 ①

직각이등변삼각형 ABC에서 ∠B$=90°$이므로 선분 AC가 빗변이다.

(i) $\overline{AC}^2=\overline{AB}^2+\overline{BC}^2$이므로

$1^2+(-1+2a)^2=a^2+(1+2a)^2+(1-a)^2+(-1-1)^2$

$a^2+3a+2=0,\ (a+2)(a+1)=0$

∴ $a=-2$ 또는 $a=-1$

(ii) 삼각형 ABC는 이등변삼각형이므로 $\overline{AB}=\overline{BC}$에서 $\overline{AB}^2=\overline{BC}^2$

$a^2+(1+2a)^2=(1-a)^2+(-1-1)^2$

$2a^2+3a-2=0,\ (a+2)(2a-1)=0$

∴ $a=-2$ 또는 $a=\dfrac{1}{2}$

(i), (ii)에서 $a=-2$

유형 **06** **좌표를 이용하여 도형의 성질 확인하고 활용하기**

0028

답 (개) M (내) $-c$ (대) $a^2+b^2+c^2$

그림과 같이 직선 BC를 x축으로 하고,

점 M을 지나고 직선 BC에 수직인 직선

을 y축으로 하는 좌표평면을 잡으면 점

M 은 원점이다.

이때 삼각형 ABC의 세 꼭짓점의 좌표

를 각각 A(a, b), B$(\boxed{-c}, 0)$, C$(c, 0)$이라 하면

$\overline{AB}^2+\overline{AC}^2=\{(-c-a)^2+(-b)^2\}+\{(c-a)^2+(-b)^2\}$

$=a^2+2ac+c^2+b^2+a^2-2ac+c^2+b^2$

$=2a^2+2b^2+2c^2=2(\boxed{a^2+b^2+c^2})$

$\overline{AM}^2+\overline{BM}^2=\boxed{a^2+b^2+c^2}$

∴ $\overline{AB}^2+\overline{AC}^2=2(\overline{AM}^2+\overline{BM}^2)$

> **참고**
>
> 위와 같은 삼각형의 성질을 중선정리라 한다.

0029

답 $\sqrt{10}$

두 점 A$(-2, 0)$, B$(6, 0)$에서

$\overline{AB}=8$

점 M이 선분 AB의 중점이므로

$\overline{AM}=4$

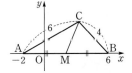

이때 삼각형 ABC에서
$\overline{CA}^2 + \overline{CB}^2 = 2(\overline{CM}^2 + \overline{AM}^2)$이므로
$6^2 + 4^2 = 2(\overline{CM}^2 + 4^2)$
$\overline{CM}^2 + 16 = 26 \quad \therefore \overline{CM}^2 = 10$
$\therefore \overline{CM} = \sqrt{10} \ (\because \overline{CM} > 0)$

0030
답 5

$\overline{AB} = \sqrt{(-2-2)^2 + 4^2} = 4\sqrt{2}$
점 M이 선분 AB의 중점이므로 $\overline{BM} = 2\sqrt{2}$ ❶

이때 삼각형 BAC에서
$\overline{CB}^2 + \overline{CA}^2 = 2(\overline{CM}^2 + \overline{BM}^2)$이므로
$a^2 + (a+2)^2 = 2 \times \{(\sqrt{29})^2 + (2\sqrt{2})^2\}$ ❷

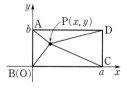

$a^2 + 2a - 35 = 0, \ (a+7)(a-5) = 0$
$\therefore a = -7$ 또는 $a = 5$
이때 $a > 0$이므로 $a = 5$ ❸

채점 기준	배점
❶ $\overline{BM}$의 길이 구하기	30%
❷ a에 대한 식 세우기	40%
❸ a의 값 구하기	30%

0031
답 ⑤

그림과 같이 직선 BC를 x축으로 하고,
직선 AB를 y축으로 하는 좌표평면을
잡으면 점 $\boxed{B}$ 는 원점이다.
이때 직사각형 ABCD의 세 꼭짓점의
좌표를 각각 A$(0, b)$, C$(a, 0)$,
D$(\boxed{a}, \boxed{b})$라 하고 점 P의 좌표를 (x, y)라 하면
$\overline{PA}^2 + \overline{PC}^2 = \{x^2 + (y-b)^2\} + \{(x-a)^2 + y^2\}$
$\qquad\qquad = x^2 + y^2 + (\boxed{x-a})^2 + (\boxed{y-b})^2$
$\overline{PB}^2 + \overline{PD}^2 = x^2 + y^2 + (\boxed{x-a})^2 + (\boxed{y-b})^2$
$\therefore \overline{PA}^2 + \overline{PC}^2 = \overline{PB}^2 + \overline{PD}^2$

0032
답 (개) c (내) $a^2 + b^2 + c^2$ (대) $a^2 + b^2$

그림과 같이 직선 BC를 x축으로 하
고, 점 B를 지나고 직선 BC에 수직인
직선을 y축으로 하는 좌표평면을 생각
하면 점 B는 원점이다.
이때 평행사변형 ABCD의 세 꼭짓점
의 좌표를 각각 A(a, b), C$(c, 0)$ $(c>0)$, D$(a+\boxed{c}, b)$라 하면

$\overline{AC}^2 + \overline{BD}^2 = \{(c-a)^2 + (-b)^2\} + \{(a+c)^2 + b^2\}$
$\qquad\qquad = a^2 - 2ac + c^2 + b^2 + a^2 + 2ac + c^2 + b^2$
$\qquad\qquad = 2a^2 + 2b^2 + 2c^2 = 2(\boxed{a^2 + b^2 + c^2})$
$\overline{AB}^2 + \overline{BC}^2 = \boxed{a^2 + b^2} + c^2$
$\therefore \overline{AC}^2 + \overline{BD}^2 = 2(\overline{AB}^2 + \overline{BC}^2)$

0033
답 $4\sqrt{3}$

$\overline{BD} = \sqrt{(8-2)^2 + (10-2)^2} = 10$
이때 평행사변형 ABCD에서
$\overline{AC}^2 + \overline{BD}^2 = 2(\overline{AB}^2 + \overline{BC}^2)$이므로
$\overline{AC}^2 + 10^2 = 2 \times (5^2 + 7^2), \ \overline{AC}^2 + 100 = 148$
$\therefore \overline{AC}^2 = 48$
$\therefore \overline{AC} = 4\sqrt{3} \ (\because \overline{AC} > 0)$

[다른 풀이]
$\overline{BD} = \sqrt{(8-2)^2 + (10-2)^2} = 10$
그림과 같이 선분 BD의 중점을 M이라 하면
평행사변형의 성질에 의하여 점 M은 두 선
분 AC와 BD의 중점이므로
$\overline{BM} = \frac{1}{2}\overline{BD} = \frac{1}{2} \times 10 = 5$

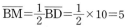

따라서 삼각형 ABC에서
$\overline{BA}^2 + \overline{BC}^2 = 2(\overline{BM}^2 + \overline{AM}^2)$이므로
$5^2 + 7^2 = 2(5^2 + \overline{AM}^2)$
$\overline{AM}^2 + 25 = 37 \quad \therefore \overline{AM}^2 = 12$
$\therefore \overline{AM} = 2\sqrt{3} \ (\because \overline{AM} > 0)$
$\therefore \overline{AC} = 2\overline{AM} = 2 \times 2\sqrt{3} = 4\sqrt{3}$

🔊 Bible Says **평행사변형의 성질**
(1) 두 쌍의 대변의 길이는 각각 같다.
(2) 두 쌍의 대각의 크기는 각각 같다.
(3) 두 대각선은 서로 다른 것을 이등분한다.

유형 **07** 선분의 내분점

확인 문제 **1.** (1) 4 (2) 2
2. (1) $(2, -1)$ (2) $\left(\dfrac{5}{2}, -\dfrac{1}{2}\right)$

1. (1) P$\left(\dfrac{3 \times 6 + 1 \times (-2)}{3+1}\right)$, 즉 P$(4)$

(2) M$\left(\dfrac{-2+6}{2}\right)$, 즉 M$(2)$

2. (1) P$\left(\dfrac{1 \times 4 + 2 \times 1}{1+2}, \dfrac{1 \times 1 + 2 \times (-2)}{1+2}\right)$, 즉 P$(2, -1)$

(2) M$\left(\dfrac{1+4}{2}, \dfrac{-2+1}{2}\right)$, 즉 M$\left(\dfrac{5}{2}, -\dfrac{1}{2}\right)$

0034

답 $(0, -2)$

선분 AB를 $3:2$로 내분하는 점 P의 좌표는

$$\left(\frac{3\times(-3)+2\times2}{3+2}, \frac{3\times4+2\times(-6)}{3+2}\right), \text{ 즉 } (-1, 0)$$

선분 AB를 $1:4$로 내분하는 점 Q의 좌표는

$$\left(\frac{1\times(-3)+4\times2}{1+4}, \frac{1\times4+4\times(-6)}{1+4}\right), \text{ 즉 } (1, -4)$$

따라서 선분 PQ의 중점의 좌표는

$$\left(\frac{-1+1}{2}, \frac{0-4}{2}\right), \text{ 즉 } (0, -2)$$

0035

답 3

선분 AB를 $1:4$로 내분하는 점 P의 좌표는

$$\left(\frac{1\times3+4\times(-7)}{1+4}, \frac{1\times a+4\times(-2)}{1+4}\right), \text{ 즉 } \left(-5, \frac{a-8}{5}\right)$$

따라서 $-5=b$, $\frac{a-8}{5}=0$이므로 $a=8$, $b=-5$

$$\therefore a+b=8+(-5)=3$$

0036

답 4

선분 AB를 $1:2$로 내분하는 점 P의 좌표는

$$\frac{1\times a+2\times(-2)}{1+2}=\frac{a-4}{3}$$

선분 AB를 $5:1$로 내분하는 점 Q의 좌표는

$$\frac{5\times a+1\times(-2)}{5+1}=\frac{5a-2}{6}$$

두 점 P, Q 사이의 거리가 3이므로

$$\left|\frac{5a-2}{6}-\frac{a-4}{3}\right|=3, \left|\frac{a+2}{2}\right|=3$$

$$\frac{a+2}{2}=-3 \text{ 또는 } \frac{a+2}{2}=3 \quad \therefore a=-8 \text{ 또는 } a=4$$

이때 $a>0$이므로 $a=4$

0037

답 $2\sqrt{2}$

선분 AB를 $2:3$으로 내분하는 점 P의 좌표는

$$\left(\frac{2\times(-2)+3\times3}{2+3}, \frac{2\times4+3\times(-1)}{2+3}\right), \text{ 즉 } (1, 1)$$

❶

선분 AB를 $4:1$로 내분하는 점 Q의 좌표는

$$\left(\frac{4\times(-2)+1\times3}{4+1}, \frac{4\times4+1\times(-1)}{4+1}\right), \text{ 즉 } (-1, 3)$$

❷

따라서 두 점 P, Q 사이의 거리는

$$\overline{PQ}=\sqrt{(-1-1)^2+(3-1)^2}=2\sqrt{2}$$

❸

채점 기준	배점
❶ 점 P의 좌표 구하기	40%
❷ 점 Q의 좌표 구하기	40%
❸ 두 점 P, Q 사이의 거리 구하기	20%

0038

답 -1

점 $C(a, b)$는 선분 AB를 $1:2$로 내분하는 점이므로

$$C\left(\frac{1\times1+2\times(-2)}{1+2}, \frac{1\times5+2\times(-7)}{1+2}\right), \text{ 즉 } C(-1, -3)$$

$$\therefore a=-1, b=-3$$

점 $D(c, d)$는 선분 AB를 $2:1$로 내분하는 점이므로

$$D\left(\frac{2\times1+1\times(-2)}{2+1}, \frac{2\times5+1\times(-7)}{2+1}\right), \text{ 즉 } D(0, 1)$$

$$\therefore c=0, d=1$$

$$\therefore ad-bc=-1\times1-(-3)\times0=-1$$

0039

답 7

선분 AB를 $2:5$로 내분하는 점의 좌표는

$$\left(\frac{2\times2+5\times(a+1)}{2+5}, \frac{2\times(b-1)+5\times(-1)}{2+5}\right), \text{ 즉 }$$

$$\left(\frac{5a+9}{7}, \frac{2b-7}{7}\right)$$

이 점의 좌표가 $(2, 1)$이므로

$$\frac{5a+9}{7}=2, \frac{2b-7}{7}=1 \quad \therefore a=1, b=7$$

❶

이때 $B(2, 6)$, $C(-1, 9)$이므로 선분 BC를 $1:2$로 내분하는 점의 좌표는 $\left(\frac{1\times(-1)+2\times2}{1+2}, \frac{1\times9+2\times6}{1+2}\right)$, 즉 $(1, 7)$

$$\therefore x=1, y=7$$

❷

$$\therefore xy=1\times7=7$$

❸

채점 기준	배점
❶ a, b의 값 구하기	50%
❷ x, y의 값 구하기	40%
❸ xy의 값 구하기	10%

0040

답 ①

삼각형 BOC와 삼각형 OAC의 밑변을 각각 $\overline{BO}$, $\overline{OA}$라 하면 높이가 서로 같고 넓이의 비가 $2:1$이므로 $\overline{BO}:\overline{OA}=2:1$

따라서 점 O는 선분 BA를 $2:1$로 내분하는 점이다.

선분 BA를 $2:1$로 내분하는 점의 좌표는

$$\left(\frac{2\times3+1\times a}{2+1}, \frac{2\times1+1\times b}{2+1}\right), \text{ 즉 } \left(\frac{a+6}{3}, \frac{b+2}{3}\right)$$

이 점이 원점이므로 $\frac{a+6}{3}=0$, $\frac{b+2}{3}=0$

$$\therefore a=-6, b=-2$$

$$\therefore a+b=-6+(-2)=-8$$

0041

답 160

두 점 A, B의 좌표를 각각 $A(x_1, y_1)$, $B(x_2, y_2)$라 하면

선분 AB의 중점의 좌표는 $\left(\dfrac{x_1+x_2}{2}, \dfrac{y_1+y_2}{2}\right)$

이때 선분 AB의 중점의 좌표가 $(1, 2)$이므로

$\dfrac{x_1+x_2}{2}=1$, $\dfrac{y_1+y_2}{2}=2$에서

$x_1+x_2=2$, $y_1+y_2=4$ ······ ㉠

선분 AB를 $3:1$로 내분하는 점의 좌표는

$\left(\dfrac{3\times x_2+1\times x_1}{3+1}, \dfrac{3\times y_2+1\times y_1}{3+1}\right)$, 즉 $\left(\dfrac{3x_2+x_1}{4}, \dfrac{3y_2+y_1}{4}\right)$

이때 선분 AB를 $3:1$로 내분하는 점의 좌표가 $(4, 3)$이므로

$\dfrac{3x_2+x_1}{4}=4$, $\dfrac{3y_2+y_1}{4}=3$에서

$x_1+3x_2=16$, $y_1+3y_2=12$ ······ ㉡

㉡$-$㉠을 각각 하면 $2x_2=14$, $2y_2=8$ ∴ $x_2=7$, $y_2=4$

이를 ㉠에 대입하면 $x_1=-5$, $y_1=0$

따라서 $A(-5, 0)$, $B(7, 4)$이므로

$\overline{AB}^2=(7+5)^2+4^2=160$

유형 08 조건이 주어진 경우의 선분의 내분점

0042

답 $\dfrac{1}{2}<a<\dfrac{3}{4}$

선분 AB를 $a:(2-a)$로 내분하는 점의 좌표는

$\left(\dfrac{a\times5+(2-a)\times(-3)}{a+(2-a)}, \dfrac{a\times3+(2-a)\times(-1)}{a+(2-a)}\right)$, 즉

$(4a-3, 2a-1)$

이 점이 제2사분면 위에 있으므로

$4a-3<0$, $2a-1>0$ ∴ $\dfrac{1}{2}<a<\dfrac{3}{4}$

0043

답 ③

선분 AB를 $3:1$로 내분하는 점의 좌표는

$\left(\dfrac{3\times2+1\times a}{3+1}, \dfrac{3\times(-4)+1\times0}{3+1}\right)$, 즉 $\left(\dfrac{a+6}{4}, -3\right)$

이 점이 y축 위에 있으므로 $\dfrac{a+6}{4}=0$, $a+6=0$ ∴ $a=-6$

따라서 점 A의 좌표는 $(-6, 0)$이므로

$\overline{AB}=\sqrt{(2+6)^2+(-4)^2}=\sqrt{80}=4\sqrt{5}$

0044

답 ①

선분 AB를 $2:1$로 내분하는 점의 좌표는

$\left(\dfrac{2\times5+1\times(-1)}{2+1}, \dfrac{2\times(-5)+1\times4}{2+1}\right)$, 즉 $(3, -2)$

이 점이 직선 $y=2x+k$ 위에 있으므로

$-2=6+k$ ∴ $k=-8$

0045

답 3

두 점 $A(-2, 0)$, $B(0, 9)$를 이은 선분 AB를 $1:k$로 내분하는 점의 좌표는

$\left(\dfrac{1\times0+k\times(-2)}{1+k}, \dfrac{1\times9+k\times0}{1+k}\right)$, 즉 $\left(\dfrac{-2k}{1+k}, \dfrac{9}{1+k}\right)$

이 점이 직선 $x+2y=3$ 위에 있으므로

$\dfrac{-2k}{1+k}+2\times\dfrac{9}{1+k}=3$, $-2k+18=3\times(1+k)$

$5k=15$ ∴ $k=3$

0046

답 11

선분 AB를 $m:n$으로 내분하는 점의 좌표는

$\left(\dfrac{m\times7+n\times(-4)}{m+n}, \dfrac{m\times(-2)+n\times1}{m+n}\right)$, 즉

$\left(\dfrac{7m-4n}{m+n}, \dfrac{-2m+n}{m+n}\right)$

⋯⋯⋯⋯⋯⋯⋯⋯⋯⋯⋯⋯⋯⋯⋯⋯⋯⋯⋯⋯⋯⋯⋯ ❶

이 점이 y축 위에 있으므로

$\dfrac{7m-4n}{m+n}=0$, $7m-4n=0$

$7m=4n$ ∴ $m:n=4:7$

⋯⋯⋯⋯⋯⋯⋯⋯⋯⋯⋯⋯⋯⋯⋯⋯⋯⋯⋯⋯⋯⋯⋯ ❷

이때 m, n은 서로소인 자연수이므로 $m=4$, $n=7$

∴ $m+n=4+7=11$

⋯⋯⋯⋯⋯⋯⋯⋯⋯⋯⋯⋯⋯⋯⋯⋯⋯⋯⋯⋯⋯⋯⋯ ❸

채점 기준	배점
❶ 선분 AB를 $m:n$으로 내분하는 점의 좌표 구하기	40%
❷ $m:n$ 구하기	30%
❸ $m+n$의 값 구하기	30%

0047

답 14

두 점 P, Q의 x좌표를 각각 α, β $(\alpha<\beta)$라 하면 곡선 $y=x^2-2x$와 직선 $y=3x+k$가 만나는 점이 P, Q이므로 α, β는 방정식 $x^2-2x=3x+k$, 즉 $x^2-5x-k=0$의 두 근이다.

이차방정식의 근과 계수의 관계에 의하여

$\alpha+\beta=5$ ······ ㉠

$\alpha\beta=-k$ ······ ㉡

또한 선분 PQ를 $1:2$로 내분하는 점의 x좌표가 1이므로

$\dfrac{1\times\beta+2\times\alpha}{1+2}=1$ ∴ $2\alpha+\beta=3$ ······ ㉢

㉠, ㉢을 연립하여 풀면 $\alpha=-2$, $\beta=7$

㉡에 $\alpha=-2$, $\beta=7$을 대입하면

$-k=\alpha\beta=-2\times7=-14$ ∴ $k=14$

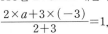
0048

답 15

$3\overline{AB}=2\overline{BC}$이므로 $\overline{AB}:\overline{BC}=2:3$

이때 $a>0$에서 점 C는 그림과 같이 선분
AB의 연장선 위의 점이고, 점 B는 선분
AC를 $2:3$으로 내분하는 점이므로

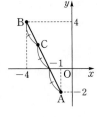

$\dfrac{2\times a+3\times(-3)}{2+3}=1$,

$\dfrac{2\times b+3\times(-2)}{2+3}=2$

$2a-9=5$, $2b-6=10$

$\therefore a=7$, $b=8$

$\therefore a+b=15$

0049

답 $(-1, 2)$

$2\overline{AB}=5\overline{BC}$이므로 $\overline{AB}:\overline{BC}=5:2$

이때 점 C가 선분 AB 위의 점이므로 그림
과 같이 점 C는 선분 AB를 $3:2$로 내분하
는 점이다.

따라서 점 C의 좌표는

$\left(\dfrac{3\times 1+2\times(-4)}{3+2}, \dfrac{3\times 0+2\times 5}{3+2}\right)$, 즉 $(-1, 2)$

0050

답 20

$\triangle OAB=\dfrac{1}{2}\times 4\times 2=4$이므로

$\triangle OAB:\triangle OAC=4:20=1:5$

$\therefore \overline{AB}:\overline{AC}=1:5$

이때 $a<0$에서 점 C는 그림과 같이 선분
AB의 연장선 위의 점이고, 점 B는 선분
AC를 $1:4$로 내분하는 점이므로

$\dfrac{1\times a+4\times 2}{1+4}=0$, $\dfrac{1\times b+4\times 2}{1+4}=4$

$a+8=0$, $b+8=20$ $\therefore a=-8$, $b=12$

$\therefore b-a=12-(-8)=20$

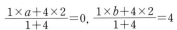 **높이가 같은 삼각형의 넓이의 비**

높이가 같은 두 삼각형의 넓이의 비는 밑변의 길
이의 비와 같다.

➡ $\triangle ABD:\triangle ADC=\overline{BD}:\overline{CD}$

　　　　　　　　$=m:n$

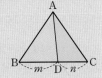

[다른 풀이]

직선 AB는 기울기가 $\dfrac{4-2}{0-2}=-1$이고 y절편이 4이므로 직선 AB
의 방정식은 $y=-x+4$

삼각형 OAC의 넓이가 20이고 $a<0$이므로

$\triangle OAC=\triangle OAB+\triangle OBC=\dfrac{1}{2}\times 4\times 2+\dfrac{1}{2}\times 4\times(-a)$

$20=4-2a$ $\therefore a=-8$

점 C는 직선 AB 위의 점이므로

$b=-(-8)+4=12$

$\therefore b-a=12-(-8)=20$

0051

답 ④

$\overline{AB}=3\overline{BC}$이므로 $\overline{AB}:\overline{BC}=3:1$

(i) 점 C가 선분 AB 위에 있을 때

점 C는 선분 AB를 $2:1$로 내분하는 점이
므로

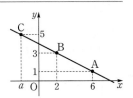

$C\left(\dfrac{2\times(-4)+1\times(-1)}{2+1},\right.$

$\left.\dfrac{2\times 4+1\times(-2)}{2+1}\right)$, 즉

$C(-3, 2)$

(ii) 점 C가 선분 AB의 연장선 위에 있을 때

점 B는 선분 AC를 $3:1$로 내분하는 점
이므로 $C(a, b)$라 하면

$\dfrac{3\times a+1\times(-1)}{3+1}=-4$,

$\dfrac{3\times b+1\times(-2)}{3+1}=4$

$3a-1=-16$, $3b-2=16$

$\therefore a=-5$, $b=6$

$\therefore C(-5, 6)$

(i), (ii)에서 점 C의 x좌표의 합은 $-3+(-5)=-8$

0052

답 -1

선분 AB의 연장선 위의 점 C의 y좌표
가 5이므로 그림과 같이 직선 AB 위의
세 점은 C, B, A의 순서대로 놓여 있
다.

$k\overline{AB}=\overline{BC}$이므로 $\overline{AB}:\overline{BC}=1:k$

점 B는 선분 AC를 $1:k$로 내분하는 점이므로

$\dfrac{1\times a+k\times 6}{1+k}=2$, $\dfrac{1\times 5+k\times 1}{1+k}=3$

$a+6k=2+2k$, $5+k=3+3k$

$\therefore k=1$, $a=-2$

$\therefore a+k=-2+1=-1$

0053

답 -3

삼각형 OAC의 넓이가 삼각형 OBC의 넓이의 3배이므로

$\overline{AC}:\overline{BC}=3:1$

❶

이때 $a<0$이므로 점 C는 그림과 같이 선분 AB의 연장선 위의 점이다. 즉, 점 B는 선분 AC를 $2:1$로 내분하는 점이므로

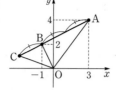

$$\frac{2\times a+1\times 3}{2+1}=-1, \frac{2\times b+1\times 4}{2+1}=2$$

$2a+3=-3, 2b+4=6$

$\therefore a=-3, b=1$ ❷

$\therefore ab=-3\times 1=-3$ ❸

채점 기준	배점
❶ $\overline{AC}:\overline{BC}$ 구하기	40%
❷ a, b의 값 구하기	40%
❸ ab의 값 구하기	20%

참고

점 C가 선분 AB 위에 있는 경우, 선분 AB를 $3:1$로 내분하는 점의 x좌표는 $\frac{3\times(-1)+1\times 3}{3+1}=0$

즉, $a=0$이 되어 $a<0$인 조건을 만족시키지 않는다.

유형 10 삼각형의 무게중심

확인 문제   (1) $(1, -1)$ (2) $\left(\dfrac{4}{3}, -\dfrac{2}{3}\right)$

(1) $\left(\dfrac{1+(-2)+4}{3}, \dfrac{0+(-4)+1}{3}\right)$, 즉 $(1, -1)$

(2) $\left(\dfrac{-2+1+5}{3}, \dfrac{3+(-7)+2}{3}\right)$, 즉 $\left(\dfrac{4}{3}, -\dfrac{2}{3}\right)$

0054
답 21

삼각형 ABC의 무게중심의 좌표가 $(-4, 5)$이므로

$\dfrac{a+(3-b)+(-2a)}{3}=-4$에서 $a+b=15$ ...... ㉠

$\dfrac{-2+(a+4)+(2b+1)}{3}=5$에서 $a+2b=12$ ...... ㉡

㉠, ㉡을 연립하여 풀면 $a=18, b=-3$

$\therefore a-b=18-(-3)=21$

0055
답 -11

삼각형 ABC의 무게중심의 좌표는

$\left(\dfrac{a+c+(-1)}{3}, \dfrac{b+5+7}{3}\right)$, 즉 $\left(\dfrac{a+c-1}{3}, \dfrac{b+12}{3}\right)$

이 점이 원점이므로 $\dfrac{a+c-1}{3}=0, \dfrac{b+12}{3}=0$

따라서 $a+c=1, b=-12$이므로

$a+b+c=1+(-12)=-11$

0056
답 $(0, 4)$

B(a, b)라 하면 선분 AB의 중점의 좌표가 $(-1, 0)$이므로

$\dfrac{4+a}{2}=-1, \dfrac{2+b}{2}=0$ $\therefore a=-6, b=-2$

$\therefore$ B$(-6, -2)$ ❶

C(c, d)라 하면 삼각형 ABC의 무게중심의 좌표는 $(0, 2)$이므로

$\dfrac{4+(-6)+c}{3}=0, \dfrac{2+(-2)+d}{3}=2$ $\therefore c=2, d=6$

$\therefore$ C$(2, 6)$ ❷

따라서 선분 BC를 $3:1$로 내분하는 점의 좌표는

$\left(\dfrac{3\times 2+1\times(-6)}{3+1}, \dfrac{3\times 6+1\times(-2)}{3+1}\right)$, 즉 $(0, 4)$ ❸

채점 기준	배점
❶ 점 B의 좌표 구하기	30%
❷ 점 C의 좌표 구하기	40%
❸ 선분 BC를 $3:1$로 내분하는 점의 좌표 구하기	30%

0057
답 ⑤

$\overline{AC}=\overline{BC}$에서 $\overline{AC}^2=\overline{BC}^2$이므로

$(a+2)^2+b^2=a^2+(b-4)^2$

$a^2+b^2+4a+4=a^2+b^2-8b+16$

$4a+8b=12$ $\therefore a+2b=3$

이때 삼각형 ABC의 무게중심의 좌표는 $\left(\dfrac{-2+a}{3}, \dfrac{4+b}{3}\right)$이고

이 점이 y축 위에 있으므로

$\dfrac{-2+a}{3}=0$ $\therefore a=2$

$a=2$를 $a+2b=3$에 대입하면

$2+2b=3, 2b=1$ $\therefore b=\dfrac{1}{2}$

$\therefore a+b=2+\dfrac{1}{2}=\dfrac{5}{2}$

0058
답 5

A(x_1, y_1), B(x_2, y_2), C(x_3, y_3)이라 하자.

선분 AB의 중점이 P$(5, 1)$이므로

$\dfrac{x_1+x_2}{2}=5, \dfrac{y_1+y_2}{2}=1$

$\therefore x_1+x_2=10, y_1+y_2=2$ ...... ㉠

같은 방법으로 선분 BC의 중점이 Q$(3, 0)$이므로

$x_2+x_3=6, y_2+y_3=0$ ...... ㉡

선분 CA의 중점이 R$(1, 2)$이므로

$x_1+x_3=2, y_1+y_3=4$ ...... ㉢

㉠, ㉡, ㉢에서 $x_1+x_2+x_3=9, y_1+y_2+y_3=3$ ❶

삼각형 ABC의 무게중심의 좌표는

$\left(\dfrac{x_1+x_2+x_3}{3}, \dfrac{y_1+y_2+y_3}{3}\right)$, 즉 $(3, 1)$

·· ❷

따라서 $a=3$, $b=1$이므로 $2a-b=2\times3-1=5$

·· ❸

채점 기준	배점
❶ $x_1+x_2+x_3$, $y_1+y_2+y_3$의 값 구하기	50%
❷ 삼각형 ABC의 무게중심의 좌표 구하기	30%
❸ $2a-b$의 값 구하기	20%

[다른 풀이]

삼각형 ABC의 무게중심은 삼각형 PQR의 무게중심과 일치하므로
삼각형 ABC의 무게중심의 좌표는

$\left(\dfrac{5+3+1}{3}, \dfrac{1+0+2}{3}\right)$, 즉 $(3, 1)$

따라서 $a=3$, $b=1$이므로 $2a-b=2\times3-1=5$

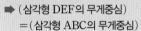 **Bible Says** 삼각형의 무게중심의 성질

삼각형 ABC의 세 변 AB, BC, CA를 $m:n$
$(m>0, n>0)$으로 내분하는 점을 각각 D, E,
F라 하면
➡ (삼각형 DEF의 무게중심)
  =(삼각형 ABC의 무게중심)

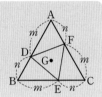

0059 [답] $(2, 1)$

점 D는 선분 AB를 $2:3$으로 내분하는 점이므로
$\text{D}\left(\dfrac{2\times(-3)+3\times2}{2+3}, \dfrac{2\times1+3\times(-4)}{2+3}\right)$, 즉 $\text{D}(0, -2)$
점 E는 선분 BC를 $2:3$으로 내분하는 점이므로
$\text{E}\left(\dfrac{2\times7+3\times(-3)}{2+3}, \dfrac{2\times6+3\times1}{2+3}\right)$, 즉 $\text{E}(1, 3)$
점 F는 선분 CA를 $2:3$으로 내분하는 점이므로
$\text{F}\left(\dfrac{2\times2+3\times7}{2+3}, \dfrac{2\times(-4)+3\times6}{2+3}\right)$, 즉 $\text{F}(5, 2)$
따라서 삼각형 DEF의 무게중심의 좌표는
$\left(\dfrac{0+1+5}{3}, \dfrac{-2+3+2}{3}\right)$, 즉 $(2, 1)$

[다른 풀이]

삼각형 DEF의 무게중심은 삼각형 ABC의 무게중심과 일치하므
로 삼각형 DEF의 무게중심의 좌표는
$\left(\dfrac{2+(-3)+7}{3}, \dfrac{-4+1+6}{3}\right)$, 즉 $(2, 1)$

유형 11 사각형에서 중점의 활용
- 평행사변형과 마름모의 성질

0060 [답] ⑤

$\text{D}(a, b)$라 하면 두 대각선 AC, BD의 중점이 일치하므로

$\dfrac{2+3}{2}=\dfrac{-1+a}{2}$, $\dfrac{-1-6}{2}=\dfrac{-5+b}{2}$

$\therefore a=6$, $b=-2$

따라서 꼭짓점 D의 좌표는 $(6, -2)$이다.

0061 [답] -12

두 대각선 AC, BD의 중점이 일치하므로 중점의 y좌표에서
$\dfrac{1+b}{2}=\dfrac{a-1}{2}$ $\therefore b=a-2$
$\overline{\text{AB}}=\overline{\text{AD}}$에서 $\overline{\text{AB}}^2=\overline{\text{AD}}^2$이므로
$(-2)^2+(a-1)^2=6^2+(-2)^2$
$a^2-2a-35=0$, $(a+5)(a-7)=0$
$\therefore a=-5$ 또는 $a=7$
이때 $a<0$이므로 $a=-5$
$a=-5$를 $b=a-2$에 대입하면 $b=-7$
$\therefore a+b=-5+(-7)=-12$

0062 [답] 2

두 대각선 AC, BD의 교점은 두 대각선 AC, BD 각각의 중점이다.
대각선 AC의 중점의 좌표는 $\left(\dfrac{-3+a}{2}, \dfrac{4+b}{2}\right)$이므로
$\dfrac{-3+a}{2}=-1$, $\dfrac{4+b}{2}=0$ $\therefore a=1$, $b=-4$
대각선 BD의 중점의 좌표는 $\left(\dfrac{-5+c}{2}, \dfrac{-2+d}{2}\right)$이므로
$\dfrac{-5+c}{2}=-1$, $\dfrac{-2+d}{2}=0$ $\therefore c=3$, $d=2$
$\therefore a+b+c+d=1+(-4)+3+2=2$

0063 [답] $(10, 0)$

$\text{C}(a, b)$라 하면 삼각형 ABC의 무게중심의 좌표가 $(6, 4)$이므로
$\dfrac{6+4+a}{3}=6$, $\dfrac{2+6+b}{3}=4$ $\therefore a=8$, $b=4$
$\therefore \text{C}(8, 4)$

·· ❶

$\text{D}(c, d)$라 하면 평행사변형 ABCD의 두 대각선 AC, BD의 중점
이 일치하므로
$\dfrac{6+8}{2}=\dfrac{4+c}{2}$, $\dfrac{2+4}{2}=\dfrac{6+d}{2}$ $\therefore c=10$, $d=0$
$\therefore \text{D}(10, 0)$

·· ❷

채점 기준	배점
❶ 꼭짓점 C의 좌표 구하기	40%
❷ 꼭짓점 D의 좌표 구하기	60%

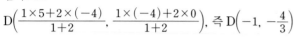

유형 12 각의 이등분선의 성질

0064
답 $\dfrac{4}{3}$

$\overline{AB}=\sqrt{(-4+1)^2+(-4)^2}=5$

$\overline{AC}=\sqrt{(5+1)^2+(-4-4)^2}=10$

이때 선분 AD는 ∠A의 이등분선이므로

$\overline{BD}:\overline{CD}=\overline{AB}:\overline{AC}$

$\qquad =5:10=1:2$

즉, 점 D는 선분 BC를 $1:2$로 내분하는
점이므로

$D\left(\dfrac{1\times 5+2\times(-4)}{1+2},\ \dfrac{1\times(-4)+2\times 0}{1+2}\right)$, 즉 $D\left(-1,\ -\dfrac{4}{3}\right)$

따라서 $a=-1$, $b=-\dfrac{4}{3}$이므로 $ab=-1\times\left(-\dfrac{4}{3}\right)=\dfrac{4}{3}$

0065
답 ③

삼각형 ABC에서 ∠ABC의 이등분선이 선분 AC의 중점을 지나
므로 삼각형 ABC는 $\overline{BA}=\overline{BC}$인 이등변삼각형이다.

$\overline{BA}=\sqrt{3^2+a^2}=\sqrt{9+a^2}$, $\overline{BC}=|1-(-3)|=4$

이때 두 선분의 길이가 같아야 하므로 $\sqrt{9+a^2}=4$

양변을 제곱하면

$9+a^2=16$, $a^2=7$ $\therefore a=\sqrt{7}\ (\because a>0)$

0066
답 $3:4$

$\overline{AB}=\sqrt{(-3)^2+(2-5)^2}=3\sqrt{2}$

$\overline{AC}=\sqrt{(7-3)^2+(1-5)^2}=4\sqrt{2}$ ......❶

이때 선분 AD는 ∠A의 이등분선이므로

$\overline{BD}:\overline{CD}=\overline{AB}:\overline{AC}$

$\qquad =3\sqrt{2}:4\sqrt{2}=3:4$ ......❷

$\therefore \triangle ABD:\triangle ACD=\overline{BD}:\overline{CD}=3:4$ ......❸

채점 기준	배점
❶ $\overline{AB}$, $\overline{AC}$의 길이 구하기	30%
❷ $\overline{BD}:\overline{CD}$ 구하기	40%
❸ $\triangle ABD:\triangle ACD$를 가장 간단한 자연수의 비로 나타내기	30%

0067
답 11

$\overline{OP}=\sqrt{(-2)^2+3^2}=\sqrt{13}$

$\overline{OQ}=\sqrt{6^2+9^2}=3\sqrt{13}$

∠POQ의 이등분선과 선분 PQ의 교점을 M
이라 하면

$\overline{PM}:\overline{QM}=\overline{OP}:\overline{OQ}=\sqrt{13}:3\sqrt{13}=1:3$

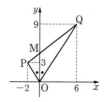

즉, 점 M은 선분 PQ를 $1:3$으로 내분하는 점이므로

점 M의 y좌표는 $\dfrac{1\times 9+3\times 3}{1+3}=\dfrac{9}{2}$

따라서 $a=2$, $b=9$이므로

$a+b=2+9=11$

0068
답 $-3\sqrt{2}$

$\overline{AB}=\sqrt{(4-1)^2+(2-1)^2}=\sqrt{10}$

$\overline{AC}=\sqrt{(3-1)^2+(-1)^2}=\sqrt{5}$

이때 선분 AD는 ∠A의 외각의 이등분선이므로

$\overline{BD}:\overline{CD}=\overline{AB}:\overline{AC}=\sqrt{10}:\sqrt{5}=\sqrt{2}:1$

$\therefore \overline{BC}:\overline{CD}=(\sqrt{2}-1):1$

즉, 점 C는 선분 BD를 $(\sqrt{2}-1):1$로 내분하는 점이므로

$\dfrac{(\sqrt{2}-1)\times a+1\times 4}{\sqrt{2}-1+1}=3$, $\dfrac{(\sqrt{2}-1)\times b+1\times 2}{\sqrt{2}-1+1}=0$

$(\sqrt{2}-1)a=3\sqrt{2}-4$, $(\sqrt{2}-1)b=-2$

$\therefore a=2-\sqrt{2}$, $b=-2-2\sqrt{2}$

$\therefore a+b=(2-\sqrt{2})+(-2-2\sqrt{2})=-3\sqrt{2}$

유형 13 점의 자취의 방정식

0069
답 ④

$B(a,\ b)$라 하고 선분 AB를 $2:1$로 내분하는 점의 좌표를 $(x,\ y)$
라 하면

$x=\dfrac{2\times a+1\times 2}{2+1}=\dfrac{2a+2}{3}$, $y=\dfrac{2\times b+1\times 6}{2+1}=\dfrac{2b+6}{3}$

$\therefore a=\dfrac{3x-2}{2}$, $b=\dfrac{3y-6}{2}$ ...... ㉠

이때 점 B가 직선 $y=2x+1$ 위의 점이므로

$b=2a+1$ ...... ㉡

㉠을 ㉡에 대입하면

$\dfrac{3y-6}{2}=3x-2+1$ $\therefore 6x-3y+4=0$

0070
답 $x-2y+4=0$

$P(x,\ y)$라 하면 $\overline{PA}^2-\overline{PB}^2=8$이므로

$(3-x)^2+(-2-y)^2-\{(-1-x)^2+(6-y)^2\}=8$

$-8x+16y-32=0$ $\therefore x-2y+4=0$

0071
답 $6x+8y-5=0$

$P(x,\ y)$라 하면 $\overline{AP}=\overline{BP}$에서 $\overline{AP}^2=\overline{BP}^2$이므로

$(x-1)^2+(y-3)^2=(x+2)^2+(y+1)^2$

$-6x-8y+5=0$ $\therefore 6x+8y-5=0$

0072

답 ⑤

$\overline{AB}=\sqrt{13}$이므로 $\sqrt{(2-a)^2+(3-1)^2}=\sqrt{13}$

$\sqrt{a^2-4a+8}=\sqrt{13}$

양변을 제곱하면

$a^2-4a+8=13$, $a^2-4a-5=0$

$(a+1)(a-5)=0$ ∴ $a=-1$ 또는 $a=5$

이때 $a>0$이므로 $a=5$

0073

답 -3

$\overline{AB}=\overline{BC}$이므로 $\sqrt{a^2+(1-3)^2}=\sqrt{(-1-a)^2+(4-1)^2}$

$\sqrt{a^2+4}=\sqrt{a^2+2a+10}$

양변을 제곱하면

$a^2+4=a^2+2a+10$, $-2a=6$ ∴ $a=-3$

0074

답 2

두 점 $A(2t,\ -3)$과 $B(-1,\ 2t)$에 대하여

$l=\sqrt{(-1-2t)^2+(2t+3)^2}$

$=\sqrt{8t^2+16t+10}$

$l^2=8t^2+16t+10=8(t+1)^2+2$

따라서 $t=-1$일 때, l^2의 최솟값은 2이다.

0075

답 ④

$\overline{AB}\le 5$에서 $\overline{AB}^2\le 5^2$이므로 $(m-1)^2+(-4-m)^2\le 25$

$2m^2+6m-8\le 0$, $m^2+3m-4\le 0$

$(m+4)(m-1)\le 0$ ∴ $-4\le m\le 1$

따라서 정수 m은 $-4,\ -3,\ -2,\ -1,\ 0,\ 1$의 6개이다.

0076

답 ③

선분 AB를 $1:2$로 내분하는 점의 좌표는

$\left(\dfrac{1\times 6+2\times 0}{1+2},\ \dfrac{1\times 0+2\times a}{1+2}\right)$, 즉 $\left(2,\ \dfrac{2}{3}a\right)$

이 점이 직선 $y=-x$ 위에 있으므로

$\dfrac{2}{3}a=-2$ ∴ $a=-3$

0077

답 30

$P(x,\ y)$라 하면

$\overline{OP}^2+\overline{AP}^2+\overline{BP}^2=x^2+y^2+(x+3)^2+y^2+x^2+(y+6)^2$

$=3x^2+6x+3y^2+12y+45$

$=3(x+1)^2+3(y+2)^2+30$

따라서 $x=-1$, $y=-2$일 때, $\overline{OP}^2+\overline{AP}^2+\overline{BP}^2$의 최솟값은 30이다.

0078

답 7

선분 AB를 $2:b$로 내분하는 점의 좌표는

$\left(\dfrac{2\times 3+b\times(-2)}{2+b},\ \dfrac{2\times a+b\times 4}{2+b}\right)$, 즉 $\left(\dfrac{6-2b}{2+b},\ \dfrac{2a+4b}{2+b}\right)$

이 점의 좌표가 $(-1,\ 3)$이므로

$\dfrac{6-2b}{2+b}=-1$에서 $6-2b=-2-b$ ∴ $b=8$

$\dfrac{2a+4b}{2+b}=3$에서 $2a+4b=6+3b$, $2a+b=6$

$b=8$을 $2a+b=6$에 대입하면

$2a+8=6$, $2a=-2$ ∴ $a=-1$

∴ $a+b=-1+8=7$

0079

답 ②

$\overline{AP}=\overline{BP}=\overline{CP}$에서 $\overline{AP}^2=\overline{BP}^2=\overline{CP}^2$

$\overline{AP}^2=(2-1)^2+(1+1)^2=5$이므로

$\overline{BP}^2=\overline{CP}^2=\overline{AP}^2=5$

삼각형 ABC에서

$\overline{AB}^2+\overline{AC}^2=2(\overline{AP}^2+\overline{BP}^2)$

$=2\times(5+5)=20$

0080

답 30

점 $P(a,\ b)$가 직선 $l:2x+3y=12$ 위의 점이므로

$2a+3b=12$ ······ ㉠

$\overline{AP}=\overline{BP}$에서 $\overline{AP}^2=\overline{BP}^2$이므로

$(a-4)^2+b^2=a^2+(b-2)^2$

$-8a+4b=-12$ ∴ $2a-b=3$ ······ ㉡

㉠, ㉡을 연립하여 풀면 $a=\dfrac{21}{8}$, $b=\dfrac{9}{4}$

∴ $8a+4b=8\times\dfrac{21}{8}+4\times\dfrac{9}{4}=30$

0081

답 $\left(\dfrac{7}{2},\ -\dfrac{1}{2}\right)$

$\overline{AO}=\sqrt{4^2+3^2}=5$

$\overline{AB}=\sqrt{(7-4)^2+(-1-3)^2}=5$

이때 선분 AC는 ∠OAB의 이등분선이므로
$\overline{OC}:\overline{BC}=\overline{AO}:\overline{AB}=5:5=1:1$
따라서 점 C는 선분 OB의 중점이므로 그 좌표는
$\left(\dfrac{7}{2},\ -\dfrac{1}{2}\right)$

0082
답 2

삼각형의 세 변의 수직이등분선의 교점은 외심이다.
즉, 점 P$(a,\ b)$가 삼각형 ABC의 외심이므로 $\overline{AP}=\overline{BP}=\overline{CP}$
$\overline{AP}=\overline{BP}$에서 $\overline{AP}^2=\overline{BP}^2$이므로
$(a+1)^2+(b-1)^2=(a-5)^2+(b+1)^2$
$12a-4b=24$ $\quad\therefore 3a-b=6$ $\quad\cdots\cdots$ ㉠
$\overline{BP}=\overline{CP}$에서 $\overline{BP}^2=\overline{CP}^2$이므로
$(a-5)^2+(b+1)^2=(a-1)^2+(b-3)^2$
$-8a+8b=-16$ $\quad\therefore a-b=2$ $\quad\cdots\cdots$ ㉡
㉠, ㉡을 연립하여 풀면 $a=2,\ b=0$
$\therefore a+b=2+0=2$

0083
답 ⑤

$3\overline{AB}=2\overline{BC}$이므로 $\overline{AB}:\overline{BC}=2:3$
C$(a,\ b)$라 하면
(i) $a>0$일 때, 점 A는 선분 BC를 $2:1$로
내분하는 점이므로
$\dfrac{2\times a+1\times(-2)}{2+1}=2,$
$\dfrac{2\times b+1\times(-1)}{2+1}=-5$
$2a-2=6,\ 2b-1=-15$
$\therefore a=4,\ b=-7$
$\therefore$ C$(4,\ -7)$
(ii) $a<0$일 때, 점 B는 선분 CA를
$3:2$로 내분하는 점이므로
$\dfrac{3\times 2+2\times a}{3+2}=-2,$
$\dfrac{3\times(-5)+2\times b}{3+2}=-1$
$2a+6=-10,\ 2b-15=-5$
$\therefore a=-8,\ b=5$
$\therefore$ C$(-8,\ 5)$
(i), (ii)에서 두 점 사이의 거리는
$\sqrt{(-8-4)^2+(5+7)^2}=12\sqrt{2}$

[다른 풀이]
$\overline{AB}:\overline{BC}=2:3$을 만족시키는 점 C의 위치는 그림과 같이 C_1, C_2이다.

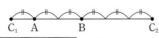

$\overline{AB}=\sqrt{(-2-2)^2+(-1+5)^2}=4\sqrt{2}$이므로
$\overline{C_1C_2}=3\overline{AB}=12\sqrt{2}$

0084
답 ③

B$(a,\ b)$, C$(c,\ d)$라 하면
$x_1=\dfrac{1+a}{2},\ y_1=\dfrac{6+b}{2},\ x_2=\dfrac{1+c}{2},\ y_2=\dfrac{6+d}{2}$
$x_1+x_2=2$에서 $\dfrac{1+a}{2}+\dfrac{1+c}{2}=2$ $\quad\therefore a+c=2$
$y_1+y_2=4$에서 $\dfrac{6+b}{2}+\dfrac{6+d}{2}=4$ $\quad\therefore b+d=-4$
따라서 삼각형 ABC의 무게중심의 좌표는
$\left(\dfrac{1+a+c}{3},\ \dfrac{6+b+d}{3}\right)$, 즉 $\left(1,\ \dfrac{2}{3}\right)$

0085
답 (3, 4)

$\overline{PA}+\overline{PC}\geq\overline{AC}$, $\overline{PB}+\overline{PD}\geq\overline{BD}$이므로
$\overline{PA}+\overline{PB}+\overline{PC}+\overline{PD}$
$=(\overline{PA}+\overline{PC})+(\overline{PB}+\overline{PD})$
$\geq\overline{AC}+\overline{BD}$
따라서 $\overline{PA}+\overline{PB}+\overline{PC}+\overline{PD}$의 값이 최소일

때, 점 P는 두 선분 AC와 BD의 교점이다.
이때 사각형 ABCD는 직사각형이므로 점 P는 선분 AC의 중점이다.
따라서 구하는 점 P의 좌표는 $\left(\dfrac{6}{2},\ \dfrac{8}{2}\right)$, 즉 $(3,\ 4)$

0086
답 14

두 점 A, B의 x좌표를 각각 α, β라 하면 두 점 A, B의 좌표는 각각 $(\alpha,\ 2\alpha+6)$, $(\beta,\ 2\beta+6)$이다.
$x^2-8x+1=2x+6$에서 $x^2-10x-5=0$
이때 이차방정식 $x^2-10x-5=0$의 두 실근이 α, β이므로
이차방정식의 근과 계수의 관계에 의하여 $\alpha+\beta=10$
삼각형 OAB의 무게중심의 좌표는
$\left(\dfrac{\alpha+\beta}{3},\ \dfrac{(2\alpha+6)+(2\beta+6)}{3}\right)$, 즉 $\left(\dfrac{10}{3},\ \dfrac{32}{3}\right)$
따라서 $a=\dfrac{10}{3}$, $b=\dfrac{32}{3}$이므로 $a+b=\dfrac{10}{3}+\dfrac{32}{3}=14$

0087
답 -7

직선 $y=-x$가 평행사변형 ABCD의 넓이를 이등분하므로 두 대각선의 교점을 지난다.
이때 두 대각선의 교점은 대각선 AC와 대각선 BD의 중점과 같다.
대각선 AC의 중점의 좌표는 $\left(\dfrac{a+2}{2},\ \dfrac{6+c}{2}\right)$ $\quad\cdots\cdots$ ㉠
대각선 BD의 중점의 좌표는 $\left(\dfrac{d}{2},\ \dfrac{b-1}{2}\right)$ $\quad\cdots\cdots$ ㉡
위의 두 점이 직선 $y=-x$ 위에 있으므로
㉠에서 $\dfrac{6+c}{2}=-\dfrac{a+2}{2}$ $\quad\therefore a+c=-8$
㉡에서 $\dfrac{b-1}{2}=-\dfrac{d}{2}$ $\quad\therefore b+d=1$
$\therefore a+b+c+d=-8+1=-7$

0088
답 24

$\overline{AG}=\sqrt{(5-7)^2+(1-3)^2}=2\sqrt{2}$

그림과 같이 선분 BC의 중점을 M이라 하면

$\overline{AM}=\dfrac{3}{2}\overline{AG}=\dfrac{3}{2}\times 2\sqrt{2}=3\sqrt{2}$

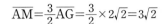

이때 삼각형 ABC에서

$\overline{AB}^2+\overline{AC}^2=2(\overline{AM}^2+\overline{BM}^2)$이므로

$18+30=2\times\{(3\sqrt{2})^2+\overline{BM}^2\}$

$2\overline{BM}^2=12$ ∴ $\overline{BM}^2=6$

∴ $\overline{BC}^2=(2\overline{BM})^2=4\overline{BM}^2=4\times6=24$

0089
답 ④

그림과 같이 세 학교 A, B, C를 A 학교를 원점으로 하는 좌표평면 위에 나타내면

$B(0, 6)$, $C(4, 2)$

도서관을 지으려는 지점을 $P(a, b)$라 하면

$\overline{AP}=\overline{BP}=\overline{CP}$

$\overline{AP}=\overline{BP}$에서 $\overline{AP}^2=\overline{BP}^2$이므로

$a^2+b^2=a^2+(b-6)^2$, $12b-36=0$ ∴ $b=3$

$\overline{AP}=\overline{CP}$에서 $\overline{AP}^2=\overline{CP}^2$이므로

$a^2+b^2=(a-4)^2+(b-2)^2$ ∴ $2a+b=5$

$b=3$을 $2a+b=5$에 대입하면

$2a+3=5$ ∴ $a=1$

따라서 $P(1, 3)$이므로 도서관과 각 학교 사이의 거리는

$\overline{AP}=\sqrt{1^2+3^2}=\sqrt{10}$ (km)

0090
답 19

마름모 OABC에서 $\overline{OA}=\overline{OC}$이므로 $\overline{OA}^2=\overline{OC}^2$

$a^2+7^2=5^2+5^2$

$a^2=1$ ∴ $a=1$ (∵ $a>0$)

마름모의 두 대각선은 서로 다른 것을 이등분하므로 선분 AC의 중점과 선분 OB의 중점은 일치한다.

즉, $\dfrac{1+5}{2}=\dfrac{0+b}{2}$, $\dfrac{7+5}{2}=\dfrac{0+c}{2}$에서

$b=6$, $c=12$

∴ $a+b+c=1+6+12=19$

0091
답 $\dfrac{4}{5}$

선분 AB를 $3:2$로 내분하는 점 C의 좌표는

$\left(\dfrac{3\times x_2+2\times x_1}{3+2},\ \dfrac{3\times y_2+2\times y_1}{3+2}\right)$, 즉 $\left(\dfrac{2}{5}x_1+\dfrac{3}{5}x_2,\ \dfrac{2}{5}y_1+\dfrac{3}{5}y_2\right)$

선분 AB를 $4:1$로 내분하는 점 D의 좌표는

$\left(\dfrac{4\times x_2+1\times x_1}{4+1},\ \dfrac{4\times y_2+1\times y_1}{4+1}\right)$, 즉 $\left(\dfrac{1}{5}x_1+\dfrac{4}{5}x_2,\ \dfrac{1}{5}y_1+\dfrac{4}{5}y_2\right)$

이때 두 점 C, D의 좌표는 각각 (x_3, y_3), (x_4, y_4)이므로 이를 행렬로 나타내면

$\begin{pmatrix} x_3 & y_3 \\ x_4 & y_4 \end{pmatrix}=\begin{pmatrix} \dfrac{2}{5}x_1+\dfrac{3}{5}x_2 & \dfrac{2}{5}y_1+\dfrac{3}{5}y_2 \\ \dfrac{1}{5}x_1+\dfrac{4}{5}x_2 & \dfrac{1}{5}y_1+\dfrac{4}{5}y_2 \end{pmatrix}=\begin{pmatrix} \dfrac{2}{5} & \dfrac{3}{5} \\ \dfrac{1}{5} & \dfrac{4}{5} \end{pmatrix}\begin{pmatrix} x_1 & y_1 \\ x_2 & y_2 \end{pmatrix}$

∴ $X=\begin{pmatrix} \dfrac{2}{5} & \dfrac{3}{5} \\ \dfrac{1}{5} & \dfrac{4}{5} \end{pmatrix}$

따라서 행렬 X의 $(1, 2)$ 성분은 $\dfrac{3}{5}$, $(2, 1)$ 성분은 $\dfrac{1}{5}$이므로 그 합은

$\dfrac{3}{5}+\dfrac{1}{5}=\dfrac{4}{5}$

🔊 **Bible Says** **행렬의 곱셈**

두 행렬 $A=\begin{pmatrix} a_{11} & a_{12} \\ a_{21} & a_{22} \end{pmatrix}$, $B=\begin{pmatrix} b_{11} & b_{12} \\ b_{21} & b_{22} \end{pmatrix}$에 대하여

$AB=\begin{pmatrix} a_{11}b_{11}+a_{12}b_{21} & a_{11}b_{12}+a_{12}b_{22} \\ a_{21}b_{11}+a_{22}b_{21} & a_{21}b_{12}+a_{22}b_{22} \end{pmatrix}$

0092
답 $\dfrac{17}{3}$

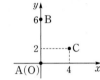

오른쪽 그림과 같이 점 B를 원점, 직선 AB를 x축, 직선 CB를 y축으로 하는 좌표평면을 잡으면

$A(-6, 0)$, $C(0, 4)$, $D(-1, 0)$

삼각형 ABC의 무게중심의 좌표는

$\left(\dfrac{-6+0+0}{3},\ \dfrac{0+0+4}{3}\right)$, 즉 $\left(-2,\ \dfrac{4}{3}\right)$

점 F의 좌표를 (a, b), 점 E의 좌표를 $(0, c)$라 하면 삼각형 DEF의 무게중심의 좌표는 $\left(\dfrac{a-1}{3},\ \dfrac{b+c}{3}\right)$

두 삼각형 ABC와 DEF의 무게중심이 일치하므로

$\dfrac{a-1}{3}=-2$에서 $a=-5$

$\dfrac{b+c}{3}=\dfrac{4}{3}$에서 $b+c=4$

한편, 직선 AC의 기울기는 $\dfrac{4-0}{0-(-6)}=\dfrac{2}{3}$이고 y절편은 4이므로

직선 AC의 방정식은 $y=\dfrac{2}{3}x+4$ ······ ㉠

이때 점 $F(-5, b)$는 직선 ㉠ 위의 점이므로

$b=\dfrac{2}{3}\times(-5)+4$ ∴ $b=\dfrac{2}{3}$

$b=\dfrac{2}{3}$를 $b+c=4$에 대입하면 $c=\dfrac{10}{3}$

∴ $\overline{EF}=\sqrt{(-5)^2+\left(\dfrac{2}{3}-\dfrac{10}{3}\right)^2}=\dfrac{17}{3}$

0093
답 3

삼각형 ABC가 정삼각형이므로 $\overline{AB}=\overline{BC}=\overline{CA}$

❶

$\overline{BC}=\overline{CA}$에서 $\overline{BC}^2=\overline{CA}^2$이므로

$(b-a)^2+(4-a)^2=(a-b)^2+(3-4)^2$

$a^2-8a+15=0$, $(a-3)(a-5)=0$

∴ $a=3$ 또는 $a=5$

이때 $a=3$이면 두 점 A, B는 일치하므로 $a=5$

❷

$\overline{AB}=\overline{CA}$에서 $\overline{AB}^2=\overline{CA}^2$이므로

$(a-a)^2+(a-3)^2=(a-b)^2+(3-4)^2$

$(5-3)^2=(a-b)^2+1$ ∴ $(a-b)^2=4-1=3$

❸

채점 기준	배점
❶ $\overline{AB}=\overline{BC}=\overline{CA}$임을 알기	20%
❷ a의 값 구하기	40%
❸ $(a-b)^2$의 값 구하기	40%

0094
답 2

선분 AB를 $k:3$으로 내분하는 점의 좌표는

$\left(\dfrac{k\times(-2)+3\times4}{k+3}, \dfrac{k\times(-6)+3\times3}{k+3}\right)$, 즉

$\left(\dfrac{-2k+12}{k+3}, \dfrac{-6k+9}{k+3}\right)$

❶

이 점이 직선 $y=-2x+\dfrac{13}{5}$ 위에 있으므로

$\dfrac{-6k+9}{k+3}=-2\left(\dfrac{-2k+12}{k+3}\right)+\dfrac{13}{5}$

$-6k+9=4k-24+\dfrac{13}{5}(k+3)$

$\dfrac{63}{5}k=\dfrac{126}{5}$ ∴ $k=2$

❷

채점 기준	배점
❶ 선분 AB를 $k:3$으로 내분하는 점의 좌표를 k를 사용하여 나타내기	50%
❷ k의 값 구하기	50%

0095
답 1

삼각형 ABC의 무게중심 G는 선분 AM을 $2:1$로 내분하는 점이므로

$G\left(\dfrac{2\times6+1\times a}{2+1}, \dfrac{2\times1+1\times b}{2+1}\right)$, 즉 $G\left(\dfrac{12+a}{3}, \dfrac{2+b}{3}\right)$

❶

$\dfrac{12+a}{3}=2$에서 $12+a=6$ ∴ $a=-6$

$\dfrac{2+b}{3}=3$에서 $2+b=9$ ∴ $b=7$

❷

∴ $a+b=-6+7=1$

❸

채점 기준	배점
❶ 점 G의 좌표를 a, b를 사용하여 나타내기	40%
❷ a, b의 값 구하기	40%
❸ $a+b$의 값 구하기	20%

0096
답 $\dfrac{8}{5}$

$\overline{PA}+\overline{PC}\geq\overline{AC}$, $\overline{PB}+\overline{PD}\geq\overline{BD}$이므로

$\overline{PA}+\overline{PB}+\overline{PC}+\overline{PD}$

$=(\overline{PA}+\overline{PC})+(\overline{PB}+\overline{PD})$

$\geq\overline{AC}+\overline{BD}$

따라서 $\overline{PA}+\overline{PB}+\overline{PC}+\overline{PD}$의 값이 최소일 때, 점 P는 두 선분 AC와 BD의 교점이다.

두 점 A, C를 지나는 직선의 방정식은 $x=3$ ······ ㉠

두 점 B, D를 지나는 직선의 기울기가 $\dfrac{0-3}{-1-4}=\dfrac{3}{5}$이므로

$y=\dfrac{3}{5}x+b$로 놓고 $x=-1$, $y=0$을 대입하면

$0=\dfrac{3}{5}\times(-1)+b$ ∴ $b=\dfrac{3}{5}$

따라서 두 점 B, D를 지나는 직선의 방정식은

$y=\dfrac{3}{5}x+\dfrac{3}{5}$ ······ ㉡

㉠, ㉡을 연립하여 풀면 $x=3$, $y=\dfrac{12}{5}$

따라서 $P\left(3, \dfrac{12}{5}\right)$이고, 점 P는 두 점 A, C를 지나는 직선 $x=3$ 위에 있으므로 (선분 AP의 길이)=(두 점 A, P의 y좌표의 차)이다.

∴ $\overline{AP}=4-\dfrac{12}{5}=\dfrac{8}{5}$

0097
답 ②

$\overline{BD}=a$, $\overline{BE}=b$라 하면 삼각형 ABE에서

$\overline{BA}^2+\overline{BE}^2=2(\overline{BD}^2+\overline{AD}^2)$이므로

$(2\sqrt{15})^2+b^2=2(a^2+3^2)$ ∴ $2a^2-b^2=42$ ······ ㉠

삼각형 BCD에서 $\overline{BC}^2+\overline{BD}^2=2(\overline{BE}^2+\overline{CE}^2)$이므로

$(\sqrt{15})^2+a^2=2(b^2+3^2)$ ∴ $a^2-2b^2=3$ ······ ㉡

㉠, ㉡을 연립하여 풀면 $a^2=27$, $b^2=12$

이때 $a>0$, $b>0$이므로

$a=3\sqrt{3}$, $b=2\sqrt{3}$

∴ $\overline{BD}+\overline{BE}=3\sqrt{3}+2\sqrt{3}=5\sqrt{3}$

0098
답 116

$B_4(30, 18)$이므로 $A_4(30, 0)$이다.

즉, 정사각형 $A_3A_4B_4C_4$의 한 변의 길이는 18이므로 $A_3(12, 0)$이다.

세 정사각형 $OA_1B_1C_1$, $A_1A_2B_2C_2$, $A_2A_3B_3C_3$의 넓이의 비가 $1:4:9$이므로 한 변의 길이의 비는

$\overline{OA_1}:\overline{A_1A_2}:\overline{A_2A_3}=1:2:3$

점 A_1의 x좌표를 a $(a>0)$라 하면

$\overline{OA_1}=a$, $\overline{A_1A_2}=2a$, $\overline{A_2A_3}=3a$

이때 $\overline{OA_3}=6a=12$이므로 $a=2$

따라서 $\overline{OA_1}=2$, $\overline{A_1A_2}=4$, $\overline{A_2A_3}=6$이므로

$B_1(2, 2)$, $B_3(12, 6)$

∴ $\overline{B_1B_3}^2=(12-2)^2+(6-2)^2=116$

0099

답 ⑤

$\overline{AB}=\sqrt{(-5)^2+(-9-3)^2}=13$, $\overline{AC}=\sqrt{4^2+(-3)^2}=5$

선분 AP와 선분 DC가 평행하므로 평행선의 성질에 의하여

$\overline{AB}:\overline{AD}=\overline{PB}:\overline{PC}$

이때 $\overline{AD}=\overline{AC}=5$이므로 $\overline{PB}:\overline{PC}=13:5$

$\therefore \overline{PC}:\overline{CB}=5:8$

P(a, b)라 하면 점 C는 선분 PB를 $5:8$로 내분하는 점이므로

$\dfrac{5\times(-5)+8\times a}{5+8}=4$, $\dfrac{5\times(-9)+8\times b}{5+8}=0$

$\therefore a=\dfrac{77}{8}$, $b=\dfrac{45}{8}$ $\therefore$ P$\left(\dfrac{77}{8}, \dfrac{45}{8}\right)$

> **Bible Says** 삼각형에서 평행선 사이의 선분의 길이의 비
>
> 삼각형 ABC에서 두 변 AB, AC 위의 점을
> 각각 D, E라 할 때, $\overline{BC}//\overline{DE}$이면
> $\overline{AB}:\overline{AD}=\overline{AC}:\overline{AE}=\overline{BC}:\overline{DE}$
>
>

0100

답 ④

P(x, y), A(x_1, y_1), B(x_2, y_2), C(x_3, y_3)이라 하면

$\overline{AP}^2+\overline{BP}^2+\overline{CP}^2$

$=(x-x_1)^2+(y-y_1)^2+(x-x_2)^2+(y-y_2)^2$
$\quad+(x-x_3)^2+(y-y_3)^2$

$=3x^2-2(x_1+x_2+x_3)x+x_1^2+x_2^2+x_3^2$
$\quad+3y^2-2(y_1+y_2+y_3)y+y_1^2+y_2^2+y_3^2$

$=3\left(x-\dfrac{x_1+x_2+x_3}{3}\right)^2+3\left(y-\dfrac{y_1+y_2+y_3}{3}\right)^2+x_1^2+x_2^2+x_3^2$

$\quad+y_1^2+y_2^2+y_3^2-\dfrac{(x_1+x_2+x_3)^2}{3}-\dfrac{(y_1+y_2+y_3)^2}{3}$

따라서 $x=\dfrac{x_1+x_2+x_3}{3}$, $y=\dfrac{y_1+y_2+y_3}{3}$일 때, $\overline{AP}^2+\overline{BP}^2+\overline{CP}^2$

의 값이 최소이므로 점 P는 삼각형 ABC의 무게중심, 즉 선분 BC의 중점 M에 대하여 선분 AM을 $2:1$로 내분하는 점이다.

0101

답 ④

직선 AD의 기울기는 $\dfrac{4-0}{1-3}=-2$,

직선 BC의 기울기는 $\dfrac{6-0}{3-6}=-2$

에서 두 직선 AD, BC는 평행하므로 사각형 ABCD는 사다리꼴이다. 두 밑변의 길이가 각각 p, q이고 높이가 h인 사다리꼴의 넓이를 S라 하면 $S=\dfrac{1}{2}\times(p+q)\times h$

즉, 직선 l이 사다리꼴 ABCD의 넓이를 이등분하려면 나누어진 두 개의 사다리꼴의 두 밑변의 길이의 합이 서로 같아야 한다.

선분 AD를 $1:3$으로 내분하는 점을 E라 하고 점 E를 지나는 직선 l이 사다리꼴 ABCD의 넓이를 이등분할 때, 직선 l이 선분 BC와 만나는 점을 F라 하자.

$\overline{AD}=\sqrt{(1-3)^2+4^2}=2\sqrt{5}$, $\overline{BC}=\sqrt{(3-6)^2+6^2}=3\sqrt{5}$이고

$\overline{AE}+\overline{BF}=\overline{DE}+\overline{CF}$이므로 점 F가 선분 BC를 $m:n$으로 내분한다고 하면

$\dfrac{1}{4}\times2\sqrt{5}+\dfrac{m}{m+n}\times3\sqrt{5}=\dfrac{3}{4}\times2\sqrt{5}+\dfrac{n}{m+n}\times3\sqrt{5}$

$\dfrac{1}{2}+\dfrac{3m}{m+n}=\dfrac{3}{2}+\dfrac{3n}{m+n}$, $\dfrac{3m-3n}{m+n}=1$

$3m-3n=m+n$, $m=2n$

따라서 $m:n=2:1$이므로 점 F의 좌표는

$\left(\dfrac{2\times3+1\times6}{2+1}, \dfrac{2\times6+1\times0}{2+1}\right)$, 즉 $(4, 4)$

$\therefore a=4$, $b=4$ $\therefore a+b=4+4=8$

0102

답 ⑤

선분 MH의 길이가 1이므로 점 M의 x좌표는 1이다.

점 M이 선분 PQ의 중점이므로 두 점 P, Q의 x좌표를 각각 p, q라 하면 $\dfrac{p+q}{2}=1$ $\therefore p+q=2$

이차함수 $y=ax^2$의 그래프와 직선 $y=2x+1$이 서로 다른 두 점 P, Q에서 만나므로 이차방정식 $ax^2-2x-1=0$의 두 근이 p, q이다.

$p+q=\dfrac{2}{a}=2$이므로 $a=1$ $\therefore pq=-\dfrac{1}{a}=-1$

따라서 P$(p, 2p+1)$, Q$(q, 2q+1)$이므로

$\overline{PQ}=\sqrt{(q-p)^2+\{(2q+1)-(2p+1)\}^2}$

$\quad=\sqrt{p^2-2pq+q^2+4p^2-8pq+4q^2}$

$\quad=\sqrt{5(p^2+q^2)-10pq}=\sqrt{5(p+q)^2-20pq}$

$\quad=\sqrt{5\times2^2-20\times(-1)}=2\sqrt{10}$

0103

답 ⑤

그림과 같이 세 점 P, Q, R에서 직선 l에 내린 수선의 발을 각각 L, M, N이라 하면

$\triangle$PLA$\equiv\triangle$QMA (ASA 합동)이므로 $\overline{PA}=\overline{QA}$

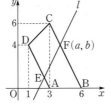

점 A는 선분 PQ의 중점이므로

A$\left(\dfrac{3+1}{2}, \dfrac{7+1}{2}\right)$, 즉 A$(2, 4)$

또한 $\triangle$PLB$\equiv\triangle$RNB (ASA 합동)이므로 $\overline{PB}=\overline{RB}$

점 B는 선분 PR의 중점이므로 B$\left(\dfrac{3+9}{2}, \dfrac{7+3}{2}\right)$, 즉 B$(6, 5)$

점 C는 선분 QR의 중점이므로 C$\left(\dfrac{1+9}{2}, \dfrac{1+3}{2}\right)$, 즉 C$(5, 2)$

따라서 삼각형 ABC의 무게중심 G의 좌표는

$\left(\dfrac{2+6+5}{3}, \dfrac{4+5+2}{3}\right)$, 즉 $\left(\dfrac{13}{3}, \dfrac{11}{3}\right)$

따라서 $x=\dfrac{13}{3}$, $y=\dfrac{11}{3}$이므로 $x+y=\dfrac{13}{3}+\dfrac{11}{3}=8$

[다른 풀이]

세 점 A, B, C는 각각 세 선분 PQ, PR, QR의 중점이므로 삼각형 ABC의 무게중심은 삼각형 PQR의 무게중심과 일치한다.

$\therefore$ G$\left(\dfrac{3+1+9}{3}, \dfrac{7+1+3}{3}\right)$, 즉 G$\left(\dfrac{13}{3}, \dfrac{11}{3}\right)$

따라서 $x=\dfrac{13}{3}$, $y=\dfrac{11}{3}$이므로 $x+y=\dfrac{13}{3}+\dfrac{11}{3}=8$

02 직선의 방정식

유형 01 한 점과 기울기가 주어진 직선의 방정식

확인 문제
1. (1) $y=3x-4$ (2) $y=-x+3$
2. (1) $y=-2$ (2) $x=3$ (3) $x=-2$ (4) $y=6$

1. (1) $y-(-1)=3(x-1)$ ∴ $y=3x-4$
   (2) $y-5=-\{x-(-2)\}$ ∴ $y=-x+3$
2. (1) x축에 평행한 직선이므로 $y=-2$
   (2) y축에 평행한 직선이므로 $x=3$
   (3) x축에 수직이면 y축에 평행한 직선이므로 $x=-2$
   (4) y축에 수직이면 x축에 평행한 직선이므로 $y=6$

🔊 **Bible Says** 좌표축에 평행한 직선

점 (x_1, y_1)을 지나고
(1) x축에 평행한 직선의 방정식
   ➡ y축에 수직인 직선의 방정식
   ➡ $y=y_1$
(2) y축에 평행한 직선의 방정식
   ➡ x축에 수직인 직선의 방정식
   ➡ $x=x_1$

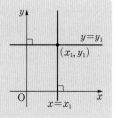

0104
답 ②

두 점 $(1, 2)$, $(-3, 8)$을 이은 선분의 중점의 좌표는
$\left(\dfrac{1+(-3)}{2}, \dfrac{2+8}{2}\right)$, 즉 $(-1, 5)$
점 $(-1, 5)$를 지나고 기울기가 -2인 직선의 방정식은
$y-5=-2\{x-(-1)\}$
$y=-2x+3$ ∴ $2x+y-3=0$
따라서 $a=2$, $b=-3$이므로
$a+b=2+(-3)=-1$

0105
답 5

직선 $2x+y+3=0$, 즉 $y=-2x-3$의 기울기는 -2이다.
기울기가 -2이고 점 $(4, -5)$를 지나는 직선의 방정식은
$y-(-5)=-2(x-4)$ ∴ $y=-2x+3$
직선 $y=-2x+3$이 점 $(-1, k)$를 지나므로
$k=-2\times(-1)+3=5$

다른 풀이
두 점 $(4, -5)$, $(-1, k)$를 지나는 직선의 기울기가 -2이므로
$\dfrac{k-(-5)}{-1-4}=-2$, $\dfrac{k+5}{-5}=-2$, $k+5=10$ ∴ $k=5$

0106
답 2

직선 $-4x-y+5=0$, 즉 $y=-4x+5$의 기울기는 -4이다.
❶

직선 $ax+(b-1)y+7=0$은 기울기가 -4이고
점 $(-2, 1)$을 지나는 직선이므로 그 직선의 방정식은
$y-1=-4\{x-(-2)\}$
$y=-4x-7$ ∴ $4x+y+7=0$
❷
따라서 $a=4$, $b-1=1$이므로 $a=4$, $b=2$
∴ $a-b=4-2=2$
❸

채점 기준	배점
❶ 직선 $-4x-y+5=0$의 기울기 구하기	20%
❷ 조건을 만족시키는 직선의 방정식 구하기	50%
❸ $a-b$의 값 구하기	30%

0107
답 $y=2$

삼각형 ABC의 무게중심의 좌표는
$\left(\dfrac{0+3+6}{3}, \dfrac{4+(-1)+3}{3}\right)$, 즉 $(3, 2)$
따라서 점 $(3, 2)$를 지나고 x축에 평행한 직선의 방정식은
$y=2$

🔊 **Bible Says** 삼각형의 무게중심

세 점 $A(x_1, y_1)$, $B(x_2, y_2)$, $C(x_3, y_3)$을 꼭짓점으로 하는 삼각형 ABC의 무게중심 G의 좌표는
$G\left(\dfrac{x_1+x_2+x_3}{3}, \dfrac{y_1+y_2+y_3}{3}\right)$

0108
답 $y=2x+23$

두 점 $A(-11, 15)$, $B(1, -3)$에 대하여
선분 AB를 $1:2$로 내분하는 점의 좌표는
$\left(\dfrac{1\times 1+2\times(-11)}{1+2}, \dfrac{1\times(-3)+2\times 15}{1+2}\right)$, 즉 $(-7, 9)$
따라서 점 $(-7, 9)$를 지나고 기울기가 2인 직선의 방정식은
$y-9=2\{x-(-7)\}$ ∴ $y=2x+23$

🔊 **Bible Says** 좌표평면 위의 선분의 내분점

좌표평면 위의 두 점 $A(x_1, y_1)$, $B(x_2, y_2)$를 이은 선분 AB를 $m:n$ $(m>0, n>0)$으로 내분하는 점을 P, 중점을 M이라 하면
(1) $P\left(\dfrac{mx_2+nx_1}{m+n}, \dfrac{my_2+ny_1}{m+n}\right)$
(2) $M\left(\dfrac{x_1+x_2}{2}, \dfrac{y_1+y_2}{2}\right)$

0109
답 ⑤

직선 $\sqrt{3}x+ay-b=0$은 기울기가 $\tan 30°=\dfrac{\sqrt{3}}{3}$이고
점 $(1, -3)$을 지나므로
$y-(-3)=\dfrac{\sqrt{3}}{3}(x-1)$, $y=\dfrac{\sqrt{3}}{3}x-\dfrac{\sqrt{3}}{3}-3$

$$\therefore \sqrt{3}x-3y-9-\sqrt{3}=0$$

따라서 $a=-3$, $-b=-9-\sqrt{3}$이므로

$a=-3$, $b=9+\sqrt{3}$

$$\therefore a+b=-3+9+\sqrt{3}=6+\sqrt{3}$$

유형 02 두 점을 지나는 직선의 방정식

확인 문제   (1) $y=2x-8$ (2) $y=-3x+2$

(1) 두 점 $(3, -2)$, $(6, 4)$를 지나는 직선의 방정식은

$$y-(-2)=\frac{4-(-2)}{6-3}(x-3) \qquad \therefore y=2x-8$$

(2) 두 점 $(-1, 5)$, $(2, -4)$를 지나는 직선의 방정식은

$$y-5=\frac{-4-5}{2-(-1)}\{x-(-1)\} \qquad \therefore y=-3x+2$$

0110

답 ⑤

두 점 $(1, 2)$, $(-2, 5)$를 지나는 직선의 방정식은

$$y-2=\frac{5-2}{-2-1}(x-1) \qquad \therefore y=-x+3$$

두 점 $(3, a)$, $(b, -5)$가 직선 $y=-x+3$ 위에 있으므로

$a=-3+3=0$, $-5=-b+3$ $\therefore a=0$, $b=8$

$$\therefore a+b=0+8=8$$

0111

답 ④

$x-2y+2=0$ …… ㉠

$2x+y-6=0$ …… ㉡

㉠$\times 2$-㉡을 하면 $-5y+10=0$ $\therefore y=2$

$y=2$를 ㉠에 대입하면 $x-4+2=0$ $\therefore x=2$

즉, 두 점 $(2, 2)$, $(4, 0)$을 지나는 직선의 방정식은

$$y-2=\frac{0-2}{4-2}(x-2) \qquad \therefore y=-x+4$$

따라서 구하는 y절편은 4이다.

0112

답 ③

두 점 $A(-1, 2)$, $B(4, 7)$에 대하여

선분 AB를 $2:3$으로 내분하는 점의 좌표는

$$\left(\frac{2\times 4+3\times(-1)}{2+3}, \frac{2\times 7+3\times 2}{2+3}\right), 즉 (1, 4)$$

두 점 $(1, 4)$, $(2, -2)$를 지나는 직선의 방정식은

$$y-4=\frac{-2-4}{2-1}(x-1) \qquad \therefore y=-6x+10$$

따라서 x절편은 $\frac{5}{3}$이므로 $k=\frac{5}{3}$

$$\therefore 6k=6\times\frac{5}{3}=10$$

0113

답 $y=2x-4$

삼각형 ABC의 외심을 $P(a, b)$라 하면 점 P에서 세 꼭짓점에 이르는 거리는 같으므로

$$\overline{PA}=\overline{PB}=\overline{PC}$$

$\overline{PA}=\overline{PB}$에서 $\overline{PA}^2=\overline{PB}^2$이므로

$$(a-1)^2+(b+2)^2=a^2+(b+1)^2$$

$$a^2-2a+1+b^2+4b+4=a^2+b^2+2b+1$$

$-2a+2b=-4$ $\therefore a-b=2$ …… ㉠

$\overline{PA}=\overline{PC}$에서 $\overline{PA}^2=\overline{PC}^2$이므로

$$(a-1)^2+(b+2)^2=(a-4)^2+(b-1)^2$$

$$a^2-2a+1+b^2+4b+4=a^2-8a+16+b^2-2b+1$$

$6a+6b=12$ $\therefore a+b=2$ …… ㉡

㉠, ㉡을 연립하여 풀면 $a=2$, $b=0$

$$\therefore P(2, 0)$$

따라서 직선 AP의 방정식은

$$y-(-2)=\frac{0-(-2)}{2-1}(x-1)$$

$$\therefore y=2x-4$$

0114

답 $y=x+3$

$C(a, b)$라 하면 삼각형 ABC의 무게중심 G의 좌표는

$$\left(\frac{-3+(-4)+a}{3}, \frac{1+(-2)+b}{3}\right), 즉 \left(\frac{-7+a}{3}, \frac{-1+b}{3}\right)$$

………………………………………………… ❶

이때 $G(-2, 1)$이므로

$$\frac{-7+a}{3}=-2, \frac{-1+b}{3}=1 \qquad \therefore a=1, b=4, 즉 C(1, 4)$$

………………………………………………… ❷

따라서 직선 CG의 방정식은

$$y-1=\frac{4-1}{1-(-2)}\{x-(-2)\} \qquad \therefore y=x+3$$

………………………………………………… ❸

채점 기준	배점
❶ $C(a, b)$라 할 때, 무게중심 G의 좌표를 a, b를 사용하여 나타내기	30%
❷ 점 C의 좌표 구하기	30%
❸ 직선 CG의 방정식 구하기	40%

[다른 풀이]

삼각형 ABC의 무게중심 G는 세 중선의 교점이므로

직선 CG는 선분 AB의 중점 M을 지난다.

$A(-3, 1)$, $B(-4, -2)$이므로 점 M의 좌표는

$$\left(\frac{-3-4}{2}, \frac{1-2}{2}\right), 즉 \left(-\frac{7}{2}, -\frac{1}{2}\right)$$

직선 CG는 두 점 $M\left(-\frac{7}{2}, -\frac{1}{2}\right)$, $G(-2, 1)$을 지나므로

구하는 직선의 방정식은

$$y-\left(-\frac{1}{2}\right)=\frac{1-\left(-\frac{1}{2}\right)}{-2-\left(-\frac{7}{2}\right)}\left\{x-\left(-\frac{7}{2}\right)\right\}$$

$$\therefore y=x+3$$

0115

답 ③

두 점 $(-3, 4)$, $(2, -6)$을 지나는 직선의 방정식은

$$y-4=\frac{-6-4}{2-(-3)}\{x-(-3)\} \quad \therefore y=-2x-2$$

이 직선이 x축, y축에 의하여 잘려지는 선분의
길이는 직선이 x축과 만나는 점 $(-1, 0)$과
y축과 만나는 점 $(0, -2)$ 사이의 거리이다.
따라서 구하는 선분의 길이는

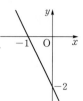

$$\sqrt{(0+1)^2+(-2-0)^2}=\sqrt{5}$$

0116

답 10

직선 AC의 방정식은 $y-2=\dfrac{-2-2}{3-2}(x-2)$

$$\therefore y=-4x+10 \quad \cdots\cdots \text{㉠}$$

직선 OB의 방정식은 $y=0 \quad \cdots\cdots \text{㉡}$

㉠, ㉡을 연립하여 풀면 $x=\dfrac{5}{2}$, $y=0$

따라서 두 대각선의 교점의 좌표는 $\left(\dfrac{5}{2}, 0\right)$이므로 $a=\dfrac{5}{2}$, $b=0$

$$\therefore 4a+b=4\times\frac{5}{2}+0=10$$

0117

답 7

점 C에서 x축에 내린 수선의 발을 E, 점 D
에서 y축에 내린 수선의 발을 F라 하면
$\triangle \text{AOB}\equiv\triangle \text{BEC}\equiv\triangle \text{DFA}$ (RHA 합동)
$\overline{\text{BE}}=4$, $\overline{\text{CE}}=2$이므로
$\text{C}(2+4, 2)$, 즉 $\text{C}(6, 2)$
$\overline{\text{DF}}=4$, $\overline{\text{FA}}=2$이므로
$\text{D}(4, 4+2)$, 즉 $\text{D}(4, 6)$

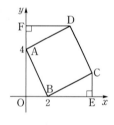

❶

이때 직선 CD의 방정식은

$$y-2=\frac{6-2}{4-6}(x-6) \quad \therefore y=-2x+14$$

❷

따라서 구하는 x절편은 7이다.

❸

채점 기준	배점
❶ 두 점 C, D의 좌표 구하기	50%
❷ 직선 CD의 방정식 구하기	30%
❸ 직선 CD의 x절편 구하기	20%

0118

답 ④

㈎에서 $\triangle \text{ADE}\backsim\triangle \text{ABC}$ (AA 닮음)
㈏에서 삼각형 ADE와 삼각형 ABC의 넓이의 비가 $1 : 9$이므로
두 삼각형의 닮음비는 $1 : 3$이다.

$$\therefore \overline{\text{AE}} : \overline{\text{AC}}=1 : 3$$

따라서 점 E는 선분 AC를 $1 : 2$로 내분하는 점이므로

$$\text{E}\left(\frac{1\times 6+2\times 3}{1+2}, \frac{1\times(-1)+2\times 5}{1+2}\right), \text{ 즉 E}(4, 3)$$

두 점 $\text{B}(0, 1)$, $\text{E}(4, 3)$을 지나는 직선 BE의 방정식은

$$y-1=\frac{3-1}{4-0}(x-0) \quad \therefore y=\frac{1}{2}x+1$$

$$\therefore k=\frac{1}{2}$$

0119

답 22

두 점 $\text{A}(5, 6)$, $\text{B}(2, 2)$에 대하여

$$\overline{\text{AB}}=\sqrt{(2-5)^2+(2-6)^2}=5$$

이때 사각형 ABCD는 마름모이고 변 BC가 x축에 평행하므로
$\overline{\text{BC}}=\overline{\text{AD}}=\overline{\text{AB}}=5$이고 변 AD도 x축에 평행하다.

$$\therefore \text{C}(7, 2), \text{D}(10, 6)$$

직선 CD의 방정식은

$$y-2=\frac{6-2}{10-7}(x-7) \quad \therefore y=\frac{4}{3}x-\frac{22}{3}$$

따라서 y절편은 $-\dfrac{22}{3}$이므로 $a=-\dfrac{22}{3}$

$$\therefore -3a=-3\times\left(-\frac{22}{3}\right)=22$$

유형 03 x절편과 y절편이 주어진 직선의 방정식

확인 문제 (1) $-\dfrac{x}{2}+\dfrac{y}{6}=1$ (2) $\dfrac{x}{3}-\dfrac{y}{9}=1$ (3) $\dfrac{x}{4}+\dfrac{y}{8}=1$

참고

$ab\neq 0$일 때, x절편이 a, y절편이 b인 직선은 두 점 $(a, 0)$, $(0, b)$를 지나므로 직선의 방정식은

$$y-0=\frac{b-0}{0-a}(x-a), \text{ 즉 } \frac{b}{a}x+y=b$$

양변을 b로 나누면 $\dfrac{x}{a}+\dfrac{y}{b}=1$

0120

답 ①

x절편과 y절편의 절댓값이 같고 부호가 반대이므로
x절편을 a $(a\neq 0)$라 하면 y절편은 $-a$이다.
주어진 직선의 방정식은

$$\frac{x}{a}+\frac{y}{-a}=1 \quad \therefore y=x-a$$

이 직선이 점 $(3, -2)$를 지나므로

$$-2=3-a \quad \therefore a=5$$

따라서 직선 $y=x-5$의 y절편은 -5이다.

0121

답 2

x절편이 2이고 y절편이 -1인 직선의 방정식은

$$\frac{x}{2}+\frac{y}{-1}=1 \quad \therefore y=\frac{1}{2}x-1$$

이 직선이 점 $(6, a)$를 지나므로

$a=\dfrac{1}{2}\times 6-1=2$

0122

답 ②

직선 $x+\dfrac{y}{2}=1$이 x축과 만나는 점의 좌표는 $(1, 0)$이므로

$\mathrm{P}(1, 0)$

직선 $\dfrac{x}{3}+\dfrac{y}{4}=1$이 y축과 만나는 점의 좌표는 $(0, 4)$이므로

$\mathrm{Q}(0, 4)$

따라서 두 점 P, Q를 지나는 직선은 x절편이 1, y절편이 4이므로 구하는 직선의 방정식은

$\dfrac{x}{1}+\dfrac{y}{4}=1 \quad \therefore x+\dfrac{y}{4}=1$

0123

답 9

y절편을 a $(a\neq 0)$라 하면 x절편은 $2a$이므로 이 직선의 방정식은

$\dfrac{x}{2a}+\dfrac{y}{a}=1$ ·· ❶

이 직선이 점 $(4, 1)$을 지나므로

$\dfrac{4}{2a}+\dfrac{1}{a}=1, \dfrac{3}{a}=1 \quad \therefore a=3$ ·············· ❷

따라서 구하는 직선의 방정식은 $\dfrac{x}{6}+\dfrac{y}{3}=1$이므로

$m=6, n=3$

$\therefore m+n=6+3=9$ ··· ❸

채점 기준	배점
❶ y절편을 a라 할 때, 직선의 방정식을 a를 사용하여 나타내기	30%
❷ a의 값 구하기	30%
❸ $m+n$의 값 구하기	40%

0124

답 4

직선 $\dfrac{x}{9}+\dfrac{y}{6}=1$이 x축, y축과 만나는 점을 각각 A, B라 하면

$\mathrm{A}(9, 0), \mathrm{B}(0, 6)$

두 직선 $y=ax$, $y=bx$가 삼각형 OAB의 넓이를 삼등분해야 하므로 직선 $y=ax$는 선분 AB를 $2:1$로 내분한 점을, 직선 $y=bx$는 선분 AB를 $1:2$로 내분한 점을 지나야 한다.

선분 AB를 $2:1$로 내분한 점의 좌표는 $(3, 4)$이므로

$4=3a$에서 $a=\dfrac{4}{3}$

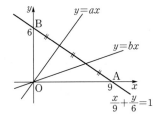

선분 AB를 $1:2$로 내분한 점의 좌표는 $(6, 2)$이므로

$2=6b$에서 $b=\dfrac{1}{3}$

$\therefore \dfrac{a}{b}=\dfrac{4}{3}\times 3=4$

0125

답 20

직선 $\dfrac{x}{a}+\dfrac{y}{b}=1$의 x절편이 a, y절편이 b이고 제3사분면을 지나지 않으므로 직선의 개형은 그림과 같다.

이때 색칠한 부분의 넓이가 10이므로

$\dfrac{1}{2}ab=10 \quad \therefore ab=20$

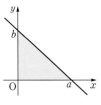

0126

답 12

$3x-2y=k$에서 $\dfrac{3x}{k}-\dfrac{2y}{k}=1$

즉, 이 직선의 x절편은 $\dfrac{k}{3}$, y절편은 $-\dfrac{k}{2}$이고 $k>0$이므로 직선의 개형은 그림과 같다.

이때 색칠한 부분의 넓이가 12이므로

$\dfrac{1}{2}\times\dfrac{k}{3}\times\left|-\dfrac{k}{2}\right|=\dfrac{1}{2}\times\dfrac{k}{3}\times\dfrac{k}{2}=12$

$k^2=144$

$\therefore k=12 \ (\because k>0)$

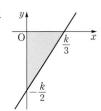

유형 04 세 점이 한 직선 위에 있을 조건

0127

답 $2x-y+3=0$

세 점 A, B, C가 한 직선 위에 있으려면 직선 AB와 직선 AC의 기울기가 같아야 하므로

$\dfrac{a-1}{2-(-1)}=\dfrac{-11-1}{-a-(-1)}, \dfrac{a-1}{3}=\dfrac{-12}{-a+1}$

$(a-1)(1-a)=-36, a^2-2a-35=0$

$(a+5)(a-7)=0 \quad \therefore a=7 \ (\because a>0)$

따라서 주어진 직선은 두 점 $\mathrm{A}(-1, 1)$, $\mathrm{B}(2, 7)$을 지나므로 구하는 직선의 방정식은

$y-1=\dfrac{7-1}{2-(-1)}\{x-(-1)\}$

$y=2x+3 \quad \therefore 2x-y+3=0$

> 참고
>
> 세 직선 AB, BC, AC 중 두 직선의 기울기가 같음을 이용하여 식을 세울 때, 문자가 없는 점을 지나는 두 직선을 선택하는 것이 편리하다.

0128

답 ①

세 점 A, B, C가 한 직선 위에 있으려면 직선 AB와 직선 BC의 기울기가 같아야 하므로

$$\frac{1-a}{1-(-1)}=\frac{-7-1}{a-1}, \ \frac{1-a}{2}=\frac{-8}{a-1}$$

$(1-a)(a-1)=-16, \ a^2-2a-15=0$

$(a+3)(a-5)=0 \qquad \therefore a=5 \ (\because a>0)$

0129

답 -3

세 점 A, B, C가 한 직선 위에 있으려면 직선 AB와 직선 AC의 기울기가 같아야 하므로

$$\frac{a-(-4)}{-6-1}=\frac{0-(-4)}{-a-1}, \ \frac{a+4}{-7}=\frac{4}{-a-1}$$

$(a+4)(-a-1)=-28, \ a^2+5a-24=0$

$(a+8)(a-3)=0 \qquad \therefore a=3 \ (\because a>0)$

❶

주어진 직선은 두 점 A$(1, -4)$, C$(-3, 0)$을 지나므로 그 직선의 방정식은

$$y-(-4)=\frac{0-(-4)}{-3-1}(x-1) \qquad \therefore y=-x-3$$

❷

따라서 구하는 y절편은 -3이다.

❸

채점 기준	배점
❶ a의 값 구하기	40%
❷ 직선의 방정식 구하기	40%
❸ 직선의 y절편 구하기	20%

0130

답 ④

세 점 A, B, C를 꼭짓점으로 하는 삼각형이 만들어지지 않으려면 세 점이 한 직선 위에 있어야 한다.

즉, 직선 AC와 직선 BC의 기울기가 같아야 하므로

$$\frac{10-a}{-2}=\frac{10-1}{-2-(a-3)}, \ \frac{10-a}{-2}=\frac{9}{-a+1}$$

$(10-a)(-a+1)=-18, \ a^2-11a+28=0$

$(a-4)(a-7)=0 \qquad \therefore a=4 \ \text{또는} \ a=7$

따라서 모든 실수 a의 값의 곱은 $4\times7=28$

참고

$a^2-11a+28=0$에서 근과 계수의 관계에 의하여 모든 실수 a의 값의 곱은 28임을 바로 알 수도 있다.

유형 **05** 도형의 넓이를 분할하는 직선의 방정식

0131

답 ⑤

점 A를 지나고 삼각형 ABC의 넓이를 이등분하려면 직선 $y=ax+b$가 선분 BC의 중점을 지나야 한다.

선분 BC의 중점 M의 좌표는

$$\left(\frac{6+(-2)}{2}, \frac{-4+2}{2}\right), \ \text{즉} \ (2, -1)$$

두 점 A$(3, 1)$, M$(2, -1)$을 지나는 직선의 방정식은

$$y-1=\frac{-1-1}{2-3}(x-3) \qquad \therefore y=2x-5$$

따라서 $a=2, \ b=-5$이므로

$a-b=2-(-5)=7$

0132

답 2

직선 $\dfrac{x}{5}+\dfrac{y}{10}=1$은 x절편이 5, y절편이 10이므로 그림과 같이 A$(5, 0)$, B$(0, 10)$이라 하자.

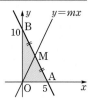

원점 O에 대하여 직선 $y=mx$가 삼각형 OAB의 넓이를 이등분하려면 선분 AB의 중점을 지나야 한다.

선분 AB의 중점 M의 좌표는

$$\left(\frac{5+0}{2}, \frac{0+10}{2}\right), \ \text{즉} \ \left(\frac{5}{2}, 5\right)$$

$y=mx$에 $x=\dfrac{5}{2}$, $y=5$를 대입하면

$$5=\frac{5}{2}m \qquad \therefore m=2$$

0133

답 ④

점 B의 좌표를 $(a, 0)$이라 하면

점 A$(2, -4)$가 이차함수의 그래프의 꼭짓점이므로

$$2=\frac{0+a}{2} \qquad \therefore a=4$$

$\therefore$ B$(4, 0)$

직선 $y=mx$가 삼각형 OAB의 넓이를 이등분하려면 직선 $y=mx$는 선분 AB의 중점을 지나야 한다.

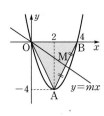

선분 AB의 중점 M의 좌표는

$$\left(\frac{2+4}{2}, \frac{-4+0}{2}\right), \ \text{즉} \ (3, -2)$$

$y=mx$에 $x=3$, $y=-2$를 대입하면

$$-2=3m \qquad \therefore m=-\frac{2}{3}$$

0134

답 -30

두 직사각형의 넓이를 동시에 이등분하려면 직선이 두 직사각형의 대각선의 교점을 모두 지나야 한다.

제1사분면 위에 있는 직사각형의 두 대각선의 교점의 좌표는
$\left(\dfrac{1+7}{2}, \dfrac{2+4}{2}\right)$, 즉 $(4, 3)$

남은 한 직사각형의 두 대각선의 교점의 좌표는
$\left(\dfrac{-4+0}{2}, \dfrac{-1+(-3)}{2}\right)$, 즉 $(-2, -2)$

.... ❶

두 점 $(4, 3)$, $(-2, -2)$를 지나는 직선의 방정식은
$y-3=\dfrac{-2-3}{-2-4}(x-4)$, $y=\dfrac{5}{6}x-\dfrac{1}{3}$

$\therefore 5x-6y-2=0$

.... ❷

따라서 $a=5$, $b=-6$이므로
$ab=5\times(-6)=-30$

.... ❸

채점 기준	배점
❶ 두 직사각형의 대각선의 교점 각각 구하기	50%
❷ 두 교점을 지나는 직선의 방정식 구하기	30%
❸ ab의 값 구하기	20%

[다른 풀이]
직선 $ax+by-2=0$이 두 점 $(4, 3)$, $(-2, -2)$를 지나므로
$4a+3b-2=0$, $-2a-2b-2=0$
두 식을 연립하여 풀면 $a=5$, $b=-6$
$\therefore ab=5\times(-6)=-30$

0135

답 $y=4x-6$

삼각형 ABD와 삼각형 ACD의 넓이의 비가 $3:2$이므로
점 D는 선분 BC를 $3:2$로 내분하는 점이다.
이때 점 D의 좌표는
$\left(\dfrac{3\times3+2\times(-2)}{3+2}, \dfrac{3\times(-4)+2\times1}{3+2}\right)$, 즉 $(1, -2)$
따라서 두 점 A$(2, 2)$, D$(1, -2)$를 지나는 직선의 방정식은
$y-2=\dfrac{-2-2}{1-2}(x-2)$ $\therefore y=4x-6$

유형 06 계수의 부호에 따른 직선의 개형

확인 문제 (1) 제1사분면   (2) 제2사분면

(1) $b\neq0$이므로 $ax+by+c=0$에서 $y=-\dfrac{a}{b}x-\dfrac{c}{b}$

이때 $a>0$, $b>0$, $c>0$에서 $-\dfrac{a}{b}<0$, $-\dfrac{c}{b}<0$

따라서 주어진 직선의 기울기와 y절편은 모두
음수이므로 주어진 직선은 그림과 같이 제1사
분면을 지나지 않는다.

(2) $b\neq0$이므로 $ax+by+c=0$에서 $y=-\dfrac{a}{b}x-\dfrac{c}{b}$

이때 $a>0$, $b<0$, $c<0$에서 $-\dfrac{a}{b}>0$, $-\dfrac{c}{b}<0$

따라서 주어진 직선의 기울기는 양수이고 y절
편은 음수이므로 주어진 직선은 그림과 같이
제2사분면을 지나지 않는다.

0136

답 ④

$b\neq0$이므로 $ax+by+4=0$에서 $y=-\dfrac{a}{b}x-\dfrac{4}{b}$

이때 기울기는 양수, y절편은 음수이므로
$-\dfrac{a}{b}>0$, $-\dfrac{4}{b}<0$ $\therefore a<0$, $b>0$

$a\neq0$이므로 $x-ay+b=0$에서 $y=\dfrac{1}{a}x+\dfrac{b}{a}$

이때 $\dfrac{1}{a}<0$, $\dfrac{b}{a}<0$이므로 직선 $x-ay+b=0$의 기울기와 y절편은
모두 음수이다.
따라서 직선 $x-ay+b=0$의 개형은 ④이다.

0137

답 ③

$b\neq0$이므로 $ax+by+c=0$에서 $y=-\dfrac{a}{b}x-\dfrac{c}{b}$

이때 $ab>0$, $bc<0$이므로 $\dfrac{a}{b}>0$, $\dfrac{c}{b}<0$

$\therefore -\dfrac{a}{b}<0$, $-\dfrac{c}{b}>0$

따라서 주어진 직선의 기울기는 음수이고 y절편은
양수이므로 주어진 직선은 그림과 같이 제3사분면
을 지나지 않는다.

0138

답 제2사분면

$b\neq0$이므로 $ax+by+c=0$에서 $y=-\dfrac{a}{b}x-\dfrac{c}{b}$

이때 기울기는 음수이고, y절편은 양수이므로
$-\dfrac{a}{b}<0$, $-\dfrac{c}{b}>0$

즉, $ab>0$, $bc<0$에서 a, c의 부호가 서로 다르므로 $ac<0$

.... ❶

$a\neq0$이므로 $cx+ay+b=0$에서 $y=-\dfrac{c}{a}x-\dfrac{b}{a}$

이때 $-\dfrac{c}{a}>0$, $-\dfrac{b}{a}<0$이므로 직선 $cx+ay+b=0$의 기울기는
양수이고 y절편은 음수이다.

.... ❷

따라서 직선 $cx+ay+b=0$은 그림과 같이
제2사분면을 지나지 않는다.

··· ❸

채점 기준	배점
❶ ab, bc, ac의 부호 구하기	50%
❷ 직선 $cx+ay+b=0$의 기울기, y절편의 부호 구하기	30%
❸ 주어진 직선이 지나지 않는 사분면 구하기	20%

0139
답 ②

이차함수 $y=ax^2+bx+c$의 그래프가
(i) 위로 볼록하므로 $a<0$
(ii) 축이 y축의 오른쪽에 있으므로 $ab<0$ ∴ $b>0$
(iii) $x=0$일 때 y축과 만나는 점의 y좌표가 양수이므로 $c>0$

$b\neq0$이므로 $ax+by+c=0$에서 $y=-\dfrac{a}{b}x-\dfrac{c}{b}$

이때 $-\dfrac{a}{b}>0$, $-\dfrac{c}{b}<0$이므로 직선 $ax+by+c=0$의 기울기는
양수이고 y절편은 음수이다.
따라서 직선 $ax+by+c=0$은 그림과 같이
제2사분면을 지나지 않는다.

🔊 **Bible Says** **이차함수 $y=ax^2+bx+c$의 그래프에서 a, b, c의 부호**

이차함수 $y=ax^2+bx+c$의 그래프에서
(1) 그래프의 모양
 ① 아래로 볼록 ➡ $a>0$ ② 위로 볼록 ➡ $a<0$
(2) 축의 위치
 ① y축의 왼쪽 ➡ $ab>0$ ② y축과 일치 ➡ $b=0$
 ③ y축의 오른쪽 ➡ $ab<0$
(3) y축과 만나는 점의 y좌표
 ① 양수 ➡ $c>0$ ② 원점 ➡ $c=0$ ③ 음수 ➡ $c<0$

0140
답 ④

$ax+by+c=0$에서 $b\neq0$이면 $y=-\dfrac{a}{b}x-\dfrac{c}{b}$

ㄱ. $ac>0$, $bc>0$에서 $ab>0$이므로
 (기울기)$=-\dfrac{a}{b}<0$, (y절편)$=-\dfrac{c}{b}<0$
 즉, 그림과 같이 제2, 3, 4사분면을 지난다.

ㄴ. $ab<0$, $ac>0$에서 $bc<0$이므로
 (기울기)$=-\dfrac{a}{b}>0$, (y절편)$=-\dfrac{c}{b}>0$
 즉, 그림과 같이 제1, 2, 3사분면을 지난다.

ㄷ. $ab<0$에서 (기울기)$=-\dfrac{a}{b}>0$이고
 $bc=0$에서 $c=0$
 즉, 그림과 같이 제1, 3사분면을 지난다.

ㄹ. $bc<0$에서 (y절편)$=-\dfrac{c}{b}>0$이고
 $ab=0$에서 $a=0$
 즉, 그림과 같이 제1, 2사분면을 지난다.
따라서 옳은 것은 ㄴ, ㄹ이다.

유형 **07** **정점을 지나는 직선**

확인 문제 (1) $(-1, 2)$ (2) $(1, -3)$

(1) 주어진 식이 k의 값에 관계없이 항상 성립하려면
 $3x+y+1=0$, $2x-3y+8=0$
 두 식을 연립하여 풀면 $x=-1$, $y=2$
 따라서 구하는 점의 좌표는 $(-1, 2)$이다.
(2) $kx+y-k+3=0$을 k에 대하여 정리하면
 $(x-1)k+y+3=0$
 이 식이 k의 값에 관계없이 항상 성립하려면
 $x-1=0$, $y+3=0$ ∴ $x=1$, $y=-3$
 따라서 구하는 점의 좌표는 $(1, -3)$이다.

0141
답 ③

주어진 식을 k에 대하여 정리하면
$(2x+y+1)k+x+y+3=0$
이 식이 k의 값에 관계없이 항상 성립하려면
$2x+y+1=0$, $x+y+3=0$
두 식을 연립하여 풀면 $x=2$, $y=-5$
∴ $P(2, -5)$
따라서 점 $P(2, -5)$와 원점 사이의 거리는
$\sqrt{2^2+(-5)^2}=\sqrt{29}$

참고

주어진 직선이 k의 값에 관계없이 일정한 점을 지나므로 주어진 식은 k에 대한 항등식이다.

0142
답 ④

주어진 식을 k에 대하여 정리하면
$(2x-y+5)k-3x+y-4=0$
이 식이 k의 값에 관계없이 항상 성립하려면
$2x-y+5=0$, $-3x+y-4=0$
두 식을 연립하여 풀면 $x=1$, $y=7$
따라서 주어진 직선은 항상 점 $(1, 7)$을 지나므로 $a=1$, $b=7$
∴ $b-a=7-1=6$

0143

주어진 식을 k에 대하여 정리하면

$(x+y)k-2x-y+1=0$

이 식이 k의 값에 관계없이 항상 성립하려면

$x+y=0$, $-2x-y+1=0$

두 식을 연립하여 풀면 $x=1$, $y=-1$

$\therefore$ P$(1, -1)$

따라서 기울기가 2이고 점 P$(1, -1)$을 지나는 직선의 방정식은

$y-(-1)=2(x-1)$ $\qquad \therefore y=2x-3$

0144

주어진 식을 k에 대하여 정리하면

$(2x-y+5)k+x+y+a=0$ .... ❶

이 식이 k의 값에 관계없이 항상 성립하려면

$2x-y+5=0$, $x+y+a=0$ .... ❷

이때 점 $(-1, b)$는 위의 두 직선의 교점이므로

$-2-b+5=0$, $-1+b+a=0$

두 식을 연립하여 풀면 $a=-2$, $b=3$ .... ❸

$\therefore ab=-2\times3=-6$ .... ❹

채점 기준	배점
❶ 주어진 식을 k에 대하여 정리하기	30%
❷ k의 값에 관계없이 항상 성립하는 두 식 구하기	30%
❸ a, b의 값 구하기	30%
❹ ab의 값 구하기	10%

0145

직선 $2x-y=-3$이 점 (a, b)를 지나므로

$2a-b=-3$ $\qquad \therefore b=2a+3$

$b=2a+3$을 $bx-ay=-3$에 대입하면

$(2a+3)x-ay=-3$

이 식을 a에 대하여 정리하면

$(2x-y)a+3x+3=0$

이 식이 a의 값에 관계없이 항상 성립하려면

$2x-y=0$, $3x+3=0$

두 식을 연립하여 풀면 $x=-1$, $y=-2$

따라서 직선 $bx-ay=-3$은 항상 점 $(-1, -2)$를 지나므로

$p=-1$, $q=-2$

$\therefore p-q=-1-(-2)=1$

0146

주어진 식을 k에 대하여 정리하면

$(2x+y-1)k+x+2y+7=0$

ㄱ. 직선 l이 k의 값에 관계없이 항상 성립하려면

$\quad$ $2x+y-1=0$, $x+2y+7=0$

$\quad$ 두 식을 연립하여 풀면 $x=3$, $y=-5$

$\quad$ 따라서 직선 l은 실수 k의 값에 관계없이 항상 점 $(3, -5)$를 지난다.

ㄴ. $k=-2$이면 직선 l은 $-3x+9=0$ $\quad \therefore x=3$

$\quad$ 따라서 y축에 평행하다.

ㄷ. $(2k+1)x+(k+2)y-k+7=0$에서 $k\neq-2$라 하면

$\quad$ $y=-\dfrac{2k+1}{k+2}x+\dfrac{k-7}{k+2}$

$\quad$ 즉, 직선 l의 기울기가 $-\dfrac{2k+1}{k+2}$이므로 이 값을 -2라 하면

$\quad$ $-\dfrac{2k+1}{k+2}=-2$, $2k+1=2(k+2)$

$\quad$ 이를 만족시키는 k의 값은 존재하지 않으므로 직선 l은 기울기가 -2인 직선이 될 수 없다.

따라서 옳은 것은 ㄱ, ㄴ, ㄷ이다.

유형 08 정점을 지나는 직선의 활용

0147

$mx-y+2m+1=0$에서

$(x+2)m-y+1=0$ ...... ㉠

즉, 직선 ㉠은 m의 값에 관계없이 항상 점 $(-2, 1)$을 지난다.

이때 $x+y-4=0$에서 $y=-x+4$이므로

그림과 같이 두 직선이 제1사분면에서 만나도록 직선 ㉠을 움직여 보면

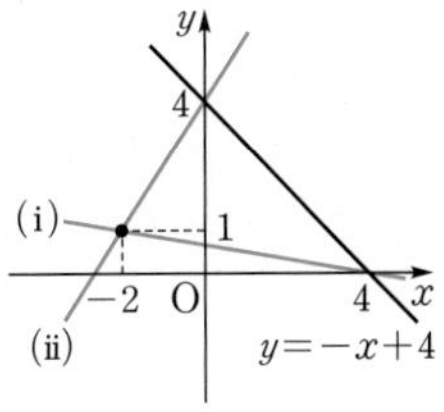

(i) 직선 ㉠이 점 $(4, 0)$을 지날 때

$\quad$ $6m+1=0$ $\quad \therefore m=-\dfrac{1}{6}$

(ii) 직선 ㉠이 점 $(0, 4)$를 지날 때

$\quad$ $2m-3=0$ $\quad \therefore m=\dfrac{3}{2}$

(i), (ii)에서 m의 값의 범위는

$-\dfrac{1}{6}<m<\dfrac{3}{2}$

0148

$(m+2)x-y-4m-3=0$에서

$(x-4)m+2x-y-3=0$ ...... ㉠

$x-4=0$, $2x-y-3=0$에서 $x=4$, $y=5$

즉, 직선 ㉠은 m의 값에 관계없이 항상 점 $(4, 5)$를 지난다.

그림과 같이 직선 ㉠이 제4사분면을 지나지
않도록 직선 ㉠을 움직여 보면
(i) 직선 ㉠이 원점을 지날 때

$$-4m-3=0 \qquad \therefore m=-\frac{3}{4}$$

(ii) 직선 ㉠이 x축에 평행할 때

$$m+2=0 \qquad \therefore m=-2$$

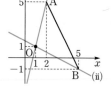

(i), (ii)에서 m의 값의 범위는 $-2 \leq m \leq -\frac{3}{4}$

따라서 정수 m의 값은 -2, -1이므로 구하는 합은
$$-2+(-1)=-3$$

0149

답 ①

$mx+y-m-1=0$에서
$(x-1)m+y-1=0$ ...... ㉠
즉, 직선 ㉠은 m의 값에 관계없이 항상 점 $(1, 1)$을 지난다.
그림과 같이 직선 ㉠이 선분 AB와 만나도
록 직선 ㉠을 움직여 보면
(i) 직선 ㉠이 점 A$(2, 5)$를 지날 때
$\quad m+4=0 \qquad \therefore m=-4$
(ii) 직선 ㉠이 B$(5, -1)$을 지날 때
$\quad 4m-2=0 \qquad \therefore m=\frac{1}{2}$

(i), (ii)에서 m의 값의 범위는 $-4 \leq m \leq \frac{1}{2}$

따라서 $\alpha=-4$, $\beta=\frac{1}{2}$이므로

$$\alpha\beta=-4\times\frac{1}{2}=-2$$

0150

답 $\dfrac{4}{5}$

$kx-y+k-1=0$에서
$(x+1)k-y-1=0$ ...... ㉠
즉, 직선 ㉠은 k의 값에 관계없이 항상 점 $(-1, -1)$을 지난다.

❶

그림과 같이 직선 ㉠이 직사각형과
만나도록 직선 ㉠을 움직여 보면
(i) 직선 ㉠이 점 $(1, 3)$을 지날 때
$\quad 2k-4=0 \qquad \therefore k=2$
(ii) 직선 ㉠이 점 $(4, 1)$을 지날 때
$\quad 5k-2=0 \qquad \therefore k=\frac{2}{5}$

(i), (ii)에서 k의 값의 범위는 $\dfrac{2}{5} \leq k \leq 2$

❷

따라서 $M=2$, $m=\dfrac{2}{5}$이므로

$$Mm=2\times\frac{2}{5}=\frac{4}{5}$$

❸

채점 기준	배점
❶ 직선 $kx-y+k-1=0$이 k의 값에 관계없이 항상 지나는 점의 좌표 구하기	30%
❷ 직선 $kx-y+k-1=0$과 직사각형이 만나도록 하는 k의 값의 범위 구하기	50%
❸ Mm의 값 구하기	20%

0151

답 $m<-\dfrac{1}{3}$ 또는 $m>\dfrac{3}{5}$

$y=mx+3m+1$에서 $(x+3)m-y+1=0$ ...... ㉠
즉, 직선 ㉠은 m의 값에 관계없이 항상 점 $(-3, 1)$을 지난다.
직선 ㉠이 삼각형 ABC와 만나지 않도록
직선 ㉠을 움직여 보면
(i) 직선 ㉠이 점 A$(2, 4)$를 지날 때
$\quad 5m-3=0 \qquad \therefore m=\frac{3}{5}$
(ii) 직선 ㉠이 점 B$(3, -1)$을 지날 때
$\quad 6m+2=0 \qquad \therefore m=-\frac{1}{3}$

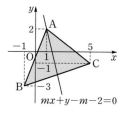

(i), (ii)에서 m의 값의 범위는 $m<-\dfrac{1}{3}$ 또는 $m>\dfrac{3}{5}$

> **참고**
>
> 직선 ㉠이 삼각형 ABC와 만나도록 하는 m의 값의 범위는
> $$-\frac{1}{3} \leq m \leq \frac{3}{5}$$

0152

답 4

$mx+y-m-2=0$에서 $(x-1)m+y-2=0$ ...... ㉠
즉, 직선 ㉠은 m의 값에 관계없이 항상 점 $(1, 2)$를 지난다.
이때 A$(1, 2)$이므로 직선 ㉠이 삼각형
ABC의 넓이를 이등분하려면 선분 BC
의 중점을 지나야 한다.
선분 BC의 중점의 좌표는
$\left(\dfrac{-1+5}{2}, \dfrac{-3+(-1)}{2}\right)$, 즉 $(2, -2)$
따라서 ㉠에 $x=2$, $y=-2$를 대입하면
$m-4=0 \qquad \therefore m=4$

0153

답 $(1, 5)$

$y=mx+m+2$에서 $(x+1)m-y+2=0$ ...... ㉠
즉, 직선 ㉠은 m의 값에 관계없이 항상 점 $(-1, 2)$를 지난다.
이때 직선 ㉠이 m의 값에 관계없이 항상 직사각형 ABCD의 넓이
를 이등분하려면 점 $(-1, 2)$는 직사각형 ABCD의 두 대각선의
교점이어야 한다.
C(a, b)라 하면 선분 AC의 중점의 좌표는 $\left(\dfrac{-3+a}{2}, \dfrac{-1+b}{2}\right)$

$\dfrac{-3+a}{2}=-1$, $\dfrac{-1+b}{2}=2$ $\quad\therefore a=1$, $b=5$

따라서 점 C의 좌표는 $(1, 5)$이다.

[다른 풀이]

직선 $y=mx+m+2$가 직사각형 ABCD의 넓이를 이등분하려면 이 직선이 두 대각선의 교점을 지나야 한다.

$C(a, b)$라 하면 선분 AC의 중점의 좌표는

$\left(\dfrac{-3+a}{2}, \dfrac{-1+b}{2}\right)$

이 점이 직선 $y=mx+m+2$ 위의 점이므로

$\dfrac{-1+b}{2}=\dfrac{-3+a}{2}\times m+m+2$

$\left(\dfrac{-1+a}{2}\right)m+\dfrac{5-b}{2}=0$

이 식이 m의 값에 관계없이 항상 성립하려면

$\dfrac{-1+a}{2}=0$, $\dfrac{5-b}{2}=0$ $\quad\therefore a=1$, $b=5$

따라서 점 C의 좌표는 $(1, 5)$이다.

유형 09 두 직선의 교점을 지나는 직선의 방정식

0154

답 ②

주어진 두 직선의 교점을 지나는 직선의 방정식은

$3x+2y+1+k(x-y-3)=0$ (단, k는 실수) ······ ㉠

직선 ㉠이 점 $(2, 1)$을 지나면

$6+2+1+k(2-1-3)=0$, $9-2k=0$ $\quad\therefore k=\dfrac{9}{2}$

$k=\dfrac{9}{2}$를 ㉠에 대입하면

$3x+2y+1+\dfrac{9}{2}(x-y-3)=0$ $\quad\therefore 3x-y-5=0$

따라서 $a=3$, $b=-1$이므로

$ab=3\times(-1)=-3$

[다른 풀이]

두 직선 $3x+2y+1=0$, $x-y-3=0$의 교점의 좌표는

$(1, -2)$

두 점 $(1, -2)$, $(2, 1)$을 지나는 직선의 방정식은

$y-(-2)=\dfrac{1-(-2)}{2-1}(x-1)$

$y=3x-5$ $\quad\therefore 3x-y-5=0$

따라서 $a=3$, $b=-1$이므로

$ab=3\times(-1)=-3$

0155

답 ②

주어진 두 직선의 교점을 지나는 직선의 방정식은

$x-2y+5+k(2x+3y+3)=0$ (단, k는 실수) ······ ㉠

직선 ㉠이 점 $(2, -4)$를 지나면

$2+8+5+k(4-12+3)=0$

$15-5k=0$ $\quad\therefore k=3$

$k=3$을 ㉠에 대입하면

$x-2y+5+3(2x+3y+3)=0$

$x+y+2=0$ $\quad\therefore y=-x-2$

따라서 구하는 y절편은 -2이다.

0156

답 $2\sqrt{10}$

주어진 두 직선의 교점을 지나는 직선의 방정식은

$x+y+6+k(2x-y+3)=0$ (단, k는 실수) ······ ㉠

직선 ㉠이 점 $(1, 9)$를 지나면

$1+9+6+k(2-9+3)=0$, $16-4k=0$ $\quad\therefore k=4$

$k=4$를 ㉠에 대입하면

$x+y+6+4(2x-y+3)=0$

$\therefore 3x-y+6=0$ ······ ㉡ ❶

㉡에 $y=0$을 대입하면 $3x+6=0$ $\quad\therefore x=-2$

$\therefore A(-2, 0)$

㉡에 $x=0$을 대입하면 $-y+6=0$ $\quad\therefore y=6$

$\therefore B(0, 6)$ ❷

$\therefore \overline{AB}=\sqrt{2^2+6^2}=2\sqrt{10}$ ❸

채점 기준	배점
❶ 주어진 두 직선의 교점과 점 $(1, 9)$를 지나는 직선의 방정식 구하기	50%
❷ 두 점 A, B의 좌표 구하기	30%
❸ 선분 AB의 길이 구하기	20%

0157

답 32

주어진 두 직선의 교점을 지나는 직선의 방정식은

$2x+y-6+k(x-y-5)=0$ (단, k는 실수) ······ ㉠

직선 ㉠이 점 $(4, 0)$을 지나면

$8-6+k(4-5)=0$ $\quad\therefore k=2$

$k=2$를 ㉠에 대입하면

$2x+y-6+2(x-y-5)=0$

$4x-y-16=0$ $\quad\therefore y=4x-16$

따라서 이 직선의 x절편은 4, y절편은 -16이므로 그림에서 구하는 도형의 넓이는

$\dfrac{1}{2}\times 4\times 16=32$

0158

답 3

주어진 두 직선의 교점을 지나는 직선의 방정식은

$ax-(a-2)y-3+k(x+(a-2)y-5)=0$ (단, k는 실수)

······ ㉠

직선 ㉠이 원점을 지나면

$-3-5k=0$ $\therefore k=-\dfrac{3}{5}$

$k=-\dfrac{3}{5}$을 ㉠에 대입하면

$ax-(a-2)y-3-\dfrac{3}{5}\{x+(a-2)y-5\}=0$

$\therefore (5a-3)x-(8a-16)y=0$

이 직선의 기울기가 $\dfrac{3}{2}$이므로

$\dfrac{5a-3}{8a-16}=\dfrac{3}{2}$, $10a-6=24a-48$

$-14a=-42$ $\therefore a=3$

0159
답 5

직선 $x-2y+6=0$의 x절편은 -6이므로 $\mathrm{A}(-6,\ 0)$

직선 $x+y-4=0$의 x절편은 4이므로 $\mathrm{B}(4,\ 0)$

선분 AB의 중점의 좌표는 $\left(\dfrac{-6+4}{2},\ 0\right)$, 즉 $(-1,\ 0)$

이때 점 C를 지나는 직선의 방정식은

$x-2y+6+k(x+y-4)=0$ (단, k는 실수) $\cdots\cdots$ ㉠

직선 ㉠이 점 $(-1,\ 0)$을 지날 때, 삼각형 ABC의 넓이를 이등분하므로

$-1+6+k(-1-4)=0$, $5-5k=0$ $\therefore k=1$

$k=1$을 ㉠에 대입하면

$x-2y+6+x+y-4=0$ $\therefore 2x-y+2=0$

따라서 $a=2$, $b=-1$이므로

$a^2+b^2=2^2+(-1)^2=5$

유형 10 두 직선의 평행과 수직

확인 문제 1. (1) -3 (2) $-\dfrac{1}{2}$ 2. 평행: ㄴ, 수직: ㄷ, ㄹ

1. (1) 두 직선이 평행하므로

   $-2=m+1$ $\therefore m=-3$

   (2) 두 직선이 수직이므로

   $-2(m+1)=-1$

   $-2m=1$ $\therefore m=-\dfrac{1}{2}$

2. ㄱ. $\dfrac{1}{-1}\ne\dfrac{-2}{-2}\ne\dfrac{6}{3}$이므로 직선 $x-2y+6=0$과 한 점에서 만난다.

   또한 $1\times(-1)+(-2)\times(-2)\ne0$이므로

   직선 $x-2y+6=0$과 수직이 아니다.

   ㄴ. $\dfrac{1}{3}=\dfrac{-2}{-6}\ne\dfrac{6}{1}$이므로 직선 $x-2y+6=0$과 평행하다.

   ㄷ. $1\times2+(-2)\times1=0$이므로 직선 $x-2y+6=0$과 수직이다.

   ㄹ. $1\times8+(-2)\times4=0$이므로 직선 $x-2y+6=0$과 수직이다.

   따라서 직선 $x-2y+6=0$과 평행한 직선은 ㄴ, 수직인 직선은 ㄷ, ㄹ이다.

0160
답 3

두 직선 $(k-1)x+y-4=0$, $kx-2y+3=0$이

(i) 평행하려면 $k\ne0$, $k\ne1$이고 $\dfrac{k-1}{k}=\dfrac{1}{-2}\ne\dfrac{-4}{3}$

   $-2k+2=k$ $\therefore k=\dfrac{2}{3}$

(ii) 수직이려면 $(k-1)\times k+1\times(-2)=0$

   $k^2-k-2=0$, $(k+1)(k-2)=0$

   $\therefore k=-1$ 또는 $k=2$

(i), (ii)에서 $a=\dfrac{2}{3}$, $b=2$ ($\because b>0$)

$\therefore \dfrac{b}{a}=2\times\dfrac{3}{2}=3$

0161
답 ④

직선 $(a+2)x-3y+b=0$이 직선 $x+y+2=0$에 수직이므로

$(a+2)\times1-3\times1=0$ $\therefore a=1$

즉, 직선 $3x-3y+b=0$이 점 $(1,\ 2)$를 지나므로

$3-6+b=0$ $\therefore b=3$

$\therefore b-a=3-1=2$

0162
답 ③

두 직선 $y=7x-1$과 $y=(3k-2)x+2$가 서로 평행하므로

두 직선의 기울기가 같고, y절편은 달라야 한다.

$7=3k-2$ $\therefore k=3$

> **참고**
>
> 두 직선 $y=7x-1$과 $y=(3k-2)x+2$의 y절편이 각각 -1, 2로 서로 다르므로 두 직선의 기울기가 같으면 두 직선은 서로 평행하다.

0163
답 $x=1$

두 직선 $(a-1)x+y-3=0$, $2x-(a+2)y+3=0$이 서로 만나지 않으면 평행하므로

$a\ne-2$, $a\ne1$이고 $\dfrac{a-1}{2}=\dfrac{1}{-(a+2)}\ne\dfrac{-3}{3}$

$-(a-1)(a+2)=2$, $a^2+a=0$

$a(a+1)=0$ $\therefore a=0$ 또는 $a=-1$

이때 $a=-1$이면 두 직선은 일치하므로 $a=0$

직선 $ax+(a+2)y+4=0$에

$a=0$을 대입하면

$2y+4=0$ $\therefore y=-2$

따라서 직선 $y=-2$와 수직이고 점 $(1,\ 2)$를 지나는 직선의 방정식은

$x=1$

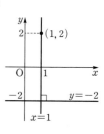

0164

답 8

직선 $ax+2y+1=0$이 점 $(1, -2)$를 지나므로
$a-4+1=0$ $\therefore a=3$

-- ❶

직선 $bx+cy-8=0$이 점 $(1, -2)$를 지나므로
$b-2c-8=0$ $\therefore b-2c=8$ …… ㉠
두 직선 $3x+2y+1=0$, $bx+cy-8=0$이 수직이므로
$3b+2c=0$ …… ㉡
㉠, ㉡을 연립하여 풀면 $b=2$, $c=-3$

-- ❷

$\therefore a+b-c=3+2-(-3)=8$

-- ❸

채점 기준	배점
❶ a의 값 구하기	30%
❷ b, c의 값 구하기	50%
❸ $a+b-c$의 값 구하기	20%

0165

답 45

직선 $mx-y+3=0$이 직선 $nx-2y-2=0$과 수직이므로
$m\times n+(-1)\times(-2)=0$ $\therefore mn=-2$
직선 $mx-y+3=0$이 직선 $(3-n)x-y-1=0$과 평행하므로
$\dfrac{m}{3-n}=\dfrac{-1}{-1}\neq\dfrac{3}{-1}$, $m=3-n$ $\therefore m+n=3$
$\therefore m^3+n^3=(m+n)^3-3mn(m+n)$
$\qquad\qquad =3^3-3\times(-2)\times3$
$\qquad\qquad =27+18=45$

다른 풀이

직선 $mx-y+3=0$, 즉 $y=mx+3$이 직선 $nx-2y-2=0$, 즉
$y=\dfrac{n}{2}x-1$과 수직이므로
$m\times\dfrac{n}{2}=-1$ $\therefore mn=-2$
직선 $y=mx+3$이 직선 $(3-n)x-y-1=0$, 즉 $y=(3-n)x-1$
과 평행하므로
$m=3-n$ $\therefore m+n=3$
$\therefore m^3+n^3=(m+n)^3-3mn(m+n)$
$\qquad\qquad =3^3-3\times(-2)\times3$
$\qquad\qquad =27+18=45$

0166

답 24

직선 $3x+4y+1=0$이 직선 $8x-ay-3=0$과 수직이므로
$3\times8+4\times(-a)=0$, $24-4a=0$ $\therefore a=6$
직선 $3x+4y+1=0$이 직선 $6x+by+5=0$과 평행하므로
$\dfrac{3}{6}=\dfrac{4}{b}\neq\dfrac{1}{5}$ $\therefore b=8$

따라서 직선 $\dfrac{x}{6}+\dfrac{y}{8}=1$의 x절편이 6, y절편
이 8이므로 그림에서 구하는 도형의 넓이는
$\dfrac{1}{2}\times6\times8=24$

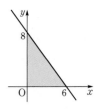

유형 11 수직 또는 평행 조건이 주어진 직선의 방정식

0167

답 ④

두 점 $(-2, 6)$, $(4, -2)$를 지나는 직선의 기울기는
$\dfrac{-2-6}{4-(-2)}=-\dfrac{4}{3}$
기울기가 $-\dfrac{4}{3}$이고 점 $(3, 1)$을 지나는 직선의 방정식은
$y-1=-\dfrac{4}{3}(x-3)$
$y=-\dfrac{4}{3}x+5$ $\therefore 4x+3y-15=0$
따라서 $a=4$, $b=-15$이므로
$a-b=4-(-15)=19$

0168

답 3

선분 AB를 $1:2$로 내분하는 점의 좌표는
$\left(\dfrac{1\times4+2\times1}{1+2}, \dfrac{1\times2+2\times5}{1+2}\right)$, 즉 $(2, 4)$
두 점 $A(1, 5)$, $B(4, 2)$를 지나는 직선의 기울기는
$\dfrac{2-5}{4-1}=-1$이므로 직선 AB에 수직인 직선의 기울기는 1이다.
따라서 점 $(2, 4)$를 지나고 기울기가 1인 직선의 방정식은
$y-4=x-2$ $\therefore x-y+2=0$
따라서 $a=1$, $b=2$이므로
$a+b=1+2=3$

0169

답 ⑤

직선 $4x-2y+1=0$의 기울기가 2이므로 이 직선과 평행한 직선의
기울기도 2이다.
기울기가 2이고 점 $(1, a)$를 지나는 직선의 방정식은
$y-a=2(x-1)$ $\therefore 2x-y+a-2=0$
따라서 $b=2$, $5=a-2$에서
$a=7$, $b=2$이므로
$a\times b=7\times2=14$

0170
답 ②

직선 $(3k+2)x-y+2=0$의 기울기가 $3k+2$, y절편이 2이므로

직선 $(3k+2)x-y+2=0$과 y축에서 수직으로 만나는 직선은 기울기가 $-\dfrac{1}{3k+2}$, y절편이 2이다.

$$\therefore\ y=-\frac{1}{3k+2}x+2$$

이 직선이 점 $(1, 0)$을 지나므로

$$-\frac{1}{3k+2}+2=0,\ 6k+4=1\quad\therefore\ k=-\frac{1}{2}$$

[다른 풀이]

y축에서 만나는 두 직선의 y절편은 같고

직선 $(3k+2)x-y+2=0$의 y절편이 2이므로

두 점 $(1, 0)$, $(0, 2)$를 지나는 직선의 방정식은

$$\frac{x}{1}+\frac{y}{2}=1\quad\therefore\ 2x+y-2=0$$

직선 $(3k+2)x-y+2=0$과 직선 $2x+y-2=0$이 수직으로 만나므로

$$(3k+2)\times2+(-1)\times1=0,\ 6k+3=0\quad\therefore\ k=-\frac{1}{2}$$

0171
답 ⑤

직선 $x+2y-8=0$, 즉 $y=-\dfrac{1}{2}x+4$의 기울기가 $-\dfrac{1}{2}$이므로

직선 AH의 기울기는 2이다.

따라서 직선 AH의 방정식은

$$y-7=2(x-4)\quad\therefore\ y=2x-1$$

$y=-\dfrac{1}{2}x+4$, $y=2x-1$을 연립하여 풀면

$$x=2,\ y=3\quad\therefore\ \mathrm{H}(2, 3)$$

따라서 $a=2$, $b=3$이므로 $ab=2\times3=6$

[다른 풀이]

점 $\mathrm{H}(a, b)$가 직선 $x+2y-8=0$ 위의 점이므로

$$a+2b-8=0\qquad\cdots\cdots\ \bigcirc$$

직선 $x+2y-8=0$, 즉 $y=-\dfrac{1}{2}x+4$의 기울기가 $-\dfrac{1}{2}$이므로

직선 AH의 기울기는 2이다.

직선 AH의 기울기는

$$\frac{b-7}{a-4}=2,\ b-7=2a-8\quad\therefore\ 2a-b=1\qquad\cdots\cdots\ \bigcirc$$

$\bigcirc$, $\bigcirc$을 연립하여 풀면 $a=2$, $b=3$

$$\therefore\ ab=2\times3=6$$

0172
답 7

$\angle\mathrm{BAO}=\angle\mathrm{ACO}$이므로

$\angle\mathrm{BAC}=\angle\mathrm{BAO}+\angle\mathrm{CAO}=\angle\mathrm{ACO}+\angle\mathrm{CAO}=90°$

즉, 두 직선 l_1, l_2는 수직이다.

································· ❶

이때 두 점 $\mathrm{A}(0, 4)$, $\mathrm{B}(-3, 0)$을 지나는 직선 l_1의 기울기는

$\dfrac{0-4}{-3-0}=\dfrac{4}{3}$이므로 직선 l_2의 기울기는 $-\dfrac{3}{4}$이다.

직선 l_2에 평행하고 점 $(4, -5)$를 지나는 직선의 방정식은

$$y-(-5)=-\frac{3}{4}(x-4)\quad\therefore\ 3x+4y+8=0$$

································· ❷

따라서 $a=3$, $b=4$이므로

$a+b=3+4=7$

································· ❸

채점 기준	배점
❶ 두 직선 l_1, l_2의 위치 관계 알아보기	30%
❷ 직선 l_2의 방정식 구하기	50%
❸ $a+b$의 값 구하기	20%

0173
답 8

두 점 $(3, 5)$, $(5, 3)$을 지나는 직선의 방정식은

$$y-5=\frac{3-5}{5-3}(x-3)\quad\therefore\ y=-x+8\quad\cdots\cdots\ \bigcirc$$

이때 직선 $\bigcirc$과 직선 $y=x$는 기울기의 곱이 -1이므로 수직이다.

즉, 삼각형 OAB는 $\angle\mathrm{A}=90°$인 직각삼각형이다.

두 직선 $y=x$, $y=-x+8$의 교점 A의 좌표는 $(4, 4)$

두 직선 $y=3x$, $y=-x+8$의 교점 B의 좌표는 $(2, 6)$

$\overline{\mathrm{OA}}=\sqrt{4^2+4^2}=4\sqrt{2}$

$\overline{\mathrm{AB}}=\sqrt{(2-4)^2+(6-4)^2}=2\sqrt{2}$

$\therefore$ (삼각형 OAB의 넓이)$=\dfrac{1}{2}\times\overline{\mathrm{OA}}\times\overline{\mathrm{AB}}$

$$=\frac{1}{2}\times4\sqrt{2}\times2\sqrt{2}=8$$

🔊 **Bible Says** 삼각형의 넓이(좌표를 알 때)

세 점 (a, b), (c, d), (e, f)를 꼭짓점으로 하는 삼각형의 넓이는

$$\frac{1}{2}\times|ad+cf+eb-bc-de-fa|$$

와 같이 계산할 수 있다. 즉,

$$\frac{1}{2}\left|\begin{matrix}a\\b\end{matrix}\times\begin{matrix}c\\d\end{matrix}\times\begin{matrix}e\\f\end{matrix}\times\begin{matrix}a\\b\end{matrix}\right|$$

와 같은 형태로 대각선에 위치한 값들을 곱한 후 서로 더하거나 빼서 계산한다.

0174
답 9

직선 $3x+y-12=0$의 x절편은 4, y절편은 12이므로 이 직선과 x축, y축으로 둘러싸인 부분의 넓이는

$$\frac{1}{2}\times4\times12=24$$

직선 $3x+y-12=0$과 직선 $ax+y+b=0$이 평행하므로

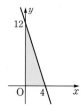

$\dfrac{3}{a}=\dfrac{1}{1}\neq\dfrac{-12}{b}$ $\therefore a=3,\ b\neq-12$

따라서 직선 $3x+y+b=0$의 x절편은 $-\dfrac{b}{3}$, y절편은 $-b$이고

이 직선이 색칠한 부분의 넓이를 이등분하므로

$\dfrac{1}{2}\times\left|-\dfrac{b}{3}\right|\times|-b|=\dfrac{1}{2}\times24,\ \dfrac{b^2}{3}=24$ $\therefore b^2=72$

$\therefore a^4-b^2=3^4-72=9$

직선 $x-2y+2=0$이 이 점을 지나므로

$2-2\times\dfrac{a+b}{2}+2=0$ $\therefore a+b=4$ ……㉠

직선 $x-2y+2=0$, 즉 $y=\dfrac{1}{2}x+1$의 기울기가 $\dfrac{1}{2}$이므로

직선 AB의 기울기는 -2이다.

즉, $\dfrac{b-a}{5-(-1)}=-2$이므로 $b-a=-12$ ……㉡

㉠, ㉡을 연립하여 풀면 $a=8,\ b=-4$

$\therefore ab=8\times(-4)=-32$

유형 12 선분의 수직이등분선의 방정식

0175   답 5

선분 AB의 중점의 좌표는 $\left(\dfrac{2+(-4)}{2},\ \dfrac{5+1}{2}\right)$, 즉 $(-1,\ 3)$

두 점 $A(2,\ 5)$, $B(-4,\ 1)$을 지나는 직선 AB의 기울기는

$\dfrac{1-5}{-4-2}=\dfrac{2}{3}$

따라서 선분 AB의 수직이등분선은 기울기가 $-\dfrac{3}{2}$이고

점 $(-1,\ 3)$을 지나는 직선이므로

$y-3=-\dfrac{3}{2}(x+1)$ $\therefore 3x+2y-3=0$

따라서 $a=3,\ b=2$이므로

$a+b=3+2=5$

0176   답 ③

직선 $5x+2y-10=0$의 x절편은 2, y절편은 5이므로

$A(2,\ 0)$, $B(0,\ 5)$

선분 AB의 중점의 좌표는 $\left(\dfrac{2+0}{2},\ \dfrac{0+5}{2}\right)$, 즉 $\left(1,\ \dfrac{5}{2}\right)$

직선 $5x+2y-10=0$, 즉 직선 $y=-\dfrac{5}{2}x+5$의 기울기는 $-\dfrac{5}{2}$이

므로 선분 AB의 기울기는 $-\dfrac{5}{2}$이다.

따라서 선분 AB의 수직이등분선은 기울기가 $\dfrac{2}{5}$이고 점 $\left(1,\ \dfrac{5}{2}\right)$를

지나는 직선이므로

$y-\dfrac{5}{2}=\dfrac{2}{5}(x-1)$ $\therefore 4x-10y+21=0$

이 직선이 점 $(-5,\ a)$를 지나므로

$-20-10a+21=0$ $\therefore a=\dfrac{1}{10}$

0177   답 -32

선분 AB의 중점의 좌표는

$\left(\dfrac{-1+5}{2},\ \dfrac{a+b}{2}\right)$, 즉 $\left(2,\ \dfrac{a+b}{2}\right)$

0178   답 4

마름모의 두 대각선은 서로 다른 것을
수직이등분하므로 직선 l은 선분 AC의
수직이등분선이다.

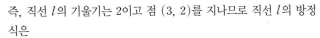

선분 AC의 중점의 좌표는

$\left(\dfrac{1+5}{2},\ \dfrac{3+1}{2}\right)$, 즉 $(3,\ 2)$

직선 AC의 기울기는 $\dfrac{1-3}{5-1}=-\dfrac{1}{2}$

즉, 직선 l의 기울기는 2이고 점 $(3,\ 2)$를 지나므로 직선 l의 방정
식은

$y-2=2(x-3),\ y=2x-4$ $\therefore 2x-y-4=0$

따라서 $a=-1,\ b=-4$이므로

$ab=-1\times(-4)=4$

🔊 Bible Says   **사각형의 성질**

(1) 평행사변형에서 두 대각선은 서로 다른 것을 이등분한다.
(2) 직사각형의 두 대각선은 길이가 같고, 서로 다른 것을 이등분한다.
(3) 마름모의 두 대각선은 서로 다른 것을 수직이등분한다.
(4) 정사각형의 두 대각선은 길이가 같고, 서로 다른 것을 수직이등분한다.

0179   답 -1

(i) 선분 AC, 즉 두 점 $A(-3,\ 2)$, $C(1,\ -6)$의 중점의 좌표는

$\left(\dfrac{-3+1}{2},\ \dfrac{2+(-6)}{2}\right)$, 즉 $(-1,\ -2)$

직선 AC의 기울기는 $\dfrac{-6-2}{1-(-3)}=-2$

즉, 선분 AC의 수직이등분선은 기울기가 $\dfrac{1}{2}$이고 점 $(-1,\ -2)$

를 지나므로 그 직선의 방정식은

$y-(-2)=\dfrac{1}{2}\{x-(-1)\}$ $\therefore x-2y-3=0$ ……㉠

                   ❶

(ii) 선분 BC, 즉 두 점 $B(5,\ -2)$, $C(1,\ -6)$의 중점의 좌표는

$\left(\dfrac{5+1}{2},\ \dfrac{-2+(-6)}{2}\right)$, 즉 $(3,\ -4)$

직선 BC의 기울기는 $\dfrac{-6-(-2)}{1-5}=1$

즉, 선분 BC의 수직이등분선은 기울기가 -1이고 점 $(3, -4)$를 지나므로 그 직선의 방정식은

$$y-(-4)=-(x-3) \qquad \therefore x+y+1=0 \qquad \cdots\cdots \unicode{x24B6}$$

─────────────────────────── ❷

㉠, ㉡을 연립하여 풀면 $x=\dfrac{1}{3}$, $y=-\dfrac{4}{3}$

즉, 교점의 좌표는 $\left(\dfrac{1}{3}, -\dfrac{4}{3}\right)$이다.

─────────────────────────── ❸

따라서 $a=\dfrac{1}{3}$, $b=-\dfrac{4}{3}$이므로

$$a+b=\dfrac{1}{3}+\left(-\dfrac{4}{3}\right)=-1$$

─────────────────────────── ❹

채점 기준	배점
❶ 선분 AC의 수직이등분선의 방정식 구하기	30%
❷ 선분 BC의 수직이등분선의 방정식 구하기	30%
❸ 교점의 좌표 구하기	30%
❹ $a+b$의 값 구하기	10%

참고

삼각형의 세 변의 수직이등분선은 한 점(외심)에서 만나므로 두 변의 수직이등분선의 교점을 구하면 된다.

다른 풀이

삼각형 ABC의 세 변의 수직이등분선의 교점, 즉 외심을 $P(a, b)$라 하면 $\overline{AP}=\overline{BP}=\overline{CP}$가 성립한다.

$\overline{AP}=\overline{BP}$에서 $\overline{AP}^2=\overline{BP}^2$이므로

$(a+3)^2+(b-2)^2=(a-5)^2+(b+2)^2$

$a^2+6a+9+b^2-4b+4=a^2-10a+25+b^2+4b+4$

$\therefore 2a-b=2 \qquad \cdots\cdots \unicode{x24B8}$

$\overline{BP}=\overline{CP}$에서 $\overline{BP}^2=\overline{CP}^2$이므로

$(a-5)^2+(b+2)^2=(a-1)^2+(b+6)^2$

$a^2-10a+25+b^2+4b+4=a^2-2a+1+b^2+12b+36$

$\therefore a+b=-1 \qquad \cdots\cdots \unicode{x24B9}$

㉢, ㉣을 연립하여 풀면 $a=\dfrac{1}{3}$, $b=-\dfrac{4}{3}$

$\therefore a+b=\dfrac{1}{3}+\left(-\dfrac{4}{3}\right)=-1$

0180

답 9

$\overline{AC}=10$이므로 $\sqrt{(n+1)^2+(-6)^2}=10$

양변을 제곱하면

$n^2+2n+1+36=100$, $n^2+2n-63=0$

$(n+9)(n-7)=0 \qquad \therefore n=7 \ (\because n>0)$, 즉 $C(7, 0)$

사각형 ABCD가 마름모이므로 직선 l은 대각선 AC의 수직이등분선이다.

$A(-1, 6)$, $C(7, 0)$이므로

선분 AC의 중점의 좌표는 $\left(\dfrac{-1+7}{2}, \dfrac{6+0}{2}\right)$, 즉 $(3, 3)$

직선 AC의 기울기는 $\dfrac{0-6}{7-(-1)}=-\dfrac{3}{4}$

따라서 직선 l은 기울기가 $\dfrac{4}{3}$이고 점 $(3, 3)$을 지나므로 직선 l의 방정식은

$$y-3=\dfrac{4}{3}(x-3) \qquad \therefore 4x-3y-3=0$$

따라서 $a=-3$, $b=-3$이므로

$ab=-3\times(-3)=9$

0181

답 ⑤

$x+y=0 \qquad \cdots\cdots ㉠$

$x-2y+1=0 \qquad \cdots\cdots ㉡$

$3x+ay-5=0 \qquad \cdots\cdots ㉢$

이라 하면 주어진 세 직선이 삼각형을 이루지 않는 경우는 다음과 같다.

(i) 두 직선 ㉠, ㉢이 평행할 때

$\dfrac{1}{3}=\dfrac{1}{a}\neq\dfrac{0}{-5} \qquad \therefore a=3$

(ii) 두 직선 ㉡, ㉢이 평행할 때

$\dfrac{1}{3}=\dfrac{-2}{a}\neq\dfrac{1}{-5} \qquad \therefore a=-6$

(iii) 직선 ㉢이 두 직선 ㉠, ㉡의 교점을 지날 때

㉠, ㉡을 연립하여 풀면 $x=-\dfrac{1}{3}$, $y=\dfrac{1}{3}$

즉, 직선 ㉢이 점 $\left(-\dfrac{1}{3}, \dfrac{1}{3}\right)$을 지나므로

$-1+\dfrac{1}{3}a-5=0 \qquad \therefore a=18$

(i)~(iii)에서 모든 a의 값의 합은

$3+(-6)+18=15$

0182

답 4

주어진 세 직선이 한 점에서 만나려면 직선 $kx+3y=6$이 두 직선 $3x+2y=5$, $2x-y=8$의 교점을 지나야 한다.

$3x+2y=5$, $2x-y=8$을 연립하여 풀면 $x=3$, $y=-2$

따라서 직선 $kx+3y=6$이 점 $(3, -2)$를 지나므로

$3k-6=6 \qquad \therefore k=4$

0183

답 -6

두 직선 $2x-y+5=0$, $3x+4y-1=0$이 한 점에서 만나므로 직선 $ax+2y-6=0$이 위의 두 직선 중 하나와 평행해야 한다.

(i) 직선 $ax+2y-6=0$이 직선 $2x-y+5=0$과 평행하려면

$\dfrac{a}{2}=\dfrac{2}{-1}\neq\dfrac{-6}{5} \qquad \therefore a=-4$

(ii) 직선 $ax+2y-6=0$이 직선 $3x+4y-1=0$과 평행하려면

$$\dfrac{a}{3}=\dfrac{2}{4}\neq\dfrac{-6}{-1} \qquad \therefore a=\dfrac{3}{2}$$

(i), (ii)에서 모든 a의 값의 곱은

$$-4\times\dfrac{3}{2}=-6$$

0184
답 -2

서로 다른 세 직선 $ax-2y-5=0$, $3x+y-2=0$,
$x+by+1=0$에 의하여 좌표평면이 4개의 영역으로 나누어지려면
세 직선이 모두 평행해야 한다.

두 직선 $ax-2y-5=0$, $3x+y-2=0$이 평행하려면

$$\dfrac{a}{3}=\dfrac{-2}{1}\neq\dfrac{-5}{-2} \qquad \therefore a=-6$$

두 직선 $3x+y-2=0$, $x+by+1=0$이 평행하려면

$$\dfrac{3}{1}=\dfrac{1}{b}\neq\dfrac{-2}{1} \qquad \therefore b=\dfrac{1}{3}$$

$$\therefore ab=-6\times\dfrac{1}{3}=-2$$

0185
답 3

서로 다른 세 직선 $4x-3y+2=0$, $x-4y+10=0$, $ax+y-5=0$
으로 둘러싸인 삼각형이 직각삼각형이 되려면 세 직선 중 어느 두
직선이 서로 수직이어야 한다.

세 직선의 기울기가 각각 $\dfrac{4}{3}$, $\dfrac{1}{4}$, $-a$이므로 직선 $4x-3y+2=0$
과 직선 $x-4y+10=0$은 수직이 아니다.

(i) 직선 $4x-3y+2=0$과 직선 $ax+y-5=0$이 수직이려면

$$4\times a+(-3)\times 1=0 \qquad \therefore a=\dfrac{3}{4}$$

(ii) 직선 $x-4y+10=0$과 직선 $ax+y-5=0$이 수직이려면

$$1\times a+(-4)\times 1=0 \qquad \therefore a=4$$

(i), (ii)에서 모든 a의 값의 곱은 $\dfrac{3}{4}\times 4=3$

유형 14 점과 직선 사이의 거리

확인 문제 1. (1) $\sqrt{2}$ (2) 4   2. (1) 9   (2) 3

1. (1) $\dfrac{|1\times 1+1\times 2+(-5)|}{\sqrt{1^2+1^2}}=\dfrac{2}{\sqrt{2}}=\sqrt{2}$

   (2) $\dfrac{|3\times(-3)+(-4)\times 4+5|}{\sqrt{3^2+(-4)^2}}=\dfrac{20}{5}=4$

2. (1) $|5-(-4)|=9$

   (2) $|1-(-2)|=3$

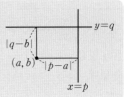

Bible Says 한 점과 직선 $x=p$ 또는 $y=q$ 사이의 거리

점 (a,b)와
(1) 직선 $x=p$ 사이의 거리
➡ $|p-a|$
(2) 직선 $y=q$ 사이의 거리
➡ $|q-b|$

0186
답 ④

점 $(\sqrt{3},\,1)$과 직선 $y=\sqrt{3}x+n$, 즉 $\sqrt{3}x-y+n=0$ 사이의 거리가
3이므로

$$\dfrac{|\sqrt{3}\times\sqrt{3}+(-1)\times 1+n|}{\sqrt{(\sqrt{3})^2+(-1)^2}}=\dfrac{|2+n|}{2}=3$$

$$|2+n|=6,\ 2+n=\pm 6$$

$$\therefore n=-8 \text{ 또는 } n=4$$

따라서 양수 n의 값은 4이다.

0187
답 ⑤

직선 l이 두 점 $(6,0)$, $(0,3)$을 지나므로 x절편이 6, y절편이 3
인 직선의 방정식은

$$\dfrac{x}{6}+\dfrac{y}{3}=1 \qquad \therefore x+2y-6=0$$

정사각형 ABCD의 넓이가 $\dfrac{81}{5}$이므로 정사각형 ABCD의 한 변의

길이는 $\dfrac{9\sqrt{5}}{5}$이다.

점 $\mathrm{A}(a,\,6)$과 직선 l 사이의 거리는 정사각형 ABCD의 한 변의
길이와 같으므로

$$\dfrac{|1\times a+2\times 6-6|}{\sqrt{1^2+2^2}}=\dfrac{9\sqrt{5}}{5}$$

$$|a+6|=9,\ a+6=\pm 9$$

$$\therefore a=-15 \text{ 또는 } a=3$$

그런데 $a>0$이므로 $a=3$

0188
답 -2

점 $(2,1)$을 지나는 직선 l의 기울기를 m이라 하면 직선 l의 방정
식은

$$y-1=m(x-2) \qquad \therefore mx-y-2m+1=0$$

원점과 직선 l 사이의 거리가 $\sqrt{5}$이므로

$$\dfrac{|m\times 0+(-1)\times 0-2m+1|}{\sqrt{m^2+(-1)^2}}=\sqrt{5},\ |-2m+1|=\sqrt{5(m^2+1)}$$

양변을 제곱하면

$$4m^2-4m+1=5m^2+5,\ m^2+4m+4=0$$

$$(m+2)^2=0 \qquad \therefore m=-2$$

따라서 구하는 직선의 기울기는 -2이다.

0189

답 $y=2x-\sqrt{15}$

직선 $y=-\dfrac{1}{2}x+4$에 수직인 직선의 기울기는 2이므로 구하는 직선의 방정식을 $y=2x+k$, 즉 $2x-y+k=0$ (k는 상수)으로 놓을 수 있다.

··· ❶

원점과 이 직선 사이의 거리가 $\sqrt{3}$이므로

$\dfrac{|2\times 0+(-1)\times 0+k|}{\sqrt{2^2+(-1)^2}}=\sqrt{3}$, $|k|=\sqrt{15}$

$\therefore k=\pm\sqrt{15}$

이때 기울기가 2인 직선이 제2사분면을 지나지 않으려면 y절편이 음수이어야 하므로 구하는 직선의 방정식은

$y=2x-\sqrt{15}$

··· ❷

채점 기준	배점
❶ 직선 $y=-\dfrac{1}{2}x+4$에 수직인 직선의 방정식 세우기	40%
❷ 조건을 만족시키는 직선의 방정식 구하기	60%

0190

답 ①

두 점 $(4, 5)$, $(-1, 0)$을 지나는 직선의 방정식은

$y-5=\dfrac{0-5}{-1-4}(x-4)$ $\therefore x-y+1=0$

직선 $x-y+1=0$ 위를 움직이는 점 P에 대하여 선분 OP의 길이의 최솟값은 점 O$(0, 0)$과 직선 $x-y+1=0$ 사이의 거리와 같으므로

$a=\dfrac{|1\times 0+(-1)\times 0+1|}{\sqrt{1^2+(-1)^2}}=\dfrac{1}{\sqrt{2}}=\dfrac{\sqrt{2}}{2}$

$\therefore 4a^2=4\times\left(\dfrac{\sqrt{2}}{2}\right)^2=2$

0191

답 $2\sqrt{3}$

선분 AH의 길이는 점 A$(-1, 2)$와 직선 $3x+4y+5=0$ 사이의 거리이므로

$\overline{\mathrm{AH}}=\dfrac{|3\times(-1)+4\times 2+5|}{\sqrt{3^2+4^2}}=\dfrac{10}{5}=2$

삼각형 AHP는 선분 AP를 빗변으로 하는 직각삼각형이고
$\overline{\mathrm{AP}}=2\overline{\mathrm{AH}}=2\times 2=4$이므로 피타고라스 정리에 의하여

$\overline{\mathrm{PH}}=\sqrt{\overline{\mathrm{AP}}^2-\overline{\mathrm{AH}}^2}=\sqrt{4^2-2^2}=2\sqrt{3}$

$\therefore \triangle\mathrm{AHP}=\dfrac{1}{2}\times\overline{\mathrm{PH}}\times\overline{\mathrm{AH}}$

$\qquad\qquad =\dfrac{1}{2}\times 2\sqrt{3}\times 2=2\sqrt{3}$

0192

답 ①

점 $(0, k)$에서 두 직선 $x-2y=1$, $2x+y=5$에 이르는 거리가 같으므로

$\dfrac{|1\times 0+(-2)\times k-1|}{\sqrt{1^2+(-2)^2}}=\dfrac{|2\times 0+1\times k-5|}{\sqrt{2^2+1^2}}$

$\dfrac{|-2k-1|}{\sqrt{5}}=\dfrac{|k-5|}{\sqrt{5}}$, $|-2k-1|=|k-5|$

$-2k-1=k-5$ 또는 $-2k-1=-(k-5)$

$\therefore k=\dfrac{4}{3}$ 또는 $k=-6$

따라서 모든 실수 k의 값의 곱은

$\dfrac{4}{3}\times(-6)=-8$

0193

답 ①

세 점 O$(0, 0)$, A$(8, 4)$, B$(7, a)$를 꼭짓점으로 하는 삼각형 OAB의 무게중심 G의 좌표는

$\left(\dfrac{0+8+7}{3}, \dfrac{0+4+a}{3}\right)$, 즉 $\left(5, \dfrac{4+a}{3}\right)$

$\therefore b=\dfrac{4+a}{3}$ ······ ㉠

직선 OA의 방정식은 $y=\dfrac{1}{2}x$,

즉 $x-2y=0$이고

점 G$(5, b)$와 직선 $x-2y=0$

사이의 거리가 $\sqrt{5}$이므로

$\dfrac{|1\times 5+(-2)\times b|}{\sqrt{1^2+(-2)^2}}=\sqrt{5}$

$\dfrac{|5-2b|}{\sqrt{5}}=\sqrt{5}$, $|5-2b|=5$

$5-2b=\pm 5$ $\therefore b=0$ 또는 $b=5$

이때 $a>0$이므로 ㉠에서 $b>\dfrac{4}{3}$ $\therefore b=5$

$b=5$를 ㉠에 대입하면 $5=\dfrac{4+a}{3}$ $\therefore a=11$

$\therefore a+b=11+5=16$

0194

답 7

$(3+k)x+(1+2k)y-2+6k=0$에서

$(x+2y+6)k+3x+y-2=0$

이 식이 k의 값에 관계없이 항상 성립하려면

$x+2y+6=0$, $3x+y-2=0$

두 식을 연립하여 풀면 $x=2$, $y=-4$ $\therefore$ A$(2, -4)$

직선 $ax+y+b=0$이 점 A를 지나므로

$2a-4+b=0$ $\therefore b=-2a+4$ ······ ㉠

즉, 원점과 직선 $ax+y-2a+4=0$ 사이의 거리가 $3\sqrt{2}$이므로

$\dfrac{|a\times 0+1\times 0-2a+4|}{\sqrt{a^2+1^2}}=3\sqrt{2}$, $|-2a+4|=\sqrt{18(a^2+1)}$

양변을 제곱하면
$4a^2-16a+16=18a^2+18$, $7a^2+8a+1=0$
$(7a+1)(a+1)=0$ $\therefore a=-1$ ($\because a$는 정수)
$a=-1$을 ㉠에 대입하면 $b=2+4=6$
$\therefore b-a=6-(-1)=7$

유형 15 점과 직선 사이의 거리의 최댓값

0195

답 $2\sqrt{2}$

$3x-y+4+k(x+y)=0$에서
$(k+3)x+(k-1)y+4=0$
점 $(-3, 3)$과 이 직선 사이의 거리 $f(k)$는
$$f(k)=\frac{|(k+3)\times(-3)+(k-1)\times3+4|}{\sqrt{(k+3)^2+(k-1)^2}}$$
$$=\frac{8}{\sqrt{2k^2+4k+10}}$$
$f(k)$는 $\sqrt{2k^2+4k+10}$의 값이 최소일 때 최댓값을 갖는다.
$\sqrt{2k^2+4k+10}=\sqrt{2(k+1)^2+8}$이므로 $f(k)$의 최댓값은
$$f(-1)=\frac{8}{\sqrt{8}}=2\sqrt{2}$$

[다른 풀이]
$3x-y+4=0$, $x+y=0$을 연립하여 풀면
$x=-1$, $y=1$
즉, 직선 $3x-y+4+k(x+y)=0$은 k의 값에 관계없이 항상
점 $(-1, 1)$을 지난다.
따라서 점 $(-3, 3)$과 주어진 직선 사이의 거리의 최댓값은
두 점 $(-3, 3)$, $(-1, 1)$ 사이의 거리와 같으므로
$\sqrt{(-1+3)^2+(1-3)^2}=2\sqrt{2}$

🔊 **Bible Says** 점과 직선 사이의 거리의 최댓값

오른쪽 그림에서 $d_1<d$, $d_2<d$이므로 점 O
와 점 A를 지나는 임의의 직선 사이의 거리의
최댓값은 점 O로부터 선분 OA와 수직인 직
선에 이르는 거리 d, 즉 두 점 O, A 사이의 거
리와 같다.

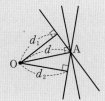

0196

답 ②

원점과 직선 $(k-1)x-3y+6=0$ 사이의 거리를 $f(k)$라 하면
$$f(k)=\frac{|(k-1)\times0+(-3)\times0+6|}{\sqrt{(k-1)^2+(-3)^2}}=\frac{6}{\sqrt{k^2-2k+10}}$$
$f(k)$는 $\sqrt{k^2-2k+10}$의 값이 최소일 때 최댓값을 갖는다.
$\sqrt{k^2-2k+10}=\sqrt{(k-1)^2+9}$이므로 $f(k)$의 최댓값은
$$f(1)=\frac{6}{\sqrt{9}}=2$$
따라서 $a=1$, $b=2$이므로
$ab=1\times2=2$

0197

답 $3\sqrt{2}$

주어진 두 직선의 교점을 지나는 직선의 방정식을
$x-y+6+k(x+y)=0$ (k는 실수)으로 놓으면
$(k+1)x+(k-1)y+6=0$ ...... ❶
이 직선과 원점 사이의 거리를 $f(k)$라 하면
$$f(k)=\frac{|(k+1)\times0+(k-1)\times0+6|}{\sqrt{(k+1)^2+(k-1)^2}}=\frac{6}{\sqrt{2k^2+2}}$$
...... ❷
$f(k)$는 $\sqrt{2k^2+2}$의 값이 최소, 즉 $k=0$일 때 최댓값을 갖는다.
따라서 구하는 최댓값은
$$f(0)=\frac{6}{\sqrt{2}}=3\sqrt{2}$$
...... ❸

채점 기준	배점
❶ 두 직선의 교점을 지나는 직선의 방정식을 $x-y+6+k(x+y)=0$ 꼴로 나타내기	40%
❷ 직선과 원점 사이의 거리 구하기	40%
❸ 주어진 직선과 원점 사이의 거리의 최댓값 구하기	20%

0198

답 $2\sqrt{10}$

주어진 두 직선의 교점을 지나는 직선의 방정식을
$2x-y+4+k(3x+y-4)=0$ (k는 실수)으로 놓으면
$(2+3k)x+(k-1)y-4k+4=0$
이 직선과 점 $(2, -2)$ 사이의 거리를 $f(k)$라 하면
$$f(k)=\frac{|(2+3k)\times2+(k-1)\times(-2)-4k+4|}{\sqrt{(2+3k)^2+(k-1)^2}}$$
$$=\frac{10}{\sqrt{10k^2+10k+5}}$$
$f(k)$는 $\sqrt{10k^2+10k+5}$의 값이 최소일 때 최댓값을 갖는다.
$\sqrt{10k^2+10k+5}=\sqrt{10\left(k+\frac{1}{2}\right)^2+\frac{5}{2}}$이므로 구하는 최댓값은
$$f\left(-\frac{1}{2}\right)=\frac{10}{\sqrt{\frac{5}{2}}}=2\sqrt{10}$$

유형 16 평행한 두 직선 사이의 거리

[확인 문제] (1) $4\sqrt{2}$ (2) $\sqrt{10}$

(1) 두 직선 $x+y-1=0$, $x+y+7=0$은 평행하므로 두 직선
사이의 거리는 직선 $x+y-1=0$ 위의 한 점 $(0, 1)$과
직선 $x+y+7=0$ 사이의 거리와 같다.
따라서 구하는 두 직선 사이의 거리는
$$\frac{|1\times0+1\times1+7|}{\sqrt{1^2+1^2}}=\frac{8}{\sqrt{2}}=4\sqrt{2}$$
(2) 두 직선 $3x+y-2=0$, $3x+y+8=0$은 평행하므로 두 직선
사이의 거리는 직선 $3x+y-2=0$ 위의 한 점 $(0, 2)$와
직선 $3x+y+8=0$ 사이의 거리와 같다.

따라서 구하는 두 직선 사이의 거리는
$$\frac{|3\times 0+1\times 2+8|}{\sqrt{3^2+1^2}}=\frac{10}{\sqrt{10}}=\sqrt{10}$$

0199
답 ④

두 직선이 평행하므로 직선 $3x-4y-1=0$ 위의 한 점 $(-1, -1)$ 과 직선 $3x-4y+k=0$ 사이의 거리가 1이다.

즉, $\dfrac{|3\times(-1)-4\times(-1)+k|}{\sqrt{3^2+(-4)^2}}=1$이므로

$|k+1|=5,\ k+1=\pm 5 \qquad \therefore\ k=-6$ 또는 $k=4$

그런데 $k>0$이므로 $k=4$

0200
답 $6\sqrt{2}$

두 직선이 평행하므로 선분 AB의 길이의 최솟값은 평행한 두 직선 사이의 거리와 같다.

직선 $x+y-7=0$ 위의 점 $(0, 7)$과 직선 $x+y+5=0$ 사이의 거리는

$$\frac{|1\times 0+1\times 7+5|}{\sqrt{1^2+1^2}}=\frac{12}{\sqrt{2}}=6\sqrt{2}$$

따라서 선분 AB의 길이의 최솟값은 $6\sqrt{2}$이다.

0201
답 $\sqrt{5}$

두 직선 $(m-1)x-2y-1=0$, $mx-(3m-2)y+3=0$이 평행하므로

$m\neq 0$, $m\neq \dfrac{2}{3}$, $m\neq 1$이고 $\dfrac{m-1}{m}=\dfrac{-2}{-(3m-2)}\neq \dfrac{-1}{3}$

$(m-1)(3m-2)=2m,\ 3m^2-7m+2=0$

$(m-2)(3m-1)=0 \qquad \therefore\ m=2\ (\because\ m$은 정수$)$

················· ❶

즉, 두 직선의 방정식은 $x-2y-1=0$, $2x-4y+3=0$이므로 직선 $x-2y-1=0$ 위의 한 점 $(1, 0)$과 직선 $2x-4y+3=0$ 사이의 거리는

$$\frac{|2\times 1+(-4)\times 0+3|}{\sqrt{2^2+(-4)^2}}=\frac{5}{2\sqrt{5}}=\frac{\sqrt{5}}{2}$$

················· ❷

따라서 $a=\dfrac{\sqrt{5}}{2}$이므로 $2a=2\times\dfrac{\sqrt{5}}{2}=\sqrt{5}$

················· ❸

채점 기준	배점
❶ m의 값 구하기	40%
❷ 두 직선 사이의 거리 구하기	50%
❸ $2a$의 값 구하기	10%

0202
답 2

넓이가 5인 정사각형 ABCD의 한 변의 길이는 $\sqrt{5}$이므로 평행한 두 직선 $y=mx+3$, $y=mx-2$ 사이의 거리는 $\sqrt{5}$이다.

즉, 직선 $y=mx+3$ 위의 한 점 $(0, 3)$과 직선 $y=mx-2$, 즉 $mx-y-2=0$ 사이의 거리가 $\sqrt{5}$이므로

$$\frac{|m\times 0+(-1)\times 3-2|}{\sqrt{m^2+(-1)^2}}=\sqrt{5},\ 5=\sqrt{5(m^2+1)}$$

양변을 제곱하면

$25=5(m^2+1),\ m^2+1=5$

$m^2=4 \qquad \therefore\ m=2\ (\because\ m>0)$

0203
답 $2\sqrt{5}$

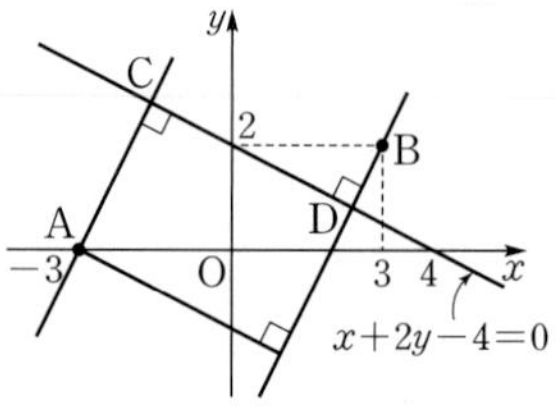

그림과 같이 두 직선 AC, BD 사이의 거리는 점 A와 직선 BD 사이의 거리와 같다.

직선 BD는 직선 $x+2y-4=0$, 즉 $y=-\dfrac{1}{2}x+2$와 수직이므로 기울기가 2이고 점 $B(3, 2)$를 지난다.

즉, 직선 BD의 방정식은

$y-2=2(x-3) \qquad \therefore\ 2x-y-4=0$

따라서 점 $A(-3, 0)$과 직선 $2x-y-4=0$ 사이의 거리는

$$\frac{|2\times(-3)+(-1)\times 0-4|}{\sqrt{2^2+(-1)^2}}=\frac{10}{\sqrt{5}}=2\sqrt{5}$$

0204
답 $8\sqrt{6}$

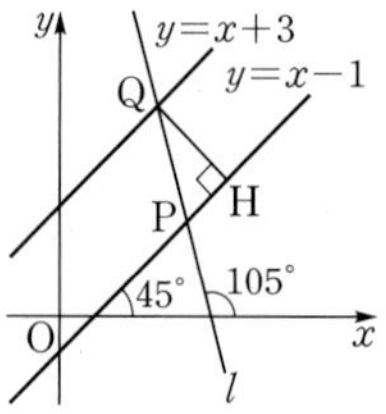

그림과 같이 점 Q에서 직선 $y=x-1$에 내린 수선의 발을 H라 하면 직선 $y=x-1$이 x축의 양의 방향과 이루는 각의 크기가 45°이므로

$\angle QPH=105°-45°=60°$

삼각형 PHQ는 직각삼각형이므로

$\overline{PH}:\overline{HQ}:\overline{PQ}=1:\sqrt{3}:2$

평행한 두 직선 $y=x+3$과 $y=x-1$ 사이의 거리는 직선 $y=x+3$ 위의 점 $(0, 3)$과 직선 $x-y-1=0$ 사이의 거리와 같다.

$$\overline{HQ}=\frac{|1\times 0+(-1)\times 3-1|}{\sqrt{1^2+(-1)^2}}=\frac{4}{\sqrt{2}}=2\sqrt{2}$$

$\overline{PQ}:\overline{HQ}=2:\sqrt{3}$에서

$\overline{PQ}:2\sqrt{2}=2:\sqrt{3} \qquad \therefore\ \overline{PQ}=\dfrac{4\sqrt{2}}{\sqrt{3}}=\dfrac{4\sqrt{6}}{3}$

따라서 $a=\dfrac{4\sqrt{6}}{3}$이므로 $6a=6\times\dfrac{4\sqrt{6}}{3}=8\sqrt{6}$

유형 **17** 세 꼭짓점의 좌표가 주어진 삼각형의 넓이

0205
답 28

두 점 $A(1, 6)$, $B(-3, -2)$ 사이의 거리는

$\overline{AB}=\sqrt{(-3-1)^2+(-2-6)^2}=4\sqrt{5}$

직선 AB의 방정식은

$$y-6=\frac{-2-6}{-3-1}(x-1) \qquad \therefore 2x-y+4=0$$

점 C(3, -4)와 직선 AB 사이의 거리는

$$\frac{|2\times3+(-1)\times(-4)+4|}{\sqrt{2^2+(-1)^2}}=\frac{14}{\sqrt{5}}$$

$$\therefore \triangle ABC=\frac{1}{2}\times4\sqrt{5}\times\frac{14}{\sqrt{5}}=28$$

다른 풀이

그림에서

△ABC

$$=\square DBCE-(\triangle ACE+\triangle ADB)$$

$$=\frac{1}{2}\times(8+10)\times6$$

$$\quad -\left(\frac{1}{2}\times2\times10+\frac{1}{2}\times4\times8\right)$$

$$=54-26=28$$

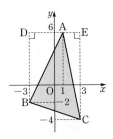

0206

답 ①

두 점 A(3, 3), B(5, -1) 사이의 거리는

$$\overline{AB}=\sqrt{(5-3)^2+(-1-3)^2}=2\sqrt{5}$$

직선 AB의 방정식은

$$y-3=\frac{-1-3}{5-3}(x-3) \qquad \therefore 2x+y-9=0$$

점 C(a, 0)과 직선 AB 사이의 거리는

$$\frac{|2\times a+1\times0-9|}{\sqrt{2^2+1^2}}=\frac{|2a-9|}{\sqrt{5}}$$

삼각형 ABC의 넓이가 17이므로

$$\frac{1}{2}\times2\sqrt{5}\times\frac{|2a-9|}{\sqrt{5}}=17$$

$$|2a-9|=17, \ 2a-9=\pm17$$

$$\therefore a=-4 \ 또는 \ a=13$$

따라서 모든 실수 a의 값의 합은

$$-4+13=9$$

0207

답 12

직선 OA와 직선 $5x-2y-24=0$의 기울기가 $\frac{5}{2}$로 같으므로

두 직선은 평행하다. ………………………………………… ❶

따라서 삼각형 AOP에서 선분 OA를 밑변으로 하면 원점과 직선 $5x-2y-24=0$ 사이의 거리가 높이가 된다.

$$\overline{OA}=\sqrt{2^2+5^2}=\sqrt{29}$$ ……………………………… ❷

원점과 직선 $5x-2y-24=0$ 사이의 거리는

$$\frac{|5\times0+(-2)\times0-24|}{\sqrt{5^2+(-2)^2}}=\frac{24}{\sqrt{29}}$$ ………………… ❸

$$\therefore \triangle AOP=\frac{1}{2}\times\sqrt{29}\times\frac{24}{\sqrt{29}}=12$$ ……………… ❹

채점 기준	배점
❶ 직선 OA와 직선 $5x-2y-24=0$이 평행함을 알기	30%
❷ 선분 OA의 길이 구하기	20%
❸ 원점과 직선 $5x-2y-24=0$ 사이의 거리 구하기	30%
❹ 삼각형 AOP의 넓이 구하기	20%

0208

답 25

$$x-y+3=0 \qquad \cdots\cdots ㉠$$
$$4x+y-18=0 \qquad \cdots\cdots ㉡$$
$$3x+7y-1=0 \qquad \cdots\cdots ㉢$$

두 직선 ㉠, ㉡의 교점을 A,

두 직선 ㉡, ㉢의 교점을 B,

두 직선 ㉠, ㉢의 교점을 C라 하면

A(3, 6), B(5, -2), C(-2, 1)

두 점 A, B 사이의 거리는

$$\overline{AB}=\sqrt{(5-3)^2+(-2-6)^2}=2\sqrt{17}$$

점 C(-2, 1)과 직선 ㉡ 사이의 거리는

$$\frac{|4\times(-2)+1\times1-18|}{\sqrt{4^2+1^2}}=\frac{25}{\sqrt{17}}$$

$$\therefore \triangle ABC=\frac{1}{2}\times2\sqrt{17}\times\frac{25}{\sqrt{17}}=25$$

0209

답 22

두 선분 AC와 BD의 중점의 좌표가 $\left(\frac{1}{2}, 2\right)$

로 서로 일치하므로 사각형 ABCD는 평행사변형이다.

직선 AC의 방정식은

$$y-6=\frac{-2-6}{1-0}x \qquad \therefore 8x+y-6=0$$

두 점 A(0, 6), C(1, -2) 사이의 거리는

$$\overline{AC}=\sqrt{(1-0)^2+(-2-6)^2}=\sqrt{65}$$

점 B(-2, 0)과 직선 AC 사이의 거리는

$$\frac{|8\times(-2)+1\times0-6|}{\sqrt{8^2+1^2}}=\frac{22}{\sqrt{65}}$$

따라서 $\triangle ABC=\frac{1}{2}\times\sqrt{65}\times\frac{22}{\sqrt{65}}=11$이므로

$$\square ABCD=2\triangle ABC=2\times11=22$$

유형 18 자취의 방정식 - 점과 직선 사이의 거리

0210

답 5

P(x, y)라 하면 점 P는 두 직선 $x+2y-3=0$, $2x+y+3=0$으로부터 같은 거리에 있으므로

$\dfrac{|x+2y-3|}{\sqrt{1^2+2^2}}=\dfrac{|2x+y+3|}{\sqrt{2^2+1^2}}$, $|x+2y-3|=|2x+y+3|$

$x+2y-3=\pm(2x+y+3)$

$\therefore x-y+6=0$ 또는 $x+y=0$

이 중에서 기울기가 양수인 직선의 방정식은 $x-y+6=0$이므로

$a=-1$, $b=6$

$\therefore a+b=-1+6=5$

0211

답 ③

두 직선 $2x-3y+1=0$, $3x+2y+4=0$이 이루는 각의 이등분선 위의 점을 $\mathrm{P}(x,\ y)$라 하면 점 P에서 두 직선에 이르는 거리가 같으므로

$\dfrac{|2x-3y+1|}{\sqrt{2^2+(-3)^2}}=\dfrac{|3x+2y+4|}{\sqrt{3^2+2^2}}$, $|2x-3y+1|=|3x+2y+4|$

$2x-3y+1=\pm(3x+2y+4)$

$\therefore x+5y+3=0$ 또는 $5x-y+5=0$

따라서 두 직선이 이루는 각을 이등분하는 직선의 방정식은 ㄴ, ㄷ이다.

0212

답 $y=\dfrac{4}{3}$ 또는 $4x+5y-12=0$

$\mathrm{P}(x,\ y)$라 하면 $\overline{\mathrm{PR}}=2\overline{\mathrm{PS}}$이므로

$\dfrac{|2x+y-4|}{\sqrt{2^2+1^2}}=2\times\dfrac{|x+2y-4|}{\sqrt{1^2+2^2}}$

$|2x+y-4|=2\times|x+2y-4|$

$2x+y-4=\pm2(x+2y-4)$

$\therefore y=\dfrac{4}{3}$ 또는 $4x+5y-12=0$

0213

답 -6

점 $(-1,\ 1)$에서 두 직선 $2x+5y+a=0$, $2x-5y-4=0$에 이르는 거리가 같으므로

$\dfrac{|2\times(-1)+5\times1+a|}{\sqrt{2^2+5^2}}=\dfrac{|2\times(-1)+(-5)\times1-4|}{\sqrt{2^2+(-5)^2}}$

........❶

$|3+a|=11$, $3+a=\pm11$ $\therefore a=-14$ 또는 $a=8$

........❷

따라서 모든 실수 a의 값의 합은 $-14+8=-6$

........❸

채점 기준	배점
❶ 점 $(-1, 1)$에서 두 직선에 이르는 거리가 같음을 이용하여 식 세우기	50%
❷ a의 값 구하기	30%
❸ 모든 실수 a의 값의 합 구하기	20%

0214

답 $4x-3y-9=0$ 또는 $4x-3y+31=0$

두 점 $\mathrm{A}(-2,\ 1)$, $\mathrm{B}(1,\ 5)$ 사이의 거리는

$\overline{\mathrm{AB}}=\sqrt{(1+2)^2+(5-1)^2}=5$

점 P와 직선 AB 사이의 거리를 h라 하면 삼각형 ABP의 넓이가 10이므로

$\dfrac{1}{2}\times5\times h=10$ $\therefore h=4$

즉, 점 P와 직선 AB 사이의 거리가 4이므로 점 P의 자취는 직선 AB와 평행하고 직선 AB와의 거리가 4인 직선이다.

직선 AB의 기울기는 $\dfrac{5-1}{1-(-2)}=\dfrac{4}{3}$

직선 AB의 기울기는 $\dfrac{4}{3}$이고 점 $(-2,\ 1)$을 지나므로 직선 AB의 방정식은

$y-1=\dfrac{4}{3}\{x-(-2)\}$ $\therefore 4x-3y+11=0$

이때 점 P의 자취의 방정식을 $4x-3y+k=0\ (k\neq11)$이라 하면 이 직선과 점 $\mathrm{A}(-2,\ 1)$ 사이의 거리가 4이므로

$\dfrac{|4\times(-2)+(-3)\times1+k|}{\sqrt{4^2+(-3)^2}}=4$, $\dfrac{|-11+k|}{5}=4$

$|-11+k|=20$, $-11+k=\pm20$

$\therefore k=-9$ 또는 $k=31$

따라서 점 P의 자취의 방정식은

$4x-3y-9=0$ 또는 $4x-3y+31=0$

0215

답 $x-2y-4=0$

선분 AB를 $2:1$로 내분하는 점의 좌표는
$$\left(\frac{2\times5+1\times(-4)}{2+1}, \frac{2\times(-5)+1\times7}{2+1}\right), \text{즉} (2, -1)$$
따라서 점 $(2, -1)$을 지나고 기울기가 $\frac{1}{2}$인 직선의 방정식은
$$y-(-1)=\frac{1}{2}(x-2) \qquad \therefore x-2y-4=0$$

0216

답 $-\frac{1}{2}$

주어진 식을 k에 대하여 정리하면
$$(2x+y-3)k-x+3y+5=0$$
이 식이 k의 값에 관계없이 성립하려면
$$2x+y-3=0, -x+3y+5=0$$
두 식을 연립하여 풀면 $x=2, y=-1$
$$\therefore \text{P}(2, -1)$$
따라서 점 P와 원점을 지나는 직선의 기울기는 $-\frac{1}{2}$이다.

0217

답 18

직사각형의 두 대각선의 교점을 지나는 직선은 그 직사각형의 넓이를 이등분한다.
직사각형 ABCD의 두 대각선의 교점은 선분 AC의 중점이므로
그 좌표는 $\left(\frac{-2+4}{2}, \frac{7+(-1)}{2}\right)$, 즉 $(1, 3)$
직사각형 EFGH의 두 대각선의 교점은 선분 EG의 중점이므로
그 좌표는 $\left(\frac{-3+1}{2}, \frac{1+(-1)}{2}\right)$, 즉 $(-1, 0)$
따라서 두 점 $(1, 3)$, $(-1, 0)$을 지나므로 직선의 기울기는
$$m=\frac{0-3}{-1-1}=\frac{3}{2}$$
$$\therefore 12m=12\times\frac{3}{2}=18$$

0218

답 ③

(i) 두 직선 $(a-2)x+2y-1=0$과 $3x+(a-1)y+1=0$이
수직으로 만날 때
$$(a-2)\times3+2\times(a-1)=0, 5a-8=0 \qquad \therefore a=\frac{8}{5}$$

(ii) 두 직선 $(a-2)x+2y-1=0$과 $3x+(a-1)y+1=0$이
서로 만나지 않을 때, 즉 평행할 때 $a\neq1, a\neq2$이고

$$\frac{a-2}{3}=\frac{2}{a-1}\neq\frac{-1}{1}, (a-2)(a-1)=6$$
$$a^2-3a-4=0, (a+1)(a-4)=0$$
$$\therefore a=-1 \text{ 또는 } a=4$$
그런데 $a=-1$이면 두 직선이 일치하므로 $a=4$

(i), (ii)에서 $\alpha=\frac{8}{5}, \beta=4$이므로
$$5\alpha\beta=5\times\frac{8}{5}\times4=32$$

0219

답 ②

직선 AP의 기울기는 $\frac{4-2}{4-0}=\frac{1}{2}$
직선 BP의 기울기는 $\frac{4-2}{4-n}=\frac{2}{4-n}$
직선 AP와 직선 BP가 서로 수직이므로 두 직선의 기울기의 곱은 -1이다.
즉, $\frac{1}{2}\times\frac{2}{4-n}=-1$에서 $n=5$
세 점 A$(0, 2)$, B$(5, 2)$, P$(4, 4)$를 꼭짓점으로 하는 삼각형 ABP의 무게중심의 좌표는
$$\left(\frac{0+5+4}{3}, \frac{2+2+4}{3}\right), \text{즉} \left(3, \frac{8}{3}\right)$$
따라서 $a=3, b=\frac{8}{3}$이므로
$$a+b=3+\frac{8}{3}=\frac{17}{3}$$

0220

답 6

$\angle A=90°$이므로 직선 AB와 직선 AC의 기울기의 곱은 -1이다.
직선 AB의 기울기는 $\frac{2-k}{-3-5}=\frac{k-2}{8}$
직선 AC의 기울기는 $\frac{0-k}{6-5}=-k$
$\frac{k-2}{8}\times(-k)=-1$이므로 $-k^2+2k=-8$
$k^2-2k-8=0, (k+2)(k-4)=0$
$$\therefore k=-2 \text{ 또는 } k=4$$
따라서 $a=4, b=-2$이므로
$$a-b=4-(-2)=6$$

0221

답 ②

$2x+y-5=0$ ······ ㉠
$2x-y-3=0$ ······ ㉡
$kx-2y-1=0$ ······ ㉢
이라 하면 주어진 세 직선이 삼각형을 이루지 않는 경우는 다음과 같다.

(i) 두 직선 ㉠, ㉢이 평행할 때

$\dfrac{2}{k}=\dfrac{1}{-2}\neq\dfrac{-5}{-1}$ $\quad\therefore k=-4$

(ii) 두 직선 ㉡, ㉢이 평행할 때

$\dfrac{2}{k}=\dfrac{-1}{-2}\neq\dfrac{-3}{-1}$ $\quad\therefore k=4$

(iii) 직선 ㉢이 두 직선 ㉠, ㉡의 교점을 지날 때

㉠, ㉡을 연립하여 풀면 $x=2,\ y=1$

즉, 직선 ㉢이 점 $(2, 1)$을 지나므로

$2k-2-1=0$ $\quad\therefore k=\dfrac{3}{2}$

(i)~(iii)에서 모든 k의 값의 합은

$-4+4+\dfrac{3}{2}=\dfrac{3}{2}$

0222

답 ③

(i) 선분 AC의 중점의 좌표는

$\left(\dfrac{1+5}{2},\ \dfrac{9+(-3)}{2}\right)$, 즉 $(3, 3)$

직선 AC의 기울기는 $\dfrac{-3-9}{5-1}=-3$

즉, 선분 AC의 수직이등분선은 기울기가 $\dfrac{1}{3}$이고 점 $(3, 3)$을 지나므로 그 직선의 방정식은

$y-3=\dfrac{1}{3}(x-3)$ $\quad\therefore x-3y+6=0$ $\quad\cdots\cdots$ ㉠

(ii) 선분 BC의 중점의 좌표는

$\left(\dfrac{0+5}{2},\ \dfrac{2+(-3)}{2}\right)$, 즉 $\left(\dfrac{5}{2},\ -\dfrac{1}{2}\right)$

직선 BC의 기울기는 $\dfrac{-3-2}{5-0}=-1$

즉, 선분 BC의 수직이등분선은 기울기가 1이고 점 $\left(\dfrac{5}{2},\ -\dfrac{1}{2}\right)$을 지나므로 그 직선의 방정식은

$y-\left(-\dfrac{1}{2}\right)=x-\dfrac{5}{2}$ $\quad\therefore x-y-3=0$ $\quad\cdots\cdots$ ㉡

㉠, ㉡을 연립하여 풀면 $x=\dfrac{15}{2},\ y=\dfrac{9}{2}$

따라서 교점의 좌표는 $\left(\dfrac{15}{2},\ \dfrac{9}{2}\right)$이므로 $a=\dfrac{15}{2},\ b=\dfrac{9}{2}$

$\therefore a+b=\dfrac{15}{2}+\dfrac{9}{2}=12$

0223

답 ①

점 (a, b)가 직선 $3x+y=4$ 위의 점이므로

$3a+b=4$ $\quad\therefore b=-3a+4$

$b=-3a+4$를 $ax+by=-12$에 대입하면

$ax+(-3a+4)y=-12$

이 식을 a에 대하여 정리하면

$(x-3y)a+4y+12=0$

이 식이 a의 값에 관계없이 항상 성립하려면

$x-3y=0,\ 4y+12=0$

두 식을 연립하여 풀면 $x=-9,\ y=-3$

따라서 직선 $ax+by=-12$가 항상 지나는 점의 좌표는 $(-9, -3)$이다.

0224

답 ⑤

직선 $ax+by=2$ 위의 한 점 (x_1, y_1)에 대하여 점 (x_1, y_1)과 직선 $ax+by=-3$, 즉 $ax+by+3=0$ 사이의 거리를 d라 하면

$d=\dfrac{|ax_1+by_1+3|}{\sqrt{a^2+b^2}}$

한편 점 (x_1, y_1)은 직선 $ax+by=2$ 위의 점이므로

$ax_1+by_1=2$

이때 $a^2+b^2=5$이므로

$d=\dfrac{|2+3|}{\sqrt{5}}=\dfrac{5}{\sqrt{5}}=\sqrt{5}$

0225

답 ①

직선 OA의 방정식은 $y=\dfrac{3}{2}x$ $\quad\therefore 3x-2y=0$

직선 OB의 방정식은 $y=-\dfrac{2}{3}x$ $\quad\therefore 2x+3y=0$

그림과 같이 $\angle$AOB의 이등분선 위의 한 점을 P(x, y)라 하면 점 P에서 두 직선에 이르는 거리가 같으므로

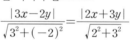

$\dfrac{|3x-2y|}{\sqrt{3^2+(-2)^2}}=\dfrac{|2x+3y|}{\sqrt{2^2+3^2}}$

$|3x-2y|=|2x+3y|$

$3x-2y=\pm(2x+3y)$

$\therefore x-5y=0$ 또는 $5x+y=0$

이때 $\angle$AOB의 이등분선의 기울기를 a라 하면 $-\dfrac{2}{3}<a<\dfrac{3}{2}$이므로 구하는 방정식은 $x-5y=0$

0226

답 ④

직선 AB의 방정식은 $\dfrac{x}{6}+\dfrac{y}{-3}=1$ $\quad\therefore x-2y-6=0$

직선 BC의 방정식은 $y-(-3)=\dfrac{-8-(-3)}{10-0}x$

$y=-\dfrac{1}{2}x-3$ $\quad\therefore x+2y+6=0$

직선 CA의 방정식은 $y=\dfrac{-8-0}{10-6}(x-6)$

$y=-2x+12$ $\quad\therefore 2x+y-12=0$

P(a, b) $(0<a<10,\ -8<b<0)$라 하면

삼각형에 내접하는 원의 중심, 즉 내심에서 세 변에 이르는 거리는 같으므로 점 P와 직선 AB 사이의 거리와 점 P와 직선 BC 사이의 거리가 같다.

$\dfrac{|a-2b-6|}{\sqrt{1^2+(-2)^2}}=\dfrac{|a+2b+6|}{\sqrt{1^2+2^2}}$, $|a-2b-6|=|a+2b+6|$

$a-2b-6=\pm(a+2b+6)$ $\quad\therefore a=0$ 또는 $b=-3$

이때 $0<a<10$, $-8<b<0$이므로 $b=-3$

또한 점 P와 직선 BC 사이의 거리와 점 P와 직선 CA 사이의 거리가 같으므로

$$\frac{|a+2b+6|}{\sqrt{1^2+2^2}}=\frac{|2a+b-12|}{\sqrt{2^2+1^2}}, \quad |a+2b+6|=|2a+b-12|$$

$b=-3$을 대입하면

$$|a|=|2a-15|, \quad a=\pm(2a-15) \quad \therefore a=5 \text{ 또는 } a=15$$

이때 $0<a<10$이므로 $a=5$

따라서 P$(5, -3)$이므로 선분 OP의 길이는

$$\overline{OP}=\sqrt{5^2+(-3)^2}=\sqrt{34}$$

> 🔊 **Bible Says** **삼각형의 내심의 성질**
>
> (1) 삼각형의 세 내각의 이등분선은 한 점(내심)에서 만난다.
> (2) 삼각형의 내심에서 세 변에 이르는 거리는 같다.

0227

답 $\dfrac{3}{2}$

서로 다른 세 직선이 좌표평면을 6개의 부분으로 나누는 경우는 다음 그림과 같이 세 직선 중 두 직선이 평행할 때와 세 직선이 한 점에서 만날 때의 2가지 경우가 있다.

(i) $ax-y=-8$이 $x+y=4$와 평행할 때, $a=-1$

(ii) $ax-y=-8$이 $x+2y=9$와 평행할 때, $a=-\dfrac{1}{2}$

(iii) 세 직선이 한 점에서 만날 때

두 직선 $x+y=4$와 $x+2y=9$의 교점의 좌표는 $(-1, 5)$

직선 $ax-y=-8$이 점 $(-1, 5)$를 지나므로

$$-a-5=-8 \quad \therefore a=3$$

(i)~(iii)에서 모든 a의 값의 합은

$$-1+\left(-\frac{1}{2}\right)+3=\frac{3}{2}$$

0228

답 ②

x축 위의 점 D$(a, 0)$ $(a>2)$에 대하여 삼각형 ABC의 넓이와 삼각형 ABD의 넓이가 같으려면 직선 AB와 점 C 사이의 거리와 직선 AB와 점 D 사이의 거리가 같아야 하므로 점 C를 지나고 직선 AB에 평행한 직선 위에 점 D가 있어야 한다.

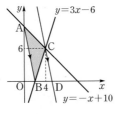

직선 $y=-x+10$의 y절편이 10이므로 점 A의 좌표는 $(0, 10)$

직선 $y=3x-6$의 x절편이 2이므로 점 B의 좌표는 $(2, 0)$

직선 AB의 기울기는 $\dfrac{0-10}{2-0}=-5$

두 직선 $y=-x+10$, $y=3x-6$의 교점 C의 좌표는 $(4, 6)$이므로 점 C를 지나고 직선 AB에 평행한 직선의 방정식은

$$y-6=-5(x-4) \quad \therefore y=-5x+26$$

따라서 점 D$(a, 0)$이 직선 $y=-5x+26$ 위의 점이므로

$$0=-5a+26 \quad \therefore a=\frac{26}{5}$$

0229

답 ⑤

좌표평면 위의 세 점 A$(1, 2)$, B$(3, 6)$, C(a, b)에서 x축에 내린 수선의 발이 A′, B′, C′이므로

A′$(1, 0)$, B′$(3, 0)$, C′$(a, 0)$

$\overline{A'B'}=2$이므로 ㈎에서

$\overline{B'C'}=4 \quad \therefore a=7$

$\therefore$ C$(7, b)$

㈏에서 직선 AB의 기울기가 $\dfrac{6-2}{3-1}=2$이고 두 직선 AB, BC가 서로 수직이므로 직선 BC의 기울기는 $-\dfrac{1}{2}$이다.

따라서 직선 BC의 방정식은

$$y-6=-\frac{1}{2}(x-3) \quad \therefore x+2y-15=0$$

점 C$(7, b)$가 직선 BC 위에 있으므로

$7+2b-15=0 \quad \therefore b=4$

$\therefore a-b=7-4=3$

[다른 풀이]

B$(3, 6)$, C$(7, b)$이므로 직선 BC의 기울기는

$$\frac{b-6}{7-3}=-\frac{1}{2}, \quad b-6=-2 \quad \therefore b=4$$

0230

답 -5

두 점 A$(-3, 6)$, B$(7, 1)$을 지나는 직선의 기울기는

$$\frac{1-6}{7-(-3)}=-\frac{1}{2}$$

즉, 직선 AB에 수직인 직선의 기울기는 2이다.

❶

선분 AB를 $3:2$로 내분하는 점의 좌표는

$$\left(\frac{3\times7+2\times(-3)}{3+2}, \frac{3\times1+2\times6}{3+2}\right), \text{ 즉 } (3, 3)$$

❷

따라서 기울기가 2이고 점 $(3, 3)$을 지나는 직선의 방정식은

$$y-3=2(x-3) \quad \therefore y=2x-3$$

❸

직선 $y=2x-3$이 점 $(-1, a)$를 지나므로

$$a=-2-3=-5$$

❹

채점 기준	배점
❶ 직선 AB에 수직인 직선의 기울기 구하기	20%
❷ 선분 AB를 $3:2$로 내분하는 점의 좌표 구하기	30%
❸ 조건을 만족시키는 직선의 방정식 구하기	30%
❹ a의 값 구하기	20%

0231

답 $x-2y+8=0$

$A(x_1, y_1)$, $B(x_2, y_2)$, $C(x_3, y_3)$이라 하면

세 변 AB, BC, CA의 중점의 좌표가 각각 $(4, 6)$, $(2, -1)$, $(8, 2)$이므로

$$\frac{x_1+x_2}{2}=4, \quad \frac{x_2+x_3}{2}=2, \quad \frac{x_3+x_1}{2}=8$$

$$\therefore x_1+x_2=8, \quad x_2+x_3=4, \quad x_3+x_1=16 \quad \cdots\cdots \text{㉠}$$

㉠의 세 식의 양변을 모두 더하면

$$2(x_1+x_2+x_3)=28 \quad \therefore x_1+x_2+x_3=14 \quad \cdots\cdots \text{㉡}$$

㉡에서 ㉠의 식을 각각 하나씩 빼면

$$x_1=10, \quad x_2=-2, \quad x_3=6$$

❶

$$\frac{y_1+y_2}{2}=6, \quad \frac{y_2+y_3}{2}=-1, \quad \frac{y_3+y_1}{2}=2$$

$$\therefore y_1+y_2=12, \quad y_2+y_3=-2, \quad y_3+y_1=4 \quad \cdots\cdots \text{㉢}$$

㉢의 세 식의 양변을 모두 더하면

$$2(y_1+y_2+y_3)=14 \quad \therefore y_1+y_2+y_3=7 \quad \cdots\cdots \text{㉣}$$

㉣에서 ㉢의 식을 각각 하나씩 빼면

$$y_1=9, \quad y_2=3, \quad y_3=-5$$

$$\therefore A(10, 9), \quad B(-2, 3), \quad C(6, -5)$$

❷

따라서 직선 AB의 방정식은

$$y-9=\frac{3-9}{-2-10}(x-10) \quad \therefore x-2y+8=0$$

❸

채점 기준	배점
❶ 세 점 A, B, C의 x좌표 구하기	40%
❷ 세 점 A, B, C의 y좌표 구하기	40%
❸ 직선 AB의 방정식 구하기	20%

0232

답 $(-7, -3)$

직선 $y=mx+2m+1$이 직사각형 ABCD의 넓이를 이등분하려면 선분 AC의 중점을 지나야 한다.

❶

$C(a, b)$라 하면 선분 AC의 중점의 좌표는 $\left(\frac{3+a}{2}, \frac{5+b}{2}\right)$이므로

$$\frac{5+b}{2}=m\times\frac{3+a}{2}+2m+1 \quad \therefore (7+a)m-b-3=0$$

❷

이 식이 m의 값에 관계없이 항상 성립하려면

$$7+a=0, \quad -b-3=0 \quad \therefore a=-7, \quad b=-3$$

따라서 꼭짓점 C의 좌표는 $(-7, -3)$이다.

❸

채점 기준	배점
❶ 직선 $y=mx+2m+1$이 선분 AC의 중점을 지나야 함을 알기	20%
❷ $C(a, b)$라 할 때, a, b, m에 대한 식 세우기	40%
❸ 꼭짓점 C의 좌표 구하기	40%

PART C 수능 녹인 변별력 문제

0233

답 ③

삼각형의 외심은 각 변의 수직이등분선의 교점이다.

선분 PR의 중점은 $\left(\frac{2+4}{2}, \frac{-4+(-2)}{2}\right)$, 즉 $(3, -3)$

직선 PR의 기울기는 $\frac{-2-(-4)}{4-2}=1$

즉, 선분 PR의 수직이등분선은 기울기가 -1이고 점 $(3, -3)$을 지나므로 그 직선의 방정식은

$$y-(-3)=-(x-3) \quad \therefore y=-x \quad \cdots\cdots \text{㉠}$$

선분 QR의 중점은 $\left(\frac{-8+4}{2}, \frac{10+(-2)}{2}\right)$, 즉 $(-2, 4)$

직선 QR의 기울기는 $\frac{-2-10}{4-(-8)}=-1$

즉, 선분 QR의 수직이등분선은 기울기가 1이고 점 $(-2, 4)$를 지나므로 그 직선의 방정식은

$$y-4=x-(-2) \quad \therefore y=x+6 \quad \cdots\cdots \text{㉡}$$

㉠, ㉡을 연립하여 풀면 $x=-3$, $y=3$

즉, 삼각형 PQR의 외심의 좌표는 $(-3, 3)$이다.

따라서 점 $(-3, 3)$과 직선 $4x-3y+6=0$ 사이의 거리는

$$\frac{|4\times(-3)-3\times3+6|}{\sqrt{4^2+(-3)^2}}=\frac{15}{5}=3$$

🔊 **Bible Says** **삼각형의 외심의 성질**

(1) 삼각형의 세 변의 수직이등분선은 한 점(외심)에서 만난다.
(2) 삼각형의 외심에서 세 꼭짓점에 이르는 거리는 같다.

0234

답 -8

두 직선 $y=mx$와 $ax+y+b=0$은 직사각형 ABCD의 넓이를 이등분하므로 직사각형 ABCD의 두 대각선의 교점을 지나야 한다.

직사각형 ABCD의 두 대각선의 교점의 좌표는

$\left(\frac{2+8}{2}, \frac{7+3}{2}\right)$, 즉 $(5, 5)$

직선 $y=mx$가 점 $(5, 5)$를 지나야 하므로

$$5=5m \quad \therefore m=1$$

직선 $y=x$와 직선 $ax+y+b=0$, 즉 $y=-ax-b$가 수직이므로 두 직선의 기울기의 곱은 -1이다.

즉, $-a=-1$이므로 $a=1$

$y=-x-b$가 점 $(5, 5)$를 지나므로

$$5=-5-b \quad \therefore b=-10$$

따라서 $a=1$, $b=-10$, $m=1$이므로

$$a+b+m=1+(-10)+1=-8$$

0235

답 ①

(가)에서 점 P가 제1사분면 위의 점이고, (나)에서

$\triangle OPB=\dfrac{1}{2}\triangle OAB$이므로 점 P는 선분 OA의 중점이다.

점 P의 좌표는 $\left(\dfrac{0+6}{2},\ \dfrac{0+2}{2}\right)$, 즉 $(3,\ 1)$

(가)에서 점 Q는 제2사분면 위의 점이고,

(다)에서 $\triangle OPQ=\dfrac{3}{2}\triangle OPB$이므로

점 B는 선분 OQ를 $2:1$로 내분하는 점이다.

점 Q의 좌표를 $(a,\ b)$라 하면 점 B의 좌표는

$\left(\dfrac{2\times a+1\times 0}{2+1},\ \dfrac{2\times b+1\times 0}{2+1}\right)$, 즉 $\left(\dfrac{2}{3}a,\ \dfrac{2}{3}b\right)$이므로

$\dfrac{2}{3}a=-2,\ \dfrac{2}{3}b=4$　$\therefore a=-3,\ b=6$　$\therefore Q(-3,\ 6)$

두 점 $P(3,\ 1),\ Q(-3,\ 6)$을 지나는 직선의 방정식은

$y-1=\dfrac{6-1}{-3-3}(x-3),\ y=-\dfrac{5}{6}x+\dfrac{7}{2}$　$\therefore 5x+6y=21$

따라서 $m=5,\ n=6$이므로

$m+n=5+6=11$

0236

답 5

선분 PQ의 길이는 직선 $y=-2x+8$ 위의 한 점 $(0,\ 8)$과 직선

$y=-2x-2$, 즉 $2x+y+2=0$ 사이의 거리와 같으므로

$\overline{PQ}=\dfrac{|2\times 0+1\times 8+2|}{\sqrt{2^2+1^2}}=\dfrac{10}{\sqrt{5}}=2\sqrt{5}$

원점 O와 직선 PQ 사이의 거리를 h라 하면 삼각형 OPQ의 넓이가

10이므로

$\dfrac{1}{2}\times 2\sqrt{5}\times h=10$　$\therefore h=2\sqrt{5}$

직선 PQ는 직선 $y=-2x+8$과 수직이므로 직선 PQ의 방정식을

$y=\dfrac{1}{2}x+k$로 놓을 수 있다.

원점과 직선 PQ, 즉 $x-2y+2k=0$ 사이의 거리가 $2\sqrt{5}$이므로

$\dfrac{|1\times 0+(-2)\times 0+2k|}{\sqrt{1^2+(-2)^2}}=2\sqrt{5},\ 2|k|=10$

$|k|=5$　$\therefore k=-5$ 또는 $k=5$

이때 두 점 P, Q는 제4사분면 위의 점이므로 $k=-5$

즉, 직선 PQ의 방정식은 $y=\dfrac{1}{2}x-5$이므로

직선 PQ의 x절편은 10, y절편은 -5이다.

따라서 $a=10,\ b=-5$이므로

$a+b=10+(-5)=5$

0237

답 $\dfrac{5\sqrt{3}}{9}$

정육각형의 한 변의 길이는 $\overline{AB}=2$이므로

(정육각형 ABCDEF의 넓이)

$=$(한 변의 길이가 2인 정삼각형의 넓이)$\times 6$

$=\left(\dfrac{1}{2}\times 2\times 2\times \sin 60°\right)\times 6$

$=6\sqrt{3}$

삼각형 PEF의 넓이는 정육각형의 넓이의 $\dfrac{1}{15}$이므로

$\triangle PEF=6\sqrt{3}\times \dfrac{1}{15}=\dfrac{2\sqrt{3}}{5}$

선분 EP를 밑변으로 하는 삼각형 PEF의 높이는 한 변의 길이가

2인 정삼각형의 높이와 같으므로

$2\times \sin 60°=\sqrt{3}$

$\triangle PEF=\dfrac{1}{2}\times \overline{EP}\times \sqrt{3}=\dfrac{2\sqrt{3}}{5}$에서 $\overline{EP}=\dfrac{4}{5}$

이때 점 E의 좌표가 $(1,\ 2\sqrt{3})$이므로 점 P의 좌표는

$\left(1+\dfrac{4}{5},\ 2\sqrt{3}\right)$, 즉 $\left(\dfrac{9}{5},\ 2\sqrt{3}\right)$

따라서 직선 $y=mx+\sqrt{3}$이 점 $P\left(\dfrac{9}{5},\ 2\sqrt{3}\right)$을 지나므로

$2\sqrt{3}=\dfrac{9}{5}m+\sqrt{3}$　$\therefore m=\dfrac{5\sqrt{3}}{9}$

0238

답 15

직선 $y=2x+k$와 평행하고 곡선 $y=-x^2+4$에 접하는 직선의 방

정식을 $y=2x+k'$ (k'은 상수)이라 하자.

이차방정식 $-x^2+4=2x+k'$, 즉 $x^2+2x+k'-4=0$이 중근을

가져야 하므로 이차방정식의 판별식을 D라 하면

$\dfrac{D}{4}=1-(k'-4)=0$　$\therefore k'=5$

따라서 직선 $y=2x+k$와 평행하고 곡선 $y=-x^2+4$에 접하는 직

선의 방정식은 $y=2x+5$이다.

직선 $y=2x+5$ 위의 한 점 $(0,\ 5)$와 직선 $y=2x+k$, 즉

$2x-y+k=0$ 사이의 거리가 $2\sqrt{5}$이므로

$\dfrac{|2\times 0+(-1)\times 5+k|}{\sqrt{2^2+(-1)^2}}=2\sqrt{5}$

$|k-5|=10,\ k-5=\pm 10$

$\therefore k=-5$ 또는 $k=15$

이때 $k=-5$이면 곡선 $y=-x^2+4$와
직선 $y=2x-5$가 만나므로 조건을 만족
시키지 않는다.

$\therefore k=15$

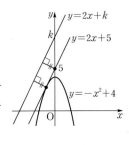

0239

답 ③

직선 l_2의 기울기를 m이라 하면 직선 l_1의

기울기는 $4m$이다.

그림과 같이 직선 $x=1$과 두 직선 $l_2,\ l_1$이

만나는 점을 각각 P, Q라 하면

$P(1,\ m),\ Q(1,\ 4m)$

한편 직선 l_1이 x축의 양의 방향과 이루는 각

을 직선 l_2가 이등분하므로 점 P와 직선 l_1 사이의 거리는 점 P와

x축 사이의 거리와 같다.

직선 l_1의 방정식은 $y=4mx$, 즉 $4mx-y=0$이므로

$\dfrac{|4m\times 1+(-1)\times m|}{\sqrt{(4m)^2+(-1)^2}}=m,\ \dfrac{|3m|}{\sqrt{16m^2+1}}=m,$

$|3m|=m\sqrt{16m^2+1}$

양변을 제곱하면 $9m^2=m^2(16m^2+1)$, $16m^2+1=9$

$16m^2=8$, $m^2=\dfrac{1}{2}$ $\therefore m=\pm\dfrac{\sqrt{2}}{2}$

이때 두 직선 l_1, l_2는 원점과 제1사분면을 지나므로 $m>0$

$\therefore m=\dfrac{\sqrt{2}}{2}$

따라서 직선 l_1의 기울기는 $4m=4\times\dfrac{\sqrt{2}}{2}=2\sqrt{2}$

[다른 풀이]

직선 $x=1$이 x축과 만나는 점을 R라 하면

$\overline{OR}:\overline{OQ}=\overline{PR}:\overline{PQ}=1:3$

$1:\sqrt{1^2+(4m)^2}=1:3$ $\therefore \sqrt{1+16m^2}=3$

양변을 제곱하면

$1+16m^2=9$, $16m^2=8$, $m^2=\dfrac{1}{2}$ $\therefore m=\pm\dfrac{\sqrt{2}}{2}$

0240
답 ①

그림과 같이 점 A에서 x축에 내린 수선의 발을 점 P, 점 C에서 x축에 내린 수선의 발을 점 Q라 하면

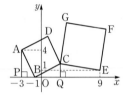

$\triangle APB\equiv\triangle BQC$ (RHA 합동)

$\overline{AP}=\overline{BQ}=4$, $\overline{BP}=\overline{CQ}=2$이므로

C(3, 2)

D(a, b)라 하면 선분 AC의 중점과 선분 BD의 중점은 같으므로

$\left(\dfrac{-3+3}{2},\ \dfrac{4+2}{2}\right)=\left(\dfrac{-1+a}{2},\ \dfrac{0+b}{2}\right)$

$\dfrac{-1+a}{2}=0$, $\dfrac{b}{2}=3$이므로 $a=1$, $b=6$ $\therefore$ D(1, 6)

직선 CE의 기울기는 $\dfrac{1-2}{9-3}=-\dfrac{1}{6}$이고 직선 CG와 직선 CE는 서로 수직이므로 직선 CG의 기울기는 6이다.

G(c, d)라 하면

$\dfrac{d-2}{c-3}=6$, $d-2=6c-18$ $\therefore d=6c-16$

또한 $\overline{CG}=\overline{CE}=\sqrt{(9-3)^2+(1-2)^2}=\sqrt{37}$이므로

$\sqrt{(c-3)^2+(d-2)^2}=\sqrt{37}$

위의 식에 $d=6c-16$을 대입하면 $\sqrt{(c-3)^2+(6c-18)^2}=\sqrt{37}$

$(c-3)^2+36(c-3)^2=37$, $37(c-3)^2=37$ $\therefore (c-3)^2=1$

이때 $c>3$이므로 $c-3=1$ $\therefore c=4$

$c=4$를 $d=6c-16$에 대입하면 $d=24-16=8$

따라서 G(4, 8)이므로 직선 DG의 기울기는 $\dfrac{8-6}{4-1}=\dfrac{2}{3}$

0241
답 ①

직선 $3x-4y+12=0$에서

A(-4, 0)

직선 $mx-y+3-5m=0$, 즉

$y=m(x-5)+3$은 m의 값에 관계없이 점 (5, 3)을 지난다.

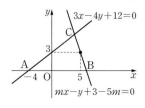

이때 $\overline{AB}=\overline{AC}$이므로 삼각형 ABC는 이등변삼각형이다.

두 직선 AB와 AC가 이루는 각의 이등분선 위의 점을 P(x, y)라 하면 점 P와 직선 $3x-4y+12=0$ 사이의 거리는 점 P와 x축 사이의 거리와 같으므로

$\dfrac{|3x-4y+12|}{\sqrt{3^2+(-4)^2}}=y$, $|3x-4y+12|=5y$

$\therefore 3x-4y+12=\pm5y$

이때 점 P의 자취가 나타내는 직선의 기울기가 양수이므로

$3x-4y+12=5y$ $\therefore y=\dfrac{1}{3}x+\dfrac{4}{3}$

이 직선과 직선 $y=m(x-5)+3$이 수직이므로 $m=-3$

직선 BC의 방정식은   └→ △ABC는 $\overline{AB}=\overline{AC}$인 이등변삼각형이므로 꼭지각의 이등분선은 밑변 BC를 수직이등분한다.

$y=-3(x-5)+3$ $\therefore 3x+y-18=0$

점 B는 이 직선의 x절편이므로 B(6, 0)

점 C는 이 직선과 직선 $3x-4y+12=0$의 교점이므로 두 직선을 연립하여 풀면 $x=4$, $y=6$ $\therefore$ C(4, 6)

따라서 삼각형 ABC의 넓이는 $\dfrac{1}{2}\times\{6-(-4)\}\times6=30$

0242
답 ⑤

삼각형 ABC에서 $\overline{AL}=\overline{BL}$, $\overline{BM}=\overline{CM}$이므로 $\overline{LM}\,/\!/\,\overline{AC}$

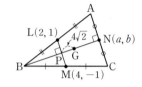

그림과 같이 두 직선 BN, LM의 교점을 P라 하면

$\overline{BN}\perp\overline{LM}$이므로 $\overline{BN}\perp\overline{AC}$

이때 $\overline{AN}=\overline{CN}$이므로 $\overline{LP}=\overline{MP}$

즉, 점 P가 선분 LM의 중점이므로 점 P의 좌표는

$\left(\dfrac{2+4}{2},\ \dfrac{1+(-1)}{2}\right)$, 즉 (3, 0)

삼각형 ABC에서 $\overline{BG}:\overline{GN}=2:1$, $\overline{BP}=\overline{NP}$이므로

$(\overline{NP}+4\sqrt{2}):(\overline{NP}-4\sqrt{2})=2:1$

$\overline{NP}+4\sqrt{2}=2\overline{NP}-8\sqrt{2}$ $\therefore \overline{NP}=12\sqrt{2}$

즉, $\sqrt{(a-3)^2+b^2}=12\sqrt{2}$이므로 $(a-3)^2+b^2=288$ ······ ㉠

한편 $\overline{LM}\perp\overline{NP}$이므로

$\dfrac{-1-1}{4-2}\times\dfrac{b}{a-3}=-1$, $\dfrac{b}{a-3}=1$ $\therefore a-3=b$ ······ ㉡

㉡을 ㉠에 대입하면

$b^2+b^2=288$, $b^2=144$ $\therefore b=\pm12$

그런데 무게중심 G가 제1사분면에 있으므로 $b=12$

$b=12$를 ㉡에 대입하면

$a-3=12$ $\therefore a=15$

$\therefore ab=15\times12=180$

0243
답 ②

삼각형 MBN의 넓이는 $\dfrac{1}{2}\times6\times4=12$이므로

사각형 MBNE의 넓이는 $2\times12=24$

점 E에서 직선 AB에 내린 수선의 발을 H라 하고 $\overline{MH}=\alpha$, $\overline{EH}=\beta$라 하자.

$\square MBNE=\triangle MHE+\square HBNE$

에서

$$24=\frac{1}{2}\alpha\beta+\frac{1}{2}(\beta+4)(6-\alpha)$$

$$=\frac{1}{2}(-4\alpha+6\beta+24)$$

$$=-2\alpha+3\beta+12$$

$\therefore 2\alpha=3\beta-12$ ...... ㉠

직각삼각형 MEN에서 $\overline{ME}=\overline{MB}=6$이므로

직각삼각형 MHE에서

$\alpha^2+\beta^2=6^2$

양변에 4를 곱하면 $(2\alpha)^2+4\beta^2=144$ ...... ㉡

㉠을 ㉡에 대입하면

$(3\beta-12)^2+4\beta^2=144$, $13\beta^2-72\beta=0$

$\therefore \beta=\frac{72}{13}$ $(\because \beta>0)$

이를 ㉠에 대입하면 $\alpha=\frac{30}{13}$

한편 점 M을 원점, 직선 AB를 x축으로 하는 좌표평면에 직사각형 ABCD를 나타내면 $M(0,0)$, $D(-6,8)$이고 $E\left(\frac{30}{13},\frac{72}{13}\right)$이므로 직선 EM의 방정식은

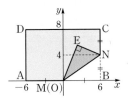

$y=\frac{12}{5}x$, 즉 $12x-5y=0$

따라서 점 D와 직선 EM 사이의 거리는

$$\frac{|12\times(-6)-5\times8|}{\sqrt{12^2+(-5)^2}}=\frac{112}{13}$$

[다른 풀이]

직선에 대한 대칭이동의 성질을 이용해서 구해 보자.

점 M을 원점, 직선 AB를 x축으로 하는 좌표평면에 직사각형 ABCD를 나타내면 $M(0,0)$, $A(-6,0)$, $B(6,0)$, $C(6,8)$, $D(-6,8)$, $N(6,4)$

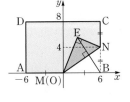

직선 MN의 방정식은 $y=\frac{2}{3}x$ ...... ㉠

$E(a,b)$라 하면 $\overline{BN}=\overline{EN}$이므로 점 B와 점 E는 직선 MN에 대하여 대칭이다.
└ 수직 조건과 중점 조건을 이용한다.

점 $B(6,0)$과 점 $E(a,b)$를 지나는 직선 BE의 기울기는 $\frac{b}{a-6}$

직선 BE와 직선 MN은 수직이므로

$\frac{b}{a-6}\times\frac{2}{3}=-1$, $3a-18=-2b$ $\therefore 3a+2b=18$ ...... ㉡

한편 선분 BE의 중점의 좌표는 $\left(\frac{a+6}{2},\frac{b}{2}\right)$이고

이 점이 직선 MN 위의 점이므로 ㉠에 대입하면

$\frac{b}{2}=\frac{2}{3}\times\frac{a+6}{2}$, $3b=2a+12$ $\therefore 2a-3b=-12$ ...... ㉢

㉡, ㉢을 연립하여 풀면 $a=\frac{30}{13}$, $b=\frac{72}{13}$ $\therefore E\left(\frac{30}{13},\frac{72}{13}\right)$

이때 직선 EM의 기울기가 $\frac{12}{5}$이므로 직선 EM의 방정식은

$y=\frac{12}{5}x$ $\therefore 12x-5y=0$

따라서 점 $D(-6,8)$과 직선 EM 사이의 거리는

$$\frac{|12\times(-6)-5\times8|}{\sqrt{12^2+(-5)^2}}=\frac{112}{13}$$

참고

직선 $y=mx+n$에 대한 대칭이동은 04 도형의 이동 유형 15에서 자세히 살펴보도록 한다.

0244 답 3

직선 AC의 방정식은 $y-6=\frac{0-6}{2-(-1)}\{x-(-1)\}$

$y=-2x+4$ $\therefore 2x+y-4=0$

$D(0,4)$이므로 직선 DE의 기울기를 m이라 하면 직선 DE의 방정식은 $y=mx+4$로 놓을 수 있다.

그림과 같이 두 점 $B(-3,2)$, E에서 직선 AC에 내린 수선의 발을 각각 H_1, H_2라 하면

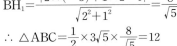

$\overline{AC}=\sqrt{(2+1)^2+(0-6)^2}=3\sqrt{5}$이고

선분 BH_1의 길이는 점 $B(-3,2)$와 직선 $2x+y-4=0$ 사이의 거리와 같으므로

$$\overline{BH_1}=\frac{|2\times(-3)+1\times2-4|}{\sqrt{2^2+1^2}}=\frac{8}{\sqrt{5}}$$

$\therefore \triangle ABC=\frac{1}{2}\times3\sqrt{5}\times\frac{8}{\sqrt{5}}=12$

직선 DE가 삼각형 ABC의 넓이를 이등분하므로

$\triangle CDE=\frac{1}{2}\times12=6$

$\overline{CD}=\sqrt{(0-2)^2+(4-0)^2}=2\sqrt{5}$이므로

$\frac{1}{2}\times2\sqrt{5}\times\overline{EH_2}=6$ $\therefore \overline{EH_2}=\frac{6}{\sqrt{5}}$ ...... ㉠

직선 BC의 방정식은

$y-2=\frac{0-2}{2-(-3)}\{x-(-3)\}$ $\therefore y=-\frac{2}{5}x+\frac{4}{5}$

점 E의 좌표를 $\left(k,-\frac{2}{5}k+\frac{4}{5}\right)$ $(-3<k<2)$라 하면

선분 EH_2의 길이는 점 $E\left(k,-\frac{2}{5}k+\frac{4}{5}\right)$와 직선 $2x+y-4=0$ 사이의 거리와 같으므로

$$\overline{EH_2}=\frac{\left|2\times k+1\times\left(-\frac{2}{5}k+\frac{4}{5}\right)-4\right|}{\sqrt{2^2+1^2}}=\frac{\left|\frac{8}{5}k-\frac{16}{5}\right|}{\sqrt{5}}$$ ...... ㉡

㉠, ㉡에서 $\frac{6}{\sqrt{5}}=\frac{\left|\frac{8}{5}k-\frac{16}{5}\right|}{\sqrt{5}}$, $|k-2|=\frac{15}{4}$

$k-2=\pm\frac{15}{4}$ $\therefore k=-\frac{7}{4}$ 또는 $k=\frac{23}{4}$

이때 $-3<k<2$이므로 $k=-\frac{7}{4}$ $\therefore E\left(-\frac{7}{4},\frac{3}{2}\right)$

이 점은 직선 DE, 즉 $y=mx+4$ 위의 점이므로

$\frac{3}{2}=-\frac{7}{4}m+4$ $\therefore m=\frac{10}{7}$

즉, 직선 DE의 방정식은

$y=\frac{10}{7}x+4$ $\therefore 10x-7y+28=0$

따라서 $a=10$, $b=-7$이므로 $a+b=10+(-7)=3$

03 원의 방정식

확인 문제   (1) $x^2+y^2=16$ (2) $(x-2)^2+(y+3)^2=25$

(1) 중심이 원점이고 반지름의 길이가 4인 원의 방정식은
$$x^2+y^2=16$$
(2) 중심의 좌표가 $(2, -3)$이고 반지름의 길이가 5인 원의 방정식은
$$(x-2)^2+(y+3)^2=25$$

0245   답 ③

원 $(x-4)^2+(y+1)^2=2$의 중심의 좌표는 $(4, -1)$
이 원과 중심이 같은 원의 반지름의 길이를 r라 하면 원의 방정식은
$$(x-4)^2+(y+1)^2=r^2$$
이 원이 점 $(3, 2)$를 지나므로 $r^2=1+9=10$
따라서 구하는 원의 넓이는
$$\pi r^2=10\pi$$

0246   답 2

$x^2+y^2-4x-2y-2k+8=0$에서
$(x-2)^2+(y-1)^2=2k-3$
이 원의 반지름의 길이가 1이므로
$2k-3=1^2$ $\therefore k=2$

0247   답 25

$x^2+y^2-8x+6y=0$에서 $(x-4)^2+(y+3)^2=5^2$
따라서 원 $x^2+y^2-8x+6y=0$의 반지름의 길이가 5이므로 그 넓이는
$\pi \times 5^2=25\pi$ $\therefore k=25$

0248   답 ②

$y=x^2-4x+a$에서 $y=(x-2)^2+a-4$
따라서 이차함수 $y=x^2-4x+a$의 그래프의 꼭짓점 A의 좌표는 $(2, a-4)$
$x^2+y^2+bx+4y-17=0$에서 $\left(x+\dfrac{b}{2}\right)^2+(y+2)^2=21+\dfrac{b^2}{4}$
따라서 원 $x^2+y^2+bx+4y-17=0$의 중심의 좌표는 $\left(-\dfrac{b}{2}, -2\right)$
이차함수의 그래프의 꼭짓점과 원의 중심이 일치하므로
$2=-\dfrac{b}{2}, a-4=-2$
$\therefore a=2, b=-4$
$\therefore a+b=2+(-4)=-2$

0249   답 $(x-4)^2+(y-3)^2=13$

선분 AB를 $1:2$로 내분하는 점의 좌표는
$\left(\dfrac{1\times8+2\times2}{1+2}, \dfrac{1\times(-3)+2\times6}{1+2}\right)$, 즉 $(4, 3)$
              ❶
구하는 원의 반지름의 길이를 r라 하면 원의 방정식은
$(x-4)^2+(y-3)^2=r^2$
이 원이 점 $A(2, 6)$을 지나므로 $r^2=4+9=13$
              ❷
따라서 구하는 원의 방정식은
$(x-4)^2+(y-3)^2=13$
              ❸

채점 기준	배점
❶ 선분 AB를 $1:2$로 내분하는 점의 좌표 구하기	40%
❷ 구하는 원의 반지름의 길이를 r라 할 때, r^2의 값 구하기	50%
❸ 원의 방정식 구하기	10%

Bible Says   좌표평면 위의 선분의 내분점

두 점 $A(x_1, y_1)$, $B(x_2, y_2)$에 대하여 선분 AB를 $m:n(m>0, n>0)$으로 내분하는 점을 P라 하면
$$P\left(\dfrac{mx_2+nx_1}{m+n}, \dfrac{my_2+ny_1}{m+n}\right)$$

0250   답 9

원 $(x-2)^2+(y+5)^2=4$의 중심의 좌표는 $(2, -5)$
이 원과 중심이 같은 원의 반지름의 길이를 r라 하면 원의 방정식은
$(x-2)^2+(y+5)^2=r^2$
이 원이 점 $(4, -1)$을 지나므로 $r^2=4+16=20$
즉, 원 $(x-2)^2+(y+5)^2=20$이 점 $(0, a)$를 지나므로
$4+(a+5)^2=20, (a+5)^2=16$
$a+5=\pm4$ $\therefore a=-9$ 또는 $a=-1$
따라서 모든 a의 값의 곱은
$-9\times(-1)=9$

0251   답 $(x-2)^2+(y-4)^2=18$

삼각형 ABC의 무게중심 G의 좌표는
$\left(\dfrac{-1+2+5}{3}, \dfrac{1+5+6}{3}\right)$, 즉 $(2, 4)$
$\therefore \overline{AG}=\sqrt{(2+1)^2+(4-1)^2}=3\sqrt{2}$
따라서 중심의 좌표가 $(2, 4)$이고 반지름의 길이가 $3\sqrt{2}$인 원의 방정식은
$(x-2)^2+(y-4)^2=18$

Bible Says   좌표평면 위의 삼각형의 무게중심

세 점 $A(x_1, y_1)$, $B(x_2, y_2)$, $C(x_3, y_3)$을 꼭짓점으로 하는 삼각형 ABC의 무게중심을 G라 하면
$$G\left(\dfrac{x_1+x_2+x_3}{3}, \dfrac{y_1+y_2+y_3}{3}\right)$$

0252 답 ③

원의 중심이 y축 위에 있으므로 원의 중심의 좌표를 $(0, b)$, 반지름의 길이를 r라 하면 원의 방정식은
$$x^2+(y-b)^2=r^2$$
이 원이 두 점 $(-3, 0)$, $(2, 1)$을 지나므로
$$9+b^2=r^2, \quad 4+(1-b)^2=r^2$$
두 식을 연립하여 풀면 $b=-2$, $r^2=13$
따라서 구하는 원의 방정식은
$$x^2+(y+2)^2=13$$

다른 풀이

원의 중심이 y축 위에 있으므로 원의 중심을 $A(0, b)$라 하고 $B(-3, 0)$, $C(2, 1)$이라 하자.
$\overline{AB}=\overline{AC}$이므로 $\sqrt{(-3)^2+(-b)^2}=\sqrt{2^2+(1-b)^2}$
양변을 제곱하면
$$9+b^2=5-2b+b^2, \quad 2b=-4 \quad \therefore b=-2$$
따라서 원의 반지름의 길이는 $\overline{AB}=\sqrt{(-3)^2+2^2}=\sqrt{13}$
이므로 구하는 원의 방정식은
$$x^2+(y+2)^2=13$$

0253 답 ④

$x^2+y^2-4x-2ay-19=0$에서
$$(x^2-4x+4)-4+(y^2-2ay+a^2)-a^2-19=0$$
$$\therefore (x-2)^2+(y-a)^2=a^2+23$$
따라서 이 원의 중심의 좌표는 $(2, a)$이다.
이때 직선 $y=2x+3$이 원의 중심 $(2, a)$를 지나므로
$$a=2\times2+3=7$$

0254 답 4

원의 중심이 x축 위에 있으므로 원의 중심의 좌표를 $(a, 0)$이라 하자. 또한 원의 넓이가 25π이므로 원의 반지름의 길이는 5이다.
즉, 원의 방정식은 $(x-a)^2+y^2=25$
이 원이 점 $(2, 3)$을 지나므로
$$(2-a)^2+3^2=25, \quad a^2-4a-12=0$$
$$(a+2)(a-6)=0 \quad \therefore a=-2 \text{ 또는 } a=6$$
따라서 중심의 좌표는 $(-2, 0)$ 또는 $(6, 0)$이므로
$$a=-2, \beta=6 \text{ 또는 } a=6, \beta=-2 \quad \therefore a+\beta=4$$

0255 답 ㄱ, ㄴ

원의 중심이 x축 위에 있으므로 원의 중심의 좌표를 $(a, 0)$ 반지름의 길이를 r라 하면 원의 방정식은
$$(x-a)^2+y^2=r^2$$

이 원이 두 점 $(1, 3)$, $(5, 1)$을 지나므로
$$(1-a)^2+9=r^2, \quad (5-a)^2+1=r^2$$
두 식을 연립하여 풀면 $a=2$, $r^2=10$
즉, 원의 방정식은 $(x-2)^2+y^2=10$
ㄱ. $(-1-2)^2+1^2=10$이므로 점 $(-1, 1)$을 지난다.
ㄴ. 중심의 좌표는 $(2, 0)$이다.
ㄷ. 넓이는 $\pi\times10=10\pi$
따라서 옳은 것은 ㄱ, ㄴ이다.

0256 답 ④

원의 중심이 직선 $y=-x-1$ 위에 있으므로 원의 중심의 좌표를 $(a, -a-1)$, 반지름의 길이를 r라 하면 원의 방정식은
$$(x-a)^2+(y+a+1)^2=r^2$$
이 원이 두 점 $(-1, -1)$, $(6, 0)$을 지나므로
$$(-1-a)^2+a^2=r^2, \quad (6-a)^2+(a+1)^2=r^2$$
두 식을 연립하여 풀면 $a=3$, $r^2=25$
따라서 구하는 원의 반지름의 길이는 5이다.

0257 답 $(x-4)^2+(y-4)^2=32$

원의 중심이 직선 $y=x$ 위에 있으므로 원의 중심의 좌표를 (a, a)라 하면 반지름의 길이가 $4\sqrt{2}$인 원의 방정식은
$$(x-a)^2+(y-a)^2=32$$
이 원이 원점을 지나므로
$$a^2+a^2=32, \quad a^2=16 \quad \therefore a=\pm4$$
그런데 원의 중심은 제1사분면 위에 있으므로 $a=4$
따라서 구하는 원의 방정식은
$$(x-4)^2+(y-4)^2=32$$

0258 답 -12

$x^2+y^2-12x-2y+1=0$에서
$$(x-6)^2+(y-1)^2=36$$
직선 $x+4y+a=0$이 이 원의 중심 $(6, 1)$을 지나므로
$$6+4+a=0 \quad \therefore a=-10$$
$x^2+y^2+2bx-3by+8=0$에서
$$(x+b)^2+\left(y-\frac{3}{2}b\right)^2=\frac{13}{4}b^2-8$$
직선 $x+4y-10=0$이 이 원의 중심 $\left(-b, \frac{3}{2}b\right)$를 지나므로
$$-b+6b-10=0 \quad \therefore b=2$$
$$\therefore a-b=-10-2=-12$$

0259

원의 중심이 직선 $y=2x+1$ 위에 있으므로 원의 중심의 좌표를 $(a, 2a+1)$, 반지름의 길이를 r라 하면 원의 방정식은
$(x-a)^2+(y-2a-1)^2=r^2$
이 원이 두 점 $(-6, 4)$, $(1, -3)$을 지나므로
$(-6-a)^2+(3-2a)^2=r^2$, $(1-a)^2+(-4-2a)^2=r^2$
두 식을 연립하여 풀면 $a=2$, $r^2=65$
따라서 주어진 원의 방정식은
$(x-2)^2+(y-5)^2=65$

·· ❶

위의 식에 $x=3$을 대입하면
$1+(y-5)^2=65$, $(y-5)^2=64$
$y-5=\pm8$ ∴ $y=-3$ 또는 $y=13$
∴ A$(3, -3)$, B$(3, 13)$ 또는 A$(3, 13)$, B$(3, -3)$

·· ❷

∴ $\overline{\text{AB}}=|13-(-3)|=16$

·· ❸

채점 기준	배점
❶ 원의 방정식 구하기	60%
❷ 두 점 A, B의 좌표 각각 구하기	30%
❸ 선분 AB의 길이 구하기	10%

유형 03 두 점을 지름의 양 끝 점으로 하는 원의 방정식

0260

원의 중심의 좌표는 선분 AB의 중점의 좌표와 같으므로
$\left(\dfrac{-5+3}{2}, \dfrac{2+4}{2}\right)$, 즉 $(-1, 3)$
원의 반지름의 길이는
$\dfrac{1}{2}\overline{\text{AB}}=\dfrac{1}{2}\sqrt{\{3-(-5)\}^2+(4-2)^2}=\sqrt{17}$
따라서 구하는 원의 방정식은 $(x+1)^2+(y-3)^2=17$이므로
$a=-1$, $b=3$, $c=17$
∴ $a+b+c=-1+3+17=19$

0261

선분 AB를 $1:2$로 내분하는 점 C의 좌표는
$\left(\dfrac{1\times5+2\times2}{1+2}, \dfrac{1\times0+2\times3}{1+2}\right)$, 즉 $(3, 2)$
원의 중심의 좌표는 선분 BC의 중점의 좌표와 같으므로
$\left(\dfrac{5+3}{2}, \dfrac{0+2}{2}\right)$, 즉 $(4, 1)$
따라서 $a=4$, $b=1$이므로 $a+b=4+1=5$

0262

$5x-4y-40=0$에 $y=0$을 대입하면
$5x-40=0$ ∴ $x=8$
$5x-4y-40=0$에 $x=0$을 대입하면
$-4y-40=0$ ∴ $y=-10$
∴ P$(8, 0)$, Q$(0, -10)$

·· ❶

두 점 P, Q를 지름의 양 끝 점으로 하는 원의 중심의 좌표는
$\left(\dfrac{8+0}{2}, \dfrac{0-10}{2}\right)$, 즉 $(4, -5)$

·· ❷

원의 반지름의 길이는
$\dfrac{1}{2}\overline{\text{PQ}}=\dfrac{1}{2}\sqrt{(0-8)^2+(-10-0)^2}=\sqrt{41}$

·· ❸

따라서 구하는 원의 방정식은
$(x-4)^2+(y+5)^2=41$

·· ❹

채점 기준	배점
❶ 두 점 P, Q의 좌표 각각 구하기	30%
❷ 원의 중심의 좌표 구하기	30%
❸ 원의 반지름의 길이 구하기	30%
❹ 원의 방정식 구하기	10%

0263

변 BC의 중점을 D라 하면 D$\left(\dfrac{6+8}{2}, \dfrac{4-6}{2}\right)$, 즉 D$(7, -1)$
꼭짓점 A에서 변 BC에 그은 중선을 지름으로 하는 원의 중심의 좌표는
$\left(\dfrac{-1+7}{2}, \dfrac{3-1}{2}\right)$, 즉 $(3, 1)$
이때 원의 반지름의 길이는
$\dfrac{1}{2}\overline{\text{AD}}=\dfrac{1}{2}\sqrt{\{7-(-1)\}^2+(-1-3)^2}=2\sqrt{5}$
따라서 원의 방정식은 $(x-3)^2+(y-1)^2=20$, 즉
$x^2+y^2-6x-2y-10=0$이므로
$a=-6$, $b=-2$, $c=-10$
∴ $a-b-c=-6-(-2)-(-10)=6$

0264

삼각형 ABC에서 내각의 이등분선의 성질에 의하여
$\overline{\text{AB}}:\overline{\text{AC}}=\overline{\text{BD}}:\overline{\text{DC}}$
$\overline{\text{AB}}=\sqrt{(-1-2)^2+(-1-3)^2}=5$
$\overline{\text{AC}}=\sqrt{(8-2)^2+(-5-3)^2}=10$
이므로 $\overline{\text{BD}}:\overline{\text{DC}}=5:10=1:2$

즉, 점 D는 선분 BC를 $1:2$로 내분하는 점이므로
$$D\left(\frac{1\times8+2\times(-1)}{1+2}, \frac{1\times(-5)+2\times(-1)}{1+2}\right), \text{ 즉 } D\left(2, -\frac{7}{3}\right)$$
두 점 A, D를 지름의 양 끝 점으로 하는 원의 반지름의 길이는
$$\frac{1}{2}\overline{AD}=\frac{1}{2}\sqrt{(2-2)^2+\left(-\frac{7}{3}-3\right)^2}=\frac{8}{3}$$
따라서 구하는 원의 넓이는
$$\pi\times\left(\frac{8}{3}\right)^2=\frac{64}{9}\pi$$

유형 04 원의 방정식이 되기 위한 조건

0265
답 ⑤

$x^2+y^2+2kx-8y+20=0$에서
$(x+k)^2+(y-4)^2=k^2-4$
이 방정식이 원을 나타내려면
$k^2-4>0$, $(k+2)(k-2)>0$
$\therefore k<-2$ 또는 $k>2$

0266
답 ③

① $x^2+y^2+x+y=0$에서 $\left(x+\frac{1}{2}\right)^2+\left(y+\frac{1}{2}\right)^2=\frac{1}{2}$

② $x^2+y^2-x+2y-3=0$에서 $\left(x-\frac{1}{2}\right)^2+(y+1)^2=\frac{17}{4}$

③ $x^2+y^2-2x+y+2=0$에서 $(x-1)^2+\left(y+\frac{1}{2}\right)^2=-\frac{3}{4}$

이때 $-\frac{3}{4}<0$이므로 원이 아니다.

④ $x^2+y^2+2x+4y+3=0$에서 $(x+1)^2+(y+2)^2=2$

⑤ $x^2+y^2-4x+2y+4=0$에서 $(x-2)^2+(y+1)^2=1$

따라서 원의 방정식이 아닌 것은 ③이다.

0267
답 ②

$x^2+y^2-4x+6y-2k+5=0$에서
$(x-2)^2+(y+3)^2=2k+8$
이 방정식이 원을 나타내려면
$2k+8>0$ $\therefore k>-4$ $\cdots\cdots$ ㉠
이 원이 y축과 만나지 않으려면 반지름의 길이가 2보다 작아야 하므로
$\sqrt{2k+8}<2$
양변을 제곱하면
$2k+8<4$ $\therefore k<-2$ $\cdots\cdots$ ㉡
㉠, ㉡에서 $-4<k<-2$
따라서 $a=-4$, $b=-2$이므로
$a+b=-4+(-2)=-6$

0268
답 4

$x^2+y^2-2kx+8ky+16k^2+2k+5=0$에서
$(x-k)^2+(y+4k)^2=k^2-2k-5$
이 방정식이 나타내는 도형은 중심의 좌표가 $(k, -4k)$이고 반지름의 길이가 $\sqrt{k^2-2k-5}$인 원이다.
이때 이 원의 넓이가 3π이므로
$k^2-2k-5=3$, $k^2-2k-8=0$
$(k+2)(k-4)=0$ $\therefore k=-2$ 또는 $k=4$
그런데 $k>0$이므로 $k=4$

0269
답 5

$x^2+y^2-2x+a^2-8a-8=0$에서
$(x-1)^2+y^2=-a^2+8a+9$
⬤

이 방정식이 원을 나타내므로
$-a^2+8a+9>0$, $a^2-8a-9<0$
$(a+1)(a-9)<0$ $\therefore -1<a<9$
❷

원의 넓이가 최대이려면 반지름의 길이가 최대이어야 한다.
$\sqrt{-a^2+8a+9}=\sqrt{-(a-4)^2+25}$
이므로 $-1<a<9$에서 $a=4$일 때 반지름의 길이는 최대이고, 그때의 반지름의 길이는 $\sqrt{25}=5$이다.
❸

채점 기준	배점
❶ 주어진 방정식을 $(x-p)^2+(y-q)^2=r^2$ 꼴로 변형하기	20%
❷ 원의 방정식이 되기 위한 a의 값의 범위 구하기	40%
❸ 넓이가 최대가 되도록 하는 원의 반지름의 길이 구하기	40%

유형 05 세 점을 지나는 원의 방정식

0270
답 ⑤

원의 중심을 $P(p, q)$라 하면 $\overline{PA}=\overline{PB}=\overline{PC}$
$\overline{PA}=\overline{PB}$에서 $\overline{PA}^2=\overline{PB}^2$이므로
$(p+2)^2+q^2=(p-4)^2+q^2$, $12p=12$ $\therefore p=1$
$\overline{PB}=\overline{PC}$에서 $\overline{PB}^2=\overline{PC}^2$이므로
$(p-4)^2+q^2=(p-1)^2+(q-2)^2$
$-6p+4q+11=0$
위의 식에 $p=1$을 대입하면
$-6+4q+11=0$ $\therefore q=-\frac{5}{4}$
$\therefore p+q=1+\left(-\frac{5}{4}\right)=-\frac{1}{4}$

0271
답 4

원의 중심을 $P(a, b)$라 하면 $\overline{PA}=\overline{PB}=\overline{PC}$

$\overline{PA}=\overline{PB}$에서 $\overline{PA}^2=\overline{PB}^2$이므로

$a^2+(b+3)^2=(a-2)^2+(b-3)^2$ $\quad\therefore a+3b=1$ $\quad\cdots\cdots$ ㉠

$\overline{PA}=\overline{PC}$에서 $\overline{PA}^2=\overline{PC}^2$이므로

$a^2+(b+3)^2=(a-4)^2+(b+1)^2$ $\quad\therefore 2a+b=2$ $\quad\cdots\cdots$ ㉡

㉠, ㉡을 연립하여 풀면 $a=1$, $b=0$

즉, 원의 중심은 $P(1, 0)$이고 반지름의 길이는

$\overline{PA}=\sqrt{(0-1)^2+(-3-0)^2}=\sqrt{10}$

따라서 원의 방정식은

$(x-1)^2+y^2=10$

이때 점 $D(k, 1)$이 이 원 위의 점이므로

$(k-1)^2+1=10$, $(k-1)^2=9$

$k-1=\pm3$ $\quad\therefore k=-2$ 또는 $k=4$

그런데 $k>0$이므로 $k=4$

0272
답 $\sqrt{5}$

세 점 $A(0, 5)$, $B(a, 0)$, $C(-a, 0)$을 지나는 원을 O라 하면 원 O는 그림과 같다.

이때 현 BC의 수직이등분선은 원 O의 중심을 지나므로 원 O의 중심을 P라 하면 $P(0, b)(b<5)$로 놓을 수 있다.

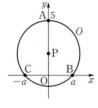

원 O의 반지름의 길이가 3이므로 $\overline{PA}=3$에서

$5-b=3$ $\quad\therefore b=2$

$\therefore P(0, 2)$

$\overline{PB}=3$이므로 직각삼각형 POB에서

$a^2+2^2=3^2$, $a^2=5$ $\quad\therefore a=\sqrt{5}$ $(\because a>0)$

0273
답 25π

$x-y-4=0$ $\quad\cdots\cdots$ ㉠

$x+2y-7=0$ $\quad\cdots\cdots$ ㉡

$3x-y=0$ $\quad\cdots\cdots$ ㉢

두 직선 ㉠, ㉡의 교점을 A, 두 직선 ㉡, ㉢의 교점을 B, 두 직선 ㉠, ㉢의 교점을 C라 하면

$A(5, 1)$, $B(1, 3)$, $C(-2, -6)$

외접원의 중심을 $P(a, b)$라 하면 $\overline{PA}=\overline{PB}=\overline{PC}$

$\overline{PA}=\overline{PB}$에서 $\overline{PA}^2=\overline{PB}^2$이므로

$(a-5)^2+(b-1)^2=(a-1)^2+(b-3)^2$

$\therefore 2a-b=4$ $\quad\cdots\cdots$ ㉣

$\overline{PB}=\overline{PC}$에서 $\overline{PB}^2=\overline{PC}^2$이므로

$(a-1)^2+(b-3)^2=(a+2)^2+(b+6)^2$

$\therefore a+3b=-5$ $\quad\cdots\cdots$ ㉤

㉣, ㉤을 연립하여 풀면 $a=1$, $b=-2$

즉, 원의 중심은 $P(1, -2)$이고 반지름의 길이는

$\overline{PA}=\sqrt{(5-1)^2+\{1-(-2)\}^2}=5$

따라서 구하는 원의 넓이는 $\pi\times5^2=25\pi$

유형 06 **x축 또는 y축에 접하는 원의 방정식**

확인 문제 (1) $(x-3)^2+(y+1)^2=1$ (2) $(x-2)^2+(y+5)^2=4$

(1) 원이 x축에 접하므로 반지름의 길이는 중심의 y좌표의 절댓값인 1이다.

$\quad\therefore (x-3)^2+(y+1)^2=1$

(2) 원이 y축에 접하므로 반지름의 길이는 중심의 x좌표의 절댓값인 2이다.

$\quad\therefore (x-2)^2+(y+5)^2=4$

0274
답 ④

$x^2+y^2+8x+ky+8=0$에서

$(x+4)^2+\left(y+\dfrac{k}{2}\right)^2=\dfrac{k^2}{4}+8$

원의 중심 $\left(-4, -\dfrac{k}{2}\right)$가 제3사분면 위에 있으므로

$-\dfrac{k}{2}<0$ $\quad\therefore k>0$

또한 원이 y축에 접하므로 반지름의 길이는 중심의 x좌표의 절댓값과 같다.

즉, $\sqrt{\dfrac{k^2}{4}+8}=|-4|$이므로 양변을 제곱하면

$\dfrac{k^2}{4}+8=16$, $k^2=32$ $\quad\therefore k=4\sqrt{2}$ $(\because k>0)$

0275
답 ②

원의 넓이가 9π이므로 원의 반지름의 길이는 3이다.

이 원이 점 $(6, 0)$에서 x축에 접하고, 중심이 제4사분면 위에 있으므로 원의 중심의 좌표는 $(6, -3)$이다.

따라서 구하는 원의 방정식은

$(x-6)^2+(y+3)^2=9$

0276
답 $(x-2)^2+(y-5)^2=25$

원의 중심이 직선 $y=x+3$ 위에 있으므로 원의 중심의 좌표를 $(a, a+3)$이라 하자.

원이 x축에 접하므로 원의 방정식은

$(x-a)^2+(y-a-3)^2=(a+3)^2$

이 원이 점 $(-3, 5)$를 지나므로

$(-3-a)^2+(5-a-3)^2=(a+3)^2$

$(-a+2)^2=0$ $\quad\therefore a=2$

따라서 구하는 원의 방정식은

$(x-2)^2+(y-5)^2=25$

0277

답 18

원 $x^2+y^2+ax-8y+b=0$이 점 $(-1, 3)$을 지나므로
$1+9-a-24+b=0$ $\therefore$ $-a+b=14$ ...... ㉠

❶

$x^2+y^2+ax-8y+b=0$에서
$\left(x+\dfrac{a}{2}\right)^2+(y-4)^2=\dfrac{a^2}{4}-b+16$

❷

이 원이 y축에 접하므로
$\sqrt{\dfrac{a^2}{4}-b+16}=\left|-\dfrac{a}{2}\right|$
양변을 제곱하면 $\dfrac{a^2}{4}-b+16=\dfrac{a^2}{4}$ $\therefore$ $b=16$
$b=16$을 ㉠에 대입하면
$-a+16=14$ $\therefore$ $a=2$

❸

$\therefore$ $a+b=2+16=18$

❹

채점 기준	배점
❶ a, b에 대한 방정식 세우기	20%
❷ 주어진 원의 방정식을 $(x-p)^2+(y-q)^2=r^2$ 꼴로 변형하기	20%
❸ a, b의 값 각각 구하기	50%
❹ $a+b$의 값 구하기	10%

0278

답 ③

원의 중심의 좌표를 (a, b)라 하면 y축에 접하는 원의 방정식은
$(x-a)^2+(y-b)^2=a^2$
이 원이 두 점 $(1, 3)$, $(2, 2)$를 지나므로
$(1-a)^2+(3-b)^2=a^2$에서
$b^2-2a-6b+10=0$ ...... ㉠
$(2-a)^2+(2-b)^2=a^2$에서
$b^2-4a-4b+8=0$ ...... ㉡
㉠, ㉡을 연립하여 풀면 $a=1$, $b=2$ 또는 $a=5$, $b=6$
이때 원의 반지름의 길이는 $|a|$이므로 두 원의 반지름의 길이는
각각 1, 5이다.
따라서 구하는 두 원의 반지름의 길이의 합은
$1+5=6$

0279

답 $\dfrac{4}{3}\pi$

$\overline{AB}=|2-(-2)|=4$, $\overline{BC}=\sqrt{(-2)^2+(2\sqrt{3})^2}=4$,
$\overline{CA}=\sqrt{(-2)^2+(-2\sqrt{3})^2}=4$이므로 삼각형 ABC는 정삼각형이다.
정삼각형의 내심은 무게중심과 일치하므로
삼각형 ABC의 내심의 좌표는
$\left(\dfrac{-2+2+0}{3}, \dfrac{0+0+2\sqrt{3}}{3}\right)$, 즉 $\left(0, \dfrac{2\sqrt{3}}{3}\right)$

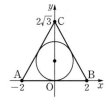

그림과 같이 내접원이 x축에 접하므로
내접원의 방정식은
$x^2+\left(y-\dfrac{2\sqrt{3}}{3}\right)^2=\left(\dfrac{2\sqrt{3}}{3}\right)^2$
$\therefore$ $x^2+\left(y-\dfrac{2\sqrt{3}}{3}\right)^2=\dfrac{4}{3}$

따라서 구하는 내접원의 넓이는 $\dfrac{4}{3}\pi$이다.

0280

답 ③

원 $x^2+y^2-4x-2y=a-3$
즉, $(x-2)^2+(y-1)^2=a+2$는 중심이 $(2, 1)$이고 반지름의 길이가 $\sqrt{a+2}$이다.
이 원이 x축과 만나므로
$\sqrt{a+2}\geq 1$ ...... ㉠
y축과 만나지 않으므로
$0<\sqrt{a+2}<2$ ...... ㉡
㉠, ㉡에서 $1\leq\sqrt{a+2}<2$이므로
$1\leq a+2<4$ $\therefore$ $-1\leq a<2$

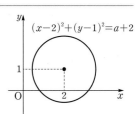

유형 07 x축과 y축에 동시에 접하는 원의 방정식

확인 문제 $(x-4)^2+(y+4)^2=16$

x축과 y축에 동시에 접하므로 반지름의 길이는 중심의 x좌표(또는 y좌표)의 절댓값인 4이다.
따라서 구하는 원의 방정식은
$(x-4)^2+(y+4)^2=16$

0281

답 $12\sqrt{2}$

점 $(6, 3)$을 지나고 x축과 y축에 동시에 접하려면 원의 중심이 제1사분면 위에 있어야 하므로 원의 반지름의 길이를 r라 하면 중심의 좌표는 (r, r)이다.
즉, 원의 방정식은
$(x-r)^2+(y-r)^2=r^2$
이 원이 점 $(6, 3)$을 지나므로
$(6-r)^2+(3-r)^2=r^2$, $r^2-18r+45=0$
$(r-3)(r-15)=0$ $\therefore$ $r=3$ 또는 $r=15$
따라서 두 원의 중심의 좌표가 각각 $(3, 3)$, $(15, 15)$이므로
두 원의 중심 사이의 거리는
$\sqrt{(15-3)^2+(15-3)^2}=12\sqrt{2}$

0282

답 ④

$x^2+y^2-4x+2ay-3+b=0$에서
$(x-2)^2+(y+a)^2=a^2-b+7$
이 원이 x축과 y축에 동시에 접하므로
$2=|-a|=\sqrt{a^2-b+7}$
$2=|-a|$에서 $a=2\ (\because a>0)$
$\sqrt{a^2-b+7}=2$에서 $4-b+7=4$ $\therefore b=7$
$\therefore ab=2\times7=14$

0283

답 $(x-3)^2+(y+3)^2=9$

원의 중심이 제4사분면 위에 있으므로 원의 반지름의 길이를 r라 하면 중심의 좌표는 $(r,\ -r)$이다.
이때 원의 중심 $(r,\ -r)$가 직선 $2x-y-9=0$ 위에 있으므로
$2r+r-9=0$ $\therefore r=3$
따라서 구하는 원의 방정식은
$(x-3)^2+(y+3)^2=9$

0284

답 2

반지름의 길이가 a이므로 $a>0$
즉, 주어진 원이 지나는 점 $(2a,\ 2)$가 제1사분면 위의 점이므로
주어진 원의 방정식은
$(x-a)^2+(y-a)^2=a^2$
이 원이 점 $(2a,\ 2)$를 지나므로
$(2a-a)^2+(2-a)^2=a^2$, $(2-a)^2=0$
$\therefore a=2$

0285

답 1

원의 중심이 제2사분면에 있고 원이 x축과 y축에 동시에 접하므로 원의 반지름의 길이를 r라 하면 중심의 좌표는 $(-r,\ r)$이다.
원의 중심이 곡선 $y=x^2-x-1$ 위에 있으므로
$r=r^2+r-1$ $\therefore r^2=1$
$r>0$이므로 $r=1$
중심이 $(-1,\ 1)$이고 반지름의 길이가 1인 원의 방정식은
$(x+1)^2+(y-1)^2=1$, 즉 $x^2+y^2+2x-2y+1=0$
따라서 $a=2$, $b=-2$, $c=1$이므로
$a+b+c=2+(-2)+1=1$

[다른 풀이]
원 $x^2+y^2+ax+by+c=0$의 중심을 A라 하면
점 A는 제2사분면에 있고 원이 x축과 y축에 동시에 접하므로
점 A는 직선 $y=-x$ 위에 있다.

또한 점 A는 곡선 $y=x^2-x-1$ 위에 있으므로
$x^2-x-1=-x$에서 $x=1$ 또는 $x=-1$
점 A의 x좌표는 음수이므로 A$(-1,\ 1)$이다.
따라서 구하는 원의 방정식은
$(x+1)^2+(y-1)^2=1$, 즉 $x^2+y^2+2x-2y+1=0$
따라서 $a=2$, $b=-2$, $c=1$이므로
$a+b+c=2+(-2)+1=1$

0286

답 50π

그림과 같이 주어진 원의 중심은 곡선
$y=x^2-12$와 직선 $y=x$ 또는
직선 $y=-x$의 교점이다.

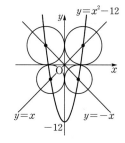

(i) $x^2-12=x$에서 $x^2-x-12=0$
　　$(x+3)(x-4)=0$
　　$\therefore x=-3$ 또는 $x=4$
　　즉, 곡선 $y=x^2-12$와 직선 $y=x$의
　　교점의 좌표는
　　$(-3,\ -3)$, $(4,\ 4)$
(ii) $x^2-12=-x$에서 $x^2+x-12=0$
　　$(x+4)(x-3)=0$ $\therefore x=-4$ 또는 $x=3$
　　즉, 곡선 $y=x^2-12$와 직선 $y=-x$의 교점의 좌표는
　　$(-4,\ 4)$, $(3,\ -3)$
(i), (ii)에서 조건을 만족시키는 원은 모두 4개이고, 네 원의 중심의
좌표는 각각 $(-3,\ -3)$, $(4,\ 4)$, $(-4,\ 4)$, $(3,\ -3)$이므로 반지
름의 길이는 각각 3, 4, 4, 3이다.
따라서 구하는 모든 원의 넓이의 합은
$9\pi+16\pi+16\pi+9\pi=50\pi$

> 참고
> 좌표평면 위에서 x축과 y축에 동시에 접하는 원의 중심은 직선 $y=x$ 또는 직선 $y=-x$ 위에 있다.

유형 08 원 밖의 한 점과 원 위의 점 사이의 거리

0287

답 ②

$x^2+y^2-6x+4y-3=0$에서
$(x-3)^2+(y+2)^2=16$
이 원의 중심의 좌표는 $(3,\ -2)$이다.
점 A$(-1,\ 4)$와 원의 중심 $(3,\ -2)$ 사이의 거리는
$\sqrt{\{3-(-1)\}^2+(-2-4)^2}=2\sqrt{13}$
이때 원의 반지름의 길이가 4이므로
$M=2\sqrt{13}+4$, $m=2\sqrt{13}-4$
$\therefore Mm=(2\sqrt{13}+4)(2\sqrt{13}-4)=36$

0288

답 ①

원 $x^2+y^2=16$의 중심의 좌표는 $(0, 0)$이므로 점 A$(4, 3)$과 원의 중심 $(0, 0)$ 사이의 거리는
$$\sqrt{4^2+3^2}=5$$
이때 원의 반지름의 길이가 4이므로 선분 AP의 길이의 최솟값은
$$5-4=1$$

0289

답 $2\sqrt{5}-1$

원 $x^2+y^2=r^2$의 중심의 좌표는 $(0, 0)$이므로 점 $(-4, 8)$과 원의 중심 $(0, 0)$ 사이의 거리는
$$\sqrt{(-4)^2+8^2}=4\sqrt{5}$$
이때 원의 반지름의 길이가 r이므로 점 $(-4, 8)$에서 원에 이르는 거리의 최댓값은 $4\sqrt{5}+r$이다.
따라서 $4\sqrt{5}+r=6\sqrt{5}-1$이므로 $r=2\sqrt{5}-1$

0290

답 61

$x^2+y^2+6x-12y+20=0$에서
$$(x+3)^2+(y-6)^2=25$$
$x^2+y^2-4x+8y+11=0$에서
$$(x-2)^2+(y+4)^2=9$$
두 원의 중심의 좌표는 각각 $(-3, 6)$, $(2, -4)$이다.

·· ❶

이때 중심 사이의 거리는
$$\sqrt{\{2-(-3)\}^2+(-4-6)^2}=5\sqrt{5}$$

·· ❷

또한 두 원의 반지름의 길이가 각각 5, 3이므로 주어진 두 원 위의 점 사이의 거리의 최댓값은 $5\sqrt{5}+5+3=5\sqrt{5}+8$
최솟값은 $5\sqrt{5}-5-3=5\sqrt{5}-8$

·· ❸

따라서 구하는 곱은 $(5\sqrt{5}+8)(5\sqrt{5}-8)=61$

·· ❹

채점 기준	배점
❶ 두 원의 중심의 좌표 각각 구하기	20%
❷ 두 원의 중심 사이의 거리 구하기	20%
❸ 두 원 위의 점 사이의 거리의 최댓값과 최솟값 각각 구하기	40%
❹ 최댓값과 최솟값의 곱 구하기	20%

0291

답 ③

그림과 같이 원 $x^2+y^2=4$ 위의 점 P에 대하여 선분 AP의 길이가 최소인 점을 P_1, 최대인 점을 P_2라 하자.
원 $x^2+y^2=4$의 중심의 좌표는 $(0, 0)$이므로 심 A$(5, 12)$와 원의 중심 $(0, 0)$ 사이의 거리는

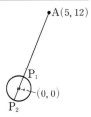

$$\sqrt{5^2+12^2}=13$$
이때 원의 반지름의 길이가 2이므로
$$\overline{AP_1}=13-2=11$$
$$\overline{AP_2}=13+2=15$$
$$\therefore 11\leq\overline{AP}\leq15$$
이때 선분 AP의 길이가 정수가 되는 점 P를 찾아보면
(i) $\overline{AP}=11$, 15일 때
    이를 만족시키는 점 P는 각각 1개이다.
(ii) $\overline{AP}=12$, 13, 14일 때
    이를 만족시키는 점 P는 각각 2개이다.
(i), (ii)에서 구하는 점 P의 개수는
$$2\times1+3\times2=8$$

유형 09 **자취의 방정식**

0292

답 $\sqrt{5}\pi$

$x^2+y^2+4x-2y=0$에서
$$(x+2)^2+(y-1)^2=5$$
이 원 위의 점 P의 좌표를 (a, b)라 하면
$$(a+2)^2+(b-1)^2=5 \quad\cdots\cdots\text{㉠}$$
이때 선분 AP의 중점의 좌표를 (x, y)라 하면
$$x=\frac{3+a}{2}, y=\frac{-1+b}{2}$$
$$\therefore a=2x-3, b=2y+1 \quad\cdots\cdots\text{㉡}$$
㉡을 ㉠에 대입하면
$$(2x-3+2)^2+(2y+1-1)^2=5$$
$$\therefore \left(x-\frac{1}{2}\right)^2+y^2=\frac{5}{4}$$

따라서 선분 AP의 중점의 자취는 중심의 좌표가 $\left(\frac{1}{2}, 0\right)$이고 반지름의 길이가 $\frac{\sqrt{5}}{2}$인 원이므로 구하는 자취의 길이는
$$2\pi\times\frac{\sqrt{5}}{2}=\sqrt{5}\pi$$

0293

답 ③

P(α, β), G(x, y)라 하면
$$x=\frac{4+2+\alpha}{3}, y=\frac{-5-7+\beta}{3}$$
$$\therefore \alpha=3(x-2), \beta=3(y+4) \quad\cdots\cdots\text{㉠}$$
점 P(α, β)가 원 $x^2+y^2=18$ 위의 점이므로
$$\alpha^2+\beta^2=18 \quad\cdots\cdots\text{㉡}$$
㉠을 ㉡에 대입하면
$$9(x-2)^2+9(y+4)^2=18 \quad \therefore (x-2)^2+(y+4)^2=2$$
따라서 $a=2$, $b=-4$, $c=2$이므로
$$a+b+c=2+(-4)+2=0$$

0294

답 ④

$\overline{\text{PA}}^2 + \overline{\text{PB}}^2 = 4$에서 $x^2 + y^2 + x^2 + (y-2)^2 = 4$

$x^2 + y^2 - 2y = 0$ ∴ $x^2 + (y-1)^2 = 1$

∴ $y - x^2 = y - \{1 - (y-1)^2\} = y^2 - y$

$\qquad = \left(y - \dfrac{1}{2}\right)^2 - \dfrac{1}{4}$ (단, $0 \le y \le 2$)

즉, $y - x^2$은 $y = 2$일 때 최댓값 2를 갖고, $y = \dfrac{1}{2}$일 때 최솟값 $-\dfrac{1}{4}$

을 갖는다.

따라서 구하는 합은

$2 + \left(-\dfrac{1}{4}\right) = \dfrac{7}{4}$

0295

답 ④

직각삼각형 OAP에서 $\overline{\text{OA}}^2 = \overline{\text{OP}}^2 + \overline{\text{AP}}^2$

점 P의 좌표를 (x, y)라 하면

$6^2 = x^2 + y^2 + x^2 + (y-6)^2$, $x^2 + y^2 - 6y = 0$

∴ $x^2 + (y-3)^2 = 9$

이때 세 점 O, A, P가 삼각형을 이루려면 세 점이 한 직선 위에 있

지 않아야 한다.

즉, $x \ne 0$이어야 하므로 점 P가 나타내는 도형의 방정식은

$x^2 + (y-3)^2 = 9$ (단, $x \ne 0$)

[다른 풀이]

∠OPA $= 90°$이므로 점 P(x, y)는 $\overline{\text{OA}}$를 지름으로 하는 원 위의

점이다.

$\overline{\text{OA}}$의 중점의 좌표는 $(0, 3)$이고 $\dfrac{1}{2}\overline{\text{OA}} = 3$이므로 점 P가 나타내

는 도형의 방정식은

$x^2 + (y-3)^2 = 9$ (단, $x \ne 0$)

<hr/>

유형 10 자취의 방정식 - 아폴로니오스의 원

0296

답 ④

주어진 조건을 만족시키는 점을 P(x, y)라 하면

$\overline{\text{AP}} : \overline{\text{BP}} = 2 : 1$이므로

$\overline{\text{AP}} = 2\overline{\text{BP}}$, $\overline{\text{AP}}^2 = 4\overline{\text{BP}}^2$

$(x+3)^2 + y^2 = 4\{x^2 + (y-6)^2\}$

$x^2 + y^2 - 2x - 16y + 45 = 0$

∴ $(x-1)^2 + (y-8)^2 = 20$

따라서 구하는 원의 중심의 좌표는 $(1, 8)$이다.

0297

답 12

점 P의 좌표를 (x, y)라 하면 $\overline{\text{AP}} : \overline{\text{BP}} = 1 : 3$이므로

$3\overline{\text{AP}} = \overline{\text{BP}}$, $9\overline{\text{AP}}^2 = \overline{\text{BP}}^2$

<hr/>

$9\{(x+1)^2 + y^2\} = (x-7)^2 + y^2$

$x^2 + y^2 + 4x - 5 = 0$ ∴ $(x+2)^2 + y^2 = 9$

····· ❶

따라서 점 P는 중심의 좌표가 $(-2, 0)$이고 반지름의 길이가 3인

원 위의 점이다.

그림과 같이 점 P에서 x축에 내린

수선의 발을 H라 하면

$\triangle \text{PAB} = \dfrac{1}{2} \times \overline{\text{AB}} \times \overline{\text{PH}}$

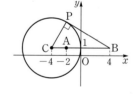

이때 $\overline{\text{AB}} = 8$이고 $\overline{\text{PH}}$의 길이의 최

댓값은 반지름의 길이 3과 같으므로

삼각형 PAB의 넓이의 최댓값은

$\dfrac{1}{2} \times 8 \times 3 = 12$

····· ❷

채점 기준	배점
❶ 점 P의 자취의 방정식 구하기	50%
❷ 삼각형 PAB의 넓이의 최댓값 구하기	50%

0298

답 $4\sqrt{3}$

점 P의 좌표를 (x, y)라 하면 $\overline{\text{AP}} : \overline{\text{BP}} = 1 : 2$이므로

$2\overline{\text{AP}} = \overline{\text{BP}}$, $4\overline{\text{AP}}^2 = \overline{\text{BP}}^2$

$4\{(x+2)^2 + (y-1)^2\} = (x-4)^2 + (y-1)^2$

$x^2 + y^2 + 8x - 2y + 1 = 0$

∴ $(x+4)^2 + (y-1)^2 = 16$

따라서 점 P는 중심의 좌표가 $(-4, 1)$이고 반지름의 길이가 4인

원 위의 점이다.

이때 ∠PBA의 크기가 최대가 되는

것은 그림과 같이 직선 BP가 원에 접

할 때이므로 원의 중심을 C라 하면 직

각삼각형 PCB에서

$\overline{\text{BP}} = \sqrt{8^2 - 4^2} = 4\sqrt{3}$

<hr/>

유형 11 두 원의 위치 관계

0299

답 ④

두 원의 중심의 좌표가 각각 $(-4, 0)$, $(0, 3)$이므로 중심 사이의

거리는 $\sqrt{4^2 + 3^2} = 5$

두 원의 반지름의 길이가 각각 3, r이므로 두 원이 서로 다른 두 점

에서 만나려면

$|r-3| < 5 < r + 3$

(i) $|r-3| < 5$에서 $-5 < r - 3 < 5$ ∴ $-2 < r < 8$

그런데 $r > 0$이므로 $0 < r < 8$

(ii) $5 < r+3$에서 $r > 2$

(i), (ii)에서 $2 < r < 8$

따라서 자연수 r의 값은 3, 4, 5, 6, 7이므로 구하는 합은

$3+4+5+6+7=25$

0300
답 -3

$x^2+y^2-4x-2ay+4=0$에서 $(x-2)^2+(y-a)^2=a^2$

$x^2+y^2+4x+6y+12=0$에서 $(x+2)^2+(y+3)^2=1$

두 원의 중심의 좌표가 각각 $(2, a)$, $(-2, -3)$이므로 중심 사이의 거리는

$\sqrt{(-2-2)^2+(-3-a)^2}=\sqrt{a^2+6a+25}$

또한 두 원의 반지름의 길이가 각각 $|a|$, 1이므로 두 원이 외접하려면

$\sqrt{a^2+6a+25}=|a|+1$

양변을 제곱하면

$a^2+6a+25=a^2+2|a|+1$

$\therefore 3a-|a|=-12$

(i) $a<0$일 때, $4a=-12$에서 $a=-3$

(ii) $a \geq 0$일 때, $2a=-12$에서 $a=-6$

  그런데 $a \geq 0$이므로 조건을 만족시키지 않는다.

(i), (ii)에서 $a=-3$

0301
답 20

주어진 두 원의 중심의 좌표가 각각 $(-5, 2)$, $(1, -6)$이므로 중심 사이의 거리는

$\sqrt{\{1-(-5)\}^2+(-6-2)^2}=10$ .... ❶

두 원의 반지름의 길이가 각각 6, r $(\because r>0)$이므로 두 원이 접하려면

(i) 두 원이 내접할 때

  $|6-r|=10$에서 $6-r=\pm 10$

  $\therefore r=-4$ 또는 $r=16$

  그런데 $r>0$이므로 $r=16$ .... ❷

(ii) 두 원이 외접할 때

  $6+r=10$에서 $r=4$ .... ❸

(i), (ii)에서 모든 양수 r의 값의 합은

$16+4=20$ .... ❹

채점 기준	배점
❶ 두 원의 중심 사이의 거리 구하기	30%
❷ 두 원이 내접하도록 하는 r의 값 구하기	30%
❸ 두 원이 외접하도록 하는 r의 값 구하기	30%
❹ 모든 양수 r의 값의 합 구하기	10%

0302
답 ②

주어진 두 원의 중심의 좌표가 각각 $(2, 7)$, $(-3, -5)$이므로 중심 사이의 거리는

$\sqrt{(-3-2)^2+(-5-7)^2}=13$

두 원의 반지름의 길이가 각각 4, r $(\because r$는 자연수)이므로 두 원이 만나지 않으려면

(i) 한 원이 다른 원의 내부에 있을 때

  $|4-r|>13$에서 $4-r<-13$ 또는 $4-r>13$

  $\therefore r>17$ 또는 $r<-9$

  이때 $r \leq 20$인 자연수 r는 18, 19, 20의 3개이다.

(ii) 한 원이 다른 원의 외부에 있을 때

  $4+r<13$에서 $r<9$

  이때 $r \leq 20$인 자연수 r는 1, 2, 3, $\cdots$, 8의 8개이다.

(i), (ii)에서 구하는 자연수 r의 개수는

$3+8=11$

유형 12 두 원의 교점을 지나는 직선의 방정식

확인 문제 $4x-8y-9=0$

구하는 직선의 방정식은

$x^2+y^2-3x-4y-6-(x^2+y^2-7x+4y+3)=0$

$\therefore 4x-8y-9=0$

0303
답 $y=\dfrac{1}{2}x-1$

두 원의 교점을 지나는 직선의 방정식은

$x^2+y^2+x-3y-(x^2+y^2-3x+5y-2)=0$

$4x-8y+2=0$ $\therefore y=\dfrac{1}{2}x+\dfrac{1}{4}$

따라서 기울기가 $\dfrac{1}{2}$이고 점 $(4, 1)$을 지나는 직선의 방정식은

$y-1=\dfrac{1}{2}(x-4)$ $\therefore y=\dfrac{1}{2}x-1$

🔊 **Bible Says** 기울기와 한 점이 주어진 직선의 방정식

기울기가 m이고 점 (x_1, y_1)을 지나는 직선의 방정식은

$y-y_1=m(x-x_1)$

0304
답 1

두 원의 교점을 지나는 직선의 방정식은

$x^2+y^2+7x-(x^2+y^2-5x+6y-12)=0$

$\therefore 2x-y+2=0$

이 직선의 x절편은 -1, y절편은 2이므로

$A(-1, 0)$, $B(0, 2)$

따라서 삼각형 OAB의 넓이는

$\dfrac{1}{2} \times 1 \times 2=1$

0305

답 ①

두 원의 교점을 지나는 직선의 방정식은
$x^2+y^2+ax+y-1-(x^2+y^2+6x+ay-6)=0$
$\therefore (a-6)x+(1-a)y+5=0$
이 직선이 점 $(3, 5)$를 지나므로
$3(a-6)+5(1-a)+5=0$
$-2a-8=0$ $\therefore a=-4$

0306

답 3

$(x+a)^2+y^2=9$에서 $x^2+y^2+2ax+a^2-9=0$
$x^2+(y+1)^2=25$에서 $x^2+y^2+2y-24=0$
따라서 두 원의 교점을 지나는 직선의 방정식은
$x^2+y^2+2ax+a^2-9-(x^2+y^2+2y-24)=0$
$\therefore 2ax-2y+a^2+15=0$

❶

이 직선이 직선 $x+3y=4$와 수직이므로
$2a\times1+(-2)\times3=0$ $\therefore a=3$

❷

채점 기준	배점
❶ 두 원의 교점을 지나는 직선의 방정식 구하기	50%
❷ a의 값 구하기	50%

🔊 **Bible Says** 두 직선이 수직일 조건

두 직선 $ax+by+c=0$, $a'x+b'y+c'=0$이 수직이면
$aa'+bb'=0$

0307

답 ③

원 $(x-2)^2+(y-4)^2=r^2$이 원
$(x-1)^2+(y-1)^2=4$의 둘레를 이등분하
려면 두 원의 교점을 지나는 직선이 원
$(x-1)^2+(y-1)^2=4$의 중심을 지나야
한다.

$(x-2)^2+(y-4)^2=r^2$에서 $x^2+y^2-4x-8y+20-r^2=0$
$(x-1)^2+(y-1)^2=4$에서 $x^2+y^2-2x-2y-2=0$
두 원의 교점을 지나는 직선의 방정식은
$x^2+y^2-4x-8y+20-r^2-(x^2+y^2-2x-2y-2)=0$
$\therefore 2x+6y+r^2-22=0$
이 직선이 원 $(x-1)^2+(y-1)^2=4$의 중심 $(1, 1)$을 지나야 하므로
$2+6+r^2-22=0$, $r^2=14$
$\therefore r=\sqrt{14}$ $(\because r>0)$

0308

답 $\left(\dfrac{7}{10}, \dfrac{11}{10}\right)$

두 원의 중심을 지나는 직선은 공통인 현을 수직이등분하므로 선분
AB의 중점은 두 원의 교점을 지나는 직선과 두 원의 중심을 지나
는 직선의 교점이다.

두 원의 교점을 지나는 직선의 방정식은
$x^2+y^2+2y-8-(x^2+y^2-2x-4y)=0$
$\therefore x+3y-4=0$ ...... ㉠
$x^2+y^2+2y-8=0$에서 $x^2+(y+1)^2=9$
$x^2+y^2-2x-4y=0$에서 $(x-1)^2+(y-2)^2=5$
두 원의 중심 $(0, -1)$, $(1, 2)$를 지나는 직선의 방정식은
$y+1=\dfrac{2-(-1)}{1-0}(x-0)$ $\therefore y=3x-1$ ...... ㉡
㉠, ㉡을 연립하여 풀면 $x=\dfrac{7}{10}$, $y=\dfrac{11}{10}$

따라서 선분 AB의 중점의 좌표는 $\left(\dfrac{7}{10}, \dfrac{11}{10}\right)$이다.

유형 13 공통인 현의 길이

0309

답 $2\sqrt{3}$

$x^2+y^2=4$에서 $x^2+y^2-4=0$
$x^2+y^2+8x-6y+6=0$에서
$(x+4)^2+(y-3)^2=19$
그림과 같이 두 원 $x^2+y^2=4$,
$x^2+y^2+8x-6y+6=0$의 중심을 각각
O, O', 두 원의 교점을 A, B라 하고 두
선분 OO', AB의 교점을 C라 하자.
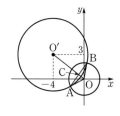
직선 AB의 방정식은
$x^2+y^2-4-(x^2+y^2+8x-6y+6)=0$
$\therefore 4x-3y+5=0$
원 $x^2+y^2=4$의 중심 $O(0, 0)$과 직선 AB 사이의 거리는
$\overline{OC}=\dfrac{|5|}{\sqrt{4^2+(-3)^2}}=1$
원 $x^2+y^2=4$의 반지름의 길이가 2이므로 $\overline{AO}=2$
직각삼각형 AOC에서
$\overline{AC}=\sqrt{2^2-1^2}=\sqrt{3}$
따라서 공통인 현의 길이는
$\overline{AB}=2\overline{AC}=2\sqrt{3}$

0310

답 $4\sqrt{3}$

$x^2+y^2=12$에서 $x^2+y^2-12=0$
$(x-2)^2+y^2=16$에서 $x^2+y^2-4x-12=0$
직선 AB의 방정식은
$x^2+y^2-12-(x^2+y^2-4x-12)=0$
$4x=0$ $\therefore x=0$
원 O의 반지름의 길이가 $2\sqrt{3}$이므로
$\overline{AO}=2\sqrt{3}$
$\therefore \overline{AB}=2\overline{AO}=4\sqrt{3}$
이때 $O(0, 0)$, $O'(2, 0)$이므로
$\overline{OO'}=2$
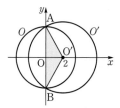

따라서 삼각형 O'AB의 넓이는

$\dfrac{1}{2} \times 4\sqrt{3} \times 2 = 4\sqrt{3}$

0311

답 4

그림과 같이 두 원 $x^2+y^2=20$, $(x-a)^2+y^2=4$의 두 교점을 A, B라 하면 선분 AB가 원 $(x-a)^2+y^2=4$의 지름일 때, 공통인 현의 길이가 최대가 된다. A$(a, 2)$라 하면 점 A는 원 $x^2+y^2=20$ 위의 점이므로 $a^2+2^2=20$, $a^2=16$ $\therefore a=4 \ (\because a>0)$

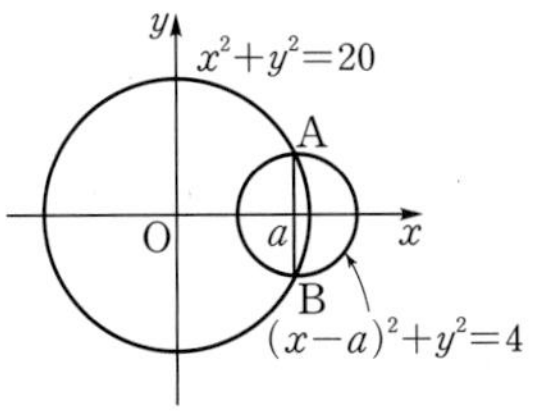

다른 풀이

$x^2+y^2=20$에서 $x^2+y^2-20=0$
$(x-a)^2+y^2=4$에서 $x^2+y^2-2ax+a^2-4=0$
두 원의 교점을 지나는 직선의 방정식은
$x^2+y^2-20-(x^2+y^2-2ax+a^2-4)=0$
$\therefore 2ax-a^2-16=0$
이 직선이 원 $(x-a)^2+y^2=4$의 중심 $(a, 0)$을 지날 때, 공통인 현의 길이가 최대가 되므로
$2a^2-a^2-16=0$, $a^2=16$ $\therefore a=4 \ (\because a>0)$

0312

답 88

그림과 같이 두 원 $x^2+y^2+4x+8y=0$, $x^2+y^2-2x-k=0$의 중심을 각각 O', O'', 두 원의 교점을 A, B라 하고 두 선분 O'O'', AB의 교점을 C라 하자. 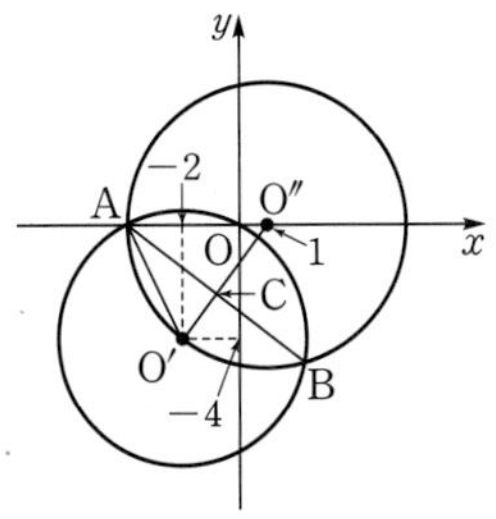
$x^2+y^2+4x+8y=0$에서
$(x+2)^2+(y+4)^2=20$
$\therefore$ O'$(-2, -4)$, $\overline{O'A}=2\sqrt{5}$
$\overline{AB}=8$이므로 $\overline{AC}=\dfrac{1}{2}\overline{AB}=4$
직각삼각형 O'CA에서
$\overline{O'C}=\sqrt{(2\sqrt{5})^2-4^2}=2$ ...... ㉠
직선 AB의 방정식은
$x^2+y^2+4x+8y-(x^2+y^2-2x-k)=0$
$\therefore 6x+8y+k=0$
점 O'$(-2, -4)$와 직선 AB 사이의 거리는
$\overline{O'C}=\dfrac{|-12-32+k|}{\sqrt{6^2+8^2}}=\dfrac{|-44+k|}{10}$ ...... ㉡
㉠, ㉡에서 $\dfrac{|-44+k|}{10}=2$
$|-44+k|=20$, $-44+k=\pm 20$
$\therefore k=24$ 또는 $k=64$
따라서 모든 상수 k의 값의 합은
$24+64=88$

유형 14 두 원의 교점을 지나는 원의 방정식

확인 문제 $x^2+y^2-3x+5y+2=0$

두 원의 교점을 지나는 원의 방정식을
$x^2+y^2-4x+2y+4+k(x^2+y^2-6x-4y+8)=0 \ (k\neq -1)$이라
하면 이 원이 점 $(1, 0)$을 지나므로
$1+3k=0$ $\therefore k=-\dfrac{1}{3}$
따라서 구하는 원의 방정식은
$x^2+y^2-4x+2y+4-\dfrac{1}{3}(x^2+y^2-6x-4y+8)=0$
$\dfrac{2}{3}x^2+\dfrac{2}{3}y^2-2x+\dfrac{10}{3}y+\dfrac{4}{3}=0$
$\therefore x^2+y^2-3x+5y+2=0$

0313

답 2

$(x+1)^2+y^2=5$에서 $x^2+y^2+2x-4=0$
$(x+3)^2+(y-2)^2=9$에서 $x^2+y^2+6x-4y+4=0$
두 원의 교점을 지나는 원의 방정식을
$x^2+y^2+2x-4+k(x^2+y^2+6x-4y+4)=0 \ (k\neq -1)$ ...... ㉠
이라 하면 이 원이 원점을 지나므로
$-4+4k=0$ $\therefore k=1$
$k=1$을 ㉠에 대입하여 정리하면
$x^2+y^2+4x-2y=0$
따라서 $A=4$, $B=-2$, $C=0$이므로
$A+B+C=4+(-2)+0=2$

0314

답 $\dfrac{17}{4}\pi$

두 원의 교점을 지나는 원의 방정식을
$x^2+y^2-3x+6y+7+k(x^2+y^2-8)=0 \ (k\neq -1)$ ...... ㉠
이라 하면 이 원이 점 $(1, 1)$을 지나므로
$12-6k=0$ $\therefore k=2$
$k=2$를 ㉠에 대입하여 정리하면
$x^2+y^2-x+2y-3=0$ $\therefore \left(x-\dfrac{1}{2}\right)^2+(y+1)^2=\dfrac{17}{4}$
따라서 구하는 원의 넓이는 $\dfrac{17}{4}\pi$이다.

0315

답 4

두 원의 교점을 지나는 원의 방정식을
$x^2+y^2-2y-2+k(x^2+y^2+2ax-10y+12)=0 \ (k\neq -1)$
...... ㉠
이라 하면 이 원이 점 $(0, 1)$을 지나므로
$-3+3k=0$ $\therefore k=1$
$k=1$을 ㉠에 대입하여 정리하면

$$x^2+y^2+ax-6y+5=0 \qquad \therefore \left(x+\frac{a}{2}\right)^2+(y-3)^2=\frac{a^2+16}{4}$$

──────────────────────────────────── ❶

이 원의 넓이가 8π이므로

$$\frac{a^2+16}{4}=8,\ a^2=16 \qquad \therefore a=4\ (\because a>0)$$

──────────────────────────────────── ❷

채점 기준	배점
❶ 두 원의 교점과 점 $(0, 1)$을 지나는 원의 방정식 구하기	60%
❷ 양수 a의 값 구하기	40%

0316 답 ③

두 원의 교점을 지나는 원의 방정식은
$$x^2+y^2+6x+4y-11+k(x^2+y^2-4)=0\ (k\neq-1)$$
$$(k+1)x^2+(k+1)y^2+6x+4y-4k-11=0$$
$$x^2+y^2+\frac{6}{k+1}x+\frac{4}{k+1}y+\frac{-4k-11}{k+1}=0$$
$$\left(x+\frac{3}{k+1}\right)^2+\left(y+\frac{2}{k+1}\right)^2=\frac{4k+11}{k+1}+\frac{13}{(k+1)^2} \quad\cdots\cdots\ \bigcirc$$

이 원의 중심의 좌표가 $(3, 2)$이므로
$$-\frac{3}{k+1}=3,\ -\frac{2}{k+1}=2$$
$$k+1=-1 \qquad \therefore k=-2$$

$k=-2$를 ㉠에 대입하면
$$(x-3)^2+(y-2)^2=10$$

따라서 구하는 원의 반지름의 길이는 $\sqrt{10}$이다.

0317 답 ④

두 원의 교점을 지나는 원의 방정식을
$$x^2+y^2+4x+k(x^2+y^2-2x-4y-8)=0\ (k\neq-1)$$이라 하면
$$(k+1)x^2+(k+1)y^2+(-2k+4)x-4ky-8k=0$$
이때 $k\neq-1$이므로
$$x^2+y^2+\frac{-2k+4}{k+1}x-\frac{4k}{k+1}y-\frac{8k}{k+1}=0 \quad\cdots\cdots\ \bigcirc$$

이 원의 중심이 y축 위에 있으므로 원의 중심의 x좌표는 0이다.
즉, ㉠의 x의 계수가 0이어야 하므로
$$\frac{-2k+4}{k+1}=0,\ -2k+4=0 \qquad \therefore k=2$$

$k=2$를 ㉠에 대입하면
$$x^2+y^2-\frac{8}{3}y-\frac{16}{3}=0 \qquad \therefore x^2+\left(y-\frac{4}{3}\right)^2=\frac{64}{9}$$

따라서 원의 반지름의 길이는 $\frac{8}{3}$이므로 구하는 원의 둘레의 길이는
$$2\pi\times\frac{8}{3}=\frac{16}{3}\pi$$

유형 15 원과 직선의 위치 관계 – 서로 다른 두 점에서 만날 때

확인 문제 서로 다른 두 점에서 만난다.

원의 중심 $(0, 0)$과 직선 $x-y+4=0$ 사이의 거리는
$$\frac{|4|}{\sqrt{1^2+(-1)^2}}=2\sqrt{2}$$
원의 반지름의 길이가 5이고 $2\sqrt{2}<5$이므로 원 $x^2+y^2=25$와 직선 $x-y+4=0$은 서로 다른 두 점에서 만난다.

0318 답 19

원의 중심 $(2, -3)$과 직선 $y=3x-k$, 즉 $3x-y-k=0$ 사이의 거리는
$$\frac{|6+3-k|}{\sqrt{3^2+(-1)^2}}=\frac{|9-k|}{\sqrt{10}}$$
원의 반지름의 길이가 $\sqrt{10}$이므로 원과 직선이 서로 다른 두 점에서 만나려면
$$\frac{|9-k|}{\sqrt{10}}<\sqrt{10},\ |9-k|<10$$
$$-10<9-k<10 \qquad \therefore -1<k<19$$
따라서 정수 k는 $0, 1, 2, \cdots, 18$의 19개이다.

다른 풀이

$y=3x-k$를 $(x-2)^2+(y+3)^2=10$에 대입하면
$$(x-2)^2+(3x-k+3)^2=10$$
$$\therefore 10x^2+(14-6k)x+k^2-6k+3=0$$
이 이차방정식의 판별식을 D라 하면 원과 직선이 서로 다른 두 점에서 만나야 하므로
$$\frac{D}{4}=(7-3k)^2-10(k^2-6k+3)>0$$
$$-k^2+18k+19>0,\ k^2-18k-19<0$$
$$(k+1)(k-19)<0 \qquad \therefore -1<k<19$$
따라서 정수 k는 $0, 1, 2, \cdots, 18$의 19개이다.

0319 답 ③

원의 중심 $(1, 4)$와 직선 $4x+3y+1=0$ 사이의 거리는
$$\frac{|4+12+1|}{\sqrt{4^2+3^2}}=\frac{17}{5}$$
원의 반지름의 길이가 r이므로 원과 직선이 서로 다른 두 점에서 만나려면 $r>\frac{17}{5}$
따라서 자연수 r의 최솟값은 4이다.

0320 답 $m<-\sqrt{15}$ 또는 $m>\sqrt{15}$

원의 중심 $(0, -1)$과 직선 $y=mx+3$, 즉 $mx-y+3=0$ 사이의 거리는
$$\frac{|1+3|}{\sqrt{m^2+(-1)^2}}=\frac{4}{\sqrt{m^2+1}}$$
원의 반지름의 길이가 1이므로 원과 직선이 서로 다른 두 점에서 만나려면

$$\frac{4}{\sqrt{m^2+1}}<1, \sqrt{m^2+1}>4$$

양변을 제곱하면 $m^2+1>16$, $m^2>15$

$\therefore m<-\sqrt{15}$ 또는 $m>\sqrt{15}$

다른 풀이

$y=mx+3$을 $x^2+(y+1)^2=1$에 대입하면

$x^2+(mx+4)^2=1$ $\therefore (1+m^2)x^2+8mx+15=0$

이 이차방정식의 판별식을 D라 하면 원과 직선이 서로 다른 두 점에서 만나므로

$$\frac{D}{4}=(4m)^2-15(1+m^2)>0$$

$m^2>15$ $\therefore m<-\sqrt{15}$ 또는 $m>\sqrt{15}$

0321
답 ②

원이 두 직선과 네 점에서 만나므로 원과 두 직선은 각각 서로 다른 두 점에서 만난다.

원의 중심 $(a, 0)$과 직선 $3x+4y-3=0$ 사이의 거리는

$$\frac{|3a-3|}{\sqrt{3^2+4^2}}=\frac{|3a-3|}{5}$$

원의 반지름의 길이가 3이므로 원과 직선 $3x+4y-3=0$이 서로 다른 두 점에서 만나려면

$$\frac{|3a-3|}{5}<3, |3a-3|<15$$

$-15<3a-3<15$ $\therefore -4<a<6$ …… ㉠

원의 중심 $(a, 0)$과 직선 $x-\sqrt{3}y+2=0$ 사이의 거리는

$$\frac{|a+2|}{\sqrt{1^2+(-\sqrt{3})^2}}=\frac{|a+2|}{2}$$

원의 반지름의 길이가 3이므로 원과 직선 $x-\sqrt{3}y+2=0$이 서로 다른 두 점에서 만나려면

$$\frac{|a+2|}{2}<3, |a+2|<6$$

$-6<a+2<6$ $\therefore -8<a<4$ …… ㉡

㉠, ㉡에서 $-4<a<4$

따라서 정수 a는 $-3, -2, -1, 0, 1, 2, 3$의 7개이다.

유형 16 현의 길이

0322
답 $2\sqrt{14}$

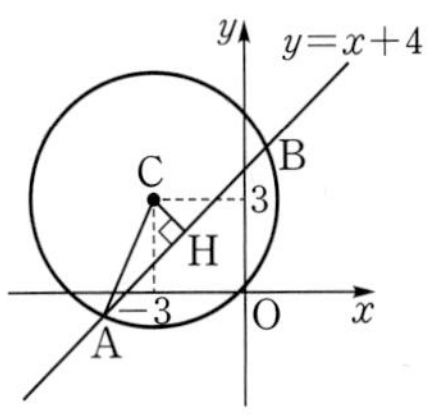

그림과 같이 주어진 원의 중심을 C라 하면

$C(-3, 3)$

점 C에서 직선 $y=x+4$, 즉 $x-y+4=0$에 내린 수선의 발을 H라 하면

$$\overline{CH}=\frac{|-3-3+4|}{\sqrt{1^2+(-1)^2}}=\sqrt{2}$$

원 $(x+3)^2+(y-3)^2=16$의 반지름의 길이가 4이므로

$\overline{AC}=4$

직각삼각형 CAH에서

$\overline{AH}=\sqrt{4^2-(\sqrt{2})^2}=\sqrt{14}$

$\therefore \overline{AB}=2\overline{AH}=2\sqrt{14}$

🔊 Bible Says 현의 성질

(1) 원의 중심에서 현에 내린 수선은 그 현을 이등분한다.
   또한 원에서 현의 수직이등분선은 그 원의 중심을 지난다.

(2) 한 원에서 중심으로부터 같은 거리에 있는 두 현의 길이는 같다.
   또한 한 원에서 길이가 같은 두 현은 중심으로부터 같은 거리에 있다.

0323
답 ③

$x^2+y^2-2x+9y-8=0$에 $y=0$을 대입하면

$x^2-2x-8=0$, $(x+2)(x-4)=0$

$\therefore x=-2$ 또는 $x=4$

따라서 주어진 원이 x축과 만나는 두 점의 좌표는 $(-2, 0)$, $(4, 0)$이므로 구하는 현의 길이는

$|4-(-2)|=6$

0324
답 14

원에 내접하는 삼각형 OAB는 $\angle AOB=90°$인 직각삼각형이므로 선분 AB는 원의 지름이다.

x축 위의 점 A의 좌표를 $A(t, 0)$ $(t>0)$이라 하면

㈎에서 점 B의 좌표는 $B(0, t+4)$

이때 선분 AB의 중점이 원의 중심과 같으므로 $C\left(\frac{t}{2}, \frac{t+4}{2}\right)$

점 C가 직선 $y=3x$ 위의 점이므로 $\frac{t+4}{2}=3\times\frac{t}{2}$

$t+4=3t$, $2t=4$ $\therefore t=2$

따라서 세 점 A, B, C의 좌표는 $A(2, 0)$, $B(0, 6)$, $C(1, 3)$이므로 원의 중심의 좌표는 $(1, 3)$, 반지름의 길이는 $\sqrt{1^2+3^2}=\sqrt{10}$

따라서 $a=1$, $b=3$, $r=\sqrt{10}$이므로

$a+b+r^2=1+3+(\sqrt{10})^2=14$

다른 풀이

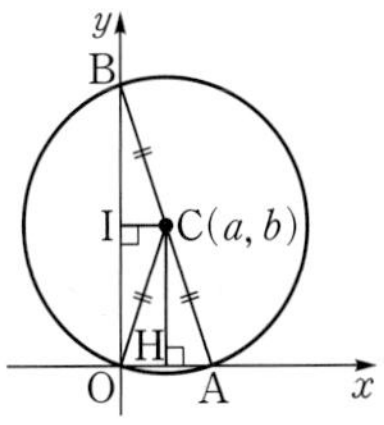

그림과 같이 원의 중심 $C(a, b)$에서 x축, y축에 내린 수선의 발을 각각 H, I라 하면

$H(a, 0)$, $I(0, b)$

이때 $\overline{OC}=\overline{CA}=\overline{CB}=$(원의 반지름의 길이)이므로 두 삼각형 COA, CBO는 이등변삼각형이다.

따라서 이등변삼각형의 성질에 의하여

두 점 A, B의 좌표는 $A(2a, 0)$, $B(0, 2b)$이다.

㈎에서 $2b-2a=4$ $\therefore b-a=2$ …… ㉠

㈏에서 $b=3a$ …… ㉡

㉠, ㉡을 연립하여 풀면 $a=1$, $b=3$이고

반지름의 길이는 $\sqrt{1^2+3^2}=\sqrt{10}$이므로 $r=\sqrt{10}$

$\therefore a+b+r^2=1+3+(\sqrt{10})^2=14$

0325

답 $\sqrt{35}$

$x^2+y^2-8x+6y-11=0$에서

$(x-4)^2+(y+3)^2=36$

그림과 같이 원의 중심 $C(4,\ -3)$에서

직선 $3x+4y+5=0$에 내린 수선의 발

을 H라 하면

$\overline{CH}=\dfrac{|12-12+5|}{\sqrt{3^2+4^2}}=1$

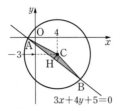

$3x+4y+5=0$

························· ❶

원의 반지름의 길이가 6이므로 $\overline{AC}=6$

직각삼각형 CAH에서

$\overline{AH}=\sqrt{6^2-1^2}=\sqrt{35}$　　$\therefore \overline{AB}=2\overline{AH}=2\sqrt{35}$

························· ❷

따라서 삼각형 ABC의 넓이는

$\dfrac{1}{2}\times 2\sqrt{35}\times 1=\sqrt{35}$

························· ❸

채점 기준	배점
❶ 원의 중심 C에서 직선 $3x+4y+5=0$에 내린 수선의 발까지의 거리 구하기	40%
❷ 선분 AB의 길이 구하기	40%
❸ 삼각형 ABC의 넓이 구하기	20%

0326

답 ①

$x^2+y^2-2x-4y+k=0$에서 $(x-1)^2+(y-2)^2=5-k$

그림과 같이 원의 중심을 C라 하면

$C(1,\ 2)$

점 C에서 직선 $2x-y+5=0$에 내린

수선의 발을 H라 하면

$\overline{AH}=\dfrac{1}{2}\overline{AB}=2$

$\overline{CH}=\dfrac{|2-2+5|}{\sqrt{2^2+(-1)^2}}=\sqrt{5}$

직각삼각형 CAH에서

$\overline{CA}=\sqrt{2^2+(\sqrt5)^2}=3$

이때 원의 반지름의 길이는 $\sqrt{5-k}$이므로

$\sqrt{5-k}=3$

양변을 제곱하면

$5-k=9$　　$\therefore k=-4$

0327

답 ⑤

그림과 같이 주어진 원과 직선의 두 교점

을 A, B라 하면 두 점 A, B를 지나는 원

중에서 넓이가 최소인 것은 선분 AB를

지름으로 하는 원이다.

주어진 원의 중심을 C라 하면

$C(-3,\ 2)$

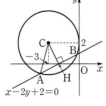

$x-2y+2=0$

점 C에서 직선 $x-2y+2=0$에 내린 수선의 발을 H라 하면

$\overline{CH}=\dfrac{|-3-4+2|}{\sqrt{1^2+(-2)^2}}=\sqrt5$

원 $(x+3)^2+(y-2)^2=9$의 반지름의 길이가 3이므로

$\overline{AC}=3$

직각삼각형 CAH에서

$\overline{AH}=\sqrt{3^2-(\sqrt5)^2}=2$

따라서 구하는 원의 넓이는

$\pi\times 2^2=4\pi$

0328

답 $\sqrt{11}$

$x^2+y^2-10y=0$에서 $x^2+(y-5)^2=25$

$\overline{CP}=\overline{CQ}=5$이므로 삼각형 CPQ가 정삼각형이 되려면 $\overline{PQ}=5$이

어야 한다.

그림과 같이 원의 중심 C에서 선분 PQ

에 내린 수선의 발을 H라 하면

$\overline{PH}=\dfrac{1}{2}\overline{PQ}=\dfrac{5}{2}$

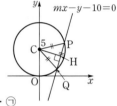

$mx-y-10=0$

직각삼각형 CPH에서

$\overline{CH}=\sqrt{5^2-\left(\dfrac{5}{2}\right)^2}=\dfrac{5\sqrt3}{2}$　　······ ㉠

점 $C(0,\ 5)$와 직선 $mx-y-10=0$ 사이의 거리는

$\overline{CH}=\dfrac{|-5-10|}{\sqrt{m^2+(-1)^2}}=\dfrac{15}{\sqrt{m^2+1}}$　　······ ㉡

㉠, ㉡에서 $\dfrac{15}{\sqrt{m^2+1}}=\dfrac{5\sqrt3}{2}$, $\sqrt{3m^2+3}=6$

양변을 제곱하면

$3m^2+3=36$, $m^2=11$　　$\therefore m=\sqrt{11}$ $(\because m>0)$

유형 17　원과 직선의 위치 관계 – 접할 때

확인 문제　한 점에서 만난다. (접한다.)

원의 중심 $(0,\ 0)$과 직선 $x-y+2=0$ 사이의 거리는

$\dfrac{|2|}{\sqrt{1^2+(-1)^2}}=\sqrt2$

원의 반지름의 길이가 $\sqrt2$이므로 원 $x^2+y^2=2$와 직선 $x-y+2=0$

은 한 점에서 만난다. (접한다.)

0329

답 ④

원의 중심 $(2,\ -4)$와 직선 $x+2y+k=0$ 사이의 거리는

$\dfrac{|2-8+k|}{\sqrt{1^2+2^2}}=\dfrac{|-6+k|}{\sqrt5}$

원의 반지름의 길이가 $2\sqrt5$이므로 원과 직선이 접하려면

$\dfrac{|-6+k|}{\sqrt5}=2\sqrt5$, $|-6+k|=10$

$-6+k=\pm10$　　$\therefore k=-4$ 또는 $k=16$

그런데 k는 양수이므로 $k=16$

다른 풀이

$x+2y+k=0$, 즉 $x=-2y-k$를 $(x-2)^2+(y+4)^2=20$에 대입하면

$(-2y-k-2)^2+(y+4)^2=20$

$\therefore 5y^2+4(k+4)y+k^2+4k=0$

이 이차방정식의 판별식을 D라 하면 원과 직선이 접하므로

$\dfrac{D}{4}=\{2(k+4)\}^2-5(k^2+4k)=0$

$k^2-12k-64=0$, $(k+4)(k-16)=0$

$\therefore k=-4$ 또는 $k=16$

그런데 k는 양수이므로 $k=16$

0330

답 ②

직선 $x+2y+5=0$이 원 $(x-1)^2+y^2=r^2$에 접하므로 원의 중심 $(1,0)$과 직선 $x+2y+5=0$ 사이의 거리는 원의 반지름의 길이인 r와 같다.

$\therefore r=\dfrac{|1+0+5|}{\sqrt{1^2+2^2}}=\dfrac{6}{\sqrt{5}}=\dfrac{6\sqrt{5}}{5}$

0331

답 8

원의 반지름의 길이를 r라 하면

$\pi r^2=15\pi$ $\therefore r=\sqrt{15}$ ($\because r>0$)

❶

원의 중심 $(-3,-5)$와 직선 $3x-y+k=0$ 사이의 거리는

$\dfrac{|-9+5+k|}{\sqrt{3^2+(-1)^2}}=\dfrac{|-4+k|}{\sqrt{10}}$

❷

이때 원과 직선이 접하므로

$\dfrac{|-4+k|}{\sqrt{10}}=\sqrt{15}$, $|-4+k|=5\sqrt{6}$

$-4+k=\pm5\sqrt{6}$ $\therefore k=4\pm5\sqrt{6}$

❸

따라서 모든 실수 k의 값의 합은

$(4-5\sqrt{6})+(4+5\sqrt{6})=8$

❹

채점 기준	배점
❶ 원의 반지름의 길이 구하기	10%
❷ 원의 중심과 직선 $3x-y+k=0$ 사이의 거리 구하기	40%
❸ 실수 k의 값 구하기	40%
❹ 모든 실수 k의 값의 합 구하기	10%

0332

답 ②

x축, y축에 동시에 접하고 원의 중심이 제4사분면 위에 있으므로 원의 반지름의 길이를 r라 하면 원의 중심의 좌표는 $(r,-r)$이다.

원의 중심 $(r,-r)$과 직선 $12x-5y-24=0$ 사이의 거리는

$\dfrac{|12r+5r-24|}{\sqrt{12^2+(-5)^2}}=\dfrac{|17r-24|}{13}$

이때 원과 직선이 접하므로

$\dfrac{|17r-24|}{13}=r$, $|17r-24|=13r$

$17r-24=\pm13r$, $30r=24$ 또는 $4r=24$

$\therefore r=\dfrac{4}{5}$ 또는 $r=6$

따라서 두 원 중 큰 원의 둘레의 길이는

$2\pi\times6=12\pi$

0333

답 $\dfrac{81}{50}$

원의 중심이 직선 $y=x+1$ 위에 있으므로 원의 중심의 좌표를 $(a,a+1)$이라 하면 원의 중심과 두 직선 $6x-8y+1=0$, $8x-6y-5=0$ 사이의 거리는 모두 원의 반지름의 길이와 같다.

$\dfrac{|6a-8(a+1)+1|}{\sqrt{6^2+(-8)^2}}=\dfrac{|8a-6(a+1)-5|}{\sqrt{8^2+(-6)^2}}$

$|-2a-7|=|2a-11|$ $\therefore -2a-7=\pm(2a-11)$

(i) $-2a-7=2a-11$일 때

$4a=4$ $\therefore a=1$

(ii) $-2a-7=-(2a-11)$일 때

이를 만족시키는 a의 값은 존재하지 않는다.

(i), (ii)에서 $a=1$

즉, 원의 중심의 좌표는 $(1,2)$이고 원의 반지름의 길이는

$\dfrac{|6-16+1|}{\sqrt{6^2+(-8)^2}}=\dfrac{9}{10}$이므로 원의 방정식은

$(x-1)^2+(y-2)^2=\dfrac{81}{100}$

따라서 $a=1$, $b=2$, $c=\dfrac{81}{100}$이므로

$abc=1\times2\times\dfrac{81}{100}=\dfrac{81}{50}$

0334

답 50

원의 중심이 직선 $y=x$ 위에 있으므로 원의 중심의 좌표를 (a,a)라 하면 원이 x축과 y축에 동시에 접하므로 원의 반지름의 길이는 $|a|$이다.

점 (a,a)와 직선 $3x-4y+12=0$ 사이의 거리는

$\dfrac{|3a-4a+12|}{\sqrt{3^2+(-4)^2}}=\dfrac{|-a+12|}{5}$

이때 원과 직선이 접하므로

$\dfrac{|-a+12|}{5}=|a|$, $|-a+12|=5|a|$

양변을 제곱하면

$(-a+12)^2=25a^2$, $a^2+a-6=0$

$(a+3)(a-2)=0$ $\therefore a=-3$ 또는 $a=2$

따라서 두 원의 중심 A, B의 좌표가 각각 $(-3,-3)$, $(2,2)$이므로

$\overline{\text{AB}}^2=\{2-(-3)\}^2+\{2-(-3)\}^2=50$

0335

a, b는 0 또는 1 또는 2이므로 $a+b=3$이려면
$a=1$, $b=2$ 또는 $a=2$, $b=1$

(i) $a=1$, $b=2$일 때
   직선 $x+3y-k=0$이 원 $(x-2)^2+y^2=10$에 접해야 하므로
   $\dfrac{|2-k|}{\sqrt{1^2+3^2}}=\sqrt{10}$, $|2-k|=10$
   $2-k=\pm10$ ∴ $k=-8$ 또는 $k=12$ ······ ㉠
   또한 직선 $x+3y-k=0$이 원 $(x+2)^2+(y+2)^2=10$과 서로
   다른 두 점에서 만나야 하므로
   $\dfrac{|-2-6-k|}{\sqrt{1^2+3^2}}<\sqrt{10}$, $|-8-k|<10$
   $-10<-8-k<10$ ∴ $-18<k<2$ ······ ㉡
   ㉠, ㉡에서 $k=-8$

(ii) $a=2$, $b=1$일 때
   직선 $x+3y-k=0$이 원 $(x-2)^2+y^2=10$과 서로 다른 두 점
   에서 만나야 하므로
   $\dfrac{|2-k|}{\sqrt{1^2+3^2}}<\sqrt{10}$, $|2-k|<10$
   $-10<2-k<10$ ∴ $-8<k<12$ ······ ㉢
   또한 직선 $x+3y-k=0$이 원 $(x+2)^2+(y+2)^2=10$에 접해
   야 하므로
   $\dfrac{|-2-6-k|}{\sqrt{1^2+3^2}}=\sqrt{10}$, $|-8-k|=10$
   $-8-k=\pm10$ ∴ $k=-18$ 또는 $k=2$ ······ ㉣
   ㉢, ㉣에서 $k=2$

(i), (ii)에서 모든 실수 k의 값의 합은
$-8+2=-6$

유형 18 접선의 길이

0336

$x^2+y^2-6x+2y+2=0$에서
$(x-3)^2+(y+1)^2=8$
원의 중심을 C라 하면 C$(3, -1)$
∴ $\overline{\text{PC}}=\sqrt{\{3-(-1)\}^2+(-1-2)^2}=5$
원의 반지름의 길이가 $2\sqrt{2}$이므로
$\overline{\text{CQ}}=2\sqrt{2}$
따라서 직각삼각형 PCQ에서
$\overline{\text{PQ}}=\sqrt{5^2-(2\sqrt{2})^2}=\sqrt{17}$

0337

원의 중심이 O$(0, 0)$이고 반지름의 길이가 1이므로
$\overline{\text{OA}}=1$, $\overline{\text{PO}}=4$
직각삼각형 OAP에서
$\overline{\text{PA}}=\sqrt{4^2-1^2}=\sqrt{15}$
이때 △OAP≡△OBP (RHS 합동)이므로
□OAPB$=2$△OAP$=2\times\left(\dfrac{1}{2}\times\sqrt{15}\times1\right)=\sqrt{15}$

0338

$x^2+y^2+8x-10y+27=0$에서
$(x+4)^2+(y-5)^2=14$
원의 중심을 C라 하면 C$(-4, 5)$
∴ $\overline{\text{CP}}=\sqrt{\{a-(-4)\}^2+(-5)^2}$
   $=\sqrt{a^2+8a+41}$
접점을 Q라 하면 원의 반지름의 길이가 $\sqrt{14}$이므로
$\overline{\text{CQ}}=\sqrt{14}$
$\overline{\text{PQ}}=6$이므로 직각삼각형 CPQ에서
$a^2+8a+41=6^2+(\sqrt{14})^2$, $a^2+8a-9=0$
$(a+9)(a-1)=0$ ∴ $a=-9$ 또는 $a=1$
그런데 $a>0$이므로 $a=1$

0339

원의 중심을 C라 하면 C$(3, 5)$
∴ $\overline{\text{PC}}=\sqrt{\{3-(-3)\}^2+(5-1)^2}=2\sqrt{13}$
······································· ❶
이때 △CAP≡△CBP (RHS 합동)이고
∠APB$=60°$이므로
∠APC$=\dfrac{1}{2}$∠APB$=30°$
······································· ❷
따라서 직각삼각형 CAP에서
$\overline{\text{PA}}=2\sqrt{13}\cos30°=2\sqrt{13}\times\dfrac{\sqrt{3}}{2}=\sqrt{39}$
······································· ❸

채점 기준	배점
❶ 원의 중심을 C라 하고 $\overline{\text{PC}}$의 길이 구하기	30%
❷ ∠APC의 크기 구하기	30%
❸ 선분 PA의 길이 구하기	40%

0340

원의 중심이 O$(0, 0)$이고 반지름의
길이가 $\sqrt{5}$이므로
$\overline{\text{OP}}=\sqrt{5}$, $\overline{\text{OA}}=\sqrt{3^2+(-4)^2}=5$
직각삼각형 OAP에서
$\overline{\text{AP}}=\sqrt{5^2-(\sqrt{5})^2}=2\sqrt{5}$
선분 OA, PQ의 교점을 R라 하면
$\overline{\text{OA}}\perp\overline{\text{PQ}}$이므로 삼각형 OAP의 넓이에서
$\dfrac{1}{2}\times\overline{\text{AP}}\times\overline{\text{OP}}=\dfrac{1}{2}\times\overline{\text{OA}}\times\overline{\text{PR}}$
$\dfrac{1}{2}\times2\sqrt{5}\times\sqrt{5}=\dfrac{1}{2}\times5\times\overline{\text{PR}}$ ∴ $\overline{\text{PR}}=2$
∴ $\overline{\text{PQ}}=2\overline{\text{PR}}=4$

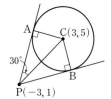

확인 문제 만나지 않는다.

원의 중심 $(0, 0)$과 직선 $3x-y+10=0$ 사이의 거리는

$$\frac{|10|}{\sqrt{3^2+(-1)^2}}=\sqrt{10}$$

원의 반지름의 길이가 $\sqrt{3}$이고 $\sqrt{10}>\sqrt{3}$이므로 원 $x^2+y^2=3$과 직선 $3x-y+10=0$은 서로 만나지 않는다.

0341 답 ④

원의 중심 $(2, 0)$과 직선 $y=m(x-4)$, 즉 $mx-y-4m=0$ 사이의 거리는

$$\frac{|2m-4m|}{\sqrt{m^2+(-1)^2}}=\frac{|-2m|}{\sqrt{m^2+1}}$$

원의 반지름의 길이가 $\sqrt{2}$이므로 원과 직선이 만나지 않으려면

$$\frac{|-2m|}{\sqrt{m^2+1}}>\sqrt{2}, \ |-2m|>\sqrt{2(m^2+1)}$$

양변을 제곱하면 $4m^2>2m^2+2$, $m^2>1$

$\therefore m<-1$ 또는 $m>1$

따라서 $\alpha=-1$, $\beta=1$이므로 $\beta-\alpha=1-(-1)=2$

다른 풀이

$y=m(x-4)$를 $(x-2)^2+y^2=2$에 대입하면

$(x-2)^2+m^2(x-4)^2=2$

$\therefore (1+m^2)x^2-4(2m^2+1)x+16m^2+2=0$

이 이차방정식의 판별식을 D라 하면 원과 직선이 만나지 않으므로

$$\frac{D}{4}=\{-2(2m^2+1)\}^2-(1+m^2)(16m^2+2)<0$$

$2-2m^2<0$, $m^2>1$

$\therefore m<-1$ 또는 $m>1$

따라서 $\alpha=-1$, $\beta=1$이므로 $\beta-\alpha=1-(-1)=2$

0342 답 90

원의 중심 $(0, 0)$과 직선 $y=3x+k$, 즉 $3x-y+k=0$ 사이의 거리는

$$\frac{|k|}{\sqrt{3^2+(-1)^2}}=\frac{|k|}{\sqrt{10}}$$

원의 반지름의 길이가 1이므로 원과 직선이 만나지 않으려면

$$\frac{|k|}{\sqrt{10}}>1, \ |k|>\sqrt{10}$$

$\therefore k<-\sqrt{10}$ 또는 $k>\sqrt{10}$

따라서 $\alpha=-\sqrt{10}$, $\beta=\sqrt{10}$이므로 $(2\alpha-\beta)^2=90$

다른 풀이

$y=3x+k$를 $x^2+y^2=1$에 대입하면 $x^2+(3x+k)^2=1$

$\therefore 10x^2+6kx+k^2-1=0$

이 이차방정식의 판별식을 D라 하면 원과 직선이 만나지 않으므로

$$\frac{D}{4}=(3k)^2-10(k^2-1)<0$$

$-k^2+10<0$, $k^2>10$

$\therefore k<-\sqrt{10}$ 또는 $k>\sqrt{10}$

따라서 $\alpha=-\sqrt{10}$, $\beta=\sqrt{10}$이므로 $(2\alpha-\beta)^2=90$

0343 답 $k<-16$ 또는 $k>4$

원의 중심 $(k, 0)$과 직선 $x-2y+6=0$ 사이의 거리는

$$\frac{|k+6|}{\sqrt{1^2+(-2)^2}}=\frac{|k+6|}{\sqrt{5}}$$

원의 반지름의 길이가 $2\sqrt{5}$이므로 원과 직선이 만나지 않으려면

$$\frac{|k+6|}{\sqrt{5}}>2\sqrt{5}, \ |k+6|>10$$

$k+6<-10$ 또는 $k+6>10$

$\therefore k<-16$ 또는 $k>4$

0344 답 -26

원 O의 중심 $(3a, 2a)$가 제3사분면 위에 있으므로 $a<0$ ❶

원 O의 중심 $(3a, 2a)$와 직선 $3x-4y+5=0$ 사이의 거리는

$$\frac{|9a-8a+5|}{\sqrt{3^2+(-4)^2}}=\frac{|a+5|}{5}$$ ❷

이때 원의 넓이가 16π이므로 원의 반지름의 길이가 4이고, 원과 직선이 만나지 않으므로

$$\frac{|a+5|}{5}>4, \ |a+5|>20$$

$a+5<-20$ 또는 $a+5>20$

$\therefore a<-25$ 또는 $a>15$

그런데 $a<0$이므로 $a<-25$ ❸

따라서 정수 a의 최댓값은 -26이다. ❹

채점 기준	배점
❶ a의 부호 구하기	10%
❷ 원과 직선 사이의 거리 구하기	30%
❸ a의 값의 범위 구하기	50%
❹ 정수 a의 최댓값 구하기	10%

0345 답 ②

두 점 $(2, -4)$, $(8, 2)$를 지름의 양 끝 점으로 하는 원의 중심의 좌표는

$\left(\frac{2+8}{2}, \frac{-4+2}{2}\right)$, 즉 $(5, -1)$

반지름의 길이는

$$\frac{1}{2}\sqrt{(8-2)^2+\{2-(-4)\}^2}=3\sqrt{2}$$

원의 중심 $(5, -1)$과 직선 $x+y+k=0$ 사이의 거리는

$$\frac{|5-1+k|}{\sqrt{1^2+1^2}}=\frac{|4+k|}{\sqrt{2}}$$

원과 직선이 만나지 않으려면
$$\frac{|4+k|}{\sqrt{2}}>3\sqrt{2},\ |4+k|>6$$
$4+k<-6$ 또는 $4+k>6$
$\therefore k<-10$ 또는 $k>2$
따라서 자연수 k의 최솟값은 3이다.

유형 20 원 위의 점과 직선 사이의 거리

0346
답 ④

$x^2+y^2+4x+6y-7=0$에서 $(x+2)^2+(y+3)^2=20$
원의 중심 $(-2,\ -3)$과 직선 $x+2y-7=0$ 사이의 거리는
$$\frac{|-2-6-7|}{\sqrt{1^2+2^2}}=3\sqrt{5}$$
원의 반지름의 길이가 $2\sqrt{5}$이므로
$M=3\sqrt{5}+2\sqrt{5}=5\sqrt{5}$
$m=3\sqrt{5}-2\sqrt{5}=\sqrt{5}$
$\therefore M+m=5\sqrt{5}+\sqrt{5}=6\sqrt{5}$

0347
답 ③

원의 중심 $(0,\ 0)$과 직선 $5x-12y+k=0$ 사이의 거리는
$$\frac{|k|}{\sqrt{5^2+(-12)^2}}=\frac{|k|}{13}$$
원의 반지름의 길이가 2이므로 원 위의 점 P와 직선
$5x-12y+k=0$ 사이의 거리의 최댓값이 5이려면
$$\frac{|k|}{13}+2=5,\ |k|=39 \quad \therefore k=39\ (\because k>0)$$

0348
답 12

$x^2+y^2-8x+12y+42=0$에서 $(x-4)^2+(y+6)^2=10$
원의 중심 $(4,\ -6)$과 직선 $x+3y-6=0$ 사이의 거리는
$$\frac{|4-18-6|}{\sqrt{1^2+3^2}}=2\sqrt{10}$$
❶

원의 반지름의 길이가 $\sqrt{10}$이므로 원 위의 점 P와 직선
$x+3y-6=0$ 사이의 거리를 d라 하면
$2\sqrt{10}-\sqrt{10}\leq d\leq 2\sqrt{10}+\sqrt{10}$
$\therefore \sqrt{10}\leq d\leq 3\sqrt{10}$
❷

따라서 정수 d는 4, 5, 6, 7, 8, 9이고 각각의 거리에 해당하는
점 P가 2개씩 있으므로 구하는 점 P의 개수는 12이다.
❸

채점 기준	배점
❶ 원의 중심과 직선 사이의 거리 구하기	30%
❷ 점 P와 직선 사이의 거리의 범위 구하기	50%
❸ 점 P의 개수 구하기	20%

0349
답 ③

원의 중심 $O(0,\ 0)$과 직선 $y=x-4$, 즉 $x-y-4=0$ 사이의 거리는
$$\frac{|-4|}{\sqrt{1^2+(-1)^2}}=2\sqrt{2}$$

그림과 같이 원 $x^2+y^2=2$ 위의 점 A
에서 직선 $y=x-4$에 내린 수선의 발
을 H라 하면 원의 반지름의 길이가 $\sqrt{2}$
이므로
$(\overline{AH}$의 길이의 최댓값$)=2\sqrt{2}+\sqrt{2}$
$\qquad\qquad\qquad\qquad =3\sqrt{2}$
$(\overline{AH}$의 길이의 최솟값$)=2\sqrt{2}-\sqrt{2}$
$\qquad\qquad\qquad\qquad =\sqrt{2}$

정삼각형 ABC의 넓이가 최대일 때의 높이는 $3\sqrt{2}$, 최소일 때의
높이는 $\sqrt{2}$이므로 정삼각형 ABC의 넓이의 최솟값과 최댓값의 비는
$(\sqrt{2})^2:(3\sqrt{2})^2=1:9$

다른 풀이

높이가 $\sqrt{2}$인 정삼각형의 한 변의 길이를 a라 하면
$$\frac{\sqrt{3}}{2}a=\sqrt{2} \quad \therefore a=\frac{2\sqrt{6}}{3}$$
이 정삼각형의 넓이는
$$\frac{\sqrt{3}}{4}a^2=\frac{\sqrt{3}}{4}\times\left(\frac{2\sqrt{6}}{3}\right)^2=\frac{2\sqrt{3}}{3}$$
같은 방법으로 하면 높이가 $3\sqrt{2}$인 정삼각형의 넓이는 $6\sqrt{3}$이다.
따라서 정삼각형 ABC의 넓이의 최솟값과 최댓값의 비는
$$\frac{2\sqrt{3}}{3}:6\sqrt{3}=1:9$$

유형 21 원의 접선의 방정식 - 기울기가 주어질 때

확인 문제 $y=2x\pm\sqrt{30}$

구하는 접선의 방정식은
$y=2x\pm\sqrt{6}\times\sqrt{2^2+1} \quad \therefore y=2x\pm\sqrt{30}$

0350
답 $y=3x\pm10$

직선 $x+3y-6=0$, 즉 $y=-\dfrac{1}{3}x+2$에 수직인 직선의 기울기는
3이고, 원 $x^2+y^2=10$의 반지름의 길이는 $\sqrt{10}$이므로 구하는 접선
의 방정식은
$y=3x\pm\sqrt{10}\times\sqrt{3^2+1} \quad \therefore y=3x\pm10$

0351
답 18

직선 $y=x+2$와 평행한 직선의 기울기는 1이고, 원 $x^2+y^2=9$의
반지름의 길이는 3이므로 접선의 방정식은
$y=x\pm3\sqrt{1^2+1} \quad \therefore y=x\pm3\sqrt{2}$
따라서 직선의 y절편은 $\pm3\sqrt{2}$이므로
$k=\pm3\sqrt{2} \quad \therefore k^2=(\pm3\sqrt{2})^2=18$

0352
답 ④

접선의 방정식을 $y=2x+k$ (k는 상수)라 하면 원의 중심 $(2, -3)$과 직선 $y=2x+k$, 즉 $2x-y+k=0$ 사이의 거리는

$$\frac{|4+3+k|}{\sqrt{2^2+(-1)^2}}=\frac{|7+k|}{\sqrt{5}}$$

원의 반지름의 길이가 $\sqrt{3}$이므로 원과 직선이 접하려면

$$\frac{|7+k|}{\sqrt{5}}=\sqrt{3}, \ |7+k|=\sqrt{15}$$

$$7+k=\pm\sqrt{15} \qquad \therefore k=-7\pm\sqrt{15}$$

따라서 두 직선의 y절편은 각각 $-7-\sqrt{15}$, $-7+\sqrt{15}$이므로 구하는 곱은

$$(-7-\sqrt{15})(-7+\sqrt{15})=34$$

0353
답 ②

기울기가 1이고 원 $x^2+y^2=8$에 접하는 직선의 방정식은

$$y=x\pm2\sqrt{2}\times\sqrt{1^2+1} \qquad \therefore y=x\pm4$$

기울기가 -1이고 원 $x^2+y^2=8$에 접하는 직선의 방정식은

$$y=-x\pm2\sqrt{2}\times\sqrt{(-1)^2+1} \qquad \therefore y=-x\pm4$$

따라서 그림에서 사각형 ABCD의 넓이는

$$4\triangle\text{AOD}=4\times\left(\frac{1}{2}\times4\times4\right)=32$$

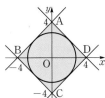

0354
답 $8\sqrt{3}$

$x^2+y^2-2x-8y+5=0$에서 $(x-1)^2+(y-4)^2=12$

기울기가 $\tan 60°$, 즉 $\sqrt{3}$인 접선의 방정식을 $y=\sqrt{3}x+k$ (k는 상수)라 하면 원의 중심 $(1, 4)$와 직선 $y=\sqrt{3}x+k$, 즉 $\sqrt{3}x-y+k=0$ 사이의 거리는

$$\frac{|\sqrt{3}-4+k|}{\sqrt{(\sqrt{3})^2+(-1)^2}}=\frac{|\sqrt{3}-4+k|}{2}$$

❶

원의 반지름의 길이가 $2\sqrt{3}$이므로 원과 직선이 접하려면

$$\frac{|\sqrt{3}-4+k|}{2}=2\sqrt{3}, \ |\sqrt{3}-4+k|=4\sqrt{3}$$

$$\sqrt{3}-4+k=\pm4\sqrt{3} \qquad \therefore k=4-5\sqrt{3} \ 또는 \ k=4+3\sqrt{3}$$

❷

따라서 $\text{P}(0, 4-5\sqrt{3})$, $\text{Q}(0, 4+3\sqrt{3})$ 또는 $\text{P}(0, 4+3\sqrt{3})$, $\text{Q}(0, 4-5\sqrt{3})$이므로

$$\overline{\text{PQ}}=|(4+3\sqrt{3})-(4-5\sqrt{3})|=8\sqrt{3}$$

❸

채점 기준	배점
❶ 원의 중심과 직선 사이의 거리 구하기	40%
❷ k의 값 구하기	40%
❸ 선분 PQ의 길이 구하기	20%

0355
답 $40+40\sqrt{5}$

점 C와 직선 AB 사이의 거리가 최대일 때 삼각형 ABC의 넓이가 최대이고, 이때는 그림과 같이 점 C에서의 접선이 직선 AB와 평행할 때이다.

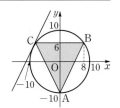

직선 AB의 기울기는 $\dfrac{6-(-10)}{8-0}=2$

이므로 기울기가 2인 접선의 방정식은

$$y=2x\pm10\sqrt{2^2+1} \qquad \therefore y=2x\pm10\sqrt{5}$$

위의 그림에서 점 C에서의 접선의 방정식은 $y=2x+10\sqrt{5}$이고 점 $\text{A}(0, -10)$과 직선 $y=2x+10\sqrt{5}$, 즉 $2x-y+10\sqrt{5}=0$ 사이의 거리는

$$\frac{|10+10\sqrt{5}|}{\sqrt{2^2+(-1)^2}}=\frac{|10+10\sqrt{5}|}{\sqrt{5}}=2\sqrt{5}+10$$

이때 $\overline{\text{AB}}=\sqrt{8^2+\{6-(-10)\}^2}=8\sqrt{5}$이므로 삼각형 ABC의 넓이의 최댓값은 $\dfrac{1}{2}\times8\sqrt{5}\times(2\sqrt{5}+10)=40+40\sqrt{5}$

유형 **22** 원의 접선의 방정식 – 원 위의 한 점이 주어질 때

확인 문제 $x+2y=5$

구하는 접선의 방정식은

$$1\times x+2\times y=5 \qquad \therefore x+2y=5$$

0356
답 ④

원 $x^2+y^2=17$ 위의 점 (a, b)에서의 접선의 방정식은

$$ax+by=17 \qquad \therefore y=-\frac{a}{b}x+\frac{17}{b}$$

이 접선의 기울기가 -4이므로

$$-\frac{a}{b}=-4 \qquad \therefore a=4b \qquad \cdots\cdots ㉠$$

점 (a, b)는 원 $x^2+y^2=17$ 위의 점이므로

$$a^2+b^2=17 \qquad \cdots\cdots ㉡$$

㉠, ㉡을 연립하여 풀면

$$a=-4, \ b=-1 \ 또는 \ a=4, \ b=1$$

$$\therefore ab=4$$

0357
답 ⑤

점 P가 제1사분면에 있으므로 점 P의 좌표를 (x_1, y_1) $(x_1>0, y_1>0)$이라 하자.

원 $x^2+y^2=1$ 위의 점 $\text{P}(x_1, y_1)$에서의 접선의 방정식은

$$x_1x+y_1y=1$$

이 직선이 점 $(0, 3)$을 지나므로

$$3y_1=1 \qquad \therefore y_1=\frac{1}{3}$$

점 $P(x_1, y_1)$이 원 $x^2+y^2=1$ 위의 점이므로

$x_1{}^2+y_1{}^2=1$, $x_1{}^2+\left(\dfrac{1}{3}\right)^2=1$

$x_1{}^2=\dfrac{8}{9}$ $\therefore x_1=\dfrac{2\sqrt{2}}{3}$ $(\because x_1>0)$

따라서 점 P의 x좌표는 $\dfrac{2\sqrt{2}}{3}$이다.

0358

<답 8>

원 $x^2+y^2=25$ 위의 점 $(3, -4)$에서의 접선의 방정식은

$3x-4y-25=0$

원 $(x-6)^2+(y-8)^2=r^2$의 중심 $(6, 8)$과 직선 $3x-4y-25=0$

사이의 거리는

$\dfrac{|3\times6-4\times8-25|}{\sqrt{3^2+(-4)^2}}=\dfrac{39}{5}$

원 $(x-6)^2+(y-8)^2=r^2$의 반지름의 길이는 r이고

직선 $3x-4y-25=0$이 이 원과 만나므로

$r\geq\dfrac{39}{5}$

따라서 자연수 r의 최솟값은 8이다.

0359

<답 −3>

$x^2+y^2-10x+8y+21=0$에서 $(x-5)^2+(y+4)^2=20$

원의 중심 $(5, -4)$와 점 $(1, -2)$를 지나는 직선의 기울기는

$\dfrac{-2-(-4)}{1-5}=-\dfrac{1}{2}$

즉, 점 $(1, -2)$에서의 접선의 기울기는 2이므로 접선의 방정식은

$y-(-2)=2(x-1)$ $\therefore y=2x-4$

이 직선이 점 $(a, -10)$을 지나므로

$-10=2a-4$ $\therefore a=-3$

[다른 풀이]

$x^2+y^2-10x+8y+21=0$에서 $(x-5)^2+(y+4)^2=20$

원 위의 점 $(1, -2)$에서의 접선의 방정식은

$(1-5)(x-5)+(-2+4)(y+4)=20$

$\therefore 2x-y-4=0$

이 직선이 점 $(a, -10)$을 지나므로

$2a+10-4=0$ $\therefore a=-3$

0360

<답 $(5, 0)$>

원의 중심을 $C(1, 2)$라 하면 직선 AC의

기울기는

$\dfrac{2-(-1)}{1-2}=-3$

즉, 점 A에서의 접선의 기울기는 $\dfrac{1}{3}$이므로

점 A에서의 접선의 방정식은

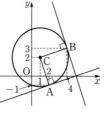

$y-(-1)=\dfrac{1}{3}(x-2)$

$\therefore x-3y-5=0$ ······ ㉠

❶

직선 BC의 기울기는 $\dfrac{2-3}{1-4}=\dfrac{1}{3}$

즉, 점 B에서의 접선의 기울기는 -3이므로

점 B에서의 접선의 방정식은

$y-3=-3(x-4)$ $\therefore 3x+y-15=0$ ······ ㉡

❷

㉠, ㉡을 연립하여 풀면 $x=5$, $y=0$

따라서 구하는 점의 좌표는 $(5, 0)$이다.

❸

채점 기준	배점
❶ 점 A에서의 접선의 방정식 구하기	40%
❷ 점 B에서의 접선의 방정식 구하기	40%
❸ 두 접선이 만나는 점의 좌표 구하기	20%

0361

<답 5>

원 $x^2+y^2=10$ 위의 점 $(-1, 3)$에서의 접선의 방정식은

$-x+3y=10$ $\therefore y=\dfrac{1}{3}x+\dfrac{10}{3}$ ······ ㉠

점 (a, b)에서의 접선의 방정식은

$ax+by=10$ $\therefore y=-\dfrac{a}{b}x+\dfrac{10}{b}$ ······ ㉡

두 직선 ㉠, ㉡이 서로 수직이므로

$\dfrac{1}{3}\times\left(-\dfrac{a}{b}\right)=-1$ $\therefore a=3b$ ······ ㉢

점 (a, b)는 원 $x^2+y^2=10$ 위의 점이므로

$a^2+b^2=10$ ······ ㉣

㉢, ㉣을 연립하여 풀면

$a=-3$, $b=-1$ 또는 $a=3$, $b=1$

(i) $a=-3$, $b=-1$일 때, $b-2a=-1-2\times(-3)=5$

(ii) $a=3$, $b=1$일 때, $b-2a=1-2\times3=-5$

(i), (ii)에서 $b-2a$의 최댓값은 5이다.

0362

<답 ①>

원 $x^2+y^2=9$ 위의 점 $P(a, b)$에서의 접선의 방정식은

$ax+by=9$

$x^2+y^2-6x+8=0$에서 $(x-3)^2+y^2=1$

이 원의 중심 $(3, 0)$과 직선 $ax+by-9=0$ 사이의 거리는

$\dfrac{|3a-9|}{\sqrt{a^2+b^2}}$

원 $(x-3)^2+y^2=1$의 반지름의 길이는 1이므로 이 원과 직선이 서

로 다른 두 점에서 만나려면

$\dfrac{|3a-9|}{\sqrt{a^2+b^2}}<1$, $|3a-9|<\sqrt{a^2+b^2}$

점 $P(a, b)$는 원 $x^2+y^2=9$ 위의 점이므로
$a^2+b^2=9$
즉, $|3a-9|<3$이므로
$-3<3a-9<3$ $\therefore 2<a<4$ $\cdots\cdots$ ㉠
그런데 점 $P(a, b)$가 원 $x^2+y^2=9$ 위에 있으려면
$-3\leq a\leq 3$ $\cdots\cdots$ ㉡
㉠, ㉡에서 $2<a\leq 3$
따라서 정수 a는 3의 1개이다.

유형 **23** 원의 접선의 방정식 - 원 밖의 한 점이 주어질 때

확인 문제   (1) $x_1x+y_1y=5$
(2) $x_1=-2, y_1=1$ 또는 $x_1=2, y_1=1$
(3) $-2x+y=5, 2x+y=5$

(2) 직선 $x_1x+y_1y=5$가 점 $(0, 5)$를 지나므로
$5y_1=5$ $\therefore y_1=1$
점 $(x_1, 1)$이 원 $x^2+y^2=5$ 위의 점이므로
$x_1^2+1^2=5, x_1^2=4$ $\therefore x_1=\pm 2$
$\therefore x_1=-2, y_1=1$ 또는 $x_1=2, y_1=1$
(3) (i) $x_1=-2, y_1=1$일 때
$-2x+y=5$
(ii) $x_1=2, y_1=1$일 때
$2x+y=5$

0363

답 $-\dfrac{7}{17}$

접선의 기울기를 m이라 하면 기울기가 m이고 점 $(2, 6)$을 지나는
직선의 방정식은
$y-6=m(x-2)$ $\therefore mx-y-2m+6=0$
원의 중심의 좌표가 $(7, 5)$이고 반지름의 길이가 $2\sqrt{2}$이므로
원과 직선이 접하려면
$\dfrac{|7m-5-2m+6|}{\sqrt{m^2+(-1)^2}}=2\sqrt{2}, \dfrac{|5m+1|}{\sqrt{m^2+1}}=2\sqrt{2}$
$|5m+1|=\sqrt{8m^2+8}$
양변을 제곱하면
$25m^2+10m+1=8m^2+8, 17m^2+10m-7=0$
$(m+1)(17m-7)=0$ $\therefore m=-1$ 또는 $m=\dfrac{7}{17}$
따라서 두 접선의 기울기는 각각 $-1, \dfrac{7}{17}$이므로 구하는 곱은
$-1\times\dfrac{7}{17}=-\dfrac{7}{17}$

0364

답 4

$x^2+y^2+4x-2y+4=0$에서 $(x+2)^2+(y-1)^2=1$
접선의 기울기를 m이라 하면 원점을 지나는 접선의 방정식은
$y=mx$, 즉 $mx-y=0$

원의 중심의 좌표가 $(-2, 1)$이고 반지름의 길이가 1이므로
원과 직선이 접하려면
$\dfrac{|-2m-1|}{\sqrt{m^2+(-1)^2}}=1, |2m+1|=\sqrt{m^2+1}$
양변을 제곱하여 정리하면
$3m^2+4m=0, m(3m+4)=0$ $\therefore m=-\dfrac{4}{3}$ 또는 $m=0$
따라서 구하는 두 접선의 기울기의 합은 $-\dfrac{4}{3}$이므로
$-3a=-3\times\left(-\dfrac{4}{3}\right)=4$

0365

답 ③

접선의 기울기를 m이라 하면 기울기가 m이고 점 $(2, -4)$를 지나
는 직선의 방정식은
$y+4=m(x-2)$ $\therefore mx-y-2m-4=0$
원의 중심의 좌표가 $(0, 0)$이고 반지름의 길이가 $\sqrt{2}$이므로
원과 직선이 접하려면
$\dfrac{|-2m-4|}{\sqrt{m^2+(-1)^2}}=\sqrt{2}, |-2m-4|=\sqrt{2m^2+2}$
양변을 제곱하면
$4m^2+16m+16=2m^2+2, m^2+8m+7=0$
$(m+7)(m+1)=0$ $\therefore m=-7$ 또는 $m=-1$
점 $(2, -4)$에서 원 $x^2+y^2=2$에 그은 두 접선의 방정식은
$y=-7x+10, y=-x-2$
따라서 두 접선이 각각 y축과 만나는 점의 좌표는
$(0, 10), (0, -2)$이므로 $a=10, b=-2$ 또는 $a=-2, b=10$
$\therefore a+b=8$

0366

답 $y=-\sqrt{3}x+2, y=\sqrt{3}x+2$

직선 l이 원 O'의 넓이를 이등분하므로 직선 l은 원 O'의 중심
$(0, 2)$를 지난다.
직선 l의 기울기를 m이라 하면 직선 l의 방정식은
$y-2=m(x-0)$ $\therefore mx-y+2=0$
원 O의 중심의 좌표가 $(0, 0)$이고 반지름의 길이가 1이므로
원 O와 직선 l이 접하려면
$\dfrac{|2|}{\sqrt{m^2+(-1)^2}}=1, 2=\sqrt{m^2+1}$
양변을 제곱하면
$4=m^2+1, m^2=3$ $\therefore m=\pm\sqrt{3}$
따라서 직선 l의 방정식은
$y=-\sqrt{3}x+2, y=\sqrt{3}x+2$

0367

답 7

접선의 기울기를 m이라 하면 기울기가 m이고 점 $(1, a)$를 지나는
직선의 방정식은
$y-a=m(x-1)$ $\therefore mx-y-m+a=0$
$x^2+y^2+4x-2y+2=0$에서 $(x+2)^2+(y-1)^2=3$

원의 중심의 좌표가 $(-2, 1)$이고 반지름의 길이가 $\sqrt{3}$이므로
원과 직선이 접하려면

$$\frac{|-2m-1-m+a|}{\sqrt{m^2+(-1)^2}}=\sqrt{3}, \quad \frac{|-3m-1+a|}{\sqrt{m^2+1}}=\sqrt{3}$$

$$|3m+1-a|=\sqrt{3m^2+3}$$

양변을 제곱하면

$$9m^2+1+a^2+6m-6am-2a=3m^2+3$$

$$6m^2-6(a-1)m+a^2-2a-2=0 \quad \cdots\cdots \text{㉠}$$

두 접선의 기울기의 합이 6이므로 이차방정식 ㉠에서
근과 계수의 관계에 의하여

$$\frac{6(a-1)}{6}=6, \ a-1=6 \quad \therefore a=7$$

0368

접선의 기울기를 m이라 하면 기울기가 m이고 점 $(8, a)$를 지나는
직선의 방정식은

$$y-a=m(x-8) \quad \therefore mx-y-8m+a=0$$

원의 중심의 좌표가 $(2, 3)$이고 반지름의 길이가 $2\sqrt{5}$이므로
원과 직선이 접하려면

$$\frac{|2m-3-8m+a|}{\sqrt{m^2+(-1)^2}}=2\sqrt{5}, \quad \frac{|-6m+a-3|}{\sqrt{m^2+1}}=2\sqrt{5}$$

$$|-6m+a-3|=\sqrt{20m^2+20}$$

양변을 제곱하면

$$36m^2+a^2+9-12am+36m-6a=20m^2+20$$

$$16m^2-12(a-3)m+a^2-6a-11=0 \quad \cdots\cdots \text{㉠}$$

두 접선이 서로 수직이므로 두 접선의 기울기의 곱이 -1이다.
이차방정식 ㉠에서 근과 계수의 관계에 의하여

$$\frac{a^2-6a-11}{16}=-1, \ a^2-6a+5=0$$

$$(a-1)(a-5)=0 \quad \therefore a=1 \text{ 또는 } a=5$$

따라서 모든 a의 값의 합은 $1+5=6$

유형 24 두 원에 동시에 접하는 접선의 길이

확인 문제 (1) $4\sqrt{6}$ (2) 6

(1) 그림과 같이 점 O에서 $\overline{BO'}$에 내린 수
선의 발을 H라 하면
$$\overline{O'H}=5-3=2$$
이므로 직각삼각형 OHO'에서
$$\overline{AB}=\overline{OH}=\sqrt{10^2-2^2}=4\sqrt{6}$$

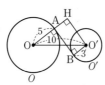

(2) 그림과 같이 점 O'에서 $\overline{OA}$의 연장선에
내린 수선의 발을 H라 하면
$$\overline{OH}=5+3=8$$
이므로 직각삼각형 OO'H에서
$$\overline{AB}=\overline{HO'}=\sqrt{10^2-8^2}=6$$

0369

두 원 $(x+1)^2+(y+1)^2=9$,
$(x-4)^2+(y+2)^2=1$의 중심을 각각
C, C'이라 하면
$C(-1, -1)$, $C'(4, -2)$
$\therefore \overline{CC'}$
$=\sqrt{\{4-(-1)\}^2+\{-2-(-1)\}^2}$
$=\sqrt{26}$

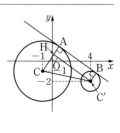

점 C'에서 선분 AC에 내린 수선의 발을 H라 하면
$$\overline{CH}=3-1=2$$
직각삼각형 C'HC에서
$$\overline{AB}=\overline{C'H}=\sqrt{(\sqrt{26})^2-2^2}=\sqrt{22}$$

0370

두 원 $x^2+y^2=1$, $(x-4)^2+y^2=r^2$의
중심을 각각 O, O'이라 하면
$O(0, 0)$, $O'(4, 0)$
$\therefore \overline{OO'}=4$

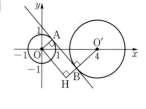

점 O에서 선분 O'B의 연장선에 내
린 수선의 발을 H라 하면
$$\overline{O'H}=r+1$$
$\overline{OH}=\overline{AB}=\sqrt{7}$이므로 직각삼각형 OHO'에서
$$\overline{O'H}=\sqrt{4^2-(\sqrt{7})^2}=3$$
따라서 $r+1=3$이므로 $r=2$

0371

$x^2+y^2-6x+4y-3=0$에서
$(x-3)^2+(y+2)^2=16$
$x^2+y^2-12x-8y+48=0$에서
$(x-6)^2+(y-4)^2=4$
두 원의 중심을 각각 P, Q라 하면
$P(3, -2)$, $Q(6, 4)$
$\therefore \overline{PQ}=\sqrt{(6-3)^2+\{4-(-2)\}^2}$
$=3\sqrt{5}$

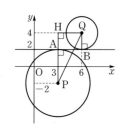

점 Q에서 선분 PA의 연장선에 내린 수
선의 발을 H라 하면
$$\overline{PH}=4+2=6$$
직각삼각형 PQH에서
$$\overline{AB}=\overline{HQ}=\sqrt{(3\sqrt{5})^2-6^2}=3$$
점 Q에서 선분 PD에 내린 수선의 발을
H'이라 하면
$$\overline{H'P}=4-2=2$$
직각삼각형 QH'P에서
$$\overline{CD}=\overline{QH'}=\sqrt{(3\sqrt{5})^2-2^2}=\sqrt{41}$$

0372
답 ⑤

원의 반지름의 길이를 r라 하면 원의 방정식은
$(x-1)^2+(y+2)^2=r^2$
$\therefore x^2+y^2-2x+4y+5-r^2=0$
이 식이 $x^2+y^2+ax+4y+2a=0$과 일치하므로
$-2=a$, $5-r^2=2a$ $\quad\therefore a=-2$, $r^2=9$
따라서 주어진 원의 방정식은
$(x-1)^2+(y+2)^2=9$
⑤ $x=4$, $y=-2$를 $(x-1)^2+(y+2)^2=9$에 대입하면
$\quad(4-1)^2+(-2+2)^2=9$
즉, 점 $(4, -2)$는 원 위의 점이다.

0373
답 8

원의 중심 (a, b)가 직선 $y=ax$ 위에 있으므로
$b=a^2$ ...... ㉠
$b=a^2$이고 원이 x축에 접하므로 $b>0$
원이 x축에 접하고 반지름의 길이가 4이므로 $b=4$ ($\because b>0$)
$b=4$를 ㉠에 대입하면
$a^2=4$ $\quad\therefore a=\pm 2$
$\therefore |ab|=8$

0374
답 $(4, 2)$

원의 중심이 직선 $y=x-2$ 위에 있으므로 원의 중심의 좌표를 (a, b)라 하면
$b=a-2$ ...... ㉠
원의 반지름의 길이를 r라 하면 원의 방정식은
$(x-a)^2+(y-a+2)^2=r^2$
이 원이 두 점 $(0, 4)$, $(6, 6)$을 지나므로
$(0-a)^2+(4-a+2)^2=r^2$
$\therefore 2a^2-12a+36=r^2$ ...... ㉡
$(6-a)^2+(6-a+2)^2=r^2$
$\therefore 2a^2-28a+100=r^2$ ...... ㉢
㉡, ㉢을 연립하여 풀면 $a=4$, $r^2=20$
$a=4$를 ㉠에 대입하면 $b=4-2=2$
따라서 구하는 원의 중심의 좌표는 $(4, 2)$이다.

0375
답 $10\sqrt{26}$

직선 $x-5y-6=0$, 즉 $y=\frac{1}{5}x-\frac{6}{5}$에 수직인 직선의 기울기는 -5
이고, 원 $x^2+y^2=25$의 반지름의 길이는 5이므로 접선의 방정식은
$y=-5x\pm 5\sqrt{(-5)^2+1}$ $\quad\therefore y=-5x\pm 5\sqrt{26}$
따라서 P$(0, -5\sqrt{26})$, Q$(0, 5\sqrt{26})$ 또는 P$(0, 5\sqrt{26})$,
Q$(0, -5\sqrt{26})$이므로
$\overline{PQ}=|5\sqrt{26}-(-5\sqrt{26})|=10\sqrt{26}$

0376
답 ③

점 $(-1, 2)$를 지나고 x축, y축에 동시에 접하려면 원의 중심이 제2사분면 위에 있어야 하므로 반지름의 길이를 r라 하면 중심의 좌표는 $(-r, r)$이다.
즉, 원의 방정식은 $(x+r)^2+(y-r)^2=r^2$
이 원이 점 $(-1, 2)$를 지나므로
$(-1+r)^2+(2-r)^2=r^2$, $r^2-6r+5=0$
$(r-1)(r-5)=0$ $\quad\therefore r=1$ 또는 $r=5$
따라서 두 원의 반지름의 길이의 합은
$1+5=6$

0377
답 ③

원의 중심 $(-5, 2)$와 점 $(-8, 6)$을 지나는 직선의 기울기는
$\dfrac{6-2}{-8-(-5)}=-\dfrac{4}{3}$
점 $(-8, 6)$에서의 접선은 위의 직선과 수직이므로 기울기가 $\dfrac{3}{4}$이다.
즉, 점 $(-8, 6)$에서의 접선의 방정식은
$y-6=\dfrac{3}{4}(x+8)$ $\quad\therefore y=\dfrac{3}{4}x+12$
따라서 그림에서 구하는 넓이는
$\dfrac{1}{2}\times 16\times 12=96$

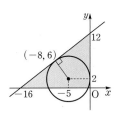

[다른 풀이]
원 $(x+5)^2+(y-2)^2=25$ 위의 점 $(-8, 6)$에서의 접선의 방정식은
$(-8+5)(x+5)+(6-2)(y-2)=25$
$\therefore 3x-4y+48=0$
따라서 x축, y축과 만나는 점의 좌표는 $(-16, 0)$, $(0, 12)$이므로 구하는 넓이는
$\dfrac{1}{2}\times 16\times 12=96$

0378
답 ②

$x^2+y^2+2(k+2)y-k^2+7k+4=0$에서
$x^2+\{y+(k+2)\}^2=2k^2-3k$
이 방정식이 반지름의 길이가 3 이하인 원을 나타내려면
$0<\sqrt{2k^2-3k}\leq 3$ $\quad\therefore 0<2k^2-3k\leq 9$
(i) $2k^2-3k>0$에서 $k(2k-3)>0$
$\quad\therefore k<0$ 또는 $k>\dfrac{3}{2}$
(ii) $2k^2-3k\leq 9$에서 $2k^2-3k-9\leq 0$
$\quad(2k+3)(k-3)\leq 0$ $\quad\therefore -\dfrac{3}{2}\leq k\leq 3$
(i), (ii)에서 $-\dfrac{3}{2}\leq k<0$ 또는 $\dfrac{3}{2}<k\leq 3$
따라서 정수 k의 최솟값은 -1이다.

0379 　　　답 ③

두 원의 교점을 지나는 원의 방정식을
$$x^2+y^2-4x-2ay+4+k(x^2+y^2+2y-4)=0\ (k\neq-1)$$
$$\cdots\cdots\ \text{㉠}$$

이라 하면 이 원이 두 점 $(2, 4)$, $(3, 3)$을 지나므로
$$a-3k=2,\ 3a-10k=5$$
두 식을 연립하여 풀면 $a=5$, $k=1$
$a=5$, $k=1$을 ㉠에 대입하여 정리하면
$$x^2+y^2-2x-4y=0\qquad\therefore (x-1)^2+(y-2)^2=5$$
따라서 구하는 원의 중심의 좌표는 $(1, 2)$이다.

0380 　　　답 ①

삼각형 ABC의 외심을 $\mathrm{P}(p, q)$라 하면 $\overline{\mathrm{PA}}=\overline{\mathrm{PB}}=\overline{\mathrm{PC}}$
$\overline{\mathrm{PA}}=\overline{\mathrm{PB}}$에서 $\overline{\mathrm{PA}}^2=\overline{\mathrm{PB}}^2$이므로
$$(p+2)^2+(q-1)^2=(p+1)^2+q^2$$
$$\therefore p-q=-2\qquad\cdots\cdots\ \text{㉠}$$
$\overline{\mathrm{PB}}=\overline{\mathrm{PC}}$에서 $\overline{\mathrm{PB}}^2=\overline{\mathrm{PC}}^2$이므로
$$(p+1)^2+q^2=(p-5)^2+q^2$$
$$12p=24\qquad\therefore p=2$$
$p=2$를 ㉠에 대입하면
$$2-q=-2\qquad\therefore q=4$$
즉, 원의 중심은 $\mathrm{P}(2, 4)$이고 반지름의 길이는
$\overline{\mathrm{PA}}=\sqrt{(-2-2)^2+(1-4)^2}=5$이므로 원의 방정식은
$(x-2)^2+(y-4)^2=25$, 즉 $x^2+y^2-4x-8y-5=0$
따라서 $a=-4$, $b=-8$, $c=-5$이므로
$$a+b+c=-4+(-8)+(-5)=-17$$

0381 　　　답 25

$y=f(x)=ax+b\ (a, b$는 상수, $a\neq0)$라 하면
원의 중심 $(0, 0)$과 직선 $ax-y+b=0$ 사이의 거리는
$$\frac{|b|}{\sqrt{a^2+(-1)^2}}=\frac{|b|}{\sqrt{a^2+1}}$$
원의 반지름의 길이가 5이므로 원과 직선이 접하려면
$$\frac{|b|}{\sqrt{a^2+1}}=5,\ |b|=\sqrt{25a^2+25}$$
양변을 제곱하면
$$b^2=25a^2+25\qquad\therefore 25a^2-b^2=-25$$
$$\therefore f(-5)f(5)=(-5a+b)(5a+b)$$
$$=-25a^2+b^2=-(25a^2-b^2)=25$$

다른 풀이

$y=f(x)=ax+b\ (a, b$는 상수, $a\neq0)$라 하자.
$y=ax+b$를 $x^2+y^2=25$에 대입하면
$$x^2+(ax+b)^2=25$$
$$\therefore (a^2+1)x^2+2abx+b^2-25=0$$
이 이차방정식의 판별식을 D라 하면 원과 직선이 접하므로
$$\frac{D}{4}=a^2b^2-(a^2+1)(b^2-25)=0\qquad\therefore 25a^2-b^2+25=0$$
$$\therefore f(-5)f(5)=(-5a+b)(5a+b)$$
$$=-25a^2+b^2=25$$

0382 　　　답 ④

두 원의 중심의 좌표가 각각 $(0, 0)$, $(0, 4)$이므로 중심 사이의 거리는 4이다.
두 원의 반지름의 길이가 각각 r, 3이므로
(i) 두 원이 내접할 때
　　$|r-3|=4$에서 $r-3=\pm4$　　$\therefore r=-1$ 또는 $r=7$
　　그런데 $r>0$이므로 $r=7$
(ii) 두 원이 외접할 때
　　$r+3=4$에서 $r=1$
(i), (ii)에서 두 원이 만나려면 $1\leq r\leq7$이어야 한다.
따라서 자연수 r는 1, 2, 3, $\cdots$, 7의 7개이다.

다른 풀이

두 원의 반지름의 길이가 각각 r, 3이므로 두 원이 만나려면
$$|r-3|\leq4\leq r+3$$
(i) $|r-3|\leq4$에서
　　$-4\leq r-3\leq4$　　$\therefore -1\leq r\leq7$
　　그런데 $r>0$이므로 $0<r\leq7$
(ii) $4\leq r+3$에서 $r\geq1$
(i), (ii)에서 $1\leq r\leq7$
따라서 자연수 r는 1, 2, 3, $\cdots$, 7의 7개이다.

0383 　　　답 ②

그림과 같이 두 원 $x^2+y^2=4$, $(x-1)^2+(y-2)^2=4$의 중심을 각각 O, O′이라 하고, 두 원의 교점을 A, B, 두 선분 OO′, AB의 교점을 C라 하자.
두 교점 A, B를 지나는 원의 넓이가 최소가 되는 것은 선분 AB를 지름으로 할 때이다.

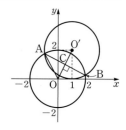

$x^2+y^2=4$에서 $x^2+y^2-4=0$
$(x-1)^2+(y-2)^2=4$에서 $x^2+y^2-2x-4y+1=0$
직선 AB의 방정식은
$$x^2+y^2-4-(x^2+y^2-2x-4y+1)=0$$
$$\therefore 2x+4y-5=0$$
점 $\mathrm{O}(0, 0)$과 직선 AB 사이의 거리는
$$\overline{\mathrm{OC}}=\frac{|-5|}{\sqrt{2^2+4^2}}=\frac{\sqrt5}{2}$$
$\overline{\mathrm{OA}}=2$이므로 직각삼각형 AOC에서
$$\overline{\mathrm{AC}}=\sqrt{2^2-\left(\frac{\sqrt5}{2}\right)^2}=\frac{\sqrt{11}}{2}$$
따라서 넓이가 최소인 원의 반지름의 길이가 $\frac{\sqrt{11}}{2}$이므로
구하는 둘레의 길이는
$$2\pi\times\frac{\sqrt{11}}{2}=\sqrt{11}\pi$$

0384 　　　답 $\dfrac{12\sqrt7}{5}$

원의 중심을 C라 하면 $\mathrm{C}(2, -1)$
반지름의 길이가 $\sqrt{14}$이므로 $\overline{\mathrm{AC}}=\sqrt{14}$

$\overline{PC}=\sqrt{(2-3)^2+(-1-6)^2}=5\sqrt{2}$

직각삼각형 PAC에서

$\overline{PA}=\sqrt{(5\sqrt{2})^2-(\sqrt{14})^2}=6$

두 선분 AB, PC의 교점을 H라 하면

$\overline{CH}\perp\overline{AB}$이므로 삼각형 PAC의 넓이에서

$\dfrac{1}{2}\times\overline{AP}\times\overline{AC}=\dfrac{1}{2}\times\overline{PC}\times\overline{AH}$

$\dfrac{1}{2}\times6\times\sqrt{14}=\dfrac{1}{2}\times5\sqrt{2}\times\overline{AH}$　　$\therefore \overline{AH}=\dfrac{6\sqrt{7}}{5}$

$\therefore \overline{AB}=2\overline{AH}=\dfrac{12\sqrt{7}}{5}$

0385

답 3

두 원의 공통인 현의 중점은 두 원의 교점을 지나는 직선과 두 원의 중심을 지나는 직선의 교점이다.

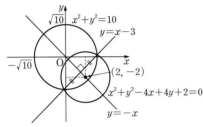

두 원의 교점을 지나는 직선의 방정식은

$x^2+y^2-10-(x^2+y^2-4x+4y+2)=0$

$4x-4y-12=0$　　$\therefore y=x-3$　　$\cdots\cdots$ ㉠

원 $x^2+y^2=10$의 중심의 좌표는 $(0, 0)$

$x^2+y^2-4x+4y+2=0$에서

$(x-2)^2+(y+2)^2=6$

이 원의 중심의 좌표는 $(2, -2)$

즉, 두 원의 중심 $(0, 0)$, $(2, -2)$를 지나는 직선의 방정식은

$y-0=\dfrac{-2-0}{2-0}(x-0)$　　$\therefore y=-x$　　$\cdots\cdots$ ㉡

㉠, ㉡을 연립하여 풀면 $x=\dfrac{3}{2}$, $y=-\dfrac{3}{2}$

따라서 $a=\dfrac{3}{2}$, $b=-\dfrac{3}{2}$이므로 $a-b=\dfrac{3}{2}-\left(-\dfrac{3}{2}\right)=3$

0386

답 $4\sqrt{3}\pi$

원 $x^2+y^2=27$ 위의 점 P의 좌표를 (a, b)라 하면

$a^2+b^2=27$　　$\cdots\cdots$ ㉠

선분 AP를 $2:1$로 내분하는 점 Q의 좌표를 (x, y)라 하면

$x=\dfrac{2a+2}{2+1}$, $y=\dfrac{2b}{2+1}$

$\therefore a=\dfrac{3}{2}x-1$, $b=\dfrac{3}{2}y$　　$\cdots\cdots$ ㉡

㉡을 ㉠에 대입하면

$\left(\dfrac{3}{2}x-1\right)^2+\left(\dfrac{3}{2}y\right)^2=27$　　$\therefore \left(x-\dfrac{2}{3}\right)^2+y^2=12$

따라서 점 Q가 나타내는 도형은 중심의 좌표가 $\left(\dfrac{2}{3}, 0\right)$이고

반지름의 길이가 $2\sqrt{3}$인 원이므로 구하는 둘레의 길이는

$2\pi\times2\sqrt{3}=4\sqrt{3}\pi$

0387

답 ②

점 $P(a, b)$에서의 접선의 방정식은

$ax+by=8$

$\therefore A\left(\dfrac{8}{a}, 0\right)$, $B\left(0, \dfrac{8}{b}\right)$

$\overline{AB}=4\sqrt{2}$이므로 직각삼각형 OAB에서

$\sqrt{\left(\dfrac{8}{a}\right)^2+\left(\dfrac{8}{b}\right)^2}=4\sqrt{2}$, $\dfrac{64}{a^2}+\dfrac{64}{b^2}=32$

$\therefore a^2+b^2=\dfrac{1}{2}a^2b^2$　　$\cdots\cdots$ ㉠

이때 점 $P(a, b)$는 원 $x^2+y^2=8$ 위의 점이므로

$a^2+b^2=8$　　$\cdots\cdots$ ㉡

㉡을 ㉠에 대입하면

$8=\dfrac{1}{2}a^2b^2$, $a^2b^2=16$　　$\therefore ab=4$ ($\because a<0$, $b<0$)

0388

답 22

원점과의 거리가 최대인 직선 l은 원점과 점 $(3, 4)$를 지나는 직선과 수직이다.

원점과 점 $(3, 4)$를 지나는 직선의 기울기는 $\dfrac{4}{3}$이므로 직선 l의 기울기는 $-\dfrac{3}{4}$이다.

따라서 직선 l의 방정식은

$y-4=-\dfrac{3}{4}(x-3)$　　$\therefore 3x+4y-25=0$

원의 중심 $(7, 5)$와 직선 $3x+4y-25=0$ 사이의 거리는

$\dfrac{|21+20-25|}{\sqrt{3^2+4^2}}=\dfrac{16}{5}$

원의 반지름의 길이가 1이므로 점 P와 직선 l 사이의 거리의 최솟값 m은

$m=\dfrac{16}{5}-1=\dfrac{11}{5}$　　$\therefore 10m=10\times\dfrac{11}{5}=22$

0389

답 7

$A^2=4E$이므로

$\begin{pmatrix} x & y \\ y & -x \end{pmatrix}\begin{pmatrix} x & y \\ y & -x \end{pmatrix}=4\begin{pmatrix} 1 & 0 \\ 0 & 1 \end{pmatrix}$, $\begin{pmatrix} x^2+y^2 & 0 \\ 0 & x^2+y^2 \end{pmatrix}=\begin{pmatrix} 4 & 0 \\ 0 & 4 \end{pmatrix}$

$\therefore x^2+y^2=4$

따라서 점 P가 나타내는 도형은 중심이 원점이고 반지름의 길이가 2인 원이다.

이때 원의 중심인 원점과 점 $Q(4, 3)$ 사이의 거리는

$\overline{OQ}=\sqrt{4^2+3^2}=5$

따라서 점 Q와 원 C 위의 점 사이의 거리의 최댓값은

$5+2=7$

🔊 Bible Says **행렬의 곱셈**

두 행렬 $A=\begin{pmatrix} a_{11} & a_{12} \\ a_{21} & a_{22} \end{pmatrix}$, $B=\begin{pmatrix} b_{11} & b_{12} \\ b_{21} & b_{22} \end{pmatrix}$에 대하여

$AB=\begin{pmatrix} a_{11}b_{11}+a_{12}b_{21} & a_{11}b_{12}+a_{12}b_{22} \\ a_{21}b_{11}+a_{22}b_{21} & a_{21}b_{12}+a_{22}b_{22} \end{pmatrix}$

0390

답 ②

접선의 기울기를 m이라 하면 기울기가 m이고 점 $(4, a)$를 지나는 직선의 방정식은

$y-a=m(x-4)$ $\therefore mx-y-4m+a=0$

$x^2+y^2-2x+4y=0$에서 $(x-1)^2+(y+2)^2=5$

원의 중심의 좌표가 $(1, -2)$이고 반지름의 길이가 $\sqrt{5}$이므로 원과 직선이 접하려면

$$\frac{|m+2-4m+a|}{\sqrt{m^2+(-1)^2}}=\sqrt{5},\ \frac{|-3m+2+a|}{\sqrt{m^2+1}}=\sqrt{5}$$

$|-3m+2+a|=\sqrt{5m^2+5}$

양변을 제곱하면 $9m^2+4+a^2-12m-6am+4a=5m^2+5$

$4m^2-6(a+2)m+a^2+4a-1=0$ …… ㉠

두 접선의 기울기의 합이 $\frac{3}{2}$이므로 이차방정식 ㉠에서

근과 계수의 관계에 의하여

$\frac{6(a+2)}{4}=\frac{3}{2},\ a+2=1$ $\therefore a=-1$

0391

답 ⑤

㈎에서 원 $C: x^2+y^2-4x-2ay+a^2-9=0$이 원점을 지나므로

$a^2-9=0,\ a^2=9$ $\therefore a=-3$ 또는 $a=3$

(i) $a=-3$일 때

   $x^2+y^2-4x+6y=0$ $\therefore (x-2)^2+(y+3)^2=13$

(ii) $a=3$일 때

   $x^2+y^2-4x-6y=0$ $\therefore (x-2)^2+(y-3)^2=13$

그림과 같이 $a=3$이면 원 C는 직선 $y=-2$와 만나지 않으므로 ㈏에서 $a=-3$

즉, 원 C의 중심을 A라 하면 A$(2, -3)$

점 A에서 직선 $y=-2$에 내린 수선의 발을 H라 하고 원 C와 직선 $y=-2$가 만나는 두 점을 각각 P, Q라 하면

$\overline{AP}=\sqrt{13}$, $\overline{AH}=1$

직각삼각형 AHP에서

$\overline{PH}=\sqrt{(\sqrt{13})^2-1^2}=2\sqrt{3}$

$\therefore \overline{PQ}=2\overline{PH}=4\sqrt{3}$

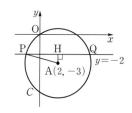

[다른 풀이]

$(x-2)^2+(y+3)^2=13$에 $y=-2$를 대입하면

$(x-2)^2+(-2+3)^2=13,\ (x-2)^2=12$

$\therefore x=2\pm2\sqrt{3}$

따라서 원 C와 직선 $y=-2$가 만나는 두 점의 좌표는 각각 $(2-2\sqrt{3}, -2)$, $(2+2\sqrt{3}, -2)$이므로 두 점 사이의 거리는

$|(2+2\sqrt{3})-(2-2\sqrt{3})|=4\sqrt{3}$

0392

답 ④

직선 AB: $y-0=\dfrac{-3-0}{0-6}(x-6)$, 즉 $x-2y-6=0$,

직선 BC: $y-(-3)=\dfrac{-8-(-3)}{10-0}(x-0)$, 즉 $x+2y+6=0$,

직선 CA: $y-(-8)=\dfrac{0-(-8)}{6-10}(x-10)$, 즉 $2x+y-12=0$

삼각형 ABC에 내접하는 원의 중심 P의 좌표를 P(a, b) $(0<a<10)$라 하면 점 P와 직선 AB 사이의 거리와 점 P와 직선 BC 사이의 거리가 같으므로

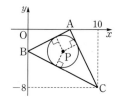

$$\frac{|a-2b-6|}{\sqrt{1^2+(-2)^2}}=\frac{|a+2b+6|}{\sqrt{1^2+2^2}}$$

$|a-2b-6|=|a+2b+6|$

(i) $a-2b-6=a+2b+6$일 때,

   $-4b=12$ $\therefore b=-3$

(ii) $a-2b-6=-(a+2b+6)$일 때,

   $2a=0$ $\therefore a=0$

(i), (ii)에서 $a=0$ 또는 $b=-3$

이때 $0<a<10$이므로 $b=-3$ …… ㉠

또한 점 P와 직선 BC 사이의 거리와 점 P와 직선 CA 사이의 거리가 같으므로

$$\frac{|a+2b+6|}{\sqrt{1^2+2^2}}=\frac{|2a+b-12|}{\sqrt{2^2+1^2}}$$ …… ㉡

㉠을 ㉡에 대입하면 $|a|=|2a-15|$

(iii) $a=2a-15$일 때, $-a=-15$ $\therefore a=15$

(iv) $a=-(2a-15)$일 때, $3a=15$ $\therefore a=5$

(iii), (iv)에서 $a=15$ 또는 $a=5$

이때 $0<a<10$이므로 $a=5$

따라서 P$(5, -3)$이므로 선분 OP의 길이는

$\sqrt{5^2+(-3)^2}=\sqrt{34}$

0393

답 $y=2x+5$

두 원의 교점을 지나는 직선의 방정식은

$x^2+y^2+x-8-(x^2+y^2+3x+4y-4)=0$

$x+2y+2=0$ $\therefore y=-\dfrac{1}{2}x-1$

                           ❶

이 직선과 수직인 직선의 기울기는 2이므로 기울기가 2이고 점 $(-3, -1)$을 지나는 직선의 방정식은

$y+1=2(x+3)$ $\therefore y=2x+5$

                           ❷

채점 기준	배점
❶ 두 원의 교점을 지나는 직선의 방정식 구하기	60%
❷ 두 원의 교점을 지나는 직선에 수직이고 점 $(-3, -1)$을 지나는 직선의 방정식 구하기	40%

0394

답 9π

원 C가 y축에 접하고 중심이 제4사분면 위에 있으므로 중심의 좌표를 (a, b) $(a>0, b<0)$라 하면 반지름의 길이는 a이다.

즉, 원의 방정식은

$(x-a)^2+(y-b)^2=a^2$

                           ❶

원 C와 x축의 두 교점을 각각 A, B라 하면 $\overline{AB}=2\sqrt{5}$

원의 중심을 C라 하고, 점 C에서
x축에 내린 수선의 발을 H라 하면
$$\overline{AH}=\frac{1}{2}\overline{AB}=\sqrt{5}$$
직각삼각형 ACH에서
$$a^2=(\sqrt{5})^2+b^2$$
$$\therefore\ a^2=5+b^2 \qquad \cdots\cdots\ \text{㉠}$$
점 C$(a,\,b)$가 직선 $x+4y+5=0$ 위에 있으므로
$$a+4b+5=0 \qquad \cdots\cdots\ \text{㉡}$$
㉠, ㉡을 연립하여 풀면 $a=3,\ b=-2$ ❷

따라서 원 C의 반지름의 길이는 3이므로 구하는 원의 넓이는
$$\pi\times 3^2=9\pi \qquad ❸$$

채점 기준	배점
❶ 원의 중심의 좌표를 $(a,\,b)$로 놓고 원의 방정식 세우기	30%
❷ a, b의 값 구하기	50%
❸ 원 C의 넓이 구하기	20%

0395
답 $12\sqrt{5}$

원의 중심의 좌표는 두 점 $(1,\,7)$, $(-5,\,1)$의 중점의 좌표와 같으므로
$$\left(\frac{1-5}{2},\,\frac{7+1}{2}\right),\ \text{즉}\ (-2,\,4)$$
원의 반지름의 길이는
$$\frac{1}{2}\sqrt{(-5-1)^2+(1-7)^2}=3\sqrt{2}$$
이때 두 점 $(1,\,7)$, $(-5,\,1)$을 지름의 양 끝 점으로 하는 원의 방정식은
$$(x+2)^2+(y-4)^2=18 \qquad ❶$$

원의 중심 $(-2,\,4)$와 직선 $x+3y-k=0$ 사이의 거리는
$$\frac{|-2+12-k|}{\sqrt{1^2+3^2}}=\frac{|10-k|}{\sqrt{10}} \qquad ❷$$

원의 반지름의 길이가 $3\sqrt{2}$이므로 원과 직선이 서로 다른 두 점에서 만나려면
$$\frac{|10-k|}{\sqrt{10}}<3\sqrt{2},\ |10-k|<6\sqrt{5}$$
$$-6\sqrt{5}<10-k<6\sqrt{5}$$
$$\therefore\ 10-6\sqrt{5}<k<10+6\sqrt{5} \qquad ❸$$

따라서 $a=10-6\sqrt{5},\ b=10+6\sqrt{5}$이므로
$$b-a=(10+6\sqrt{5})-(10-6\sqrt{5})=12\sqrt{5} \qquad ❹$$

채점 기준	배점
❶ 두 점 $(1,\,7)$, $(-5,\,1)$을 지름의 양 끝 점으로 하는 원의 방정식 구하기	30%
❷ 원의 중심과 직선 $x+3y-k=0$ 사이의 거리 구하기	20%
❸ 실수 k의 값의 범위 구하기	40%
❹ $b-a$의 값 구하기	10%

0396
답 ②

$x^2+y^2+2x-14y+49=0$에서 $(x+1)^2+(y-7)^2=1$
$x^2+y^2-10x+10y+46=0$에서 $(x-5)^2+(y+5)^2=4$
$x^2+y^2-2kx+2y+k^2-8=0$에서 $(x-k)^2+(y+1)^2=9$
직선이 원의 넓이를 이등분하려면 원의 중심을 지나야 하므로 세 원의 중심을 각각 A, B, C라 하면 세 점 A$(-1,\,7)$, B$(5,\,-5)$, C$(k,\,-1)$은 한 직선 위에 있어야 한다.
세 점 A, B, C가 한 직선 위에 있으려면 직선 AB와 직선 AC의 기울기가 같아야 하므로
$$\frac{-5-7}{5-(-1)}=\frac{-1-7}{k-(-1)},\ -2=-\frac{8}{k+1}$$
$$k+1=4 \qquad \therefore\ k=3$$

0397
답 84

선분 AB의 중점을 M이라 하면 점 M의 좌표는
$$\left(\frac{0+6}{2},\,\frac{-8+0}{2}\right),\ \text{즉}\ (3,\,-4)$$
평행사변형의 두 대각선은 서로 다른 것을 이등분하므로 선분 PQ의 중점도 M이다. $\qquad \therefore\ \overline{PQ}=2\overline{MP}$
점 M$(3,\,-4)$와 원의 중심 O$(0,\,0)$ 사이의 거리는
$$\overline{OM}=\sqrt{3^2+(-4)^2}=5$$
이때 원의 반지름의 길이가 2이므로 선분 MP의 길이의 최댓값은 $5+2=7$, 최솟값은 $5-2=3$
따라서 $M=2\times 7=14$, $m=2\times 3=6$이므로
$$Mm=14\times 6=84$$

0398
답 ②

$\overparen{PQ}$는 그림과 같이 점 $(1,\,0)$에서 x축에 접하고 반지름의 길이가 2인 원의 일부이므로 $\overparen{PQ}$를 호로 하는 원의 방정식은
$$(x-1)^2+(y-2)^2=4$$
이때 선분 PQ는 두 원 $x^2+y^2=4$, $(x-1)^2+(y-2)^2=4$의 공통인 현이다.
$x^2+y^2=4$에서 $x^2+y^2-4=0$
$(x-1)^2+(y-2)^2=4$에서 $x^2+y^2-2x-4y+1=0$
직선 PQ의 방정식은
$$x^2+y^2-4-(x^2+y^2-2x-4y+1)=0$$
$$\therefore\ 2x+4y-5=0$$
따라서 $a=2,\ b=4$이므로
$$a+b=2+4=6$$

0399

답 ③

점 P가 제2사분면 위의 점이므로 반지름의 길이가 r이고 x축, y축에 동시에 접하는 원의 중심은 제2사분면 위에 있어야 한다.
즉, 원의 방정식은
$(x+r)^2+(y-r)^2=r^2$
점 P$(-2, 3)$이 이 원의 내부에 있으려면 원의 중심 $(-r, r)$과 점 P 사이의 거리가 원의 반지름의 길이보다 짧아야 하므로
$\sqrt{\{-2-(-r)\}^2+(3-r)^2}<r$
양변을 제곱하면
$(-2+r)^2+(3-r)^2<r^2$, $r^2-10r+13<0$
$\therefore 5-2\sqrt{3}<r<5+2\sqrt{3}$
이때 $3<2\sqrt{3}<4$이므로 자연수 r의 값은
2, 3, 4, 5, 6, 7, 8
따라서 구하는 모든 자연수 r의 값의 합은
$2+3+4+5+6+7+8=35$

0400

답 ③

두 원의 교점을 지나는 원의 방정식을
$x^2+y^2-10x+6y+24+k(x^2+y^2-4x)=0$ $(k\neq-1)$ ······ ㉠
이라 하자.
이 원이 x축에 접하므로 이 접점의 좌표를 $(a, 0)$이라 하면
$a^2-10a+24+k(a^2-4a)=0$
$\therefore (k+1)a^2-2(2k+5)a+24=0$ ······ ㉡
이차방정식 ㉡이 중근을 가져야 하므로 판별식을 D라 하면
$\dfrac{D}{4}=(2k+5)^2-24(k+1)=0$
$4k^2-4k+1=0$, $(2k-1)^2=0$ $\therefore k=\dfrac{1}{2}$
$k=\dfrac{1}{2}$을 ㉠에 대입하면
$x^2+y^2-10x+6y+24+\dfrac{1}{2}(x^2+y^2-4x)=0$
$x^2+y^2-8x+4y+16=0$ $\therefore (x-4)^2+(y+2)^2=4$
따라서 원의 반지름의 길이가 2이므로 구하는 원의 둘레의 길이는
$2\pi\times2=4\pi$

0401

답 18

$\angle APB=\angle AQB=90°$이므로 두 점 P, Q는 선분 AB를 지름으로 하는 원 위에 있다.
선분 AB를 지름으로 하는 원의 중심의 좌표는 선분 AB의 중점의 좌표와 같으므로
$\left(\dfrac{-\sqrt{5}+\sqrt{5}}{2}, \dfrac{-1+3}{2}\right)$, 즉 $(0, 1)$
원의 반지름의 길이는
$\dfrac{1}{2}\overline{AB}=\dfrac{1}{2}\sqrt{\{\sqrt{5}-(-\sqrt{5})\}^2+\{3-(-1)\}^2}=3$
즉, 원의 방정식은 $x^2+(y-1)^2=9$이므로 $y=x-2$를
$x^2+(y-1)^2=9$에 대입하면

$x^2+(x-2-1)^2=9$, $x^2-3x=0$
$x(x-3)=0$ $\therefore x=0$ 또는 $x=3$
따라서 P$(0, -2)$, Q$(3, 1)$ 또는 P$(3, 1)$, Q$(0, -2)$이므로
$l=\sqrt{3^2+\{1-(-2)\}^2}=3\sqrt{2}$ $\therefore l^2=18$

0402

답 15

점 P의 좌표를 (x, y)라 하면
$\overline{AP}:\overline{BP}=2:1$이므로
$\overline{AP}=2\overline{BP}$, $\overline{AP}^2=4\overline{BP}^2$
$x^2+(y+6)^2=4\{(x-3)^2+y^2\}$
$x^2+y^2-8x-4y=0$
$\therefore (x-4)^2+(y-2)^2=20$ ······ ㉠
즉, 점 P는 중심의 좌표가 $(4, 2)$이고 반지름의 길이가 $2\sqrt{5}$인 원 위의 점이다.

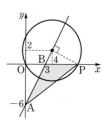

이때 직선 AB의 방정식은 $\dfrac{x}{3}-\dfrac{y}{6}=1$이고
원 ㉠의 중심 $(4, 2)$가 이 직선 위의 점이므로 직선 AB와 점 P 사이의 거리의 최댓값은 원 ㉠의 반지름의 길이와 같다.
이때 $\overline{AB}=\sqrt{3^2+6^2}=3\sqrt{5}$이므로
삼각형 ABP의 넓이의 최댓값은
$\dfrac{1}{2}\times3\sqrt{5}\times2\sqrt{5}=15$

0403

답 ④

점 P의 좌표를 $(a, 0)$이라 하면
직각삼각형 OPQ에서
$\overline{PQ}^2=a^2-1$
$x^2+y^2-8x+6y+21=0$에서
$(x-4)^2+(y+3)^2=4$
원 C_2의 중심을 A$(4, -3)$이라 하면
$\overline{AP}=\sqrt{(a-4)^2+3^2}=\sqrt{a^2-8a+25}$
직각삼각형 APR에서
$\overline{PR}^2=a^2-8a+25-2^2$
$\quad=a^2-8a+21$
이때 $\overline{PQ}=\overline{PR}$에서 $\overline{PQ}^2=\overline{PR}^2$이므로
$a^2-1=a^2-8a+21$, $8a=22$ $\therefore a=\dfrac{11}{4}$

0404

답 $\dfrac{2\sqrt{10}}{3}$

원 $x^2+y^2=25$ 위의 점 P$(-3, 4)$에서의 접선의 방정식은
$-3x+4y=25$
이 식에 $y=0$을 대입하면
$-3x=25$ $\therefore x=-\dfrac{25}{3}$
즉, Q$\left(-\dfrac{25}{3}, 0\right)$이므로
$\overline{PQ}=\sqrt{\left\{-\dfrac{25}{3}-(-3)\right\}^2+(0-4)^2}=\dfrac{20}{3}$

이때 $\overline{PQ}=\overline{RQ}$이므로 점 R의 좌표는

$\left(-\dfrac{25}{3}+\dfrac{20}{3},\ 0\right)$, 즉 $\left(-\dfrac{5}{3},\ 0\right)$

$\overline{PR}=\sqrt{\left\{-\dfrac{5}{3}-(-3)\right\}^2+(0-4)^2}=\dfrac{4\sqrt{10}}{3}$

선분 QH는 선분 PR를 수직이등분하므로

$\overline{PH}=\dfrac{1}{2}\overline{PR}=\dfrac{2\sqrt{10}}{3}$

0405

답 87

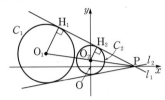

그림과 같이 두 원 C_1, C_2의 중심을 각각 O_1, O_2라 하면

$O_1(-7,\ 2)$, $O_2(0,\ b)$

두 점 O_1, O_2에서 직선 l_1에 내린 수선의 발을 각각 H_1, H_2라 하자.

$\overline{O_1H_1}$은 원 C_1의 반지름이고, $\overline{O_2H_2}$는 원 C_2의 반지름이므로

$\overline{O_1H_1}=\sqrt{20}=2\sqrt{5}$, $\overline{O_2H_2}=\sqrt{5}$

$\triangle PO_1H_1$과 $\triangle PO_2H_2$에서

∠P는 공통이고,

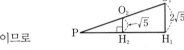

∠PH_1O_1=∠PH_2O_2=90°이므로

$\triangle PO_1H_1 \backsim \triangle PO_2H_2$ (AA 닮음)

$\overline{O_1H_1}:\overline{O_2H_2}=2\sqrt{5}:\sqrt{5}$이므로 $\overline{O_1H_1}:\overline{O_2H_2}=2:1$

따라서 $\overline{PO_1}:\overline{PO_2}=2:1$에서 점 O_2는 $\overline{PO_1}$의 중점이므로

$\dfrac{-7+a}{2}=0$, $\dfrac{2+0}{2}=b$ ∴ $a=7$, $b=1$

두 직선 l_1, l_2는 점 $P(7,\ 0)$을 지나고 점 $O_2(0,\ 1)$과의 거리가 $\sqrt{5}$이다.

점 $P(7,\ 0)$을 지나는 직선의 방정식을 $y=m(x-7)$이라 하면

$mx-y-7m=0$이므로

$\dfrac{|-1-7m|}{\sqrt{m^2+(-1)^2}}=\sqrt{5}$, $|-1-7m|=\sqrt{5(m^2+1)}$

양변을 제곱하면

$49m^2+14m+1=5m^2+5$ ∴ $22m^2+7m-2=0$

따라서 두 직선 l_1, l_2의 기울기의 곱은

$c=\dfrac{-2}{22}=-\dfrac{1}{11}$

> 두 직선의 기울기는 m이고 이차방정식 $22m^2+7m-2=0$을 만족시킨다. 따라서 두 직선 l_1, l_2의 기울기의 곱은 이차방정식 $22m^2+7m-2=0$의 두 근의 곱과 같다.

따라서 $a=7$, $b=1$, $c=-\dfrac{1}{11}$이므로

$11(a+b+c)=11\times\left(7+1-\dfrac{1}{11}\right)=87$

0406

답 23

두 원 C_1, C_2의 중심을 각각 X_1, X_2라 하면

$X_1(-6,\ 0)$, $X_2(5,\ -3)$

두 점 X_1, X_2에서 직선 l에 내린 수선의 발을 각각

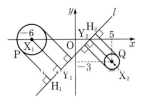

$Y_1(a,\ a-2)$, $Y_2(b,\ b-2)$라 하면

두 직선 X_1Y_1, X_2Y_2는 직선 l에 수직이므로 기울기가 -1이다.

즉, $\dfrac{a-2}{a-(-6)}=-1$, $\dfrac{b-2-(-3)}{b-5}=-1$이므로

$a=-2$, $b=2$

따라서 $Y_1(-2,\ -4)$, $Y_2(2,\ 0)$이므로

$\overline{Y_1Y_2}=\sqrt{\{2-(-2)\}^2+\{0-(-4)\}^2}=4\sqrt{2}$

(ⅰ) 선분 H_1H_2의 길이가 최대일 때

$\overline{Y_1Y_2}$+(원 C_1의 반지름의 길이)+(원 C_2의 반지름의 길이)
$=4\sqrt{2}+2+1=4\sqrt{2}+3$

(ⅱ) 선분 H_1H_2의 길이가 최소일 때

$\overline{Y_1Y_2}$-(원 C_1의 반지름의 길이)-(원 C_2의 반지름의 길이)
$=4\sqrt{2}-2-1=4\sqrt{2}-3$

(ⅰ), (ⅱ)에서 $M=4\sqrt{2}+3$, $m=4\sqrt{2}-3$

∴ $Mm=(4\sqrt{2}+3)(4\sqrt{2}-3)=23$

0407

답 17

삼각형 ABC에서 변 BC의 중점을 $M(a,\ b)$, 삼각형 ABC의 무게중심을 G라 하면 점 $G(-1,\ 1)$은 선분 AM을 $2:1$로 내분하는 점이므로

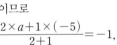
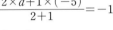

$\dfrac{2\times a+1\times(-5)}{2+1}=-1$,

$\dfrac{2a-5}{3}=-1$ ∴ $a=1$

$\dfrac{2\times b+1\times(-1)}{2+1}=1$, $\dfrac{2b-1}{3}=1$ ∴ $b=2$

∴ $M(1,\ 2)$

중심이 원점이고 세 점 $A(-5,\ -1)$, B, C를 지나는 원을 C라 하면 $\overline{OA}=\sqrt{(-5)^2+(-1)^2}=\sqrt{26}$이므로 원 C의 방정식은

$x^2+y^2=26$

따라서 $\overline{OM}=\sqrt{1^2+2^2}=\sqrt{5}$, $\overline{OB}=\sqrt{26}$이고, 원의 중심에서 현에 내린 수선은 그 현을 수직이등분하므로 직각삼각형 OBM에서

$\overline{BM}=\sqrt{(\sqrt{26})^2-(\sqrt{5})^2}=\sqrt{21}$

∴ $\overline{BC}=2\overline{BM}=2\sqrt{21}$

원점과 점 $M(1,\ 2)$를 지나는 직선을 l_1이라 하면 직선 l_1의 방정식은

$y=2x$

점 $M(1,\ 2)$를 지나고 직선 l_1과 수직인 직선을 l_2라 하면 직선 l_2의 방정식은

$y-2=-\dfrac{1}{2}(x-1)$, 즉 $x+2y-5=0$

점 $A(-5,\ -1)$과 직선 l_2 사이의 거리를 h라 하면

$h=\dfrac{|-5-2-5|}{\sqrt{1^2+2^2}}=\dfrac{12\sqrt{5}}{5}$

따라서 삼각형 ABC의 넓이는

$\dfrac{1}{2}\times\overline{BC}\times h=\dfrac{1}{2}\times2\sqrt{21}\times\dfrac{12\sqrt{5}}{5}=\dfrac{12}{5}\sqrt{105}$

∴ $p=5$, $q=12$

∴ $p+q=5+12=17$

04 도형의 이동

유형 01 점의 평행이동

확인 문제   (1) $(3, -2)$ (2) $(-2, -1)$

(1) 점 $(1, 2)$가 평행이동 $(x, y) \longrightarrow (x+2, y-4)$에 의하여 옮겨지는 점의 좌표는
$(1+2, 2-4)$, 즉 $(3, -2)$

(2) 점 $(-4, 3)$이 평행이동 $(x, y) \longrightarrow (x+2, y-4)$에 의하여 옮겨지는 점의 좌표는
$(-4+2, 3-4)$, 즉 $(-2, -1)$

0408   답 ③

점 $(2, -5)$를 x축의 방향으로 a만큼, y축의 방향으로 b만큼 평행이동한 점의 좌표를 $(-1, -4)$라 하면
$2+a=-1, -5+b=-4$
$\therefore a=-3, b=1$
즉, 주어진 평행이동은 x축의 방향으로 -3만큼, y축의 방향으로 1만큼 평행이동한 것이다.
따라서 이 평행이동에 의하여 점 $(6, -3)$이 옮겨지는 점의 좌표는
$(6-3, -3+1)$, 즉 $(3, -2)$

0409   답 ④

점 $(1, -3)$을 x축의 방향으로 a만큼, y축의 방향으로 -2만큼 평행이동한 점의 좌표가 $(7, b)$이므로
$1+a=7, -3-2=b$
$\therefore a=6, b=-5$
$\therefore a+b=6+(-5)=1$

0410   답 7

점 $(-4, 3)$을 x축의 방향으로 a만큼, y축의 방향으로 b만큼 평행이동한 점의 좌표가 $(1, 5)$이므로
$-4+a=1, 3+b=5$
$\therefore a=5, b=2$
$\therefore a+b=5+2=7$

0411   답 ⑤

점 (a, b)를 x축의 방향으로 4만큼, y축의 방향으로 -6만큼 평행이동한 점의 좌표가 $(-3, 5)$이므로

$a+4=-3, b-6=5$
$\therefore a=-7, b=11$
$\therefore b-a=11-(-7)=18$

0412   답 $(3, 2)$

주어진 평행이동을 $(x, y) \longrightarrow (x+m, y+n)$이라 하면
$a+m=2, -4+n=-2, -8+m=-3, b+n=4$
$\therefore a=-3, b=2, m=5, n=2$

                                         ❶

즉, 주어진 평행이동은 x축의 방향으로 5만큼, y축의 방향으로 2만큼 평행이동한 것이다.
따라서 이 평행이동에 의하여 점 $(-3+1, 2-2)$, 즉 $(-2, 0)$이 옮겨지는 점의 좌표는
$(-2+5, 0+2)$, 즉 $(3, 2)$

                                         ❷

채점 기준	배점
❶ a, b, m, n의 값 구하기	50%
❷ 점 $(a+1, b-2)$가 옮겨지는 점의 좌표 구하기	50%

0413   답 1

점 $(4, 2)$를 x축의 방향으로 m만큼, y축의 방향으로 n만큼 평행이동한 점의 좌표를 $(-1, 3)$이라 하면
$4+m=-1, 2+n=3$
$\therefore m=-5, n=1$
즉, 주어진 평행이동은 x축의 방향으로 -5만큼, y축의 방향으로 1만큼 평행이동한 것이다.
따라서 이 평행이동에 의하여 두 점 $A(a, b)$, $B(1, -5)$가 $A'(3, 2)$, $B'(c, d)$로 옮겨지므로
$a-5=3, b+1=2, 1-5=c, -5+1=d$
$\therefore a=8, b=1, c=-4, d=-4$
$\therefore a+b+c+d=8+1+(-4)+(-4)=1$

0414   답 7

세 점 $A(-1, 2)$, $B(3, -3)$, $C(a, -5)$를 꼭짓점으로 하는 삼각형 ABC의 무게중심의 좌표는
$\left(\dfrac{-1+3+a}{3}, \dfrac{2+(-3)+(-5)}{3} \right)$, 즉 $\left(\dfrac{a+2}{3}, -2 \right)$
점 $\left(\dfrac{a+2}{3}, -2 \right)$를 x축의 방향으로 -4만큼, y축의 방향으로 b만큼 평행이동한 점의 좌표가 $(-3, 4)$이므로
$\dfrac{a+2}{3}-4=-3, -2+b=4$
$\therefore a=1, b=6$
$\therefore a+b=1+6=7$

0415

점 (a, b)를 x축의 방향으로 -2만큼, y축의 방향으로 3만큼 평행이동한 점의 좌표는

$(a-2, b+3)$

$x^2+y^2-4x+8y+16=0$에서

$(x-2)^2+(y+4)^2=4$

이 원의 중심의 좌표는 $(2, -4)$이므로

$a-2=2$, $b+3=-4$

$\therefore a=4$, $b=-7$

$\therefore a+b=4+(-7)=-3$

0416

점 P의 좌표를 (a, b)라 하면 점 P′은 점 P를 x축의 방향으로 3만큼, y축의 방향으로 4만큼 평행이동한 점이므로

P′$(a+3, b+4)$

$\therefore \overline{\mathrm{PP'}}=\sqrt{(a+3-a)^2+(b+4-b)^2}$

$\qquad =\sqrt{3^2+4^2}=5$

0417

평행이동 $(x, y) \longrightarrow (x+1, y-2)$에 의하여 점 $(-2, 3)$이 옮겨지는 점의 좌표는

$(-2+1, 3-2)$, 즉 $(-1, 1)$

이 점이 직선 $y=mx+5$ 위의 점이므로

$1=-m+5$ $\therefore m=4$

0418

점 A$(-1, 3)$을 x축의 방향으로 a만큼, y축의 방향으로 -5만큼 평행이동한 점을 A′이라 하면

A′$(-1+a, 3-5)$, 즉 A′$(a-1, -2)$

이때 원점 O로부터의 거리가 처음 거리의 2배가 되었으므로

$\overline{\mathrm{OA'}}=2\overline{\mathrm{OA}}$, 즉 $\overline{\mathrm{OA'}}^2=4\overline{\mathrm{OA}}^2$에서

$(a-1)^2+(-2)^2=4\times\{(-1)^2+3^2\}$

$(a-1)^2=36$, $a-1=\pm6$

$\therefore a=-5$ 또는 $a=7$

그런데 $a>0$이므로 $a=7$

0419

평행이동 $(x, y) \longrightarrow (x+a, y+b)$에 의하여 점 A$(4, 2)$가 옮겨지는 점 B의 좌표는

$(4+a, 2+b)$

이때 $\overline{\mathrm{AB}}=2\sqrt{3}$이므로

$\sqrt{(4+a-4)^2+(2+b-2)^2}=2\sqrt{3}$

양변을 제곱하면

$a^2+b^2=12$

또한 점 B와 직선 $x+y-6=0$ 사이의 거리가 $\sqrt{2}$이므로

$\dfrac{|4+a+2+b-6|}{\sqrt{1^2+1^2}}=\sqrt{2}$

$\therefore |a+b|=2$

따라서 $a^2+b^2=(a+b)^2-2ab$에서

$12=2^2-2ab$ $\therefore ab=-4$

> **참고**
>
> (1) $(m+n)^2=m^2+2mn+n^2$에서
> $m^2+n^2=(m+n)^2-2mn$
>
> (2) $|m+n|\geq0$이므로
> $|m+n|^2=(m+n)^2$

0420

점 A$(-1, 4)$를 x축의 방향으로 a만큼 평행이동한 점 B의 좌표는

B$(-1+a, 4)$

점 B$(-1+a, 4)$를 y축의 방향으로 b만큼 평행이동한 점 C의 좌표는

C$(-1+a, 4+b)$

세 점 A, B, C를 지나는 원의 반지름의 길이는 점 A$(-1, 4)$와 원의 중심 $(1, 3)$ 사이의 거리와 같으므로

$\sqrt{\{1-(-1)\}^2+(3-4)^2}=\sqrt{5}$

즉, 세 점 A, B, C를 지나는 원의 방정식은

$(x-1)^2+(y-3)^2=5$ ······ ㉠

점 B$(-1+a, 4)$는 원 ㉠ 위의 점이므로

$(-1+a-1)^2+(4-3)^2=5$

$(a-2)^2=4$, $a-2=\pm2$

$\therefore a=0$ 또는 $a=4$

그런데 $a>0$이므로 $a=4$

점 C$(-1+a, 4+b)$, 즉 C$(3, 4+b)$도 원 ㉠ 위의 점이므로

$(3-1)^2+(4+b-3)^2=5$

$(b+1)^2=1$, $b+1=\pm1$

$\therefore b=-2$ 또는 $b=0$

그런데 $b<0$이므로 $b=-2$

$\therefore a-b=4-(-2)=6$

(다른 풀이 ①)

점 A$(-1, 4)$를 x축의 방향으로 a만큼 평행이동한 점 B의 좌표는

B$(-1+a, 4)$

점 B$(-1+a, 4)$를 y축의 방향으로 b만큼 평행이동한 점 C의 좌표는

C$(-1+a, 4+b)$

이때 세 점 A, B, C를 지나는 원의 중심의 좌표는 삼각형 ABC의 외심의 좌표와 같으므로 삼각형 ABC의 외심을 P$(1, 3)$이라 할 수 있다.

$\overline{\mathrm{AP}}=\overline{\mathrm{BP}}$에서 $\overline{\mathrm{AP}}^2=\overline{\mathrm{BP}}^2$이므로

$(-1-1)^2+(4-3)^2=(-1+a-1)^2+(4-3)^2$

$(a-2)^2=4$ $\therefore a=4$ ($\because a>0$)

$\overline{AP}=\overline{CP}$에서 $\overline{AP}^2=\overline{CP}^2$이므로

$(-1-1)^2+(4-3)^2=(-1+a-1)^2+(4+b-3)^2$

$(1+b)^2=1$ $\therefore b=-2 \ (\because b<0)$

$\therefore a-b=4-(-2)=6$

다른 풀이 ②

삼각형 ABC는 $\angle B=90°$인 직각삼각형이므로 선분 AC는 세 점 A, B, C를 지나는 원의 지름이고, 점 $(1, 3)$은 선분 AC의 중점이다. $A(-1, 4)$, $C(-1+a, 4+b)$이므로

$\dfrac{-1+(-1+a)}{2}=1$, $\dfrac{4+(4+b)}{2}=3$

$\therefore a=4, \ b=-2$

$\therefore a-b=4-(-2)=6$

0421
정답 $3\sqrt{3}$

$\triangle O'A'B'$은 정삼각형이고 $\triangle OAB$를 평행이동한 것이므로 $\triangle OAB$도 정삼각형이다.

$\overline{OA}=4$이므로

$a=\dfrac{1}{2}\overline{OA}=2$

$b=\dfrac{\sqrt{3}}{2}\times4=2\sqrt{3}$

$\therefore B(2, 2\sqrt{3})$

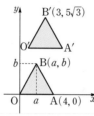

점 B를 x축의 방향으로 m만큼, y축의 방향으로 n만큼 평행이동한 점의 좌표는 $B'(3, 5\sqrt{3})$이므로

$2+m=3, \ 2\sqrt{3}+n=5\sqrt{3}$

$\therefore m=1, \ n=3\sqrt{3}$

$\therefore \dfrac{n}{m}=3\sqrt{3}$

다른 풀이

정삼각형 OAB에서 $\overline{OB}=\overline{OA}=4$이므로

$a=4\cos60°=4\times\dfrac{1}{2}=2$

$b=4\sin60°=4\times\dfrac{\sqrt{3}}{2}=2\sqrt{3}$

$\therefore B(2, 2\sqrt{3})$

🔊 Bible Says   정삼각형의 높이

한 변의 길이가 a인 정삼각형의 높이는 $\dfrac{\sqrt{3}}{2}a$이다.

유형 03   도형의 평행이동 - 직선

확인 문제   (1) $x+y+6=0$ (2) $x-2y-2=0$

(1) 직선 $x+y+5=0$을 x축의 방향으로 1만큼, y축의 방향으로 -2만큼 평행이동한 도형의 방정식은

$(x-1)+(y+2)+5=0$

$\therefore x+y+6=0$

(2) 직선 $x-2y+3=0$을 x축의 방향으로 1만큼, y축의 방향으로 -2만큼 평행이동한 도형의 방정식은

$(x-1)-2(y+2)+3=0$

$\therefore x-2y-2=0$

0422
정답 ②

점 $(-2, 5)$를 x축의 방향으로 m만큼, y축의 방향으로 n만큼 평행이동한 점의 좌표를 $(3, -1)$이라 하면

$-2+m=3, \ 5+n=-1$

$\therefore m=5, \ n=-6$

즉, 주어진 평행이동은 x축의 방향으로 5만큼, y축의 방향으로 -6만큼 평행이동한 것이다.

따라서 직선 $x+3y-6=0$이 이 평행이동에 의하여 옮겨지는 직선의 방정식은

$(x-5)+3(y+6)-6=0$

$\therefore x+3y+7=0$

이 직선이 직선 $x+ay+b=0$과 일치하므로 $a=3, \ b=7$

$\therefore a-b=3-7=-4$

0423
정답 ②

직선 $2x+y+5=0$을 x축의 방향으로 2만큼, y축의 방향으로 -1만큼 평행이동한 직선의 방정식은

$2(x-2)+(y+1)+5=0$

$\therefore 2x+y+2=0$

이 직선이 $2x+y+a=0$과 일치하므로

$a=2$

0424
정답 -5

직선 $3x-4y+k=0$을 x축의 방향으로 1만큼, y축의 방향으로 -3만큼 평행이동한 직선의 방정식은

$3(x-1)-4(y+3)+k=0$

$\therefore 3x-4y-15+k=0$

이 직선이 점 $(4, -2)$를 지나므로

$12+8-15+k=0$ $\therefore k=-5$

0425
정답 5

직선 $y=3x-5$를 x축의 방향으로 a만큼, y축의 방향으로 $2a$만큼 평행이동한 직선의 방정식은

$y-2a=3(x-a)-5$

$\therefore y=3x-a-5$

이 직선이 $y=3x-10$과 일치하므로

$-a-5=-10$ $\therefore a=5$

0426
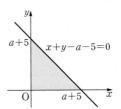

답 ③

직선 $x+y-2=0$을 x축의 방향으로 a만큼, y축의 방향으로 3만큼 평행이동한 직선의 방정식은

$(x-a)+(y-3)-2=0$

$\therefore x+y-a-5=0$

따라서 그림에서 색칠한 부분의 넓이가 32이므로

$\dfrac{1}{2}(a+5)^2=32$, $(a+5)^2=64$

$a+5=\pm 8$ $\therefore a=-13$ 또는 $a=3$

그런데 $a>0$이므로 $a=3$

0427

답 -3

직선 $y=ax+b$를 x축의 방향으로 3만큼, y축의 방향으로 -4만큼 평행이동한 직선의 방정식은

$y+4=a(x-3)+b$

$\therefore y=ax-3a+b-4$ ················· ❶

이 직선이 직선 $y=\dfrac{1}{3}x+6$과 y축 위에서 수직으로 만나므로

$\dfrac{1}{3}a=-1$, $-3a+b-4=6$

$\therefore a=-3$, $b=1$ ················· ❷

$\therefore ab=-3\times 1=-3$ ················· ❸

채점 기준	배점
❶ 직선 $y=ax+b$를 x축의 방향으로 3만큼, y축의 방향으로 -4 만큼 평행이동한 직선의 방정식 구하기	40%
❷ a, b의 값 구하기	50%
❸ ab의 값 구하기	10%

0428

답 4

직선 $l:x+2y+1=0$을 x축의 방향으로 2만큼, y축의 방향으로 a만큼 평행이동한 직선 m의 방정식은

$(x-2)+2(y-a)+1=0$

$\therefore x+2y-2a-1=0$

이때 두 직선 l과 m 사이의 거리는 $2\sqrt{5}$이므로 직선 l 위의 점 $(-1,0)$과 직선 m 사이의 거리는 $2\sqrt{5}$이다.

즉, $\dfrac{|-1-2a-1|}{\sqrt{1^2+2^2}}=2\sqrt{5}$이므로

$|-2a-2|=10$, $2a+3=\pm 10$

$\therefore a=-6$ 또는 $a=4$

그런데 $a>0$이므로 $a=4$

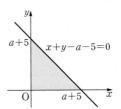
유형 04 도형의 평행이동 - 원

확인 문제 (1) $(x+2)^2+(y-1)^2=9$
(2) $(x+1)^2+(y+1)^2=4$

(2) 원 $(x-1)^2+(y+2)^2=4$를 x축의 방향으로 -2만큼, y축의 방향으로 1만큼 평행이동한 도형의 방정식은

$(x+2-1)^2+(y-1+2)^2=4$

$\therefore (x+1)^2+(y+1)^2=4$

0429

답 -1

$x^2+y^2+4x-6y+9=0$에서

$(x+2)^2+(y-3)^2=4$

평행이동 $(x,y)\longrightarrow(x+a,y+b)$에 의하여 이 원이 옮겨지는 원의 방정식은

$(x-a+2)^2+(y-b-3)^2=4$

이 원의 중심이 원점이므로

$a-2=0$, $b+3=0$

$\therefore a=2$, $b=-3$

$\therefore a+b=2+(-3)=-1$

0430

답 ④

원 $x^2+y^2=16$을 x축의 방향으로 4만큼 평행이동한 원의 방정식은

$(x-4)^2+y^2=16$

이 원이 점 $(4,a)$를 지나므로

$a^2=16$ $\therefore a=4 \ (\because a>0)$

0431

답 ⑤

원 $x^2+(y+4)^2=10$을 x축의 방향으로 -4만큼, y축의 방향으로 2만큼 평행이동한 원의 방정식은

$(x+4)^2+(y-2+4)^2=10$

$(x+4)^2+(y+2)^2=10$

$\therefore x^2+y^2+8x+4y+10=0$

따라서 $a=8$, $b=4$, $c=10$이므로

$a+b+c=8+4+10=22$

0432

답 ①

원 $(x-a)^2+(y-b)^2=b^2$을 x축의 방향으로 3만큼, y축의 방향으로 -8만큼 평행이동한 원의 방정식은

$(x-3-a)^2+(y+8-b)^2=b^2$

원 C는 중심의 좌표가 $(a+3,b-8)$이고 반지름의 길이가 b이다. 원 C가 x축과 y축에 동시에 접하므로

$a+3=|b-8|=b$

$b-8\neq b$이므로 $-b+8=b$ $\quad \therefore b=4$

$a+3=4$이므로 $a=1$

$\therefore a+b=1+4=5$

0433

답 ④

점 $(2, -1)$을 x축의 방향으로 a만큼, y축의 방향으로 b만큼 평행이동한 점의 좌표를 $(-1, 1)$이라 하면

$2+a=-1, -1+b=1$

$\therefore a=-3, b=2$

즉, 주어진 평행이동은 x축의 방향으로 -3만큼, y축의 방향으로 2만큼 평행이동한 것이다.

$x^2+y^2-8x+2y+8=0$에서

$(x-4)^2+(y+1)^2=9$

이 원이 주어진 평행이동에 의하여 옮겨지는 원의 방정식은

$(x+3-4)^2+(y-2+1)^2=9$

$\therefore (x-1)^2+(y-1)^2=9$

따라서 구하는 원의 중심의 좌표는 $(1, 1)$이다.

0434

답 4

$x^2+y^2-2x+6y+1=0$에서

$(x-1)^2+(y+3)^2=9$

이 원을 x축의 방향으로 5만큼, y축의 방향으로 a만큼 평행이동한 원 C_2의 방정식은

$(x-5-1)^2+(y-a+3)^2=9$

$\therefore (x-6)^2+(y-a+3)^2=9$

두 원 C_1, C_2의 중심의 좌표가 각각 $(1, -3)$, $(6, a-3)$이므로

$\sqrt{(6-1)^2+\{a-3-(-3)\}^2}=\sqrt{41}$

$\sqrt{25+a^2}=\sqrt{41}$

양변을 제곱하면

$25+a^2=41, a^2=16$

$\therefore a=4 \; (\because a>0)$

0435

답 3

$x^2+y^2-ax-by-1=0$에서

$\left(x-\dfrac{a}{2}\right)^2+\left(y-\dfrac{b}{2}\right)^2=\dfrac{a^2}{4}+\dfrac{b^2}{4}+1$

이 원을 x축의 방향으로 3만큼, y축의 방향으로 2만큼 평행이동한 원의 방정식은

$\left(x-3-\dfrac{a}{2}\right)^2+\left(y-2-\dfrac{b}{2}\right)^2=\dfrac{a^2}{4}+\dfrac{b^2}{4}+1$

이때 중심의 좌표가 $(1, 4)$이므로

$3+\dfrac{a}{2}=1, 2+\dfrac{b}{2}=4$

$\therefore a=-4, b=4$

$\therefore r=\sqrt{\dfrac{a^2}{4}+\dfrac{b^2}{4}+1}=\sqrt{\dfrac{(-4)^2}{4}+\dfrac{4^2}{4}+1}=3$

$\therefore a+b+r=-4+4+3=3$

0436

답 $\sqrt{34}$

$x^2+y^2-10x+4y+4=0$에서

$(x-5)^2+(y+2)^2=25$

이 원을 x축의 방향으로 a만큼, y축의 방향으로 b만큼 평행이동한 원의 방정식은

$(x-a-5)^2+(y-b+2)^2=25$

이 원이 원 $x^2+y^2=25$와 일치하므로

$a+5=0, b-2=0$

$\therefore a=-5, b=2$

즉, 주어진 평행이동은 x축의 방향으로 -5만큼, y축의 방향으로 2만큼 평행이동한 것이다.

·· ❶

$x^2+y^2-2y-15=0$에서

$x^2+(y-1)^2=16$

주어진 평행이동에 의하여 이 원이 옮겨지는 원의 방정식은

$(x+5)^2+(y-2-1)^2=16$

$\therefore (x+5)^2+(y-3)^2=16$

·· ❷

따라서 원의 중심 $(-5, 3)$과 원점 사이의 거리는

$\sqrt{(-5)^2+3^2}=\sqrt{34}$

·· ❸

채점 기준	배점
❶ 주어진 평행이동 구하기	50%
❷ 원 $x^2+y^2-2y-15=0$이 주어진 평행이동에 의하여 옮겨진 원의 방정식 구하기	30%
❸ 옮겨진 원의 중심과 원점 사이의 거리 구하기	20%

유형 **05** **도형의 평행이동 - 포물선**

확인 문제 (1) $y=x^2+3x+7$ (2) $y=x^2-2x+1$

(1) 포물선 $y=x^2+x+2$를 x축의 방향으로 -1만큼, y축의 방향으로 3만큼 평행이동한 도형의 방정식은

$y-3=(x+1)^2+(x+1)+2$

$\therefore y=x^2+3x+7$

(2) 포물선 $y=x^2-4x+1$을 x축의 방향으로 -1만큼, y축의 방향으로 3만큼 평행이동한 도형의 방정식은

$y-3=(x+1)^2-4(x+1)+1$

$\therefore y=x^2-2x+1$

0437

답 ⑤

$y=2x^2-12x+17$에서

$y=2(x-3)^2-1$

이 포물선을 x축의 방향으로 a만큼, y축의 방향으로 $a-3$만큼 평행이동한 포물선의 방정식은

$y-a+3=2(x-a-3)^2-1$

$\therefore y=2(x-a-3)^2+a-4$

이 포물선의 꼭짓점 $(a+3, a-4)$가 x축 위에 있으므로

$a-4=0 \quad \therefore a=4$

0438

답 ②

$y=x^2+4x+9$에서

$y=(x+2)^2+5$

이 포물선을 x축의 방향으로 1만큼, y축의 방향으로 -4만큼 평행이동한 포물선의 방정식은

$y+4=(x-1+2)^2+5$

$\therefore y=(x+1)^2+1$

따라서 구하는 꼭짓점의 좌표는 $(-1,\ 1)$

다른 풀이

$y=x^2+4x+9$에서

$y=(x+2)^2+5$

이 포물선의 꼭짓점의 좌표는 $(-2,\ 5)$

따라서 꼭짓점을 x축의 방향으로 1만큼, y축의 방향으로 -4만큼 평행이동하면

$(-2+1,\ 5-4)$, 즉 $(-1,\ 1)$

0439

답 -4

$y=3x^2-12x+10$에서

$y=3(x-2)^2-2$

이 포물선을 x축의 방향으로 a만큼, y축의 방향으로 b만큼 평행이동한 포물선의 방정식은

$y-b=3(x-a-2)^2-2$

$\therefore y=3(x-a-2)^2-2+b$

이 포물선이 포물선 $y=3x^2$과 일치하므로

$-a-2=0,\ -2+b=0$

$\therefore a=-2,\ b=2$

$\therefore a-b=-2-2=-4$

0440

답 ③

$y=-4x^2-8x-1$에서

$y=-4(x+1)^2+3$

이 포물선이 도형 $f(x,\ y)=0$을 도형 $f(x+a,\ y-a)=0$으로 옮기는 평행이동에 의하여 옮겨지는 포물선의 방정식은

$y-a=-4(x+a+1)^2+3$

$\therefore y=-4(x+a+1)^2+3+a$

이 포물선의 꼭짓점 $(-a-1,\ 3+a)$가 직선 $y=2x-1$ 위에 있으므로

$3+a=2(-a-1)-1,\ 3a=-6$

$\therefore a=-2$

0441

답 8

점 $(-2,\ -4)$를 x축의 방향으로 m만큼, y축의 방향으로 n만큼 평행이동한 점의 좌표는 $(-2+m,\ -4+n)$

이 점이 원점이므로

$-2+m=0,\ -4+n=0$

$\therefore m=2,\ n=4$

즉, 주어진 평행이동은 x축의 방향으로 2만큼, y축의 방향으로 4만큼 평행이동한 것이다.

·· ❶

$y=x^2+6x-4$에서

$y=(x+3)^2-13$

이 포물선을 x축의 방향으로 2만큼, y축의 방향으로 4만큼 평행이동한 포물선의 방정식은

$y-4=(x-2+3)^2-13$

$\therefore y=(x+1)^2-9$

·· ❷

따라서 구하는 꼭짓점의 좌표는 $(-1,\ -9)$이므로

$a=-1,\ b=-9$

·· ❸

$\therefore a-b=-1-(-9)=8$

·· ❹

채점 기준	배점
❶ 주어진 평행이동 구하기	30%
❷ 포물선 $y=x^2+6x-4$를 평행이동한 포물선의 방정식 구하기	40%
❸ a, b의 값 구하기	20%
❹ $a-b$의 값 구하기	10%

다른 풀이

$y=x^2+6x-4$에서

$y=(x+3)^2-13$

이 포물선의 꼭짓점의 좌표는 $(-3,\ -13)$

이 꼭짓점을 x축의 방향으로 2만큼, y축의 방향으로 4만큼 평행이동한 점의 좌표는

$(-3+2,\ -13+4)$, 즉 $(-1,\ -9)$

따라서 $a=-1,\ b=-9$이므로

$a-b=-1-(-9)=8$

0442

답 45

포물선 $y=x^2-2x$를 x축의 방향으로 a만큼, y축의 방향으로 b만큼 평행이동한 포물선의 방정식은

$y-b=(x-a)^2-2(x-a)$

$\therefore y=x^2-2(a+1)x+a^2+2a+b$

이 포물선이 $y=x^2-12x+30$과 같으므로

$2(a+1)=12,\ a^2+2a+b=30$

$\therefore a=5,\ b=-5$

즉, 주어진 평행이동은 x축의 방향으로 5만큼, y축의 방향으로 -5만큼 평행이동한 것이다.

이 평행이동에 의하여 직선 $l:x-2y=0$이 옮겨지는 직선 l'의 방정식은

$(x-5)-2(y+5)=0$

$\therefore x-2y-15=0$

두 직선 l, l' 사이의 거리 d는 직선 l 위의 점 $(0,\ 0)$과 직선 l' 사이의 거리와 같으므로

$$d = \frac{|-15|}{\sqrt{1^2 + (-2)^2}} = 3\sqrt{5}$$

$$\therefore d^2 = 45$$

0443
답 5

직선 $y = 3x + k$를 x축의 방향으로 -1만큼, y축의 방향으로 2만큼 평행이동한 직선의 방정식은

$$y - 2 = 3(x + 1) + k$$

$$\therefore 3x - y + k + 5 = 0$$

이 직선이 원 $x^2 + y^2 = 10$에 접하므로 원의 중심 $(0, 0)$과 직선 사이의 거리는 원의 반지름의 길이 $\sqrt{10}$과 같다.

즉, $\dfrac{|k+5|}{\sqrt{3^2 + (-1)^2}} = \sqrt{10}$이므로

$$|k+5| = 10, \ k+5 = \pm 10$$

$$\therefore k = -15 \ \text{또는} \ k = 5$$

그런데 $k > 0$이므로 $k = 5$

0444
답 ②

직선 $2x - y + 1 = 0$을 y축의 방향으로 a만큼 평행이동한 직선의 방정식은

$$2x - (y - a) + 1 = 0$$

$$\therefore 2x - y + a + 1 = 0 \quad \cdots\cdots \ \bigcirc$$

세 직선의 기울기가 모두 다르므로 삼각형을 이루지 않으려면 직선 $\bigcirc$이 두 직선 $x + 4y - 5 = 0$, $3x + 2y - 5 = 0$의 교점을 지나야 한다.

$x + 4y - 5 = 0$, $3x + 2y - 5 = 0$을 연립하여 풀면

$$x = 1, \ y = 1$$

따라서 직선 $\bigcirc$이 점 $(1, 1)$을 지나야 하므로

$$2 - 1 + a + 1 = 0 \quad \therefore a = -2$$

> **참고**
>
> 세 직선이 삼각형을 이루지 않으려면 세 직선이 한 점에서 만나거나 세 직선 중 두 개 이상이 평행해야 한다.

0445
답 -3

직선 $y = 5x - 3$을 x축의 방향으로 a만큼, y축의 방향으로 a만큼 평행이동한 직선의 방정식은

$$y - a = 5(x - a) - 3$$

$$\therefore y = 5x - 4a - 3$$

이 직선이 원 $(x+1)^2 + (y-4)^2 = 16$의 넓이를 이등분하려면 원의 중심 $(-1, 4)$를 지나야 하므로

$$4 = -5 - 4a - 3, \ 4a = -12$$

$$\therefore a = -3$$

0446
답 6

직선 $x - 2y + k = 0$을 x축의 방향으로 3만큼, y축의 방향으로 -3만큼 평행이동한 직선의 방정식은

$$(x-3) - 2(y+3) + k = 0$$

$$\therefore x - 2y + k - 9 = 0$$

이 직선과 직선 $y = \dfrac{1}{2}x - 3$ 위의 점 $(0, -3)$ 사이의 거리가 $3\sqrt{5}$이므로

$$\frac{|6 + k - 9|}{\sqrt{1^2 + (-2)^2}} = 3\sqrt{5}, \ |k-3| = 15$$

$$k - 3 = \pm 15 \quad \therefore k = -12 \ \text{또는} \ k = 18$$

따라서 모든 k의 값의 합은

$$-12 + 18 = 6$$

0447
답 ⑤

원 $(x+1)^2 + (y+2)^2 = 9$를 x축의 방향으로 3만큼, y축의 방향으로 a만큼 평행이동한 원이 C이므로 원 C의 방정식은

$$(x - 3 + 1)^2 + (y - a + 2)^2 = 9$$

$$\therefore (x-2)^2 + (y-a+2)^2 = 9$$

원 C의 넓이가 직선 $3x + 4y - 7 = 0$에 의하여 이등분되려면 이 직선이 원 C의 중심 $(2, a-2)$를 지나야 하므로

$$6 + 4(a-2) - 7 = 0$$

$$4a = 9 \quad \therefore a = \frac{9}{4}$$

0448
답 9

평행이동 $(x, y) \longrightarrow (x+a, y+b)$에 의하여 원 $(x+5)^2 + (y-4)^2 = 36$이 옮겨지는 원의 방정식은

$$(x - a + 5)^2 + (y - b - 4)^2 = 36$$

❶

이 원이 x축과 y축에 모두 접하고 그 중심은 제1사분면 위에 있으므로

$$a - 5 = 6, \ b + 4 = 6$$

$$\therefore a = 11, \ b = 2$$

❷

$$\therefore a - b = 11 - 2 = 9$$

❸

채점 기준	배점
❶ 주어진 평행이동에 의하여 원 $(x+5)^2 + (y-4)^2 = 36$이 옮겨진 원의 방정식 구하기	40%
❷ a, b의 값 구하기	50%
❸ $a - b$의 값 구하기	10%

0449
답 $\dfrac{3}{2}$

포물선 $y = x^2 + 4x$를 x축의 방향으로 a만큼, y축의 방향으로 $-2a$만큼 평행이동한 포물선의 방정식은

$y+2a=(x-a)^2+4(x-a)$

$\therefore y=(x-a)^2+4(x-a)-2a$

두 점 A, B가 직선 $y=x$ 위의 점이므로 A(α, α), B(β, β)라 하면 α, β는 이차방정식

$(x-a)^2+4(x-a)-2a=x$, 즉 $x^2-(2a-3)x+a^2-6a=0$의 두 근이다.

이차방정식의 근과 계수의 관계에 의하여

$\alpha+\beta=2a-3$ ...... ㉠

이때 선분 AB의 중점이 원점이므로

$\dfrac{\alpha+\beta}{2}=0$ $\therefore \alpha+\beta=0$ ...... ㉡

㉠, ㉡에서 $2a-3=0$ $\therefore a=\dfrac{3}{2}$

유형 07 점의 대칭이동

확인 문제 (1) $(2, 1)$ (2) $(-2, -1)$ (3) $(-2, 1)$
(4) $(-1, 2)$ (5) $(1, -2)$

0450 답 ③

점 P(2, 5)를 직선 $y=x$에 대하여 대칭이동한 점은
Q(5, 2)

점 Q(5, 2)를 x축에 대하여 대칭이동한 점은
R(5, -2)

따라서 그림에서 삼각형 PQR의 넓이는

$\dfrac{1}{2}\times 4\times 3=6$

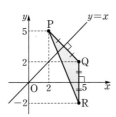

0451 답 ④

점 $(4, -1)$을 x축에 대하여 대칭이동한 점은
P(4, 1)

점 $(4, -1)$을 y축에 대하여 대칭이동한 점은
Q(-4, -1)

$\therefore \overline{PQ}=\sqrt{(-4-4)^2+(-1-1)^2}$
$=\sqrt{68}=2\sqrt{17}$

0452 답 24

점 $(5, 4)$를 직선 $y=x$에 대하여 대칭이동한 점은 $(4, 5)$

점 $(4, 5)$를 y축의 방향으로 1만큼 평행이동한 점은 $(4, 6)$

따라서 $a=4$, $b=6$이므로 $ab=4\times 6=24$

0453 답 ①

점 $(1, a)$를 직선 $y=x$에 대하여 대칭이동한 점은
A(a, 1)

점 A(a, 1)을 x축에 대하여 대칭이동한 점은
$(a, -1)$

이 점이 $(2, b)$와 같으므로

$a=2$, $b=-1$

$\therefore a+b=2+(-1)=1$

0454 답 ③

점 (a, b)를 x축에 대하여 대칭이동한 점은
$(a, -b)$

이 점이 제2사분면 위에 있으므로

$a<0$, $-b>0$ $\therefore a<0$, $b<0$

점 $(a+b, ab)$를 y축에 대하여 대칭이동한 점은
$(-a-b, ab)$

이 점을 원점에 대하여 대칭이동한 점은
$(a+b, -ab)$

이때 $a+b<0$, $-ab<0$이므로 점 $(a+b, -ab)$는 제3사분면 위에 있다.

0455 답 $\dfrac{1}{3}$

점 P(3, 1)을 x축, y축에 대하여 대칭이동한 점은 각각
A(3, -1), B(-3, 1)

점 Q(a, b)를 y축에 대하여 대칭이동한 점은
C($-a$, b)

❶

이때 세 점 A, B, C가 한 직선 위에 있으므로

$\dfrac{1-(-1)}{-3-3}=\dfrac{b-1}{-a-(-3)}$, $\dfrac{b-1}{-a+3}=-\dfrac{1}{3}$

$3b-3=a-3$ $\therefore a=3b$

❷

따라서 직선 PQ의 기울기는

$\dfrac{b-1}{a-3}=\dfrac{b-1}{3b-3}=\dfrac{b-1}{3(b-1)}=\dfrac{1}{3}$

❸

채점 기준	배점
❶ 세 점 A, B, C의 좌표 구하기	30%
❷ a, b 사이의 관계식 세우기	40%
❸ 직선 PQ의 기울기 구하기	30%

0456

답 $(5, 9)$

점 A는 직선 $y=x+4$ 위의 점이므로 점 A의 좌표를 $(a, a+4)(a>0)$라 하자.
점 A를 직선 $y=x$에 대하여 대칭이동한 점은
B$(a+4, a)$

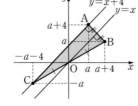

$\therefore \overline{AB}=\sqrt{(a+4-a)^2+(a-a-4)^2}=4\sqrt{2}$
점 B를 원점에 대하여 대칭이동한 점은
C$(-a-4, -a)$
$\therefore \overline{AC}=\sqrt{(-a-4-a)^2+(-a-a-4)^2}=2\sqrt{2}(a+2)$
이때 점 C는 직선 $y=x+4$ 위의 점이고 $\angle A=90°$이므로 삼각형 ABC는 직각삼각형이다.
삼각형 ABC의 넓이가 56이므로
$\dfrac{1}{2}\times 4\sqrt{2}\times 2\sqrt{2}(a+2)=56$
$a+2=7$ $\therefore a=5$
따라서 점 A의 좌표는 $(5, 9)$이다.

> **참고**
>
> 두 점 A, B는 직선 $y=x$에 대하여 서로 대칭이므로 선분 AB는 직선 $y=x$와 수직이고, 두 직선 $y=x$, $y=x+4$가 평행하므로 선분 AB는 직선 $y=x+4$와 수직이다.

유형 08 도형의 대칭이동 - 직선

확인 문제
(1) $x-y+3=0$ (2) $x-y-3=0$
(3) $x+y-3=0$ (4) $x+y+3=0$
(5) $x+y-3=0$

(1) 직선 $x+y+3=0$을 x축에 대하여 대칭이동한 도형의 방정식은
$x+(-y)+3=0$
$\therefore x-y+3=0$

(2) 직선 $x+y+3=0$을 y축에 대하여 대칭이동한 도형의 방정식은
$(-x)+y+3=0$
$\therefore x-y-3=0$

(3) 직선 $x+y+3=0$을 원점에 대하여 대칭이동한 도형의 방정식은
$(-x)+(-y)+3=0$
$\therefore x+y-3=0$

(4) 직선 $x+y+3=0$을 직선 $y=x$에 대하여 대칭이동한 도형의 방정식은
$y+x+3=0$
$\therefore x+y+3=0$

(5) 직선 $x+y+3=0$을 직선 $y=-x$에 대하여 대칭이동한 도형의 방정식은
$(-y)+(-x)+3=0$
$\therefore x+y-3=0$

0457

답 ④

직선 $y=3x+4$를 x축에 대하여 대칭이동한 직선의 방정식은
$-y=3x+4$ $\therefore y=-3x-4$
이 직선에 수직인 직선의 기울기는 $\dfrac{1}{3}$이므로 기울기가 $\dfrac{1}{3}$이고 점 $(3, 1)$을 지나는 직선의 방정식은
$y-1=\dfrac{1}{3}(x-3)$ $\therefore y=\dfrac{1}{3}x$

> **참고**
>
> 두 직선 $y=mx+n$, $y=m'x+n'$에 대하여 두 직선이 서로 수직이면 $mm'=-1$이다.

0458

답 ④

직선 $3x-5y+8=0$을 직선 $y=-x$에 대하여 대칭이동한 직선의 방정식은
$3\times(-y)-5\times(-x)+8=0$
$\therefore 5x-3y+8=0$

0459

답 ⑤

직선 $3x-2y+a=0$을 원점에 대하여 대칭이동한 직선의 방정식은
$-3x+2y+a=0$ $\therefore 3x-2y-a=0$
이 직선이 점 $(3, 2)$를 지나므로
$9-4-a=0$ $\therefore a=5$

0460

답 ①

직선 $y=ax-6$을 x축에 대하여 대칭이동한 직선의 방정식은
$-y=ax-6$ $\therefore y=-ax+6$
이 직선이 점 $(2, 4)$를 지나므로
$4=-2a+6, -2a=-2$
$\therefore a=1$

0461

답 2

직선 $y=\dfrac{1}{2}x-2$를 직선 $y=x$에 대하여 대칭이동한 직선 l_1의 방정식은
$x=\dfrac{1}{2}y-2$ $\therefore y=2x+4$
직선 l_1을 원점에 대하여 대칭이동한 직선 l_2의 방정식은
$-y=2\times(-x)+4$ $\therefore y=2x-4$
따라서 직선 l_2의 x절편은 2이다.

0462
답 5

직선 $ax-by+1=0$을 직선 $y=x$에 대하여 대칭이동한 직선의 방정식은
$ay-bx+1=0$ $\therefore bx-ay-1=0$

.... ❶

이 직선이 직선 $(a-4)x-(2-b)y-1=0$과 일치하므로
$b=a-4,\ -a=-(2-b)$
$\therefore a-b=4,\ a+b=2$
위의 두 식을 연립하여 풀면 $a=3,\ b=-1$

.... ❷

$\therefore a-2b=3-2\times(-1)=5$

.... ❸

채점 기준	배점
❶ 직선 $ax-by+1=0$을 직선 $y=x$에 대하여 대칭이동한 직선의 방정식 구하기	40%
❷ $a,\ b$의 값 구하기	50%
❸ $a-2b$의 값 구하기	10%

0463
답 -10

직선 $(k+1)x+(k+2)y+2(k-1)=0$을 직선 $y=-x$에 대하여 대칭이동한 직선의 방정식은
$(k+1)\times(-y)+(k+2)\times(-x)+2(k-1)=0$
$\therefore (k+2)x+(k+1)y-2(k-1)=0$
좌변을 k에 대하여 정리하면
$(x+y-2)k+2x+y+2=0$
이 직선은 k의 값에 관계없이 항상 두 직선 $x+y-2=0$,
$2x+y+2=0$의 교점을 지난다.
두 식을 연립하여 풀면 $x=-4,\ y=6$
따라서 $a=-4,\ b=6$이므로
$a-b=-4-6=-10$

> **참고**
> 직선 $(ax+by+c)k+a'x+b'y+c'=0$은 상수 k의 값에 관계없이 두 직선 $ax+by+c=0,\ a'x+b'y+c'=0$의 교점의 좌표를 지난다.

유형 09 도형의 대칭이동 – 원

0464
답 ⑤

중심의 좌표가 $(-1,4)$이고 반지름의 길이가 r인 원의 방정식은
$(x+1)^2+(y-4)^2=r^2$
이 원을 x축에 대하여 대칭이동한 원의 방정식은
$(x+1)^2+(-y-4)^2=r^2$
$\therefore (x+1)^2+(y+4)^2=r^2$
이 원이 점 $(3,-1)$을 지나므로
$r^2=4^2+3^2=25$ $\therefore r=5\ (\because r>0)$

0465
답 14

원 $(x+3)^2+(y-4)^2=1$을 원점에 대하여 대칭이동한 원의 방정식은
$(x-3)^2+(y+4)^2=1$
원 $(x+3)^2+(y-4)^2=1$을 x축의 방향으로 a만큼, y축의 방향으로 b만큼 평행이동한 원의 방정식은
$(x-a+3)^2+(y-b-4)^2=1$
이때 두 원이 일치하므로
$-a+3=-3,\ -b-4=4$ $\therefore a=6,\ b=-8$
$\therefore a-b=6-(-8)=14$

0466
답 2

$x^2+y^2+4x-8y+16=0$에서
$(x+2)^2+(y-4)^2=4$
이 원을 y축에 대하여 대칭이동한 원의 방정식은
$(-x+2)^2+(y-4)^2=4$
$\therefore (x-2)^2+(y-4)^2=4$
이 원의 중심 $(2,4)$가 원점을 지나는 직선 l 위에 있으므로 직선 l을 $y=ax$ (a는 상수)라 하면
$4=2a$ $\therefore a=2$
따라서 구하는 직선 l의 기울기는 2이다.

0467
답 ①

원 $(x+1)^2+(y+3)^2=4$를 원점에 대하여 대칭이동한 원의 방정식은
$C:(x-1)^2+(y-3)^2=4$
직선 $mx-y+6=0$을 y축에 대하여 대칭이동한 직선의 방정식은
$l:-mx-y+6=0$ $\cdots\cdots$ ㉠
원 C의 중심이 $(1,3)$이므로 직선 l이 점 $(1,3)$을 지난다.
따라서 ㉠에 $x=1,\ y=3$을 대입하면
$-m-3+6=0$ $\therefore m=3$

0468
답 -7

$x^2+y^2-6x+4y+9=0$에서
$(x-3)^2+(y+2)^2=4$
이 원을 직선 $y=-x$에 대하여 대칭이동한 원의 방정식은
$(-y-3)^2+(-x+2)^2=4$
$\therefore (x-2)^2+(y+3)^2=4$
직선 $y=2x+k$가 이 원의 넓이를 이등분하려면 원의 중심 $(2,-3)$을 지나야 하므로
$-3=4+k$ $\therefore k=-7$

0469

답 12

$x^2+y^2-10x+6y-11=0$에서
$(x-5)^2+(y+3)^2=45$
이 원을 직선 $y=x$에 대하여 대칭이동한 원의 방정식은
$(y-5)^2+(x+3)^2=45$
$\therefore (x+3)^2+(y-5)^2=45$

.... ❶

이 원이 y축과 만나는 점의 y좌표는
$3^2+(y-5)^2=45$, $(y-5)^2=36$
$y-5=\pm6$　$\therefore y=-1$ 또는 $y=11$

.... ❷

따라서 두 점 사이의 거리는
$11-(-1)=12$

.... ❸

채점 기준	배점
❶ 원 $x^2+y^2-10x+6y-11=0$을 직선 $y=x$에 대하여 대칭이동한 원의 방정식 구하기	40%
❷ 대칭이동한 원이 y축과 만나는 점의 y좌표 구하기	40%
❸ 두 점 사이의 거리 구하기	20%

0470

답 ③

원 $C_1 : x^2-2x+y^2+4y+4=0$에서
$(x-1)^2+(y+2)^2=1$
원 C_1을 직선 $y=x$에 대하여 대칭이동한 원 C_2의 방정식은
$(y-1)^2+(x+2)^2=1$
$\therefore (x+2)^2+(y-1)^2=1$
그림과 같이 두 점 P, Q 사이의 최소 거리는 두 원 C_1, C_2의 중심 사이의 거리에서 두 원의 반지름의 길이를 뺀 것과 같다.
두 원 C_1, C_2의 중심의 좌표가 각각 $(1, -2)$, $(-2, 1)$이고 각 원의 반지름의 길이가 1이므로 두 점 P, Q 사이의 최소 거리는
$\sqrt{(-2-1)^2+\{1-(-2)\}^2}-1-1=3\sqrt{2}-2$

0471

답 ④

원 $C : (x-5)^2+(y-5)^2=25$를 x축에 대하여 대칭이동한 원 C_1의 방정식은
$(x-5)^2+(-y-5)^2=25$
$\therefore (x-5)^2+(y+5)^2=25$
원 $C : (x-5)^2+(y-5)^2=25$를 y축에 대하여 대칭이동한 원 C_2의 방정식은
$(-x-5)^2+(y-5)^2=25$
$\therefore (x+5)^2+(y-5)^2=25$

원 $C : (x-5)^2+(y-5)^2=25$를 원점에 대하여 대칭이동한 원 C_3의 방정식은
$(-x-5)^2+(-y-5)^2=25$
$\therefore (x+5)^2+(y+5)^2=25$
따라서 구하는 도형의 넓이는 그림에서 색칠한 부분의 넓이와 같으므로
$10\times10-\pi\times5^2=100-25\pi$

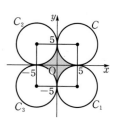

유형 10　도형의 대칭이동 - 포물선

0472

답 2

포물선 $y=x^2+ax+b$를 원점에 대하여 대칭이동한 포물선의 방정식은
$-y=(-x)^2+a\times(-x)+b$
$y=-x^2+ax-b$
$\therefore y=-\left(x-\dfrac{a}{2}\right)^2+\dfrac{a^2}{4}-b$
이 포물선의 꼭짓점 $\left(\dfrac{a}{2}, \dfrac{a^2}{4}-b\right)$가 점 $(-1, -3)$과 일치하므로
$\dfrac{a}{2}=-1, \dfrac{a^2}{4}-b=-3$
$\therefore a=-2, b=4$
$\therefore a+b=-2+4=2$

0473

답 ④

포물선 $y=x^2-5x-7$을 x축에 대하여 대칭이동한 포물선의 방정식은
$-y=x^2-5x-7$　$\therefore y=-x^2+5x+7$
이 포물선이 점 $(4, a)$를 지나므로
$a=-16+20+7=11$

0474

답 ③

포물선 $y=x^2-2ax+4$를 y축에 대하여 대칭이동한 포물선의 방정식은
$y=(-x)^2-2a\times(-x)+4$
$y=x^2+2ax+4$
$\therefore y=(x+a)^2+4-a^2$
이 포물선의 꼭짓점 $(-a, 4-a^2)$이 직선 $y=2x+1$ 위에 있으므로
$4-a^2=-2a+1, a^2-2a-3=0$
$(a+1)(a-3)=0$　$\therefore a=-1$ 또는 $a=3$
그런데 $a>0$이므로 $a=3$

0475 답 ①

포물선 $y=ax^2$을 x축에 대하여 대칭이동한 포물선의 방정식은
$-y=ax^2$ $\therefore y=-ax^2$
이 포물선을 y축에 대하여 대칭이동한 포물선의 방정식은
$y=-a\times(-x)^2$ $\therefore y=-ax^2$
이 포물선이 점 $\left(-\dfrac{2}{3},\, 4\right)$를 지나므로

$4=-\dfrac{4}{9}a$ $\therefore a=-9$

0476 답 7

포물선 $y=x^2-6x-3$을 원점에 대하여 대칭이동한 포물선의 방정식은
$-y=(-x)^2-6\times(-x)-3$
$\therefore y=-x^2-6x+3$ ·········· ❶

이 포물선을 y축에 대하여 대칭이동한 포물선의 방정식은
$y=-(-x)^2-6\times(-x)+3$
$y=-x^2+6x+3$
$\therefore y=-(x-3)^2+12$ ·········· ❷

이 포물선의 꼭짓점 $(3, 12)$가 직선 $y=ax-9$ 위에 있으므로
$12=3a-9,\ 3a=21$
$\therefore a=7$ ·········· ❸

채점 기준	배점
❶ 포물선 $y=x^2-6x-3$을 원점에 대하여 대칭이동한 포물선의 방정식 구하기	40%
❷ ❶의 포물선을 y축에 대하여 대칭이동한 포물선의 방정식 구하기	40%
❸ a의 값 구하기	20%

0477 답 ③

ㄱ. $x-y+3=0$을 직선 $y=-x$에 대하여 대칭이동한 도형의 방정식은
$\quad (-y)-(-x)+3=0$
$\quad \therefore x-y+3=0$
ㄴ. $(x-2)^2+(y+2)^2=9$를 직선 $y=-x$에 대하여 대칭이동한 도형의 방정식은
$\quad (-y-2)^2+(-x+2)^2=9$
$\quad \therefore (x-2)^2+(y+2)^2=9$
ㄷ. $y=x^2+5$를 직선 $y=-x$에 대하여 대칭이동한 도형의 방정식은
$\quad -x=(-y)^2+5$
$\quad \therefore y^2=-x-5$

따라서 직선 $y=-x$에 대하여 대칭이동할 때, 처음 도형과 일치하는 것은 ㄱ, ㄴ이다.

유형 11 대칭이동의 활용

0478 답 ②

직선 $3x+4y-a=0$을 원점에 대하여 대칭이동한 직선의 방정식은
$3\times(-x)+4\times(-y)-a=0$
$\therefore 3x+4y+a=0$
이 직선이 원 $(x+1)^2+(y-2)^2=4$에 접하므로 원의 중심 $(-1, 2)$와 직선 사이의 거리는 원의 반지름의 길이 2와 같다.
즉, $\dfrac{|-3+8+a|}{\sqrt{3^2+4^2}}=2$이므로
$|a+5|=10,\ a+5=\pm10$
$\therefore a=-15$ 또는 $a=5$
따라서 모든 a의 값의 합은
$-15+5=-10$

0479 답 9

원 $(x-1)^2+(y+3)^2=2$를 직선 $y=x$에 대하여 대칭이동한 원 C의 방정식은
$(y-1)^2+(x+3)^2=2$
$\therefore (x+3)^2+(y-1)^2=2$
직선 $x-ay-6=0$을 x축에 대하여 대칭이동한 직선 l의 방정식은
$x-a\times(-y)-6=0$ $\therefore x+ay-6=0$
직선 l이 원 C의 중심 $(-3, 1)$을 지나므로
$-3+a-6=0$ $\therefore a=9$

0480 답 ⑤

직선 $l:y=\dfrac{12}{5}x+a$를 직선 $y=-x$에 대하여 대칭이동한 직선 m의 방정식은
$-x=\dfrac{12}{5}\times(-y)+a$ $\therefore 5x-12y+5a=0$
직선 $5x-12y+12a=0$ 위의 점 $(0, a)$와 직선 m 사이의 거리가 2이므로
$\dfrac{|-12a+5a|}{\sqrt{5^2+(-12)^2}}=2,\ |-7a|=26$
$\therefore a=\dfrac{26}{7}\ (\because a>0)$

0481 답 3

$x^2+y^2-6x+8y+24=0$에서
$(x-3)^2+(y+4)^2=1$
이 원을 y축에 대하여 대칭이동한 원의 방정식은
$(-x-3)^2+(y+4)^2=1$
$\therefore (x+3)^2+(y+4)^2=1$

이 원이 직선 $y=ax$, 즉 $ax-y=0$에 접하므로 원의 중심 $(-3, -4)$와 직선 사이의 거리는 원의 반지름의 길이 1과 같다.

즉, $\dfrac{|-3a+4|}{\sqrt{a^2+(-1)^2}}=1$이므로 $|-3a+4|=\sqrt{a^2+1}$

양변을 제곱하면

$9a^2-24a+16=a^2+1$

$\therefore 8a^2-24a+15=0$

따라서 이차방정식의 근과 계수의 관계에 의하여 모든 a의 값의 합은

$-\dfrac{-24}{8}=3$

0482

답 7

포물선 $y=-x^2+3x-5$를 원점에 대하여 대칭이동한 포물선의 방정식은

$-y=-(-x)^2+3\times(-x)-5$

$\therefore y=x^2+3x+5$

이 포물선이 직선 $y=ax+1$과 접하므로 이차방정식

$x^2+3x+5=ax+1$, 즉 $x^2+(3-a)x+4=0$의 판별식을 D라 하면 $D=0$이어야 한다.

즉, $D=(3-a)^2-16=0$이므로 $(3-a)^2=16$

$3-a=\pm 4$　$\therefore a=-1$ 또는 $a=7$

그런데 $a>0$이므로 $a=7$

🔊 **Bible Says**　**포물선과 직선의 위치 관계**

포물선 $y=ax^2+bx+c$ $(a, b, c$는 상수)
와 직선 $y=mx+n$ $(m, n$은 상수)의
위치 관계는 방정식
$ax^2+(b-m)x+c-n=0$
의 판별식을 D라 할 때

(1) $D>0$이면 서로 다른 두 점에서 만
난다.
(2) $D=0$이면 한 점에서 만난다. (접한다.)
(3) $D<0$이면 만나지 않는다.

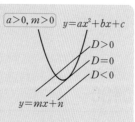

0483

답 ①

원 $(x+1)^2+(y+1)^2=2$를 x축, y축, 원점에 대하여 대칭이동한 원의 방정식은 각각

$(x+1)^2+(y-1)^2=2$

$(x-1)^2+(y+1)^2=2$

$(x-1)^2+(y-1)^2=2$

따라서 구하는 넓이는 그림에서 색칠한
부분의 넓이와 같으므로
$\pi\times(\sqrt{2})^2\times 2+(2\sqrt{2})^2=4\pi+8$

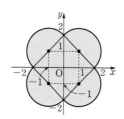

0484

답 $4<a<9$

$x^2+y^2-4x-10y+25=0$에서

$(x-2)^2+(y-5)^2=4$

이 원을 x축에 대하여 대칭이동한 원의 방정식은

$(x-2)^2+(-y-5)^2=4$

$\therefore (x-2)^2+(y+5)^2=4$

❶

이 원이 직선 $y=\dfrac{3}{4}x-a$, 즉 $3x-4y-4a=0$과 서로 다른 두 점에서 만나므로 원의 중심 $(2, -5)$와 직선 $3x-4y-4a=0$ 사이의 거리가 원의 반지름의 길이인 2보다 작아야 한다.

❷

즉, $\dfrac{|6+20-4a|}{\sqrt{3^2+(-4)^2}}<2$이므로

$|26-4a|<10$, $-10<4a-26<10$

$\therefore 4<a<9$

❸

채점 기준	배점
❶ 원 $x^2+y^2-4x-10y+25=0$을 x축에 대하여 대칭이동한 원의 방정식 구하기	40%
❷ ❶의 원이 직선 $y=\dfrac{3}{4}x-a$와 서로 다른 두 점에서 만날 조건 이해하기	30%
❸ a의 값의 범위 구하기	30%

유형 **12**　**점과 도형의 평행이동과 대칭이동의 활용**

0485

답 ①

원 $(x-3)^2+(y+5)^2=10$을 x축의 방향으로 a만큼, y축의 방향으로 b만큼 평행이동한 원의 방정식은

$(x-a-3)^2+(y-b+5)^2=10$ ······ ㉠

원 $(x-3)^2+(y+5)^2=10$을 직선 $y=x$에 대하여 대칭이동한 원의 방정식은

$(y-3)^2+(x+5)^2=10$

$\therefore (x+5)^2+(y-3)^2=10$ ······ ㉡

㉠과 ㉡이 겹쳐지므로

$-a-3=5$, $-b+5=-3$

$\therefore a=-8$, $b=8$

$\therefore a-b=-8-8=-16$

0486

답 ③

점 P의 좌표를 (a, b)라 하면 점 P를 x축의 방향으로 -1만큼, y축의 방향으로 2만큼 평행이동한 점의 좌표는

$(a-1, b+2)$

이 점을 x축에 대하여 대칭이동한 점의 좌표는
$(a-1, -b-2)$
이 점이 점 $(2, -6)$과 일치하므로
$a-1=2$, $-b-2=-6$
$\therefore a=3$, $b=4$
따라서 점 P의 좌표는 $(3, 4)$이다.

0487
답 4

포물선 $y=x^2-4x+a-7$을 원점에 대하여 대칭이동한 포물선의
방정식은
$-y=(-x)^2-4\times(-x)+a-7$
$\therefore y=-x^2-4x-a+7$
이 포물선을 y축의 방향으로 -2만큼 평행이동한 포물선의 방정식은
$y+2=-x^2-4x-a+7$
$\therefore y=-x^2-4x-a+5$
이 포물선이 y축과 만나는 점의 y좌표는 $-a+5$이므로
$-a+5=1$　　$\therefore a=4$

0488
답 8

원 $(x-2)^2+(y-3)^2=25$를 x축의 방향으로 -5만큼 평행이동한
원의 방정식은
$(x+5-2)^2+(y-3)^2=25$
$\therefore (x+3)^2+(y-3)^2=25$

.... ❶

이 원을 직선 $y=-x$에 대하여 대칭이동한 원의 방정식은
$(-y+3)^2+(-x-3)^2=25$
$\therefore (x+3)^2+(y-3)^2=25$

.... ❷

이 원이 x축과 만나는 점의 x좌표는
$(x+3)^2+(-3)^2=25$, $(x+3)^2=16$
$x+3=\pm4$　　$\therefore x=-7$ 또는 $x=1$

.... ❸

따라서 P$(-7, 0)$, Q$(1, 0)$ 또는 P$(1, 0)$, Q$(-7, 0)$이므로
$\overline{PQ}=1-(-7)=8$

.... ❹

채점 기준	배점
❶ 원 $(x-2)^2+(y-3)^2=25$를 x축의 방향으로 -5만큼 평행이동한 원의 방정식 구하기	30%
❷ ❶의 원을 직선 $y=-x$에 대하여 대칭이동한 원의 방정식 구하기	30%
❸ ❷의 원이 x축과 만나는 점의 x좌표 구하기	30%
❹ 선분 PQ의 길이 구하기	10%

0489
답 ②

점 A$(-3, 1)$을 y축에 대하여 대칭이동한 점은
P$(3, 1)$
점 B$(1, k)$를 y축의 방향으로 -5만큼 평행이동한 점은
Q$(1, k-5)$
직선 BP의 기울기는
$\dfrac{1-k}{3-1}=\dfrac{1-k}{2}$
직선 PQ의 기울기는
$\dfrac{k-5-1}{1-3}=-\dfrac{k-6}{2}$
이때 직선 BP와 직선 PQ가 서로 수직이므로
$\dfrac{1-k}{2}\times\left(-\dfrac{k-6}{2}\right)=-1$, $(k-1)(k-6)=-4$
$k^2-7k+10=0$, $(k-2)(k-5)=0$
$\therefore k=2$ 또는 $k=5$
따라서 모든 실수 k의 값의 곱은
$2\times5=10$

0490
답 ①

직선 $y=-\dfrac{1}{2}x-3$을 x축의 방향으로 a만큼 평행이동한 직선의 방
정식은
$y=-\dfrac{1}{2}(x-a)-3$
이 직선을 직선 $y=x$에 대하여 대칭이동한 직선 l의 방정식은
$x=-\dfrac{1}{2}(y-a)-3$
$\therefore 2x+y-a+6=0$
직선 l이 원 $(x+1)^2+(y-3)^2=5$와 접하므로 원의 중심
$(-1, 3)$과 직선 l 사이의 거리는 원의 반지름의 길이 $\sqrt{5}$와 같다.
즉, $\dfrac{|-2+3-a+6|}{\sqrt{2^2+1^2}}=\sqrt{5}$이므로
$|-a+7|=5$, $a-7=\pm5$
$\therefore a=2$ 또는 $a=12$
따라서 모든 a의 값의 합은
$2+12=14$

[다른 풀이]
직선 l의 방정식 $y=-2x+a-6$을 $(x+1)^2+(y-3)^2=5$에 대입
하면
$(x+1)^2+(-2x+a-9)^2=5$
$\therefore 5x^2+2(19-2a)x+a^2-18a+77=0$
이 이차방정식의 판별식을 D라 하면
$\dfrac{D}{4}=(19-2a)^2-5(a^2-18a+77)=0$
$a^2-14a+24=0$, $(a-2)(a-12)=0$
$\therefore a=2$ 또는 $a=12$
따라서 모든 a의 값의 합은
$2+12=14$

0491
답 ③

방정식 $f(x, y)=0$이 나타내는 도형을 y축에 대하여 대칭이동하면
$f(-x, y)=0$
방정식 $f(-x, y)=0$이 나타내는 도형을 x축의 방향으로 -1만큼 평행이동하면
$f(-x-1, y)=0$
따라서 방정식 $f(-x-1, y)=0$이 나타내는 도형은 주어진 도형을 y축에 대하여 대칭이동한 후 x축의 방향으로 -1만큼 평행이동한 것이므로 ③이다.

0492
답 ②

방정식 $f(x, y)=0$이 나타내는 도형을 x축에 대하여 대칭이동하면
$f(x, -y)=0$
방정식 $f(x, -y)=0$이 나타내는 도형을 x축의 방향으로 -1만큼, y축의 방향으로 2만큼 평행이동하면
$f(x+1, 2-y)=0$
따라서 방정식 $f(x+1, 2-y)=0$이 나타내는 도형은 주어진 도형을 x축에 대하여 대칭이동한 후 x축의 방향으로 -1만큼, y축의 방향으로 2만큼 평행이동한 것이므로 ②이다.

0493
답 ③

ㄱ. 방정식 $f(x, y)=0$이 나타내는 도형을 x축에 대하여 대칭이동하면 $f(x, -y)=0$
방정식 $f(x, -y)=0$이 나타내는 도형을 x축의 방향으로 -3만큼 평행이동하면 $f(x+3, -y)=0$
즉, 이 방정식이 나타내는 도형은 [그림 2]와 같다.

ㄴ. 방정식 $f(x, y)=0$이 나타내는 도형을 y축에 대하여 대칭이동하면 $f(-x, y)=0$
방정식 $f(-x, y)=0$이 나타내는 도형을 x축의 방향으로 3만큼 평행이동하면 $f(3-x, y)=0$
즉, 이 방정식이 나타내는 도형은 오른쪽 그림과 같다.

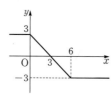

ㄷ. 방정식 $f(x, y)=0$이 나타내는 도형을 y축에 대하여 대칭이동하면 $f(-x, y)=0$
방정식 $f(-x, y)=0$이 나타내는 도형을 x축의 방향으로 -3만큼 평행이동하면 $f(-x-3, y)=0$
즉, 이 방정식이 나타내는 도형은 [그림 2]와 같다.

ㄹ. 방정식 $f(x, y)=0$이 나타내는 도형을 직선 $y=x$에 대하여 대칭이동하면 $f(y, x)=0$
방정식 $f(y, x)=0$이 나타내는 도형을 x축의 방향으로 3만큼 평행이동하면 $f(y, x-3)=0$
즉, 이 방정식이 나타내는 도형은 오른쪽 그림과 같다.

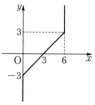

따라서 [그림 2]와 같은 도형을 나타내는 방정식인 것은 ㄱ, ㄷ이다.

확인 문제 $(-2, 1)$

점 P의 좌표는 두 점 $(2, -3)$, $(-6, 5)$를 이은 선분의 중점의 좌표와 같으므로
$\left(\dfrac{2-6}{2}, \dfrac{-3+5}{2}\right)$, 즉 $(-2, 1)$

0494
답 ③

점 $(2a, -7)$을 점 $(-1, -2)$에 대하여 대칭이동한 점의 좌표가 $(-4, b+1)$이므로
$\dfrac{2a-4}{2}=-1, \dfrac{-7+b+1}{2}=-2$
$\therefore a=1, b=2$
$\therefore a+b=1+2=3$

0495
답 ④

점 $A(5, -2)$를 점 $P(3, 1)$에 대하여 대칭이동한 점을 $B(a, b)$라 하면
$\dfrac{5+a}{2}=3, \dfrac{-2+b}{2}=1$
$\therefore a=1, b=4$
따라서 구하는 점의 좌표는 $(1, 4)$이다.

0496
답 ⑤

직선 $x+2y-1=0$ 위의 점 $P(x, y)$를 점 $(2, -3)$에 대하여 대칭이동한 점을 $P'(x', y')$이라 하면
$\dfrac{x+x'}{2}=2, \dfrac{y+y'}{2}=-3$
$\therefore x=4-x', y=-6-y'$
이것을 $x+2y-1=0$에 대입하면
$(4-x')+2(-6-y')-1=0$
$\therefore x'+2y'+9=0$
따라서 구하는 직선의 방정식은
$x+2y+9=0$

0497

$x^2+y^2-4x+3=0$에서

$(x-2)^2+y^2=1$

원의 중심 $(2, 0)$을 점 $(-2, 5)$에 대하여 대칭이동한 점의 좌표가

(a, b)이므로

$\dfrac{2+a}{2}=-2$, $\dfrac{b}{2}=5$

$\therefore a=-6$, $b=10$

이때 대칭이동한 원의 반지름의 길이는 1이므로

$r=1$

$\therefore a+b+r=-6+10+1=5$

0498

$y=x^2+2x+2$에서 $y=(x+1)^2+1$

이 포물선의 꼭짓점의 좌표는

$(-1, 1)$

.... ❶

$y=-x^2-6x-4$에서 $y=-(x+3)^2+5$

이 포물선의 꼭짓점의 좌표는

$(-3, 5)$

.... ❷

이때 점 $\mathrm{P}(a, b)$는 두 꼭짓점 $(-1, 1)$, $(-3, 5)$를 이은 선분의

중점이므로

$a=\dfrac{-1+(-3)}{2}=-2$, $b=\dfrac{1+5}{2}=3$

.... ❸

$\therefore ab=-2\times3=-6$

.... ❹

채점 기준	배점
❶ 포물선 $y=x^2+2x+2$의 꼭짓점의 좌표 구하기	30%
❷ 포물선 $y=-x^2-6x-4$의 꼭짓점의 좌표 구하기	30%
❸ a, b의 값 구하기	30%
❹ ab의 값 구하기	10%

0499

포물선 $y=x^2+ax$ 위의 점 $\mathrm{P}(x, y)$를 점 $(1, 4)$에 대하여 대칭이

동한 점을 $\mathrm{P}'(x', y')$이라 하면

$\dfrac{x+x'}{2}=1$, $\dfrac{y+y'}{2}=4$

$\therefore x=2-x'$, $y=8-y'$

이것을 $y=x^2+ax$에 대입하면

$8-y'=(2-x')^2+a(2-x')$

$\therefore y'=-(x')^2+(a+4)x'-2a+4$

즉, 포물선 $y=x^2+ax$를 점 $(1, 4)$에 대하여 대칭이동한 포물선의

방정식은

$y=-x^2+(a+4)x-2a+4$

이 포물선과 직선 $y=3x-8$이 만나는 두 점이 원점에 대하여 대칭

이므로 이차방정식 $-x^2+(a+4)x-2a+4=3x-8$, 즉

$x^2-(a+1)x+2a-12=0$의 두 실근의 합은 0이다.

따라서 이차방정식의 근과 계수의 관계에 의하여

$a+1=0$ $\therefore a=-1$

0500

직선 $3x-y+4=0$ 위의 점 $\mathrm{P}(x, y)$를 점 $\left(\dfrac{1}{2}, -\dfrac{3}{2}\right)$에 대하여 대

칭이동한 점을 $\mathrm{P}'(x', y')$이라 하면

$\dfrac{x+x'}{2}=\dfrac{1}{2}$, $\dfrac{y+y'}{2}=-\dfrac{3}{2}$

$\therefore x=1-x'$, $y=-3-y'$

이것을 $3x-y+4=0$에 대입하면

$3(1-x')-(-3-y')+4=0$

$\therefore 3x'-y'-10=0$

즉, 직선 $3x-y+4=0$을 점 $\left(\dfrac{1}{2}, -\dfrac{3}{2}\right)$에 대하여 대칭이동한 직

선의 방정식은

$3x-y-10=0$

이 직선과 원 $x^2+y^2=16$의 중심 $(0, 0)$ 사이의 거리는

$\dfrac{|-10|}{\sqrt{3^2+(-1)^2}}=\sqrt{10}$

따라서 그림과 같이 원과 직선의 두 교점을 A,

B라 하면

$\overline{\mathrm{AB}}=2\times\sqrt{4^2-(\sqrt{10})^2}=2\sqrt{6}$

유형 15 직선 $y=mx+n$에 대한 대칭이동

0501

두 점 $(1, 3)$, $(3, 9)$를 이은 선분의 중점의 좌표는

$\left(\dfrac{1+3}{2}, \dfrac{3+9}{2}\right)$, 즉 $(2, 6)$

이 점이 직선 $y=ax+b$ 위의 점이므로

$6=2a+b$ ...... ㉠

또한 두 점 $(1, 3)$, $(3, 9)$를 지나는 직선이 직선 $y=ax+b$와 수

직이므로

$\dfrac{9-3}{3-1}\times a=-1$ $\therefore a=-\dfrac{1}{3}$

$a=-\dfrac{1}{3}$을 ㉠에 대입하면

$6=-\dfrac{2}{3}+b$ $\therefore b=\dfrac{20}{3}$

$\therefore b-a=\dfrac{20}{3}-\left(-\dfrac{1}{3}\right)=7$

0502

점 $P(4, 2)$를 직선 $y=x+1$에 대하여 대칭이동한 점을 $Q(a, b)$라 하면 두 점 $P(4, 2)$, $Q(a, b)$를 이은 선분의 중점의 좌표는

$$\left(\frac{4+a}{2}, \frac{2+b}{2}\right)$$

이 점이 직선 $y=x+1$ 위의 점이므로

$$\frac{2+b}{2}=\frac{4+a}{2}+1 \qquad \therefore a-b=-4 \quad \cdots\cdots \text{㉠}$$

또한 직선 PQ가 직선 $y=x+1$과 수직이므로

$$\frac{b-2}{a-4}\times 1=-1 \qquad \therefore a+b=6 \quad \cdots\cdots \text{㉡}$$

㉠, ㉡을 연립하여 풀면

$a=1$, $b=5$

따라서 구하는 점의 좌표는 $(1, 5)$이다.

0503

답 16

직선 l의 방정식을 $y=ax+b$라 하면 선분 PQ의 중점 $\left(\frac{-2+6}{2}, \frac{2+6}{2}\right)$, 즉 $(2, 4)$가 직선 l 위의 점이므로

$4=2a+b \quad \cdots\cdots \text{㉠}$

또한 직선 PQ가 직선 l과 수직이므로

$$\frac{6-2}{6-(-2)}\times a=-1 \qquad \therefore a=-2$$

$a=-2$를 ㉠에 대입하면

$4=-4+b \qquad \therefore b=8$

이때 직선 l의 방정식은 $y=-2x+8$

따라서 직선 l의 x절편은 4, y절편은 8이므로 직선 l과 x축, y축으로 둘러싸인 삼각형의 넓이는

$$\frac{1}{2}\times 4\times 8=16$$

0504

답 ④

원 $(x-4)^2+(y+5)^2=1$의 중심 $(4, -5)$를 직선 $y=x-3$에 대하여 대칭이동한 점을 (a, b)라 하자.

두 점 $(4, -5)$, (a, b)를 이은 선분의 중점의 좌표는

$$\left(\frac{4+a}{2}, \frac{-5+b}{2}\right)$$

이 점이 직선 $y=x-3$ 위의 점이므로

$$\frac{-5+b}{2}=\frac{4+a}{2}-3$$

$$\therefore a-b=-3 \quad \cdots\cdots \text{㉠}$$

또한 두 점 $(4, -5)$, (a, b)를 지나는 직선이 직선 $y=x-3$과 수직이므로

$$\frac{b-(-5)}{a-4}\times 1=-1$$

$$\therefore a+b=-1 \quad \cdots\cdots \text{㉡}$$

㉠, ㉡을 연립하여 풀면

$a=-2$, $b=1$

따라서 구하는 원의 방정식은

$(x+2)^2+(y-1)^2=1$

0505

답 8

원 $x^2+y^2=16$의 중심 $(0, 0)$과 원 $(x-2)^2+(y+4)^2=16$의 중심 $(2, -4)$를 이은 선분의 중점 $(1, -2)$가 직선 $ax-by-10=0$ 위의 점이므로

$a+2b-10=0 \qquad \cdots\cdots \text{㉠}$

❶

또한 두 점 $(0, 0)$, $(2, -4)$를 지나는 직선이 직선 $ax-by-10=0$, 즉 $y=\frac{a}{b}x-\frac{10}{b}$과 수직이므로

$$\frac{-4-0}{2-0}\times\frac{a}{b}=-1 \qquad \therefore b=2a \quad \cdots\cdots \text{㉡}$$

❷

㉠, ㉡을 연립하여 풀면

$a=2$, $b=4$

❸

$\therefore ab=2\times 4=8$

❹

채점 기준	배점
❶ 중점 조건을 이용하여 a와 b 사이의 관계식 구하기	30%
❷ 수직 조건을 이용하여 a와 b 사이의 관계식 구하기	30%
❸ a, b의 값 구하기	30%
❹ ab의 값 구하기	10%

0506

답 ⑤

원 $C_1 : x^2+(y-3)^2=9$를 x축의 방향으로 1만큼, y축의 방향으로 -3만큼 평행이동한 원 C_2의 방정식은

$(x-1)^2+(y+3-3)^2=9$

$\therefore (x-1)^2+y^2=9$

이때 두 원 C_1, C_2의 두 교점 A, B를 지나는 직선 AB의 방정식은

$x^2+(y-3)^2-9-\{(x-1)^2+y^2-9\}=0$

$x^2+y^2-6y-(x^2-2x+y^2-8)=0$

$\therefore x-3y+4=0$

점 $(1, 2)$를 직선 $x-3y+4=0$에 대하여 대칭이동한 점의 좌표를 (a, b)라 하면 두 점 $(1, 2)$, (a, b)의 중점의 좌표는

$$\left(\frac{1+a}{2}, \frac{2+b}{2}\right)$$

이 점이 직선 $x-3y+4=0$ 위의 점이므로

$$\frac{1+a}{2}-3\times\frac{2+b}{2}+4=0$$

$$\therefore a-3b=-3 \quad \cdots\cdots \text{㉠}$$

또한 두 점 $(1, 2)$, (a, b)를 지나는 직선이 직선 $x-3y+4=0$, 즉 $y=\frac{1}{3}x+\frac{4}{3}$과 수직이므로

$$\frac{b-2}{a-1}\times\frac{1}{3}=-1$$

$$\therefore 3a+b=5 \quad \cdots\cdots \text{㉡}$$

㉠, ㉡을 연립하여 풀면

$$a=\frac{6}{5}, b=\frac{7}{5}$$

따라서 구하는 점의 좌표는 $\left(\frac{6}{5}, \frac{7}{5}\right)$이다.

0507

답 ⑤

그림과 같이 점 A(3, 4)를 직선 $y=x$에
대하여 대칭이동한 점을 A′이라 하면
A′(4, 3)
이때 $\overline{AP}=\overline{A'P}$이므로

$$\begin{aligned}\overline{AP}+\overline{BP}&=\overline{A'P}+\overline{BP}\\&\geq\overline{A'B}\\&=\sqrt{(9-4)^2+(15-3)^2}\\&=13\end{aligned}$$

따라서 $\overline{AP}+\overline{BP}$의 최솟값은 13이다.

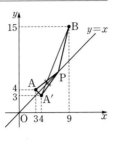

0508

답 ③

그림과 같이 점 A(0, 4)를 x축에 대하여
대칭이동한 점을 A′이라 하면
A′(0, −4)
이때 $\overline{AP}=\overline{A'P}$이므로

$$\begin{aligned}\overline{AP}+\overline{BP}&=\overline{A'P}+\overline{BP}\\&\geq\overline{A'B}\\&=\sqrt{6^2+\{4-(-4)\}^2}\\&=10\end{aligned}$$

따라서 $\overline{AP}+\overline{BP}$의 최솟값은 10이다.

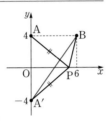

0509

답 $8\sqrt{2}$

그림과 같이 점 A(1, 5)를 y축에 대
하여 대칭이동한 점을 A′, 점 B(7, 3)
을 x축에 대하여 대칭이동한 점을 B′
이라 하면
A′(−1, 5), B′(7, −3) 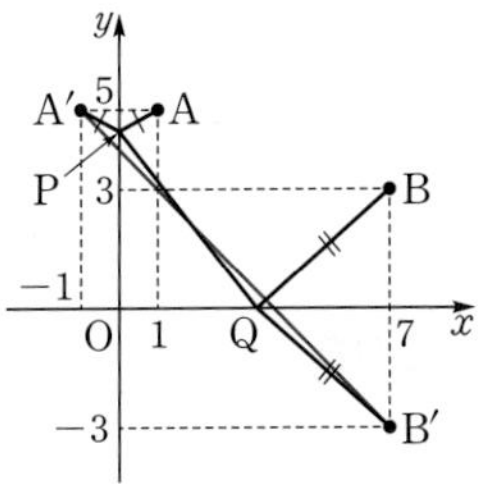
이때 $\overline{AP}=\overline{A'P}$, $\overline{BQ}=\overline{B'Q}$이므로

$$\begin{aligned}\overline{AP}+\overline{PQ}+\overline{QB}&=\overline{A'P}+\overline{PQ}+\overline{QB'}\\&\geq\overline{A'B'}\\&=\sqrt{\{7-(-1)\}^2+(-3-5)^2}\\&=8\sqrt{2}\end{aligned}$$

따라서 $\overline{AP}+\overline{PQ}+\overline{QB}$의 최솟값은 $8\sqrt{2}$이다.

0510

답 12

그림과 같이 점 B(2, 1)을 x축에 대하여 대
칭이동한 점을 B′이라 하면
B′(3, −1)
이때 $\overline{CB}=\overline{CB'}$이므로

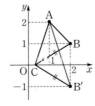

(삼각형 ABC의 둘레의 길이)
$$\begin{aligned}&=\overline{AC}+\overline{CB}+\overline{BA}=\overline{AC}+\overline{CB'}+\overline{BA}\\&\geq\overline{AB'}+\overline{BA}\\&=\sqrt{(2-1)^2+(-1-2)^2}+\sqrt{(1-2)^2+(2-1)^2}\\&=\sqrt{10}+\sqrt{2}\end{aligned}$$

따라서 삼각형 ABC의 둘레의 길이의 최솟값이 $\sqrt{10}+\sqrt{2}$이므로
$a=10$, $b=2$ 또는 $a=2$, $b=10$
$\therefore a+b=12$

0511

답 ⑤

그림과 같이 점 A(0, 1)을 x축에 대하여 대
칭이동한 점을 A′이라 하면
A′(0, −1) 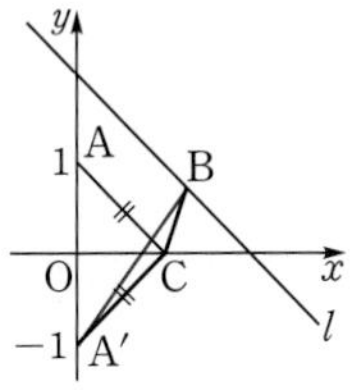
이때 $\overline{AC}=\overline{A'C}$이므로
$\overline{AC}+\overline{BC}=\overline{A'C}+\overline{BC}\geq\overline{A'B}$
직선 A′B가 직선 l과 수직일 때 선분 A′B의
길이는 최소가 된다.
점 A′(0, −1)을 지나고 직선 $l:y=-x+2$에 수직인 직선 A′B
의 방정식은 $y=x-1$
이 직선의 방정식과 직선 $l:y=-x+2$의 방정식을 연립하여 풀면
$x=\dfrac{3}{2}$, $y=\dfrac{1}{2}$

따라서 $\overline{AC}+\overline{BC}$의 값이 최소일 때, 점 B의 좌표는 $\left(\dfrac{3}{2},\dfrac{1}{2}\right)$이므로

$a=\dfrac{3}{2}$, $b=\dfrac{1}{2}$ $\therefore a^2+b^2=\dfrac{9}{4}+\dfrac{1}{4}=\dfrac{5}{2}$

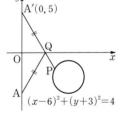

0512

답 8

점 A를 x축에 대하여 대칭이동한 점을
A′이라 하면 A′(0, 5)
점 Q는 x축 위의 점이므로
$\overline{A'Q}=\overline{AQ}$
이때 $\overline{AQ}+\overline{QP}$의 값이 최소가 되려면
오른쪽 그림과 같이 세 점 A′, Q, P가 한
직선 위에 있을 때이고 그 값은 $\overline{A'P}$의 길
이와 같다.
따라서 구하는 최솟값은 $\overline{A'P}$의 최솟값과 같다.
원 $(x-6)^2+(y+3)^2=4$의 중심을 X라 하면 점 X의 좌표는
X(6, −3)
이때 $\overline{A'P}$의 값이 최소가 되려면 오른
쪽 그림과 같이 점 P가 $\overline{A'X}$ 위에 있
어야 하고 $\overline{A'P}$의 최솟값은 $\overline{A'X}$의
길이에서 원의 반지름의 길이 2를 뺀
것과 같다.
따라서 $\overline{AQ}+\overline{QP}$의 최솟값은
$\sqrt{(6-0)^2+(-3-5)^2}-2$
$=10-2=8$

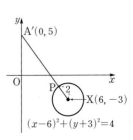

0513

답 ③

점 $(2, 3)$을 x축의 방향으로 -1만큼, y축의 방향으로 2만큼 평행
이동한 점의 좌표는 $(2-1, 3+2)$, 즉 $(1, 5)$이므로
$a=1$, $b=5$
$\therefore a+b=1+5=6$

0514

답 ⑤

점 $\mathrm{P}(a, a^2)$을 x축의 방향으로 $-\dfrac{1}{2}$만큼, y축의 방향으로 2만큼

평행이동한 점의 좌표는 $\left(a-\dfrac{1}{2}, a^2+2\right)$

이 점이 직선 $y=4x$ 위에 있으므로
$a^2+2=4\left(a-\dfrac{1}{2}\right)$, $a^2+2=4a-2$
$a^2-4a+4=0$, $(a-2)^2=0$ $\qquad \therefore a=2$

0515

답 ①

직선 $3x-4y+1=0$을 x축의 방향으로 3만큼, y축의 방향으로
-1만큼 평행이동한 직선의 방정식은
$3(x-3)-4(y+1)+1=0$ $\qquad \therefore 3x-4y-12=0$
이 직선의 x절편은 4, y절편은 -3이므로 x축, y축에 의하여 잘리
는 선분은 두 점 $(4, 0)$, $(0, -3)$을 이은 선분이다.
따라서 구하는 선분의 길이는
$\sqrt{(0-4)^2+(-3-0)^2}=5$

0516

답 ②

직선 $y=kx+1$을 x축의 방향으로 2만큼, y축의 방향으로 -3만큼
평행이동한 직선의 방정식은
$y+3=k(x-2)+1$ $\qquad \therefore y=kx-2k-2$
이 직선이 원 $(x-3)^2+(y-2)^2=1$의 중심 $(3, 2)$를 지나므로
$2=3k-2k-2$ $\qquad \therefore k=4$

0517

답 48

점 $\mathrm{A}(-2, 6)$을 x축에 대하여 대칭이동한 점의 좌표는
$\mathrm{B}(-2, -6)$
점 $\mathrm{A}(-2, 6)$을 직선 $y=x$에 대하여 대칭이동한 점의 좌표는
$\mathrm{C}(6, -2)$

따라서 그림에서 삼각형 ABC의 넓이는

$\dfrac{1}{2} \times 12 \times 8 = 48$

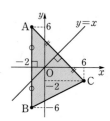

0518

답 $(2, 0)$

$y=-2x^2-8x-5$에서
$y=-2(x+2)^2+3$
이 포물선을 x축의 방향으로 $a+1$만큼, y축의 방향으로 $a-6$만큼
평행이동한 포물선의 방정식은
$y-a+6=-2(x-a-1+2)^2+3$
$\therefore y=-2(x-a+1)^2+a-3$
이 포물선의 꼭짓점 $(a-1, a-3)$이 x축 위에 있으므로
$a-3=0$ $\qquad \therefore a=3$
따라서 평행이동한 포물선의 꼭짓점의 좌표는 $(2, 0)$이다.

0519

답 ②

ㄱ. $y=-x$를 직선 $y=x$에 대하여 대칭이동한 도형의 방정식은
  $x=-y$ $\qquad \therefore y=-x$

ㄴ. $y=3x$를 직선 $y=x$에 대하여 대칭이동한 도형의 방정식은
  $x=3y$ $\qquad \therefore y=\dfrac{1}{3}x$

ㄷ. $x^2+y^2=2$를 직선 $y=x$에 대하여 대칭이동한 도형의 방정식은
  $y^2+x^2=2$ $\qquad \therefore x^2+y^2=2$

ㄹ. $y=x^2-4x+4$를 직선 $y=x$에 대하여 대칭이동한 도형의 방정
  식은 $x=y^2-4y+4$

따라서 직선 $y=x$에 대하여 대칭이동할 때, 처음 도형과 일치하는
것은 ㄱ, ㄷ이다.

0520

답 ⑤

점 $(-3, 7)$을 원점에 대하여 대칭이동한 점의 좌표는
$(3, -7)$
점 $(3, -7)$을 x축의 방향으로 -5만큼, y축의 방향으로 4만큼 평
행이동한 점의 좌표는
$(3-5, -7+4)$, 즉 $(-2, -3)$
점 $(-2, -3)$을 직선 $y=-x$에 대하여 대칭이동한 점의 좌표는
$(3, 2)$
따라서 $a=3$, $b=2$이므로
$a+b=3+2=5$

0521

답 56

$x^2+y^2+10x-12y+45=0$에서
$(x+5)^2+(y-6)^2=16$

이 원의 중심 $(-5, 6)$을 원점에 대하여 대칭이동한 원 C_1의 중심의 좌표는 $(5, -6)$이다.

또한 원 C_1의 중심 $(5, -6)$을 x축에 대하여 대칭이동한 원 C_2의 중심의 좌표는 $(5, 6)$이다.

따라서 $a=5$, $b=6$이므로

$10a+b=56$

0522

답 ①

$x^2+y^2-4x-2y+4=0$에서

$(x-2)^2+(y-1)^2=1$

이 원을 y축에 대하여 대칭이동한 원의 방정식은

$(-x-2)^2+(y-1)^2=1$

$\therefore (x+2)^2+(y-1)^2=1$

이 원이 직선 $8x+15y-k=0$과 만나려면 원의 중심 $(-2, 1)$과 직선 사이의 거리가 반지름의 길이 1보다 작거나 같아야 하므로

$\dfrac{|-16+15-k|}{\sqrt{8^2+15^2}}\leq1$, $\dfrac{|-k-1|}{17}\leq1$

$|-k-1|\leq17$, $-17\leq k+1\leq17$

$\therefore -18\leq k\leq16$

0523

답 3

$y=2x^2+12x+31$에서

$y=2(x+3)^2+13$

이 포물선의 꼭짓점의 좌표는 $(-3, 13)$

$y=-2x^2+8x-16$에서

$y=-2(x-2)^2-8$

이 포물선의 꼭짓점의 좌표는 $(2, -8)$

이때 점 $P(a, b)$는 두 꼭짓점 $(-3, 13)$, $(2, -8)$을 이은 선분의 중점이므로

$a=\dfrac{-3+2}{2}=-\dfrac{1}{2}$, $b=\dfrac{13-8}{2}=\dfrac{5}{2}$

$\therefore b-a=\dfrac{5}{2}-\left(-\dfrac{1}{2}\right)=3$

0524

답 ④

점 $(-3, 1)$을 x축의 방향으로 4만큼, y축의 방향으로 $a-1$만큼 평행이동하면 점 $(1, a)$로 옮겨진다.

이 평행이동에 의하여 원 $x^2+y^2+2x-6y+1=0$, 즉

$(x+1)^2+(y-3)^2=9$가 옮겨지는 원의 방정식은

$(x-4+1)^2+(y-a+1-3)^2=9$

$\therefore (x-3)^2+(y-a-2)^2=9$

이 원이 원 $x^2+y^2-bx+4y+c=0$, 즉

$\left(x-\dfrac{b}{2}\right)^2+(y+2)^2=\dfrac{b^2}{4}+4-c$와 일치하므로

$3=\dfrac{b}{2}$, $-a-2=2$, $9=\dfrac{b^2}{4}+4-c$

$\therefore a=-4$, $b=6$, $c=4$

$\therefore a+b+c=-4+6+4=6$

0525

답 ③

직선 $y=3x+2$를 y축에 대하여 대칭이동한 직선의 방정식은

$y=-3x+2$

이 직선과 수직인 직선의 기울기는 $\dfrac{1}{3}$이므로 구하는 직선의 방정식을 $y=\dfrac{1}{3}x+a$ (a는 상수), 즉 $x-3y+3a=0$이라 하면 이 직선과 원점 사이의 거리가 $3\sqrt{10}$이므로

$\dfrac{|3a|}{\sqrt{1^2+(-3)^2}}=3\sqrt{10}$, $|3a|=30$

$3a=\pm30$ $\therefore a=\pm10$

따라서 구하는 직선의 방정식은

$x-3y-30=0$ 또는 $x-3y+30=0$

0526

답 6

원 $(x-a)^2+(y-a)^2=b^2$을 y축의 방향으로 -2만큼 평행이동한 원의 방정식은

$(x-a)^2+(y+2-a)^2=b^2$

이 원은 중심이 점 $(a, a-2)$이고 반지름의 길이가 b이다.

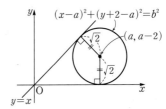

평행이동한 도형이 x축에 접하므로 $a-2=b$

평행이동한 도형이 직선 $y=x$와 접하므로 원의 중심 $(a, a-2)$와 직선 $x-y=0$ 사이의 거리는 원의 반지름의 길이 b와 같다.

즉, $\dfrac{|a-a+2|}{\sqrt{1^2+(-1)^2}}=\sqrt{2}=b$이므로

$a=b+2=\sqrt{2}+2$

$\therefore a^2-4b=(\sqrt{2}+2)^2-4\times\sqrt{2}=6$

0527

답 $\dfrac{10}{9}$

직선 $3x+4y-12=0$, 즉 $\dfrac{x}{4}+\dfrac{y}{3}=1$의 x절편은 4, y절편은 3이므로 $A(4, 0)$, $B(0, 3)$

선분 AB를 2 : 1로 내분하는 점 P의 좌표는

$P\left(\dfrac{2\times0+1\times4}{2+1}, \dfrac{2\times3+1\times0}{2+1}\right)$, 즉 $P\left(\dfrac{4}{3}, 2\right)$

점 $P\left(\dfrac{4}{3}, 2\right)$를 x축에 대하여 대칭이동한 점 Q의 좌표는 $Q\left(\dfrac{4}{3}, -2\right)$

점 $P\left(\dfrac{4}{3}, 2\right)$를 y축에 대하여 대칭이동한 점 R의 좌표는 $R\left(-\dfrac{4}{3}, 2\right)$

따라서 삼각형 RQP의 무게중심의 좌표는

$\left(\dfrac{-\dfrac{4}{3}+\dfrac{4}{3}+\dfrac{4}{3}}{3}, \dfrac{2+(-2)+2}{3}\right)$, 즉 $\left(\dfrac{4}{9}, \dfrac{2}{3}\right)$

$\therefore a+b=\dfrac{4}{9}+\dfrac{2}{3}=\dfrac{10}{9}$

0528

답 ①

원 $x^2+y^2=2$를 x축의 방향으로 k만큼, y축의 방향으로 k만큼 평행이동한 원 C의 방정식은
$(x-k)^2+(y-k)^2=2$

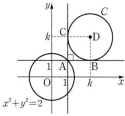

점 A$(1, 1)$에서 원 C에 그은 두 접선이 원 C와 만나는 두 점을 각각 B, C라 하고, 원 C의 중심을 D(k, k)라 하자.
이때 사각형 ABDC는 한 변의 길이가 $\sqrt{2}$인 정사각형이므로
$k=1+\sqrt{2}$

0529

답 ④

점 A$(-3, 4)$를 직선 $y=x$에 대하여 대칭이동한 점의 좌표는
B$(4, -3)$
점 B$(4, -3)$을 x축의 방향으로 2만큼, y축의 방향으로 k만큼 평행이동한 점의 좌표는 C$(6, -3+k)$
두 점 A, B를 지나는 직선의 방정식은
$y-4=\dfrac{-3-4}{4-(-3)}\{x-(-3)\}$
$\therefore y=-x+1$
이때 세 점 A, B, C가 한 직선 위에 있으므로
$-3+k=-5 \quad \therefore k=-2$

0530

답 ①

직선 $x-2y=9$를 직선 $y=x$에 대하여 대칭이동한 직선의 방정식은
$y-2x=9$, 즉 $2x-y+9=0$
직선 $2x-y+9=0$이
원 $(x-3)^2+(y+5)^2=k$에 접하므로 원의 중심 $(3, -5)$에서 직선 $2x-y+9=0$까지의 거리는 원의 반지름의 길이 $\sqrt{k}$와 같다.

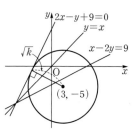

즉, $\dfrac{|6+5+9|}{\sqrt{2^2+(-1)^2}}=\dfrac{20}{\sqrt{5}}=4\sqrt{5}=\sqrt{k}$
$\therefore k=(4\sqrt{5})^2=80$

0531

답 ④

직선 OA의 기울기는
$\dfrac{3-0}{1-0}=3$
직선 OB의 기울기는
$\dfrac{5-0}{a-0}=\dfrac{5}{a}$ (단, $a\neq0$)

㉮에서 두 직선 OA, OB는 서로 수직이므로
$3\times\dfrac{5}{a}=-1 \quad \therefore a=-15$
즉, 점 B의 좌표는 $(-15, 5)$이다.
㉯에서 두 점 B, C는 직선 $y=x$에 대하여 서로 대칭이므로
$b=5, c=-15$
즉, 점 C의 좌표는 $(5, -15)$이다.
이때 직선 AC의 방정식은
$y-3=\dfrac{-15-3}{5-1}(x-1)$
$\therefore y=-\dfrac{9}{2}x+\dfrac{15}{2}$
따라서 직선 AC의 y절편은 $\dfrac{15}{2}$이다.

0532

답 ②

원 $C_1 : x^2+y^2-6x+8y+24=0$에서
$(x-3)^2+(y+4)^2=1$
원 C_1을 직선 $y=x$에 대하여 대칭이동한 원 C_2의 방정식은
$(y-3)^2+(x+4)^2=1$
$\therefore (x+4)^2+(y-3)^2=1$
그림과 같이 두 점 P, Q 사이의 거리의 최솟값은 두 원 C_1, C_2의 중심 사이의 거리에서 두 원의 반지름의 길이를 뺀 것과 같다.

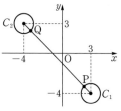

두 원 C_1, C_2의 중심의 좌표가 각각 $(3, -4)$, $(-4, 3)$이고 각 원의 반지름의 길이가 1이므로 두 점 P, Q 사이의 거리의 최솟값은
$\sqrt{(-4-3)^2+\{3-(-4)\}^2}-1-1=7\sqrt{2}-2$

0533

답 50 cm

그림과 같이 왼쪽 벽면을 y축, 아래쪽 벽면을 x축으로 하여 주어진 조건을 좌표평면 위에 나타내고 처음 개미의 위치를 A, 움직인 후의 개미의 위치를 B라 하면
A$(0, 10)$, B$(30, 10)$
점 A를 x축에 대하여 대칭이동한 점을 A′이라 하면
A′$(0, -10)$
점 B를 직선 $y=20$에 대하여 대칭이동한 점을 B′이라 하면
B′$(30, 30)$
이때 개미가 x축인 벽면을 거치는 지점을 P, 직선 $y=20$인 벽면을 거치는 지점을 Q라 하면 $\overline{AP}=\overline{A'P}$, $\overline{BQ}=\overline{B'Q}$이므로
$\overline{AP}+\overline{PQ}+\overline{QB}=\overline{A'P}+\overline{PQ}+\overline{QB'}$
$\geq\overline{A'B'}$
$=\sqrt{(30-0)^2+\{30-(-10)\}^2}$
$=50 \text{(cm)}$
따라서 개미가 움직인 최단 거리는 50 cm이다.

0534

답 2

직선 $3x-4y+2=0$을 y축의 방향으로 a만큼 평행이동한 직선의 방정식은

$3x-4(y-a)+2=0$

$\therefore 3x-4y+4a+2=0$ .... ❶

이 직선이 원 $x^2+y^2=4$에 접하므로 원의 중심 $(0, 0)$과 직선 사이의 거리는 원의 반지름의 길이인 2와 같다. .... ❷

즉, $\dfrac{|4a+2|}{\sqrt{3^2+(-4)^2}}=2$이므로

$|4a+2|=10,\ 4a+2=\pm 10$

$\therefore a=-3$ 또는 $a=2$

그런데 $a>0$이므로 $a=2$ .... ❸

채점 기준	배점
❶ 직선 $3x-4y+2=0$을 y축의 방향으로 a만큼 평행이동한 직선의 방정식 구하기	40%
❷ ❶의 직선이 원 $x^2+y^2=4$에 접할 조건 이해하기	20%
❸ a의 값 구하기	40%

0535

답 14

원 $(x-a)^2+(y-b)^2=36$을 x축에 대하여 대칭이동한 원의 방정식은

$(x-a)^2+(-y-b)^2=36$

$\therefore (x-a)^2+(y+b)^2=36$ .... ❶

이 원을 x축의 방향으로 -2만큼 평행이동한 원의 방정식은

$(x+2-a)^2+(y+b)^2=36$ .... ❷

이 원이 x축과 y축에 모두 접하므로

$|-2+a|=|-b|=6$

$\therefore a=8,\ b=6\ (\because a>0,\ b>0)$ .... ❸

$\therefore a+b=8+6=14$ .... ❹

채점 기준	배점
❶ 원 $(x-a)^2+(y-b)^2=36$을 x축에 대하여 대칭이동한 원의 방정식 구하기	30%
❷ ❶의 원을 x축의 방향으로 -2만큼 평행이동한 원의 방정식 구하기	30%
❸ a, b의 값 구하기	30%
❹ $a+b$의 값 구하기	10%

0536

답 4

선분 AC의 중점 $\left(\dfrac{1+a}{2}, \dfrac{2+b}{2}\right)$가 직선 $y=x-3$ 위에 있으므로

$\dfrac{2+b}{2}=\dfrac{1+a}{2}-3$

$\therefore a-b=7$ ...... ㉠

또한 직선 AC가 직선 $y=x-3$과 수직이므로

$\dfrac{b-2}{a-1}\times 1=-1$

$\therefore a+b=3$ ...... ㉡

㉠, ㉡을 연립하여 풀면

$a=5,\ b=-2$ .... ❶

선분 BD의 중점 $\left(\dfrac{1+c}{2}, \dfrac{4+d}{2}\right)$가 직선 $y=x-3$ 위에 있으므로

$\dfrac{4+d}{2}=\dfrac{1+c}{2}-3$

$\therefore c-d=9$ ...... ㉢

또한 직선 BD가 직선 $y=x-3$과 수직이므로

$\dfrac{d-4}{c-1}\times 1=-1$

$\therefore c+d=5$ ...... ㉣

㉢, ㉣을 연립하여 풀면

$c=7,\ d=-2$ .... ❷

$\therefore ab-cd=5\times(-2)-7\times(-2)=4$ .... ❸

채점 기준	배점
❶ a, b의 값 구하기	40%
❷ c, d의 값 구하기	40%
❸ $ab-cd$의 값 구하기	20%

PART C 수능 녹인 변별력 문제

0537
답 ①

점 P가 점 A(2, 9)에서 출발하여 점 B에 이르기까지 이동한 점의 좌표는

$(2, 9) \longrightarrow (2, 7) \longrightarrow (2, 5) \longrightarrow (1, 5) \longrightarrow (1, 3)$

이때 점 (1, 3)은 직선 $y=3x$ 위의 점이므로 더 이상 이동하지 않는다.

따라서 점 B의 좌표는 (1, 3)이고 점 A에서 점 B에 이르기까지 이동한 횟수는 4이다.

0538
답 7

점 P$(a, 4)$를 x축에 대하여 대칭이동한 점의 좌표는
Q$(a, -4)$

두 점 P, Q를 직선 $y=x$에 대하여 대칭이동한 점의 좌표는 각각
R$(4, a)$, S$(-4, a)$

이때 네 점 P, Q, R, S를 꼭짓점으로 하는
사각형의 넓이가 56이므로

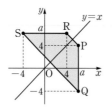

$\frac{1}{2}(a+4)^2 - \frac{1}{2}(a-4)^2 = 56$

$8a=56$ ∴ $a=7$

0539
답 6

방정식 $f(x, y)=0$이 나타내는 도형을 원점에 대하여 대칭이동하면
$f(-x, -y)=0$

방정식 $f(-x, -y)=0$이 나타내는 도형을 y축의 방향으로 -1만큼 평행이동하면
$f(-x, -y-1)=0$

따라서 방정식 $f(-x, -y-1)=0$이 나타
내는 도형은 주어진 도형을 원점에 대하여
대칭이동한 후 y축의 방향으로 -1만큼 평
행이동한 것이므로 그림과 같다.

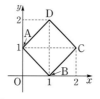

이 도형 위의 점과 원점 사이의 거리의 최댓
값은 원점과 점 C 또는 점 D 사이의 거리이므로
$M=\sqrt{2^2+1^2}=\sqrt{5}$

또한 최솟값은 원점과 직선 AB 사이의 거리이고 직선 AB의 방정
식은 $x+y-1=0$이므로

$m=\frac{|-1|}{\sqrt{1^2+1^2}}=\frac{\sqrt{2}}{2}$

∴ $M^2+2m^2=5+2\times\frac{1}{2}=6$

0540
답 ④

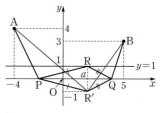

점 R의 좌표를 $(a, 1)$이라 하
고 점 R를 x축에 대하여 대칭
이동한 점을 R′이라 하면
R′$(a, -1)$

이때 $\overline{PR}=\overline{PR'}$, $\overline{RQ}=\overline{R'Q}$이
므로
$\overline{AP}+\overline{PR}+\overline{RQ}+\overline{QB}=\overline{AP}+\overline{PR'}+\overline{R'Q}+\overline{QB}$
$\geq \overline{AR'}+\overline{R'B}$

즉, $\overline{AP}+\overline{PR}+\overline{RQ}+\overline{QB}$의 최솟값은 $\overline{AR'}+\overline{R'B}$의 최솟값과 같다.

점 B를 직선 $y=-1$에 대하
여 대칭이동한 점을 B′이라
하면
B′$(5, -5)$

이때 $\overline{R'B}=\overline{R'B'}$이므로
$\overline{AR'}+\overline{R'B}$
$=\overline{AR'}+\overline{R'B'}$
$\geq \overline{AB'}$
$=\sqrt{\{5-(-4)\}^2+(-5-4)^2}$
$=9\sqrt{2}$

따라서 $\overline{AP}+\overline{PR}+\overline{RQ}+\overline{QB}$의 최솟값은 $9\sqrt{2}$이다.

0541
답 140

$\angle A_1BC_1=90°$, $\angle A_2BC_2=90°$

두 선분 A_1C_1, A_2C_2는 원의 지름이고
$\overline{OA_1}=\overline{OC_1}$, $\overline{OA_2}=\overline{OC_2}$이므로

두 점 A_1, A_2를 원점에 대하여 대칭이동한 점은 각각 C_1, C_2이다.

점 A_1의 좌표는 $(3, \sqrt{91})$이고
점 A_2의 좌표는 $(7, \sqrt{51})$이므로
점 C_1의 좌표는 $(-3, -\sqrt{91})$이고
점 C_2의 좌표는 $(-7, -\sqrt{51})$이다.

따라서 $a=-\sqrt{91}$, $b=-7$이므로
$a^2+b^2=(-\sqrt{91})^2+(-7)^2=140$

0542
답 6

$x^2+y^2-4y+3=0$에서
$x^2+(y-2)^2=1$

이 원의 중심의 좌표는 (0, 2)이고 반지름의 길이는 1이다.

주사위를 던져 나온 눈의 수가 5일 때, 6의 약수가 아니므로 직선
$y=x$에 대하여 대칭이동한다.

즉, 중심 (0, 2)는 점 (2, 0)으로 이동한다.

주사위를 던져 나온 눈의 수가 2일 때, 6의 약수이므로 x축의 방향
으로 $2-3=-1$만큼, y축의 방향으로 $2+2=4$만큼 평행이동한다.

즉, 중심 (2, 0)은 점 (1, 4)로 이동한다.

주사위를 던져 나온 눈의 수가 4일 때, 6의 약수가 아니므로 직선
$y=x$에 대하여 대칭이동한다.

즉, 중심 (1, 4)는 점 (4, 1)로 이동한다.

따라서 이동한 원의 방정식은 중심의 좌표가 $(4, 1)$이고 반지름의 길이가 1이므로
$$(x-4)^2+(y-1)^2=1$$
$$\therefore x^2+y^2-8x-2y+16=0$$
따라서 $A=-8$, $B=-2$, $C=16$이므로
$$A+B+C=-8+(-2)+16=6$$

0543

답 ④

두 원의 교점을 지나는 직선의 방정식은
$$x^2+y^2-40-(x^2+y^2+2x-2y-24)=0$$
$$\therefore x-y+8=0 \quad \cdots\cdots \bigcirc$$
$C_2: x^2+y^2+2x-2y-24=0$에서
$$(x+1)^2+(y-1)^2=26$$
원 C_2의 중심 $(-1, 1)$을 두 원의 공통인 현에 대하여 대칭이동한 점이 (a, b)이므로 두 점 $(-1, 1)$, (a, b)를 이은 선분의 중점 $\left(\dfrac{-1+a}{2}, \dfrac{1+b}{2}\right)$는 직선 $\bigcirc$ 위의 점이다.

즉, $\dfrac{-1+a}{2}-\dfrac{1+b}{2}+8=0$이므로
$$a-b=-14 \quad \cdots\cdots \bigcirc\!\!\bigcirc$$
또한 두 점 $(-1, 1)$, (a, b)를 지나는 직선은 직선 $\bigcirc$과 수직이므로
$$\dfrac{b-1}{a-(-1)}\times 1=-1$$
$$\therefore a=-b \quad \cdots\cdots \textcircled{c}$$
$\bigcirc\!\!\bigcirc$, $\textcircled{c}$을 연립하여 풀면
$$a=-7, \ b=7$$
$$\therefore a+2b=-7+2\times 7=7$$

0544

답 ③

원 C_1을 x축에 대하여 대칭이동한 원을 C_1', 원 C_2를 직선 $y=x$에 대하여 대칭이동한 원을 C_2'이라 하면
$C_1': (x-8)^2+(y+2)^2=4$,
$C_2': (x+4)^2+(y-3)^2=4$

점 A를 x축에 대하여 대칭이동한 점을 A′, 점 B를 직선 $y=x$에 대하여 대칭이동한 점을 B′이라 하면 두 점 A′, B′은 각각 원 C_1', 원 C_2' 위의 점이다.
이때 $\overline{AP}=\overline{A'P}$, $\overline{QB}=\overline{QB'}$이므로 $\overline{AP}+\overline{PQ}+\overline{QB}$의 값은 네 점 A′, P, Q, B′이 두 원 C_1', C_2'의 중심을 연결한 선분 위에 있을 때 최소이다.
두 원 C_1', C_2'의 중심의 좌표는 각각 $(8, -2)$, $(-4, 3)$이고 반지름의 길이가 모두 2이므로
$$\begin{aligned}\overline{AP}+\overline{PQ}+\overline{QB}&=\overline{A'P}+\overline{PQ}+\overline{QB'}\\&\geq \overline{A'B'}\\&=\sqrt{\{8-(-4)\}^2+(-2-3)^2}-2-2\\&=13-4\\&=9\end{aligned}$$
따라서 $\overline{AP}+\overline{PQ}+\overline{QB}$의 최솟값은 9이다.

0545

답 12

두 원 C, C'의 중심을 각각 A, A′이라 하면 원 C의 중심의 좌표는 A$(1, 0)$이므로
(나)에서 $r=\dfrac{|4\times 1-3\times 0+21|}{\sqrt{4^2+(-3)^2}}=5$

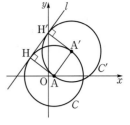

원 C를 x축의 방향으로 a만큼, y축의 방향으로 b만큼 평행이동한 원 C'의 방정식은 $(x-a-1)^2+(y-b)^2=25$이고 원 C'의 중심의 좌표는 A$'(a+1, b)$
이때 (가)에서 원 C'이 점 A$(1, 0)$을 지나므로
$$(1-a-1)^2+(0-b)^2=25$$
$$\therefore a^2+b^2=25 \quad \cdots\cdots \bigcirc$$
한편, 직선 $4x-3y+21=0$을 l이라 하고 두 점 A, A′에서 직선 l에 내린 수선의 발을 각각 H, H′이라 하면 $\overline{AH}=\overline{A'H'}$이고 $\overline{AH}\perp l$, $\overline{A'H'}\perp l$이므로 직선 AA′은 직선 l과 평행하다.
직선 l의 기울기는 $\dfrac{4}{3}$이므로
$$\dfrac{b-0}{(a+1)-1}=\dfrac{4}{3} \quad \therefore b=\dfrac{4}{3}a \quad \cdots\cdots \bigcirc\!\!\bigcirc$$
$\bigcirc\!\!\bigcirc$을 $\bigcirc$에 대입하면
$$a^2+b^2=a^2+\left(\dfrac{4}{3}a\right)^2=25, \ a^2=9$$
$$\therefore a=3 \ (\because a>0)$$
$a=3$을 $\bigcirc\!\!\bigcirc$에 대입하면 $b=4$
$$\therefore a+b+r=3+4+5=12$$

0546

답 ①

원 $x^2+(y-1)^2=9$를 y축의 방향으로 -1만큼 평행이동한 원의 방정식은
$$x^2+(y+1-1)^2=9 \quad \therefore x^2+y^2=9$$
이 원을 y축에 대하여 대칭이동한 원의 방정식은
$$(-x^2)+y^2=9 \quad \therefore x^2+y^2=9$$
따라서 점 Q는 원 $x^2+y^2=9$ 위를 움직인다.
그림과 같이 점 Q를 접점으로 하는 원 $x^2+y^2=9$의 접선이 직선 AB에 평행하고 점 Q의 x좌표가 음수일 때, 삼각형 ABQ의 넓이가 최대이다.

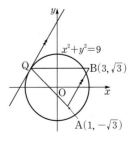

직선 AB의 기울기는
$$\dfrac{\sqrt{3}-(-\sqrt{3})}{3-1}=\sqrt{3}$$이므로
기울기가 $\sqrt{3}$이고 원 $x^2+y^2=9$에 접하는 직선의 방정식은
$$y=\sqrt{3}x\pm 6$$
직선 $y=\sqrt{3}x+6$과 원 $x^2+y^2=9$가 만나는 점이 Q이므로
$x^2+(\sqrt{3}x+6)^2=9$에서 $4x^2+12\sqrt{3}x+27=0$
$$(2x+3\sqrt{3})^2=0 \quad \therefore x=-\dfrac{3\sqrt{3}}{2}$$

따라서 삼각형 ABQ의 넓이가 최대인 점 Q의 좌표는

$Q\left(-\dfrac{3\sqrt{3}}{2},\ \dfrac{3}{2}\right)$

이때 점 P는 점 Q를 y축에 대하여 대칭이동한 후 y축의 방향으로 1만큼 평행이동한 점이므로 점 P의 좌표는 $\left(\dfrac{3\sqrt{3}}{2},\ \dfrac{5}{2}\right)$

따라서 구하는 점 P의 y좌표는 $\dfrac{5}{2}$이다.

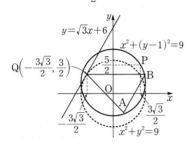

0547

답 26

그림과 같이 두 삼각형 OAB, O′A′B′에 내접하는 원을 각각 C, C'이라 하자.

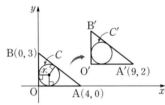

원 C의 반지름의 길이를 r라 하면 원 C는 x축과 y축에 동시에 접하고 제1사분면에 중심이 있으므로 원 C의 중심의 좌표는 $(r,\ r)$이다.

즉, 원 C의 방정식은

$(x-r)^2+(y-r)^2=r^2$

직선 AB의 방정식은

$\dfrac{x}{4}+\dfrac{y}{3}=1$

$\therefore\ 3x+4y-12=0$

원 C가 직선 AB에 접하므로 원의 중심 $(r,\ r)$와 직선 AB 사이의 거리는 원의 반지름의 길이 r와 같다.

즉, $\dfrac{|3r+4r-12|}{\sqrt{3^2+4^2}}=r$이므로

$|7r-12|=5r,\ 7r-12=\pm5r$

$\therefore\ r=1$ 또는 $r=6$

이때 $r=6$이면 원 C가 삼각형 OAB에 내접하지 않으므로

$r=1$

즉, 원 C의 방정식은

$(x-1)^2+(y-1)^2=1$

점 A$(4,\ 0)$을 x축의 방향으로 5만큼, y축의 방향으로 2만큼 평행이동하면 점 A′$(9,\ 2)$가 되므로 이 평행이동에 의하여 원 C가 평행이동한 원 C'의 방정식은

$(x-5-1)^2+(y-2-1)^2=1$

$(x-6)^2+(y-3)^2=1$

$\therefore\ x^2+y^2-12x-6y+44=0$

따라서 $a=-12$, $b=-6$, $c=44$이므로

$a+b+c=-12+(-6)+44=26$

0548

답 16

두 점 A, B를 x축의 방향으로 4만큼, y축의 방향으로 -3만큼 평행이동한 점이 각각 C, D이므로 직선 AC와 직선 BD의 기울기는 $-\dfrac{3}{4}$이다.

$4x-3y-6=0$에서 $y=\dfrac{4}{3}x-2$

이때 직선 AB와 직선 AC는 기울기의 곱이 -1이므로 서로 수직이다.

마찬가지로 직선 AB와 직선 BD도 서로 수직이므로 사각형 ABDC는 직사각형이다.

점 C는 점 A를 x축의 방향으로 4만큼, y축의 방향으로 -3만큼 평행이동한 것이므로

$\overline{AC}=\sqrt{4^2+(-3)^2}=5$

오른쪽 그림과 같이 원점에서 직선 $4x-3y-6=0$에 내린 수선의 발을 H라 하면

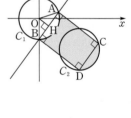

$\overline{OH}=\dfrac{|-6|}{\sqrt{4^2+(-3)^2}}=\dfrac{6}{5}$

원 C_1의 반지름의 길이가 2이므로

$\overline{OA}=2$

직각삼각형 OHA에서

$\overline{AH}=\sqrt{2^2-\left(\dfrac{6}{5}\right)^2}=\dfrac{8}{5}$

$\therefore\ \overline{AB}=2\overline{AH}=\dfrac{16}{5}$

따라서 오른쪽 그림과 같이 선분 AC, 선분 BD, 호 AB 및 호 CD로 둘러싸인 색칠된 부분의 넓이는 직사각형 ABDC의 넓이와 같으므로 구하는 넓이는

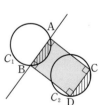

$\overline{AB}\times\overline{AC}=\dfrac{16}{5}\times5=16$

유형별 문제

05 집합의 뜻

유형 01 집합과 원소

확인 문제
1. (1) ○ (2) ×
2. (1) ∈ (2) ∉ (3) ∉ (4) ∈

2. 집합 A의 원소는 1, 2, 4, 5, 10, 20이므로
(1) $1 \in A$ (2) $6 \notin A$ (3) $12 \notin A$ (4) $20 \in A$

0549 답 ③

①, ②, ④, ⑤ '가까운', '큰', '잘하는', '유명한'은 기준이 명확하지 않아 그 대상을 분명히 정할 수 없으므로 집합이 아니다.

0550 답 ④

④ '빠른'은 기준이 명확하지 않아 그 대상을 분명히 정할 수 없으므로 집합이 아니다.

0551 답 ②

$f(x) = x^3 - 2x^2 - 5x + 6$이라 하면
$f(1) = 1 - 2 - 5 + 6 = 0$
이므로 조립제법을 이용하여 $f(x)$를
인수분해하면

$$\begin{array}{r|rrrr} 1 & 1 & -2 & -5 & 6 \\ & & 1 & -1 & -6 \\ \hline & 1 & -1 & -6 & 0 \end{array}$$

$f(x) = (x-1)(x^2-x-6) = (x-1)(x+2)(x-3)$
따라서 방정식 $f(x) = 0$의 해는 $x=-2$ 또는 $x=1$ 또는 $x=3$
이므로 집합 X의 원소는 $-2, 1, 3$
② $-1 \notin X$

🔊 Bible Says **삼차방정식과 사차방정식의 풀이**

삼차 이상의 방정식 $f(x)=0$에서 $f(a)=0$이면 $f(x)$가 $x-a$를 인수로 갖는다는 성질과 조립제법을 이용하여 $f(x)$를 인수분해한 후 해를 구한다.

0552 답 ⑤

① $\sqrt{5}$는 실수이므로 $\sqrt{5} \in R$
② $-i$는 허수이므로 $-i \notin R$
③ $2+\sqrt{3}$은 무리수이므로 $2+\sqrt{3} \notin Q$
④ $\sqrt{4}=2$는 정수이므로 $\sqrt{4} \in Z$
⑤ $i^4=1$은 실수이므로 $i^4 \in R$

유형 02 집합의 표현 방법

확인 문제
(1) {1, 2, 4, 8, 16}
(2) {x|x는 100 이하의 9의 양의 배수}

0553 답 ③

① $A = \{3, 6, 9, \cdots\}$
② $A = \{1, 3, 5, 7, 9\}$
③ $A = \{1, 5, 9\}$
④ $A = \{1, 5\}$
⑤ $A = \{1, 3, 9\}$

0554 답 ⑤

4의 양의 약수는 1, 2, 4이므로 $A = \{1, 2, 4\}$
④ 집합 $\{x|x$는 8보다 작은 8의 양의 약수$\}$를 원소나열법으로 나타내면 $\{1, 2, 4\}$이므로
$A = \{x|x$는 8보다 작은 8의 양의 약수$\}$
⑤ 집합 $\{x|x$는 5 이하의 짝수인 자연수$\}$를 원소나열법으로 나타내면 $\{2, 4\}$이므로
$A \neq \{x|x$는 5 이하의 짝수인 자연수$\}$

0555 답 ⑤

① $\{x|x$는 6의 양의 약수$\}$
② $\{x|x$는 15 이하의 3의 배수인 자연수$\}$
③ $\{x|x$는 $0 < x < 5$인 자연수$\}$
④ $\{x|x$는 10 이하의 짝수인 자연수$\}$

0556 답 ④

① $15 = 3^1 \times 5^1$ ② $45 = 3^2 \times 5^1$ ③ $75 = 3^1 \times 5^2$
④ $85 = 5^1 \times 17^1$ ⑤ $225 = 3^2 \times 5^2$
따라서 집합 A의 원소가 아닌 것은 ④이다.

0557 답 8

k보다 작은 8의 양의 배수가 8, 16, 24, 32, 40이므로 $40 < k \leq 48$
이어야 한다. 즉, k의 값이 될 수 있는 자연수는 41, 42, 43, $\cdots$, 48
의 8개이다.

0558 답 ②

이차방정식 $x^2 + ax + b = 0$의 판별식을 D라 할 때, 서로 다른 두 허근을 가지려면
$D = a^2 - 4b < 0$ $\therefore a^2 < 4b$

이때 $a^2 < 4b$를 만족시키는 두 수 a, b의 순서쌍 (a, b)는

$(1, 1)$, $(1, 2)$, $(1, 3)$, $(1, 4)$, $(2, 2)$, $(2, 3)$, $(2, 4)$, $(3, 3)$, $(3, 4)$

이므로 구하는 순서쌍 (a, b)의 개수는 9이다.

0559   답 -2

$x^3 + 2ax^2 - ax - 2 = 0$에 $x = 1$을 대입하면

$1 + 2a - a - 2 = 0$ $\therefore a = 1$

$\therefore A = \{x \mid x^3 + 2x^2 - x - 2 = 0$인 실수$\}$

$x^3 + 2x^2 - x - 2 = 0$에서

$x^3 + 2x^2 - x - 2 = x^2(x+2) - (x+2) = (x+2)(x^2-1)$
$\qquad\qquad\qquad\qquad = (x+2)(x+1)(x-1) = 0$

$\therefore x = -2$ 또는 $x = -1$ 또는 $x = 1$

따라서 $A = \{-2, -1, 1\}$이므로 집합 A의 모든 원소의 합은

$-2 + (-1) + 1 = -2$

유형 03   유한집합과 무한집합

0560   답 ⑤

① $\{3, 6, 9, 12, \cdots\}$ ➡ 무한집합

② $\{\cdots, -4, -2, 0, 2, 4, \cdots\}$ ➡ 무한집합

③ $\{\cdots, -6, -5, -4, 4, 5, 6, \cdots\}$ ➡ 무한집합

④ $\{101, 103, 105, \cdots\}$ ➡ 무한집합

⑤ $\varnothing$ ➡ 유한집합

0561   답 ④

① $\{\varnothing\}$은 $\varnothing$을 원소로 갖는 집합이다.

② $x^2 - 9 < 0$에서 $-3 < x < 3$이므로
$\quad \{x \mid x^2 - 9 < 0,\ x$는 자연수$\} = \{1, 2\}$

③ $|x| < 1$에서 $-1 < x < 1$이고 x는 실수이므로 무한집합이다.

④ $x^2 - 2 = 0$에서 $x = \pm\sqrt{2}$
$\quad$ 이때 x는 유리수가 아니므로 공집합이다.

⑤ $(x^2 + 5)(x^2 - 1) = 0$에서 $x^2 = -5$ 또는 $x^2 = 1$
$\quad$ 이때 x는 실수이므로
$\quad \{x \mid (x^2+5)(x^2-1) = 0,\ x$는 실수$\} = \{-1, 1\}$

따라서 공집합인 것은 ④이다.

0562   답 ㄷ, ㅁ

ㄱ. $\{0, 1, 2, 3, 4\}$ ➡ 유한집합

ㄴ. $\varnothing$ ➡ 유한집합

ㄷ. $x^2 < 1$에서 $-1 < x < 1$인 실수 x는 무수히 많으므로 무한집합이다.

ㄹ. $x^2 + 1 < 0$에서 $x^2 < -1$인 실수 x는 존재하지 않으므로 공집합이고 유한집합이다.

ㅁ. $\{x + y \mid x + y$는 $0 < x + y < 2$인 실수$\}$ ➡ 무한집합

0563   답 -4

주어진 집합이 공집합이 되려면 이차방정식 $x^2 - 6x - 3k = 0$의 판별식을 D라 할 때, $D < 0$이어야 하므로

$\qquad\qquad\qquad\qquad\qquad\qquad\qquad\qquad\qquad$ ❶

$\dfrac{D}{4} = (-3)^2 - (-3k) < 0$ $\therefore k < -3$

따라서 정수 k의 최댓값은 -4이다.

$\qquad\qquad\qquad\qquad\qquad\qquad\qquad\qquad\qquad$ ❷

채점 기준	배점
❶ 공집합이 되도록 하는 k의 조건 알기	50%
❷ 정수 k의 최댓값 구하기	50%

🔊 Bible Says   이차방정식의 근의 판별

계수가 실수인 이차방정식 $ax^2 + bx + c = 0$의 근 $x = \dfrac{-b \pm \sqrt{b^2 - 4ac}}{2a}$는 판별식 $D = b^2 - 4ac$의 부호에 따라 다음과 같이 판별할 수 있다.

(1) $D > 0$이면 서로 다른 두 실근을 갖는다.

(2) $D = 0$이면 중근(서로 같은 두 실근)을 갖는다.

(3) $D < 0$이면 서로 다른 두 허근을 갖는다.

참고

이차방정식 $ax^2 + 2b'x + c = 0$의 근은 $\dfrac{D}{4} = (b')^2 - ac$의 부호로 판별할 수 있다.

유형 04   유한집합의 원소의 개수

확인 문제   (1) 0   (2) 3   (3) 1

(3) $x^2 - 4x + 4 = 0$에서 $(x-2)^2 = 0$ $\therefore x = 2$
$\quad$ 따라서 $A = \{2\}$이므로 $n(A) = 1$

0564   답 ④

$A = \{9, 18, 27, \cdots, 99\}$, $B = \{2, 3, 5, 7, 11, 13\}$

따라서 $n(A) = 11$, $n(B) = 6$이므로

$n(A) - n(B) = 11 - 6 = 5$

🔊 Bible Says   유한집합의 원소의 개수

집합 A가 조건제시법으로 주어지면 원소나열법으로 나타낸 후 원소의 개수를 세어 $n(A)$의 값을 구한다.

0565   답 ⑤

① $n(\{2, 6, 10\}) - n(\{2, 6\}) = 3 - 2 = 1$

③ $n(\{0\}) = n(\{2\}) = 1$

⑤ $n(\varnothing) - n(\{\varnothing\}) = 0 - 1 = -1$

0566

답 ②

$(x-2)^2+(y+2)^2=8$에서

$(x-2)^2 \geq 0$, $(y+2)^2 \geq 0$이고 x, y는 정수이므로

$(x-2)^2=4$, $(y+2)^2=4$

$(x-2)^2=4$에서 $x-2=\pm2$ $\therefore x=0$ 또는 $x=4$

$(y+2)^2=4$에서 $y+2=\pm2$ $\therefore y=-4$ 또는 $y=0$

따라서 $A=\{(0, -4), (0, 0), (4, -4), (4, 0)\}$이므로

$n(A)=4$

> **참고**
>
> x의 값이 될 수 있는 수는 0, 4의 2개이고, y의 값이 될 수 있는 수는 -4, 0의 2개이므로 순서쌍 (x, y)의 개수는 $2\times2=4$

0567

답 6

$A=\{1, 2, 4, 8, 16\}$이므로

$n(A)=5$

$B=\{1, 2, 3, \cdots, k-1\}$이므로

$n(B)=k-1$

이때 $n(A)=n(B)$이므로

$k-1=5$ $\therefore k=6$

0568

답 5

$A=\{(-1, -1), (-1, 1), (1, -1), (1, 1)\}$이므로

$n(A)=4$

$B=\{-2, -1\}$이므로 $n(B)=2$

$n(C)=a$이므로

$n(A)-n(B)+n(C)=7$에서

$4-2+a=7$ $\therefore a=5$

0569

답 ④

$(k-1)x^2-8x+k=0$ ...... ㉠

(i) $k=1$일 때, ㉠은 $-8x+1=0$이므로 해는 한 개이다.

$\therefore k=1$

(ii) $k\neq1$일 때, ㉠은 중근을 가져야 하므로 판별식을 D라 하면

$D=0$이어야 한다.

$\dfrac{D}{4}=(-4)^2-k(k-1)=0$

즉, $k^2-k-16=0$을 만족시키는 k의 값의 합은 이차방정식의 근과 계수의 관계에 의하여 1이다.

(i), (ii)에서 모든 상수 k의 합은 $1+1=2$이다.

0570

답 12

$A=\{(-6, 0), (6, 0), (0, -6), (0, 6)\}$이므로

$n(A)=4$ .... ❶

$n(A)+n(B)=10$에서

$4+n(B)=10$ $\therefore n(B)=6$ .... ❷

즉, k의 양의 약수의 개수가 6이어야 한다.

이때 1, 2, 3, 4, $\cdots$, 10, 11, 12의 양의 약수의 개수는 각각

1, 2, 2, 3, $\cdots$, 4, 2, 6이므로 자연수 k의 최솟값은 12이다. .... ❸

채점 기준	배점
❶ $n(A)$의 값 구하기	40%
❷ $n(B)$의 값 구하기	20%
❸ k의 최솟값 구하기	40%

> **참고**
>
> 양의 약수의 개수가 $6(6=1\times6=2\times3)$인 자연수 k는 a^5, $a\times b^2$ (a, b는 서로 다른 소수) 꼴이다.
>
> 즉, k의 값의 최솟값은 2^5과 3×2^2 중 작은 값이다.
>
> $2^5=32$, $3\times2^2=12$이므로 구하는 k의 최솟값은 12이다.

유형 05 새로운 집합 구하기

0571

답 18

$A=\{-1, 1, 2\}$, $B=\{1, 3, 5\}$

$a\in A$, $b\in B$인 두 수 a, b에 대하여 ab의 값을 구하면 오른쪽 표와 같으므로

a＼b	1	3	5
-1	-1	-3	-5
1	1	3	5
2	2	6	10

$P=\{-5, -3, -1, 1, 2, 3, 5, 6, 10\}$

따라서 집합 P의 원소의 합은

$-5+(-3)+(-1)+1+2+3+5+6+10=18$

다른 풀이

$a=-1$, $b=1$일 때, $ab=-1$

$a=-1$, $b=3$일 때, $ab=-3$

$a=-1$, $b=5$일 때, $ab=-5$

$a=1$, $b=1$일 때, $ab=1$

$a=1$, $b=3$일 때, $ab=3$

$a=1$, $b=5$일 때, $ab=5$

$a=2$, $b=1$일 때, $ab=2$

$a=2$, $b=3$일 때, $ab=6$

$a=2$, $b=5$일 때, $ab=10$

$P=\{-5, -3, -1, 1, 2, 3, 5, 6, 10\}$이므로

집합 P의 원소의 합은

$-5+(-3)+(-1)+1+2+3+5+6+10=18$

0572

$A=\{1, 2, 3\}$
$a\in A$, $b\in A$인 두 수 a, b에 대하여
a^2+b^2의 값을 구하면 오른쪽 표와 같
으므로
$B=\{2, 5, 8, 10, 13, 18\}$

a＼b	1	2	3
1	2	5	10
2	5	8	13
3	10	13	18

──────────────────────────── ❶

따라서 집합 B의 모든 원소의 합은
$2+5+8+10+13+18=56$

──────────────────────────── ❷

채점 기준	배점
❶ 집합 B를 원소나열법으로 나타내기	70%
❷ 집합 B의 모든 원소의 합 구하기	30%

🔊)) **Bible Says** **새로운 집합 구하기**

주어진 집합을 이용하여 새로운 집합의 원소를 구할 때는 표를 이용하여
원소를 빠짐없이 찾을 수 있도록 해야 한다. 또한 같은 원소를 중복하여 나
열하지 않도록 주의해야 한다.

0573

$A=\{1, 2, 3, 4, a\}$, $B=\{1, 3, 5\}$
$x\in A$, $y\in B$인 두 수 x, y에 대하여
$x+y$의 값을 구하면 오른쪽 표와 같
으므로
$\{2, 3, 4, 5, 6, 7, 8, 9\}\subset X$이고
$\{a+1, a+3, a+5\}\subset X$

x＼y	1	3	5
1	2	4	6
2	3	5	7
3	4	6	8
4	5	7	9
a	$a+1$	$a+3$	$a+5$

이때 a가 자연수이면 $a+1\geq2$이므로
$n(X)=10$이 되려면 $a+1$, $a+3$, $a+5$ 중 하나는 2 이상 9 이하
의 자연수이고 나머지 둘은 10 이상의 자연수이다.
$a+1\leq9$, $a+3\geq10$ ∴ $7\leq a\leq8$
따라서 자연수 a의 최댓값은 8이다.

0574

$A=\{a, 2a, 3a\}$이므로 $x\in A$,
$y\in A$인 두 수 x, y에 대하여 $x+y$의
값을 구하면 오른쪽 표와 같다.
따라서 $B=\{2a, 3a, 4a, 5a, 6a\}$이
므로 $n(B)=5$이다.

x＼y	a	$2a$	$3a$
a	$2a$	$3a$	$4a$
$2a$	$3a$	$4a$	$5a$
$3a$	$4a$	$5a$	$6a$

이때 $a=n(B)=5$이므로
집합 B의 모든 원소의 합은
$a\times(2+3+4+5+6)=20a=100$

0575

$A=\{a, b, c\}$이므로 $x\in A$, $y\in A$
인 두 수 x, y에 대하여 $x+y$의 값을
구하면 오른쪽 표와 같다.
$B=\{2a, a+b, a+c, 2b, b+c, 2c\}$
$a<b<c$이므로

x＼y	a	b	c
a	$2a$	$a+b$	$a+c$
b	$a+b$	$2b$	$b+c$
c	$a+c$	$b+c$	$2c$

$2a<a+b<a+c<b+c<2c$,
$2a<a+b<2b<b+c<2c$이고 $n(B)=5$이므로
$2b=a+c$ ……㉠
두 번째로 작은 원소가 15이므로 $a+b=15$ ……㉡
두 번째로 큰 원소가 29이므로 $b+c=29$ ……㉢
㉡+㉢을 하면 $a+c+2b=44$
㉠에서 $2b=a+c$이므로 $4b=44$ ∴ $b=11$
$b=11$을 ㉡에 대입하면 $a=4$
$b=11$을 ㉢에 대입하면 $c=18$
∴ $ab-2c=4\times11-2\times18=8$

유형 06 기호 ∈, ⊂의 사용

0576

⑤ $\{2\}$는 집합 A의 원소가 아니므로 $\{\{-1\}, \{2\}\}\not\subset A$

0577

$B=\{1, 2, 5, 10\}$이므로
④ $\{1, 5\}\subset B$

0578

$A=\{$사과, 딸기, 감$\}$, $B=\{$귤, 배, 사과, 딸기, 감$\}$
⑤ $\{$사과, 딸기, 감$\}\subset B$

0579

$A=\{2, 3, 4, \cdots, 48, 49\}$, $B=\{1, 2, 3, \cdots, 22, 23\}$
③ $50\not\in A$이므로 $\{2, 50\}\not\subset A$
⑤ $n(A)=48$, $n(B)=23$이므로 $n(A)=n(B)+25$
따라서 옳지 않은 것은 ③이다.

0580

② $3\not\in A$
③ $1\in A$ 또는 $\{1\}\subset A$
④ $\{1, 2\}\subset A$
⑤ $\{2, 3\}\in A$ 또는 $\{\{2, 3\}\}\subset A$

0581 답 ⑤

ㄱ. $\{\varnothing\}$은 집합 A의 원소이므로 $\{\varnothing\}\in A$이다.

ㄴ. $\varnothing$은 집합 A의 원소이므로 $\{\varnothing\}\subset A$이다.

ㄷ. 0과 $\varnothing$은 모두 집합 A의 원소이므로 $\{0,\varnothing\}\subset A$이다.

ㄹ. $\{0,\varnothing\}$은 집합 A의 원소이므로 $\{\{0,\varnothing\}\}\subset A$이다.

따라서 옳은 것은 ㄱ, ㄴ, ㄷ, ㄹ이다.

유형 **07** 집합 사이의 포함 관계

확인 문제 (1) $Y\subset X$ (2) $X\subset Y$

(1) $X=\{5,10,15,20,\cdots\}$, $Y=\{10,20,30,40,\cdots\}$이므로

$Y\subset X$

(2) $X=\{1\}$, $Y=\{-1,0,1\}$이므로 $X\subset Y$

0582 답 ⑤

$A=\{-2,-1,0,1\}$, $B=\{-1,0,1\}$, $C=\{-1,0\}$이므로

$C\subset B\subset A$

0583 답 ①

모든 정수는 유리수이고 모든 유리수는 실수이므로

$Z\subset Q\subset R$

0584 답 ④

① $c\in A$, $c\notin B$이므로 $A\not\subset B$

② $B=\{0,1,2,3\}$에서 $4\in A$, $4\notin B$이므로 $A\not\subset B$

③ $A=\{1,3,5,7,9,11\}$, $B=\{1,3,5,7,9\}$에서
$11\in A$, $11\notin B$이므로 $A\not\subset B$

④ $A=\{8,16,24,32,\cdots\}$, $B=\{4,8,12,16,\cdots\}$이므로
$A\subset B$

⑤ $A=\{1,3,9\}$, $B=\{1,3\}$에서 $9\in A$, $9\notin B$이므로 $A\not\subset B$

0585 답 ④

$|x|\leq1$에서 $-1\leq x\leq1$이므로 $A=\{-1,0,1\}$

$x^2-2x+1=0$에서 $(x-1)^2=0$ $\therefore x=1$

$\therefore B=\{1\}$

$x=\pm1$일 때 $1-x^2=0$, $x=0$일 때 $1-x^2=1$이므로

$C=\{0,1\}$

따라서 $\{1\}\subset\{0,1\}\subset\{-1,0,1\}$이므로 $B\subset C\subset A$

0586 답 ②

$x\in A$, $y\in A$인 두 수 x, y에 대하여 $x+y$의 값을 구하면 오른쪽 표와 같으므로

$B=\{-2,-1,0,1,2\}$

x\y	−1	0	1
−1	−2	−1	0
0	−1	0	1
1	0	1	2

$|xy|$의 값을 구하면 오른쪽 표와 같으므로

$C=\{0,1\}$

x\y	−1	0	1
−1	1	0	1
0	0	0	0
1	1	0	1

따라서 세 집합 A, B, C 사이의 포함 관계는 $C\subset A\subset B$이다.

유형 **08** 집합 사이의 포함 관계가 성립하도록 하는 미지수 구하기

0587 답 ③

$1<|x|<3$에서 $-3<x<-1$ 또는 $1<x<3$이므로

$A\subset B$가 성립하도록 두 집합 A, B를 수직선 위에 나타내면 다음 그림과 같다.

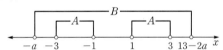

따라서 $-a\leq-3$이고 $3\leq13-2a$

$-a\leq-3$에서 $a\geq3$이고

$3\leq13-2a$에서 $a\leq5$

따라서 $3\leq a\leq5$이므로 주어진 조건을 만족시키는 모든 정수 a의 값의 합은 $3+4+5=12$

0588 답 5

$(x-5)(x-a)=0$에서 $x=5$ 또는 $x=a$

$A\subset B$가 성립하려면 $a\in B$이어야 하고, a는 양수이므로

$a=5$

0589 답 ②

$A\subset B\subset C$가 성립하도록 세 집합 A, B, C를 수직선 위에 나타내면 오른쪽 그림과 같다.

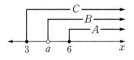

따라서 $3\leq a\leq6$에서 정수 a는 3, 4, 5이므로 구하는 합은

$3+4+5=12$

0590

답 5

$A \subset B$가 성립하도록 두 집합 A, B를 수직선 위에 나타내면 다음 그림과 같다.

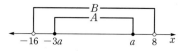

따라서 $-16 < -3a$이고 $a < 8$이어야 하므로

$$a < \frac{16}{3}$$

주어진 조건을 만족시키는 자연수 a는 1, 2, 3, 4, 5의 5개이다.

0591

답 7

$A = \{1, 2a\}$, $B = \{1, 2, 4, 8\}$

이때 a는 자연수이므로

$2a \neq 1$

$A \subset B$이므로 $2a \in B$에서

$2a = 2$ 또는 $2a = 4$ 또는 $2a = 8$

따라서 주어진 조건을 만족시키는 자연수 a의 값은 1, 2, 4이므로 구하는 합은

$1 + 2 + 4 = 7$

0592

답 3

$A \subset B$이므로 $2 \in B$에서

$a^2 + 3 = 2$ 또는 $a - 1 = 2$

(ⅰ) $a^2 + 3 = 2$일 때,

    $a^2 = -1$을 만족시키는 실수 a의 값은 존재하지 않는다.

(ⅱ) $a - 1 = 2$일 때,

    $a = 3$

    이때 $A = \{2, 7\}$, $B = \{2, 7, 12\}$이므로

    $A \subset B$

(ⅰ), (ⅱ)에서 $A \subset B$를 만족시키는 실수 a의 값은 3이다.

0593

답 0

$x^3 - 2x^2 - x + 2 = 0$에서

$x^2(x-2) - (x-2) = 0$, $(x-2)(x^2-1) = 0$

$(x+1)(x-1)(x-2) = 0$

$\therefore x = -1$ 또는 $x = 1$ 또는 $x = 2$

$\therefore A = \{-1, 1, 2\}$ ❶

$A \subset B$가 성립하려면

$a < -1$, $b \geq 2$ ❷

따라서 정수 a의 최댓값은 -2, 정수 b의 최솟값은 2이므로

$M = -2$, $m = 2$

$\therefore M + m = -2 + 2 = 0$ ❸

채점 기준	배점
❶ 집합 A를 원소나열법으로 나타내기	20%
❷ $A \subset B$가 성립할 조건 구하기	50%
❸ $M + m$의 값 구하기	30%

유형 09 서로 같은 집합

0594

답 -2

$A = B$이므로 $a^2 - 3 = 1$

$a^2 = 4$ $\therefore a = -2$ 또는 $a = 2$

(ⅰ) $a = -2$일 때

    $A = \{1, 3, 4\}$, $B = \{1, 3, 4\}$이므로 $A = B$

(ⅱ) $a = 2$일 때

    $A = \{1, 4, 7\}$, $B = \{1, 3, 4\}$이므로 $A \neq B$

(ⅰ), (ⅱ)에서 $a = -2$

0595

답 ③

$A \subset B$이고 $B \subset A$이므로 $A = B$

$a = 5$, $a + b = 20$ $\therefore b = 15$

0596

답 3

$A = B$이고 집합 A에서 x가 양수이면

$x - 7 < x - 1 < 2x + 1$이므로

$x - 7 = -4$, $x - 1 = 2$, $2x + 1 = 7$

$\therefore x = 3$

0597

답 ⑤

$A = B$이므로 $a + 2 = 2$ 또는 $a + 2 = 6 - a$

$\therefore a = 0$ 또는 $a = 2$

(i) $a=0$일 때
$A=\{-2, 2\}$, $B=\{2, 6\}$이므로 $A\neq B$

(ii) $a=2$일 때
$A=\{2, 4\}$, $B=\{2, 4\}$이므로 $A=B$

(i), (ii)에서 $a=2$

[다른 풀이]

(i) $a+2=2$, $a^2-2=6-a$일 때
이를 동시에 만족시키는 a의 값은 존재하지 않는다.

(ii) $a^2-2=2$, $a+2=6-a$일 때
$a^2-2=2$에서 $a^2=4$
$\therefore a=-2$ 또는 $a=2$ ...... ㉠
$a+2=6-a$에서 $2a=4$ $\therefore a=2$ ...... ㉡
㉠, ㉡에서 $a=2$

(i), (ii)에서 $a=2$

0598 답 −1

$A=\{0, 1, a\}$이므로 $x\in A$, $y\in A$인
두 수 x, y에 대하여 $x+y$의 값을 구
하면 오른쪽 표와 같다.

x＼y	0	1	a
0	0	1	a
1	1	2	$a+1$
a	a	$a+1$	$2a$

이때 $a\neq a+1$이고 $B=C$이므로
$a+1=0$ 또는 $a+1=1$ 또는 $a+1=2$
또는 $a+1=2a$, 즉 $a=-1$ 또는 $a=0$ 또는 $a=1$이어야 한다.
이때 $a(a-1)\neq 0$에서 $a\neq 0$, $a\neq 1$이므로 $a=-1$이다.

0599 답 1

$A\subset B$이고 $B\subset A$이므로 $A=B$
즉, 두 집합 A, B의 원소가 서로 같아야 하므로
$x^2-bx-15=0$에 $x=3$을 대입하면
$9-3b-15=0$ $\therefore b=-2$

·· ❶

$x^2+2x-15=0$에서 $(x+5)(x-3)=0$
$\therefore x=-5$ 또는 $x=3$
따라서 $B=\{-5, 3\}$이므로
$1-2a=-5$ $\therefore a=3$

·· ❷

$\therefore a+b=3+(-2)=1$

·· ❸

채점 기준	배점
❶ b의 값 구하기	40%
❷ a의 값 구하기	40%
❸ $a+b$의 값 구하기	20%

확인 문제 (1) $\varnothing$ (2) $\{a\}$, $\{b\}$ (3) $\{a, b\}$

0600 답 ⑤

$x(x+2)\leq 0$에서 $-2\leq x\leq 0$
$\therefore A=\{-2, -1, 0\}$
① $\varnothing$은 모든 집합의 부분집합이므로 집합 A의 부분집합이다.
② 모든 집합은 자기 자신의 부분집합이므로 $\{-2, -1, 0\}$은 집합 A의 부분집합이다.
③ $\{-2\}$, $\{-1\}$, $\{0\}$의 3개이다.
④ $\{-2, -1\}$, $\{-2, 0\}$, $\{-1, 0\}$의 3개이다.
⑤ $\{-2\}$, $\{-1\}$, $\{-2, -1\}$, $\{-2, 0\}$, $\{-1, 0\}$, $\{-2, -1, 0\}$의 6개이다.

0601 답 ②

집합 $\{0, 3, \{\varnothing\}\}$의 부분집합은
$\varnothing$, $\{0\}$, $\{3\}$, $\{\{\varnothing\}\}$, $\{0, 3\}$, $\{0, \{\varnothing\}\}$, $\{3, \{\varnothing\}\}$,
$\{0, 3, \{\varnothing\}\}$

0602 답 $\varnothing$, $\{5\}$, $\{25\}$, $\{5, 25\}$

x와 $\dfrac{25}{x}$가 모두 자연수이기 위해서는 x는 25의 양의 약수이어야
한다.
이때 $25=5^2$이므로 25의 양의 약수는 1, 5, 25
$\therefore A=\{1, 5, 25\}$

·· ❶

따라서 집합 A의 부분집합은
$\varnothing$, $\{1\}$, $\{5\}$, $\{25\}$, $\{1, 5\}$, $\{1, 25\}$, $\{5, 25\}$, $\{1, 5, 25\}$
이고, 이 중 1을 원소로 갖지 않는 집합은
$\varnothing$, $\{5\}$, $\{25\}$, $\{5, 25\}$

·· ❷

채점 기준	배점
❶ 집합 A를 원소나열법으로 나타내기	40%
❷ 집합 A의 부분집합 중 1을 원소로 갖지 않는 집합 구하기	60%

0603 답 $\{3, 6\}$, $\{3, 9\}$, $\{3, 12\}$, $\{6, 9\}$, $\{6, 12\}$, $\{9, 12\}$

$A=\{3, 6, 9, 12\}$
집합 X는 원소가 2개인 집합 A의 부분집합이므로
$\{3, 6\}$, $\{3, 9\}$, $\{3, 12\}$, $\{6, 9\}$, $\{6, 12\}$, $\{9, 12\}$

0604
답 26

진부분집합 X가 집합 $\{2, 3, 5, 7, 11\}$의 가장 작은 원소 2를 제외한 나머지 모든 원소를 가질 때, 즉 $X=\{3, 5, 7, 11\}$일 때 $S(X)$의 값이 최대이다.
따라서 $S(X)$의 최댓값은
$3+5+7+11=26$

0605
답 ①

집합 A의 서로 다른 세 원소를 각각 a, b, c라 하면
집합 A의 원소를 일렬로 나열하여 만들 수 있는 모든 세 자리 자연수는 다음과 같다.
$100a+10b+c$, $100a+10c+b$
$100b+10a+c$, $100b+10c+a$
$100c+10a+b$, $100c+10b+a$
따라서 집합 A의 세 원소를 일렬로 나열하여 만든 모든 세 자리 자연수의 합은
$100 \times (2a+2b+2c)+10 \times (2a+2b+2c)+(2a+2b+2c)$
$=222 \times (a+b+c)$
주어진 조건에서 $222 \times (a+b+c)=1554$이므로
$a+b+c=7$
이때 a, b, c는 모두 서로 다른 9 이하의 자연수이므로
$A=\{1, 2, 4\}$이다.
따라서 집합 A의 원소 중 가장 큰 값은 4이다.

유형 11 부분집합의 개수

확인 문제   (1) 16   (2) 15   (3) 6

(1) $2^4=16$
(2) $2^4-1=16-1=15$
(3) $_4C_2=\dfrac{4 \times 3}{2}=6$

0606
답 ④

두 집합 A, B의 원소의 개수를 각각 a, b라 하면
$2^a=256$, $2^b-1=63$
$2^a=256=2^8$에서 $a=8$ $\therefore n(A)=8$
$2^b=64=2^6$에서 $b=6$ $\therefore n(B)=6$
$\therefore n(A)+n(B)=8+6=14$

0607
답 31

세 조건을 만족시키는 집합 B는 집합 $\{3, 4, 5, 6, 7\}$의 부분집합 중 공집합을 제외한 것이다.
따라서 집합 B의 개수는 $2^5-1=31$

0608
답 15

$x^2-12x+20<0$에서 $(x-2)(x-10)<0$
$\therefore 2<x<10$
$\therefore A=\{3, 5, 7, 9\}$ .... ❶

집합 A의 원소의 개수는 4이므로 진부분집합의 개수는
$2^4-1=15$ .... ❷

채점 기준	배점
❶ 집합 A를 원소나열법으로 나타내기	60%
❷ 집합 A의 진부분집합의 개수 구하기	40%

0609
답 31

집합 S의 원소 중 7의 배수는 7, 14, 21, 28, 35이므로 구하는 부분집합은 $\{7, 14, 21, 28, 35\}$의 부분집합 중 공집합을 제외한 것이다.
따라서 구하는 집합의 개수는 $2^5-1=31$

0610
답 45

집합 $\{1, 2, 3, 4, 5\}$의 부분집합 중 원소의 개수가 2인 부분집합의 개수는 $_5C_2=10$이므로 선택한 두 집합이 서로 같지 않은 경우의 수는
$_{10}C_2=45$

0611
답 ②

집합 $\{1, 2, 3, 4, 5, 6, 7, 8\}$의 부분집합 중 3개의 원소를 갖는 부분집합의 개수는 $_8C_3=56$
이 중 3개의 원소가 모두 짝수인 부분집합의 개수를 제외하면 된다.
집합 $\{1, 2, 3, 4, 5, 6, 7, 8\}$의 원소 중 짝수의 개수는 4이고
이 4개의 짝수 중 3개를 원소로 갖는 부분집합의 개수는 $_4C_3=4$
따라서 구하는 집합의 개수는
$56-4=52$

0612

답 ①

자연수 m에 대하여 $n(A)=m$이라 하면

$a=2^m$이고 $b=2^m-1$이다.

이때 $a\in A$이고 $b\in A$이므로 집합 A의 원소는 2개 이상이다.

$\therefore m\neq 1$

(i) $m=2$일 때

$a\in A$, $b\in A$에서 $A=\{3,\ 4\}$

(ii) $m=3$일 때

$a\in A$, $b\in A$에서 $A=\{k,\ 7,\ 8\}$

(단, k는 7 또는 8이 아닌 자연수)

⋮

따라서 집합 A의 모든 원소의 합의 최솟값은 $m=2$일 때 7이다.

0613

답 ③

ㄱ. $\varnothing\subset A$이므로 $\varnothing\in P(A)$ $\therefore \{\varnothing\}\subset P(A)$

ㄴ. $\{2,\ 3\}\subset A$이므로 $\{2,\ 3\}\in P(A)$

ㄷ. $n(A)=4$이므로 A의 부분집합의 개수는 $2^4=16$

　　따라서 $P(A)$의 원소의 개수가 16이므로

　　$P(A)$의 진부분집합의 개수는 $2^{16}-1$이다.

따라서 옳은 것은 ㄱ, ㄴ이다.

0614

답 14

$x^2-3x-4<0$에서 $(x+1)(x-4)<0$

$\therefore -1<x<4$

$\therefore A=\{0,\ 1,\ 2,\ 3\}$

이때 집합 X는 집합 A의 진부분집합 중 공집합을 제외한 것이므로 그 개수는 $2^4-1-1=14$

유형 12 특정한 원소를 갖거나 갖지 않는 부분집합의 개수

확인 문제   (1) 16   (2) 8

(1) 3을 반드시 원소로 갖는 부분집합의 개수는 $2^{5-1}=2^4=16$

(2) 2, 5를 원소로 갖지 않는 부분집합의 개수는 $2^{5-2}=2^3=8$

0615

답 ③

$A=\{0,\ 1,\ 2,\ 3,\ \cdots,\ 10\}$

집합 A의 부분집합 중 1, 5를 반드시 원소로 갖는 부분집합의 개수는 $a=2^{11-2}=2^9=512$

집합 A의 부분집합 중 0, 2, 5를 원소로 갖지 않는 부분집합의 개수는 $b=2^{11-3}=2^8=256$

$\therefore a-b=512-256=256$

0616

답 31

집합 A의 진부분집합 중 2, 7을 반드시 원소로 갖는 부분집합의 개수는

$2^{7-2}-1=2^5-1=31$

🔊 **Bible Says**   특정한 원소를 갖는 진부분집합의 개수

> 원소의 개수가 n인 집합 A의 진부분집합 중 특정한 원소 k개를 원소로 갖는 진부분집합의 개수는 $2^{n-k}-1\ (k<n)$이다.

0617

답 4

원소의 최솟값이 4인 부분집합의 개수는 4를 반드시 원소로 갖고 1, 2, 3을 원소로 갖지 않는 부분집합의 개수와 같으므로

$2^{6-1-3}=2^2=4$

다른 풀이

원소의 최솟값이 4이려면 4를 포함하는 $\{4,\ 5,\ 6\}$의 부분집합 중 4를 반드시 원소로 갖는 부분집합의 개수와 같다.

따라서 구하는 부분집합의 개수는 $2^{3-1}=4$

0618

답 ③

$S=\{3,\ 6,\ 9,\ 12,\ 15,\ 18,\ 21,\ 24,\ 27,\ 30\}$이므로 9, 15를 반드시 원소로 갖고 3을 원소로 갖지 않는 부분집합 X의 개수는

$2^{10-2-1}=2^7=128$

0619

답 15

$A=\{1,\ 2,\ 3,\ 4,\ 6,\ 12\}$

집합 X는 집합 A의 진부분집합이고, 2, 6을 반드시 원소로 가지므로 집합 X의 개수는

$2^{6-2}-1=2^4-1=15$

0620

답 11

$A=\{1,\ 2,\ 3,\ \cdots,\ k\}$에서 $n(A)=k$이므로 1, 3, 8을 반드시 원소로 갖고 4, 9를 원소로 갖지 않는 부분집합의 개수는

$2^{k-3-2}=64=2^6$

$k-5=6$ $\therefore k=11$

0621
답 48

구하는 집합은 모음 a, e, i 중 a, e 또는 a, i 또는 e, i의 두 개의 모음을 원소로 갖는 부분집합이다.

·· ❶

집합 X의 부분집합 중 a, e를 반드시 원소로 갖고 i를 원소로 갖지 않는 부분집합의 개수는

$2^{7-2-1}=2^4=16$

마찬가지로 모음 중 a, i 또는 e, i의 두 개의 모음을 원소로 갖는 부분집합의 개수도 각각 16이다.

·· ❷

따라서 구하는 부분집합의 개수는 $16 \times 3 = 48$

·· ❸

채점 기준	배점
❶ 두 개의 모음을 원소로 갖는 부분집합의 조건 알기	30%
❷ ❶의 조건을 만족시키는 부분집합의 개수 각각 구하기	60%
❸ 두 개의 모음을 원소로 갖는 부분집합의 개수 구하기	10%

유형 13 $A \subset X \subset B$를 만족시키는 집합 X의 개수

확인 문제 4

0622
답 ①

6의 약수인 자연수는 1, 2, 3, 6이므로
집합 B를 원소나열법으로 나타내면 $B=\{1, 2, 3, 6\}$이다.
따라서 집합 X는 집합 B의 부분집합 중 1, 2를 반드시 원소로 갖는 부분집합이므로 집합 X의 개수는 $2^{4-2}=2^2=4$
한편, $B \subset C$에서 $6 \in C$이므로 n은 6 이상의 자연수이다.
또한 집합 C의 원소의 개수는 n이므로
$B \subset Y \subset C$를 만족시키는 집합 Y의 개수는 2^{n-4}이다.
이때 주어진 조건에 의하여 $2^{n-4}=2^2=4$이므로
$n-4=2$에서 $n=6$

0623
답 ④

집합 X는 전체집합 $U=\{1, 2, 3, 4, 5\}$의 부분집합이고,
$\{1, 2\} \subset X$이므로
$\{1, 2\} \subset X \subset U$
따라서 집합 X는 전체집합 U의 부분집합 중 1, 2를 반드시 원소로 갖는 부분집합이므로 집합 X의 개수는
$2^{5-2}=2^3=8$

0624
답 30

$A=\{2, 4, 8\}$, $B=\{1, 2, 3, 4, 5, 6, 7, 8\}$
따라서 집합 X는 $B=\{1, 2, 3, 4, 5, 6, 7, 8\}$의 부분집합 중 2, 4, 8을 반드시 원소로 갖는 부분집합에서 집합 A, B를 제외한 것이므로 그 개수는 $2^{8-3}-2=2^5-2=30$

0625
답 4

$A=\{1, 3, 5, 7\}$, $B=\{1, 2, 3, 4, 5, 6, 7\}$
따라서 집합 X의 개수는 $\{1, 2, 3, 4, 5, 6, 7\}$의 부분집합 중 1, 3, 5, 7을 반드시 원소로 갖고, 6을 원소로 갖지 않는 부분집합의 개수와 같다.
따라서 구하는 집합 X의 개수는
$2^{7-4-1}=2^2=4$

0626
답 8

$A=\{1, 2, 4\}$, $B=\{1, 2, 3, 4, 6, 12\}$이므로 집합 X는 집합 B의 부분집합 중 집합 A의 원소 1, 2, 4를 반드시 원소로 갖는 부분집합이다.
따라서 집합 X의 개수는
$2^{6-3}=2^3=8$

0627
답 ③

$x^2-5x-14<0$에서 $(x+2)(x-7)<0$
$\therefore -2<x<7$
$x^2-4x-5=0$에서 $(x+1)(x-5)=0$
$\therefore x=-1$ 또는 $x=5$
$A=\{-1, 0, 1, 2, 3, 4, 5, 6\}$, $B=\{-1, 5\}$이므로 집합 X는 집합 A의 부분집합 중 집합 B의 원소 -1, 5를 반드시 원소로 갖는 부분집합이다.
따라서 집합 X의 개수는
$2^{8-2}=2^6=64$

0628
답 10

$B=\{2, 3, 5\}$

·· ❶

$B \subset X \subset A$를 만족시키는 집합 X의 개수는 집합 A의 부분집합 중 집합 B의 원소 2, 3, 5를 반드시 원소로 갖는 부분집합의 개수와 같으므로

·· ❷

$2^{n-3}=128=2^7$

─────────────────────────────────────── ❸

$n-3=7$ ∴ $n=10$

─────────────────────────────────────── ❹

채점 기준	배점
❶ 집합 B를 원소나열법으로 나타내기	10%
❷ 집합 X의 개수와 같은 부분집합의 개수 알기	40%
❸ 식 세우기	30%
❹ n의 값 구하기	20%

유형 14 특별한 조건을 만족시키는 부분집합의 개수 (1)

0629   답 ③

$A=\{1, 2, 3, 6\}$, $B=\{1, 2, 4, 8\}$

$X \subset A$이고 $X \not\subset B$이기 위해서는 집합 X는 집합 A의 부분집합 중 3 또는 6을 원소로 갖는 집합이어야 한다.

이때 집합 A의 부분집합 중 3과 6을 모두 원소로 갖지 않는 부분집합, 즉 집합 $\{1, 2\}$의 부분집합의 개수는 $2^{4-2}=2^2=4$이므로 주어진 조건을 만족시키는 집합 X의 개수는 $2^4-4=12$이다.

[다른 풀이]

$A=\{1, 2, 3, 6\}$, $B=\{1, 2, 4, 8\}$

$X \subset A$이고 $X \not\subset B$이기 위해서는 집합 X는 집합 A의 부분집합 중 3 또는 6을 원소로 갖는 집합이어야 한다.

이때 집합 A의 부분집합 중 3 또는 6을 원소로 갖는 집합은 집합 $\{1, 2\}$의 부분집합에 다음과 같이 원소를 추가하면 된다.

(i) 3만 추가하는 경우

    $\{3\}$, $\{1, 3\}$, $\{2, 3\}$, $\{1, 2, 3\}$

(ii) 6만 추가하는 경우

    $\{6\}$, $\{1, 6\}$, $\{2, 6\}$, $\{1, 2, 6\}$

(iii) 3과 6을 모두 추가하는 경우

    $\{3, 6\}$, $\{1, 3, 6\}$, $\{2, 3, 6\}$, $\{1, 2, 3, 6\}$

(i)~(iii)에서 구하는 부분집합의 개수는 $4 \times 3 = 12$

참고

[다른 풀이]에서 집합 $\{1, 2\}$의 부분집합의 개수는 $2^2=4$이므로 3만 추가하는 경우, 6만 추가하는 경우, 3과 6을 모두 추가하는 경우의 3가지 경우를 고려하여 $4 \times 3 = 12$와 같이 부분집합의 개수를 구할 수 있다.

0630   답 ⑤

$A=\{1, 5, 9, 13, 17, 21\}$이므로 집합 A의 부분집합 중 5 또는 13을 원소로 갖는 부분집합은 집합 A의 부분집합에서 집합 $\{1, 9, 17, 21\}$의 부분집합을 제외하면 된다.

따라서 구하는 부분집합의 개수는

$2^6-2^4=64-16=48$

[다른 풀이]

5 또는 13을 원소로 갖는 부분집합은 집합 $\{1, 9, 17, 21\}$의 부분집합에 다음과 같이 원소를 추가하면 된다.

(i) 5만 추가 또는 (ii) 13만 추가 또는 (iii) 5, 13을 모두 추가

(i)~(iii)에서 구하는 부분집합의 개수는 $2^4 \times 3 = 48$

0631   답 112

집합 A의 부분집합 중에서 b, f, g 중 적어도 한 개를 원소로 갖는 부분집합은 집합 A의 부분집합에서 집합 $\{a, c, d, e\}$의 부분집합을 제외하면 된다.

따라서 구하는 부분집합의 개수는

$2^7-2^4=128-16=112$

0632   답 ④

집합 A의 부분집합의 개수는 $2^5=32$

이 중 홀수인 원소 1, 3, 5를 제외한 원소로 이루어진 집합 $\{2, 4\}$의 부분집합의 개수는 $2^2=4$

따라서 홀수인 원소가 한 개 이상 속해 있는 부분집합의 개수는

$32-4=28$

참고

홀수인 원소가 한 개 이상 속해 있는 부분집합은 적어도 한 개의 홀수를 원소로 갖는 부분집합이다.

0633   답 59

$A=\{1, 2, 3, 4, 5, 6\}$, $B=\{1, 2, 3, 6\}$

집합 B의 원소를 적어도 하나 포함하는 부분집합은 집합 A의 진부분집합에서 집합 $\{4, 5\}$의 부분집합을 제외하면 된다.

따라서 구하는 집합의 개수는

$(2^6-1)-2^2=63-4=59$

0634   답 112

$M(X) \geq 5$를 만족시키려면 집합 X는 5, 6, 7 중 적어도 하나를 원소로 가져야 한다.

따라서 집합 B의 부분집합 중에서 집합 $\{1, 2, 3, 4\}$의 부분집합을 제외하면 되므로 구하는 집합 X의 개수는

$2^7-2^4=128-16=112$

0635

답 ③

$A = \{5\}$, $B = \{1, 2, 4, 5, 6\}$

집합 X는 집합 B의 부분집합 중 5를 반드시 원소로 갖는 부분집합이다. ...... ㉠

이때 집합 X는 6의 양의 약수 중 적어도 하나를 원소로 가져야 하므로 ㉠에서 6의 양의 약수를 원소로 갖지 않는 부분집합을 제외하여 그 개수를 구할 수 있다.

㉠을 만족시키는 집합 X의 개수는 $2^{5-1} = 2^4 = 16$

㉠에서 6의 양의 약수, 즉 1, 2, 6을 원소로 갖지 않는 부분집합의 개수는

$2^{4-3} = 2^1 = 2$

따라서 구하는 집합 X의 개수는 $16 - 2 = 14$

참고

집합 X를 구해 보면 다음과 같다.

$\{3\}$ ← 원소가 1개

$\{1, 5\}$, $\{2, 4\}$ ← 원소가 2개

$\{1, 3, 5\}$, $\{2, 3, 4\}$ ← 원소가 3개

$\{1, 2, 4, 5\}$ ← 원소가 4개

$\{1, 2, 3, 4, 5\}$ ← 원소가 5개

0638

답 ②

㈎에서 집합 S의 원소가 될 수 있는 수는 64의 양의 약수이다.

즉, 1, 2, 4, 8, 16, 32, 64이고 1과 64, 2와 32, 4와 16은 어느 하나가 집합 S의 원소이면 나머지 하나도 반드시 집합 S의 원소이다.

㈏에서 집합 S의 원소의 개수가 홀수일 때 집합 S는 8을 반드시 원소로 가지므로 집합 S의 개수는 집합 $\{1, 2, 4\}$의 부분집합의 개수와 같다.

따라서 구하는 집합 S의 개수는 $2^3 = 8$

유형 15 특별한 조건을 만족시키는 부분집합의 개수 (2)

0636

답 ③

a와 $\dfrac{12}{a}$가 모두 자연수이므로 a는 12의 양의 약수이다.

즉, 집합 A의 원소가 될 수 있는 수는 1, 2, 3, 4, 6, 12이고 1과 12, 2와 6, 3과 4는 어느 하나가 집합 A의 원소이면 나머지 하나도 반드시 집합 A의 원소이다.

따라서 집합 A의 개수는 집합 $\{1, 2, 3\}$의 공집합이 아닌 부분집합의 개수와 같으므로

$2^3 - 1 = 7$

참고

집합 A를 구해 보면 다음과 같다.

$\{1, 12\}$, $\{2, 6\}$, $\{3, 4\}$ ← 원소가 2개

$\{1, 2, 6, 12\}$, $\{1, 3, 4, 12\}$, $\{2, 3, 4, 6\}$ ← 원소가 4개

$\{1, 2, 3, 4, 6, 12\}$ ← 원소가 6개

0639

답 4

x와 $\dfrac{36}{x}$이 모두 자연수이므로 x는 36의 양의 약수이다.

즉, 집합 A의 원소가 될 수 있는 수는 1, 2, 3, 4, 6, 9, 12, 18, 36 이때 1과 36, 2와 18, 3과 12, 4와 9는 어느 하나가 집합 A의 원소이면 나머지 하나도 반드시 집합 A의 원소이다.

한편, 집합 A의 원소의 개수가 7이므로 6은 반드시 원소로 가져야 하고 나머지 1과 36, 2와 18, 3과 12, 4와 9 중에서 3개가 반드시 포함되어야 한다.

따라서 집합 A의 개수는 집합 $\{1, 2, 3, 4\}$의 부분집합 중 원소의 개수가 3인 부분집합의 개수와 같으므로 $_4C_3 = 4$

0637

답 7

x와 $6-x$가 모두 자연수이므로 집합 X의 원소가 될 수 있는 수는 1, 2, 3, 4, 5

이때 1과 5, 2와 4는 어느 하나가 집합 X의 원소이면 나머지 하나도 반드시 집합 X의 원소이다.

따라서 집합 X의 개수는 집합 $\{1, 2, 3\}$의 공집합이 아닌 부분집합의 개수와 같으므로

$2^3 - 1 = 7$

0640

답 ①

$a \in X$이고 $b \in X$이면 $ab \in X$이므로 $a = b$이면 $a^2 \in X$이다.

따라서 $-1 \in X$이면 반드시 $1 \in X$이어야 하고 $2 \in X$이면 $4 \in X$이어야 하므로 $2 \notin X$이다.

즉, 집합 X는 집합 $\{-1, 0, 1\}$의 부분집합 중 -1을 원소로 갖고 1을 원소로 갖지 않는 집합을 제외하여 그 개수를 구할 수 있다.

집합 $\{-1, 0, 1\}$의 부분집합의 개수는 $2^3 = 8$

집합 $\{-1, 0, 1\}$의 부분집합에서 -1을 원소로 갖고 1을 원소로 갖지 않는 집합의 개수는 $2^{3-1-1} = 2^1 = 2$

이때 집합 X는 공집합이 아니므로 구하는 집합 X의 개수는

$8 - 2 - 1 = 5$

0641
답 240

집합 A의 부분집합 중 3을 반드시 원소로 갖는 집합의 개수는
$2^{4-1}=2^3=8$
마찬가지로 6, 9, 12를 각각 원소로 갖는 집합의 개수도 8이므로
$s_1+s_2+s_3+\cdots+s_{16}=8\times(3+6+9+12)=240$

0642
답 ①

집합 X_k 중 1을 원소로 갖는 집합은
$\{1, 2\}$, $\{1, 3\}$, $\{1, 4\}$, $\{1, 5\}$, $\{1, 6\}$의 5개이다.
마찬가지로 2, 3, 4, 5, 6을 각각 원소로 갖는 집합의 개수도 5이므로
$a_1+a_2+a_3+\cdots+a_{15}=5\times(1+2+3+4+5+6)=105$

0643
답 16

$A=\{1, 2, 3, 6\}$
집합 A의 부분집합 중 1을 반드시 원소로 갖는 집합의 개수는
$2^{4-1}=2^3=8$
마찬가지로 2, 3, 6을 각각 원소로 갖는 집합의 개수도 8이므로
$$f(A_1)\times f(A_2)\times f(A_3)\times\cdots\times f(A_{15})=1^8\times2^8\times3^8\times6^8$$
$$=2^8\times3^8\times(2\times3)^8$$
$$=2^{16}\times3^{16}=6^{16}$$
$\therefore k=16$

0644
답 136

$B=\{1, 3, 9, 27\}$
집합 X는 집합 B의 부분집합 중 집합 A의 원소 1, 27을 반드시 원소로 갖는 부분집합이다.
이때 집합 $\{3, 9\}$의 부분집합의 개수는 $2^2=4$이므로 $m=4$이고
집합 $\{3, 9\}$의 부분집합 중 3을 원소로 갖는 부분집합의 개수는 2,
집합 $\{3, 9\}$의 부분집합 중 9를 원소로 갖는 부분집합의 개수는 2이므로
$s_1+s_2+s_3+s_4$의 값은 1과 27을 네 번씩 더하고, 3과 9를 두 번씩 더한 값과 같다.
$\therefore s_1+s_2+s_3+s_4=4\times(1+27)+2\times(3+9)=136$

0645
답 ④

④ '나쁜'은 기준이 명확하지 않아 그 대상을 분명히 정할 수 없으므로 집합이 아니다.

0646
답 ④

① $\{5, 8, 11, 16\}$ ➡ 유한집합
② $x^2+x+2=0$의 판별식을 D라 하면 $D=1-8=-7<0$이므로 실근을 갖지 않는다.
   즉, 공집합이므로 유한집합이다.
③ $\{100, 101, 102, \cdots, 999\}$ ➡ 유한집합
④ $\{x|x$는 $2<x<3$인 실수$\}$ ➡ 무한집합
⑤ $\{2, 4, 10, 20\}$ ➡ 유한집합

0647
답 ④

④ $2\notin A$이므로 $\{\varnothing, 1, 2\}\not\subset A$

0648
답 10

집합 X의 원소 (p, q)는
(i) $q=1$일 때, $(1, 1)$의 1개
(ii) $q=2$일 때, $(1, 2)$, $(2, 2)$의 2개
(iii) $q=3$일 때, $(1, 3)$, $(3, 3)$의 2개
(iv) $q=4$일 때, $(1, 4)$, $(2, 4)$, $(4, 4)$의 3개
(v) $q=5$일 때, $(1, 5)$, $(5, 5)$의 2개
(i)~(v)에서 집합 X의 원소의 개수는 $1+2+2+3+2=10$

0649
답 ③

$(x+1)(x-1)\leq0$에서 $-1\leq x\leq1$이므로
$A=\{-1, 0, 1\}$
$(-1)^2=1$, $0^2=0$, $1^2=1$이므로
$B=\{0, 1\}$
$x\in A$, $y\in A$인 두 수 x, y에 대하여 xy의 값을 구하면 오른쪽 표와 같으므로
$C=\{-1, 0, 1\}$
$\therefore B\subset A=C$

x＼y	-1	0	1
-1	1	0	-1
0	0	0	0
1	-1	0	1

0650

답 ④

$|x-k|\leq 1$에서 $-1\leq x-k\leq 1$

$\therefore k-1\leq x\leq k+1$

$A\subset B$가 성립하도록 두 집합 A, B를 수직선 위에 나타내면 오른쪽 그림과 같으므로

$-2\leq k-1$이고 $k+1\leq 3$ $\quad\therefore -1\leq k\leq 2$

따라서 실수 k의 최댓값은 2이다.

0651

답 6

$A=\{(1,9),(2,7),(3,5),(4,3),(5,1)\}$이므로

$n(A)=5$

$B=\{1,2,3,\cdots,k-1\}$이므로 $n(B)=k-1$

이때 $n(A)=n(B)$이므로

$5=k-1$ $\quad\therefore k=6$

0652

답 ⑤

① $A=\varnothing$이면 성립하지 않는다.

② $A=\{0\}$, $B=\{1,2\}$일 때, $n(A)<n(B)$이지만 $A\not\subset B$

③ $A=B$이면 성립하지 않는다.

④ $A=B=C$이면 성립하지 않는다.

⑤ $n(A)\leq n(\varnothing)$이면 $n(A)=0$이므로 $A=\varnothing$이다.

0653

답 ③

집합 $A=\{p,q,r\}$에 대하여 $p<q<r$라 하자.

집합 $X=\{p+q,q+r,p+r\}$에서 $p+q<p+r<q+r$이고 두 집합 X, Y가 서로 같으므로

$p+q=7$ $\quad\cdots\cdots$ ㉠

$p+r=10$ $\quad\cdots\cdots$ ㉡

$q+r=11$ $\quad\cdots\cdots$ ㉢

㉠+㉡+㉢에서 $2(p+q+r)=28$

$\therefore p+q+r=14$ $\quad\cdots\cdots$ ㉣

㉣-㉢을 하면 $p=3$

따라서 집합 A의 원소 중 가장 작은 수는 3이다.

[다른 풀이]

㉡-㉢을 하면

$p-q=-1$ $\quad\cdots\cdots$ ㉤

㉠, ㉤을 연립하여 풀면 $p=3$, $q=4$

0654

답 5

$A=\{-5,-1,3\}$이므로

집합 A의 부분집합 중 원소가 2개인 집합 X는

$\{-5,-1\}$, $\{-5,3\}$, $\{-1,3\}$

따라서 집합 $X=\{-5,-1\}$일 때, 모든 원소의 곱 $M(X)$의 최댓값은 5이다.

0655

답 8

3, 5, 7을 반드시 원소로 갖고 4를 원소로 갖지 않는 부분집합 X의 개수는

$2^{7-3-1}=2^3=8$

0656

답 21

$A=\{2,4,6,8\}$, $B=\{1,2,4\}$, $C=\{1,4,7\}$

$(a-b)(b-c)(c-a)\neq 0$을 만족시키는 a,b,c의 모든 순서쌍 (a,b,c)는

$(2,1,4),(2,1,7),(2,4,1),(2,4,7),(4,1,7),$

$(4,2,1),(4,2,7),(6,1,4),(6,1,7),(6,2,1),$

$(6,2,4),(6,2,7),(6,4,1),(6,4,7),(8,1,4),$

$(8,1,7),(8,2,1),(8,2,4),(8,2,7),(8,4,1),$

$(8,4,7)$

의 21개이다.

0657

답 ④

구하는 집합은 집합 $A=\{1,2,3,4,5,6,7,8,9\}$의 원소 중 9의 양의 약수인 1, 3, 9를 원소로 갖지 않으므로

2, 4, 5, 6, 7, 8 중 적어도 하나의 짝수를 원소로 갖는 집합이다.

즉, 집합 $\{2,4,5,6,7,8\}$의 부분집합에서 짝수 2, 4, 6, 8을 원소로 갖지 않는 부분집합을 제외하면 된다.

따라서 구하는 부분집합의 개수는

$2^6-2^{6-4}=64-4=60$

0658

답 ③

$a_1+a_2=x$, $b_1+b_2=y$라 하면 (x,y)는 집합 C의 원소이다.

이때 $(a_2,b_2)\in B$이므로

(i) $a_2=1$, $b_2=0$일 때

$a_1=x-1$, $b_1=y$이고 $(a_1,b_1)\in A$이므로

$(x-1)^2+y^2=1$ $(y\geq 0)$

(ii) $a_2=-1$, $b_2=0$일 때

$a_1=x+1$, $b_1=y$이고 $(a_1,b_1)\in A$이므로

$(x+1)^2+y^2=1$ $(y\geq 0)$

(i), (ii)에서 집합 C가 나타내는 도형의 개형은 ③이다.

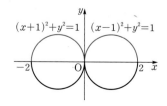

0659

(i) 최소인 원소가 2인 경우

집합 A_k는 2를 반드시 원소로 갖는 집합이므로 그 개수는

$2^{6-1}=2^5=32$

(ii) 최소인 원소가 4인 경우

집합 A_k는 4를 반드시 원소로 갖고 2를 원소로 갖지 않는 집합

이므로 그 개수는 $2^{6-1-1}=2^4=16$

(iii) 최소인 원소가 6인 경우

집합 A_k는 6을 반드시 원소로 갖고 2, 4를 원소로 갖지 않는 집

합이므로 그 개수는 $2^{6-1-2}=2^3=8$

(iv) 최소인 원소가 8인 경우

집합 A_k는 8을 반드시 원소로 갖고 2, 4, 6을 원소로 갖지 않는

집합이므로 그 개수는 $2^{6-1-3}=2^2=4$

(v) 최소인 원소가 10인 경우

집합 A_k는 10을 반드시 원소로 갖고 2, 4, 6, 8을 원소로 갖지

않는 집합이므로 그 개수는 $2^{6-1-4}=2^1=2$

(vi) 최소인 원소가 12인 경우

집합 A_k는 12만 원소로 갖는 집합이므로 그 개수는 1

(i)~(vi)에서

$a_1+a_2+a_3+\cdots+a_n$

$=2\times32+4\times16+6\times8+8\times4+10\times2+12\times1$

$=240$

0660

1, 2, 3, 4, 5, 6에서 서로 다른 4개의 수를 택하여 a, b, c, d로 정

하는 경우의 수는 $_6P_4=360$

이 중 a와 d가 모두 짝수인 경우의 수를 제외하면 된다.

2, 4, 6의 세 개의 짝수 중 서로 다른 2개의 수를 택하여 a, d로 정

하는 경우의 수는 $_3P_2=6$

남은 4개의 수에서 서로 다른 2개의 수를 택하여 b, c로 정하는 경

우의 수는 $_4P_2=12$

따라서 구하는 순서쌍 (a, b, c, d)의 개수는

$360-6\times12=288$

0661

집합 $A=\{2, 3, 4, 5, 6, 7\}$의 부분집합 중 공집합이 아닌 부분집

합의 개수는 $2^6-1=63$

이때 모든 원소의 곱이 짝수이려면 적어도 하나의 짝수를 원소로

가져야 하므로 원소가 모두 홀수로만 이루어진 공집합이 아닌 부분

집합의 개수는 $2^3-1=7$

따라서 적어도 하나의 짝수를 포함하는 부분집합의 개수는

$63-7=56$

0662

집합 A와 A_k에 대하여

$A_1=\{|1-x|\,|\,x\in A\}=\{0, 1, 2, \cdots, 13, 14\}$

$A_2=\{|2-x|\,|\,x\in A\}=\{0, 1, 2, \cdots, 12, 13\}$

$\vdots$

$A_7=\{|7-x|\,|\,x\in A\}=\{0, 1, 2, \cdots, 7, 8\}$

$A_8=\{|8-x|\,|\,x\in A\}=\{0, 1, 2, \cdots, 6, 7\}$

$A_9=\{|9-x|\,|\,x\in A\}=\{0, 1, 2, \cdots, 7, 8\}$

$A_{10}=\{|10-x|\,|\,x\in A\}=\{0, 1, 2, \cdots, 8, 9\}$

$\vdots$

$n(A_k)$는 $k=8$일 때 최소이고, 이때 $n(A_8)=8$

따라서 $p=8$, $q=8$이므로 $p+q=8+8=16$

0663

$A^2=\begin{pmatrix}0&1\\1&0\end{pmatrix}\begin{pmatrix}0&1\\1&0\end{pmatrix}=\begin{pmatrix}1&0\\0&1\end{pmatrix}=E$이므로 집합 S는

$S=\{B, AB, BA, ABA\}$

이때 $AB=\begin{pmatrix}0&1\\1&0\end{pmatrix}\begin{pmatrix}a&b\\c&d\end{pmatrix}=\begin{pmatrix}c&d\\a&b\end{pmatrix}$,

$BA=\begin{pmatrix}a&b\\c&d\end{pmatrix}\begin{pmatrix}0&1\\1&0\end{pmatrix}=\begin{pmatrix}b&a\\d&c\end{pmatrix}$,

$ABA=\begin{pmatrix}0&1\\1&0\end{pmatrix}\begin{pmatrix}a&b\\c&d\end{pmatrix}\begin{pmatrix}0&1\\1&0\end{pmatrix}=\begin{pmatrix}c&d\\a&b\end{pmatrix}\begin{pmatrix}0&1\\1&0\end{pmatrix}=\begin{pmatrix}d&c\\b&a\end{pmatrix}$

이므로 집합 S의 원소가 아닌 것은 ④이다.

🔊 **Bible Says** 행렬의 곱셈

두 행렬 $A=\begin{pmatrix}a_{11}&a_{12}\\a_{21}&a_{22}\end{pmatrix}$, $B=\begin{pmatrix}b_{11}&b_{12}\\b_{21}&b_{22}\end{pmatrix}$에 대하여

$AB=\begin{pmatrix}a_{11}b_{11}+a_{12}b_{21}&a_{11}b_{12}+a_{12}b_{22}\\a_{21}b_{11}+a_{22}b_{21}&a_{21}b_{12}+a_{22}b_{22}\end{pmatrix}$

0664

전체집합 U의 원소 중 제곱하여 일의 자리의 수가 1인 원소는 1, 9

이고, 제곱하여 일의 자리의 수가 4인 원소는 2, 8, 제곱하여 일의

자리의 수가 9인 원소는 3, 7, 제곱하여 일의 자리의 수가 6인 원소

는 4, 6, 제곱하여 일의 자리의 수가 5인 원소는 5이다.

즉, 1과 9, 2와 8, 3과 7, 4와 6은 어느 하나가 집합 A의 원소이면

나머지 하나도 반드시 집합 A의 원소이다.

따라서 공집합이 아닌 집합 A의 개수는 집합 $\{1, 2, 3, 4\}$의 공집

합이 아닌 부분집합의 개수와 같으므로

$2^4-1=15$

다른 풀이

(i) $n(A)=2$인 경우

$\{1, 9\}$, $\{2, 8\}$, $\{3, 7\}$, $\{4, 6\}$으로 4개

(ii) $n(A)=4$인 경우

$\{1, 2, 8, 9\}$, $\{1, 3, 7, 9\}$, $\{1, 4, 6, 9\}$,

$\{2, 3, 7, 8\}$, $\{2, 4, 6, 8\}$, $\{3, 4, 6, 7\}$로 6개

(iii) $n(A)=6$인 경우

　$\{1, 2, 3, 7, 8, 9\}$, $\{1, 2, 4, 6, 8, 9\}$,

　$\{1, 3, 4, 6, 7, 9\}$, $\{2, 3, 4, 6, 7, 8\}$로 4개

(iv) $n(A)=8$인 경우

　$\{1, 2, 3, 4, 6, 7, 8, 9\}$로 1개

(i)~(iv)에서 집합 A의 개수는

$4+6+4+1=15$

0665

답 ⑤

ㄱ. $A(7)$은 7을 거듭제곱한 수들의 일의 자리의 수 전체의 집합이
다. 7을 거듭제곱하면 일의 자리의 수는 7, 9, 3, 1이 차례로 반
복되므로 $A(7)=\{1, 3, 7, 9\}$

　$\therefore 1\in A(7)$

ㄴ. $A(3)$은 3을 거듭제곱한 수들의 일의 자리의 수 전체의 집합이
다. 3을 거듭제곱하면 일의 자리의 수는 3, 9, 7, 1이 차례로 반
복되므로 $A(3)=\{1, 3, 7, 9\}$

　이때 ㄱ에서 $A(7)=\{1, 3, 7, 9\}$이므로 $A(3)=A(7)$

ㄷ. $A(8)$은 8을 거듭제곱한 수들의 일의 자리의 수 전체의 집합이
다. 8을 거듭제곱하면 일의 자리의 수는 8, 4, 2, 6이 차례로 반
복되므로 $A(8)=\{2, 4, 6, 8\}$

　이때 2를 거듭제곱하면 일의 자리의 수는 2, 4, 8, 6이 차례로
반복되므로 $A(2)=\{2, 4, 6, 8\}$

　따라서 거듭제곱한 수들의 일의 자리의 수의 집합이
$\{2, 4, 6, 8\}$이려면 자연수 k의 일의 자리의 수는 2 또는 8이어
야 한다.

　이때 k는 35 이하의 자연수이므로 조건을 만족시키는 k의 값은
2, 12, 18, 22, 28, 32

　따라서 모든 자연수 k의 값의 합은

　$2+12+18+22+28+32=114$

따라서 옳은 것은 ㄱ, ㄴ, ㄷ이다.

0666

답 16

$A=\{1, 2, 3, 6\}$

$B=\{1, 2, 3, 5, 6, 10, 15, 30\}$

.... ❶

$A\subset X\subset B$를 만족시키는 집합 X는 집합 B의 부분집합 중 1, 2,
3, 6을 반드시 원소로 갖는 집합이므로 집합 X의 개수는

$2^{8-4}=2^4=16$

.... ❷

채점 기준	배점
❶ 집합 A, B를 원소나열법으로 나타내기	40%
❷ 집합 X의 개수 구하기	60%

0667

답 54

㈎에서 $A_3\subset A_m\subset A_{120}$이므로 m은 3의 배수이고 120의 약수이다.
집합 A_m의 원소의 개수를 a라 하면

㈏에서 A_m의 부분집합의 개수가 256이므로

$2^a=256=2^8$　　$\therefore a=8$

.... ❶

이때 $120=2^3\times 3\times 5$이므로 120의 약수 중 약수의 개수가 8이고
3의 배수인 자연수 m은 $2^3\times 3$ 또는 $2\times 3\times 5$, 즉 24 또는 30이다.

.... ❷

따라서 모든 자연수 m의 값의 합은 $24+30=54$

.... ❸

채점 기준	배점
❶ A_m의 원소의 개수 구하기	50%
❷ m의 값 구하기	40%
❸ m의 값의 합 구하기	10%

0668

답 24

서로 다른 실수 a, b, c, d, e에 대하여 $A=\{a, b, c, d, e\}$라 하자.
집합 A의 부분집합 중 a를 원소로 갖고 원소의 개수가 3인 부분집
합의 개수는 $\{b, c, d, e\}$의 부분집합 중 원소의 개수가 2인 부분집
합의 개수와 같으므로

$_4C_2=6$

.... ❶

마찬가지로 b, c, d, e를 각각 원소로 갖고 원소의 개수가 3인 부분
집합의 개수도 6이다. 즉, 구하는 집합 A의 원소의 합에 집합 A의
원소는 각각 6개씩 포함되어 있으므로

$6(a+b+c+d+e)=144$　　$\therefore a+b+c+d+e=24$

따라서 집합 A의 모든 원소의 합은 24이다.

.... ❷

채점 기준	배점
❶ 특정한 원소 하나를 포함하고 원소의 개수가 3인 부분집합의 개수 구하기	40%
❷ 집합 A의 모든 원소의 합 구하기	60%

0669 　답 ③

$i^2=-1$, $i^3=-i$, $i^4=1$이므로

$n=1$일 때, $i-\dfrac{1}{i}=i-\dfrac{i}{i^2}=i+i=2i$

$n=2$일 때, $i^2-\dfrac{1}{i^2}=-1+1=0$

$n=3$일 때, $i^3-\dfrac{1}{i^3}=-i-\dfrac{i}{i^4}=-i-i=-2i$

$n=4$일 때, $i^4-\dfrac{1}{i^4}=1-1=0$

$n=5$일 때, $i^5-\dfrac{1}{i^5}=i\times i^4-\dfrac{1}{i\times i^4}=i-\dfrac{1}{i}=2i$

$\vdots$

$2i$, 0, $-2i$, 0이 차례로 반복되어 나타나므로

$A=\{-2i,\ 0,\ 2i\}$

따라서 집합 A의 원소의 개수는 3이다.

0670 　답 ④

(i) $2n-1=2(n-1)+1$이므로 $A\subset B$

　$2n+1=2(n+1)-1$이므로 $B\subset A$

　$\therefore A=B$

(ii) $4n-1=2(2n-1)+1$이므로 $C\subset B$

　그런데 $5=2\times 2+1\in B$이지만 $5\notin C$이므로 $B\not\subset C$

(i), (ii)에서 $C\subset A=B$

> 참고
>
> $A=\{\cdots,\ -5,\ -3,\ -1,\ 1,\ 3,\ 5,\ \cdots\}$
> $B=\{\cdots,\ -5,\ -3,\ -1,\ 1,\ 3,\ 5,\ \cdots\}$
> $C=\{\cdots,\ -9,\ -5,\ -1,\ 3,\ 7,\ 11,\ \cdots\}$

0671 　답 ②

$A\subset B$에서 $5\in B$이므로

$-4-a=5$ 또는 $2b+7=5$　$\therefore a=-9$ 또는 $b=-1$

(i) $a=-9$일 때

　$A=\{-23,\ 5\}$, $B=\{1,\ 5,\ 2b+7\}$이므로

　$A\subset B$가 되려면

　$2b+7=-23$　$\therefore b=-15$

　$\therefore a+b=-9+(-15)=-24$

(ii) $b=-1$일 때

　$A=\{5,\ 3a+4\}$, $B=\{1,\ -4-a,\ 5\}$이므로

　$A\subset B$가 되려면

　$3a+4=1$ 또는 $3a+4=-4-a$

　$\therefore a=-1$ 또는 $a=-2$

　$\therefore a+b=-1+(-1)=-2$ 또는 $a+b=-1+(-2)=-3$

(i), (ii)에서 $M=-2$, $m=-24$이므로

$\dfrac{m}{M}=\dfrac{-24}{-2}=12$

0672 　답 ②

$P(A)$는 집합 A의 부분집합을 원소로 갖는 집합이므로

$A=\{2,\ 4,\ \varnothing\}$에서

$P(A)=\{\varnothing,\ \{2\},\ \{4\},\ \{\varnothing\},\ \{2,\ 4\},\ \{2,\ \varnothing\},\ \{4,\ \varnothing\},\ \{2,\ 4,\ \varnothing\}\}$

② $\{4\}$는 집합 A의 부분집합이므로 집합 $P(A)$의 원소이다.

　$\therefore \{4\}\in P(A)$

0673 　답 ⑤

ㄱ. 집합 S의 원소 중 소수는 2, 3이므로 $N(S)=2$

ㄴ. $N(S)$가 최댓값을 가지려면 집합 U의 모든 소수인 원소가 집합 S의 원소이어야 한다.

　즉, 집합 U의 모든 소수인 원소는 2, 3, 5, 7이므로 $N(S)$의 최댓값은 4이다.

ㄷ. $N(S)=1$인 집합 S는 소수를 하나도 원소로 갖지 않는 집합인 $\{1,\ 4,\ 6,\ 8,\ 9,\ 10\}$의 부분집합에 소수 하나만 포함시킨 집합이므로 4개의 소수에 대하여 집합 S의 개수는

　$2^6\times 4=2^8$

따라서 옳은 것은 ㄱ, ㄴ, ㄷ이다.

0674 　답 ④

x와 $\dfrac{20}{x}$이 모두 자연수이므로 x는 20의 양의 약수이다.

즉, 집합 A의 원소가 될 수 있는 수는 1, 2, 4, 5, 10, 20이고 1과 20, 2와 10, 4와 5는 어느 하나가 집합 A의 원소이면 나머지 하나도 반드시 집합 A의 원소이다.

이때 ㈎에서 $20\in A$이므로 집합 A는 1과 20을 반드시 원소로 갖는다.

즉, 집합 A는 $\{1,\ 20\}$, $\{1,\ 2,\ 10,\ 20\}$, $\{1,\ 4,\ 5,\ 20\}$, $\{1,\ 2,\ 4,\ 5,\ 10,\ 20\}$ 중의 하나가 될 수 있다.

$S(A)$가 최소인 경우는 $A=\{1,\ 20\}$이므로 최솟값은 $1+20=21$

$S(A)$가 최대인 경우는 $A=\{1,\ 2,\ 4,\ 5,\ 10,\ 20\}$이므로 최댓값은 $1+2+4+5+10+20=42$

따라서 $S(A)$의 최댓값과 최솟값의 합은

$42+21=63$

0675 　답 ③

$f(n)$은 n을 반드시 원소로 갖고 n보다 작은 자연수를 원소로 갖지 않는 집합 X의 부분집합의 개수이므로

$f(n)=2^{10-1-(n-1)}=2^{10-n}$ $(1\le n\le 9)$, $f(10)=1$

ㄱ. $f(8)=2^{10-8}=2^2=4$

ㄴ. $a=7$, $b=8$일 때, $7\in X$, $8\in X$이고 $7<8$이지만

　$f(7)=2^{10-7}=2^3=8$, $f(8)=4$

　이므로 $f(7)>f(8)$

ㄷ. $f(1)+f(3)+f(5)+f(7)+f(9)$
$=2^{10-1}+2^{10-3}+2^{10-5}+2^{10-7}+2^{10-9}$
$=2^9+2^7+2^5+2^3+2^1$
$=682$

따라서 옳은 것은 ㄱ, ㄷ이다.

0676
답 ②

$n(A)=2$에서 집합 $A=\{a_1, a_2\}$라 하면 $B \subset X \subset A$이므로
$n(X) \leq 2$

(i) $n(X)=2$일 때

$X=A$이고, 집합 B는 집합 X의 부분집합이므로 집합 B의 개
수는 $2^2=4$

따라서 순서쌍 (B, X)의 개수는 4

(ii) $n(X)=1$일 때

집합 X는 $\{a_1\}$, $\{a_2\}$의 2개이고, 집합 X의 각각에 대하여 집
합 B의 개수는 2

따라서 순서쌍 (B, X)의 개수는 $2 \times 2=4$

(iii) $n(X)=0$일 때

두 집합 B, X는 $\varnothing$이므로 순서쌍 (B, X)의 개수는 1

(i)~(iii)에서 구하는 순서쌍 (B, X)의 개수는 $4+4+1=9$

0677
답 ③

집합 A_k의 원소는 2개 이상이므로 $a_k \geq 3$

(i) 최대인 원소가 3인 경우

집합 A_k는 3을 반드시 원소로 갖고 5, 7, 9를 원소로 갖지 않는
원소가 2개 이상인 집합이므로 그 개수는 $2^{5-4}-1=1$

(ii) 최대인 원소가 5인 경우

집합 A_k는 5를 반드시 원소로 갖고 7, 9를 원소로 갖지 않는 원
소가 2개 이상인 집합이므로 그 개수는 $2^{5-3}-1=3$

(iii) 최대인 원소가 7인 경우

집합 A_k는 7을 반드시 원소로 갖고 9를 원소로 갖지 않는 원소
가 2개 이상인 집합이므로 그 개수는 $2^{5-2}-1=7$

(iv) 최대인 원소가 9인 경우

집합 A_k는 9를 반드시 원소로 갖는 원소가 2개 이상인 집합이
므로 그 개수는 $2^{5-1}-1=15$

(i)~(iv)에서
$a_1+a_2+a_3+\cdots+a_{26}=3 \times 1+5 \times 3+7 \times 7+9 \times 15$
$=202$

0678
답 20

어떤 두 원소의 곱도 6의 배수가 아닌 수들로만 이루어진 집합을
X라 하면 X는 다음 조건을 만족시킨다.

(i) 6과 서로소인 수들은 모두 집합 X의 원소가 될 수 있다.

(ii) 2의 배수가 집합 X의 원소이면 3의 배수는 집합 X의 원소가
될 수 없다.

(iii) 3의 배수가 집합 X의 원소이면 2의 배수는 집합 X의 원소가
될 수 없다.

집합 $\{1, 2, 3, \cdots, 29, 30\}$의 원소 중에서 2의 배수는 15개, 3의
배수는 10개이므로 집합 X의 원소의 개수가 최대이려면 2의 배수
는 모두 집합 X의 원소이어야 한다.

따라서 집합 M은 $\{1, 2, 3, \cdots, 29, 30\}$의 원소 중 3의 배수를 제
외한 나머지 원소의 집합이므로 집합 M의 원소의 개수는
$30-10=20$

0679
답 42

집합 A의 두 원소의 합이 8이 되는 경우는 1과 7, 2와 6, 3과 5이
다.

(i) 가장 작은 원소가 1, 가장 큰 원소가 7일 때

집합 X의 개수는 $\{1, 2, 3, 4, 5, 6, 7\}$의 부분집합 중 1, 7을
반드시 원소로 갖는 부분집합의 개수와 같으므로 $2^{7-2}=2^5=32$

(ii) 가장 작은 원소가 2, 가장 큰 원소가 6일 때

집합 X의 개수는 $\{1, 2, 3, 4, 5, 6, 7\}$의 부분집합 중 2, 6을
반드시 원소로 갖고, 1, 7을 원소로 갖지 않는 부분집합의 개수
와 같으므로 $2^{7-2-2}=2^3=8$

(iii) 가장 작은 원소가 3, 가장 큰 원소가 5일 때

집합 X의 개수는 $\{1, 2, 3, 4, 5, 6, 7\}$의 부분집합 중 3, 5를
반드시 원소로 갖고, 1, 2, 6, 7을 원소로 갖지 않는 부분집합의
개수와 같으므로 $2^{7-2-4}=2$

(i)~(iii)에서 구하는 집합 X의 개수는
$32+8+2=42$

> **참고**
>
> (i) 집합 X의 개수는 $\{2, 3, 4, 5, 6\}$의 부분집합의 개수와 같다.
> (ii) 집합 X의 개수는 $\{3, 4, 5\}$의 부분집합의 개수와 같다.
> (iii) 집합 X의 개수는 $\{4\}$의 부분집합의 개수와 같다.

0680
답 ④

집합 $\{1, 2, 3, 4, 5\}$의 2^5개의 부분집
합을 가장 큰 원소인 5를 포함하는 것
과 5를 포함하지 않는 것으로 짝 지어
오른쪽과 같이 나타낼 수 있다.

집합 $\{1, 2, 3, 4, 5\}$의 두 부분집합 A,
B에 대하여 $m(\varnothing)=0$으로 정하고
$m(A)+m(B)$의 값을 구해 보면

$\varnothing$, $\{5\}$
$\{1\}$, $\{1, 5\}$
$\{2\}$, $\{2, 5\}$
$\{3\}$, $\{3, 5\}$
$\vdots$
$\{1, 2, 3, 4\}$, $\{1, 2, 3, 4, 5\}$

$A=\varnothing$, $B=\{5\}$인 경우 $m(A)+m(B)=0+5=5$

$A=\{1\}$, $B=\{1, 5\}$인 경우 $m(A)+m(B)=1+(5-1)=5$

$A=\{2\}$, $B=\{2, 5\}$인 경우 $m(A)+m(B)=2+(5-2)=5$

$A=\{3\}$, $B=\{3, 5\}$인 경우 $m(A)+m(B)=3+(5-3)=5$

$\vdots$

$A=\{1, 2, 3, 4\}$, $B=\{1, 2, 3, 4, 5\}$인 경우

$m(A)+m(B)=(4-3+2-1)+(5-4+3-2+1)=5$

이와 같은 경우가 부분집합의 개수의 절반인
$\dfrac{2^5}{2}=16$(가지)

이므로 $m(X_1)+m(X_2)+\cdots+m(X_{31})=5 \times 16=80$

유형 01 합집합과 교집합

확인 문제 (1) {1, 2, 3, 4, 5, 7}　　　(2) {1, 3}

0681
답 ④

$A=\{2, 3, 5, 7\}$, $B=\{1, 2, 4, 5, 10, 20\}$, $C=\{1, 2, 3, 6\}$
④ $(A\cup B)\cap C=\{1, 2, 3, 4, 5, 7, 10, 20\}\cap\{1, 2, 3, 6\}$
　　　　　　　$=\{1, 2, 3\}$

0682
답 ②

$A=\{1, 3, 5, 15\}$, $B=\{1, 2, 3, 6\}$, $C=\{1, 4, 6, 9\}$이므로
$A\cup B=\{1, 3, 5, 15\}\cup\{1, 2, 3, 6\}$
　　　$=\{1, 2, 3, 5, 6, 15\}$
$\therefore (A\cup B)\cap C=\{1, 2, 3, 5, 6, 15\}\cap\{1, 4, 6, 9\}$
　　　　　　　　$=\{1, 6\}$

0683
답 ③

주어진 조건을 벤다이어그램으로 나타내면
오른쪽 그림과 같으므로
$B=\{a, e, f, h\}$

0684
답 36

$A=\{3, 6, 9, 12\}$, $B=\{3, 7, 11\}$, $C=\{1, 2, 3, 6, 9, 18\}$이므로
$A\cap C=\{3, 6, 9\}$
$\therefore B\cup(A\cap C)=\{3, 7, 11\}\cup\{3, 6, 9\}$
　　　　　　　$=\{3, 6, 7, 9, 11\}$　　　　　　❶

따라서 집합 $B\cup(A\cap C)$의 모든 원소의 합은
$3+6+7+9+11=36$　　　　　　❷

채점 기준	배점
❶ 집합 $B\cup(A\cap C)$ 구하기	80%
❷ 집합 $B\cup(A\cap C)$의 모든 원소의 합 구하기	20%

0685
답 ②

$A=\{1, 4, a\}$, $B=\{1, 2, 4, 8\}$에서 집합 $A\cap B$의 모든 원소의
합이 7이므로
$1+4+a=7$　　　$\therefore a=2$　　　$\therefore A=\{1, 2, 4\}$

(i) $b=1$일 때, $C=\{2\}$이므로 $A\cup C=\{1, 2, 4\}$
　　집합 $A\cup C$의 모든 원소의 합은 $1+2+4=7\neq 21$
(ii) $b=2$일 때, $C=\{2, 4\}$이므로 $A\cup C=\{1, 2, 4\}$
　　집합 $A\cup C$의 모든 원소의 합은 $1+2+4=7\neq 21$
(iii) $b=3$일 때, $C=\{2, 4, 6\}$이므로 $A\cup C=\{1, 2, 4, 6\}$
　　집합 $A\cup C$의 모든 원소의 합은 $1+2+4+6=13\neq 21$
(iv) $b=4$일 때, $C=\{2, 4, 6, 8\}$이므로 $A\cup C=\{1, 2, 4, 6, 8\}$
　　집합 $A\cup C$의 모든 원소의 합은 $1+2+4+6+8=21$
(i)~(iv)에서 $b=4$이므로 $a+b=2+4=6$

유형 02 서로소인 두 집합

확인 문제 (1) 서로소이다.　　　(2) 서로소가 아니다.

(1) $A\cap B=\varnothing$이므로 두 집합 A, B는 서로소이다.
(2) $A=\{1, 2, 5, 10\}$, $B=\{3, 7, 10\}$이므로 $A\cap B=\{10\}$
　　따라서 두 집합 A, B는 서로소가 아니다.

0686
답 ③

① $A=\{2, 4, 6, 8, \cdots\}$, $B=\{2, 3, 5, 7, \cdots\}$이므로
　　$A\cap B=\{2\}$
② $A=\{x\,|\,x\geq 2\}$, $B=\{-2, 2\}$이므로 $A\cap B=\{2\}$
③ $A=\{0, 1\}$, $B=\{-1\}$이므로 $A\cap B=\varnothing$
④ $A=\{1, 2, 4\}$, $B=\{1, 3, 9\}$이므로 $A\cap B=\{1\}$
⑤ $A\cap B=\{x\,|\,x$는 21의 양의 배수$\}$

> 참고
>
> 집합에서의 서로소와 자연수에서의 서로소를 혼동하지 않도록 주의한다.
> • 두 집합 A, B가 $A\cap B=\varnothing$이면 A, B는 서로소이다.
> • 두 수의 최대공약수가 1일 때 두 수는 서로소이다.

0687
답 ⑤

집합 $S=\{1, 2, 3, 4, 5\}$의 부분집합 중 $\{1, 2\}$와 서로소인 집합은
집합 S의 부분집합 중 원소 1, 2를 원소로 갖지 않는 집합, 즉
$\{3, 4, 5\}$의 부분집합이므로 구하는 집합의 개수는
$2^3=8$

0688
답 35

$A=\{1, 3\}$, $A\cup B=\{1, 2, 3, 6, 9, 18\}$
두 집합 A, B가 서로소이므로 $A\cap B=\varnothing$
따라서 $B=\{2, 6, 9, 18\}$이므로 집합 B의 모든 원소의 합은
$2+6+9+18=35$

0689

답 2

$A=\{1, 2, 4, 5, 10, 20\}$이므로
집합 B의 원소의 개수를 n이라 하면 집합 A의 부분집합 중에서
집합 B의 원소를 포함하지 않는 부분집합의 개수가 16이므로
$2^{6-n}=16=2^4$
따라서 $6-n=4$이므로 $n=2$

0690

답 ①

두 집합 A, B가 서로소, 즉
$A \cap B = \varnothing$이려면 오른쪽 그림과 같
아야 한다.
따라서 $a \geq 4$이면 되므로 상수 a의 최솟값은 4이다.

0691

답 ④

두 집합 A, B가 $A \cap B = \varnothing$을 만족
시키려면 오른쪽 그림과 같아야 한다.
$3 \leq k-1$에서 $k \geq 4$
따라서 상수 k의 최솟값은 4이다.

0692

답 2

$a-5 < a-1$이므로 두 집합 A,
B가 서로소, 즉 $A \cap B = \varnothing$이
려면 오른쪽 그림과 같아야 한다.

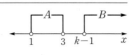

.... ❶

$2a-3 \leq a-1$에서 $a \leq 2$

.... ❷

따라서 상수 a의 최댓값은 2이다.

.... ❸

채점 기준	배점
❶ 집합 A, B를 수직선 위에 나타내기	40%
❷ a의 값의 범위 구하기	40%
❸ a의 최댓값 구하기	20%

확인 문제 (1) {1, 5, 6}   (2) {2, 4, 6}   (3) {2, 4}

$U=\{1, 2, 3, 4, 5, 6\}$이므로
(1) $A^C=\{1, 5, 6\}$
(2) $B=\{1, 3, 5\}$이므로 $B^C=\{2, 4, 6\}$
(3) $A-B=\{2, 3, 4\}-\{1, 3, 5\}=\{2, 4\}$

0693

답 ④

$U=\{1, 2, 3, \cdots, 10\}$, $A=\{2, 4, 6, 8, 10\}$, $B=\{1, 2, 4\}$이므로
$A-B=\{2, 4, 6, 8, 10\}-\{1, 2, 4\}=\{6, 8, 10\}$
$\therefore (A-B)^C=U-(A-B)=\{1, 2, 3, 4, 5, 7, 9\}$
따라서 집합 $(A-B)^C$의 원소의 개수는 7이다.

참고

집합 $A-B$의 여집합 $(A-B)^C$은 전체집합 U에 대한 집합 $A-B$의 차
집합으로 생각할 수 있다. ➡ $(A-B)^C=U-(A-B)$

0694

답 ④

$U=\{1, 2, 3, \cdots, 8\}$이므로 $A^C=\{1, 3, 5, 7\}$
따라서 집합 A^C의 모든 원소의 합은
$1+3+5+7=16$

0695

답 ⑤

$B-C=\{4, 5, 7, 8\}-\{1, 5, 7\}=\{4, 8\}$
$\therefore A-(B-C)=\{1, 2, 4, 5\}-\{4, 8\}=\{1, 2, 5\}$

0696

답 14

$U=\{1, 2, 3, 4, 5, 6, 7, 8, 9\}$,
$A=\{1, 2, 4, 8\}$, $B=\{2, 4, 6, 8\}$이므로
$A^C=\{3, 5, 6, 7, 9\}$
$\therefore B-A^C=\{2, 4, 6, 8\}-\{3, 5, 6, 7, 9\}=\{2, 4, 8\}$
따라서 집합 $B-A^C$의 모든 원소의 합은
$2+4+8=14$

다른 풀이

집합의 연산의 성질에 의하여
$B-A^C=B \cap (A^C)^C=A \cap B$
$= \{1, 2, 4, 8\} \cap \{2, 4, 6, 8\}$
$= \{2, 4, 8\}$
따라서 집합 $B-A^C$의 모든 원소의 합은
$2+4+8=14$

0697

$B^C = \{x \mid 0 \leq x < 2\}$이므로
오른쪽 그림에서
$A \cup B^C = \{x \mid -2 \leq x < 2\}$

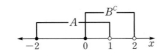

0698

답 19

$A = \{3, 5, 7, 9, 11\}$, $B = \{2, 5, 8, 11\}$이므로

❶

$A \cup B = \{2, 3, 5, 7, 8, 9, 11\}$, $A - B = \{3, 7, 9\}$
$(A - B)^C = \{1, 2, 4, 5, 6, 8, 10, 11\}$
$\therefore (A \cup B) - (A - B)^C$
$\quad = \{2, 3, 5, 7, 8, 9, 11\} - \{1, 2, 4, 5, 6, 8, 10, 11\}$
$\quad = \{3, 7, 9\}$

❷

따라서 집합 $(A \cup B) - (A - B)^C$의 모든 원소의 합은
$3 + 7 + 9 = 19$

❸

채점 기준	배점
❶ 두 집합 A, B를 원소나열법으로 나타내기	20%
❷ 집합 $(A \cup B) - (A - B)^C$ 구하기	60%
❸ 집합 $(A \cup B) - (A - B)^C$의 모든 원소의 합 구하기	20%

0699

답 ⑤

$B - A = \{5, 6\}$이므로
집합 $B - A$의 모든 원소의 합은 $5 + 6 = 11$
$A = \{1, 2, 3, 4\}$, $B = (B - A) \cup (A \cap B)$
$(B - A) \cap (A \cap B) = \varnothing$이므로 집합 B의
모든 원소의 합이 12이려면 $A \cap B = \{1\}$이어야
한다.

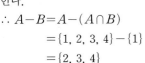

$\therefore A - B = A - (A \cap B)$
$\qquad\quad = \{1, 2, 3, 4\} - \{1\}$
$\qquad\quad = \{2, 3, 4\}$
따라서 집합 $A - B$의 모든 원소의 합은
$2 + 3 + 4 = 9$

다른 풀이

$A \cup B = A \cup (B - A)$
$\qquad\quad = \{1, 2, 3, 4\} \cup \{5, 6\}$
$\qquad\quad = \{1, 2, 3, 4, 5, 6\}$
집합 $A \cup B$의 모든 원소의 합은 $1+2+3+4+5+6=21$
$A - B = (A \cup B) - B$, $(A \cup B) \cap B = B$이고 집합 B의 모든 원소의 합이 12이므로 집합 $A - B$의 모든 원소의 합은
$21 - 12 = 9$

0700

답 ②

주어진 조건을 벤다이어그램으로 나타내면
오른쪽 그림과 같으므로
$A = \{4, 6, 7, 8\}$
따라서 집합 A의 모든 원소의 합은
$4 + 6 + 7 + 8 = 25$

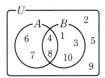

0701

답 ④

$(A \cap B)^C = \{1, 2, 4, 5, 6, 8, 10\}$에서
$A \cap B = U - (A \cap B)^C = \{3, 7, 9\}$
즉, 주어진 조건을 벤다이어그램으로 나타
내면 오른쪽 그림과 같으므로
$B = \{3, 4, 7, 8, 9\}$
따라서 집합 B의 원소 중 가장 큰 수와 작
은 수의 차는 $9 - 3 = 6$

다른 풀이

$A \cap B = \{3, 7, 9\}$이고 집합의 연산의 성질에 의하여
$B - A = \{4, 8\}$이므로
$B = (A \cap B) \cup (B - A) = \{3, 4, 7, 8, 9\}$
따라서 집합 B의 원소 중 가장 큰 수와 작은 수의 차는 $9 - 3 = 6$

0702

답 $\{2, 4, 6, 12\}$

$U = \{2, 4, 6, 8, 10, 12\}$,
$A = \{6, 8, 10, 12\}$, $A \cap B = \{6, 12\}$이므
로 주어진 조건을 벤다이어그램으로 나타내
면 오른쪽 그림과 같다.
$\therefore B = \{2, 4, 6, 12\}$

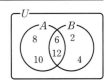

0703

답 16

$U = \{1, 3, 5, 7, 9, 11\}$
주어진 조건을 벤다이어그램으로 나타내면
오른쪽 그림과 같으므로
$B = \{1, 3, 9, 11\}$

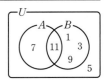

❶

따라서 집합 B의 부분집합의 개수는
$2^4 = 16$

❷

채점 기준	배점
❶ 집합 B 구하기	60%
❷ 집합 B의 부분집합의 개수 구하기	40%

0704

주어진 조건을 벤다이어그램으로 나타내면
오른쪽 그림과 같으므로

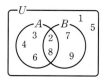

$A=\{2,\ 3,\ 4,\ 6,\ 8\}$
따라서 집합 A의 모든 원소의 합은
$2+3+4+6+8=23$

0705

답 38

주어진 조건을 벤다이어그램으로 나타내면
오른쪽 그림과 같으므로

$B=\{3,\ 5,\ 6,\ 8\}$
집합 B의 부분집합의 개수는 $2^4=16$이므로
$a=16$
집합 B의 모든 원소의 합은 $3+5+6+8=22$이므로 $b=22$
$\therefore a+b=16+22=38$

0706

답 18

주어진 조건을 벤다이어그램으로 나타내면
오른쪽 그림과 같으므로

$A=\{2,\ 3,\ 6,\ 7\}$
따라서 집합 A의 모든 원소의 합은
$2+3+6+7=18$

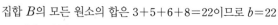

유형 06 집합의 연산을 이용하여 미지수 구하기

0707

답 -3

$A\cap B=\{2,\ 12\}$에서 $12\in A$이므로
$a^2-a=12$, $a^2-a-12=0$
$(a+3)(a-4)=0$ $\quad\therefore a=-3$ 또는 $a=4$
(i) $a=-3$일 때
$A=\{2,\ 6,\ 12\}$, $B=\{-1,\ 2,\ 12\}$이므로 $A\cap B=\{2,\ 12\}$
(ii) $a=4$일 때
$A=\{2,\ 6,\ 12\}$, $B=\{6,\ 9,\ 12\}$이므로 $A\cap B=\{6,\ 12\}$
(i), (ii)에서 $a=-3$

0708

 답 ③

$A\cap B=\{4\}$에서 $4\in A$이므로
$a+2=4$ $\quad\therefore a=2$
$4\in B$이므로 $b=4$
$\therefore a+b=2+4=6$

0709

답 ①

$A-B=\{5\}$이므로 -2, 0, $3a-b$는 집합 B의 원소이다.
$3a-b=8$, $a+2b=-2$
두 식을 연립하여 풀면 $a=2$, $b=-2$
$\therefore ab=2\times(-2)=-4$

0710

답 ④

$A\cap B=\{3\}$이므로
(i) $a+1=3$, 즉 $a=2$일 때
$A=\{3,\ 7,\ 8\}$, $B=\{2,\ 3\}$이므로 $A\cap B=\{3\}$
(ii) $a^2+2a=3$일 때
$a^2+2a-3=0$에서 $(a+3)(a-1)=0$
$\therefore a=-3$ 또는 $a=1$
ⓐ $a=-3$일 때
$A=\{-2,\ 3,\ 7\}$, $B=\{3,\ 7\}$이므로 $A\cap B=\{3,\ 7\}$
ⓑ $a=1$일 때
$A=\{2,\ 3,\ 7\}$, $B=\{-1,\ 3\}$이므로 $A\cap B=\{3\}$
(i), (ii)에서 구하는 모든 실수 a의 값의 곱은 $2\times1=2$

0711

답 9

$A\cup B=\{1,\ 4,\ 5,\ 10\}$이고, $A=\{4,\ 5,\ 4-3a\}$이므로
$4-3a=1$ 또는 $4-3a=10$ $\quad\therefore a=-2$ 또는 $a=1$ ❶

(i) $a=-2$일 때
$A=\{4,\ 5,\ 10\}$, $B=\{7,\ 8,\ 10\}$이므로
$A\cup B=\{4,\ 5,\ 7,\ 8,\ 10\}$
(ii) $a=1$일 때
$A=\{1,\ 4,\ 5\}$, $B=\{4,\ 5,\ 10\}$이므로
$A\cup B=\{1,\ 4,\ 5,\ 10\}$
(i), (ii)에서 $a=1$이므로 ❷

$A\cap B=\{4,\ 5\}$
따라서 집합 $A\cap B$의 모든 원소의 합은 $4+5=9$ ❸

채점 기준	배점
❶ $4-3a$가 될 수 있는 수에서 a의 값 구하기	20%
❷ 주어진 조건을 만족시키는 a의 값 구하기	50%
❸ 집합 $A\cap B$의 모든 원소의 합 구하기	30%

유형 07 집합의 연산의 성질

0712

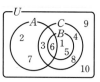 답 ④

① $U^C=\varnothing$이므로 $U^C\subset B$ ② $(A\cup B)\subset U$
③ $\varnothing^C=U$이므로 $A\subset\varnothing^C$ ⑤ $U-A=A^C$

0713
답 ④

② $U-A^C=(A^C)^C=A$

③ $A \cap A^C=\varnothing=U^C$

④ $B-A=B \cap A^C$

⑤ $A \cap (U \cup B)=A \cap U=A$

따라서 옳지 않은 것은 ④이다.

0714
답 ⑤

$A \cup (A^C \cap B)=(A \cup A^C) \cap (A \cup B)$

$\qquad\qquad\quad =U \cap (A \cup B)=A \cup B$

0715
답 ㄱ, ㄴ, ㄹ

ㄱ. $A-B^C=A \cap (B^C)^C=A \cap B$

ㄴ. $A \cap (U-B^C)=A \cap B$

ㄷ. $A \cap (B \cup B^C)=A \cap U=A$

ㄹ. $(A \cap B) \cup (A \cap A^C)=(A \cap B) \cup \varnothing=A \cap B$

따라서 $A \cap B$와 같은 것은 ㄱ, ㄴ, ㄹ이다.

0716
답 ④

①, ② $A-B=A \cap B^C$

③ $A \cap (U-B)=A \cap B^C$

④ $B-A^C=B \cap (A^C)^C=A \cap B$

⑤ $A-(A \cap B)=A \cap B^C$

따라서 나머지 넷과 다른 하나는 ④이다.

유형 08 집합의 연산의 성질 - 포함 관계

0717
답 ④

$A \cup B=A$이므로 $B \subset A$

③, ④ $B \subset A$이면 $A^C \subset B^C$이므로

$\quad A^C \cup B^C=B^C$

⑤ $B \subset A$이므로 $B \cap A^C=B-A=\varnothing$

0718
답 ①

두 집합 A, B가 서로소이므로 $A \cap B=\varnothing$

$\therefore A \subset B^C$

0719
답 ④

② $A \cup B=B$이므로 $A \subset B$

③ $A-B=\varnothing$이므로 $A \subset B$

④ $A \cup B^C=U$이므로 $B \subset A$

⑤ $A \cap B^C=\varnothing$이므로 $A \subset B$

따라서 나머지 넷과 다른 하나는 ④이다.

0720
답 ②

$(A \cap B) \cup (B-C)=\varnothing$이므로 $A \cap B=\varnothing$, $B-C=\varnothing$이다.

ㄱ. $A \cup B \neq U$

ㄴ. $B-C=\varnothing$이면 $B \subset C$이므로 $B \cap C=B$이다.

ㄷ. $A \cap B=\varnothing$이고 $B \subset C$이므로 세 집합 A, B, C 사이의 포함 관계를 벤다이어 그램으로 나타내면 오른쪽 그림과 같이 $A \cap C$는 공집합이 아닐 수도 있다.

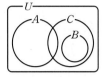

따라서 옳은 것은 ㄴ이다.

0721
답 ①

$A-B=A$이므로 두 집합 A, B는 서로소, 즉 $A \cap B=\varnothing$이다.

$\therefore B-A=B$, $A \subset B^C$, $B \subset A^C$

따라서 옳지 않은 것은 ①이다.

유형 09 집합의 연산과 부분집합의 개수

0722
답 ③

$(B-A) \cup X=X$에서 $(B-A) \subset X$

$\therefore \{1, 5\} \subset X$ $\qquad$ ……㉠

$A \cup X=X$에서 $A \subset X$ $\qquad$ ……㉡

㉠, ㉡에서 집합 X는 1, 3, 5, 7, 9를 반드시 원소로 가져야 하므로 구하는 집합 X의 개수는

$2^{8-5}=2^3=8$

0723
답 16

$A-X=A$이므로 $A \cap X=\varnothing$

즉, 집합 X는 집합 U의 부분집합 중 -2, 1을 원소로 갖지 않는 집합이다.

따라서 집합 X의 개수는 $2^{6-2}=2^4=16$

0724
답 ⑤

$A=\{1, 2, 3, 4, 5, 6, 7\}$

$\{2, 6\} \cap X \neq \varnothing$이므로 집합 X는 2, 6 중 적어도 하나를 원소로 갖는다.

따라서 집합 X의 개수는 집합 A의 모든 부분집합의 개수에서 2, 6을 모두 원소로 갖지 않는 부분집합의 개수를 뺀 것과 같다.

$$\therefore 2^7 - 2^{7-2} = 128 - 32 = 96$$

0725
답 ②

$A \cup X = A$에서 $X \subset A$이고 $B \cap X = \varnothing$이므로 집합 X는 집합 $A - B$의 부분집합이다.

$A = \{6, 12, 18, 24, \cdots, 48\}$, $B = \{4, 8, 12, 16, \cdots, 48\}$

집합 $A - B$는 50 이하의 6의 배수 중 4의 배수를 제외한 나머지 수를 원소로 갖는 집합이므로

$A - B = \{6, 18, 30, 42\}$

따라서 집합 X의 개수는 집합 $A - B$의 부분집합의 개수이므로

$$2^4 = 16$$

0726
답 16

$A \cap X = X$에서 $X \subset A$

$(A \cap B) \cup X = X$에서 $(A \cap B) \subset X$

$$\therefore (A \cap B) \subset X \subset A$$

.... ❶

$A = \{1, 2, 3, 4, 6, 8, 12, 24\}$, $B = \{1, 2, 4, 8\}$이므로

$A \cap B = \{1, 2, 4, 8\}$

$$\therefore \{1, 2, 4, 8\} \subset X \subset \{1, 2, 3, 4, 6, 8, 12, 24\}$$

즉, 집합 X는 집합 A의 부분집합 중 1, 2, 4, 8을 반드시 원소로 갖는 집합이다.

.... ❷

따라서 집합 X의 개수는 $2^{8-4} = 2^4 = 16$

.... ❸

채점 기준	배점
❶ 세 집합 $A \cap B$, X, A의 포함 관계 구하기	30%
❷ ❶을 만족시키는 집합 X의 조건 구하기	40%
❸ 집합 X의 개수 구하기	30%

0727
답 ⑤

$U = \{1, 2, 3, 4, 5, 6, 7, 8, 9\}$에서 집합 U의 부분집합 C가 $\{2, 4, 6, 8\} \cup C = \{6, 9\} \cup C$를 만족시키려면 C는 두 집합 $A = \{2, 4, 6, 8\}$, $B = \{6, 9\}$에서 공통인 원소 6을 제외한 나머지 원소 2, 4, 8, 9를 반드시 원소로 가져야 한다.

따라서 집합 C의 개수는 $2^{9-4} = 2^5 = 32$

[다른 풀이]

세 집합 U, A, B를 벤다이어그램으로 나타내면 오른쪽 그림과 같으므로

$A - B = \{2, 4, 8\}$, $B - A = \{9\}$

$A \cup C = B \cup C$를 만족시키려면 집합 C는 두 집합 $A - B$와 $B - A$의 원소를 반드시 원소로 가져야 한다.

즉, 집합 C는 2, 4, 8, 9를 반드시 원소로 갖는 전체집합 U의 부분집합이다.

따라서 집합 C의 개수는 $2^{9-4} = 2^5 = 32$

0728
답 ④

㈎에서 $A \cup X = X$이므로 $A \subset X$

$B - A = \{1, 8, 9\}$이므로

㈏에서 $\{1, 8, 9\} \cap X = \{1, 9\}$

$$\therefore 1 \in X, 8 \notin X, 9 \in X$$

즉, 집합 X는 1, 3, 7, 9를 반드시 원소로 갖고 8을 원소로 갖지 않는 집합이다.

따라서 집합 X의 개수는 $2^{10-4-1} = 2^5 = 32$

유형 10 드모르간의 법칙

확인 문제   (1) $\{1\}$ (2) $\{1\}$ (3) $\{1, 3, 5\}$ (4) $\{1, 3, 5\}$

$A \cup B = \{2, 3, 4, 5\}$, $A \cap B = \{2, 4\}$

(1), (2) $A^c \cap B^c = (A \cup B)^c = \{1\}$

(3), (4) $A^c \cup B^c = (A \cap B)^c = \{1, 3, 5\}$

0729
답 ④

$$\begin{aligned}(A^c \cap B^c)^c \cup (A \cap B) &= \{(A \cup B)^c\}^c \cup (A \cap B) \\ &= (A \cup B) \cup (A \cap B) \\ &= A \cup B \\ &= \{1, 2, 3, 5, 6, 7, 9\}\end{aligned}$$

따라서 구하는 집합의 원소의 개수는 7이다.

0730
답 36

$A = \{4, 8, 12, 16, 20\}$, $B = \{1, 2, 4, 5, 10, 20\}$이므로

$$\begin{aligned}(A^c \cup B)^c &= (A^c)^c \cap B^c = A \cap B^c = A - B \\ &= \{8, 12, 16\}\end{aligned}$$

따라서 집합 $(A^c \cup B)^c$의 모든 원소의 합은

$$8 + 12 + 16 = 36$$

0731
답 12

$$\begin{aligned}A \cap (A \cap B^c)^c &= A \cap (A^c \cup B) \\ &= (A \cap A^c) \cup (A \cap B) \\ &= \varnothing \cup (A \cap B) \\ &= A \cap B \\ &= \{1, 6, 7, 8\}\end{aligned}$$

즉, {1, 6, 7, 8}의 부분집합 중 적어도 한 개의 짝수를 원소로 갖는 부분집합의 개수는 모든 부분집합의 개수에서 짝수인 6, 8을 모두 원소로 갖지 않는 부분집합의 개수를 뺀 것과 같다.

$$\therefore 2^4 - 2^{4-2} = 16 - 4 = 12$$

0732

답 15

$U = \{1, 2, 3, 4, 5, 6, 7, 8, 9\}$이고
$A^C \cap B^C = (A \cup B)^C = \{8, 9\}$이므로
$A \cup B = U - (A \cup B)^C = \{1, 2, 3, 4, 5, 6, 7\}$
$A^C \cap B = B - A = \{3, 4, 5\}$이므로
$A = (A \cup B) - (B - A) = \{1, 2, 6, 7\}$
따라서 집합 A의 진부분집합의 개수는
$$2^4 - 1 = 15$$

0733

답 5

$$A \cup (B \cup C^C)^C = A \cup (B^C \cap C)$$
$$= A \cup (C - B)$$

--- ❶

이때
$A = \{x \mid x$는 한 자리의 소수$\} = \{2, 3, 5, 7\}$,
$B = \{x \mid x$는 12의 약수$\} = \{1, 2, 3, 4, 6, 12\}$,
$C = \{x \mid x$는 3의 배수$\} = \{3, 6, 9, 12\}$이므로
$A \cup (C - B) = \{2, 3, 5, 7\} \cup \{9\} = \{2, 3, 5, 7, 9\}$

--- ❷

$$\therefore n(A \cup (B \cup C^C)^C) = 5$$

--- ❸

채점 기준	배점
❶ 집합 $A \cup (B \cup C^C)^C$ 간단히 하기	50%
❷ 집합 $A \cup (B \cup C^C)^C$ 구하기	40%
❸ $n(A \cup (B \cup C^C)^C)$의 값 구하기	10%

유형 11 집합의 연산을 간단히 하기

0734

답 ④

$$(A - C) - (B - C) = (A \cap C^C) - (B \cap C^C)$$
$$= (A \cap C^C) \cap (B \cap C^C)^C$$
$$= (A \cap C^C) \cap (B^C \cup C)$$
$$= (A \cap C^C \cap B^C) \cup (A \cap C^C \cap C)$$
$$= \{A \cap (C^C \cap B^C)\} \cup \varnothing \quad \vdash A \cap (C^C \cap C) = A \cap \varnothing = \varnothing$$
$$= A \cap (B \cup C)^C$$
$$= A - (B \cup C)$$

0735

답 ①

$$A - (A \cup B^C) = A \cap (A \cup B^C)^C$$
$$= A \cap (A^C \cap B)$$
$$= (A \cap A^C) \cap B$$
$$= \varnothing \cap B = \varnothing$$

다른 풀이

집합 A와 집합 $A \cup B^C$을 벤다이어그램으로 나타내면 다음과 같다.

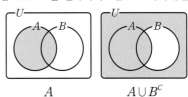

$$\therefore A - (A \cup B^C) = \varnothing$$

0736

답 ②

$$(A \cup B)^C \cup (A^C \cap B) = (A^C \cap B^C) \cup (A^C \cap B)$$
$$= A^C \cap (B^C \cup B)$$
$$= A^C \cap U$$
$$= A^C$$

0737

답 50

$$(A \cup B) \cap (B \cup C^C) = (B \cup A) \cap (B \cup C^C)$$
$$= B \cup (A \cap C^C)$$
$$= B \cup (A - C)$$

--- ❶

이때
$A = \{x \mid x$는 한 자리의 소수$\} = \{2, 3, 5, 7\}$,
$B = \{x \mid x$는 3의 배수$\} = \{3, 6, 9, 12, 15\}$,
$C = \{x \mid x$는 14의 약수$\} = \{1, 2, 7, 14\}$이므로
$B \cup (A - C) = \{3, 6, 9, 12, 15\} \cup \{3, 5\}$
$\qquad\qquad\quad = \{3, 5, 6, 9, 12, 15\}$

--- ❷

따라서 구하는 집합의 모든 원소의 합은
$$3 + 5 + 6 + 9 + 12 + 15 = 50$$

--- ❸

채점 기준	배점
❶ 집합 $(A \cup B) \cap (B \cup C^C)$ 간단히 하기	50%
❷ 집합 $(A \cup B) \cap (B \cup C^C)$ 구하기	30%
❸ 집합 $(A \cup B) \cap (B \cup C^C)$의 모든 원소의 합 구하기	20%

0738
답 ①

$A \cap B^c = A - B = \varnothing$에서 $A \subset B$이므로
$A \cap B = A$, $A \cup B = B$
$\therefore A \cap \{(A^c \cup B^c)^c \cup (B-A)\} = A \cap \{(A \cap B) \cup (B-A)\}$
$\qquad\qquad\qquad\qquad\qquad = A \cap \{(A \cap B) \cup (B \cap A^c)\}$
$\qquad\qquad\qquad\qquad\qquad = A \cap \{(B \cap A) \cup (B \cap A^c)\}$
$\qquad\qquad\qquad\qquad\qquad = A \cap \{B \cap (A \cup A^c)\}$
$\qquad\qquad\qquad\qquad\qquad = A \cap (B \cap U)$
$\qquad\qquad\qquad\qquad\qquad = A \cap B = A$

0739
답 ⑤

ㄱ. $(A \cup B) \cap (A-B)^c = (A \cup B) \cap (A \cap B^c)^c$
$\qquad\qquad\qquad\qquad\quad = (A \cup B) \cap (A^c \cup B)$
$\qquad\qquad\qquad\qquad\quad = (A \cap A^c) \cup B$
$\qquad\qquad\qquad\qquad\quad = \varnothing \cup B = B$

ㄴ. $(B-A) \cup (A \cap B) = (B \cap A^c) \cup (A \cap B)$
$\qquad\qquad\qquad\qquad\quad = (A^c \cup A) \cap B$
$\qquad\qquad\qquad\qquad\quad = U \cap B = B$

ㄷ. $(A \cap B) - (A \cap C) = (A \cap B) \cap (A \cap C)^c$
$\qquad\qquad\qquad\qquad\quad = (A \cap B) \cap (A^c \cup C^c)$
$\qquad\qquad\qquad\qquad\quad = \{(A \cap B) \cap A^c\} \cup \{(A \cap B) \cap C^c\}$
$\qquad\qquad\qquad\qquad\quad = \varnothing \cup \{(A \cap B) \cap C^c\}$
$\qquad\qquad\qquad\qquad\quad = (A \cap B) - C$

ㄹ. $(A-B) \cup (A \cap C) = (A \cap B^c) \cup (A \cap C)$
$\qquad\qquad\qquad\qquad\quad = A \cap (B^c \cup C)$
$\qquad\qquad\qquad\qquad\quad = A \cap (B \cap C^c)^c$
$\qquad\qquad\qquad\qquad\quad = A - (B-C)$

따라서 옳은 것은 ㄴ, ㄷ, ㄹ이다.

유형 12 벤다이어그램과 집합

0740
답 ⑤

각 집합을 벤다이어그램으로 나타내면 다음과 같다.

①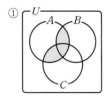

②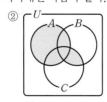

③

④

0741
답 ⑤

각 집합을 벤다이어그램으로 나타내면 다음과 같다.
① $A^c \cup B = (A \cap B^c)^c$
$\qquad\qquad = (A-B)^c$

② $A - (A^c \cup B) = A \cap (A^c \cup B)^c$
$\qquad\qquad\qquad = A \cap (A \cap B^c)$
$\qquad\qquad\qquad = A \cap B^c$
$\qquad\qquad\qquad = A - B$

③ $(B-A)^c - A = (B \cap A^c)^c \cap A^c$
$\qquad\qquad\qquad = (B^c \cup A) \cap A^c$
$\qquad\qquad\qquad = (B^c \cap A^c) \cup (A \cap A^c)$
$\qquad\qquad\qquad = (B^c \cap A^c) \cup \varnothing$
$\qquad\qquad\qquad = (A \cup B)^c$

④ $A - (A \cup B^c) = A \cap (A \cup B^c)^c$
$\qquad\qquad\qquad = A \cap (A^c \cap B)$
$\qquad\qquad\qquad = \varnothing \cap B$
$\qquad\qquad\qquad = \varnothing$

⑤ $A^c - (A \cup B^c) = A^c \cap (A \cup B^c)^c$
$\qquad\qquad\qquad = A^c \cap (A^c \cap B)$
$\qquad\qquad\qquad = A^c \cap B$
$\qquad\qquad\qquad = B - A$

0742
답 ②

각 집합을 벤다이어그램으로 나타내면 다음과 같다.
① $A \cap B^c = A - B$

② $(A \cap B) \cup B^c$
$\quad = (A \cup B^c) \cap (B \cup B^c)$
$\quad = (A \cup B^c) \cap U$
$\quad = A \cup B^c$

③ $(A \cap B^c) \cup A^c$
$\quad = (A \cup A^c) \cap (B^c \cup A^c)$
$\quad = U \cap (A \cap B)^c$
$\quad = (A \cap B)^c$

④ $(A-B)^c \cup B^c$
$\quad = (A \cap B^c)^c \cup B^c$
$\quad = (A^c \cup B) \cup B^c$
$\quad = A^c \cup (B \cup B^c)$
$\quad = A^c \cup U = U$

⑤ $(A-B) \cup (A^c \cap B^c)$
$\quad = (A \cap B^c) \cup (A^c \cap B^c)$
$\quad = (A \cup A^c) \cap B^c$
$\quad = U \cap B^c = B^c$

0743
답 ⑤

$$(A \cap B^C) \cap (C-B) = (A \cap B^C) \cap (C \cap B^C)$$
$$= (A \cap C) \cap B^C$$
$$= (A \cap C) - B$$

따라서 주어진 집합을 나타내는 것은 ⑤이다.

0744
답 ㄷ, ㅁ

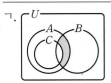
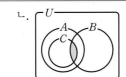

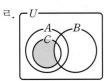

따라서 색칠한 부분을 나타내는 집합은 ㄷ, ㅁ이다.

유형 13 배수와 약수의 집합의 연산

0745
답 8

$$(A_3 \cap A_2) \cap (A_8 \cup A_{16}) = A_6 \cap A_8 = A_{24}$$

전체집합 U의 원소 중 24의 배수는 8개이므로 구하는 원소의 개수는 8이다.

0746
답 ③

$A_2 \cap A_3 = A_6$이므로 $A_6 \cup A_7 = \{6, 7, 12, 14, \cdots\}$
따라서 $(A_2 \cap A_3) \cup A_7$의 원소 중 네 번째로 작은 원소는 14이다.

0747
답 ④

$$(A_6 \cup A_{12}) \cap (A_4 \cup A_{20}) = A_6 \cap A_4 = A_{12}$$

0748
답 ②

$$A_{16} \cap A_{24} \cap A_{32} = (A_{16} \cap A_{24}) \cap A_{32}$$
$$= A_8 \cap A_{32}$$
$$= A_8 = \{1, 2, 4, 8\}$$

따라서 집합 $A_{16} \cap A_{24} \cap A_{32}$에 속하는 원소인 것은 ②이다.

0749
답 ②

ㄱ. 3 이하의 소수는 2, 3이므로 $A_3 = \{2, 3\}$
    4의 양의 약수는 1, 2, 4이므로 $B_4 = \{1, 2, 4\}$
    $\therefore A_3 \cap B_4 = \{2\}$
ㄴ. $a \in A_n$이면 $a \le n < n+1$이고 a는 소수이므로 $a \in A_{n+1}$
    $\therefore A_n \subset A_{n+1}$
ㄷ. $m=2$, $n=4$이면 $B_2 = \{1, 2\}$, $B_4 = \{1, 2, 4\}$이므로
    $B_2 \subset B_4$이지만 2는 4의 배수가 아니다.
따라서 옳은 것은 ㄱ, ㄴ이다.

참고

ㄷ을 옳게 고치면
두 자연수 m, n에 대하여 $B_m \subset B_n$이면 m은 n의 약수이다.

0750
답 24

집합 $A_4 \cap A_{10}$은 4와 10의 공배수의 집합, 즉 20의 배수의 집합이므로 $A_4 \cap A_{10} = A_{20}$
따라서 $A_p \subset A_{20}$을 만족시키는 p는 20의 배수이므로 자연수 p의 최솟값은 20이다.
또한 집합 $B_{12} \cap B_{16}$은 12와 16의 공약수의 집합, 즉 4의 약수의 집합이므로 $B_{12} \cap B_{16} = B_4$
따라서 $B_q \subset B_4$를 만족시키는 q는 4의 약수이므로 자연수 q의 최댓값은 4이다.
그러므로 구하는 합은 $20+4=24$

유형 14 방정식 또는 부등식의 해의 집합의 연산

0751
답 13

$x^2 - 2x - 3 \le 0$에서 $(x+1)(x-3) \le 0$
$\therefore -1 \le x \le 3$
$\therefore A = \{x | -1 \le x \le 3\}$
이때 $A \cap B = \{x | 1 \le x \le 3\}$,
$A \cup B = \{x | -1 \le x \le 6\}$
이려면 오른쪽 그림과 같아야 하므로
$B = \{x | 1 \le x \le 6\}$
$= \{x | (x-1)(x-6) \le 0\}$
$= \{x | x^2 - 7x + 6 \le 0\}$
따라서 $a=-7$, $b=6$이므로
$b-a = 6-(-7) = 13$

0752

답 $\{-6, 2, 3\}$

$x^2-5x+6=0$에서 $(x-2)(x-3)=0$

$\therefore x=2$ 또는 $x=3$

$\therefore A=\{2, 3\}$ ...... ㉠

❶

㉠과 $A-B=\{2\}$에서 $3\in B$이므로

$9+3a-18=0$ $\therefore a=3$

즉, $x^2+3x-18=0$에서 $(x+6)(x-3)=0$

$\therefore x=-6$ 또는 $x=3$

$\therefore B=\{-6, 3\}$ ...... ㉡

❷

㉠, ㉡에서 $A\cup B=\{-6, 2, 3\}$

❸

채점 기준	배점
❶ 집합 A 구하기	40%
❷ 집합 B 구하기	40%
❸ 집합 $A\cup B$ 구하기	20%

0753

답 17

$x^2-x-6>0$에서 $(x+2)(x-3)>0$

$\therefore x<-2$ 또는 $x>3$

$\therefore A=\{x|x<-2$ 또는 $x>3\}$

이때 $A\cup B=R$,

$A\cap B=\{x|-5\leq x<-2\}$를

만족시키려면 오른쪽 그림과 같

아야 하므로

$B=\{x|-5\leq x\leq 3\}$

    $=\{x|(x+5)(x-3)\leq 0\}$

    $=\{x|x^2+2x-15\leq 0\}$

따라서 $a=2$, $b=-15$이므로 $a-b=2-(-15)=17$

0754

답 2

$x^2-4x-12<0$에서 $(x+2)(x-6)<0$

$\therefore -2<x<6$

$\therefore A=\{x|-2<x<6\}$

$x^2+(2-3a)x-6a<0$에서 $(x+2)(x-3a)<0$

$\therefore B=\{x|(x+2)(x-3a)<0\}$

이때 $A\cap B=B$이므로 $B\subset A$

$B\subset A$가 성립하려면 오른쪽 그림

과 같아야 하므로

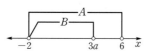

$-2<3a\leq 6$ $\therefore -\dfrac{2}{3}<a\leq 2$

따라서 구하는 a의 최댓값은 2이다.

0755

답 ④

$(A\cup B)\cap(A\cap B)^C=(A\cup B)-(A\cap B)$

                $=\{1, 2, 3, 6, 12\}$

이 집합은 오른쪽 벤다이어그램의 색칠한 부

분과 같고, $A=\{3, 6, 9, 12\}$이므로

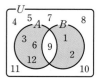

$A\cap B=\{9\}$

$A-B=\{3, 6, 12\}$, $B-A=\{1, 2\}$이므로

$B=\{1, 2, 9\}$

따라서 집합 B의 모든 원소의 합은

$1+2+9=12$

0756

답 ①

주어진 벤다이어그램에서

$A-B=\{c, d\}$, $B-A=\{b, f\}$이므로

$(A-B)\cup(B-A)=\{c, d\}\cup\{b, f\}=\{b, c, d, f\}$

$\therefore \{(A-B)\cup(B-A)\}^C=\{a, b, c, d, e, f, g\}-\{b, c, d, f\}$

                          $=\{a, e, g\}$

0757

답 $\{2, 4, 7, 10\}$

집합 $(A\cup B)-(A\cap B)$는 오른쪽 벤다이어

그램의 색칠한 부분과 같고,

$B=\{1, 2, 3, 4, 8, 10\}$이므로

$A\cap B=\{2, 4, 10\}$

따라서 $A-B=\{7\}$이므로

$A=\{2, 4, 7, 10\}$

0758

답 ②

$U=\{1, 2, 3, 4, 5, 6, 7, 8, 9\}$

집합 $(A-B)\cup(B-A)$는 오른쪽 벤다이

어그램의 색칠한 부분과 같고,

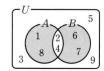

$A=\{1, 2, 4, 8\}$이므로

$A\cup B=\{1, 2, 4, 6, 7, 8\}$

$\therefore (A\cup B)^C=\{3, 5, 9\}$

따라서 집합 $(A\cup B)^C$의 모든 원소의 합은

$3+5+9=17$

0759

답 140

$U=\{1, 2, 3, 4, 5, 6, 7\}$이고
$A^C \cap B^C=(A \cup B)^C=\{1, 2\}$이므로
$A \cup B=\{3, 4, 5, 6, 7\}$
$\therefore (A-B) \cup (B-A)=(A \cup B)-(A \cap B)=\{4, 5, 7\}$
따라서 집합 $(A-B) \cup (B-A)$의 모든 원소의 곱은
$4 \times 5 \times 7=140$

0760

답 ③

$(A \cap B^C) \cup (A^C \cap B)=(A-B) \cup (B-A)=\{1, 5, b\}$이므로
$(a-8) \in A \cap B$, 즉 $a-8$은 집합 B의 원소이다.
이때 $a-8 \neq a+3$이므로 $a-8=a^2-7a+4$
$a^2-8a+12=0$, $(a-2)(a-6)=0$
$\therefore a=2$ 또는 $a=6$
(i) $a=2$일 때
$A=\{-6, 1, 5\}$, $B=\{-6, 5\}$이므로
$(A-B) \cup (B-A)=\{1\}$
따라서 주어진 조건을 만족시키지 않는다.
(ii) $a=6$일 때
$A=\{-2, 1, 5\}$, $B=\{-2, 9\}$이므로
$(A-B) \cup (B-A)=\{1, 5, 9\}$
(i), (ii)에서 $a=6$, $b=9$이므로 $a+b=6+9=15$

0761

답 ⑤

집합 $A*B=(A-B) \cup (B-A)$는 오른쪽
벤다이어그램의 색칠한 부분과 같다.

ㄱ. $A*A=(A-A) \cup (A-A)=\varnothing$
ㄴ. $A*B=(A-B) \cup (B-A)$
$\qquad =(B-A) \cup (A-B)=B*A$
ㄷ. $B*U=(B-U) \cup (U-B)$
$\qquad =\varnothing \cup B^C=B^C$
ㄹ. $A^C * B^C=(A^C-B^C) \cup (B^C-A^C)$
$\qquad =\{A^C \cap (B^C)^C\} \cup \{B^C \cap (A^C)^C\}$
$\qquad =(A^C \cap B) \cup (B^C \cap A)$
$\qquad =(B-A) \cup (A-B)$
$\qquad =B*A$
$\qquad =A*B$
따라서 옳은 것은 ㄴ, ㄷ, ㄹ이다.

0762

답 ②

$A \triangle B=(A \cup B)^C \cup (A \cap B)$이므로
① $A \triangle B=(A \cup B)^C \cup (A \cap B)$
$\qquad =(B \cup A)^C \cup (B \cap A)=B \triangle A$
② $A \triangle U=(A \cup U)^C \cup (A \cap U)$
$\qquad =U^C \cup A=\varnothing \cup A=A$
③ $A \triangle \varnothing=(A \cup \varnothing)^C \cup (A \cap \varnothing)$
$\qquad =A^C \cup \varnothing=A^C$
④ $A \triangle A^C=(A \cup A^C)^C \cup (A \cap A^C)$
$\qquad =U^C \cup \varnothing=\varnothing \cup \varnothing=\varnothing$
⑤ $A^C \triangle B^C=(A^C \cup B^C)^C \cup (A^C \cap B^C)$
$\qquad =(A \cap B) \cup (A \cup B)^C$
$\qquad =(A \cup B)^C \cup (A \cap B)$
$\qquad =A \triangle B$
따라서 옳지 않은 것은 ②이다.

0763

답 12

$A \blacklozenge B=(A \cup B) \cap A^C=(A \cup B)-A=B-A$

❶

$(A \blacklozenge B) \blacklozenge C=(B-A) \blacklozenge C$
$\qquad =C-(B-A)$
$\qquad =\{5, 7, 8\}-\{6, 8, 10\}=\{5, 7\}$

❷

따라서 구하는 집합의 모든 원소의 합은
$5+7=12$

❸

채점 기준	배점
❶ 집합 $A \blacklozenge B$ 간단히 하기	40%
❷ 집합 $(A \blacklozenge B) \blacklozenge C$ 구하기	50%
❸ 집합 $(A \blacklozenge B) \blacklozenge C$의 모든 원소의 합 구하기	10%

0764

답 ㄱ, ㄴ, ㄷ

ㄱ. $A \star A=(A-A)^C \cap (A-A)^C$
$\qquad =\varnothing^C \cap \varnothing^C$
$\qquad =U \cap U=U$
ㄴ. $A \star B$를 벤다이어그램으로 나타내면
오른쪽 그림과 같다.

$A \star B=(A-B)^C \cap (B-A)^C$
$\qquad =(A \cap B) \cup (A \cup B)^C$
$(A \star B) \star A$를 벤다이어그램으로 나타내면 다음과 같다.

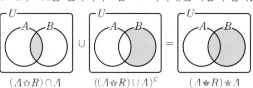

$(A \star B) \cap A$ $((A \star B) \cup A)^C$ $(A \star B) \star A$

$\therefore (A \star B) \star A=B$

ㄷ. $A \star B = (A \cap B) \cup (A \cup B)^C = A$이려면
  $B = U$이어야 한다.
  즉, $A \subset U$이므로 $A \subset B$이다.
따라서 옳은 것은 ㄱ, ㄴ, ㄷ이다.

유형 17 유한집합의 원소의 개수 (1)

확인 문제 (1) 19   (2) 23   (3) 12   (4) 4

(1) $n(A \cup B) = n(A) + n(B) - n(A \cap B)$
$= 15 + 7 - 3 = 19$
(2) $n(B^C) = n(U) - n(B)$
$= 30 - 7 = 23$
(3) $n(A - B) = n(A) - n(A \cap B)$
$= 15 - 3 = 12$
(4) $n(B \cap A^C) = n(B - A) = n(B) - n(A \cap B)$
$= 7 - 3 = 4$

0765

답 ②

$n(A \cup B) = n(A) + n(B) - n(A \cap B)$
$= 16 + 17 - 10 = 23$
$\therefore n(A^C \cap B^C) = n((A \cup B)^C)$
$= n(U) - n(A \cup B)$
$= 35 - 23 = 12$

0766

답 23

$A \cap B^C = A - B = A$이므로 두 집합 A, B는 서로소이다.
즉, $A \cap B = \varnothing$이므로 $n(A \cap B) = 0$
$\therefore n(A \cup B) = n(A) + n(B) - n(A \cap B)$
$= 9 + 14 - 0 = 23$

0767

답 ④

$n(A^C \cap B^C) = n((A \cup B)^C) = n(U) - n(A \cup B)$이므로
$5 = 50 - n(A \cup B)$ $\therefore n(A \cup B) = 45$
$\therefore n((A - B) \cup (B - A)) = n((A \cup B) - (A \cap B))$
$= n(A \cup B) - n(A \cap B)$
$= 45 - 12 = 33$

참고

집합 $(A - B) \cup (B - A)$는 벤다이어그램의 색칠한 부분과 같고 각 부분의 원소의 개수를 나타내면 오른쪽 그림과 같다.

0768

답 16

$n(A^C \cup B^C) = n((A \cap B)^C) = n(U) - n(A \cap B)$이므로
$36 = 50 - n(A \cap B)$ $\therefore n(A \cap B) = 14$ ❶

$n(B) = n(U) - n(B^C) = 50 - 20 = 30$ ❷

$\therefore n(B - A) = n(B) - n(A \cap B)$
$= 30 - 14 = 16$ ❸

채점 기준	배점
❶ $n(A \cap B)$의 값 구하기	40%
❷ $n(B)$의 값 구하기	40%
❸ $n(B - A)$의 값 구하기	20%

0769

답 ④

두 집합 A와 B가 서로소이므로
$A \cap B = \varnothing$, $A \cap B \cap C = \varnothing$
$\therefore n(A \cap B) = 0$, $n(A \cap B \cap C) = 0$
$n(A \cap C) = n(A) + n(C) - n(A \cup C) = 9 + 11 - 15 = 5$
$n(B \cap C) = n(B) + n(C) - n(B \cup C) = 7 + 11 - 16 = 2$
$\therefore n(A \cup B \cup C) = n(A) + n(B) + n(C)$
$- n(A \cap B) - n(B \cap C) - n(C \cap A)$
$+ n(A \cap B \cap C)$
$= 9 + 7 + 11 - 0 - 2 - 5 + 0$
$= 20$

유형 18 유한집합의 원소의 개수 (2)

0770

답 8

학생 전체의 집합을 U, 영어 과제를 한 학생의 집합을 A, 수학 과제를 한 학생의 집합을 B라 하면
$n(U) = 50$, $n(A) = 35$, $n(B) = 23$, $n(A \cap B) = 16$
$\therefore n(A \cup B) = n(A) + n(B) - n(A \cap B)$
$= 35 + 23 - 16 = 42$
따라서 영어, 수학 과제 중 어느 것도 하지 않은 학생 수는
$n((A \cup B)^C) = n(U) - n(A \cup B) = 50 - 42 = 8$

0771

답 31

고객 전체의 집합을 U, 메뉴 A를 선호하는 고객의 집합을 A, 메뉴 B를 선호하는 고객의 집합을 B라 하면
$n(U) = 80$, $n(A) = 47$, $n(B) = 59$, $n((A \cup B)^C) = 5$ ❶

$\therefore n(A \cup B) = n(U) - n((A \cup B)^C) = 80 - 5 = 75$ ❷

따라서 메뉴 A와 메뉴 B를 모두 선호하는 고객 수는
$$n(A \cap B) = n(A) + n(B) - n(A \cup B)$$
$$= 47 + 59 - 75 = 31$$
··· ❸

채점 기준	배점
❶ 주어진 조건을 집합으로 나타내고, 각 집합의 원소의 개수 구하기	30%
❷ $n(A \cup B)$의 값 구하기	40%
❸ 메뉴 A와 메뉴 B를 모두 선호하는 고객 수 구하기	30%

0772
달 5

포스터 A, B, C를 택한 학생의 집합을 각각 A, B, C라 하자.
적어도 한 가지 포스터를 택한 학생 수는 48이므로
$$n(A \cup B \cup C) = 48$$
이때 $n(A) = 24$, $n(B) = 30$, $n(A \cap B) = 11$이므로
$$n(A \cup B) = n(A) + n(B) - n(A \cap B)$$
$$= 24 + 30 - 11 = 43$$
따라서 C 포스터만 택한 학생 수는
$$n(A \cup B \cup C) - n(A \cup B) = 48 - 43 = 5$$

0773
달 ②

신입사원 전체의 집합을 U, 소방안전 교육을 받은 사원의 집합을 A, 심폐소생술 교육을 받은 사원의 집합을 B라 하면
$$n(U) = 200, n(A) = 120, n(B) = 115, n((A \cup B)^C) = 17$$
$$\therefore n(A \cup B) = n(U) - n((A \cup B)^C) = 200 - 17 = 183$$
$$\therefore n(A \cap B) = n(A) + n(B) - n(A \cup B)$$
$$= 120 + 115 - 183 = 52$$
따라서 심폐소생술 교육만 받은 사원의 수는
$$n(B - A) = n(B) - n(A \cap B) = 115 - 52 = 63$$

0774
달 ④

학생 전체의 집합을 U, 영화 A를 관람한 학생의 집합을 A, 영화 B를 관람한 학생의 집합을 B라 하면
$$n(U) = 35, n(A) = 27, n(A - B) = 18, n((A \cup B)^C) = 6$$
$$\therefore n(A \cup B) = n(U) - n((A \cup B)^C) = 35 - 6 = 29$$
$$n(A - B) = n(A) - n(A \cap B)$$이므로
$$18 = 27 - n(A \cap B) \quad \therefore n(A \cap B) = 9$$
$$n(A \cup B) = n(A) + n(B) - n(A \cap B)$$이므로
$$29 = 27 + n(B) - 9 \quad \therefore n(B) = 11$$
따라서 영화 B를 관람한 학생 수는 11이다.

0775
달 4

회원 전체의 집합을 U, 울릉도에 가 본 회원의 집합을 A, 안면도에 가 본 회원의 집합을 B, 제주도에 가 본 회원의 집합을 C라 하면
$$n(U) = 40, n(A) = 13, n(B) = 19, n(C) = 32,$$
$$n(A \cap B \cap C) = 6$$

세 곳 중 한 곳도 가보지 않은 회원은 없으므로
$$n(A \cup B \cup C)$$
$$= n(A) + n(B) + n(C)$$
$$\quad - n(A \cap B) - n(B \cap C) - n(C \cap A) + n(A \cap B \cap C)$$
$$= 13 + 19 + 32 - n(A \cap B) - n(B \cap C) - n(C \cap A) + 6$$
$$= n(U) = 48$$
$$\therefore n(A \cap B) + n(B \cap C) + n(C \cap A) = 22$$
따라서 세 곳 중 두 곳만 가 본 회원 수는
$$n(A \cap B) + n(B \cap C) + n(C \cap A) - 3 \times n(A \cap B \cap C)$$
$$= 22 - 18 = 4$$

참고

세 곳 중 두 곳만 가 본 회원의 수가
$n(A \cap B) + n(B \cap C) + n(C \cap A)$가 아님에 유의해야 한다.

유형 19 유한집합의 원소의 개수의 최댓값과 최솟값 (1)

0776
달 ④

$n(A) > n(B)$이므로 $n(A \cup B)$의 값은 $B \subset A$일 때 최소, $A \cup B = U$일 때 최대이다.
즉, $n(A) \le n(A \cup B) \le n(U)$이므로
$$24 \le n(A \cup B) \le 30 \qquad \cdots\cdots \ ㉠$$
$$n(A \cup B) = n(A) + n(B) - n(A \cap B)$$
$$= 24 + 18 - n(A \cap B)$$
$$= 42 - n(A \cap B) \qquad \cdots\cdots \ ㉡$$
㉠, ㉡에서 $24 \le 42 - n(A \cap B) \le 30$이므로
$$-18 \le -n(A \cap B) \le -12$$
$$\therefore 12 \le n(A \cap B) \le 18$$
따라서 $M = 18$, $m = 12$이므로 $M - m = 18 - 12 = 6$

◀») Bible Says 유한집합의 원소의 개수의 최댓값과 최솟값

전체집합 U의 두 부분집합 A, B에 대하여
$$n(A) + n(B) = n(A \cup B) + n(A \cap B)$$
이므로 두 집합 A와 B의 원소의 개수를 알 때
즉, $n(A) + n(B)$의 값이 일정할 때는
(1) $n(A \cap B)$의 값이 최대인 경우
　➡ $n(A \cup B)$의 값이 최소일 때
(2) $n(A \cap B)$의 값이 최소인 경우
　➡ $n(A \cup B)$의 값이 최대일 때
임을 이용하여 풀 수 있다.
이때 전체집합 U의 원소의 개수는 일정하므로
(3) $n(U) > n(A) + n(B)$인 경우
　➡ $n(A \cup B)$의 최댓값 $= n(A) + n(B)$
(4) $n(U) \le n(A) + n(B)$인 경우
　➡ $n(A \cup B)$의 최댓값 $= n(U)$
로 두고 계산한다. 마찬가지로
(5) $n(A) < n(B)$인 경우
　➡ $n(A \cup B)$의 최솟값 $= n(B)$
(6) $n(A) \ge n(B)$인 경우
　➡ $n(A \cup B)$의 최솟값 $= n(A)$
로 두고 계산한다.

0777 답 9

(i) $A^C \cap B^C = (A \cup B)^C = \{3, 7\}$이므로

$A \cup B = \{1, 2, 4, 5, 6, 8\}$

(ii) $A^C \cup B^C = (A \cap B)^C = \{1, 3, 6, 7, 8\}$이므로

$A \cap B = \{2, 4, 5\}$

(i), (ii)에서 $n(A \cup B) = 6$, $n(A \cap B) = 3$

따라서 $B \subset A$, 즉 $A \cup B = A$일 때 $n(A)$의 값이 최대이고

$A \subset B$, 즉 $A \cap B = A$일 때 $n(A)$의 값이 최소이므로

$n(A)$의 최댓값은 6, 최솟값은 3이고 구하는 합은 $6+3=9$이다.

0778 답 27

$n(A) < n(B)$이므로 $n(A \cap B)$의 값은 $A \subset B$일 때 최대이다.

즉, $n(A \cap B) \le n(A) = 7$이므로

$4 \le n(A \cap B) \le 7$ ...... ㉠ ❶

- -

$n(A \cup B) = n(A) + n(B) - n(A \cap B) = 19 - n(A \cap B)$에서

$n(A \cap B) = 19 - n(A \cup B)$ ...... ㉡

㉠, ㉡에서 $4 \le 19 - n(A \cup B) \le 7$이므로

$-15 \le -n(A \cup B) \le -12$

$\therefore 12 \le n(A \cup B) \le 15$ ❷

- -

따라서 $n(A \cup B)$의 최댓값은 15, 최솟값은 12이므로

구하는 합은 $15 + 12 = 27$ ❸

- -

채점 기준	배점
❶ $n(A \cap B)$의 값의 범위 구하기	30%
❷ $n(A \cup B)$의 값의 범위 구하기	50%
❸ $n(A \cup B)$의 최댓값과 최솟값의 합 구하기	20%

0779 답 8

$n(A-B) = n(A) - n(A \cap B) = 16 - n(A \cap B)$ ...... ㉠

즉, $n(A \cap B)$의 값이 최소일 때 $n(A-B)$의 값은 최대이다.

$n(A \cup B) = n(A) + n(B) - n(A \cap B)$에서

$n(A \cap B) = n(A) + n(B) - n(A \cup B)$

$= 16 + 14 - n(A \cup B)$

$= 30 - n(A \cup B)$

이므로 $n(A \cap B)$의 값이 최소인 경우는 $n(A \cup B)$의 값이 최대

일 때, 즉 $A \cup B = U$일 때이다.

$n(A \cup B) \le n(U) = 22$에서

$n(A \cup B) = 22$일 때, $n(A \cap B)$의 최솟값은 $30 - 22 = 8$

따라서 $n(A \cap B) = 8$을 ㉠에 대입하면 $n(A-B)$의 최댓값은

$16 - 8 = 8$

0780 답 27

$A - (A \cap B^C) = A \cap (A \cap B^C)^C = A \cap (A^C \cup B)$

$= (A \cap A^C) \cup (A \cap B)$

$= \varnothing \cup (A \cap B) = A \cap B$

즉, $A \cap B \ne A$

$n(A \cup B) = n(A) + n(B) - n(A \cap B)$

$= 7 + 10 - n(A \cap B)$

$= 17 - n(A \cap B)$

이므로 $n(A \cap B)$의 값이 최소일 때 $n(A \cup B)$의 값은 최대,

$n(A \cap B)$의 값이 최대일 때 $n(A \cup B)$의 값은 최소이다.

$A \cap B \ne \varnothing$이므로 $n(A \cap B) = 1$일 때 $M = 17 - 1 = 16$

$A \cap B \ne A$이므로 $n(A \cap B) = 6$일 때 $m = 17 - 6 = 11$

$\therefore M + m = 16 + 11 = 27$

유형 **20** **유한집합의 원소의 개수의 최댓값과 최솟값** (2)

0781 답 ③

회원 전체의 집합을 U, 지리산을 등반해 본 회원의 집합을 A,

한라산을 등반해 본 회원의 집합을 B라 하면

$n(U) = 65$, $n(A) = 59$, $n(B) = 38$

지리산과 한라산을 모두 등반해 본 회원의 집합은 $A \cap B$이므로

$B \subset A$일 때 $n(A \cap B)$의 값은 최대이다.

$\therefore M = n(B) = 38$

또한 $A \cup B = U$일 때 $n(A \cap B)$의 값은 최소이므로

$n(A \cap B) = n(A) + n(B) - n(A \cup B)$에서

$m = 59 + 38 - 65 = 32$

$\therefore M - m = 38 - 32 = 6$

0782 답 ②

학생 전체의 집합을 U, 영어를 수강하는 학생의 집합을 A, 국어를

수강하는 학생의 집합을 B라 하면

$n(U) = 40$, $n(A) = 31$, $n(B) = 24$

국어만 수강하는 학생의 집합은 $B - A$이고

$n(B-A) = n(B) - n(A \cap B)$ ...... ㉠

이므로 $n(A \cap B)$의 값이 최소일 때, $n(B-A)$의 값은 최대가 된다.

그런데 $A \cup B = U$일 때 $n(A \cap B)$의 값은 최소이므로

$n(A \cap B)$의 최솟값을 m이라 하면

$n(A \cup B) = n(A) + n(B) - n(A \cap B)$에서

$40 = 31 + 24 - m$ $\therefore m = 15$

따라서 $n(A \cap B)$의 최솟값은 15이므로 ㉠에서 구하는 최댓값

$24 - 15 = 9$

0783

답 147

가구 전체의 집합을 U, 강아지를 키우는 가구의 집합을 A, 고양이를 키우는 가구의 집합을 B라 하면

$n(U)=200$, $n(A)=97$, $n(B)=59$

─────────────────────────── ❶

강아지와 고양이 중 어느 것도 키우지 않는 가구 수는

$$n((A\cup B)^c)=n(U)-n(A\cup B)$$
$$=n(U)-\{n(A)+n(B)-n(A\cap B)\}$$
$$=200-97-59+n(A\cap B)$$
$$=44+n(A\cap B)$$

─────────────────────────── ❷

이때 $n(A\cap B)$의 최댓값은 59, 최솟값은 0이므로

$M=44+59=103$, $m=44+0=44$

$\therefore M+m=103+44=147$

─────────────────────────── ❸

채점 기준	배점
❶ 주어진 조건을 집합으로 나타내기	30%
❷ $n((A\cup B)^c)$의 값을 $n(A\cap B)$로 나타내기	30%
❸ $M+m$의 값 구하기	40%

0784

답 ⑤

학생 전체의 집합을 U, 토요일에 축구 경기를 시청한 학생의 집합을 A, 일요일에 축구 경기를 시청한 학생의 집합을 B라 하면

$n(U)=36$, $n(A)=25$, $n(B)=17$

$$n(A\cap B)=n(A)+n(B)-n(A\cup B)$$
$$=25+17-n(A\cup B)$$
$$=42-n(A\cup B)$$

이므로 $n(A\cup B)$의 값이 최대일 때 $n(A\cap B)$의 값은 최소, $n(A\cup B)$의 값이 최소일 때 $n(A\cap B)$의 값은 최대가 된다.

그런데 $A\cup B=U$일 때 $n(A\cup B)$의 값이 최대이므로

$m=42-36=6$

또한 $A\cup B=A$일 때 $n(A\cup B)$의 값이 최소이므로

$M=42-25=17$

$\therefore M+m=17+6=23$

내신 잡는 종합 문제

0785

답 ⑤

주어진 조건을 벤다이어그램으로 나타내면 오른쪽 그림과 같으므로

$B=\{1, 3, 6, 8\}$

0786

답 ①

$A=\{2, 3, 5, 7\}$

$|x-4|=1$에서 $x-4=\pm 1$

$\therefore x=3$ 또는 $x=5$

$\therefore B=\{3, 5\}$

집합 A의 부분집합 중 집합 B와 서로소인 집합은 집합 A의 부분집합 중 3, 5를 원소로 갖지 않는 집합, 즉 $\{2, 7\}$의 부분집합이므로 구하는 집합의 개수는

$2^{4-2}=2^2=4$

0787

답 $\{d, g\}$

$B\cap A^c=B-A=\{d, g\}$

$(A-B)^c=\{a, c, d, e, f, g\}$

$\therefore (B\cap A^c)\cap(A-B)^c=\{d, g\}$

0788

답 ③

ㄱ. $A\odot A=(A-A)\cup(A-A)=\varnothing\cup\varnothing=\varnothing$

ㄴ. $A\odot A^c=(A-A^c)\cup(A^c-A)=A\cup A^c=U$

ㄷ. $A\odot(A-B)=\{A-(A-B)\}\cup\{(A-B)-A\}$
$$=(A\cap B)\cup\varnothing=A\cap B$$

따라서 옳은 것은 ㄷ이다.

0789

답 ④

$A\cap B=\{1, 9\}$이므로 $9\in A$

즉, $a+7=9$에서 $a=2$

이때 $A=\{1, 4, 9\}$, $B=\{1, 3, 7, 9\}$

$\therefore (A\cap B^c)\cup(B\cap A^c)=(A-B)\cup(B-A)$
$$=\{4\}\cup\{3, 7\}$$
$$=\{3, 4, 7\}$$

따라서 구하는 집합의 모든 원소의 합은 $3+4+7=14$

0790 답 ③

$B-A=B$이므로 두 집합 A, B는 서로소, 즉 $A\cap B=\varnothing$이다.
$\therefore A-B=A$, $A\subset B^C$, $B\subset A^C$
ㄷ. $A^C\not\subset B^C$
ㄹ. $A\subset B^C$이므로 $A\cup B^C=B^C$
따라서 옳은 것은 ㄱ, ㄴ이다.

0791 답 ③

$\{(A\cap B)\cup(A-B)\}\cap B=\{(A\cap B)\cup(A\cap B^C)\}\cap B$
$=\{A\cap(B\cup B^C)\}\cap B$
$=(A\cap U)\cap B=A\cap B$
ㄱ. $A\cap B=B$이므로 $B\subset A$
ㄴ. $B\subset A$이고 $A\neq B$이므로 $A-B\neq\varnothing$
ㄷ. $A\cup B^C=U$
따라서 옳은 것은 ㄱ, ㄷ이다.

0792 답 ⑤

$A=\{1,\ 2,\ 3,\ 4,\ 5\}$
$(A-B)\cap(A-C)=\{2,\ 4,\ 5\}\cap\{2,\ 3,\ 4\}$
$=\{2,\ 4\}$
주어진 조건을 벤다이어그램으로 나타내면
오른쪽 그림과 같다.
따라서 $C-B$의 원소인 것은 5이다.

0793 답 ⑤

$A_m\subset(A_{12}\cap A_{18})$에서 $A_{12}\cap A_{18}=A_{36}$이므로 $A_m\subset A_{36}$
즉, m은 36의 배수이므로 m의 최솟값은 36이다.
$(A_{20}\cup A_{30})\subset A_n$에서 $A_{20}\subset A_n$이고 $A_{30}\subset A_n$
즉, n은 20과 30의 공약수이므로 n의 최댓값은 20과 30의 최대공약수인 10이다.
따라서 m의 최솟값과 n의 최댓값의 합은
$36+10=46$

0794 답 16

$(X-A)\subset(A-X)$에서 $(X-A)\cap(A-X)=X-A$
$(X-A)\cap(A-X)=(X\cap A^C)\cap(A\cap X^C)$
$=(A\cap A^C)\cap(X\cap X^C)$
$=\varnothing\cap\varnothing=\varnothing$
즉, $X-A=\varnothing$이므로 $X\subset A$
이때 $A=\{1,\ 2,\ 5,\ 10\}$이고 집합 X는 집합 A의 부분집합이므로
집합 X의 개수는 $2^4=16$

0795 답 ②

$n(A^C\cap B^C)=n((A\cup B)^C)=7$이므로
$n(A\cup B)=n(U)-n((A\cup B)^C)$
$=28-7=21$
$\therefore n(B)=n(A\cup B)-n(A\cap B^C)$
$=21-18=3$

0796 답 ②

주어진 벤다이어그램의 색칠한 부분은 집합 $A\cap(B\cup C)$를 나타낸 부분에서 집합 $B\cap C$를 나타낸 부분을 뺀 것, 즉
② $A\cap(B\cup C)-(B\cap C)$와 같다.

0797 답 ③

$A\triangle B=(A\cup B)\cap(A^C\cup B)$
$=(A\cap A^C)\cup B=\varnothing\cup B=B$
$\therefore (A\triangle B)\triangle C=B\triangle C=C$

0798 답 12

$A=\{3,\ 6,\ 9,\ 12,\ 15\}$, $B=\{1,\ 3,\ 5,\ 7,\ 9\}$
$(A-B)^C\cap A=A\cap(A-B)^C=A-(A-B)$

$\therefore (A-B)^C\cap A=A\cap B=\{3,\ 9\}$
따라서 집합 $(A-B)^C\cap A$의 모든 원소의 합은 $3+9=12$

0799 답 7

$A_k\cap A_2=A_{2k}$에서 자연수 k와 2는 서로소이므로 k는 홀수이다.
또한 $A_k-A_7=\varnothing$에서 $A_k\subset A_7$이므로 k는 7의 배수이다.
따라서 k는 7의 배수인 홀수이므로 100 이하의 자연수 k는
7, 21, 35, 49, 63, 77, 91의 7개이다.

0800 답 4

$X-B=X\cap B^C$이므로
$X\cup A=X\cap B^C$
$X\cup A=X\cap B^C$을 만족시키는 집합 X는 집합 A의 원소인 4, 7, 9를 포함하고 집합 B의 원소인 2, 5, 6, 8을 포함하지 않아야 한다.
$B^C=\{1,\ 3,\ 4,\ 7,\ 9\}$이므로 집합 U의 부분집합 X는
$\{4,\ 7,\ 9\}\subset X\subset\{1,\ 3,\ 4,\ 7,\ 9\}$를 만족시킨다.
따라서 부분집합 X의 개수는
$2^{5-3}=2^2=4$

0801
답 ③

$n(A \cup B) = n(A) + n(B) - n(A \cap B)$에서

$n(A \cup B) + n(A \cap B) = n(A) + n(B)$

$\qquad\qquad\qquad = 18 + 22 = 40 \quad \cdots\cdots \text{㉠}$

$n((A-B) \cup (B-A)) = n((A \cup B) - (A \cap B))$

$\qquad\qquad\qquad\qquad = n(A \cup B) - n(A \cap B)$

즉, $n(A \cup B) - n(A \cap B) = 26 \quad \cdots\cdots \text{㉡}$

㉠+㉡을 하면

$2 \times n(A \cup B) = 40 + 26 = 66$

$\therefore n(A \cup B) = 33$

0802
답 21

$B \subset C$이므로 $A \cup B \cup C = A \cup C$이고

$n(A \cup C) = n(A) + n(C) - n(A \cap C)$

$\qquad\qquad = 12 + 19 - 7 = 24$

$\therefore n(A^c \cap B^c \cap C^c) = n((A \cup B \cup C)^c)$

$\qquad\qquad\qquad\qquad = n((A \cup C)^c)$

$\qquad\qquad\qquad\qquad = n(U) - n(A \cup C)$

$\qquad\qquad\qquad\qquad = 45 - 24 = 21$

0803
답 ①

학생 전체의 집합을 U, 수학, 과학경시대회에 참가하는 학생의 집합을 각각 A, B라 하면 수학경시대회에는 참가하지만 과학경시대회에는 참가하지 않는 학생의 집합은 $A \cap B^c = A - B$이므로

$n(U) = 37$, $n(A \cap B^c) = n(A - B) = 9$

어느 쪽에도 참가하지 않는 학생의 집합은 $A^c \cap B^c = (A \cup B)^c$이므로

$n((A \cup B)^c) = 13$

$\therefore n(A \cup B) = n(U) - n((A \cup B)^c) = 37 - 13 = 24$

$\therefore n(B) = n(A \cup B) - n(A \cap B^c) = 24 - 9 = 15$

따라서 과학경시대회에 참가하는 학생 수는 15이다.

0804
답 ④

학생 전체의 집합을 U, 동아리 A에 가입한 학생의 집합을 A, 동아리 B에 가입한 학생의 집합을 B라 하면

$n(U) = 105$, $n(A) = 43$, $n(B) = 58$

$n(A) + n(B) < n(U)$이므로 $A \cap B = \varnothing$일 때 $n(A \cup B)$의 값이 최대이다.

즉, $n(A \cup B)$의 최댓값은

$n(A) + n(B) = 43 + 58 = 101 \qquad \therefore M = 101$

또한 $A \subset B$일 때 $n(A \cup B)$의 값이 최소이므로

$n(A \cup B)$의 최솟값은

$n(B) = 58 \qquad \therefore m = 58$

$\therefore M + m = 101 + 58 = 159$

0805
답 10

$A - B = \{2, 4, 6, 8, 10\}$이고

10 이하의 홀수인 소수는 3, 5, 7이므로

$(A \cup B) \cap A^c = (A \cap A^c) \cup (B \cap A^c)$

$\qquad\qquad\qquad = \varnothing \cup (B - A) = B - A = \{3, 5, 7\}$

(i) $A \cap B = \{1, 9\}$일 때

집합 A의 원소의 개수가 최대이므로

$B = \{1, 3, 5, 7, 9\}$

$\therefore m = 1 + 3 + 5 + 7 + 9 = 25$

(ii) $A \cap B = \varnothing$일 때

집합 A의 원소의 개수가 최소이므로

$B = \{3, 5, 7\} \qquad \therefore n = 3 + 5 + 7 = 15$

(i), (ii)에서 $m - n = 25 - 15 = 10$

0806
답 5

$x^2 \geq k^2$에서 $x^2 - k^2 \geq 0$

$(x+k)(x-k) \geq 0 \qquad \therefore x \leq -k$ 또는 $x \geq k$

$\therefore A = \{x \mid x \leq -k$ 또는 $x \geq k\}$

$|x-2| < 3$에서

$-3 < x - 2 < 3 \qquad \therefore -1 < x < 5$

$\therefore B = \{x \mid -1 < x < 5\}$

$\qquad\qquad\qquad\qquad\qquad\qquad\qquad\qquad\qquad\quad$ ❶

A, B가 서로소, 즉 $A \cap B = \varnothing$이려면 오른쪽 그림과 같아야 한다.

즉, $-k \leq -1$, $5 \leq k$이므로 $k \geq 5$

$\qquad\qquad\qquad\qquad\qquad\qquad\qquad\qquad\qquad\quad$ ❷

따라서 자연수 k의 최솟값은 5이다.

$\qquad\qquad\qquad\qquad\qquad\qquad\qquad\qquad\qquad\quad$ ❸

채점 기준	배점
❶ 두 집합 A, B 구하기	40%
❷ k의 값의 범위 구하기	50%
❸ 자연수 k의 최솟값 구하기	10%

0807
답 6

$A \triangle B = (A \cup B) \cap (A \cap B)^c = (A \cup B) - (A \cap B)$이므로

$(A \triangle B) \triangle A^c = \{(A \triangle B) \cup A^c\} - \{(A \triangle B) \cap A^c\}$

$\qquad\qquad\qquad\qquad\qquad\qquad\qquad\qquad\qquad\quad$ ❶

이 식을 벤다이어그램으로 나타내면 다음과 같다.

$(A \triangle B) \cup A^c \qquad (A \triangle B) \cap A^c \qquad (A \triangle B) \triangle A^c$

$\therefore (A \triangle B) \triangle A^c = B^c$

$\qquad\qquad\qquad\qquad\qquad\qquad\qquad\qquad\qquad\quad$ ❷

따라서 $n(U)=15$, $n(B)=9$이므로

$n(B^C)=n(U)-n(B)$

$\qquad=15-9=6$

.... ❸

채점 기준	배점
❶ $(A\triangle B)\triangle A^C=\{(A\triangle B)\cup A^C\}-\{(A\triangle B)\cap A^C\}$로 나타내기	30%
❷ ❶의 우변의 식을 벤다이어그램으로 나타내기	50%
❸ 집합 $(A\triangle B)\triangle A^C$의 원소의 개수 구하기	20%

0808   답 13

㈎에서 $A^C\cup B^C=(A\cap B)^C=\{2,4,5,6,7\}$이므로

$A\cap B=\{1,3\}$

.... ❶

㈏에서

$\{B\cap(A\cap B)^C\}\cap(A-B)^C$

$=\{B\cap(A^C\cup B^C)\}\cap(A\cap B^C)^C$

$=\{(B\cap A^C)\cup(B\cap B^C)\}\cap(A^C\cup B)$

$=\{(B\cap A^C)\cup\varnothing\}\cap(A^C\cup B)$

$=(B\cap A^C)\cap(B\cup A^C)$

$=B\cap A^C=B-A$

.... ❷

즉, $B-A=\{2,7\}$이므로

$B=(B-A)\cup(A\cap B)$

$\quad=\{2,7\}\cup\{1,3\}$

$\quad=\{1,2,3,7\}$

.... ❸

따라서 집합 B의 모든 원소의 합은

$1+2+3+7=13$

.... ❹

채점 기준	배점
❶ 집합 $A\cap B$ 구하기	20%
❷ $\{B\cap(A\cap B)^C\}\cap(A-B)^C$ 간단히 하기	50%
❸ 집합 B 구하기	20%
❹ 집합 B의 모든 원소의 합 구하기	10%

PART C 수능 녹인 변별력 문제

0809   답 ①

집합 X의 모든 원소의 합을 $S(X)$라 하면

$S(A\cup B)=S(A)+S(B)-S(A\cap B)$

이때 $S(A\cup B)=27$, $S(A)=a+b+c+d=10$,

$S(B)=a+b+c+d+4k=10+4k$, $S(A\cap B)=2+7=9$이므로

$27=10+(10+4k)-9$ $\quad\therefore k=4$

다른 풀이

$S(A)+S(B)=S(A\cup B)+S(A\cap B)$

$(a+b+c+d)+(a+k+b+k+c+k+d+k)=27+(2+7)$

$a+b+c+d=10$이므로

$10+10+4k=36$ $\quad\therefore k=4$

참고

주어진 조건이 원소의 합이므로 집합 X의 모든 원소의 합을 $S(X)$라 정한 후 문제를 푸는 것이 보다 수월하다.

다만, 다음과 같이 집합을 직접 찾아서 주어진 조건과 서로 비교하는 방법을 생각할 수도 있다.

집합 B의 원소는 모두 집합 A의 원소 각각에 k를 더한 값이다.

이때 $A\cap B=\{2,7\}$이고, 이 집합의 두 원소의 차는 $7-2=5$이므로

(i) $k=5$일 때

집합 A는 집합 B의 원소 2에서 k, 즉 5를 뺀 값인 $2-5=-3$을 원소로 갖는다. 따라서 집합 A를

$\qquad A=\{-3,2,7,d\}$

라 하면 집합 A의 모든 원소의 합이 10이므로

$-3+2+7+d=10$에서 $d=4$이다.

따라서 $A=\{-3,2,4,7\}$이므로

$\qquad B=\{-3+5,2+5,4+5,7+5\}$

$\qquad\quad=\{2,7,9,12\}$

이다. 이 경우 $A\cup B=\{-3,2,4,7,9,12\}$이므로

집합 $A\cup B$의 모든 원소의 합은 $-3+2+4+7+9+12=31$이다.

그러나 이는 집합 $A\cup B$의 모든 원소의 합이 27이라는 조건에 어긋난다.

(ii) $k\neq5$일 때

집합 A는 집합 B의 원소 2, 7에서 k를 뺀 수를 원소로 갖고, 집합 B는 집합 A의 원소 2, 7에서 k를 더한 수를 원소로 갖는다. 즉,

$\qquad A=\{2,7,2-k,7-k\}$

$\qquad B=\{2,7,2+k,7+k\}$

이다. 이때 집합 A의 모든 원소의 합이 10이므로

$2+7+(2-k)+(7-k)=18-2k=10$에서

$2k=8$ $\quad\therefore k=4$

따라서 $A=\{-2,2,3,7\}$이므로

$\qquad B=\{-2+4,2+4,3+4,7+4\}=\{2,6,7,11\}$

이다. 이 경우 $A\cup B=\{-2,2,3,6,7,11\}$이므로

집합 $A\cup B$의 모든 원소의 합은 $-2+2+3+6+7+11=27$이다.

(i), (ii)에서 $k=4$이다.

0810   답 ⑤

$A^C \cap B = B - A = \varnothing$ 이므로 $B \subset A$

(i) $B = \varnothing$ 일 때

방정식 $5x - 2 = kx + 3$의 해가 존재하지 않아야 하므로

$(5 - k)x = 5$에서 $k = 5$이어야 한다.

(ii) $B \neq \varnothing$ 일 때

$1 \in B$ 또는 $5 \in B$이어야 하므로 방정식 $5x - 2 = kx + 3$의 해가

$x = 1$ 또는 $x = 5$이어야 한다.

$5 - 2 = k + 3$ 또는 $25 - 2 = 5k + 3$

∴ $k = 0$ 또는 $k = 4$

(i), (ii)에서 구하는 모든 실수 k의 값의 합은 $5 + 0 + 4 = 9$

0811   답 ②

$(A \cup B) \cap (A^C \cup B^C) = (A \cup B) \cap (A \cap B)^C$
$= (A \cup B) - (A \cap B)$
$= (A - B) \cup (B - A)$
$= \{1, 3, b\}$

$A = \{1, 3, a-1\}$, $B = \{a^2 - 4a - 7, a+2\}$이므로

$(a-1) \in A \cap B$

즉, $a-1$은 집합 B의 원소이다.

이때 $a - 1 \neq a + 2$이므로 $a - 1 = a^2 - 4a - 7$

$a^2 - 5a - 6 = 0$, $(a+1)(a-6) = 0$

∴ $a = -1$ 또는 $a = 6$

(i) $a = -1$일 때

$A = \{-2, 1, 3\}$, $B = \{-2, 1\}$이므로

$(A - B) \cup (B - A) = \{3\}$

따라서 주어진 조건을 만족시키지 않는다.

(ii) $a = 6$일 때

$A = \{1, 3, 5\}$, $B = \{5, 8\}$이므로

$(A - B) \cup (B - A) = \{1, 3, 8\}$

(i), (ii)에서 $a = 6$, $b = 8$이므로 $a + b = 6 + 8 = 14$

0812   답 ③

음악, 미술, 체육 동아리에 가입한 학생의 집합을 각각 A, B, C라 하자.

또한 세 동아리 중 두 동아리에만 가입한 학생 수를 각각 a, b, c라 하면 하나의 동아리에만 가입한 학생 수는 오른쪽 벤다이어그램에서 색칠한 부분에 속하는 학생 수의 합과 같다.

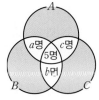

$n(A \cup B \cup C)$
$= n(A) + n(B) + n(C) - n(A \cap B) - n(B \cap C) - n(C \cap A)$
$\qquad\qquad\qquad\qquad\qquad\qquad + n(A \cap B \cap C)$

이므로

$34 = 21 + 17 + 20 - (a+5) - (b+5) - (c+5) + 5$

따라서 $a + b + c = 14$이므로 하나의 동아리에만 가입한 학생 수는

$34 - (a + b + c + 5) = 34 - (14 + 5) = 15$

0813   답 56

학생 전체의 집합을 U, 지역 A를 방문한 학생의 집합을 A, 지역 B를 방문한 학생의 집합을 B라 하자.

지역 A와 지역 B를 모두 방문한 학생 수를 $n(A \cap B) = x$라 하고 각 부분에 속하는 원소의 개수를 벤다이어그램으로 나타내면 오른쪽 그림과 같다.

각 부분에 속하는 원소의 개수는 0 이상의 정수이므로

$x \geq 0$, $x - 2 \geq 0$, $15 - x \geq 0$, $17 - x \geq 0$

∴ $2 \leq x \leq 15$

지역 A와 지역 B 중 어느 한 지역만 방문한 학생 수는

$n((A-B) \cup (B-A)) = 32 - 2x$이므로

$2 \leq 32 - 2x \leq 28$

따라서 $M = 28$, $m = 2$이므로 $Mm = 28 \times 2 = 56$

[다른 풀이]

학생 전체의 집합을 U, 지역 A를 방문한 학생의 집합을 A, 지역 B를 방문한 학생의 집합을 B라 하자.

이때 이 학급 학생 중에서 지역 A와 지역 B 중 어느 한 지역만 방문한 학생 수는

$n(A) + n(B) - 2 \times n(A \cap B)$

라 나타낼 수 있고,

$n(A) + n(B) = n(A \cup B) + n(A \cap B)$

이므로

$n(A) + n(B) - 2 \times n(A \cap B) = n(A \cup B) - n(A \cap B)$이다.

이때 $n(A) + n(B)$의 값이 일정한 경우

$n(A \cup B)$의 값이 최대이면 $n(A \cap B)$의 값이 최소이고

$n(A \cup B)$의 값이 최소이면 $n(A \cap B)$의 값이 최대이다.

따라서 $n(A \cup B) - n(A \cap B)$의 값은

$n(A \cup B) = n(U)$일 때 최댓값 $M = 30 - 2 = 28$을 갖고,

$n(A \cup B) = n(A)$일 때 최솟값 $m = 17 - 15 = 2$를 갖는다.

∴ $Mm = 28 \times 2 = 56$

0814
답 ②

(i) $A \cap C$의 원소의 합이 최소인 경우는
오른쪽 그림과 같이 각 부분에 속하는 원소
의 개수를 나타낸 벤다이어그램에서
$n(A \cap C) = 1$일 때, $A \cap C = \{2\}$이므로
$m = 2$

(ii) $A \cap C$의 원소의 합이 최대인 경우는
오른쪽 그림과 같이 각 부분에 속하는 원소
의 개수를 나타낸 벤다이어그램에서
$n(A \cap C) = 5$일 때,
$A \cap C = \{4, 6, 8, 10, 12\}$이므로
$M = 4 + 6 + 8 + 10 + 12 = 40$

(i), (ii)에서 $M - m = 40 - 2 = 38$

0815
답 ④

$(A \cup B) - \{(A \cap B^C) \cup (B \cap A^C)\}$
$= (A \cup B) - \{(A - B) \cup (B - A)\}$
$= A \cap B$
이므로 $A \cap B = \{2, 5, 8\}$
집합 B의 모든 원소의 곱이 20000의 약수이고
집합 $A \cap B = \{2, 5, 8\}$의 원소의 곱이 80이므로
$20000 = 80 \times 250$에서 집합 $B - A$의 원소는 250의 약수이다.
250의 약수는 1, 2, 5, 10, 25, 50, 125, 250이므로
집합 $B - A$의 원소의 합의 최댓값은 $1 + 250 = 251$
따라서 집합 B의 원소의 합의 최댓값은
$251 + (2 + 5 + 8) = 266$

참고

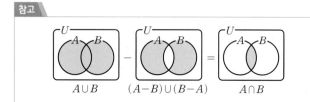

0816
답 ②

집합 A는 20 이하의 자연수 n에 대하여
$f(n) = (n^2 - 7n + 11)(n^2 + 3n + 3)$의 값을 원소로 갖고
집합 B는 100 이하의 소수를 원소로 갖는다.
따라서 집합 $A \cap B$는
$f(n) = (n^2 - 7n + 11)(n^2 + 3n + 3)(n \leq 20)$의 값 중 100 이하의
소수를 원소로 갖는다. ⌐집합 A의 조건   집합 B의 조건⌐
$n^2 - 7n + 11$, $n^2 + 3n + 3$의 값은 모두 정수이므로
$f(n) = (n^2 - 7n + 11)(n^2 + 3n + 3)$의 값은 두 정수의 곱으로
되어 있고, $f(n)$의 값이 소수이어야 하므로 $n^2 - 7n + 11 = 1$,
$n^2 + 3n + 3 = ($소수$)$가 되어야 한다.

$n^2 - 7n + 11 = 1$에서 $n^2 - 7n + 10 = 0$
$(n - 2)(n - 5) = 0$ $\therefore n = 2$ 또는 $n = 5$

(i) $n = 2$일 때
$f(2) = 1 \times (2^2 + 3 \times 2 + 3) = 13$

(ii) $n = 5$일 때
$f(5) = 1 \times (5^2 + 3 \times 5 + 3) = 43$

(i), (ii)에서 두 수가 모두 100 이하의 소수이므로
$A \cap B = \{13, 43\}$
$\therefore n(A \cap B) = 2$

참고

$n^2 + 3n + 3 > 3$이므로 $n^2 - 7n + 11$의 값은 1이 되고
$n^2 + 3n + 3$의 값은 소수가 되어야 한다.

0817
답 12

(대)에서 두 집합 A, B에 대하여 두 집합의 모든 원소의 곱이 같으
려면 집합 $A - B$의 모든 원소의 곱과 집합 $B - A$의 모든 원소의
곱이 같아야 한다.

(가), (나), (대)에서 $n(A \cup B) = 7$, $n(A \cap B) = 2$를 만족시키는 A, B
중에서 $S(A) > S(B)$인 것을 찾으면 다음과 같다.

$A - B$	원소의 합	$B - A$
1, 2, 6	>	3, 4
1, 3, 4	=	2, 6
1, 3, 8	>	4, 6
1, 4, 6	=	3, 8
2, 6	=	1, 3, 4
3, 4	<	1, 2, 6
3, 8	=	1, 4, 6
4, 6	<	1, 3, 8

$\therefore A - B = \{1, 2, 6\}$, $B - A = \{3, 4\}$
또는 $A - B = \{1, 3, 8\}$, $B - A = \{4, 6\}$
이때 $S(A \cup B)$가 최댓값을 가지므로
$A - B = \{1, 3, 8\}$, $B - A = \{4, 6\}$,
$A \cap B = \{5, 7\}$
$\therefore S(A \cap B) = 5 + 7 = 12$

0818
답 ④

(가), (나)에서 $n(B) = 4$이고 (대)에서 $n(A) \leq n(B)$이다.
(대)에서
$1 \in A$이면 $1 \in B$, $2 \in A$이면 $6 \in B$,
$3 \in A$이면 $2 \in B$, $4 \in A$이면 $7 \in B$,
$5 \in A$이면 $3 \in B$, $6 \in A$이면 $8 \in B$,
$7 \in A$이면 $4 \in B$, $8 \in A$이면 $9 \in B$,
$9 \in A$이면 $5 \in B$, $10 \in A$이면 $10 \in B$

(나)에서 $n(A-B)=3$이므로 $n(B-A)=4$ 또는 $n(B-A)=3$

(i) $n(B-A)=4$일 때 $A\cap B=\varnothing$

  (다)에서 $10\in A$이면 $10\in B$인데 $A\cap B=\varnothing$이므로 10은 집합 A의 원소가 될 수 없다.

  이때 집합 $B-A$의 원소의 합이 가장 크려면

  $A-B=\{2,\ 4,\ 8\}$, $B-A=\{6,\ 7,\ 9,\ 10\}$

  $\therefore M=6+7+9+10=32$

(ii) $n(B-A)=3$일 때 $n(A\cap B)=1$

  (다)에서 $1\in A$이면 $1\in B$, $10\in A$이면 $10\in B$인데

  $n(A-B)=n(B-A)=3$이므로

  1과 10은 집합 $A-B$, $B-A$의 원소가 될 수 없다.

  이때 집합 $B-A$의 원소의 합이 가장 작으려면

  $A\cap B=\{1\}$ 또는 $\{10\}$, $A-B=\{3,\ 7,\ 9\}$, $B-A=\{2,\ 4,\ 5\}$

  $\therefore m=2+4+5=11$

(i), (ii)에서 $M=32$, $m=11$이므로 $M+m=32+11=43$

0819   답 22

주어진 조건을 벤다이어그램으로 나타내면 오른쪽 그림과 같다.

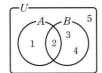

$A\cap B=\{2\}$이므로

(i) $2\in X$인 경우

  $X\cap A\neq\varnothing$, $X\cap B\neq\varnothing$을 만족시키므로 집합 X는 전체집합 U에서 2를 반드시 원소로 갖는 부분집합과 같다.

  따라서 $2\in X$인 경우의 집합 X의 개수는 집합 $\{1,\ 3,\ 4,\ 5\}$의 부분집합의 개수와 같으므로 $2^4=16$

(ii) $2\notin X$인 경우

  2를 제외한 집합 A의 원소는 1이고, 2를 제외한 집합 B의 원소는 3, 4이므로 $X\cap A\neq\varnothing$, $X\cap B\neq\varnothing$을 만족시키려면 집합 X는 1을 반드시 원소로 갖고 3 또는 4를 원소로 가져야 한다.

  즉, $1\in X$, $3\in X$, $4\notin X$인 경우와 $1\in X$, $3\notin X$, $4\in X$인 경우, $1\in X$, $3\in X$, $4\in X$인 경우의 3가지이다.

  이때 각 경우에서 집합 X는 집합 $(A\cup B)^C$의 원소인 5를 원소로 갖거나 갖지 않을 수 있으므로 $2\notin X$인 경우의 집합 X의 개수는 $3\times2=6$

(i), (ii)에서 조건을 만족시키는 부분집합 X의 개수는

$16+6=22$

0820   답 ②

(나)에서 $A-X=B-X$이고 $A-X\subset A$, $B-X\subset B$이므로

$A-X=B-X\subset A\cap B=\{3,\ 4,\ 5\}$

$A-X\subset\{3,\ 4,\ 5\}$에서 $\{1,\ 2\}\subset X$이고

$B-X\subset\{3,\ 4,\ 5\}$에서 $\{6,\ 7\}\subset X$이므로

$\{1,\ 2,\ 6,\ 7\}\subset X$ …… ㉠

(다)에서

$(X-A)\cap(X-B)=(X\cap A^C)\cap(X\cap B^C)$

$\qquad\qquad\qquad\qquad\quad=X\cap(A^C\cap B^C)$

$\qquad\qquad\qquad\qquad\quad=X\cap(A\cup B)^C$

$\qquad\qquad\qquad\qquad\quad=X\cap\{8,\ 9,\ 10\}\neq\varnothing$ …… ㉡

(가)에서 $n(X)=6$이고 ㉠에서

$n(X\cap\{3,\ 4,\ 5,\ 8,\ 9,\ 10\})=2$ …… ㉢

㉡에서 집합 X는 원소 8, 9, 10 중 적어도 하나의 원소를 가져야 한다. 이때 집합 X의 모든 원소의 합이 최소이려면 $8\in X$이고 ㉢에서 원소 3, 4, 5, 9, 10 중 가장 작은 원소를 가져야 하므로 $3\in X$이다.

따라서 $X=\{1,\ 2,\ 3,\ 6,\ 7,\ 8\}$일 때 모든 원소의 합이 최소이므로 집합 X의 모든 원소의 합의 최솟값은

$1+2+3+6+7+8=27$

PART A **07 명제**

유형 01 명제

확인 문제
(1) 참인 명제
(2) 조건
(3) 거짓인 명제
(4) 참인 명제

(1) 10의 배수 10, 20, 30, …은 모두 5의 배수이므로 참인 명제이다.
(2) x의 값에 따라 참, 거짓이 결정되므로 조건이다.
(3) $\varnothing$은 모든 집합의 부분집합이므로 거짓인 명제이다.
(4) 실수 x에 대하여 $|x| \geq 0$이므로 $|x|+2>0$은 참인 명제이다.

0821 답 ④

①, ②, ⑤ 명제가 아니다.
③ 조건이다.
④ 거짓인 명제이다.

참고
'작다.', '빠르다.', '적다.'와 같이 참, 거짓을 명확하게 판별할 수 없는 용어가 포함되어 있는 문장은 명제라 할 수 없다.

0822 답 ⑤

①, ②, ③ 참인 명제이다.
④ 명제가 아니다.
⑤ 거짓인 명제이다.

0823 답 ㄱ, ㄴ, ㄹ

ㄱ, ㄴ. 거짓인 명제이다.
ㄷ. 조건이다.
ㄹ. 참인 명제이다.
따라서 명제인 것은 ㄱ, ㄴ, ㄹ이다.

0824 답 ③

③ '좋다'는 주관적인 견해이므로 참, 거짓을 판별할 수 없다.
① 거짓인 명제   ② 참인 명제   ④ 참인 명제   ⑤ 거짓인 명제

유형 02 명제와 조건의 부정

확인 문제
1. (1) $\sqrt{2}$는 무리수이다. (참)
   (2) $3+5 \neq 9$ (참)
   (3) 6은 3의 배수이거나 4의 배수이다. (참)
2. (1) $x \neq 0$이고 $x \neq 1$ (2) $x<-3$ 또는 $x \geq 2$

0825 답 ⑤

조건 '$a \geq 0$이고 $b<0$이다.'의 부정은
'$a<0$ 또는 $b \geq 0$이다.'이다.

0826 답 ②

실수 x에 대한 조건 'x는 1보다 크다.'의 부정은 'x는 1보다 크지 않다.', 즉 '$x \leq 1$'이다.

0827 답 ④

'p 또는 $\sim q$'의 부정은 '$\sim p$ 그리고 q'이다.
$\sim p$: $x \leq -1$ 또는 $x>5$, q: $-5 \leq x<7$이므로
'$\sim p$ 그리고 q'는 $-5 \leq x \leq -1$ 또는 $5<x<7$

0828 답 ③

조건 '$abc \neq 0$'의 부정은 '$abc=0$'이다.
이와 서로 같은 뜻을 가진 문장은 'a, b, c 중 적어도 하나는 0이다.'이므로 답은 ③이다.

0829 답 ⑤

각 명제의 부정과 그 참, 거짓은 다음과 같다.
① $2 \geq 10$ (거짓)
② 5는 소수가 아니다. (거짓)
③ 정사각형은 직사각형이 아니다. (거짓)
④ $3-5 \neq 2-4$ (거짓)
⑤ $5 \notin \{2, 4, 6, 8\}$ (참)
따라서 그 부정이 참인 명제는 ⑤이다.

다른 풀이
부정이 참인 명제는 거짓이므로 거짓인 명제를 찾으면 ⑤이다.

Bible Says 여러 가지 사각형 사이의 관계

여러 가지 사각형 사이의 관계를 벤다이어그램으로 나타내면 다음 그림과 같다.

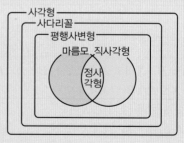

0830 답 ③

'$(x-y)^2+(y-z)^2+(z-x)^2=0$'의 부정은
'$(x-y)^2+(y-z)^2+(z-x)^2 \neq 0$'이므로

$(x-y)^2 \neq 0$ 또는 $(y-z)^2 \neq 0$ 또는 $(z-x)^2 \neq 0$
$\therefore x \neq y$ 또는 $y \neq z$ 또는 $z \neq x$
따라서 x, y, z 중 서로 다른 것이 적어도 하나 있다.

유형 03 진리집합

확인 문제 (1) $\{-1, 1\}$ (2) $\{1, 5\}$

0831
답 ③

$U = \{1, 2, 3, 4\}$
$x^2 + 6 = 5x$에서 $x^2 - 5x + 6 = 0$
즉, $(x-2)(x-3) = 0$이므로 $x = 2$ 또는 $x = 3$
따라서 조건 'p: $x^2 + 6 = 5x$'의 진리집합은 $\{2, 3\}$이다.

0832
답 $\{3, 6, 12, 24\}$

$U = \{x \mid x$는 30 이하의 자연수$\}$
24의 약수는 1, 2, 3, 4, 6, 8, 12, 24이고,
이 중 3의 배수인 것은 3, 6, 12, 24이다.
따라서 조건 'p: x는 3의 배수이면서 24의 약수이다.'의 진리집합은
$\{3, 6, 12, 24\}$

0833
답 12

$U = \{1, 2, 3, 4, 5, 6, 7, 8\}$
전체집합 U의 원소 중 짝수는 2, 4, 6, 8이고,
6의 약수는 1, 2, 3, 6이므로 조건 p의 진리집합을 P라 할 때
$P = \{1, 2, 3, 4, 6, 8\}$
                           ❶

조건 $\sim p$의 진리집합은 P^C이므로
$P^C = \{5, 7\}$
                           ❷

따라서 구하는 집합의 모든 원소의 합은
$5 + 7 = 12$
                           ❸

채점 기준	배점
❶ 조건 p의 진리집합 구하기	40%
❷ 조건 $\sim p$의 진리집합 구하기	40%
❸ 조건 $\sim p$의 진리집합의 모든 원소의 합 구하기	20%

0834
답 ④

두 조건 'p: $x \geq 1$', 'q: $x < -4$'의 진리집합이 각각 P, Q이므로
'$\sim p$: $x < 1$', '$\sim q$: $x \geq -4$'에서
$P^C = \{x \mid x < 1\}$, $Q^C = \{x \mid x \geq -4\}$
따라서 조건 '$-4 \leq x < 1$'의 진리집합은
$P^C \cap Q^C = (P \cup Q)^C$

0835
답 $\{-1, 3\}$

두 조건 p, q의 진리집합을 각각 P, Q라 하자.
$|x-1| < 3$에서 $-3 < x-1 < 3$ $\therefore -2 < x < 4$
$\therefore P = \{-1, 0, 1, 3\}$
$x^2 - 2x - 3 \geq 0$에서 $(x+1)(x-3) \geq 0$ $\therefore x \leq -1$ 또는 $x \geq 3$
$\therefore Q = \{-3, -1, 3, 5\}$
따라서 조건 'p이고 q'의 진리집합은 $P \cap Q = \{-1, 3\}$

0836
답 4

$U = \{-2, -1, 0, 1, 2\}$
두 조건 p, q의 진리집합을 각각 P, Q라 하자.
$x^2 - 2x = 0$에서 $x(x-2) = 0$ $\therefore x = 0$ 또는 $x = 2$
$\therefore P = \{0, 2\}$
$x^2 = 4$에서 $x = \pm 2$
$\therefore Q = \{-2, 2\}$
조건 '$\sim p$ 또는 q'의 진리집합은 $P^C \cup Q$이고
$P^C = \{-2, -1, 1\}$이므로
$P^C \cup Q = \{-2, -1, 1, 2\}$
따라서 구하는 집합의 모든 원소의 곱은
$-2 \times (-1) \times 1 \times 2 = 4$

0837
답 12

두 조건 p, q의 진리집합을 각각 P, Q라 하자.
전체집합이 자연수 전체의 집합이므로
$P = \{2, 3, 4, 5\}$
$x^2 - 3x + 2 = 0$에서 $(x-1)(x-2) = 0$이므로
$Q = \{1, 2\}$
조건 '$\sim p$ 또는 q'의 부정은 'p이고 $\sim q$'
조건 'p이고 $\sim q$'의 진리집합은 $P \cap Q^C$, 즉 $P - Q$이므로
$P \cap Q^C = \{3, 4, 5\}$
따라서 구하는 집합의 모든 원소의 합은
$3 + 4 + 5 = 12$

> **참고**
>
> 조건 '$\sim p$ 또는 q'의 진리집합은 $P^C \cup Q$이므로
> 조건 '$\sim p$ 또는 q'의 부정의 진리집합은 드모르간의 법칙을 이용하면
> $(P^C \cup Q)^C = P \cap Q^C$이다.

유형 04 명제의 참, 거짓의 판별

0838
답 ④

① $3x - 1 = 5$에서 $x = 2$이고, $2^2 - 2 - 12 \neq 0$이므로 거짓이다.
② [반례] 2는 소수이지만 $2^2 = 4$는 짝수이다.
③ [반례] $x = y = \sqrt{2}$이면 $xy = 2$이다.

④ 10의 양의 약수는 1, 2, 5, 10이고, 20의 양의 약수는 1, 2, 4, 5, 10, 20이므로 x가 10의 양의 약수이면 x는 20의 양의 약수이다.

⑤ 직사각형은 네 변의 길이가 모두 같지 않은 경우가 있으므로 마름모가 아니다.

0839
답 ①

① [반례] $x=1$, $y=-1$이면 $x^2=y^2=1$이지만 $x \neq y$이다.

0840
답 ②

ㄱ. [반례] $x=-2$, $y=-1$, $z=3$이면 $x<y<z$이지만 $-2>(-1)\times 3$이므로 $x>yz$이다.

ㄴ. $|x|+|y|+|z|=0$이면 $|x|=0$, $|y|=0$, $|z|=0$, 즉 $x=0$, $y=0$, $z=0$이므로 $x=y=z$이다.

ㄷ. [반례] $x=0$, $y=z=1$이면 $x^2+y^2+z^2>0$이지만 $x=0$이다.

따라서 참인 명제는 ㄴ이다.

유형 05 거짓인 명제의 반례

0841
답 ③

n이 10 이하의 자연수이므로 두 조건 p, q를
'p: n이 짝수이다.', 'q: n이 40의 약수이다.'라 하고 두 조건 p, q의 진리집합을 각각 P, Q라 하면
$P=\{2, 4, 6, 8, 10\}$
$Q=\{1, 2, 4, 5, 8, 10\}$
주어진 명제가 거짓임을 보이는 반례는 집합 $P-Q=\{6\}$의 원소이므로 6이다.

0842
답 ③

두 조건 p, q의 진리집합이 각각 P, Q이므로 명제 '$\sim p$이면 $\sim q$이다.'가 거짓임을 보이는 원소는 집합 P^C에는 속하고 집합 Q^C에는 속하지 않는 원소이다. 즉,
$P^C-Q^C=P^C\cap(Q^C)^C=P^C\cap Q=Q-P=\{c\}$
의 원소이므로 주어진 명제가 거짓임을 보이는 원소는 c이다.

0843
답 ④

명제 '$\sim p$이면 q이다.'가 거짓임을 보이는 원소는 집합 P^C에는 속하고 집합 Q에는 속하지 않는 원소이므로 집합
$P^C-Q=P^C\cap Q^C=(P\cup Q)^C$
의 원소이다.

0844
답 30

$U=\{x \mid x$는 25 이하의 자연수$\}$이므로
두 조건 p, q의 진리집합을 각각 P, Q라 하면
$P=\{5, 10, 15, 20, 25\}$
$Q=\{2, 4, 6, \cdots, 22, 24\}$
명제 $p \longrightarrow \sim q$가 거짓임을 보이는 반례는 집합 P에는 속하고 집합 Q^C에는 속하지 않는 원소이므로 집합
$P-Q^C=P\cap(Q^C)^C=P\cap Q=\{10, 20\}$
의 원소이다.
따라서 주어진 명제가 거짓임을 보이는 반례가 될 수 있는 모든 원소의 합은
$10+20=30$

0845
답 $3 \leq k < 4$

두 조건 p, q의 진리집합을 각각 P, Q라 하면
$P=\{x \mid x<3 \text{ 또는 } x \geq 5\}$, $Q=\{x \mid k<x<7\}$
명제 $\sim p \longrightarrow q$가 거짓임을 보이는 반례는 집합 P^C에는 속하고 집합 Q에는 속하지 않는 원소이므로 집합 $P^C \cap Q^C$의 원소이다. ....❶

$P^C=\{x \mid 3 \leq x<5\}$, $Q^C=\{x \mid x \leq k \text{ 또는 } x \geq 7\}$

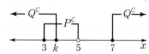

따라서 집합 $P^C \cap Q^C$의 정수인 원소가 3뿐이려면 실수 k의 값의 범위는 $3 \leq k<4$이어야 한다. ....❷

채점 기준	배점
❶ 반례가 속하는 집합 구하기	60%
❷ 실수 k의 값의 범위 구하기	40%

유형 06 명제의 참, 거짓과 진리집합

0846
답 ⑤

명제 $\sim q \longrightarrow p$가 참이므로 $Q^C \subset P$
이것을 벤다이어그램으로 나타내면 그림과 같으므로 $P\cup Q=U$

0847
답 ④

명제 $p \longrightarrow q$가 참이므로 $P \subset Q$
① $P-Q=\varnothing$ (참)
② $P\cap Q=P$ (참)
③ $P\cup Q=Q$ (참)

④ $P \cap Q^C = \varnothing$ (거짓)

⑤ $P^C \cup Q = U$ (참)

따라서 옳지 않은 것은 ④이다.

0848
답 ③

ㄱ. $P \not\subset R^C$이므로 $p \longrightarrow \sim r$는 거짓이다.

ㄴ. $R \subset Q$에서 $Q^C \subset R^C$이므로 $\sim q \longrightarrow \sim r$는 참이다.

ㄷ. $(P \cap Q) \subset Q$이므로 (p이고 q) $\longrightarrow q$는 참이다.

ㄹ. $(P \cap Q) \not\subset R$이므로 (p이고 q) $\longrightarrow r$는 거짓이다.

따라서 참인 명제는 ㄴ, ㄷ이다.

0849
답 32

명제 $\sim p \longrightarrow q$가 참이 되려면 $P^C \subset Q$이어야 한다.

❶

$U = \{x \mid x$는 10 이하의 자연수$\}$이므로

$P = \{1, 2, 3, 4, 6\}$에서 $P^C = \{5, 7, 8, 9, 10\}$

❷

따라서 집합 Q는 5, 7, 8, 9, 10을 반드시 원소로 가져야 하므로 집합 Q의 개수는

$2^{10-5} = 2^5 = 32$

❸

채점 기준	배점
❶ 진리집합의 포함 관계 구하기	20%
❷ 집합 P^C의 원소 구하기	40%
❸ 조건을 만족시키는 집합 Q의 개수 구하기	40%

유형 07 명제가 참이 되도록 하는 상수 구하기

0850
답 −1

주어진 명제가 참이 되려면

$\{x \mid -2 \leq x < 2\} \subset \{x \mid a-5 < x < a+3\}$

이어야 하므로

$a-5 < -2$, $2 \leq a+3$에서

$-1 \leq a < 3$

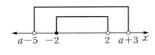

따라서 주어진 명제가 참이 되도록 하는 실수 a의 최솟값은 −1이다.

0851
답 ④

조건 p: $x^2 - 2x - 8 = 0$에서 $(x+2)(x-4) = 0$

∴ $x = -2$ 또는 $x = 4$

두 조건 p, q의 진리집합을 각각 P, Q라 하면

$P = \{-2, 4\}$, $Q = \{x \mid x \leq a\}$

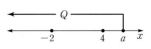

명제 $p \longrightarrow q$가 참이 되려면

$P \subset Q$이어야 하므로 $a \geq 4$

따라서 정수 a의 최솟값은 4이다.

0852
답 ②

$|x-1| \leq k$에서 $-k+1 \leq x \leq k+1$

두 조건 p, q의 진리집합을 각각 P, Q라 하면

$P = \{x \mid -k+1 \leq x \leq k+1\}$, $Q = \{x \mid -2 < x \leq 6\}$

명제 $p \longrightarrow q$가 참이 되려면

$P \subset Q$이어야 하므로

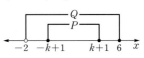

$-2 < -k+1$, $k+1 \leq 6$

∴ $0 < k < 3$ (∵ $k > 0$)

따라서 자연수 k는 1, 2의 2개이다.

0853
답 ②

명제 $p \longrightarrow q$가 거짓이므로 $P \not\subset Q$

따라서 $2 \not\in Q$이므로 $a \neq 2$

명제 $q \longrightarrow r$가 참이므로 $Q \subset R$

따라서 $6 \in R$이므로 $b = 6$

또한 $a \in R$이고 $a \neq 2$, $a \neq b$이므로 $a = 8$

∴ $a + b = 8 + 6 = 14$

0854
답 ⑤

조건 p: $x < 1$ 또는 $x \geq 4$에 대하여

$\sim p$: $1 \leq x < 4$

조건 q: $|x-a| \leq 3$에서 $-3+a \leq x \leq 3+a$

두 조건 p, q의 진리집합을 각각 P, Q라 하면

$P^C = \{x \mid 1 \leq x < 4\}$, $Q = \{x \mid -3+a \leq x \leq 3+a\}$

명제 $\sim p \longrightarrow q$가 참이 되려면

$P^C \subset Q$이어야 하므로

$-3+a \leq 1$, $4 \leq 3+a$

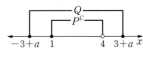

∴ $1 \leq a \leq 4$

따라서 자연수 a는 1, 2, 3, 4의 4개이다.

0855
답 ②

두 조건 p, q의 진리집합을 각각 P, Q라 하자.

조건 p: $|x-a| > 4$에서 $x-a < -4$ 또는 $x-a > 4$

∴ $x < a-4$ 또는 $x > a+4$

∴ $P = \{x \mid x < a-4$ 또는 $x > a+4\}$

조건 q: $|x-1| \leq 2$에서 $-2 \leq x-1 \leq 2$ ∴ $-1 \leq x \leq 3$

즉, $Q=\{x|-1\le x\le 3\}$이므로 $Q^C=\{x|x<-1$ 또는 $x>3\}$
명제 $p\longrightarrow\sim q$가 참이 되려면 $P\subset Q^C$이어야 하므로
$a-4\le -1$, $a+4\ge 3$
$a\le 3$, $a\ge -1$
$\therefore -1\le a\le 3$
따라서 실수 a의 최댓값은 3, 최솟값은 -1이므로 그 합은
$3+(-1)=2$

0856

답 10

세 조건 p, q, r의 진리집합을 각각 P, Q, R라 하면
$P=\{x|-2\le x\le 1$ 또는 $x\ge a\}$,
$Q=\{x|x\le b\}$, $R=\{x|x\ge 5\}$

❶

두 명제 $r\longrightarrow p$, $\sim q\longrightarrow r$가 모두 참이 되려면 $R\subset P$, $Q^C\subset R$
이어야 하고 $Q^C=\{x|x>b\}$이므로
$a\le 5$, $b\ge 5$

❷

따라서 a의 최댓값은 5, b의 최솟값은 5이므로 구하는 합은
$5+5=10$

❸

채점 기준	배점
❶ 세 조건 p, q, r의 진리집합 구하기	30%
❷ 주어진 명제가 참이 되도록 하는 조건 구하기	50%
❸ a의 최댓값과 b의 최솟값의 합 구하기	20%

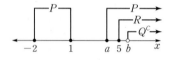

유형 08 '모든'이나 '어떤'을 포함한 명제

확인 문제 (1) 거짓   (2) 참

⑴ [반례] $x=0$이면 $|x|=0$이므로 주어진 명제는 거짓이다.

0857

답 ①

② x의 값이 -2, -1, 0, 1, 2일 때 모두 $x^2<0$을 만족시키지 않으
므로 거짓이다.
③ [반례] $x=2$이면 $x+1=3$이고 $3\notin U$이다.
④ x의 값이 -2, -1, 0, 1, 2일 때 모두 $|x|<3$을 만족시키므로
거짓이다.
⑤ [반례] $x=1$, $y=2$이면 $x^2-y^2=1-4=-3<0$이므로 거짓이다.

0858

답 ②

조건 '모든 자연수 x에 대하여 $x>k-5$이다.'가 참인 명제가 되려면
$k-5<1$, 즉 $k<6$이어야 하므로 자연수 k는 1, 2, 3, 4, 5이다.
따라서 모든 k의 값의 합은
$1+2+3+4+5=15$

0859

답 ⑤

⑤ [반례] $x=4$이면 $\sqrt{4}=2$는 무리수가 아니다.

0860

답 8

주어진 명제가 거짓이 되려면 $x^2+8x+2k-1\ge 0$을 만족시키지 않
는 실수 x가 존재하여야 하므로 이차방정식 $x^2+8x+2k-1=0$의
판별식을 D라 할 때, $D>0$이어야 한다.
$\dfrac{D}{4}=4^2-(2k-1)>0$ $\therefore k<\dfrac{17}{2}$
따라서 $k<\dfrac{17}{2}$이므로 정수 k의 최댓값은 8이다.

0861

답 4

명제 '어떤 실수 x에 대하여 $x^2-2kx+5k\le 0$이다.'의 부정은
'모든 실수 x에 대하여 $x^2-2kx+5k>0$이다.'이다.   …… ㉠

❶

명제 ㉠이 참이려면 이차방정식 $x^2-2kx+5k=0$의 판별식을 D라
할 때, $D<0$이어야 하므로
$\dfrac{D}{4}=(-k)^2-5k<0$, $k(k-5)<0$
$\therefore 0<k<5$

❷

따라서 자연수 k의 최댓값은 4이다.

❸

채점 기준	배점
❶ 주어진 명제의 부정 구하기	30%
❷ 주어진 명제의 부정이 참이 되도록 하는 조건 구하기	50%
❸ 조건을 만족시키는 자연수 k의 최댓값 구하기	20%

0862

답 12

명제 '집합 P의 어떤 원소 x에 대하여 x는 3의 배수이다.'가 참이
되려면 조건 'x는 3의 배수이다.'의 진리집합을 Q라 할 때,
$Q=\{3, 6\}$에 대하여 $P\cap Q\ne\varnothing$이어야 한다.
즉, 집합 P는 적어도 하나의 3의 배수를 원소로 가져야 한다.
따라서 집합 P의 개수는 집합 U의 모든 부분집합의 개수에서 3, 6
을 모두 원소로 갖지 않는 부분집합의 개수를 제외하면 되므로
$2^4-2^2=16-4=12$

0863
답 ①

$f(x)=x^2-8x+n$이라 하면
$f(x)=x^2-8x+n=(x-4)^2+n-16$
$2\leq x\leq 5$인 어떤 실수 x에 대하여 $f(x)\geq 0$이려면 $2\leq x\leq 5$일 때
$f(x)$의 최댓값이 0 이상이어야 한다.
이때 최댓값은 $x=2$일 때 $n-12$이므로

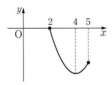

$n-12\geq 0$ ∴ $n\geq 12$
따라서 주어진 명제가 참이 되도록 하는
자연수 n의 최솟값은 12이다.

0864
답 $-1<a<7$

두 조건 p, q를 p: $a\leq x\leq a+3$, q: $2<x<7$이라 하고
두 조건 p, q의 진리집합을 각각 P, Q라 하면
$P=\{x|a\leq x\leq a+3\}$, $Q=\{x|2<x<7\}$
이때 주어진 명제가 참이 되기 위해서는 $P\cap Q\neq\varnothing$이어야 하므로
다음 그림과 같아야 한다.

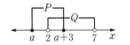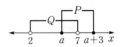

따라서 $a+3>2$, $a<7$이어야 하므로 $-1<a<7$

유형 09 명제의 역, 대우의 참, 거짓

확인 문제
(1) 역: $x=2$이면 $x^2=4$이다.
대우: $x\neq 2$이면 $x^2\neq 4$이다.
(2) 역: $a+b>0$이면 $a>0$이고 $b>0$이다.
대우: $a+b\leq 0$이면 $a\leq 0$ 또는 $b\leq 0$이다.

0865
답 ⑤

① 역: $x+y$가 정수이면 x, y는 모두 정수이다. (거짓)
   [반례] $x=\dfrac{1}{2}$, $y=\dfrac{1}{2}$이면 $x+y$는 정수이지만 x, y는 모두 정수
   가 아니다.
② 역: xy가 무리수이면 x, y는 모두 무리수이다. (거짓)
   [반례] $x=2$, $y=\sqrt{3}$이면 xy는 무리수이지만 x는 무리수가 아니다.
③ 역: x, y가 모두 무리수이면 $x+y$는 무리수이다. (거짓)
   [반례] $x=\sqrt{2}$, $y=-\sqrt{2}$이면 x, y는 모두 무리수이지만 $x+y$는
   무리수가 아니다.
④ 역: $xy=0$이면 $x=0$이다. (거짓)
   [반례] $x=5$, $y=0$이면 $xy=0$이지만 $x=0$이 아니다.
⑤ 역: $x<0$이고 $y<0$이면 $x+y<0$이다. (참)
따라서 그 역이 참인 명제는 ⑤이다.

0866
답 ④

명제 $\sim p \longrightarrow \sim q$의 역인 $\sim q \longrightarrow \sim p$가 참이므로 그 대우인
$p \longrightarrow \sim q$도 참이다.

0867
답 ③

ㄱ. 명제: $x=2$이면 $x^3-8=0$이다. (참)
   역: $x^3-8=0$이면 $x=2$이다. (참)
   [증명] $x^3-8=0$에서 $(x-2)(x^2+2x+4)=0$
   x는 실수이므로 $x=2$
ㄴ. 명제: $0<x<y$이면 $x^3y<xy^3$이다. (참)
   [증명] $0<x<y$에서 $x^2<y^2$이므로 양변에 양수 xy를 곱하면
   $x^3y<xy^3$
   역: $x^3y<xy^3$이면 $0<x<y$이다. (거짓)
   [반례] $x=-1$, $y=-3$이면 $x^3y<xy^3$이지만 $y<x<0$이다.
ㄷ. 명제: $x^2+y^2=0$이면 $x=0$이고 $y=0$이다. (참)
   역: $x=0$이고 $y=0$이면 $x^2+y^2=0$이다. (참)
따라서 주어진 명제와 그 명제의 역이 모두 참인 것은 ㄱ, ㄷ이다.

0868
답 ㄱ

ㄱ. 역: $ab=0$이면 $a=0$ 또는 $b=0$이다. (참)
   또한 주어진 명제가 참이므로 그 대우도 참이다. (참)
ㄴ. 역: $a=1$이면 $a^2=1$이다. (참)
   명제: [반례] $a^2=1$이면 $a=1$ 또는 $a=-1$이다. (거짓)
   즉, 주어진 명제가 거짓이므로 그 대우도 거짓이다.
ㄷ. 역: ab가 유리수이면 a, b가 모두 유리수이다. (거짓)
   [반례] $a=b=\sqrt{2}$이면 ab는 유리수이지만 a, b는 유리수가 아니다.
   또한 주어진 명제가 참이므로 그 대우도 참이다. (참)
따라서 그 역과 대우가 모두 참인 명제인 것은 ㄱ이다.

참고
ㄱ. 대우: $ab\neq 0$이면 $a\neq 0$이고, $b\neq 0$이다. (참)
ㄴ. 대우: $a\neq 1$이면 $a^2\neq 1$이다. (거짓)
   [반례] $a=-1$이면 $a\neq 1$이지만 $a^2=1$이다.
ㄷ. 대우: ab가 유리수가 아니면 a 또는 b는 유리수가 아니다. (참)

0869
답 14

명제 $p \longrightarrow q$의 역은 $q \longrightarrow p$이다.
❶

$|x-a|<2$에서 $a-2<x<a+2$
두 조건 p, q의 진리집합을 각각 P, Q라 하면
$P=\{x|-3<x<7\}$, $Q=\{x|a-2<x<a+2\}$
❷

명제 $q \longrightarrow p$가 참이 되려면
$Q\subset P$이어야 하므로
$-3\leq a-2$, $a+2\leq 7$

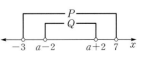

∴ $1\leq a\leq 5$
❸

따라서 모든 정수 a의 값의 합은

$-1+0+1+2+3+4+5=14$

⋯⋯⋯⋯⋯⋯⋯⋯⋯⋯⋯⋯⋯⋯⋯⋯⋯⋯⋯⋯⋯⋯⋯⋯⋯ ❹

채점 기준	배점
❶ 주어진 명제의 역 구하기	10%
❷ 두 조건 p, q의 진리집합 P, Q 구하기	30%
❸ $Q \subset P$를 만족시키는 a의 값의 범위 구하기	50%
❹ 모든 정수 a의 값의 합 구하기	10%

유형 10 명제의 대우를 이용하여 상수 구하기

확인 문제 11

주어진 명제가 참이므로 그 대우

'$x=3$이면 $x^2+2=k$이다.'도 참이다.

$x=3$을 $x^2+2=k$에 대입하면

$k=3^2+2=11$

0870
답 ⑤

주어진 명제가 참이므로 그 대우

'$x \geq 2$이고 $y \geq k$이면 $x+y>6$이다.'

도 참이다.

$x \geq 2$, $y \geq k$에서 $x+y \geq 2+k$이므로

$2+k>6$ ∴ $k>4$

따라서 자연수 k의 최솟값은 5이다.

$\lfloor \{(x,y)|x+y \geq 2+k\} \subset \{(x,y)|x+y>6\}$

0871
답 18

주어진 명제가 참이 되려면 그 대우

'$x-k=0$이면 $x^2-9x+18=0$이다.'

도 참이 되어야 한다.

$x^2-9x+18=0$에서 $(x-3)(x-6)=0$

∴ $x=3$ 또는 $x=6$

따라서 모든 상수 k의 값의 곱은

$3 \times 6 = 18$

0872
답 3

명제 $p \longrightarrow q$의 역인 명제 $q \longrightarrow p$가 참이므로 $Q \subset P$

명제 $p \longrightarrow q$의 대우가 참이면 명제 $p \longrightarrow q$가 참이므로 $P \subset Q$

즉, $P=Q$이므로 $a=7$ 또는 $a+4=7$

(i) $a=7$일 때

　$P=\{5, 7, 11\}$, $Q=\{5, 7, 15\}$이므로 $P \neq Q$

(ii) $a+4=7$, 즉 $a=3$일 때

　$P=\{3, 5, 7\}$, $Q=\{3, 5, 7\}$이므로 $P=Q$

(i), (ii)에서 $a=3$

0873
답 12

명제 $p \longrightarrow \sim q$가 참이 되려면 그 대우 $q \longrightarrow \sim p$도 참이 되어야 한다.

⋯⋯⋯⋯⋯⋯⋯⋯⋯⋯⋯⋯⋯⋯⋯⋯⋯⋯⋯⋯⋯⋯⋯⋯ ❶

$q: |x-a|<3$에서 $a-3<x<a+3$

$\sim p: |x+4| \leq 5$에서 $-9 \leq x \leq 1$

두 조건 p, q의 진리집합을 각각 P, Q라 하면

$Q=\{x | a-3<x<a+3\}$

$P^C=\{x | -9 \leq x \leq 1\}$

⋯⋯⋯⋯⋯⋯⋯⋯⋯⋯⋯⋯⋯⋯⋯⋯⋯⋯⋯⋯⋯⋯⋯⋯ ❷

명제 $q \longrightarrow \sim p$가 참이 되려면

$Q \subset P^C$이어야 하므로

$-9 \leq a-3$, $a+3 \leq 1$

∴ $-6 \leq a \leq -2$

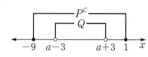

⋯⋯⋯⋯⋯⋯⋯⋯⋯⋯⋯⋯⋯⋯⋯⋯⋯⋯⋯⋯⋯⋯⋯⋯ ❸

따라서 $m=-6$, $M=-2$이므로

$mM=(-6) \times (-2)=12$

⋯⋯⋯⋯⋯⋯⋯⋯⋯⋯⋯⋯⋯⋯⋯⋯⋯⋯⋯⋯⋯⋯⋯⋯ ❹

채점 기준	배점
❶ 주어진 명제의 대우 구하기	10%
❷ 두 조건 q, $\sim p$의 진리집합 Q, P^C 구하기	30%
❸ $Q \subset P^C$을 만족시키는 실수 a의 값의 범위 구하기	30%
❹ mM의 값 구하기	30%

유형 11 삼단논법

0874
답 ②

명제 $p \longrightarrow q$와 명제 $\sim p \longrightarrow r$가 모두 참이므로 각각의 대우 $\sim q \longrightarrow \sim p$, $\sim r \longrightarrow p$도 모두 참이다.

또한 두 명제 $\sim r \longrightarrow p$, $p \longrightarrow q$가 모두 참이므로 삼단논법에 의하여 명제 $\sim r \longrightarrow q$도 참이고, 그 대우인 $\sim q \longrightarrow r$도 참이다.

0875
답 ②

명제 $\sim p \longrightarrow s$가 참이므로 그 대우 $\sim s \longrightarrow p$도 참이다.

두 명제 $q \longrightarrow r$, $\sim s \longrightarrow p$가 참이므로 명제 $q \longrightarrow p$가 참이 되려면 세 명제 $r \longrightarrow \sim s$, $q \longrightarrow \sim s$, $r \longrightarrow p$ 중 적어도 하나가 참이어야 한다.

또한 명제 $r \longrightarrow \sim s$가 참이려면 그 대우 $s \longrightarrow \sim r$도 참이면 된다.

따라서 명제 $q \longrightarrow p$가 참임을 보이기 위하여 필요한 참인 명제로 옳은 것은 $s \longrightarrow \sim r$, 즉 ②이다.

0876
답 ④

명제 $p \longrightarrow \sim q$가 참이므로 그 대우 $q \longrightarrow \sim p$도 참이다.

또한 명제 $r \longrightarrow q$가 참이므로 그 대우 $\sim q \longrightarrow \sim r$도 참이다.

두 명제 $p \longrightarrow \sim q$, $\sim q \longrightarrow \sim r$가 참이므로 삼단논법에 의하여 명제 $p \longrightarrow \sim r$도 참이고, 그 대우 $r \longrightarrow \sim p$도 참이다.

따라서 항상 참인 것은 ㄴ, ㄹ이다.

0877
답 ②

명제 $r \longrightarrow p$가 참이므로 그 대우 $\sim p \longrightarrow \sim r$도 참이다.
두 명제 $q \longrightarrow \sim p$, $\sim p \longrightarrow \sim r$가 참이므로 삼단논법에 의하여
명제 $q \longrightarrow \sim r$도 참이고, 그 대우 $r \longrightarrow \sim q$도 참이다.
또한 명제 $q \longrightarrow \sim r$가 참이고 세 조건 p, q, r의 진리집합이 각각
P, Q, R이므로 $Q \subset R^C$도 참이다.
따라서 옳은 것은 ㄱ, ㄴ이다.

0878
답 ③

ㄱ. 명제 $\sim p \longrightarrow r$가 참이므로 $P^C \subset R$ (참)
ㄴ. [반례] $U = \{a, b, c\}$, $P = \{a, b\}$, $Q = \{b\}$, $R = \{a, c\}$일 때,
$P \not\subset Q$ (거짓)
ㄷ. 명제 $r \longrightarrow \sim q$가 참이므로 그 대우 $q \longrightarrow \sim r$도 참이다.
$\therefore Q \subset R^C$ ...... ㉠
명제 $\sim p \longrightarrow r$가 참이므로 그 대우 $\sim r \longrightarrow p$도 참이다.
$\therefore R^C \subset P$ ...... ㉡
명제 $\sim r \longrightarrow q$가 참이므로 $R^C \subset Q$ ...... ㉢
㉠, ㉡에 의하여 $Q \subset R^C \subset P$이므로 $Q \subset P$
$\therefore P \cap Q = Q$
㉠, ㉢에 의하여 $Q = R^C$
$\therefore P \cap Q = Q = R^C$ (참)
따라서 옳은 것은 ㄱ, ㄷ이다.

유형 12 삼단논법과 명제의 추론

0879
답 ③

세 조건 p, q, r를 각각
p: 고양이를 좋아한다.
q: 강아지를 좋아한다.
r: 코알라를 좋아한다.
라 하면 ㈎, ㈏에 의하여 명제 $p \longrightarrow q$와 명제 $\sim p \longrightarrow \sim r$가 참
이므로 각각의 대우 $\sim q \longrightarrow \sim p$, $r \longrightarrow p$도 참이다.
또한 두 명제 $r \longrightarrow p$, $p \longrightarrow q$가 참이므로 삼단논법에 의하여 명
제 $r \longrightarrow q$도 참이다.
따라서 반드시 참인 명제는 ③이다.

0880
답 ③

네 조건 p, q, r, s를 각각
p: 10대, 20대에게 선호도가 높다.
q: 판매량이 많다.
r: 가격이 싸다.
s: 기능이 많다.
라 하고, 시장 조사 결과인 ㈎, ㈏, ㈐를 기호로 각각 나타내면
㈎: $p \longrightarrow q$ ㈏: $r \longrightarrow p$ ㈐: $s \longrightarrow p$

이때 ㈎, ㈏, ㈐가 모두 참이므로 삼단논법에 의하여 $s \longrightarrow q$도 참
이고, 그 대우 $\sim q \longrightarrow \sim s$도 참이다.
각 보기를 p, q, r, s를 이용하여 나타내면
① $s \longrightarrow \sim r$ ② $\sim r \longrightarrow \sim q$ ③ $\sim q \longrightarrow \sim s$
④ $p \longrightarrow s$ ⑤ $p \longrightarrow \sim r$
따라서 항상 옳은 것은 ③이다.

참고

이와 같이 실생활과 관련하여 출제된 문항의 경우, 문장을 보고 직접 추론
하려고 하기보다는 각 조건을 기호로 나타내고 참인 명제로 정리한 다음
삼단논법과 대우 등을 이용하여 해결하는 것이 편리하다.

0881
답 A, B

(i) A가 검은색인 경우 조건 ㈎에 의하여 B는 검은색이다. 조건 ㈏
에서 C가 하얀색이면 B는 하얀색이므로 명제의 대우에 의하여
B가 검은색이면 C도 검은색이어야 한다. 즉, A, B, C 모두 검
은색이므로 두 색은 적어도 한 개씩 있다는 조건을 만족시키지
않는다.
(ii) A가 하얀색인 경우 조건 ㈏에 의하여 B가 하얀색이거나 C가
검은색이어야 하는데, 조건 ㈎에 의하여 B는 하얀색이어야 한
다. 이때 두 색은 적어도 한 개씩은 있으므로 C는 검은색이어야
한다.
(i), (ii)에서 세 상자 중 하얀색인 것은 A, B이다.

유형 13 충분조건, 필요조건, 필요충분조건

확인 문제 충분조건

0882
답 ④

① q: $xy > 0$에서 $x > 0$, $y > 0$ 또는 $x < 0$, $y < 0$
즉, 명제 $p \longrightarrow q$는 참이고 명제 $q \longrightarrow p$는 거짓이므로 p는 q
이기 위한 충분조건이다.
② p: $|x+y| = x+y$에서 $x+y \geq 0$
즉, 명제 $p \longrightarrow q$는 거짓이고 명제 $q \longrightarrow p$는 참이므로 p는 q
이기 위한 필요조건이다.
③ $\sim p$: $x^2 + y^2 \leq 0$에서 $x = y = 0$, $\sim q$: $x + y \leq 0$
명제 $\sim p \longrightarrow \sim q$는 참이고 명제 $\sim q \longrightarrow \sim p$는 거짓이므로
그 대우인 명제 $q \longrightarrow p$는 참이고, 명제 $p \longrightarrow q$는 거짓이다.
즉, p는 q이기 위한 필요조건이다.
④ $p \Longleftrightarrow q$이므로 p는 q이기 위한 필요충분조건이다.
⑤ $\sim p$: $xy \geq 0$, $\sim q$: $x^2 + y^2 \leq 0$에서 $x = y = 0$
명제 $\sim p \longrightarrow \sim q$는 거짓이고 명제 $\sim q \longrightarrow \sim p$는 참이므로
그 대우인 명제 $q \longrightarrow p$는 거짓이고, 명제 $p \longrightarrow q$는 참이다.
즉, p는 q이기 위한 충분조건이다.

0883 답 ②

① 명제 $p \longrightarrow q$는 거짓이고 명제 $q \longrightarrow p$는 참이므로 p는 q이기 위한 필요조건이다.

② q: $x^2=y^2$에서 $x=\pm y$

즉, 명제 $p \longrightarrow q$는 참이고 명제 $q \longrightarrow p$는 거짓이므로 p는 q이기 위한 충분조건이지만 필요조건이 아니다.

③ q: $x^2<9$에서 $-3<x<3$

즉, 명제 $p \longrightarrow q$는 거짓이고 명제 $q \longrightarrow p$는 참이므로 p는 q이기 위한 필요조건이다.

④, ⑤ 명제 $p \longrightarrow q$는 거짓이고 명제 $q \longrightarrow p$는 참이므로 p는 q이기 위한 필요조건이다.

0884 답 ⑤

ㄱ. p: $|x|=5$에서 $x=\pm 5$, q: $x^2=25$에서 $x=\pm 5$

즉, $p \Longleftrightarrow q$이므로 p는 q이기 위한 필요충분조건이다.

ㄴ. p: $xy=|xy|$에서 $xy \geq 0$

즉, 명제 $p \longrightarrow q$는 거짓이고 명제 $q \longrightarrow p$는 참이므로 p는 q이기 위한 필요조건이지만 충분조건이 아니다.

ㄷ. p: $|x+y|=|x|+|y|$에서 양변을 제곱하면

$x^2+2xy+y^2=|x|^2+2|x||y|+|y|^2$

$|xy|=xy$이므로 $xy \geq 0$

즉, 명제 $p \longrightarrow q$는 거짓이고 명제 $q \longrightarrow p$는 참이므로 p는 q이기 위한 필요조건이지만 충분조건이 아니다.

따라서 p가 q이기 위한 필요조건이지만 충분조건이 아닌 것은 ㄴ, ㄷ이다.

0885 답 ⑤

p: $|a|+|b|=0 \Longleftrightarrow a=b=0$

q: $a^2-2ab+b^2=0 \Longleftrightarrow (a-b)^2=0$
$\qquad\qquad\qquad\qquad \Longleftrightarrow a=b$

r: $|a+b|=|a-b| \Longleftrightarrow |a+b|^2=|a-b|^2$
$\qquad\qquad\qquad \Longleftrightarrow (a+b)^2=(a-b)^2$
$\qquad\qquad\qquad \Longleftrightarrow ab=0$
$\qquad\qquad\qquad \Longleftrightarrow a=0$ 또는 $b=0$

ㄱ. 명제 $p \longrightarrow q$가 참이므로 p는 q이기 위한 충분조건이다. (참)

ㄴ. $\sim p$: $a \neq 0$ 또는 $b \neq 0$

$\sim r$: $a \neq 0$이고 $b \neq 0$

즉, 명제 $\sim r \longrightarrow \sim p$가 참이므로 $\sim p$는 $\sim r$이기 위한 필요조건이다. (참)

ㄷ. (q이고 r): $a=b=0$

즉, 명제 (q이고 r) $\longrightarrow p$가 참이고, 명제 $p \longrightarrow$ (q이고 r)도 참이므로 (q이고 r)는 p이기 위한 필요충분조건이다. (참)

따라서 옳은 것은 ㄱ, ㄴ, ㄷ이다.

0886 답 ②

$q \Longrightarrow p$이고 $p \Longrightarrow r$이므로 $q \Longrightarrow r$

$q \Longrightarrow p$이므로 $\sim p \Longrightarrow \sim q$

따라서 항상 참인 명제는 ㄱ, ㄷ이다.

0887 답 ①

ㄱ. $\sim q \Longrightarrow \sim p$이므로 $p \Longrightarrow q$이고, $r \Longrightarrow p$이므로 $r \Longrightarrow q$

즉, r는 q이기 위한 충분조건이다. (참)

ㄴ. ㄱ에서 $p \Longrightarrow q$이므로 p는 q이기 위한 충분조건이다. (거짓)

ㄷ. $r \Longrightarrow p$이므로 p는 r이기 위한 필요조건이다. (거짓)

따라서 옳은 것은 ㄱ이다.

0888 답 ③

ㄱ. $\sim q \Longrightarrow s$에서 $\sim s \Longrightarrow q$이고, $p \Longrightarrow s$이므로 $p \Longrightarrow q$

즉, p는 q이기 위한 충분조건이다. (참)

ㄴ. $\sim p \Longrightarrow \sim r$에서 $r \Longrightarrow p$이고, $p \Longrightarrow \sim s$, $\sim s \Longrightarrow q$이므로 $r \Longrightarrow q$

즉, q는 r이기 위한 필요조건이다. (참)

ㄷ. $p \Longrightarrow \sim s$에서 $s \Longrightarrow \sim p$

즉, s는 $\sim p$이기 위한 충분조건이다. (거짓)

따라서 옳은 것은 ㄱ, ㄴ이다.

0889 답 ④

$\sim p$가 q이기 위한 필요조건이므로 $Q \subset P^C$

$\therefore P^C \cap Q=Q$

이것을 벤다이어그램으로 나타내면 오른쪽 그림과 같다.

① $P-Q=P$　　　　② $P \cap Q=\varnothing$

③ $P^C \cup Q=P^C$　　④ $P^C \cap Q=Q$

⑤ $P \cup Q \neq U$

따라서 항상 옳은 것은 ④이다.

참고

주어진 조건의 진리집합을 벤다이어그램으로 나타내면 좀 더 쉽게 포함 관계를 파악할 수 있다.

0890 답 ③

① $P \subset Q$이므로 p는 q이기 위한 충분조건이다.

② $P \subset R^C$이므로 $\sim r$는 p이기 위한 필요조건이다.

③ $R \subset Q$이므로 q는 r이기 위한 필요조건이다.

④ $R \subset P^C$이므로 r는 $\sim p$이기 위한 충분조건이다.

⑤ $Q^C \subset P^C$이므로 $\sim q$는 $\sim p$이기 위한 충분조건이다.

0891 답 ⑤

p는 q이기 위한 충분조건이고, r는 q이기 위한 필요조건이므로 $P \subset Q$, $Q \subset R$이다. 즉, $P \subset Q \subset R$이므로 세 집합 P, Q, R 사이의 포함 관계를 벤다이어 그램으로 나타내면 오른쪽 그림과 같다.

① $Q - R = \varnothing$

② $(P \cup Q) \subset R$

③ $Q \subset (P \cup R)$

④ $P \subset \{(P - Q) \cup R\}$

⑤ $(Q^C \cap R) \subset P^C$

따라서 항상 옳은 것은 ⑤이다.

0892 답 ②

$(P - Q) \cup (Q - R^C) = \varnothing$이므로

$P - Q = \varnothing$, $Q - R^C = \varnothing$

$\therefore P \subset Q$, $Q \cap R = \varnothing$

세 집합 P, Q, R 사이의 포함 관계를 벤다이 어그램으로 나타내면 오른쪽 그림과 같다.

ㄱ. $P \subset Q$이므로 p는 q이기 위한 충분조건이 다. (참)

ㄴ. $Q \subset R^C$이므로 $\sim r$는 q이기 위한 필요조건이다. (참)

ㄷ. $Q \subset R^C$이므로 q는 $\sim r$이기 위한 충분조건이지만 필요조건은 아니다. (거짓)

따라서 옳은 것은 ㄱ, ㄴ이다.

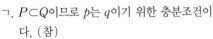

0893 답 ③

p는 q이기 위한 충분조건이므로 $(-2)^2 + 5 \times (-2) + k = 0$

$4 - 10 + k = 0$ $\therefore k = 6$

0894 답 8

p는 q이기 위한 필요조건이 되려면 명제 '$x^2 - 4x - 12 \neq 0$이면 $2x - a \neq 0$이다.'가 참이어야 하므로 이 명제의 대우 '$2x - a = 0$이면 $x^2 - 4x - 12 = 0$이다.'도 참이어야 한다.

.... ❶

$2x - a = 0$에서 $x = \dfrac{a}{2}$

$\left(\dfrac{a}{2}\right)^2 - 4 \times \dfrac{a}{2} - 12 = 0$, $\dfrac{a^2}{4} - 2a - 12 = 0$

$a^2 - 8a - 48 = 0$, $(a + 4)(a - 12) = 0$

$\therefore a = -4$ 또는 $a = 12$

.... ❷

따라서 모든 상수 a의 값의 합은 $-4 + 12 = 8$

.... ❸

채점 기준	배점
❶ 참인 명제 찾기	50%
❷ a의 값 구하기	40%
❸ a의 값의 합 구하기	10%

0895 답 ⑤

$1 - x = 3x - 7$에서 $4x = 8$ $\therefore x = 2$

이때 $1 - x = 3x - 7$은 $x^2 - ax + b = 0$이기 위한 필요충분조건이므로 x에 대한 이차방정식 $x^2 - ax + b = 0$의 해가 2뿐이어야 한다.

이차항의 계수가 1이고 중근 $x = 2$를 갖는 이차방정식은

$(x - 2)^2 = 0$이므로 $x^2 - ax + b = x^2 - 4x + 4$

따라서 $a = 4$, $b = 4$이므로 $a + b = 4 + 4 = 8$

0896 답 ③

두 조건 p, q의 진리집합을 각각 P, Q라 하자.

p가 $\sim q$이기 위한 충분조건이 되려면 $P \subset Q^C$이어야 한다.

p: $x^2 - 4x - 12 = 0$에서 $(x + 2)(x - 6) = 0$

$\therefore x = -2$ 또는 $x = 6$ $\therefore P = \{-2, 6\}$

q: $|x - 3| > k$에서 $\sim q$: $|x - 3| \leq k$이므로

$-k \leq x - 3 \leq k$ $\therefore 3 - k \leq x \leq 3 + k$

$\therefore Q^C = \{x \mid 3 - k \leq x \leq 3 + k\}$

이때 $P \subset Q^C$이어야 하므로 $3 - k \leq -2$, $6 \leq 3 + k$

따라서 $k \geq 5$이므로 자연수 k의 최솟값은 5이다.

0897 답 ②

p는 r이기 위한 충분조건이고 q는 p이기 위한 필요조건이므로

$P \subset R$, $P \subset Q$

$P \subset R$에서 $1 + a = 9$ 또는 $b^2 = 9$

(i) $1 + a = 9$일 때, $a = 8$이므로 $R = \{9, b^2\}$, $Q = \{-7, 3b - 3\}$이고

$P \subset Q$이므로 $3b - 3 = 9$ $\therefore b = 4$

(ii) $b^2 = 9$일 때, $b = 3$ 또는 $b = -3$이므로

$R = \{1 + a, 9\}$, $Q = \{1 - a, 6\}$

또는 $R = \{1 + a, 9\}$, $Q = \{1 - a, -12\}$

$P \subset Q$이므로

$1 - a = 9$ $\therefore a = -8$

(i), (ii)에서 $a + b$의 최솟값은 $-8 + (-3) = -11$

0898 답 9

세 조건 p, q, r의 진리집합을 각각 P, Q, R라 하면

$P = \{x \mid 5 < x < 2$ 또는 $x \geq 4\}$,

$Q = \{x \mid x \geq a\}$, $R = \{x \mid x > b\}$

이때 p는 q이기 위한 충분조건, p는 r이기 위한 필요조건이므로
$P{\subset}Q$, $R{\subset}P$에서 $R{\subset}P{\subset}Q$

.... ❶

위의 그림에서 $a{\le}-5$, $b{\ge}4$

.... ❷

따라서 a의 최댓값은 -5, b의 최솟값은 4이므로
$m-M=4-(-5)=9$

.... ❸

채점 기준	배점
❶ 세 조건의 진리집합의 포함 관계 구하기	30%
❷ a, b의 값의 범위 구하기	40%
❸ $m-M$의 값 구하기	30%

유형 17 대우를 이용한 명제의 증명

0899
답 ⑤

주어진 명제의 대우는 'n이 홀수이면 n^2도 홀수이다.'이다.
$n=\boxed{2k-1}$ (k는 자연수)라 하면
$n^2=(\boxed{2k-1})^2$
$\quad=4k^2-4k+1=2(\boxed{2k^2-2k})+1$
이때 $\boxed{2k^2-2k}$는 0 또는 짝수인 자연수이므로 n^2은 홀수이다.
따라서 주어진 명제의 대우가 참이므로 주어진 명제도 참이다.
$f(k)=2k-1$, $g(k)=2k^2-2k$이므로
$f(3)g(3)=5{\times}12=60$

0900
답 풀이 참조

주어진 명제 '실수 a, b에 대하여 $a^2+b^2=0$이면 $a=0$이고 $b=0$이다.'의 대우는 '$a{\ne}0$ 또는 $b{\ne}0$이면 $a^2+b^2{\ne}0$이다.'이다.

.... ❶

(i) $a{\ne}0$이면 $a^2>0$이고, $b^2{\ge}0$이므로
$\quad a^2+b^2>0$에서 $a^2+b^2{\ne}0$이다.
(ii) $b{\ne}0$이면 $b^2>0$이고, $a^2{\ge}0$이므로
$\quad a^2+b^2>0$에서 $a^2+b^2{\ne}0$이다.

.... ❷

(i), (ii)에서 주어진 명제의 대우가 참이므로 주어진 명제도 참이다.

.... ❸

채점 기준	배점
❶ 명제의 대우 구하기	30%
❷ $a{\ne}0$, $b{\ne}0$일 때 각각 $a^2+b^2{\ne}0$이 됨을 보이기	60%
❸ 주어진 명제의 대우가 참임을 이용하여 주어진 명제가 참임을 보이기	10%

0901
답 14

주어진 명제의 대우는
'n이 3의 배수가 아니면 n^2은 3의 배수가 아니다.'이다.
자연수 k에 대하여
(i) $n=\boxed{3k-1}$일 때,
$\quad n^2=(3k-1)^2=9k^2-6k+1$
$\qquad=3(3k^2-2k)+1$
(ii) $n=3k-2$일 때,
$\quad n^2=(3k-2)^2=9k^2-12k+4$
$\qquad=3(3k^2-4k+\boxed{1})+\boxed{1}$
(i), (ii)에서 n이 3의 배수가 아니면 n^2도 3의 배수가 아니다.
따라서 주어진 명제의 대우가 참이므로 주어진 명제도 참이다.
$f(k)=3k-1$, $a=1$이므로
$af(5a)=1{\times}f(5)=14$

0902
답 ④

주어진 명제의 대우는
'n이 3의 배수가 아니면 n^2+2는 3의 배수이다.'이다.
$n=3k+1$ 또는 $n=\boxed{3k+2}$ (k는 0 이상의 정수)라 하면
(i) $n=3k+1$일 때,
$\quad n^2+2=(3k+1)^2+2=3(\boxed{3k^2+2k+1})$
$\quad$ 그러므로 n^2+2는 3의 배수이다.
(ii) $n=\boxed{3k+2}$일 때,
$\quad n^2+2=(3k+2)^2+2=3(3k^2+4k+2)$
$\quad$ 그러므로 n^2+2는 3의 배수이다.
(i), (ii)에 의하여 주어진 명제의 대우가 참이므로 주어진 명제도 참이다.
따라서 $f(k)=3k+2$, $g(k)=3k^2+2k+1$이므로
$f(1)+g(1)=5+6=11$

유형 18 귀류법

0903
답 ⑤

$\sqrt{2}$가 $\boxed{유리수}$라 가정하면
$\sqrt{2}=\dfrac{n}{m}$ (m, n은 $\boxed{서로소}$인 자연수)으로 나타낼 수 있다.
위 식의 양변을 제곱하여 정리하면
$n^2=2m^2$ ...... ㉠
이때 n^2이 $\boxed{짝수}$이므로 n도 $\boxed{짝수}$이다.
$n=2k$ (k는 자연수)로 놓고 이를 ㉠에 대입하면
$(2k)^2=2m^2$ $\quad\therefore m^2=2k^2$
이때 m^2이 $\boxed{짝수}$이므로 m도 $\boxed{짝수}$이다.
따라서 m, n이 모두 짝수이므로 m, n이 $\boxed{서로소}$인 자연수라는 가정에 모순이다.
그러므로 $\sqrt{2}$는 무리수이다.

0904

a, b, c가 모두 $\boxed{\text{홀수}}$ 라 가정하면 a^2, b^2, c^2도 모두 홀수이다.

이때 a^2+b^2은 $\boxed{\text{짝수}}$ 이고 c^2은 $\boxed{\text{홀수}}$ 이므로

$a^2+b^2 \neq c^2$이 되어 가정에 모순이다.

따라서 자연수 a, b, c에 대하여 $a^2+b^2=c^2$이면 a, b, c 중 적어도 하나는 짝수이다.

0905

답 ②

$b \neq 0$이라 가정하면 $b\sqrt{5}=-a$ $\therefore \sqrt{5}=-\dfrac{a}{b}$

이때 a, b는 유리수이므로 $-\dfrac{a}{b}$는 $\boxed{\text{유리수}}$ 가 되어

$\sqrt{5}$도 $\boxed{\text{유리수}}$ 가 된다.

이것은 $\sqrt{5}$가 $\boxed{\text{무리수}}$ 라는 사실에 모순이다.

따라서 $b=0$이고, 이를 $a+b\sqrt{5}=0$에 대입하여 정리하면 $a=\boxed{0}$ 이 성립한다.

0906

답 ⑤

방정식 $f(x)=0$이 정수인 근 α를 가진다고 가정하면 $f(\alpha)=0$이다.

(i) $\alpha=2n$ (n은 정수)일 때

$\begin{aligned} f(\alpha) &= a \times (2n)^2 + b \times (2n) + c \\ &= 4an^2 + 2bn + c \\ &= 2(2an^2 + bn) + c \end{aligned}$

이때 $f(0)=c$이므로

$f(\alpha) = 2(2an^2 + bn) + \boxed{f(0)}$

위 등식에서 우변은 $\boxed{\text{홀수}}$ 가 되어 0이 될 수 없으므로 모순이다.

(ii) $\alpha=2n+1$ (n은 정수)일 때

$\begin{aligned} f(\alpha) &= a \times (2n+1)^2 + b \times (2n+1) + c \\ &= a(4n^2 + 4n + 1) + b(2n+1) + c \\ &= 2(2an^2 + 2an + bn) + (a+b+c) \end{aligned}$

이때 $f(1)=a+b+c$이므로

$f(\alpha) = 2(2an^2 + 2an + bn) + \boxed{f(1)}$

위 등식에서 우변은 $\boxed{\text{홀수}}$ 가 되어 0이 될 수 없으므로 모순이다.

따라서 방정식 $f(x)=0$은 정수인 근을 갖지 않는다.

0907

답 풀이 참조

주어진 명제 '$a^2+b^2=c^2$이면 a가 3의 배수이거나 b가 3의 배수이다.'의 결론을 부정하여 a, b가 모두 3의 배수가 아니라고 가정하자.

··· ❶

이때 자연수 k에 대하여

$(3k-1)^2 = 9k^2 - 6k + 1 = 3(3k^2 - 2k) + 1$

$(3k-2)^2 = 9k^2 - 12k + 4 = 3(3k^2 - 4k + 1) + 1$

이므로 a^2+b^2을 3으로 나눈 나머지는 항상 2이다.

··· ❷

이때 자연수 n에 대하여

$c=3n$이면 $c^2 = 9n^2$

$c=3n-1$이면 $c^2 = 3(3n^2 - 2n) + 1$

$c=3n-2$이면 $c^2 = 3(3n^2 - 4n + 1) + 1$

이므로 c^2을 3으로 나눈 나머지는 0 또는 1로 2가 될 수 없다.

··· ❸

즉, a, b가 모두 3의 배수가 아니면 $a^2+b^2 \neq c^2$이므로 $a^2+b^2=c^2$이면 a가 3의 배수이거나 b가 3의 배수이어야 한다.

··· ❹

채점 기준	배점
❶ 주어진 명제의 결론을 부정하기	30%
❷ a^2+b^2을 3으로 나눈 나머지 구하기	30%
❸ c^2을 3으로 나눈 나머지로 가능한 것 구하기	30%
❹ 모순임을 보여 주어진 명제가 참임을 보이기	10%

유형 19 **실수의 성질을 이용한 절대부등식의 증명**

0908

답 ②

① $x^2+x+1 = \left(x+\dfrac{1}{2}\right)^2 + \dfrac{3}{4} > 0$

② [반례] $x=-1$이면 $2x+\dfrac{2}{x} = -2 + (-2) = -4 < 4$

③ $x^2+36 \geq 12x$에서 $x^2 - 12x + 36 = (x-6)^2 \geq 0$

④ $(x+y)^2 \geq 4xy$에서 $x^2 + 2xy + y^2 \geq 4xy$이므로
$x^2 - 2xy + y^2 = (x-y)^2 \geq 0$

⑤ $x>0$, $y>0$에서 $\sqrt{x}+\sqrt{y}>0$, $\sqrt{x+y}>0$이므로
$\sqrt{x}+\sqrt{y} > \sqrt{x+y}$에서
$(\sqrt{x}+\sqrt{y})^2 > (\sqrt{x+y})^2$, $x+y+2\sqrt{xy} > x+y$
$\therefore 2\sqrt{xy} > 0$ ($\because x>0$, $y>0$)

따라서 절대부등식이 아닌 것은 ②이다.

0909

답 ④

① [반례] $a=-1$, $b=1$, $c=0$이면 $(-2)^2 - 1^2 > 1^2$

② [반례] $a=0$, $b=1$, $c=-1$이면 $(-2)^2 > 0^2 + 1^2 + (-1)^2$

③ [반례] $a=b=c=1$이면 $3^3 > 1^3 + 1^3 + 1^3$

④ $a^2+b^2+c^2-ab-bc-ca$
$= \dfrac{1}{2}\{(a-b)^2 + (b-c)^2 + (c-a)^2\} \geq 0$
이므로 $ab+bc+ca \leq a^2+b^2+c^2$

⑤ [반례] $a=3$, $b=1$, $c=2$이면 $2 \times (-1) \times (-1) > 0$

0910

답 2

$$x^2+y^2-xy=\left(x-\boxed{\frac{1}{2}y}\right)^2+\frac{3}{4}y^2$$

x, y가 실수이므로

$$\left(x-\boxed{\frac{1}{2}y}\right)^2\geq0,\ \frac{3}{4}y^2\geq0에서$$

$$x^2+y^2-xy\geq0\qquad\therefore\ x^2+y^2\geq xy$$

이때 등호는 $x=\frac{1}{2}y$, $\frac{\sqrt{3}}{2}y=0$, 즉 $x=y=\boxed{0}$일 때 성립한다.

따라서 $f(y)=\frac{1}{2}y$, $a=0$이므로

$$(a+2)f(a+2)=2f(2)=2\times1=2$$

0911

답 ⑤

$a>0$, $b>0$이므로

ㄱ. $(2a+b)^2-4ab=4a^2+b^2>0$ (참)

ㄴ. $\left(\sqrt{\frac{a+b}{2}}\right)^2-\left(\frac{\sqrt{a}+\sqrt{b}}{2}\right)^2=\frac{a+b}{2}-\frac{a+b+2\sqrt{ab}}{4}$

$$=\frac{a+b-2\sqrt{ab}}{4}$$

$$=\left(\frac{\sqrt{a}-\sqrt{b}}{2}\right)^2\geq0$$

즉, $\sqrt{\frac{a+b}{2}}\geq\frac{\sqrt{a}+\sqrt{b}}{2}$ (참)

ㄷ. (i) $\sqrt{a}\geq\sqrt{b}$일 때,

$$(\sqrt{a+b})^2-(\sqrt{a}-\sqrt{b})^2=a+b-(a+b-2\sqrt{ab})$$

$$=2\sqrt{ab}>0$$

즉, $\sqrt{a+b}>\sqrt{a}-\sqrt{b}$

(ii) $\sqrt{a}<\sqrt{b}$일 때,

$\sqrt{a+b}>0$, $\sqrt{a}-\sqrt{b}<0$이므로

$$\sqrt{a+b}>\sqrt{a}-\sqrt{b}$$

(i), (ii)에서 $\sqrt{a+b}>\sqrt{a}-\sqrt{b}$ (참)

따라서 옳은 것은 ㄱ, ㄴ, ㄷ이다.

0912

답 풀이 참조

$a^3+b^3\geq a^2b+ab^2$에서 $a^3+b^3\geq ab(a+b)$

$$a^3+b^3-ab(a+b)=(a+b)(a^2-ab+b^2)-ab(a+b)$$

$$=(a+b)(a-b)^2$$

·· ❶

$a>0$, $b>0$에서 $a+b>0$이고 $(a-b)^2\geq0$이므로

$(a+b)(a-b)^2\geq0$

따라서 $a^3+b^3\geq a^2b+ab^2$이 성립한다.

·· ❷

이때 등호는 $(a+b)(a-b)^2=0$, 즉 $a=b$일 때 성립한다.

·· ❸

채점 기준	배점
❶ 주어진 식을 인수분해하기	40%
❷ $a>0$, $b>0$을 이용하여 증명하기	30%
❸ 등호가 성립할 조건 구하기	30%

유형 **20** 절댓값 기호를 포함한 절대부등식

0913

답 ②

$$(|a|+|b|)^2-|a+b|^2=|a|^2+2|a||b|+|b|^2-(a+b)^2$$

$$=a^2+2|ab|+b^2-a^2-2ab-b^2$$

$$=2(\boxed{|ab|-ab})$$

$|ab|\geq ab$이므로 $2(\boxed{|ab|-ab})\geq0$

$$\therefore\ (|a|+|b|)^2\geq|a+b|^2$$

그런데 $|a|+|b|\geq0$, $|a+b|\geq0$이므로 $|a|+|b|\geq|a+b|$이다.

단, 등호는 $|ab|=ab$, 즉 $\boxed{ab\geq0}$일 때 성립한다.

0914

답 ④

(i) $|a|\geq|b|$일 때,

$$|a-b|^2-(|a|-|b|)^2=a^2-2ab+b^2-a^2+2|ab|-b^2$$

$$=2(\boxed{|ab|-ab})\geq0$$

즉, $|a-b|\geq|a|-|b|$이다.

(ii) $|a|<|b|$일 때,

$|a-b|>0$, $|a|-|b|<0$이므로

$$|a-b|>|a|-|b|$$

(i), (ii)에서 $|a-b|\geq|a|-|b|$

여기서 등호가 성립하는 경우는 $|ab|=ab$이고 $|a|\geq|b|$일 때,

즉 $\boxed{ab\geq0}$, $|a|\geq|b|$일 때이다.

> **참고**
>
> a, b가 실수일 때, 절댓값이 포함된 다음 부등식은 모두 절대부등식이다.
> (1) $|a|+|b|\geq|a+b|$ (단, 등호는 $ab\geq0$일 때 성립한다.)
> (2) $|a|+|b|\geq|a-b|$ (단, 등호는 $ab\leq0$일 때 성립한다.)
> (3) $|a+b|\geq|a|-|b|$ (단, 등호는 $ab\leq0$, $|a|\geq|b|$일 때 성립한다.)
> (4) $|a-b|\geq|a|-|b|$ (단, 등호는 $ab\geq0$, $|a|\geq|b|$일 때 성립한다.)

0915

답 풀이 참조

$$(|a|+|b|)^2-|a-b|^2=|a|^2+2|a||b|+|b|^2-(a-b)^2$$

$$=a^2+2|ab|+b^2-a^2+2ab-b^2$$

$$=2(|ab|+ab)$$

·· ❶

$|ab|+ab\geq0$이므로 $2(|ab|+ab)\geq0$

따라서 $|a|+|b|\geq|a-b|$가 성립한다.

·· ❷

이때 등호는 $ab\leq0$, 즉 a와 b가 서로 다른 부호를 갖거나 a, b 중 적어도 하나가 0일 때 성립한다.

·· ❸

채점 기준	배점
❶ 양변의 제곱의 차 구하기	40%
❷ 양변의 제곱의 차가 0 이상임을 이용하여 증명하기	30%
❸ 등호가 성립할 조건 구하기	30%

유형 21 산술평균과 기하평균의 관계 – 합 또는 곱이 일정할 때

확인 문제 (1) 2   (2) 8

0916

답 ③

$x>0$, $y>0$이므로 산술평균과 기하평균의 관계에 의하여

$3x+2y \geq 2\sqrt{3x \times 2y} = 2\sqrt{6xy}$

(단, 등호는 $3x=2y$일 때 성립한다.)

이때 $3x+2y=12$이므로

$12 \geq 2\sqrt{6xy}$, $\sqrt{6xy} \leq 6$ $\therefore xy \leq 6$

따라서 xy의 최댓값은 6이다.

0917

답 32

$ab=8$이므로 $a \neq 0$, $b \neq 0$이고 a, b가 실수이므로 $a^2>0$, $b^2>0$

산술평균과 기하평균의 관계에 의하여

$a^2+4b^2 \geq 2\sqrt{a^2 \times 4b^2} = 4|ab|$

(단, 등호는 $a^2=4b^2$, 즉 $|a|=2|b|$일 때 성립한다.)

이때 $ab=8$이므로

$a^2+4b^2 \geq 4|ab| = 4 \times 8 = 32$

따라서 a^2+4b^2의 최솟값은 32이다.

> **참고**
>
> 양수인 두 항의 곱이 주어지고 두 항을 더한 값의 최솟값을 구하는 문제는 대부분 산술평균과 기하평균의 관계로 해결할 수 있다.

0918

답 ①

$4x>0$, $\dfrac{a}{x}>0$이므로 산술평균과 기하평균의 관계에 의하여

$4x+\dfrac{a}{x} \geq 2\sqrt{4x \times \dfrac{a}{x}} = 2\sqrt{4a} = 4\sqrt{a}$

$\left(\text{단, 등호는 } 4x=\dfrac{a}{x}\text{일 때 성립한다.}\right)$

따라서 주어진 식의 최솟값이 $4\sqrt{a}$이므로

$4\sqrt{a}=2$, $\sqrt{a}=\dfrac{1}{2}$ $\therefore a=\dfrac{1}{4}$

0919

답 1

$a+2b=8$이므로 $\dfrac{2}{a}+\dfrac{1}{b}=\dfrac{2b+a}{ab}=\dfrac{8}{ab}$ …… ㉠

$a>0$, $b>0$이므로 산술평균과 기하평균의 관계에 의하여

$a+2b \geq 2\sqrt{a \times 2b} = 2\sqrt{2ab}$ (단, 등호는 $a=2b$일 때 성립한다.)

이때 $a+2b=8$이므로 $8 \geq 2\sqrt{2ab}$ $\therefore 4 \geq \sqrt{2ab}$

양변을 제곱하면 $16 \geq 2ab$, $8 \geq ab$

$\therefore \dfrac{8}{ab} \geq 1$

따라서 ㉠에서 $\dfrac{2}{a}+\dfrac{1}{b}$의 최솟값은 1이다.

0920

답 −36

0이 아닌 두 실수 x, y에 대하여

$x^2>0$, $y^2>0$이므로 산술평균과 기하평균의 관계에 의하여

$9x^2+y^2 \geq 2\sqrt{9x^2 \times y^2} = 2\sqrt{9x^2y^2} = 6|xy|$

(단, 등호는 $9x^2=y^2$, 즉 $3|x|=|y|$일 때 성립한다.)

이때 $9x^2+y^2=36$이므로

$36 \geq 6|xy|$ $\therefore |xy| \leq 6$ ❶

x, y는 0이 아닌 실수이므로

$-6 \leq xy < 0$ 또는 $0 < xy \leq 6$ ❷

따라서 xy의 최댓값은 6, 최솟값은 −6이므로 구하는 곱은

$6 \times (-6) = -36$ ❸

채점 기준	배점
❶ 산술평균과 기하평균의 관계를 이용하여 식 구하기	40%
❷ xy의 값의 범위 구하기	30%
❸ xy의 최댓값과 최솟값의 곱 구하기	30%

0921

답 ③

$a>0$, $b>0$, $c>0$이므로 산술평균과 기하평균의 관계에 의하여

$\left(\dfrac{a}{b}+\dfrac{b}{c}\right)\left(\dfrac{b}{c}+\dfrac{c}{a}\right)\left(\dfrac{c}{a}+\dfrac{a}{b}\right)$

$\geq 2\sqrt{\dfrac{a}{b} \times \dfrac{b}{c}} \times 2\sqrt{\dfrac{b}{c} \times \dfrac{c}{a}} \times 2\sqrt{\dfrac{c}{a} \times \dfrac{a}{b}}$

$= 8\sqrt{\dfrac{a}{c}}\sqrt{\dfrac{b}{a}}\sqrt{\dfrac{c}{b}}$

$= 8\left(\text{단, 등호는 } \dfrac{a}{b}=\dfrac{b}{c}=\dfrac{c}{a}, \text{ 즉 } a=b=c\text{일 때 성립한다.}\right)$

따라서 주어진 식의 최솟값은 8이다.

> **참고**
>
> $\dfrac{a}{b}=\dfrac{b}{c}=\dfrac{c}{a}$이면
>
> $b^2=ac$ …… ㉠
>
> $c^2=ab$ …… ㉡
>
> $a^2=bc$ …… ㉢
>
> ㉠÷㉡을 하면 $\dfrac{b^2}{c^2}=\dfrac{c}{b}$, $b^3=c^3$ $\therefore b=c$
>
> ㉡÷㉢을 하면 $\dfrac{c^2}{a^2}=\dfrac{a}{c}$, $a^3=c^3$ $\therefore a=c$
>
> $\therefore a=b=c$

0922
답 ⑤

$a>0$이므로 산술평균과 기하평균의 관계에 의하여

$$(a+1)\left(\frac{9}{a}+1\right)=9+a+\frac{9}{a}+1$$

$$\geq10+2\sqrt{a\times\frac{9}{a}}=10+2\times3=16$$

$$\left(\text{단, 등호는 }a=\frac{9}{a}\text{, 즉 }a=3\text{일 때 성립한다.}\right)$$

따라서 $(a+1)\left(\frac{9}{a}+1\right)$의 최솟값은 16이다.

다른 풀이

코시–슈바르츠 부등식에 의하여

$$(a+1)\left(\frac{9}{a}+1\right)=\{(\sqrt{a})^2+1^2\}\left\{\left(\frac{3}{\sqrt{a}}\right)^2+1^2\right\}$$

$$\geq(3+1)^2=16$$

$$\left(\text{단, 등호는 }\frac{3}{a}=1\text{, 즉 }a=3\text{일 때 성립한다.}\right)$$

따라서 $(a+1)\left(\frac{9}{a}+1\right)$의 최솟값은 16이다.

참고

코시–슈바르츠 부등식은 유형 25 에서 자세히 살펴보도록 한다.

0923
답 25

$x>0$, $y>0$이므로 산술평균과 기하평균의 관계에 의하여

$$(x+4y)\left(\frac{1}{x}+\frac{4}{y}\right)=1+\frac{4x}{y}+\frac{4y}{x}+16$$

$$\geq17+2\sqrt{\frac{4x}{y}\times\frac{4y}{x}}$$

$$=17+2\times4=25$$

$$\left(\text{단, 등호는 }\frac{4x}{y}=\frac{4y}{x}\text{, 즉 }x=y\text{일 때 성립한다.}\right)$$

따라서 $(x+4y)\left(\frac{1}{x}+\frac{4}{y}\right)$의 최솟값은 25이다.

다른 풀이

코시–슈바르츠 부등식에 의하여

$$(x+4y)\left(\frac{1}{x}+\frac{4}{y}\right)=\{(\sqrt{x})^2+(2\sqrt{y})^2\}\left\{\left(\frac{1}{\sqrt{x}}\right)^2+\left(\frac{2}{\sqrt{y}}\right)^2\right\}$$

$$\geq(1+4)^2=25$$

$$\left(\text{단, 등호는 }\frac{1}{x}=\frac{1}{y}\text{, 즉 }x=y\text{일 때 성립한다.}\right)$$

따라서 $(x+4y)\left(\frac{1}{x}+\frac{4}{y}\right)$의 최솟값은 25이다.

0924
답 2

$a>0$에서 $a^2>0$이므로 산술평균과 기하평균의 관계에 의하여

$$\left(a-\frac{8}{a}\right)\left(a-\frac{2}{a}\right)=a^2-2-8+\frac{16}{a^2}$$

$$\geq-10+2\sqrt{a^2\times\frac{16}{a^2}}=-10+2\times4=-2$$

등호는 $a^2=\frac{16}{a^2}$, 즉 $a^4=16$일 때 성립하므로 $\left(a-\frac{8}{a}\right)\left(a-\frac{2}{a}\right)$의 값이 최소가 되도록 하는 실수 a의 값은 2이다. ($\because a>0$)

0925
답 8

$a>0$, $b>0$, $c>0$이므로 산술평균과 기하평균의 관계에 의하여

$$(a+b+2c)\left(\frac{2}{a+b}+\frac{1}{c}\right)=\{(a+b)+2c\}\left(\frac{2}{a+b}+\frac{1}{c}\right)$$

$$=2+\frac{a+b}{c}+\frac{4c}{a+b}+2$$

$$\geq4+2\sqrt{\frac{a+b}{c}\times\frac{4c}{a+b}}$$

$$=4+2\times2=8$$

$$\left(\text{단, 등호는 }\frac{a+b}{c}=\frac{4c}{a+b}\text{, 즉 }a+b=2c\text{일 때 성립한다.}\right) \quad❶$$

따라서 $(a+b+2c)\left(\frac{2}{a+b}+\frac{1}{c}\right)$의 최솟값은 8이다. ❷

채점 기준	배점
❶ 산술평균과 기하평균의 관계를 이용하여 식 구하기	60%
❷ 주어진 식의 최솟값 구하기	40%

다른 풀이

코시–슈바르츠 부등식에 의하여

$$(a+b+2c)\left(\frac{2}{a+b}+\frac{1}{c}\right)$$

$$=\{(\sqrt{a+b})^2+(\sqrt{2c})^2\}\left\{\left(\frac{\sqrt{2}}{\sqrt{a+b}}\right)^2+\left(\frac{1}{\sqrt{c}}\right)^2\right\}$$

$$\geq(\sqrt{2}+\sqrt{2})^2=8$$

$$\left(\text{단, 등호는 }\frac{\sqrt{2}}{a+b}=\frac{1}{c\sqrt{2}}\text{, 즉 }a+b=2c\text{일 때 성립한다.}\right)$$

따라서 $(a+b+2c)\left(\frac{2}{a+b}+\frac{1}{c}\right)$의 최솟값은 8이다.

0926
답 ③

$x>-3$에서 $x+3>0$이므로 산술평균과 기하평균의 관계에 의하여

$$x+\frac{4}{x+3}=x+3+\frac{4}{x+3}-3$$

$$\geq2\sqrt{(x+3)\times\frac{4}{x+3}}-3$$

$$=2\times2-3=1$$

$$\left(\text{단, 등호는 }x+3=\frac{4}{x+3}\text{, 즉 }x=-1\text{일 때 성립한다.}\right)$$

따라서 $m=1$, $n=-1$이므로 $m+n=1+(-1)=0$

참고

등호는 $x+3=\frac{4}{x+3}$일 때 성립하므로
$(x+3)^2=4$, $x^2+6x+5=0$, $(x+1)(x+5)=0$
이때 $x>-3$이므로 $x=-1$
따라서 등호는 $x=-1$일 때 성립한다.

0927

답 35

$a>1$에서 $a-1>0$이므로 산술평균과 기하평균의 관계에 의하여

$$25a+\frac{1}{a-1}=25(a-1)+\frac{1}{a-1}+25$$

$$\geq 2\sqrt{25(a-1)\times\frac{1}{a-1}}+25$$

$$=2\times 5+25=35$$

$$\left(\text{단, 등호는 } 25(a-1)=\frac{1}{a-1},\ \text{즉 } a=\frac{6}{5}\text{일 때 성립한다.}\right)$$

따라서 $25a+\dfrac{1}{a-1}$의 최솟값은 35이다.

0928

답 ④

이차방정식 $x^2-4x+a=0$의 판별식을 D라 할 때, 이 이차방정식이 허근을 가지므로

$$\frac{D}{4}=4-a<0 \quad \therefore a-4>0$$

$a-4>0$이므로 산술평균과 기하평균의 관계에 의하여

$$a+\frac{4}{a-4}+1=a-4+\frac{4}{a-4}+5$$

$$\geq 2\sqrt{(a-4)\times\frac{4}{a-4}}+5$$

$$=2\times 2+5=9$$

$$\left(\text{단, 등호는 } a-4=\frac{4}{a-4},\ \text{즉 } a=6\text{일 때 성립한다.}\right)$$

따라서 $a+\dfrac{4}{a-4}+1$의 최솟값은 9이다.

0929

답 10

$x>3$에서 $x-3>0$이므로 산술평균과 기하평균의 관계에 의하여

$$2x-4+\frac{8}{x-3}=2(x-3)+\frac{8}{x-3}+2$$

$$\geq 2\sqrt{2(x-3)\times\frac{8}{x-3}}+2$$

$$=2\times 4+2=10$$

$$\left(\text{단, 등호는 } 2(x-3)=\frac{8}{x-3},\ \text{즉 } x=5\text{일 때 성립한다.}\right)$$

❶

따라서 $2x-4+\dfrac{8}{x-3}\geq m$이 항상 성립하려면 $m\leq 10$이어야 하므로 m의 최댓값은 10이다.

❷

채점 기준	배점
❶ 산술평균과 기하평균의 관계를 이용하여 식 구하기	60%
❷ m의 최댓값 구하기	40%

0930

답 40

$x=a+\dfrac{5}{b},\ y=b+\dfrac{5}{a}$이므로

$$x^2+y^2=\left(a+\frac{5}{b}\right)^2+\left(b+\frac{5}{a}\right)^2$$

$$=\left(a^2+\frac{25}{b^2}\right)+\left(\frac{10a}{b}+\frac{10b}{a}\right)+\left(b^2+\frac{25}{b^2}\right)$$

$a>0$, $b>0$이므로 산술평균과 기하평균의 관계에 의하여

$$a^2+\frac{25}{a^2}\geq 2\sqrt{a^2\times\frac{25}{a^2}}=2\times 5=10$$

$$\left(\text{단, 등호는 } a^2=\frac{25}{a^2},\ \text{즉 } a=\sqrt{5}\text{일 때 성립한다.}\right)$$

$$\frac{10a}{b}+\frac{10b}{a}\geq 2\sqrt{\frac{10a}{b}\times\frac{10b}{a}}=2\times 10=20$$

$$\left(\text{단, 등호는 } \frac{10a}{b}=\frac{10b}{a},\ \text{즉 } a=b\text{일 때 성립한다.}\right)$$

$$b^2+\frac{25}{b^2}\geq 2\sqrt{b^2\times\frac{25}{b^2}}=2\times 5=10$$

$$\left(\text{단, 등호는 } b^2=\frac{25}{b^2},\ \text{즉 } b=\sqrt{5}\text{일 때 성립한다.}\right)$$

$$\therefore x^2+y^2\geq 10+20+10=40$$

$$\left(\text{단, 등호는 } a=b=\sqrt{5}\text{일 때 성립한다.}\right)$$

따라서 x^2+y^2의 최솟값은 40이다.

유형 24 산술평균과 기하평균의 관계 – 도형에서의 활용

0931

답 ⑤

주어진 도형의 바깥쪽 직사각형의 가로의 길이를 x cm, 세로의 길이를 y cm라 하면 $4x+2y=120$

$x>0$, $y>0$이므로 산술평균과 기하평균의 관계에 의하여

$$4x+2y\geq 2\sqrt{4x\times 2y}=2\sqrt{8xy} \quad\cdots\cdots\ \bigcirc$$

주어진 도형의 전체 넓이는 xy이므로 xy의 값이 최대가 되는 상황은 $\bigcirc$에서 등호가 성립할 때이다.

이때 등호는 $4x=2y$일 때 성립하고 $4x+2y=120$이므로

$$4x=60,\ 2y=60$$

$$\therefore x=15,\ y=30$$

따라서 구하는 도형 바깥쪽 직사각형의 둘레의 길이는

$$2(x+y)=2\times(15+30)=90\,(\text{cm})$$

0932

답 $16\,\text{m}^2$

텃밭에서 직각을 낀 두 변의 길이를 각각 x m, y m라 하면 피타고라스 정리에 의하여

$$x^2+y^2=8^2=64$$

$x>0$, $y>0$이므로 산술평균과 기하평균의 관계에 의하여

$$x^2+y^2\geq 2\sqrt{x^2\times y^2}=2\,|xy|=2xy$$

$$\left(\text{단, 등호는 } x^2=y^2,\ \text{즉 } x=y\text{일 때 성립한다.}\right)$$

이때 $x^2+y^2=64$이므로 $64\geq 2xy$ $\quad\therefore xy\leq 32$

텃밭의 넓이는 $\dfrac{1}{2}xy\,\text{m}^2$이므로 $\dfrac{1}{2}xy\leq\dfrac{1}{2}\times 32=16$

따라서 텃밭의 넓이의 최댓값은 $16\,\text{m}^2$이다.

0933

답 16

$\overline{\mathrm{AB}}=x$, $\overline{\mathrm{BC}}=y$라 하면 울타리 설치 비용은 $(x+2y)+\dfrac{1}{4}x$, 즉

$\dfrac{5}{4}x+2y$에 비례한다.

강아지 놀이터의 넓이가 160이므로 $xy=160$

$x>0$, $y>0$이므로 산술평균과 기하평균의 관계에 의하여

$\dfrac{5}{4}x+2y\geq 2\sqrt{\dfrac{5}{4}x\times 2y}=2\sqrt{\dfrac{5}{2}xy}$

$\left(\text{단, 등호는 }\dfrac{5}{4}x=2y, \text{ 즉 }y=\dfrac{5}{8}x\text{일 때 성립한다.}\right)$

$xy=160$에 $y=\dfrac{5}{8}x$를 대입하면

$\dfrac{5}{8}x^2=160$, $x^2=256$ $\qquad \therefore x=16 \ (\because x>0)$

따라서 A 지점에서 B 지점까지 설치하는 울타리의 길이는 16이다.

0934

답 ①

직육면체의 세 모서리의 길이를 각각 6, a, b라 하자.

직육면체의 대각선의 길이를 l이라 하면

$l^2=6^2+a^2+b^2$

직육면체의 부피가 108이므로 $6ab=108$에서 $ab=18$

$a>0$, $b>0$이므로 산술평균과 기하평균의 관계에 의하여

$a^2+b^2\geq 2\sqrt{a^2\times b^2}$

$\qquad =2|ab|=2ab$

$\qquad =2\times 18=36$ (단, 등호는 $a^2=b^2$, 즉 $a=b$일 때 성립한다.)

위 식의 양변에 6^2을 각각 더하면

$6^2+a^2+b^2\geq 6^2+36$에서 $l^2\geq 72$

이때 $l>0$이므로 $l\geq 6\sqrt{2}$

따라서 직육면체의 대각선의 길이의 최솟값은 $6\sqrt{2}$이다.

0935

답 ④

두 점 A, B의 좌표를 각각 $(a, 0)$, $(0, b)(a>0, b>0)$라 하면

삼각형 OAB의 넓이는 $\dfrac{1}{2}ab$

두 점 A, B를 지나는 직선의 방정식은 $\dfrac{x}{a}+\dfrac{y}{b}=1$

이 직선이 점 $(3, 6)$을 지나므로 $\dfrac{3}{a}+\dfrac{6}{b}=1$

$a>0$, $b>0$에서 $\dfrac{3}{a}>0$, $\dfrac{6}{b}>0$이므로 산술평균과 기하평균의 관계에 의하여

$\dfrac{3}{a}+\dfrac{6}{b}\geq 2\sqrt{\dfrac{3}{a}\times\dfrac{6}{b}}=2\sqrt{\dfrac{18}{ab}}$

$\left(\text{단, 등호는 }\dfrac{3}{a}=\dfrac{6}{b}, \text{ 즉 }b=2a\text{일 때 성립한다.}\right)$

이때 $\dfrac{3}{a}+\dfrac{6}{b}=1$이므로

$1\geq 2\sqrt{\dfrac{18}{ab}}$, $\dfrac{18}{ab}\leq\dfrac{1}{4}$ $\qquad \therefore ab\geq 72$

따라서 ab의 최솟값이 72이므로 삼각형 OAB의 넓이의 최솟값은

$\dfrac{1}{2}\times 72=36$

유형 25 코시-슈바르츠 부등식 - 최댓값과 최솟값

0936

답 -25

$x^2+y^2=5$이고 x, y가 실수이므로 코시-슈바르츠 부등식에 의하여

$(1^2+2^2)(x^2+y^2)\geq(x+2y)^2$

$25\geq(x+2y)^2$

$\therefore -5\leq x+2y\leq 5\left(\text{단, 등호는 }x=\dfrac{y}{2}\text{일 때 성립한다.}\right)$

따라서 $x+2y$의 최댓값은 5, 최솟값은 -5이므로

$Mm=5\times(-5)=-25$

참고

좌표평면에서 원 $x^2+y^2=5$와 직선 $x+2y=k$가 한 점에서만 만나도록 하는 k의 값 중 큰 값이 M, 작은 값이 m이다.

0937

답 25

$3x+4y=25$이고 x, y가 실수이므로 코시-슈바르츠 부등식에 의하여

$(3^2+4^2)(x^2+y^2)\geq(3x+4y)^2$

$25(x^2+y^2)\geq 25^2$

$\therefore x^2+y^2\geq 25\left(\text{단, 등호는 }\dfrac{x}{3}=\dfrac{y}{4}\text{일 때 성립한다.}\right)$

따라서 x^2+y^2의 최솟값은 25이다.

0938

답 -15

a, b, x, y가 실수이므로 코시-슈바르츠 부등식에 의하여

$(a^2+b^2)(x^2+y^2)\geq(ax+by)^2$

그런데 $a^2+b^2=9$, $x^2+y^2=25$이므로

$9\times 25\geq(ax+by)^2$, $(ax+by)^2\leq 225$

$\therefore -15\leq ax+by\leq 15\left(\text{단, 등호는 }\dfrac{x}{a}=\dfrac{y}{b}\text{일 때 성립한다.}\right)$

따라서 $ax+by$의 최솟값은 -15이다.

0939

답 ②

$2a+5b=8$이고 $a>0$, $b>0$에서 $\sqrt{2a}$, $\sqrt{5b}$가 실수이므로 코시-슈바르츠 부등식에 의하여

$(1^2+1^2)\{(\sqrt{2a})^2+(\sqrt{5b})^2\}\geq(\sqrt{2a}+\sqrt{5b})^2$

$(\sqrt{2a}+\sqrt{5b})^2\leq 16$ (단, $=5b$일 때 성립한다.)

$\therefore 0<\sqrt{2a}+\sqrt{5b}\leq 4 \ (\because a>0, b>0)$

따라서 $\sqrt{2a}+\sqrt{5b}$의 최댓값은 4이다.

채점 기준	배점
❶ 코시─슈바르츠 부등식을 이용하여 식 구하기	60%
❷ $2x+3y$의 최댓값과 최솟값의 차를 이용하여 k의 값 구하기	40%

다른 풀이

$a>0$, $b>0$이므로 산술평균과 기하평균의 관계에 의하여
$2a+5b \geq 2\sqrt{10ab}$ (단, 등호는 $2a=5b$일 때 성립한다.)
즉, $2\sqrt{10ab} \leq 8$이므로
$(\sqrt{2a}+\sqrt{5b})^2 = 2a+5b+2\sqrt{10ab}$
$\qquad\qquad\qquad \leq 8+8=16$
$\therefore 0 < \sqrt{2a}+\sqrt{5b} \leq 4$ ($\because a>0$, $b>0$)
따라서 $\sqrt{2a}+\sqrt{5b}$의 최댓값은 4이다.

0940 답 ③

$x^2+y^2=104$이고 x, y가 실수이므로 코시─슈바르츠 부등식에 의하여
$(5^2+1^2)(x^2+y^2) \geq (5x+y)^2$, $26 \times 104 \geq (5x+y)^2$
$\therefore -52 \leq 5x+y \leq 52$

이때 등호는 $\dfrac{x}{5}=y$일 때 성립하므로 이를 $x^2+y^2=104$에 대입하면
$x^2+\left(\dfrac{x}{5}\right)^2=104$, $\dfrac{26}{25}x^2=104$, $x^2=100$
$\therefore x=\pm10$, $y=\pm2$ (복부호동순)
따라서 $\alpha=52$, $\beta=10$, $\gamma=2$이므로
$\alpha+\beta+\gamma=52+10+2=64$

참고

좌표평면에서 원 $x^2+y^2=104$와 직선 $5x+y=k$가 한 점에서만 만나도록 하는 k의 최댓값이 α이고, 이때의 접점의 x좌표가 β, y좌표가 γ이다.

0941 답 10

$a^2+b^2=5$이므로 $a^2+2a+b^2+b=2a+b+5$
a, b가 실수이므로 코시─슈바르츠 부등식에 의하여
$(2^2+1^2)(a^2+b^2) \geq (2a+b)^2$, $25 \geq (2a+b)^2$
$\therefore -5 \leq 2a+b \leq 5$ $\left(\text{단, 등호는 } \dfrac{a}{2}=b \text{일 때 성립한다.}\right)$
$\therefore 0 \leq 2a+b+5 \leq 10$
따라서 a^2+2a+b^2+b의 최댓값은 10이다.

0942 답 4

$x^2+y^2=k$ (k는 양수)이고 x, y가 실수이므로 코시─슈바르츠 부등식에 의하여
$(2^2+3^2)(x^2+y^2) \geq (2x+3y)^2$, $13k \geq (2x+3y)^2$
$\therefore -\sqrt{13k} \leq 2x+3y \leq \sqrt{13k}$ $\left(\text{단, 등호는 } \dfrac{x}{2}=\dfrac{y}{3} \text{일 때 성립한다.}\right)$

⸻⸻⸻⸻⸻⸻⸻⸻⸻⸻⸻⸻⸻ ❶

따라서 $2x+3y$의 최댓값은 $\sqrt{13k}$, 최솟값은 $-\sqrt{13k}$이고 그 차가 $4\sqrt{13}$이므로
$2\sqrt{13k}=4\sqrt{13}$, $\sqrt{k}=2$ $\quad\therefore k=4$

⸻⸻⸻⸻⸻⸻⸻⸻⸻⸻⸻⸻⸻ ❷

유형 26 | 코시-슈바르츠 부등식 – 도형에서의 활용

0943 답 ④

대각선의 길이가 $4\sqrt{2}$이므로 직사각형의 가로의 길이를 x, 세로의 길이를 y라 하면
$x^2+y^2=32$
직사각형의 둘레의 길이의 합은 $2x+2y$이고 x, y가 양수이므로 코시─슈바르츠 부등식에 의하여
$(2^2+2^2)(x^2+y^2) \geq (2x+2y)^2$
$\qquad\qquad \left(\text{단, 등호는 } \dfrac{x}{2}=\dfrac{y}{2}, \text{ 즉 } x=y \text{일 때 성립한다.}\right)$
$256 \geq (2x+2y)^2$
$\therefore 0 < 2x+2y \leq 16$
따라서 주어진 직사각형의 둘레의 길이의 합의 최댓값은 16이다.

0944 답 $8\sqrt{2}$

직사각형의 가로의 길이를 x, 세로의 길이를 y라 하면
$x^2+y^2=16$
이때 x, y가 양수이므로 코시─슈바르츠 부등식에 의하여
$(1^2+1^2)(x^2+y^2) \geq (x+y)^2$ (단, 등호는 $x=y$일 때 성립한다.)
$32 \geq (x+y)^2$
$\therefore 0 < x+y \leq 4\sqrt{2}$
직사각형의 둘레의 길이는 $2(x+y)$이므로
$0 < 2(x+y) \leq 8\sqrt{2}$
따라서 직사각형의 둘레의 길이의 최댓값은 $8\sqrt{2}$이다.

0945 답 15

직육면체의 밑면의 가로의 길이를 x, 세로의 길이를 y라 하면
$2x+2y+4 \times 5=60$
$\therefore x+y=20$
이때 x, y가 양수이므로 코시─슈바르츠 부등식에 의하여
$(1^2+1^2)(x^2+y^2) \geq (x+y)^2$ (단, 등호는 $x=y$일 때 성립한다.)
$\therefore x^2+y^2 \geq 200$
따라서 직육면체의 대각선의 길이는
$\sqrt{x^2+y^2+25} \geq \sqrt{225}=15$
$\therefore k=15$

참고

밑면의 가로, 세로의 길이, 높이가 각각 a, b, c인 직육면체의 대각선의 길이는 $\sqrt{a^2+b^2+c^2}$

0946
답 ③

① [반례] $x=0$이면 $x^2=x$이지만 $x\neq 1$이다.
② [반례] $x=6$이면 x는 3의 배수이지만 9의 배수가 아니다.
③ $x^2<1$이면 $-1<x<1$이므로 $x<1$이다.
④ [반례] $x=2$, $y=-1$이면 $x+y\geq 0$이지만 $y<0$이다.
⑤ [반례] $x=1$, $y=0$이면 $xy=0$이지만 $x\neq 0$이다.

0947
답 ④

$P\cup Q=Q$, $P\cap R=R$이므로 $R\subset P\subset Q$
ㄴ. $R\subset Q$이므로 명제 $r \longrightarrow q$가 참이고, 그 대우인 $\sim q \longrightarrow \sim r$도 참이다.
ㄹ. $R\subset P$이므로 명제 $r \longrightarrow p$가 참이다.

0948
답 ②

세 조건 p, q, r의 진리집합을 각각 P, Q, R라 하자.
명제 $p \longrightarrow q$와 명제 $q \longrightarrow r$가 모두 참이 되려면 $P\subset Q\subset R$이어야 한다.
$P\subset Q$에서 $5-a\leq 4$ ∴ $a\geq 1$ …… ㉠
$a\geq 1$에서 a가 양수이므로
$R=\{x|(x-a)(x+a)>0\}=\{x|x<-a$ 또는 $x>a\}$

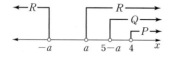

$Q\subset R$에서 $a\leq 5-a$ ∴ $a\leq \dfrac{5}{2}$ …… ㉡

㉠, ㉡에서 $1\leq a\leq \dfrac{5}{2}$

따라서 실수 a의 최댓값은 $\dfrac{5}{2}$, 최솟값은 1이므로 그 합은
$\dfrac{5}{2}+1=\dfrac{7}{2}$

0949
답 ④

명제 '모든 실수 x에 대하여 $x^2+2kx+2k^2\geq k+2$이다.'가 참이 되려면 이차방정식 $x^2+2kx+2k^2-k-2=0$의 판별식을 D라 할 때, $D\leq 0$이어야 한다.
$\dfrac{D}{4}=k^2-2k^2+k+2=-(k^2-k-2)$
$\qquad =-(k+1)(k-2)\leq 0$
$(k+1)(k-2)\geq 0$
∴ $k\leq -1$ 또는 $k\geq 2$

0950
답 ㄴ, ㄷ

ㄱ. 역: $x>y$이면 $\dfrac{x}{y}>1$이다. (거짓)
　　[반례] $x=1$, $y=-1$이면 $x>y$이지만 $\dfrac{x}{y}=-1<1$
　　대우: $x\leq y$이면 $\dfrac{x}{y}\leq 1$이다. (거짓)
　　[반례] $x=-2$, $y=-1$이면 $x\leq y$이지만 $\dfrac{x}{y}=2>1$
ㄴ. 역: $|x|=|y|$이면 $x^2=y^2$이다. (참)
　　대우: $|x|\neq |y|$이면 $x^2\neq y^2$이다. (참)
ㄷ. 역: $A\cup B=B$이면 $A\subset B$이다. (참)
　　대우: $A\cup B\neq B$이면 $A\not\subset B$이다. (참)
　　[증명] 주어진 명제가 참이므로 그 대우도 참이다.
ㄹ. 역: $xz=yz$이면 $x=y$이다. (거짓)
　　[반례] $x=1$, $y=2$, $z=0$이면 $xz=yz=0$이지만 $x\neq y$이다.
　　대우: $xz\neq yz$이면 $x\neq y$이다. (참)
　　[증명] 주어진 명제가 참이므로 그 대우도 참이다.
따라서 역과 대우가 모두 참인 것은 ㄴ, ㄷ이다.

0951
답 ①

전체집합 U에 대하여 세 조건 p, q, r의 진리집합을 각각 P, Q, R라 하자.
명제 $q \longrightarrow r$가 참이므로 그 대우 $\sim r \longrightarrow \sim q$도 참이다.
그러므로 $R^C\subset Q^C$이고, 명제 $p \longrightarrow \sim r$가 참이므로 $P\subset R^C$
즉, $P\subset R^C\subset Q^C$이 성립하므로 $P\subset Q^C$
따라서 명제 $p \longrightarrow \sim q$는 항상 참이다.

0952
답 ⑤

ㄱ. p: $a^2+b^2=0$에서 $a=0$, $b=0$ (∵ a, b는 실수)
　　q: $a=b$
　　따라서 p는 q이기 위한 충분조건이지만 필요조건은 아니다.
ㄴ. p: $ab<0$에서 $a<0$, $b>0$ 또는 $a>0$, $b<0$
　　q: $a<0$ 또는 $b<0$
　　따라서 p는 q이기 위한 충분조건이지만 필요조건은 아니다.
ㄷ. p: $a^3-b^3=0$에서 $(a-b)(a^2+ab+b^2)=0$이므로
　　$a=b$ 또는 $a^2+ab+b^2=0$
　　$a^2+ab+b^2=\left(a+\dfrac{b}{2}\right)^2+\dfrac{3}{4}b^2$이므로 $a^2+ab+b^2=0$에서
　　$a=b=0$
　　따라서 $a=b$ 또는 $a=b=0$이므로 $a=b$
　　q: $a^2-b^2=0$에서 $(a+b)(a-b)=0$
　　∴ $a=-b$ 또는 $a=b$
　　따라서 p는 q이기 위한 충분조건이지만 필요조건은 아니다.

따라서 조건 p가 조건 q이기 위한 충분조건이지만 필요조건이 아닌 것은 ㄱ, ㄴ, ㄷ이다.

참고

명제 $p \longrightarrow q$의 참, 거짓을 묻는 것이 아니라 '조건 p가 조건 q이기 위한 충분조건이지만 필요조건이 아닌 것'과 같이 특정한 조건을 만족시키는지 묻는 문제이므로 혼동하지 않도록 유의한다.

0953 답 ③

$-2 \leq x-a < 2$에서 $a-2 \leq x < a+2$

$-2 < 3x+7 \leq 19$에서 $-3 < x \leq 4$

두 조건 p, q의 진리집합을 각각 P, Q라 하면

$P=\{x \mid a-2 \leq x < a+2\}$, $Q=\{x \mid -3 < x \leq 4\}$

p는 q이기 위한 충분조건이 되려면 $P \subset Q$이어야 하므로

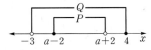

$-3 < a-2$, $a+2 \leq 4$

$\therefore -1 < a \leq 2$

따라서 모든 정수 a의 값의 합은

$0+1+2=3$

0954 답 ④

$a > 0$, $b > 0$이므로 산술평균과 기하평균의 관계에 의하여

$$\left(a+\frac{9}{b}\right)\left(b+\frac{1}{a}\right) = ab+1+9+\frac{9}{ab}$$
$$\geq 10+2\sqrt{ab \times \frac{9}{ab}}$$
$$= 10+2 \times 3 = 16$$
$$\left(\text{단, 등호는 } ab=\frac{9}{ab}, \text{ 즉 } ab=3 \text{일 때 성립한다.}\right)$$

따라서 $m=3$, $n=16$이므로

$mn=3 \times 16 = 48$

다른 풀이

코시-슈바르츠 부등식에 의하여

$$\left(a+\frac{9}{b}\right)\left(b+\frac{1}{a}\right) = \left\{(\sqrt{a})^2+\left(\frac{3}{\sqrt{b}}\right)^2\right\}\left\{\left(\frac{1}{\sqrt{a}}\right)^2+(\sqrt{b})^2\right\}$$
$$\geq (1+3)^2 = 16$$
$$\left(\text{단, 등호는 } \frac{1}{a}=\frac{b}{3}, \text{ 즉 } ab=3 \text{일 때 성립한다.}\right)$$

즉, $ab=3$일 때 $\left(a+\frac{9}{b}\right)\left(b+\frac{1}{a}\right)$의 최솟값은 16이다.

따라서 $m=3$, $n=16$이므로 $mn=48$

0955 답 ⑤

네 조건 p, q, r, s를 각각

p: A가 어른이다., q: B가 어른이다.,

r: C가 어른이다., s: D가 어른이다.

로 놓으면 조건 (가), (나)에서 명제 $p \longrightarrow \sim q$, $\sim r \longrightarrow s$가 참이므로 각각의 대우 $q \longrightarrow \sim p$, $\sim s \longrightarrow r$도 참이다.

주어진 명제 'B가 어른이면 C가 어른이다.', 즉 $q \longrightarrow r$가 참이려면 $q \longrightarrow \sim s$ 또는 $\sim p \longrightarrow \sim s$ 또는 $\sim p \longrightarrow r$가 참이어야 한다.

또한 $\sim p \longrightarrow \sim s$가 참이려면 그 대우 $s \longrightarrow p$도 참이어야 한다.

따라서 명제 'D가 어른이면 A가 어른이다.', 즉 'D가 아이가 아니면 A는 아이가 아니다.'가 참이어야 한다.

0956 답 ③

$\sqrt{n^2-1}$이 유리수라고 가정하면

$\sqrt{n^2-1}=\dfrac{q}{p}$ (p, q는 서로소인 자연수)로 놓을 수 있다.

이 식의 양변을 제곱하여 정리하면 $n^2-1=\dfrac{q^2}{p^2}$

$\therefore p^2(n^2-1)=q^2$

n^2-1은 자연수이므로 p^2은 q^2의 약수이고 p도 q^2의 약수이다.

이때 p, q는 서로소인 자연수이므로 $p=1$이다.

즉, $n^2-1=q^2$에서 $n^2=\boxed{q^2+1}$이다.

자연수 k에 대하여

(i) $q=2k$일 때, $n^2=(2k)^2+1$이므로

$(2k)^2 < n^2 < \boxed{(2k+1)^2}$

즉, $2k < n < 2k+1$이므로 이를 만족시키는 자연수 n이 존재하지 않는다.

(ii) $q=2k+1$일 때, $n^2=(2k+1)^2+1$이므로

$\boxed{(2k+1)^2} < n^2 < (2k+2)^2$

즉, $2k+1 < n < 2k+2$이므로 이를 만족시키는 자연수 n이 존재하지 않는다.

(i)과 (ii)에 의하여

$\sqrt{n^2-1}=\dfrac{q}{p}$ (p, q는 서로소인 자연수)를 만족시키는 자연수 n은

존재하지 않는다.

따라서 $\sqrt{n^2-1}$은 무리수이다.

즉, $f(q)=q^2+1$, $g(k)=(2k+1)^2$이므로

$f(2)+g(3)=5+49=54$

참고

p, q가 서로소이면 p, q^2도 서로소이다.

이때 p가 q^2의 약수이면 p는 1이어야 한다.

0957 답 ①

실수 x에 대하여 $x^2 \geq 0$이므로 산술평균과 기하평균의 관계에 의하여

$$x^2+\frac{9}{x^2+2} = x^2+2+\frac{9}{x^2+2}-2$$
$$\geq 2\sqrt{(x^2+2) \times \frac{9}{x^2+2}}-2$$
$$= 2 \times 3-2 = 4$$
$$\left(\text{단, 등호는 } x^2+2=\frac{9}{x^2+2}, \text{ 즉 } x^2=1 \text{일 때 성립한다.}\right)$$

따라서 $a=1$ ($\because a>0$), $b=4$이므로

$ab=1 \times 4 = 4$

0958

$Q(a, 0)$, $R\left(0, \dfrac{1}{a}\right)$이므로 직사각형 OQPR의 둘레의 길이는

$2\left(a+\dfrac{1}{a}\right)$

$a>0$, $\dfrac{1}{a}>0$이므로 산술평균과 기하평균의 관계에 의하여

$2\left(a+\dfrac{1}{a}\right) \geq 2\times 2\sqrt{a\times \dfrac{1}{a}}$

$\qquad\qquad = 2\times 2 = 4$ (단, 등호는 $a=\dfrac{1}{a}$, 즉 $a=1$일 때 성립한다.)

따라서 직사각형 OQPR의 둘레의 길이의 최솟값은 4이다.

다른 풀이

$Q(a, 0)$, $R\left(0, \dfrac{1}{a}\right)$이므로 직사각형 OQPR의 둘레의 길이는

$2\left(a+\dfrac{1}{a}\right)$ …… ㉠

이때 코시-슈바르츠 부등식에 의하여

$\left(a+\dfrac{1}{a}\right)\left(\dfrac{1}{a}+a\right) = \left\{(\sqrt{a})^2+\left(\dfrac{1}{\sqrt{a}}\right)^2\right\}\left\{\left(\dfrac{1}{\sqrt{a}}\right)^2+(\sqrt{a})^2\right\}$

$\qquad\qquad\qquad \geq (1+1)^2 = 4$

$\qquad\qquad\qquad$ (단, 등호는 $\dfrac{1}{a}=a$, 즉 $a=1$일 때 성립한다.)

따라서 $a=1$일 때 $a+\dfrac{1}{a}$은 최솟값 $\sqrt{4}=2$를 갖는다. ($\because a>0$)

㉠에 의하여 직사각형 OQPR의 둘레의 길이의 최솟값은 4이다.

0959

답 5

명제 '어떤 실수 x에 대하여 $x^2-2ax+4\leq0$이다.'가 참이기 위해서는 이차방정식 $x^2-2ax+4=0$의 판별식을 D_1이라 할 때, $D_1\geq0$이어야 하므로

$\dfrac{D_1}{4}=a^2-4\geq0$, $(a+2)(a-2)\geq0$

$\therefore a\leq-2$ 또는 $a\geq2$ …… ㉠

명제 '어떤 실수 x에 대하여 $x^2-ax+a\leq0$이다.'가 거짓이기 위해서는 그 부정인 '모든 실수 x에 대하여 $x^2-ax+a>0$이다.'가 참이어야 한다. 즉, 이차방정식 $x^2-ax+a=0$의 판별식을 D_2라 할 때, $D_2<0$이어야 하므로

$D_2=a^2-4a<0$, $a(a-4)<0$

$\therefore 0<a<4$ …… ㉡

㉠, ㉡에서 $2\leq a<4$이므로 주어진 조건을 만족시키는 모든 정수 a의 값의 합은

$2+3=5$

0960

답 0

세 조건 p, q, r의 진리집합을 각각 P, Q, R라 하면

$P=\{x|x^2+ax+b=0\}$,

$Q=\{x|x^2-(c-1)x-c=0\}$,

$R=\{1\}$

$\qquad\qquad\qquad\qquad\qquad\qquad$ ❶

이때 p는 q이기 위한 필요충분조건이고 q는 r이기 위한 필요조건이므로

$P\subset Q$, $Q\subset P$, $R\subset Q$

$\therefore R\subset Q=P$

$\qquad\qquad\qquad\qquad\qquad\qquad$ ❷

$R\subset Q$이므로 $1^2-(c-1)-c=0$ $\quad\therefore c=1$

$R\subset P$이므로 $1^2+a+b=0$ $\quad\therefore a+b=-1$

$\qquad\qquad\qquad\qquad\qquad\qquad$ ❸

$\therefore a+b+c=-1+1=0$

$\qquad\qquad\qquad\qquad\qquad\qquad$ ❹

채점 기준	배점
❶ 세 조건 p, q, r의 진리집합 구하기	20%
❷ 진리집합 사이의 포함 관계 구하기	30%
❸ 진리집합 사이의 포함 관계를 이용하여 미지수 구하기	30%
❹ $a+b+c$의 값 구하기	20%

0961

답 7

명제 '$k-1\leq x\leq k+3$인 어떤 실수 x에 대하여 $0\leq x\leq2$이다.'에서 조건 $k-1\leq x\leq k+3$의 진리집합을 $P=\{x|k-1\leq x\leq k+3\}$, 조건 $0\leq x\leq2$의 진리집합을 $Q=\{x|0\leq x\leq2\}$라 하자.

주어진 명제가 참이 되려면 진리집합 P에 속하는 원소 중에서 진리집합 Q에 속하는 원소가 존재한다는 것을 의미한다. 즉, 주어진 명제가 참이 되려면 $P\cap Q\neq\varnothing$이어야 한다.

$\qquad\qquad\qquad\qquad\qquad\qquad$ ❶

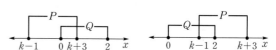

즉, $0\leq k+3$이고 $k-1\leq2$이어야 하므로

$-3\leq k\leq3$

$\qquad\qquad\qquad\qquad\qquad\qquad$ ❷

따라서 $-3\leq k\leq3$을 만족시키는 정수는 -3, -2, -1, 0, 1, 2, 3의 7개이다.

$\qquad\qquad\qquad\qquad\qquad\qquad$ ❸

채점 기준	배점
❶ 주어진 명제가 참이 되는 경우를 집합으로 표현하기	30%
❷ k의 값의 범위 구하기	50%
❸ 정수 k의 개수 구하기	20%

참고

일반적으로 전체집합 U에서의 조건 p에 대하여 '모든 x에 대하여 p이다.', '어떤 x에 대하여 p이다.'와 같은 문장은 참, 거짓이 구별되므로 명제라고 할 수 있다. 한편, 조건 p의 진리집합을 P라 할 때, '모든 x에 대하여 p이다.'가 참이 되기 위해서는 $P=U$이어야 하고, '어떤 x에 대하여 p이다.'가 참이 되기 위해서는 $P\neq\varnothing$이어야 한다.

0962

답 130

선분 AB가 원의 지름이고 점 P는 원 위의 점이므로 원주각의 성질에 의하여
$$\angle P = 90°$$

──────────────────── ❶

삼각형 ABP는 $\angle P = 90°$인 직각삼각형이므로
$$\overline{AP}^2 + \overline{BP}^2 = 10^2$$

──────────────────── ❷

$\overline{AP} > 0$, $\overline{BP} > 0$이므로 코시-슈바르츠 부등식에 의하여
$$(5^2 + 12^2)(\overline{AP}^2 + \overline{BP}^2) \geq (5\overline{AP} + 12\overline{BP})^2$$이므로
$$130^2 \geq (5\overline{AP} + 12\overline{BP})^2 \left(단, 등호는 \frac{\overline{AP}}{5} = \frac{\overline{BP}}{12}일 때 성립한다.\right)$$
$$\therefore -130 \leq 5\overline{AP} + 12\overline{BP} \leq 130$$

──────────────────── ❸

이때 $\overline{AP} > 0$, $\overline{BP} > 0$이므로 $0 < 5\overline{AP} + 12\overline{BP} \leq 130$
따라서 $5\overline{AP} + 12\overline{BP}$의 최댓값은 130이다.

──────────────────── ❹

채점 기준	배점
❶ $\angle P = 90°$임을 구하기	20%
❷ $\overline{AP}^2 + \overline{BP}^2$의 값 구하기	20%
❸ 코시-슈바르츠 부등식을 이용하여 식 세우기	30%
❹ $5\overline{AP} + 12\overline{BP}$의 최댓값 구하기	30%

 PART C 수능 녹인 변별력 문제

0963

답 ⑤

$\sim r \Longrightarrow q$, $\sim p \Longrightarrow r$, $p \Longrightarrow \sim q$이므로
$R^C \subset Q$, $P^C \subset R$, $P \subset Q^C$
이때 $P \subset Q^C$에서 $Q \subset P^C$이고 $P^C \subset R$이므로 $Q \subset R$
또한 $R^C \subset Q$이고 $Q \subset R$이므로 $R^C \subset R$ $\therefore R = U$
즉, 세 집합 P, Q, R 사이의 포함 관계를 벤 다이어그램으로 나타내면 오른쪽 그림과 같다.

ㄱ. $R^C = \varnothing \subset P$ (참)　　　ㄴ. $Q \subset R$ (참)
ㄷ. $P \cap Q = \varnothing$이므로
　　$(Q - P) \cap R = Q \cap R = Q$ (참)
따라서 옳은 것은 ㄱ, ㄴ, ㄷ이다.

0964

답 5

$x > 0$, $y > 0$, $z > 0$이므로 산술평균과 기하평균의 관계에 의하여
$$\begin{aligned}(x+y+9z)\left(\frac{4}{x+y} + \frac{1}{z}\right) &= \{(x+y) + 9z\}\left(\frac{4}{x+y} + \frac{1}{z}\right) \\ &= 4 + \frac{x+y}{z} + \frac{36z}{x+y} + 9 \\ &\geq 13 + 2\sqrt{\frac{x+y}{z} \times \frac{36z}{x+y}} \\ &= 13 + 2 \times 6 = 25\end{aligned}$$
$$\left(단, 등호는 \frac{x+y}{z} = \frac{36z}{x+y}, 즉 x+y = 6z일 때 성립한다.\right)$$
따라서 $(x+y+9z)\left(\frac{4}{x+y} + \frac{1}{z}\right)$의 최솟값은 25이므로
$$m = 25 \qquad \therefore \sqrt{m} = 5$$

다른 풀이

코시-슈바르츠 부등식에 의하여
$$\begin{aligned}&(x+y+9z)\left(\frac{4}{x+y} + \frac{1}{z}\right) \\ &= \{(\sqrt{x+y})^2 + (3\sqrt{z})^2\}\left\{\left(\frac{2}{\sqrt{x+y}}\right)^2 + \left(\frac{1}{\sqrt{z}}\right)^2\right\} \\ &\geq (2+3)^2 = 25\end{aligned}$$
$$\left(단, 등호는 \frac{2}{x+y} = \frac{1}{3z}, 즉 x+y = 6z일 때 성립한다.\right)$$
따라서 $(x+y+9z)\left(\frac{4}{x+y} + \frac{1}{z}\right)$의 최솟값은 25이므로
$$m = 25 \qquad \therefore \sqrt{m} = 5$$

0965
답②

ㄱ. $a=0$이면 조건 p에서 $0<0$이 되어 이 부등식을 만족시키는 실수 x가 존재하지 않으므로 $P=\varnothing$이다. (참)

ㄴ. $a>0$, $b=0$이면 $P=\{x|1<x<2\}$, $Q=\{x|x>0\}$이므로 $P\subset Q$이다. (참)

ㄷ. $a<0$, $b=3$이면 $P=\{x|x<1$ 또는 $x>2\}$이므로 $P^C=\{x|1\leq x\leq2\}$이고, $Q=\{x|x>3\}$이다.

이때 $P^C\not\subset Q$이므로 명제 '$\sim p$이면 q이다.'는 거짓이다. (거짓)

따라서 옳은 것은 ㄱ, ㄴ이다.

0966
답 $2<k<5$

두 조건 p, q의 진리집합을 각각 P, Q라 하면

$P=\{x|k\leq x\leq5\}$, $Q=\{x|x\leq1$ 또는 $x\geq3\}$

명제 $\sim p \longrightarrow q$가 거짓임을 보이는 반례는 집합 P^C의 원소 중 집합 Q의 원소가 아닌 것이므로 $P^C\cap Q^C$에 속한다.

$P^C=\{x|x<k$ 또는 $x>5\}$, $Q^C=\{x|1<x<3\}$

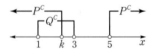

따라서 집합 $P^C\cap Q^C$의 양의 정수인 원소가 2뿐이려면 실수 k의 값의 범위는 $2<k<5$이어야 한다.

0967
답②

ㄱ. p: $A=B$

q: $A\cup B=B$에서 $A\subset B$

따라서 p는 q이기 위한 충분조건이지만 필요조건은 아니다.

ㄴ. p: $A\subset B$이고 $A\subset C$에서 $A\subset(B\cap C)$

q: $A\subset(B\cap C)$

따라서 p는 q이기 위한 필요충분조건이다.

ㄷ. p: $A\cup B=U$

q: $A=B^C$

p는 q이기 위한 필요조건이지만 충분조건은 아니다.

따라서 p가 q이기 위한 필요충분조건인 것은 ㄴ이다.

0968
답⑤

명제 p가 q이기 위한 충분조건이므로 $P\subset Q$에서

$a^2-1=3$ 또는 $b=3$

$\therefore a=\pm2$ 또는 $b=3$ ······ ㉠

또한 명제 r가 p이기 위한 필요조건이므로 $P\subset R$에서

$a=3$ 또는 $ab=3$ ······ ㉡

㉠, ㉡을 동시에 만족시키는 순서쌍 (a, b)를 모두 구하면

$\left(-2, -\dfrac{3}{2}\right)$, $\left(2, \dfrac{3}{2}\right)$, $(3, 3)$, $(1, 3)$

따라서 $a+b$의 최솟값은 $-2+\left(-\dfrac{3}{2}\right)=-\dfrac{7}{2}$

0969
답 92

조건 'p: x는 12의 약수이다.'에서 $P=\{1, 2, 3, 4, 6, 12\}$

조건 'p이고 $\sim q$'의 진리집합이 P와 같으려면

$P\cap Q^C=P$이어야 하므로 $P\cap Q=\varnothing$

즉, k의 값으로 가능한 것은 15 이하의 자연수 중 진리집합 P의 원소에 속하지 않는 것인 5, 7, 8, 9, 10, 11, 13, 14, 15이다.

따라서 모든 자연수 k의 값의 합은

$5+7+8+9+10+11+13+14+15=92$

0970
답②

p: $x^2+y^2+z^2=0$에서 $x=y=z=0$

q: $x^2+y^2+z^2+xy+yz+zx=0$에서

$\dfrac{1}{2}\{(x+y)^2+(y+z)^2+(z+x)^2\}=0$

즉, $x+y=y+z=z+x=0$이므로 $x=y=z=0$

r: $x^2+y^2+z^2-xy-yz-zx=0$에서

$\dfrac{1}{2}\{(x-y)^2+(y-z)^2+(z-x)^2\}=0$

즉, $x-y=y-z=z-x=0$이므로 $x=y=z$

ㄱ. $p\Longleftrightarrow q$이므로 p는 q이기 위한 필요충분조건이다. (참)

ㄴ. $p\Longrightarrow r$이므로 p는 r이기 위한 충분조건이다. (참)

ㄷ. $q\Longrightarrow r$이므로 q는 r이기 위한 충분조건이다. (거짓)

따라서 옳은 것은 ㄱ, ㄴ이다.

0971

답 25

실수 전체의 집합을 U라 하고, 두 조건 p, q의 진리집합을 각각 P, Q라 하자.

'모든 실수 x에 대하여 p이다.'가 참인 명제가 되려면 $P=U$이어야 한다.

즉, 모든 실수 x에 대하여 p: $x^2+4ax+16 \geq 0$이어야 하므로
이차방정식 $x^2+4ax+16=0$의 판별식을 D_1이라 하면

$$\frac{D_1}{4}=(2a)^2-16 \leq 0, \ a^2-4 \leq 0$$

$$(a+2)(a-2) \leq 0$$

$$\therefore -2 \leq a \leq 2 \qquad \cdots\cdots ㉠$$

'p는 $\sim q$이기 위한 충분조건이다.'가 참인 명제가 되려면 $P \subset Q^C$이어야 한다.

이때 $P=U$이므로 $Q^C=U$이다.

즉, 모든 실수 x에 대하여 $x^2-2bx+9>0$이어야 하므로
이차방정식 $x^2-2bx+9=0$의 판별식을 D_2라 하면

$$\frac{D_2}{4}=(-b)^2-9<0, \ (b+3)(b-3)<0$$

$$\therefore -3<b<3 \qquad \cdots\cdots ㉡$$

㉠, ㉡에서 정수 a는 -2, -1, 0, 1, 2의 5개이고
정수 b는 -2, -1, 0, 1, 2의 5개이므로 구하는 순서쌍 (a, b)의 개수는

$$5 \times 5 = 25$$

0972

답 ①

먼저 우석이가 1등이라고 가정해 보자.

A: 우석이가 1등이므로 종현이는 2등이 아니다.

C: 우석이가 3등이 아니므로 상섭이는 4등이다.

B: 상섭이가 2등이 아니므로 기훈이는 4등이다.

이때 상섭이와 기훈이가 동시에 4등이므로 같은 등위의 선수는 없다는 조건에 모순이다. 즉, 우석이는 1등이 아니다.

A: 우석이가 1등이 아니므로 종현이는 2등이다.

B: 상섭이가 2등이 아니므로 기훈이는 4등이다.

C: 상섭이는 4등이 아니므로 우석이는 3등이다.

따라서 1등을 한 학생은 상섭, 4등을 한 학생은 기훈이다.

0973

답 ①

조건 ㈎에서 $0 \in A$

조건 ㈏에서 명제 '$a^2-2 \notin A$이면 $a \notin A$'가 참이므로
그 대우인 명제 '$a \in A$이면 $a^2-2 \in A$'도 참이다.

$0 \in A$이므로 $0^2-2=-2 \in A$

$-2 \in A$이므로 $(-2)^2-2=4-2=2 \in A$

$2 \in A$이므로 $2^2-2=2 \in A$

$$\therefore \{-2, 0, 2\} \subset A$$

조건 ㈐에서 $n(A)=4$이므로
$A=\{-2, 0, 2, k\}$ (단, k는 $k \neq -2$, $k \neq 0$, $k \neq 2$인 실수)라 하자.

$k \in A$이면 $k^2-2 \in A$이므로 k^2-2의 값은 -2, 0, 2, k 중 하나이다.

(ⅰ) $k^2-2=-2$일 때, $k^2=0$에서 $k=0$이 되어 $k \neq 0$에 모순이다.

(ⅱ) $k^2-2=0$일 때, $k^2=2$에서 $k=-\sqrt{2}$ 또는 $k=\sqrt{2}$

(ⅲ) $k^2-2=2$일 때, $k^2=4$에서 $k=-2$ 또는 $k=2$가 되어
$k \neq -2$, $k \neq 2$에 모순이다.

(ⅳ) $k^2-2=k$일 때, $k^2-k-2=0$, $(k-2)(k+1)=0$
$\therefore k=-1 \ (\because k \neq 2)$

(ⅰ)~(ⅳ)에서 $k=-\sqrt{2}$ 또는 $k=\sqrt{2}$ 또는 $k=-1$

따라서 조건을 만족시키는 집합 A는
$\{-2, 0, 2, -\sqrt{2}\}$, $\{-2, 0, 2, \sqrt{2}\}$, $\{-2, 0, 2, -1\}$의 3개이다.

0974

답 28

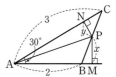

삼각형 ABC의 넓이는 두 삼각형 ABP와 APC의 넓이의 합과 같으므로 선분 PM의 길이를 x, 선분 PN의 길이를 y라 하면

$$\frac{1}{2} \times 2 \times 3 \times \sin 30° = \frac{1}{2} \times 2 \times x + \frac{1}{2} \times 3 \times y$$

$$\frac{3}{2}=x+\frac{3}{2}y \qquad \therefore 2x+3y=3$$

$\dfrac{\overline{AB}}{\overline{PM}}+\dfrac{\overline{AC}}{\overline{PN}}=\dfrac{2}{x}+\dfrac{3}{y}$이므로 산술평균과 기하평균의 관계에 의하여

$$3\left(\frac{2}{x}+\frac{3}{y}\right)=(2x+3y)\left(\frac{2}{x}+\frac{3}{y}\right)$$

$$=4+\frac{6x}{y}+\frac{6y}{x}+9$$

$$\geq 13+2\sqrt{\frac{6x}{y} \times \frac{6y}{x}}$$

$$=13+2 \times 6=25$$

$$\left(\text{단, 등호는 } \frac{6x}{y}=\frac{6y}{x}, \text{ 즉 } x=y \text{일 때 성립한다.}\right)$$

즉, $\dfrac{2}{x}+\dfrac{3}{y} \geq \dfrac{25}{3}$이므로 $\dfrac{\overline{AB}}{\overline{PM}}+\dfrac{\overline{AC}}{\overline{PN}}$의 최솟값은 $\dfrac{25}{3}$이다.

따라서 $p=3$, $q=25$이므로
$$p+q=3+25=28$$

유형별 문제

PART A 08 함수

유형 01 함수의 뜻

0975
답 ④

① $f(x)=x^3$에서 $f(-1)=-1$이지만 $-1\not\in Y$이다.
　즉, $f(x)$는 X에서 Y로의 함수가 아니다.
② $f(x)=x-4$에서 $f(-1)=-5$이지만 $-5\not\in Y$이다.
　즉, $f(x)$는 X에서 Y로의 함수가 아니다.
③ $f(x)=x^2+3$에서 $f(-1)=4$이지만 $4\not\in Y$이다.
　즉, $f(x)$는 X에서 Y로의 함수가 아니다.
④ $f(x)=|x-1|$에서 $f(-1)=2$이고 $f(0)=1$, $f(1)=0$
　따라서 집합 X의 각 원소에 집합 Y의 원소가 오직 하나씩 대응
　하므로 $f(x)$는 X에서 Y로의 함수이다.
⑤ $f(x)=-2x+2$에서 $f(-1)=4$이지만 $4\not\in Y$이다.
　즉, $f(x)$는 X에서 Y로의 함수가 아니다.
따라서 X에서 Y로의 함수인 것은 ④이다.

0976
답 ③

①, ②, ④, ⑤ y축 또는 y축과 평행한 직선이 그래프와 항상 한 점
　에서만 만나므로 함수의 그래프이다.
③ y축이 그래프와 서로 다른 세 점에서 만나므로 함수의 그래프가
　아니다.
따라서 함수의 그래프가 될 수 없는 것은 ③이다.

0977
답 ③

ㄱ. $-1\le x\le 2$에서 $1\le x^2+1\le 5$이므로
　$f(x)$는 X에서 Y로의 함수이다.
ㄴ. $-1\le x\le 2$에서 $-7\le -5|x|+3\le 3$이므로
　$g(x)$는 X에서 Y로의 함수가 아니다.
ㄷ. $-1\le x\le 2$에서 $-1\le 2x+1\le 5$이므로
　$h(x)$는 X에서 Y로의 함수이다.
따라서 X에서 Y로의 함수인 것은 ㄱ, ㄷ이다.

유형 02 함숫값

확인 문제 　(1) 7　　　(2) 5　　　(3) 1

(1) $f(2)=2\times 2+3=7$
(2) $f(2)=2^2+1=5$
(3) $f(2)=2^2-2-1=1$

0978
답 16

$2x+1=3$에서 $x=1$
$x=1$을 $f(2x+1)=x^2+k$에 대입하면
$f(3)=1+k=8$　　∴ $k=7$
$2x+1=7$에서 $x=3$
$x=3$을 $f(2x+1)=x^2+7$에 대입하면
$f(k)=f(7)=3^2+7=16$

0979
답 14

$f(-2)=-(-2)-1=1$
$f(\sqrt{5})=3\times(\sqrt{5})^2-2=13$
∴ $f(-2)+f(\sqrt{5})=1+13=14$

0980
답 19

$\dfrac{x-1}{3}=3$에서 $x-1=9$　　∴ $x=10$

$x=10$을 $f\left(\dfrac{x-1}{3}\right)=2x-1$에 대입하면

$f(3)=2\times 10-1=19$

0981
답 3

$f(3)=3-1=2$
　　　　　　　　　　　　　　　　　　　　　　❶
$f(22)=f(22-5)=f(17-5)=f(12-5)$
　　　$=f(7-5)=f(2)=2-1=1$
　　　　　　　　　　　　　　　　　　　　　　❷
∴ $f(3)+f(22)=2+1=3$
　　　　　　　　　　　　　　　　　　　　　　❸

채점 기준	배점
❶ $f(3)$의 값 구하기	30%
❷ $f(22)$의 값 구하기	50%
❸ $f(3)+f(22)$의 값 구하기	20%

0982
답 2

(i) 5는 홀수이므로 $f(5)=f\left(\dfrac{5-1}{2}\right)=f(2)$

　　2는 짝수이므로 $f(2)=f\left(\dfrac{2}{2}\right)=f(1)$

　　1은 홀수이므로 $f(1)=f\left(\dfrac{1-1}{2}\right)=f(0)=1$

(ii) 14는 짝수이므로 $f\left(\dfrac{14}{2}\right)=f(7)$

  7은 홀수이므로 $f\left(\dfrac{7-1}{2}\right)=f(3)$

  3은 홀수이므로 $f\left(\dfrac{3-1}{2}\right)=f(1)=f(0)=1$

(i), (ii)에서 $f(5)+f(14)=1+1=2$

0983 답 -9

이차방정식 $x^2-8x+4=0$에서 $x=4\pm2\sqrt{3}$이므로 α, β는 무리수
이고, 이차방정식의 근과 계수의 관계에 의하여
$\alpha+\beta=8$, $\alpha\beta=4$
$\therefore f(\alpha)+f(\beta)+f(\alpha\beta)=-2\alpha-2\beta+\alpha\beta+3$
$\qquad\qquad\qquad\qquad\quad =-2(\alpha+\beta)+\alpha\beta+3$
$\qquad\qquad\qquad\qquad\quad =-2\times8+4+3=-9$

유형 **03** 조건을 이용하여 함숫값 구하기

0984 답 2

$f(a+b)=\dfrac{f(a)+f(b)+3}{5}$ ...... ㉠

㉠에 $a=0$, $b=0$을 대입하면

$f(0)=\dfrac{f(0)+f(0)+3}{5}$

$5f(0)=2f(0)+3$, $3f(0)=3$ $\quad\therefore f(0)=1$

㉠에 $a=4$, $b=-4$를 대입하면

$f(0)=\dfrac{f(4)+f(-4)+3}{5}$

$5=f(4)+f(-4)+3$ $\quad\therefore f(4)+f(-4)=2$

참고

$f(a+b)$와 같이 a와 b의 합으로 표시된 관계식이 주어졌을 때는 $f(0)$의
값을 기준으로 계산하는 경우가 많다.

0985 답 ⑤

$f(a+b)=f(a)+f(b)+ab$ ...... ㉠

㉠에 $a=0$, $b=0$을 대입하면

$f(0)=f(0)+f(0)+0$, $f(0)=2f(0)$

$\therefore f(0)=0$ ...... ㉡

㉠에 $a=1$, $b=-1$을 대입하면

$f(0)=f(1)+f(-1)-1$

$\therefore f(1)+f(-1)=1$ $(\because$ ㉡$)$ ...... ㉢

이때 $f(1)=\dfrac{1}{2}$이므로 ㉢에 대입하면

$\dfrac{1}{2}+f(-1)=1$ $\quad\therefore f(-1)=\dfrac{1}{2}$

0986 답 $\dfrac{17}{4}$

$f(x+y)=f(x)f(y)$ ...... ㉠

㉠에 $x=0$, $y=0$을 대입하면

$f(0)=\{f(0)\}^2$, $f(0)\{f(0)-1\}=0$

$\therefore f(0)=0$ 또는 $f(0)=1$

이때 모든 실수 x에 대하여 $f(x)>0$이므로 $f(0)>0$

$\therefore f(0)=1$

--- ❶

한편 $f(1)=2$이므로 ㉠에 $x=1$, $y=1$을 대입하면

$f(2)=f(1)f(1)=4$

또한 ㉠에 $x=2$, $y=-2$를 대입하면

$f(0)=f(2)f(-2)$

즉, $1=4f(-2)$이므로 $f(-2)=\dfrac{1}{4}$

--- ❷

$\therefore f(2)+f(-2)=4+\dfrac{1}{4}=\dfrac{17}{4}$

--- ❸

채점 기준	배점
❶ $f(0)$의 값 구하기	40%
❷ $f(2)$와 $f(-2)$의 값 구하기	50%
❸ $f(2)+f(-2)$의 값 구하기	10%

0987 답 2

$f(x+y)=f(x)+f(y)$ ...... ㉠

㉠에 $x=1$, $y=1$을 대입하면

$f(2)=f(1)+f(1)=2f(1)=3$ $\quad\therefore f(1)=\dfrac{3}{2}$

한편 $f\left(\dfrac{1}{3}\right)=k$라 하고 ㉠에 $x=\dfrac{1}{3}$, $y=\dfrac{1}{3}$을 대입하면

$f\left(\dfrac{2}{3}\right)=f\left(\dfrac{1}{3}\right)+f\left(\dfrac{1}{3}\right)=2f\left(\dfrac{1}{3}\right)=2k$

또한 ㉠에 $x=\dfrac{1}{3}$, $y=\dfrac{2}{3}$를 대입하면

$f(1)=f\left(\dfrac{1}{3}\right)+f\left(\dfrac{2}{3}\right)=k+2k=3k=\dfrac{3}{2}$ $\quad\therefore k=\dfrac{1}{2}$

따라서 ㉠에 $x=1$, $y=\dfrac{1}{3}$을 대입하면

$f\left(\dfrac{4}{3}\right)=f(1)+f\left(\dfrac{1}{3}\right)=\dfrac{3}{2}+\dfrac{1}{2}=2$

유형 **04** 정의역, 공역, 치역

확인 문제 (1) 정의역: $\{x\,|\,x$는 실수$\}$, 치역: $\{y\,|\,y$는 실수$\}$
(2) 정의역: $\{x\,|\,x$는 실수$\}$, 치역: $\{y\,|\,y\leq2\}$

(1) 정의역과 치역은 모두 실수 전체의 집합이다.
(2) 정의역은 실수 전체의 집합이고,
  $x^2\geq0$에서 $-x^2+2\leq2$이므로 치역은 $\{y\,|\,y\leq2\}$이다.

0988
답 ③

$f(x)=(x^2+1$을 4로 나눈 나머지)이므로

$g(x)=x^2+1$이라 하면

$g(0)=1$에서 $f(0)=1$

$g(1)=2$에서 $f(1)=2$

$g(2)=5$에서 $f(2)=1$

$g(3)=10$에서 $f(3)=2$

$g(4)=17$에서 $f(4)=1$

따라서 함수 f의 치역은 $\{1,\ 2\}$이므로

치역의 모든 원소의 합은 $1+2=3$이다.

0989
답 ①

8의 양의 약수는 1, 2, 4, 8이므로

정의역을 원소나열법으로 나타내면 $\{1,\ 2,\ 4,\ 8\}$이다.

이때 $f(x)=3x+1$이라 하면

$f(1)=4$, $f(2)=7$, $f(4)=13$, $f(8)=25$이므로

주어진 함수의 치역은 $\{4,\ 7,\ 13,\ 25\}$이다.

따라서 치역의 원소가 아닌 것은 ①이다.

0990
답 8

$f(x)=x^2-3x+a=\left(x-\dfrac{3}{2}\right)^2+a-\dfrac{9}{4}$이므로

$0\le x\le 4$에서 함수 $f(x)$는 $x=\dfrac{3}{2}$일 때 최솟값 $a-\dfrac{9}{4}$를 갖는다.

이때 함수 $f(x)$의 치역의 원소 중 최솟값은 $-\dfrac{1}{4}$이므로

$a-\dfrac{9}{4}=-\dfrac{1}{4}$ ∴ $a=2$

또한 $0\le x\le 4$에서 함수 $f(x)$는 $x=4$일 때 최댓값 b를 가지므로

$f(4)=16-12+a=4+2=6$에서 $b=6$

∴ $a+b=2+6=8$

0991
답 2

$x^2-4x+1=-2$에서 $x^2-4x+3=0$

$(x-1)(x-3)=0$ ∴ $x=1$ 또는 $x=3$

$x^2-4x+1=6$에서 $x^2-4x-5=0$

$(x+1)(x-5)=0$ ∴ $x=-1$ 또는 $x=5$

따라서 정의역은 $\{-1,\ 1,\ 3,\ 5\}$이므로

$a=1$, $b=3$ ∴ $b-a=3-1=2$

0992
답 5

(i) $a>0$일 때, $f(-3)=-3$, $f(1)=1$이어야 하므로

$-3a+b=-3$, $a+b=1$

두 식을 연립하여 풀면 $a=1$, $b=0$

이때 $ab=0$이므로 조건을 만족시키지 않는다.

(ii) $a<0$일 때, $f(-3)=1$, $f(1)=-3$이어야 하므로

$-3a+b=1$, $a+b=-3$

두 식을 연립하여 풀면 $a=-1$, $b=-2$

(i), (ii)에서 $a=-1$, $b=-2$이므로

$a^2+b^2=(-1)^2+(-2)^2=5$

0993
답 ③

집합 X를 원소나열법으로 나타내면

$X=\{12,\ 15,\ 18,\ 21,\ 24,\ 27,\ 30,\ 33,\ 36\}$이다.

이때 $f(12)=1\times2=2$, $f(15)=1\times5=5$, $f(18)=1\times8=8$,

$f(21)=2\times1=2$, $f(24)=2\times4=8$, $f(27)=2\times7=14$,

$f(30)=3\times0=0$, $f(33)=3\times3=9$, $f(36)=3\times6=18$

이므로 함수 $f(x)$의 치역은 $\{0,\ 2,\ 5,\ 8,\ 9,\ 14,\ 18\}$이다.

따라서 함수 $f(x)$의 치역의 원소의 개수는 7이다.

유형 05 서로 같은 함수

확인 문제 (1) 서로 같은 함수가 아니다.
(2) 서로 같은 함수이다.

(1) $f(-1)=0$, $g(-1)=-2$이므로 $f(-1)\ne g(-1)$

따라서 두 함수 f, g는 서로 같은 함수가 아니다.

(2) $f(-1)=g(-1)=-2$, $f(0)=g(0)=0$, $f(1)=g(1)=2$

따라서 두 함수 f, g는 서로 같은 함수이다.

0994
답 ②

집합 X의 임의의 원소 x에 대하여 $f(x)=g(x)$이므로

$2x^2+4x-5=x^2+3x+7$에서

$x^2+x-12=0$, $(x+4)(x-3)=0$

∴ $x=-4$ 또는 $x=3$

따라서 $X=\{-4,\ 3\}$이므로

$a+b=-4+3=-1$

0995
답 ②

집합 $X=\{-1,\ 0,\ 1\}$이 정의역일 때

ㄱ. $f_1(x)=3x^2+3$이라 하면

$f_1(-1)=6$, $f_1(0)=3$, $f_1(1)=6$이다.

ㄴ. $f_2(x)=\begin{cases}2 & (x=0) \\ x^2+x & (x\ne0)\end{cases}$이라 하면

$f_2(-1)=0$, $f_2(0)=2$, $f_2(1)=2$이다.

ㄷ. $f_3(x)=3\left|2x^2-\dfrac{1}{2}\right|+\dfrac{3}{2}$이라 하면

$f_3(-1)=6$, $f_3(0)=3$, $f_3(1)=6$이다.

ㄹ. $f_4(x)=2x+4$라 하면

$f_4(-1)=2$, $f_4(0)=4$, $f_4(1)=6$이다.

따라서 서로 같은 함수는 ㄱ, ㄷ이다.

0996

답 −2

두 함수 f, g가 서로 같은 함수이므로

$f(-1)=g(-1)$에서

$3+1-1=-a+b$ $\quad\therefore -a+b=3$ ······ ㉠

❶

$f(1)=g(1)$에서

$3-1-1=a+b$ $\quad\therefore a+b=1$ ······ ㉡

❷

㉠, ㉡을 연립하여 풀면

$a=-1$, $b=2$

$\therefore ab=-1\times 2=-2$

❸

채점 기준	배점
❶ $f(-1)=g(-1)$에서 a, b 사이의 관계식 나타내기	40%
❷ $f(1)=g(1)$에서 a, b 사이의 관계식 나타내기	40%
❸ ab의 값 구하기	20%

0997

답 {2}, {3}, {2, 3}

$f(x)=g(x)$에서

$x^2=5x-6$, $x^2-5x+6=0$

$(x-2)(x-3)=0$ $\quad\therefore x=2$ 또는 $x=3$

따라서 구하는 집합 X는 집합 {2, 3}의 공집합이 아닌 부분집합이므로 {2}, {3}, {2, 3}

> **참고**
>
> 집합 {2, 3}의 공집합이 아닌 부분집합의 개수는 $2^2-1=3$과 같이 계산할 수도 있다.

0998

답 ④

두 함수 f, g가 서로 같은 함수이므로

$f(0)=g(0)$에서 $3=a+b$ ······ ㉠

$f(1)=g(1)$에서 $1=b$

$b=1$을 ㉠에 대입하여 풀면 $a=2$

$\therefore 2a-b=2\times 2-1=3$

> **참고**
>
> $f(2)=3$이고 $g(2)=a+b$이므로 $f(2)=g(2)$에서 $a+b=3$이다.
> 따라서 $a=2$, $b=1$이면 두 함수 f와 g는 서로 같은 함수이다.

유형 06 일대일함수와 일대일대응

0999

답 ④

ㄱ. $f_1(x)=-0.5$라 하면 함수 $f_1(x)$는 공역과 치역이 서로 다르므로 일대일대응이 아니다.

ㄴ. $f_2(x)=x$라 하면 서로 다른 두 실수 x_1, x_2에 대하여

$f_2(x_1)\neq f_2(x_2)$이고 공역과 치역이 서로 같으므로 일대일대응이다.

ㄷ. $f_3(x)=\dfrac{1}{2}x^2$이라 하면 $f_3(-1)=f_3(1)=\dfrac{1}{2}$이다.

즉, 서로 다른 두 실수 x_1, x_2에 대하여 $f_3(x_1)=f_3(x_2)$인 경우가 존재하므로 일대일대응이 아니다.

ㄹ. $f_4(x)=-2x+1$이라 하면 서로 다른 두 실수 x_1, x_2에 대하여 $f_4(x_1)\neq f_4(x_2)$이고 공역과 치역이 서로 같으므로 일대일대응이다.

ㅁ. $f_5(x)=x^2-3x+1$이라 하면 $f(1)=f(2)=-1$이다.

즉, 서로 다른 두 실수 x_1, x_2에 대하여 $f_5(x_1)=f_5(x_2)$인 경우가 존재하므로 일대일대응이 아니다.

ㅂ. $f_6(x)=5-x$라 하면 서로 다른 두 실수 x_1, x_2에 대하여 $f_6(x_1)\neq f_6(x_2)$이고 공역과 치역이 서로 같으므로 일대일대응이다.

따라서 일대일대응인 것은 ㄴ, ㄹ, ㅂ이다.

1000

답 ①

함수 f는 X에서 Y로의 일대일대응이고

주어진 조건에서 $f(1)=7$이므로

$f(2)$와 $f(3)$은 집합 Y의 원소 중에서 7을 제외한 5, 6, 8 중 각각 하나에 대응된다.

이때 $f(2)-f(3)=3$이므로 $f(2)=8$, $f(3)=5$이고,

함수 f는 일대일대응이므로 $f(4)=6$이다.

$\therefore f(3)+f(4)=5+6=11$

1001

답 4

$f(x)$에 $x=0$을 대입하면 $f(0)=1$

❶

또한 $x=1$과 $x=2$를 각각 대입하면

$f(1)=a+b+1$, $f(2)=4a+2b+1$이고,

함수 $f(x)$는 X에서 X로의 일대일대응이므로

$f(1)=0$, $f(2)=2$이거나 $f(1)=2$, $f(2)=0$이어야 한다.

(i) $f(1)=0$, $f(2)=2$일 때

$\begin{cases} a+b+1=0 \\ 4a+2b+1=2 \end{cases}$에서 $a=\dfrac{3}{2}$, $b=-\dfrac{5}{2}$

❷

(ii) $f(1)=2$, $f(2)=0$일 때

$\begin{cases} a+b+1=2 \\ 4a+2b+1=0 \end{cases}$에서 $a=-\dfrac{3}{2}$, $b=\dfrac{5}{2}$

❸

(i), (ii)에서 $a-b$의 최댓값은 $\dfrac{3}{2}-\left(-\dfrac{5}{2}\right)=4$

❹

채점 기준	배점
❶ $f(0)$의 값 구하기	10%
❷ $f(1)=0$, $f(2)=2$일 때 a, b의 값 구하기	35%
❸ $f(1)=2$, $f(2)=0$일 때 a, b의 값 구하기	35%
❹ $a-b$의 최댓값 구하기	20%

1002
답 6

ㄱ. 실수 k에 대하여 직선 $y=k$와 주어진 그래프가 오직 한 점에서만 만나므로 일대일대응이다.

ㄴ. $k>1$ 또는 $k\le-1$인 실수 k에 대하여 직선 $y=k$와 주어진 그래프가 오직 한 점에서만 만나므로 일대일함수이다.

ㄷ. $k>0$인 실수 k에 대하여 직선 $y=k$와 주어진 그래프가 오직 한 점에서만 만나므로 일대일함수이다.

ㄹ. 직선 $y=1$과 주어진 그래프가 서로 다른 세 점에서 만나므로 일대일함수가 아니다. 하지만 모든 실수 k에 대하여 직선 $y=k$와 주어진 그래프의 교점이 존재하므로 이 함수의 치역과 공역은 서로 같다.

즉, 일대일함수는 ㄱ, ㄴ, ㄷ의 3개이므로 $a=3$

치역과 공역이 같은 함수는 ㄱ, ㄹ의 2개이므로 $b=2$

일대일대응은 ㄱ의 1개이므로 $c=1$

$\therefore a+b+c=3+2+1=6$

유형 07 일대일대응이 되기 위한 조건

1003
답 3

X에서 Y로의 함수 $f(x)=mx+n$에서 $m>0$이므로 함수 $y=f(x)$의 그래프의 기울기는 양수이다.

따라서 함수 $f(x)$가 일대일대응이기 위해서는

$f(-1)=-2$, $f(2)=7$이어야 한다.

$f(-1)=-2$에서 $-m+n=-2$ ...... ㉠

$f(2)=7$에서 $2m+n=7$ ...... ㉡

㉠, ㉡을 연립하여 풀면

$m=3$, $n=1$

$\therefore mn=3\times1=3$

참고

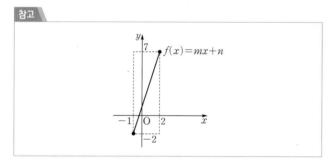

1004
답 ②

$|y|\le a$에서 $-a\le y\le a$이므로

$Y=\{y\mid-a\le y\le a, a>0\}$이다.

이때 X에서 Y로의 함수 $f(x)=2x+b$의 그래프의 기울기는 양수이므로 $f(x)$가 일대일대응이기 위해서는

$f(-3)=-a$, $f(5)=a$이어야 한다.

$f(-3)=-a$에서 $-6+b=-a$ $\therefore a+b=6$ ...... ㉠

$f(5)=a$에서 $10+b=a$ $\therefore a-b=10$ ...... ㉡

㉠, ㉡을 연립하여 풀면

$a=8$, $b=-2$

$\therefore a^2+b^2=8^2+(-2)^2=68$

1005
답 ④

함수 $f(x)$가 일대일대응이기 위해서는 정의역의 서로 다른 임의의 두 원소 x_1, x_2가 $x_1<x_2$이면 항상 $f(x_1)<f(x_2)$이거나 $f(x_1)>f(x_2)$이어야 한다.

즉, $f(x)$의 $x<0$일 때의 직선과 $x\ge0$일 때의 직선의 기울기의 부호가 같아야 하므로 $(a+3)(2-a)>0$에서 $-3<a<2$이다.

따라서 주어진 조건을 만족시키는 정수 a는 -2, -1, 0, 1의 4개이다.

1006
답 4

X에서 Y로의 함수 $f(x)=ax+b$가 일대일대응이기 위해서는 $f(-2)=1$, $f(3)=6$이거나 $f(-2)=6$, $f(3)=1$이어야 한다.

(i) $f(-2)=1$, $f(3)=6$일 때

$f(-2)=1$에서 $-2a+b=1$ ...... ㉠

$f(3)=6$에서 $3a+b=6$ ...... ㉡

㉠, ㉡을 연립하여 풀면

$a=1$, $b=3$

(ii) $f(-2)=6$, $f(3)=1$일 때

$f(-2)=6$에서 $-2a+b=6$ ...... ㉢

$f(3)=1$에서 $3a+b=1$ ...... ㉣

㉢, ㉣을 연립하여 풀면

$a=-1$, $b=4$

(i), (ii)에서 $a+b$의 최댓값은 $1+3=4$

1007
답 15

$f(x)=x^2-6x+a=(x-3)^2+a-9$이므로

$x\ge5$일 때 x의 값이 증가하면 $f(x)$의 값도 증가한다.

즉, 함수 $f(x)$가 일대일대응이기 위해서는 $f(5)=3$이어야 하므로

$4+a-9=3$ $\therefore a=8$

따라서 $f(x)=x^2-6x+8$이므로

$f(7)=49-42+8=15$

1008
답 ②

$y=-x^2-4x=-(x+2)^2+4$이고 그 그래프는 오른쪽 그림과 같다.

함수 $y=-(x+2)^2+4$의 그래프의 대칭축의 방정식은 $x=-2$이다.

따라서 함수 $f(x)$가 일대일함수이기 위해서는 $k\le-2$이어야 한다. ...... ㉠

한편 A에서 A로의 함수 $f(x)=-x^2-4x$가 일대일대응이기 위해서는 $f(k)=k$이어야 한다.

따라서 $-k^2-4k=k$에서 $k^2+5k=0$

$k(k+5)=0$ ∴ $k=-5$ (∵ ㉠)

1009

답 $-3<a<3$

(ⅰ) $x≥2$일 때

$f(x)=a(x-2)+3x+1=(a+3)x-2a+1$

(ⅱ) $x<2$일 때

$f(x)=-a(x-2)+3x+1=(3-a)x+2a+1$

(ⅰ), (ⅱ)에서 함수 $f(x)$가 일대일대응이기 위해서는 $x≥2$일 때와 $x<2$일 때의 직선 $y=f(x)$의 기울기의 부호가 같아야 한다.

따라서 $(a+3)(3-a)>0$이므로 $(a+3)(a-3)<0$

∴ $-3<a<3$

유형 08 항등함수와 상수함수

1010

답 10

ㄱ. $f(2)=2$, $f(3)=3$, $f(5)=5$, $f(7)=7$이므로

$f(x)$는 항등함수이다.

ㄴ. $g(2)=0$, $g(3)=1$, $g(5)=3$, $g(7)=5$이지만

$0∉X$, $1∉X$이므로 $g(x)$는 X에서 X로의 함수가 아니다.

ㄷ. 2, 3, 5, 7은 모두 소수이므로

$h(2)=h(3)=h(5)=h(7)=2$이다.

따라서 $h(x)$는 상수함수이다.

ㄹ. 2, 3, 5, 7은 모두 10보다 작은 자연수이므로

$i(2)=2$, $i(3)=3$, $i(5)=5$, $i(7)=7$이다.

따라서 $i(x)$는 항등함수이다.

즉, 함수는 ㄱ, ㄷ, ㄹ의 3개이므로 $a=3$

항등함수는 ㄱ, ㄹ의 2개이므로 $b=2$

상수함수는 ㄷ의 1개이므로 $c=1$

∴ $a+2b+3c=3+4+3=10$

1011

답 ②

$f(x)$가 항등함수이므로 $f(-3)=-3$, $f(1)=1$

$f(-3)=-3$에서 $-6+a=-3$ ∴ $a=3$

$f(1)=1$에서 $1-2+b=1$ ∴ $b=2$

∴ $a×b=3×2=6$

1012

답 8

g는 항등함수이므로

$g(-2)=-2$, $g(0)=0$, $g(2)=2$ ─────────────❶

이때 $f(-2)=g(2)=h(0)$이므로

$f(-2)=h(0)=2$이고

h는 상수함수이므로 $h(x)=2$이다. ─────────────❷

또한 $f(-2)+f(2)=f(0)$에서

$2+f(2)=f(0)$이고

f는 일대일대응이므로

$f(0)=0$, $f(2)=-2$ ─────────────❸

∴ $f(2)g(-2)h(0)=-2×(-2)×2=8$ ─────────────❹

채점 기준	배점
❶ $g(-2)$, $g(0)$, $g(2)$의 값 구하기	20%
❷ $h(x)$ 구하기	30%
❸ $f(0)$, $f(2)$의 값 구하기	30%
❹ $f(2)g(-2)h(0)$의 값 구하기	20%

1013

답 ③

f는 항등함수이므로 ㈎에서 $f(3)=3=g(3)$이고

g는 상수함수이므로 $g(x)=3$이다.

따라서 $g(4)=3=h(4)$이다. …… ㉠

이때 h는 일대일대응이므로 ㉠을 만족시키기 위해서는

$h(1)$, $h(2)$, $h(3)$의 값은 각각 집합 $\{1, 2, 4\}$의 원소에 하나씩 대응되어야 한다.

㈏에서 $h(1)-h(2)=1$이므로

$h(1)=2$이고 $h(2)=1$이어야 한다.

따라서 $h(3)=4$이므로 $h(2)+h(3)=1+4=5$

1014

답 ③

함수 f가 항등함수가 되려면 $f(x)=x$이어야 한다.

$f(x)=2x^2-x=x$에서

$2x^2-2x=0$, $2x(x-1)=0$

∴ $x=0$ 또는 $x=1$

따라서 집합 X가 집합 $\{0, 1\}$의 공집합이 아닌 부분집합일 때, f는 항등함수이다.

즉, 주어진 조건을 만족시키는 집합 X는 $\{0\}$, $\{1\}$, $\{0, 1\}$의 3개이다.

참고

집합 $\{0, 1\}$의 공집합이 아닌 부분집합의 개수는 $2^2-1=3$과 같이 계산할 수도 있다.

1015
답 ③

함수 f가 항등함수이므로 $f(x)=x$

(i) $x<0$일 때

　　$f(x)=-2=x$에서 $x=-2$

(ii) $0 \le x<2$일 때

　　$f(x)=3x-2=x$에서 $2x=2$, 즉 $x=1$

(iii) $x \ge 2$일 때

　　$f(x)=4=x$에서 $x=4$

(i)~(iii)에서 $f(x)=x$이면 $x=-2$ 또는 $x=1$ 또는 $x=4$이다.

$\therefore X=\{-2,\ 1,\ 4\}$

$\therefore f(a)+f(b)+f(c)=a+b+c=-2+1+4=3$

[다른 풀이]

실수 전체의 집합에서 정의된 함수

$$g(x)=\begin{cases} -2 & (x<0) \\ 3x-2 & (0 \le x<2) \\ 4 & (x \ge 2) \end{cases}$$

의 그래프와 직선 $y=x$를 좌표평면에 나타내면 다음 그림과 같다.

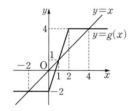

이때 f는 X에서 X로의 항등함수이므로

$f(a)=a$, $f(b)=b$, $f(c)=c$를 만족시켜야 한다.

따라서 f가 함수 $y=g(x)$의 그래프와 직선 $y=x$의 교점의 x좌표를 원소로 하는 집합을 정의역과 치역으로 할 때, 항등함수가 된다.

$\therefore X=\{-2,\ 1,\ 4\}$

$\therefore f(a)+f(b)+f(c)=-2+1+4=3$

🔊 **Bible Says** 　**항등함수와 그래프**

> 항등함수 $f:X \longrightarrow X$는 $x \in X$인 모든 실수 x에 대하여 $f(x)=x$를 만족시킨다. 따라서 $f(x)$와 함수식이 같고 실수 전체의 집합에서 정의된 함수 $y=g(x)$의 그래프와 직선 $y=x$의 교점의 x좌표를 이용하여 집합 X를 찾을 수 있다.

유형 09　함수의 개수

확인 문제　24

함수 f의 정의역 X의 원소의 개수는 4이고

공역 Y의 원소의 개수는 4이므로 일대일대응인 함수 f의 개수는

$4!=4 \times 3 \times 2 \times 1=24$

1016
답 190

집합 X의 원소의 개수는 3이고 집합 Y의 원소의 개수는 5이다.

X에서 Y로의 함수의 개수는 5^3이므로 $a=125$

일대일함수의 개수는 $_5P_3$이므로 $b=5 \times 4 \times 3=60$

정의역의 원소의 개수와 공역의 원소의 개수가 다르면 일대일대응은 존재하지 않으므로 $c=0$

상수함수의 개수는 5이므로 $d=5$

$\therefore a+b+c+d=125+60+0+5=190$

1017
답 ⑤

공역의 7개의 원소 중 4개를 택하여 크기가 작은 것부터 차례대로 정의역의 원소 1, 2, 3, 4에 대응시키면 된다.

따라서 구하는 함수 f의 개수는 $_7C_4=35$

1018
답 6

f는 X에서 Y로의 일대일대응이고, $f(1)=6$, $f(2)=8$이므로

이를 만족시키는 함수 f의 개수는 정의역이 $\{3,\ 4,\ 5\}$이고 공역이 $\{7,\ 9,\ 10\}$인 일대일대응의 개수와 같다.

‥‥‥‥‥‥‥‥‥‥‥‥‥‥‥‥‥‥‥ ❶

이때 집합 $\{3,\ 4,\ 5\}$의 원소의 개수는 3이고

집합 $\{7,\ 9,\ 10\}$의 원소의 개수는 3이므로

집합 $\{3,\ 4,\ 5\}$에서 집합 $\{7,\ 9,\ 10\}$으로의 일대일대응의 개수는

$3!=3 \times 2 \times 1=6$

따라서 X에서 Y로의 함수 중에서 $f(1)=6$, $f(2)=8$인 일대일대응 f의 개수는 6이다.

‥‥‥‥‥‥‥‥‥‥‥‥‥‥‥‥‥‥‥ ❷

채점 기준	배점
❶ $f(1)=6$, $f(2)=8$을 만족시키는 함수 f의 개수의 의미 파악하기	40%
❷ 함수 중 일대일대응 f의 개수 구하기	60%

1019
답 ③

$x_1 \in X$, $x_2 \in X$인 임의의 두 실수 x_1, x_2에 대하여

$x_1 \ne x_2$이면 $f(x_1) \ne f(x_2)$일 때, 함수 f는 일대일함수이다.

이때 집합 X의 원소의 개수는 3이고, 집합 Y의 원소의 개수는 5이므로 구하는 함수 $f:X \longrightarrow Y$의 개수는 $_5P_3=60$

1020
답 25

$f(-x)=-f(x)$이므로

$f(0)=-f(0)$에서 $f(0)=0$이고

$f(-2)=-f(2)$, $f(-1)=-f(1)$이므로

$f(-2)$와 $f(-1)$의 값만 정해지면 $f(2)$와 $f(1)$의 값도 정해진다.

즉, 함수 f의 개수는 집합 $\{-2,\ -1\}$에서 집합 A로의 함수의 개수와 같다.

이때 집합 $\{-2,\ -1\}$의 원소의 개수는 2이고

집합 A의 원소의 개수는 5이므로

집합 $\{-2,\ -1\}$에서 집합 A로의 함수의 개수는 $5^2=25$이다.

따라서 주어진 조건을 만족시키는 함수 f의 개수는 25이다.

1021

답 ④

두 조건 ㈎, ㈏에 의하여 $f(a)+f(b)=10$을 만족시키는
순서쌍 $(f(a), f(b))$는
$(1, 9)$ 또는 $(9, 1)$ 또는 $(3, 7)$ 또는 $(7, 3)$
의 4개이다.
이때 $Z=Y-\{f(a), f(b)\}$라 하면
집합 $\{c, d, e\}$에서 집합 Z로의 일대일대응의 개수는
$3!=3\times2\times1=6$
따라서 구하는 함수 $f : X \longrightarrow Y$의 개수는 $4\times6=24$

1022

답 ①

㈎, ㈏에 의하여 $f(1)<f(2)<4<f(4)<f(5)$이다.
이때 함수 f의 공역은 $Y=\{1, 2, 3, 4, 5, 6, 7, 8, 9\}$이므로
4보다 작은 자연수 1, 2, 3 중 2개를 택하여 크기가 작은 것부터 차
례대로 정의역의 원소 1, 2에 대응시키고, 4보다 큰 자연수 5, 6,
7, 8, 9 중 2개를 택하여 크기가 작은 것부터 차례대로 정의역의 원
소 4, 5에 대응시키면 된다.
따라서 구하는 함수 f의 개수는
$_3C_2 \times _5C_2 = 3 \times 10 = 30$

1023

답 96

$x+f(x)\geq4$에서 x에 집합 X의 원소를 대입하여 각각의 함숫값
이 될 수 있는 것을 구하면 다음과 같다.
(i) $x=1$일 때
　$1+f(1)\geq4$에서 $f(1)\geq3$
　따라서 $f(1)$의 값이 될 수 있는 것은 3, 4이다.
(ii) $x=2$일 때
　$2+f(2)\geq4$에서 $f(2)\geq2$
　따라서 $f(2)$의 값이 될 수 있는 것은 2, 3, 4이다.
(iii) $x=3$일 때
　$3+f(3)\geq4$에서 $f(3)\geq1$
　따라서 $f(3)$의 값이 될 수 있는 것은 1, 2, 3, 4이다.
(iv) $x=4$일 때
　$4+f(4)\geq4$에서 $f(4)\geq0$
　따라서 $f(4)$의 값이 될 수 있는 것은 1, 2, 3, 4이다.
(i)~(iv)에서 주어진 조건을 만족시키는 함수 f의 개수는
$2\times3\times4\times4=96$

1024

답 18

㈎에서
$f(2)\leq2$, $f(3)\leq3$, $f(5)\leq5$, $f(7)\leq7$
㈏에서
$f(1)<f(2)<f(4)<f(8)$
$f(1)<f(3)<f(6)$
따라서 $f(1)<f(2)\leq2$이므로 $f(1)=1$, $f(2)=2$
이때 f는 일대일대응이므로 $f(3)=3$이다. ($\because f(3)\leq3$)
한편 $f(5)$의 값이 될 수 있는 수는 4, 5이고
$f(7)$의 값이 될 수 있는 수는 4, 5, 6, 7이다.

따라서 4, 5 중 하나를 택하여 정의역의 원소 5에 대응시키고,
4, 5, 6, 7 중 $f(5)$의 값을 제외한 세 개의 수에서 하나를 택하여
정의역의 원소 7에 대응시키면 된다.
이 경우의 수는 $_2C_1 \times _3C_1 = 2 \times 3 = 6$
이후 남은 세 개의 수 중 두 개를 택하여 크기가 작은 것부터 차례
대로 정의역의 원소 4, 8에 대응시키고 남은 하나의 수를 정의역의
원소 6에 대응시키면 된다.
이 경우의 수는 $_3C_2 = 3$
따라서 구하는 함수 f의 개수는 $6\times3=18$

유형 10 합성함수의 함숫값

확인 문제　(1) 3　　(2) 4　　(3) 4　　(4) -1

(1) $(g \circ f)(-1)=g(f(-1))=g(0)=3$
(2) $(f \circ g)(0)=f(g(0))=f(3)=4$
(3) $(f \circ f)(2)=f(f(2))=f(3)=4$
(4) $(g \circ g)(1)=g(g(1))=g(2)=-1$

1025

답 -14

$f(1)=4$이므로
$(g \circ f)(1)=g(f(1))=g(4)=\dfrac{1}{4}\times4^2-2=2$
$g(6)=\dfrac{1}{4}\times6^2-2=7$이므로
$(f \circ g)(6)=f(g(6))=f(7)=12-4\times7=-16$
$\therefore (g \circ f)(1)+(f \circ g)(6)=2+(-16)=-14$

> **Bible Says**　합성함수의 정의
>
> 두 함수 $f:X \longrightarrow Y$, $g:Y \longrightarrow Z$가 주어졌을 때, 집합 X의 각 원소
> x에 집합 Z의 원소 $g(f(x))$를 대응시키면 X를 정의역, Z를 공역으로
> 하는 새로운 함수를 정의할 수 있다. 이 새로운 함수를 f와 g의 합성함수라
> 하며 이것을 기호로 $g \circ f$와 같이 나타낸다.
> 또한 합성함수 $g \circ f : X \longrightarrow Z$에 대하여 $a\in X$인 a에서의 함숫값을
> 기호로 $(g \circ f)(a)$와 같이 나타낸다.

1026

답 -12

$f(\sqrt{3})=-(\sqrt{3})^2=-3$
$(f \circ f)(\sqrt{3})=f(f(\sqrt{3}))=f(-3)=-9$
$\therefore f(\sqrt{3})+(f \circ f)(\sqrt{3})=-3+(-9)=-12$

1027

답 6

$f(4)=1$이므로
$(f \circ f)(4)=f(f(4))=f(1)=3$
$(f \circ f \circ f)(4)=f((f \circ f)(4))=f(3)=3$
$\therefore (f \circ f)(4)+(f \circ f \circ f)(4)=3+3=6$

1028 답 ①

$f(1)=-3+2=-1$이므로
$$(h \circ g \circ f)(1)=h(g(f(1)))=h(g(-1))$$
$$=h(-1)=1+1=2$$

1029 답 ④

$f(1)=6$이므로
$$(g \circ f)(1)=g(f(1))=g(6)=2$$
$g(4)=1$이므로
$$(f \circ g)(4)=f(g(4))=f(1)=6$$
$$\therefore (g \circ f)(1)+(f \circ g)(4)=2+6=8$$

1030 답 -3

$$(h \circ (g \circ f))(x)=((h \circ g) \circ f)(x)$$
$$=(h \circ g)(f(x))$$
$$=(h \circ g)(x+4)$$
$$=5(x+4)-9$$
$$=5x+11$$
따라서 $5a+11=-4$이므로 $5a=-15$
$$\therefore a=-3$$

유형 **11** $f \circ g=g \circ f$인 경우

1031 답 6

함수 $g : X \longrightarrow X$가 $f \circ g=g \circ f$, $g(1)=4$를 만족시키므로
$(f \circ g)(x)=(g \circ f)(x)$에 $x=1$을 대입하면
$$(f \circ g)(1)=f(g(1))=f(4)=5,$$
$$(g \circ f)(1)=g(f(1))=g(2)$$
에서 $g(2)=5$이다.
$(f \circ g)(x)=(g \circ f)(x)$에 $x=2$를 대입하면
$$(f \circ g)(2)=f(g(2))=f(5)=1,$$
$$(g \circ f)(2)=g(f(2))=g(3)$$
에서 $g(3)=1$이다.
$$\therefore g(2)+g(3)=5+1=6$$

참고

같은 방법으로 계속하면 $g(4)=2$, $g(5)=3$이다.

1032 답 -13

$f(x)=ax+7$, $g(x)=-x+1$에서
$$(f \circ g)(x)=f(g(x))=f(-x+1)$$
$$=a(-x+1)+7=-ax+a+7$$
.... ❶

$$(g \circ f)(x)=g(f(x))=g(ax+7)$$
$$=-(ax+7)+1=-ax-6$$
.... ❷

이때 $f \circ g=g \circ f$이므로
$$-ax+a+7=-ax-6$$
$$a+7=-6 \qquad \therefore a=-13$$
.... ❸

채점 기준	배점
❶ $(f \circ g)(x)$ 구하기	40%
❷ $(g \circ f)(x)$ 구하기	40%
❸ a의 값 구하기	20%

1033 답 6

함수 f의 대응 관계는 오른쪽 그림과 같다.
$g(1)=3$이고 $g \circ f=f \circ g$이므로
$(f \circ g)(x)=(g \circ f)(x)$에 $x=1$을 대입하면
$$(f \circ g)(1)=f(g(1))=f(3)=4,$$
$$(g \circ f)(1)=g(f(1))=g(2)$$
에서 $g(2)=4$이다.
$(f \circ g)(x)=(g \circ f)(x)$에 $x=2$를 대입하면
$$(f \circ g)(2)=f(g(2))=f(4)=1,$$
$$(g \circ f)(2)=g(f(2))=g(3)$$
에서 $g(3)=1$이다.
$(f \circ g)(x)=(g \circ f)(x)$에 $x=3$을 대입하면
$$(f \circ g)(3)=f(g(3))=f(1)=2,$$
$$(g \circ f)(3)=g(f(3))=g(4)$$
에서 $g(4)=2$이다.
$$\therefore g(2)+g(4)=4+2=6$$

1034 답 180

$f(x)=ax+4$, $g(x)=bx-8$에서
$$(f \circ g)(x)=f(g(x))=f(bx-8)$$
$$=a(bx-8)+4=abx-8a+4$$
$$(g \circ f)(x)=g(f(x))=g(ax+4)$$
$$=b(ax+4)-8=abx+4b-8$$
이때 $f \circ g=g \circ f$이므로
$$abx-8a+4=abx+4b-8$$
$$-8a+4=4b-8 \qquad \therefore 2a+b=3$$
$2a>0$, $b>0$이므로 산술평균과 기하평균의 관계에 의하여
$$\frac{2a+b}{2} \geq \sqrt{2a \times b}$$에서 $$\frac{3}{2} \geq \sqrt{2ab}$$ (단, 등호는 $2a=b$일 때 성립한다.)

양변을 제곱하면 $2ab \leq \dfrac{9}{4}$

양변에 80을 곱하면 $160ab \leq 180$
따라서 $160ab$의 최댓값은 180이다.

1035

답 ②

$(f \circ g)(1) = f(g(1)) = f(1-a)$
$\qquad = (1-a)^2 + a = a^2 - a + 1$
$(g \circ f)(-1) = g(f(-1)) = g(1+a)$
$\qquad = (1+a)^2 - a = a^2 + a + 1$
이때 $(f \circ g)(1) = (g \circ f)(-1) + 4$이므로
$a^2 - a + 1 = a^2 + a + 1 + 4$
$2a = -4 \qquad \therefore a = -2$

1036

답 ①

$(f \circ f)(x) = f(f(x)) = f(x^2 + ax)$
$\qquad = (x^2 + ax)^2 + a(x^2 + ax)$
$\qquad = (x^2 + ax)\{(x^2 + ax) + a\}$
$\qquad = x(x+a)(x^2 + ax + a)$
이때 $(f \circ f)(x)$가 $x-2$로 나누어떨어지면 $(f \circ f)(2) = 0$이다.
$(f \circ f)(2) = 2(2+a)(4+3a) = 0$에서
$a = -2$ 또는 $a = -\dfrac{4}{3}$
따라서 구하는 모든 실수 a의 값의 합은
$-2 + \left(-\dfrac{4}{3}\right) = -\dfrac{10}{3}$

1037

답 9

$(g \circ f)(x) = g(f(x))$
$\qquad = \{f(x)\}^2 - 6f(x) + a$
$\qquad = \{f(x) - 3\}^2 + a - 9$
에서 $f(x) = 3$, 즉 $x = \dfrac{1}{3}$일 때 함수 $(g \circ f)(x)$가 최솟값 $a-9$를 가지므로 $(g \circ f)(x) \geq 0$이 되려면 $a-9 \geq 0$이어야 한다.
$\therefore a \geq 9$
따라서 구하는 a의 최솟값은 9이다.

다른 풀이

$(g \circ f)(x) = g(f(x)) = (3x+2)^2 - 6(3x+2) + a$
$\qquad = 9x^2 - 6x + a - 8$
$(g \circ f)(x) \geq 0$이 되려면 이차방정식 $9x^2 - 6x + a - 8 = 0$의 판별식을 D라 할 때,
$\dfrac{D}{4} = (-3)^2 - 9(a-8) \leq 0$
$9a + 81 \leq 0 \qquad \therefore a \geq 9$
따라서 구하는 a의 최솟값은 9이다.

1038

답 13

$f(x) = ax + b$ (a, b는 상수)라 하면
직선 $y = f(x)$의 기울기가 음수이므로 $a < 0$이다.
$(f \circ f)(x) = f(f(x)) = f(ax+b)$
$\qquad = a(ax+b) + b = a^2 x + ab + b$
이때 주어진 조건에 의하여 $(f \circ f)(x) = 9x - 8$이므로
$a^2 x + ab + b = 9x - 8$에서 $a^2 = 9$, $ab + b = -8$
$\therefore a = -3$, $b = 4$ ($\because a < 0$)
따라서 $f(x) = -3x + 4$이므로
$f(-3) = -3 \times (-3) + 4 = 13$

1039

답 10

$f(-1) = -a + 3$이므로
$(f \circ f)(-1) = f(f(-1)) = f(-a+3)$
(i) $-a + 3 \geq 2$일 때
즉, $a \leq 1$이면 $f(-a+3) = (-a+3) + 4 = -a + 7$이므로
$(f \circ f)(-1) = -15$에서
$-a + 7 = -15 \qquad \therefore a = 22$
이때 $a \leq 1$인 조건에 모순이다.
(ii) $-a + 3 < 2$일 때
즉, $a > 1$이면 $f(-a+3) = a(-a+3) + 3 = -a^2 + 3a + 3$이므로
$(f \circ f)(-1) = -15$에서
$-a^2 + 3a + 3 = -15$, $a^2 - 3a - 18 = 0$
$(a-6)(a+3) = 0 \qquad \therefore a = -3$ 또는 $a = 6$
이때 $a > 1$이므로 $a = 6$이다.
(i), (ii)에서 $a = 6$이므로 $f\left(\dfrac{1}{2}\right) = 6 \times \dfrac{1}{2} + 3 = 6$
$\therefore (f \circ f)\left(\dfrac{1}{2}\right) = f\left(f\left(\dfrac{1}{2}\right)\right) = f(6) = 6 + 4 = 10$

1040

답 -2

(나)에서 $(f \circ g)(1) = f(g(1)) = 4$이고 $f(2) = 4$이므로
$g(1) = 2$이다.
또한 $f(2) = 4$이므로
$(g \circ f)(2) = g(f(2)) = g(4) = 1$이다.
(가), (다)에서 g는 X에서 X로의 일대일대응이고 $g(2) > g(3)$이므로
$g(2) = 4$이고 $g(3) = 3$이다.
$\therefore (f \circ g)(3) - (g \circ f)(3) = f(g(3)) - g(f(3))$
$\qquad = f(3) - g(2)$
$\qquad = 2 - 4 = -2$

1041

답 ③

함수 g가 X에서 X로의 일대일대응이므로
$g(3) = 4$, $g(4) = 2$에서
$g(1) = 1$, $g(2) = 3$이거나 $g(1) = 3$, $g(2) = 1$이다.

또한 $(g \circ f)(3)=g(f(3))=2$에서 $f(3)=4$이다.

(ⅰ) $g(1)=1$, $g(2)=3$일 때

$(g \circ f)(2)=g(f(2))=3$에서 $f(2)=2$이다.

이때 $f(1)=2$이므로 f가 X에서 X로의 일대일대응이라는 조건에 모순이다.

(ⅱ) $g(1)=3$, $g(2)=1$일 때

$(g \circ f)(2)=g(f(2))=3$에서 $f(2)=1$이다.

이때 f가 X에서 X로의 일대일대응이므로

$f(1)=2$, $f(2)=1$, $f(3)=4$에서 $f(4)=3$이다.

(ⅰ), (ⅱ)에서 두 함수 f, g는 다음 그림과 같다.

$\therefore f(4)+(f \circ g)(2)=3+f(g(2))$
$=3+f(1)=3+2=5$

유형 13 $f \circ h=g$를 만족시키는 함수 구하기

1042

답 ①

$(f \circ h)(x)=g(x)$에 $x=3$을 대입하면

$(f \circ h)(3)=f(h(3))=\dfrac{1}{2}h(3)+1$,

$g(3)=-3^2+5=-4$

이므로 $\dfrac{1}{2}h(3)+1=-4$

$\dfrac{1}{2}h(3)=-5$ $\therefore h(3)=-10$

> **참고**
>
> $(f \circ h)(x)=f(h(x))=\dfrac{1}{2}h(x)+1$이므로
>
> $\dfrac{1}{2}h(x)+1=-x^2+5$에서 $h(x)=-2x^2+8$이다.

1043

답 1

$(h \circ f)(x)=h(f(x))=h(2x+1)$이므로

$(h \circ f)(x)=g(x)$에서

$h(2x+1)=x-1$ ······ ㉠

$2x+1=5$에서

$2x=4$ $\therefore x=2$

㉠에 $x=2$를 대입하면

$h(5)=2-1=1$

> **참고**
>
> $f(2)=5$이므로 $(h \circ f)(x)=h(f(x))=g(x)$에 $x=2$를 대입하면
>
> $h(5)=g(2)=1$이다.

1044

답 -1

$(g \circ f)(x)=g(f(x))=3(-4x+9)-2$
$=-12x+25$

$\therefore (h \circ (g \circ f))(x)=h((g \circ f)(x))=h(-12x+25)$

이때 $(h \circ (g \circ f))(x)=f(x)$이므로

$h(-12x+25)=-4x+9$ ······ ㉠

$-12x+25=-5$에서 $-12x=-30$ $\therefore x=\dfrac{5}{2}$

㉠에 $x=\dfrac{5}{2}$를 대입하면

$h(-5)=-4 \times \dfrac{5}{2}+9=-1$

1045

답 4

$(h \circ g)(x)=h(g(x))=h(x+a)$이므로

$(h \circ g)(x)=f(x)$에서

$h(x+a)=x^2-4x+7$ ······ ㉠

$x+a=t$라 하면 $x=t-a$이므로 이 식을 ㉠의 양변에 대입하면

$h(t)=(t-a)^2-4(t-a)+7$
$=t^2-2(a+2)t+a^2+4a+7$

이때 $h(1)=3$이므로 $1-2(a+2)+a^2+4a+7=3$

$a^2+2a+1=0$, $(a+1)^2=0$ $\therefore a=-1$

따라서 $h(t)=t^2-2t+4$이므로

$h(2)=2^2-2 \times 2+4=4$

1046

답 ③

$(f \circ h)(x)=g(x)$에 $x=1$을 대입하면

$(f \circ h)(1)=g(1)$

$(f \circ h)(1)=f(h(1))=f(g(1))$ ($\because h(1)=g(1)$)
$=2g(1)-4$

이므로

$2g(1)-4=g(1)$ $\therefore g(1)=4$

이때 $g(x)=5x+k$에 $x=1$을 대입하면

$g(1)=5+k=4$에서 $k=-1$이다.

$(f \circ h)(x)=g(x)$에 $x=-1$을 대입하면

$(f \circ h)(-1)=g(-1)$

$(f \circ h)(-1)=f(h(-1))=2h(-1)-4$,

$g(-1)=-5-1=-6$

이므로

$2h(-1)-4=-6$, $2h(-1)=-2$

$\therefore h(k)=h(-1)=-1$

> **참고**
>
> $(f \circ h)(x)=f(h(x))=2h(x)-4$이므로
>
> $2h(x)-4=5x-1$에서 $h(x)=\dfrac{5}{2}x+\dfrac{3}{2}$이다.

1047

답 3

$(h \circ f)(x) = h(f(x)) = h(2x-1)$이므로 $(h \circ f)(x) = g(x)$에서 $h(2x-1) = 4(x^2-x+1)$ ────────── ❶

이때 $2x-1 = t$라 하면 $x = \dfrac{t+1}{2}$이므로

$h(2x-1) = h(t)$

$\qquad = 4\left\{\left(\dfrac{t+1}{2}\right)^2 - \dfrac{t+1}{2} + 1\right\}$

$\qquad = 4 \times \dfrac{(t+1)^2 - 2(t+1) + 4}{4}$

$\qquad = t^2 + 3$

즉, $h(x) = x^2 + 3$이다. ────────── ❷

이때 함수 $h(x)$는 $x=0$일 때 최솟값을 가지므로
함수 $h(x)$의 최솟값은 $h(0) = 3$이다. ────────── ❸

채점 기준	배점
❶ $h(2x-1) = 4(x^2-x+1)$ 구하기	30%
❷ $h(x)$ 구하기	50%
❸ 함수 $h(x)$의 최솟값 구하기	20%

1048

답 ⑤

$(f \circ g)(x) = f(g(x)) = \{g(x)\}^2 - 3g(x) + 3$에서

$g(x) = t$로 치환하면

$f(t) = t^2 - 3t + 3$ ······ ㉠

$(g \circ f)(x) = g(f(x)) = \{g(x)\}^2 - \dfrac{3}{4}$에서 ㉠에 의하여

$g(x^2 - 3x + 3) = \{g(x)\}^2 - \dfrac{3}{4}$

$g(x) = ax + b$이므로

$a(x^2 - 3x + 3) + b = (ax+b)^2 - \dfrac{3}{4}$에서

$ax^2 - 3ax + 3a + b = a^2x^2 + 2abx + b^2 - \dfrac{3}{4}$

$a = a^2,\ -3a = 2ab,\ 3a + b = b^2 - \dfrac{3}{4}$

$\therefore a = 1\ (\because a \neq 0),\ b = -\dfrac{3}{2}$

$\therefore a + 2b = 1 + 2 \times \left(-\dfrac{3}{2}\right) = -2$

유형 14 f^n 꼴의 합성함수

1049

답 4

$f^1(1) = f(1) = 2$,

$f^2(1) = f(f(1)) = f(2) = 3$,

$f^3(1) = f(f^2(1)) = f(3) = 4$,

$f^4(1) = f(f^3(1)) = f(4) = 1$,

$f^5(1) = f(f^4(1)) = f(1) = 2$,

$\quad\vdots$

이므로 $f^{4k-2}(1) = 3$ (k는 자연수)이다.

마찬가지로

$f^1(2) = f(2) = 3$,

$f^2(2) = f(f(2)) = f(3) = 4$,

$f^3(2) = f(f^2(2)) = f(4) = 1$,

$f^4(2) = f(f^3(2)) = f(1) = 2$,

$f^5(2) = f(f^4(2)) = f(2) = 3$,

$\quad\vdots$

이므로 $f^{4k-1}(2) = 1$ (k는 자연수)이다.

$\therefore f^{50}(1) + f^{51}(2) = 3 + 1 = 4$

1050

답 1

$f^1(x) = f(x) = 1 - x$,

$f^2(x) = f(f(x)) = f(1-x) = 1 - (1-x) = x$

따라서 $f^3(x) = f(x)$, $f^4(x) = f^2(x)$, $\cdots$이다.

$\therefore f^n(x) = \begin{cases} 1-x & (n \text{은 홀수}) \\ x & (n \text{은 짝수}) \end{cases}$

$\therefore f^{25}(7) + f^{50}(7) = (1-7) + 7 = 1$

1051

답 ④

$f^1(2) = f(2) = 3$,

$f^2(2) = f(f(2)) = f(3) = 4$,

$f^3(2) = f(f^2(2)) = f(4) = 1$,

$f^4(2) = f(f^3(2)) = f(1) = 2$,

$f^5(2) = f(f^4(2)) = f(2) = 3$,

$\quad\vdots$

이므로 $f^{4k}(2) = 2$ (k는 자연수)이다.

마찬가지로

$f^1(3) = f(3) = 4$,

$f^2(3) = f(f(3)) = f(4) = 1$,

$f^3(3) = f(f^2(3)) = f(1) = 2$,

$f^4(3) = f(f^3(3)) = f(2) = 3$,

$f^5(3) = f(f^4(3)) = f(3) = 4$,

$\quad\vdots$

이므로 $f^{4k-3}(3) = 4$ (k는 자연수)이다.

$\therefore f^{2012}(2) + f^{2013}(3) = 2 + 4 = 6$

유형 15 그래프를 이용하여 합성함수의 함숫값 구하기

1052

답 ①

주어진 그림에서 $f(d) = c$, $f(c) = b$, $f(b) = a$이므로
$(f \circ f \circ f)(d) = f(f(f(d))) = f(f(c)) = f(b) = a$

1053

답 ④

주어진 그림에서 $f(a)=b$, $f(b)=c$, $f(c)=d$이므로
$(f \circ f \circ f)(a)=f(f(f(a)))=f(f(b))=f(c)=d$

1054

답 0

주어진 함수 $y=f(x)$의 그래프를 이용하여 $f(x)$의 식을 구하면

$$f(x)=\begin{cases} 2x & \left(0 \leq x \leq \dfrac{1}{2}\right) \\ -2x+2 & \left(\dfrac{1}{2} < x \leq 1\right) \end{cases}$$ 이다.

$f^1\left(\dfrac{1}{4}\right)=f\left(\dfrac{1}{4}\right)=\dfrac{1}{2}$,

$f^2\left(\dfrac{1}{4}\right)=f\left(f\left(\dfrac{1}{4}\right)\right)=f\left(\dfrac{1}{2}\right)=1$,

$f^3\left(\dfrac{1}{4}\right)=f\left(f^2\left(\dfrac{1}{4}\right)\right)=f(1)=0$,

$f^4\left(\dfrac{1}{4}\right)=f\left(f^3\left(\dfrac{1}{4}\right)\right)=f(0)=0$,

$\vdots$

즉, $f^n\left(\dfrac{1}{4}\right)=\begin{cases} \dfrac{1}{2} & (n=1) \\ 1 & (n=2) \\ 0 & (n \geq 3) \end{cases}$ 이다.

$\therefore f^{10}\left(\dfrac{1}{4}\right)=0$

1055

답 $-\dfrac{11}{2}$

주어진 함수 $y=f(x)$의 그래프를 이용하여 $f(x)$의 식을 구하면
$$f(x)=\begin{cases} 2x+1 & (-1 \leq x < 0) \\ -2x+1 & (0 \leq x \leq 1) \end{cases}$$ 이다.

$f^1\left(\dfrac{1}{4}\right)=f\left(\dfrac{1}{4}\right)=\dfrac{1}{2}$,

$f^2\left(\dfrac{1}{4}\right)=f\left(f\left(\dfrac{1}{4}\right)\right)=f\left(\dfrac{1}{2}\right)=0$,

$f^3\left(\dfrac{1}{4}\right)=f\left(f^2\left(\dfrac{1}{4}\right)\right)=f(0)=1$,

$f^4\left(\dfrac{1}{4}\right)=f\left(f^3\left(\dfrac{1}{4}\right)\right)=f(1)=-1$,

$f^5\left(\dfrac{1}{4}\right)=f\left(f^4\left(\dfrac{1}{4}\right)\right)=f(-1)=-1$,

$\vdots$

즉, $f^n\left(\dfrac{1}{4}\right)=\begin{cases} \dfrac{1}{2} & (n=1) \\ 0 & (n=2) \\ 1 & (n=3) \\ -1 & (n \geq 4) \end{cases}$ 이다.

$\therefore f\left(\dfrac{1}{4}\right)+f^2\left(\dfrac{1}{4}\right)+f^3\left(\dfrac{1}{4}\right)+\cdots+f^{10}\left(\dfrac{1}{4}\right)$

$\quad =\dfrac{1}{2}+0+1+(-1)+\cdots+(-1)=-\dfrac{11}{2}$

1056

답 ②

주어진 함수 $y=f(x)$의 그래프를 이용하여 $f(x)$의 식을 구하면
$$f(x)=\begin{cases} 1 & (x \leq -1) \\ -x & (-1 < x < 1) \\ -1 & (x \geq 1) \end{cases}$$ 이다.

따라서 $(f \circ f)(x)=f(f(x))=\begin{cases} 1 & (f(x) \leq -1) \\ -f(x) & (-1 < f(x) < 1) \\ -1 & (f(x) \geq 1) \end{cases}$ 이고,

$x \leq -1$일 때 $f(x)=1$,
$-1 < x < 1$일 때 $-1 < f(x) < 1$,
$x \geq 1$일 때 $f(x)=-1$이므로

$(f \circ f)(x)=f(f(x))=\begin{cases} -1 & (x \leq -1) \\ x & (-1 < x < 1) \\ 1 & (x \geq 1) \end{cases}$

이다. 따라서 함수 $y=(f \circ f)(x)$의 그
래프는 오른쪽 그림과 같다.
따라서 옳은 것은 ②이다.

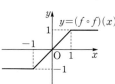

1057

답 ⑤

주어진 함수 $y=f(x)$의 그래프를 이용하여 $f(x)$의 식을 구하면
$$f(x)=\begin{cases} x+1 & (x < 0) \\ 1 & (x \geq 0) \end{cases}$$ 이다.

따라서
$(f \circ g)(x)=f(g(x))=\begin{cases} g(x)+1 & (g(x) < 0) \\ 1 & (g(x) \geq 0) \end{cases}$

$\qquad =\begin{cases} x+2 & (x < -1) \\ 1 & (x \geq -1) \end{cases}$

이므로 함수 $y=(f \circ g)(x)$의 그래프는
오른쪽 그림과 같다.
따라서 옳은 것은 ⑤이다.

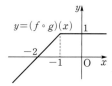

1058

답 ③

주어진 두 함수 $y=f(x)$, $y=g(x)$의 그래프를 이용하여 $f(x)$, $g(x)$의 식을 구하면
$$f(x)=\begin{cases} -2x+2 & (0 \leq x < 1) \\ 2x-2 & (1 \leq x \leq 2) \end{cases},$$
$$g(x)=\begin{cases} 2x & (0 \leq x < 1) \\ -2x+4 & (1 \leq x \leq 2) \end{cases}$$
이다. 따라서
$(f \circ g)(x)=f(g(x))=\begin{cases} -2g(x)+2 & (0 \leq g(x) < 1) \\ 2g(x)-2 & (1 \leq g(x) \leq 2) \end{cases}$
이고,

$0 \leq x < \dfrac{1}{2}$ 또는 $\dfrac{3}{2} < x \leq 2$일 때 $0 \leq g(x) < 1$,

$\dfrac{1}{2} \leq x < 1$일 때 $1 \leq g(x) < 2$, $1 \leq x \leq \dfrac{3}{2}$일 때 $1 \leq g(x) \leq 2$

이므로 x의 값의 범위에 따라 $f(g(x))$의 식을 구하면 다음과 같다.

(i) $0 \leq x < \dfrac{1}{2}$일 때

$g(x) = 2x$이고 $0 \leq g(x) < 1$이므로

$f(g(x)) = -2(2x) + 2 = -4x + 2$

(ii) $\dfrac{1}{2} \leq x < 1$일 때

$g(x) = 2x$이고 $1 \leq g(x) < 2$이므로

$f(g(x)) = 2(2x) - 2 = 4x - 2$

(iii) $1 \leq x \leq \dfrac{3}{2}$일 때

$g(x) = -2x + 4$이고 $1 \leq g(x) \leq 2$이므로

$f(g(x)) = 2(-2x + 4) - 2 = -4x + 6$

(iv) $\dfrac{3}{2} < x \leq 2$일 때

$g(x) = -2x + 4$이고 $0 \leq g(x) < 1$이므로

$f(g(x)) = -2(-2x + 4) + 2 = 4x - 6$

(i)~(iv)에서 함수 $y = (f \circ g)(x)$의 그래프는 오른쪽 그림과 같다.

따라서 옳은 것은 ③이다.

1059

답 405

주어진 함수 $y = f(x)$의 그래프를 이용하여 $f(x)$의 식을 구하면

$f(x) = \begin{cases} x+3 & (0 \leq x < 1) \\ 4 & (1 \leq x < 2) \\ -2x+8 & (2 \leq x \leq 4) \end{cases}$ 이다.

따라서

$(f \circ f)(x) = f(f(x)) = \begin{cases} f(x)+3 & (0 \leq f(x) < 1) \\ 4 & (1 \leq f(x) < 2) \\ -2f(x)+8 & (2 \leq f(x) \leq 4) \end{cases}$

이고,

$\dfrac{7}{2} < x \leq 4$일 때 $0 \leq f(x) < 1$, $3 < x \leq \dfrac{7}{2}$일 때 $1 \leq f(x) < 2$,

$2 \leq x \leq 3$일 때 $2 \leq f(x) \leq 4$, $1 \leq x < 2$일 때 $f(x) = 4$,

$0 \leq x < 1$일 때 $3 \leq f(x) < 4$

이므로 x의 값의 범위에 따라 $f(f(x))$의 식을 구하면 다음과 같다.

(i) $0 \leq x < 1$일 때

$f(x) = x+3$이고 $3 \leq f(x) < 4$이므로

$f(f(x)) = -2(x+3) + 8 = -2x + 2$

(ii) $1 \leq x < 2$일 때

$f(x) = 4$이므로

$f(f(x)) = -2 \times 4 + 8 = 0$

(iii) $2 \leq x \leq 3$일 때

$f(x) = -2x + 8$이고 $2 \leq f(x) \leq 4$이므로

$f(f(x)) = -2(-2x+8) + 8 = 4x - 8$

(iv) $3 < x \leq \dfrac{7}{2}$일 때

$f(x) = -2x + 8$이고 $1 \leq f(x) < 2$이므로

$f(f(x)) = 4$

(v) $\dfrac{7}{2} < x \leq 4$일 때

$f(x) = -2x + 8$이고 $0 \leq f(x) < 1$이므로

$f(f(x)) = -2x + 8 + 3 = -2x + 11$

(i)~(v)에서 함수 $y = (f \circ f)(x)$의 그래프는 오른쪽 그림과 같다.

따라서 함수 $y = (f \circ f)(x)$의 그래프와 x축, y축 및 직선 $x = 4$로 둘러싸인 부분의 넓이 S는

$S = \dfrac{1}{2} \times 1 \times 2 + \dfrac{1}{2} \times 1 \times 4$

$\qquad + \left(1 \times 4 - \dfrac{1}{2} \times \dfrac{1}{2} \times 1\right)$

$= \dfrac{27}{4}$

$\therefore 60S = 60 \times \dfrac{27}{4} = 405$

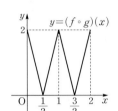

유형 17 역함수

확인 문제 (1) 1 (2) 6

(1) $f(a) = 2$이므로 $-a + 3 = 2$ $\therefore a = 1$

(2) $f(7) = b$이므로 $7 - 1 = b$ $\therefore b = 6$

1060

답 ④

$f(2) = 4$이고

$f(4) = 1$에서 $f^{-1}(1) = 4$이므로

$f(2) + f^{-1}(1) = 4 + 4 = 8$

1061

답 10

$f^{-1}(-2) = 1$에서 $f(1) = -2$이므로

$f(1) = a + b = -2$ $\qquad \cdots\cdots$ ㉠

$f^{-1}(10) = -3$에서 $f(-3) = 10$이므로

$f(-3) = -3a + b = 10$ $\qquad \cdots\cdots$ ㉡ ❶

㉠, ㉡을 연립하여 풀면 $a = -3$, $b = 1$

$\therefore a^2 + b^2 = (-3)^2 + 1^2 = 10$ ❷

채점 기준	배점
❶ a, b에 대한 연립방정식 만들기	70%
❷ $a^2 + b^2$의 값 구하기	30%

1062
답 ③

$f(2)=10$에서 $2a+b=10$ ...... ㉠
또한 $f^{-1}(4)=-1$에서 $f(-1)=4$이므로
$-a+b=4$ ...... ㉡
㉠, ㉡을 연립하여 풀면
$a=2$, $b=6$
따라서 $f(x)=2x+6$이므로
$f(ab)=f(12)=2\times 12+6=30$

1063
답 3

$g(k)=-3k+1=-8$이므로
$-3k=-9$ $\therefore k=3$
즉, $f^{-1}(a)=3$이다. ──────────── ❶

$f^{-1}(a)=3$에서 $f(3)=a$이므로
$a=f(3)=2\times 3-3=3$ ───────── ❷

채점 기준	배점
❶ $f^{-1}(a)$의 값 구하기	60%
❷ a의 값 구하기	40%

1064
답 3

$\dfrac{5-x}{2}=t$로 놓으면 $5-x=2t$ $\therefore x=-2t+5$
따라서 $f(t)=3(-2t+5)+1=-6t+16$이므로
$f(x)=-6x+16$
$f^{-1}(-2)=k$라 하면 $f(k)=-2$이므로
$-6k+16=-2$, $-6k=-18$ $\therefore k=3$
$\therefore f^{-1}(-2)=3$

1065
답 2

$x<2$일 때, $x+5<7$
$x\geq 2$일 때, $4x-1\geq 7$
$f^{-1}(4)=m$이라 하면 $f(m)=4<7$이므로
$m+5=4$ $\therefore m=-1$
$f^{-1}(11)=n$이라 하면 $f(n)=11>7$이므로
$4n-1=11$, $4n=12$ $\therefore n=3$
$\therefore f^{-1}(4)+f^{-1}(11)=-1+3=2$

1066
답 9

함수 f의 치역은 집합 Y이고 함수 f^{-1}의 치역은 집합 X이므로
$f^{-1}(a)+f(b)=9$가 되는 경우는 다음과 같다.
(i) $f^{-1}(a)=5$, $f(b)=4$일 때
  $f(5)=4$이므로 $a=4$, $b=5$
(ii) $f^{-1}(a)=3$, $f(b)=6$일 때
  $f(3)=10$, $f(2)=6$이므로 $a=10$, $b=2$
(iii) $f^{-1}(a)=1$, $f(b)=8$일 때
  $f(1)=8$이므로 $a=8$, $b=1$
(i)~(iii)에서 주어진 조건을 만족시키는 두 자연수 a, b의 순서쌍
(a,b)는 $(4, 5)$, $(10, 2)$, $(8, 1)$이므로
$a+b$의 최솟값은 $4+5=8+1=9$

유형 18 역함수가 존재하기 위한 조건

1067
답 ②

함수 $f(x)$의 역함수가 존재하려면 $f(x)$가 일대일대응이어야 한다.
이때 함수 $f(x)=2x-1$의 그래프의 기울기는 2, 즉 양수이므로
$f(x)$가 일대일대응이기 위해서는 $f(0)=a$, $f(2)=b$이어야 한다.
$f(0)=2\times 0-1=a$에서 $a=-1$
$f(2)=2\times 2-1=b$에서 $b=3$
$\therefore a+b=-1+3=2$

1068
답 ④

함수 $f(x)$의 역함수가 존재하려면 $f(x)$가 일대일대응이어야 한다.
이때 함수 $f(x)$가 일대일대응이 되기 위해서는
x의 값의 범위에 의하여 나누어진 두 직선의 기울기의 부호가 서로 같아야 한다.
즉, $(4+a)(4-a)>0$이므로 $-4<a<4$
따라서 주어진 조건을 만족시키는 정수 a는
-3, -2, -1, 0, 1, 2, 3의 7개이다.

1069
답 35

함수 $f(x)$의 역함수가 존재하려면 $f(x)$는 일대일대응이어야 한다.
두 함수 $y=3x+a$, $y=2x+1$에 대하여
$x=5$에서의 함숫값이 서로 같아야 하므로
$15+a=11$ $\therefore a=-4$
$\therefore f(10)=3\times 10-4=26$

한편 $f^{-1}(23)=k$라 하면 $f(k)=23$

$x \geq 5$일 때 $f(x) \geq 11$이므로 $f(k)=23$에서

$3k-4=23$, $3k=27$ $\quad \therefore k=9$

$\therefore f(10)+f^{-1}(23)=26+9=35$

1070

답 $-\sqrt{2}$

함수 $f(x)$의 역함수가 존재하려면 $f(x)$는 일대일대응이어야 한다.

(ⅰ) 두 함수 $y=x^2-1$, $y=(a-1)x+a^2-3$에 대하여 $x=0$에서의 함숫값이 서로 같아야 하므로

$-1=a^2-3$, $a^2=2$ $\quad \therefore a=\pm\sqrt{2}$

(ⅱ) $x<0$일 때 x의 값이 커지면 함숫값은 작아지므로 $x \geq 0$일 때의 직선의 기울기가 음수이어야 한다.

즉, $a-1<0$이므로 $a<1$

(ⅰ), (ⅱ)에서 $a=-\sqrt{2}$

1071

답 $k<-2$ 또는 $k>2$

$f(x)=|2x-3|+kx-4$에서

(ⅰ) $x<\dfrac{3}{2}$일 때

$f(x)=-(2x-3)+kx-4=(k-2)x-1$

(ⅱ) $x \geq \dfrac{3}{2}$일 때

$f(x)=2x-3+kx-4=(k+2)x-7$

(ⅰ), (ⅱ)에서 함수 $f(x)$의 역함수가 존재하려면 $f(x)$가 일대일대응이어야 하므로 $x<\dfrac{3}{2}$일 때와 $x \geq \dfrac{3}{2}$일 때의 직선의 기울기의 부호가 서로 같아야 한다.

따라서 $(k-2)(k+2)>0$이므로

$k<-2$ 또는 $k>2$

1072

답 -1

함수 $f(x)$의 역함수가 존재하려면 $f(x)$가 일대일대응이어야 한다.

이때 $f(x)=-x^2+2x+6=-(x-1)^2+7$이므로

$x_1 \in X$, $x_2 \in X$인 임의의 두 원소 x_1, x_2에 대하여

$x_1 \neq x_2$이면 $f(x_1) \neq f(x_2)$이기 위해서는 $a \leq 1$이어야 한다.

····················· ❶

또한 함수 f의 치역과 공역이 같아야 하므로

$f(a)=3$

····················· ❷

즉, $-a^2+2a+6=3$이므로

$a^2-2a-3=0$, $(a+1)(a-3)=0$

$\therefore a=-1 \ (\because a \leq 1)$

····················· ❸

채점 기준	배점
❶ 일대일함수가 되기 위한 조건 구하기	40%
❷ 치역과 공역이 같기 위한 조건 구하기	40%
❸ a의 값 구하기	20%

유형 19 역함수 구하기

확인 문제 (1) $y=-\dfrac{1}{2}x+2$ (2) $y=2x-10$

(1) 주어진 함수는 일대일대응이므로 역함수가 존재한다.

$y=-2x+4$를 x에 대하여 정리하면

$2x=-y+4$ $\quad \therefore x=-\dfrac{1}{2}y+2$

이 식에서 x와 y를 서로 바꾸면 구하는 역함수는

$y=-\dfrac{1}{2}x+2$

(2) 주어진 함수는 일대일대응이므로 역함수가 존재한다.

$y=\dfrac{1}{2}x+5$를 x에 대하여 정리하면

$\dfrac{1}{2}x=y-5$ $\quad \therefore x=2y-10$

이 식에서 x와 y를 서로 바꾸면 구하는 역함수는

$y=2x-10$

1073

답 ①

$y=f(x)$라 하면 $y=2x+4$이고,

이것을 x에 대하여 정리하면 $x=\dfrac{1}{2}y-2$

이 식에서 x와 y를 서로 바꾸면 $y=\dfrac{1}{2}x-2$

$\therefore f^{-1}(x)=\dfrac{1}{2}x-2$

따라서 $a=\dfrac{1}{2}$, $b=-2$이므로

$ab=\dfrac{1}{2}\times(-2)=-1$

1074

답 ③

$f(x)=ax+b$에 대하여

$f(2)=10$에서 $2a+b=10$ ······ ㉠

$f^{-1}(4)=-1$에서 $f(-1)=4$이므로 $-a+b=4$ ······ ㉡

㉠, ㉡을 연립하여 풀면

$a=2$, $b=6$

이때 $y=f(x)$라 하면 $f(x)=2x+6$에서 $y=2x+6$이고,

이것을 x에 대하여 정리하면 $x=\dfrac{1}{2}y-3$

이 식에서 x와 y를 서로 바꾸면 $y=\dfrac{1}{2}x-3$

$\therefore f^{-1}(x)=\dfrac{1}{2}x-3$

따라서 $c=\dfrac{1}{2}$, $d=-3$이므로

$abcd=2\times6\times\dfrac{1}{2}\times(-3)=-18$

다른 풀이

$f(x)=ax+b$에 대하여

$f(2)=10$에서 $2a+b=10$ ...... ㉢

$f^{-1}(4)=-1$에서 $f(-1)=4$이므로 $-a+b=4$ ...... ㉣

㉢, ㉣을 연립하여 풀면

$a=2$, $b=6$

한편 $f^{-1}(x)=cx+d$에 대하여

$f(2)=10$에서 $f^{-1}(10)=2$이므로 $10c+d=2$ ...... ㉤

$f^{-1}(4)=-1$에서 $4c+d=-1$ ...... ㉥

㉤, ㉥을 연립하여 풀면

$c=\dfrac{1}{2}$, $d=-3$

$\therefore abcd=2\times6\times\dfrac{1}{2}\times(-3)=-18$

1075

답 4

역함수가 존재하는 함수 $f(x)$에 대하여

$f^{-1}(5)=3$이므로 $f(3)=5$

함수 $f(x-1)+3$의 역함수가 $g(x)$이므로

$g^{-1}(x)=f(x-1)+3$ ...... ㉠

㉠에 $x=4$를 대입하면 $g^{-1}(4)=f(3)+3=8$

$\therefore g(8)=4$

1076

답 $f^{-1}(x)=2x+7$

$f(4x-3)=2x-5$에서 $4x-3=t$라 하면 $x=\dfrac{t+3}{4}$이므로

$f(t)=2\times\dfrac{t+3}{4}-5=\dfrac{1}{2}t-\dfrac{7}{2}$

즉, $f(x)=\dfrac{1}{2}x-\dfrac{7}{2}$이다.

...... ❶

이때 $y=f(x)$라 하면 $y=\dfrac{1}{2}x-\dfrac{7}{2}$이고,

이것을 x에 대하여 정리하면 $x=2y+7$

...... ❷

이 식에서 x와 y를 서로 바꾸면 $y=2x+7$

$\therefore f^{-1}(x)=2x+7$

...... ❸

채점 기준	배점
❶ $f(x)$ 구하기	50%
❷ $y=f(x)$라 하고, x에 대하여 정리하기	30%
❸ $f^{-1}(x)$ 구하기	20%

1077

답 -6

$h(x)=(g\circ f)(x)=g(f(x))=-(2x+6)+1=-2x-5$

$y=-2x-5$라 하면 $2x=-y-5$ $\therefore x=-\dfrac{1}{2}y-\dfrac{5}{2}$

이 식에서 x와 y를 서로 바꾸면 $y=-\dfrac{1}{2}x-\dfrac{5}{2}$

따라서 $h^{-1}(x)=-\dfrac{1}{2}x-\dfrac{5}{2}$이므로

$h^{-1}(7)=-\dfrac{1}{2}\times7-\dfrac{5}{2}=-6$

1078

답 -1

$y=ax+4$라 하면 $ax=y-4$ $\therefore x=\dfrac{1}{a}y-\dfrac{4}{a}$

이 식에서 x와 y를 서로 바꾸면 $y=\dfrac{1}{a}x-\dfrac{4}{a}$

$\therefore f^{-1}(x)=\dfrac{1}{a}x-\dfrac{4}{a}$

$f=f^{-1}$에서 $ax+4=\dfrac{1}{a}x-\dfrac{4}{a}$이므로

$a=\dfrac{1}{a}$, $4=-\dfrac{4}{a}$ $\therefore a=-1$

다른 풀이

$f=f^{-1}$이므로 $(f\circ f)(x)=x$

$f(x)=ax+4$에서

$(f\circ f)(x)=f(f(x))=a(ax+4)+4=a^2x+4a+4$

따라서 $a^2x+4a+4=x$이므로

$a^2=1$, $4a+4=0$ $\therefore a=-1$

1079

답 ①

$y=f(3x+4)$라 하고 x와 y를 서로 바꾸면 $x=f(3y+4)$

함수 $f(x)$의 역함수가 $g(x)$이므로

$g(x)=g(f(3y+4))=3y+4$

$3y=g(x)-4$ $\therefore y=\dfrac{g(x)-4}{3}$

다른 풀이

$h(x)=f(3x+4)$라 하자.

$3x+4=t$라 하면 $x=\dfrac{t-4}{3}$이므로

$h\Big(\dfrac{t-4}{3}\Big)=f(t)$

이때 $f(t)=k$라 하면 g는 f의 역함수이므로 $g(k)=t$이다.

...... ㉠

또한 $h\Big(\dfrac{t-4}{3}\Big)=k$에서 $h^{-1}(k)=\dfrac{t-4}{3}$

이 식에 ㉠을 대입하면 $h^{-1}(k)=\dfrac{g(k)-4}{3}$이다.

따라서 함수 $f(3x+4)$의 역함수를 $g(x)$에 대한 식으로 나타내면

$y=\dfrac{g(x)-4}{3}$

1080

답 ⑤

$(f^{-1} \circ g)(1)=k$라 하면 $f(k)=g(1)$이다.

이때 $g(1)=1$이므로 $f(k)=1$

따라서 $f(k)=k-10=1$에서 $k=11$

$\therefore (f^{-1} \circ g)(1)=11$

1081

답 ②

$(f^{-1} \circ g)(4)=k$라 하면 $f(k)=g(4)$이다.

이때 $g(4)=3$이므로 $f(k)=3$이고,

$f(2)=3$이므로 $k=2$이다.

$\therefore (f^{-1} \circ g)(4)=2$

1082

답 ⑤

$y=g(x)$라 하면 $y=x-3$이고,

이것을 x에 대하여 정리하면 $x=y+3$

이 식에서 x와 y를 서로 바꾸면 $y=x+3$

$\therefore g^{-1}(x)=x+3$

이때

$$
\begin{aligned}
(f \circ g^{-1})(x) &= f(g^{-1}(x)) \\
&= f(x+3) \\
&= 2(x+3)+1 \\
&= 2x+7
\end{aligned}
$$

따라서 $a=2$, $b=7$이므로

$ab=2 \times 7 = 14$

1083

답 8

$g^{-1}(k)=a$라 하면

$(f \circ g^{-1})(k)=f(g^{-1}(k))=f(a)=-3$

이때 $f(a)=2a+3=-3$에서 $a=-3$

따라서 $g^{-1}(k)=-3$이므로 $g(-3)=k$이다.

$\therefore k=g(-3)=-3 \times (-3)-1=8$

1084

답 ②

$(f^{-1} \circ f^{-1})(8)=k$라 하면 $f(k)=f^{-1}(8)$이다.

이때 $f^{-1}(8)=m$이라 하면 $f(m)=8$이다.

(i) $0 \le m < 1$일 때

$f(m)=3m+1=8$에서 $m=\dfrac{7}{3}$

이때 $0 \le m < 1$인 조건에 모순이다.

(ii) $1 \le m \le 4$일 때

$f(m)=m^2-2m+5=8$에서

$m^2-2m-3=0$, $(m+1)(m-3)=0$

$\therefore m=-1$ 또는 $m=3$

이때 $1 \le m \le 4$이므로 $m=3$이다.

(i), (ii)에서 $m=3$이므로 $f(k)=3$이다.

(iii) $0 \le k < 1$일 때

$f(k)=3k+1=3$에서 $k=\dfrac{2}{3}$

(iv) $1 \le k \le 4$일 때

$f(k)=k^2-2k+5=3$에서 $k^2-2k+2=0$

이때 모든 실수 k에 대하여 $k^2-2k+2>0$이므로

$k^2-2k+2=0$을 만족시키는 실수 k는 존재하지 않는다.

(iii), (iv)에서 $k=\dfrac{2}{3}$이므로 $(f^{-1} \circ f^{-1})(8)=\dfrac{2}{3}$

1085

답 ④

함수 f의 역함수가 존재하므로 함수 f는 일대일대응이다.

따라서 $f(1)=3$에서 $f(2)=1$, $f(3)=2$이거나 $f(2)=2$, $f(3)=1$

이다.

(i) $f(1)=3$, $f(2)=1$, $f(3)=2$일 때

$f(1)=3$에서 $f^2(1)=2$, $f^3(1)=1$

$f(2)=1$에서 $f^2(2)=3$, $f^3(2)=2$

$f(3)=2$에서 $f^2(3)=1$, $f^3(3)=3$

이므로 $f^3=I$이다.

(ii) $f(1)=3$, $f(2)=2$, $f(3)=1$일 때

$f(1)=3$에서 $f^2(1)=1$, $f^3(1)=3$

$f(2)=2$에서 $f^2(2)=2$, $f^3(2)=2$

$f(3)=1$에서 $f^2(3)=3$, $f^3(3)=1$

이므로 $f^3 \ne I$이다.

(i), (ii)에서 $f(1)=3$, $f(2)=1$, $f(3)=2$이므로

$g(1)=2$, $g(2)=3$, $g(3)=1$이다.

이때

$g(1)=2$에서 $g^2(1)=3$, $g^3(1)=1$

$g(2)=3$에서 $g^2(2)=1$, $g^3(2)=2$

$g(3)=1$에서 $g^2(3)=2$, $g^3(3)=3$

이므로 $g^3=I$이다.

따라서 $g^{14}(3)=g^{3 \times 4+2}(3)=g^2(3)=2$이고

$g^{16}(2)=g^{3 \times 5+1}(2)=g(2)=3$이므로

$g^{14}(3)+g^{16}(2)=2+3=5$

> 🔊 **Bible Says** 합성함수와 일대일대응
>
> 함수 $f:X \longrightarrow X$가 일대일대응이 아닐 때,
>
> 즉 $f(x_1)=f(x_2)$를 만족시키는 집합 X의 서로 다른 두 원소 x_1, x_2가 존재할 때 $f^2(x_1)=f^2(x_2)$이고 $f^3(x_1)=f^3(x_2)$이므로 $f^3=I$를 만족시킬 수 없다
>
> 따라서 $f^3=I$이기 위해서는 함수 $f:X \longrightarrow X$는 반드시 일대일대응이어야 한다.

1086

답 -3

$$
\begin{aligned}
(f \circ (g \circ f)^{-1} \circ f)(1) &= (f \circ f^{-1} \circ g^{-1} \circ f)(1) \\
&= (g^{-1} \circ f)(1) \\
&= g^{-1}(f(1)) \\
&= g^{-1}(a+b) = -4
\end{aligned}
$$

이므로 $g(-4) = a+b$이다.

$\therefore a+b = g(-4) = -4+1 = -3$

> **참고**
>
> 일반적으로 $(g \circ f)^{-1} \neq g^{-1} \circ f^{-1}$임에 유의하여 계산한다.

1087

답 ②

$(g^{-1} \circ f)^{-1}(1) = (f^{-1} \circ g)(1) = f^{-1}(g(1)) = f^{-1}(0)$

이때 $f^{-1}(0) = k$라 하면 $f(k) = 0$이다.

$f(k) = k+1 = 0$에서 $k = -1$

$\therefore (g^{-1} \circ f)^{-1}(1) = -1$

1088

답 ⑤

$$
\begin{aligned}
(g \circ (f \circ g)^{-1} \circ g)(3) &= (g \circ g^{-1} \circ f^{-1} \circ g)(3) \\
&= (f^{-1} \circ g)(3) \\
&= f^{-1}(g(3)) = f^{-1}(1)
\end{aligned}
$$

이때 $f^{-1}(1) = k$라 하면 $f(k) = 1$이다.

$\therefore k = 1$

$\therefore (g \circ (f \circ g)^{-1} \circ g)(3) = 1$

1089

답 4

$(f \circ g)(x) = I$이므로 함수 g는 함수 f의 역함수이다.

따라서 $g(2) = k$라 하면 $f(k) = 2$이다.

$x^4 - 6x^3 + 5x^2 + 12x + 2 = 2$에서

$x^4 - 6x^3 + 5x^2 + 12x = 0$

$x(x+1)(x-3)(x-4) = 0$

$\therefore x = 0$ 또는 $x = -1$ 또는 $x = 3$ 또는 $x = 4$

$f(x^2 - 3x) = x^4 - 6x^3 + 5x^2 + 12x + 2$에서

$x \geq 2$이므로 $x = 3$이면 $f(0) = 2$, $x = 4$이면 $f(4) = 2$

이때 $k \geq 2$이므로 $f(4) = 2$에서 $k = 4$이다.

즉, $g(2) = 4$이다.

1090

답 ①

ㄱ. f, g는 일대일대응이므로 역함수가 존재한다.

　　즉, $(g \circ f)^{-1} = f^{-1} \circ g^{-1}$이다. (참)

ㄴ. [반례] $X = \{1, 2\}$, $Y = \{1, 2\}$, $Z = \{1, 2, 3\}$이고
$f(x) = x$, $g(x) = x$이면 함수 g는 일대일대응이 아니므로 역함수가 존재하지 않는다. (거짓)

ㄷ. 함수 $f \circ f^{-1}$는 Y에서 Y로의 항등함수이고, $f^{-1} \circ f$는 X에서 X로의 항등함수이므로 이 두 함수는 서로 같은 함수가 아니다.
　　　　　　　　　　　　　　　　　(거짓)

따라서 옳은 것은 ㄱ이다.

1091

답 1

$$
\begin{aligned}
(h^{-1} \circ g^{-1} \circ f^{-1})(13) &= (h^{-1} \circ (f \circ g)^{-1})(13) \\
&= ((f \circ g) \circ h)^{-1}(13) \\
&= (f \circ g \circ h)^{-1}(13) = k
\end{aligned}
$$

라 하면 ❶

$$
\begin{aligned}
(f \circ g \circ h)(k) &= ((f \circ g) \circ h)(k) \\
&= (f \circ g)(h(k)) \\
&= (f \circ g)(2k) \\
&= 5 \times 2k + 3 = 13
\end{aligned}
$$

❷

즉, $10k + 3 = 13$이므로 $10k = 10$　　$\therefore k = 1$

$\therefore (h^{-1} \circ g^{-1} \circ f^{-1})(13) = 1$ ❸

채점 기준	배점
❶ $(h^{-1} \circ g^{-1} \circ f^{-1})(13) = (f \circ g \circ h)^{-1}(13)$으로 나타내고 k라 하기	40%
❷ $(f \circ g \circ h)(k) = 13$임을 이용하여 k에 대한 식 구하기	40%
❸ $(h^{-1} \circ g^{-1} \circ f^{-1})(13)$의 값 구하기	20%

> **참고**
>
> 다음과 같이 셋 이상의 합성함수의 역함수도 역순으로 전개하여 표현한다.
> $(f \circ g \circ h)^{-1} = h^{-1} \circ g^{-1} \circ f^{-1}$

유형 22 그래프를 이용하여 역함수의 함숫값 구하기

1092

답 ⑤

$(f \circ f)^{-1}(c) = (f^{-1} \circ f^{-1})(c) = f^{-1}(f^{-1}(c))$

이때 $f(d) = c$이고 $f(e) = d$이므로
$f^{-1}(c) = d$이고 $f^{-1}(d) = e$이다.

$$
\begin{aligned}
\therefore (f \circ f)^{-1}(c) &= f^{-1}(f^{-1}(c)) \\
&= f^{-1}(d) = e
\end{aligned}
$$

1093
답 ①

$(f \circ f \circ f)^{-1}(d) = (f^{-1} \circ f^{-1} \circ f^{-1})(d)$
$= f^{-1}(f^{-1}(f^{-1}(d)))$

이때 $f(c)=d$이고 $f(b)=c$, $f(a)=b$이므로
$f^{-1}(d)=c$이고 $f^{-1}(c)=b$, $f^{-1}(b)=a$이다.

$\therefore (f \circ f \circ f)^{-1}(d) = f^{-1}(f^{-1}(f^{-1}(d)))$
$= f^{-1}(f^{-1}(c))$
$= f^{-1}(b) = a$

1094
답 ①

$(f \circ g^{-1})(c) = f(g^{-1}(c))$

이때 $g(b)=c$에서 $g^{-1}(c)=b$이고 $f(b)=a$이다.

$\therefore (f \circ g^{-1})(c) = f(g^{-1}(c))$
$= f(b) = a$

1095
답 ⑤

$(g \circ f)^{-1}(1) = (f^{-1} \circ g^{-1})(1) = f^{-1}(g^{-1}(1))$

$f(1)=2$, $f(2)=4$, $f(3)=3$, $f(4)=5$, $f(5)=1$이므로

$(f \circ g)(1) = f(g(1)) = 2$에서 $g(1)=1$
$(f \circ g)(2) = f(g(2)) = 1$에서 $g(2)=5$
$(f \circ g)(3) = f(g(3)) = 4$에서 $g(3)=2$
$(f \circ g)(4) = f(g(4)) = 3$에서 $g(4)=3$
$(f \circ g)(5) = f(g(5)) = 5$에서 $g(5)=4$

따라서 $g^{-1}(1)=1$, $f^{-1}(1)=5$이므로

$g(2) + (g \circ f)^{-1}(1) = 5 + f^{-1}(g^{-1}(1))$
$= 5 + f^{-1}(1)$
$= 5 + 5 = 10$

유형 23 역함수의 그래프의 성질

1096
답 6

$f(x)$는 일차함수이므로 함수 $y=f(x)$의 그래프와 직선 $y=x$의
교점의 개수는 1이고, $f^{-1}(x)$도 일차함수이므로
두 함수 $y=f(x)$, $y=f^{-1}(x)$의 그래프의 교점의 개수도 1이다.
따라서 함수 $y=f(x)$의 그래프와 그 역함수 $y=f^{-1}(x)$의 그래프
의 교점은 함수 $y=f(x)$의 그래프와 직선 $y=x$의 교점과 같다.

이때 $-\dfrac{1}{3}x+4=x$에서 $\dfrac{4}{3}x=4$ $\therefore x=3$

즉, 함수 $y=f(x)$의 그래프와 직선 $y=x$의 교점의 좌표는 $(3, 3)$
이므로 $a=3$, $b=3$

$\therefore a+b=3+3=6$

참고

$f^{-1}(x)$의 식을 구한 뒤 방정식 $f(x)=f^{-1}(x)$를 풀어서 교점의 좌표를
구할 수도 있다. 하지만 두 함수 $y=f(x)$, $y=f^{-1}(x)$의 그래프가 직선
$y=x$에 대하여 대칭임을 이용하여 방정식 $f(x)=x$를 통해 교점의 좌표
를 찾는 것이 비교적 간단하다.

1097
답 $3\sqrt{2}$

$f(x)$는 일차함수이므로 함수 $y=f(x)$의 그래프와 직선 $y=x$의
교점의 개수는 1이고, $f^{-1}(x)$도 일차함수이므로
두 함수 $y=f(x)$, $y=f^{-1}(x)$의 그래프의 교점의 개수도 1이다.
따라서 함수 $y=f(x)$의 그래프와 그 역함수 $y=f^{-1}(x)$의 그래프
의 교점은 함수 $y=f(x)$의 그래프와 직선 $y=x$의 교점과 같다.
·················· ❶

이때 $\dfrac{1}{2}x-\dfrac{3}{2}=x$에서 $\dfrac{1}{2}x=-\dfrac{3}{2}$ $\therefore x=-3$

즉, 함수 $y=f(x)$의 그래프와 직선 $y=x$의 교점의 좌표는
$(-3, -3)$이므로 점 P의 좌표는 $(-3, -3)$이다.
·················· ❷

따라서 선분 OP의 길이는

$\sqrt{(-3)^2+(-3)^2}=3\sqrt{2}$
·················· ❸

채점 기준	배점
❶ 함수의 그래프와 그 역함수의 그래프의 교점에 대하여 파악하기	40%
❷ 점 P의 좌표 구하기	30%
❸ 선분 OP의 길이 구하기	30%

참고

좌표평면 위의 두 점 $A(x_1, y_1)$, $B(x_2, y_2)$ 사이의 거리
$\Rightarrow \overline{AB} = \sqrt{(x_2-x_1)^2+(y_2-y_1)^2}$

Bible Says 역함수의 그래프의 성질

역함수가 존재하는 함수 $f(x)$가
(1) x의 값이 커질 때 함숫값이 커지는 경우
두 함수 $y=f(x)$, $y=f^{-1}(x)$의 그래프의 교점은 반드시 직선 $y=x$
위에 존재한다.
(2) x의 값이 커질 때 함숫값이 작아지는 경우
함수 $y=f(x)$의 그래프와 직선 $y=x$의 교점은 반드시 두 함수
$y=f(x)$, $y=f^{-1}(x)$의 그래프의 교점이고, 두 함수 $y=f(x)$,
$y=f^{-1}(x)$의 그래프의 교점 중에서 직선 $y=x$ 위에 있지 않은 점이
존재할 수도 있다.

1098
답 $\sqrt{2}$

$x \geq 1$에서 함수 $f(x)$는 x의 값이 커질
때 함숫값이 커지므로 두 함수 $y=f(x)$
와 $y=f^{-1}(x)$의 그래프의 교점은 직선
$y=x$ 위에 존재한다.

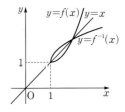

이때 $x^2-2x+2=x$에서
$x^2-3x+2=0$, $(x-1)(x-2)=0$

$\therefore x=1$ 또는 $x=2$

즉, 함수 $y=f(x)$의 그래프와 직선 $y=x$의 두 교점의 좌표는
$(1, 1)$, $(2, 2)$이므로 두 함수 $y=f(x)$, $y=f^{-1}(x)$의 그래프의
두 교점의 좌표는 $(1, 1)$, $(2, 2)$이다.
따라서 이 두 교점 사이의 거리는
$\sqrt{(2-1)^2+(2-1)^2}=\sqrt{2}$

> **참고**
>
> $g(x)=x^2-2x+2=(x-1)^2+1$이라 하면 함수 $y=g(x)$의 그래프는
> 직선 $x=1$에 대하여 대칭이며 $x\geq1$에서 x의 값이 커질 때 $g(x)$의 값도
> 커지므로 $x\geq1$에서 함수 $g(x)$는 일대일대응이다.
> 즉, 함수 $f(x)$는 일대일대응이다.

1099 [답] 3

$\{f(x)\}^2=f(x)f^{-1}(x)$에서
$f(x)\{f(x)-f^{-1}(x)\}=0$
즉, $f(x)=0$ 또는 $f(x)=f^{-1}(x)$이다.
(ⅰ) $f(x)=0$인 경우

방정식 $f(x)=0$의 실근은 함
수 $y=f(x)$의 그래프와 x축의
교점의 x좌표와 같다.
이때 함수 $y=f(x)$의 그래프
는 함수 $y=f^{-1}(x)$의 그래프
와 직선 $y=x$에 대하여 대칭이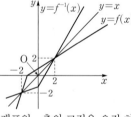
므로 그림에서 함수 $y=f(x)$의 그래프와 x축의 교점은 오직 하
나만 존재한다.
즉, 방정식 $f(x)=0$의 실근의 개수는 1이다.
(ⅱ) $f(x)=f^{-1}(x)$인 경우
함수 $f^{-1}(x)$는 x의 값이 커질 때 함숫값이 커지므로
두 함수 $y=f(x)$와 $y=f^{-1}(x)$의 그래프의 교점은 직선 $y=x$
위에 존재한다.
주어진 그래프에서 함수 $y=f^{-1}(x)$의 그래프와 직선 $y=x$의
교점의 개수는 2이므로 방정식 $f(x)=f^{-1}(x)$의 실근의 개수
는 2이다.
(ⅰ), (ⅱ)에서 조건을 만족시키는 실수 x의 개수는 3이다.

1100 [답] 32

함수 $y=f(x)$의 그래프와 그 역함수 $y=g(x)$의 그래프는 직선
$y=x$에 대하여 대칭이므로 구하는 부분의 넓이는 함수 $y=f(x)$의
그래프와 직선 $y=x$로 둘러싸인 부분의 넓이의 2배와 같다.
$3x+4=x$에서 $2x=-4$ $\therefore x=-2$
즉, 함수 $y=3x+4$ $(x<0)$의 그래프와 직선 $y=x$의 교점의 좌표
는 $(-2, -2)$이다.
또한 $\frac{1}{3}x+4=x$에서 $\frac{2}{3}x=4$ $\therefore x=6$

즉, 함수 $y=\frac{1}{3}x+4$ $(x\geq0)$의
그래프와 직선 $y=x$의 교점의 좌
표는 $(6, 6)$이다.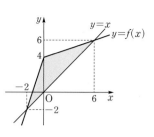
따라서 구하는 넓이는
$2\times\left(\frac{1}{2}\times4\times2+\frac{1}{2}\times4\times6\right)$
$=2\times(4+12)=32$

> **유형 24** 절댓값 기호를 포함한 식의 그래프

1101 [답] ③

주어진 그림과 같은 그래프를 나타내는 식을 $y=f(x)$라 하자.
(ⅰ) $x<-3$일 때
두 점 $(-4, 0)$, $(-3, -1)$을 지나는 직선의 방정식은
$y-(-1)=\dfrac{-1-0}{-3-(-4)}\{x-(-3)\}$, 즉 $y=-x-4$이므로
$f(x)=-x-4$
(ⅱ) $x\geq-3$일 때
두 점 $(-3, -1)$, $(0, 2)$를 지나는 직선의 방정식은
$y-2=\dfrac{2-(-1)}{0-(-3)}(x-0)$, 즉 $y=x+2$이므로
$f(x)=x+2$
(ⅰ), (ⅱ)에서 $f(x)=\begin{cases}-x-4 & (x<-3)\\ x+2 & (x\geq-3)\end{cases}$이다.

이때 두 범위 $x<-3$, $x\geq-3$에서 직선의 기울기의 절댓값이 모
두 1이므로 범위의 경계인 -3과 기울기의 절댓값 1을 바탕으로 만
든 식 $|x+3|$을 이용하여 $f(x)$의 식을 세우면
$f(x)=|x+3|+k=\begin{cases}-x-4 & (x<-3)\\ x+2 & (x\geq-3)\end{cases}$

에서 $k=-1$
$\therefore f(x)=|x+3|-1$
따라서 구하는 식은 $y=|x+3|-1$이다.

1102 [답] ④

함수 $y=-f(x)$의 그래프는 함수
$y=f(x)$의 그래프를 x축에 대하여 대칭이
동한 것이므로 함수 $y=f(x)$의 그래프를
나타내면 오른쪽 그림과 같다.
또한 함수 $y=|f(x)|$의 그래프는 함수
$y=f(x)$의 그래프에서 $y<0$인 부분을 x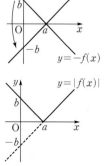
축에 대하여 대칭이동한 것이므로 함수
$y=|f(x)|$의 그래프는 오른쪽 그림과 같
다.
따라서 옳은 것은 ④이다.

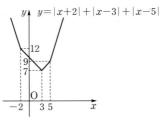

Bible Says 절댓값 기호를 포함한 식의 그래프

절댓값 기호를 포함한 식의 그래프는 다음과 같이 그린다.

(1) $y=|f(x)|$의 그래프 그리기

함수 $y=f(x)$의 그래프에서 $y<0$인 부분을 x축에 대하여 대칭이동하여 그린다.

(2) $y=f(|x|)$의 그래프 그리기

함수 $y=f(x)$의 그래프에서 $x<0$인 부분을 없애고, $x \geq 0$인 부분을 y축에 대하여 대칭이동하여 그린다.

(3) $|y|=f(x)$의 그래프 그리기

함수 $y=f(x)$의 그래프에서 $y<0$인 부분을 없애고, $y \geq 0$인 부분을 x축에 대하여 대칭이동하여 그린다.

(4) $|y|=f(|x|)$의 그래프 그리기

함수 $y=f(x)$의 그래프를 제1사분면에만 그리고, 이것을 x축, y축, 원점에 대하여 대칭이동하여 그린다.

참고

함수 $y=-f(x)$의 그래프에서 $y<0$인 부분을 x축에 대하여 대칭이동하여 구하는 그래프를 찾을 수도 있다.

1103 답 ④

$f(x)=|x+3|+|x-2|$에서 절댓값 기호 안의 식의 값이 0이 되는 x의 값이 -3, 2이므로

(i) $x<-3$일 때
$$f(x)=-(x+3)-(x-2)=-2x-1$$
(ii) $-3 \leq x<2$일 때
$$f(x)=x+3-(x-2)=5$$
(iii) $x \geq 2$일 때
$$f(x)=x+3+x-2=2x+1$$

(i)~(iii)에서 함수 $f(x)=|x+3|+|x-2|$의 그래프는 오른쪽 그림과 같다.

따라서 함수 $f(x)$의 최솟값은 5이다.

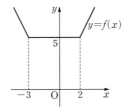

1104 답 ②

$y=|x+2|+|x-3|+|x-5|$에서 절댓값 기호 안의 식의 값이 0이 되는 x의 값이 -2, 3, 5이므로

(i) $x<-2$일 때
$$y=-(x+2)-(x-3)-(x-5)$$
$$=-3x+6$$
(ii) $-2 \leq x<3$일 때
$$y=x+2-(x-3)-(x-5)$$
$$=-x+10$$
(iii) $3 \leq x<5$일 때
$$y=x+2+x-3-(x-5)$$
$$=x+4$$

(iv) $x \geq 5$일 때
$$y=x+2+x-3+x-5$$
$$=3x-6$$

(i)~(iv)에서 함수 $y=|x+2|+|x-3|+|x-5|$의 그래프는 다음 그림과 같다.

따라서 함수 $y=|x+2|+|x-3|+|x-5|$는 $x=3$일 때 최솟값 7을 가지므로

$a=3$, $b=7$

$\therefore a+b=3+7=10$

1105 답 ②

방정식 $|x^2-4|=a$의 서로 다른 실근의 개수는 함수 $y=|x^2-4|$의 그래프와 직선 $y=a$의 교점의 개수와 같다.

$y=|x^2-4|=|(x+2)(x-2)|$에서 절댓값 기호 안의 식의 값이 0이 되는 x의 값이 -2, 2이므로

(i) $x<-2$일 때
$$y=\{-(x+2)\} \times \{-(x-2)\}=x^2-4$$
(ii) $-2 \leq x<2$일 때
$$y=(x+2) \times \{-(x-2)\}=-x^2+4$$
(iii) $x \geq 2$일 때
$$y=(x+2) \times (x-2)=x^2-4$$

(i)~(iii)에서 함수 $y=|x^2-4|$의 그래프는 오른쪽 그림과 같다.

따라서 함수 $y=|x^2-4|$의 그래프와 직선 $y=a$의 교점이 4개일 때의 실수 a의 값의 범위는 $0<a<4$이다.

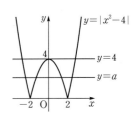

1106

$-2<1$이므로

$f(-2)=3+(-2)^2=7$

$3\geq1$이므로

$f(3)=5-3^2=-4$

$\therefore f(-2)+f(3)=7+(-4)=3$

1107

답 ④

함수 f의 치역을 A라 하면 집합 A의 원소는 1, $a+1$, $2a+1$이고
함수 g의 정의역은 $Y=\{1,\ 2,\ 3,\ 4\}$이므로
합성함수 $g\circ f$가 정의되기 위해서는 $A\subset Y$이어야 한다.

(i) $a+1=1$일 때

$a=0$이므로 $2a+1=1\in Y$

(ii) $a+1=2$일 때

$a=1$이므로 $2a+1=3\in Y$

(iii) $a+1=3$일 때

$a=2$이므로 $2a+1=5\notin Y$

(iv) $a+1=4$일 때

$a=3$이므로 $2a+1=7\notin Y$

(i)~(iv)에서 $a=0$ 또는 $a=1$이면 합성함수 $g\circ f$가 정의된다.
따라서 주어진 조건을 만족시키는 모든 상수 a의 값의 합은

$0+1=1$

Bible Says 합성함수의 정의

두 함수 $f:X\longrightarrow Y$, $g:Y\longrightarrow Z$가 주어졌을 때, 집합 X의 각 원소 x에 집합 Z의 원소 $g(f(x))$를 대응시키면 X를 정의역, Z를 공역으로 하는 새로운 함수를 정의할 수 있다. 이 새로운 함수를 f와 g의 합성함수라 하며 이것을 기호로 $g\circ f$와 같이 나타낸다.
따라서 합성함수 $g\circ f$가 정의되기 위해서는 함수 f의 치역이 함수 g의 정의역의 부분집합이어야 한다.

1108

답 66

$(g\circ(f\circ g)^{-1}\circ g)(2)=(g\circ g^{-1}\circ f^{-1}\circ g)(2)$
$\qquad\qquad\qquad\qquad=(f^{-1}\circ g)(2)$
$\qquad\qquad\qquad\qquad=f^{-1}(g(2))=f^{-1}(5)$

이때 $f^{-1}(5)=k$라 하면 $f(k)=5$이므로

$f(k)=2k-1=5$에서 $k=3$

$\therefore (g\circ(f\circ g)^{-1}\circ g)(2)=3$

한편 $g(1)=3$에서

$g^2(1)=g(3)=7$

$g^3(1)=g(7)=15$

$g^4(1)=g(15)=31$

$g^5(1)=g(31)=63$

$\therefore (g\circ(f\circ g)^{-1}\circ g)(2)+g^5(1)=3+63=66$

1109

답 ②

오른쪽 그래프에서

$f(b)=a$, $f(c)=b$, $f(d)=c$, $f(e)=d$
이다.

ㄱ. $f(f(e))=f(d)=c$ (참)

ㄴ. $f(e)=d$에서 $f^{-1}(d)=e$이다. (거짓)

ㄷ. $f(b)=a$에서 $f^{-1}(a)=b$,
$f(c)=b$에서 $f^{-1}(b)=c$이므로
$(f\circ f)^{-1}(a)=f^{-1}(f^{-1}(a))=f^{-1}(b)=c$ (거짓)

ㄹ. $f(c)=b$에서 $f^{-1}(b)=c$,
$f(d)=c$에서 $f^{-1}(c)=d$,
$f(e)=d$에서 $f^{-1}(d)=e$이므로
$(f\circ f\circ f)^{-1}(b)=f^{-1}(f^{-1}(f^{-1}(b)))=f^{-1}(f^{-1}(c))$
$\qquad\qquad\qquad\qquad\quad=f^{-1}(d)=e$ (참)

따라서 옳은 것은 ㄱ, ㄹ이다.

1110

답 5

$f(x)=(x^2$을 5로 나누었을 때의 나머지)이므로

$g(x)=x^2$이라 하면

$g(0)=0$에서 $f(0)=0$,

$g(1)=1$에서 $f(1)=1$,

$g(2)=4$에서 $f(2)=4$,

$g(3)=9$에서 $f(3)=4$,

$g(4)=16$에서 $f(4)=1$,

$g(5)=25$에서 $f(5)=0$,

$\vdots$

즉, 함수 f의 치역은 $\{0,\ 1,\ 4\}$이다.

따라서 함수 f의 치역의 모든 원소의 합은 $0+1+4=5$

1111

답 ①

$f(x)+5f(1-x)=x^2$ ……㉠

㉠에 $x=1$을 대입하면

$f(1)+5f(0)=1$ ……㉡

㉠에 $x=0$을 대입하면

$f(0)+5f(1)=0$ ……㉢

㉡$-5\times$㉢을 하면 $-24f(1)=1$

$\therefore f(1)=-\dfrac{1}{24}$

㉠에 $x=2$를 대입하면

$f(2)+5f(-1)=4$ ……㉣

㉠에 $x=-1$을 대입하면

$f(-1)+5f(2)=1$ ……㉤

㉣$-5\times$㉤을 하면 $-24f(2)=-1$

$\therefore f(2)=\dfrac{1}{24}$

㉠에 $x=3$을 대입하면

$f(3)+5f(-2)=9$ ……㉥

⊙에 $x=-2$를 대입하면

$f(-2)+5f(3)=4$ ...... ㊈

㊂$-5\times$㊈을 하면 $-24f(3)=-11$

$\therefore f(3)=\dfrac{11}{24}$

$\therefore f(1)+f(2)+f(3)=-\dfrac{1}{24}+\dfrac{1}{24}+\dfrac{11}{24}=\dfrac{11}{24}$

1112
답 36

$(f \circ f)(1)=f(f(1))=f(3)=2,$
$(f \circ f)(2)=f(f(2))=f(1)=3,$
$(f \circ f)(3)=f(f(3))=f(2)=1,$
$f^{-1}(1)=2, f^{-1}(2)=3, f^{-1}(3)=1$

이므로

$a_{11}=2+2=4, a_{12}=2+3=5, a_{13}=2+1=3,$
$a_{21}=3+2=5, a_{22}=3+3=6, a_{23}=3+1=4,$
$a_{31}=1+2=3, a_{32}=1+3=4, a_{33}=1+1=2$

$$\therefore A=\begin{pmatrix} 4 & 5 & 3 \\ 5 & 6 & 4 \\ 3 & 4 & 2 \end{pmatrix}$$

따라서 행렬 A의 모든 성분의 합은

$4+5+3+5+6+4+3+4+2=36$

1113
답 17

$f(x)=x^2-4x+3=(x-2)^2-1$

이 함수가 일대일대응이 되기 위해서는 $a \geq 2$이어야 한다.

$a \geq 2$일 때, 함수 $f(x)$의 치역은 $\{y|y \geq f(a)\}$이고

치역이 집합 $Y=\{y|y \geq b\}$와 같아야 하므로 $b=f(a)$

$a-b=a-f(a)=-a^2+5a-3=-\left(a-\dfrac{5}{2}\right)^2+\dfrac{13}{4}$

$a \geq 2$에서 $a-b$의 최댓값은 $a=\dfrac{5}{2}$일 때 $\dfrac{13}{4}$이다.

따라서 $p=4, q=13$이므로

$p+q=4+13=17$

1114
답 ③

X에서 Y로의 함수 $f(x)=ax^2+b$에서 $a>0$이므로 함수 $f(x)$가 일대일대응이기 위해서는 $f(1)=-1, f(3)=15$이어야 한다.

$f(1)=-1$에서 $a+b=-1$ ...... ㉠

$f(3)=15$에서 $9a+b=15$ ...... ㉡

㉠, ㉡을 연립하여 풀면

$a=2, b=-3$

$\therefore a^2+b^2=2^2+(-3)^2=13$

1115
답 ②

$f_1(x)=2x+3, f_2(x)=x+a, f_3(x)=x^2+bx+c$라 하자.

$$f(x)=\begin{cases} 2x+3 & (x \leq -2) \\ x+a & (|x|<2)이고 \\ x^2+bx+c & (x \geq 2) \end{cases}$$

$f(x)$가 일대일대응이므로 임의의 실수 k에 대하여 직선 $y=k$와 함수 $y=f(x)$의 그래프의 교점의 개수는 항상 1이어야 한다. ...... ㉠

이때 $x_1<x_2 \leq -2$인 임의의 두 실수 x_1, x_2에 대하여

$f_1(x_1)<f_1(x_2)$이고

$-2<x_3<x_4<2$인 임의의 두 실수 x_3, x_4에 대하여 $f_2(x_3)<f_2(x_4)$

이므로 ㉠을 만족시키기 위해서는 $f_1(-2)=f_2(-2)$이어야 한다.

즉, $2\times(-2)+3=-2+a$에서 $a=1$

마찬가지로 생각하면 $f_2(2)=f_3(2)$이어야 하므로

$2+1=4+2b+c$에서 $2b+c=-1$ ...... ㉡

또한 $f_3(x)=x^2+bx+c=\left(x+\dfrac{b}{2}\right)^2-\dfrac{b^2}{4}+c$이고

함수 $y=f_3(x)$의 그래프의 대칭축의 방정식은 $x=-\dfrac{b}{2}$이다.

이때 $2 \leq x_5<x_6$인 임의의 두 실수 x_5, x_6에 대하여 $f_3(x_5)<f_3(x_6)$

이어야 하므로

$-\dfrac{b}{2} \leq 2$ $\quad \therefore b \geq -4$

따라서 b의 최솟값은 -4이고, 이때 ㉡에 의하여 $c=7$이다.

b의 값이 최소일 때 $a=1, b=-4, c=7$이므로

$a+b+c=1+(-4)+7=4$

1116
답 ④

$k=0$이면 $f(x)=1-1=0$이므로 함수 $f(x)$는 일대일대응이 아니다.

$k \neq 0$일 때, $f(x)=|k^2x+1|+kx-1$에서 절댓값 기호 안의 식의 값이 0이 되는 x의 값이 $-\dfrac{1}{k^2}$이므로

(i) $x<-\dfrac{1}{k^2}$일 때

$f(x)=-(k^2x+1)+kx-1=(-k^2+k)x-2$

(ii) $x \geq -\dfrac{1}{k^2}$일 때

$f(x)=(k^2x+1)+kx-1=(k^2+k)x$

(i), (ii)에서 $f(x)=\begin{cases} (-k^2+k)x-2 & \left(x<-\dfrac{1}{k^2}\right) \\ (k^2+k)x & \left(x \geq -\dfrac{1}{k^2}\right) \end{cases}$

한편 함수 $f(x)$가 일대일대응이기 위해서는 정의역의 서로 다른 임의의 두 원소 x_1, x_2가 $x_1<x_2$이면 항상 $f(x_1)<f(x_2)$이거나 항상 $f(x_1)>f(x_2)$이어야 한다.

즉, $f(x)$의 나누어진 두 직선의 기울기의 부호가 같아야 하므로

$(-k^2+k)(k^2+k)>0$에서

$-k^3(k+1)(k-1)>0$

$(k+1)(k-1)<0$

$\therefore -1<k<0$ 또는 $0<k<1$ ($\because k \neq 0$)

1117

$f(x)+f(-x)=2$이므로

$f(0)+f(0)=2$에서 $f(0)=1$이고

$f(1)+f(-1)=2$, $f(2)+f(-2)=2$이므로

$f(1)$과 $f(2)$의 값만 정해지면 $f(-1)$과 $f(-2)$의 값도 정해진다.

즉, 함수 f의 개수는 집합 $\{1, 2\}$에서 집합 B로의 함수의 개수와 같다.

이때 집합 $\{1, 2\}$의 원소의 개수는 2이고

집합 B의 원소의 개수는 5이므로

집합 $\{1, 2\}$에서 집합 B로의 함수의 개수는 $5^2=25$이다.

따라서 주어진 조건을 만족시키는 함수 f의 개수는 25이다.

1118

$(f \circ f)^{-1}\left(\dfrac{1}{2}\right)=k$라 하면 $(f \circ f)(k)=f(f(k))=\dfrac{1}{2}$

이때 $f(1)=\dfrac{1}{2}$이므로 $f(k)=1$이고,

$f(2)=1$이므로 $k=2$

$\therefore (f \circ f)^{-1}\left(\dfrac{1}{2}\right)=2$

한편 $(g \circ g)\left(\dfrac{3}{2}\right)=g\left(g\left(\dfrac{3}{2}\right)\right)=g(2)=2$

$\therefore (f \circ f)^{-1}\left(\dfrac{1}{2}\right)+(g \circ g)\left(\dfrac{3}{2}\right)=2+2=4$

1119

두 함수 f, g의 치역은 모두 집합 X이므로

$f(1)+g^{-1}(2)=7$이 되는 경우는 다음과 같다.

(i) $f(1)=3$, $g^{-1}(2)=4$일 때

$(g^{-1} \circ f)(1)=g^{-1}(f(1))=g^{-1}(3)$,

$(f \circ g^{-1})(2)=f(g^{-1}(2))=f(4)$

이므로

$(g^{-1} \circ f)(1)+(f \circ g^{-1})(2)=g^{-1}(3)+f(4)=6$ ...... ㉠

이때 f와 g^{-1}는 일대일대응이므로

㉠을 만족시키기 위해서는 $g^{-1}(3)=2$, $f(4)=4$이어야 한다.

$f(1)=3$, $f(4)=4$에서 $f(2)$의 최댓값은 2, 최솟값은 1이고

$g^{-1}(2)=4$, $g^{-1}(3)=2$에서 $g(4)=2$, $g(2)=3$이므로

$g(1)$의 최댓값은 4, 최솟값은 1이다.

따라서 이 경우 $f(2)g(1)$의

최댓값은 $2 \times 4=8$, 최솟값은 $1 \times 1=1$이다.

(ii) $f(1)=4$, $g^{-1}(2)=3$일 때

$(g^{-1} \circ f)(1)=g^{-1}(f(1))=g^{-1}(4)$,

$(f \circ g^{-1})(2)=f(g^{-1}(2))=f(3)$

이므로

$(g^{-1} \circ f)(1)+(f \circ g^{-1})(2)=g^{-1}(4)+f(3)=6$ ...... ㉡

이때 f와 g^{-1}는 일대일대응이므로

㉡을 만족시키기 위해서는 $g^{-1}(4)=4$, $f(3)=2$이어야 한다.

$f(1)=4$, $f(3)=2$에서 $f(2)$의 최댓값은 3, 최솟값은 1이고

$g^{-1}(2)=3$, $g^{-1}(4)=4$에서 $g(3)=2$, $g(4)=4$이므로

$g(1)$의 최댓값은 3, 최솟값은 1이다.

따라서 이 경우 $f(2)g(1)$의

최댓값은 $3 \times 3=9$, 최솟값은 $1 \times 1=1$이다.

(i), (ii)에서 $M=9$, $m=1$이므로

$M+m=9+1=10$

1120

$(g \circ f)(x)=g(f(x))=f(x)+10$

$=\begin{cases} x^2+2ax+16 & (x<0) \\ x+16 & (x \geq 0) \end{cases}$

이때 $x \geq 0$에서 $(g \circ f)(x) \geq 16$이므로

함수 $(g \circ f)(x)$의 치역이 $\{y \mid y \geq 0\}$이기 위해서는 $x<0$에서 함수 $(g \circ f)(x)$의 최솟값이 0이어야 한다. ...... ㉠

이때 $x<0$에서 $(g \circ f)(x)=x^2+2ax+16=(x+a)^2-a^2+16$이고, 실수 전체의 집합에서 정의된 함수 $h(x)$를

$h(x)=(x+a)^2-a^2+16$이라 할 때, $h(0)=16$이므로

㉠을 만족시키기 위해서는 $-a<0$, 즉 $a>0$이어야 하고,

$h(-a)=0$이어야 한다.

$h(-a)=-a^2+16=0$에서 $a^2=16$

$\therefore a=4$ ($\because a>0$)

참고

함수 $y=(g \circ f)(x)$의 치역이 $\{y \mid y \geq 0\}$이기 위해서는 그래프가 다음 그림과 같아야 한다.

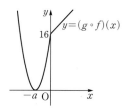

1121

함수 f의 역함수가 존재하므로 함수 f는 일대일대응이다.

㈎에서 $(f \circ f)(-1)=2$, $f^{-1}(-2)=2$이므로

$f(f(-1))=2$, $f(2)=-2$

$f(-1)=a$라 하면 $f(a)=2$에서

$a \neq -2$, $a \neq -1$, $a \neq 2$이므로 $a=0$ 또는 $a=1$

(i) $f(-1)=0$일 때

$f(f(-1))=f(0)=2$

㈏에서 $f(0) \times f(-2) \leq 0$이고 $f(1) \times f(-1) \leq 0$이므로

$f(-2)=-1$, $f(1)=1$

(ii) $f(-1)=1$일 때

$f(f(-1))=f(1)=2$

이때 $f(1) \times f(-1)=2>0$이므로 ㈏를 만족시키지 않는다.

(i), (ii)에서

$6f(0)+5f(1)+2f(2)=6 \times 2+5 \times 1+2 \times (-2)=13$

1122

답 ④

ㄱ. $a=0$이면 $h(x)=b$이므로 h는 역함수가 존재하지 않는다. (거짓)

ㄴ. $(f^{-1}\circ g)(17)=f^{-1}(g(17))=f^{-1}(16)$

이때 $f^{-1}(16)=k$라 하면 $f(k)=16$이므로

$f(k)=2k=16$에서 $k=8$

$\therefore (f^{-1}\circ g)(17)=8$ (참)

ㄷ. $y=f(x)$라 하면 $y=2x$이고,

이것을 x에 대하여 정리하면 $x=\dfrac{1}{2}y$

이 식에서 x와 y를 서로 바꾸면 $y=\dfrac{1}{2}x$

$\therefore f^{-1}(x)=\dfrac{1}{2}x$

마찬가지 방법으로 g의 역함수를 구하면 $g^{-1}(x)=x+1$이다.

$(f^{-1}\circ g^{-1}\circ h)(x)=f^{-1}(g^{-1}(h(x)))$

$\qquad\qquad\qquad\quad =f^{-1}(g^{-1}(ax+b))$

$\qquad\qquad\qquad\quad =f^{-1}(ax+b+1)$

$\qquad\qquad\qquad\quad =\dfrac{1}{2}(ax+b+1)$

이때 $(f^{-1}\circ g^{-1}\circ h)(x)=f(x)$이면

$\dfrac{1}{2}(ax+b+1)=2x$에서 $a=4$, $b=-1$이므로

$a+b=3$이다. (거짓)

ㄹ. $(h\circ I)(x)=h(I(x))=h(x)$이고,

$(I\circ h)(x)=I(h(x))=h(x)$이므로

임의의 a, b에 대하여 $h\circ I=I\circ h$이다. (참)

ㅁ. $g^{1000}(1000)=g^{999}(g(1000))$

$\qquad\qquad\quad =g^{999}(999)$

$\qquad\qquad\quad =g^{998}(g(999))$

$\qquad\qquad\quad =g^{998}(998)$

$\qquad\qquad\qquad\vdots$

$\qquad\qquad\quad =g^{1}(1)$

$\qquad\qquad\quad =g(1)=0$ (거짓)

ㅂ. $(f\circ g\circ h\circ g)(x)=(f\circ g)((h\circ g)(x))=(f\circ g)(x)$

에서 함수 $f\circ g$의 역함수가 존재하므로 $(h\circ g)(x)=x$이다.

$(h\circ g)(x)=h(g(x))$

$\qquad\quad =h(x-1)$

$\qquad\quad =a(x-1)+b$

$\qquad\quad =ax-a+b=x$

에서 $a=1$, $b=1$이므로 $a+b=2$이다. (참)

ㅅ. ㄷ에서 $f^{-1}(x)=\dfrac{1}{2}x$, $g^{-1}(x)=x+1$이므로

$(f^{-1}\circ g)(x)=f^{-1}(g(x))$

$\qquad\qquad\quad =f^{-1}(x-1)$

$\qquad\qquad\quad =\dfrac{1}{2}x-\dfrac{1}{2}$

$(f\circ g\circ h\circ g^{-1})(x)=f(g(h(g^{-1}(x))))$

$\qquad\qquad\qquad\quad =f(g(h(x+1)))$

$\qquad\qquad\qquad\quad =f(g(ax+a+b))$

$\qquad\qquad\qquad\quad =f(ax+a+b-1)$

$\qquad\qquad\qquad\quad =2(ax+a+b-1)$

이때 $f^{-1}\circ g=f\circ g\circ h\circ g^{-1}$이면

$\dfrac{1}{2}x-\dfrac{1}{2}=2(ax+a+b-1)$에서 $a=\dfrac{1}{4}$, $b=\dfrac{1}{2}$이다.

즉, a, b가 모두 정수이면 $f^{-1}\circ g\ne f\circ g\circ h\circ g^{-1}$이다. (참)

따라서 옳은 것은 ㄴ, ㄹ, ㅂ, ㅅ의 4개이다.

1123

답 ②

$f(x)=x+2-\left|\dfrac{x}{3}-1\right|$에서 절댓값 안의 식의 값이 0이 되는 x의

값이 3이므로

(i) $x<3$일 때

$\qquad f(x)=x+2-\left\{-\left(\dfrac{x}{3}-1\right)\right\}=\dfrac{4}{3}x+1$

(ii) $x\ge 3$일 때

$\qquad f(x)=x+2-\left(\dfrac{x}{3}-1\right)=\dfrac{2}{3}x+3$

(i), (ii)에서 $f(x)=\begin{cases}\dfrac{4}{3}x+1 & (x<3)\\[2mm]\dfrac{2}{3}x+3 & (x\ge 3)\end{cases}$ 이다.

한편 함수 $y=f(x)$의 그래프와 그 역함수 $y=g(x)$의 그래프는 직선 $y=x$에 대하여 대칭이므로 구하는 부분의 넓이는 함수 $y=f(x)$의 그래프와 직선 $y=x$ 및 y축으로 둘러싸인 부분 중에서 제1사분면에 있는 부분의 넓이의 2배와 같다.

$\dfrac{4}{3}x+1=x$에서 $\dfrac{1}{3}x=-1$ $\qquad\therefore x=-3$

$\dfrac{2}{3}x+3=x$에서 $\dfrac{1}{3}x=3$ $\qquad\therefore x=9$

즉, 함수 $y=f(x)$의 그래프와 직선 $y=x$의 교점 중 제1사분면 위의 점의 좌표는 $(9,9)$이다.

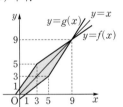

따라서 구하는 넓이는

$2\times\left\{\dfrac{1}{2}\times(1+2)\times 3+\dfrac{1}{2}\times 2\times 6\right\}=21$

1124

답 ③

함수 $f(x)$의 역함수가 존재하므로 함수 $f(x)$는 일대일대응이다.

두 함수 $y=a(x^2+4x)+7$, $y=a(x+1)-2x$에 대하여 $x=-2$에서의 함숫값이 서로 같아야 하므로

$-4a+7=-a+4$

$3a=3$ $\qquad\therefore a=1$

$\therefore f(x)=\begin{cases}x^2+4x+7 & (x<-2)\\-x+1 & (x\ge -2)\end{cases}$

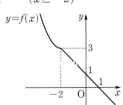

$f^{-1}(b)=c$, $f^{-1}(-b)=d$라 하면
$f(c)=b$, $f(d)=-b$이므로 $f(c)=-f(d)$이다.
또한 $f^{-1}(b)-f^{-1}(-b)=-12$에서 $c-d=-12$이므로
$c<d$이고, $d=c+12$이다.

(i) $-2\le c<d$일 때
　　$f(c)=-c+1$,
　　$f(d)=-d+1=-(c+12)+1=-c-11$
　　이므로
　　$-c+1=-(-c-11)$에서 $2c=-10$
　　$\therefore c=-5$
　　그런데 $c=-5$는 $c\ge-2$에 모순이다.

(ii) $c<-2$, $d\ge-2$일 때
　　$f(c)=c^2+4c+7$, $f(d)=-c-11$이므로
　　$c^2+4c+7=-(-c-11)$에서
　　$c^2+3c-4=0$, $(c+4)(c-1)=0$
　　$\therefore c=-4\ (\because c<-2)$
　　이때 $d=-4+12=8\ge-2$이다.

(iii) $c<d<-2$일 때
　　$f(c)>0$이고 $f(d)>0$이므로 $f(c)=-f(d)$를 만족시킬 수 없다.

(i)~(iii)에서 $c=-4$, $d=8$이므로
$f(c)=b$에서 $b=f(-4)=7$이다.
$\therefore a+b=1+7=8$

> **참고**
>
> 함수 $y=x^2+4x+7=(x+2)^2+3$의 그래프의 대칭축은 직선 $x=-2$이므로 $x<-2$에서 함수 $f(x)$는 x의 값이 커질 때 함숫값이 작아진다.
> 또한 직선 $y=-x+1$의 기울기는 음수이므로 $x\ge-2$에서 함수 $f(x)$는 x의 값이 커질 때 함숫값이 작아진다. 따라서 함수 $f(x)$의 역함수 $f^{-1}(x)$가 존재한다.

1125　답 172

㈏에서 모든 양의 실수 x에 대하여 $f(3x)=3f(x)$이므로
$$f(2015)=f\left(3\times\frac{2015}{3}\right)$$
$$=3\times f\left(\frac{2015}{3}\right)$$
$$=3^2\times f\left(\frac{2015}{3^2}\right)$$
$$\vdots$$
$$=3^6\times f\left(\frac{2015}{3^6}\right)$$

이때 $\dfrac{2015}{3^6}=\dfrac{2015}{729}=2.7\cdots$이고

㈎에서 $f(x)=1-|x-2|$이므로
$$f\left(\frac{2015}{3^6}\right)=1-\left|\frac{2015}{3^6}-2\right|=1-\frac{2015}{3^6}+2=3-\frac{2015}{3^6}$$
$$\therefore f(2015)=3^6\times f\left(\frac{2015}{3^6}\right)$$
$$=3^6\times\left(3-\frac{2015}{3^6}\right)$$
$$=3^7-2015$$
$$=2187-2015=172$$

1126　답 −7

$f^{-1}(a)=k$라 하면
$(g\circ f^{-1})(a)=g(f^{-1}(a))=g(k)=2$
이때 $g(k)=-k+1=2$에서 $k=-1$이다.

❶

따라서 $f^{-1}(a)=-1$이므로 $f(-1)=a$이다.
$\therefore a=f(-1)=4\times(-1)-3=-7$

❷

채점 기준	배점
❶ $f^{-1}(a)$의 값 구하기	70%
❷ a의 값 구하기	30%

1127　답 36

(i) $x\ge0$, $y\ge0$일 때, $2x+y=6$　　$\therefore y=-2x+6$
(ii) $x\ge0$, $y<0$일 때, $2x-y=6$　　$\therefore y=2x-6$
(iii) $x<0$, $y\ge0$일 때, $-2x+y=6$　　$\therefore y=2x+6$
(iv) $x<0$, $y<0$일 때, $-2x-y=6$　　$\therefore y=-2x-6$

❶

(i)~(iv)에서 $2|x|+|y|=6$의 그래프는 오른쪽 그림과 같고, 그래프가 나타내는 도형은 마름모이다.

❷

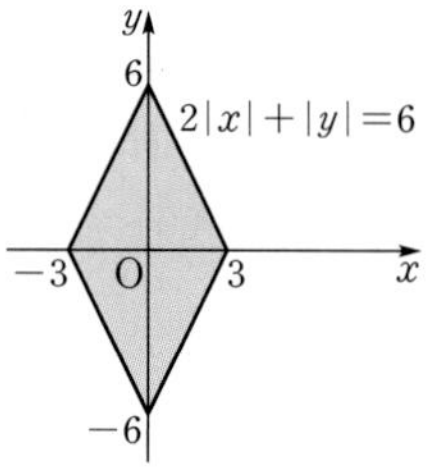

따라서 구하는 도형의 넓이는
$\dfrac{1}{2}\times6\times12=36$

❸

채점 기준	배점
❶ x,y의 값의 범위에 따라 직선의 방정식 구하기	40%
❷ $2|x|+|y|=6$의 그래프 그리기	40%
❸ 그래프가 나타내는 도형의 넓이 구하기	20%

1128　답 4

이차함수 $y=f(x)$의 그래프에서 꼭짓점의 좌표가 $(1,\ 4)$이므로
$f(x)=a(x-1)^2+4\ (a<0)$
라 하자. 함수 $y=f(x)$의 그래프가 점 $(-1,\ 0)$을 지나므로
$a\times(-2)^2+4=0$에서 $4a+4=0$
$\therefore a=-1$
즉, $f(x)=-(x-1)^2+4=-x^2+2x+3$

❶

$f(x)=k$라 하면
$(f\circ f)(x)=3$에서 $f(k)=3$이므로
$-k^2+2k+3=3$
$k^2-2k=0$, $k(k-2)=0$
$\therefore k=0$ 또는 $k=2$

즉, 방정식 $(f \circ f)(x)=3$의 실근은 방정식 $f(x)=0$ 또는 방정식 $f(x)=2$의 실근과 같다.

...... ❷

이때 함수 $f(x)$의 최댓값은 4이므로

두 방정식 $f(x)=0$과 $f(x)=2$ 모두 서로 다른 두 실근을 갖는다.

한편 어떤 실수 t에 대하여 x에 대한 방정식 $f(x)=t$가 서로 다른 두 실근을 가질 때 이 두 실근의 합은 이차방정식 $x^2-2x-3+t=0$에서 근과 계수의 관계에 의하여

$-\dfrac{-2}{1}=2$이다. ...... ㉠

즉, 방정식 $f(x)=0$의 서로 다른 두 실근을 α, β,

방정식 $f(x)=2$의 서로 다른 두 실근을 γ, δ라 할 때,

㉠에 의하여 $\alpha+\beta=2$이고 $\gamma+\delta=2$이다.

따라서 방정식 $(f \circ f)(x)=3$의 모든 실근의 합은

$(\alpha+\beta)+(\gamma+\delta)=2+2=4$

...... ❸

채점 기준	배점
❶ 함수 $f(x)$ 구하기	30%
❷ 방정식 $(f \circ f)(x)=3$을 만족시키는 $f(x)$의 값 구하기	30%
❸ 방정식 $(f \circ f)(x)=3$의 모든 실근의 합 구하기	40%

[다른 풀이]

이차함수 $y=f(x)$의 그래프에서 꼭짓점의 좌표가 $(1, 4)$이므로

$f(x)=a(x-1)^2+4 \ (a<0)$

라 하자. 함수 $y=f(x)$의 그래프가 점 $(-1, 0)$을 지나므로

$a \times (-2)^2+4=0$에서 $4a+4=0$

$\therefore a=-1$

따라서 $f(x)=-(x-1)^2+4=-x^2+2x+3$

한편 $f(x)=k$라 하면

$(f \circ f)(x)=3$에서 $f(k)=3$이므로

$-k^2+2k+3=3$

$k^2-2k=0$, $k(k-2)=0$

$\therefore k=0$ 또는 $k=2$

즉, 방정식 $(f \circ f)(x)=3$의 실근은 방정식 $f(x)=0$ 또는 방정식 $f(x)=2$의 실근과 같다.

(i) 방정식 $f(x)=0$의 실근

$-x^2+2x+3=0$에서

$x^2-2x-3=0$, $(x+1)(x-3)=0$

$\therefore x=-1$ 또는 $x=3$

(ii) 방정식 $f(x)=2$의 실근

$-x^2+2x+3=2$에서 $x^2-2x-1=0$

$\therefore x=1 \pm \sqrt{2}$

(i), (ii)에서 방정식 $(f \circ f)(x)=3$의 모든 실근의 합은

$-1+3+(1-\sqrt{2})+(1+\sqrt{2})=4$

[참고]

이차함수의 그래프의 대칭성을 이용하여 이차방정식의 서로 다른 두 실근의 합을 다음과 같이 구할 수도 있다.

함수 $f(x)=-(x-1)^2+4$에 대하여 이차함수 $y=f(x)$의 그래프는 직선 $x=1$에 대하여 대칭이므로 어떤 실수 t에 대하여 x에 대한 방정식 $f(x)=t$가 서로 다른 두 실근을 가질 때 이 두 실근의 합은 $2 \times 1=2$이다.

수능 녹인 변별력 문제

1129
답 17

$a \le x < 3$에서 $f(x)=x^2-6x+12=(x-3)^2+3$이므로 x의 값이 커질 때 함숫값이 작아지고,

$3 \le x \le b$에서 $f(x)=-\dfrac{1}{2}x+\dfrac{9}{2}$이므로 x의 값이 커질 때 함숫값이 작아진다.

따라서 함수 $f: X \longrightarrow X$가 일대일대응이기 위해서는

$f(a)=b$, $f(b)=a$이어야 한다.

$f(a)=b$에서 $a^2-6a+12=b$ ...... ㉠

$f(b)=a$에서 $-\dfrac{b}{2}+\dfrac{9}{2}=a$

$-b+9=2a$ $\therefore b=9-2a$ ...... ㉡

㉡을 ㉠에 대입하면

$a^2-6a+12=9-2a$

$a^2-4a+3=0$, $(a-1)(a-3)=0$

$\therefore a=1 \ (\because a<3)$

$a=1$을 ㉡에 대입하면

$b=9-2=7$

$\therefore 10a+b=10 \times 1+7=17$

1130
답 ②

함수 f의 역함수가 존재하므로 함수 f는 일대일대응이다.

$f(1)+2f(3)=12$이고 f는 일대일대응이므로

$f(1)=2$, $f(3)=5$ ...... ㉠

$f^{-1}(1)-f^{-1}(3)=2$에서 $f^{-1}(1) \in X$, $f^{-1}(3) \in X$이므로

$f^{-1}(1)=3$, $f^{-1}(3)=1$ 또는 $f^{-1}(1)=4$, $f^{-1}(3)=2$

또는 $f^{-1}(1)=5$, $f^{-1}(3)=3$이다.

㉠에서 $f^{-1}(2)=1$, $f^{-1}(5)=3$이고 함수 f^{-1}도 일대일대응이므로

$f^{-1}(1)=4$, $f^{-1}(3)=2$

즉, $f(1)=2$, $f(2)=3$, $f(3)=5$, $f(4)=1$이고 함수 f는 일대일대응이므로 $f(5)=4$이다.

따라서 $f^{-1}(4)=5$이므로 $f(4)+f^{-1}(4)=1+5=6$

1131
답 16

정삼각형 ABC에서 $\angle ABC=60^\circ$이므로

삼각형 PQB는 $\angle PBQ=60^\circ$인 직각삼각형이다.

따라서 $\overline{BP}=t$에서 $\overline{PQ}=\dfrac{\sqrt{3}}{2}t$이다.

점 P를 지나고 직선 PQ와 수직인 직선은 직선 AB와 서로 평행하므로 삼각형 CRP는 정삼각형이다.

이때 $\overline{PC}=a-t$이므로 $\overline{PR}=a-t$이다.

$$\therefore f(t)=\overline{PQ}+\overline{PR}=\frac{\sqrt{3}}{2}t+(a-t)$$
$$=\left(\frac{\sqrt{3}}{2}-1\right)t+a=-\frac{2-\sqrt{3}}{2}t+a$$

한편 $f(t)=k$라 하면

$(g\circ f)(t)=g(f(t))=g(k)$이고,

$-\dfrac{2-\sqrt{3}}{2}t+a=k$에서

$$t=(k-a)\times\left(-\frac{2}{2-\sqrt{3}}\right)=-2(2+\sqrt{3})(k-a)$$

이므로

$$2t=2\times\{-2(2+\sqrt{3})(k-a)\}$$
$$=-4(2+\sqrt{3})(k-a)$$

즉, $g(x)=-4(2+\sqrt{3})(x-a)$이다.

이때 주어진 조건에 의하여 $g(x)=bx+16$이므로

$-4(2+\sqrt{3})(x-a)=bx+16$

이 등식이 x에 대한 항등식이므로

$b=-4(2+\sqrt{3})$이고,

$16=-4(2+\sqrt{3})\times(-a)$에서 $a=4(2-\sqrt{3})$이다.

$\therefore a-b=4(2-\sqrt{3})-\{-4(2+\sqrt{3})\}=16$

1132

답 ①

$f(3)=2$, $f(4)=3$이므로 함수 f가 역함수를 갖기 위해서는

$f(1)=1$, $f(2)=4$ 또는 $f(1)=4$, $f(2)=1$이어야 한다.

(i) $f(1)=1$, $f(2)=4$일 때

$f(1)=1-a=1$에서 $a=0$이고

$f(2)=4-a=4$에서 $a=0$이다.

따라서 이 경우 $a=0$이다.

(ii) $f(1)=4$, $f(2)=1$일 때

$f(1)=1-a=4$에서 $a=-3$이고

$f(2)=4-a=1$에서 $a=3$이다.

따라서 이 경우는 모순이다.

(i), (ii)에서 $a=0$이다.

이때 $f(1)=1$, $f(2)=4$, $f(3)=2$, $f(4)=3$이므로

$g(1)=1$, $g(2)=3$, $g(3)=4$, $g(4)=2$이다.

이때

$g^1(1)=1$, $g^2(1)=1$, $g^3(1)=1$

$g^1(2)=3$, $g^2(2)=4$, $g^3(2)=2$

$g^1(3)=4$, $g^2(3)=2$, $g^3(3)=3$

$g^1(4)=2$, $g^2(4)=3$, $g^3(4)=4$

이므로 g^3은 항등함수이다.

따라서 $g^7(3)=g^{3\times2+1}(3)=g^1(3)=4$이고,

$g^8(3)=g^{3\times2+2}(3)=g^2(3)=2$이므로

$a+g^7(3)+g^8(3)=0+4+2=6$

1133

답 4

$f(-2)=f(6)$에서 이차함수 $y=f(x)$의 그래프의 대칭축은 직선 $x=2$이고 함수 $f(x)$의 최솟값은 -9이므로

$f(x)=(x-2)^2-9=x^2-4x-5=(x+1)(x-5)$

$|f(x)|$, 즉 $|(x+1)(x-5)|$에서 절댓값 기호 안의 식의 값이 0이 되는 x의 값이 -1, 5이므로

(i) $x<-1$일 때

$\quad |f(x)|=|(x+1)(x-5)|=\{-(x+1)\}\times\{-(x-5)\}$

$\quad\quad\quad =(x+1)(x-5)$

(ii) $-1\le x<5$일 때

$\quad |f(x)|=|(x+1)(x-5)|=(x+1)\times\{-(x-5)\}$

$\quad\quad\quad =-(x+1)(x-5)$

(iii) $x\ge5$일 때

$\quad |f(x)|=|(x+1)(x-5)|=(x+1)(x-5)$

(i)~(iii)에서 함수 $y=|f(x)|$의 그래프는 오른쪽 그림과 같다.

한편 $f(|f(x)|)=0$에서

$|f(x)|=t$ $(t\ge0)$라 하면

$f(t)=0$에서 $t=5$이다.

따라서 방정식 $f(|f(x)|)=0$의 실근은 방정식 $|f(x)|=5$의 실근과 같다.

이때 함수 $y=|f(x)|$의 그래프와 직선 $y=5$의 교점의 개수는 4이므로 방정식 $f(|f(x)|)=0$의 서로 다른 실근의 개수는 4이다.

1134

답 ⑤

X에서 Y로의 함수 $f(x)$가 일대일대응이기 위해서는

$f(-k)=-2$, $f(k)=6$ 또는 $f(-k)=6$, $f(k)=-2$

이어야 한다.

(i) $f(-k)=-2$, $f(k)=6$일 때

$\quad ak^2-bk+c=-2$ $\quad\quad\quad$ …… ㉠

$\quad ak^2+bk+c=6$ $\quad\quad\quad$ …… ㉡

$\quad$ ㉡-㉠을 하면

$\quad 2bk=8$ $\quad\quad\therefore b=\dfrac{4}{k}$

$\quad$ ㉠+㉡을 하면

$\quad 2ak^2+2c=4$ $\quad\quad\therefore ak^2+c=2$

(ii) $f(-k)=6$, $f(k)=-2$일 때

$\quad ak^2-bk+c=6$ $\quad\quad\quad$ …… ㉢

$\quad ak^2+bk+c=-2$ $\quad\quad\quad$ …… ㉣

$\quad$ ㉣-㉢을 하면

$\quad 2bk=-8$ $\quad\quad\therefore b=-\dfrac{4}{k}$

$\quad$ ㉢+㉣을 하면

$\quad 2ak^2+2c=4$ $\quad\quad\therefore ak^2+c=2$

(i), (ii)에서 $ak^2+c=2$이고, $\quad\quad\quad$ …… ㉤

$b>0$일 때 $b=\dfrac{4}{k}$, $b<0$일 때 $b=-\dfrac{4}{k}$이다. …… ㉥

한편 이차함수 $y=ax^2+bx+c$의 그래프에서 대칭축은 직선 $x=-\dfrac{b}{2a}$이므로 정의역이 집합 X인 함수 $f(x)$가 일대일대응이기 위해서는 $b>0$일 때 $-\dfrac{b}{2a}\le -k$, $b<0$일 때 $-\dfrac{b}{2a}\ge k$이어야 한다.

이때 ㉂에 의하여

$b>0$일 때, $-\dfrac{b}{2a}\le -k$에서

$-\dfrac{2}{ak}\le -k$ $\therefore a\le\dfrac{2}{k^2}$ $(\because a>0,\ k>0)$

$b<0$일 때, $-\dfrac{b}{2a}\ge k$에서

$\dfrac{2}{ak}\ge k$ $\therefore a\le\dfrac{2}{k^2}$ $(\because a>0,\ k>0)$

따라서 b의 부호와 관계없이 a의 최댓값은 $\dfrac{2}{k^2}$이다.

이때 ㉃에서 ak^2+c의 값은 항상 2로 일정하므로

양수 k에 대하여 a의 값이 최대가 될 때 c, 즉 $f(0)$의 값은 최소가 된다.

따라서 $a=\dfrac{2}{k^2}$일 때 $ak^2+c=2$에서

$2+c=2$ $\therefore c=0$

즉, $f(0)$의 최솟값은 0이다.

1135

답 ②

$f(x)$를 x로 나눈 나머지가 2이므로 나머지정리에 의하여 $f(0)=2$이다.

따라서 $f(x)=x^2+ax+2$ $(a>0)$라 하자.

또한 $g(x)$는 최고차항의 계수가 2인 일차함수이므로

$g(x)=2x+b$ $(b>0)$라 하자.

$f(g(x))=f(2x+b)$
$\qquad =(2x+b)^2+a(2x+b)+2$
$\qquad =4x^2+(2a+4b)x+b^2+ab+2$

$kf(x)=k(x^2+ax+2)=kx^2+akx+2k$

$f(g(x))=kf(x)$에서

$4x^2+(2a+4b)x+b^2+ab+2=kx^2+akx+2k$

이 등식이 x에 대한 항등식이므로 $k=4$

$2a+4b=ak$에서 $2a+4b=4a$

$\therefore a=2b$ ⋯⋯ ㉠

$b^2+ab+2=2k$에서 $b^2+2b^2+2=8$

$3b^2=6$ $\therefore b=\sqrt{2}$ $(\because b>0)$

$b=\sqrt{2}$를 ㉠에 대입하면 $a=2\sqrt{2}$

$\therefore f(x)=x^2+2\sqrt{2}x+2$, $g(x)=2x+\sqrt{2}$

따라서 $f(\sqrt{2})=2+4+2=8$, $g(k)=g(4)=8+\sqrt{2}$이므로

$f(\sqrt{2})-g(k)=8-(8+\sqrt{2})=-\sqrt{2}$

1136

답 8

이차함수 $y=f(x)$의 그래프에서 꼭짓점의 좌표가 $(2,\ -10)$이므로 어떤 실수 t에 대하여 x에 대한 방정식 $f(x)=t$가 서로 다른 두 실근을 가질 때 이 두 실근의 합은 $2\times 2=4$이다. ⋯⋯ ㉠

한편 $f(x)=k$라 하면

$(f\circ f)(x)=f(x)$에서 $f(k)=k$

이때 함수 $y=f(x)$의 그래프와 직선 $y=x$는 서로 다른 두 교점을 가지므로 이 두 교점의 x좌표를 각각 $\alpha,\ \beta$ $(\alpha<\beta)$라 하면

방정식 $(f\circ f)(x)=f(x)$의 실근은 방정식 $f(x)=\alpha$ 또는 방정식 $f(x)=\beta$의 실근과 같다.

이때 두 점 $(\alpha,\ f(\alpha))$, $(\beta,\ f(\beta))$는 모두 함수 $y=f(x)$의 그래프의 꼭짓점이 아니므로

두 방정식 $f(x)=\alpha$와 $f(x)=\beta$ 모두 서로 다른 두 실근을 가지고

방정식 $f(x)=\alpha$의 서로 다른 두 실근을 $\alpha_1,\ \alpha_2$,

방정식 $f(x)=\beta$의 서로 다른 두 실근을 $\beta_1,\ \beta_2$라 할 때

㉠에 의하여 $\alpha_1+\alpha_2=4$이고 $\beta_1+\beta_2=4$이다.

따라서 방정식 $(f\circ f)(x)=f(x)$의 서로 다른 모든 실근의 합은

$4+4=8$

1137

답 5

주어진 그래프에서

$g(1)=2$, $g(2)=1$, $g(3)=3$, $g(4)=3$이고,

$f(4)=2$이므로 함수 $h(x)$의 정의에 의하여 $h(4)=g(4)=3$이다.

이때 함수 h는 일대일대응이므로 $h(3)\ne 3$이다.

따라서 $g(3)=3$에서 $h(3)=f(3)\ne 3$이어야 한다.

$h(3)=f(3)$이기 위해서는 $f(3)\ge g(3)$이어야 하므로 $f(3)\ge 3$이고, $h(3)\ne 3$이므로 $f(3)=4$이다.

즉, $h(3)=4$, $h(4)=3$이고 함수 h는 일대일대응이므로

$h(1)=1$, $h(2)=2$이거나 $h(1)=2$, $h(2)=1$이다.

이때 $g(1)=2$이므로 함수 $h(x)$의 정의에 의하여

$h(1)=2$, $h(2)=1$이다.

또한 $h(1)=2$이기 위해서는 $f(1)=1$이거나 $f(1)=2$이면 된다.

이때 $g(2)=1$이므로 함수 $h(x)$의 정의에 의하여 $f(2)=1$이다.

$\therefore f(2)+h(3)=1+4=5$

1138 답 ④

$f(1)=1$

$f(2)=f(1)=1$

$f(3)=f(1)+1=2$

$f(4)=f(2)=f(1)=1$

$f(5)=f(2)+1=f(1)+1=2$

$f(6)=f(3)=f(1)+1=2$

$f(7)=f(3)+1=f(1)+2=3$

$f(8)=f(4)=f(2)=f(1)=1$

$\vdots$

따라서 $f(x)$의 값은 자연수 x를 몇 개의 2의 거듭제곱과 1의 합으로 나타낼 수 있는지를 의미한다. (단, 각각의 수는 한 번씩만 사용할 수 있다.)

예를 들어 $25=2^4+2^3+1$이므로 $f(25)=3$이다.

이때 $256=2^8$이므로 $1 \le x \le 256$에서 $f(x)$가 최댓값을 갖기 위해서는 x의 값은 2^8보다 작은 모든 2의 거듭제곱의 합으로 나타내어야 한다.

즉, $m=2^7+2^6+2^5+2^4+2^3+2^2+2+1=255$일 때

$M=f(255)=8$이다.

$\therefore m+M=255+8=263$

1139 답 ④

$f(g(x))=f(x)$에서

$\{g(x)\}^2-2g(x)-3=x^2-2x-3$

$\{g(x)\}^2-x^2-2\{g(x)-x\}=0$

$\{g(x)-x\}\{g(x)+x-2\}=0$

$\therefore g(x)=x$ 또는 $g(x)=-x+2$

$g(x)=x$에서

$x^2+2x+a=x,\ x^2+x+a=0$

이 이차방정식의 판별식을 D_1이라 하면

$D_1=1-4a$ $\qquad$ ……㉠

$g(x)=-x+2$에서

$x^2+2x+a=-x+2,\ x^2+3x+a-2=0$

이 이차방정식의 판별식을 D_2라 하면

$D_2=9-4(a-2)=17-4a$ $\quad$ ……㉡

이때 방정식 $f(g(x))=f(x)$의 서로 다른 실근의 개수가 2이어야 하므로 $D_1>0,\ D_2<0$이거나 $D_1=D_2=0$이거나 $D_1<0,\ D_2>0$이어야 한다.

(i) $D_1>0,\ D_2<0$일 때

㉠에 의하여 $1-4a>0$에서 $a<\dfrac{1}{4}$

㉡에 의하여 $17-4a<0$에서 $a>\dfrac{17}{4}$

이때 $a<\dfrac{1}{4}$과 $a>\dfrac{17}{4}$을 모두 만족시키는 실수 a는 존재하지 않는다.

(ii) $D_1=D_2=0$일 때

㉠에 의하여 $1-4a=0$에서 $a=\dfrac{1}{4}$

㉡에 의하여 $17-4a=0$에서 $a=\dfrac{17}{4}$

따라서 $D_1=0$과 $D_2=0$을 동시에 만족시킬 수 없다.

(iii) $D_1<0,\ D_2>0$일 때

㉠에 의하여 $1-4a<0$에서 $a>\dfrac{1}{4}$

㉡에 의하여 $17-4a>0$에서 $a<\dfrac{17}{4}$

따라서 $\dfrac{1}{4}<a<\dfrac{17}{4}$이다.

(i)~(iii)에서 주어진 조건을 만족시키는 a의 값의 범위는

$\dfrac{1}{4}<a<\dfrac{17}{4}$이므로 정수 a는 1, 2, 3, 4의 4개이다.

[다른 풀이]

$f(g(x))=f(x)$에서

$\{g(x)\}^2-2g(x)-3=x^2-2x-3$

$\{g(x)\}^2-x^2-2\{g(x)-x\}=0$

$\{g(x)-x\}\{g(x)+x-2\}=0$

$\therefore g(x)=x$ 또는 $g(x)=-x+2$

한편 $g(x)=x^2+2x+a=(x+1)^2+a-1$이므로

함수 $y=g(x)$의 그래프는 다음 그림과 같다.

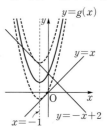

이때 방정식 $f(g(x))=f(x)$의 서로 다른 실근의 개수가 2이기 위해서는 함수 $y=g(x)$의 그래프는 직선 $y=-x+2$와 서로 다른 두 점에서 만나야 하고, 직선 $y=x$와는 만나지 않아야 한다.

따라서 방정식 $g(x)=-x+2$의 판별식을 D_3, 방정식 $g(x)=x$의 판별식을 D_4라 하면 $D_3>0$이고 $D_4<0$이어야 한다.

$g(x)=-x+2$에서

$x^2+2x+a=-x+2$ $\qquad \therefore x^2+3x+a-2=0$

따라서 $D_3=9-4(a-2)=17-4a$이므로

$D_3>0$에서 $17-4a>0$ $\qquad \therefore a<\dfrac{17}{4}$

$g(x)=x$에서

$x^2+2x+a=x$ $\qquad \therefore x^2+x+a=0$

따라서 $D_4=1-4a$이므로

$D_4<0$에서 $1-4a<0$ $\qquad \therefore a>\dfrac{1}{4}$

따라서 주어진 조건을 만족시키는 a의 값의 범위는

$\dfrac{1}{4}<a<\dfrac{17}{4}$이므로 정수 a는 1, 2, 3, 4의 4개이다.

1140
답 50

함수 $f : X \longrightarrow X$가 역함수를 갖기 위해서는 일대일대응이어야 한다.

㈎에서 $x=1$, 2, 6일 때 $(f \circ f)(x) + f^{-1}(x) = 2x$이므로
x에 1, 2, 6을 순서대로 대입하여 조건을 만족시키는 일대일대응 f를 찾는다.

(ⅰ) $(f \circ f)(1) + f^{-1}(1) = 2$

함수 f의 치역과 함수 f^{-1}의 치역은 모두 집합 X이고
집합 X의 원소 중에서 최솟값은 1이므로
$f(f(1)) + f^{-1}(1) = 2$를 만족시키기 위해서는
$f(f(1)) = 1$, $f^{-1}(1) = 1$
이어야 한다.
즉, $f(1) = 1$이다.

(ⅱ) $(f \circ f)(2) + f^{-1}(2) = 4$

(ⅰ)에서 $f(1) = 1$이고 f는 일대일대응이므로
$f(f(2)) \in \{2, 3, 4, 5, 6, 7\}$이고 $f^{-1}(2) \in \{2, 3, 4, 5, 6, 7\}$
이다.
따라서 $(f \circ f)(2) + f^{-1}(2) = 4$를 만족시키기 위해서는
$f(f(2)) = 2$, $f^{-1}(2) = 2$
이어야 한다.
즉, $f(2) = 2$이다.

(ⅲ) $(f \circ f)(6) + f^{-1}(6) = 12$

$f(6) \neq 6$에서 $f^{-1}(6) \neq 6$이므로
$(f \circ f)(6) + f^{-1}(6) = 12$에서
$f(f(6)) = 5$, $f^{-1}(6) = 7$이거나 $f(f(6)) = 7$, $f^{-1}(6) = 5$
이어야 한다.

ⓐ $f(f(6)) = 5$, $f^{-1}(6) = 7$인 경우

$f^{-1}(6) = 7$에서 $f(7) = 6$이므로
$\{f(3), f(4), f(5), f(6)\} = \{3, 4, 5, 7\}$이다.
이때 ㈏에 의하여 $f(3) + f(5) = 10$이므로
$\{f(3), f(5)\} = \{3, 7\}$이고,
$\{f(4), f(6)\} = \{4, 5\}$이다.
만약 $f(6) = 4$이면 $f(4) = 5$이고
$(f \circ f)(6) = f(f(6)) = f(4) = 5$이므로
$(f \circ f)(6) + f^{-1}(6) = 12$이다.
만약 $f(6) = 5$이면 $f(4) = 4$이고
$(f \circ f)(6) = f(f(6)) = f(5) \in \{3, 7\}$이므로
$f(f(6)) = 5$에 모순이다.

ⓑ $f(f(6)) = 7$, $f^{-1}(6) = 5$인 경우

$f^{-1}(6) = 5$에서 $f(5) = 6$이므로
$\{f(3), f(4), f(6), f(7)\} = \{3, 4, 5, 7\}$이다.
이때 ㈏에 의하여 $f(3) + f(5) = 10$이므로 $f(3) = 4$이다.
따라서 $\{f(4), f(6), f(7)\} = \{3, 5, 7\}$이다.
만약 $f(6) = 3$이면 $(f \circ f)(6) = f(f(6)) = f(3) = 4$이므로
$f(f(6)) = 7$에 모순이다.
만약 $f(6) = 5$이면 $(f \circ f)(6) = f(f(6)) = f(5) = 6$이므로
$f(f(6)) = 7$에 모순이다.
만약 $f(6) = 7$이면 $(f \circ f)(6) = f(f(6)) = f(7)$이고
$f(f(6)) = 7$이기 위해서는 $f(7) = 7$이어야 하므로 $f(6) = 7$
에 모순이다.
ⓐ, ⓑ에서 $f(7) = 6$이고 $f(6) = 4$, $f(4) = 5$이다.

(ⅰ)~(ⅲ)에서 $f(4) = 5$, $f(6) = 4$, $f(7) = 6$이므로
$$f(4) \times \{f(6) + f(7)\} = 5 \times (4 + 6)$$
$$= 50$$

1권

Ⅲ. 함수와 그래프 **195**

09 유리식과 유리함수

유형 01 유리식의 덧셈과 뺄셈

확인 문제 (1) $\dfrac{4x}{4x^2-1}$ (2) $\dfrac{2}{x^2+2x}$ (3) $\dfrac{2}{x+1}$

(1) $\dfrac{1}{2x+1}+\dfrac{1}{2x-1}=\dfrac{2x-1}{(2x+1)(2x-1)}+\dfrac{2x+1}{(2x+1)(2x-1)}$

$\qquad\qquad\qquad\quad =\dfrac{(2x-1)+(2x+1)}{4x^2-1}=\dfrac{4x}{4x^2-1}$

(2) $\dfrac{1}{x}-\dfrac{1}{x+2}=\dfrac{x+2}{x(x+2)}-\dfrac{x}{x(x+2)}$

$\qquad\qquad\quad =\dfrac{(x+2)-x}{x^2+2x}=\dfrac{2}{x^2+2x}$

(3) $\dfrac{1}{x}+\dfrac{1}{x+1}-\dfrac{1}{x(x+1)}=\dfrac{x+1}{x(x+1)}+\dfrac{x}{x(x+1)}-\dfrac{1}{x(x+1)}$

$\qquad\qquad\qquad\qquad\qquad =\dfrac{(x+1)+x-1}{x^2+x}=\dfrac{2x}{x^2+x}=\dfrac{2}{x+1}$

1141

답 ④

$\dfrac{1}{2-x}+\dfrac{1}{2+x}+\dfrac{4}{4+x^2}$

$=\dfrac{2+x}{(2-x)(2+x)}+\dfrac{2-x}{(2-x)(2+x)}+\dfrac{4}{4+x^2}$

$=\dfrac{(2+x)+(2-x)}{4-x^2}+\dfrac{4}{4+x^2}$

$=\dfrac{4}{4-x^2}+\dfrac{4}{4+x^2}=\dfrac{4(4+x^2)+4(4-x^2)}{(4-x^2)(4+x^2)}=\dfrac{32}{16-x^4}$

1142

답 10

$\dfrac{(a-5)^2}{a-b}+\dfrac{(b-5)^2}{b-a}=\dfrac{(a-5)^2}{a-b}-\dfrac{(b-5)^2}{a-b}$

$\qquad\qquad\qquad\qquad\quad =\dfrac{a^2-10a+25-(b^2-10b+25)}{a-b}$

$\qquad\qquad\qquad\qquad\quad =\dfrac{a^2-b^2-10(a-b)}{a-b}$

$\qquad\qquad\qquad\qquad\quad =\dfrac{(a+b)(a-b)-10(a-b)}{a-b}$

$\qquad\qquad\qquad\qquad\quad =\dfrac{(a-b)(a+b-10)}{a-b}$

$\qquad\qquad\qquad\qquad\quad =a+b-10\ (\because a-b\neq 0)$

따라서 $a+b-10=0$이므로

$a+b=10$

다른 풀이

$\dfrac{(a-5)^2}{a-b}+\dfrac{(b-5)^2}{b-a}$ 에서 $a-b\neq 0$이므로 양변에 $a-b$를 곱하여

정리하면

$(a-5)^2=(b-5)^2$, $a-5=-(b-5)\ (\because a\neq b)$

$\therefore a+b=10$

1143

답 ②

$\dfrac{1}{x+1}-\dfrac{1}{x^2-x+1}-\dfrac{x^2-3x}{x^3+1}$

$=\dfrac{x^2-x+1-(x+1)-(x^2-3x)}{(x+1)(x^2-x+1)}$

$=\dfrac{x}{x^3+1}$

1144

답 -12

$\dfrac{1}{x}-\dfrac{2}{x+1}+\dfrac{2}{x+3}-\dfrac{1}{x+4}$

$=\left(\dfrac{1}{x}-\dfrac{1}{x+4}\right)-\left(\dfrac{2}{x+1}-\dfrac{2}{x+3}\right)$

$=\dfrac{(x+4)-x}{x(x+4)}-\dfrac{2(x+3)-2(x+1)}{(x+1)(x+3)}$

$=\dfrac{4}{x(x+4)}-\dfrac{4}{(x+1)(x+3)}$

$=\dfrac{4(x+1)(x+3)-4x(x+4)}{x(x+1)(x+3)(x+4)}$

$=\dfrac{12}{x(x+1)(x+3)(x+4)}$ ❶

따라서 $a=0$, $b=12$이므로

$a-b=-12$ ❷

채점 기준	배점
❶ 주어진 식 간단히 하기	70%
❷ $a-b$의 값 구하기	30%

참고

분모가 일차식인 여러 유리식의 합과 차를 계산할 때, 분모의 다항식의 합 또는 차가 같은 것끼리 묶어서 더하거나 빼면 계산이 편리하다.

1145

답 ③

$\dfrac{a^2}{(a-b)(a-c)}+\dfrac{b^2}{(b-c)(b-a)}+\dfrac{c^2}{(c-a)(c-b)}$

$=\dfrac{-a^2}{(a-b)(c-a)}+\dfrac{-b^2}{(a-b)(b-c)}+\dfrac{-c^2}{(b-c)(c-a)}$

$=-\dfrac{a^2(b-c)+b^2(c-a)+c^2(a-b)}{(a-b)(b-c)(c-a)}$

$=-\dfrac{(b-c)a^2+b^2c-ab^2+ac^2-bc^2}{(a-b)(b-c)(c-a)}$

$=-\dfrac{(b-c)a^2-(b^2-c^2)a+bc(b-c)}{(a-b)(b-c)(c-a)}$

$=-\dfrac{(b-c)\{a^2-(b+c)a+bc\}}{(a-b)(b-c)(c-a)}$

$=-\dfrac{(b-c)(a-b)(a-c)}{(a-b)(b-c)(c-a)}$

$=\dfrac{(a-b)(b-c)(c-a)}{(a-b)(b-c)(c-a)}=1$

유형 02 유리식의 곱셈과 나눗셈

확인 문제 $\dfrac{x}{x+3}$

$$\dfrac{x}{x+1}\times\dfrac{x+1}{x+2}\div\dfrac{x+3}{x+2}=\dfrac{x}{x+1}\times\dfrac{x+1}{x+2}\times\dfrac{x+2}{x+3}=\dfrac{x}{x+3}$$

1146
답 ⑤

$$\dfrac{x^3-8}{x^2-3x-4}\div\dfrac{x-2}{x^2-4x}\times\dfrac{x+1}{x^2}$$
$$=\dfrac{x^3-8}{x^2-3x-4}\times\dfrac{x^2-4x}{x-2}\times\dfrac{x+1}{x^2}$$
$$=\dfrac{(x-2)(x^2+2x+4)}{(x+1)(x-4)}\times\dfrac{x(x-4)}{x-2}\times\dfrac{x+1}{x^2}$$
$$=\dfrac{x^2+2x+4}{x}$$

참고

분모와 분자에 공통인 인수가 있을 때는 분모와 분자를 서로 약분하여 계산한다. 따라서 먼저 분모 또는 분자의 다항식을 인수분해를 이용하여 정리하는 것이 편리하다.

1147
답 ⑤

$$\dfrac{4x+2}{x^2+2x}\times A=\dfrac{2x+1}{x^2+x}$$에서
$$A=\dfrac{2x+1}{x^2+x}\div\dfrac{4x+2}{x^2+2x}=\dfrac{2x+1}{x^2+x}\times\dfrac{x^2+2x}{4x+2}$$
$$=\dfrac{2x+1}{x(x+1)}\times\dfrac{x(x+2)}{2(2x+1)}=\dfrac{x+2}{2(x+1)}$$

1148
답 ④

$$\dfrac{x^2+2x-3}{x^2-x-6}\div\dfrac{x+3}{x+2}\div\dfrac{x^2+4x-5}{x^2-9}$$
$$=\dfrac{x^2+2x-3}{x^2-x-6}\times\dfrac{x+2}{x+3}\times\dfrac{x^2-9}{x^2+4x-5}$$
$$=\dfrac{(x+3)(x-1)}{(x+2)(x-3)}\times\dfrac{x+2}{x+3}\times\dfrac{(x+3)(x-3)}{(x+5)(x-1)}$$
$$=\dfrac{x+3}{x+5}$$

1149
답 2

$$\dfrac{a+b}{a-b}+\dfrac{a-b}{a+b}=\dfrac{(a+b)^2+(a-b)^2}{(a-b)(a+b)}=\dfrac{2(a^2+b^2)}{(a-b)(a+b)}$$
$$\dfrac{a+b}{a-b}-\dfrac{a-b}{a+b}=\dfrac{(a+b)^2-(a-b)^2}{(a-b)(a+b)}=\dfrac{4ab}{(a-b)(a+b)}$$

$$\therefore\left(\dfrac{a+b}{a-b}+\dfrac{a-b}{a+b}\right)\div\left(\dfrac{a+b}{a-b}-\dfrac{a-b}{a+b}\right)$$
$$=\dfrac{2(a^2+b^2)}{(a-b)(a+b)}\times\dfrac{(a-b)(a+b)}{4ab}$$
$$=\dfrac{a^2+b^2}{2ab}=\dfrac{24}{2\times6}=2$$

유형 03 유리식과 항등식

1150
답 ①

$x^2-x-2=(x+1)(x-2)$이므로
$$\dfrac{a}{x+1}+\dfrac{b}{x-2}=\dfrac{x-8}{x^2-x-2}$$의 양변에 x^2-x-2를 곱하면
$a(x-2)+b(x+1)=x-8$
$\therefore (a+b)x-2a+b=x-8$
이 등식이 x에 대한 항등식이므로
$a+b=1$ ······ ㉠
$-2a+b=-8$ ······ ㉡
㉠, ㉡을 연립하여 풀면 $a=3$, $b=-2$
$\therefore ab=3\times(-2)=-6$

다른 풀이

$x^2-x-2=(x+1)(x-2)$이므로
$$\dfrac{a}{x+1}+\dfrac{b}{x-2}=\dfrac{x-8}{x^2-x-2}$$의 양변에 x^2-x-2를 곱하면
$a(x-2)+b(x+1)=x-8$
이 식이 x에 대한 항등식이므로 양변에
$x=2$를 대입하면 $3b=-6$ $\therefore b=-2$
$x=-1$을 대입하면 $-3a=-9$ $\therefore a=3$
$\therefore ab=3\times(-2)=-6$

🔊 Bible Says 항등식의 미정계수법

항등식에 포함된 계수를 결정하는 방법은 다음과 같다.
(1) 계수비교법: 항등식의 성질을 이용
 양변의 동류항의 계수를 비교하여 계산한다.
 ① $ax^2+bx+c=a'x^2+b'x+c'$이 x에 대한 항등식이면
  $a=a'$, $b=b'$, $c=c'$이다.
 ② $ax+by+c=a'x+b'y+c'$이 x, y에 대한 항등식이면
  $a=a'$, $b=b'$, $c=c'$이다.
(2) 수치대입법: 항등식의 정의를 이용
 적당한 수를 대입하여 연립방정식을 풀어 계산한다.

1151
답 ⑤

$1-x^4=(1-x)(1+x)(1+x^2)$이므로
$$\dfrac{1}{1-x}+\dfrac{a}{1+x}+\dfrac{b}{1+x^2}=\dfrac{4}{1-x^4}$$의 양변에 $1-x^4$을 곱하면
$(1+x)(1+x^2)+a(1-x)(1+x^2)+b(1-x)(1+x)=4$
$(1+x+x^2+x^3)+a(1-x+x^2-x^3)+b(1-x^2)=4$
$\therefore (1-a)x^3+(1+a-b)x^2+(1-a)x+(1+a+b)=4$

이 등식이 x에 대한 항등식이므로

$1-a=0$ …… ㉠

$1+a-b=0$ …… ㉡

$1+a+b=4$ …… ㉢

㉠에서 $a=1$이고 이를 ㉡에 대입하여 정리하면 $b=2$이다.

이때 $a=1$과 $b=2$를 ㉢에 대입하면 등식이 성립하므로

$a=1$, $b=2$이다.

$\therefore 2a+3b=2\times1+3\times2=8$

1152
답 2

$x^3-1=(x-1)(x^2+x+1)$이므로

$\dfrac{a}{x-1}+\dfrac{bx+1}{x^2+x+1}=\dfrac{3x^2}{x^3-1}$의 양변에 x^3-1을 곱하면

$a(x^2+x+1)+(bx+1)(x-1)=3x^2$

$a(x^2+x+1)+(bx^2-bx+x-1)=3x^2$

$\therefore (a+b)x^2+(a-b+1)x+a-1=3x^2$

……………………………………………………… ❶

이 등식이 x에 대한 항등식이므로

$a+b=3$ …… ㉠

$a-b+1=0$ …… ㉡

$a-1=0$ …… ㉢

㉢에서 $a=1$이고 이를 ㉠에 대입하여 정리하면 $b=2$이다.

이때 $a=1$과 $b=2$를 ㉡에 대입하면 등식이 성립하므로

$a=1$, $b=2$이다.

……………………………………………………… ❷

$\therefore ab=1\times2=2$

……………………………………………………… ❸

채점 기준	배점
❶ 주어진 등식의 양변에 알맞은 식을 곱하여 정리하기	50%
❷ a, b의 값 구하기	40%
❸ ab의 값 구하기	10%

1153
답 ⑤

$\dfrac{x^4+1}{(x-2)^5}=\dfrac{a_1}{x-2}+\dfrac{a_2}{(x-2)^2}+\cdots+\dfrac{a_5}{(x-2)^5}$의 양변에

$(x-2)^5$을 곱하면

$x^4+1=a_1(x-2)^4+a_2(x-2)^3+a_3(x-2)^2+a_4(x-2)+a_5$

이 등식이 x에 대한 항등식이므로 양변에

$x=3$을 대입하면

$3^4+1=a_1+a_2+a_3+a_4+a_5$ …… ㉠

$x=1$을 대입하면

$1^4+1=a_1-a_2+a_3-a_4+a_5$ …… ㉡

㉠+㉡을 하면 $84=2(a_1+a_3+a_5)$

$\therefore a_1+a_3+a_5=42$

> **참고**
>
> 수치대입법을 이용하여 계산할 때, $x-2$의 값이 1과 -1이 되도록 $x=3$
> 과 $x=1$을 각각 대입하면 계산이 간편해진다.

유형 **04** (분자의 차수)≥(분모의 차수)인 유리식

확인 문제 $a=1$, $b=2$, $c=-2$

$x^2+3x=(x+1)(x+2)-2$이므로

$\dfrac{x^2+3x}{x+1}=\dfrac{(x+1)(x+2)-2}{x+1}=x+2+\dfrac{-2}{x+1}$

$\therefore a=1$, $b=2$, $c=-2$

다른 풀이

$\dfrac{x^2+3x}{x+1}=\dfrac{x(x+1)+2x}{x+1}=\dfrac{x(x+1)}{x+1}+\dfrac{2x}{x+1}$

$=x+\dfrac{2(x+1)-2}{x+1}=x+\dfrac{2(x+1)}{x+1}+\dfrac{-2}{x+1}$

$=x+2+\dfrac{-2}{x+1}$

$\therefore a=1$, $b=2$, $c=-2$

1154
답 ④

$\dfrac{x-2}{x-1}+\dfrac{x-1}{x-2}-\dfrac{x+2}{x+1}-\dfrac{x+1}{x+2}$

$=\dfrac{(x-1)-1}{x-1}+\dfrac{(x-2)+1}{x-2}-\dfrac{(x+1)+1}{x+1}-\dfrac{(x+2)-1}{x+2}$

$=\left(1-\dfrac{1}{x-1}\right)+\left(1+\dfrac{1}{x-2}\right)-\left(1+\dfrac{1}{x+1}\right)-\left(1-\dfrac{1}{x+2}\right)$

$=-\dfrac{1}{x-1}+\dfrac{1}{x-2}-\dfrac{1}{x+1}+\dfrac{1}{x+2}$

$=\dfrac{-(x-2)+(x-1)}{(x-1)(x-2)}+\dfrac{-(x+2)+(x+1)}{(x+1)(x+2)}$

$=\dfrac{1}{(x-1)(x-2)}+\dfrac{-1}{(x+1)(x+2)}$

$=\dfrac{(x^2+3x+2)-(x^2-3x+2)}{(x-1)(x-2)(x+1)(x+2)}$

$=\dfrac{6x}{(x+2)(x+1)(x-1)(x-2)}$

따라서 $a=6$, $b=0$이므로

$a+b=6$

1155
답 10

$\dfrac{x^2+2x-1}{x-1}-\dfrac{x^2-2x-1}{x+1}$

$=\dfrac{(x-1)(x+3)+2}{x-1}-\dfrac{(x+1)(x-3)+2}{x+1}$

$=x+3+\dfrac{2}{x-1}-(x-3)-\dfrac{2}{x+1}$

$=6+\dfrac{2}{x-1}-\dfrac{2}{x+1}$

$=6+\dfrac{2(x+1)-2(x-1)}{(x-1)(x+1)}$

$=6+\dfrac{4}{x^2-1}$

따라서 $a=6$, $b=4$이므로

$a+b=6+4=10$

1156

답 $f(x)=-x^2+2x$

$$\dfrac{x^3+2}{x^2-x+1}-\dfrac{x^2+2x+2}{x+1}$$

$$=\dfrac{(x^3+1)+1}{x^2-x+1}-\dfrac{(x^2+2x+1)+1}{x+1}$$

$$=\dfrac{(x+1)(x^2-x+1)+1}{x^2-x+1}-\dfrac{(x+1)^2+1}{x+1}$$

$$=(x+1)+\dfrac{1}{x^2-x+1}-(x+1)-\dfrac{1}{x+1}$$

$$=\dfrac{x+1-(x^2-x+1)}{(x+1)(x^2-x+1)}=\dfrac{-x^2+2x}{x^3+1}$$

따라서 $f(x)=-x^2+2x$이다.

[다른 풀이]

$$\dfrac{x^3+2}{x^2-x+1}-\dfrac{x^2+2x+2}{x+1}$$

$$=\dfrac{(x^3+2)(x+1)-(x^2+2x+2)(x^2-x+1)}{(x+1)(x^2-x+1)}$$

$$=\dfrac{(x^4+x^3+2x+2)-(x^4+x^3+x^2+2)}{x^3+1}$$

$$=\dfrac{-x^2+2x}{x^3+1}$$

따라서 $f(x)=-x^2+2x$이다.

유형 05 부분분수로의 변형

1157

답 ②

$$f_n(x)=\dfrac{n}{x(x+n)}=n\times\left\{\dfrac{1}{(x+n)-x}\times\left(\dfrac{1}{x}-\dfrac{1}{x+n}\right)\right\}$$

$$=\dfrac{1}{x}-\dfrac{1}{x+n}$$

이므로 $f_2(2)+f_4(4)+f_8(8)=f_k(2)$에서

$$\left(\dfrac{1}{2}-\dfrac{1}{4}\right)+\left(\dfrac{1}{4}-\dfrac{1}{8}\right)+\left(\dfrac{1}{8}-\dfrac{1}{16}\right)=\dfrac{1}{2}-\dfrac{1}{2+k}$$

$$\dfrac{1}{2}-\dfrac{1}{16}=\dfrac{1}{2}-\dfrac{1}{2+k},\ \dfrac{1}{16}=\dfrac{1}{2+k}$$

따라서 $16=2+k$에서 $k=14$

1158

답 $\dfrac{100}{201}$

$$\dfrac{1}{1\times3}+\dfrac{1}{3\times5}+\dfrac{1}{5\times7}+\cdots+\dfrac{1}{199\times201}$$

$$=\dfrac{1}{2}\left(1-\dfrac{1}{3}\right)+\dfrac{1}{2}\left(\dfrac{1}{3}-\dfrac{1}{5}\right)+\dfrac{1}{2}\left(\dfrac{1}{5}-\dfrac{1}{7}\right)+\cdots+\dfrac{1}{2}\left(\dfrac{1}{199}-\dfrac{1}{201}\right)$$

$$=\dfrac{1}{2}\left\{\left(1-\dfrac{1}{3}\right)+\left(\dfrac{1}{3}-\dfrac{1}{5}\right)+\left(\dfrac{1}{5}-\dfrac{1}{7}\right)+\cdots+\left(\dfrac{1}{199}-\dfrac{1}{201}\right)\right\}$$

$$=\dfrac{1}{2}\left(1-\dfrac{1}{201}\right)$$

$$=\dfrac{1}{2}\times\dfrac{200}{201}=\dfrac{100}{201}$$

1159

답 10

$f(n)=\dfrac{1}{(x+n)(x+n+1)}=\dfrac{1}{x+n}-\dfrac{1}{x+n+1}$이므로

$$f(5)+f(6)+f(7)+\cdots+f(19)$$

$$=\left(\dfrac{1}{x+5}-\dfrac{1}{x+6}\right)+\left(\dfrac{1}{x+6}-\dfrac{1}{x+7}\right)+\left(\dfrac{1}{x+7}-\dfrac{1}{x+8}\right)$$

$$\qquad\qquad+\cdots+\left(\dfrac{1}{x+19}-\dfrac{1}{x+20}\right)$$

$$=\dfrac{1}{x+5}-\dfrac{1}{x+20}=\dfrac{15}{(x+5)(x+20)}$$

즉, $\dfrac{15}{(x+5)(x+20)}=\dfrac{c}{(x+a)(x+b)}$가 x에 대한 항등식이므로

$a=5,\ b=20,\ c=15$ 또는 $a=20,\ b=5,\ c=15$

$\therefore a+b-c=5+20-15=10$

1160

답 30

$$\dfrac{3}{x(x+3)}+\dfrac{5}{(x+3)(x+8)}+\dfrac{7}{(x+8)(x+15)}$$

$$=\left(\dfrac{1}{x}-\dfrac{1}{x+3}\right)+\left(\dfrac{1}{x+3}-\dfrac{1}{x+8}\right)+\left(\dfrac{1}{x+8}-\dfrac{1}{x+15}\right)$$

$$=\dfrac{1}{x}-\dfrac{1}{x+15}=\dfrac{15}{x(x+15)}$$

즉, $\dfrac{15}{x(x+15)}=\dfrac{b}{x(x+a)}$가 x에 대한 항등식이므로

$a=15,\ b=15$

$\therefore a+b=15+15=30$

1161

답 $\dfrac{99}{100}$

$f(n)=n^2+n=n(n+1)$이므로

$$\dfrac{1}{f(n)}=\dfrac{1}{n(n+1)}=\dfrac{1}{n}-\dfrac{1}{n+1}$$

❶

$$\therefore \dfrac{1}{f(1)}+\dfrac{1}{f(2)}+\dfrac{1}{f(3)}+\cdots+\dfrac{1}{f(99)}$$

$$=\left(1-\dfrac{1}{2}\right)+\left(\dfrac{1}{2}-\dfrac{1}{3}\right)+\left(\dfrac{1}{3}-\dfrac{1}{4}\right)+\cdots+\left(\dfrac{1}{99}-\dfrac{1}{100}\right)$$

$$=1-\dfrac{1}{100}=\dfrac{99}{100}$$

❷

채점 기준	배점
❶ $\dfrac{1}{f(n)}$ 을 부분분수로 나타내기	60%
❷ $\dfrac{1}{f(1)}+\dfrac{1}{f(2)}+\dfrac{1}{f(3)}+\cdots+\dfrac{1}{f(99)}$의 값 구하기	40%

확인 문제 (1) $\dfrac{x}{x+1}$ (2) $x-1$

(1) $\dfrac{1}{1+\dfrac{1}{x}}=\dfrac{1}{\dfrac{x+1}{x}}=\dfrac{x}{x+1}$

(2) $\dfrac{x-\dfrac{1}{x}}{\dfrac{x+1}{x}}=\dfrac{\dfrac{x^2-1}{x}}{\dfrac{x+1}{x}}=\dfrac{(x+1)(x-1)}{x+1}=x-1$

1162 답 x

$1-\dfrac{1}{1-\dfrac{1}{1-\dfrac{1}{x}}}=1-\dfrac{1}{1-\dfrac{1}{\dfrac{x-1}{x}}}=1-\dfrac{1}{1-\dfrac{x}{x-1}}$

$\qquad\qquad =1-\dfrac{1}{\dfrac{-1}{x-1}}=1+(x-1)=x$

1163 답 3

$a-\dfrac{1}{b-\dfrac{1}{x}}=a-\dfrac{1}{\dfrac{bx-1}{x}}=a-\dfrac{x}{bx-1}$

$\qquad\qquad =\dfrac{abx-a-x}{bx-1}=\dfrac{(ab-1)x-a}{bx-1}$

$\dfrac{(ab-1)x-a}{bx-1}=x+3$의 양변에 $bx-1$을 곱하면

$(ab-1)x-a=(bx-1)(x+3)$

$(ab-1)x-a=bx^2+(3b-1)x-3$

이 등식이 x에 대한 항등식이므로

$0=b,\ ab-1=3b-1,\ -a=-3$

따라서 $a=3,\ b=0$이므로 $a+b=3+0=3$

다른 풀이

$x+3=3+\dfrac{1}{\dfrac{1}{x}}=3-\dfrac{1}{-\dfrac{1}{x}}$

따라서 $a=3,\ b=0$이므로 $a+b=3+0=3$

참고

다항식 또는 분수를 번분수식으로 변형하여 미지수를 찾을 수도 있다.

1164 답 ③

$\dfrac{1+\dfrac{x}{1-x}}{1-\dfrac{1}{1+\dfrac{1}{x}}}=\dfrac{\dfrac{1}{1-x}}{1-\dfrac{1}{\dfrac{x+1}{x}}}=\dfrac{\dfrac{1}{1-x}}{1-\dfrac{x}{x+1}}=\dfrac{\dfrac{1}{1-x}}{\dfrac{1}{x+1}}$

$\qquad\qquad =\dfrac{x+1}{1-x}=\dfrac{-x-1}{x-1}$

즉, $\dfrac{-x-1}{x-1}=\dfrac{px+q}{x-1}$가 x에 대한 항등식이므로

$p=-1,\ q=-1$

$\therefore\ pq=-1\times(-1)=1$

1165 답 6

주어진 식에서 분모는 0이 될 수 없으므로

$n\neq 0,\ n\neq -2,\ n\neq -4$이다. ······ ㉠ ❶

$\dfrac{\dfrac{1}{n}-\dfrac{1}{n+2}}{\dfrac{1}{n+2}-\dfrac{1}{n+4}}=\dfrac{\dfrac{2}{n(n+2)}}{\dfrac{2}{(n+2)(n+4)}}=\dfrac{n+4}{n}=1+\dfrac{4}{n}$

이고, 이 값이 정수가 되려면 $\dfrac{4}{n}$의 값이 정수이어야 한다. ❷

이때 $\dfrac{4}{n}$의 값이 정수가 되도록 하는 정수 n의 값은 $-4,\ -2,\ -1,$

$1,\ 2,\ 4$이므로 ㉠에 의하여 구하는 정수 n은 $-1,\ 1,\ 2,\ 4$이다.

따라서 구하는 모든 정수 n의 값의 합은

$-1+1+2+4=6$ ❸

채점 기준	배점
❶ 주어진 식에서 분모가 0이 되지 않는 조건 찾기	20%
❷ 주어진 식의 값이 정수가 되기 위한 조건 찾기	50%
❸ 모든 정수 n의 값의 합 구하기	30%

1166 답 24

$\dfrac{39}{17}=2+\dfrac{5}{17}=2+\dfrac{1}{\dfrac{17}{5}}=2+\dfrac{1}{3+\dfrac{2}{5}}$

$\qquad =2+\dfrac{1}{3+\dfrac{1}{\dfrac{5}{2}}}=2+\dfrac{1}{3+\dfrac{1}{2+\dfrac{1}{2}}}$

따라서 $a=2,\ b=3,\ c=2,\ d=2$이므로

$abcd=2\times 3\times 2\times 2=24$

1167 답 ③

$x^2-3x+1=0$에서 $x\neq 0$이므로 양변을 x로 나누면

$x-3+\dfrac{1}{x}=0$ $\therefore\ x+\dfrac{1}{x}=3$

$\therefore\ x^3+\dfrac{1}{x^3}=\left(x+\dfrac{1}{x}\right)^3-3\left(x+\dfrac{1}{x}\right)$

$\qquad\qquad =3^3-3\times 3=18$

참고

$x^2 - 3x + 1 = 0$에 $x = 0$을 대입하면 등식이 성립하지 않는다.
따라서 $x \neq 0$이다.

$$x^5 + \frac{1}{x^5} = \left(x^2 + \frac{1}{x^2}\right)\left(x^3 + \frac{1}{x^3}\right) - \left(x + \frac{1}{x}\right)$$
$$= 14 \times 52 - 4 = 724$$

❸

채점 기준	배점
❶ $x + \dfrac{1}{x}$의 값 구하기	30%
❷ $x^3 + \dfrac{1}{x^3}$의 값 구하기	30%
❸ $x^5 + \dfrac{1}{x^5}$의 값 구하기	40%

1168

답 57

$x^2 - 4x + 1 = 0$에서 $x \neq 0$이므로 양변을 x로 나누면

$x - 4 + \dfrac{1}{x} = 0 \qquad \therefore x + \dfrac{1}{x} = 4$

$\therefore 4x^2 + 2x - 7 + \dfrac{2}{x} + \dfrac{4}{x^2} = 4\left(x^2 + \dfrac{1}{x^2}\right) + 2\left(x + \dfrac{1}{x}\right) - 7$

$\qquad = 4\left\{\left(x + \dfrac{1}{x}\right)^2 - 2\right\} + 2\left(x + \dfrac{1}{x}\right) - 7$

$\qquad = 4(4^2 - 2) + 2 \times 4 - 7$

$\qquad = 57$

1169

답 36

$a^2 - \dfrac{1}{a^2} = 3\sqrt{13}$에서 $\left(a + \dfrac{1}{a}\right)\left(a - \dfrac{1}{a}\right) = 3\sqrt{13}$

$\sqrt{13}\left(a - \dfrac{1}{a}\right) = 3\sqrt{13} \qquad \therefore a - \dfrac{1}{a} = 3$

$\therefore a^3 - \dfrac{1}{a^3} = \left(a - \dfrac{1}{a}\right)^3 + 3\left(a - \dfrac{1}{a}\right) = 3^3 + 3 \times 3 = 36$

1170

답 14

$x^2 - 2\sqrt{2}x + 1 = 0$에서 $x \neq 0$이므로 양변을 x로 나누면

$x - 2\sqrt{2} + \dfrac{1}{x} = 0 \qquad \therefore x + \dfrac{1}{x} = 2\sqrt{2}$

$x^4 - 4\sqrt{2}x^2 - 1 = 0$에서 $x \neq 0$이므로 양변을 x^2으로 나누면

$x^2 - 4\sqrt{2} - \dfrac{1}{x^2} = 0 \qquad \therefore x^2 - \dfrac{1}{x^2} = 4\sqrt{2}$

$x^2 - \dfrac{1}{x^2} = 4\sqrt{2}$에서 $\left(x + \dfrac{1}{x}\right)\left(x - \dfrac{1}{x}\right) = 4\sqrt{2}$이므로

$2\sqrt{2}\left(x - \dfrac{1}{x}\right) = 4\sqrt{2} \qquad \therefore x - \dfrac{1}{x} = 2$

$\therefore x^3 - \dfrac{1}{x^3} = \left(x - \dfrac{1}{x}\right)^3 + 3\left(x - \dfrac{1}{x}\right) = 2^3 + 3 \times 2 = 14$

1171

답 724

$x^2 + \dfrac{1}{x^2} = \left(x + \dfrac{1}{x}\right)^2 - 2 = 14$이므로 $\left(x + \dfrac{1}{x}\right)^2 = 16$

$\therefore x + \dfrac{1}{x} = 4 \ (\because x > 0)$

❶

이때

$x^3 + \dfrac{1}{x^3} = \left(x + \dfrac{1}{x}\right)^3 - 3\left(x + \dfrac{1}{x}\right)$

$\qquad = 4^3 - 3 \times 4 = 52$

이므로

❷

1172

답 46

$x^2 + 3x - 1 = 0$에서 $x > 0$이므로 양변을 x로 나누면

$x + 3 - \dfrac{1}{x} = 0 \qquad \therefore x - \dfrac{1}{x} = -3$

$\left(x + \dfrac{1}{x}\right)^2 = \left(x - \dfrac{1}{x}\right)^2 + 4 = (-3)^2 + 4 = 13$

$\therefore x + \dfrac{1}{x} = \sqrt{13} \ (\because x > 0)$

$x^2 + \dfrac{1}{x^2} = \left(x - \dfrac{1}{x}\right)^2 + 2 = (-3)^2 + 2 = 11$

$\therefore x^4 - \dfrac{1}{x^4} = \left(x^2 + \dfrac{1}{x^2}\right)\left(x^2 - \dfrac{1}{x^2}\right)$

$\qquad = \left(x^2 + \dfrac{1}{x^2}\right)\left(x + \dfrac{1}{x}\right)\left(x - \dfrac{1}{x}\right)$

$\qquad = 11 \times \sqrt{13} \times (-3) = -33\sqrt{13}$

따라서 $a = -33$, $b = 13$이므로 $b - a = 13 - (-33) = 46$

1173

답 -3

$x^2 - kx - 1 = 0$에서 $x \neq 0$이므로 양변을 x로 나누면

$x - k - \dfrac{1}{x} = 0 \qquad \therefore x - \dfrac{1}{x} = k$

$4x^2 + 3x - \dfrac{3}{x} + \dfrac{4}{x^2} = 35$의 좌변을 k에 대하여 나타내면

$4x^2 + 3x - \dfrac{3}{x} + \dfrac{4}{x^2} = 4\left(x^2 + \dfrac{1}{x^2}\right) + 3\left(x - \dfrac{1}{x}\right)$

$\qquad = 4\left\{\left(x - \dfrac{1}{x}\right)^2 + 2\right\} + 3\left(x - \dfrac{1}{x}\right)$

$\qquad = 4(k^2 + 2) + 3k = 4k^2 + 3k + 8$

$\therefore 4k^2 + 3k + 8 = 35$

즉, $4k^2 + 3k - 27 = 0$이므로

$(k + 3)(4k - 9) = 0 \qquad \therefore k = -3$ 또는 $k = \dfrac{9}{4}$

따라서 구하는 정수 k의 값은 -3이다.

유형 08 **유리식의 값 구하기 - $a + b + c = 0$ 이용**

1174

답 -3

$a + b + c = 0$에서 $a + b = -c$, $b + c = -a$, $c + a = -b$이므로

$$a\left(\frac{1}{b}+\frac{1}{c}\right)+b\left(\frac{1}{c}+\frac{1}{a}\right)+c\left(\frac{1}{a}+\frac{1}{b}\right)$$

$$=\frac{a}{b}+\frac{a}{c}+\frac{b}{c}+\frac{b}{a}+\frac{c}{a}+\frac{c}{b}$$

$$=\frac{b+c}{a}+\frac{c+a}{b}+\frac{a+b}{c}$$

$$=\frac{-a}{a}+\frac{-b}{b}+\frac{-c}{c}$$

$$=-1+(-1)+(-1)=-3$$

다른 풀이

$a+b+c=0$에서

$a^3+b^3+c^3-3abc=(a+b+c)(a^2+b^2+c^2-ab-bc-ca)=0$

이므로

$a^3+b^3+c^3=3abc$

이때 $a+b=-c$, $b+c=-a$, $c+a=-b$이므로

$$a\left(\frac{1}{b}+\frac{1}{c}\right)+b\left(\frac{1}{c}+\frac{1}{a}\right)+c\left(\frac{1}{a}+\frac{1}{b}\right)$$

$$=a\times\frac{b+c}{bc}+b\times\frac{c+a}{ca}+c\times\frac{a+b}{ab}$$

$$=a\times\frac{-a}{bc}+b\times\frac{-b}{ca}+c\times\frac{-c}{ab}$$

$$=-\frac{a^3+b^3+c^3}{abc}=-\frac{3abc}{abc}=-3$$

1175

답 ③

$\frac{1}{a}+\frac{1}{b}+\frac{1}{c}=0$에서 $\frac{ab+bc+ca}{abc}=0$이므로

$ab+bc+ca=0$ $(\because abc\neq0)$

$$\therefore \frac{a}{(a+b)(c+a)}+\frac{b}{(b+c)(a+b)}+\frac{c}{(c+a)(b+c)}$$

$$=\frac{a(b+c)+b(c+a)+c(a+b)}{(a+b)(b+c)(c+a)}$$

$$=\frac{2(ab+bc+ca)}{(a+b)(b+c)(c+a)}=0$$

다른 풀이

$\frac{1}{a}+\frac{1}{b}+\frac{1}{c}=0$에서 $\frac{ab+bc+ca}{abc}=0$이므로

$ab+bc+ca=0$ $(\because abc\neq0)$ $\cdots\cdots$ ㉠

따라서

$(a+b)(c+a)=a^2+ab+bc+ca=a^2$ $(\because ㉠)$

$(b+c)(a+b)=b^2+ab+bc+ca=b^2$ $(\because ㉠)$

$(c+a)(b+c)=c^2+ab+bc+ca=c^2$ $(\because ㉠)$

이므로

$$\frac{a}{(a+b)(c+a)}+\frac{b}{(b+c)(a+b)}+\frac{c}{(c+a)(b+c)}$$

$$=\frac{a}{a^2}+\frac{b}{b^2}+\frac{c}{c^2}=\frac{1}{a}+\frac{1}{b}+\frac{1}{c}=0$$

1176

답 ①

$a+b+c=0$에서

$a+b=-c$, $b+c=-a$, $a+c=-b$

$$\therefore \left(1-\frac{a-b}{c}\right)\left(1-\frac{b-c}{a}\right)\left(1-\frac{c-a}{b}\right)$$

$$=\frac{c-a+b}{c}\times\frac{a-b+c}{a}\times\frac{b-c+a}{b}$$

$$=\frac{-a-a}{c}\times\frac{-b-b}{a}\times\frac{-c-c}{b}$$

$$=\frac{-2a}{c}\times\frac{-2b}{a}\times\frac{-2c}{b}=-8$$

1177

답 ①

$a-b+c=0$에서 $a=b-c$, $b=a+c$, $c=b-a$ $\cdots\cdots$ ㉠

$$\therefore a\left(-\frac{1}{b}+\frac{1}{c}\right)-b\left(\frac{1}{c}+\frac{1}{a}\right)+c\left(\frac{1}{a}-\frac{1}{b}\right)$$

$$=a\times\frac{b-c}{bc}-b\times\frac{a+c}{ac}+c\times\frac{b-a}{ab}$$

$$=\frac{a^2}{bc}-\frac{b^2}{ac}+\frac{c^2}{ab}=\frac{a^3-b^3+c^3}{abc}$$

$$=\frac{(a-b+c)(a^2+b^2+c^2+ab+bc-ca)-3abc}{abc}$$

$$=\frac{-3abc}{abc}=-3$$

다른 풀이

주어진 식을 전개하고 ㉠을 대입하여 정리하면

$$a\left(-\frac{1}{b}+\frac{1}{c}\right)-b\left(\frac{1}{c}+\frac{1}{a}\right)+c\left(\frac{1}{a}-\frac{1}{b}\right)$$

$$=-\frac{a}{b}+\frac{a}{c}-\frac{b}{c}-\frac{b}{a}+\frac{c}{a}-\frac{c}{b}$$

$$=\frac{c-b}{a}-\frac{a+c}{b}+\frac{a-b}{c}$$

$$=\frac{-a}{a}-\frac{b}{b}+\frac{-c}{c}=-3$$

1178

답 $\frac{1}{3}$

$\left(\frac{1}{a}+\frac{1}{b}+\frac{1}{c}\right)^2=\frac{1}{a^2}+\frac{1}{b^2}+\frac{1}{c^2}+2\left(\frac{1}{ab}+\frac{1}{bc}+\frac{1}{ca}\right)$이므로

$\frac{1}{a^2}+\frac{1}{b^2}+\frac{1}{c^2}=\left(\frac{1}{a}+\frac{1}{b}+\frac{1}{c}\right)^2$에서

$2\left(\frac{1}{ab}+\frac{1}{bc}+\frac{1}{ca}\right)=0$ $\therefore \frac{1}{ab}+\frac{1}{bc}+\frac{1}{ca}=0$

즉, $\frac{a+b+c}{abc}=0$이므로 $a+b+c=0$ $(\because abc\neq0)$

─────────────────────────────── ❶

$a^3+b^3+c^3-3abc=(a+b+c)(a^2+b^2+c^2-ab-bc-ca)$에서

$a+b+c=0$이므로 $a^3+b^3+c^3-3abc=0$

즉, $a^3+b^3+c^3=3abc$이다.

─────────────────────────────── ❷

$$\therefore \frac{abc}{a^3+b^3+c^3}=\frac{abc}{3abc}=\frac{1}{3}$$

─────────────────────────────── ❸

채점 기준	배점
❶ $a+b+c=0$임을 구하기	40%
❷ $a^3+b^3+c^3=3abc$임을 구하기	40%
❸ $\frac{abc}{a^3+b^3+c^3}$의 값 구하기	20%

유형 09 유리식의 값 구하기 - 비례식이 주어질 때

확인 문제 (1) $\dfrac{9}{5}$ (2) $\dfrac{13}{25}$

(1) $x:y=2:3$이므로

$x=2k$, $y=3k$ $(k\neq0)$로 놓으면

$$\dfrac{3x+y}{x+y}=\dfrac{6k+3k}{2k+3k}=\dfrac{9k}{5k}=\dfrac{9}{5}$$

(2) $\dfrac{x}{3}=\dfrac{y}{4}$이므로 $x=3k$, $y=4k$ $(k\neq0)$로 놓으면

$$\dfrac{x^2-xy+y^2}{x^2+y^2}=\dfrac{9k^2-12k^2+16k^2}{9k^2+16k^2}=\dfrac{13k^2}{25k^2}=\dfrac{13}{25}$$

1179

답 ⑤

$\dfrac{a+b}{3}=\dfrac{b+c}{5}=\dfrac{c+a}{6}=k$ $(k\neq0)$로 놓으면

$a+b=3k$ ······ ㉠

$b+c=5k$ ······ ㉡

$c+a=6k$ ······ ㉢

㉠+㉡+㉢을 하면

$2(a+b+c)=14k$ ∴ $a+b+c=7k$

이를 ㉠, ㉡, ㉢에 각각 대입하여 정리하면

$c=4k$, $a=2k$, $b=k$

$$\therefore \dfrac{a^2+2ab+c^2}{a^2+b^2+c^2}=\dfrac{(2k)^2+2\times 2k\times k+(4k)^2}{(2k)^2+k^2+(4k)^2}$$
$$=\dfrac{24k^2}{21k^2}=\dfrac{8}{7}$$

다른 풀이

$$\dfrac{a+b}{3}=\dfrac{b+c}{5}=\dfrac{c+a}{6}=\dfrac{(a+b)+(b+c)+(c+a)}{3+5+6}$$
$$=\dfrac{2(a+b+c)}{14}=\dfrac{a+b+c}{7}$$

이때 $\dfrac{c+a}{6}=\dfrac{a+b+c}{7}$에서 $7(c+a)=6(a+b+c)$이므로

$c+a=6b$ ······ ㉣

㉣을 $\dfrac{a+b}{3}=\dfrac{c+a}{6}$에 대입하면 $\dfrac{a+b}{3}=b$이므로 $a=2b$

㉣을 $\dfrac{b+c}{5}=\dfrac{c+a}{6}$에 대입하면 $\dfrac{b+c}{5}=b$이므로 $c=4b$

$$\therefore \dfrac{a^2+2ab+c^2}{a^2+b^2+c^2}=\dfrac{(2b)^2+2\times(2b)\times b+(4b)^2}{(2b)^2+b^2+(4b)^2}=\dfrac{24b^2}{21b^2}=\dfrac{8}{7}$$

🔊 Bible Says 가비의 이

두 쌍 이상의 수의 비가 서로 같을 때, 분모와 분자를 따로 더하여 얻은 비도 역시 이 비와 같다는 법칙이다.

$$\dfrac{a}{d}=\dfrac{b}{e}=\dfrac{c}{f}=\dfrac{a+b+c}{d+e+f}=\dfrac{pa+qb+rc}{pd+qe+rf}$$
(단, $d+e+f\neq0$, $pd+qe+rf\neq0$)

1180

답 ③

$x=2k$, $y=3k$, $z=4k$ $(k\neq0)$로 놓으면

$$\dfrac{x+5y+2z}{2y-4x+3z}=\dfrac{2k+15k+8k}{6k-8k+12k}=\dfrac{25k}{10k}=\dfrac{5}{2}$$

1181

답 ①

$2x=3y$이므로 $x:y=3:2$이고,

$2y=3z$이므로 $y:z=3:2$이다.

따라서 $x:y:z=9:6:4$이므로

$x=9k$, $y=6k$, $z=4k$ $(k\neq0)$로 놓으면

$$\dfrac{x-y-z}{x+y+z}=\dfrac{9k-6k-4k}{9k+6k+4k}=\dfrac{-k}{19k}=-\dfrac{1}{19}$$

다른 풀이

$2x=3y$에서 $x=\dfrac{3}{2}y$이고, $2y=3z$에서 $z=\dfrac{2}{3}y$이다.

$$\therefore \dfrac{x-y-z}{x+y+z}=\dfrac{\dfrac{3}{2}y-y-\dfrac{2}{3}y}{\dfrac{3}{2}y+y+\dfrac{2}{3}y}=\dfrac{-\dfrac{1}{6}y}{\dfrac{19}{6}y}=-\dfrac{1}{19}$$

1182

답 19

$(x+y):(y+z):(z+x)=1:3:4$이므로 0이 아닌 실수 k에 대하여

$x+y=k$ ······ ㉠

$y+z=3k$ ······ ㉡

$z+x=4k$ ······ ㉢

로 놓고

────────────────── ❶

㉠+㉡+㉢을 하면

$2(x+y+z)=8k$ ∴ $x+y+z=4k$

이를 ㉠, ㉡, ㉢에 각각 대입하여 정리하면

$z=3k$, $x=k$, $y=0$

────────────────── ❷

$$\therefore \dfrac{xy+yz+zx}{(x+y+z)^2}=\dfrac{k\times0+0\times3k+3k\times k}{(k+0+3k)^2}=\dfrac{3k^2}{16k^2}=\dfrac{3}{16}$$

────────────────── ❸

따라서 $p=16$, $q=3$이므로

$p+q=16+3=19$

────────────────── ❹

채점 기준	배점
❶ $x+y$, $y+z$, $z+x$를 0이 아닌 실수 k에 대한 식으로 나타내기	30%
❷ x, y, z를 k에 대한 식으로 나타내기	40%
❸ 주어진 식의 값 구하기	20%
❹ $p+q$의 값 구하기	10%

다른 풀이

$(x+y):(y+z):(z+x)=1:3:4$에서

$$x+y=\dfrac{y+z}{3}=\dfrac{z+x}{4}=\dfrac{(x+y)+(y+z)+(z+x)}{1+3+4}$$
$$=\dfrac{2(x+y+z)}{8}=\dfrac{x+y+z}{4}$$

이때 $\dfrac{z+x}{4}=\dfrac{x+y+z}{4}$에서 $z+x=x+y+z$이므로 $y=0$

이를 $x+y=\dfrac{y+z}{3}$에 대입하면 $x=\dfrac{z}{3}$이므로 $z=3x$

$$\therefore \dfrac{xy+yz+zx}{(x+y+z)^2}=\dfrac{x\times0+0\times3x+3x\times x}{(x+0+3x)^2}=\dfrac{3x^2}{16x^2}=\dfrac{3}{16}$$

따라서 $p=16$, $q=3$이므로

$p+q=16+3=19$

1183

답 ①

$2x+y-z=0$ ····· ㉠
$x-2y-z=0$ ····· ㉡
㉠-㉡을 하면 $x+3y=0$ ∴ $x=-3y$
이를 ㉡에 대입하면 $-5y-z=0$ ∴ $z=-5y$
∴ $\dfrac{xy+yz+zx}{x^2+y^2+z^2}=\dfrac{-3y^2-5y^2+15y^2}{(-3y)^2+y^2+(-5y)^2}=\dfrac{7y^2}{35y^2}=\dfrac{1}{5}$

1184

답 ⑤

$x^2-4xy+3y^2=0$에서
$(x-y)(x-3y)=0$이므로 $x=3y$ $(∵ x\neq y)$
∴ $\dfrac{x^2-2xy+2y^2}{3xy-y^2}=\dfrac{9y^2-6y^2+2y^2}{9y^2-y^2}=\dfrac{5y^2}{8y^2}=\dfrac{5}{8}$

1185

답 10

x, y, z가 모두 실수이므로
$(3x-y)^2\geq0$이고 $(2y-z)^2\geq0$이다.
이때 $(3x-y)^2+(2y-z)^2=0$이기 위해서는
$(3x-y)^2=0$이고 $(2y-z)^2=0$이어야 한다.
$(3x-y)^2=0$에서 $3x-y=0$ ∴ $y=3x$ ····· ㉠
$(2y-z)^2=0$에서 $2y-z=0$ ∴ $z=2y$ ····· ㉡
㉠을 ㉡에 대입하여 정리하면 $z=6x$
∴ $\dfrac{x^2+xy+z^2}{x^2-xz+y^2}=\dfrac{x^2+3x^2+36x^2}{x^2-6x^2+9x^2}=\dfrac{40x^2}{4x^2}=10$

1186

답 2

$3x+y-2z=0$ ····· ㉠
$x-2y+z=0$ ····· ㉡
㉠$\times2+$㉡을 하면
$7x-3z=0$ ∴ $z=\dfrac{7}{3}x$
이를 ㉡에 대입하면
$x-2y+\dfrac{7}{3}x=0$, $2y=\dfrac{10}{3}x$ ∴ $y=\dfrac{5}{3}x$
∴ $\dfrac{x+y}{z-x}=\dfrac{x+\frac{5}{3}x}{\frac{7}{3}x-x}=\dfrac{\frac{8}{3}x}{\frac{4}{3}x}=2$

1187

답 ①

$a-\dfrac{3}{2c}=1$에서 c를 a에 대하여 정리하면
$\dfrac{3}{2c}=a-1$, $\dfrac{2c}{3}=\dfrac{1}{a-1}$ ∴ $c=\dfrac{3}{2(a-1)}$

$\dfrac{a+2}{3a}-b=1$에서 b를 a에 대하여 정리하면
$b=\dfrac{a+2}{3a}-1=\dfrac{a+2-3a}{3a}=-\dfrac{2(a-1)}{3a}$
$abc=a\times\left\{-\dfrac{2(a-1)}{3a}\right\}\times\dfrac{3}{2(a-1)}=-1$이므로
$\dfrac{2}{abc}+2=\dfrac{2}{-1}+2=0$

1188

답 8

남녀 합격자의 수를 각각 $3a$, $4a$ $(a\neq0)$라 하고
남녀 불합격자의 수를 각각 $5b$, $3b$ $(b\neq0)$라 하자.

	남자	여자	합계
합격자	$3a$	$4a$	$7a$
불합격자	$5b$	$3b$	$8b$
합계	$3a+5b$	$4a+3b$	$7a+8b$

응시한 학생의 남녀의 비가 $8:7$이므로
$(3a+5b):(4a+3b)=8:7$
$7(3a+5b)=8(4a+3b)$, $21a+35b=32a+24b$
$11a=11b$ ∴ $a=b$
따라서 전체 응시자 수는 $7a+8b=7a+8a=15a$이고
합격한 여학생 수는 $4a$이므로 구하는 비율은 $\dfrac{4a}{15a}=\dfrac{4}{15}$
따라서 $p=\dfrac{4}{15}$이므로 $30p=30\times\dfrac{4}{15}=8$

참고

주어진 수량 사이의 비의 관계를 이용하여 수량을 미지수로 나타낼 때, 표를 이용하면 그 관계를 파악하기 쉽다.

1189

답 32

세 면 A, B, C의 넓이의 비가 $4:2:3$이므로
$xy:yz:zx=4:2:3$에서 $\dfrac{4}{xy}=\dfrac{2}{yz}=\dfrac{3}{zx}$
각 변에 xyz를 곱하면 $4z=2x=3y$
$4z=2x=3y=k$ $(k\neq0)$로 놓으면
$z=\dfrac{k}{4}$, $x=\dfrac{k}{2}$, $y=\dfrac{k}{3}$
∴ $\dfrac{12xy}{z^2}=\dfrac{12\times\frac{k}{2}\times\frac{k}{3}}{\frac{k^2}{16}}=\dfrac{2k^2}{\frac{k^2}{16}}=32$

1190

답 13

동아리에 가입한 남녀 학생 수를 각각 $2a$, a $(a\neq0)$라 하고
동아리에 가입하지 않은 남녀 학생 수를 각각 $5b$, $4b$ $(b\neq0)$라 하자.

	남자	여자	합계
동아리에 가입한 학생	$2a$	a	$3a$
동아리에 가입하지 않은 학생	$5b$	$4b$	$9b$
합계	$2a+5b$	$a+4b$	$3a+9b$

전체 학생의 남녀 구성비가 $4:3$이므로
$(2a+5b):(a+4b)=4:3$
$3(2a+5b)=4(a+4b)$
$6a+15b=4a+16b$ ∴ $b=2a$
따라서 동아리에 가입하지 않은 학생 수와 전체 학생 수의 비는
$9b:(3a+9b)=18a:21a=6:7$이므로 $p=6$, $q=7$
∴ $p+q=6+7=13$

1191

답 $\dfrac{79}{90}$

1학년 남녀 학생 수를 각각 $7a$, a $(a \neq 0)$라 하고
2학년 남녀 학생 수를 각각 $9b$, b $(b \neq 0)$라 하자.

	남학생	여학생	합계
1학년	$7a$	a	$8a$
2학년	$9b$	b	$10b$
합계	$7a+9b$	$a+b$	$8a+10b$

농구부 전체의 1학년 학생 수와 2학년 학생 수의 비가 $8:1$이므로
$8a:10b=8:1$에서 $a=10b$
농구부의 전체 학생 수는
$8a+10b=8 \times 10b+10b=90b$
농구부에서 남학생 수는
$7a+9b=7 \times 10b+9b=79b$
따라서 농구부 전체 학생 수에 대한 남학생 수의 비율은
$\dfrac{79b}{90b}=\dfrac{79}{90}$

1192

답 90

A 지역과 B 지역의 15세 이상의 인구수를 각각 $4a$, $5a$ $(a \neq 0)$라
하고 A 지역과 B 지역의 취업자 수를 각각 $5b$, $6b$ $(b \neq 0)$라 하자.

	A 지역	B 지역	합계
15세 이상의 인구	$4a$	$5a$	$9a$
취업자 수	$5b$	$6b$	$11b$

두 지역 A, B를 통합하여 산출한 고용률이 $88\,\%$이므로
$88=\dfrac{11b}{9a} \times 100$에서 $\dfrac{b}{a}=\dfrac{88}{100} \times \dfrac{9}{11}=\dfrac{18}{25}$
따라서 A 지역의 고용률은
$\dfrac{5b}{4a} \times 100=\dfrac{5}{4} \times \dfrac{b}{a} \times 100=\dfrac{5}{4} \times \dfrac{18}{25} \times 100=90\,(\%)$
∴ $x=90$

1193

답 4

밀가루의 처음 가격을 a원이라 하면 $p\,\%$ 인상한 가격은
$a+a \times \dfrac{p}{100}=a\left(1+\dfrac{p}{100}\right)$(원)
$a\left(1+\dfrac{p}{100}\right)=b$라 하면 b원을 $q\,\%$ 인상한 가격은
$b+b \times \dfrac{q}{100}=b\left(1+\dfrac{q}{100}\right)=a\left(1+\dfrac{p}{100}\right)\left(1+\dfrac{q}{100}\right)$(원)
이 가격이 처음 가격의 $x\,\%$를 인상한 것과 같으므로
$a\left(1+\dfrac{x}{100}\right)=a\left(1+\dfrac{p}{100}\right)\left(1+\dfrac{q}{100}\right)$
$1+\dfrac{x}{100}=\left(1+\dfrac{p}{100}\right)\left(1+\dfrac{q}{100}\right)$
$\qquad\qquad =1+\dfrac{p}{100}+\dfrac{q}{100}+\dfrac{pq}{10000}$
∴ $x=p+q+\dfrac{pq}{100}$
따라서 $k=\dfrac{1}{100}$이므로 $400k=400 \times \dfrac{1}{100}=4$

유형 **12** 반비례 관계의 그래프

1194

답 ⑤

① 함수 $y=\dfrac{k}{x}$의 그래프는 원점을 지나지 않는다. (거짓)
② $k>0$이면 $x>0$에서 x의 값이 커질 때, y의 값은 작아진다. (거짓)
③ $k>0$이면 함수 $y=\dfrac{k}{x}$의 그래프는 제1사분면과 제3사분면을
  지난다. (거짓)
④ $k<0$이면 함수 $y=\dfrac{k}{x}$의 그래프는 제2사분면과 제4사분면을
  지난다. (거짓)
따라서 옳은 것은 ⑤이다.

1195

답 ㄴ, ㄷ

ㄱ. $-\dfrac{5}{2}<0$이므로 $x>0$에서 x의 값이 커지면 y의 값도 커진다.

  (거짓)

ㄴ. $\left|-\dfrac{5}{2}\right|>|-1|$이므로 함수 $y=-\dfrac{5}{2x}$의 그래프는 함수

  $y=-\dfrac{1}{x}$의 그래프보다 원점에서 멀리 떨어져 있다. (참)

ㄷ. $-\dfrac{5}{2}<0$이므로 함수 $y=-\dfrac{5}{2x}$의 그래프는 제2사분면과 제4사
  분면을 지난다. (참)
따라서 옳은 것은 ㄴ, ㄷ이다.

참고

함수 $y=\dfrac{k}{x}$ $(k \neq 0)$의 그래프는 $|k|$의 값이 커질수록 원점에서 멀어진다.

1196

답 2

점 A의 좌표를 $\left(a, \dfrac{1}{a}\right)(a>0)$

이라 하자.

점 A를 지나고 x축과 평행한

직선이 반비례 관계 $y=\dfrac{3}{x}$의 그

래프와 만나는 점의 y좌표는 $\dfrac{1}{a}$

이므로 점 B의 x좌표를 b라 할 때, $\dfrac{1}{a}=\dfrac{3}{b}$에서 $b=3a$이다.

또한 점 A를 지나고 y축과 평행한 직선이 반비례 관계 $y=\dfrac{3}{x}$의 그

래프와 만나는 점의 x좌표는 a이므로 점 C의 y좌표를 c라 할 때,

$c=\dfrac{3}{a}$이다.

따라서 $\overline{AB}=3a-a=2a$이고 $\overline{CA}=\dfrac{3}{a}-\dfrac{1}{a}=\dfrac{2}{a}$이므로

삼각형 ABC의 넓이는 $\dfrac{1}{2}\times 2a\times\dfrac{2}{a}=2$

유형 13 유리함수의 평행이동

1197

답 ④

함수 $y=\dfrac{3}{x-2}+2$의 그래프는 함수 $y=\dfrac{3}{x}$의 그래프를 x축의 방

향으로 2만큼, y축의 방향으로 2만큼 평행이동한 것이다.

따라서 $a=3$, $m=2$, $n=2$이므로 $a+m+n=3+2+2=7$

1198

답 −4

함수 $y=-\dfrac{4}{x}$의 그래프를 x축의 방향으로 −3만큼, y축의 방향으

로 −2만큼 평행이동한 그래프의 식은 $y=-\dfrac{4}{x+3}-2$

··· ❶

이 함수의 그래프가 $(-1, k)$를 지나므로

$k=-\dfrac{4}{-1+3}-2=-4$

··· ❷

채점 기준	배점
❶ 평행이동한 그래프의 식 구하기	60%
❷ k의 값 구하기	40%

1199

답 ①

함수 $y=\dfrac{a}{x}$의 그래프를 x축의 방향으로 −3만큼, y축의 방향으로

4만큼 평행이동한 그래프의 식은 $y=\dfrac{a}{x+3}+4$

이 함수의 그래프가 점 $(3, 3)$을 지나므로

$3=\dfrac{a}{3+3}+4$에서 $\dfrac{a}{6}=-1$ $\therefore a=-6$

1200

답 ④

함수 $y=\dfrac{3}{x}$의 그래프를 x축의 방향으로 2만큼, y축의 방향으로

5만큼 평행이동한 그래프의 식은 $y=\dfrac{3}{x-2}+5$

이때 $\dfrac{3}{x-2}+5=\dfrac{3}{x-2}+\dfrac{5(x-2)}{x-2}=\dfrac{5x-7}{x-2}$이므로

$a=-2$, $b=5$, $c=-7$

$\therefore a+b+c=-2+5+(-7)=-4$

1201

답 ②

ㄱ. $y=\dfrac{-3x+7}{x-2}=\dfrac{-3(x-2)+1}{x-2}=\dfrac{1}{x-2}-3$이므로 이 함수의

그래프를 x축의 방향으로 −2만큼, y축의 방향으로 3만큼 평

행이동하면 함수 $y=\dfrac{1}{x}$의 그래프와 일치한다.

ㄴ. $y=\dfrac{-x+4}{x-2}=\dfrac{-(x-2)+2}{x-2}=\dfrac{2}{x-2}-1$이므로 이 함수의 그

래프를 x축 또는 y축의 방향으로 평행이동하여도 함수 $y=\dfrac{1}{x}$

의 그래프와 일치하지 않는다.

ㄷ. $y=\dfrac{2x+1}{x+1}=\dfrac{2(x+1)-1}{x+1}=-\dfrac{1}{x+1}+2$이므로 이 함수의 그

래프를 x축 또는 y축의 방향으로 평행이동하여도 함수 $y=\dfrac{1}{x}$

의 그래프와 일치하지 않는다.

ㄹ. $y=\dfrac{4x-3}{x-1}=\dfrac{4(x-1)+1}{x-1}=\dfrac{1}{x-1}+4$이므로 이 함수의 그래

프를 x축의 방향으로 −1만큼, y축의 방향으로 −4만큼 평행

이동하면 함수 $y=\dfrac{1}{x}$의 그래프와 일치한다.

따라서 구하는 함수는 ㄱ, ㄹ이다.

> **참고**
>
> 함수 $y=\dfrac{k}{x}$의 그래프를 평행이동하여 겹쳐지는 유리함수의 그래프의 식은
>
> $y=\dfrac{k}{x-p}+q$ (p, q는 상수) 꼴이어야 한다.

유형 14 유리함수의 정의역과 치역

> **확인 문제** (1) 정의역: $\{x\,|\,x\neq 0$인 실수$\}$, 치역: $\{y\,|\,y\neq -3$인 실수$\}$
>
> (2) 정의역: $\{x\,|\,x\neq -2$인 실수$\}$, 치역: $\{y\,|\,y\neq 0$인 실수$\}$
>
> (3) 정의역: $\{x\,|\,x\neq -3$인 실수$\}$. 치역: $\{y\,|\,y\neq 1$인 실수$\}$

1202

답 −9

$f(x)=\dfrac{bx+2}{x+a}$가 X에서 X로의 함수이므로

함수 $f(x)$의 정의역은 $\{x\,|\,x$는 3이 아닌 실수$\}$이고

치역 또한 $\{y\,|\,y$는 3이 아닌 실수$\}$이다.

따라서 $f(x)=\dfrac{k}{x-3}+3$ $(k\neq 0)$으로 나타낼 수 있다.

$$\frac{k}{x-3}+3=\frac{k}{x-3}+\frac{3(x-3)}{x-3}=\frac{3x+k-9}{x-3}=\frac{bx+2}{x+a}$$ 에서

$a=-3$, $b=3$, $k=11$

$\therefore ab=-3\times3=-9$

1203

답 ②

정의역이 $\{x\,|\,x\neq2$인 실수$\}$, 치역이 $\{y\,|\,y\neq-5$인 실수$\}$이므로

$y=\dfrac{k}{x-2}-5\ (k\neq0)$로 나타낼 수 있다.

$$\frac{k}{x-2}-5=\frac{k}{x-2}-\frac{5(x-2)}{x-2}=\frac{-5x+10+k}{x-2}$$
$$=\frac{5x-10-k}{2-x}=\frac{bx+5}{a-x}$$

에서 $a=2$, $b=5$, $k=-15$

$\therefore ab=2\times5=10$

다른 풀이

$y=\dfrac{bx+5}{a-x}=\dfrac{-b(a-x)+ab+5}{a-x}=\dfrac{ab+5}{a-x}-b$

이므로 정의역은 $\{x\,|\,x\neq a$인 실수$\}$,

치역은 $\{y\,|\,y\neq-b$인 실수$\}$

따라서 $a=2$, $b=5$이므로 $ab=2\times5=10$

1204

답 6

$y=\dfrac{2x+3}{x+1}=\dfrac{2(x+1)+1}{x+1}=\dfrac{1}{x+1}+2$이므로

함수 $y=\dfrac{2x+3}{x+1}$의 그래프는 함수 $y=\dfrac{1}{x}$의 그래프를 x축의 방향

으로 -1만큼, y축의 방향으로 2만큼 평행이동한 것이다.

이때 $x>0$에서 함수 $y=\dfrac{1}{x}$은 x의 값이 커질 때 함숫값은 작아지므로

주어진 함수도 $0\leq x\leq a$에서 x의 값이 커질 때 함숫값은 작아진다.

따라서 $y=\dfrac{2x+3}{x+1}$에서

$x=0$일 때, $y=b$이므로 $b=\dfrac{2\times0+3}{0+1}=3$

$x=a$일 때, $y=\dfrac{9}{4}$이므로 $\dfrac{9}{4}=\dfrac{2a+3}{a+1}$에서

$9(a+1)=4(2a+3)$ $\therefore a=3$

$\therefore a+b=3+3=6$

1205

답 -2

$y=\dfrac{3x+9}{x+1}=\dfrac{3(x+1)+6}{x+1}=\dfrac{6}{x+1}+3$이므로

함수 $y=\dfrac{3x+9}{x+1}$의 그래프는 함수 $y=\dfrac{6}{x}$의 그래프를 x축의 방향

으로 -1만큼, y축의 방향으로 3만큼 평행이동한 것이다.

즉, $y\leq0$ 또는 $y\geq5$에서

함수 $y=\dfrac{3x+9}{x+1}$의 그래프는 그림과

같으므로 정의역은

$\{x\,|\,-3\leq x<-1$ 또는 $-1<x\leq2\}$

따라서 정의역에 속하는 정수는

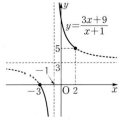

-3, -2, 0, 1, 2이므로

구하는 합은

$-3+(-2)+0+1+2=-2$

1206

답 -4

$f(x)=\dfrac{4x+a}{x+a}=\dfrac{4(x+a)-4a}{x+a}=\dfrac{-4a}{x+a}+4$이므로

❶

함수 $f(x)$의 치역은 $\{y\,|\,y$는 4가 아닌 실수$\}$이다.

이때 주어진 조건에 의하여 함수 $f(x)$의 치역은

$\{y\,|\,y$는 $2a$가 아닌 실수$\}$이므로

$4=2a$에서 $a=2$

❷

따라서 $f(x)=\dfrac{-8}{x+2}+4$이므로 함수 $y=f(x)$의 그래프는

함수 $y=-\dfrac{8}{x}$의 그래프를 x축의 방향으로 -2만큼, y축의 방향으

로 4만큼 평행이동한 것과 같다.

따라서 $b=-8$, $c=-2$, $d=4$이므로

❸

$a+b+c+d=2+(-8)+(-2)+4=-4$

❹

채점 기준	배점
❶ $f(x)$의 식을 $y=\dfrac{k}{x+p}+q\ (k\neq0)$ 꼴로 바꾸기	30%
❷ a의 값 구하기	30%
❸ b, c, d의 값 구하기	30%
❹ $a+b+c+d$의 값 구하기	10%

유형 **15** 유리함수의 그래프의 점근선

확인 문제 (1) $x=1$, $y=3$ (2) $x=2$, $y=-1$

(1) $y=\dfrac{3x-1}{x-1}=\dfrac{3(x-1)+2}{x-1}=\dfrac{2}{x-1}+3$

따라서 점근선의 방정식은 $x=1$, $y=3$

(2) $y=\dfrac{x}{2-x}=\dfrac{-(2-x)+2}{2-x}=\dfrac{2}{2-x}-1$

따라서 점근선의 방정식은 $x=2$, $y=-1$

1207

답 -3

$y=\dfrac{3-x}{x+2}=\dfrac{-(x+2)+5}{x+2}=\dfrac{5}{x+2}-1$의 그래프의 점근선의 방정

식은 $x=-2$, $y=-1$

따라서 두 점근선의 교점의 좌표는 $(-2, -1)$이므로

$a=-2$, $b=-1$

$\therefore a+b=-2+(-1)=-3$

1208

답 9

$y=\dfrac{-3x+7}{2x+a}=\dfrac{-\dfrac{3}{2}(2x+a)+\dfrac{3}{2}a+7}{2x+a}=\dfrac{\dfrac{3}{2}a+7}{2x+a}-\dfrac{3}{2}$

의 그래프의 점근선의 방정식은

$x=-\dfrac{a}{2}$, $y=-\dfrac{3}{2}$

$\therefore a=6$, $b=-\dfrac{3}{2}$

$\therefore a-2b=6-2\times\left(-\dfrac{3}{2}\right)=9$

1209

답 13

$y=\dfrac{bx-3}{x+a}=\dfrac{b(x+a)-ab-3}{x+a}=\dfrac{-ab-3}{x+a}+b$의 그래프의 점근

선의 방정식은 $x=-a$, $y=b$

이때 두 점근선이 모두 점 $(2, 3)$을 지나므로 $a=-2$, $b=3$

$\therefore a^2+b^2=(-2)^2+3^2=13$

다른 풀이

$y=\dfrac{bx-3}{x+a}$의 그래프의 점근선의 방정식은

$x=-\dfrac{a}{1}=-a$, $y=\dfrac{b}{1}=b$이고

이 두 점근선이 모두 점 $(2, 3)$을 지나므로 $a=-2$, $b=3$

$\therefore a^2+b^2=(-2)^2+3^2=13$

참고

유리함수 $y=\dfrac{ax+b}{cx+d}$ $(c\neq0, ad-bc\neq0)$의 그래프의 점근선의 방정식
은 $x=-\dfrac{d}{c}$, $y=\dfrac{a}{c}$이다.

1210

답 ④

$y=\dfrac{k}{x-1}+5$의 그래프의 두 점근선의 교점의 좌표는 $(1, 5)$이므로

$2a+1=5$에서 $a=2$

이때 함수 $y=\dfrac{k}{x-1}+5$의 그래프가 점 $(5, 3a)$, 즉 점 $(5, 6)$을

지나므로

$6=\dfrac{k}{5-1}+5$ $\quad\therefore k=4$

1211

답 ②

$y=\dfrac{3x-5}{x-4}=\dfrac{3(x-4)+7}{x-4}=\dfrac{7}{x-4}+3$의 그래프의 점근선의 방

정식은 $x=4$, $y=3$

$y=\dfrac{bx+4}{x+a}=\dfrac{b(x+a)-ab+4}{x+a}=\dfrac{-ab+4}{x+a}+b$의 그래프의

점근선의 방정식은 $x=-a$, $y=b$

따라서 $-a=4$, $b=3$이므로 $a=-4$, $b=3$

$\therefore ab=-4\times3=-12$

1212

답 9

$y=\dfrac{3x-4}{x-2}=\dfrac{3(x-2)+2}{x-2}=\dfrac{2}{x-2}+3$의 그래프의 점근선의 방
정식은

$x=2$, $y=3$

.... ❶

$y=-\dfrac{2}{x+1}$의 그래프의 점근선의 방정식은

$x=-1$, $y=0$

.... ❷

따라서 네 직선 $x=2$, $y=3$, $x=-1$,
$y=0$으로 둘러싸인 부분의 넓이는
$\{2-(-1)\}\times(3-0)=3\times3=9$

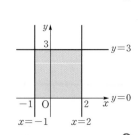

.... ❸

채점 기준	배점
❶ 유리함수 $y=\dfrac{3x-4}{x-2}$의 그래프의 점근선의 방정식 구하기	40%
❷ 유리함수 $y=-\dfrac{2}{x+1}$의 그래프의 점근선의 방정식 구하기	40%
❸ 4개의 점근선으로 둘러싸인 부분의 넓이 구하기	20%

유형 **16** 유리함수의 그래프의 대칭성

1213

답 ④

$y=\dfrac{4x-3}{2x+1}=\dfrac{2(2x+1)-5}{2x+1}=-\dfrac{5}{2x+1}+2$의 그래프의 두 점근

선의 방정식은 $x=-\dfrac{1}{2}$, $y=2$

이때 유리함수 $y=\dfrac{4x-3}{2x+1}$의 그래프는 두 점근선의 교점 $\left(-\dfrac{1}{2}, 2\right)$

를 지나고 기울기가 1 또는 -1인 직선에 대하여 대칭이므로

$y=x+p$에 $x=-\dfrac{1}{2}$, $y=2$를 대입하면

$2=-\dfrac{1}{2}+p$에서 $p=\dfrac{5}{2}$

$y=-x+q$에 $x=-\dfrac{1}{2}$, $y=2$를 대입하면

$2=-\left(-\dfrac{1}{2}\right)+q$에서 $q=\dfrac{3}{2}$

$\therefore p+q=\dfrac{5}{2}+\dfrac{3}{2}=4$

Bible Says 유리함수의 그래프의 대칭성과 평행이동 (1)

유리함수 $y=\dfrac{k}{x}$ $(k\neq0)$의 그래프는 두 직선 $y=x$, $y=-x$에 대하여 대
칭이므로 이 함수의 그래프를 x축의 방향으로 p만큼, y축의 방향으로 q만
큼 평행이동한 유리함수 $y=\dfrac{k}{x-p}+q$의 그래프는 두 직선
$y=(x-p)+q$, $y=-(x-p)+q$에 대하여 대칭이다.

1214

답 3

$y = \dfrac{ax+6}{-x+3} = \dfrac{-a(-x+3)+3a+6}{-x+3} = \dfrac{3a+6}{-x+3} - a$의 그래프의

점근선의 방정식은 $x=3$, $y=-a$

이때 두 점근선의 교점 $(3, -a)$가 직선 $y=-x$ 위의 점이어야 하므로

$-a=-3$ $\therefore a=3$

1215

답 6

유리함수 $y=\dfrac{1}{x}$의 그래프를 x축의 방향으로 p만큼, y축의 방향으로 q만큼 평행이동한 그래프의 식은 $y=\dfrac{1}{x-p}+q$이다.

이때 함수 $y=\dfrac{1}{x-p}+q$의 그래프의 점근선의 방정식은 $x=p$, $y=q$이므로 함수 $y=\dfrac{1}{x-p}+q$의 그래프는 점 (p, q)에 대하여 대칭이다.

따라서 $p=3$, $q=3$이므로

$p+q=3+3=6$

1216

답 6

$y = \dfrac{3x+2}{x-1} = \dfrac{3(x-1)+5}{x-1} = \dfrac{5}{x-1}+3$의 그래프의 점근선의 방정식은 $x=1$, $y=3$

따라서 유리함수 $y=\dfrac{3x+2}{x-1}$의 그래프는 점 $(1, 3)$에 대하여 대칭이므로 $p=1$, $q=3$

.... ❶

또한 유리함수 $y=\dfrac{3x+2}{x-1}$의 그래프는 두 점근선의 교점 $(1, 3)$을 지나고 기울기가 1 또는 -1인 직선에 대하여 대칭이므로

$y=x+r$에 $x=1$, $y=3$을 대입하면

$3=1+r$에서 $r=2$

.... ❷

$\therefore p+q+r=1+3+2=6$

.... ❸

채점 기준	배점
❶ p, q의 값 구하기	50%
❷ r의 값 구하기	40%
❸ $p+q+r$의 값 구하기	10%

1217

답 0

$f(x) = \dfrac{ax+6}{x+3} = \dfrac{a(x+3)-3a+6}{x+3} = \dfrac{6-3a}{x+3}+a$의 그래프의 점근선의 방정식은 $x=-3$, $y=a$

따라서 함수 $y=f(x)$의 그래프는 점 $(-3, a)$에 대하여 대칭이다.

.... ㉠

이때 함수 $y=f(x)$의 그래프를 원점에 대하여 대칭이동하면 이 그래프는 ㉠에 의하여 점 $(3, -a)$에 대하여 대칭이고,

함수 $y=f(-x)$의 그래프는 ㉠에 의하여 점 $(3, a)$에 대하여 대칭이므로 함수 $y=f(x)$의 그래프를 원점에 대하여 대칭이동한 그래프의 두 점근선이 함수 $y=f(-x)$의 그래프의 두 점근선과 일치하기 위해서는 $-a=a$에서 $a=0$이어야 한다.

🔊 **Bible Says** 유리함수의 그래프의 대칭성과 평행이동 (2)

유리함수 $y=\dfrac{k}{x}$ $(k \ne 0)$의 그래프는 점 $(0, 0)$에 대하여 대칭이고, 이 함수의 그래프를 x축의 방향으로 p만큼, y의 방향으로 q만큼 평행이동한 함수 $y=\dfrac{k}{x-p}+q$의 그래프는 점 (p, q)에 대하여 대칭이다.

따라서 유리함수의 그래프가 대칭을 이루는 점의 좌표를 서로 비교하여 함수의 그래프를 x축, y축의 방향으로 얼마나 평행이동하였는지를 판단할 수 있다.

참고

(1) x축에 대한 대칭이동: $f(x, y)=0 \to f(x, -y)=0$

(2) y축에 대한 대칭이동: $f(x, y)=0 \to f(-x, y)=0$

(3) 원점에 대한 대칭이동: $f(x, y)=0 \to f(-x, -y)=0$

(4) 직선 $y=x$에 대한 대칭이동: $f(x, y)=0 \to f(y, x)=0$

1218

답 ④

함수 $y = \left| f(x+a) + \dfrac{a}{2} \right|$의 그래프는 함수 $y=f(x+a)+\dfrac{a}{2}$의 그래프에서 $y<0$인 부분을 x축에 대하여 대칭이동한 것이다.

따라서 함수 $y = \left| f(x+a) + \dfrac{a}{2} \right|$의 그래프가 y축에 대하여 대칭이기 위해서는 함수 $y=f(x+a)+\dfrac{a}{2}$의 그래프는 원점에 대하여 대칭이어야 한다.

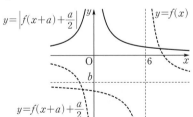

이때 $f(x)=\dfrac{a}{x-6}+b$에서 $f(x+a)+\dfrac{a}{2}=\dfrac{a}{x+a-6}+b+\dfrac{a}{2}$이므로 함수 $y=f(x+a)+\dfrac{a}{2}$의 그래프의 점근선의 방정식은

$x=6-a$, $y=b+\dfrac{a}{2}$

이 점근선의 방정식이 각각 $x=0$, $y=0$이어야 하므로

$6-a=0$에서 $a=6$

$b+\dfrac{a}{2}=0$에서 $b=-3$

따라서 $f(x)=\dfrac{6}{x-6}-3$이므로

$f(b)=f(-3)=\dfrac{6}{-3-6}-3=-\dfrac{11}{3}$

1219

답 ①

유리함수 $y=\dfrac{5}{x-p}+2$의 그래프는

함수 $y=\dfrac{5}{x}$의 그래프를 x축의 방향

으로 p만큼, y축의 방향으로 2만큼

평행이동한 것이다.

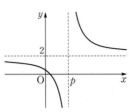

따라서 함수 $y=\dfrac{5}{x-p}+2$의 그래프

가 제3사분면을 지나지 않기 위해서는 $x=0$일 때의 함숫값이 0 이

상이어야 한다.

즉, $x=0$일 때, $-\dfrac{5}{p}+2\geq0$에서 $p\geq\dfrac{5}{2}$

따라서 주어진 조건을 만족시키는 정수 p의 최솟값은 3이다.

1220

답 ②

$y=\dfrac{2x-4}{x-1}=\dfrac{2(x-1)-2}{x-1}=\dfrac{-2}{x-1}+2$이므로

유리함수 $y=\dfrac{2x-4}{x-1}$의 그래프는 함수

$y=-\dfrac{2}{x}$의 그래프를 x축의 방향으로 1만

큼, y축의 방향으로 2만큼 평행이동한 것이

다.

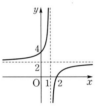

따라서 유리함수 $y=\dfrac{2x-4}{x-1}$의 그래프는 제3사분면을 지나지 않는

다.

1221

답 ④

$y=\dfrac{3x+a}{x-1}=\dfrac{3(x-1)+3+a}{x-1}=\dfrac{3+a}{x-1}+3$이므로

유리함수 $y=\dfrac{3x+a}{x-1}$의 그래프는 함수

$y=\dfrac{3+a}{x}$의 그래프를 x축의 방향으로 1만

큼, y축의 방향으로 3만큼 평행이동한 것이

다.

따라서 유리함수 $y=\dfrac{3x+a}{x-1}$의 그래프가

모든 사분면을 지나기 위해서는 $3+a>0$이고 $x=0$일 때의 함숫값

이 0보다 작아야 한다.

$3+a>0$에서 $a>-3$ …… ㉠

$x=0$일 때, $-a<0$에서 $a>0$ …… ㉡

㉠, ㉡에서 $a>0$이므로 주어진 조건을 만족시키는 정수 a의 최솟

값은 1이다.

1222

답 1

주어진 그래프에서 점근선의 방정식이 $x=-1$, $y=2$이므로

$b=1$, $c=2$

함수 $y=\dfrac{a}{x+1}+2$의 그래프가 원점을 지나므로

$0=\dfrac{a}{1}+2$에서 $a=-2$

$\therefore a+b+c=-2+1+2=1$

1223

답 12

주어진 그래프에서 점근선의 방정식이 $x=1$, $y=3$이므로

$b=-1$, $c=3$

함수 $y=\dfrac{a}{x-1}+3$의 그래프가 점 $(5, 2)$를 지나므로

$2=\dfrac{a}{5-1}+3$, $\dfrac{a}{4}=-1$ $\therefore a=-4$

$\therefore abc=-4\times(-1)\times3=12$

1224

답 2

주어진 그래프에서 점근선의 방정식이 $x=4$, $y=2$이므로

이 함수의 식을 $y=\dfrac{k}{x-4}+2\;(k\neq0)$로 나타낼 수 있다.

····················· ❶

이 함수의 그래프가 점 $(0, 4)$를 지나므로

$4=\dfrac{k}{-4}+2$에서 $k=-8$

····················· ❷

$y=\dfrac{-8}{x-4}+2=\dfrac{-8}{x-4}+\dfrac{2(x-4)}{x-4}=\dfrac{2x-16}{x-4}$이므로

$a=2$, $b=-16$, $c=-4$

····················· ❸

$\therefore \dfrac{b}{ac}=\dfrac{-16}{2\times(-4)}=2$

····················· ❹

채점 기준	배점
❶ 그래프를 이용하여 함수식을 $y=\dfrac{k}{x-p}+q\,(k\neq0)$ 꼴로 나타내기	30%
❷ k의 값 구하기	30%
❸ a, b, c의 값 구하기	20%
❹ $\dfrac{b}{ac}$의 값 구하기	20%

1225

답 1

주어진 그래프에서 점근선의 방정식이 $x=-3$, $y=2$이므로

이 함수의 식을 $y=\dfrac{k}{x+3}+2\;(k\neq0)$로 나타낼 수 있다.

이 함수의 그래프가 $(0, 3)$을 지나므로

$3 = \dfrac{k}{3} + 2$에서 $k = 3$

즉, $y = \dfrac{3}{x+3} + 2 = \dfrac{2(x+3)+3}{x+3} = \dfrac{2x+9}{x+3}$이므로

$a = 2$, $b = 9$, $c = 3$

따라서 $y = \dfrac{bx+a}{cx-1}$에 $a = 2$, $b = 9$, $c = 3$을 대입하면

$y = \dfrac{9x+2}{3x-1} = \dfrac{3(3x-1)+5}{3x-1} = \dfrac{5}{3x-1} + 3$

즉, 이 함수의 그래프의 점근선의 방정식은 $x = \dfrac{1}{3}$, $y = 3$이므로

$p = \dfrac{1}{3}$, $q = 3$

$\therefore pq = \dfrac{1}{3} \times 3 = 1$

1226
답 ㄱ

$y = \dfrac{ax+b}{x+c} = \dfrac{a(x+c)-ac+b}{x+c} = \dfrac{b-ac}{x+c} + a$

ㄱ. 함수 $y = \dfrac{b-ac}{x+c} + a$의 그래프의 점근선의 방정식은 $x = -c$,

$y = a$이므로

$-c > 0$에서 $c < 0$ (참)

ㄴ. 주어진 그래프는 점 $(0, 1)$을 지나므로

$1 = \dfrac{b}{c}$ $\therefore b = c$

또한 $y = \dfrac{b-ac}{x}$의 그래프가 제 1, 3사분면을 지나므로

$b - ac > 0$

이때 $b = c$이므로 $c(1-a) > 0$

$\therefore a > 1$ ($\because c < 0$) (거짓)

ㄷ. $\dfrac{1}{a} - \dfrac{c}{b} = \dfrac{1}{a} - 1 = \dfrac{1-a}{a} < 0$ ($\because$ ㄴ) (거짓)

따라서 옳은 것은 ㄱ이다.

1227
답 ②

ㄱ. 함수 $y = \dfrac{b}{x+a} + c$의 그래프는 함수 $y = \dfrac{b}{x}$의 그래프를 x축의

방향으로 $-a$만큼, y축의 방향으로 c만큼 평행이동한 것이다.

따라서 주어진 함수의 그래프에서 $b < 0$이고 $a > 0$, $c > 0$이므로

$abc < 0$이다. (거짓)

ㄴ. 함수 $y = \dfrac{b}{x+a} + c$의 그래프가 원점을 지나므로

$0 = \dfrac{b}{a} + c$에서 $\dfrac{b}{a} = -c$ $\therefore b = -ac$ (참)

ㄷ. [반례] $a = 1$, $b = -1$, $c = 1$이면 함수 $y = -\dfrac{1}{x+1} + 1$의 그래

프는 주어진 그래프와 일치한다.

하지만 $a^3 + b^3 + c^3 = 1^3 + (-1)^3 + 1^3 = 1 > 0$이다. (거짓)

따라서 옳은 것은 ㄴ이다.

$a + b + c = 0$이면 $a^3 + b^3 + c^3 = 3abc$이므로 $abc < 0$일 때 $a^3 + b^3 + c^3 < 0$

이다. 하지만 주어진 상황에서 $a + b + c \neq 0$일 수도 있으므로 다양한 상황

을 고려하여 ㄷ을 해결해야 한다.

유형 19 **유리함수의 그래프의 성질**

1228
답 ④

함수 $f(x) = \dfrac{2}{x-1} + 3$의 그래프는 함

수 $y = \dfrac{2}{x}$의 그래프를 x축의 방향으로

1만큼, y축의 방향으로 3만큼 평행이

동한 것이다.

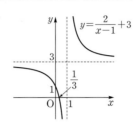

① 함수 $f(x)$의 정의역은

$\{x \mid x$는 1이 아닌 실수$\}$이다. (참)

② 함수 $f(x)$의 치역은 $\{y \mid y$는 3이 아닌 실수$\}$이다. (참)

③ 함수 $y = f(x)$의 그래프의 점근선의 방정식은 $x = 1$, $y = 3$이다.

(참)

④ $f(0) = 1 > 0$이므로 함수 $y = f(x)$의 그래프는 제1, 2, 4사분면

을 지난다. (거짓)

⑤ 두 점근선의 교점의 좌표는 $(1, 3)$이므로 함수 $y = f(x)$의 그래

프는 점 $(1, 3)$에 대하여 대칭이다. (참)

따라서 옳지 않은 것은 ④이다.

1229
답 ㄱ, ㄷ

$f(x) = \dfrac{2x+5}{x+2} = \dfrac{2(x+2)+1}{x+2} = \dfrac{1}{x+2} + 2$이므로

함수 $y = \dfrac{2x+5}{x+2}$의 그래프는 함

수 $y = \dfrac{1}{x}$의 그래프를 x축의 방

향으로 -2만큼, y축의 방향으로

2만큼 평행이동한 것이다.

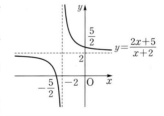

ㄱ. 곡선 $y = f(x)$의 두 점근선의

방정식은 $x = -2$, $y = 2$이므로 교점의 좌표는 $(-2, 2)$이다.

(참)

ㄴ. 곡선 $y = f(x)$는 제1, 2, 3사분면을 지난다. (거짓)

ㄷ. ㄱ에 의하여 곡선 $y = f(x)$는 직선 $y = (x+2)+2 = x+4$,

$y = -(x+2)+2 = -x$에 대하여 대칭이다. (참)

따라서 옳은 것은 ㄱ, ㄷ이다.

1230
답 ④

$f(x) = \dfrac{x}{1-x} = \dfrac{-(x-1)-1}{x-1} = -\dfrac{1}{x-1} - 1$

ㄱ. 함수 $f(x)$의 정의역은 $\{x \mid x$는 1이 아닌 실수$\}$이고 치역은

$\{y \mid y$는 -1이 아닌 실수$\}$이므로 이 함수의 정의역과 치역은

서로 같지 않다. (거짓)

ㄴ. 함수 $y=f(x)$의 그래프는 함수 $y=-\dfrac{1}{x}$

의 그래프를 x축의 방향으로 1만큼, y축의 방향으로 -1만큼 평행이동한 것이다. (참)

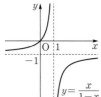

ㄷ. 함수 $y=f(x)$의 그래프의 점근선의 방정식은 $x=1$, $y=-1$이고, $f(0)=0$이므로 이 함수의 그래프는 오른쪽 그림과 같고, 제2사분면을 지나지 않는다. (참)

따라서 옳은 것은 ㄴ, ㄷ이다.

1231

답 ⑤

$$y=\frac{3x+2}{x-1}=\frac{3(x-1)+5}{x-1}=\frac{5}{x-1}+3$$

ㄱ. 유리함수 $y=\dfrac{3x+2}{x-1}$의 그래프는 두 점근선 $x=1$, $y=3$의 교점인 점 $(1, 3)$에 대하여 대칭이다. (참)

ㄴ. 함수 $y=\dfrac{5}{x-1}+3$의 그래프를 x축의 방향으로 -1만큼, y축의 방향으로 -3만큼 평행이동하면 함수 $y=\dfrac{5}{x}$의 그래프와 일치한다. (참)

ㄷ. 함수 $y=\dfrac{3x+2}{x-1}$의 그래프는 점 $(0, -2)$를 지나므로 오른쪽 그림과 같이 제1, 2, 3, 4사분면을 지난다. (참)

따라서 옳은 것은 ㄱ, ㄴ, ㄷ이다.

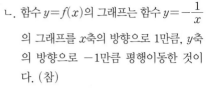 **유형 20** 유리함수의 최대·최소

1232

답 ②

$y=\dfrac{2x-3}{x-2}=\dfrac{2(x-2)+1}{x-2}=\dfrac{1}{x-2}+2$이므로

함수 $y=\dfrac{2x-3}{x-2}$의 그래프는 함수 $y=\dfrac{1}{x}$의 그래프를 x축의 방향으로 2만큼, y축의 방향으로 2만큼 평행이동한 것이다.

이때 함수 $y=\dfrac{1}{x}$은 $x>0$에서 x의 값이 커질 때 함숫값이 작아지므로 정의역이 $\{x|3\le x\le 6\}$인 함수 $y=\dfrac{2x-3}{x-2}$도 x의 값이 커질 때 함숫값이 작아진다.

즉, $3\le x\le 6$에서 함수 $y=\dfrac{2x-3}{x-2}$은

$x=3$일 때 최댓값 $M=\dfrac{6-3}{3-2}=3$을 갖고,

$x=6$일 때 최솟값 $m=\dfrac{12-3}{6-2}=\dfrac{9}{4}$를 갖는다.

$\therefore \dfrac{M}{m}=\dfrac{3}{\dfrac{9}{4}}=\dfrac{4}{3}$

1233

답 2

$y=\dfrac{ax+3}{x-2}=\dfrac{a(x-2)+2a+3}{x-2}=\dfrac{2a+3}{x-2}+a$이므로

함수 $y=\dfrac{ax+3}{x-2}$의 그래프는 함수 $y=\dfrac{2a+3}{x}$의 그래프를 x축의 방향으로 2만큼, y축의 방향으로 a만큼 평행이동한 것이다.

$a>0$일 때, $2a+3>0$이므로 함수 $y=\dfrac{2a+3}{x}$의 그래프는 $x>0$에서 x의 값이 커질 때 함숫값이 작아지므로 $3\le x\le 7$에서 함수 $y=\dfrac{ax+3}{x-2}$도 x의 값이 커질 때 함숫값이 작아진다.

즉, $3\le x\le 7$에서 주어진 함수의 그래프는 그림과 같다.

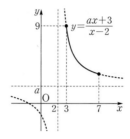

따라서 $x=3$일 때 최댓값 9를 가지므로

$3a+3=9$, $3a=6$

$\therefore a=2$

1234

답 ③

함수 $y=\dfrac{a}{x+1}+b$의 그래프는 함수 $y=\dfrac{a}{x}$의 그래프를 x축의 방향으로 -1만큼, y축의 방향으로 b만큼 평행이동한 것이다.

이때 $a<0$이므로 함수 $y=\dfrac{a}{x}$는 $x>0$에서 x의 값이 커질 때 함숫값도 커지므로 $1\le x\le 2$에서 함수 $y=\dfrac{a}{x+1}+b$도 x의 값이 커질 때 함숫값도 커진다.

즉, $1\le x\le 2$에서 함수 $y=\dfrac{a}{x+1}+b$는

$x=1$일 때 최솟값 $\dfrac{a}{2}+b$를 갖고,

$x=2$일 때 최댓값 $\dfrac{a}{3}+b$를 갖는다.

이때 최댓값과 최솟값의 합이 0이므로

$\left(\dfrac{a}{2}+b\right)+\left(\dfrac{a}{3}+b\right)=0$에서 $\dfrac{5}{6}a+2b=0$

즉, $5a+12b=0$이다.

1235

답 7

함수 $y=\dfrac{k}{x+1}+2$의 그래프는 함수 $y=\dfrac{k}{x}$의 그래프를 x축의 방향으로 -1만큼, y축의 방향으로 2만큼 평행이동한 것이다.

이때 $k>0$이므로 함수 $y=\dfrac{k}{x}$는 $x>0$에서 x의 값이 커질 때 함숫값이 작아지므로 $0\le x\le a$에서 함수 $y=\dfrac{k}{x+1}+2$도 x의 값이 커질 때 함숫값이 작아진다.

❶

즉, $0\le x\le a$에서 함수 $y=\dfrac{k}{x+1}+2$는

$x=0$일 때 최댓값 $\dfrac{k}{0+1}+2=6$을 가지므로 $k=4$

❷

$x=a$일 때 최솟값 $\dfrac{4}{a+1}+2=3$을 가지므로 $a=3$

.... ❸

$\therefore a+k=3+4=7$

.... ❹

채점 기준	배점
❶ 함수 $y=\dfrac{k}{x+1}+2$가 x의 값이 커질 때 함숫값이 작아짐을 알기	40%
❷ k의 값 구하기	25%
❸ a의 값 구하기	25%
❹ $a+k$의 값 구하기	10%

1236

답 -80

㈎에서 점근선의 방정식이 $x=4$, $y=-2$이므로

이 함수의 식을 $f(x)=\dfrac{k}{x-4}-2$ $(k\neq 0)$로 나타낼 수 있다.

㈏에서 $y=f(x)$의 그래프가 점 $(0,\ -4)$를 지나므로

$-4=\dfrac{k}{-4}-2$에서 $k=8$ $\quad \therefore f(x)=\dfrac{8}{x-4}-2$

즉, 유리함수 $y=f(x)$의 그래프는 함수

$y=\dfrac{8}{x}$의 그래프를 x축의 방향으로 4만큼,

y축의 방향으로 -2만큼 평행이동한 것이

므로 $-2\leq x\leq 3$에서 $y=f(x)$의 그래프

는 오른쪽 그림과 같다.

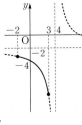

$x=-2$일 때 최댓값은 $\dfrac{8}{-2-4}-2=-\dfrac{10}{3}$,

$x=3$일 때 최솟값은 $\dfrac{8}{3-4}-2=-10$

따라서 구하는 합은 $-\dfrac{10}{3}+(-10)=-\dfrac{40}{3}$이므로

$6a=6\times\left(-\dfrac{40}{3}\right)=-80$

유형 21 유리함수의 그래프와 직선의 위치 관계

1237

답 $m\geq 0$

$\dfrac{3x-1}{x}=mx+3$의 양변에 x를 곱하면

$3x-1=mx^2+3x$

$\therefore mx^2+1=0$ ...... ㉠

(i) $m=0$일 때

㉠에서 등식이 성립하지 않으므로 방정식 ㉠의 실근이 존재하지

않는다. 즉, 함수 $y=\dfrac{3x-1}{x}$의 그래프와 직선 $y=mx+3$이 만

나지 않는다.

(ii) $m\neq 0$일 때

함수 $y=\dfrac{3x-1}{x}$의 그래프와 직선 $y=mx+3$이 만나지 않아야

하므로 이차방정식 ㉠의 판별식을 D라 하면

$D=0-4m<0$에서 $m>0$이다.

(i), (ii)에서 함수 $y=\dfrac{3x-1}{x}$의 그래프와 직선 $y=mx+3$이 만나

지 않도록 하는 실수 m의 값의 범위는 $m\geq 0$이다.

다른 풀이

$y=\dfrac{3x-1}{x}=-\dfrac{1}{x}+3$이므로 함수 $y=\dfrac{3x-1}{x}$의 그래프의 두 점근

선의 교점의 좌표는 $(0,\ 3)$이다.

이때 직선 $y=mx+3$은 m의 값에 관계없이 점 $(0,\ 3)$을 지나므로

함수 $y=\dfrac{3x-1}{x}$의 그래프와 직선 $y=mx+3$이 서로 만나지 않기

위해서는 두 그래프가 다음과 같아야 한다.

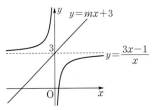

따라서 구하는 실수 m의 값의 범위는 $m\geq 0$이다.

참고

점 $(p,\ q)$를 지나는 직선 $y=m(x-p)+q$와 유리함수

$f(x)=\dfrac{k}{x-p}+q$ $(k\neq 0)$의 그래프가 만나지 않도록 하는 조건은

(i) $k>0$이면 $m\leq 0$

(ii) $k<0$이면 $m\geq 0$

1238

답 2

점 $(a,\ 0)$을 지나고 기울기가 1인 직선의 방정식은 $y=x-a$이다.

$-\dfrac{1}{x}=x-a$의 양변에 x를 곱하면

$-1=x^2-ax$ $\quad \therefore x^2-ax+1=0$ ...... ㉠

이때 직선 $y=x-a$가 함수 $y=-\dfrac{1}{x}$의 그래프와 오직 한 점에서만

만나므로 이차방정식 ㉠의 판별식을 D라 하면

$D=(-a)^2-4=0$에서 $a^2=4$

$\therefore a=2$ $(\because a>0)$

1239

답 ②

$\dfrac{3x-5}{x+1}=m(x-1)$의 양변에 $x+1$을 곱하면

$3x-5=m(x-1)(x+1)$, $3x-5=m(x^2-1)$

$\therefore mx^2-3x+5-m=0$ ...... ㉠

이때 함수 $y=\dfrac{3x-5}{x+1}$의 그래프와 직선 $y=m(x-1)$이 만나야 하

므로 이차방정식 ㉠의 판별식을 D라 하면

$D=(-3)^2-4m(5-m)\geq 0$에서

$4m^2-20m+9\geq 0$, $(2m-1)(2m-9)\geq 0$

$\therefore m\leq \dfrac{1}{2}$ 또는 $m\geq \dfrac{9}{2}$

따라서 주어진 조건을 만족시키는 자연수 m의 최솟값은 5이다.

1240

답 3

$\dfrac{x-1}{x+2}=kx+1$의 양변에 $x+2$를 곱하면

$x-1=(kx+1)(x+2)$, $x-1=kx^2+(2k+1)x+2$

$\therefore kx^2+2kx+3=0$ ...... ㉠

❶

이때 함수 $y=\dfrac{x-1}{x+2}$의 그래프와 직선 $y=kx+1$이 오직 한 점에서

만 만나야 하므로 이차방정식 ㉠의 판별식을 D라 하면

$\dfrac{D}{4}=k^2-3k=0$에서

❷

$k(k-3)=0$ $\therefore k=3$ $(\because k>0)$

❸

채점 기준	배점
❶ 방정식 $kx^2+2kx+3=0$ 세우기	40%
❷ 한 점에서 만나기 위한 판별식의 범위 확인하기	40%
❸ 양수 k의 값 구하기	20%

1241

답 ②

$y=\dfrac{3x+1}{x-1}=\dfrac{3(x-1)+4}{x-1}=\dfrac{4}{x-1}+3$이므로

$f(x)=\dfrac{3x+1}{x-1}$이라 할 때, $f(3)=\dfrac{9+1}{3-1}=5$, $f(5)=\dfrac{15+1}{5-1}=4$

이므로 $3\le x\le5$에서 함수 $y=f(x)$의 그래프는 다음 그림과 같다.

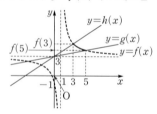

이때 $g(x)=ax+3$, $h(x)=bx+3$이라 하면
두 직선 $y=g(x)$, $y=h(x)$는 모두 점 $(0, 3)$을 지나고
$g(x)\le f(x)$에서 $g(5)\le f(5)$이므로

$5a+3\le4$, $5a\le1$ $\therefore a\le\dfrac{1}{5}$

또한 $f(x)\le h(x)$에서 $f(3)\le h(3)$이므로

$5\le3b+3$, $2\le3b$ $\therefore b\ge\dfrac{2}{3}$

따라서 $a-b$의 최댓값은 $\dfrac{1}{5}-\dfrac{2}{3}=-\dfrac{7}{15}$

유형 22 유리함수의 그래프의 활용

1242

답 ①

유리함수 $y=\dfrac{k}{x}$의 그래프와 직선 $y=-x+6$은 직선 $y=x$에 대하

여 대칭이므로 두 점 P와 Q는 직선 $y=x$에 대하여 대칭이고, 삼각

형 OPQ는 $\overline{OP}=\overline{OQ}$인 이등변삼각형이다.

선분 PQ의 중점을 M이라 할 때, 점 M은
직선 $y=x$ 위에 존재하므로
$x=-x+6$에서 $x=3$
즉, 점 M의 좌표는 $(3, 3)$이다.
이때 $\overline{OM}=3\sqrt{2}$이고, 삼각형 OPQ의 넓
이가 14이므로

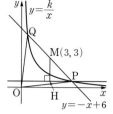

$14=\dfrac{1}{2}\times\overline{PQ}\times\overline{OM}$에서 $14=\dfrac{1}{2}\times\overline{PQ}\times3\sqrt{2}$

$\therefore \overline{PQ}=\dfrac{14\sqrt{2}}{3}$

따라서 $\overline{PM}=\dfrac{7\sqrt{2}}{3}$이므로 점 M에서 점 P를 지나고 x축에 평행한

직선에 내린 수선의 발을 H라 할 때, $\overline{PH}=\dfrac{7}{3}$이다.

즉, 점 P의 x좌표는 $3+\dfrac{7}{3}=\dfrac{16}{3}$이고 점 P는 직선 $y=-x+6$ 위

의 점이므로 y좌표는 $\dfrac{2}{3}$이다.

이때 점 $P\left(\dfrac{16}{3}, \dfrac{2}{3}\right)$는 유리함수 $y=\dfrac{k}{x}$ $(k>0)$의 그래프 위의 점

이므로

$\dfrac{2}{3}=\dfrac{k}{\dfrac{16}{3}}$에서 $k=\dfrac{32}{9}$

1243

답 ③

함수 $y=\dfrac{2}{x-1}+2$의 두 점근선의 교점은 $S(1, 2)$이다.

점 P의 좌표를 $\left(a, \dfrac{2}{a-1}+2\right)$ $(a>1)$라 하면

점 Q의 좌표는 $(a, 2)$이므로 $\overline{PQ}=\dfrac{2}{a-1}$, $\overline{SQ}=a-1$이다.

따라서 직사각형 PRSQ의 둘레의 길이는 $2\left(a-1+\dfrac{2}{a-1}\right)$이다.

$a-1+\dfrac{2}{a-1}\ge2\sqrt{(a-1)\times\dfrac{2}{a-1}}=2\sqrt{2}$

$\left(\text{단, 등호는 } a-1=\dfrac{2}{a-1}\text{일 때 성립한다.}\right)$

이므로 직사각형 PRSQ의 둘레의 길이의 최솟값은
$2\times2\sqrt{2}=4\sqrt{2}$

🔊 **Bible Says** **산술평균과 기하평균의 관계**

$a>0$, $b>0$일 때 부등식

$$\dfrac{a+b}{2}\ge\sqrt{ab}, \text{ 즉 } a+b\ge2\sqrt{ab}$$

는 항상 성립한다. 이때 등호는 $a=b$이면 성립한다.
합이 일정한 두 양수의 곱의 최댓값을 구할 때나 곱이 일정한 두 양수의 합
의 최솟값을 구할 때 주로 사용한다.

1244

답 -1

$f(x)=\dfrac{-3x+a}{x+3}=\dfrac{-3(x+3)+9+a}{x+3}=\dfrac{9+a}{x+3}-3$이므로

함수 $y=f(x)$의 그래프의 두 점근선의 교점의 좌표는 $(-3, -3)$

이때 직선 $y=2x+3$은 점 $(-3, -3)$을 지나므로

함수 $y=f(x)$의 그래프와 직선 $y=2x+3$은 다음 그림과 같다.

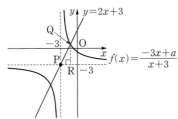

점 $(-3, -3)$을 P라 하고 함수 $y=f(x)$의 그래프와 직선 $y=2x+3$의 한 교점을 Q, 점 Q에서 직선 $y=-3$에 내린 수선의 발을 R라 하자.

함수 $y=f(x)$의 그래프와 직선 $y=2x+3$은 모두 점 P에 대하여 대칭이므로 주어진 조건에 의하여 $\overline{PQ}=\dfrac{1}{2}\times 4\sqrt{5}=2\sqrt{5}$이고

직선 $y=2x+3$의 기울기는 2이고 $\triangle QPR$에서

$\overline{PQ}$는 직선 $y=2x+3$의 일부이므로

$\overline{PR} : \overline{QR}=1:2$ $\therefore \overline{PQ}=\sqrt{1^2+2^2}\times\overline{PR}=\sqrt{5}\times\overline{PR}$

$2\sqrt{5}=\sqrt{5}\times\overline{PR}$ $\therefore \overline{PR}=2$

따라서 점 Q의 좌표는 $(-1, 1)$이다.

이때 점 Q는 함수 $y=\dfrac{-3x+a}{x+3}$의 그래프 위의 점이므로

$1=\dfrac{3+a}{(-1)+3}$에서 $a=-1$

1245

답 ④

$f(x)=\dfrac{4x-6}{x-3}=\dfrac{4(x-3)+6}{x-3}=\dfrac{6}{x-3}+4$이므로

함수 $y=f(x)$의 그래프의 점근선의 방정식은 $x=3$, $y=4$

이때 점 A의 x좌표는 3보다 크고, 점 B의 x좌표는 3보다 작으므로 $f(a)>f(b)$이다.

한편, 점 Q의 좌표는 $(a, f(b))$이므로

$\overline{AQ}=f(a)-f(b)=\dfrac{6}{a-3}-\dfrac{6}{b-3}$,

$\overline{BQ}=a-b$

따라서 직사각형 APBQ의 넓이는

$\left(\dfrac{6}{a-3}-\dfrac{6}{b-3}\right)\times(a-b)$

$=\left(\dfrac{6}{a-3}-\dfrac{6}{b-3}\right)\times\{(a-3)-(b-3)\}$

$=6-\dfrac{6(b-3)}{a-3}-\dfrac{6(a-3)}{b-3}+6$

$=12+6\times\left(\dfrac{3-b}{a-3}+\dfrac{a-3}{3-b}\right)$

$\geq 12+6\times 2\sqrt{\dfrac{3-b}{a-3}\times\dfrac{a-3}{3-b}}=24$

$\left(\text{단, 등호는 }\dfrac{3-b}{a-3}=\dfrac{a-3}{3-b}\text{일 때 성립한다.}\right)$

이므로 직사각형 APBQ의 넓이의 최솟값은 24이다.

1246

답 5

$y=\dfrac{2x+6}{x-1}=\dfrac{2(x-1)+8}{x-1}=\dfrac{8}{x-1}+2$이므로

함수 $y=\dfrac{2x+6}{x-1}$의 그래프를 x축의 방향으로 -1만큼, y축의 방향으로 -2만큼 평행이동한 그래프의 식은 $y=\dfrac{8}{x}$이다.

$\therefore f(x)=\dfrac{8}{x}$

❶

한편, 삼각형 ABC에서 변 BC를 밑변이라 하면 삼각형 ABC의 넓이가 최소가 되기 위해서는 점 A와 직선 BC 사이의 거리가 최소가 되어야 한다.

❷

이때 직선 BC의 방정식은 $-x-\dfrac{y}{2}=1$, 즉 $2x+y+2=0$이므로

점 A의 좌표를 $\left(a, \dfrac{8}{a}\right)$ $(a>0)$이라 하면 점 A와 직선 BC 사이의 거리는

$\dfrac{\left|2a+\dfrac{8}{a}+2\right|}{\sqrt{2^2+1^2}}=\dfrac{2}{\sqrt{5}}\left(a+\dfrac{4}{a}+1\right)$

$\geq\dfrac{2}{\sqrt{5}}\times\left(1+2\sqrt{a\times\dfrac{4}{a}}\right)=2\sqrt{5}$

$\left(\text{단, 등호는 }a=\dfrac{4}{a}\text{일 때 성립한다.}\right)$

이므로 점 A와 직선 BC 사이의 거리의 최솟값도 $2\sqrt{5}$이다.

❸

또한 $\overline{BC}=\sqrt{(-1)^2+(-2)^2}=\sqrt{5}$이므로 삼각형 ABC의 넓이의 최솟값은 $\dfrac{1}{2}\times\sqrt{5}\times 2\sqrt{5}=5$

❹

채점 기준	배점
❶ $f(x)$의 식 구하기	20%
❷ 삼각형 ABC의 넓이가 최소가 되는 조건 파악하기	30%
❸ 점 A와 직선 BC 사이의 거리의 최솟값 구하기	30%
❹ 삼각형 ABC의 넓이의 최솟값 구하기	20%

[다른 풀이]

$y=\dfrac{2x+6}{x-1}=\dfrac{2(x-1)+8}{x-1}=\dfrac{8}{x-1}+2$이므로

함수 $y=\dfrac{2x+6}{x-1}$의 그래프를 x축의 방향으로 -1만큼, y축의 방향으로 -2만큼 평행이동한 그래프의 식은 $y=\dfrac{8}{x}$이다.

$\therefore f(x)=\dfrac{8}{x}$

한편, 삼각형 ABC에서 변 BC를 밑변이라 하면 삼각형 ABC의 넓이가 최소가 되기 위해서는 점 A와 직선 BC 사이의 거리가 최소가 되어야 한다.

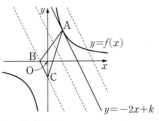

이때 직선 BC의 방정식은 $y=-2x-2$이므로

직선 $y=-2x+k$ $(k>-2)$와 함수 $y=f(x)$의 그래프가 한 점에서 만날 때, 이 점이 A이면 삼각형 ABC의 넓이가 최소이다.

$\dfrac{8}{x}=-2x+k$의 양변에 x를 곱하면

$8=x(-2x+k)$ $\therefore 2x^2-kx+8=0$ ······ ㉠

이때 직선 $y=-2x+k$와 함수 $y=f(x)$의 그래프가 한 점에서 만나야 하므로 이차방정식 ㉠의 판별식을 D라 하면

$D=(-k)^2-4\times2\times8=0$에서

$k^2=64$ $\therefore k=8\ (\because k>-2)$

이를 ㉠에 대입하면

$2x^2-8x+8=0,\ 2(x-2)^2=0$ $\therefore x=2$

즉, 점 A의 좌표는 $(2,\ 4)$이다.

점 $(2,\ 4)$와 직선 $y=-2x-2$, 즉 $2x+y+2=0$ 사이의 거리는

$\dfrac{|4+4+2|}{\sqrt{2^2+1^2}}=2\sqrt{5}$

이고, $\overline{BC}=\sqrt{5}$이므로 삼각형 ABC의 넓이의 최솟값은

$\dfrac{1}{2}\times\sqrt{5}\times2\sqrt{5}=5$

🔊 **Bible Says** **삼각형의 넓이 (좌표를 알 때)**

세 점 $(a,b),\ (c,d),\ (e,f)$를 꼭짓점으로 하는 삼각형의 넓이는

$$\frac{1}{2}\times|ad+cf+eb-bc-de-fa|$$

와 같이 계산할 수 있다. 즉,

$$\frac{1}{2}\begin{vmatrix} a & c & e & a \\ b & d & f & b \end{vmatrix}$$

와 같은 형태로 대각선에 위치한 값들을 곱한 후 서로 더하거나 빼서 계산한다.

1247

답 $11+2\sqrt{2}$

$y=\dfrac{2x+2}{x-1}=\dfrac{2(x-1)+4}{x-1}=\dfrac{4}{x-1}+2$이므로

함수 $y=\dfrac{2x+2}{x-1}$의 그래프의 점근선의 방정식은 $x=1,\ y=2$

따라서 점 P의 좌표를 $\left(p,\ \dfrac{4}{p-1}+2\right)\ (p>1)$라 하면

점 Q의 좌표는 $(p,\ 2)$, 점 R의 좌표는 $\left(1,\ \dfrac{4}{p-1}+2\right)$이다.

또한 $\overline{PQ}=\dfrac{4}{p-1}$, $\overline{PR}=p-1$이므로

$\overline{QR}=\sqrt{(p-1)^2+\left(\dfrac{4}{p-1}\right)^2}$

이때 $\dfrac{4}{p-1}+(p-1)\geq2\sqrt{\dfrac{4}{p-1}\times(p-1)}=4$,

$(p-1)^2+\left(\dfrac{4}{p-1}\right)^2\geq2\left\{(p-1)\times\dfrac{4}{p-1}\right\}=8$

$\left(\text{단, 등호는 }\dfrac{4}{p-1}=p-1\text{일 때 성립한다.}\right)$

이므로 삼각형 PRQ의 둘레의 길이는

$\dfrac{4}{p-1}+(p-1)+\sqrt{(p-1)^2+\left(\dfrac{4}{p-1}\right)^2}\geq4+2\sqrt{2}$

따라서 삼각형 PRQ의 둘레의 길이의 최솟값은

$l=4+2\sqrt{2}$

이때 $\dfrac{4}{p-1}=p-1$이므로

$(p-1)^2=4$에서 $p-1=\pm2$ $\therefore p=3\ (\because p>1)$

즉, 점 P의 좌표는 $(3,\ 4)$이다.

따라서 $a=3,\ b=4$이므로

$a+b+l=3+4+(4+2\sqrt{2})=11+2\sqrt{2}$

참고

$p-1>0$이므로

$\dfrac{4}{p-1}+(p-1)\geq2\sqrt{\dfrac{4}{p-1}\times(p-1)}$에서 등호가 성립할 조건과

$(p-1)^2+\left(\dfrac{4}{p-1}\right)^2\geq2\sqrt{(p-1)^2\times\left(\dfrac{4}{p-1}\right)^2}$에서 등호가 성립할 조건

은 $\dfrac{4}{p-1}=p-1$로 서로 같다.

유형 **23** **유리함수의 합성**

1248

답 ①

$f^1(2)=f(2)=-\dfrac{1}{3}$,

$f^2(2)=f(f^1(2))=f\left(-\dfrac{1}{3}\right)=-5$,

$f^3(2)=f(f^2(2))=f(-5)=2$,

$f^4(2)=f(f^3(2))=f(2)=-\dfrac{1}{3}$,

$\vdots$

이므로

$f^{3k-2}(2)=-\dfrac{1}{3},\ f^{3k-1}(2)=-5,\ f^{3k}(2)=2\ (k는\ 자연수)$

$\therefore f^{2000}(2)=f^{3\times667-1}(2)=-5$

1249

답 ③

$f(1)=a+1$이므로

$(g\circ f)(1)=g(f(1))=\dfrac{3(a+1)-1}{(a+1)+3}=\dfrac{3a+2}{a+4}$

이때 $(g\circ f)(1)=2$이므로 $\dfrac{3a+2}{a+4}=2$

$3a+2=2a+8$ $\therefore a=6$

1250

답 -2

$(f\circ f)(x)=f(f(x))=f\left(\dfrac{2x+1}{x-2}\right)=\dfrac{2\times\dfrac{2x+1}{x-2}+1}{\dfrac{2x+1}{x-2}-2}$

$=\dfrac{\dfrac{2(2x+1)+x-2}{x-2}}{\dfrac{2x+1-2(x-2)}{x-2}}=\dfrac{\dfrac{5x}{x-2}}{\dfrac{5}{x-2}}=x$

따라서 $(f\circ f)(k)=\dfrac{4}{k}$에서 $k=\dfrac{4}{k}$

$k^2=4$ $\therefore k=-2\ (\because k\neq2)$

1251

답 ①

$$f^1(x) = f(x) = \frac{x+1}{x-1}$$

$$f^2(x) = f(f^1(x)) = f\left(\frac{x+1}{x-1}\right)$$

$$= \frac{\frac{x+1}{x-1}+1}{\frac{x+1}{x-1}-1} = \frac{\frac{2x}{x-1}}{\frac{2}{x-1}} = x$$

$$f^3(x) = f(f^2(x)) = f(x) = \frac{x+1}{x-1}$$

$$\vdots$$

이므로 $f^n(x) = \begin{cases} \dfrac{x+1}{x-1} & (n\text{은 홀수}) \\ x & (n\text{은 짝수}) \end{cases}$

$$\therefore f^{25}(x) = \frac{x+1}{x-1}$$

따라서 $a = -1$, $b = 1$, $c = 1$이므로

$$a+b+c = -1+1+1 = 1$$

1252

답 4

주어진 그래프에서

$f(4) = 0$, $f(0) = 4$이므로

$$f^2(4) = (f \circ f)(4) = f(f(4)) = f(0) = 4$$

$$f^3(4) = (f \circ f^2)(4) = f(f^2(4)) = f(4) = 0$$

$$f^4(4) = (f \circ f^3)(4) = f(f^3(4)) = f(0) = 4$$

$$\vdots$$

$$f^n(4) = \begin{cases} 0 & (n\text{은 홀수}) \\ 4 & (n\text{은 짝수}) \end{cases}$$

$$\therefore f^{2000}(4) = 4$$

1253

답 $\dfrac{3}{2}$

$$f^1(3) = f(3) = \frac{1}{2},$$

$$f^2(3) = f(f^1(3)) = f\left(\frac{1}{2}\right) = -\frac{1}{3},$$

$$f^3(3) = f(f^2(3)) = f\left(-\frac{1}{3}\right) = -2,$$

$$f^4(3) = f(f^3(3)) = f(-2) = 3,$$

$$f^5(3) = f(f^4(3)) = f(3) = \frac{1}{2}$$

$$\vdots$$

이므로 $f^{4n-3}(3) = \dfrac{1}{2}$, $f^{4n-2}(3) = -\dfrac{1}{3}$, $f^{4n-1}(3) = -2$,

$f^{4n}(3) = 3$ (n은 자연수)

··· ❶

따라서 $f^{1003}(3) = f^{4 \times 251 - 1}(3) = -2$,

$f^{1004}(3) = f^{4 \times 251}(3) = 3$, $f^{1005}(3) = f^{4 \times 252 - 3}(3) = \dfrac{1}{2}$이므로

$$f^{1003}(3) + f^{1004}(3) + f^{1005}(3) = -2 + 3 + \frac{1}{2} = \frac{3}{2}$$

··· ❷

채점 기준	배점
❶ 자연수 n에 대하여 $f^n(3)$의 값의 규칙 찾기	60%
❷ $f^{1003}(3) + f^{1004}(3) + f^{1005}(3)$의 값 구하기	40%

유형 24 유리함수의 역함수

1254

답 -5

함수 $f(x) = \dfrac{ax+b}{x-2}$의 그래프가 점 $(3, -1)$을 지나므로

$$f(3) = \frac{3a+b}{3-2} = -1 \qquad \therefore 3a+b = -1 \quad \cdots\cdots \ \bigcirc$$

또한 함수 $f(x) = \dfrac{ax+b}{x-2}$의 역함수는 $f^{-1}(x) = \dfrac{-2x-b}{-x+a}$이고

함수 $y = f^{-1}(x)$의 그래프가 점 $(3, -1)$을 지나므로

$$f^{-1}(3) = \frac{-6-b}{-3+a} = -1$$

$$-6-b = 3-a \qquad \therefore a-b = 9 \quad \cdots\cdots \ \bigcirc$$

$\bigcirc$, $\bigcirc$을 연립하여 풀면

$$a = 2,\ b = -7$$

$$\therefore a+b = 2 + (-7) = -5$$

다른 풀이

함수 $f(x) = \dfrac{ax+b}{x-2}$의 그래프가 점 $(3, -1)$을 지나므로

$$f(3) = \frac{3a+b}{3-2} = -1 \qquad \therefore 3a+b = -1 \quad \cdots\cdots \ \boxdot$$

또한 역함수 $y = f^{-1}(x)$의 그래프가 점 $(3, -1)$을 지나므로

함수 $y = f(x)$의 그래프는 점 $(-1, 3)$을 지난다.

$$f(-1) = \frac{-a+b}{-1-2} = 3 \qquad \therefore -a+b = -9 \quad \cdots\cdots \ \boxdot$$

$\boxdot$, $\boxdot$을 연립하여 풀면

$$a = 2,\ b = -7$$

$$\therefore a+b = 2 + (-7) = -5$$

📢 Bible Says 유리함수의 역함수

유리함수 $f(x) = \dfrac{ax+b}{cx+d}$ ($c \neq 0$, $ad-bc \neq 0$)의 역함수는

$$f^{-1}(x) = \frac{dx-b}{-cx+a}$$

참고

공식을 이용하지 않고 x와 y를 바꾸는 방법으로 역함수를 구하면 다음과 같다.

$f(x) = \dfrac{ax+b}{x-2}$에서 $y = \dfrac{ax+b}{x-2}$라 하고 x에 대하여 풀면

$$y(x-2) = ax+b,\ (y-a)x = 2y+b \qquad \therefore x = \frac{2y+b}{y-a}$$

x와 y를 서로 바꾸면 $y = \dfrac{2x+b}{x-a}$

$$\therefore f^{-1}(x) = \frac{2x+b}{x-a}$$

1255

답 5

유리함수 $f(x)=\dfrac{2x+5}{x+3}$ 의 역함수는

$f^{-1}(x)=\dfrac{3x-5}{-x+2}=\dfrac{-3(x-2)-1}{x-2}=-\dfrac{1}{x-2}-3$ 이므로

함수 $y=f^{-1}(x)$ 의 그래프는 점 $(2, -3)$ 에 대하여 대칭이다.

따라서 $p=2$, $q=-3$ 이므로 $p-q=2-(-3)=5$

(다른 풀이)

$f(x)=\dfrac{2x+5}{x+3}=\dfrac{2(x+3)-1}{x+3}=-\dfrac{1}{x+3}+2$ 에서

함수 $y=f(x)$ 의 그래프는 점 $(-3, 2)$ 에 대하여 대칭이므로

함수 $y=f^{-1}(x)$ 의 그래프는 점 $(2, -3)$ 에 대하여 대칭이다.

따라서 $p=2$, $q=-3$ 이므로 $p-q=2-(-3)=5$

1256

답 ④

$f(f(x))=x$ 이므로 $f(x)=f^{-1}(x)$ 이다.

이때 함수 $f(x)=\dfrac{kx}{2x-4}$ 의 역함수는

$f^{-1}(x)=\dfrac{-4x}{-2x+k}=\dfrac{4x}{2x-k}$ 이므로

$\dfrac{kx}{2x-4}=\dfrac{4x}{2x-k}$ 에서 $k=4$

(다른 풀이)

$f(f(x))=x$ 이므로 $f(x)=f^{-1}(x)$ 이다.

$f(x)=\dfrac{kx}{2x-4}=\dfrac{k(x-2)+2k}{2(x-2)}=\dfrac{k}{x-2}+\dfrac{k}{2}$ 이므로

함수 $y=f(x)$ 의 그래프의 두 점근선의 교점의 좌표는 $\left(2, \dfrac{k}{2}\right)$ 이고

함수 $y=f^{-1}(x)$ 의 그래프의 두 점근선의 교점의 좌표는 $\left(\dfrac{k}{2}, 2\right)$ 이다.

이때 $f(x)=f^{-1}(x)$ 에서 두 점 $\left(2, \dfrac{k}{2}\right)$, $\left(\dfrac{k}{2}, 2\right)$ 가 서로 같아야

하므로

$2=\dfrac{k}{2}$ 에서 $k=4$

1257

답 ①

$f(x)=\dfrac{6x}{x-2}=\dfrac{6(x-2)+12}{x-2}=\dfrac{12}{x-2}+6$

함수 $f(x)=\dfrac{6x}{x-2}$ 의 역함수는

$g(x)=\dfrac{-2x}{-x+6}=\dfrac{2x}{x-6}=\dfrac{2(x-6)+12}{x-6}=\dfrac{12}{x-6}+2$

또한 함수 $y=f(x)$ 의 그래프를 원점에 대하여 대칭이동한 그래프를 나타내는 식을 $h(x)$ 라 하면

$h(x)=-f(-x)=-\dfrac{12}{-x-2}-6=\dfrac{12}{x+2}-6$

이므로 함수 $y=g(x)$ 의 그래프를 x축의 방향으로 -8만큼, y축의 방향으로 -8만큼 평행이동하면 함수 $y=h(x)$ 의 그래프와 일치한다.

따라서 $a=-8$, $b=-8$ 이므로

$a+b=-8+(-8)=-16$

(다른 풀이)

$f(x)=\dfrac{6x}{x-2}=\dfrac{6(x-2)+12}{x-2}=\dfrac{12}{x-2}+6$ 에서

함수 $y=f(x)$ 의 그래프의 점근선의 교점의 좌표는 $(2, 6)$ 이다.

따라서 함수 $y=g(x)$ 의 그래프의 점근선의 교점의 좌표는 $(6, 2)$ 이고 함수 $y=f(x)$ 의 그래프를 원점에 대하여 대칭이동한 그래프의 점근선의 교점의 좌표는 $(-2, -6)$ 이므로 함수 $y=g(x)$ 의 그래프를 x축의 방향으로 -8만큼, y축의 방향으로 -8만큼 평행이동하면 함수 $y=f(x)$ 의 그래프를 원점에 대하여 대칭이동한 그래프와 일치한다.

따라서 $a=-8$, $b=-8$ 이므로

$a+b=-8+(-8)=-16$

🔊 Bible Says 유리함수의 그래프의 대칭성

(1) 함수 $f(x)=\dfrac{k}{x}$ $(k\neq 0)$ 의 그래프는 직선 $y=x$ 에 대하여 대칭이므로 함수 $y=f(x)$ 의 그래프와 역함수 $y=f^{-1}(x)$ 의 그래프는 일치한다. 또한 함수 $y=f(x)$ 의 그래프는 원점에 대하여 대칭이므로 함수 $y=f(x)$ 의 그래프와 함수 $y=f(x)$ 의 그래프를 원점에 대하여 대칭이동한 그래프는 일치한다.

(2) 유리함수 $g(x)=\dfrac{ax+b}{cx+d}$ $(c\neq 0, ad-bc\neq 0)$ 의 그래프가 점 (p, q) 에 대하여 대칭일 때 함수 $y=g^{-1}(x)$ 의 그래프는 점 (q, p) 에 대하여 대칭이고, 함수 $y=g(x)$ 의 그래프를 원점에 대하여 대칭이동한 그래프는 점 $(-p, -q)$ 에 대하여 대칭이다.

유형 25 유리함수의 합성함수와 역함수

1258

답 -3

$(f^{-1}\circ g)^{-1}(5)=(g^{-1}\circ f)(5)=g^{-1}(f(5))=g^{-1}(2)$

$g^{-1}(2)=k$ 라 하면 $g(k)=2$

$\dfrac{3k+1}{k-1}=2$, $3k+1=2k-2$ $\therefore k=-3$

1259

$f(x)=\dfrac{x-2}{x-1}$에서 $f^{-1}(x)=\dfrac{-x+2}{-x+1}=\dfrac{x-2}{x-1}$이므로

$f(x)=f^{-1}(x)$이다. ……………………………………… ❶

따라서 $(f\circ f)(x)=f(f(x))=f(f^{-1}(x))=x$이므로

$(f\circ f)(a)=f^{-1}(a)+2$에서

$a=\dfrac{a-2}{a-1}+2$의 양변에 $a-1$을 곱하면

$a(a-1)=a-2+2(a-1)$

$a^2-4a+4=0,\ (a-2)^2=0$ $\therefore\ a=2$ ……………… ❷

채점 기준	배점
❶ $f(x)=f^{-1}(x)$임을 확인하기	50%
❷ a의 값 구하기	50%

1260

답 −1

함수 $f(x)=\dfrac{x+1}{3x-1}$의 역함수가 $g(x)$이므로

$(g\circ g\circ g\circ f)(-1)=(g\circ g)(-1)=g(g(-1))$

$g(-1)=k$라 하면 $f(k)=-1$이므로

$f(k)=\dfrac{k+1}{3k-1}=-1$

$k+1=-(3k-1),\ 4k=0$ $\therefore\ k=0$

따라서 $g(-1)=0$이다.

또한 $g(0)=p$라 하면 $f(p)=0$이므로

$f(p)=\dfrac{p+1}{3p-1}=0,\ p+1=0$ $\therefore\ p=-1$

따라서 $g(0)=-1$이므로

$(g\circ g\circ g\circ f)(-1)=g(g(-1))=g(0)=-1$

[다른 풀이]

$f(x)=\dfrac{x+1}{3x-1}$에서 $g(x)=f^{-1}(x)=\dfrac{x+1}{3x-1}$이므로

$g(-1)=0,\ g(0)=-1$

$\therefore\ (g\circ g\circ g\circ f)(-1)=(g\circ g)(-1)=g(0)=-1$

1261

답 5

$f^{-1}(1)=2$에서 $f(2)=1$ …………… ㉠

$(f\circ f)(2)=\dfrac{1}{3}$에서 $f(f(2))=f(1)=\dfrac{1}{3}$ …………… ㉡

㉠에서 $f(2)=\dfrac{2b-2}{2+a}=1,\ 2b-2=2+a$

$\therefore\ a-2b=-4$ …………… ㉢

㉡에서 $f(1)=\dfrac{b-2}{1+a}=\dfrac{1}{3},\ 3b-6=1+a$

$\therefore\ a-3b=-7$ …………… ㉣

㉢, ㉣을 연립하여 풀면 $a=2,\ b=3$

$\therefore\ a+b=2+3=5$

1262

답 ④

$2+\cfrac{1}{2+\cfrac{1}{2+\cfrac{1}{x}}}=2+\cfrac{1}{2+\cfrac{1}{\frac{2x+1}{x}}}=2+\cfrac{1}{2+\cfrac{x}{2x+1}}$

$\qquad\qquad=2+\cfrac{1}{\frac{5x+2}{2x+1}}=2+\dfrac{2x+1}{5x+2}=\dfrac{12x+5}{5x+2}$

$\therefore\ x=\dfrac{12x+5}{5x+2}$

이 식의 양변에 $5x+2$를 곱하면

$5x^2+2x=12x+5$

$5x^2-10x-5=0,\ x^2-2x-1=0$

따라서 $x^2-2x=1$이므로

$x^2-2x+4=(x^2-2x)+4=1+4=5$

1263

답 ②

$y=\dfrac{x+1}{x-1}=\dfrac{(x-1)+2}{x-1}=\dfrac{2}{x-1}+1$이므로 이 함수의 그래프를

x축의 방향으로 -2만큼, y축의 방향으로 1만큼 평행이동하면 함수 $y=\dfrac{2}{x+1}+2$의 그래프와 일치한다.

따라서 $p=-2,\ q=1$이므로 $p+q=-2+1=-1$

1264

답 ③

$y=\dfrac{ax+3}{2x+4}=\dfrac{a(x+2)-2a+3}{2(x+2)}=\dfrac{-2a+3}{2(x+2)}+\dfrac{a}{2}$이므로

유리함수 $y=\dfrac{ax+3}{2x+4}$의 그래프의 점근선의 방정식은

$x=-2,\ y=\dfrac{a}{2}$

따라서 $b=-2$이고 $3=\dfrac{a}{2}$에서 $a=6$이므로

$a^2+b^2=6^2+(-2)^2=40$

1265

답 ①

$\dfrac{x-1}{x+1}-\dfrac{x^2-x-2}{x^2+3x-4}\div\dfrac{x^2-5x+6}{x^2+x-12}$

$=\dfrac{x-1}{x+1}-\dfrac{x^2-x-2}{x^2+3x-4}\times\dfrac{x^2+x-12}{x^2-5x+6}$

$=\dfrac{x-1}{x+1}-\dfrac{(x+1)(x-2)}{(x-1)(x+4)}\times\dfrac{(x-3)(x+4)}{(x-2)(x-3)}$

$=\dfrac{x-1}{x+1}-\dfrac{x+1}{x-1}=\dfrac{(x-1)^2-(x+1)^2}{(x+1)(x-1)}$

$=\dfrac{(x^2-2x+1)-(x^2+2x+1)}{x^2-1}=\dfrac{-4x}{x^2-1}$

1266

답 ⑤

$f^1(4)=f(4)=\dfrac{3}{4}$,

$f^2(4)=f(f(4))=f\left(\dfrac{3}{4}\right)=-\dfrac{1}{3}$,

$f^3(4)=f(f^2(4))=f\left(-\dfrac{1}{3}\right)=4$,

$f^4(4)=f(f^3(4))=f(4)=\dfrac{3}{4}$,

$\vdots$

이므로 $f^{3k-2}(4)=\dfrac{3}{4}$, $f^{3k-1}(4)=-\dfrac{1}{3}$, $f^{3k}(4)=4$ (k는 자연수)

$\therefore f^{111}(4)=f^{3\times37}(4)=4$

1267

답 ①

$y=\dfrac{2x-k}{x+1}=\dfrac{2(x+1)-2-k}{x+1}=\dfrac{-2-k}{x+1}+2$

즉, 함수 $y=\dfrac{2x-k}{x+1}$의 그래프의 점근선의 방정식은 $x=-1$, $y=2$

이므로 정의역이 $\{x|1\le x\le4\}$인 이 함수의 최댓값이 3이 되려면

$-2-k>0$, 즉 $k<-2$이어야 한다.

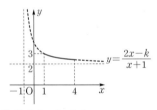

따라서 $x=1$일 때 최댓값 3을 가지므로

$\dfrac{2-k}{1+1}=3$에서 $2-k=6$ $\quad\therefore k=-4$

1268

답 ⑤

$y=\dfrac{2x+1}{x-1}=\dfrac{2(x-1)+3}{x-1}=\dfrac{3}{x-1}+2$

① 함수 $y=\dfrac{2x+1}{x-1}$의 치역은 $\{y|y\ne2$인 실수$\}$이다. (거짓)

② $y=\dfrac{2x+1}{x-1}$에 $x=0$을 대입하면 $y=\dfrac{0+1}{0-1}=-1$이다.

따라서 함수 $y=\dfrac{2x+1}{x-1}$의 그래프와 y축의 교점의 좌표는

$(0, -1)$이다. (거짓)

③ 함수 $y=\dfrac{3}{x-1}+2$의 그래프는 함수 $y=\dfrac{3}{x}$의 그래프를 x축의

방향으로 1만큼, y축의 방향으로 2만큼 평행이동한 것이다.

(거짓)

④ 함수 $y=\dfrac{3}{x-1}+2$의 그래프의 두 점근선의 교점의 좌표는

$(1, 2)$이므로 이 함수의 그래프는 점 $(1, 2)$에 대하여 대칭이다.

(거짓)

⑤ 함수 $y=\dfrac{3}{x-1}+2$의 그래프는 오른

쪽 그림과 같이 모든 사분면을 지난

다. (참)

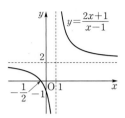

따라서 옳은 것은 ⑤이다.

1269

답 ②

1학년에서 얻은 갑과 을의 득표수를 각각 $4a$, a $(a\ne0)$라 하고

2학년에서 얻은 갑과 을의 득표수를 각각 $2b$, $3b$ $(b\ne0)$라 하자.

	갑	을	합계
1학년	$4a$	a	$5a$
2학년	$2b$	$3b$	$5b$
합계	$4a+2b$	$a+3b$	$5a+5b$

투표한 1학년의 학생 수와 2학년의 학생 수의 비가 $5:2$이므로

$5a:5b=5:2$에서 $5b=2a$, 즉 $a=\dfrac{5}{2}b$이다.

따라서

$p=4a+2b=4\times\dfrac{5}{2}b+2b=12b$,

$q=a+3b=\dfrac{5}{2}b+3b=\dfrac{11}{2}b$

이므로 $\dfrac{q}{p}=\dfrac{\dfrac{11}{2}b}{12b}=\dfrac{11}{24}$

> **참고**
>
> 주어진 수량 사이의 비의 관계를 이용하여 수량을 미지수로 나타낼 때, 표
> 를 이용하면 그 관계를 파악하기 쉽다.

1270

답 -5

$a_{n+1}=\dfrac{1}{1-a_n}$이므로

$a_1=\dfrac{1}{3}$, $a_2=\dfrac{1}{1-\dfrac{1}{3}}=\dfrac{3}{2}$, $a_3=\dfrac{1}{1-\dfrac{3}{2}}=-2$,

$a_4=\dfrac{1}{1-(-2)}=\dfrac{1}{3}$, $a_5=\dfrac{3}{2}$, $\cdots$

이므로 $a_{3k-2}=\dfrac{1}{3}$, $a_{3k-1}=\dfrac{3}{2}$, $a_{3k}=-2$ (k는 자연수)

$\therefore a_1+a_2+a_3+\cdots+a_{90}=\left(\dfrac{1}{3}+\dfrac{3}{2}-2\right)\times30$

$=-\dfrac{1}{6}\times30=-5$

> **참고**
>
> 유리식을 간단히 할 때는 먼저 분모 또는 분자의 다항식을 인수분해한 후,
> 약분하여 정리한다.

1271

답 6

$$(g \circ (f \circ g)^{-1} \circ g)(a) = (g \circ g^{-1} \circ f^{-1} \circ g)(a)$$
$$= (f^{-1} \circ g)(a) = f^{-1}(g(a))$$

이므로 $f^{-1}(g(a))=2$에서 $f(2)=g(a)$

이때 $f(2)=\dfrac{2+2}{2-1}=4$이므로 $g(a)=\dfrac{6a}{a+3}=4$

$4a+12=6a$, $2a=12$ $\quad \therefore a=6$

1272

답 21

$$y=\frac{ax+1}{x+b}=\frac{a(x+b)-ab+1}{x+b}=\frac{-ab+1}{x+b}+a$$

이므로 주어진 함수의 그래프는 두 점근선 $x=-b$, $y=a$의 교점 $(-b, a)$를 지나고 기울기가 ± 1인 직선에 대하여 대칭이다.

따라서 점 $(-b, a)$가 두 직선 $y=x+5$, $y=-x-2$ 위의 점이므로 $a=-b+5$, $a=b-2$

위의 두 식을 연립하여 풀면 $a=\dfrac{3}{2}$, $b=\dfrac{7}{2}$

$$\therefore 4ab=4 \times \frac{3}{2} \times \frac{7}{2}=21$$

1273

답 -3

$$y=\frac{(a+4)x+3}{x-a}=\frac{(a+4)(x-a)+a^2+4a+3}{x-a}$$
$$=\frac{a^2+4a+3}{x-a}+a+4$$

이 함수의 그래프를 x축의 방향으로 1만큼, y축의 방향으로 k만큼 평행이동한 곡선이 $y=f(x)$이므로

$$f(x)=\frac{a^2+4a+3}{x-1-a}+a+4+k$$

이때 $f(x)=f^{-1}(x)$이려면 $y=f(x)$의 그래프가 $y=x$에 대하여 대칭이어야 한다.

$y=f(x)$의 그래프의 점근선의 방정식은 $x=a+1$, $y=a+4+k$이므로 두 점근선의 교점의 좌표는 $(a+1, a+4+k)$

이 점은 직선 $y=x$ 위의 점이므로

$a+4+k=a+1$ $\quad \therefore k=-3$

1274

답 ②

(i) $\dfrac{x-y-z}{x}=\dfrac{-x+y-z}{y}=\dfrac{-x-y+z}{z}=0$일 때

$x-y-z=0$ ······ ㉠

$-x+y-z=0$ ······ ㉡

$-x-y+z=0$ ······ ㉢

㉠, ㉡, ㉢의 같은 변을 서로 더하면

$-x-y-z=0$ $\quad \therefore x+y+z=0$

이때 ㉠에 의하여 $x=0$이므로 주어진 조건에 모순이다.

(ii) $\dfrac{x-y-z}{x}=\dfrac{-x+y-z}{y}=\dfrac{-x-y+z}{z} \neq 0$일 때

$\dfrac{x-y-z}{x}=\dfrac{-x+y-z}{y}=\dfrac{-x-y+z}{z}=k$ $(k \neq 0)$라 하면

$x-y-z=kx$에서 $(1-k)x=y+z$ ······ ㉣

$-x+y-z=ky$에서 $(1-k)y=z+x$ ······ ㉤

$-x-y+z=kz$에서 $(1-k)z=x+y$ ······ ㉥

㉣, ㉤, ㉥의 같은 변을 서로 더하면

$(1-k)(x+y+z)=2(x+y+z)$

ⓐ $x+y+z=0$일 때

$x=-y-z$이므로 ㉣에서 $(1-k)x=-x$ $\quad \therefore k=2$

또한 $x+y=-z$, $y+z=-x$, $z+x=-y$이므로

$$\frac{(x+y)(y+z)(z+x)}{xyz}=\frac{(-z) \times (-x) \times (-y)}{xyz}=-1$$

ⓑ $x+y+z \neq 0$일 때

$1-k=2$에서 $k=-1$

이를 ㉣, ㉤, ㉥에 각각 대입하면

$y+z=2x$, $z+x=2y$, $x+y=2z$

$$\therefore \frac{(x+y)(y+z)(z+x)}{xyz}=\frac{2z \times 2x \times 2y}{xyz}=8$$

(i), (ii)에서 구하는 모든 상수 p의 값의 합은

$-1+8=7$

다른 풀이

(iii) $x+y+z=0$일 때

$$\frac{(x+y)(y+z)(z+x)}{xyz}=\frac{(-z) \times (-x) \times (-y)}{xyz}=-1$$

(iv) $x+y+z \neq 0$일 때

분모는 분모끼리 분자는 분자끼리 서로 더하여 생각하면

$$\frac{x-y-z}{x}=\frac{-x+y-z}{y}=\frac{-x-y+z}{z}=\frac{-x-y-z}{x+y+z}=-1$$

$\dfrac{x-y-z}{x}=-1$에서 $2x=y+z$

$\dfrac{-x+y-z}{y}=-1$에서 $2y=z+x$

$\dfrac{-x-y+z}{z}=-1$에서 $2z=x+y$

$$\therefore \frac{(x+y)(y+z)(z+x)}{xyz}=\frac{2z \times 2x \times 2y}{xyz}=8$$

(iii), (iv)에서 구하는 모든 상수 p의 값의 합은 $-1+8=7$

🔊 **Bible Says** **가비의 이**

두 쌍 이상의 수의 비가 서로 같을 때, 분모와 분자를 따로 더하여 얻은 비도 역시 이 비와 같다는 법칙이다.

$$\frac{a}{d}=\frac{b}{e}=\frac{c}{f}=\frac{a+b+c}{d+e+f}=\frac{pa+qb+rc}{pd+qe+rf}$$
$$(\text{단}, d+e+f \neq 0, pd+qe+rf \neq 0)$$

1275

$y=\dfrac{x+2a-5}{x-4}=\dfrac{(x-4)+2a-1}{x-4}=\dfrac{2a-1}{x-4}+1$이므로

유리함수 $y=\dfrac{x+2a-5}{x-4}$의 그래프는 유리함수 $y=\dfrac{2a-1}{x}$의 그래프를 x축의 방향으로 4만큼, y축의 방향으로 1만큼 평행이동한 것이다.

이때 유리함수 $y=\dfrac{x+2a-5}{x-4}$의 그래프의 점근선의 방정식은

$x=4$, $y=1$

(i) $2a-1<0$, 즉 $a<\dfrac{1}{2}$일 때

주어진 유리함수의 그래프는 제1, 2, 4사분면을 지난다.

(ii) $2a-1>0$, 즉 $a>\dfrac{1}{2}$일 때

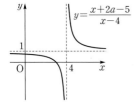

주어진 유리함수의 그래프가 지나는 사분면의 개수가 3이기 위해서는 이 함수의 그래프가 제3사분면을 지나면 안된다.

따라서 $x=0$일 때의 함숫값이 0 이상이어야 한다.

$\dfrac{2a-5}{-4}\geq0$에서 $2a-5\leq0$이므로

$a\leq\dfrac{5}{2}$ $\therefore \dfrac{1}{2}<a\leq\dfrac{5}{2}$

(i), (ii)에서 $a<\dfrac{1}{2}$ 또는 $\dfrac{1}{2}<a\leq\dfrac{5}{2}$이므로 주어진 조건을 만족시키는 정수 a의 최댓값은 2이다.

1276

$y=\dfrac{2x-2}{x+1}=\dfrac{2(x+1)-4}{x+1}=-\dfrac{4}{x+1}+2$이므로

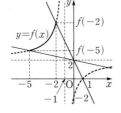

$f(x)=\dfrac{2x-2}{x+1}$라 할 때, $-5\leq x\leq-2$에서 함수 $y=f(x)$의 그래프는 오른쪽 그림과 같다.

$f(-5)=\dfrac{-10-2}{-5+1}=3$,

$f(-2)=\dfrac{-4-2}{-2+1}=6$

이때 $g(x)=ax+2$, $h(x)=bx+2$라 하면

두 직선 $y=g(x)$, $y=h(x)$는 모두 점 $(0, 2)$를 지나고

$g(x)\leq f(x)$에서 $g(-5)\leq f(-5)$이므로

$-5a+2\leq3$, $-5a\leq1$ $\therefore a\geq-\dfrac{1}{5}$

또한 $f(x)\leq h(x)$에서 $f(-2)\leq h(-2)$이므로

$6\leq-2b+2$, $4\leq-2b$ $\therefore b\leq-2$

따라서 a의 최솟값과 b의 최댓값의 곱은

$-\dfrac{1}{5}\times(-2)=\dfrac{2}{5}$

1277

점 P의 좌표를 $\left(a, \dfrac{2}{a-1}+3\right)$이라 하자.

점 P와 직선 $y=-x+4$, 즉 $x+y-4=0$ 사이의 거리를 d라 하면

$d=\dfrac{\left|a+\left(\dfrac{2}{a-1}+3\right)-4\right|}{\sqrt{1^2+1^2}}=\dfrac{\left|a-1+\dfrac{2}{a-1}\right|}{\sqrt{2}}$

$a-1, \dfrac{2}{a-1}$의 부호가 서로 같으므로

$=\dfrac{\sqrt{2}}{2}\times\left(|a-1|+\dfrac{2}{|a-1|}\right)$

이때 $m=|a-1|$ $(m>0)$이라 하면

$d=\dfrac{\sqrt{2}}{2}\left(m+\dfrac{2}{m}\right)\geq\dfrac{\sqrt{2}}{2}\times2\sqrt{m\times\dfrac{2}{m}}=2$

$\left($단, 등호는 $m=\dfrac{2}{m}$일 때 성립한다.$\right)$

따라서 함수 $y=f(x)$의 그래프 위를 움직이는 점 P와 직선 $y=-x+4$ 사이의 거리의 최솟값은 2이다.

[다른 풀이]

$f(x)=\dfrac{2}{x-1}+3$에서 함수 $y=f(x)$의 그래프의 두 점근선의 교점의 좌표는 $(1, 3)$이다.

이때 직선 $y=-x+4$는 점 $(1, 3)$을 지나므로 점 $(1, 3)$을 지나고 직선 $y=-x+4$와 수직인 직선 $y=x+2$와 함수 $y=f(x)$의 그래프의 교점이 P일 때, 점 P와 직선 $y=-x+4$ 사이의 거리는 최소이다.

점 P의 좌표를 $(a, a+2)$라 하자.

$\dfrac{2}{a-1}+3=a+2$에서 $\dfrac{2}{a-1}=a-1$

$(a-1)^2=2$

따라서 두 점 $(1, 3)$, $(a, a+2)$ 사이의 거리는

$\sqrt{(a-1)^2+\{(a+2)-3\}^2}=\sqrt{2(a-1)^2}=2$

따라서 함수 $y=f(x)$의 그래프 위를 움직이는 점 P와 직선 $y=-x+4$ 사이의 거리의 최솟값은 2이다.

1278

$y=\dfrac{ax+b}{cx+d}=\dfrac{\dfrac{a}{c}(cx+d)-\dfrac{ad}{c}+b}{cx+d}=\dfrac{-\dfrac{ad}{c}+b}{cx+d}+\dfrac{a}{c}$

ㄱ. 주어진 그래프에 의하여 $x=0$일 때의 함숫값이 0보다 크므로

$\dfrac{b}{d}>0$에서 $b>0$이면 $d>0$이다. (거짓)

ㄴ. 함수 $y=\dfrac{ax+b}{cx+d}$의 그래프는 직선 $y=\dfrac{a}{c}$를 점근선으로 갖는다.

이때 주어진 그래프에 의하여 $\dfrac{a}{c}>0$이므로 $ac>0$이다. (참)

ㄷ. 함수 $y=\dfrac{ax+b}{cx+d}$의 그래프는 직선 $x=-\dfrac{d}{c}$를 점근선으로 갖는다. 이때 주어진 그래프에 의하여 $-\dfrac{d}{c}<0$이므로 $cd>0$이다. (참)

정답과 풀이

ㄹ. 함수 $y=\dfrac{ax+b}{cx+d}$ 의 그래프는 함수 $y=\dfrac{-\dfrac{ad}{c}+b}{cx}$ 의 그래프를

x축의 방향으로 $-\dfrac{d}{c}$ 만큼, y축의 방향으로 $\dfrac{a}{c}$ 만큼 평행이동한

것이다. 이때 주어진 그래프에 의하여

$c>0$일 때, $-\dfrac{ad}{c}+b<0$이므로 $ad-bc>0$이고

$c<0$일 때, $-\dfrac{ad}{c}+b>0$이므로 $ad-bc>0$이다.

즉, 모든 경우에 대하여 $ad-bc>0$이다. (참)

따라서 옳은 것은 ㄴ, ㄷ, ㄹ이다.

1279 답 7

$x^4-2x^3-x^2-2x+1=0$에서 $x\neq0$이므로 양변을 x^2으로 나누면

$x^2-2x-1-\dfrac{2}{x}+\dfrac{1}{x^2}=0$

$\left(x^2+\dfrac{1}{x^2}\right)-2\left(x+\dfrac{1}{x}\right)-1=0$

$\left\{\left(x+\dfrac{1}{x}\right)^2-2\right\}-2\left(x+\dfrac{1}{x}\right)-1=0$

$\therefore \left(x+\dfrac{1}{x}\right)^2-2\left(x+\dfrac{1}{x}\right)-3=0$

이때 $x+\dfrac{1}{x}=X$라 하면

$X^2-2X-3=0,\ (X-3)(X+1)=0$

$\therefore X=3$ 또는 $X=-1$

(i) $X=3$일 때

$x+\dfrac{1}{x}=3$의 양변에 x를 곱하면

$x^2+1=3x,\ x^2-3x+1=0$

이 이차방정식의 판별식을 D라 하면

$D=(-3)^2-4=5>0$

이므로 x는 실수이다.

(ii) $X=-1$일 때

$x+\dfrac{1}{x}=-1$의 양변에 x를 곱하면

$x^2+1=-x,\ x^2+x+1=0$

이 이차방정식의 판별식을 D라 하면

$D=1^2-4=-3<0$

이므로 x는 실수가 아니다.

(i), (ii)에서 $x+\dfrac{1}{x}=3$이므로

$x^2+\dfrac{1}{x^2}=\left(x+\dfrac{1}{x}\right)^2-2=3^2-2=7$

1280 답 ②

$f(x)=\dfrac{2x+a-8}{x-4}=\dfrac{2(x-4)+a}{x-4}=\dfrac{a}{x-4}+2$이고

$g(x)=\dfrac{-4x-a+8}{-x+2}=\dfrac{4x+a-8}{x-2}=\dfrac{4(x-2)+a}{x-2}=\dfrac{a}{x-2}+4$

이므로 함수 $f(x)$의 역함수 $y=g(x)$의 그래프는 함수 $y=f(x)$의

그래프를 x축의 방향으로 -2만큼, y축의 방향으로 2만큼 평행이

동한 것이다.

이때 두 함수 $y=f(x),\ y=g(x)$의 그래프의 교점은 함수 $y=f(x)$

의 그래프와 직선 $y=x$의 교점이다.

(i) $a>0$일 때

$\dfrac{a}{x-4}+2=x$의 양변에 $x-4$를 곱하면

$a+2(x-4)=x(x-4),\ x^2-6x-a+8=0$

$(x-3)^2-a-1=0$ $\therefore (x-3)^2=a+1$

이때 $a>0$이면 이차방정식 $(x-3)^2=a+1$의 한 실근은 반드

시 4보다 크므로 정의역이 $\{x|x<4\}$인 함수 $y=f(x)$의 그래

프와 직선 $y=x$의 교점의 개수는 항상 1이다.

(ii) $a<0$일 때

(i)에서와 마찬가지로 생각할 때 $(x-3)^2=a+1$

이 이차방정식이 4보다 작은 서로 다른 두 실근을 갖기 위해서

는 $0<a+1<1$, 즉 $-1<a<0$이어야 한다.

(i), (ii)에서 주어진 조건을 만족시키는 실수 a의 값의 범위는

$-1<a<0$

> **◀)) Bible Says** **유리함수와 역함수의 그래프의 교점**
>
> 함수 $f(x)$가 역함수 $g(x)$를 가질 때, 두 함수 $y=f(x),\ y=g(x)$의 그
> 래프의 교점의 좌표가 $(\alpha,\ \beta)\ (\alpha\neq\beta)$이면 함수 $y=g(x)$의 그래프는 함
> 수 $y=f(x)$의 그래프를 직선 $y=x$에 대하여 대칭이동한 것이므로 이 두
> 곡선은 점 $(\beta,\ \alpha)$ 또한 교점으로 갖는다. 이때 두 점 $(\alpha,\ \beta),\ (\beta,\ \alpha)$를 이
> 은 직선의 기울기는 $\dfrac{\alpha-\beta}{\beta-\alpha}=-1$이다.
>
> 한편, 유리함수 $y=f(x)$의 그래프가 점 $(p,\ q)$에 대하여 대칭일 때, 함수
> $y=g(x)$의 그래프는 함수 $y=f(x)$의 그래프를 x축의 방향으로 $(q-p)$
> 만큼, y축의 방향으로 $(p-q)$만큼 평행이동한 것이다. 이때 $x_1<x_2<p$인
> 두 실수 $x_1,\ x_2$에 대하여 항상 $f(x_1)<f(x_2)$이거나 $f(x_1)>f(x_2)$이고,
> $p<x_3<x_4$인 두 실수 $x_3,\ x_4$에 대해서도 항상 $f(x_3)<f(x_4)$이거나
> $f(x_3)>f(x_4)$이므로 $p=q=0$인 경우($f=g$)를 제외하면 두 함수
> $y=f(x),\ y=g(x)$의 그래프의 교점은 반드시 직선 $y=x$ 위에 존재한다.

1281 답 29

곡선 $y=\dfrac{1}{x}\ (x>0)$ 위의 점 P의 좌표를 $\text{P}\left(t,\ \dfrac{1}{t}\right)\ (t>0)$로 놓고

점 P에서 직선 $3ax+4ay+3=0$까지의 거리를 d라 하면

$d=\dfrac{\left|3at+4a\times\dfrac{1}{t}+3\right|}{\sqrt{(3a)^2+(4a)^2}}=\dfrac{\left|3at+\dfrac{4a}{t}+3\right|}{5a}$

$=\dfrac{3at+\dfrac{4a}{t}+3}{5a}\ (\because a>0,\ t>0)$

$=\dfrac{1}{5}\left(3t+\dfrac{4}{t}\right)+\dfrac{3}{5a}$

산술평균과 기하평균의 관계에 의하여

$3t+\dfrac{4}{t}\geq2\sqrt{3t\times\dfrac{4}{t}}=4\sqrt{3}$ (단, 등호는 $3t=\dfrac{4}{t}$일 때 성립)

이므로 $d\geq\dfrac{1}{5}\times4\sqrt{3}+\dfrac{3}{5a}$이 성립한다.

즉, 거리 d의 최솟값 $f(a)$는 $f(a)=\dfrac{3}{5a}+\dfrac{4\sqrt{3}}{5}$

$\therefore f(\sqrt{3})+f(2\sqrt{3})$

$\quad =\left(\dfrac{3}{5\sqrt{3}}+\dfrac{4\sqrt{3}}{5}\right)+\left(\dfrac{3}{10\sqrt{3}}+\dfrac{4\sqrt{3}}{5}\right)=\dfrac{\sqrt{3}}{5}+\dfrac{4\sqrt{3}}{5}+\dfrac{\sqrt{3}}{10}+\dfrac{4\sqrt{3}}{5}$

$\quad =\dfrac{2\sqrt{3}+8\sqrt{3}+\sqrt{3}+8\sqrt{3}}{10}=\dfrac{19}{10}\sqrt{3}$

따라서 $p=10$, $q=19$이므로 $p+q=10+19=29$

1282
답 0

주어진 식의 양변에 $(x+1)(x+2)\times\cdots\times(x+10)$을 곱하면
$1=k_1(x+2)(x+3)\times\cdots\times(x+10)$
$\qquad\qquad +k_2(x+1)(x+3)\times\cdots\times(x+10)$
$\qquad\qquad +k_3(x+1)(x+2)(x+4)\times\cdots\times(x+10)$
$\qquad\qquad\qquad\vdots$
$\qquad\qquad +k_{10}(x+1)(x+2)\times\cdots\times(x+9)$
이다. ❶

이는 x에 대한 항등식이므로 양변의 x^9의 계수를 비교하면
$k_1+k_2+\cdots+k_{10}=0$이다. ❷

채점 기준	배점
❶ 양변에 $(x+1)(x+2)\times\cdots\times(x+10)$을 곱하여 나타내기	50%
❷ $k_1+k_2+\cdots+k_{10}$의 값 구하기	50%

1283
답 2

$f\left(\dfrac{x-1}{2}\right)=\dfrac{3x-5}{x+1}$에서 $\dfrac{x-1}{2}=t$라 하면 $x=2t+1$이므로
$f(t)=\dfrac{3(2t+1)-5}{(2t+1)+1}=\dfrac{6t-2}{2t+2}=\dfrac{3t-1}{t+1}$
즉, $f(x)=\dfrac{3x-1}{x+1}$이다. ❶

이때 $y=f(x)$라 하면 $y=\dfrac{3x-1}{x+1}$이고,
$f(x)$의 역함수는 $g(x)$이므로
$g(x)=\dfrac{x+1}{-x+3}=-\dfrac{x+1}{x-3}$
$\quad =-\dfrac{x-3+4}{x-3}=-\dfrac{4}{x-3}-1$ ❷

따라서 함수 $y=g(x)$의 그래프의 두 점근선의 교점의 좌표는
$(3,\ -1)$이므로 $a=3$, $b=-1$이다.
$\therefore a+b=3+(-1)=2$ ❸

채점 기준	배점
❶ $f(x)$의 식 구하기	40%
❷ $g(x)$의 식 구하기	40%
❸ $a+b$의 값 구하기	20%

다른 풀이

$f\left(\dfrac{x-1}{2}\right)=\dfrac{3x-5}{x+1}$에서 $\dfrac{x-1}{2}=t$라 하면 $x=2t+1$이므로
$f(t)=\dfrac{3(2t+1)-5}{(2t+1)+1}=\dfrac{6t-2}{2t+2}=\dfrac{6(t+1)-8}{2(t+1)}=\dfrac{-4}{t+1}+3$
즉, $f(x)=\dfrac{-4}{x+1}+3$이다.

이때 함수 $y=f(x)$의 그래프의 두 점근선의 교점의 좌표는
$(-1,\ 3)$이므로
역함수 $y=g(x)$의 그래프의 두 점근선의 교점의 좌표는
$(3,\ -1)$이다.
따라서 $a=3$, $b=-1$이므로 $a+b=3+(-1)=2$

1284
답 $\{y\,|\,-2<y<2\}$

$f(x)=\dfrac{2x}{1+|x|}$에서 절댓값 기호 안의 식의 값이 0이 되는 x의 값
이 0이므로
(i) $x<0$일 때
$\quad f(x)=\dfrac{2x}{1+(-x)}=\dfrac{-2x}{x-1}=\dfrac{-2(x-1)-2}{x-1}=-\dfrac{2}{x-1}-2$
(ii) $x\geq 0$일 때
$\quad f(x)=\dfrac{2x}{1+x}=\dfrac{2(x+1)-2}{x+1}=-\dfrac{2}{x+1}+2$
(i), (ii)에서 함수 $f(x)$는
$$f(x)=\begin{cases}-\dfrac{2}{x-1}-2 & (x<0)\\[2mm]-\dfrac{2}{x+1}+2 & (x\geq 0)\end{cases}$$

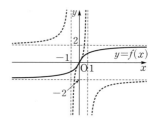

❶

이때 함수 $y=-\dfrac{2}{x-1}-2$의 그래프는 직선 $y=-2$를 점근선으로
가지므로 $x<0$에서 $-2<f(x)<0$이고 ❷

함수 $y=-\dfrac{2}{x+1}+2$의 그래프는 직선 $y=2$를 점근선으로 가지므
로 $x\geq 0$에서 $0\leq f(x)<2$이다. ❸

즉, 함수 $f(x)$의 치역은 $\{y\,|\,-2<y<2\}$이다. ❹

채점 기준	배점
❶ x의 값의 범위에 따른 $f(x)$의 식 구하기	50%
❷ $x<0$에서 $f(x)$의 값의 범위 구하기	20%
❸ $x\geq 0$에서 $f(x)$의 값의 범위 구하기	20%
❹ 함수 $f(x)$의 치역 구하기	10%

1285
답 ①

$x+\dfrac{1}{x}=-5$의 양변에 x를 곱하면

$x^2+1=-5x$ $\therefore x^2+5x+1=0$ ...... ㉠

이때

$x^{48}+5x^{49}+x^{50}=x^{48}(1+5x+x^2)=0$ $(\because$ ㉠$)$

$\dfrac{1}{x^{48}}+\dfrac{5}{x^{49}}+\dfrac{1}{x^{50}}=\dfrac{x^2+5x+1}{x^{50}}=0$ $(\because$ ㉠$)$

$\therefore x^{48}+5x^{49}+x^{50}+\dfrac{1}{x^{48}}+\dfrac{5}{x^{49}}+\dfrac{1}{x^{50}}=0+0=0$

1286
답 ③

직선 l의 기울기는 $-\dfrac{1}{4}$이고 두 함수 $y=f(x)$, $y=g(x)$가 각각 직선 l과 한 점에서만 만나므로

실수 a에 대하여 함수 $y=g(x)$의 그래프는 함수 $y=f(x)$의 그래프를 x축의 방향으로 $4a$만큼, y축의 방향으로 $-a$만큼 평행이동한 것이다. ...... ㉠

이때 함수 $y=\dfrac{1}{x-4}+k$ $(x>4)$의 그래프는 함수 $y=f(x)$의 그래프를 x축의 방향으로 4만큼, y축의 방향으로 k만큼 평행이동한 것이므로 ㉠에 의하여 $k=-1$이다.

$\dfrac{1}{x}=\dfrac{1}{x-4}-1$의 양변에 $x(x-4)$를 곱하면

$x-4=x-x(x-4)$, $x^2-4x-4=0$

$\therefore x=2+2\sqrt{2}$ $(\because x>4)$

따라서 두 함수 $y=f(x)$, $y=g(x)$의 그래프의 교점의 x좌표가 $2+2\sqrt{2}$이므로 $p=2+2\sqrt{2}$이고 점 (p, q)는 함수 $y=f(x)$의 그래프 위의 점이므로

$q=\dfrac{1}{2+2\sqrt{2}}=\dfrac{1-\sqrt{2}}{2(1+\sqrt{2})(1-\sqrt{2})}=\dfrac{\sqrt{2}-1}{2}$

$\therefore k+p+2q=-1+(2+2\sqrt{2})+(\sqrt{2}-1)=3\sqrt{2}$

1287
답 ②

함수 $y=\dfrac{1}{x}+n$의 그래프의 두 점근선의 교점의 좌표는 $(0, n)$이므로 함수 $y=\dfrac{1}{x}+n$의 그래프는 점 $(0, n)$에 대하여 대칭이다.

따라서 함수 $y=\dfrac{1}{x}+n$의 그래프와 두 직선 $y=n+1$, $y=2n$ 및 y축으로 눌러싸인 부분의 넓이는 함수 $y=\dfrac{1}{x}+n$의 그래프와 직선 $y=n-1$과 x축 및 y축으로 둘러싸인 부분의 넓이와 같다.

또한 함수 $y=\dfrac{1}{x}+n$의 그래프는 직선 $y=x+n$에 대하여 대칭이므로 함수 $y=\dfrac{1}{x}+n$의 그래프와 두 직선 $y=n+1$, $y=2n$ 및 y축으로 둘러싸인 부분의 넓이는 함수 $y=\dfrac{1}{x}+n$의 그래프와 세 직선 $x=-n$, $x=-1$, $y=n$으로 둘러싸인 부분의 넓이와 같다.

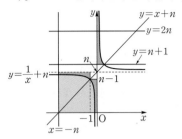

따라서 $A+2B=n^2-1$이므로

$n^2-1=35$에서 $n^2=36$

$\therefore n=6$ $(\because n$은 2 이상의 자연수이다.$)$

1288
답 ②

$\dfrac{x^3+y^3}{x^3-y^3}=\dfrac{\frac{x^3}{y^3}+1}{\frac{x^3}{y^3}-1}=\dfrac{\left(\frac{x}{y}\right)^3+1}{\left(\frac{x}{y}\right)^3-1}=\dfrac{35}{19}$

$\dfrac{x}{y}=X$라 하면 $\dfrac{X^3+1}{X^3-1}=\dfrac{35}{19}$에서

$19X^3+19=35X^3-35$, $16X^3=54$, $X^3=\dfrac{27}{8}$

$X^3-\dfrac{27}{8}=0$, $X^3-\left(\dfrac{3}{2}\right)^3=0$

$\left(X-\dfrac{3}{2}\right)\left(X^2+\dfrac{3}{2}X+\dfrac{9}{4}\right)=0$

$\therefore X=\dfrac{3}{2}$ $\left(\because X^2+\dfrac{3}{2}X+\dfrac{9}{4}>0\right)$

따라서 $\dfrac{x}{y}=\dfrac{3}{2}$에서 $3y=2x$이므로

$\dfrac{x-3y}{x+3y}=\dfrac{x-2x}{x+2x}=\dfrac{-x}{3x}=-\dfrac{1}{3}$

1289
답 ②

점 A를 중심으로 하고 점 P를 지나는 원의 넓이는 $\overline{\mathrm{AP}}^2\pi$이다.

점 P의 좌표를 $\left(a, \dfrac{2a-2}{a-3}\right)$라 하면

$\overline{\mathrm{AP}}^2=(a-3)^2+\left(\dfrac{2a-2}{a-3}-2\right)^2$

$=(a-3)^2+\left\{\dfrac{(2a-2)-2(a-3)}{a-3}\right\}^2$

$=(a-3)^2+\left(\dfrac{4}{a-3}\right)^2$

$=(a-3)^2+\dfrac{16}{(a-3)^2}$

이고 함수 $y=\dfrac{2x}{x-3}$의 정의역은 $\{x\,|\,x$는 3이 아닌 실수$\}$이므로 $(a-3)^2$의 값은 항상 양수이다.

따라서
$$\overline{\text{AP}}^2\pi=\left\{(a-3)^2+\frac{16}{(a-3)^2}\right\}\pi$$
$$\geq 2\sqrt{(a-3)^2\times\frac{16}{(a-3)^2}}\pi=8\pi$$
$$\left(\text{단, 등호는 }(a-3)^2=\frac{16}{(a-3)^2}\text{일 때 성립한다.}\right)$$

이므로 구하는 원의 넓이의 최솟값은 8π이다.

[다른 풀이]

$y=\dfrac{2x-2}{x-3}=\dfrac{2(x-3)+4}{x-3}=\dfrac{4}{x-3}+2$에서

함수 $y=\dfrac{2x-2}{x-3}$의 그래프는 점 A에 대하여 대칭이다.

또한 함수 $y=\dfrac{2x-2}{x-3}$는 x의 값이 커

질 때 함숫값은 작아지므로

함수 $y=\dfrac{2x-2}{x-3}$의 그래프와 점 A를

지나고 기울기가 1인 직선이 만나는

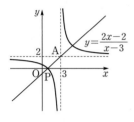

위치에 점 P가 있을 때 선분 AP의 길

이는 최소이다.

따라서 이 경우 점 A를 중심으로 하고 점 P를 지나는 원의 넓이는

최솟값을 갖는다.

점 A를 지나고 기울기가 1인 직선의 방정식은 $y=x-1$이므로

$\dfrac{2x-2}{x-3}=x-1$에서 $2x-2=(x-1)(x-3)$

$2x-2=x^2-4x+3,\ x^2-6x+5=0$

$(x-1)(x-5)=0$ $\therefore x=1$ 또는 $x=5$

이때 유리함수의 그래프의 대칭성에 의하여 P$(1, 0)$인 경우만 생

각해도 된다.

$\overline{\text{AP}}=\sqrt{(1-3)^2+(0-2)^2}=2\sqrt{2}$

따라서 구하는 원의 넓이의 최솟값은 $\pi\times(2\sqrt{2})^2=8\pi$

1290

답 ①

$f(x)=\dfrac{2x+a}{x-1}=\dfrac{2(x-1)+2+a}{x-1}=\dfrac{2+a}{x-1}+2$이므로

$$(f\circ f)(x)=f(f(x))=\dfrac{2+a}{\left(\dfrac{2+a}{x-1}+2\right)-1}+2$$

$$=\dfrac{2+a}{\dfrac{x+1+a}{x-1}}+2=\dfrac{(2+a)(x-1)}{x+1+a}+2$$

$$=\dfrac{(2+a)(x+1+a)-(2+a)(2+a)}{x+1+a}+2$$

$$=\dfrac{-(2+a)^2}{x+1+a}+a+4$$

이때 함수 $y=(f\circ f)(x)$의 그래프를 평행이동하면 함수 $y=f(x)$

의 그래프와 일치하므로

$2+a=-(2+a)^2$에서 $a^2+5a+6=0$

$(a+2)(a+3)=0$ $\therefore a=-3\ (\because a\neq-2)$

따라서 $f(x)=-\dfrac{1}{x-1}+2,\ (f\circ f)(x)=-\dfrac{1}{x-2}+1$에서

함수 $f(x)$의 정의역은 $\{x\,|\,x\neq1,\ x\neq2\text{인 실수}\}$이므로 $k=2$이다.

$\therefore (f\circ f\circ f)(2k)=(f\circ f\circ f)(4)=f((f\circ f)(4))$
$$=f\left(\frac{1}{2}\right)=4$$

1291

답 ②

$f(x)=f(4-x)$이므로 함수 $y=f(x)$의 그래프는 직선 $x=2$에

대하여 대칭이다.

이때 함수 $f(x)$의 정의역은 $\{x\,|\,x\text{는 }b\text{가 아닌 실수}\}$이고

함수 $y=f(x)$의 그래프는 함수 $y=\dfrac{ax+1}{x-b}$의 그래프에서 $y<0$인

부분을 x축에 대하여 대칭이동한 것이므로 이 함수의 그래프가 직

선 $x=2$에 대하여 대칭이기 위해서는 $b=2$이어야 한다.

또한 $a\neq0$일 때 방정식 $\dfrac{ax+1}{x-b}=0$의 실근은 $x=-\dfrac{1}{a}$로 유일하므

로 $f(x)=f(4-x)$를 만족시키기 위해서는 $-\dfrac{1}{a}=2$이어야 한다.

하지만 이 경우 $ab\neq-1$인 조건에 모순이므로 주어진 조건을 만족

시키기 위해서는 $a=0$이어야 한다.

$\therefore a+b=0+2=2$

Bible Says 대칭함수

(1) 선대칭함수
   정의역에 속하는 모든 실수 x에 대하여
   $f(a-x)=f(a+x)$이거나 $f(x)=f(2a-x)$이면
   함수 $y=f(x)$의 그래프는 직선 $x=a$에 대하여 대칭이다.

(2) 점대칭함수
   정의역에 속하는 모든 실수 x에 대하여
   $f(a-x)=-f(a+x)$이거나 $f(x)=-f(2a-x)$이면
   함수 $y=f(x)$의 그래프는 점 $(a, 0)$에 대하여 대칭이다.

[참고]

함수 $y=\dfrac{1}{x}$의 그래프는 원점에 대하여 대칭이고 직선 $y=x$에 대해서도

대칭이므로 함수 $y=\left|\dfrac{1}{x}\right|$의 그래프는 y축에 대하여 대칭이다. 따라서 이

그래프를 x축의 방향으로 2만큼 평행이동한 그래프, 즉 함수 $y=\left|\dfrac{1}{x-2}\right|$

의 그래프는 직선 $x=2$에 대하여 대칭이다.

1292

답 ②

$\dfrac{1}{x^{16}-1}=\dfrac{1}{(x^8-1)(x^8+1)}=\dfrac{1}{2}\left(\dfrac{1}{x^8-1}-\dfrac{1}{x^8+1}\right)$

$\dfrac{1}{x^8-1}=\dfrac{1}{(x^4-1)(x^4+1)}=\dfrac{1}{2}\left(\dfrac{1}{x^4-1}-\dfrac{1}{x^4+1}\right)$

$\dfrac{1}{x^4-1}=\dfrac{1}{(x^2-1)(x^2+1)}=\dfrac{1}{2}\left(\dfrac{1}{x^2-1}-\dfrac{1}{x^2+1}\right)$

$\dfrac{1}{x^2-1}=\dfrac{1}{(x-1)(x+1)}=\dfrac{1}{2}\left(\dfrac{1}{x-1}-\dfrac{1}{x+1}\right)$

이므로

$$\frac{4}{x^{16}-1}=2\left(\frac{1}{x^8-1}-\frac{1}{x^8+1}\right)=\frac{2}{x^8-1}+\frac{-2}{x^8+1}$$

$$=\left(\frac{1}{x^4-1}-\frac{1}{x^4+1}\right)+\frac{-2}{x^8+1}$$

$$=\frac{1}{x^4-1}+\frac{-1}{x^4+1}+\frac{-2}{x^8+1}$$

$$=\frac{1}{2}\left(\frac{1}{x^2-1}-\frac{1}{x^2+1}\right)+\frac{-1}{x^4+1}+\frac{-2}{x^8+1}$$

$$=\frac{\frac{1}{2}}{x^2-1}+\frac{-\frac{1}{2}}{x^2+1}+\frac{-1}{x^4+1}+\frac{-2}{x^8+1}$$

$$=\frac{1}{4}\left(\frac{1}{x-1}-\frac{1}{x+1}\right)+\frac{-\frac{1}{2}}{x^2+1}+\frac{-1}{x^4+1}+\frac{-2}{x^8+1}$$

$$=\frac{\frac{1}{4}}{x-1}+\frac{-\frac{1}{4}}{x+1}+\frac{-\frac{1}{2}}{x^2+1}+\frac{-1}{x^4+1}+\frac{-2}{x^8+1}$$

따라서 $a=\frac{1}{4}$, $b=-\frac{1}{4}$, $c=-\frac{1}{2}$, $d=-1$, $e=-2$이므로

$$abcde=\frac{1}{4}\times\left(-\frac{1}{4}\right)\times\left(-\frac{1}{2}\right)\times(-1)\times(-2)=\frac{1}{16}$$

참고

$x^{16}-1=(x-1)(x+1)(x^2+1)(x^4+1)(x^8+1)$이므로
주어진 식의 양변에 $x^{16}-1$을 곱하여
$4=a(x+1)(x^2+1)(x^4+1)(x^8+1)$
$\quad+b(x-1)(x^2+1)(x^4+1)(x^8+1)$
$\quad+c(x-1)(x+1)(x^4+1)(x^8+1)$
$\quad+d(x-1)(x+1)(x^2+1)(x^8+1)$
$\quad+e(x-1)(x+1)(x^2+1)(x^4+1)$
로 나타낸 후, x의 값을 복소수로 확장해도 등호가 성립한다고 생각하면
$x=1$, $x=-1$, $x^2=-1$, $x^4=-1$, $x^8=-1$을 각각 대입하여 $a, b, c, d,$ e의 값을 모두 구할 수도 있다.
하지만 주어진 등식은 실수 x에 대하여 성립한다고 하였으므로 복소수까지 고려하지 않는 방법, 즉 직접 부분분수로 변형하는 방법으로 풀이하였다.

1293

답 ③

$\frac{a}{x}-4=2$에서 $\frac{a}{x}=6$ $\quad\therefore x=\frac{a}{6}$

$-\left(\frac{a}{x}-4\right)=2$에서 $\frac{a}{x}=2$ $\quad\therefore x=\frac{a}{2}$

따라서 두 점 A, B의 좌표는 각각 $\left(\frac{a}{6},2\right)$, $\left(\frac{a}{2},2\right)$이다.

또한 $\frac{a}{x}-4=0$에서 $\frac{a}{x}=4$ $\quad\therefore x=\frac{a}{4}$

따라서 점 C의 좌표는 $\left(\frac{a}{4},0\right)$이다.

이때 두 직선 AC, BC가 서로 수직이기 위해서는 두 직선의 기울기의 곱이 -1이어야 한다.

직선 AC의 기울기는 $\dfrac{0-2}{\frac{a}{4}-\frac{a}{6}}=\dfrac{-2}{\frac{a}{12}}=-\dfrac{24}{a}$이고

직선 BC의 기울기는 $\dfrac{0-2}{\frac{a}{4}-\frac{a}{2}}=\dfrac{2}{\frac{a}{4}}=\dfrac{8}{a}$이므로

$\left(-\dfrac{24}{a}\right)\times\dfrac{8}{a}=-1$에서 $-\dfrac{192}{a^2}=-1$, $a^2=192$

$\therefore a=8\sqrt{3}$ $(\because a>0)$

1294

답 ②

$f(x)=2$에서 $\left|\left|\dfrac{1}{x}-m\right|-n\right|=2$

$\left|\dfrac{1}{x}-m\right|-n=\pm2$, $\left|\dfrac{1}{x}-m\right|=n\pm2$

$n\geq2$일 때 $\dfrac{1}{x}-m=n\pm2$ 또는 $\dfrac{1}{x}-m=-(n\pm2)$

따라서 $n\geq2$이고

$\dfrac{1}{x}=m+n+2$ 또는 $\dfrac{1}{x}=m+n-2$

또는 $\dfrac{1}{x}=m-n-2$ 또는 $\dfrac{1}{x}=m-n+2$이다. $\quad\cdots\cdots$ ㉠

이때 함수 $f(x)$의 정의역이 $\{x\,|\,x>0\}$이고
m이 4 이하의 자연수, n이 2 이상 4 이하의 자연수일 때
$m+n+2>m+n-2\geq m-n+2>m-n-2$
이므로 ㉠의 서로 다른 해의 개수가 3이기 위해서는
$m-n-2>0$일 때 $m+n-2=m-n+2$이고
$m-n-2\leq0$일 때 $m+n-2>m-n+2>0$이어야 한다.
이때 m의 최댓값은 4이고 n의 최솟값은 2이므로 항상
$m-n-2\leq0$이다.
따라서 $0<m-n+2<m+n-2$에서 $n>2$이고 $m-n>-2$일 때 주어진 조건을 만족시킨다.
즉, 구하는 4 이하의 자연수 m, n의 순서쌍 (m,n)은
$(4,3)$, $(3,3)$, $(2,3)$, $(4,4)$, $(3,4)$의 5개이다.

1295

답 20

함수 $f(x)=\dfrac{k}{x-1}+k$ $(k>1)$의 그래프의 두 점근선의 교점의 좌표는 $(1,k)$이므로
함수 $y=f(x)$의 그래프는 점 P에 대하여 대칭이다. $\quad\cdots\cdots$ ㉠
따라서 두 점 O와 A는 점 P에 대하여 서로 대칭이므로
$\overline{\text{OP}}=\overline{\text{AP}}$이다. $\quad\cdots\cdots$ ㉡
한편, 삼각형 PBA에서 밑변을 선분 AP라 하고 삼각형 PCO에서 밑변을 선분 OP라 하고
직선 OP와 점 B 사이의 거리를 m_1, 점 C 사이의 거리를 m_2라 하면
$2S_1=S_2$이므로 ㉡에 의하여 $m_1:m_2=1:2$이다. $\quad\cdots\cdots$ ㉢
이때 두 점 B, C에서 직선 OP에 내린 수선의 발을 각각 B′, C′이라 하면 두 직각삼각형 PBB′, PCC′은 서로 닮음이고
㉢에 의하여 $\overline{\text{BP}}:\overline{\text{CP}}=1:2$이다. $\quad\cdots\cdots$ ㉣
이때 직선 BP와 함수 $y=f(x)$의 그래프가 만나는 점 중 B가 아닌 점을 D라 하면
㉠에 의하여 $\overline{\text{BP}}=\overline{\text{DP}}$이므로 ㉣에 의하여 점 D는 선분 CP의 중점이다.

이때 점 P의 y좌표는 k이므로 점 D의 y좌표는 $\dfrac{k}{2}$이고

점 D의 x좌표를 d라 하면

$\dfrac{k}{d-1}+k=\dfrac{k}{2}$에서 $d-1=-2$ $\therefore d=-1$

따라서 $\text{P}(1,\ k)$, $\text{D}\left(-1,\ \dfrac{k}{2}\right)$이므로 직선 l의 방정식은

$y=\dfrac{k-\dfrac{k}{2}}{1-(-1)}(x-1)+k=\dfrac{k}{4}x+\dfrac{3}{4}k$

즉, $kx-4y+3k=0$이고, 이 직선과 원점 사이의 거리가 1이므로

$\dfrac{|3k|}{\sqrt{k^2+(-4)^2}}=1$에서

$9k^2=k^2+16$, $8k^2=16$ $\therefore k^2=2$

따라서 $10k^2=10\times2=20$이다.

1296

답 ⑤

두 집합 A, B에 대하여 $A\not\subset A\cap B$를 만족시키기 위해서는 $a\in(A-B)$인 원소 a가 반드시 존재해야 한다.

즉, $f(a)=f^{-1}(a)$이고 $f(a)\neq a$인 원소 a가 반드시 존재해야 한다.

이때 함수 $y=f^{-1}(x)$의 그래프는 함수 $y=f(x)$의 그래프를 직선 $y=x$에 대하여 대칭이동한 것인 동시에 함수 $y=f(x)$의 그래프를 x축과 y축의 방향으로 적당히 평행이동한 것과 같다.

따라서 $f(a)=f^{-1}(a)$이고 $f(a)\neq a$인 원소 a가 존재하기 위해서는 $f(x)=f^{-1}(x)$이어야 한다.

즉, 함수 $y=f(x)$의 그래프의 두 점근선의 교점이 직선 $y=x$ 위에 존재해야 한다. …… ㉠

$\begin{aligned}f(x)&=\dfrac{4kx-10}{2x+k^2-5}\\&=\dfrac{2k(2x+k^2-5)-2k^3+10k-10}{2x+k^2-5}\\&=\dfrac{-2k^3+10k-10}{2x+k^2-5}+2k\end{aligned}$

이므로 두 점근선의 교점의 좌표는 $\left(-\dfrac{k^2-5}{2},\ 2k\right)$이다.

이때 ㉠에 의하여

$-\dfrac{k^2-5}{2}=2k$에서 $k^2-5=-4k$

$k^2+4k-5=0$, $(k+5)(k-1)=0$

$\therefore k=-5$ 또는 $k=1$

따라서 $k=-5$일 때, $f(x)=\dfrac{95}{x+10}-10$

또는 $k=1$일 때, $f(x)=\dfrac{-1}{x-2}+2$이다.

이때 $A\cap B\neq\varnothing$이므로 함수 $y=f(x)$의 그래프와 직선 $y=x$의 교점이 존재해야 한다.

따라서 $f(x)=\dfrac{95}{x+10}-10$이고 $k=-5$이다.

PART A

10 무리식과 무리함수

유형 01 무리식의 값이 실수가 되기 위한 조건

확인 문제 (1) $x \geq -1$ (2) $-2 \leq x \leq 3$ (3) $-5 \leq x < 1$

무리식의 값이 실수가 되기 위해서는 근호 안의 식의 값이 0 이상이고, 분모는 0이 아니어야 한다.

(1) $x+1 \geq 0$에서 $x \geq -1$

(2) $x+2 \geq 0$에서 $x \geq -2$이고 $3-x \geq 0$에서 $x \leq 3$이므로
$-2 \leq x \leq 3$

(3) $x+5 \geq 0$에서 $x \geq -5$이고 $1-x > 0$에서 $x < 1$이므로
$-5 \leq x < 1$

1297
답 ④

무리식 $\dfrac{3}{\sqrt{10-2x}}$의 값이 실수가 되기 위해서는

근호 안의 식의 값이 0 이상이고, 분모가 0이 아니어야 한다.

즉, $10-2x > 0$에서 $x < 5$이므로

주어진 조건을 만족시키는 자연수 x는 1, 2, 3, 4의 4개이다.

참고
다항식 $f(x)$에 대하여
(1) 무리식 $\sqrt{f(x)}$의 값이 실수이면 $f(x) \geq 0$
(2) 무리식 $\dfrac{1}{\sqrt{f(x)}}$의 값이 실수이면 $f(x) > 0$

1298
답 ⑤

무리식 $\dfrac{\sqrt{x+3}}{\sqrt{6-x}}$의 값이 실수가 되기 위해서는

근호 안의 식의 값이 0 이상이고, 분모가 0이 아니어야 한다.

즉, $x+3 \geq 0$에서 $x \geq -3$이고

$6-x > 0$에서 $x < 6$이므로

$-3 \leq x < 6$이다.

따라서 주어진 조건을 만족시키는 정수 x는

$-3, -2, -1, 0, \cdots, 5$의 9개이다.

Bible Says 무리식의 값이 실수가 되기 위한 조건

두 다항식 $f(x), g(x)$에 대하여
(1) $\sqrt{f(x)} \pm \sqrt{g(x)}$의 값이 실수일 때
➡ $f(x) \geq 0, g(x) \geq 0$
(2) $\dfrac{\sqrt{g(x)}}{\sqrt{f(x)}}$의 값이 실수일 때
➡ $f(x) > 0, g(x) \geq 0$

1299
답 ④

모든 실수 x에 대하여 $\sqrt{kx^2-kx+3}$의 값이 실수가 되기 위해서는 $kx^2-kx+3 \geq 0$이어야 한다.

(i) $k=0$일 때
$3 \geq 0$이므로 $k=0$이면 $\sqrt{kx^2-kx+3}$의 값은 실수이다.

(ii) $k \neq 0$일 때
모든 실수 x에 대하여 $kx^2-kx+3 \geq 0$이어야 하므로 $k>0$
x에 대한 이차방정식 $kx^2-kx+3=0$의 판별식을 D라 할 때,
$D=(-k)^2-12k \leq 0$이어야 한다.
$k^2-12k \leq 0$에서
$k(k-12) \leq 0$
$\therefore 0 < k \leq 12$ ($\because k>0$)

(i), (ii)에서 $0 \leq k \leq 12$
따라서 주어진 조건을 만족시키는 정수 k는
0, 1, 2, $\cdots$, 12의 13개이다.

1300
답 ⑤

무리식 $\sqrt{\dfrac{10+3x-x^2}{x^2+x+1}}$의 값이 실수가 되기 위해서는

$\dfrac{10+3x-x^2}{x^2+x+1} \geq 0$이어야 한다. $\cdots\cdots$ ㉠

이때 모든 실수 x에 대하여

$x^2+x+1 = \left(x^2+x+\dfrac{1}{4}\right)+\dfrac{3}{4} = \left(x+\dfrac{1}{2}\right)^2+\dfrac{3}{4} > 0$

이므로 ㉠을 만족시키기 위해서는

$10+3x-x^2 \geq 0$, 즉 $x^2-3x-10 \leq 0$이어야 한다.

$(x+2)(x-5) \leq 0$

$\therefore -2 \leq x \leq 5$

따라서 주어진 조건을 만족시키는 정수 x는

$-2, -1, 0, \cdots, 5$이므로 그 합은

$-2+(-1)+0+1+2+3+4+5=12$

유형 02 제곱근의 성질

1301
답 ④

$-4 < a < 1$에서 $a+4 > 0$, $a-1 < 0$이므로

$\sqrt{a^2+8a+16}+\sqrt{a^2-2a+1} = \sqrt{(a+4)^2}+\sqrt{(a-1)^2}$
$= |a+4|+|a-1|$
$= a+4-(a-1)=5$

1302

답 $2a^2+10b^2$

$x+4y=a^2+5b^2+4ab=(a+2b)^2+b^2\geq0$

$x-4y=a^2+5b^2-4ab=(a-2b)^2+b^2\geq0$

$\therefore \sqrt{(x+4y)^2}+\sqrt{(x-4y)^2}=|x+4y|+|x-4y|$

$\qquad\qquad\qquad\qquad\qquad\quad =x+4y+x-4y=2x$

$\qquad\qquad\qquad\qquad\qquad\quad =2(a^2+5b^2)=2a^2+10b^2$

1303

답 $-7x-4$

$\sqrt{2-3x}+\sqrt{x+2}$의 값이 실수가 되기 위해서는

$2-3x\geq0$, $x+2\geq0$이어야 한다.

$2-3x\geq0$에서 $x\leq\dfrac{2}{3}$이고

$x+2\geq0$에서 $x\geq-2$이므로

$-2\leq x\leq\dfrac{2}{3}$

따라서 $3x-5<0$, $4x+9>0$이므로

$\sqrt{9x^2-30x+25}-|4x+9|=\sqrt{(3x-5)^2}-|4x+9|$

$\qquad\qquad\qquad\qquad\qquad\quad =|3x-5|-|4x+9|$

$\qquad\qquad\qquad\qquad\qquad\quad =-(3x-5)-(4x+9)$

$\qquad\qquad\qquad\qquad\qquad\quad =-7x-4$

1304

답 10

무리식 $\sqrt{x+3}-\dfrac{1}{\sqrt{4-x}}$의 값이 실수가 되기 위해서는

근호 안의 식의 값이 0 이상이고, 분모가 0이 아니어야 한다.

즉, $x+3\geq0$에서 $x\geq-3$이고

$4-x>0$에서 $x<4$이므로

$-3\leq x<4$ $\quad\cdots\cdots$ ㉠

❶

따라서 $2x-9<0$, $x-4<0$이므로

$|2x-9|-\sqrt{x^2-8x+16}=|2x-9|-\sqrt{(x-4)^2}$

$\qquad\qquad\qquad\qquad\qquad\quad =|2x-9|-|x-4|$

$\qquad\qquad\qquad\qquad\qquad\quad =-(2x-9)+(x-4)$

$\qquad\qquad\qquad\qquad\qquad\quad =-x+5$

❷

이때 ㉠에서 $1<-x+5\leq8$이고, x의 값은 정수이므로

$|2x-9|-\sqrt{x^2-8x+16}$의 값은

$x=-3$일 때 최댓값 8을 갖고,

$x=3$일 때 최솟값 2를 갖는다.

따라서 최댓값과 최솟값의 합은 $8+2=10$이다.

❸

채점 기준	배점
❶ 무리식 $\sqrt{x+3}-\dfrac{1}{\sqrt{4-x}}$의 값이 실수가 되도록 하는 x의 값의 범위 구하기	40%
❷ 식 $\|2x-9\|-\sqrt{x^2-8x+16}$을 간단히 하기	40%
❸ 최댓값과 최솟값의 합 구하기	20%

유형 **03** 음수의 제곱근의 성질

1305

답 ③

$\sqrt{x-3}\sqrt{1-x}=-\sqrt{(x-3)(1-x)}$이므로

$x-3\leq0$, $1-x\leq0$

$\therefore \sqrt{(x-3)^2}-\sqrt{(1-x)^2}=|x-3|-|1-x|$

$\qquad\qquad\qquad\qquad\qquad\quad =-(x-3)+(1-x)$

$\qquad\qquad\qquad\qquad\qquad\quad =-2x+4$

1306

답 5

$\dfrac{\sqrt{x+1}}{\sqrt{x^2-4}}=-\sqrt{\dfrac{x+1}{x^2-4}}$이므로 $x+1\geq0$, $x^2-4<0$

$x+1\geq0$에서 $x\geq-1$ $\quad\cdots\cdots$ ㉠

$x^2-4<0$에서 $(x+2)(x-2)<0$ $\quad\therefore -2<x<2$ $\quad\cdots\cdots$ ㉡

㉠, ㉡의 공통부분을 구하면 $-1\leq x<2$

따라서 $x-3<0$, $x+2>0$이므로

$\sqrt{(x-3)^2}+\sqrt{(x+2)^2}=|x-3|+|x+2|$

$\qquad\qquad\qquad\qquad\qquad\quad =-(x-3)+(x+2)=5$

1307

답 4

$\sqrt{a-4}\sqrt{2-a}=-\sqrt{(a-4)(2-a)}$이므로

$a-4\leq0$, $2-a\leq0$ $\quad\therefore 2\leq a\leq4$

$\dfrac{\sqrt{b-6}}{\sqrt{b-7}}=-\sqrt{\dfrac{b-6}{b-7}}$이므로

$b-6\geq0$, $b-7<0$ $\quad\therefore 6\leq b<7$

따라서 $a-b<0$, $a-1>0$, $b-5>0$이므로

$\sqrt{(a-b)^2}+\sqrt{(a-1)^2}-|b-5|$

$=|a-b|+|a-1|-|b-5|$

$=-(a-b)+(a-1)-(b-5)=4$

유형 **04** 분모의 유리화

1308

답 $\dfrac{6x}{4-x}$

$\dfrac{x}{3+\sqrt{x+5}}+\dfrac{x}{3-\sqrt{x+5}}=\dfrac{x(3-\sqrt{x+5})+x(3+\sqrt{x+5})}{(3+\sqrt{x+5})(3-\sqrt{x+5})}$

$\qquad\qquad\qquad\qquad\qquad\quad =\dfrac{3x-x\sqrt{x+5}+3x+x\sqrt{x+5}}{9-(x+5)}$

$\qquad\qquad\qquad\qquad\qquad\quad =\dfrac{6x}{4-x}$

1309
답 ⑤

$$\frac{2-\sqrt{x}}{2+\sqrt{x}}-\frac{2+\sqrt{x}}{2-\sqrt{x}}$$

$$=\frac{(2-\sqrt{x})^2-(2+\sqrt{x})^2}{(2+\sqrt{x})(2-\sqrt{x})}$$

$$=\frac{4-4\sqrt{x}+x-(4+4\sqrt{x}+x)}{4-x}$$

$$=\frac{-8\sqrt{x}}{4-x}$$

$$=\frac{8\sqrt{x}}{x-4}$$

1310
답 ②

$$\frac{1}{\sqrt{x+2}-\sqrt{x}}-\frac{1}{\sqrt{x+2}+\sqrt{x}}$$

$$=\frac{\sqrt{x+2}+\sqrt{x}-(\sqrt{x+2}-\sqrt{x})}{(\sqrt{x+2}-\sqrt{x})(\sqrt{x+2}+\sqrt{x})}$$

$$=\frac{2\sqrt{x}}{2}=\sqrt{x}$$

1311
답 $\dfrac{4x-2}{3}$

$$\frac{\sqrt{x+1}-\sqrt{x-2}}{\sqrt{x+1}+\sqrt{x-2}}+\frac{\sqrt{x+1}+\sqrt{x-2}}{\sqrt{x+1}-\sqrt{x-2}}$$

$$=\frac{(\sqrt{x+1}-\sqrt{x-2})^2+(\sqrt{x+1}+\sqrt{x-2})^2}{(\sqrt{x+1}+\sqrt{x-2})(\sqrt{x+1}-\sqrt{x-2})}$$

$$=\frac{2x-1-2\sqrt{x+1}\sqrt{x-2}+2x-1+2\sqrt{x+1}\sqrt{x-2}}{x+1-(x-2)}$$

$$=\frac{4x-2}{3}$$

1312
답 ③

$$2+\frac{1}{2+(\sqrt{2}-1)}=2+\frac{1}{\sqrt{2}+1}$$

$$=2+\frac{\sqrt{2}-1}{(\sqrt{2}+1)(\sqrt{2}-1)}$$

$$=2+(\sqrt{2}-1)=\sqrt{2}+1$$

$$\therefore 2+\cfrac{1}{2+\cfrac{1}{2+\cfrac{1}{2+(\sqrt{2}-1)}}}=2+\cfrac{1}{2+\cfrac{1}{\sqrt{2}+1}}$$

$$=2+\frac{1}{\sqrt{2}+1}$$

$$=\sqrt{2}+1$$

참고
번분수의 계산은 보통 반복되는 계산으로 이어져 있기 때문에 규칙성을 갖는다. 따라서 주어진 식에서 일부분을 간단히 나타낸 뒤 규칙성을 찾아서 일반화하도록 한다.

1313
답 30

$$\frac{1+\sqrt{5}-\sqrt{6}}{1-\sqrt{5}-\sqrt{6}}=\frac{\{1+(\sqrt{5}-\sqrt{6})\}\{1-(\sqrt{5}-\sqrt{6})\}}{\{(1-\sqrt{5})-\sqrt{6}\}\{(1-\sqrt{5})+\sqrt{6}\}}$$

$$=\frac{1-(\sqrt{5}-\sqrt{6})^2}{(1-\sqrt{5})^2-(\sqrt{6})^2}$$

$$=\frac{-10+2\sqrt{30}}{-2\sqrt{5}}=\sqrt{5}-\sqrt{6}$$

따라서 $a=5$, $b=6$이므로 $ab=5\times6=30$

1314
답 6

$$f(x)=\frac{2}{\sqrt{x+2}+\sqrt{x+3}}$$

$$=\frac{2(\sqrt{x+2}-\sqrt{x+3})}{(\sqrt{x+2}+\sqrt{x+3})(\sqrt{x+2}-\sqrt{x+3})}$$

$$=\frac{2(\sqrt{x+2}-\sqrt{x+3})}{(x+2)-(x+3)}$$

$$=-2(\sqrt{x+2}-\sqrt{x+3})$$

$$=2(\sqrt{x+3}-\sqrt{x+2})$$

❶

$$\therefore f(2)+f(3)+f(4)+\cdots+f(22)$$

$$=2(\sqrt{5}-\sqrt{4})+2(\sqrt{6}-\sqrt{5})+\cdots+2(\sqrt{25}-\sqrt{24})$$

$$=2(\sqrt{25}-\sqrt{4})$$

$$=2(5-2)=6$$

❷

채점 기준	배점
❶ $f(x)$를 간단히 나타내기	60%
❷ $f(2)+f(3)+f(4)+\cdots+f(22)$의 값 구하기	40%

유형 05 무리식의 값 구하기

1315
답 $\sqrt{5}$

$$\frac{\sqrt{x}}{\sqrt{x}-\sqrt{x-2}}=\frac{\sqrt{x}(\sqrt{x}+\sqrt{x-2})}{(\sqrt{x}-\sqrt{x-2})(\sqrt{x}+\sqrt{x-2})}$$

$$=\frac{x+\sqrt{x(x-2)}}{x-(x-2)}$$

$$=\frac{x+\sqrt{x^2-2x}}{2}$$

$$\frac{\sqrt{x}}{\sqrt{x}+\sqrt{x-2}}=\frac{\sqrt{x}(\sqrt{x}-\sqrt{x-2})}{(\sqrt{x}+\sqrt{x-2})(\sqrt{x}-\sqrt{x-2})}$$

$$=\frac{x-\sqrt{x(x-2)}}{x-(x-2)}$$

$$=\frac{x-\sqrt{x^2-2x}}{2}$$

$$\therefore \frac{\sqrt{x}}{\sqrt{x}-\sqrt{x-2}}+\frac{\sqrt{x}}{\sqrt{x}+\sqrt{x-2}}=\frac{x+\sqrt{x^2-2x}}{2}+\frac{x-\sqrt{x^2-2x}}{2}$$
$$=\frac{2x}{2}=x=\sqrt{5}$$

1316
답 ②

$$\frac{\sqrt{x+3}-\sqrt{x-3}}{\sqrt{x+3}+\sqrt{x-3}}=\frac{(\sqrt{x+3}-\sqrt{x-3})^2}{(\sqrt{x+3}+\sqrt{x-3})(\sqrt{x+3}-\sqrt{x-3})}$$
$$=\frac{(x+3)-2\sqrt{(x+3)(x-3)}+(x-3)}{(x+3)-(x-3)}$$
$$=\frac{2x-2\sqrt{x^2-9}}{6}$$
$$=\frac{2\sqrt{13}-4}{6}\ (\because x=\sqrt{13})$$
$$=\frac{\sqrt{13}-2}{3}$$

1317
답 ①

$$x=\frac{2+\sqrt{3}}{2-\sqrt{3}}=\frac{(2+\sqrt{3})^2}{(2-\sqrt{3})(2+\sqrt{3})}=7+4\sqrt{3}$$
$$\therefore \frac{1}{\sqrt{x}+1}-\frac{1}{\sqrt{x}-1}$$
$$=\frac{\sqrt{x}-1}{(\sqrt{x}+1)(\sqrt{x}-1)}-\frac{\sqrt{x}+1}{(\sqrt{x}-1)(\sqrt{x}+1)}$$
$$=\frac{\sqrt{x}-1}{x-1}-\frac{\sqrt{x}+1}{x-1}$$
$$=\frac{-2}{x-1}$$
$$=\frac{-2}{(7+4\sqrt{3})-1}\ (\because x=7+4\sqrt{3})$$
$$=\frac{-2}{6+4\sqrt{3}}=\frac{-1}{3+2\sqrt{3}}$$
$$=\frac{-(3-2\sqrt{3})}{(3+2\sqrt{3})(3-2\sqrt{3})}$$
$$=\frac{-3+2\sqrt{3}}{-3}=\frac{3-2\sqrt{3}}{3}$$

1318
답 $4\sqrt{3}$

$$\frac{\sqrt{x+3}}{\sqrt{x+3}-\sqrt{x}}=\frac{\sqrt{x+3}(\sqrt{x+3}+\sqrt{x})}{(\sqrt{x+3}-\sqrt{x})(\sqrt{x+3}+\sqrt{x})}$$
$$=\frac{x+3+\sqrt{x(x+3)}}{(x+3)-x}$$
$$=\frac{x+3+\sqrt{x^2+3x}}{3}$$
$$\frac{\sqrt{x+3}}{\sqrt{x+3}+\sqrt{x}}=\frac{\sqrt{x+3}(\sqrt{x+3}-\sqrt{x})}{(\sqrt{x+3}+\sqrt{x})(\sqrt{x+3}-\sqrt{x})}$$
$$=\frac{x+3-\sqrt{x(x+3)}}{(x+3)-x}$$
$$=\frac{x+3-\sqrt{x^2+3x}}{3}$$

$$\therefore \frac{\sqrt{x+3}}{\sqrt{x+3}-\sqrt{x}}+\frac{\sqrt{x+3}}{\sqrt{x+3}+\sqrt{x}}$$
$$=\frac{x+3+\sqrt{x^2+3x}}{3}+\frac{x+3-\sqrt{x^2+3x}}{3}$$
$$=\frac{2x+6}{3}$$
$$=\frac{2(6\sqrt{3}-3)+6}{3}\ (\because x=6\sqrt{3}-3)$$
$$=\frac{12\sqrt{3}}{3}=4\sqrt{3}$$

유형 06 무리식의 값 구하기 $-$ $x=a+\sqrt{b}$ 꼴의 이용

1319
답 ⑤

$x=\sqrt{5}+2$에서 $x-2=\sqrt{5}$
양변을 제곱하면 $x^2-4x+4=5$
$\therefore x^2-4x-1=0$
$$\therefore x^3-4x^2+x+1=x(x^2-4x-1)+2x+1$$
$$=2x+1$$
$$=2(\sqrt{5}+2)+1$$
$$=2\sqrt{5}+5$$

참고

이차방정식 $x^2+ax+b=0$ (a, b는 유리수)의 한 실근이 $\alpha=2+\sqrt{5}$이면 다른 실근은 $\beta=2-\sqrt{5}$이므로 $\alpha+\beta=4$, $\alpha\beta=-1$임을 이용하여 이차방정식을 $x^2-4x-1=0$으로 두고 문제를 해결할 수도 있다.

1320
답 11

$1<\sqrt{3}<2$에서 $\sqrt{3}$의 정수부분은 1이므로
$x=\sqrt{3}-1$
$x+1=\sqrt{3}$의 양변을 제곱하면 $x^2+2x+1=3$
$\therefore x^2+2x-2=0$
$$\therefore x^3-x^2-4x+3=x(x^2+2x-2)-3x^2-2x+3$$
$$=-3x^2-2x+3$$
$$=-3(x^2+2x-2)+4x-3$$
$$=4x-3$$
$$=4(\sqrt{3}-1)-3=4\sqrt{3}-7$$
따라서 $a=4$, $b=-7$이므로
$a-b=4-(-7)=11$

1321
답 -2

$x=\dfrac{1+\sqrt{2}}{3}$에서 $3x=1+\sqrt{2}$ $\therefore 3x-1=\sqrt{2}$

위의 식의 양변을 제곱하면 $9x^2-6x+1=2$, 즉

$9x^2-6x-1=0$이므로

$9x^4-6x^3+2x^2-2x+1=x^2(9x^2-6x-1)+3x^2-2x+1$
$\qquad\qquad\qquad\qquad\qquad =3x^2-2x+1$

$9x^3-3x^2-3x-1=x(9x^2-6x-1)+3x^2-2x-1$
$\qquad\qquad\qquad\qquad\quad =3x^2-2x-1$

이때 $9x^2-6x-1=0$에서 $9x^2-6x=1$

$\therefore 3x^2-2x=\dfrac{1}{3}$

$\therefore \dfrac{9x^4-6x^3+2x^2-2x+1}{9x^3-3x^2-3x-1}=\dfrac{3x^2-2x+1}{3x^2-2x-1}$
$\qquad\qquad\qquad\qquad\qquad =\dfrac{\frac{1}{3}+1}{\frac{1}{3}-1}=\dfrac{\frac{4}{3}}{-\frac{2}{3}}=-2$

유형 07 무리식의 값 구하기 $-x=\sqrt{a}+\sqrt{b}$, $y=\sqrt{a}-\sqrt{b}$ 꼴의 이용

1322
답 $\sqrt{3}+\sqrt{2}$

$x+y=\dfrac{\sqrt{6}+\sqrt{2}}{2}+\dfrac{\sqrt{6}-\sqrt{2}}{2}=\dfrac{2\sqrt{6}}{2}=\sqrt{6}$,

$x-y=\dfrac{\sqrt{6}+\sqrt{2}}{2}-\dfrac{\sqrt{6}-\sqrt{2}}{2}=\dfrac{2\sqrt{2}}{2}=\sqrt{2}$,

$xy=\dfrac{\sqrt{6}+\sqrt{2}}{2}\times\dfrac{\sqrt{6}-\sqrt{2}}{2}=\dfrac{4}{4}=1$

$\therefore \dfrac{\sqrt{x}+\sqrt{y}}{\sqrt{x}-\sqrt{y}}=\dfrac{(\sqrt{x}+\sqrt{y})^2}{(\sqrt{x}-\sqrt{y})(\sqrt{x}+\sqrt{y})}$
$\qquad\qquad =\dfrac{x+y+2\sqrt{xy}}{x-y}$
$\qquad\qquad =\dfrac{\sqrt{6}+2}{\sqrt{2}}=\sqrt{3}+\sqrt{2}$

1323
답 ④

$b-a=(\sqrt{2}+1)-(\sqrt{2}-1)=2$,

$ab=(\sqrt{2}-1)(\sqrt{2}+1)=1$

$\therefore \dfrac{1}{a}-\dfrac{1}{b}=\dfrac{b-a}{ab}=\dfrac{2}{1}=2$

1324
답 $6\sqrt{3}$

$x=\dfrac{\sqrt{3}+1}{\sqrt{3}-1}=\dfrac{(\sqrt{3}+1)^2}{(\sqrt{3}-1)(\sqrt{3}+1)}=\dfrac{4+2\sqrt{3}}{2}=2+\sqrt{3}$,

$y=\dfrac{\sqrt{3}-1}{\sqrt{3}+1}=\dfrac{(\sqrt{3}-1)^2}{(\sqrt{3}+1)(\sqrt{3}-1)}=\dfrac{4-2\sqrt{3}}{2}=2-\sqrt{3}$

이므로

$x+y=4$, $x-y=2\sqrt{3}$, $xy=1$

$\therefore x^2-x^2y+xy^2-y^2=(x^2-y^2)-(x^2y-xy^2)$
$\qquad\qquad\qquad\qquad\quad =(x+y)(x-y)-xy(x-y)$
$\qquad\qquad\qquad\qquad\quad =(x-y)(x+y-xy)$
$\qquad\qquad\qquad\qquad\quad =2\sqrt{3}\times 3=6\sqrt{3}$

1325
답 $2\sqrt{2}$

$x=\dfrac{1}{3-2\sqrt{2}}=\dfrac{3+2\sqrt{2}}{(3-2\sqrt{2})(3+2\sqrt{2})}=3+2\sqrt{2}$,

$y=\dfrac{1}{3+2\sqrt{2}}=\dfrac{3-2\sqrt{2}}{(3+2\sqrt{2})(3-2\sqrt{2})}=3-2\sqrt{2}$

이므로

$x+y=6$, $xy=1$

$\therefore (\sqrt{2x}-\sqrt{2y})^2=2x-2\sqrt{2x}\sqrt{2y}+2y$
$\qquad\qquad\qquad\quad =2(x+y)-4\sqrt{xy} \ (\because x>0, y>0)$
$\qquad\qquad\qquad\quad =2\times 6-4=8$

이때 $x>y$에서 $\sqrt{2x}>\sqrt{2y}$이므로 $\sqrt{2x}-\sqrt{2y}>0$

$\therefore \sqrt{2x}-\sqrt{2y}=2\sqrt{2}$

유형 08 무리함수 $y=\pm\sqrt{ax}$의 그래프

1326
답 ③

무리함수 $y=\sqrt{ax}\ (a\neq 0)$의 그래프는 다음 그림과 같다.

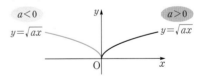

ㄱ. 치역은 $\{y|y\geq 0\}$이다. (참)

ㄴ. $a>0$일 때, 함수 $y=\sqrt{ax}$의 그래프는 제1사분면을 지난다.
(참)

ㄷ. $y=\sqrt{ax}$에서 동일한 x의 값에 대하여 $|a|$의 값이 커질수록 함숫값은 커진다.
따라서 $|a|$의 값이 커질수록 함수 $y=\sqrt{ax}$의 그래프는 x축에서 멀어진다. (거짓)

따라서 옳은 것은 ㄱ, ㄴ이다.

1327
답 ②

$y=\dfrac{ax+1-a^2}{x-a}=\dfrac{a(x-a)+1}{x-a}=\dfrac{1}{x-a}+a$이므로

유리함수 $y=\dfrac{ax+1-a^2}{x-a}$의 그래프는 두 점근선의 교점인 점 (a, a)에 대하여 대칭이다.

주어진 조건에 의하여 점 (a, a)는 제1사분면 위의 점이므로 $a>0$이다.

따라서 함수 $y=\sqrt{ax}$의 정의역은 $\{x|x\geq0\}$이다.

1328

① $a<0$이면 정의역은 $\{x|x\leq0\}$이다. (거짓)

② a의 값의 부호에 관계없이 치역은 $\{y|y\geq0\}$이다. (거짓)

③ $a<0$이면 정의역은 $\{x|x\leq0\}$이므로
  함수 $y=\sqrt{ax}$의 그래프와 직선 $x=1$은 서로 만나지 않는다.
  (거짓)

④ a의 값의 부호에 관계없이 치역은 $\{y|y\geq0\}$이므로
  함수 $y=\sqrt{ax}$의 그래프와 직선 $y=2$는 서로 만난다. (참)

⑤ $a<0$이면 정의역은 $\{x|x\leq0\}$이므로
  함수 $y=\sqrt{ax}$의 그래프는 제1사분면을 지나지 않는다. (거짓)

유형 09 **무리함수의 그래프의 평행이동과 대칭이동**

확인 문제 (1) $y=-\sqrt{2(x-1)}-3$ (2) $y=\sqrt{-2(x+1)}+3$
(3) $y=-\sqrt{-2(x+1)}-3$

(1) x축에 대하여 대칭이동한 그래프의 식은 y 대신 $-y$를 대입하면 된다.
  $\therefore y=-\sqrt{2(x-1)}-3$

(2) y축에 대하여 대칭이동한 그래프의 식은 x 대신 $-x$를 대입하면 된다.
  $\therefore y=\sqrt{-2(x+1)}+3$

(3) 원점에 대하여 대칭이동한 그래프의 식은 x 대신 $-x$, y 대신 $-y$를 대입하면 된다.
  $\therefore y=-\sqrt{-2(x+1)}-3$

1329

답 ②

함수 $y=-\sqrt{-x+6}+1$의 그래프를 x축의 방향으로 2만큼, y축의 방향으로 3만큼 평행이동한 식은
$y=-\sqrt{-(x-2)+6}+1+3=-\sqrt{-x+8}+4$
이 함수의 그래프를 x축에 대하여 대칭이동한 그래프의 식은
$y=-(-\sqrt{-x+8}+4)=\sqrt{-x+8}-4$
이 함수의 그래프가 함수 $y=\sqrt{ax+b}+c$의 그래프와 일치하므로
$a=-1$, $b=8$, $c=-4$이다.
$\therefore a+b+c=-1+8+(-4)=3$

🔊 **Bible Says** **평행이동과 대칭이동**

평행이동 또는 대칭이동하여 나타낸 그래프의 식은 다음과 같이 구한다.
(1) x축의 방향으로 p만큼 평행이동 ➡ x 대신 $x-p$를 대입
(2) y축의 방향으로 q만큼 평행이동 ➡ y 대신 $y-q$를 대입
(3) x축에 대하여 대칭이동 ➡ y 대신 $-y$를 대입
(4) y축에 대하여 대칭이동 ➡ x 대신 $-x$를 대입
(5) 원점에 대하여 대칭이동 ➡ x 대신 $-x$를 대입, y 대신 $-y$를 대입

1330

답 -2

함수 $y=-\sqrt{ax}$의 그래프를 x축의 방향으로 1만큼, y축의 방향으로 6만큼 평행이동한 그래프의 식은
$y=-\sqrt{a(x-1)}+6$
··· ❶

한편, $y=\dfrac{4x+3}{x+1}=\dfrac{4(x+1)-1}{x+1}=-\dfrac{1}{x+1}+4$이므로

함수 $y=\dfrac{4x+3}{x+1}$의 그래프의 두 점근선의 교점은 점 $(-1, 4)$이다.
··· ❷

따라서 함수 $y=-\sqrt{a(x-1)}+6$의 그래프가 점 $(-1, 4)$를 지나므로
$4=-\sqrt{-2a}+6$
$\sqrt{-2a}=2$, $-2a=4$
$\therefore a=-2$
··· ❸

채점 기준	배점
❶ 평행이동한 그래프의 식 구하기	30%
❷ 유리함수의 그래프의 두 점근선의 교점의 좌표 구하기	40%
❸ a의 값 구하기	30%

1331

답 ①

ㄱ. 함수 $y=-\sqrt{-x+3}-2$의 그래프는 함수 $y=\sqrt{x+3}+2$의 그래프를 원점에 대하여 대칭이동한 것이다.
  또한 함수 $y=\sqrt{x+3}+2$의 그래프는 함수 $y=\sqrt{x}$의 그래프를 x축의 방향으로 -3만큼, y축의 방향으로 2만큼 평행이동한 것이다.
  따라서 함수 $y=-\sqrt{-x+3}-2$의 그래프는 함수 $y=\sqrt{x}$의 그래프를 평행이동 또는 대칭이동하여 나타낼 수 있다.

ㄴ. $y=\dfrac{1}{2}\sqrt{4x+2}-1=\sqrt{\dfrac{4x+2}{4}}-1=\sqrt{x+\dfrac{1}{2}}-1$이므로
  함수 $y=\dfrac{1}{2}\sqrt{4x+2}-1$의 그래프는 함수 $y=\sqrt{x}$의 그래프를
  x축의 방향으로 $-\dfrac{1}{2}$만큼, y축의 방향으로 -1만큼 평행이동한 것이다.
  따라서 함수 $y=\dfrac{1}{2}\sqrt{4x+2}-1$의 그래프는 함수 $y=\sqrt{x}$의 그래프를 평행이동하여 나타낼 수 있다.

ㄷ. $y=\sqrt{4-2x}+1=\sqrt{-2(x-2)}+1$이므로
  함수 $y=\sqrt{4-2x}+1$의 그래프는 함수 $y=\sqrt{2(x+2)}+1$의 그래프를 y축에 대하여 대칭이동한 것이다.
  또한 함수 $y=\sqrt{2(x+2)}+1$의 그래프는 함수 $y=\sqrt{2x}$의 그래프를 x축의 방향으로 -2만큼, y축의 방향으로 1만큼 평행이동한 것이다.
  따라서 함수 $y=\sqrt{4-2x}+1$의 그래프는 함수 $y=\sqrt{2x}$의 그래프를 평행이동 또는 대칭이동하여 나타낼 수 있다.

ㄹ. $y=\dfrac{1}{3}\sqrt{3x+6}=\sqrt{\dfrac{3}{9}(x+2)}=\sqrt{\dfrac{1}{3}(x+2)}$이므로
  함수 $y=\dfrac{1}{3}\sqrt{3x+6}$의 그래프는 함수 $y=\sqrt{\dfrac{x}{3}}$의 그래프를 x축

의 방향으로 -2만큼 평행이동한 것이다.

따라서 함수 $y=\frac{1}{3}\sqrt{3x+6}$의 그래프는 함수 $y=\sqrt{\frac{x}{3}}$의 그래프를 평행이동하여 나타낼 수 있다.

따라서 평행이동 또는 대칭이동에 의하여 그래프가 서로 일치하는 함수는 ㄱ, ㄴ이다.

참고

함수식 $y=\pm\sqrt{ax+b}+c$ $(a\neq0)$에서 $|a|$의 값이 서로 같으면 그래프를 평행이동 또는 대칭이동하였을 때 일치한다.

1332

답 2

함수 $y=\sqrt{x+3}$의 그래프는 $y=\sqrt{x}$의 그래프를 x축의 방향으로 -3만큼 평행이동한 것이고,

함수 $y=\sqrt{1-x}+k=\sqrt{-(x-1)}+k$의 그래프는 $y=\sqrt{-x}$의 그래프를 x축의 방향으로 1만큼, y축의 방향으로 k만큼 평행이동한 것이다.

그림과 같이 함수 $y=\sqrt{x+3}$의 그래프와 직선 $x=1$의 교점의 좌표는 $(1, 2)$이므로 함수 $y=\sqrt{x+3}$의 그래프와 함수 $y=\sqrt{1-x}+k$의 그래프가 만나도록 하는 실수 k의 최댓값은 함수 $y=\sqrt{1-x}+k$의 그래프가 점 $(1, 2)$를 지날 때이다.

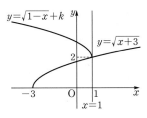

따라서 $2=\sqrt{1-1}+k$에서 $k=2$이므로 k의 최댓값은 2이다.

1333

답 $5\sqrt{5}$

함수 $f(x)=\sqrt{2x+5}=\sqrt{2\left(x+\frac{5}{2}\right)}$의 그래프는 함수 $y=\sqrt{2x}$의 그래프를 x축의 방향으로 $-\frac{5}{2}$만큼 평행이동한 것이고, 함수 $g(x)=\sqrt{2x-5}=\sqrt{2(x-5)+5}$의 그래프는 함수 $y=f(x)$의 그래프를 x축의 방향으로 5만큼 평행이동한 것이다.

그림의 빗금 친 두 부분의 넓이가 같으므로 구하는 부분의 넓이는 직사각형 $OABC$의 넓이와 같다.

따라서 구하는 부분의 넓이는

$5\times\sqrt{5}=5\sqrt{5}$

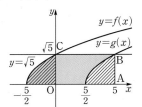

유형 **10** **무리함수의 정의역과 치역**

1334

답 6

$-3x+6\geq0$에서 $3x\leq6$ $\therefore x\leq2$

즉, 주어진 함수의 정의역이 $\{x\,|\,x\leq2\}$이므로 $a=2$

또한 함수 $y=\sqrt{-3x+6}+b$의 치역은 $\{y\,|\,y\geq b\}$이므로 $b=4$

$\therefore a+b=2+4=6$

1335

답 $\{x\,|\,x\leq2\}$, $\{y\,|\,y\geq-1\}$

무리함수 $y=\sqrt{4-2x}-1$에서

근호 안의 식의 값이 0 이상이어야 하므로

$4-2x\geq0$에서 $-2x\geq-4$

$\therefore x\leq2$

따라서 정의역은 $\{x\,|\,x\leq2\}$이다.

이때 $x\leq2$이면 $4-2x\geq0$이므로

$\sqrt{4-2x}\geq0$

$\therefore \sqrt{4-2x}-1\geq-1$

따라서 치역은 $\{y\,|\,y\geq-1\}$이다.

1336

답 -9

함수 $y=\sqrt{ax-5}+b$의 치역은 $\{y\,|\,y\geq b\}$이므로 $b=3$

또한 주어진 함수의 그래프가 점 $(-7, 7)$을 지나므로

$7=\sqrt{-7a-5}+3$, $4=\sqrt{-7a-5}$

$16=-7a-5$, $7a=-21$ $\therefore a=-3$

$\therefore ab=-3\times3=-9$

1337

답 정의역: $\left\{x\,\middle|\,x\leq-\frac{2}{3}\right\}$, 치역: $\{y\,|\,y\geq1\}$

$y=\frac{-2x+4}{x+3}=\frac{-2(x+3)+10}{x+3}=\frac{10}{x+3}-2$이므로

함수 $y=\frac{-2x+4}{x+3}$의 그래프의 점근선의 방정식은

$x=-3$, $y=-2$이다.

$\therefore a=-3$, $b=-2$

························· ❶

이때 $f(x)=\sqrt{-3x-2}+c$이고 $f(-2)=3$이므로

$f(-2)=2+c=3$에서 $c=1$

$\therefore f(x)=\sqrt{-3x-2}+1=\sqrt{-3\left(x+\frac{2}{3}\right)}+1$

························· ❷

따라서 함수 $y=f(x)$의 정의역은 $\left\{x\,\middle|\,x\leq-\frac{2}{3}\right\}$이고, 치역은 $\{y\,|\,y\geq1\}$이다.

························· ❸

채점 기준	배점
❶ a, b의 값 구하기	30%
❷ $f(x)$의 식 구하기	30%
❸ 함수 $y=f(x)$의 정의역과 치역 구하기	40%

1338

답 ③

$y=\frac{ax+5}{x-b}=\frac{a(x-b)+ab+5}{x-b}=\frac{ab+5}{x-b}+a$

이므로 함수 $y=\frac{ax+5}{x-b}$의 그래프의 점근선의 방정식은 $x=b$, $y=a$

$\therefore a=-2$, $b=2$

따라서 함수 $f(x)=\sqrt{-2x+7}=\sqrt{-2\left(x-\dfrac{7}{2}\right)}$ 의

정의역은 $\left\{x\,\middle|\,x\le\dfrac{7}{2}\right\}$ 이므로 구하는 자연수는 1, 2, 3의 3개이다.

1339

답 ④

무리함수 $y=\sqrt{3x-1}-2=\sqrt{3\left(x-\dfrac{1}{3}\right)}-2$ 의

정의역은 $\left\{x\,\middle|\,x\ge\dfrac{1}{3}\right\}$ 이고 치역은 $\{y\,|\,y\ge-2\}$ 이다.

$\therefore a=\dfrac{1}{3},\ b=-2$

또한 무리함수 $y=-\sqrt{5-x}+4=-\sqrt{-(x-5)}+4$ 의
정의역은 $\{x\,|\,x\le5\}$ 이고 치역은 $\{y\,|\,y\le4\}$ 이다.

$\therefore c=5,\ d=4$

따라서 네 직선 $x=\dfrac{1}{3}$, $y=-2$, $x=5$, $y=4$ 로 둘러싸인 부분의

넓이는

$$\left(5-\dfrac{1}{3}\right)\times\{4-(-2)\}=28$$

유형 **11** **무리함수의 그래프가 지나는 사분면**

1340

답 ③

① 함수 $y=\sqrt{x+3}-2$ 의 그래프는 함수 $y=\sqrt{x}$ 의 그래프를 x축의 방향으로 -3만큼, y축의 방향으로 -2만큼 평행이동한 것이다.

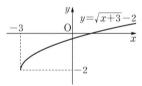

따라서 함수 $y=\sqrt{x+3}-2$ 의 그래프는 제3사분면을 지난다.

② 함수 $y=-\sqrt{x+9}$ 의 그래프는 함수 $y=-\sqrt{x}$ 의 그래프를 x축의 방향으로 -9만큼 평행이동한 것이다.

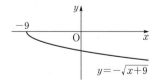

따라서 함수 $y=-\sqrt{x+9}$ 의 그래프는 제3사분면을 지난다.

③ 함수 $y=-\sqrt{x+2}+2$ 의 그래프는 함수 $y=-\sqrt{x}$ 의 그래프를 x축의 방향으로 -2만큼, y축의 방향으로 2만큼 평행이동한 것이다.

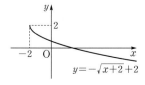

따라서 함수 $y=-\sqrt{x+2}+2$ 의 그래프는 제3사분면을 지나지 않는다.

④ 함수 $y=-\sqrt{-x}+5$ 의 그래프는 함수 $y=-\sqrt{-x}$ 의 그래프를 y축의 방향으로 5만큼 평행이동한 것이다.

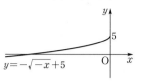

따라서 함수 $y=-\sqrt{-x}+5$ 의 그래프는 제3사분면을 지난다.

⑤ 함수 $y=\sqrt{4-x}-3=\sqrt{-(x-4)}-3$ 의 그래프는 함수 $y=\sqrt{-x}$ 의 그래프를 x축의 방향으로 4만큼, y축의 방향으로 -3만큼 평행이동한 것이다.

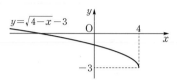

따라서 함수 $y=\sqrt{4-x}-3$ 의 그래프는 제3사분면을 지난다.

따라서 주어진 함수 중에서 그래프가 제3사분면을 지나지 않는 것은 ③ $y=-\sqrt{x+2}+2$ 이다.

> 🔊 **Bible Says** **무리함수의 그래프가 지나는 사분면**
>
> 무리함수 $y=A\sqrt{Bx}$ 에서 A와 B의 값의 부호는 오른쪽과 같이 그 그래프의 방향을 나타낸다.
> 이를 평행이동하여 주어진 함수의 그래프를 나타내고, 경우에 따라서 $x=0$일 때 함숫값이 0보다 큰지, 작은지를 구하여 그래프가 지나는 사분면을 판단할 수 있다.
>
>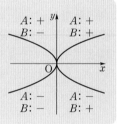

1341

답 ⑤

함수 $y=-\sqrt{x+2}+1$ 의 그래프는 함수 $y=-\sqrt{x}$ 의 그래프를 x축의 방향으로 -2만큼, y축의 방향으로 1만큼 평행이동한 것이다.

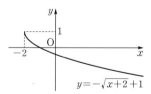

따라서 함수 $y=-\sqrt{x+2}+1$ 의 그래프는 제2, 3, 4사분면을 지난다.

1342

답 ②

$y=\dfrac{2x+3}{x+1}=\dfrac{2(x+1)+1}{x+1}=\dfrac{1}{x+1}+2$

함수 $y=\dfrac{2x+3}{x+1}$ 의 그래프는 함수 $y=\dfrac{1}{x}$ 의 그래프를 x축의 방향으로 -1만큼, y축의 방향으로 2만큼 평행이동한 것이다.

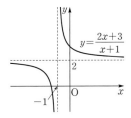

즉, 함수 $y=\dfrac{2x+3}{x+1}$의 그래프는 제1, 2, 3사분면을 지난다.

한편, 함수 $y=-\sqrt{-x+1}-2=-\sqrt{-(x-1)}-2$의 그래프는 함수 $y=-\sqrt{-x}$의 그래프를 x축의 방향으로 1만큼, y축의 방향으로 -2만큼 평행이동한 것이다.

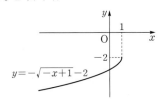

즉, 함수 $y=-\sqrt{-x+1}-2$의 그래프는 제3, 4사분면을 지난다.

따라서 두 함수 $y=\dfrac{2x+3}{x+1}$, $y=-\sqrt{-x+1}-2$의 그래프가 공통으로 지나는 사분면은 제3사분면이다.

1343 답 ②

$y=-\sqrt{3x+6}+a=-\sqrt{3(x+2)}+a$이므로 이 함수의 그래프는 함수 $y=-\sqrt{3x}$의 그래프를 x축의 방향으로 -2만큼, y축의 방향으로 a만큼 평행이동한 것이다.

함수 $y=-\sqrt{3x+6}+a$의 그래프가 제2, 3, 4사분면을 지나려면 그림과 같이 $a>0$이고, $x=0$일 때 $y<0$이어야 하므로 $-\sqrt{6}+a<0$, $a<\sqrt{6}$

$\therefore 0<a<\sqrt{6}$

따라서 구하는 정수 a는 1, 2의 2개이다.

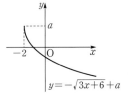

1344 답 제2, 3, 4사분면

주어진 그래프에서 점근선의 방정식이 $x=2$, $y=-1$이므로 $c=-2$이고 $a=-1$이다.

따라서 주어진 그래프의 식을 $y=\dfrac{-x+b}{x-2}$로 나타낼 수 있다.

또한 주어진 함수의 그래프가 점 $(3, 0)$을 지나므로

$0=\dfrac{-3+b}{3-2}$에서 $b=3$ ❶

즉, 주어진 무리함수의 식은 $y=\sqrt{-x+3}-2$이다.

이때 함수 $y=\sqrt{-x+3}-2=\sqrt{-(x-3)}-2$의 그래프는 함수 $y=\sqrt{-x}$의 그래프를 x축의 방향으로 3만큼, y축의 방향으로 -2만큼 평행이동한 것이다.

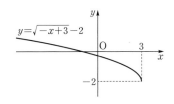

따라서 함수 $y=\sqrt{-x+3}-2$의 그래프는 제2, 3, 4사분면을 지난다. ❸

채점 기준	배점
❶ a, b, c의 값 구하기	30%
❷ 무리함수 $y=\sqrt{ax+b}+c$의 그래프 그리기	40%
❸ 그래프가 지나는 사분면 구하기	30%

1345 답 $a<-2$

함수 $y=\sqrt{ax}$의 그래프를 x축의 방향으로 2만큼, y축의 방향으로 2만큼 평행이동한 그래프의 식은 $y=\sqrt{a(x-2)}+2$

$y=\dfrac{3x-8}{x-2}=\dfrac{3(x-2)-2}{x-2}=-\dfrac{2}{x-2}+3$

이므로 함수 $y=\dfrac{3x-8}{x-2}$의 그래프는 함수 $y=-\dfrac{2}{x}$의 그래프를 x축의 방향으로 2만큼, y축의 방향으로 3만큼 평행이동한 것이다.

즉, 함수 $y=\dfrac{3x-8}{x-2}$의 그래프는 그림과 같고 함수 $y=\sqrt{a(x-2)}+2$의 그래프가 함수 $y=\dfrac{3x-8}{x-2}$의 그래프와 제1사분면에서 만나려면 $x=0$일 때 $y>4$이어야 한다.

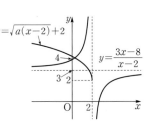

따라서 $\sqrt{-2a}+2>4$이어야 하므로 $\sqrt{-2a}>2$

$-2a>4$ $\therefore a<-2$

유형 12 그래프를 이용하여 무리함수의 식 구하기

1346 답 24

주어진 함수의 식은 $y=-\sqrt{a(x+2)}+3$ $(a>0)$으로 나타낼 수 있다.

이 함수의 그래프가 점 $(0, 1)$을 지나므로

$1=-\sqrt{2a}+3$에서

$\sqrt{2a}=2$, $2a=4$

$\therefore a=2$

따라서 주어진 그래프의 식은

$y=-\sqrt{2(x+2)}+3=-\sqrt{2x+4}+3$

이므로 $a=2$, $b=4$, $c=3$이다.

$\therefore abc=2\times4\times3=24$

1347
답 ⑤

주어진 함수의 식은 $y=\sqrt{a(x+1)}-2\ (a>0)$로 나타낼 수 있다.
따라서 $y=\sqrt{a(x+1)}-2=\sqrt{ax+a}-2=\sqrt{ax+4}-2$에서
$a=4$이다.

다른 풀이

함수 $y=\sqrt{ax+4}-2$의 그래프가 점 $(-1, -2)$를 지나므로
$-2=\sqrt{-a+4}-2$, $\sqrt{-a+4}=0$ $\therefore a=4$

1348
답 18

주어진 함수의 식은 $y=-\sqrt{a(x+2)}+3\ (a>0)$으로 나타낼 수 있다.
이 함수의 그래프가 점 $(1, 0)$을 지나므로
$0=-\sqrt{3a}+3$에서 $a=3$이다. ··· ❶

따라서 $f(x)=-\sqrt{3(x+2)}+3=-\sqrt{3x+6}+3$이므로
$b=6$이다. ·· ❷

$\therefore ab=3\times 6=18$ ··· ❸

채점 기준	배점
❶ a의 값 구하기	50%
❷ b의 값 구하기	30%
❸ ab의 값 구하기	20%

1349
답 ③

주어진 함수의 식은 $y=\sqrt{a(x-3)}+4\ (a<0)$로 나타낼 수 있다.
이 함수의 그래프가 점 $(0, 7)$을 지나므로 $7=\sqrt{-3a}+4$에서
$\sqrt{-3a}=3$, $-3a=9$ $\therefore a=-3$
즉, $y=\sqrt{-3(x-3)}+4=\sqrt{-3x+9}+4$이므로 $b=9$, $c=4$
따라서 함수 $y=\dfrac{4x-18}{x-3}=\dfrac{4(x-3)-6}{x-3}=-\dfrac{6}{x-3}+4$의 그래프
는 그림과 같으므로 제1, 2, 4사분면을 지난다.

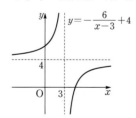

1350
답 ③

주어진 함수의 식은 $y=\sqrt{a(x-p)}+q\ (a<0, p>0, q<0)$로 나타낼 수 있다.
즉, $y=\sqrt{a(x-p)}+q=\sqrt{ax-ap}+q=\sqrt{ax+b}+c$에서
$b=-ap$, $c=q$이므로 $b>0$, $c<0$이다.

이때 함수 $y=\dfrac{b}{x+a}+c$의 그래프는 점근선의 방정식이 $x=-a$,
$y=c$이고, $-a>0$, $b>0$, $c<0$이므로 그래프는 그림과 같다.

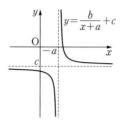

따라서 함수 $y=\dfrac{b}{x+a}+c$의 그래프로 알맞은 것은 ③이다.

1351
답 ①

주어진 함수의 식은 $y=\sqrt{a(x+2)}-1\ (a>0)$로 나타낼 수 있다.
이 함수의 그래프가 점 $(0, 1)$을 지나므로
$1=\sqrt{2a}-1$에서 $a=2$이다.
또한 $y=\sqrt{2(x+2)}-1=\sqrt{a(x+p)}+q$이므로 $p=2$, $q=-1$이다.
$y=\sqrt{qx+p}-a=\sqrt{-x+2}-2$이므로
함수 $y=\sqrt{-x+2}-2=\sqrt{-(x-2)}-2$의 그래프는 함수 $y=\sqrt{-x}$
의 그래프를 x축의 방향으로 2만큼, y축의 방향으로 -2만큼 평행
이동한 것이므로 그림과 같다.

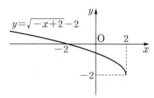

따라서 함수 $y=\sqrt{qx+p}-a$의 그래프는 제1사분면을 지나지 않는다.

유형 13 무리함수의 그래프의 성질

1352
답 ③

함수 $y=-\sqrt{2x-4}+3=-\sqrt{2(x-2)}+3$의 그래프는 함수
$y=-\sqrt{2x}$의 그래프를 x축의 방향으로 2만큼, y축의 방향으로 3만
큼 평행이동한 것이다.

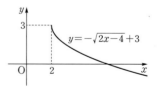

① 정의역은 $\{x|x\geq 2\}$이다. (참)
② 치역은 $\{y|y\leq 3\}$이다. (참)
③ 함수 $y=-\sqrt{2x-4}+3$의 그래프는 제1, 4사분면을 지난다.
(거짓)
④ $y=-\sqrt{2x-4}+3$에 $x=4$를 대입하면
$y=-\sqrt{8-4}+3=1$
이므로 함수 $y=-\sqrt{2x-4}+3$의 그래프는 점 $(4, 1)$을 지난다.
(참)

⑤ 함수 $y=-\sqrt{2x-4}+3=-\sqrt{2(x-2)}+3$의 그래프는 함수 $y=-\sqrt{2x}$의 그래프를 x축의 방향으로 2만큼, y축의 방향으로 3만큼 평행이동한 것이다. (참)

1353 답 ②

$y=-\sqrt{-2x+4}+3=-\sqrt{-2(x-2)}+3$

① 정의역은 $\{x|x\le2\}$이고, 치역은 $\{y|y\le3\}$이다. (거짓)

② 함수 $y=\sqrt{2x}$의 그래프를 x축의 방향으로 -2만큼, y축의 방향으로 -3만큼 평행이동한 그래프의 식은

$y=\sqrt{2(x+2)}-3=\sqrt{2x+4}-3$이다.

이 그래프를 원점에 대하여 대칭이동한 그래프의 식은

$y=-\sqrt{-2x+4}+3$이다.

따라서 함수 $y=-\sqrt{-2x+4}+3$의 그래프는 함수 $y=\sqrt{2x}$의 그래프를 평행이동 또는 대칭이동하여 나타낼 수 있다. (참)

③ 함수 $y=-\sqrt{-2x+4}+3=-\sqrt{-2(x-2)}+3$의 그래프는 함수 $y=-\sqrt{-2x}$의 그래프를 x축의 방향으로 2만큼, y축의 방향으로 3만큼 평행이동한 것이고, 점 $(0, 1)$을 지난다.

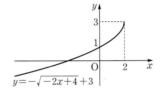

따라서 함수 $y=-\sqrt{-2x+4}+3$의 그래프는 제2사분면을 지난다.
(거짓)

④ $y=-\sqrt{-2x+4}+3$에 $x=\dfrac{3}{2}$을 대입하면

$y=-\sqrt{-3+4}+3=2$

따라서 함수 $y=-\sqrt{-2x+4}+3$의 그래프는 점 $\left(\dfrac{3}{2}, 2\right)$를 지난다. (거짓)

⑤ 함수 $y=-\sqrt{-2x+4}+3$의 그래프를 x축의 방향으로 -2만큼, y축의 방향으로 -3만큼 평행이동한 그래프의 식은

$y=-\sqrt{-2(x+2)+4}+3-3=-\sqrt{-2x}$이다. (거짓)

1354 답 ④

함수 $y=\sqrt{-x+2}-1=\sqrt{-(x-2)}-1$의 그래프는 함수 $y=\sqrt{-x}$의 그래프를 x축의 방향으로 2만큼, y축의 방향으로 -1만큼 평행이동한 것이다.

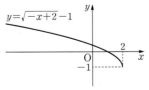

ㄱ. 정의역은 $\{x|x\le2\}$이고, 치역은 $\{y|y\ge-1\}$이다. (거짓)

ㄴ. 그래프는 제3사분면을 지나지 않는다. (참)

ㄷ. $y=\dfrac{1}{2}\sqrt{2-4x}+3=\dfrac{1}{2}\sqrt{-4\left(x-\dfrac{1}{2}\right)}+3$

$=\dfrac{\sqrt{4}}{2}\sqrt{-\left(x-\dfrac{1}{2}\right)}+3=\sqrt{-\left(x-\dfrac{1}{2}\right)}+3$

이므로 함수 $y=\sqrt{-x+2}-1=\sqrt{-(x-2)}-1$의 그래프를 x축의 방향으로 $-\dfrac{3}{2}$만큼, y축의 방향으로 4만큼 평행이동하면

함수 $y=\dfrac{1}{2}\sqrt{2-4x}+3$의 그래프와 일치한다. (참)

따라서 옳은 것은 ㄴ, ㄷ이다.

유형 14 **무리함수의 최대·최소**

1355 답 13

$2>0$이므로 정의역이 $\{x|-1\le x\le5\}$인 무리함수

$f(x)=\sqrt{2x+a}+3$은

$x=-1$일 때 최솟값 $f(-1)=\sqrt{-2+a}+3=5$를 가지므로 $a=6$ 이고

$x=5$일 때 최댓값 $f(5)=\sqrt{10+a}+3=\sqrt{10+6}+3=7$을 가지므로 $b=7$이다.

$\therefore a+b=6+7=13$

> **참고**
>
> 무리함수 $y=\sqrt{ax+b}+c$는 x의 값이 커질 때 함숫값이 계속 커지거나 또는 계속 작아지므로 정의역이 제한되어 있을 때 x의 값의 범위의 양 끝 값에서 각각 최댓값과 최솟값을 갖는다.

1356 답 10

함수 $y=\sqrt{2x-6}+a=\sqrt{2(x-3)}+a$의 정의역은 $\{x|x\ge3\}$이다.

$2>0$이므로 정의역이 $\{x|x\ge3\}$인 함수 $y=\sqrt{2x-6}+a$는

$x=3$일 때 최솟값 $\sqrt{6-6}+a=5$를 가지므로 $a=5$

또한 함수 $y=\sqrt{2x-6}+5$의 그래프가 점 $(b, 7)$을 지나므로

$7=\sqrt{2b-6}+5$, $\sqrt{2b-6}=2$

$2b-6=4$ $\therefore b=5$

$\therefore a+b=5+5=10$

1357 답 ①

$-3<0$이므로 $-3\le x\le-2$에서 함수 $y=\sqrt{-5-3x}+k$는

$x=-2$일 때 최솟값 $\sqrt{-5+6}+k=3$을 가지므로 $k=2$이다.

따라서 이 함수는 $x=-3$일 때 최댓값

$\sqrt{-5+9}+k=2+2=4$

를 갖는다.

1358

답 4

$-2 < 0$이므로 $-3 \leq x \leq 1$에서 함수 $y = -\sqrt{a-2x}+4$는
$x=1$일 때 최댓값 $-\sqrt{a-2}+4=3$을 가지므로 $a=3$이고
——————————————————————— ❶

$x=-3$일 때 최솟값 $-\sqrt{a+6}+4=-\sqrt{3+6}+4=1$을 가지므로
$b=1$이다.
——————————————————————— ❷

$\therefore a+b=3+1=4$
——————————————————————— ❸

채점 기준	배점
❶ a의 값 구하기	40%
❷ b의 값 구하기	40%
❸ $a+b$의 값 구하기	20%

참고

정의역이 $\{x \mid p \leq x \leq q\}$인 무리함수 $y=-\sqrt{ax+b}+c$의 최댓값과 최솟값은 다음과 같다.

(1) $a>0$일 때
 최솟값은 $f(q)$이고 최댓값은 $f(p)$이다.

(2) $a<0$일 때
 최솟값은 $f(p)$이고 최댓값은 $f(q)$이다.

1359

답 ⑤

함수 $y = \dfrac{ax+2}{x-b}$의 그래프의 두 점근선의 교점의 좌표가

$(5, -1)$이므로 이 함수의 그래프의 점근선의 방정식은
$x=5$, $y=-1$이다.

즉, 이 함수의 식을 $y = \dfrac{k}{x-5}-1 \ (k \neq 0)$로 나타낼 수 있다.

$\dfrac{k}{x-5}-1 = \dfrac{k}{x-5}-\dfrac{x-5}{x-5} = \dfrac{-x+k+5}{x-5} = \dfrac{ax+2}{x-b}$에서

$a=-1$, $b=5$, $k=-3$이다.

한편, $-1<0$이므로 $-4 \leq x \leq 1$에서 함수
$y = a\sqrt{-x+b}+c = -\sqrt{-x+5}+c$는 $x=1$일 때
최댓값 $-\sqrt{-1+5}+c=2$를 가지므로 $c=4$이다.
따라서 이 함수는 $x=-4$일 때 최솟값
$-\sqrt{4+5}+c = -3+4=1$
을 갖는다.

1360

답 16

$y = \sqrt{|x|+1}$에서 절댓값 기호 안의 식의 값이 0이 되는 x의 값이
0이므로

(i) $x<0$일 때
 $y = \sqrt{-x+1} = \sqrt{-(x-1)}$이므로
 이 함수의 그래프는 함수 $y = \sqrt{-x}$의 그래프를 x축의 방향으로
 1만큼 평행이동한 것이다.

(ii) $x \geq 0$일 때
 $y = \sqrt{x+1}$이므로
 이 함수의 그래프는 함수 $y = \sqrt{x}$의 그래프를 x축의 방향으로
 -1만큼 평행이동한 것이다.

(i), (ii)에서 함수 $y = \sqrt{|x|+1}$의 그래프는 다음 그림과 같다.

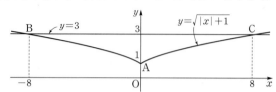

함수 $y = \sqrt{|x|+1}$이 최솟값을 갖는 점은 A$(0, 1)$이고
함수 $y = \sqrt{|x|+1}$의 그래프와 직선 $y=3$의 교점의 x좌표는

$\sqrt{-x+1}=3$에서 $-x+1=9$

$\therefore x=-8$

$\sqrt{x+1}=3$에서 $x+1=9$

$\therefore x=8$

즉, 함수 $y = \sqrt{|x|+1}$의 그래프와 직선 $y=3$이 만나는 두 점은
B$(-8, 3)$, C$(8, 3)$이다.
따라서 삼각형 ABC에서 변 BC를 밑변이라 하면 삼각형 ABC의
넓이는

$\dfrac{1}{2} \times 16 \times 2 = 16$

유형 15 무리함수의 그래프와 직선의 위치 관계

1361

답 ①

$g(x) = \sqrt{-x+2} = \sqrt{-(x-2)}$이므로

함수 $y=g(x)$의 그래프는 함수 $y=\sqrt{-x}$의 그래프를 x축의 방향
으로 2만큼 평행이동한 것이다.
또한 함수 $y=f(x)$의 그래프는 기울기가 -1인 직선이다.

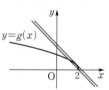

(i) 직선 $y=f(x)$가 점 $(2, 0)$을 지날 때
 $f(2) = -2+k=0$에서 $k=2$

(ii) 함수 $y=g(x)$의 그래프와 직선 $y=f(x)$가 접할 때
 $\sqrt{-x+2} = -x+k$의 양변을 제곱하면
 $-x+2 = (-x+k)^2$
 $-x+2 = x^2-2kx+k^2$
 $\therefore x^2-(2k-1)x+k^2-2=0$
 이 이차방정식의 판별식을 D라 하면
 $D = (2k-1)^2-4(k^2-2)=0$에서
 $-4k+9=0$ $\therefore k=\dfrac{9}{4}$

(i), (ii)에서 두 함수 $y=f(x)$, $y=g(x)$의 그래프가 서로 다른 두

점에서 만나도록 하는 실수 k의 값의 범위는 $2 \leq k < \dfrac{9}{4}$이다.

따라서 $\alpha=2$, $\beta=\dfrac{9}{4}$이므로 $\alpha\beta = 2 \times \dfrac{9}{4} = \dfrac{9}{2}$

참고

무리함수는 근호 안의 식의 값이 0 이상이어야 한다. 즉, 정의역과 치역이 제한되어 있으므로 무리함수의 그래프와 직선의 위치 관계를 단순히 이차방정식의 판별식만으로 해결하면 오답을 얻게 된다. 따라서 항상 그래프를 그린 후 확인한다.

1362

답 $\dfrac{1}{2}$

함수 $y=-\sqrt{2x-4}$의 그래프와 직선 $y=-x+3a$가 접하므로
$-\sqrt{2x-4}=-x+3a$의 양변을 제곱하면
$2x-4=x^2-6ax+9a^2$, $x^2-2(3a+1)x+9a^2+4=0$
이 이차방정식의 판별식을 D라 하면
$\dfrac{D}{4}=\{-(3a+1)\}^2-(9a^2+4)=0$에서
$6a-3=0$ $\therefore a=\dfrac{1}{2}$

1363

답 4

함수 $y=-\sqrt{x-2}+5$의 그래프는 함수 $y=-\sqrt{x}$의 그래프를 x축의 방향으로 2만큼, y축의 방향으로 5만큼 평행이동한 것이다.
또한 직선 $y=mx-1$은 m의 값에 관계없이 항상 점 $(0,\ -1)$을 지난다.

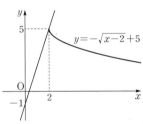

❶

직선 $y=mx-1$이 점 $(2, 5)$를 지날 때,
$5=2m-1$, $2m=6$ $\therefore m=3$
이때 함수 $y=-\sqrt{x-2}+5$의 그래프와 직선 $y=mx-1$이 만나지 않도록 하는 양수 m의 값의 범위는
$m>3$

❷

따라서 자연수 m의 최솟값은 4이다.

❸

채점 기준	배점
❶ 함수 $y=-\sqrt{x-2}+5$의 그래프와 직선 $y=mx-1$ 그리기	30%
❷ 주어진 조건을 만족시키는 양수 m의 값의 범위 구하기	40%
❸ 주어진 조건을 만족시키는 자연수 m의 최솟값 구하기	30%

참고

함수 $y=-\sqrt{x-2}+5$의 그래프와 직선 $y=mx-1$이 만나지 않도록 하는 실수 m의 값은 음수 범위에서도 존재한다.

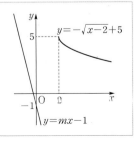

1364

답 3

$y=\sqrt{-2x+3}=\sqrt{-2\left(x-\dfrac{3}{2}\right)}$이므로
함수 $y=\sqrt{-2x+3}$의 그래프는 함수 $y=\sqrt{-2x}$의 그래프를 x축의 방향으로 $\dfrac{3}{2}$만큼 평행이동한 것이다.
또한 직선 $y=-x+k$는 기울기가 -1인 직선이다.

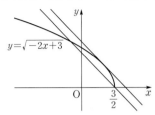

❶

한편, $n(A\cap B)=2$이므로 함수 $y=\sqrt{-2x+3}$의 그래프와 직선 $y=-x+k$가 서로 다른 두 점에서 만나야 한다.

❷

(ⅰ) 직선 $y=-x+k$가 점 $\left(\dfrac{3}{2},\ 0\right)$을 지날 때
$0=-\dfrac{3}{2}+k$에서 $k=\dfrac{3}{2}$
(ⅱ) 함수 $y=\sqrt{-2x+3}$의 그래프와 직선 $y=-x+k$가 접할 때
$\sqrt{-2x+3}=-x+k$의 양변을 제곱하면
$-2x+3=(-x+k)^2$
$-2x+3=x^2-2kx+k^2$
$\therefore x^2-2(k-1)x+k^2-3=0$
이 이차방정식의 판별식을 D라 하면
$\dfrac{D}{4}=\{-(k-1)\}^2-(k^2-3)=0$에서
$-2k+4=0$ $\therefore k=2$
(ⅰ), (ⅱ)에서 함수 $y=\sqrt{-2x+3}$의 그래프와 직선 $y=-x+k$가 서로 다른 두 점에서 만나도록 하는 실수 k의 값의 범위는 $\dfrac{3}{2}\leq k<2$이다.

❸

따라서 $\alpha=\dfrac{3}{2}$, $\beta=2$이므로 $\alpha\beta=\dfrac{3}{2}\times 2=3$

❹

채점 기준	배점
❶ 함수 $y=\sqrt{-2x+3}$의 그래프와 직선 $y=-x+k$ 그리기	30%
❷ $n(A\cap B)=2$의 의미 파악하기	20%
❸ 조건을 만족시키는 실수 k의 값의 범위 구하기	40%
❹ $\alpha\beta$의 값 구하기	10%

1365

답 ③

$y=5-2\sqrt{1-x}=-2\sqrt{-(x-1)}+5$이므로
함수 $y=5-2\sqrt{1-x}$의 그래프는 함수 $y=-2\sqrt{-x}$의 그래프를 x축의 방향으로 1만큼, y축의 방향으로 5만큼 평행이동한 것이다.
또한 직선 $y=-x+k$는 기울기가 -1인 직선이다.

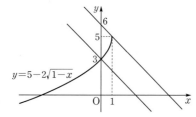

이때 직선 $y=-x+k$가 점 $(0, 3)$을 지나면
$3=-0+k$에서 $k=3$이고,
직선 $y=-x+k$가 점 $(1, 5)$를 지나면
$5=-1+k$에서 $k=6$이므로
함수 $y=5-2\sqrt{1-x}$의 그래프와 직선 $y=-x+k$가 제1사분면에서 만나기 위해서는 $3<k\le6$이어야 한다.
따라서 주어진 조건을 만족시키는 정수 k는 4, 5, 6이므로 그 합은
$4+5+6=15$

1366
답 ②

함수 $y=\sqrt{kx+1}-2$의 그래프는 k의 값에 관계없이 점 $(0, -1)$을 지난다.
이때 두 점 A, B의 x좌표는 모두 0보다 크고, y좌표는 모두 1이므로 선분 AB와 함수 $y=\sqrt{kx+1}-2$의 그래프가 서로 만나기 위해서는
$k>0$이고 $\quad\cdots\cdots\ \bigcirc$
$f(x)=\sqrt{kx+1}-2$라 하면 $f(1)\le1$이고 $f(3)\ge1$이어야 한다.

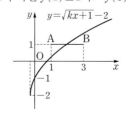

$f(1)\le1$에서
$\sqrt{k+1}-2\le1$, $\sqrt{k+1}\le3$
$k+1\le9$
$\therefore k\le8 \quad\cdots\cdots\ \bigcirc$
$f(3)\ge1$에서
$\sqrt{3k+1}-2\ge1$, $\sqrt{3k+1}\ge3$
$3k+1\ge9$
$\therefore k\ge\dfrac{8}{3} \quad\cdots\cdots\ \bigcirc$
$\bigcirc\sim\bigcirc$에서 $\dfrac{8}{3}\le k\le8$이어야 하므로
주어진 조건을 만족시키는 정수 k는 3, 4, 5, 6, 7, 8의 6개이다.

1367
답 6

$f^{-1}(3)=1$에서 $f(1)=3$이므로
$f(1)=-\sqrt{a-2}+5=3$에서
$\sqrt{a-2}=2$, $a-2=4$
$\therefore a=6$

[다른 풀이]
$a=0$이면 $f(x)=-\sqrt{-2}+5$이므로 $a\ne0$이다.
$y=-\sqrt{ax-2}+5\ (a\ne0)$에서
$(y-5)^2=ax-2$
$ax=(y-5)^2+2$
$x=\dfrac{1}{a}(y-5)^2+\dfrac{2}{a}$
x와 y를 서로 바꾸면
$y=\dfrac{1}{a}(x-5)^2+\dfrac{2}{a}$
이때 함수 $f(x)$의 치역은 $\{y|y\le5\}$이므로 함수 $f^{-1}(x)$의 정의역은 $\{x|x\le5\}$이다.
$\therefore f^{-1}(x)=\dfrac{1}{a}(x-5)^2+\dfrac{2}{a}\ (x\le5)$
이때 $f^{-1}(3)=1$이므로
$f^{-1}(3)=\dfrac{4}{a}+\dfrac{2}{a}=1$, $\dfrac{6}{a}=1$
$\therefore a=6$

참고
> 무리함수 $f(x)=-\sqrt{ax+b}+c\ (a\ne0)$의 역함수는
> $$f^{-1}(x)=\dfrac{1}{a}(x-c)^2-\dfrac{b}{a}\ (x\le c)$$
> 이다.

1368
답 -5

함수 $y=5-\sqrt{3x+2}$의 치역이 $\{y|y\le5\}$이므로 역함수의 정의역은 $\{x|x\le5\}$이다.
$\therefore d=5$
$y=5-\sqrt{3x+2}$에서 $y-5=-\sqrt{3x+2}$
양변을 제곱하면 $(y-5)^2=3x+2$
$\therefore x=\dfrac{1}{3}(y-5)^2-\dfrac{2}{3}$
x와 y를 서로 바꾸면 구하는 역함수는
$y=\dfrac{1}{3}(x-5)^2-\dfrac{2}{3}\ (x\le5)$
따라서 $a=\dfrac{1}{3}$, $b=-5$, $c=-\dfrac{2}{3}$, $d=5$이므로
$ab+cd=-\dfrac{5}{3}+\left(-\dfrac{10}{3}\right)=-5$

1369
답 16

함수 $y=\sqrt{ax+b}$의 그래프가 점 $(3, 2)$를 지나므로
$2=\sqrt{3a+b}$ $\therefore 3a+b=4$ ...... ㉠
역함수의 그래프가 점 $(7, -12)$를 지나면
함수 $y=\sqrt{ax+b}$의 그래프는 점 $(-12, 7)$을 지나므로
$7=\sqrt{-12a+b}$ $\therefore -12a+b=49$ ...... ㉡
㉠, ㉡을 연립하여 풀면 $a=-3$, $b=13$
$\therefore b-a=13-(-3)=16$

1370
답 $2\sqrt{2}$

함수 $y=f(x)$의 그래프와 그 역함수 $y=g(x)$의 그래프는 직선 $y=x$에 대하여 대칭이므로 함수 $y=f(x)$의 그래프와 그 역함수 $y=g(x)$의 그래프의 교점은 함수 $y=f(x)$의 그래프와 직선 $y=x$의 교점과 일치한다.
.... ❶
$\sqrt{6x-2}-1=x$에서 $\sqrt{6x-2}=x+1$
양변을 제곱하면
$6x-2=(x+1)^2$
$6x-2=x^2+2x+1$
$x^2-4x+3=0$
$(x-1)(x-3)=0$
$\therefore x=1$ 또는 $x=3$
.... ❷
따라서 두 함수 $y=f(x)$, $y=g(x)$의 그래프가 만나는 점의 좌표는 $(1, 1)$, $(3, 3)$이므로 이 두 점 사이의 거리는
$\sqrt{(3-1)^2+(3-1)^2}=2\sqrt{2}$
.... ❸

채점 기준	배점
❶ 두 함수 $y=f(x)$, $y=g(x)$의 그래프의 교점이 직선 $y=x$ 위에 존재한다는 사실을 이용하기	40%
❷ 함수 $y=f(x)$의 그래프와 직선 $y=x$의 교점의 x좌표 구하기	30%
❸ 두 교점 사이의 거리 구하기	30%

1371
답 ①

함수 $y=f(x)$의 그래프와 그 역함수 $y=g(x)$의 그래프는 직선 $y=x$에 대하여 대칭이므로 함수 $y=f(x)$의 그래프와 그 역함수 $y=g(x)$의 그래프의 교점은 함수 $y=f(x)$의 그래프와 직선 $y=x$의 교점과 일치한다.
따라서 두 함수 $y=f(x)$, $y=g(x)$의 그래프가 서로 다른 두 점에서 만나기 위해서는 함수 $y=f(x)$의 그래프와 직선 $y=x$의 교점의 개수가 2이어야 한다.
이때 $\sqrt{x-1}+k=x$에서 $\sqrt{x-1}=x-k$이므로
함수 $y=\sqrt{x-1}$의 그래프와 직선 $y=x-k$가 서로 다른 두 점에서 만나야 한다.

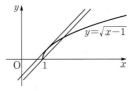

(i) 직선 $y=x-k$가 점 $(1, 0)$을 지날 때
   $0=1-k$에서 $k=1$
(ii) 함수 $y=\sqrt{x-1}$의 그래프와 직선 $y=x-k$가 접할 때
   $\sqrt{x-1}=x-k$의 양변을 제곱하면
   $x-1=(x-k)^2$
   $x-1=x^2-2kx+k^2$
   $x^2-(2k+1)x+k^2+1=0$
   이 이차방정식의 판별식을 D라 하면
   $D=(2k+1)^2-4(k^2+1)=0$에서
   $4k-3=0$ $\therefore k=\dfrac{3}{4}$
(i), (ii)에서 두 함수 $y=f(x)$, $y=g(x)$의 그래프가 서로 다른 두 점에서 만나도록 하는 k의 값의 범위는 $\dfrac{3}{4}<k\le 1$이다.
따라서 주어진 조건을 만족시키는 정수 k는 1뿐이므로 1개이다.

1372
답 ②

함수 $f(x)=\sqrt{4x+5}$의 역함수는
$f^{-1}(x)=\dfrac{1}{4}(x^2-5)$ $(x\ge 0)$이다.
즉, $f(x)$와 $g(x)$는 서로 역함수 관계이다.
따라서 두 함수 $y=f(x)$, $y=g(x)$의 그래프는 직선 $y=x$에 대하여 대칭이므로 점 A는 함수 $y=f(x)$의 그래프와 직선 $y=x$의 교점이다.
$\sqrt{4x+5}=x$에서 $4x+5=x^2$
$x^2-4x-5=0$, $(x+1)(x-5)=0$
$\therefore x=-1$ 또는 $x=5$
이때 $f(x)\ge 0$이므로 점 A의 좌표는 $(5, 5)$이다.
한편, 점 $B(1, 3)$을 지나고 기울기가 -1인 직선은 직선 $y=x$에 대하여 대칭이므로 점 C는 점 B를 직선 $y=x$에 대하여 대칭이동한 것이다.
따라서 점 C의 좌표는 $(3, 1)$이므로 선분 CA의 길이는
$\sqrt{(3-5)^2+(1-5)^2}=\sqrt{20}=2\sqrt{5}$

> **참고**
> 점 A는 직선 $y=x$ 위의 점이고, 두 점 B, C는 직선 $y=x$에 대하여 서로 대칭이므로 $\overline{AB}=\overline{CA}$이다.

유형 17 무리함수의 합성함수와 역함수

1373
답 ①

$f^{-1}(3)=k$라 하면 $f(k)=3$에서
$f(k)=\sqrt{3k-1}=3$

$3k-1=9$ $\therefore k=\dfrac{10}{3}$

즉, $f^{-1}(3)=\dfrac{10}{3}$이므로 $f\left(\dfrac{10}{3}\right)=3$이다.

$h(x)=(g\circ f)(x)=g(f(x))=g(\sqrt{3x-1})$이고, $h(x)=\dfrac{3x-8}{x+2}$

이므로

$$g(3)=g\left(f\left(\dfrac{10}{3}\right)\right)=h\left(\dfrac{10}{3}\right)=\dfrac{10-8}{\dfrac{10}{3}+2}=\dfrac{6}{16}=\dfrac{3}{8}$$

$\therefore f^{-1}(3)\times g(3)=\dfrac{10}{3}\times\dfrac{3}{8}=\dfrac{5}{4}$

1374

답 ③

$f^{-1}(g(x))=2x$에서 $g(x)=f(2x)$

$\therefore g(3)=f(6)=\sqrt{18-12}=\sqrt{6}$

1375

답 27

$(f\circ g)(x)=x$이므로 $g(x)$는 $f(x)$의 역함수이다.

$g(3)=k$라 하면 $f(k)=3$이므로

$\sqrt{2k-5}=3$, $2k-5=9$, $2k=14$ $\therefore k=7$

$g(7)=m$이라 하면 $f(m)=7$이므로

$\sqrt{2m-5}=7$, $2m-5=49$, $2m=54$ $\therefore m=27$

$\therefore (g\circ g)(3)=g(g(3))=g(7)=27$

1376

답 ⑤

$x\geq 0$에서 $g(x)=-3x+2\leq 2$

따라서 $g(x)=t$라 하면 $t\leq 2$이고

$(f\circ g)(x)=f(g(x))=f(t)=\sqrt{2-t}+1$이므로

$(f\circ g)(x)\geq 1$이다.

따라서 함수 $(f\circ g)(x)$의 치역은 $\{y|y\geq 1\}$이므로

함수 $(f\circ g)(x)$의 역함수의 정의역은 $\{x|x\geq 1\}$이다.

> **참고**
>
> $(f\circ g)(x)=\sqrt{2-(-3x+2)}+1=\sqrt{3x}+1$이고, 이 함수의 치역은 $\{y|y\geq 1\}$이다.
>
> $y=\sqrt{3x}+1$에서 $\sqrt{3x}=y-1$
>
> $3x=(y-1)^2$
>
> $x=\dfrac{1}{3}(y-1)^2$
>
> x와 y를 서로 바꾸면
>
> $y=\dfrac{1}{3}(x-1)^2\ (x\geq 1)$
>
> 따라서 $h(x)=(f\circ g)(x)$라 하면
>
> $h^{-1}(x)=\dfrac{1}{3}(x-1)^2\ (x\geq 1)$이다.

1377

답 20

$f(g(x))=x$이므로 $g(x)=f^{-1}(x)$이다.

$g(3)=a$라 하면 $f(a)=3$이므로

$f(a)=\dfrac{1}{2}\sqrt{a-3}+1=3$

$\sqrt{a-3}=4$, $a-3=16$

$\therefore a=19$

따라서 $g(3)=19$이다.

··· ❶

한편, $g(x)=f^{-1}(x)$에서 $g^{-1}(x)=f(x)$이므로

$g^{-1}(3)=f(3)=1$

··· ❷

$\therefore g(3)+g^{-1}(3)=19+1=20$

··· ❸

채점 기준	배점
❶ $g(3)$의 값 구하기	40%
❷ $g^{-1}(3)$의 값 구하기	40%
❸ $g(3)+g^{-1}(3)$의 값 구하기	20%

1378

답 ②

$f(x)=\dfrac{-2x+10}{x-4}=\dfrac{-2(x-4)+2}{x-4}=\dfrac{2}{x-4}-2$이므로

$x<4$일 때 x의 값이 커지면 $f(x)$의 값은 작아진다.   ⋯⋯ ㉠

또한 $g(x)=\sqrt{-x-1}+1$이므로

$-5\leq x\leq -2$에서 $2\leq g(x)\leq 3$ ⋯⋯ ㉡

따라서 $(f\circ g)(x)=f(g(x))$에서 $g(x)=t$라 하면

㉡에 의하여 $2\leq t\leq 3$이고

함수 $f(t)$는 ㉠에 의하여

$t=2$일 때 최댓값 $\dfrac{-4+10}{2-4}=-3$,

$t=3$일 때 최솟값 $\dfrac{-6+10}{3-4}=-4$

를 갖는다.

따라서 $-5\leq x\leq -2$에서 함수 $(f\circ g)(x)$의 최댓값과 최솟값의 합은

$-3+(-4)=-7$

참고

분모가 무리식인 경우는 $(\sqrt{a}+\sqrt{b})(\sqrt{a}-\sqrt{b})=a-b$를 이용하여 분모를 유리화하면 식을 간단히 할 수 있다.

1379 답 ④

무리식 $\dfrac{7}{\sqrt{14-3x}}$의 값이 실수가 되기 위해서는

근호 안의 식의 값이 0 이상이어야 하고, 분모가 0이 아니어야 한다.

따라서 $14-3x>0$에서 $x<\dfrac{14}{3}$이므로

주어진 조건을 만족시키는 자연수 x는 1, 2, 3, 4의 4개이다.

🔊 **Bible Says** **무리식의 값이 실수가 되기 위한 조건**

두 다항식 $f(x), g(x)$에 대하여

① $\sqrt{f(x)}\pm\sqrt{g(x)}$의 값이 실수일 때
  ➡ $f(x)\geq0, g(x)\geq0$

② $\dfrac{\sqrt{g(x)}}{\sqrt{f(x)}}$의 값이 실수일 때
  ➡ $f(x)>0, g(x)\geq0$

1380 답 ①

함수 $y=-\sqrt{x-a}+a+2$의 그래프가 점 $(a, -a)$를 지나므로
$-a=-\sqrt{a-a}+a+2$, $-a=a+2$
$2a=-2$　∴ $a=-1$
따라서 함수 $y=-\sqrt{x+1}+1$의 치역은 $\{y\,|\,y\leq1\}$이다.

1381 답 ①

$\dfrac{\sqrt{x+4}-\sqrt{x-2}}{\sqrt{x+4}+\sqrt{x-2}}=\dfrac{(\sqrt{x+4}-\sqrt{x-2})^2}{(\sqrt{x+4}+\sqrt{x-2})(\sqrt{x+4}-\sqrt{x-2})}$

$=\dfrac{(x+4)-2\sqrt{(x+4)(x-2)}+(x-2)}{(x+4)-(x-2)}$

$=\dfrac{2x+2-2\sqrt{x^2+2x-8}}{6}$

$=\dfrac{x+1-\sqrt{x^2+2x-8}}{3}$

$\dfrac{\sqrt{x+4}+\sqrt{x-2}}{\sqrt{x+4}-\sqrt{x-2}}=\dfrac{(\sqrt{x+4}+\sqrt{x-2})^2}{(\sqrt{x+4}-\sqrt{x-2})(\sqrt{x+4}+\sqrt{x-2})}$

$=\dfrac{(x+4)+2\sqrt{(x+4)(x-2)}+(x-2)}{(x+4)-(x-2)}$

$=\dfrac{2x+2+2\sqrt{x^2+2x-8}}{6}$

$=\dfrac{x+1+\sqrt{x^2+2x-8}}{3}$

$\therefore \dfrac{\sqrt{x+4}-\sqrt{x-2}}{\sqrt{x+4}+\sqrt{x-2}}+\dfrac{\sqrt{x+4}+\sqrt{x-2}}{\sqrt{x+4}-\sqrt{x-2}}$

$=\dfrac{x+1-\sqrt{x^2+2x-8}}{3}+\dfrac{x+1+\sqrt{x^2+2x-8}}{3}$

$=\dfrac{2x+2}{3}$

1382 답 ④

$x=\dfrac{\sqrt{5}+\sqrt{3}}{\sqrt{5}-\sqrt{3}}=\dfrac{(\sqrt{5}+\sqrt{3})^2}{(\sqrt{5}-\sqrt{3})(\sqrt{5}+\sqrt{3})}$

$=\dfrac{8+2\sqrt{15}}{2}=4+\sqrt{15}$

$y=\dfrac{\sqrt{5}-\sqrt{3}}{\sqrt{5}+\sqrt{3}}=\dfrac{(\sqrt{5}-\sqrt{3})^2}{(\sqrt{5}+\sqrt{3})(\sqrt{5}-\sqrt{3})}$

$=\dfrac{8-2\sqrt{15}}{2}=4-\sqrt{15}$

이므로 $x+y=8$, $x-y=2\sqrt{15}$이다.

$\therefore \dfrac{\sqrt{x}-\sqrt{y}}{\sqrt{x}+\sqrt{y}}+\dfrac{\sqrt{x}+\sqrt{y}}{\sqrt{x}-\sqrt{y}}$

$=\dfrac{(\sqrt{x}-\sqrt{y})^2}{(\sqrt{x}+\sqrt{y})(\sqrt{x}-\sqrt{y})}+\dfrac{(\sqrt{x}+\sqrt{y})^2}{(\sqrt{x}-\sqrt{y})(\sqrt{x}+\sqrt{y})}$

$=\dfrac{x-2\sqrt{xy}+y}{x-y}+\dfrac{x+2\sqrt{xy}+y}{x-y}$

$=\dfrac{2(x+y)}{x-y}=\dfrac{2\times8}{2\sqrt{15}}=\dfrac{8\sqrt{15}}{15}$

1383 답 ②

$f(x)=\dfrac{2}{\sqrt{x+1}+\sqrt{x+3}}$

$=\dfrac{2(\sqrt{x+1}-\sqrt{x+3})}{(\sqrt{x+1}+\sqrt{x+3})(\sqrt{x+1}-\sqrt{x+3})}$

$=\dfrac{2(\sqrt{x+1}-\sqrt{x+3})}{(x+1)-(x+3)}$

$=\sqrt{x+3}-\sqrt{x+1}$

$\therefore f(2)+f(3)+f(4)+\cdots+f(46)$

$=(\sqrt{5}-\sqrt{3})+(\sqrt{6}-\sqrt{4})+(\sqrt{7}-\sqrt{5})+\cdots+(\sqrt{49}-\sqrt{47})$

$=\sqrt{49}+\sqrt{48}-\sqrt{4}-\sqrt{3}=5+3\sqrt{3}$

1384 답 ⑤

함수 $y=\sqrt{ax+b}+c$의 그래프를 y축에 대하여 대칭이동한 그래프의 식은
$y=\sqrt{-ax+b}+c$
이 함수의 그래프를 x축의 방향으로 -4만큼, y축의 방향으로 3만큼 평행이동한 그래프의 식은
$y=\sqrt{-a(x+4)+b}+c+3=\sqrt{-ax+b-4a}+c+3$
이 함수의 그래프가 함수 $y=\sqrt{-2x+9}+6$의 그래프와 일치하므로 $a=2$, $b-4a=9$, $c+3=6$
즉, $a=2$, $b=17$, $c=3$이므로
$a+b+c=2+17+3=22$

1385

답 ③

주어진 함수의 식은 $y=-\sqrt{a(x+2)}+3\ (a>0)$으로 나타낼 수 있다.

또한 이 함수의 그래프가 점 $(0,\ -1)$을 지나므로

$-1=-\sqrt{2a}+3$에서

$\sqrt{2a}=4,\ 2a=16$

$\therefore a=8$

따라서 $y=-\sqrt{8(x+2)}+3=-\sqrt{8x+16}+3=-\sqrt{ax+b}+c$에서

$a=8,\ b=16,\ c=3$이다.

$\therefore a+b+c=8+16+3=27$

1386

답 ②

두 점 P, Q가 모두 함수 $y=\sqrt{x}$의 그래프 위의 점이므로

$b=\sqrt{a}$이고 $d=\sqrt{c}$ ...... ㉠

이때 $\dfrac{b+d}{2}=2$이므로 ㉠에 의하여

$\dfrac{\sqrt{a}+\sqrt{c}}{2}=2$ $\therefore \sqrt{a}+\sqrt{c}=4$ ...... ㉡

따라서 직선 PQ의 기울기는

$\dfrac{d-b}{c-a}=\dfrac{\sqrt{c}-\sqrt{a}}{(\sqrt{c})^2-(\sqrt{a})^2}=\dfrac{\sqrt{c}-\sqrt{a}}{(\sqrt{c}-\sqrt{a})(\sqrt{c}+\sqrt{a})}$

$=\dfrac{1}{\sqrt{c}+\sqrt{a}}\ (\because \sqrt{c}-\sqrt{a}\neq0)$

$=\dfrac{1}{4}\ (\because ㉡)$

[다른 풀이]

㉠에서 $a=b^2,\ c=d^2$이므로 직선 PQ의 기울기는

$\dfrac{d-b}{c-a}=\dfrac{d-b}{d^2-b^2}=\dfrac{d-b}{(d-b)(d+b)}$

$=\dfrac{1}{d+b}\ (\because d-b\neq0)$

$=\dfrac{1}{4}$

1387

답 ⑤

함수 $y=\sqrt{x+9}+3$의 그래프는 함수 $y=\sqrt{x}$의 그래프를 x축의 방향으로 -9만큼, y축의 방향으로 3만큼 평행이동한 것이고, 함수 $y=\sqrt{9-x}+3=\sqrt{-(x-9)}+3$의 그래프는 함수 $y=\sqrt{-x}$의 그래프를 x축의 방향으로 9만큼, y축의 방향으로 3만큼 평행이동한 것이다.

이때 점 $(-9,\ 3)$은 함수 $y=\sqrt{-x}$의 그래프 위의 점이고, 점 $(9,\ 3)$은 함수 $y=\sqrt{x}$의 그래프 위의 점이므로 네 무리함수 $y=\sqrt{x},\ y=\sqrt{-x},\ y=\sqrt{x+9}+3,\ y=\sqrt{9-x}+3$의 그래프는 다음 그림과 같다.

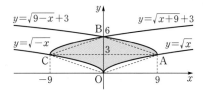

이때 네 점 $(0,\ 0),\ (9,\ 3),\ (0,\ 6),\ (-9,\ 3)$을 각각 O, A, B, C라 하면

무리함수 $y=\sqrt{x}$의 그래프와 선분 OA로 둘러싸인 부분의 넓이는 무리함수 $y=\sqrt{x+9}+3$의 그래프와 선분 BC로 둘러싸인 부분의 넓이와 같다.

또한 무리함수 $y=\sqrt{-x}$의 그래프와 선분 OC로 둘러싸인 부분의 넓이는 무리함수 $y=\sqrt{9-x}+3$의 그래프와 선분 AB로 둘러싸인 부분의 넓이와 같다.

따라서 구하는 넓이는 네 점 O, A, B, C를 꼭짓점으로 하는 마름모의 넓이와 같다.

이때 $\overline{AC}=18,\ \overline{OB}=6$이므로 마름모 OABC의 넓이는

$\dfrac{1}{2}\times18\times6=54$

> **참고**
>
> 함수 $y=\sqrt{-x}$의 그래프는 함수 $y=\sqrt{x}$의 그래프를 y축에 대하여 대칭이동한 것이므로 $\overline{OA}=\overline{OC}$이다. 같은 방법으로 $\overline{AB}=\overline{BC}$이다.
>
> 또한 함수 $y=\sqrt{x+9}+3$의 그래프는 함수 $y=\sqrt{x}$의 그래프를 평행이동한 것이므로 $\overline{OA}=\overline{BC}$이다.
>
> 따라서 네 변의 길이가 같으므로 사각형 OABC는 마름모이다.

1388

답 ③

직선 $y=x+k$는 기울기가 1인 직선이다.

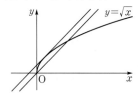

(i) 직선 $y=x+k$가 원점을 지날 때

$0=0+k$에서 $k=0$

(ii) 함수 $y=\sqrt{x}$의 그래프와 직선 $y=x+k$가 접할 때

$\sqrt{x}=x+k$의 양변을 제곱하면

$x=(x+k)^2$

$x=x^2+2kx+k^2$

$\therefore x^2+(2k-1)x+k^2=0$

이 이차방정식의 판별식을 D라 하면

$D=(2k-1)^2-4k^2=0$에서

$-4k+1=0$ $\therefore k=\dfrac{1}{4}$

(i), (ii)에서 함수 $y=\sqrt{x}$의 그래프와 직선 $y=x+k$가 서로 다른 두 점에서 만나도록 하는 실수 k의 값의 범위는 $0\leq k<\dfrac{1}{4}$이다.

1389

답 ④

함수 $y=\sqrt{2x-1}=\sqrt{2\left(x-\dfrac{1}{2}\right)}$의 그래프는 함수 $y=\sqrt{2x}$의 그래프를 x축의 방향으로 $\dfrac{1}{2}$만큼 평행이동한 것이다.

또한 직선 $y=mx$는 m의 값에 관계없이 항상 원점을 지난다.

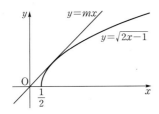

(i) $m<0$일 때

직선 $y=mx$는 함수 $y=\sqrt{2x-1}$의 그래프와 만나지 않는다.

(ii) $m=0$일 때

직선 $y=0$은 함수 $y=\sqrt{2x-1}$의 그래프와 한 점에서 만난다.

(iii) $m>0$일 때

함수 $y=\sqrt{2x-1}$의 그래프와 직선 $y=mx$가 접할 때

$\sqrt{2x-1}=mx$의 양변을 제곱하면

$2x-1=m^2x^2$

$\therefore m^2x^2-2x+1=0$

이 이차방정식의 판별식을 D라 하면

$\dfrac{D}{4}=(-1)^2-m^2=0$에서

$m^2=1$ $\therefore m=1$ $(\because m>0)$

따라서 직선 $y=mx$가 함수 $y=\sqrt{2x-1}$의 그래프와 만나려면

$m\le 1$이어야 하므로 $0<m\le 1$

(i)~(iii)에서 $0\le m\le 1$이므로 주어진 조건을 만족시키는 실수 m의 최댓값은 1이다.

1390 답 ②

$f(x)=\begin{cases} -\sqrt{-3x+k}+2 & (x<3) \\ \sqrt{3x-9}+2 & (x\ge 3) \end{cases}$

는 일대일대응이므로 그림과 같이 함수 $y=-\sqrt{-3x+k}+2$의 그래프가 점 $(3,\ 2)$를 지난다.

즉, $-\sqrt{-9+k}+2=2$이므로

$-9+k=0$ $\therefore k=9$

따라서

$f(x)=\begin{cases} -\sqrt{-3x+9}+2 & (x<3) \\ \sqrt{3x-9}+2 & (x\ge 3) \end{cases}$

에서

$f^{-1}(5)=m$, $f^{-1}(1)=n$이라 하면 $f(m)=5$, $f(n)=1$

위의 그래프에서 $m\ge 3$, $n<3$이므로

$\sqrt{3m-9}+2=5$에서 $\sqrt{3m-9}=3$

$3m-9=9$, $3m=18$ $\therefore m=6$

$-\sqrt{-3n+9}+2=1$에서 $-\sqrt{-3n+9}=-1$

$-3n+9=1$, $-3n=-8$ $\therefore n=\dfrac{8}{3}$

$\therefore f^{-1}(5)\times f^{-1}(1)=6\times\dfrac{8}{3}=16$

1391 답 ④

함수 $y=2\sqrt{x}$의 그래프와 직선 $y=-x+8$의 교점의 x좌표는

$2\sqrt{x}=-x+8$에서 $4x=(-x+8)^2$

$4x=x^2-16x+64$, $x^2-20x+64=0$

$(x-4)(x-16)=0$

$\therefore x=4$ 또는 $x=16$

이때 직선 $y=-x+8$의 x절편과 y절편은 모두 8이므로

점 B의 좌표는 $(4,\ 4)$이다.

한편, $\overline{OC}:\overline{OD}=1:2$에서 점 A의 x좌표는 2이고

점 A는 직선 $y=-x+8$ 위의 점이므로

점 A의 좌표는 $(2,\ 6)$이다.

이때 점 A는 함수 $y=\sqrt{kx}$의 그래프 위의 점이기도 하므로

$6=\sqrt{2k}$에서 $2k=36$

$\therefore k=18$

1392 답 ⑤

함수 $g(x)=3\sqrt{x-2}+k$에 대하여 $y=3\sqrt{x-2}+k$라 하고 x와 y를 서로 바꾸면

$x=3\sqrt{y-2}+k$, $x-k=3\sqrt{y-2}$

양변을 제곱하면 $(x-k)^2=9(y-2)$

$\therefore y=\dfrac{1}{9}(x-k)^2+2$ $(x\ge k)$

따라서 두 함수 $f(x)$, $g(x)$는 서로 역함수 관계이다.

또한 무리함수 $g(x)=3\sqrt{x-2}+k$는 x의 값이 커질 때 함숫값도 커지므로

함수 $y=f(x)$의 그래프와 그 역함수 $y=g(x)$의 그래프의 교점은 함수 $y=g(x)$의 그래프와 직선 $y=x$의 교점과 일치한다.

따라서 함수 $y=g(x)$의 그래프 위의 점 $(2,\ k)$가 직선 $y=x$ 위에 존재할 때, 선분 AB의 길이는 최대이다.

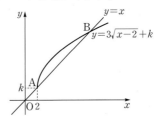

$k=2$이면 $g(x)=3\sqrt{x-2}+2$이므로 함수 $y=g(x)$의 그래프와 직선 $y=x$의 교점의 x좌표는

$3\sqrt{x-2}+2=x$에서 $3\sqrt{x-2}=x-2$

양변을 제곱하면

$9(x-2)=(x-2)^2$, $(x-2)(x-11)=0$

$\therefore x=2$ 또는 $x=11$

따라서 선분 AB의 길이의 최댓값은 두 점 $(2,\ 2)$, $(11,\ 11)$을 이은 선분의 길이인 $\sqrt{(11-2)^2+(11-2)^2}=9\sqrt{2}$이다.

1393 답 ①

함수 $f(x)=\sqrt{x-2}+\sqrt{6-x}$에서

근호 안의 식의 값이 0 이상이어야 하므로

$x-2\ge 0$에서 $x\ge 2$이고

$6-x\ge 0$에서 $x\le 6$이다.

따라서 함수 $f(x)$의 정의역은 $\{x \mid 2 \le x \le 6\}$이다.

한편,
$$\{f(x)\}^2 = x-2+6-x+2\sqrt{x-2}\sqrt{6-x}$$
$$= 4+2\sqrt{-x^2+8x-12}$$
$$= 4+2\sqrt{-(x-4)^2+4}$$

이때 $g(x) = -(x-4)^2+4$라 하면

$2 \le x \le 6$에서 $g(x)$는 $x=4$일 때 최댓값 4를 갖고, $x=2$와 $x=6$일 때 최솟값 0을 갖는다.

따라서 함수 $\{f(x)\}^2$의

최댓값 $M = 4+2\sqrt{4} = 8$이고

최솟값 $m = 4+0 = 4$이므로

$$\frac{M}{m} = \frac{8}{4} = 2$$

> **참고**
>
> $2 \le x \le 6$에서 $\sqrt{x-2} \ge 0$이고 $\sqrt{6-x} \ge 0$이다. 따라서 $f(x) \ge 0$이므로 $f(x)$의 최댓값은 $\sqrt{M} = 2\sqrt{2}$, 최솟값은 $\sqrt{m} = 2$이다.

1394

답 9

$f(x) = \sqrt{a(x+3)} - 2$로 놓으면 $f(0) = 1$이므로

$1 = \sqrt{3a} - 2$, $\sqrt{3a} = 3$, $3a = 9$ ∴ $a = 3$

∴ $f(x) = \sqrt{3(x+3)} - 2$ ❶

이때 $(f \circ g)(x) = x$이므로 $g(x)$는 $f(x)$의 역함수이다.

즉, $f \circ g = g \circ f = I$ (I는 항등함수)이므로

$(g \circ f \circ g)(4) = g(4)$ ❷

$g(4) = k$라 하면 $f(k) = 4$이므로

$\sqrt{3(k+3)} - 2 = 4$, $\sqrt{3(k+3)} = 6$, $3(k+3) = 36$

$k+3 = 12$ ∴ $k = 9$

∴ $(g \circ f \circ g)(4) = 9$ ❸

채점 기준	배점
❶ 함수 $f(x)$ 구하기	40%
❷ $(g \circ f \circ g)(4) = g(4)$임을 알기	20%
❸ $(g \circ f \circ g)(4)$의 값 구하기	40%

1395

답 $4n$

자연수 n에 대하여

$(2n)^2 < 4n^2+3n < (2n+1)^2$이므로

$2n < \sqrt{4n^2+3n} < 2n+1$ ······ ㉠

∴ $M = \sqrt{4n^2+3n} - 2n$ ❶

$$\therefore \frac{3n}{M} = \frac{3n}{\sqrt{4n^2+3n} - 2n}$$
$$= \frac{3n(\sqrt{4n^2+3n} + 2n)}{(\sqrt{4n^2+3n} - 2n)(\sqrt{4n^2+3n} + 2n)}$$

$$= \frac{3n(\sqrt{4n^2+3n} + 2n)}{(4n^2+3n) - 4n^2}$$
$$= \frac{3n(\sqrt{4n^2+3n} + 2n)}{3n}$$
$$= \sqrt{4n^2+3n} + 2n$$ ❷

이때 ㉠에서 $\sqrt{4n^2+3n}$의 정수부분은 $2n$이므로

$\dfrac{3n}{M}$의 정수부분은 $2n+2n = 4n$이다. ❸

채점 기준	배점
❶ M을 n에 대한 식으로 나타내기	40%
❷ $\dfrac{3n}{M}$을 n에 대한 식으로 간단히 나타내기	40%
❸ $\dfrac{3n}{M}$의 정수부분을 n에 대한 식으로 나타내기	20%

1396

답 $k \ge \dfrac{7}{4}$

함수 $y = \sqrt{4x-8} = \sqrt{4(x-2)}$의 그래프는 함수 $y = \sqrt{4x}$의 그래프를 x축의 방향으로 2만큼 평행이동한 것이고, 함수 $y = 2|x-k|$의 그래프는 함수 $y = 2|x|$의 그래프를 x축의 방향으로 k만큼 평행이동한 것이다.

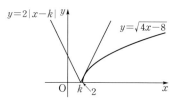

이때 $y = 2|x-k| = \begin{cases} -2x+2k & (x<k) \\ 2x-2k & (x \ge k) \end{cases}$이고 ❶

k의 값이 커지면서 두 함수 $y = \sqrt{4x-8}$, $y = 2|x-k|$의 그래프가 처음으로 만날 때는 이 두 함수의 그래프가 서로 접할 때이므로

$\sqrt{4x-8} = 2x-2k$의 양변을 제곱하면

$4x-8 = 4(x-k)^2$

$x-2 = (x-k)^2$

$x-2 = x^2-2kx+k^2$

∴ $x^2-(2k+1)x+k^2+2 = 0$

이 이차방정식의 판별식을 D라 하면

$D = (2k+1)^2-4(k^2+2) = 0$에서

$4k-7 = 0$ ∴ $k = \dfrac{7}{4}$ ❷

따라서 두 함수 $y = \sqrt{4x-8}$, $y = 2|x-k|$의 그래프가 서로 만나도록 하는 실수 k의 값의 범위는 $k \ge \dfrac{7}{4}$이다. ❸

채점 기준	배점
❶ 두 함수의 그래프 그리기	40%
❷ 두 함수의 그래프가 접할 때 k의 값 구하기	40%
❸ k의 값의 범위 구하기	20%

수능 녹인 변별력 문제

1397

답 ②

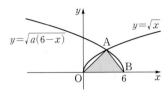

삼각형 AOB에서 변 OB를 밑변이라 하자.

이때 $\overline{\text{OB}}=6$이고 삼각형 AOB의 넓이는 6이므로

점 A와 직선 OB 사이의 거리는 2이다.

따라서 점 A의 좌표를 $(p, 2)$라 하면

점 A는 함수 $y=\sqrt{x}$의 그래프 위의 점이므로

$\sqrt{p}=2$에서 $p=4$

또한 점 A(4, 2)는 함수 $y=\sqrt{a(6-x)}$의 그래프 위의 점이므로

$\sqrt{2a}=2$에서 $a=2$이다.

1398

답 13

함수 $y=\sqrt{x+1}$의 그래프는 함수 $y=\sqrt{x}$의 그래프를 x축의 방향으로 -1만큼 평행이동한 것이고, 함수

$y=\sqrt{3-x}+2=\sqrt{-(x-3)}+2$의 그래프는 함수 $y=\sqrt{-x}$의 그래프를 x축의 방향으로 3만큼, y축의 방향으로 2만큼 평행이동한 것이므로 두 함수의 그래프와 직선 $x=-1$로 둘러싸인 영역의 내부 또는 그 경계는 다음 그림과 같다.

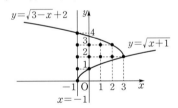

(i) $x=-1$일 때, 정수 y의 값은 0, 1, 2, 3, 4의 5개

(ii) $x=0$일 때, 정수 y의 값은 1, 2, 3의 3개

(iii) $x=1$일 때, 정수 y의 값은 2, 3의 2개

(iv) $x=2$일 때, 정수 y의 값은 2, 3의 2개

(v) $x=3$일 때, 정수 y의 값은 2의 1개

(i)~(v)에서 x좌표와 y좌표가 모두 정수인 점의 개수는

$5+3+2+2+1=13$

1399

답 $\sqrt{2}$

$2-x\geq0$, $x+5\geq0$이므로 $-5\leq x\leq2$

즉, 함수 $f(x)$의 정의역은 $\{x\,|\,-5\leq x\leq2\}$

$f(x)\geq0$이므로 $\{f(x)\}^2$이 최대일 때 $f(x)$도 최대이고,

$\{f(x)\}^2$이 최소일 때 $f(x)$도 최소이다.

$$\{f(x)\}^2=(\sqrt{2-x}+\sqrt{x+5})^2$$
$$=2-x+x+5+2\sqrt{(2-x)(x+5)}$$
$$=7+2\sqrt{-x^2-3x+10}$$
$$=7+2\sqrt{-\left(x+\frac{3}{2}\right)^2+\frac{49}{4}}$$

즉, $\{f(x)\}^2$은 $x=-\dfrac{3}{2}$일 때 최댓값 $7+2\times\dfrac{7}{2}=14$를 갖고,

$x=-5$ 또는 $x=2$일 때 최솟값 7을 갖는다.

따라서 $M=\sqrt{14}$, $m=\sqrt{7}$이므로

$$\frac{M}{m}=\frac{\sqrt{14}}{\sqrt{7}}=\sqrt{2}$$

1400

답 ③

$y=\sqrt{|4x-a|}$에서 절댓값 기호 안의 식의 값이 0이 되는 x의 값이 $\dfrac{a}{4}$이므로

$x<\dfrac{a}{4}$일 때, $y=\sqrt{|4x-a|}=\sqrt{-4x+a}$

$x\geq\dfrac{a}{4}$일 때, $y=\sqrt{|4x-a|}=\sqrt{4x-a}$

즉, 함수 $y=\sqrt{|4x-a|}$의 그래프는 다음 그림과 같다.

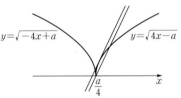

또한 직선 $y=2x$는 기울기가 2인 직선이다.

이때 직선 $y=2x$와 함수 $y=\sqrt{|4x-a|}$의 그래프의 교점이 3개이므로

(i) 직선 $y=2x$가 점 $\left(\dfrac{a}{4}, 0\right)$을 지날 때

$\dfrac{a}{2}=0$에서 $a=0$

(ii) 직선 $y=2x$와 함수 $y=\sqrt{4x-a}$의 그래프가 접할 때

$\sqrt{4x-a}=2x$에서 $4x-a=4x^2$

$\therefore 4x^2-4x+a=0$

이 이차방정식의 판별식을 D라 하면

$\dfrac{D}{4}=(-2)^2-4a=0$에서

$4-4a=0$ $\therefore a=1$

(i), (ii)에서 $0<a<1$

1401

답 ⑤

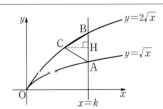

두 점 A, B의 좌표는 각각 $(k, \sqrt{k})$, $(k, 2\sqrt{k})$이다.

$\therefore \overline{AB} = 2\sqrt{k} - \sqrt{k} = \sqrt{k}$

점 C에서 직선 AB에 내린 수선의 발을 H라 하면
삼각형 ABC는 정삼각형이므로 점 H는 선분 AB의 중점이다.

따라서 점 C의 y좌표는 $\dfrac{3\sqrt{k}}{2}$이고,

점 C는 곡선 $y = 2\sqrt{x}$ 위의 점이므로 x좌표는

$\dfrac{3\sqrt{k}}{2} = 2\sqrt{x}$에서 $3\sqrt{k} = 4\sqrt{x}$

$9k = 16x$ $\quad \therefore x = \dfrac{9}{16}k$

한편, 삼각형 ABC는 정삼각형이므로 $\overline{CH} : \overline{AH} = \sqrt{3} : 1$에서

$\left(k - \dfrac{9}{16}k\right) : \dfrac{\sqrt{k}}{2} = \sqrt{3} : 1$

$\dfrac{7}{16}k : \dfrac{\sqrt{k}}{2} = \sqrt{3} : 1$, $\sqrt{3k} = \dfrac{7}{8}k$

$\therefore \sqrt{k} = \dfrac{8\sqrt{3}}{7}$ $(\because k > 0)$

1402

답 12

$y = \dfrac{2x-1}{x-2} = \dfrac{2(x-2)+3}{x-2} = \dfrac{3}{x-2} + 2$이고,

$y = \dfrac{2x-1}{x-2}$에 $x = 5$를 대입하면 $y = 3$이므로

$x > 5$에서 함수 $f(x)$의 치역은 $\{y \mid 2 < y < 3\}$이다.

이때 함수 $y = \sqrt{-2x+10} + a = \sqrt{-2(x-5)} + a$의 그래프는 함수
$y = \sqrt{-2x}$의 그래프를 x축의 방향으로 5만큼, y축의 방향으로 a만큼 평행이동한 것이므로 두 조건 ㈎, ㈏를 모두 만족시키기 위해서는 함수 $y = \sqrt{-2x+10} + a$의 치역이 $\{y \mid y \geq 3\}$이어야 한다.

$\therefore a = 3$

$f(6)f(k) = \dfrac{12-1}{6-2} \times f(k) = 11$에서

$\dfrac{11}{4} \times f(k) = 11$ $\quad \therefore f(k) = 4$

이때 $x \leq 5$에서 함수 $f(x)$의 치역이 $\{y \mid y \geq 3\}$이므로 $k \leq 5$이다.

따라서 $f(k) = \sqrt{-2k+10} + 3 = 4$에서

$\sqrt{-2k+10} = 1$, $-2k+10 = 1$

$2k = 9$ $\quad \therefore k = \dfrac{9}{2}$

$\therefore a + 2k = 3 + 2 \times \dfrac{9}{2} = 12$

1403

답 ②

$n(A \cap B) = 2$이려면 두 함수 $y = \sqrt{-kx+k} - 2$,
$y = -\sqrt{kx+k} + 2$의 그래프가 서로 다른 두 점에서 만나야 한다.

이때 $f(x) = \sqrt{-kx+k} - 2$라 하면
$-f(-x) = -\sqrt{kx+k} + 2$이므로

두 함수 $y = \sqrt{-kx+k} - 2$, $y = -\sqrt{kx+k} + 2$의 그래프는 서로 원점에 대하여 대칭이다. ...... ㉠

$k = 0$이면 두 함수는 각각 $y = -2$, $y = 2$이므로 두 함수의 그래프는 서로 만나지 않는다.

또한 함수 $y = \sqrt{-kx+k} - 2 = \sqrt{-k(x-1)} - 2$의 그래프는 함수
$y = \sqrt{-kx}$의 그래프를 x축의 방향으로 1만큼, y축의 방향으로 -2만큼 평행이동한 것이므로 $k \leq 0$이면 다음 그림과 같이 두 함수
$y = \sqrt{-kx+k} - 2$, $y = -\sqrt{kx+k} + 2$의 그래프는 서로 만나지 않는다.

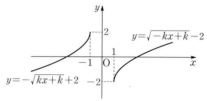

또한 두 함수 $y = \sqrt{-kx+k} - 2$, $y = -\sqrt{kx+k} + 2$의 그래프가 한 점에서만 만날 때, ㉠에 의하여 이 교점은 원점이어야 한다.

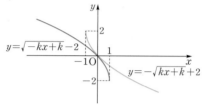

$\sqrt{k} - 2 = 0$에서 $\sqrt{k} = 2$

$\therefore k = 4$

이때 $n(A \cap B) = 2$이므로 $k > 4$이다. ...... ㉡

한편, 함수 $y = \sqrt{-kx+k} - 2$의 그래프의 끝 점의 좌표가 $(1, -2)$이므로 $n(A \cap B) = 2$를 만족시키기 위해서는 함수
$y = -\sqrt{kx+k} + 2$의 $x = 1$일 때의 함숫값이 -2 이상이어야 한다.

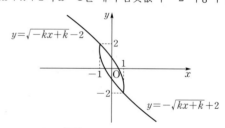

$-\sqrt{2k} + 2 \geq -2$에서 $\sqrt{2k} \leq 4$

$2k \leq 16$ $\quad \therefore k \leq 8$ ...... ㉢

㉡, ㉢에 의하여 $n(A \cap B) = 2$이기 위한 k의 값의 범위는 $4 < k \leq 8$이므로 실수 k의 최댓값은 8이다.

> **참고**
>
> 원점에 대하여 대칭인 두 함수 $y = f(x)$, $y = g(x)$의 그래프가 점 (p, q)에서 만날 때, 이 두 함수의 그래프는 원점에 대하여 대칭이므로 점 $(-p, -q)$에서도 만난다. 따라서 두 함수 $y = f(x)$, $y = g(x)$의 그래프가 오직 한 점에서만 만날 때, 두 점 (p, q)와 $(-p, -q)$가 일치해야 하므로 $p = q = 0$이다. 즉, 두 함수의 그래프는 원점에서 만난다.

1404

답 ②

$n(A \cap B) = 2$이려면 두 함수 $y = \dfrac{2x-6}{x-2}$, $y = -\sqrt{x+a} - a + 4$의 그래프가 서로 다른 두 점에서 만나야 한다.

이때 $y = \dfrac{2x-6}{x-2} = \dfrac{2(x-2)-2}{x-2} = -\dfrac{2}{x-2} + 2$이므로

함수 $y = \dfrac{2x-6}{x-2}$의 그래프는 함수 $y = -\dfrac{2}{x}$의 그래프를 x축의 방향으로 2만큼, y축의 방향으로 2만큼 평행이동한 것이다.

또한 함수 $y=-\sqrt{x+a}-a+4$의 그래프는 함수 $y=-\sqrt{x}$의 그래프를 x축의 방향으로 $-a$만큼, y축의 방향으로 $-a+4$만큼 평행이동한 것이다.

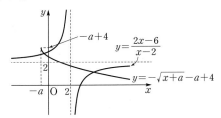

이때 두 함수 $y=\dfrac{2x-6}{x-2}$, $y=-\sqrt{x+a}-a+4$의 그래프가 두 점에서 만나기 위해서는 $-a<2$이어야 하고

함수 $y=\dfrac{2x-6}{x-2}$의 $x=-a$에서의 함숫값이 $-a+4$보다 작거나 같아야 한다.

즉, $\dfrac{-2a-6}{-a-2}\le -a+4$에서

$2a+6\le(-a+4)(a+2)$

$2a+6\le -a^2+2a+8$

$a^2\le 2$ $\therefore -\sqrt{2}\le a\le\sqrt{2}$

따라서 $n(A\cap B)=2$를 만족시키는 실수 a의 값의 범위는 $-\sqrt{2}\le a\le\sqrt{2}$이다.

1405   답 ②

그림과 같이 실수 k의 값이 증가하면 곡선 $y=\sqrt{x-k}$는 점 B를 지난 이후에 삼각형과 만나지 않으므로 이때의 k의 값이 최대가 된다.

곡선 $y=f(x)$가 점 B(7, 1)을 지날 때 $f(7)=1$이므로

$\sqrt{7-k}=1$ $\therefore k=6$

즉, $k>6$이면 곡선 $y=f(x)$와 삼각형은 만나지 않는다.

또한 실수 k의 값이 증가하면 무리함수 $y=\sqrt{x-k}$의 역함수의 그래프는 점 A를 지난 이후 삼각형과 만나지 않는다.

곡선 $y=f^{-1}(x)$가 점 A(1, 6)을 지날 때

$f^{-1}(1)=6$에서 $f(6)=1$이므로

$\sqrt{6-k}=1$ $\therefore k=5$

즉, $k>5$이면 곡선 $y=f^{-1}(x)$와 삼각형은 만나지 않는다.

따라서 함수 $y=f(x)$의 그래프와 역함수의 그래프가 삼각형 ABC와 동시에 만나도록 하는 실수 k의 최댓값은 5이다.

1406   답 ⑤

ㄱ. 함수 $y=g(x)$의 그래프와 그 역함수 $y=g^{-1}(x)$의 그래프의 교점은 함수 $y=g(x)$의 그래프와 직선 $y=x$의 교점과 일치하므로

$g(x)=x$에서 $\dfrac{1}{x+1}=x$

$\therefore x^2+x-1=0$

이 이차방정식의 양의 실근이 x_2이므로

$x_2=\dfrac{-1+\sqrt{5}}{2}$

점 Q는 직선 $y=x$ 위의 점이므로 $y_2=\dfrac{-1+\sqrt{5}}{2}$

$\therefore \dfrac{1}{2}<y_2<1$ (참)

ㄴ. 두 점 P$(x_1,\, y_1)$, R$(x_3,\, y_3)$은 직선 $y=x$에 대하여 서로 대칭이므로

$y_1=x_3,\ y_3=x_1$

$\therefore x_1+y_1=x_3+y_3$ (참)

ㄷ. 직선 PQ의 기울기는 $\dfrac{y_2-y_1}{x_2-x_1}$, 직선 QR의 기울기는 $\dfrac{y_3-y_2}{x_3-x_2}$이고 직선 PQ의 기울기가 직선 QR의 기울기보다 크므로

$\dfrac{y_2-y_1}{x_2-x_1}>\dfrac{y_3-y_2}{x_3-x_2}$ ...... ㉠

이때 $(x_3-x_2)(x_2-x_1)>0$이므로

㉠의 양변에 $(x_3-x_2)(x_2-x_1)$을 곱하면

$(x_3-x_2)(y_2-y_1)>(x_2-x_1)(y_3-y_2)$ (참)

따라서 옳은 것은 ㄱ, ㄴ, ㄷ이다.

1407   답 ③

함수 $y=\sqrt{3(x-a)}+\dfrac{1}{3}a$의 그래프는 함수 $y=\sqrt{3x}$의 그래프를 x축의 방향으로 a만큼, y축의 방향으로 $\dfrac{1}{3}a$만큼 평행이동한 것이다.

또한 함수 $y=\sqrt{3(x+a)}-\dfrac{1}{3}a$의 그래프는 함수 $y=\sqrt{3x}$의 그래프를 x축의 방향으로 $-a$만큼, y축의 방향으로 $-\dfrac{1}{3}a$만큼 평행이동한 것이다.

따라서 주어진 두 함수 $y=\sqrt{3(x-a)}+\dfrac{1}{3}a$, $y=\sqrt{3(x+a)}-\dfrac{1}{3}a$의 그래프는 평행이동에 의하여 서로 일치하므로

직선 l은 두 함수 $y=\sqrt{3(x-a)}+\dfrac{1}{3}a$, $y=\sqrt{3(x+a)}-\dfrac{1}{3}a$의 그래프 위의 두 점 $\left(a,\ \dfrac{1}{3}a\right)$, $\left(-a,\ -\dfrac{1}{3}a\right)$를 지나는 직선과 서로 평행하다.

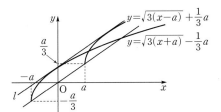

이때 두 점 $\left(a,\ \dfrac{1}{3}a\right)$, $\left(-a,\ -\dfrac{1}{3}a\right)$를 지나는 직선의 기울기는

$\dfrac{\dfrac{1}{3}a-\left(-\dfrac{1}{3}a\right)}{a-(-a)}=\dfrac{\dfrac{2}{3}a}{2a}=\dfrac{1}{3}$

따라서 직선 l의 방정식을 $y=\dfrac{1}{3}x+k$ (k는 상수)라 하면

두 점 $\left(a,\ \dfrac{1}{3}a\right)$, $\left(-a,\ -\dfrac{1}{3}a\right)$는 원점에 대하여 서로 대칭이므로

직선 l은 함수 $y=\sqrt{3x}$의 그래프와도 접한다.   ...... ㉠

$\sqrt{3x}=\dfrac{1}{3}x+k$의 양변을 제곱하면

$3x=\left(\dfrac{1}{3}x+k\right)^2,\ 3x=\dfrac{1}{9}x^2+\dfrac{2}{3}kx+k^2$

$27x=x^2+6kx+9k^2$

$\therefore x^2+3(2k-9)x+9k^2=0$

이 이차방정식의 판별식을 D라 하면

$D=9(2k-9)^2-36k^2=0$에서

$-36k+81=0 \qquad \therefore k=\dfrac{9}{4}$

따라서 직선 l의 방정식은 $y=\dfrac{1}{3}x+\dfrac{9}{4}$이다.

이때 원점 O와 직선 $y=\dfrac{1}{3}x+\dfrac{9}{4}$, 즉 $4x-12y+27=0$ 사이의 거리는

$\dfrac{|27|}{\sqrt{4^2+(-12)^2}}=\dfrac{27}{4\sqrt{10}}$

이고, $\overline{AB}=\sqrt{(2a)^2+\left(\dfrac{2a}{3}\right)^2}=\dfrac{2\sqrt{10}a}{3}\ (\because \ \bigcirc)$

따라서 삼각형 OAB의 넓이 $S(a)$는

$S(a)=\dfrac{1}{2}\times\dfrac{2\sqrt{10}a}{3}\times\dfrac{27}{4\sqrt{10}}=\dfrac{9}{4}a$

$S(a)=9$에서 $\dfrac{9}{4}a=9$

$\therefore a=4$

1408
답 $\dfrac{15}{16}$

$y=|2x-4|-2$에서 절댓값 기호 안의 식의 값이 0이 되는 x의 값은 2이고

$|2x-4|=X$라 하면 $y=|X-2|$에서 절댓값 기호 안의 식의 값이 0이 되는 X의 값은 2이다.

(i) $x<1$일 때

$\quad y=||2x-4|-2|=|-(2x-4)-2|=|-2x+2|$

$\qquad =-2x+2$

(ii) $1\le x<2$일 때

$\quad y=||2x-4|-2|=|-(2x-4)-2|=|-2x+2|=2x-2$

(iii) $2\le x<3$일 때

$\quad y=||2x-4|-2|=|(2x-4)-2|=|2x-6|=-2x+6$

(iv) $x\ge 3$일 때

$\quad y=||2x-4|-2|=|(2x-4)-2|=|2x-6|=2x-6$

(i)~(iv)에서 함수 $y=||2x-4|-2|$의 그래프는 다음 그림과 같다.

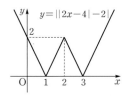

한편, 함수 $y=\sqrt{x+k}$의 그래프는 함수 $y=\sqrt{x}$의 그래프를 x축의 방향으로 $-k$만큼 평행이동한 것이다.

(v) 함수 $y=\sqrt{x+k}$의 그래프가 점 $(2,\ 2)$를 지날 때

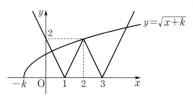

$\quad 2=\sqrt{2+k}$에서 $2+k=4 \qquad \therefore k=2$

(vi) 함수 $y=\sqrt{x+k}$의 그래프가 직선 $y=2x-2$와 접할 때

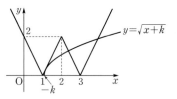

$\quad \sqrt{x+k}=2x-2$의 양변을 제곱하면

$\quad x+k=(2x-2)^2,\ x+k=4x^2-8x+4$

$\quad \therefore 4x^2-9x+4-k=0$

이 이차방정식의 판별식을 D라 하면

$\quad D=81-16(4-k)=0$에서

$\quad 16k+17=0 \qquad \therefore k=-\dfrac{17}{16}$

(v), (vi)에서 두 함수 $y=||2x-4|-2|,\ y=\sqrt{x+k}$의 그래프의 교점의 개수가 4가 되도록 하는 k의 값의 범위는 $-\dfrac{17}{16}<k<2$이다.

따라서 $\alpha=-\dfrac{17}{16},\ \beta=2$이므로

$\alpha+\beta=-\dfrac{17}{16}+2=\dfrac{15}{16}$

1409
답 ④

함수 $y=\sqrt{4x-4}$의 그래프를 x축의 방향으로 $-k$만큼, y축의 방향으로 k만큼 평행이동한 그래프의 식은

$y=\sqrt{4(x+k)-4}+k$이다.

함수 $y=\sqrt{4(x+k)-4}+k$, 즉 $y=\sqrt{4(x-1+k)}+k$의 그래프 위의 점 $(1-k,\ k)$는 직선 $y=-x+1$ 위를 움직이는 점이다.

이때 함수 $y=f(x)$의 그래프와 직선 $y=-x+1$의 교점의 x좌표는

$\dfrac{1}{4}x^2+1=-x+1$에서 $x^2+4x=0$

$x(x+4)=0 \qquad \therefore x=-4$ 또는 $x=0$

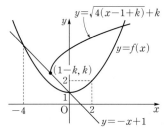

함수 $y=f(x)$의 그래프와 함수 $y=\sqrt{4(x-1+k)}+k$의 그래프가 오직 한 점에서만 만나기 위해서는 $-4<1-k<0$이어야 한다.

$\therefore 1<k<5$

따라서 주어진 조건을 만족시키는 자연수 k는 2, 3, 4이므로 그 합은 $2+3+4=9$

1410

답 ③

$x \geq -1$에서 정의된 두 함수 $y = \dfrac{1}{2}x^2 + 3$,

$y = -\dfrac{1}{2}x^2 + x + 5 = -\dfrac{1}{2}(x-1)^2 + \dfrac{11}{2}$의 그래프는 다음 그림과

같다.

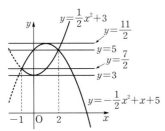

$$\therefore f(t) = \begin{cases} 1 & \left(t<3,\ t>\dfrac{11}{2}\right) \\ 2 & \left(t=3,\ 5,\ \dfrac{11}{2}\right) \\ 3 & \left(3<t<5,\ 5<t<\dfrac{11}{2}\right) \end{cases}$$

따라서 함수 $y = f(t)$의 그래프는 다음 그림과 같다.

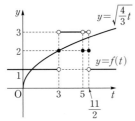

$y = \sqrt{\dfrac{4}{3}t}$에 $t=3$을 대입하면 $y = \sqrt{4} = 2$

$y = \sqrt{\dfrac{4}{3}t}$에 $t=5$를 대입하면 $y = \sqrt{\dfrac{20}{3}} < 3$

$y = \sqrt{\dfrac{4}{3}t}$에 $t=\dfrac{11}{2}$을 대입하면 $y = \sqrt{\dfrac{22}{3}} < 3$

따라서 두 함수 $y = f(t)$, $y = \sqrt{\dfrac{4}{3}t}$의 그래프가 만나는 서로 다른

점의 개수는 2이다.

1411

답 ①

$f(x) = \sqrt{ax-3} + 2 = \sqrt{a\left(x - \dfrac{3}{a}\right)} + 2\ \left(a \geq \dfrac{3}{2}\right)$이므로

함수 $y = f(x)$의 그래프는 함수 $y = \sqrt{ax}\ \left(a \geq \dfrac{3}{2}\right)$의 그래프를 x축

의 방향으로 $\dfrac{3}{a}$만큼, y축의 방향으로 2만큼 평행이동한 것이다.

한편, $f(x) = \sqrt{ax-3} + 2$에서 $f^{-1}(x) = \dfrac{1}{a}(x-2)^2 + \dfrac{3}{a}\ (x \geq 2)$

이므로 함수 $y = g(x)$의 그래프는 다음 그림과 같다.

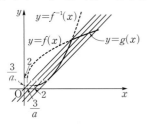

$h(1) = h(3) < h(2)$가 성립하려면 $0 < f^{-1}(2) < 1$이고 함수

$y = f^{-1}(x)$의 그래프와 직선 $y = x - 3$이 서로 접해야 한다.

즉, $0 < \dfrac{3}{a} < 1$에서 $a > 3$ ······ ㉠

또한 $\dfrac{1}{a}(x-2)^2 + \dfrac{3}{a} = x - 3$에서

$(x-2)^2 + 3 = a(x-3)$, $x^2 - 4x + 7 = ax - 3a$

$\therefore x^2 - (a+4)x + 3a + 7 = 0$

이 이차방정식의 판별식을 D라 하면

$D = (a+4)^2 - 4(3a+7) = 0$에서 $a^2 - 4a - 12 = 0$

$(a+2)(a-6) = 0$ $\therefore a = 6\ (\because \text{㉠})$

한편, 두 함수 $y = f(x)$, $y = f^{-1}(x)$의 그래프의 교점은 함수

$y = f(x)$의 그래프와 직선 $y = x$의 교점과 같으므로 교점의 x좌표는

$\sqrt{6x-3} + 2 = x$에서 $\sqrt{6x-3} = x - 2$

양변을 제곱하면 $6x - 3 = (x-2)^2$

$6x - 3 = x^2 - 4x + 4$, $x^2 - 10x + 7 = 0$

$\therefore x = 5 + 3\sqrt{2}\ (\because x \geq 2)$

따라서 $g(x) = \begin{cases} \sqrt{6x-3} + 2 & (x > 5 + 3\sqrt{2}) \\ \dfrac{1}{6}(x-2)^2 + \dfrac{1}{2} & (2 \leq x \leq 5 + 3\sqrt{2}) \end{cases}$ 이므로

$g(9) = \dfrac{1}{6}(9-2)^2 + \dfrac{1}{2} = \dfrac{26}{3}$

1412

답 ④

$y = \sqrt{2x+3}$의 양변을 제곱하면 $y^2 = 2x + 3$ $\therefore x = \dfrac{1}{2}(y^2 - 3)$

x와 y를 서로 바꾸면 $y = \dfrac{1}{2}(x^2 - 3)$

이때 함수 $f(x) = \sqrt{2x+3}$의 치역은 $\{y | y \geq 0\}$이므로 역함수의 정

의역은 $\{x | x \geq 0\}$이다.

즉, 두 함수 $f(x)$와 $g(x)$는 서로 역함수 관계이므로 두 함수의 그

래프는 직선 $y = x$에 대하여 대칭이다.

이때 함수 $y = f(x)$, $y = g(x)$의 그래

프의 교점은 함수 $y = f(x)$의 그래프와

직선 $y = x$의 교점과 같으므로 교점의

x좌표는

$\sqrt{2x+3} = x$의 양변을 제곱하면

$2x + 3 = x^2$, $x^2 - 2x - 3 = 0$

$(x+1)(x-3) = 0$

$\therefore x = 3\ (\because x \geq 0)$ $\therefore \text{A}(3,\ 3)$

점 C는 점 $\text{B}\left(\dfrac{1}{2},\ 2\right)$를 직선 $y = x$에 대하여 대칭이동한 점이므로

$\text{C}\left(2,\ \dfrac{1}{2}\right)$ $\therefore \overline{\text{BC}} = \sqrt{\left(\dfrac{1}{2}-2\right)^2 + \left(2 - \dfrac{1}{2}\right)^2} = \dfrac{3\sqrt{2}}{2}$

점 $\text{B}\left(\dfrac{1}{2},\ 2\right)$를 지나고 기울기가 -1인 직선 l의 방정식은

$y = -\left(x - \dfrac{1}{2}\right) + 2 = -x + \dfrac{5}{2}$ $\therefore 2x + 2y - 5 = 0$

점 $\text{A}(3,\ 3)$에서 직선 $2x + 2y - 5 = 0$에 내린 수선의 발을 H라 하면

$\overline{\text{AH}} = \dfrac{|6+6-5|}{\sqrt{2^2+2^2}} = \dfrac{7\sqrt{2}}{4}$

따라서 삼각형 ABC의 넓이는

$\dfrac{1}{2} \times \overline{\text{BC}} \times \overline{\text{AH}} = \dfrac{1}{2} \times \dfrac{3\sqrt{2}}{2} \times \dfrac{7\sqrt{2}}{4} = \dfrac{21}{8}$

수학의 바이블

유형 ON

2권

정답과 풀이

공통수학2

도형의 방정식

 01 평면좌표

유형 01 두 점 사이의 거리

0001
답 ①

$\overline{AB}=5$이므로 $\sqrt{(-1-a)^2+(3-2a)^2}=5$

$\sqrt{5a^2-10a+10}=5$

양변을 제곱하면

$5a^2-10a+10=25$

$5a^2-10a-15=0$, $a^2-2a-3=0$

$(a+1)(a-3)=0$ ∴ $a=-1$ 또는 $a=3$

따라서 모든 a의 값의 합은 $-1+3=2$

0002
답 7

$\overline{AB}=\overline{AC}$이므로 $\sqrt{(2-4)^2+(7+1)^2}=\sqrt{(6-4)^2+(a+1)^2}$

$\sqrt{68}=\sqrt{a^2+2a+5}$

양변을 제곱하면

$68=a^2+2a+5$, $a^2+2a-63=0$

$(a+9)(a-7)=0$ ∴ $a=-9$ 또는 $a=7$

이때 $a>0$이므로 $a=7$

0003
답 -3

$\overline{AB}=\dfrac{1}{2}\overline{CD}$이므로

$\sqrt{(-1)^2+(2-a)^2}=\dfrac{1}{2}\sqrt{(4-2)^2+(-5+a)^2}$

$\sqrt{a^2-4a+5}=\dfrac{1}{2}\sqrt{a^2-10a+29}$

양변을 제곱하면

$a^2-4a+5=\dfrac{1}{4}(a^2-10a+29)$

$3a^2-6a-9=0$, $a^2-2a-3=0$

$(a+1)(a-3)=0$ ∴ $a=-1$ 또는 $a=3$

따라서 모든 a의 값의 곱은 $-1\times 3=-3$

0004
답 5

$\overline{AB}\leq 4$에서 $\overline{AB}^2\leq 4^2$이므로

$(3-m)^2+(m+1)^2\leq 16$

$2m^2-4m-6\leq 0$, $m^2-2m-3\leq 0$

$(m+1)(m-3)\leq 0$ ∴ $-1\leq m\leq 3$

따라서 정수 m은 -1, 0, 1, 2, 3의 5개이다.

0005
답 $\sqrt{2}$

$\overline{AB}=2$이므로 $\sqrt{(b-a+1)^2+(b-1-a)^2}=2$

$\sqrt{2a^2-4ab+2b^2+2}=2$, $\sqrt{2(a-b)^2+2}=2$

양변을 제곱하면

$2(a-b)^2+2=4$, $(a-b)^2=1$

따라서 두 점 $(a,\ b)$, $(b,\ a)$ 사이의 거리는

$\sqrt{(b-a)^2+(a-b)^2}=\sqrt{2(a-b)^2}=\sqrt{2}$

0006
답 ③

$\overline{OB}=\sqrt{5^2+3^2}=\sqrt{34}$

정사각형 OABC의 한 변의 길이를 a라 하면

$a^2+a^2=(\sqrt{34})^2$, $2a^2=34$ ∴ $a^2=17$

따라서 정사각형 OABC의 넓이는 $a^2=17$

[다른 풀이]

정사각형의 두 대각선은 서로를 수직이등분하고 그 길이가 같으므로

$\overline{AC}=\overline{OB}=\sqrt{5^2+3^2}=\sqrt{34}$

따라서 정사각형 OABC의 넓이는

$\dfrac{1}{2}\times\sqrt{34}\times\sqrt{34}=17$

0007
답 $\sqrt{13}$

동시에 출발한 지 t초 후에 두 점 P, Q의 좌표는 각각

$(7-2t,\ 0)$, $(0,\ -4+3t)$이다.

∴ $\overline{PQ}=\sqrt{(-7+2t)^2+(-4+3t)^2}$

$=\sqrt{13t^2-52t+65}=\sqrt{13(t-2)^2+13}$

따라서 $t=2$일 때, 두 점 P, Q 사이의 거리의 최솟값은 $\sqrt{13}$이다.

유형 02 같은 거리에 있는 점의 좌표

0008
답 ②

$\overline{AP}=\overline{BP}$에서 $\overline{AP}^2=\overline{BP}^2$이므로

$(-4)^2+(a+3)^2=(-2)^2+(a-5)^2$

$a^2+6a+25=a^2-10a+29$, $16a=4$ ∴ $a=\dfrac{1}{4}$

∴ $12a=12\times\dfrac{1}{4}=3$

0009
답 -3

점 $P(a,\ b)$가 직선 $x-y-1=0$ 위의 점이므로

$a-b-1=0$ ∴ $a-b=1$ ...... ㉠

$\overline{AP}=\overline{BP}$에서 $\overline{AP}^2=\overline{BP}^2$이므로

$(a-2)^2+(b+6)^2=(a-3)^2+(b-1)^2$

$a^2-4a+4+b^2+12b+36=a^2-6a+9+b^2-2b+1$

$2a+14b=-30$ ∴ $a+7b=-15$ ...... ㉡

㉠, ㉡을 연립하여 풀면 $a=-1$, $b=-2$

∴ $a+b=-1+(-2)=-3$

0010

$P(a, 0)$이라 하면 $\overline{AP}=\overline{BP}$에서 $\overline{AP}^2=\overline{BP}^2$이므로

$(a-2)^2+(-4)^2=(a-3)^2+1^2$, $2a=-10$ $\therefore a=-5$

$\therefore P(-5, 0)$

$Q(0, b)$라 하면 $\overline{AQ}=\overline{BQ}$에서 $\overline{AQ}^2=\overline{BQ}^2$이므로

$(-2)^2+(b-4)^2=(-3)^2+(b+1)^2$, $-10b=-10$ $\therefore b=1$

$\therefore Q(0, 1)$

$\therefore \overline{PQ}=\sqrt{5^2+1^2}=\sqrt{26}$

0011

답 8

삼각형 ABC의 외심 O가 변 BC 위에 있으
므로 삼각형 ABC는 $\angle A=90°$인 직각삼
각형이다.

즉, $\overline{OA}=\overline{OB}=\overline{OC}$이므로

$\overline{AB}^2+\overline{AC}^2=\overline{BC}^2$

$=(2\overline{OA})^2$

$=\{2\sqrt{(2-1)^2+1^2}\}^2$

$=(2\sqrt{2})^2=8$

참고

직각삼각형의 외심은 빗변의 중점이다.

0012

답 -2

점 O가 삼각형 ABC의 외심이므로

$\overline{OA}=\overline{OB}=\overline{OC}$

$\overline{OA}=\overline{OB}$에서 $\overline{OA}^2=\overline{OB}^2$이므로

$(a+1)^2+(-b)^2=(2+1)^2+(-1-b)^2$

$a^2+2a+1+b^2=b^2+2b+10$

$a^2+2a-2b-9=0$ $\cdots\cdots$ ㉠

$\overline{OB}=\overline{OC}$에서 $\overline{OB}^2=\overline{OC}^2$이므로

$(2+1)^2+(-1-b)^2=(-3+1)^2+(-b)^2$

$b^2+2b+10=b^2+4$, $2b=-6$ $\therefore b=-3$

$b=-3$을 ㉠에 대입하면

$a^2+2a-3=0$, $(a+3)(a-1)=0$

$\therefore a=-3$ 또는 $a=1$

이때 $a>0$이므로 $a=1$

$\therefore a+b=1+(-3)=-2$

0013

답 $-1-\sqrt{10}$

방정식 $f(x)=g(x)$에 대하여

$x^2+3x-4=-x+1$, $x^2+4x-5=0$

$(x+5)(x-1)=0$ $\therefore x=-5$ 또는 $x=1$

$x=-5$를 $y=-x+1$에 대입하면 $y=5+1=6$ $\therefore A(-5, 6)$

$x=1$을 $y=-x+1$에 대입하면 $y=-1+1=0$ $\therefore B(1, 0)$

점 P가 함수 $y=f(x)$의 그래프 위의 점이므로 $P(a, a^2+3a-4)$
라 하자.

$\overline{AP}=\overline{BP}$에서 $\overline{AP}^2=\overline{BP}^2$이므로

$(a+5)^2+(a^2+3a-10)^2=(a-1)^2+(a^2+3a-4)^2$

$(a+5)^2-(a-1)^2=(a^2+3a-4)^2-(a^2+3a-10)^2$

$(a+5+a-1)(a+5-a+1)$

$=(a^2+3a-4+a^2+3a-10)(a^2+3a-4-a^2-3a+10)$

$6(2a+4)=6(2a^2+6a-14)$

$2a^2+4a-18=0$, $a^2+2a-9=0$

$\therefore a=-1\pm\sqrt{10}$

이때 점 P의 x좌표는 음수이므로 구하는 점 P의 x좌표는

$-1-\sqrt{10}$

유형 03 두 점 사이의 거리의 활용 (1)
- 선분의 길이의 제곱의 합의 최솟값

0014

답 10

점 P가 y축 위의 점이므로 $P(0, a)$라 하면

$\overline{AP}^2+\overline{BP}^2=(-2)^2+(a-1)^2+2^2+(a-3)^2$

$=2a^2-8a+18$

$=2(a-2)^2+10$

따라서 $a=2$일 때, $\overline{AP}^2+\overline{BP}^2$의 최솟값은 10이다.

0015

답 ⑤

점 P가 직선 $y=x+1$ 위의 점이므로 $P(a, a+1)$이라 하면

$\overline{AP}^2+\overline{BP}^2=(a-2)^2+(a+1-1)^2+(a-1)^2+(a+1-6)^2$

$=4a^2-16a+30$

$=4(a-2)^2+14$

따라서 $a=2$일 때, $\overline{AP}^2+\overline{BP}^2$의 최솟값이 14이므로 점 P의 x좌
표는 2이다.

0016

답 $(3, -1)$

$P(a, b)$라 하면

$\overline{AP}^2+\overline{BP}^2+\overline{CP}^2$

$=(a-2)^2+b^2+(a-1)^2+(b+3)^2+(a-6)^2+b^2$

$=3a^2-18a+3b^2+6b+50$

$=3(a-3)^2+3(b+1)^2+20$

따라서 $a=3$, $b=-1$일 때, $\overline{AP}^2+\overline{BP}^2+\overline{CP}^2$의 최솟값이 20이므로
점 P의 좌표는 $(3, -1)$이다.

0017

답 4

점 P가 x축 위의 점이므로 $P(a, 0)$이라 하면

$\overline{AP}^2+\overline{BP}^2=(a+5)^2+(-1)^2+(a-3)^2+(-k)^2$

$=2a^2+4a+35+k^2$

$=2(a+1)^2+33+k^2$

따라서 $a=-1$일 때, $\overline{AP}^2+\overline{BP}^2$의 최솟값이 $33+k^2$이므로

$33+k^2=49$, $k^2=16$

$\therefore k=4$ $(\because k>0)$

유형 04 두 점 사이의 거리의 활용 (2) - 선분의 길이의 합의 최솟값

0018
답 10

그림과 같이 선분 AB가 x축과 만나는 점이 P일 때 $\overline{AP}+\overline{BP}$가 최솟값을 갖는다.

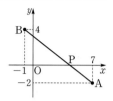

$$\overline{AP}+\overline{BP}\geq\overline{AB}=\sqrt{(-1-7)^2+(4+2)^2}$$
$$=\sqrt{100}=10$$

따라서 $\overline{AP}+\overline{BP}$의 최솟값은 10이다.

0019
답 $3\sqrt{5}$

$A(2, 4)$, $B(-1, -2)$, $C(x, y)$라 하면
$$\sqrt{(x-2)^2+(y-4)^2}+\sqrt{(x+1)^2+(y+2)^2}$$
$$=\overline{AC}+\overline{BC}$$
$$\geq\overline{AB}=\sqrt{(-1-2)^2+(-2-4)^2}$$
$$=\sqrt{45}=3\sqrt{5}$$

따라서 구하는 최솟값은 $3\sqrt{5}$이다.

0020
답 $3\sqrt{13}$

$O(0, 0)$, $A(2, -3)$, $B(-4, 6)$, $C(x, y)$라 하면
$$\sqrt{x^2+y^2}+\sqrt{(x-2)^2+(y+3)^2}+\sqrt{(x+4)^2+(y-6)^2}$$
$$=\overline{OC}+\overline{AC}+\overline{BC}$$

이때 그림과 같이 세 점 O, A, B는 한 직선 위에 있고 $\overline{AC}+\overline{BC}\geq\overline{AB}$이므로 점 C가 선분 AB 위에 있을 때 $\overline{AC}+\overline{BC}$는 최솟값을 갖는다.

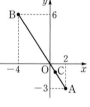

또한 $\overline{OC}$는 점 C와 점 O가 일치할 때 최솟값 0을 갖는다.

따라서 $\overline{OC}+\overline{AC}+\overline{BC}$는 점 C와 점 O가 일치할 때 최솟값을 갖는다.

$$\therefore \overline{OC}+\overline{AC}+\overline{BC}\geq 0+\overline{AB}$$
$$=\sqrt{(-4-2)^2+(6+3)^2}$$
$$=\sqrt{117}=3\sqrt{13}$$

따라서 구하는 최솟값은 $3\sqrt{13}$이다.

유형 05 두 점 사이의 거리의 활용 (3) - 삼각형의 세 변의 길이와 모양

0021
답 ③

$$\overline{AB}=\sqrt{(5-2)^2+(3+1)^2}=5$$
$$\overline{BC}=\sqrt{(1-5)^2+(1-3)^2}=2\sqrt{5}$$
$$\overline{CA}=\sqrt{(2-1)^2+(-1-1)^2}=\sqrt{5}$$

따라서 $\overline{BC}^2+\overline{CA}^2=\overline{AB}^2$이므로 삼각형 ABC는 $\angle C=90°$인 직각삼각형이다.

0022
답 4

$$\overline{AB}^2=(2-a)^2+(3-1)^2=a^2-4a+8$$
$$\overline{BC}^2=(-1-2)^2+(-4-3)^2=58$$
$$\overline{CA}^2=(a+1)^2+(1+4)^2=a^2+2a+26$$

삼각형 ABC는 $\angle A=90°$인 직각삼각형이므로
$\overline{AB}^2+\overline{CA}^2=\overline{BC}^2$에서
$$a^2-4a+8+a^2+2a+26=58$$
$$a^2-a-12=0, (a+3)(a-4)=0$$
$$\therefore a=-3 \text{ 또는 } a=4$$

이때 $a>0$이므로 $a=4$

0023
답 ③

삼각형 ABC가 정삼각형이므로 $\overline{AB}=\overline{BC}=\overline{CA}$

$\overline{AB}=\overline{CA}$에서 $\overline{AB}^2=\overline{CA}^2$이므로
$$(a-a)^2+(a-4)^2=(a-b)^2+(4-5)^2$$
$$\therefore (a-b)^2=(a-4)^2-1 \quad\cdots\cdots\text{㉠}$$

$\overline{BC}=\overline{CA}$에서 $\overline{BC}^2=\overline{CA}^2$이므로
$$(b-a)^2+(5-a)^2=(a-b)^2+(4-5)^2$$
$$a^2-10a+24=0, (a-4)(a-6)=0$$
$$\therefore a=4 \text{ 또는 } a=6$$

이때 $a=4$이면 두 점 A, B는 일치하므로 $a=6$

$a=6$을 ㉠에 대입하면
$$(a-b)^2=2^2-1=3$$

0024
답 2

$$\overline{AB}=\sqrt{(-n+3)^2+(n+1)^2}=\sqrt{2n^2-4n+10}$$
$$\overline{BC}=\sqrt{n^2+(2n-1-n-1)^2}=\sqrt{2n^2-4n+4}$$
$$\overline{CA}=\sqrt{(n-3-n)^2+(-2n+1)^2}=\sqrt{4n^2-4n+10}$$

이때 n은 자연수이므로 삼각형 ABC의 가장 긴 변은
$\overline{CA}=\sqrt{4n^2-4n+10}$이다.

즉, 둔각삼각형이 되려면
$\overline{CA}^2>\overline{AB}^2+\overline{BC}^2$을 만족시켜야 하므로
$$4n^2-4n+10>2n^2-4n+10+2n^2-4n+4$$
$$4n>4 \quad \therefore n>1$$

따라서 $n>1$을 만족시키는 자연수 n의 최솟값은 2이다.

🔊 **Bible Says** 삼각형의 변과 각 사이의 관계

삼각형 ABC에서 꼭짓점 A, B, C의 대변의 길이를 각각 a, b, c라 하고 이중 c가 가장 길 때
(1) $a^2+b^2>c^2$ ➡ 예각삼각형
(2) $a^2+b^2=c^2$ ➡ 직각삼각형
(3) $a^2+b^2<c^2$ ➡ 둔각삼각형

유형 06 좌표를 이용하여 도형의 성질 확인하고 활용하기

0025

답 ㈎ 원점 ㈏ (a, b) ㈐ $x-a$ ㈑ $y-b$

그림과 같이 직선 BC를 x축으로 하고, 직선 AB를 y축으로 하는 좌표평면을 잡으면 점 B는 원점 이다.

이때 직사각형 ABCD의 두 꼭짓점 A, C 의 좌표를 각각 $(0, b)$, $(a, 0)$이라 하면 꼭짓점 D의 좌표는 (a, b)이다.

점 P의 좌표를 (x, y)라 하면
$$\overline{PA}^2+\overline{PC}^2=\{x^2+(y-b)^2\}+\{(x-a)^2+y^2\}$$
$$=x^2+y^2+(\boxed{x-a})^2+(y-b)^2$$
$$\overline{PB}^2+\overline{PD}^2=x^2+y^2+(x-a)^2+(\boxed{y-b})^2$$
$$\therefore \overline{PA}^2+\overline{PC}^2=\overline{PB}^2+\overline{PD}^2$$

0026

답 $5\sqrt{2}$

점 G가 삼각형 ABC의 무게중심이므로 점 M은 선분 BC의 중점 이다.
$$\therefore \overline{BM}=\frac{1}{2}\overline{BC}=\frac{1}{2}\times 8=4$$
또한 $\overline{AG}:\overline{GM}=2:1$이므로 $\overline{AM}=3\overline{GM}=3\sqrt{3}$
삼각형 ABC에서 $\overline{AB}^2+\overline{AC}^2=2(\overline{AM}^2+\overline{BM}^2)$이므로
$$6^2+\overline{AC}^2=2\times\{(3\sqrt{3})^2+4^2\}$$
$$36+\overline{AC}^2=86, \overline{AC}^2=50$$
$$\therefore \overline{AC}=5\sqrt{2}\ (\because \overline{AC}>0)$$

다른 풀이

점 G는 삼각형 ABC의 무게중심이므로 점 M은 선분 BC의 중점 이다.
$$\therefore \overline{BM}=\frac{1}{2}\overline{BC}=\frac{1}{2}\times 8=4$$
오른쪽 그림과 같이 직선 BC를 x축 으로 하고, 점 M을 지나고 직선 BC 에 수직인 직선을 y축으로 하는 좌표 평면을 잡으면 점 M은 원점이고 B$(-4, 0)$, C$(4, 0)$이다.

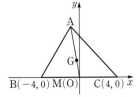

$\overline{AG}:\overline{GM}=2:1$이므로
$$\overline{AM}=3\overline{GM}=3\sqrt{3} \quad \therefore \overline{AM}^2=27$$
A(a, b)라 하면 $a^2+b^2=27$ ······ ㉠
또한 $\overline{AB}=6$이므로 $\overline{AB}^2=36$
$$(-4-a)^2+(-b)^2=36$$
$$\therefore a^2+8a+b^2=20 \quad\cdots\cdots ㉡$$
㉡$-$㉠을 하면 $8a=-7$
$$\therefore \overline{AC}=\sqrt{(4-a)^2+(-b)^2}=\sqrt{a^2+b^2-8a+16}$$
$$=\sqrt{27-(-7)+16}=\sqrt{50}=5\sqrt{2}$$

0027

답 ②

그림과 같이 직선 BC를 x축으로 하고, 점 D를 지나고 직선 BC에 수직인 직선을 y축 으로 하는 좌표평면을 잡으면 점 D는 원점 이다.

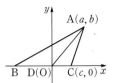

이때 $\overline{BD}=2\overline{CD}$이므로 삼각형 ABC의 세 꼭짓점을 A$(a, b)$, B$(\boxed{-2c}, 0)$, C$(c, 0)$이라 하면
$$\overline{AB}^2+2\overline{AC}^2=\{(-2c-a)^2+(-b)^2\}+2\{(c-a)^2+(-b)^2\}$$
$$=3a^2+3b^2+6c^2$$
$$=3(\boxed{a^2+b^2+2c^2})$$
$$\overline{AD}^2+2\overline{CD}^2=\boxed{a^2+b^2+2c^2}$$
$$\therefore \overline{AB}^2+2\overline{AC}^2=3(\overline{AD}^2+2\overline{CD}^2)$$

유형 07 선분의 내분점

0028

답 $\frac{3}{2}$

선분 AB를 $2:1$로 내분하는 점 P의 좌표는
$$\frac{2\times 8+1\times(-4)}{2+1}=4 \qquad \therefore P(4)$$
선분 AB를 $1:3$으로 내분하는 점 Q의 좌표는
$$\frac{1\times 8+3\times(-4)}{1+3}=-1 \qquad \therefore Q(-1)$$
따라서 선분 PQ의 중점 M의 좌표는
$$\frac{4+(-1)}{2}=\frac{3}{2}$$

0029

답 1

선분 AB를 $2:1$로 내분하는 점의 좌표는
$$\left(\frac{2\times a+1\times(-4)}{2+1}, \frac{2\times b+1\times 1}{2+1}\right), \text{즉} \left(\frac{2a-4}{3}, \frac{2b+1}{3}\right)$$
이때 $\frac{2a-4}{3}=-2$, $\frac{2b+1}{3}=-1$이므로 $a=-1$, $b=-2$
$$\therefore a-b=-1-(-2)=1$$

0030

답 $\sqrt{2}$

선분 AB를 $3:4$로 내분하는 점 P의 좌표는
$$\left(\frac{3\times 6+4\times(-1)}{3+4}, \frac{3\times 0+4\times 7}{3+4}\right), \text{즉} (2, 4)$$
선분 AB를 $4:3$으로 내분하는 점 Q의 좌표는
$$\left(\frac{4\times 6+3\times(-1)}{4+3}, \frac{4\times 0+3\times 7}{4+3}\right), \text{즉} (3, 3)$$
$$\therefore \overline{PQ}=\sqrt{(3-2)^2+(3-4)^2}=\sqrt{2}$$

다른 풀이

선분 AB 위에 점 P, Q를 나타내면 그림과 같다.

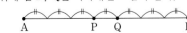

$$\overline{AB}=\sqrt{(6+1)^2+(-7)^2}=7\sqrt{2}$$
$$\therefore \overline{PQ}=\frac{1}{7}\overline{AB}=\sqrt{2}$$

0031
답 ①

점 P는 변 BC를 $5:1$로 내분하므로

$\overline{BC}:\overline{PC}=6:1$ $\therefore \triangle APC=\dfrac{1}{6}\triangle ABC$

점 Q는 선분 CA를 $2:1$로 내분하므로

$\overline{CA}:\overline{QA}=3:1$ $\therefore \triangle BQA=\dfrac{1}{3}\triangle ABC$

$\therefore \dfrac{(\text{삼각형 BQA의 넓이})}{(\text{삼각형 APC의 넓이})}=\dfrac{\dfrac{1}{3}\triangle ABC}{\dfrac{1}{6}\triangle ABC}=2$

> **참고**
>
> 높이가 같은 두 삼각형의 넓이의 비는 밑변의 길이의 비와 같다.

0032
답 10

점 $P(a, b)$는 선분 AB를 $1:2$로 내분하는 점이므로

$P\left(\dfrac{1\times(-3)+2\times6}{1+2}, \dfrac{1\times5+2\times2}{1+2}\right)$, 즉 $P(3, 3)$

$\therefore a=3, b=3$

점 $Q(c, d)$는 선분 AB를 $2:1$로 내분하는 점이므로

$Q\left(\dfrac{2\times(-3)+1\times6}{2+1}, \dfrac{2\times5+1\times2}{2+1}\right)$, 즉 $Q(0, 4)$

$\therefore c=0, d=4$

$\therefore a+b+c+d=3+3+0+4=10$

0033
답 4

선분 AB를 $3:1$로 내분하는 점 P의 좌표는

$\left(\dfrac{3\times(-3)+1\times1}{3+1}, \dfrac{3\times4+1\times a}{3+1}\right)$, 즉 $\left(-2, \dfrac{a+12}{4}\right)$

선분 AB를 $1:3$으로 내분하는 점 Q의 좌표는

$\left(\dfrac{1\times(-3)+3\times1}{1+3}, \dfrac{1\times4+3\times a}{1+3}\right)$, 즉 $\left(0, \dfrac{3a+4}{4}\right)$

이때 $\overline{PQ}=2$이므로

$\sqrt{2^2+\left(\dfrac{3a+4}{4}-\dfrac{a+12}{4}\right)^2}=2$

$\sqrt{4+\dfrac{(a-4)^2}{4}}=2$

양변을 제곱하면

$4+\dfrac{(a-4)^2}{4}=4, (a-4)^2=0$

$a-4=0$ $\therefore a=4$

[다른 풀이]

선분 AB 위에 점 P, Q를 나타내면 그림과 같다.

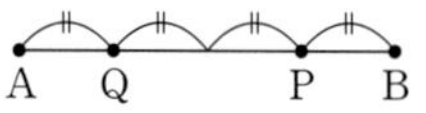

A — Q — P — B

$\overline{PQ}=2$이므로 $\overline{AB}=2\overline{PQ}=4$이다.

즉, $\sqrt{(-3-1)^2+(4-a)^2}=4$

양변을 제곱하면

$16+(a-4)^2=16, (a-4)^2=0$

$a-4=0$ $\therefore a=4$

유형 08 조건이 주어진 경우의 선분의 내분점

0034
답 12

선분 AB를 $3:1$로 내분하는 점의 좌표는

$\left(\dfrac{3\times4+1\times2}{3+1}, \dfrac{3\times(-4)+1\times a}{3+1}\right)$, 즉 $\left(\dfrac{7}{2}, \dfrac{a-12}{4}\right)$

이 점이 x축 위에 있으므로

$\dfrac{a-12}{4}=0, a-12=0$ $\therefore a=12$

0035
답 2

선분 AB를 $1:k$로 내분하는 점의 좌표는

$\left(\dfrac{1\times0+k\times2}{1+k}, \dfrac{1\times(-5)+k\times0}{1+k}\right)$, 즉 $\left(\dfrac{2k}{1+k}, \dfrac{-5}{1+k}\right)$

이 점이 직선 $y=-2x+1$ 위에 있으므로

$\dfrac{-5}{1+k}=\dfrac{-4k}{1+k}+1, -5=-4k+1+k$

$3k=6$ $\therefore k=2$

0036
답 3

$P(a, b)$라 하면

$a=\dfrac{(3+k)\times6+(3-k)\times(-1)}{(3+k)+(3-k)}=\dfrac{7k+15}{6}$

$b=\dfrac{(3+k)\times(-2)+(3-k)\times4}{(3+k)+(3-k)}=\dfrac{6-6k}{6}=1-k$

이때 점 P가 제1사분면 위의 점이므로 $a>0, b>0$

즉, $\dfrac{7k+15}{6}>0, 1-k>0$이므로

$-\dfrac{15}{7}<k<1$

따라서 구하는 정수 k는 $-2, -1, 0$의 3개이다.

0037
답 10

선분 AB를 $m:n$으로 내분하는 점의 좌표는

$\left(\dfrac{m\times2+n\times5}{m+n}, \dfrac{m\times1+n\times(-3)}{m+n}\right)$, 즉 $\left(\dfrac{2m+5n}{m+n}, \dfrac{m-3n}{m+n}\right)$

이 점이 직선 $x-y=3$ 위의 점이므로

$\dfrac{2m+5n}{m+n}-\dfrac{m-3n}{m+n}=3, m+8n=3m+3n$

$2m=5n$ $\therefore m:n=5:2$

이때 m, n은 서로소인 자연수이므로

$m=5, n=2$

$\therefore mn=5\times2=10$

0038

답 ②

$\overline{AB}=2\overline{BC}$이므로 $\overline{AB}:\overline{BC}=2:1$
점 B는 그림과 같이 선분 AC를 2:1로 내
분하는 점이므로 C(a, b)라 하면

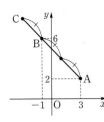

$\dfrac{2\times a+1\times 3}{2+1}=-1$, $\dfrac{2\times b+1\times 2}{2+1}=6$

$2a+3=-3$, $2b+2=18$

$\therefore a=-3$, $b=8$

따라서 점 C의 좌표는 $(-3, 8)$이다.

0039

답 $(-5, -5)$, $(7, 1)$

$3\overline{AB}=2\overline{BC}$이므로 $\overline{AB}:\overline{BC}=2:3$
C(a, b)라 하면

(i) $a<0$일 때, 그림과 같이 점 B는 선
분 CA를 3:2로 내분하는 점이므
로

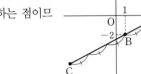

$\dfrac{3\times 5+2\times a}{3+2}=1$,

$\dfrac{3\times 0+2\times b}{3+2}=-2$

$2a+15=5$, $2b=-10$ $\therefore a=-5$, $b=-5$

$\therefore$ C$(-5, -5)$

(ii) $a>0$일 때, 그림과 같이 점 A는 선분
BC를 2:1로 내분하는 점이므로

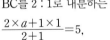

$\dfrac{2\times a+1\times 1}{2+1}=5$,

$\dfrac{2\times b+1\times (-2)}{2+1}=0$

$2a+1=15$, $2b-2=0$ $\therefore a=7$, $b=1$

$\therefore$ C$(7, 1)$

(i), (ii)에서 점 C의 좌표는 $(-5, -5)$, $(7, 1)$이다.

0040

답 $\dfrac{4}{15}$

점 P는 선분 AB를 2:1로 내분하는 점이므로
$\overline{AP}:\overline{BP}=2:1$
점 Q는 선분 AB를 2:3으로 내분하는 점이므로
$\overline{AQ}:\overline{BQ}=2:3$

$\overline{AB}=x$라 하면 $\overline{AQ}=\dfrac{2}{5}x$, $\overline{BP}=\dfrac{x}{3}$이므로

$\overline{PQ}=\overline{AB}-\overline{AQ}-\overline{BP}$

$=x-\dfrac{2}{5}x-\dfrac{x}{3}$

$=\dfrac{4}{15}x$

따라서 $\overline{PQ}=\dfrac{4}{15}\overline{AB}$이므로 $k=\dfrac{4}{15}$

0041

답 $(-2, 5)$

$3\triangle OAP=\triangle OBP$이므로 $\overline{AP}:\overline{BP}=1:3$
이때 점 P는 선분 AB 위의 점이므로 그
림과 같이 점 P는 선분 AB를 1:3으로
내분하는 점이다.
따라서 점 P의 좌표는

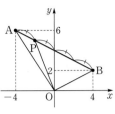

$\left(\dfrac{1\times 4+3\times (-4)}{1+3}, \dfrac{1\times 2+3\times 6}{1+3}\right)$, 즉

$(-2, 5)$

0042

답 ⑤

삼각형 ABC의 무게중심의 좌표가 $(2, 0)$이므로

$\dfrac{a+(a-1)+5}{3}=2$에서 $2a+4=6$, $2a=2$ $\therefore a=1$

$\dfrac{-3+b+(-2)}{3}=0$에서 $b-5=0$ $\therefore b=5$

$\therefore a+b=1+5=6$

0043

답 $(9, 12)$

삼각형 OAB의 무게중심의 좌표가 $(6, 8)$이므로

$\dfrac{0+x_1+x_2}{3}=6$, $\dfrac{0+y_1+y_2}{3}=8$

$x_1+x_2=18$, $y_1+y_2=24$이므로

$\dfrac{x_1+x_2}{2}=9$, $\dfrac{y_1+y_2}{2}=12$

따라서 선분 AB의 중점의 좌표는 $(9, 12)$이다.

0044

답 3

A(a, b), C(c, d)라 하면 변 AC의 중점의 좌표가 $(2, 5)$이므로

$\dfrac{a+c}{2}=2$, $\dfrac{b+d}{2}=5$ $\therefore a+c=4$, $b+d=10$

삼각형 ABC의 무게중심의 좌표는

$\left(\dfrac{a+(-4)+c}{3}, \dfrac{b+(-1)+d}{3}\right)$, 즉 $(0, 3)$

따라서 $x=0$, $y=3$이므로 $y-x=3-0=3$

다른 풀이

변 AC의 중점을 M이라 하면 삼각형 ABC의 무게중심은
선분 BM을 2:1로 내분하는 점이므로 그 좌표는

$\left(\dfrac{2\times 2+1\times (\ 1)}{2+1}, \dfrac{2\times 5+1\times (-1)}{2+1}\right)$, 즉 $(0, 3)$

따라서 $x=0$, $y=3$이므로 $y-x=3-0=3$

0045

답 ③

B(a, b), C(c, d)라 하면

(i) 점 P(x_1, y_1)은 선분 AB를 $1:2$로 내분하는 점이므로

$$P\left(\frac{1\times a+2\times 3}{1+2}, \frac{1\times b+2\times 10}{1+2}\right), \text{ 즉 } P\left(\frac{a+6}{3}, \frac{b+20}{3}\right)$$

(ii) 점 Q(x_2, y_2)는 선분 AC를 $1:2$로 내분하는 점이므로

$$Q\left(\frac{1\times c+2\times 3}{1+2}, \frac{1\times d+2\times 10}{1+2}\right), \text{ 즉 } Q\left(\frac{c+6}{3}, \frac{d+20}{3}\right)$$

이때 $x_1+x_2=5$이므로

$$\frac{a+6}{3}+\frac{c+6}{3}=5 \qquad \therefore a+c=3$$

또한 $y_1+y_2=7$이므로

$$\frac{b+20}{3}+\frac{d+20}{3}=7 \qquad \therefore b+d=-19$$

따라서 삼각형 ABC의 무게중심의 좌표는

$$\left(\frac{3+a+c}{3}, \frac{10+b+d}{3}\right), \text{ 즉 } (2, -3)$$

0046

답 2

$\overline{AB}=3\overline{BC}$이므로 $\overline{AB}:\overline{BC}=3:1$ ...... ㉠

(i) 점 C가 선분 AB 위에 있을 때

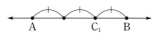

㉠을 만족시키는 점 C를 C_1이라 하면 그림과 같이
점 C_1은 선분 AB를 $2:1$로 내분하는 점이므로

$$C_1\left(\frac{2\times 8+1\times 6}{2+1}, \frac{2\times 5+1\times(-3)}{2+1}\right), \text{ 즉 } C_1\left(\frac{22}{3}, \frac{7}{3}\right)$$

(ii) 점 C가 선분 AB의 연장선 위에 있을 때

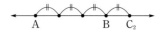

㉠을 만족시키는 점 C를 C_2라 하면 그림과 같이
점 B는 선분 AC_2를 $3:1$로 내분하는 점이므로

$C_2(c, d)$라 하면

$$\frac{3\times c+1\times 6}{3+1}=8, \frac{3\times d+1\times(-3)}{3+1}=5$$

$$3c+6=32, 3d-3=20$$

$$\therefore c=\frac{26}{3}, d=\frac{23}{3} \qquad \therefore C_2\left(\frac{26}{3}, \frac{23}{3}\right)$$

두 점 C_1, C_2와 원점을 세 꼭짓점으로 하는 삼각형의 무게중심 G의
좌표는

$$\left(\frac{\frac{22}{3}+\frac{26}{3}+0}{3}, \frac{\frac{7}{3}+\frac{23}{3}+0}{3}\right), \text{ 즉 } \left(\frac{16}{3}, \frac{10}{3}\right)$$

따라서 $a=\frac{16}{3}$, $b=\frac{10}{3}$이므로

$$a-b=\frac{16}{3}-\frac{10}{3}=2$$

0047

답 $(4, 4)$

D(a, b)라 하면 두 대각선 AC, BD의 중점이 일치하므로

$$\frac{1+3}{2}=\frac{0+a}{2}, \frac{2+1}{2}=\frac{-1+b}{2}$$

$$\therefore a=4, b=4$$

따라서 꼭짓점 D의 좌표는 $(4, 4)$이다.

0048

답 1, 5

두 대각선 AC, BD의 중점이 일치하므로 중점의 x좌표는

$$\frac{a}{2}=\frac{3+b}{2} \qquad \therefore b=a-3$$

$\overline{AB}=\overline{BC}$에서 $\overline{AB}^2=\overline{BC}^2$이므로

$$(3-a)^2+(7-4)^2=(-3)^2+(8-7)^2$$

$$a^2-6a+8=0, (a-2)(a-4)=0$$

$$\therefore a=2 \text{ 또는 } a=4$$

따라서 $a=2$일 때 $b=-1$, $a=4$일 때 $b=1$이므로

$a+b=1$ 또는 $a+b=5$

0049

답 $(3, 3)$

그림과 같이 평행사변형 ABCD의 두 대각
선의 교점을 O라 하면 $\overline{OB}=\overline{OD}$이고

$\overline{BP}:\overline{PO}=\overline{DQ}:\overline{QO}=2:1$이므로

$$\overline{OP}=\overline{OQ}$$

따라서 두 대각선의 교점은 선분 PQ의 중점과 같으므로 그 좌표는

$$\left(\frac{-1+7}{2}, \frac{4+2}{2}\right), \text{ 즉 } (3, 3)$$

0050

답 ②

$$\overline{AB}=\sqrt{(1-5)^2+(-2)^2}=2\sqrt{5}$$

$$\overline{BC}=\sqrt{(-1-1)^2+(k+2)^2}=\sqrt{k^2+4k+8}$$

평행사변형에서 두 쌍의 대변의 길이는 각각 같으므로

$$\overline{AB}+\overline{BC}=4\sqrt{5}$$

즉, $2\sqrt{5}+\sqrt{k^2+4k+8}=4\sqrt{5}$이므로

$$\sqrt{k^2+4k+8}=2\sqrt{5}$$

양변을 제곱하면

$$k^2+4k+8=20, k^2+4k-12=0$$

$$(k+6)(k-2)=0 \qquad \therefore k=-6 \text{ 또는 } k=2$$

따라서 모든 상수 k의 값의 합은

$$-6+2=-4$$

0051

답 ①

$\overline{AB}=\sqrt{(1-2)^2+(-2-1)^2}=\sqrt{10}$

$\overline{AC}=\sqrt{(-2)^2+(5-1)^2}=2\sqrt{5}$

이때 선분 AD는 ∠A의 이등분선이므로

$\overline{BD}:\overline{CD}=\overline{AB}:\overline{AC}$

$\qquad=\sqrt{10}:2\sqrt{5}=1:\sqrt{2}$

$\therefore \triangle ABD:\triangle ACD=\overline{BD}:\overline{CD}=1:\sqrt{2}$

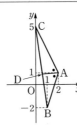

0052

답 21

$\overline{AB}=\sqrt{(-4-2)^2+(-1-7)^2}=10$

$\overline{AC}=\sqrt{(5-2)^2+(3-7)^2}=5$

이때 선분 AD는 ∠A의 외각의 이등분선이므로

$\overline{BD}:\overline{CD}=\overline{AB}:\overline{AC}=10:5=2:1$

$\therefore \overline{BC}:\overline{CD}=1:1$

즉, 점 C는 선분 BD를 1 : 1로 내분하는 점이므로 선분 BD의 중점이다.

$\dfrac{-4+a}{2}=5, \dfrac{-1+b}{2}=3 \qquad \therefore a=14, b=7$

$\therefore a+b=14+7=21$

0053

답 20

선분 AD가 ∠A의 이등분선이므로 $a:b=10:5=2:1$

$\therefore a=12\times\dfrac{2}{2+1}=8, b=12\times\dfrac{1}{2+1}=4$

즉, 두 근이 8, 4이고 x^2의 계수가 1인 이차방정식은

$x^2-12x+32=0$

따라서 $p=-12, q=32$이므로

$p+q=-12+32=20$

유형 13 점의 자취의 방정식

0054

답 $3x-5y-1=0$

$P(x, y)$라 하면 $\overline{AP}=\overline{BP}$에서 $\overline{AP}^2=\overline{BP}^2$이므로

$(x+2)^2+(y-2)^2=(x-1)^2+(y+3)^2$

$6x-10y-2=0 \qquad \therefore 3x-5y-1=0$

0055

답 ②

A(a, b)라 하고 선분 AB를 3 : 1로 내분하는 점의 좌표를 (x, y)라 하면

$x=\dfrac{3\times1+1\times a}{3+1}=\dfrac{a+3}{4}, y=\dfrac{3\times4+1\times b}{3+1}=\dfrac{b+12}{4}$

$\therefore a=4x-3, b=4y-12 \qquad \cdots\cdots$ ㉠

이때 점 A가 직선 $x+3y=1$ 위의 점이므로

$a+3b=1 \qquad\qquad \cdots\cdots$ ㉡

㉠을 ㉡에 대입하면 $4x-3+3(4y-12)=1$

$4x+12y-40=0 \qquad \therefore x+3y-10=0$

0056

답 ④

$P(x, y)$라 하면 $\overline{AP}^2+2\overline{BP}^2=3\overline{CP}^2$이므로

$(x+2)^2+y^2+2\{x^2+(y+5)^2\}=3\{(x-1)^2+(y+3)^2\}$

$10x+2y+24=0 \qquad \therefore 5x+y+12=0$

기출&기출변형 문제

0057

답 2

$\overline{AB}=\sqrt{(-4)^2+(1+1)^2}=2\sqrt{5}$

$\overline{BC}=\sqrt{1^2+(a-1)^2}=\sqrt{a^2-2a+2}$

$\overline{AB}=2\overline{BC}$에서 $\overline{AB}^2=4\overline{BC}^2$이므로

$20=4(a^2-2a+2)$, $a^2-2a-3=0$

$(a+1)(a-3)=0$ $\therefore a=-1$ 또는 $a=3$

따라서 모든 a의 값의 합은 $-1+3=2$

> **짝기출** 답 ⑤
>
> 좌표평면에 세 점 $A(-2, 0)$, $B(0, 4)$, $C(a, b)$를 꼭짓점으로 하는 삼각형 ABC가 있다. $\overline{AC}=\overline{BC}$이고 삼각형 ABC의 무게중심이 y축 위에 있을 때, $a+b$의 값은?
>
> ① $\dfrac{1}{2}$ ② 1 ③ $\dfrac{3}{2}$ ④ 2 ⑤ $\dfrac{5}{2}$

0058

답 ④

점 $P(a, b)$는 직선 $y=x-3$ 위의 점이므로

$b=a-3$ ······ ㉠

$\overline{AP}=\overline{BP}$에서 $\overline{AP}^2=\overline{BP}^2$이므로

$(a+1)^2+(b-5)^2=(a-3)^2+(b+3)^2$

$8a-16b+8=0$ $\therefore a-2b+1=0$ ······ ㉡

㉠을 ㉡에 대입하면

$a-2(a-3)+1=0$ $\therefore a=7$

$a=7$을 ㉠에 대입하면 $b=7-3=4$

$\therefore a+b=7+4=11$

> **짝기출** 답 30
>
> 그림과 같이 직선 $l : 2x+3y=12$와 두 점 $A(4, 0)$, $B(0, 2)$가 있다. $\overline{AP}=\overline{BP}$가 되도록 직선 l 위의 점 $P(a, b)$를 잡을 때, $8a+4b$의 값을 구하시오.
>
>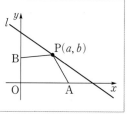

0059

답 $\dfrac{28}{3}$

$\overline{OA}=\sqrt{6^2+8^2}=10$, $\overline{OB}=\sqrt{4^2+3^2}=5$

이때 선분 OC는 $\angle AOB$의 이등분선이므로

$\overline{AC} : \overline{BC}=\overline{OA} : \overline{OB}=10 : 5=2 : 1$

즉, 점 C는 선분 AB를 $2 : 1$로 내분하는 점이므로

$C\left(\dfrac{2\times4+1\times6}{2+1}, \dfrac{2\times3+1\times8}{2+1}\right)$, 즉

$C\left(\dfrac{14}{3}, \dfrac{14}{3}\right)$

따라서 $a=\dfrac{14}{3}$, $b=\dfrac{14}{3}$이므로 $a+b=\dfrac{14}{3}+\dfrac{14}{3}=\dfrac{28}{3}$

> **짝기출** 답 13
>
> 좌표평면 위의 두 점 $P(3, 4)$, $Q(12, 5)$에 대하여 $\angle POQ$의 이등분선과 선분 PQ와의 교점의 x좌표를 $\dfrac{b}{a}$라 할 때, $a+b$의 값을 구하시오.
>
> (단, 점 O는 원점이고, a와 b는 서로소인 자연수이다.)

0060

답 ②

선분 AB를 $m : n$으로 내분하는 점의 좌표는

$\left(\dfrac{-m+an}{m+n}, \dfrac{m+bn}{m+n}\right)$

이 점이 y축 위의 점이므로

$\dfrac{-m+an}{m+n}=0$ $\therefore a=\dfrac{m}{n}$ ······ ㉠

선분 AC를 $m : n$으로 내분하는 점의 좌표는

$\left(\dfrac{2m+an}{m+n}, \dfrac{-2m+bn}{m+n}\right)$

이 점이 x축 위의 점이므로

$\dfrac{-2m+bn}{m+n}=0$ $\therefore b=\dfrac{2m}{n}$ ······ ㉡

㉠, ㉡에서 $b=2a$이고 a, b는 10 이하의 자연수이므로

점 A의 좌표는 $(1, 2)$, $(2, 4)$, $(3, 6)$, $(4, 8)$, $(5, 10)$

따라서 주어진 조건을 모두 만족하는 삼각형 ABC의 개수는 5이다.

0061

답 ②

선분 AB를 $t : (1-t)$로 내분하는 점의 좌표는

$\left(\dfrac{t\times6+(1-t)\times(-2)}{t+(1-t)}, \dfrac{t\times(-3)+(1-t)\times5}{t+(1-t)}\right)$, 즉

$(8t-2, -8t+5)$

이 점이 제1사분면 위에 있으므로

$8t-2>0$, $-8t+5>0$ $\therefore \dfrac{1}{4}<t<\dfrac{5}{8}$

0062

$P(p)$, $Q(q)$, $R(r)$라 하면

$p = \dfrac{1 \times a + 2 \times 0}{1+2} = \dfrac{a}{3}$

$q = \dfrac{1 \times a + 3 \times 0}{1+3} = \dfrac{a}{4}$

$r = \dfrac{1 \times a + n \times 0}{1+n} = \dfrac{a}{n+1}$

$\overline{OP} = p$, $\overline{OQ} = q$, $\overline{OR} = r$이므로 $\overline{OP} = \overline{OQ} + 5 = \overline{OR} + 10$에서

$p = q + 5 = r + 10$

$\therefore \dfrac{a}{3} = \dfrac{a}{4} + 5 = \dfrac{a}{n+1} + 10$

(i) $\dfrac{a}{3} = \dfrac{a}{4} + 5$에서 $\dfrac{a}{12} = 5$ $\therefore a = 60$

(ii) $\dfrac{a}{3} = \dfrac{a}{n+1} + 10$에서 $a = 60$이므로

$20 = \dfrac{60}{n+1} + 10$, $\dfrac{60}{n+1} = 10$ $\therefore n = 5$

(i), (ii)에서 $a + n = 60 + 5 = 65$

> **짝기출**   답 ③
>
> 수직선 위의 두 점 $A(1)$, $B(7)$에 대하여 선분 AB를 $1:3$으로 내분하는 점을 $P(a)$라 할 때, a의 값은?
>
> ① $\dfrac{3}{2}$ ② 2 ③ $\dfrac{5}{2}$ ④ 3 ⑤ $\dfrac{7}{2}$

0063

$A(x_1, y_1)$, $B(x_2, y_2)$, $C(x_3, y_3)$이라 하면

(i) 변 AB를 $1:2$로 내분하는 점의 좌표는

$\left(\dfrac{x_2 + 2x_1}{3}, \dfrac{y_2 + 2y_1}{3} \right)$

이 점의 좌표가 $(10, 8)$이므로

$\dfrac{x_2 + 2x_1}{3} = 10$, $\dfrac{y_2 + 2y_1}{3} = 8$

$\therefore x_2 + 2x_1 = 30$, $y_2 + 2y_1 = 24$ $\quad \cdots\cdots \ \text{㉠}$

(ii) 변 BC를 $1:3$으로 내분하는 점의 좌표는

$\left(\dfrac{x_3 + 3x_2}{4}, \dfrac{y_3 + 3y_2}{4} \right)$

이 점의 좌표가 $(5, -3)$이므로

$\dfrac{x_3 + 3x_2}{4} = 5$, $\dfrac{y_3 + 3y_2}{4} = -3$

$\therefore x_3 + 3x_2 = 20$, $y_3 + 3y_2 = -12$ $\quad \cdots\cdots \ \text{㉡}$

(iii) 변 CA를 $2:3$으로 내분하는 점의 좌표는

$\left(\dfrac{2x_1 + 3x_3}{5}, \dfrac{2y_1 + 3y_3}{5} \right)$

이 점의 좌표가 $(2, 12)$이므로

$\dfrac{2x_1 + 3x_3}{5} = 2$, $\dfrac{2y_1 + 3y_3}{5} = 12$

$\therefore 2x_1 + 3x_3 = 10$, $2y_1 + 3y_3 = 60$ $\quad \cdots\cdots \ \text{㉢}$

㉠, ㉡, ㉢에서 x좌표에 대한 식, y좌표에 대한 식을 각각 더하면

$4x_1 + 4x_2 + 4x_3 = 60$, $4y_1 + 4y_2 + 4y_3 = 72$

$\therefore x_1 + x_2 + x_3 = 15$, $y_1 + y_2 + y_3 = 18$

즉, 삼각형 ABC의 무게중심 G의 좌표는

$\left(\dfrac{x_1 + x_2 + x_3}{3}, \dfrac{y_1 + y_2 + y_3}{3} \right)$, 즉 $(5, 6)$

따라서 $a = 5$, $b = 6$이므로

$a + b = 5 + 6 = 11$

0064

삼각형 OAB, 삼각형 OBC의 무게중심을 각각 G_1, G_2라 하면

$G_1 \left(\dfrac{0+4+2}{3}, \dfrac{0+0+4}{3} \right)$, 즉 $G_1 \left(2, \dfrac{4}{3} \right)$

$G_2 \left(\dfrac{0+2+0}{3}, \dfrac{0+4+2}{3} \right)$, 즉 $G_2 \left(\dfrac{2}{3}, 2 \right)$

$\triangle OAB = \dfrac{1}{2} \times 4 \times 4 = 8$, $\triangle OBC = \dfrac{1}{2} \times 2 \times 2 = 2$이므로

$\triangle OAB : \triangle OBC = 8 : 2 = 4 : 1$

삼각형 OAB의 넓이와 삼각형 OBC의 넓이의 비가 $4:1$이므로 사각형 $OABC$의 무게중심은 선분 $G_1 G_2$를 $1:4$로 내분하는 점이다.

따라서 사각형 $OABC$의 무게중심의 좌표는

$\left(\dfrac{1 \times \dfrac{2}{3} + 4 \times 2}{1+4}, \dfrac{1 \times 2 + 4 \times \dfrac{4}{3}}{1+4} \right)$, 즉 $\left(\dfrac{26}{15}, \dfrac{22}{15} \right)$

따라서 $\alpha = \dfrac{26}{15}$, $\beta = \dfrac{22}{15}$이므로

$\alpha + \beta = \dfrac{26}{15} + \dfrac{22}{15} = \dfrac{16}{5}$

02 직선의 방정식

유형 01 한 점과 기울기가 주어진 직선의 방정식

0065
답 -4

직선 $y=-x+1$의 기울기는 -1이다.
점 $(1, 3)$을 지나고 기울기가 -1인 직선의 방정식은
$y-3=-(x-1)$ $\therefore y=-x+4$
따라서 $a=-1$, $b=4$이므로
$ab=-1\times4=-4$

0066
답 ④

직선 $3x-y+7=0$, 즉 $y=3x+7$의 기울기는 3이다.
기울기가 3이고 점 $(1, -2)$를 지나는 직선의 방정식은
$y-(-2)=3(x-1)$ $\therefore y=3x-5$
직선 $y=3x-5$가 점 $(2, k)$를 지나므로
$k=3\times2-5=1$

다른 풀이

두 점 $(1, -2)$, $(2, k)$를 지나는 직선의 기울기가 3이므로
$\dfrac{k-(-2)}{2-1}=3$, $k+2=3$ $\therefore k=1$

0067
답 4

두 점 $(-2, 4)$, $(6, 2)$를 이은 선분의 중점의 좌표는
$\left(\dfrac{-2+6}{2}, \dfrac{4+2}{2}\right)$, 즉 $(2, 3)$
이때 점 $(2, 3)$을 지나고 기울기가 3인 직선의 방정식은
$y-3=3(x-2)$, $y=3x-3$ $\therefore 3x-y-3=0$
따라서 $a=3$, $b=-1$이므로
$a-b=3-(-1)=4$

0068
답 6

직선 $y=(a+2)x-b$는 기울기가 $\tan 45°=1$이고 점 $(2, -5)$를 지나므로
$y-(-5)=x-2$ $\therefore y=x-7$
따라서 $a+2=1$, $-b=-7$이므로 $a=-1$, $b=7$
$\therefore a+b=-1+7=6$

0069
답 $y=-2x-3$

두 점 $A(-4, 1)$, $B(2, -5)$에 대하여
선분 AB를 $2:1$로 내분하는 점의 좌표는
$\left(\dfrac{2\times2+1\times(-4)}{2+1}, \dfrac{2\times(-5)+1\times1}{2+1}\right)$, 즉 $(0, -3)$
따라서 점 $(0, -3)$을 지나고 기울기가 -2인 직선의 방정식은
$y-(-3)=-2x$ $\therefore y=-2x-3$

유형 02 두 점을 지나는 직선의 방정식

0070
답 15

두 점 $(-4, 1)$, $(1, 6)$을 지나는 직선의 방정식은
$y-1=\dfrac{6-1}{1-(-4)}\{x-(-4)\}$ $\therefore y=x+5$
직선 $y=x+5$가 두 점 $(-2, a)$, $(b, 10)$을 지나므로
$a=-2+5=3$, $10=b+5$ $\therefore a=3$, $b=5$
$\therefore ab=3\times5=15$

0071
답 ①

두 점 $A(2, -3)$, $B(-4, 3)$에 대하여
선분 AB를 $2:1$로 내분하는 점의 좌표는
$\left(\dfrac{2\times(-4)+1\times2}{2+1}, \dfrac{2\times3+1\times(-3)}{2+1}\right)$, 즉 $(-2, 1)$
따라서 두 점 $(-2, 1)$, $(0, 2)$를 지나는 직선의 방정식은
$y-1=\dfrac{2-1}{0-(-2)}\{x-(-2)\}$ $\therefore y=\dfrac{1}{2}x+2$

0072
답 9

세 점 $A(-5, -3)$, $B(-1, 5)$, $C(0, 1)$에 대하여
삼각형 ABC의 무게중심 G의 좌표는
$\left(\dfrac{-5+(-1)+0}{3}, \dfrac{-3+5+1}{3}\right)$, 즉 $(-2, 1)$
두 점 $B(-1, 5)$, $G(-2, 1)$을 지나는 직선의 방정식은
$y-5=\dfrac{1-5}{-2-(-1)}\{x-(-1)\}$ $\therefore y=4x+9$
따라서 구하는 y절편은 9이다.

0073
답 $\sqrt{10}$

두 직선 $x+2y+4=0$, $2x-y-7=0$의 교점의 좌표는 $(2, -3)$
즉, 두 점 $(2, -3)$, $(-1, 6)$을 지나는 직선의 방정식은
$y-(-3)=\dfrac{6-(-3)}{-1-2}(x-2)$ $\therefore y=-3x+3$
따라서 구하는 선분의 길이는 직선이 x축과
만나는 점 $(1, 0)$과 y축과 만나는 점 $(0, 3)$
사이의 거리이므로
$\sqrt{(0-1)^2+(3-0)^2}=\sqrt{10}$

0074
답 $(-2, 3)$

직선 AC의 방정식은
$y-4=\dfrac{0-4}{4-(-4)}\{x-(-4)\}$ $\therefore y=-\dfrac{1}{2}x+2$ $\cdots\cdots$ ㉠
직선 BD의 방정식은
$y-0=\dfrac{6-0}{1-(-5)}\{x-(-5)\}$ $\therefore y=x+5$ $\cdots\cdots$ ㉡
㉠, ㉡을 연립하여 풀면 $x=-2$, $y=3$
따라서 두 대각선의 교점의 좌표는 $(-2, 3)$이다.

0075

직사각형의 세로의 길이를 a라 하면 가로의 길이는 $2a$이다.
직사각형 ABCD의 둘레의 길이가 24이므로
$2 \times (a + 2a) = 24$ ∴ $a = 4$
즉, 직사각형의 가로의 길이는 8, 세로의 길이는 4이므로
$B(-6, -2)$, $D(2, 2)$이다.
따라서 두 점 $B(-6, -2)$, $D(2, 2)$를 지나는 직선의 방정식은
$y - (-2) = \dfrac{2-(-2)}{2-(-6)}\{x-(-6)\}$ ∴ $y = \dfrac{1}{2}x + 1$
따라서 구하는 x절편은 -2이다.

0076

두 점 $A(-6, 8)$, $B(34, 220)$을 지나는 직선의 방정식은
$y - 8 = \dfrac{220-8}{34-(-6)}\{x-(-6)\}$ ∴ $y = \dfrac{53}{10}(x+6) + 8$
이때 $-6 \le x \le 34$에서 $0 \le x+6 \le 40$이고 x, y의 값이 모두 정수이어야 하므로 $x+6$은 0, 10, 20, 30, 40이어야 한다.

$x+6$	0	10	20	30	40
x	−6	4	14	24	34
y	8	61	114	167	220

따라서 x좌표와 y좌표가 모두 정수인 점은
$(-6, 8)$, $(4, 61)$, $(14, 114)$, $(24, 167)$, $(34, 220)$의 5개이다.

유형 03 x절편과 y절편이 주어진 직선의 방정식

0077

x절편이 1이고 y절편이 2인 직선의 방정식은
$\dfrac{x}{1} + \dfrac{y}{2} = 1$ ∴ $y = -2x + 2$
이 직선이 점 $(a, 2a)$를 지나므로
$2a = -2a + 2$, $4a = 2$ ∴ $a = \dfrac{1}{2}$
∴ $10a = 10 \times \dfrac{1}{2} = 5$

0078

x절편과 y절편의 절댓값이 같고 부호가 반대이므로
x절편을 a $(a \ne 0)$라 하면 y절편은 $-a$이다.
주어진 직선의 방정식은
$\dfrac{x}{a} + \dfrac{y}{-a} = 1$ ∴ $y = x - a$
이 직선이 점 $(-1, 5)$를 지나므로
$5 = -1 - a$ ∴ $a = -6$
따라서 구하는 직선의 방정식은
$y = x + 6$ ∴ $x - y + 6 = 0$

0079

직선 $\dfrac{x}{2} - \dfrac{y}{3} = 1$이 x축과 만나는 점의 좌표는 $(2, 0)$이므로
$P(2, 0)$
직선 $3x - 2y + 6 = 0$이 y축과 만나는 점의 좌표는 $(0, 3)$이므로
$Q(0, 3)$
따라서 직선 PQ는 x절편이 2이고 y절편이 3이므로
구하는 직선의 방정식은
$\dfrac{x}{2} + \dfrac{y}{3} = 1$ ∴ $3x + 2y - 6 = 0$

0080

x절편을 a $(a \ne 0)$라 하면 y절편은 $3a$이므로 이 직선의 방정식은
$\dfrac{x}{a} + \dfrac{y}{3a} = 1$
이 직선이 점 $(-2, 3)$을 지나므로
$\dfrac{-2}{a} + \dfrac{3}{3a} = 1$, $-\dfrac{1}{a} = 1$ ∴ $a = -1$
따라서 구하는 직선의 방정식은
$-x - \dfrac{y}{3} = 1$ ∴ $3x + y + 3 = 0$

0081

$3x - ay = 3a$에서 $\dfrac{x}{a} - \dfrac{y}{3} = 1$
즉, 이 직선의 x절편은 a, y절편은 -3이므로 이 직선과 x축, y축의 교점을 각각 A, B라 하면
$A(a, 0)$, $B(0, -3)$
이때 선분 AB의 길이가 6이므로
$\sqrt{(0-a)^2 + (-3-0)^2} = 6$, $a^2 + 9 = 36$
$a^2 = 27$ ∴ $a = 3\sqrt{3}$ $(\because a > 0)$

0082

x절편이 a, y절편이 b인 직선의 방정식은
$\dfrac{x}{a} + \dfrac{y}{b} = 1$
이 직선이 제1사분면을 지나지 않으므로
직선의 개형은 오른쪽 그림과 같다.
∴ $a < 0$, $b < 0$
주어진 직선과 x축, y축으로 둘러싸인 부분의 넓이가 8이므로
$\dfrac{1}{2} \times |a| \times |b| = 8$ ∴ $|ab| = 16$
따라서 이 직선의 방정식이 될 수 있는 것은 ①이다.

0083

답 -2

세 점 A, B, C가 한 직선 위에 있으려면 직선 AB와 직선 AC의 기울기가 같아야 하므로

$\dfrac{-7-(-1)}{a-(-1)}=\dfrac{a-1-(-1)}{-2-(-1)}$, $\dfrac{-6}{a+1}=\dfrac{a}{-1}$

$a(a+1)=6$, $a^2+a-6=0$

$(a+3)(a-2)=0$ $\therefore a=2 \ (\because a>0)$

따라서 이 직선의 기울기는

$\dfrac{-7-(-1)}{2-(-1)}=-2$

0084

답 ④

세 점 A, B, C가 한 직선 위에 있으려면 직선 AB와 직선 AC의 기울기가 같아야 하므로

$\dfrac{a-3}{0-1}=\dfrac{-12-3}{a-1}$, $-a+3=\dfrac{-15}{a-1}$

$(a-3)(a-1)=15$, $a^2-4a-12=0$

$(a+2)(a-6)=0$ $\therefore a=-2$ 또는 $a=6$

따라서 모든 실수 a의 값의 합은

$-2+6=4$

0085

답 5

세 점 A, B, C가 한 직선 위에 있으려면 직선 AC와 직선 BC의 기울기가 같아야 하므로

$\dfrac{-4-(-2)}{-3-a}=\dfrac{-4-(-a)}{-3-3}$, $\dfrac{2}{3+a}=\dfrac{-4+a}{-6}$

$(a+3)(a-4)=-12$, $a^2-a=0$

$a(a-1)=0$ $\therefore a=1 \ (\because a>0)$

즉, 이 직선의 기울기는 $\dfrac{-4-(-2)}{-3-1}=\dfrac{1}{2}$

기울기가 $\dfrac{1}{2}$이고 점 C$(-3,\,-4)$를 지나는 직선의 방정식은

$y-(-4)=\dfrac{1}{2}\{x-(-3)\}$ $\therefore y=\dfrac{1}{2}x-\dfrac{5}{2}$

따라서 구하는 x절편은 5이다.

0086

답 3

세 점 A, B, C를 꼭짓점으로 하는 삼각형이 만들어지지 않으려면 세 점이 한 직선 위에 있어야 한다.

즉, 직선 AC와 직선 BC의 기울기가 같아야 하므로

$\dfrac{-11-k}{-6-1}=\dfrac{-11-(-5)}{-6-(-k)}$, $\dfrac{k+11}{7}=\dfrac{-6}{k-6}$

$(k+11)(k-6)=-42$, $k^2+5k-66=-42$

$k^2+5k-24=0$, $(k+8)(k-3)=0$

$\therefore k=3 \ (\because k>0)$

0087

답 3

직선 $\dfrac{x}{4}-\dfrac{y}{6}=1$은 x절편이 4, y절편이 -6이므로 A$(4,\,0)$, B$(0,\,-6)$

삼각형 AOB의 넓이를 이등분하려면 직선 $y=mx$가 선분 AB의 중점을 지나야 한다.

선분 AB의 중점 M의 좌표는

$\left(\dfrac{4+0}{2},\,\dfrac{0+(-6)}{2}\right)$, 즉 $(2,\,-3)$

$y=mx$에 $x=2$, $y=-3$을 대입하면 $-3=2m$ $\therefore m=-\dfrac{3}{2}$

$\therefore -2m=-2\times\left(-\dfrac{3}{2}\right)=3$

0088

답 4

그림과 같이 네 직선 $x=1$, $x=4$, $y=-1$, $y=5$의 교점을 각각 A, B, C, D라 하자.

직선이 직사각형의 넓이를 이등분하려면 직선은 직사각형의 두 대각선의 교점을 지나야 한다.

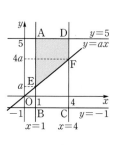

이때 직사각형 ABCD의 두 대각선의 교점의 좌표는

$\left(\dfrac{1+4}{2},\,\dfrac{5+(-1)}{2}\right)$, 즉 $\left(\dfrac{5}{2},\,2\right)$

즉, 직선 $y=ax$가 점 $\left(\dfrac{5}{2},\,2\right)$를 지나므로

$2=\dfrac{5}{2}a$ $\therefore a=\dfrac{4}{5}$

$\therefore 5a=5\times\dfrac{4}{5}=4$

다른 풀이

그림과 같이 네 직선 $x=1$, $x=4$, $y=-1$, $y=5$의 교점을 각각 A, B, C, D라 하면

$\square ABCD=3\times6=18$

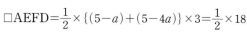

직선 $y=ax$와 두 직선 AB, CD의 교점을 각각 E, F라 하면 E$(1,\,a)$, F$(4,\,4a)$

이때 $\overline{AE}=5-a$, $\overline{DF}=5-4a$이므로

$\square AEFD=\dfrac{1}{2}\times\{(5-a)+(5-4a)\}\times3=\dfrac{1}{2}\times18$

$\dfrac{3}{2}(10-5a)=9$, $10-5a=6$

$-5a=-4$ $\therefore a=\dfrac{4}{5}$

$\therefore 5a=5\times\dfrac{4}{5}=4$

0089

답 ①

점 B를 지나고 삼각형 ABC의 넓이를 이등분하려면 직선이 선분 AC의 중점을 지나야 한다.

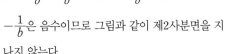

선분 AC의 중점 M의 좌표는

$\left(\dfrac{1+(-7)}{2}, \dfrac{-2+2}{2} \right)$, 즉 $(-3, 0)$

두 점 $B(-1, -4)$, $M(-3, 0)$을 지나는 직선의 방정식은

$y-(-4)=\dfrac{0-(-4)}{-3-(-1)}\{x-(-1)\}$ $\therefore y=-2x-6$

0090

답 ④

두 직사각형의 넓이를 동시에 이등분하려면 직선이 두 직사각형의 대각선의 교점을 모두 지나야 한다.

직사각형 ABCD의 두 대각선의 교점의 좌표는

$\left(\dfrac{2+4}{2}, \dfrac{3+5}{2} \right)$, 즉 $(3, 4)$

직사각형 EFGH의 두 대각선의 교점의 좌표는

$\left(\dfrac{-1+1}{2}, \dfrac{-3+1}{2} \right)$, 즉 $(0, -1)$

따라서 두 점 $(3, 4)$, $(0, -1)$을 지나는 직선의 방정식은

$y-4=\dfrac{-1-4}{0-3}(x-3)$ $\therefore y=\dfrac{5}{3}x-1$

0091

답 3

삼각형 ABD와 삼각형 ADC의 넓이의 비가 1:2이므로 점 D는 선분 BC를 1:2로 내분하는 점이다.

이때 $B(-4, -2)$, $C(5, -5)$이므로 점 D의 좌표는

$\left(\dfrac{1\times5+2\times(-4)}{1+2}, \dfrac{1\times(-5)+2\times(-2)}{1+2} \right)$, 즉 $(-1, -3)$

두 점 $A(2, 3)$, $D(-1, -3)$을 지나는 직선의 방정식은

$y-3=\dfrac{-3-3}{-1-2}(x-2)$, $y=2x-1$ $\therefore 2x-y-1=0$

따라서 $a=2$, $b=-1$이므로

$a-b=2-(-1)=3$

0092

답 -6

두 직사각형의 넓이를 동시에 이등분하려면 직선이 두 직사각형의 대각선의 교점을 모두 지나야 한다.

직사각형 OABC의 두 대각선의 교점의 좌표는

$\left(\dfrac{0+5}{2}, \dfrac{7+0}{2} \right)$, 즉 $\left(\dfrac{5}{2}, \dfrac{7}{2} \right)$

직사각형 ADEF의 두 대각선의 교점의 좌표는

$\left(\dfrac{3+5}{2}, \dfrac{4+0}{2} \right)$, 즉 $(4, 2)$

따라서 두 점 $\left(\dfrac{5}{2}, \dfrac{7}{2} \right)$, $(4, 2)$를 지나는 직선의 방정식은

$y-\dfrac{7}{2}=\dfrac{2-\dfrac{7}{2}}{4-\dfrac{5}{2}}\left(x-\dfrac{5}{2}\right)$, $y=-x+6$ $\therefore x+y-6=0$

따라서 $a=1$, $b=-6$이므로

$ab=1\times(-6)=-6$

유형 06 | 계수의 부호에 따른 직선의 개형

0093

답 제2사분면

$a\neq0$이므로 $2x+ay+b=0$에서 $y=-\dfrac{2}{a}x-\dfrac{b}{a}$

이 직선이 제1, 2, 3사분면을 지나므로 기울기와 y절편이 모두 양수이어야 한다.

즉, $-\dfrac{2}{a}>0$, $-\dfrac{b}{a}>0$에서 $a<0$, $b>0$

따라서 $b\neq0$이므로 직선 $ax+by+1=0$, 즉

$y=-\dfrac{a}{b}x-\dfrac{1}{b}$의 기울기 $-\dfrac{a}{b}$는 양수, y절편

$-\dfrac{1}{b}$은 음수이므로 그림과 같이 제2사분면을 지나지 않는다.

0094

답 ③

$b\neq0$이므로 $ax+by+c=0$에서 $y=-\dfrac{a}{b}x-\dfrac{c}{b}$

이 직선의 기울기와 y절편이 모두 음수이므로

$-\dfrac{a}{b}<0$, $-\dfrac{c}{b}<0$

즉, $ab>0$, $bc>0$이므로 $ac>0$

따라서 $a\neq0$이므로 직선 $cx+ay-b=0$, 즉

$y=-\dfrac{c}{a}x+\dfrac{b}{a}$의 기울기 $-\dfrac{c}{a}$는 음수, y절편 $\dfrac{b}{a}$

는 양수이므로 그림과 같이 제3사분면을 지나지 않는다.

0095

답 ②

$b\neq0$이므로 $ax+by+c=0$에서 $y=-\dfrac{a}{b}x-\dfrac{c}{b}$

이때 $ac>0$, $bc<0$이므로 $ab<0$

$\therefore -\dfrac{a}{b}>0$, $-\dfrac{c}{b}>0$

따라서 직선 $ax+by+c=0$의 기울기와 y절편이 모두 양수이므로 주어진 직선의 개형은 그림과 같다.

0096

답 ㄱ, ㄷ

$ax+by+c=0$에서 $b\neq0$이면 $y=-\dfrac{a}{b}x-\dfrac{c}{b}$

ㄱ. $ac>0$, $bc<0$에서 $ab<0$이므로

(기울기)$=-\dfrac{a}{b}>0$, (y절편)$=-\dfrac{c}{b}>0$

즉, 오른쪽 그림과 같이 제1, 2, 3사분면을 지난다.

ㄴ. $ab>0$, $bc<0$에서

(기울기)$=-\dfrac{a}{b}<0$, (y절편)$=-\dfrac{c}{b}>0$

즉, 오른쪽 그림과 같이 제3사분면을 지나지 않는다.

ㄷ. $ab<0$, $ac<0$에서 $bc>0$이므로

(기울기)$=-\dfrac{a}{b}>0$, (y절편)$=-\dfrac{c}{b}<0$

즉, 오른쪽 그림과 같이 제2사분면을 지나지 않는다.

ㄹ. $ab>0$, $c=0$에서

(기울기)$=-\dfrac{a}{b}<0$, (y절편)$=-\dfrac{c}{b}=0$

즉, 오른쪽 그림과 같이 제2, 4사분면을 지난다.

따라서 옳은 것은 ㄱ, ㄷ이다.

유형 07 정점을 지나는 직선

0097
답 $2\sqrt{13}$

$mx+y-4m+6=0$을 m에 대하여 정리하면

$(x-4)m+y+6=0$

이 식이 m의 값에 관계없이 항상 성립하려면

$x-4=0$, $y+6=0$ ∴ $x=4$, $y=-6$

따라서 P$(4, -6)$이므로

$\overline{\text{OP}}=\sqrt{4^2+(-6)^2}=2\sqrt{13}$

0098
답 -5

주어진 식을 k에 대하여 정리하면

$(-x+2y-5)k+2x+3y+3=0$

이 식이 k의 값에 관계없이 항상 성립하려면

$-x+2y-5=0$, $2x+3y+3=0$

두 식을 연립하여 풀면 $x=-3$, $y=1$

∴ P$(-3, 1)$

기울기가 -2이고 점 P$(-3, 1)$을 지나는 직선의 방정식은

$y-1=-2\{x-(-3)\}$ ∴ $y=-2x-5$

따라서 구하는 y절편은 -5이다.

0099
답 -8

주어진 식을 k에 대하여 정리하면

$(x+3y-10)k+x-y+a=0$

이 식이 k의 값에 관계없이 항상 성립하려면

$x+3y-10=0$, $x-y+a=0$

이때 점 $(b, 2)$가 두 직선의 교점이므로

$b+6-10=0$, $b-2+a=0$

두 식을 연립하여 풀면 $a=-2$, $b=4$

∴ $ab=-2\times4=-8$

0100
답 2

직선 $3x-y-1=0$이 점 (a, b)를 지나므로

$3a-b-1=0$ ∴ $b=3a-1$

$b=3a-1$을 $5ax+by=-5$에 대입하면

$5ax+(3a-1)y=-5$

이 식을 a에 대하여 정리하면

$(5x+3y)a-y+5=0$

이 식이 a의 값에 관계없이 항상 성립하려면

$5x+3y=0$, $-y+5=0$

두 식을 연립하여 풀면 $x=-3$, $y=5$

따라서 직선 $5ax+by=-5$는 항상 점 $(-3, 5)$를 지나므로

$p=-3$, $q=5$

∴ $p+q=-3+5=2$

유형 08 정점을 지나는 직선의 활용

0101
답 2

$mx-y-3m+2=0$에서 $(x-3)m-y+2=0$ …… ㉠

즉, 직선 ㉠은 m의 값에 관계없이 항상 점 $(3, 2)$를 지난다.

그림과 같이 두 직선이 제3사분면에서 만나도록 직선 ㉠을 움직여 보면

(i) 직선 ㉠이 점 $(-3, 0)$을 지날 때

$-6m+2=0$ ∴ $m=\dfrac{1}{3}$

(ii) 직선 ㉠이 점 $(0, -3)$을 지날 때

$-3m+5=0$ ∴ $m=\dfrac{5}{3}$

(i), (ii)에서 m의 값의 범위는 $\dfrac{1}{3}<m<\dfrac{5}{3}$

따라서 $\alpha=\dfrac{1}{3}$, $\beta=\dfrac{5}{3}$이므로

$\alpha+\beta=\dfrac{1}{3}+\dfrac{5}{3}=2$

0102
답 5

$(m+4)x+3y+3m=0$에서 $(x+3)m+4x+3y=0$ …… ㉠

$x+3=0$, $4x+3y=0$에서 $x=-3$, $y=4$

즉, 직선 ㉠은 m의 값에 관계없이 항상 점 $(-3, 4)$를 지난다.

그림과 같이 직선 ㉠이 제3사분면을 지나지 않도록 직선 ㉠을 움직여 보면

(i) 직선 ㉠이 원점을 지날 때

$3m=0$ ∴ $m=0$

(ii) 직선 ㉠이 x축에 평행할 때

$m+4=0$ $\therefore m=-4$

(i), (ii)에서 m의 값의 범위는 $-4\leq m\leq 0$

따라서 정수 m의 값은 -4, -3, -2, -1, 0의 5개이다.

0103

답 ③

$y=mx-2m+1$에서 $(x-2)m-y+1=0$ $\cdots\cdots$ ㉠

즉, 직선 ㉠은 m의 값에 관계없이 항상 점 $(2, 1)$을 지난다.

그림과 같이 주어진 직선 ㉠이 선분 AB와

만나도록 직선 ㉠을 움직여 보면

(i) 직선 ㉠이 점 $A(-4, 0)$을 지날 때

$-6m+1=0$ $\therefore m=\dfrac{1}{6}$

(ii) 직선 ㉠이 점 $B(0, 5)$를 지날 때

$-2m-4=0$ $\therefore m=-2$

(i), (ii)에서 m의 값의 범위는 $-2\leq m\leq\dfrac{1}{6}$

따라서 $a=-2$, $b=\dfrac{1}{6}$이므로

$ab=-2\times\dfrac{1}{6}=-\dfrac{1}{3}$

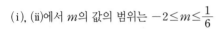

0104

답 $\dfrac{3}{2}$

$kx-y+2k-1=0$에서 $(x+2)k-y-1=0$ $\cdots\cdots$ ㉠

즉, 직선 ㉠은 k의 값에 관계없이 점 $(-2, -1)$을 지난다.

그림과 같이 직선 ㉠을 직사각형과 만나도록 움직여 보면 k의 값은 직선 ㉠의 기울기이므로 점 $(2, 5)$를 지날 때 최대이다.

㉠에 $x=2$, $y=5$를 대입하면

$4k-6=0$ $\therefore k=\dfrac{3}{2}$

따라서 실수 k의 최댓값은 $\dfrac{3}{2}$이다.

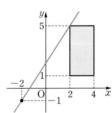

0105

답 $-\dfrac{1}{3}$

$mx-y+2m+2=0$에서 $(x+2)m-y+2=0$ $\cdots\cdots$ ㉠

즉, 직선 ㉠은 m의 값에 관계없이 항상 점 $(-2, 2)$를 지난다.

이때 $A(-2, 2)$이므로 직선 ㉠이 삼각형 ABC의 넓이를 이등분하려면 직선 ㉠은

선분 BC의 중점 $\left(\dfrac{-1+3}{2}, \dfrac{-2+4}{2}\right)$,

즉 $(1, 1)$을 지나야 한다.

따라서 ㉠에 $x=1$, $y=1$을 대입하면

$3m+1=0$ $\therefore m=-\dfrac{1}{3}$

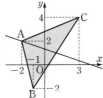

0106

답 ②

두 직선 $x+2y-3=0$, $x+y-2=0$의 교점을 지나는 직선의 방정식은

$x+2y-3+k(x+y-2)=0$ (단, k는 실수) $\cdots\cdots$ ㉠

직선 ㉠이 점 $(3, -2)$를 지나면

$3-4-3+k(3-2-2)=0$, $-4-k=0$ $\therefore k=-4$

$k=-4$를 ㉠에 대입하면

$x+2y-3-4(x+y-2)=0$ $\therefore 3x+2y-5=0$

따라서 이 직선 위에 있는 점의 좌표는 ② $(-1, 4)$이다.

0107

답 $\dfrac{1}{2}$

두 직선 $3x+y+1=0$, $x+y-3=0$의 교점을 지나는 직선의 방정식은

$3x+y+1+k(x+y-3)=0$ (단, k는 실수) $\cdots\cdots$ ㉠

직선 ㉠이 점 $(1, -1)$을 지나면

$3-1+1+k(1-1-3)=0$, $3-3k=0$ $\therefore k=1$

$k=1$을 ㉠에 대입하면

$3x+y+1+(x+y-3)=0$ $\therefore 2x+y-1=0$

따라서 구하는 x절편은 $\dfrac{1}{2}$이다.

[다른 풀이]

두 직선 $3x+y+1=0$, $x+y-3=0$의 교점의 좌표는 $(-2, 5)$

두 점 $(-2, 5)$, $(1, -1)$을 지나는 직선의 방정식은

$y-5=\dfrac{-1-5}{1-(-2)}\{x-(-2)\}$

$y=-2x+1$ $\therefore 2x+y-1=0$

따라서 구하는 x절편은 $\dfrac{1}{2}$이다.

0108

답 $\dfrac{25}{4}$

두 직선 $2x-3y+3=0$, $3x-4y+1=0$의 교점을 지나는 직선의 방정식은

$2x-3y+3+k(3x-4y+1)=0$ (단, k는 실수) $\cdots\cdots$ ㉠

직선 ㉠이 점 $(-1, 2)$를 지나면

$-2-6+3+k(-3-8+1)=0$, $-5-10k=0$ $\therefore k=-\dfrac{1}{2}$

$k=-\dfrac{1}{2}$을 ㉠에 대입하면

$2x-3y+3-\dfrac{1}{2}(3x-4y+1)=0$ $\therefore x-2y+5=0$

따라서 이 직선의 x절편은 -5, y절편은 $\dfrac{5}{2}$

이므로 그림에서 구하는 도형의 넓이는

$\dfrac{1}{2}\times5\times\dfrac{5}{2}=\dfrac{25}{4}$

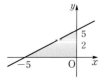

0109
답 ④

두 직선 $(a-1)x+ay-9=0$, $ax+(a-3)y-3=0$의 교점을 지나는 직선의 방정식은

$(a-1)x+ay-9+k\{ax+(a-3)y-3\}=0$ (단, k는 실수)

  $\cdots\cdots$ ㉠

직선 ㉠이 원점을 지나면

$-9-3k=0$ $\therefore k=-3$

$k=-3$을 ㉠에 대입하면

$(a-1)x+ay-9-3\{ax+(a-3)y-3\}=0$

$\therefore (-2a-1)x+(-2a+9)y=0$

이 직선의 기울기가 1이므로

$\dfrac{2a+1}{-2a+9}=1$, $2a+1=-2a+9$

$4a=8$ $\therefore a=2$

유형 10 두 직선의 평행과 수직

0110
답 -5

$(3+k)x+y-4=0$에서 $y=-(3+k)x+4$

두 직선 $y=-(3+k)x+4$, $y=-\dfrac{1}{2}x-3$이 수직이므로

$-(3+k)\times\left(-\dfrac{1}{2}\right)=-1$, $3+k=-2$ $\therefore k=-5$

0111
답 2

두 직선 $ax+y-b=0$, $2x+y-4=0$이 수직이므로

$2a+1=0$ $\therefore a=-\dfrac{1}{2}$

따라서 직선 $-\dfrac{1}{2}x+y-b=0$이 점 $(2, -3)$을 지나므로

$-1+(-3)-b=0$ $\therefore b=-4$

$\therefore ab=-\dfrac{1}{2}\times(-4)=2$

0112
답 -4

두 직선 $(k+2)x+y+3=0$, $5x-(k-4)y+3=0$이 평행하거나 일치하려면

$\dfrac{k+2}{5}=\dfrac{1}{-(k-4)}$, $-(k+2)(k-4)=5$

$k^2-2k-3=0$, $(k+1)(k-3)=0$

$\therefore k=-1$ 또는 $k=3$

(i) $k=-1$일 때, $\dfrac{1}{5}=\dfrac{1}{5}\neq\dfrac{3}{3}$이므로 두 직선은 평행하다.

(ii) $k=3$일 때, $\dfrac{5}{5}=\dfrac{1}{1}=\dfrac{3}{3}$이므로 두 직선은 일치한다.

(i), (ii)에서 $a=-1$, $b=3$이므로

$a-b=-1-3=-4$

0113
답 7

두 직선 $x-ay-5=0$, $ax+(a-2)y+b=0$이 수직이므로

$a-a(a-2)=0$, $a^2-3a=0$

$a(a-3)=0$ $\therefore a=0$ 또는 $a=3$

(i) $a=0$일 때

두 직선 $x-5=0$, $-2y+b=0$의 교점이 $(c, -2)$이므로

$b=-4$, $c=5$

그런데 $b<0$이므로 조건을 만족시키지 않는다.

(ii) $a=3$일 때

두 직선 $x-3y-5=0$, $3x+y+b=0$의 교점이 $(c, -2)$이므로

$c+6-5=0$, $3c-2+b=0$ $\therefore b=5$, $c=-1$

(i), (ii)에서 $a+b+c=3+5+(-1)=7$

유형 11 수직 또는 평행 조건이 주어진 직선의 방정식

0114
답 -4

두 점 $(-1, 2)$, $(1, 6)$을 지나는 직선의 기울기는

$\dfrac{6-2}{1-(-1)}=2$

기울기가 2이고 x절편이 3, 즉 점 $(3, 0)$을 지나는 직선의 방정식은

$y=2(x-3)$ $\therefore 2x-y-6=0$

따라서 $a=2$, $b=-6$이므로 $a+b=2+(-6)=-4$

0115
답 8

두 점 $A(-2, -1)$, $B(1, -7)$을 지나는 직선의 기울기는

$\dfrac{-7-(-1)}{1-(-2)}=-2$

이므로 직선 AB에 수직인 직선의 기울기는 $\dfrac{1}{2}$이다.

한편 선분 AB를 $2:1$로 내분하는 점의 좌표는

$\left(\dfrac{2\times1+1\times(-2)}{2+1}, \dfrac{2\times(-7)+1\times(-1)}{2+1}\right)$, 즉 $(0, -5)$

따라서 기울기가 $\dfrac{1}{2}$이고 점 $(0, -5)$를 지나는 직선의 방정식은

$y-(-5)=\dfrac{1}{2}x$ $\therefore x-2y-10=0$

따라서 $a=-2$, $b=-10$이므로 $a-b=-2-(-10)=8$

0116
답 $-\dfrac{7}{4}$

두 직선 $7x+y+1=0$, $3x-y-6=0$의 교점을 지나는 직선의 방정식은

$7x+y+1+k(3x-y-6)=0$ (단, k는 실수)

$\therefore (3k+7)x+(1-k)y+1-6k=0$ $\cdots\cdots$ ㉠

직선 ㉠과 직선 $x-2y+8=0$이 수직이므로

$3k+7-2(1-k)=0$, $3k+7-2+2k=0$

$5k=-5$ $\therefore k=-1$

$k=-1$을 ㉠에 대입하면 $4x+2y+7=0$

따라서 구하는 x절편은 $-\dfrac{7}{4}$이다.

0117

답 12

두 직선 $2x+y-5=0$, $x-2y-10=0$의 교점을 지나는 직선의 방정식은

$2x+y-5+k(x-2y-10)=0$ (k는 실수)

$\therefore (k+2)x+(-2k+1)y-10k-5=0$ ······ ㉠

직선 ㉠이 직선 $x-4y-8=0$에 평행하므로

$\dfrac{k+2}{1}=\dfrac{-2k+1}{-4}\neq\dfrac{-10k-5}{-8}$

$-4k-8=-2k+1$, $-2k=9$ $\quad\therefore k=-\dfrac{9}{2}$

$k=-\dfrac{9}{2}$를 ㉠에 대입하면

$-\dfrac{5}{2}x+10y+45-5=0$ $\quad\therefore x-4y-16=0$

이 직선의 x절편은 16, y절편은 -4이므로 $a=16$, $b=-4$

$\therefore a+b=16+(-4)=12$

다른 풀이

두 직선 $2x+y-5=0$, $x-2y-10=0$의 교점의 좌표는

$(4, -3)$이고 직선 $x-4y-8=0$의 기울기는 $\dfrac{1}{4}$이므로

구하는 직선의 방정식은

$y-(-3)=\dfrac{1}{4}(x-4)$ $\quad\therefore x-4y-16=0$

이 직선의 x절편은 16, y절편은 -4이므로

$a=16$, $b=-4$

$\therefore a+b=16+(-4)=12$

0118

답 ②

직선 $3x+y-3=0$, 즉 $y=-3x+3$에 수직인 직선의 기울기는

$\dfrac{1}{3}$이다.

점 $P(-3, 2)$를 지나고 기울기가 $\dfrac{1}{3}$인 직선의 방정식은

$y-2=\dfrac{1}{3}\{x-(-3)\}$ $\quad\therefore y=\dfrac{1}{3}x+3$

이때 점 H는 두 직선 $y=-3x+3$, $y=\dfrac{1}{3}x+3$의 교점이므로

두 식을 연립하여 풀면 $x=0$, $y=3$

따라서 점 H의 좌표는 $(0, 3)$이다.

0119

답 -6

$\angle OAB=\angle OCA$이므로

$\angle BAC=\angle OAB+\angle OAC=\angle OCA+\angle OAC=90°$

즉, 두 직선 l, m은 서로 수직이다.

이때 직선 l의 기울기는 $\dfrac{2-0}{0-4}=-\dfrac{1}{2}$이므로 직선 l에 수직인 직선

m의 기울기는 2이다.

즉, 점 $A(4, 0)$을 지나고 기울기가 2인 직선 m의 방정식은

$y=2(x-4)$ $\quad\therefore 2x-y-8=0$

따라서 $a=2$, $b=-8$이므로

$a+b=2+(-8)=-6$

0120

답 $\dfrac{1}{2}$

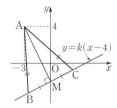

그림과 같이 선분 BC의 중점을 M이라 하면 삼각형 ABC는 $\overline{AB}=\overline{AC}$인 이등변삼각형이므로 두 선분 AM, BC는 서로 수직이다.

이때 점 M은 직선 $y=k(x-4)$와 y축이 만나는 점이므로 $M(0, -4k)$

직선 BC의 기울기는 k이고,

두 점 $A(-3, 4)$, $M(0, -4k)$에서 직선 AM의 기울기는

$\dfrac{-4k-4}{0-(-3)}=\dfrac{-4k-4}{3}$

두 직선이 서로 수직이므로

$k\times\dfrac{-4k-4}{3}=-1$, $4k^2+4k-3=0$

$(2k+3)(2k-1)=0$ $\quad\therefore k=-\dfrac{3}{2}$ 또는 $k=\dfrac{1}{2}$

그런데 $k>0$이므로 $k=\dfrac{1}{2}$

0121

답 $\dfrac{3}{2}$

직선 l_1의 기울기를 m이라 하면 직선 l_1의 방정식은

$y-2=m(x-2)$ $\quad\therefore y=mx-2m+2$

직선 l_1이 이차함수 $y=\dfrac{1}{2}x^2$의 그래프와 접하므로 이차방정식

$\dfrac{1}{2}x^2=mx-2m+2$, 즉 $x^2-2mx+4m-4=0$이 중근을 갖는다.

이차방정식 $x^2-2mx+4m-4=0$의 판별식을 D라 하면

$\dfrac{D}{4}=(-m)^2-(4m-4)$, $(m-2)^2=0$ $\quad\therefore m=2$

즉, 직선 l_1의 방정식은 $y=2x-2$이다.

두 직선 l_1, l_2가 서로 수직이므로 직선 l_2의 기울기는 $-\dfrac{1}{2}$이고

점 $P(2, 2)$를 지나므로 직선 l_2의 방정식은

$y-2=-\dfrac{1}{2}(x-2)$ $\quad\therefore y=-\dfrac{1}{2}x+3$

이차방정식 $\dfrac{1}{2}x^2=-\dfrac{1}{2}x+3$에서

$x^2+x-6=0$, $(x+3)(x-2)=0$

$\therefore x=-3$ 또는 $x=2$

따라서 점 Q의 좌표는 $\left(-3, \dfrac{9}{2}\right)$이므로 $a=-3$, $b=\dfrac{9}{2}$

$\therefore a+b=-3+\dfrac{9}{2}=\dfrac{3}{2}$

유형 12 선분의 수직이등분선의 방정식

0122

답 $y=x-1$

선분 AB의 중점의 좌표는

$\left(\dfrac{-3+3}{2}, \dfrac{2-4}{2}\right)$, 즉 $(0, -1)$

두 점 $A(-3, 2)$, $B(3, -4)$를 지나는 직선 AB의 기울기는
$$\frac{-4-2}{3-(-3)}=-1$$
따라서 선분 AB의 수직이등분선은 기울기가 1이고 점 $(0, -1)$을 지나는 직선이므로
$$y-(-1)=x \qquad \therefore y=x-1$$

0123
답 -6

직선 $x-2y+8=0$의 x절편은 -8, y절편은 4이므로
$A(-8, 0)$, $B(0, 4)$
선분 AB의 중점의 좌표는
$$\left(\frac{-8+0}{2}, \frac{0+4}{2}\right), \text{ 즉 } (-4, 2)$$
직선 $x-2y+8=0$, 즉 $y=\frac{1}{2}x+4$의 기울기는 $\frac{1}{2}$이므로 선분 AB의 기울기도 $\frac{1}{2}$이다.
따라서 선분 AB의 수직이등분선의 기울기는 -2이고, 점 $(-4, 2)$를 지나므로 선분 AB의 수직이등분선의 방정식은
$$y-2=-2\{x-(-4)\} \qquad \therefore y=-2x-6$$
따라서 구하는 y절편은 -6이다.

0124
답 -2

선분 AB의 중점의 좌표는
$$\left(\frac{4+2}{2}, \frac{a-5}{2}\right), \text{ 즉 } \left(3, \frac{a-5}{2}\right)$$
직선 $bx+y+1=0$이 이 점을 지나므로
$$3b+\frac{a-5}{2}+1=0 \qquad \therefore a+6b=3 \quad \cdots\cdots \text{㉠}$$
직선 $bx+y+1=0$, 즉 $y=-bx-1$의 기울기가 $-b$이므로 직선 AB의 기울기는 $\frac{1}{b}$이다.
즉, $\frac{-5-a}{2-4}=\frac{1}{b}$이므로 $ab+5b=2 \quad \cdots\cdots \text{㉡}$
㉠, ㉡을 연립하여 풀면 $a=-3$, $b=1$ 또는 $a=1$, $b=\frac{1}{3}$
이때 a, b는 정수이므로 $a=-3$, $b=1$
$$\therefore a+b=-3+1=-2$$

0125
답 6

$\overline{AC}=2\sqrt{13}$이므로 $\sqrt{(n-1)^2+(0-4)^2}=2\sqrt{13}$
양변을 제곱하면
$n^2-2n+1+16=52$, $n^2-2n-35=0$
$(n+5)(n-7)=0 \qquad \therefore n=7 \;(\because n>0)$
$\therefore C(7, 0)$
사각형 ABCD가 마름모이므로 직선 l은 대각선 AC의 수직이등분선이다.

선분 AC의 중점의 좌표는 $\left(\frac{1+7}{2}, \frac{4+0}{2}\right)$, 즉 $(4, 2)$
직선 AC의 기울기는 $\frac{0-4}{7-1}=-\frac{2}{3}$
따라서 직선 l은 기울기가 $\frac{3}{2}$이고 점 $(4, 2)$를 지나므로 직선 l의 방정식은
$$y-2=\frac{3}{2}(x-4), \; y=\frac{3}{2}x-4 \qquad \therefore 3x-2y-8=0$$
따라서 $a=-2$, $b=-8$이므로
$$a-b=-2-(-8)=6$$

유형 13 세 직선의 위치 관계

0126
답 2

$x+2y=6$ $\qquad \cdots\cdots \text{㉠}$
$x-y=-6$ $\qquad \cdots\cdots \text{㉡}$
$ax-y=4$ $\qquad \cdots\cdots \text{㉢}$
주어진 세 직선이 삼각형을 이루지 않는 경우는 다음과 같다.
(i) 두 직선 ㉠, ㉢이 평행할 때
$$\frac{1}{a}=\frac{2}{-1}\neq\frac{6}{4} \qquad \therefore a=-\frac{1}{2}$$
(ii) 두 직선 ㉡, ㉢이 평행할 때
$$\frac{1}{a}=\frac{-1}{-1}\neq\frac{-6}{4} \qquad \therefore a=1$$
(iii) 직선 ㉢이 두 직선 ㉠, ㉡의 교점을 지날 때
㉠, ㉡을 연립하여 풀면 $x=-2$, $y=4$
즉, 직선 ㉢이 점 $(-2, 4)$를 지나므로
$$-2a-4=4 \qquad \therefore a=-4$$
(i)~(iii)에서 모든 a의 값의 곱은
$$-\frac{1}{2}\times 1\times(-4)=2$$

> **참고**
>
> 세 직선에 의하여 삼각형이 이루어지지 않으려면 두 개 이상의 직선이 평행하거나 세 직선이 한 점에서 만나야 한다. 이때 두 직선 $x+2y=6$, $x-y=-6$은 평행하지 않으므로 세 직선이 평행한 경우는 생각하지 않는다.

0127
답 ①

서로 다른 세 직선 $x-3y+2m-7=0$, $x-y-3=0$, $mx+2y=0$이 한 점에서 만나려면 직선 $mx+2y=0$이 두 직선 $x-3y+2m-7=0$, $x-y-3=0$의 교점을 지나야 한다.
$x-3y+2m-7=0$, $x-y-3=0$을 연립하여 풀면
$x=m+1$, $y=m-2$
직선 $mx+2y=0$이 점 $(m+1, m-2)$를 지나므로
$$m(m+1)+2(m-2)=0$$
$$m^2+3m-4=0, \; (m+4)(m-1)=0$$
$$\therefore m=-4 \text{ 또는 } m=1$$
따라서 모든 실수 m의 값의 합은 $-4+1=-3$

m에 대한 이차방정식 $m^2+3m-4=0$에서 근과 계수의 관계에 의하여 모든 실수 m의 값의 합은 -3임을 바로 알 수 있다.

0128
답 ②

서로 다른 세 직선 $x-2y-7=0$, $ax+6y+1=0$, $2x+by-3=0$에 의하여 좌표평면이 4개의 영역으로 나누어지려면 그림과 같이 세 직선이 모두 평행해야 한다.

두 직선 $x-2y-7=0$, $ax+6y+1=0$이 평행하려면

$$\frac{1}{a}=\frac{-2}{6}\neq\frac{-7}{1} \quad \therefore a=-3$$

두 직선 $x-2y-7=0$, $2x+by-3=0$이 평행하려면

$$\frac{1}{2}=\frac{-2}{b}\neq\frac{-7}{-3} \quad \therefore b=-4$$

$$\therefore a+b=-3+(-4)=-7$$

유형 14 점과 직선 사이의 거리

0129
답 ③

점 $(1,3)$과 직선 $ax-y+1=0$ 사이의 거리가 1이므로

$$\frac{|a\times1+(-1)\times3+1|}{\sqrt{a^2+(-1)^2}}=1, \quad |a-2|=\sqrt{a^2+1}$$

양변을 제곱하면

$$a^2-4a+4=a^2+1, \quad -4a=-3 \quad \therefore a=\frac{3}{4}$$

$$\therefore 8a=8\times\frac{3}{4}=6$$

0130
답 $-7, -1$

점 $(2,0)$을 지나는 직선 l의 기울기를 m이라 하면 직선 l의 방정식은

$$y=m(x-2) \quad \therefore mx-y-2m=0$$

직선 l과 점 $(0,4)$ 사이의 거리가 $\sqrt{2}$이므로

$$\frac{|m\times0+(-1)\times4-2m|}{\sqrt{m^2+(-1)^2}}=\sqrt{2}, \quad |-2m-4|=\sqrt{2(m^2+1)}$$

양변을 제곱하면

$$4m^2+16m+16=2m^2+2, \quad m^2+8m+7=0$$

$$(m+7)(m+1)=0 \quad \therefore m=-7 \text{ 또는 } m=-1$$

따라서 직선 l의 기울기는 -7 또는 -1이다.

0131
답 $y=3x+5\sqrt{2}$

직선 $x+3y-2=0$, 즉 $y=-\frac{1}{3}x+\frac{2}{3}$에 수직인 직선의 기울기는 3이므로 구하는 직선의 방정식을 $y=3x+a$, 즉 $3x-y+a=0$ (a는 상수)으로 놓을 수 있다.

원점과 이 직선 사이의 거리가 $\sqrt{5}$이므로

$$\frac{|3\times0+(-1)\times0+a|}{\sqrt{3^2+(-1)^2}}=\sqrt{5}, \quad |a|=\sqrt{50}$$

$$|a|=5\sqrt{2} \quad \therefore a=\pm5\sqrt{2}$$

이때 직선 $3x-y+a=0$이 제4사분면을 지나지 않으려면 y절편이 양수이어야 한다.

따라서 구하는 직선의 방정식은

$$y=3x+5\sqrt{2}$$

0132
답 1

점 $(1,k)$에서 두 직선 $3x+4y-2=0$, $4x-3y+4=0$에 이르는 거리가 같으므로

$$\frac{|3\times1+4\times k-2|}{\sqrt{3^2+4^2}}=\frac{|4\times1+(-3)\times k+4|}{\sqrt{4^2+(-3)^2}}$$

$$|4k+1|=|-3k+8|, \quad 4k+1=\pm(-3k+8)$$

$$\therefore k=1 \text{ 또는 } k=-9$$

그런데 $k>0$이므로 $k=1$

0133
답 ②

$(1+k)x+(k-1)y-2=0$에서 $(x+y)k+x-y-2=0$

이 식이 실수 k의 값에 관계없이 항상 성립하려면

$$x+y=0, \quad x-y-2=0$$

두 식을 연립하여 풀면 $x=1, y=-1$

$$\therefore A(1,-1)$$

점 $A(1,-1)$과 직선 $3x-y+b=0$ 사이의 거리가 $\sqrt{10}$이므로

$$\frac{|3\times1+(-1)\times(-1)+b|}{\sqrt{3^2+(-1)^2}}=\sqrt{10}, \quad |b+4|=10$$

$$b+4=\pm10 \quad \therefore b=6 \text{ 또는 } b=-14$$

따라서 모든 실수 b의 값의 합은

$$6+(-14)=-8$$

0134
답 8

그림과 같이 직사각형 OABC를 점 O가 원점에, 변 OA가 x축에 오도록 좌표평면에 놓으면 A$(10,0)$, B$(10,5)$, C$(0,5)$

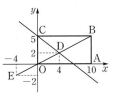

선분 OB를 $2:3$으로 내분하는 점 D의 좌표는

$$\left(\frac{2\times10+3\times0}{2+3}, \frac{2\times5+3\times0}{2+3}\right), \text{ 즉 } (4,2)$$

$\overline{OE}=\overline{OD}$이고 점 E는 선분 OD를 점 O 방향으로 연장한 반직선 위의 점이므로 점 E의 좌표는 $(-4,-2)$

이때 직선 CD의 방정식은

$$y-5=\frac{2-5}{4-0}x$$

$$y=-\frac{3}{4}x+5 \quad \therefore 3x+4y-20=0$$

따라서 점 E와 직선 CD 사이의 거리는

$$\frac{|3\times(-4)+4\times(-2)-20|}{\sqrt{3^2+4^2}}=\frac{40}{5}=8$$

0135

답 $\dfrac{1}{7}$

점 G가 삼각형 OAB의 무게중심이므로
$\overline{BG}:\overline{GM}=2:1$

두 점 B, G에서 직선 OA에 내린 수선
의 발을 각각 D, E라 하면
삼각형 MBD와 삼각형 MGE는 서로
닮음이므로
$\overline{BD}:\overline{GE}=3:1$

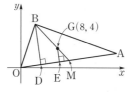

점 B와 직선 OA 사이의 거리가 $6\sqrt{2}$이므로
$\overline{BD}=6\sqrt{2}$ $\therefore \overline{GE}=\dfrac{1}{3}\times6\sqrt{2}=2\sqrt{2}$

직선 OA의 기울기를 m이라 하면 직선 OA의 방정식은 $y=mx$,
즉 $mx-y=0$이므로 점 G와 직선 OA 사이의 거리는
$\dfrac{|m\times8+(-1)\times4|}{\sqrt{m^2+(-1)^2}}=2\sqrt{2}$, $|8m-4|=\sqrt{8(m^2+1)}$

양변을 제곱하면
$64m^2-64m+16=8m^2+8$, $7m^2-8m+1=0$
$(7m-1)(m-1)=0$ $\therefore m=\dfrac{1}{7}$ 또는 $m=1$

이때 직선 OG의 기울기는 $\dfrac{1}{2}$이고
(직선 OA의 기울기)<(직선 OG의 기울기)이므로 $m<\dfrac{1}{2}$
따라서 직선 OA의 기울기는 $\dfrac{1}{7}$이다.

유형 15 점과 직선 사이의 거리의 최댓값

0136

답 ②

원점과 직선 $(k+2)x+ky-8=0$ 사이의 거리를 $f(k)$라 하면
$f(k)=\dfrac{|(k+2)\times0+k\times0-8|}{\sqrt{(k+2)^2+k^2}}=\dfrac{8}{\sqrt{2k^2+4k+4}}$
$f(k)$는 $\sqrt{2k^2+4k+4}$의 값이 최소일 때 최댓값을 갖는다.
$\sqrt{2k^2+4k+4}=\sqrt{2(k+1)^2+2}$이므로 $f(k)$의 최댓값은
$f(-1)=\dfrac{8}{\sqrt{2}}=4\sqrt{2}$
따라서 $a=-1$, $b=4\sqrt{2}$이므로
$b^2-a^2=(4\sqrt{2})^2-(-1)^2=31$

0137

답 $\sqrt{10}$

주어진 두 직선의 교점을 지나는 직선의 방정식을
$x-2y+2+k(3x-y-4)=0$ (k는 실수)으로 놓으면
$(1+3k)x+(-2-k)y+2-4k=0$
이 직선과 점 (3, 5) 사이의 거리를 $f(k)$라 하면
$f(k)=\dfrac{|(1+3k)\times3+(-2-k)\times5+2-4k|}{\sqrt{(1+3k)^2+(-2-k)^2}}$
$=\dfrac{5}{\sqrt{10k^2+10k+5}}$

$f(k)$는 $\sqrt{10k^2+10k+5}$의 값이 최소일 때 최댓값을 갖는다.
$\sqrt{10k^2+10k+5}=\sqrt{10\left(k+\dfrac{1}{2}\right)^2+\dfrac{5}{2}}$이므로 구하는 최댓값은
$f\left(-\dfrac{1}{2}\right)=\dfrac{5}{\sqrt{\dfrac{5}{2}}}=\sqrt{10}$

유형 16 평행한 두 직선 사이의 거리

0138

답 6

두 직선이 평행하므로 직선 $x-y-4=0$ 위의 한 점 (4, 0)과 직선
$x-y+k=0$ 사이의 거리가 $5\sqrt{2}$이다.
$\dfrac{|1\times4+(-1)\times0+k|}{\sqrt{1^2+(-1)^2}}=5\sqrt{2}$이므로 $|k+4|=10$
$k+4=\pm10$ $\therefore k=-14$ 또는 $k=6$
이때 k는 양수이므로 $k=6$

0139

답 ②

두 직선이 평행하므로 선분 AB의 길이의 최솟값은 평행한 두 직선
사이의 거리와 같다.
직선 $3x-y=-2$ 위의 점 (0, 2)와 직선 $3x-y=k$, 즉
$3x-y-k=0$ 사이의 거리가 $\sqrt{10}$이므로
$\dfrac{|3\times0+(-1)\times2-k|}{\sqrt{3^2+(-1)^2}}=\sqrt{10}$, $|-2-k|=10$
$-2-k=\pm10$ $\therefore k=-12$ 또는 $k=8$
이때 k는 양수이므로 $k=8$

0140

답 $\dfrac{1}{2}$

두 직선 $x+ay+6=0$, $2x+3y+b=0$이 평행하므로
$\dfrac{1}{2}=\dfrac{a}{3}\neq\dfrac{6}{b}$ $\therefore a=\dfrac{3}{2}$, $b\neq12$

직선 $x+\dfrac{3}{2}y+6=0$, 즉 $2x+3y+12=0$ 위의 한 점 (-6, 0)과
직선 $2x+3y+b=0$ 사이의 거리가 $\sqrt{13}$이므로
$\dfrac{|2\times(-6)+3\times0+b|}{\sqrt{2^2+3^2}}=\sqrt{13}$, $|-12+b|=13$
$-12+b=\pm13$ $\therefore b=-1$ 또는 $b=25$
이때 $b<0$이므로 $b=-1$
$\therefore a+b=\dfrac{3}{2}+(-1)=\dfrac{1}{2}$

0141

답 18

두 직선 $x-y+1=0$, $x+ay-5=0$이 평행하므로
$\dfrac{1}{1}=\dfrac{-1}{a}\neq\dfrac{1}{-5}$ $\therefore a=-1$

정사각형의 한 변의 길이는 두 직선 사이의 거리와 같다.

직선 $x-y+1=0$ 위의 한 점 $(0, 1)$과 직선 $x-y-5=0$ 사이의 거리는

$$\frac{|1\times0+(-1)\times1-5|}{\sqrt{1^2+(-1)^2}}=\frac{6}{\sqrt{2}}=3\sqrt{2}$$

따라서 정사각형 ABCD의 한 변의 길이는 $3\sqrt{2}$이므로 구하는 넓이는 $(3\sqrt{2})^2=18$

유형 17 세 꼭짓점의 좌표가 주어진 삼각형의 넓이

0142

답 ③

두 점 $A(3, 2)$, $B(5, 0)$ 사이의 거리는

$$\overline{AB}=\sqrt{(5-3)^2+(0-2)^2}=2\sqrt{2}$$

직선 AB의 방정식은

$$y-2=\frac{0-2}{5-3}(x-3) \qquad \therefore x+y-5=0$$

점 $C(-6, 1)$과 직선 AB 사이의 거리는

$$\frac{|1\times(-6)+1\times1-5|}{\sqrt{1^2+1^2}}=\frac{10}{\sqrt{2}}=5\sqrt{2}$$

$$\therefore \triangle ABC=\frac{1}{2}\times2\sqrt{2}\times5\sqrt{2}=10$$

[다른 풀이]

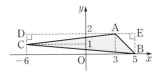

그림에서

$$\triangle ABC=\square DCBE-(\triangle DCA+\triangle ABE)$$
$$=\frac{1}{2}\times(1+2)\times11-\left(\frac{1}{2}\times1\times9+\frac{1}{2}\times2\times2\right)$$
$$=\frac{33}{2}-\frac{13}{2}=10$$

0143

답 -4

두 점 $A(2, 3)$, $B(-2, 0)$ 사이의 거리는

$$\overline{AB}=\sqrt{(-2-2)^2+(0-3)^2}=5$$

직선 AB의 방정식은

$$y-3=\frac{0-3}{-2-2}(x-2) \qquad \therefore 3x-4y+6=0$$

점 $C(a, -4)$와 직선 AB 사이의 거리는

$$\frac{|3\times a+(-4)\times(-4)+6|}{\sqrt{3^2+(-4)^2}}=\frac{|3a+22|}{5}$$

삼각형 ABC의 넓이가 5이므로

$$\frac{1}{2}\times5\times\frac{|3a+22|}{5}=5, \ |3a+22|=10$$

$$3a+22=\pm10 \qquad \therefore a=-4 \ \text{또는} \ a=-\frac{32}{3}$$

따라서 정수 a의 값은 -4이다.

0144

답 ③

직선 OA와 직선 $x-2y+a=0$의 기울기가 $\frac{1}{2}$로 같으므로 두 직선은 평행하다.

따라서 삼각형 OAP에서 선분 OA를 밑변으로 하면 원점과 직선 $x-2y+a=0$ 사이의 거리가 높이가 된다.

$$\overline{OA}=\sqrt{4^2+2^2}=2\sqrt{5}$$

원점과 직선 $x-2y+a=0$ 사이의 거리는

$$\frac{|1\times0+(-2)\times0+a|}{\sqrt{1^2+(-2)^2}}=\frac{|a|}{\sqrt{5}}$$

삼각형 OAP의 넓이가 8이므로

$$\triangle OAP=\frac{1}{2}\times2\sqrt{5}\times\frac{|a|}{\sqrt{5}}=8, \ |a|=8$$

$$\therefore a=-8 \ \text{또는} \ a=8$$

따라서 양수 a의 값은 8이다.

0145

답 32

두 선분 AC와 BD의 중점의 좌표가 $\left(2, \frac{1}{2}\right)$로 서로 일치하므로 사각형 ABCD는 평행사변형이다.

직선 AC의 방정식은

$$y-\frac{7}{2}=\frac{-\frac{5}{2}-\frac{7}{2}}{-2-6}(x-6)$$

$$\therefore 3x-4y-4=0$$

점 $B(4, -2)$와 직선 AC 사이의 거리는

$$\frac{|3\times4+(-4)\times(-2)-4|}{\sqrt{3^2+(-4)^2}}=\frac{16}{5}$$

이때 $\overline{AC}=\sqrt{(-2-6)^2+\left(-\frac{5}{2}-\frac{7}{2}\right)^2}=10$이므로

$$\triangle ABC=\frac{1}{2}\times10\times\frac{16}{5}=16$$

$$\therefore \square ABCD=2\triangle ABC=2\times16=32$$

유형 18 자취의 방정식 – 점과 직선 사이의 거리

0146

답 ④

$P(x, y)$라 하면

$$\frac{|3x+y+4|}{\sqrt{3^2+1^2}}=\frac{|x-3y-2|}{\sqrt{1^2+(-3)^2}}$$

$$|3x+y+4|=|x-3y-2|$$

$$3x+y+4=\pm(x-3y-2)$$

$$\therefore 2x-y+1=0 \ \text{또는} \ x+2y+3=0$$

따라서 $a=2$, $b=-1$, $c=1$이므로

$$a+b+c=2+(-1)+1=2$$

0147

답 ①

주어진 두 직선이 이루는 각의 이등분선 위의 점을 $P(x, y)$라 하면 점 P에서 두 직선에 이르는 거리가 같으므로

$$\frac{|x+4y-2|}{\sqrt{1^2+4^2}}=\frac{|4x-y+7|}{\sqrt{4^2+(-1)^2}}$$

$$|x+4y-2|=|4x-y+7|$$

$$x+4y-2=\pm(4x-y+7)$$

$$\therefore 3x-5y+9=0 \text{ 또는 } 5x+3y+5=0$$

따라서 기울기가 양수인 직선의 방정식은 $3x-5y+9=0$이므로 이 직선의 x절편은 -3이다.

0148

답 $y=\dfrac{1}{5}$ 또는 $3x+4y-2=0$

두 직선 $x+3y-1=0$, $3x-y-1=0$ 위에 있지 않은 점을 $P(x, y)$라 하면 $3\overline{PR}=\overline{PS}$이므로

$$3\times\frac{|x+3y-1|}{\sqrt{1^2+3^2}}=\frac{|3x-y-1|}{\sqrt{3^2+(-1)^2}}$$

$$3\times|x+3y-1|=|3x-y-1|$$

$$3(x+3y-1)=\pm(3x-y-1)$$

$$\therefore y=\frac{1}{5} \text{ 또는 } 3x+4y-2=0$$

0149

답 ③

점 $(1, -2)$에서 두 직선 $3x-4y+8=0$, $4x+3y+a=0$에 이르는 거리가 같으므로

$$\frac{|3\times1+(-4)\times(-2)+8|}{\sqrt{3^2+(-4)^2}}=\frac{|4\times1+3\times(-2)+a|}{\sqrt{4^2+3^2}}$$

$$19=|a-2|,\ a-2=\pm19 \qquad \therefore a=-17 \text{ 또는 } a=21$$

따라서 양수 a의 값은 21이다.

0150

답 ③

두 직선의 교점을 지나는 직선의 방정식은

$$4x-3y-6+k(3x+y+2)=0 \text{ (단, }k\text{는 실수)}$$

이를 x, y에 대하여 정리하면

$$(3k+4)x+(k-3)y+2k-6=0$$

직선 $2x-y-1=0$의 기울기는 2이므로 이 직선과 평행한 직선의 기울기는 2이다.

즉, $\dfrac{3k+4}{-(k-3)}=2$에서

$$-2(k-3)=3k+4,\ -5k=-2$$

$$\therefore k=\frac{2}{5}$$

따라서 구하는 직선의 방정식은

$$\frac{26}{5}x-\frac{13}{5}y-\frac{26}{5}=0, \text{ 즉 } y=2x-2$$

이므로 x절편은 1이다.

[다른 풀이]

두 직선 $4x-3y-6=0$, $3x+y+2=0$의 교점의 좌표는 $(0, -2)$

직선 $2x-y-1=0$의 기울기는 2이므로 이 직선과 평행한 직선의 기울기는 2이다.

따라서 구하는 직선의 방정식은

$$y-(-2)=2x, \text{ 즉 } y=2x-2$$

이므로 x절편은 1이다.

짝기출 답 ⑤

두 직선 $3x+2y-5=0$, $3x+y-1=0$의 교점을 지나고 직선 $2x-y+4=0$에 평행한 직선의 y절편은?

① 2   ② 3   ③ 4   ④ 5   ⑤ 6

0151

답 ②

직선 $9x-3y+1=0$, 즉 $y=3x+\dfrac{1}{3}$의 기울기가 3이므로 이 직선과 평행한 직선의 기울기는 3이다.

직선 $9x-3y+1=0$에 평행한 기울기가 3인 직선을 $y=3x+b$, 즉 $3x-y+b=0$이라 하면

점 $(1, -1)$과 직선 $3x-y+b=0$ 사이의 거리가 $\sqrt{10}$이므로

$$\frac{|3\times1+(-1)\times(-1)+b|}{\sqrt{3^2+(-1)^2}}=\sqrt{10},\ \frac{|3+1+b|}{\sqrt{9+1}}=\sqrt{10}$$

$$|b+4|=10,\ b+4=\pm10 \qquad \therefore b=-14 \text{ 또는 } b=6$$

이때 $b>0$이므로 $b=6$

짝기출 답 ①

점 $(2, 3)$을 지나고 직선 $3x+2y-5=0$과 평행한 직선의 y절편은?

① 6   ② 7   ③ 8   ④ 9   ⑤ 10

0152

답 10

점 C는 직선 $y=4x+12$와 x축이 만나는 점이므로
C$(-3, 0)$

두 점 A, B를 지나는 직선의 방정식은

$y-5=\dfrac{0-5}{2-(-3)}\{x-(-3)\}$ $\therefore y=-x+2$

점 D는 두 직선 $y=4x+12$와 $y=-x+2$가 만나는 점이므로
$4x+12=-x+2$, $5x=-10$

$\therefore x=-2$

$y=4x+12$에 $x=-2$를 대입하면

$y=4\times(-2)+12=4$

$\therefore$ D$(-2, 4)$

따라서 삼각형 CBD의 넓이는

$\dfrac{1}{2}\times\{2-(-3)\}\times4=10$

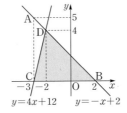

짝기출 답 ⑤

그림과 같이 좌표평면에서 두 점 A$(2, 6)$, B$(8, 0)$에 대하여 일차함수 $y=\dfrac{1}{2}x+\dfrac{1}{2}$의 그래프가 x축과 만나는 점을 C, 선분 AB와 만나는 점을 D 라 할 때, 삼각형 CBD의 넓이는?

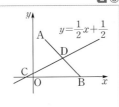

① $\dfrac{23}{2}$ ② 12 ③ $\dfrac{25}{2}$ ④ 13 ⑤ $\dfrac{27}{2}$

0153

답 ②

그림과 같이 직선 l과 선분 CD의 교점을 P 라 하고 점 P에서 x축, y축에 내린 수선의 발을 각각 Q, R라 하면 삼각형 OQP의 넓이와 삼각형 ORP의 넓이가 서로 같으므로 사각형 ABCQ와 사각형 DERP의 넓이가 서로 같다.

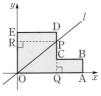

즉, $2\times1=3\times\overline{\text{ER}}$에서 $\overline{\text{ER}}=\dfrac{2}{3}$ $\therefore$ P$\left(3, \dfrac{7}{3}\right)$

따라서 직선 l의 기울기는 $\dfrac{\dfrac{7}{3}-0}{3-0}=\dfrac{7}{9}$이므로 $p=9$, $q=7$

$\therefore p+q=9+7=16$

0154

답 ①

그림과 같이 좌표평면 위에 사다리꼴 ABCD를 점 B를 원점으로 하고 선 분 BC를 x축, 선분 AB를 y축에 오 도록 놓으면

A$(0, 4)$, C$(8, 0)$

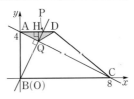

직선 AC가 두 점 $(8, 0)$, $(0, 4)$를 지나므로 x절편이 8, y절편이 4인 직선 AC의 방정식은

$\dfrac{x}{8}+\dfrac{y}{4}=1$ $\therefore y=-\dfrac{1}{2}x+4$ …… ㉠

이 직선과 수직인 직선의 기울기는 2이다.

따라서 점 B$(0, 0)$을 지나고 기울기가 2인 직선 BP의 방정식은

$y=2x$ …… ㉡

점 D의 좌표를 $(t, 4)$라 하면 점 P는 선분 AD를 $2:1$로 내분하는 점이므로 점 P의 좌표는

P$\left(\dfrac{2\times t+1\times0}{2+1}, 4\right)$, 즉 P$\left(\dfrac{2}{3}t, 4\right)$

점 P는 직선 BP 위의 점이므로 $4=2\times\dfrac{2}{3}t$ $\therefore t=3$

$\therefore$ P$(2, 4)$, D$(3, 4)$

한편, 점 Q는 두 직선 AC, BP가 만나는 점이므로

㉠, ㉡을 연립하여 풀면 $x=\dfrac{8}{5}$, $y=\dfrac{16}{5}$

$\therefore$ Q$\left(\dfrac{8}{5}, \dfrac{16}{5}\right)$

점 Q에서 선분 AD에 내린 수선의 발을 H라 하면

$\overline{\text{QH}}=4-\dfrac{16}{5}=\dfrac{4}{5}$

따라서 삼각형 AQD의 넓이는

$\dfrac{1}{2}\times\overline{\text{AD}}\times\overline{\text{QH}}=\dfrac{1}{2}\times3\times\dfrac{4}{5}=\dfrac{6}{5}$

0155

답 ⑤

주어진 그림을 그림과 같이 점 A를 원점으로 하는 좌표평면 위에 놓고, 정사각형 ABCD에 내접하는 원의 중심을 점 O′, 점 O′에서 직선 AP에 내린 수선의 발을 H라 하자.

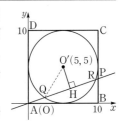

B$(10, 0)$, C$(10, 10)$이므로 선분 BC를 $1:2$로 내분하는 점 P의 좌표는

P$\left(10, \dfrac{1\times10+2\times0}{1+2}\right)$, 즉 P$\left(10, \dfrac{10}{3}\right)$

직선 AP의 방정식은 $y=\dfrac{\dfrac{10}{3}}{10}x$, 즉 $y=\dfrac{1}{3}x$

선분 O′H의 길이는 내접원의 중심 O′$(5, 5)$와 직선 $y=\dfrac{1}{3}x$, 즉 $x-3y=0$ 사이의 거리와 같으므로

$\overline{\text{O}'\text{H}}=\dfrac{|1\times5+(-3)\times5|}{\sqrt{1^2+(-3)^2}}=\dfrac{10}{\sqrt{10}}=\sqrt{10}$

선분 O′Q는 내접원의 반지름이므로 $\overline{\text{O}'\text{Q}}=5$

따라서 직각삼각형 O′QH에서

$\overline{\text{QH}}=\sqrt{\overline{\text{O}'\text{Q}}^2-\overline{\text{O}'\text{H}}^2}=\sqrt{5^2-(\sqrt{10})^2}=\sqrt{15}$

$\therefore \overline{\text{QR}}=2\overline{\text{QH}}=2\sqrt{15}$

0156

답 ③

두 직각삼각형 AIB, AHB에서
$\overline{\text{BI}} = \overline{\text{BH}}$,
$\angle \text{AIB} = \angle \text{AHB} = 90\degree$,
선분 AB는 공통이므로
$\triangle \text{AIB} \equiv \triangle \text{AHB}$ (RHS 합동)
$\angle \text{BAI} = \angle \text{BAH}$이므로
각의 이등분선의 성질에 의하여
$\overline{\text{AO}} : \overline{\text{AH}} = \overline{\text{BO}} : \overline{\text{BH}}$ ...... ㉠

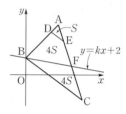

직각삼각형 AOH에서
$\overline{\text{AO}} = \sqrt{\overline{\text{AH}}^2 + \overline{\text{OH}}^2} = \sqrt{6^2 + 8^2} = 10$
$\overline{\text{BO}} = a$라 하면 $\overline{\text{BH}} = 8 - a$이므로 ㉠에서
$10 : 6 = a : (8 - a)$
$6a = 80 - 10a$, $16a = 80$ ∴ $a = 5$
∴ $\text{B}(5, 0)$
따라서 직선 AB의 방정식은
$y - 6 = \dfrac{0-6}{5-8}(x-8)$ ∴ $y = 2x - 10$
∴ $m = 2$, $n = -10$ ∴ $m + n = 2 + (-10) = -8$

다른 풀이

직선 OA의 기울기는 $\dfrac{6-0}{8-0} = \dfrac{3}{4}$

따라서 직선 OA의 방정식은 $y = \dfrac{3}{4}x$ ∴ $3x - 4y = 0$
점 B의 좌표를
$\text{B}(k, 0)$ $(0 < k < 8)$이라 하자.
점 B와 직선 $3x - 4y = 0$
사이의 거리는

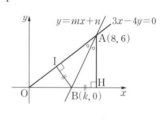

$\overline{\text{BI}} = \dfrac{|3 \times k - 4 \times 0|}{\sqrt{3^2 + (-4)^2}} = \dfrac{3}{5}k$

$\overline{\text{BH}} = 8 - k$이므로 $\overline{\text{BI}} = \overline{\text{BH}}$에서 $\dfrac{3}{5}k = 8 - k$, $3k = 40 - 5k$
$8k = 40$ ∴ $k = 5$
∴ $\text{B}(5, 0)$
따라서 직선 AB의 방정식은
$y - 6 = \dfrac{0-6}{5-8}(x-8)$ ∴ $y = 2x - 10$
∴ $m = 2$, $n = -10$ ∴ $m + n = 2 + (-10) = -8$

0157

답 ⑤

삼각형 ABC와 삼각형 ADC의 넓이가
같으므로 두 점 B, D에서 직선 AC에 이
르는 거리는 같다.
즉, 직선 AC의 기울기와 직선 BD의 기
울기가 같으므로 점 D의 좌표를
$\text{D}(a, 0)$ $(0 \le a \le 3)$이라 하면

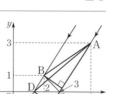

$\dfrac{0-3}{3-5} = \dfrac{0-1}{a-2}, \dfrac{3}{2} = \dfrac{-1}{a-2}$
$3(a-2) = -2$, $3a - 6 = -2$
$3a = 4$ ∴ $a = \dfrac{4}{3}$

따라서 $\text{D}\left(\dfrac{4}{3}, 0\right)$이므로 직선 AD의 기울기는

$\dfrac{3-0}{5-\dfrac{4}{3}} = \dfrac{9}{11}$

0158

답 $-\dfrac{3}{17}$

㈎에서 $\triangle \text{ADE} \backsim \triangle \text{ABC}$ (AA 닮음)
㈏에서 삼각형 ADE와 삼각형 ABC의 넓이의 비가 $1 : 9$이므로
삼각형 ADE의 넓이를 S라 하면 삼각형 ABC의 넓이는 $9S$, 사각
형 DBCE의 넓이는 $8S$이다.
그림과 같이 직선 $y = kx + 2$가 선분 AC
와 만나는 점을 F라 하면 사각형 DBFE
와 삼각형 BFC의 넓이는 각각 $4S$이다.
따라서 삼각형 ABF와 삼각형 BCF의
넓이의 비는 $5 : 4$이므로
$\overline{\text{AF}} : \overline{\text{FC}} = 5 : 4$

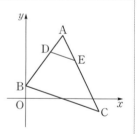

즉, 점 F는 선분 AC를 $5 : 4$로 내분하는 점이다.
$\text{A}(4, 6)$, $\text{C}(7, -3)$에서
$\text{F}\left(\dfrac{5 \times 7 + 4 \times 4}{5+4}, \dfrac{5 \times (-3) + 4 \times 6}{5+4}\right)$, 즉 $\text{F}\left(\dfrac{17}{3}, 1\right)$
직선 $y = kx + 2$는 점 $\text{F}\left(\dfrac{17}{3}, 1\right)$을 지나므로
$1 = \dfrac{17}{3}k + 2$ ∴ $k = -\dfrac{3}{17}$

짝기출

답 ④

그림과 같이 좌표평면 위의 세 점
$\text{A}(3, 5)$, $\text{B}(0, 1)$, $\text{C}(6, -1)$을
꼭짓점으로 하는 삼각형 ABC에
대하여 선분 AB 위의 한 점 D와
선분 AC 위의 한 점 E가 다음 조
건을 만족시킨다.

㈎ 선분 DE와 선분 BC는 평행하다.
㈏ 삼각형 ADE와 삼각형 ABC의 넓이의 비는 $1 : 9$이다.

직선 BE의 방정식이 $y = kx + 1$일 때, 상수 k의 값은?

① $\dfrac{1}{8}$ ② $\dfrac{1}{4}$ ③ $\dfrac{3}{8}$ ④ $\dfrac{1}{2}$ ⑤ $\dfrac{5}{8}$

0159

답 ③

ㄱ. $a = 0$일 때, $l : y = 2$, $m : x = -2$
두 직선 l과 m은 서로 수직이다.

ㄴ. $ax-y+a+2=0$에서 $(x+1)a-y+2=0$이므로 직선 l은 a 의 값에 관계없이 항상 점 $(-1, 2)$를 지난다.

ㄷ. $a=0$일 때, ㄱ에서 두 직선은 서로 수직이다.

$a\neq 0$일 때, 두 직선 l, m의 기울기는 각각 a, $-\dfrac{4}{a}$이다.

$a=-\dfrac{4}{a}$를 만족시키는 실수 a의 값은 존재하지 않으므로 평행 이 되기 위한 a의 값은 존재하지 않는다.

따라서 옳은 것은 ㄱ, ㄷ이다.

0160
답 4

그림과 같이 좌표평면 위에 직사 각형 ABCD를 점 C를 원점으로 하고 선분 BC를 x축, 선분 DC 를 y축에 오도록 놓으면
$A(-2, 3)$, $B(-2, 0)$,
$D(0, 3)$, $M\left(0, \dfrac{3}{2}\right)$

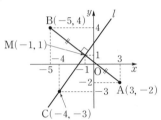

직선 AC의 방정식은
$$y=-\dfrac{3}{2}x$$
점 P가 직선 AC 위에 있으므로

점 P의 x좌표를 $-a\ (0<a<2)$라 하면 $P\left(-a, \dfrac{3}{2}a\right)$

한편, 직선 AM의 방정식은
$$y-3=\dfrac{\dfrac{3}{2}-3}{0-(-2)}(x+2)\qquad \therefore 3x+4y-6=0$$

점 P와 직선 $3x+4y-6=0$ 사이의 거리는
$$\overline{PS}=\dfrac{\left|3\times(-a)+4\times\dfrac{3}{2}a-6\right|}{\sqrt{3^2+4^2}}=\dfrac{|3a-6|}{5}$$
$$=\dfrac{-3a+6}{5}\ (\because 0<a<2)$$
$\underbrace{}_{-6<3a-6<0}$

이때 $\overline{PQ}=\overline{PS}$이므로 $\dfrac{3}{2}a=\dfrac{-3a+6}{5}$

$15a=-6a+12$, $21a=12$ $\qquad \therefore a=\dfrac{4}{7}$

따라서 $\overline{PR}=a=\dfrac{4}{7}$이므로 $7a=7\times\dfrac{4}{7}=4$

답 15

그림과 같이 가로의 길이가 4, 세로의 길이가 6인 직사각형 ABCD가 있다. 선분 DC의 중점을 M이라 하고, 대각선 AC 위의 임의의 한 점 P에서 세 직선 BC, DC, AM에 내린 수선의 발을 각 각 Q, R, S라 하자. 점 P가 $\overline{PQ}=\overline{PS}$를 만족시킬 때, 선분 PR의 길이는 $\dfrac{q}{p}$이 다. 이때 $p+q$의 값을 구하시오.

(단, p와 q는 서로소인 자연수이다.)

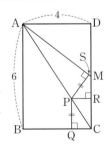

0161
답 ⑤

선분 AB의 중점을 M이라 하면
$$M\left(\dfrac{3+(-5)}{2}, \dfrac{-2+4}{2}\right), \text{즉 } M(-1, 1)$$

직선 AB의 기울기는 $\dfrac{4-(-2)}{-5-3}=-\dfrac{3}{4}$

이므로 직선 l의 기울기는 $\dfrac{4}{3}$이다.

따라서 직선 l의 방정식은
$$y-1=\dfrac{4}{3}\{x-(-1)\}\qquad \therefore 4x-3y+7=0$$

㈎에서 점 C의 좌표를 $(-4, k)$라 하면

점 C는 직선 l 위의 점이므로

$-16-3k+7=0$ $\qquad \therefore k=-3$

$\therefore C(-4, -3)$

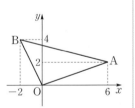

㈐에서 $\triangle ABC : \triangle ABD=1 : 4$이므로
$$\overline{CM} : \overline{DM}=1 : 4$$

㈏에서 점 M은 선분 CD를 $1 : 4$로 내분하는 점이므로
C$(-4, -3)$, D(a, b)에서
$$M\left(\dfrac{1\times a+4\times(-4)}{1+4}, \dfrac{1\times b+4\times(-3)}{1+4}\right), \text{즉}$$
$$M\left(\dfrac{a-16}{5}, \dfrac{b-12}{5}\right)$$

따라서 $\dfrac{a-16}{5}=-1$, $\dfrac{b-12}{5}=1$이므로 $a=11$, $b=17$

$\therefore a+b=11+17=28$

답 ①

좌표평면에 세 점 O$(0, 0)$, A$(6, 2)$, B$(-2, 4)$를 꼭짓점으 로 하는 삼각형이 있다. 직선 OA 위의 점 P와 직선 OB 위의 점 Q 가 다음 조건을 만족한다.

㈎ 점 P는 제1사분면, 점 Q는 제2사분면 위의 점이다.

㈏ ($\triangle$OPB의 넓이)$=\dfrac{1}{2}\times$($\triangle$OAB의 넓이)

㈐ ($\triangle$OPQ의 넓이)$=\dfrac{3}{2}\times$($\triangle$OPB의 넓이)

이때 직선 PQ의 방정식은 $mx+ny=21$이다. 두 실수 m, n 의 합 $m+n$의 값은?

① 11 ② 12 ③ 13 ④ 14 ⑤ 15

0162

답 ⑤

직선 BC의 방정식은 $\dfrac{x}{8}+\dfrac{y}{6}=1$ ∴ $y=-\dfrac{3}{4}x+6$

점 P의 좌표를 $(a, 6)$, 점 Q의 좌표를 $(4b, -3b+6)$이라 하면

$\triangle PBQ=\dfrac{1}{2}\times a\times\{6-(-3b+6)\}=\dfrac{3}{2}ab$

$\triangle PBQ=\dfrac{1}{4}\triangle ABC=\dfrac{1}{4}\times\dfrac{1}{2}\times 8\times 6=6$이므로

$\dfrac{3}{2}ab=6$ ∴ $ab=4$ …… ㉠

직선 BC와 직선 l은 수직이므로 직선 l의 기울기는 $\dfrac{4}{3}$이다.

즉, 직선 PQ의 기울기가 $\dfrac{4}{3}$이므로 P$(a, 6)$, Q$(4b, -3b+6)$에서

$\dfrac{-3b+6-6}{4b-a}=\dfrac{4}{3}$, $-9b=16b-4a$

$25b=4a$ ∴ $b=\dfrac{4}{25}a$ …… ㉡

㉡을 ㉠에 대입하면 $a\times\dfrac{4}{25}a=4$

$a^2=25$ ∴ $a=5\ (\because a>0)$

∴ P$(5, 6)$

따라서 기울기가 $\dfrac{4}{3}$이고 점 P$(5, 6)$을 지나는 직선 l의 방정식은

$y-6=\dfrac{4}{3}(x-5)$ ∴ $y=\dfrac{4}{3}x-\dfrac{2}{3}$

따라서 구하는 y절편은 $-\dfrac{2}{3}$이다.

짝기출 답 130

그림과 같이 좌표평면 위의 네 점 O$(0, 0)$, A$(4, 0)$, B$(4, 5)$, C$(0, 5)$에 대하여 선분 BA의 양 끝 점이 아닌 서로 다른 두 점 D, E가 선분 BA 위에 있다. 직선 OD와 직선 CE가 만나는 점을 F(a, b)라 하면 사각형 OAEF의 넓이는 사각형 BCFD의 넓이보다 4만큼 크고, 직선 OD와 직선 CE의 기울기의 곱은 $-\dfrac{7}{9}$이다. 두 상수 a, b에 대하여 $22(a+b)$의 값을 구하시오. (단, $0<a<4$)

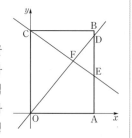

0163

답 ④

그림과 같이 삼각형 ABC를 점 B가 원점, 변 AB가 x축에 오도록 좌표평면에 놓으면 A$(-10, 0)$, C$(0, 8)$

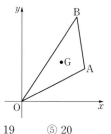

직선 AC의 방정식은

$-\dfrac{x}{10}+\dfrac{y}{8}=1$

∴ $y=\dfrac{4}{5}x+8$

이 직선 위의 점 F의 좌표를 $(5a, 4a+8)$이라 하고 x축 위의 점 D의 좌표를 $(b, 0)$이라 하자.

선분 BC를 $3:1$로 내분하는 점 E의 좌표는

$\left(0, \dfrac{3\times 8+1\times 0}{3+1}\right)$, 즉 $(0, 6)$

삼각형 ABC의 무게중심의 좌표는

$\left(\dfrac{-10+0+0}{3}, \dfrac{0+0+8}{3}\right)$, 즉 $\left(-\dfrac{10}{3}, \dfrac{8}{3}\right)$

삼각형 DEF의 무게중심의 좌표는

$\left(\dfrac{b+0+5a}{3}, \dfrac{0+6+(4a+8)}{3}\right)$, 즉 $\left(\dfrac{5a+b}{3}, \dfrac{4a+14}{3}\right)$

이때 두 무게중심이 일치하므로

$-\dfrac{10}{3}=\dfrac{5a+b}{3}$, $\dfrac{8}{3}=\dfrac{4a+14}{3}$ ∴ $a=-\dfrac{3}{2}$, $b=-\dfrac{5}{2}$

∴ D$\left(-\dfrac{5}{2}, 0\right)$, F$\left(-\dfrac{15}{2}, 2\right)$

직선 DF의 방정식은

$y=\dfrac{2-0}{-\dfrac{15}{2}-\left(-\dfrac{5}{2}\right)}\left\{x-\left(-\dfrac{5}{2}\right)\right\}$ ∴ $2x+5y+5=0$

따라서 점 E$(0, 6)$과 직선 DF 사이의 거리는

$\dfrac{|2\times 0+5\times 6+5|}{\sqrt{2^2+5^2}}=\dfrac{35}{\sqrt{29}}=\dfrac{35\sqrt{29}}{29}$

짝기출 답 ①

그림과 같이 좌표평면에 세 점 O$(0, 0)$, A$(8, 4)$, B$(7, a)$와 삼각형 OAB의 무게중심 G$(5, b)$가 있다. 점 G와 직선 OA 사이의 거리가 $\sqrt 5$일 때, $a+b$의 값은? (단, a는 양수이다.)

① 16 ② 17 ③ 18 ④ 19 ⑤ 20

0164

답 ⑤

ㄱ. 점 P$\left(t, \dfrac{t^2}{4}\right)$을 지나고 기울기가 $\dfrac{t}{2}$인 직선의 방정식은

$y=\dfrac{t}{2}(x-t)+\dfrac{t^2}{4}$ …… ㉠

㉠에 $y=0$을 대입하면

$0=\dfrac{t}{2}(x-t)+\dfrac{t^2}{4}$, $\dfrac{t}{2}(x-t)=-\dfrac{t^2}{4}$

$x-t=-\dfrac{t}{2}$ ∴ $x=\dfrac{t}{2}$

따라서 Q$\left(\dfrac{t}{2}, 0\right)$이므로 $t=2$일 때, 점 Q의 x좌표는 1이다.

ㄴ. 직선 PQ의 기울기는 $\dfrac{t}{2}$

직선 AQ의 기울기는 $\dfrac{0-1}{\dfrac{t}{2}-0}=-\dfrac{2}{t}$

∴ $\dfrac{t}{2}\times\left(-\dfrac{2}{t}\right)=-1$

따라서 모든 양수 t에 대하여 두 직선 PQ와 AQ의 기울기의 곱이 -1이므로 두 직선은 서로 수직이다.

ㄷ. 세 점 P, Q, R를 좌표평면 위에 나타내면 그림과 같다.

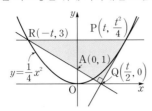

이때 직선 AR의 기울기는 $\dfrac{3-1}{-t-0}=-\dfrac{2}{t}$이므로 점 R는 직선 AQ 위의 점이고, 두 직선 PQ와 AQ가 서로 수직이므로 선분 RQ와 선분 PQ는 서로 수직이다.

점 R가 이차함수 $y=\dfrac{1}{4}x^2$의 그래프 위의 점이므로

$3=\dfrac{1}{4}\times(-t)^2$에서 $t^2=12$

그런데 $t>0$이므로 $t=2\sqrt{3}$

$P(2\sqrt{3},\ 3)$, $Q(\sqrt{3},\ 0)$, $R(-2\sqrt{3},\ 3)$이므로

$\overline{PQ}=\sqrt{(\sqrt{3}-2\sqrt{3})^2+(0-3)^2}=2\sqrt{3}$

$\overline{RQ}=\sqrt{\{\sqrt{3}-(-2\sqrt{3})\}^2+(0-3)^2}=6$

따라서 삼각형 RQP의 넓이는

$\dfrac{1}{2}\times\overline{PQ}\times\overline{RQ}=\dfrac{1}{2}\times2\sqrt{3}\times6=6\sqrt{3}$

따라서 옳은 것은 ㄱ, ㄴ, ㄷ이다.

다른 풀이

ㄷ. $t=2\sqrt{3}$이므로 두 점 P, R의 y좌표가 같다.

따라서 삼각형 RQP의 넓이는

$\dfrac{1}{2}\times\overline{PR}\times(\text{점 R의 }y\text{좌표})=\dfrac{1}{2}\times\{2\sqrt{3}-(-2\sqrt{3})\}\times3$

$\qquad\qquad=\dfrac{1}{2}\times4\sqrt{3}\times3=6\sqrt{3}$

짝기출 답 125

그림과 같이 좌표평면에서 이차함수 $y=x^2$의 그래프 위의 점 $P(1,\ 1)$에서의 접선을 l_1, 점 P를 지나고 직선 l_1과 수직인 직선을 l_2라 하자. 직선 l_1이 y축과 만나는 점을 Q, 직선 l_2가 이차함수 $y=x^2$의 그래프와 만나는 점 중 점 P가 아닌 점을 R라 하자. 삼각형 PRQ의 넓이를 S라 할 때, $40S$의 값을 구하시오.

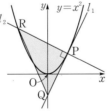

0165 답 ④

그림과 같이 선분 CG의 연장선이 두 선분 PQ, AB와 만나는 점을 각각 H, M이라 하면 점 G가 삼각형 CPQ의 무게중심이므로

$\overline{CG}:\overline{GH}=2:1$

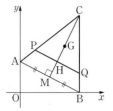

$\therefore \overline{CH}=\dfrac{3}{2}\overline{CG}=\dfrac{3}{2}\times\dfrac{3\sqrt{5}}{2}=\dfrac{9\sqrt{5}}{4}$

또한 두 점 P, Q가 각각 두 선분 AC, BC를 $1:3$으로 내분하는 점이므로 $\overline{CH}:\overline{HM}=3:1$

$\therefore \overline{CM}=\dfrac{4}{3}\overline{CH}=\dfrac{4}{3}\times\dfrac{9\sqrt{5}}{4}=3\sqrt{5}$

한편, $\overline{AC}=\overline{BC}$이므로 직선 CM은 선분 AB의 수직이등분선이다.

점 M은 선분 AB의 중점이므로

$M\left(\dfrac{0+6}{2},\ \dfrac{3+0}{2}\right)$, 즉 $M\left(3,\ \dfrac{3}{2}\right)$

두 점 $A(0,\ 3)$, $B(6,\ 0)$을 지나는 직선 AB의 방정식은

$\dfrac{x}{6}+\dfrac{y}{3}=1,\ x+2y-6=0 \qquad \therefore y=-\dfrac{1}{2}x+3$

이때 직선 AB와 직선 CM은 수직이므로 직선 CM의 기울기는 2이다. 따라서 직선 CM의 방정식은

$y-\dfrac{3}{2}=2(x-3) \qquad \therefore y=2x-\dfrac{9}{2}$

점 $C(a,\ b)$는 직선 CM 위의 점이므로

$b=2a-\dfrac{9}{2}$ ...... ㉠

이때 점 $C\left(a,\ 2a-\dfrac{9}{2}\right)$와 직선 AB, 즉 $x+2y-6=0$ 사이의 거리는 선분 CM의 길이와 같으므로

$\dfrac{\left|1\times a+2\times\left(2a-\dfrac{9}{2}\right)-6\right|}{\sqrt{1^2+2^2}}=3\sqrt{5}$

$|5a-15|=15,\ 5a-15=\pm15$

$\therefore a=6$ 또는 $a=0$

이때 점 C가 제1사분면 위의 점이므로 $a=6$

㉠에 $a=6$을 대입하면 $b=12-\dfrac{9}{2}=\dfrac{15}{2}$

$\therefore ab=6\times\dfrac{15}{2}=45$

짝기출 답 ④

그림과 같이 좌표평면에서 두 점 $A(0,\ 6)$, $B(18,\ 0)$과 제1사분면 위의 점 $C(a,\ b)$가 $\overline{AC}=\overline{BC}$를 만족시킨다. 두 선분 AC, BC를 $1:3$으로 내분하는 점을 각각 P, Q라 할 때, 삼각형 CPQ의 무게중심을 G라 하자. 선분 CG의 길이가 $\sqrt{10}$일 때, $a+b$의 값은?

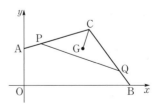

① 17　　② 18　　③ 19　　④ 20　　⑤ 21

PART A' **03 원의 방정식**

유형 01 중심의 좌표가 주어진 원의 방정식

0166
답 $2\sqrt{5}\pi$

원 $(x-2)^2+(y-3)^2=4$의 중심의 좌표는 $(2, 3)$

이 원과 중심이 같은 원의 반지름의 길이를 r라 하면 원의 방정식은

$(x-2)^2+(y-3)^2=r^2$

이 원이 점 $(1, 5)$를 지나므로 $r^2=1+4=5$

따라서 원의 반지름의 길이가 $\sqrt{5}$이므로 구하는 원의 둘레의 길이는

$2\pi \times \sqrt{5}=2\sqrt{5}\pi$

0167
답 ③

선분 AB를 $3:1$로 내분하는 점의 좌표는

$\left(\dfrac{3 \times 7+1 \times 3}{3+1}, \dfrac{3 \times (-2)+1 \times 2}{3+1}\right)$, 즉 $(6, -1)$

원의 반지름의 길이를 r라 하면 원의 방정식은

$(x-6)^2+(y+1)^2=r^2$

이 원이 점 $A(3, 2)$를 지나므로 $r^2=9+9=18$

따라서 원의 방정식은 $(x-6)^2+(y+1)^2=18$이므로

$a=6, b=-1, c=18$

$\therefore a+b+c=6+(-1)+18=23$

0168
답 -6

원 $(x+3)^2+(y-6)^2=7$의 중심의 좌표는 $(-3, 6)$

이 원과 중심이 같은 원의 반지름의 길이를 r라 하면 원의 방정식은

$(x+3)^2+(y-6)^2=r^2$

이 원이 점 $(3, 4)$를 지나므로 $r^2=36+4=40$

$\therefore (x+3)^2+(y-6)^2=40$

이 원이 점 $(a, 0)$을 지나므로

$(a+3)^2+36=40, (a+3)^2=4$

$a+3=\pm 2$ $\therefore a=-5$ 또는 $a=-1$

따라서 모든 a의 값의 합은

$-5+(-1)=-6$

0169
답 ⑤

원의 반지름의 길이를 r라 하면 원의 방정식은

$(x-3)^2+(y+4)^2=r^2$

$\therefore x^2+y^2-6x+8y+25-r^2=0$

이 식이 $x^2+y^2+ax+by+a-b+3=0$과 일치하므로

$-6=a, 8=b, 25-r^2=a-b+3$

$\therefore a=-6, b=8, r^2=36$

따라서 구하는 원의 반지름의 길이는 6이다.

0170
답 4π

선분 AB의 중점의 좌표는 $\left(\dfrac{-4+8}{2}, \dfrac{-2+4}{2}\right)$, 즉 $(2, 1)$

직선 AB의 기울기는 $\dfrac{4-(-2)}{8-(-4)}=\dfrac{1}{2}$

이때 선분 AB의 수직이등분선의 기울기는 -2이고 점 $(2, 1)$을 지나므로 그 직선의 방정식은

$y-1=-2(x-2)$ $\therefore y=-2x+5$

이 식에 $y=0$을 대입하면

$-2x+5=0$ $\therefore x=\dfrac{5}{2}$

즉, 선분 AB의 수직이등분선과 x축의 교점의 좌표가 $\left(\dfrac{5}{2}, 0\right)$이므로 이 점을 중심으로 하는 원의 반지름의 길이를 r라 하면

원의 방정식은 $\left(x-\dfrac{5}{2}\right)^2+y^2=r^2$

이 원이 점 $\left(\dfrac{1}{2}, 0\right)$을 지나므로 $r^2=4$

따라서 구하는 원의 넓이는

$\pi r^2=4\pi$

유형 02 중심이 직선 위에 있는 원의 방정식

0171
답 $2\sqrt{5}$

원의 중심이 x축 위에 있으므로 원의 중심의 좌표를 $(a, 0)$, 반지름의 길이를 r라 하면 원의 방정식은

$(x-a)^2+y^2=r^2$

이 원이 두 점 $(1, -2), (3, 4)$를 지나므로

$(1-a)^2+4=r^2, (3-a)^2+16=r^2$

두 식을 연립하여 풀면 $a=5, r^2=20$

따라서 구하는 원의 반지름의 길이는 $2\sqrt{5}$이다.

[다른 풀이]

원의 중심이 x축 위에 있으므로 원의 중심을 $A(a, 0)$이라 하고 $B(1, -2), C(3, 4)$라 하자.

$\overline{AB}=\overline{AC}$이므로

$\sqrt{(1-a)^2+(-2)^2}=\sqrt{(3-a)^2+4^2}$

양변을 제곱하면

$1-2a+a^2+4=9-6a+a^2+16, 4a=20$

$\therefore a=5$

따라서 구하는 원의 반지름의 길이는

$\overline{AB}=\sqrt{(1-5)^2+(-2)^2}=2\sqrt{5}$

0172
답 ㄱ, ㄷ

원의 중심이 y축 위에 있으므로 원의 중심의 좌표를 $(0, b)$, 반지름의 길이를 r라 하면 원의 방정식은

$x^2+(y-b)^2=r^2$

이 원이 두 점 $(3, -8), (4, -1)$을 지나므로

$9+(-8-b)^2=r^2, 16+(-1-b)^2=r^2$

두 식을 연립하여 풀면 $b=-4$, $r^2=25$

즉, 원의 방정식은 $x^2+(y+4)^2=25$

ㄴ. $5^2+(0+4)^2\neq25$이므로 점 $(5,\,0)$을 지나지 않는다.

ㄷ. 원의 반지름의 길이는 5이므로 둘레의 길이는 $2\pi\times5=10\pi$

따라서 옳은 것은 ㄱ, ㄷ이다.

0173
답 14

$x^2+y^2+6x-8y-11=0$에서

$(x+3)^2+(y-4)^2=36$

직선 $9x+5y+a=0$이 이 원의 중심 $(-3,\,4)$를 지나므로

$-27+20+a=0$ ∴ $a=7$

$x^2+y^2-2bx+5by+2=0$에서

$(x-b)^2+\left(y+\dfrac{5}{2}b\right)^2=\dfrac{29}{4}b^2-2$

직선 $9x+5y+7=0$이 이 원의 중심 $\left(b,\,-\dfrac{5}{2}b\right)$를 지나므로

$9b-\dfrac{25}{2}b+7=0$ ∴ $b=2$

∴ $ab=7\times2=14$

0174
답 ④

원의 중심이 직선 $y=2x$ 위에 있으므로 원의 중심의 좌표를 $(a,\,2a)$, 반지름의 길이를 r라 하면 원의 방정식은

$(x-a)^2+(y-2a)^2=r^2$

이 원이 두 점 $(-2,\,3)$, $(0,\,-1)$을 지나므로

$(-2-a)^2+(3-2a)^2=r^2$, $(0-a)^2+(-1-2a)^2=r^2$

두 식을 연립하여 풀면 $a=1$, $r^2=10$

따라서 $a=1$, $b=2a=2$, $r^2=10$이므로

$a+b+r^2=1+2+10=13$

유형 03 두 점을 지름의 양 끝 점으로 하는 원의 방정식

0175
답 ④

원의 중심의 좌표는 선분 AB의 중점의 좌표와 같으므로

$\left(\dfrac{-1+5}{2},\,\dfrac{-3+1}{2}\right)$, 즉 $(2,\,-1)$

원의 반지름의 길이는

$\dfrac{1}{2}\overline{\mathrm{AB}}=\dfrac{1}{2}\sqrt{\{5-(-1)\}^2+\{1-(-3)\}^2}=\sqrt{13}$

따라서 주어진 원의 방정식은

$(x-2)^2+(y+1)^2=13$

④ $x=4$, $y=2$를 $(x-2)^2+(y+1)^2=13$에 대입하면

$(4-2)^2+(2+1)^2=13$

즉, 점 $(4,\,2)$는 원 위의 점이다.

0176
답 22

$2x-y+8=0$에 $y=0$을 대입하면

$2x+8=0$ ∴ $x=-4$

$2x-y+8=0$에 $x=0$을 대입하면

$-y+8=0$ ∴ $y=8$

∴ $\mathrm{P}(-4,\,0)$, $\mathrm{Q}(0,\,8)$

두 점 P, Q를 지름의 양 끝 점으로 하는 원의 중심의 좌표는

$\left(\dfrac{-4+0}{2},\,\dfrac{0+8}{2}\right)$, 즉 $(-2,\,4)$

원의 반지름의 길이는

$\dfrac{1}{2}\overline{\mathrm{PQ}}=\dfrac{1}{2}\sqrt{\{0-(-4)\}^2+(8-0)^2}=2\sqrt{5}$

즉, 구하는 원의 방정식은

$(x+2)^2+(y-4)^2=20$

따라서 $a=-2$, $b=4$, $c=20$이므로

$a+b+c=-2+4+20=22$

0177
답 ②

삼각형 ABC의 무게중심을 G라 하면

$\mathrm{G}\left(\dfrac{-1+6+10}{3},\,\dfrac{1+14+12}{3}\right)$, 즉 $\mathrm{G}(5,\,9)$

원의 반지름의 길이는

$\dfrac{1}{2}\overline{\mathrm{AG}}=\dfrac{1}{2}\sqrt{\{5-(-1)\}^2+(9-1)^2}=5$

따라서 구하는 원의 넓이는 $\pi\times5^2=25\pi$

유형 04 원의 방정식이 되기 위한 조건

0178
답 $k<0$ 또는 $k>\dfrac{5}{4}$

$x^2+y^2-4kx-2y+5k+1=0$에서

$(x-2k)^2+(y-1)^2=4k^2-5k$

이 방정식이 원을 나타내야 하므로

$4k^2-5k>0$, $k(4k-5)>0$

∴ $k<0$ 또는 $k>\dfrac{5}{4}$

0179
답 ②

$x^2+y^2-6x+8y+4k=0$에서

$(x-3)^2+(y+4)^2=25-4k$

이 방정식이 원을 나타내야 하므로

$25-4k>0$ ∴ $k<\dfrac{25}{4}$ ⋯⋯ ㉠

이 원의 반지름의 길이가 3 이상이므로
$\sqrt{25-4k}\geq3$
양변을 제곱하면
$25-4k\geq9$ ∴ $k\leq4$ ...... ㉡
㉠, ㉡에서 $k\leq4$
따라서 자연수 k는 1, 2, 3, 4의 4개이다.

0180
답 4

$x^2+y^2-6y+k^2-4k-3=0$에서
$x^2+(y-3)^2=-k^2+4k+12$
이 방정식이 원을 나타내므로
$-k^2+4k+12>0$, $k^2-4k-12<0$
$(k+2)(k-6)<0$ ∴ $-2<k<6$
이때 원의 넓이가 최대이려면 반지름의 길이가 최대이어야 하므로
$\sqrt{-k^2+4k+12}=\sqrt{-(k-2)^2+16}$
따라서 $-2<k<6$에서 $k=2$일 때 반지름의 길이는 최대이고,
그때의 반지름의 길이는 $\sqrt{16}=4$이다.

유형 05 세 점을 지나는 원의 방정식

0181
답 $(-1, 3)$

원의 중심을 P(p, q)라 하면 $\overline{PO}=\overline{PA}=\overline{PB}$
$\overline{PO}=\overline{PA}$에서 $\overline{PO}^2=\overline{PA}^2$이므로
$p^2+q^2=(p+4)^2+(q-2)^2$ ∴ $2p-q=-5$ ...... ㉠
$\overline{PO}=\overline{PB}$에서 $\overline{PO}^2=\overline{PB}^2$이므로
$p^2+q^2=(p-2)^2+(q-4)^2$ ∴ $p+2q=5$ ...... ㉡
㉠, ㉡을 연립하여 풀면 $p=-1$, $q=3$
따라서 원의 중심의 좌표는 $(-1, 3)$이다.

0182
답 ①

원의 중심을 P(p, q)라 하면 $\overline{PA}=\overline{PB}=\overline{PC}$
$\overline{PA}=\overline{PB}$에서 $\overline{PA}^2=\overline{PB}^2$이므로
$(p+4)^2+q^2=(p+2)^2+(q-2)^2$ ∴ $p+q=-2$ ...... ㉠
$\overline{PB}=\overline{PC}$에서 $\overline{PB}^2=\overline{PC}^2$이므로
$(p+2)^2+(q-2)^2=p^2+(q-2)^2$, $4p=-4$ ∴ $p=-1$
$p=-1$을 ㉠에 대입하면
$-1+q=-2$ ∴ $q=-1$
즉, 원의 중심은 P$(-1, -1)$이고 반지름의 길이는
$\overline{PA}=\sqrt{\{-1-(-4)\}^2+(-1)^2}=\sqrt{10}$
따라서 구하는 원의 넓이는 $\pi\times(\sqrt{10})^2=10\pi$

유형 06 x축 또는 y축에 접하는 원의 방정식

0183
답 1

원의 중심이 점 $(a, -2)$이고 원이 y축에 접하므로
원의 방정식은
$(x-a)^2+(y+2)^2=a^2$
이 원이 점 $(1, -1)$을 지나므로
$(1-a)^2+(-1+2)^2=a^2$, $-2a=-2$
∴ $a=1$

0184
답 4

$x^2+y^2+kx-10y+4=0$에서
$\left(x+\dfrac{k}{2}\right)^2+(y-5)^2=\dfrac{k^2}{4}+21$
원의 중심 $\left(-\dfrac{k}{2}, 5\right)$가 제2사분면 위에 있으므로
$-\dfrac{k}{2}<0$ ∴ $k>0$
또한 원이 x축에 접하므로 반지름의 길이는 중심의 y좌표의 절댓값과 같다.
즉, $\sqrt{\dfrac{k^2}{4}+21}=|5|$이므로 양변을 제곱하면
$\dfrac{k^2}{4}+21=25$, $k^2=16$ ∴ $k=4$ ($\because k>0$)

0185
답 ②

원의 중심이 직선 $y=x+1$ 위에 있으므로 중심의 좌표를
$(a, a+1)$이라 하자.
원이 y축에 접하므로 원의 방정식은
$(x-a)^2+(y-a-1)^2=a^2$
이 원이 점 $(0, 3)$을 지나므로
$(0-a)^2+(3-a-1)^2=a^2$
$(2-a)^2=0$ ∴ $a=2$
따라서 원의 방정식은 $(x-2)^2+(y-3)^2=4$이므로
구하는 원의 반지름의 길이는 2이다.

0186
답 9

반지름의 길이가 3이므로 원의 중심의 좌표를 (a, b)라 하면 원의
방정식은
$(x-a)^2+(y-b)^2=9$ ...... ㉠
이때 두 원 O_1, O_2가 x축에 접하므로 $b=\pm3$
(i) $b=-3$일 때, 원 ㉠이 점 $(6, 3)$을 지나므로
$(6-a)^2+6^2=9$
∴ $a^2-12a+63=0$ ...... ㉡

이차방정식 ⓒ의 판별식을 D라 하면
$$\frac{D}{4}=(-6)^2-63=-27<0$$
즉, 이차방정식 ⓒ은 실근을 갖지 않는다.
(ii) $b=3$일 때, 원 ㉠이 점 $(6, 3)$을 지나므로
$$(6-a)^2=9, \ 6-a=\pm3$$
$$\therefore a=3 \ \text{또는} \ a=9$$
(i), (ii)에서 P$(3, 3)$, Q$(9, 3)$ 또는 P$(9, 3)$, Q$(3, 3)$
따라서 삼각형 OPQ의 넓이는
$$\frac{1}{2}\times6\times3=9$$

유형 07 x축과 y축에 동시에 접하는 원의 방정식

0187

답 6

점 $(2, -1)$을 지나고 x축과 y축에 동시에 접하려면 원의 중심이 제4사분면 위에 있어야 하므로 반지름의 길이를 r라 하면 중심의 좌표는 $(r, -r)$이다.
즉, 원의 방정식은 $(x-r)^2+(y+r)^2=r^2$
이 원이 점 $(2, -1)$을 지나므로
$$(2-r)^2+(-1+r)^2=r^2, \ r^2-6r+5=0$$
$$(r-1)(r-5)=0 \quad \therefore r=1 \ \text{또는} \ r=5$$
따라서 두 원의 반지름의 길이의 합은
$$1+5=6$$

0188

답 8

$x^2+y^2+2ax-6y+b+4=0$에서
$$(x+a)^2+(y-3)^2=a^2-b+5$$
이 원이 x축과 y축에 동시에 접하므로
$$|-a|=3=\sqrt{a^2-b+5}$$
$|-a|=3$에서 $a=3 \ (\because a>0)$
$\sqrt{a^2-b+5}=3$에서 $9-b+5=9 \quad \therefore b=5$
$$\therefore a+b=3+5=8$$

0189

답 ④

원의 중심이 제2사분면 위에 있으므로 반지름의 길이를 r라 하면 중심의 좌표는 $(-r, r)$이다.
이때 원의 중심 $(-r, r)$가 직선 $3x+y+8=0$ 위에 있으므로
$$-3r+r+8=0 \quad \therefore r=4$$
즉, 구하는 원의 방정식은
$$(x+4)^2+(y-4)^2=16, \ \text{즉} \ x^2+y^2+8x-8y+16=0$$
따라서 $a=8$, $b=-8$, $c=16$이므로
$$a+b+c=8+(-8)+16=16$$

유형 08 원 밖의 한 점과 원 위의 점 사이의 거리

0190

답 10

$x^2+y^2-4x+2y+1=0$에서
$$(x-2)^2+(y+1)^2=4$$
이 원의 중심의 좌표는 $(2, -1)$이다.
점 A$(5, 3)$과 원의 중심 $(2, -1)$ 사이의 거리는
$$\sqrt{(2-5)^2+(-1-3)^2}=5$$
이때 원의 반지름의 길이가 2이므로
$$M=5+2=7, \ m=5-2=3$$
$$\therefore M+m=7+3=10$$

0191

답 ①

$x^2+y^2-2ax-6ay+10a^2-9=0$에서
$$(x-a)^2+(y-3a)^2=9$$
이 원의 중심의 좌표는 $(a, 3a)$이다.
점 A$(-2, 3)$과 원의 중심 $(a, 3a)$ 사이의 거리는
$$\sqrt{\{a-(-2)\}^2+(3a-3)^2}=\sqrt{(a+2)^2+(3a-3)^2}$$
이때 원의 반지름의 길이는 3이고, 선분 AP의 길이의 최댓값이 8이므로
$$\sqrt{(a+2)^2+(3a-3)^2}+3=8, \ \sqrt{(a+2)^2+(3a-3)^2}=5$$
양변을 제곱하여 정리하면
$$5a^2-7a-6=0, \ (5a+3)(a-2)=0$$
$$\therefore a=-\frac{3}{5} \ \text{또는} \ a=2$$
그런데 $a>0$이므로 $a=2$

0192

답 47

$x^2+y^2+8x+6y+21=0$에서
$$(x+4)^2+(y+3)^2=4$$
$x^2+y^2-8x-10y-8=0$에서
$$(x-4)^2+(y-5)^2=49$$
두 원의 중심의 좌표가 각각 $(-4, -3)$, $(4, 5)$이므로 중심 사이의 거리는
$$\sqrt{\{4-(-4)\}^2+\{5-(-3)\}^2}=8\sqrt{2}$$
이때 두 원의 반지름의 길이가 각각 2, 7이므로

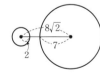

$$M=8\sqrt{2}+2+7=8\sqrt{2}+9$$
$$m=8\sqrt{2}-2-7=8\sqrt{2}-9$$
$$\therefore Mm=(8\sqrt{2}+9)(8\sqrt{2}-9)=47$$

0193

답 ⑤

$\sqrt{(a-6)^2+(b-6)^2}$의 값은 원 $x^2+y^2=8$ 위의 점 P(a, b)와 점 $(6, 6)$ 사이의 거리와 같다.
점 $(6, 6)$과 원의 중심 $(0, 0)$ 사이의 거리는
$$\sqrt{6^2+6^2}=6\sqrt{2}$$

이때 원의 반지름의 길이가 $2\sqrt{2}$이므로 $\sqrt{(a-6)^2+(b-6)^2}$의 최댓값은

$6\sqrt{2}+2\sqrt{2}=8\sqrt{2}$

0194
답 4π

$x^2+y^2+6y-7=0$에서 $x^2+(y+3)^2=16$

이 원 위의 점 P의 좌표를 (a, b)라 하면

$a^2+(b+3)^2=16$ ...... ㉠

이때 선분 AP의 중점 M의 좌표를 (x, y)라 하면

$x=\dfrac{2+a}{2}$, $y=\dfrac{7+b}{2}$

$\therefore a=2x-2$, $b=2y-7$ ...... ㉡

㉡을 ㉠에 대입하면

$(2x-2)^2+(2y-7+3)^2=16$

$\therefore (x-1)^2+(y-2)^2=4$

따라서 점 M이 나타내는 도형은 중심의 좌표가 $(1, 2)$이고 반지름의 길이가 2인 원이므로 구하는 원의 넓이는 4π이다.

0195
답 ③

$P(\alpha, \beta)$, $G(x, y)$라 하면

$x=\dfrac{1+8+\alpha}{3}$, $y=\dfrac{-10-2+\beta}{3}$

$\therefore \alpha=3(x-3)$, $\beta=3(y+4)$ ...... ㉠

점 $P(\alpha, \beta)$가 원 $x^2+y^2=36$ 위의 점이므로

$\alpha^2+\beta^2=36$ ...... ㉡

㉠을 ㉡에 대입하면

$9(x-3)^2+9(y+4)^2=36$

$\therefore (x-3)^2+(y+4)^2=4$

따라서 점 G가 나타내는 도형은 중심의 좌표가 $(3, -4)$이고 반지름의 길이가 2인 원이므로 구하는 원의 둘레의 길이는

$2\pi \times 2=4\pi$

0196
답 225

$\overline{PA}^2+\overline{PB}^2=40$에서

$(x+4)^2+y^2+(x-4)^2+y^2=40$

$2x^2+2y^2=8$ $\therefore x^2+y^2=4$

즉, 점 P가 나타내는 도형은 중심이 원점이고 반지름의 길이가 2인 원이다.

한편 $(x+5)^2+(y-12)^2$은 두 점 $P(x, y)$, $(-5, 12)$ 사이의 거리의 제곱과 같으므로 구하는 최댓값은 원 $x^2+y^2=4$ 위의 점과 점 $(-5, 12)$ 사이의 거리의 최댓값의 제곱과 같다.

점 $(-5, 12)$와 원의 중심 $(0, 0)$ 사이의 거리는

$\sqrt{(-5)^2+12^2}=13$

이때 원의 반지름의 길이가 2이므로 구하는 최댓값은

$(13+2)^2=15^2=225$

0197
답 ④

점 P의 좌표를 (x, y)라 하면 $\overline{AP}:\overline{BP}=3:2$이므로

$2\overline{AP}=3\overline{BP}$, $4\overline{AP}^2=9\overline{BP}^2$

$4\{(x+2)^2+(y-1)^2\}=9\{(x-3)^2+(y-1)^2\}$

$x^2+y^2-14x-2y+14=0$

$\therefore (x-7)^2+(y-1)^2=36$

따라서 점 P가 나타내는 도형은 중심의 좌표가 $(7, 1)$이고 반지름의 길이가 6인 원이므로 구하는 도형의 넓이는 36π이다.

0198
답 2

점 P의 좌표를 (x, y)라 하면 $\overline{PA}:\overline{PB}=1:k$이므로

$k\overline{PA}=\overline{PB}$, $k^2\overline{PA}^2=\overline{PB}^2$

$k^2(x^2+y^2)=x^2+(y-6)^2$

$(k^2-1)x^2+(k^2-1)y^2+12y-36=0$

$x^2+y^2+\dfrac{12}{k^2-1}y-\dfrac{36}{k^2-1}=0$

$x^2+\left(y+\dfrac{6}{k^2-1}\right)^2=\dfrac{36k^2}{(k^2-1)^2}$

이때 반지름의 길이가 4이므로 $\dfrac{36k^2}{(k^2-1)^2}=16$, $9k^2=4(k^2-1)^2$

$\therefore 3k=\pm2(k^2-1)$

(i) $3k=2(k^2-1)$일 때

$2k^2-3k-2=0$, $(2k+1)(k-2)=0$

$\therefore k=2$ $(\because k>1)$

(ii) $3k=-2(k^2-1)$일 때

$2k^2+3k-2=0$, $(k+2)(2k-1)=0$

이때 $k>1$을 만족시키는 k의 값은 존재하지 않는다.

(i), (ii)에서 $k=2$

0199
답 ④

두 원의 중심의 좌표는 각각 $(0, 7)$, $(a, 10)$이므로 중심 사이의 거리는

$\sqrt{a^2+(10-7)^2}=\sqrt{a^2+9}$

두 원의 반지름의 길이가 각각 a, 5이므로 두 원이 내접하려면

$\sqrt{a^2+9}=|a-5|$

양변을 제곱하면

$a^2+9=a^2-10a+25$, $10a=16$ $\therefore a=\dfrac{8}{5}$

0200

답 5

두 원의 중심의 좌표가 각각 $(-1, 3)$, $(3, a)$이므로 중심 사이의 거리는
$$\sqrt{\{3-(-1)\}^2+(a-3)^2}=\sqrt{a^2-6a+25}$$
두 원의 반지름의 길이가 각각 3, 2이므로 두 원이 서로 다른 두 점에서 만나려면
$$3-2<\sqrt{a^2-6a+25}<3+2 \quad \therefore 1<\sqrt{a^2-6a+25}<5$$
(i) $1<\sqrt{a^2-6a+25}$일 때
양변을 제곱하면
$1<a^2-6a+25$, $a^2-6a+24>0$
이때 $a^2-6a+24=(a-3)^2+15>0$이므로 항상 성립한다.
(ii) $\sqrt{a^2-6a+25}<5$일 때
양변을 제곱하면
$a^2-6a+25<25$, $a^2-6a<0$
$a(a-6)<0 \quad \therefore 0<a<6$
(i), (ii)에서 $0<a<6$
따라서 정수 a는 1, 2, 3, 4, 5의 5개이다.

0201

답 $0\le a^2+b^2<4$ 또는 $a^2+b^2>256$

두 원의 중심의 좌표가 각각 $(0, 0)$, (a, b)이므로 중심 사이의 거리는 $\sqrt{a^2+b^2}$
두 원의 반지름의 길이가 각각 7, 9이므로 두 원이 만나지 않으려면
(i) 한 원이 다른 원의 내부에 있을 때
$9-7>\sqrt{a^2+b^2}$에서 $0\le a^2+b^2<4$
(ii) 한 원이 다른 원의 외부에 있을 때
$7+9<\sqrt{a^2+b^2}$에서 $a^2+b^2>256$
(i), (ii)에서 $0\le a^2+b^2<4$ 또는 $a^2+b^2>256$

유형 **12** 두 원의 교점을 지나는 직선의 방정식

0202

답 ②

$(x-1)^2+(y+3)^2=9$에서 $x^2+y^2-2x+6y+1=0$
두 원의 교점을 지나는 직선의 방정식은
$$x^2+y^2-2x+6y+1-(x^2+y^2+2x+2y-7)=0$$
$x-y-2=0 \quad \therefore y=x-2$
따라서 $a=1$, $b=-2$이므로
$a+b=1+(-2)=-1$

0203

답 8

두 원의 교점을 지나는 직선의 방정식은
$$x^2+y^2-ax-2y-3-(x^2+y^2+3x+ay+5)=0$$
$\therefore (a+3)x+(a+2)y+8=0$

이 직선이 점 $(2, -3)$을 지나므로
$2(a+3)-3(a+2)+8=0$
$-a+8=0 \quad \therefore a=8$

0204

답 ④

두 원의 교점을 지나는 직선의 방정식은
$$x^2+y^2-2x-7-(x^2+y^2+4x+2y+2)=0$$
$-6x-2y-9=0 \quad \therefore y=-3x-\dfrac{9}{2}$
이 직선이 직선 $y=ax+5$와 수직이므로
$-3\times a=-1 \quad \therefore a=\dfrac{1}{3}$

0205

답 ②

원 $(x+a)^2+(y-3)^2=8$이 원 $(x+1)^2+(y-2)^2=3$의 둘레를 이등분하려면 두 원의 공통인 현이 원 $(x+1)^2+(y-2)^2=3$의 지름이어야 한다.
$(x+a)^2+(y-3)^2=8$에서 $x^2+y^2+2ax-6y+a^2+1=0$
$(x+1)^2+(y-2)^2=3$에서 $x^2+y^2+2x-4y+2=0$
두 원의 교점을 지나는 직선의 방정식은
$$x^2+y^2+2ax-6y+a^2+1-(x^2+y^2+2x-4y+2)=0$$
$\therefore (2a-2)x-2y+a^2-1=0$
이 직선이 원 $(x+1)^2+(y-2)^2=3$의 중심 $(-1, 2)$를 지나야 하므로
$-(2a-2)-4+a^2-1=0$, $a^2-2a-3=0$
$(a+1)(a-3)=0 \quad \therefore a=-1$ 또는 $a=3$
따라서 모든 상수 a의 값의 곱은
$-1\times 3=-3$

0206

답 6

$x^2+y^2=16$에서 $x^2+y^2-16=0$
$(x-2)^2+(y-1)^2=6$에서 $x^2+y^2-4x-2y-1=0$
선분 AB의 중점은 두 원의 공통인 현과 두 원의 중심을 지나는 직선의 교점이다.
두 원의 교점을 지나는 직선의 방정식은
$$x^2+y^2-16-(x^2+y^2-4x-2y-1)=0$$
$\therefore 4x+2y-15=0 \quad \cdots\cdots ㉠$
두 원의 중심 $(0, 0)$, $(2, 1)$을 지나는 직선의 방정식은
$$y=\dfrac{1}{2}x \quad \cdots\cdots ㉡$$
㉠, ㉡을 연립하여 풀면 $x=3$, $y=\dfrac{3}{2}$
따라서 선분 AB의 중점의 좌표는 $\left(3, \dfrac{3}{2}\right)$이므로
$a=3$, $b=\dfrac{3}{2}$
$\therefore a+2b=3+2\times\dfrac{3}{2}=6$

0207
답 2

그림과 같이 두 원 $x^2+y^2=9$, $(x-3)^2+(y-3)^2=3$의 중심을 각각 O, O′, 두 원의 교점을 A, B라 하고 선분 OO′과 선분 AB의 교점을 C라 하자.

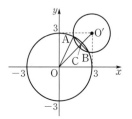

$x^2+y^2=9$에서 $x^2+y^2-9=0$
$(x-3)^2+(y-3)^2=3$에서
$x^2+y^2-6x-6y+15=0$
직선 AB의 방정식은
$x^2+y^2-9-(x^2+y^2-6x-6y+15)=0$ $\therefore x+y-4=0$
원 $x^2+y^2=9$의 중심 O(0, 0)과 직선 AB 사이의 거리는
$\overline{OC}=\dfrac{|-4|}{\sqrt{1^2+1^2}}=\dfrac{4}{\sqrt{2}}=2\sqrt{2}$
직각삼각형 AOC에서 $\overline{AC}=\sqrt{3^2-(2\sqrt{2})^2}=1$
따라서 공통인 현의 길이는
$\overline{AB}=2\overline{AC}=2$

0208
답 $2\sqrt{5}$

그림과 같이 원 $x^2+y^2=4$의 중심은 O(0, 0)이므로 선분 OO′과 선분 AB의 교점을 C라 하자.

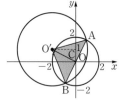

$x^2+y^2=4$에서 $x^2+y^2-4=0$
$(x+2)^2+(y-1)^2=9$에서
$x^2+y^2+4x-2y-4=0$
직선 AB의 방정식은
$x^2+y^2-4-(x^2+y^2+4x-2y-4)=0$ $\therefore 2x-y=0$
점 O′$(-2, 1)$과 직선 AB 사이의 거리는
$\overline{O'C}=\dfrac{|-4-1|}{\sqrt{2^2+(-1)^2}}=\sqrt{5}$
직각삼각형 O′CA에서 $\overline{AC}=\sqrt{3^2-(\sqrt{5})^2}=2$
따라서 공통인 현의 길이는 $\overline{AB}=2\overline{AC}=4$
$\therefore \triangle O'AB=\dfrac{1}{2}\times4\times\sqrt{5}=2\sqrt{5}$

0209
답 ③

두 원의 교점을 지나는 원의 넓이가 최소가 되려면 공통인 현이 그 원의 지름이어야 한다.
그림과 같이 두 원 $x^2+y^2=20$, $(x-3)^2+(y+4)^2=25$의 중심을 각각 O, O′, 두 원의 교점을 A, B라 하고 선분 OO′과 선분 AB의 교점을 C라 하자.

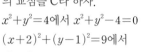

$x^2+y^2=20$에서 $x^2+y^2-20=0$
$(x-3)^2+(y+4)^2=25$에서
$x^2+y^2-6x+8y=0$

직선 AB의 방정식은
$x^2+y^2-20-(x^2+y^2-6x+8y)=0$ $\therefore 3x-4y-10=0$
원 $x^2+y^2=20$의 중심 O(0, 0)과 직선 AB 사이의 거리는
$\overline{OC}=\dfrac{|-10|}{\sqrt{3^2+(-4)^2}}=2$
직각삼각형 OCA에서 $\overline{AC}=\sqrt{(2\sqrt{5})^2-2^2}=4$
따라서 넓이가 최소인 원의 반지름의 길이가 4이므로 구하는 원의 넓이는
$\pi\times4^2=16\pi$

0210
답 $x^2+y^2+2x-6y+5=0$

두 원의 교점을 지나는 원의 방정식을
$x^2+y^2+4x-5ay+9a+k(x^2+y^2-2y-8)=0\,(k\neq-1)$
······ ㉠
이라 하면 이 원이 두 점 $(0, 1)$, $(-2, 1)$을 지나므로
$1+4a-9k=0$, $-3+4a-5k=0$
두 식을 연립하여 풀면 $a=2$, $k=1$
$a=2$, $k=1$을 ㉠에 대입하여 정리하면
$x^2+y^2+2x-6y+5=0$

0211
답 ②

두 원의 교점을 지나는 원의 방정식을
$x^2+y^2-6+k(x^2+y^2+ax-2y-3)=0\,(k\neq-1)$ ······ ㉠
이라 하면 이 원이 점 $(0, 4)$를 지나므로
$10+5k=0$ $\therefore k=-2$
$k=-2$를 ㉠에 대입하여 정리하면
$x^2+y^2+2ax-4y=0$ $\therefore (x+a)^2+(y-2)^2=a^2+4$
이 원의 넓이가 20π이므로
$a^2+4=20$, $a^2=16$ $\therefore a=4\,(\because a>0)$

0212
답 ③

두 원의 교점을 지나는 원의 방정식을
$x^2+y^2-8x-6y+3+k(x^2+y^2-8x)=0\,(k\neq-1)$ ······ ㉠
이라 하면 이 원이 점 $(0, 1)$을 지나므로
$-2+k=0$ $\therefore k=2$
$k=2$를 ㉠에 대입하여 정리하면
$x^2+y^2-8x-2y+1=0$ $\therefore (x-4)^2+(y-1)^2=16$
원의 중심 $(4, 1)$이 직선 $ax-y-1=0$ 위에 있으므로
$4a-1-1=0$ $\therefore a=\dfrac{1}{2}$

유형 15 원과 직선의 위치 관계 - 서로 다른 두 점에서 만날 때

0213

답 $-3<k<5$

원의 중심 $(1, 0)$과 직선 $y=-x+k$, 즉 $x+y-k=0$ 사이의 거리는

$$\frac{|1-k|}{\sqrt{1^2+1^2}}=\frac{|1-k|}{\sqrt{2}}$$

원의 반지름의 길이가 $2\sqrt{2}$이므로 원과 직선이 서로 다른 두 점에서 만나려면

$$\frac{|1-k|}{\sqrt{2}}<2\sqrt{2}, \ |1-k|<4$$

$$-4<1-k<4 \qquad \therefore \ -3<k<5$$

다른 풀이

$y=-x+k$를 $(x-1)^2+y^2=8$에 대입하면

$$(x-1)^2+(-x+k)^2=8$$

$$\therefore \ 2x^2-2(1+k)x+k^2-7=0$$

이 이차방정식의 판별식을 D라 하면 원과 직선이 서로 다른 두 점에서 만나야 하므로

$$\frac{D}{4}=\{-(1+k)\}^2-2(k^2-7)>0$$

$$-k^2+2k+15>0, \ k^2-2k-15<0$$

$$(k+3)(k-5)<0 \qquad \therefore \ -3<k<5$$

0214

답 ⑤

$x^2+y^2-12y+32=0$에서 $x^2+(y-6)^2=4$

원의 중심 $(0, 6)$과 직선 $mx-y-4=0$ 사이의 거리는

$$\frac{|-6-4|}{\sqrt{m^2+(-1)^2}}=\frac{10}{\sqrt{m^2+1}}$$

원의 반지름의 길이가 2이므로 원과 직선이 서로 다른 두 점에서 만나려면

$$\frac{10}{\sqrt{m^2+1}}<2, \ \sqrt{m^2+1}>5$$

양변을 제곱하면 $m^2+1>25, \ m^2>24$

$$\therefore \ m<-2\sqrt{6} \ \text{또는} \ m>2\sqrt{6}$$

다른 풀이

$x^2+y^2-12y+32=0$에서 $x^2+(y-6)^2=4$

$mx-y-4=0$, 즉 $y=mx-4$를 $x^2+(y-6)^2=4$에 대입하면

$$x^2+(mx-10)^2=4 \qquad \therefore \ (1+m^2)x^2-20mx+96=0$$

이 이차방정식의 판별식을 D라 하면 원과 직선이 서로 다른 두 점에서 만나므로

$$\frac{D}{4}=(-10m)^2-96(1+m^2)>0$$

$$4m^2-96>0, \ m^2>24 \qquad \therefore \ m<-2\sqrt{6} \ \text{또는} \ m>2\sqrt{6}$$

0215

답 ④

원의 중심 $(a, 1)$과 직선 $x+2y+a=0$ 사이의 거리는

$$\frac{|a+2+a|}{\sqrt{1^2+2^2}}=\frac{|2a+2|}{\sqrt{5}}$$

원의 반지름의 길이가 $2\sqrt{5}$이므로 원과 직선이 서로 다른 두 점에서 만나려면

$$\frac{|2a+2|}{\sqrt{5}}<2\sqrt{5}, \ |2a+2|<10$$

$$-10<2a+2<10 \qquad \therefore \ -6<a<4$$

따라서 정수 a는 $-5, -4, -3, \cdots, 3$의 9개이다.

유형 16 현의 길이

0216

답 $2\sqrt{3}$

그림과 같이 주어진 원과 직선의 두 교점을 A, B라 하고 원의 중심을 C라 하면 $C(1, 3)$

점 C에서 직선 $3x+4y-10=0$에 내린 수선의 발을 H라 하면

$$\overline{CH}=\frac{|3+12-10|}{\sqrt{3^2+4^2}}=1$$

원 $(x-1)^2+(y-3)^2=4$의 반지름의 길이가 2이므로 $\overline{AC}=2$

직각삼각형 CAH에서 $\overline{AH}=\sqrt{2^2-1^2}=\sqrt{3}$

따라서 잘린 현의 길이는

$$\overline{AB}=2\overline{AH}=2\sqrt{3}$$

0217

답 ③

$x^2+y^2-6x-4y+4=0$에서 $(x-3)^2+(y-2)^2=9$

그림과 같이 원의 중심 $C(3, 2)$에서 직선 $x-2y+6=0$에 내린 수선의 발을 H라 하면

$$\overline{CH}=\frac{|3-4+6|}{\sqrt{1^2+(-2)^2}}=\sqrt{5}$$

원의 반지름의 길이가 3이므로 $\overline{AC}=3$

직각삼각형 CHA에서

$$\overline{AH}=\sqrt{3^2-(\sqrt{5})^2}=2$$

$$\therefore \ \overline{AB}=2\overline{AH}=4$$

따라서 삼각형 ABC의 넓이는

$$\frac{1}{2}\times4\times\sqrt{5}=2\sqrt{5}$$

0218

답 -6

$x^2+y^2-6x+5=0$에서 $(x-3)^2+y^2=4$

그림과 같이 이 원과 직선의 두 교점을 A, B라 하고 원의 중심을 C라 하면 $C(3, 0)$

점 C에서 직선 $x-y+k=0$에 내린 수선의 발을 H라 하면

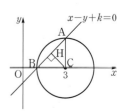

$\overline{AH}=\dfrac{1}{2}\overline{AB}=\sqrt{2}$

$\overline{CH}=\dfrac{|3+k|}{\sqrt{1^2+(-1)^2}}=\dfrac{|3+k|}{\sqrt{2}}$ ...... ㉠

원의 반지름의 길이가 2이므로 $\overline{AC}=2$

직각삼각형 CAH에서

$\overline{CH}=\sqrt{2^2-(\sqrt{2})^2}=\sqrt{2}$ ...... ㉡

㉠, ㉡에서 $\dfrac{|3+k|}{\sqrt{2}}=\sqrt{2}$이므로 $|3+k|=2$

$3+k=\pm2$ ∴ $k=-5$ 또는 $k=-1$

따라서 모든 실수 k의 값의 합은

$-5+(-1)=-6$

0219

답 $\dfrac{14\sqrt{5}}{5}$

$x^2+y^2+2kx+ky+k-10=0$에서

$x^2+y^2-10+k(2x+y+1)=0$

이 원은 k의 값에 관계없이 원 $x^2+y^2=10$과 직선 $2x+y+1=0$의 두 교점을 항상 지난다.

그림과 같이 원의 중심 O$(0, 0)$에서 직선 $2x+y+1=0$에 내린 수선의 발을 H라 하면

$\overline{OH}=\dfrac{|1|}{\sqrt{2^2+1^2}}=\dfrac{\sqrt{5}}{5}$

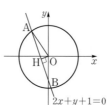

원 $x^2+y^2=10$의 반지름의 길이가 $\sqrt{10}$이므로 $\overline{AO}=\sqrt{10}$

직각삼각형 OAH에서

$\overline{AH}=\sqrt{(\sqrt{10})^2-\left(\dfrac{\sqrt{5}}{5}\right)^2}=\dfrac{7\sqrt{5}}{5}$

∴ $\overline{AB}=2\overline{AH}=\dfrac{14\sqrt{5}}{5}$

유형 **17** 원과 직선의 위치 관계 - 접할 때

0220

답 ①

원의 중심 $(4, 0)$과 직선 $x+y+k=0$ 사이의 거리는

$\dfrac{|4+k|}{\sqrt{1^2+1^2}}=\dfrac{|4+k|}{\sqrt{2}}$

원의 반지름의 길이가 $3\sqrt{2}$이므로 원과 직선이 접하려면

$\dfrac{|4+k|}{\sqrt{2}}=3\sqrt{2}$, $|4+k|=6$

$4+k=\pm6$ ∴ $k=-10$ 또는 $k=2$

그런데 k는 양수이므로 $k=2$

[다른 풀이]

$x+y+k=0$, 즉 $y=-x-k$를 $(x-4)^2+y^2=18$에 대입하면

$(x-4)^2+(-x-k)^2=18$

∴ $2x^2+2(k-4)x+k^2-2=0$

이 이차방정식의 판별식을 D라 하면 원과 직선이 접하므로

$\dfrac{D}{4}=(k-4)^2-2(k^2-2)=0$

$k^2+8k-20=0$, $(k+10)(k-2)=0$

∴ $k=-10$ 또는 $k=2$

그런데 k는 양수이므로 $k=2$

0221

답 ③

원의 넓이가 40π이므로 원의 반지름의 길이는 $2\sqrt{10}$이다.

원의 중심 $(1, 3)$과 직선 $x-3y+k=0$ 사이의 거리는

$\dfrac{|1-9+k|}{\sqrt{1^2+(-3)^2}}=\dfrac{|-8+k|}{\sqrt{10}}$

이때 원과 직선이 접하므로

$\dfrac{|-8+k|}{\sqrt{10}}=2\sqrt{10}$, $|-8+k|=20$

$-8+k=\pm20$ ∴ $k=-12$ 또는 $k=28$

따라서 모든 실수 k의 값의 합은

$-12+28=16$

0222

답 $\dfrac{37}{9}\pi$

원의 중심이 제2사분면 위에 있고 x축, y축에 동시에 접하므로 원의 반지름의 길이를 r라 하면 원의 중심의 좌표는 $(-r, r)$이다.

원의 중심 $(-r, r)$와 직선 $4x-3y+4=0$ 사이의 거리는

$\dfrac{|-4r-3r+4|}{\sqrt{4^2+(-3)^2}}=\dfrac{|-7r+4|}{5}$

이때 원과 직선이 접하므로

$\dfrac{|-7r+4|}{5}=r$, $|-7r+4|=5r$

$-7r+4=\pm5r$ ∴ $12r=4$ 또는 $2r=4$

∴ $r=\dfrac{1}{3}$ 또는 $r=2$

따라서 두 원의 넓이의 합은

$\dfrac{1}{9}\pi+4\pi=\dfrac{37}{9}\pi$

0223

답 $(x+3)^2+(y+9)^2=\dfrac{16}{5}$

원의 중심이 직선 $y=3x$ 위에 있으므로 원의 중심의 좌표를 $(a, 3a)$라 하면 원의 중심과 두 직선 $2x-y+1=0$, $2x-y-7=0$ 사이의 거리는 모두 원의 반지름의 길이와 같다.

$\dfrac{|2a-3a+1|}{\sqrt{2^2+(-1)^2}}=\dfrac{|2a-3a-7|}{\sqrt{2^2+(-1)^2}}$

$|-a+1|=|-a-7|$ ∴ $-a+1=\pm(-a-7)$

(i) $-a+1=-a-7$일 때

이를 만족시키는 a의 값은 존재하지 않는다.

(ii) $-a+1=-(-a-7)$일 때

$-a+1=a+7$에서 $-2a=6$ ∴ $a=-3$

(i), (ii)에서 $a=-3$

원의 중심의 좌표가 $(-3, -9)$이므로 원의 반지름의 길이는

$\dfrac{|-6+9+1|}{\sqrt{2^2+(-1)^2}}=\dfrac{4\sqrt{5}}{5}$

따라서 구하는 원의 방정식은

$(x+3)^2+(y+9)^2=\dfrac{16}{5}$

0224

답 $3\sqrt{5}$

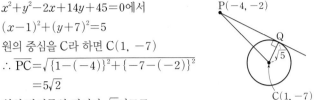

$x^2+y^2-2x+14y+45=0$에서
$(x-1)^2+(y+7)^2=5$
원의 중심을 C라 하면 C$(1, -7)$
$\therefore \overline{PC}=\sqrt{\{1-(-4)\}^2+\{-7-(-2)\}^2}$
$\qquad =5\sqrt{2}$
원의 반지름의 길이가 $\sqrt{5}$이므로
$\overline{CQ}=\sqrt{5}$
따라서 직각삼각형 PCQ에서
$\overline{PQ}=\sqrt{(5\sqrt{2})^2-(\sqrt{5})^2}=3\sqrt{5}$

0225

답 $12\sqrt{10}$

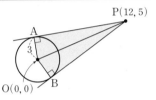

원의 중심이 O$(0, 0)$이므로
$\overline{OP}=\sqrt{12^2+5^2}=13$
원의 반지름의 길이가 3이므로
$\overline{OA}=3$
직각삼각형 OPA에서
$\overline{AP}=\sqrt{13^2-3^2}=4\sqrt{10}$
이때 $\triangle$OPA$\equiv\triangle$OPB (RHS 합동)이므로
$\square$AOBP$=2\triangle$OPA$=2\times\left(\dfrac{1}{2}\times4\sqrt{10}\times3\right)=12\sqrt{10}$

0226

답 ②

$x^2+y^2-2x-10y+22=0$에서
$(x-1)^2+(y-5)^2=4$
원의 중심을 C라 하면 C$(1, 5)$
$\therefore \overline{CP}=\sqrt{(a-1)^2+(a+2-5)^2}$
$\qquad =\sqrt{2a^2-8a+10}$

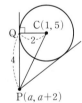

원의 반지름의 길이가 2이므로 $\overline{CQ}=2$
$\overline{PQ}=4$이므로 직각삼각형 PCQ에서
$2a^2-8a+10=4^2+2^2$, $a^2-4a-5=0$
$(a+1)(a-5)=0$ $\qquad \therefore a=-1$ 또는 $a=5$
따라서 구하는 모든 a의 값의 합은
$-1+5=4$

0227

답 $\dfrac{12\sqrt{13}}{13}$

원의 중심이 O$(0, 0)$이고 반지름의 길
이가 2이므로
$\overline{OP}=2$, $\overline{OA}=\sqrt{2^2+(-3)^2}=\sqrt{13}$
직각삼각형 OPA에서
$\overline{AP}=\sqrt{(\sqrt{13})^2-2^2}=3$
선분 OA와 선분 PQ의 교점을 R라 하면

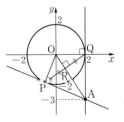

$\overline{OA}\perp\overline{PQ}$이므로 삼각형 OPA의 넓이에서
$\dfrac{1}{2}\times\overline{AP}\times\overline{OP}=\dfrac{1}{2}\times\overline{OA}\times\overline{PR}$
$\dfrac{1}{2}\times3\times2=\dfrac{1}{2}\times\sqrt{13}\times\overline{PR}$ $\qquad \therefore \overline{PR}=\dfrac{6\sqrt{13}}{13}$
$\therefore \overline{PQ}=2\overline{PR}=\dfrac{12\sqrt{13}}{13}$

0228

답 $m<-\dfrac{20}{21}$ 또는 $m>0$

원의 중심 $(3, 2)$와 직선 $mx+y+2m=0$ 사이의 거리는
$\dfrac{|3m+2+2m|}{\sqrt{m^2+1^2}}=\dfrac{|5m+2|}{\sqrt{m^2+1}}$
원의 반지름의 길이가 2이므로 원과 직선이 만나지 않으려면
$\dfrac{|5m+2|}{\sqrt{m^2+1}}>2$, $|5m+2|>2\sqrt{m^2+1}$
양변을 제곱하면
$25m^2+20m+4>4m^2+4$, $21m^2+20m>0$
$m(21m+20)>0$ $\qquad \therefore m<-\dfrac{20}{21}$ 또는 $m>0$

0229

답 ②

두 점 $(-1, 1)$, $(5, 9)$를 지름의 양 끝 점으로 하는 원의 중심의
좌표는
$\left(\dfrac{-1+5}{2}, \dfrac{1+9}{2}\right)$, 즉 $(2, 5)$
반지름의 길이는
$\dfrac{1}{2}\sqrt{\{5-(-1)\}^2+(9-1)^2}=5$
원의 중심 $(2, 5)$와 직선 $\sqrt{3}x+y+k=0$ 사이의 거리는
$\dfrac{|2\sqrt{3}+5+k|}{\sqrt{(\sqrt{3})^2+1^2}}=\dfrac{|2\sqrt{3}+5+k|}{2}$
원과 직선이 만나지 않으려면
$\dfrac{|2\sqrt{3}+5+k|}{2}>5$, $|2\sqrt{3}+5+k|>10$
$2\sqrt{3}+5+k<-10$ 또는 $2\sqrt{3}+5+k>10$
$\therefore k<-15-2\sqrt{3}$ 또는 $k>5-2\sqrt{3}$
따라서 자연수 k의 최솟값은 2이다.

0230

답 ④

원 $(x+3)^2+(y-2)^2=5$의 중심 $(-3, 2)$와 직선 $2x+y+a=0$
사이의 거리는
$\dfrac{|-6+2+a|}{\sqrt{2^2+1^2}}=\dfrac{|-4+a|}{\sqrt{5}}$
원의 반지름의 길이가 $\sqrt{5}$이므로 원과 직선이 만나지 않으려면
$\dfrac{|-4+a|}{\sqrt{5}}>\sqrt{5}$, $|-4+a|>5$
$-4+a<-5$ 또는 $-4+a>5$
$\therefore a<-1$ 또는 $a>9$ $\qquad\qquad$ ......㉠

원 $(x-4)^2+(y+1)^2=5$의 중심 $(4, -1)$과 직선 $2x+y+a=0$ 사이의 거리는
$$\frac{|8-1+a|}{\sqrt{2^2+1^2}}=\frac{|7+a|}{\sqrt{5}}$$
원의 반지름의 길이가 $\sqrt{5}$이므로 원과 직선이 만나려면
$$\frac{|7+a|}{\sqrt{5}}\leq\sqrt{5}, \ |7+a|\leq5$$
$-5\leq7+a\leq5 \quad\therefore -12\leq a\leq-2 \quad\cdots\cdots$ ㉡
㉠, ㉡에서 $-12\leq a\leq-2$
따라서 정수 a는 $-12, -11, -10, \cdots, -2$의 11개이다.

원의 중심 $(1, 2)$와 직선 $4x+3y-25=0$ 사이의 거리는
$$\frac{|4+6-25|}{\sqrt{4^2+3^2}}=3$$
원의 반지름의 길이가 2이므로 높이의 최댓값은
$$3+2=5$$
두 점 Q, R 사이의 거리는
$$\sqrt{\{4-(-2)\}^2+(3-11)^2}=10$$
따라서 삼각형 PQR의 넓이의 최댓값은
$$\frac{1}{2}\times10\times5=25$$

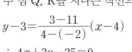 유형 20 원 위의 점과 직선 사이의 거리

0231
답 $2\sqrt{13}$

$x^2+y^2+2x-4y-4=0$에서 $(x+1)^2+(y-2)^2=9$
원의 중심 $(-1, 2)$와 직선 $3x+2y+12=0$ 사이의 거리는
$$\frac{|-3+4+12|}{\sqrt{3^2+2^2}}=\sqrt{13}$$
원의 반지름의 길이가 3이므로
$M=\sqrt{13}+3, \ m=\sqrt{13}-3$
$\therefore M+m=(\sqrt{13}+3)+(\sqrt{13}-3)=2\sqrt{13}$

0232
답 ②

원의 중심 $(2, 0)$과 직선 $x-2y+3=0$ 사이의 거리는
$$\frac{|2+3|}{\sqrt{1^2+(-2)^2}}=\sqrt{5}$$
원의 반지름의 길이가 $\sqrt{k}$이므로
$M=\sqrt{5}+\sqrt{k}, \ m=\sqrt{5}-\sqrt{k}$
$M-m=6$에서
$(\sqrt{5}+\sqrt{k})-(\sqrt{5}-\sqrt{k})=6$
$2\sqrt{k}=6, \sqrt{k}=3 \quad\therefore k=9$

0233
답 25

그림과 같이 임의의 점 P에 대하여 삼각형 PQR의 넓이가 최대인 경우는 선분 QR를 밑변으로 할 때, 밑변의 길이가 일정하므로 높이가 최대인 경우이다.
즉, 원 위의 점 P와 두 점 Q, R를 지나는 직선 사이의 거리가 최대일 때이다.
두 점 Q, R를 지나는 직선의 방정식은
$$y-3=\frac{3-11}{4-(-2)}(x-4)$$
$\therefore 4x+3y-25=0$

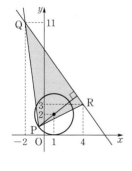

유형 21 원의 접선의 방정식 - 기울기가 주어질 때

0234
답 10

직선 $2x+y-4=0$, 즉 $y=-2x+4$에 평행한 직선의 기울기는 -2이고, 원 $x^2+y^2=5$의 반지름의 길이는 $\sqrt{5}$이므로 접선의 방정식은
$$y=-2x\pm\sqrt{5}\times\sqrt{(-2)^2+1} \quad\therefore y=-2x\pm5$$
따라서 P$(0, -5)$, Q$(0, 5)$ 또는 P$(0, 5)$, Q$(0, -5)$이므로
$\overline{PQ}=|5-(-5)|=10$

0235
답 ③

접선의 방정식을 $y=-\frac{1}{3}x+k$ (k는 상수)라 하면 원의 중심 $(1, -2)$와 직선 $y=-\frac{1}{3}x+k$, 즉 $x+3y-3k=0$ 사이의 거리는
$$\frac{|1-6-3k|}{\sqrt{1^2+3^2}}=\frac{|-5-3k|}{\sqrt{10}}$$
원의 반지름의 길이가 $\sqrt{10}$이므로 원과 직선이 접하려면
$$\frac{|-5-3k|}{\sqrt{10}}=\sqrt{10}, \ |-5-3k|=10$$
$-5-3k=\pm10 \quad\therefore k=-5$ 또는 $k=\frac{5}{3}$
따라서 두 직선의 y절편은 각각 $-5, \frac{5}{3}$이므로 구하는 합은
$$-5+\frac{5}{3}=-\frac{10}{3}$$

0236
답 5

직선 $x+2y-8=0$, 즉 $y=-\frac{1}{2}x+4$에 수직인 직선의 기울기는 2이고, 원의 반지름의 길이는 $\sqrt{k}$이므로 접선의 방정식은
$$y=2x\pm\sqrt{k}\sqrt{2^2+1} \quad\therefore y=2x\pm\sqrt{5k}$$
따라서 P$(0, -\sqrt{5k})$, Q$(0, \sqrt{5k})$ 또는 P$(0, \sqrt{5k})$, Q$(0, -\sqrt{5k})$
이고 $\overline{PQ}=10$이므로
$\sqrt{5k}-(-\sqrt{5k})=10, \sqrt{5k}=5$
양변을 제곱하면
$5k=25 \quad\therefore k=5$

0237

답 ①

원 $x^2+y^2=13$ 위의 점 $(-2, 3)$에서의 접선의 방정식은

$-2x+3y=13$ $\therefore y=\dfrac{2}{3}x+\dfrac{13}{3}$

이 직선이 직선 $y=mx-4$와 수직이므로

$\dfrac{2}{3}m=-1$ $\therefore m=-\dfrac{3}{2}$

0238

답 -2

원 $x^2+y^2=5$ 위의 점 (a, b)에서의 접선의 방정식은

$ax+by=5$ $\therefore y=-\dfrac{a}{b}x+\dfrac{5}{b}$

이 접선의 기울기가 $\dfrac{1}{2}$이므로

$-\dfrac{a}{b}=\dfrac{1}{2}$ $\therefore b=-2a$ ……㉠

점 (a, b)는 원 $x^2+y^2=5$ 위의 점이므로

$a^2+b^2=5$ ……㉡

㉠, ㉡을 연립하여 풀면

$a=-1, b=2$ 또는 $a=1, b=-2$

$\therefore ab=-2$

0239

답 ②

원 $(x+2)^2+(y+3)^2=5$의 중심 $(-2, -3)$과 점 $(-4, -2)$를 지나는 직선의 기울기는

$\dfrac{-2-(-3)}{-4-(-2)}=-\dfrac{1}{2}$

즉, 점 $(-4, -2)$에서의 접선의 기울기는

2이므로 접선의 방정식은

$y+2=2(x+4)$ $\therefore y=2x+6$

따라서 그림에서 구하는 넓이는

$\dfrac{1}{2}\times 3\times 6=9$

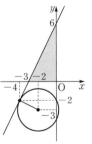

0240

답 ②

$x^2+y^2+8x-6y-1=0$에서

$(x+4)^2+(y-3)^2=26$

원의 중심 $(-4, 3)$과 점 $(-3, -2)$를 지나는 직선의 기울기는

$\dfrac{-2-3}{-3-(-4)}=-5$

즉, 점 $(-3, -2)$에서의 접선의 기울기는 $\dfrac{1}{5}$이므로 접선의 방정

식은 $y+2=\dfrac{1}{5}(x+3)$ $\therefore y=\dfrac{1}{5}x-\dfrac{7}{5}$

이 직선이 점 $(5, a)$를 지나므로

$a=1-\dfrac{7}{5}=-\dfrac{2}{5}$

0241

답 -20

원 $x^2+y^2=10$ 위의 점 $(1, 3)$에서의 접선의 방정식은

$x+3y-10=0$ ……㉠

$x^2+y^2+8x+4y+k=0$에서

$(x+4)^2+(y+2)^2=20-k$ ……㉡

원 ㉡의 중심 $(-4, -2)$와 직선 ㉠ 사이의 거리는

$\dfrac{|-4-6-10|}{\sqrt{1^2+3^2}}=2\sqrt{10}$

원 ㉡의 반지름의 길이는 $\sqrt{20-k}$이고 직선 ㉠과 원 ㉡이 접하므로

$2\sqrt{10}=\sqrt{20-k}$

양변을 제곱하면

$40=20-k$ $\therefore k=-20$

0242

답 1

원 $x^2+y^2=2$ 위의 점 $P(a, b)$에서의 접선의 방정식은

$ax+by=2$

$\therefore Q\left(\dfrac{2}{a}, 0\right), R\left(0, \dfrac{2}{b}\right)$

$\overline{QR}=2\sqrt{2}$에서 $\overline{QR}^2=8$이므로

$\dfrac{4}{a^2}+\dfrac{4}{b^2}=8, \dfrac{1}{a^2}+\dfrac{1}{b^2}=2$

$\therefore a^2+b^2=2a^2b^2$ ……㉠

점 $P(a, b)$는 원 $x^2+y^2=2$ 위의 점이므로

$a^2+b^2=2$ ……㉡

㉡을 ㉠에 대입하면

$2a^2b^2=2$ $\therefore a^2b^2=1$

이때 점 P는 제1사분면 위에 있으므로 $a>0, b>0$

$\therefore ab=1$

0243

답 ③

접선의 기울기를 m이라 하면 기울기가 m이고 점 $(1, 2)$를 지나는 직선의 방정식은

$y-2=m(x-1)$ $\therefore mx-y-m+2=0$

원의 중심의 좌표가 $(1, -2)$이고 반지름의 길이가 2이므로 원과 직선이 접하려면

$\dfrac{|m+2-m+2|}{\sqrt{m^2+(-1)^2}}=2, \dfrac{|4|}{\sqrt{m^2+1}}=2$

$|4|=\sqrt{4m^2+4}$

양변을 제곱하면

$16=4m^2+4, m^2=3$ $\therefore m=\pm\sqrt{3}$

따라서 두 접선의 기울기의 합은

$\sqrt{3}+(-\sqrt{3})=0$

0244

답 ④

원 $x^2+(y-1)^2=1$의 넓이를 이등분하는 직선은 원의 중심 $(0, 1)$을 지난다.

접선의 기울기를 m이라 하면 기울기가 m이고 점 $(0, 1)$을 지나는 직선의 방정식은

$$y-1=m(x-0) \qquad \therefore mx-y+1=0$$

원 $x^2+(y+1)^2=1$의 중심의 좌표가 $(0, -1)$이고 반지름의 길이가 1이므로 원과 직선이 접하려면

$$\frac{|1+1|}{\sqrt{m^2+(-1)^2}}=1, \frac{|2|}{\sqrt{m^2+1}}=1$$

$$|2|=\sqrt{m^2+1}$$

양변을 제곱하면

$$4=m^2+1, m^2=3 \qquad \therefore m=\pm\sqrt{3}$$

따라서 기울기가 양수인 접선의 방정식은 $\sqrt{3}x-y+1=0$이므로 $y=0$을 대입하면 $\sqrt{3}x+1=0$

$$\therefore x=-\frac{\sqrt{3}}{3}$$

따라서 x절편은 $-\dfrac{\sqrt{3}}{3}$이다.

0245

답 ④

접선의 기울기를 m이라 하면 기울기가 m이고 점 $(2, a)$를 지나는 직선의 방정식은

$$y-a=m(x-2) \qquad \therefore mx-y-2m+a=0$$

$x^2+y^2+2x-8y+12=0$에서

$$(x+1)^2+(y-4)^2=5$$

원의 중심의 좌표가 $(-1, 4)$이고 반지름의 길이가 $\sqrt{5}$이므로 원과 직선이 접하려면

$$\frac{|-m-4-2m+a|}{\sqrt{m^2+(-1)^2}}=\sqrt{5}, \frac{|-3m+a-4|}{\sqrt{m^2+1}}=\sqrt{5}$$

$$|-3m+a-4|=\sqrt{5m^2+5}$$

양변을 제곱하면

$$9m^2+a^2+16-6am+24m-8a=5m^2+5$$

$$4m^2+(24-6a)m+a^2-8a+11=0 \quad \cdots\cdots \text{㉠}$$

두 접선의 기울기의 합이 $\dfrac{3}{2}$이므로 이차방정식 ㉠에서 근과 계수의 관계에 의하여

$$-\frac{24-6a}{4}=\frac{3}{2}, 6a=30 \qquad \therefore a=5$$

0246

답 60°

접선의 기울기를 m이라 하면 기울기가 m이고 점 $(2\sqrt{3}, 4)$를 지나는 직선의 방정식은

$$y-4=m(x-2\sqrt{3}) \qquad \therefore mx-y-2\sqrt{3}m+4=0$$

원의 중심의 좌표가 $(0, 2)$이고 반지름의 길이가 2이므로 원과 직선이 접하려면

$$\frac{|-2-2\sqrt{3}m+4|}{\sqrt{m^2+(-1)^2}}=2, \frac{|2-2\sqrt{3}m|}{\sqrt{m^2+1}}=2$$

$$|2-2\sqrt{3}m|=\sqrt{4m^2+4}$$

양변을 제곱하면

$$4-8\sqrt{3}m+12m^2=4m^2+4, m^2-\sqrt{3}m=0$$

$$m(m-\sqrt{3})=0 \qquad \therefore m=0 \text{ 또는 } m=\sqrt{3}$$

즉, 접선의 방정식은

$$y=4 \text{ 또는 } y=\sqrt{3}x-2$$

직선 $y=\sqrt{3}x-2$의 기울기는 $\sqrt{3}$이고 $\tan 60°=\sqrt{3}$이므로 그림에서 두 접선이 이루는 각의 크기는 60°이다.

$$\therefore \theta=60°$$

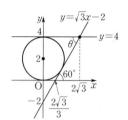

유형 24 두 원에 동시에 접하는 접선의 길이

0247

답 $\sqrt{57}$

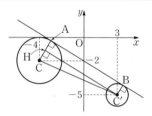

두 원 $(x+4)^2+(y+2)^2=4$, $(x-3)^2+(y+5)^2=1$의 중심을 각각 C, C'이라 하면 $C(-4, -2)$, $C'(3, -5)$

$$\therefore \overline{CC'}=\sqrt{\{3-(-4)\}^2+\{-5-(-2)\}^2}=\sqrt{58}$$

점 C'에서 선분 AC에 내린 수선의 발을 H라 하면

$$\overline{CH}=2-1=1$$

직각삼각형 C'HC에서

$$\overline{AB}=\overline{C'H}=\sqrt{(\sqrt{58})^2-1^2}=\sqrt{57}$$

0248

답 ②

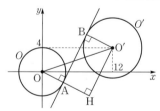

두 원 $O: x^2+y^2=16$, $O': (x-12)^2+(y-4)^2=r^2$의 중심을 각각 O, O'이라 하면

$$O(0, 0), O'(12, 4)$$

$$\therefore \overline{OO'}=\sqrt{12^2+4^2}=4\sqrt{10}$$

점 O'에서 선분 OA의 연장선에 내린 수선의 발을 H라 하면

$$\overline{OH}=4+r$$

$\overline{O'H}=\overline{AB}=\sqrt{79}$이므로 직각삼각형 OHO'에서

$$4+r=\sqrt{(4\sqrt{10})^2-(\sqrt{79})^2}$$

$$4+r=9 \qquad \therefore r=5$$

0249 답 -6

선분 AB의 중점을 M이라 하면

$M\left(\dfrac{-6+2}{2},\ \dfrac{2+a}{2}\right)$, 즉 $M\left(-2,\ \dfrac{2+a}{2}\right)$

선분 AB의 수직이등분선을 l이라 하면 직선 l은 점 M을 지나고 주어진 원의 넓이를 이등분하므로 원의 중심 $(3, 3)$을 지난다.

직선 l의 기울기는 $\dfrac{3-\dfrac{2+a}{2}}{3-(-2)}=\dfrac{4-a}{10}$

직선 AB의 기울기는 $\dfrac{a-2}{2-(-6)}=\dfrac{a-2}{8}$

두 직선이 서로 수직이므로

$\dfrac{4-a}{10}\times\dfrac{a-2}{8}=-1$, $(4-a)(a-2)=-80$

$a^2-6a-72=0$, $(a+6)(a-12)=0$

$\therefore a=-6$ 또는 $a=12$

그런데 $a<0$이므로 $a=-6$

짝기출 답 ①

좌표평면 위의 두 점 $A(1, 1)$, $B(3, a)$에 대하여 선분 AB의 수직이등분선이 원 $(x+2)^2+(y-5)^2=4$의 넓이를 이등분할 때, 상수 a의 값은?

① 5 ② 6 ③ 7 ④ 8 ⑤ 9

0250 답 $\dfrac{8\sqrt{3}}{3}$

접선의 기울기를 m이라 하면 기울기가 m이고 점 $(0, 4)$를 지나는 직선의 방정식은

$y-4=m(x-0)$ $\therefore mx-y+4=0$

원의 중심의 좌표가 $(0, 0)$이고 반지름의 길이가 2이므로 원과 직선이 접하려면

$\dfrac{|4|}{\sqrt{m^2+(-1)^2}}=2$, $|4|=\sqrt{4m^2+4}$

양변을 제곱하면

$16=4m^2+4$, $m^2=3$ $\therefore m=\pm\sqrt{3}$

(i) $m=-\sqrt{3}$일 때

$-\sqrt{3}x-y+4=0$이므로 $y=0$을 대입하면

$-\sqrt{3}x+4=0$ $\therefore x=\dfrac{4\sqrt{3}}{3}$

(ii) $m=\sqrt{3}$일 때

$\sqrt{3}x-y+4=0$이므로 $y=0$을 대입하면

$\sqrt{3}x+4=0$ $\therefore x=-\dfrac{4\sqrt{3}}{3}$

(i), (ii)에서

$A\left(-\dfrac{4\sqrt{3}}{3},\ 0\right)$, $B\left(\dfrac{4\sqrt{3}}{3},\ 0\right)$ 또는 $A\left(\dfrac{4\sqrt{3}}{3},\ 0\right)$, $B\left(-\dfrac{4\sqrt{3}}{3},\ 0\right)$

$\therefore \overline{AB}=\dfrac{4\sqrt{3}}{3}-\left(-\dfrac{4\sqrt{3}}{3}\right)=\dfrac{8\sqrt{3}}{3}$

짝기출 답 18

점 $(0, 3)$에서 원 $x^2+y^2=1$에 그은 접선이 x축과 만나는 점의 x좌표를 k라 할 때, $16k^2$의 값을 구하시오.

0251 답 ③

두 점 $P(6, 8)$, $Q(a, b)$에 대하여 $\overline{PQ}=5$이므로

$\sqrt{(a-6)^2+(b-8)^2}=5$ $\therefore (a-6)^2+(b-8)^2=25$

즉, 점 Q는 원 $(x-6)^2+(y-8)^2=25$ 위의 점이고 이 원의 중심은 $P(6, 8)$이다.

두 점 $O(0, 0)$, $Q(a, b)$에 대하여 $\overline{OQ}^2=a^2+b^2$이므로 선분 OQ의 길이가 최대일 때 a^2+b^2은 최댓값을 갖는다.

선분 OQ의 길이가 최대인 경우는 점 Q가 직선 OP와 원 $(x-6)^2+(y-8)^2=25$가 만나는 두 점 중 원점에서 더 멀리 있는 점에 위치할 때이다.

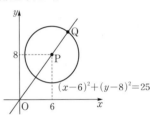

선분 OQ의 길이의 최댓값은

$\overline{OP}+\overline{PQ}=\sqrt{6^2+8^2}+5=15$

따라서 a^2+b^2의 최댓값은

$\overline{OQ}^2=15^2=225$

짝기출 답 256

좌표평면 위의 두 점 $A(5, 12)$, $B(a, b)$에 대하여 선분 AB의 길이가 3일 때, a^2+b^2의 최댓값을 구하시오.

0252 답 80

원의 중심을 A라 하자.

점 P의 좌표를 $(a, 0)$이라 하면 점 A의 좌표는 $(a, 2)$

원점 O와 점 A를 지나는 직선을 l_1이라 하면 직선 l_1의 방정식은

$y=\dfrac{2}{a}x$

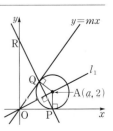

직선 PQ는 점 P를 지나고 직선 l과 수직이므로 직선 PQ의 방정식은 $y=-\dfrac{a}{2}(x-a)$

직선 PQ가 y축과 만나는 점 R의 좌표는 $\left(0,\ \dfrac{a^2}{2}\right)$

삼각형 ROP의 넓이가 16이므로

$\dfrac{1}{2}\times a\times\dfrac{a^2}{2}=\dfrac{a^3}{4}=16$　∴ $a=4$

점 A(4, 2)와 직선 $mx-y=0$ 사이의 거리는 원의 반지름의 길이 2와 같으므로

$\dfrac{|m\times4+(-1)\times2|}{\sqrt{m^2+(-1)^2}}=2,\ |4m-2|=2\sqrt{m^2+1}$

$(4m-2)^2=4(m^2+1),\ 16m^2-16m+4=4m^2+4$

$12m^2-16m=0,\ 3m^2-4m=0$

$m(3m-4)=0$　∴ $m=0$ 또는 $m=\dfrac{4}{3}$

이때 $m>0$이므로 $m=\dfrac{4}{3}$

∴ $60m=60\times\dfrac{4}{3}=80$

(다른 풀이)

원의 중심을 A(a, 2)라 하자.

삼각형 ROP와 삼각형 OPA에서

∠ROP=∠OPA=90°, ∠PRO=90°−∠RPO=∠AOP

이므로 삼각형 ROP와 삼각형 OPA는 닮음이다.

∴ $\overline{RO}:\overline{OP}=\overline{OP}:\overline{PA}$

삼각형 ROP의 넓이는

$\dfrac{1}{2}\times a\times\overline{RO}=16$이므로 $\overline{RO}=\dfrac{32}{a}$

$\dfrac{32}{a}:a=a:2$　∴ $a=4$

점 A(4, 2)와 직선 $mx-y=0$ 사이의 거리는 원의 반지름의 길이 2와 같으므로

$\dfrac{|m\times4+(-1)\times2|}{\sqrt{m^2+(-1)^2}}=2,\ |4m-2|=2\sqrt{m^2+1}$

$(4m-2)^2=4(m^2+1),\ 16m^2-16m+4=4m^2+4$

$12m^2-16m=0,\ 3m^2-4m=0$

$m(3m-4)=0$　∴ $m=0$ 또는 $m=\dfrac{4}{3}$

이때 $m>0$이므로 $m=\dfrac{4}{3}$

∴ $60m=60\times\dfrac{4}{3}=80$

0253

답 20

그림과 같이 원의 중심을 C(a, b)라 하고 점 C에서 현 AB에 내린 수선의 발을 H라 하면 점 H는 선분 AB의 중점이므로

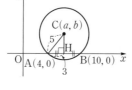

$H\left(\dfrac{4+10}{2},\ 0\right)$, 즉 H(7, 0)

∴ $a=7$

$\overline{AB}=6$이므로 $\overline{AH}=\dfrac{1}{2}\overline{AB}=3$

직각삼각형 CAH에서 $\overline{CH}=\sqrt{5^2-3^2}=4$　∴ $b=4$

즉, C(7, 4)이므로 $\overline{OC}=\sqrt{7^2+4^2}=\sqrt{65}$

따라서 선분 OP의 길이의 최댓값은 $\sqrt{65}+5$, 최솟값은 $\sqrt{65}-5$이므로

$\sqrt{65}-5\le\overline{OP}\le\sqrt{65}+5$

이때 $8<\sqrt{65}<9$이므로 선분 OP의 길이가 될 수 있는 정수는 4, 5, 6, …, 13이고 각각의 길이에 해당하는 점 P는 2개씩 있으므로 구하는 점 P의 개수는 20이다.

0254

답 ③

직선 l의 방정식을 $2x-y+k=0$ (k는 양수)라 하고 원점 O에서 직선 l에 내린 수선의 발을 H라 하면 원의 중심에서 현에 내린 수선은 그 현을 수직이등분하므로

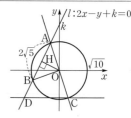

$\overline{AH}=\dfrac{1}{2}\overline{AB}=\sqrt{5}$

$\overline{OA}=\sqrt{10}$이고 삼각형 AHO가 직각삼각형이므로

$\overline{OH}=\sqrt{(\sqrt{10})^2-(\sqrt{5})^2}=\sqrt{5}$

이때 선분 OH의 길이는 원점 O와 직선 l 사이의 거리와 같으므로

$\dfrac{|k|}{\sqrt{2^2+(-1)^2}}=\sqrt{5}$

$\dfrac{|k|}{\sqrt{5}}=\sqrt{5},\ |k|=5$

∴ $k=5$ (∵ $k>0$)

두 점 A, B는 직선 $l:2x-y+5=0$과 원 $x^2+y^2=10$이 만나는 점이므로 $y=2x+5$를 $x^2+y^2=10$에 대입하면

$x^2+(2x+5)^2=10,\ x^2+4x+3=0$

$(x+3)(x+1)=0$　∴ $x=-3$ 또는 $x=-1$

따라서 두 점 A, B의 좌표는 각각

A(-1, 3), B(-3, -1)

점 A와 원점을 지나는 직선의 방정식은 $y=-3x$이므로 $x^2+y^2=10$에 대입하면

$x^2+(-3x)^2=10,\ 10x^2=10$

$x^2=1$　∴ $x=\pm1$

따라서 점 C의 x좌표는 1이고 $x=1$을 $y=-3x$에 대입하면 $y=-3$이므로

C(1, -3)

점 C를 지나고 x축과 평행한 직선의 방정식은 $y=-3$이고, 이 직선이 직선 l과 만나는 점이 D이므로 점 D의 y좌표는 -3이다.

$y=-3$을 $2x-y+5=0$에 대입하면

$2x+3+5=0$　∴ $x=-4$

∴ $a=-4,\ b=-3$

∴ $a+b=-4+(-3)=-7$

0255

답 ④

점 P의 좌표를 (x_1, y_1) $(x_1>0, y_1>0)$이라 하면 원 C 위의 점 P에서의 접선의 방정식은

$x_1x+y_1y=4$

점 B의 좌표를 $(a, 0)$이라 하면 점 B는 접선 $x_1x+y_1y=4$ 위의 점이므로

$ax_1=4$ ...... ㉠

점 H의 x좌표는 x_1이므로 $\overline{OH}=x_1$

$\therefore \overline{AH}=\overline{AO}+\overline{OH}=2+x_1$, $\overline{HB}=\overline{OB}-\overline{OH}=a-x_1$

이때 $2\overline{AH}=\overline{HB}$이므로

$2(2+x_1)=a-x_1$, $4+2x_1=a-x_1$

$\therefore a=4+3x_1$ ...... ㉡

㉡을 ㉠에 대입하면

$(4+3x_1)x_1=4$, $3x_1^2+4x_1-4=0$

$(x_1+2)(3x_1-2)=0$ $\therefore x_1=\dfrac{2}{3}$ $(\because x_1>0)$

$x_1=\dfrac{2}{3}$를 ㉡에 대입하면

$a=4+2=6$ $\therefore$ B$(6, 0)$

점 P는 원 C 위의 점이므로

$x_1^2+y_1^2=4$, $\left(\dfrac{2}{3}\right)^2+y_1^2=4$

$y_1^2=\dfrac{32}{9}$ $\therefore y_1=\dfrac{4\sqrt{2}}{3}$ $(\because y_1>0)$

따라서 삼각형 PAB의 넓이는

$\dfrac{1}{2}\times8\times\dfrac{4\sqrt{2}}{3}=\dfrac{16\sqrt{2}}{3}$

0256

답 $2\sqrt{6}$

그림과 같이 원의 중심을 M(a, b)라 하면 원이 x축과 점 P에서 접하므로

P$(a, 0)$ $\therefore \overline{MP}=b$

원의 중심 M에서 직선 PS에 내린 수선의 발을 H_1, y축에 내린 수선의 발을 H_2라 하면 $\overline{QR}=\overline{PS}=8$이므로

$\overline{PH_1}=4$

원의 중심에서 길이가 같은 두 현까지의 거리는 서로 같으므로

$\overline{MH_1}=\overline{MH_2}=|a|$

직각삼각형 MH$_1$P에서

$b^2=a^2+4^2$ ...... ㉠

직선 PS의 기울기는 -2이므로 직선 PS의 방정식은

$y=-2(x-a)$ $\therefore 2x+y-2a=0$

직선 PS와 원의 중심 M 사이의 거리가 $|a|$이므로

$\dfrac{|2a+b-2a|}{\sqrt{2^2+1^2}}=|a|$, $\dfrac{b}{\sqrt{5}}=-a$ $(\because a<0, b>0)$

$\therefore b=-\sqrt{5}a$ ...... ㉡

㉡을 ㉠에 대입하면

$(-\sqrt{5}a)^2=a^2+16$, $4a^2=16$

$\therefore a^2=4, b^2=20$

따라서 원점 O와 원의 중심 M 사이의 거리는

$\overline{OM}=\sqrt{a^2+b^2}=2\sqrt{6}$

답 ①

그림과 같이 중심이 제1사분면 위에 있고 x축과 점 P에서 접하며 y축과 두 점 Q, R에서 만나는 원이 있다. 점 P를 지나고 기울기가 2인 직선이 원과 만나는 점 중 P가 아닌 점을 S라 할 때, $\overline{QR}=\overline{PS}=4$를 만족시킨다. 원점 O와 원의 중심 사이의 거리는?

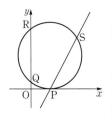

① $\sqrt{6}$ ② $\sqrt{7}$ ③ $2\sqrt{2}$ ④ 3 ⑤ $\sqrt{10}$

PART A′ **04 도형의 이동**

0257
답 ①

점 $(3, -1)$을 x축의 방향으로 a만큼, y축의 방향으로 b만큼 평행이동한 점의 좌표가 $(-2, -5)$이므로
$3+a=-2$, $-1+b=-5$
$\therefore a=-5$, $b=-4$
$\therefore a+b=-5+(-4)=-9$

0258
답 1

점 (a, b)가 평행이동 $(x, y) \longrightarrow (x+4, y-6)$에 의하여 옮겨지는 점의 좌표가 $(8, -3)$이므로
$a+4=8$, $b-6=-3$
$\therefore a=4$, $b=3$
$\therefore a-b=4-3=1$

0259
답 ③

점 $(2, 3)$을 x축의 방향으로 a만큼, y축의 방향으로 b만큼 평행이동한 점의 좌표를 $(-1, 4)$라 하면
$2+a=-1$, $3+b=4$
$\therefore a=-3$, $b=1$
따라서 점 $(6, 1)$을 x축의 방향으로 -3만큼, y축의 방향으로 1만큼 평행이동한 점의 좌표는
$(6-3, 1+1)$, 즉 $(3, 2)$

0260
답 6

평행이동 $(x, y) \longrightarrow (x-3, y)$에 의하여 점 $A(7, 4)$가 옮겨지는 점 B의 좌표는
$B(7-3, 4)$, 즉 $B(4, 4)$
따라서 그림에서 삼각형 OAB의 넓이는
$\dfrac{1}{2} \times 3 \times 4 = 6$

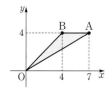

0261
답 $(1, 2)$

주어진 평행이동을 $(x, y) \longrightarrow (x+m, y+n)$이라 하면
$a+m=3$, $1+n=5$, $-2+m=-6$, $b+n=3$
$\therefore a=7$, $b=-1$, $m=-4$, $n=4$

즉, 주어진 평행이동은 x축의 방향으로 -4만큼, y축의 방향으로 4만큼 평행이동한 것이다.
따라서 이 평행이동에 의하여 점 $(7-2, 2\times(-1))$, 즉 $(5, -2)$가 옮겨지는 점의 좌표는
$(5-4, -2+4)$, 즉 $(1, 2)$

0262
답 4

점 $(-5, 3)$이 멈출 때까지 이동한 점의 좌표는
$(-5, 3) \longrightarrow (-4, 1) \longrightarrow (-3, -1) \longrightarrow (-4, 2)$
$\longrightarrow (-3, 0)$
이때 점 $(-3, 0)$은 (x좌표)$\times$(y좌표)$=0$이므로 ㈐에 의하여 이동을 멈춘다.
따라서 점 $(-5, 3)$이 멈출 때까지 이동한 횟수는 4이다.

0263
답 ⑤

평행이동 $(x, y) \longrightarrow (x-2, y+2)$에 의하여 점 $(a, 2)$가 옮겨지는 점의 좌표는
$(a-2, 2+2)$, 즉 $(a-2, 4)$
이 점이 직선 $y=3x-2$ 위의 점이므로
$4=3(a-2)-2$, $3a=12$
$\therefore a=4$

0264
답 ⑤

점 $P(a, a^2)$을 x축의 방향으로 -1만큼, y축의 방향으로 -3만큼 평행이동한 점의 좌표는
$(a-1, a^2-3)$
이 점이 포물선 $y=x^2-4x+4$ 위에 있으므로
$a^2-3=(a-1)^2-4(a-1)+4$, $a^2-3=a^2-6a+9$
$6a=12$ $\therefore a=2$

0265
답 -2

점 $(3, 1)$을 x축의 방향으로 -2만큼, y축의 방향으로 1만큼 평행이동한 점의 좌표는
$(3-2, 1+1)$, 즉 $(1, 2)$
$x^2+y^2+2ax-4by-1=0$에서
$(x+a)^2+(y-2b)^2=1+a^2+4b^2$
이 원의 중심의 좌표는 $(-a, 2b)$이므로
$-a=1$, $2b=2$
따라서 $a=-1$, $b=1$이므로
$a-b=-1-1=-2$

0266
답 ②

점 $A(1, 2)$를 x축의 방향으로 a만큼, y축의 방향으로 -4만큼 평행이동한 점을 A'이라 하면
$A'(1+a, 2-4)$, 즉 $A'(a+1, -2)$
이때 원점 O로부터의 거리가 처음 거리의 3배가 되었으므로
$\overline{OA'}=3\overline{OA}$, 즉 $\overline{OA'}^2=9\overline{OA}^2$에서
$(a+1)^2+(-2)^2=9\times(1^2+2^2)$, $(a+1)^2=41$
$a+1=\pm\sqrt{41}$ ∴ $a=\sqrt{41}-1$ ($\because a>0$)

0267
답 ④

평행이동 $(x, y) \longrightarrow (x+a, y+b)$에 의하여 점 $A(3, 8)$이 옮겨지는 점 B의 좌표는
$B(3+a, 8+b)$
이때 $\overline{AB}=3\sqrt{6}$이므로
$\sqrt{(3+a-3)^2+(8+b-8)^2}=3\sqrt{6}$
양변을 제곱하면 $a^2+b^2=54$
또한 점 B와 직선 $x+y-11=0$ 사이의 거리가 $4\sqrt{2}$이므로
$\dfrac{|3+a+8+b-11|}{\sqrt{1^2+1^2}}=4\sqrt{2}$
∴ $|a+b|=8$
따라서 $a^2+b^2=(a+b)^2-2ab$에서
$54=64-2ab$ ∴ $ab=5$

0268
답 $\sqrt{3}$

△$O'A'B'$은 정삼각형이고 △OAB를 평행이동한 것이므로 △OAB도 정삼각형이다.
$\overline{OA}=6$이므로
$a=\dfrac{1}{2}\overline{OA}=3$
$b=\dfrac{\sqrt{3}}{2}\times6=3\sqrt{3}$
∴ $B(3, 3\sqrt{3})$

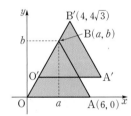

점 B를 x축의 방향으로 m만큼, y축의 방향으로 n만큼 평행이동한 점의 좌표가 $B'(4, 4\sqrt{3})$이므로
$3+m=4$, $3\sqrt{3}+n=4\sqrt{3}$
∴ $m=1$, $n=\sqrt{3}$
∴ $mn=1\times\sqrt{3}=\sqrt{3}$

유형 03 도형의 평행이동 - 직선

0269
답 ③

직선 $y=3x+1$을 x축의 방향으로 a만큼, y축의 방향으로 b만큼 평행이동한 직선의 방정식은
$y-b=3(x-a)+1$
∴ $y=3x-3a+b+1$

이 직선이 처음 직선과 일치하므로
$-3a+b+1=1$, $b=3a$
∴ $\dfrac{b}{a}=3$

0270
답 6

직선 $6x+y-k=0$을 x축의 방향으로 -1만큼, y축의 방향으로 3만큼 평행이동한 직선의 방정식은
$6(x+1)+(y-3)-k=0$
∴ $6x+y+3-k=0$
이 직선이 점 $(2, -9)$를 지나므로
$12-9+3-k=0$ ∴ $k=6$

0271
답 ③

직선 $ax-5y+2a-1=0$을 x축의 방향으로 1만큼, y축의 방향으로 n만큼 평행이동한 직선의 방정식은
$a(x-1)-5(y-n)+2a-1=0$
∴ $ax-5y+a+5n-1=0$
이 직선이 직선 $4x-5y-2=0$과 일치하므로
$a=4$, $a+5n-1=-2$
∴ $a=4$, $n=-1$
∴ $a+n=4+(-1)=3$

0272
답 ④

직선 $y=ax+b$를 x축의 방향으로 -3만큼, y축의 방향으로 2만큼 평행이동한 직선의 방정식은
$y-2=a(x+3)+b$
∴ $y=ax+3a+b+2$
이 직선이 직선 $y=3x-2$와 y축 위에서 수직으로 만나므로
$3a=-1$, $3a+b+2=-2$
∴ $a=-\dfrac{1}{3}$, $b=-3$
∴ $ab=-\dfrac{1}{3}\times(-3)=1$

0273
답 1

직선 $y=2x-3$을 x축의 방향으로 m만큼, y축의 방향으로 4만큼 평행이동한 직선의 방정식은
$y-4=2(x-m)-3$
∴ $y=2x-2m+1$ ……㉠
직선 $y=-2x-5$를 x축의 방향으로 4만큼, y축의 방향으로 n만큼 평행이동한 직선의 방정식은
$y-n=-2(x-4)-5$
∴ $y=-2x+n+3$ ……㉡
두 직선 ㉠, ㉡의 교점의 좌표가 $(1, 1)$이므로
$1=2-2m+1$, $1=-2+n+3$ ∴ $m=1$, $n=0$
∴ $m-n=1-0=1$

0274
답 -6

직선 $y=-3x+6$을 x축의 방향으로 a만큼, y축의 방향으로 -2만큼 평행이동한 직선의 방정식은

$y+2=-3(x-a)+6$

$\therefore 3x+y-3a-4=0$

이 직선과 직선 $y=-3x+6$, 즉 $3x+y-6=0$ 사이의 거리가 $2\sqrt{10}$이므로 직선 $3x+y-6=0$ 위의 점 $(0, 6)$과 직선 $3x+y-3a-4=0$ 사이의 거리는 $2\sqrt{10}$이다.

즉, $\dfrac{|0+6-3a-4|}{\sqrt{3^2+1^2}}=2\sqrt{10}$이므로

$|-3a+2|=20$, $3a-2=\pm20$

$\therefore a=-6$ 또는 $a=\dfrac{22}{3}$

그런데 $a<0$이므로 $a=-6$

유형 04 도형의 평행이동 - 원

0275
답 ②

$x^2+y^2+4x-6y+9=0$에서 $(x+2)^2+(y-3)^2=4$

이 원을 x축의 방향으로 1만큼, y축의 방향으로 -2만큼 평행이동한 원의 방정식은

$(x-1+2)^2+(y+2-3)^2=4$

$(x+1)^2+(y-1)^2=4$

$\therefore x^2+y^2+2x-2y-2=0$

이 원이 원 $x^2+y^2+ax+by+c=0$과 일치하므로

$a=2$, $b=-2$, $c=-2$

$\therefore a+b+c=2+(-2)+(-2)=-2$

0276
답 1

$x^2+y^2-2x-4y+a=0$에서 $(x-1)^2+(y-2)^2=5-a$

이 원이 도형 $f(x, y)=0$을 도형 $f(x+4, y-3)=0$으로 옮기는 평행이동에 의하여 옮겨지는 원의 방정식은

$(x+4-1)^2+(y-3-2)^2=5-a$

$\therefore (x+3)^2+(y-5)^2=5-a$

따라서 중심의 좌표는 $(-3, 5)$, 반지름의 길이는 $\sqrt{5-a}$이므로

$b=-3$, $\sqrt{5-a}=1$

$\therefore a=4$, $b=-3$

$\therefore a+b=4+(-3)=1$

0277
답 ⑤

$x^2+y^2-8x+2y+1=0$에서 $(x-4)^2+(y+1)^2=16$

이 원을 x축의 방향으로 a만큼, y축의 방향으로 b만큼 평행이동한 원의 방정식은

$(x-a-4)^2+(y-b+1)^2=16$

이 원이 원 $x^2+y^2=16$과 일치하므로

$a+4=0$, $b-1=0$

$\therefore a=-4$, $b=1$

즉, 주어진 평행이동은 x축의 방향으로 -4만큼, y축의 방향으로 1만큼 평행이동한 것이다.

$x^2+y^2-6y-2=0$에서 $x^2+(y-3)^2=11$

이 원이 주어진 평행이동에 의하여 옮겨지는 원의 방정식은

$(x+4)^2+(y-1-3)^2=11$

$\therefore (x+4)^2+(y-4)^2=11$

따라서 이 원의 중심은 $C(-4, 4)$이므로

$\overline{OC}=\sqrt{(-4)^2+4^2}=4\sqrt{2}$

유형 05 도형의 평행이동 - 포물선

0278
답 ④

$y=x^2+4x+1$에서 $y=(x+2)^2-3$

이 포물선을 x축의 방향으로 2만큼, y축의 방향으로 -6만큼 평행이동한 포물선의 방정식은

$y+6=(x-2+2)^2-3$

$\therefore y=x^2-9$

따라서 이 포물선의 꼭짓점의 좌표는 $(0, -9)$이므로

$a=0$, $b=-9$

$\therefore a-b=0-(-9)=9$

0279
답 ①

원점을 x축의 방향으로 a만큼, y축의 방향으로 b만큼 평행이동한 점의 좌표는

$(0+a, 0+b)$, 즉 (a, b)

이 점이 점 $(-1, 3)$이므로 $a=-1$, $b=3$

$y=x^2+8x+4$에서 $y=(x+4)^2-12$

이 포물선을 x축의 방향으로 -1만큼, y축의 방향으로 3만큼 평행이동한 포물선의 방정식은

$y-3=(x+1+4)^2-12$

$\therefore y=(x+5)^2-9$

따라서 구하는 꼭짓점의 좌표는 $(-5, -9)$이다.

0280
답 4

$y=-x^2+6x-1$에서 $y=-(x-3)^2+8$

이 포물선이 도형 $f(x, y)=0$을 도형 $f(x+a, y+2a)=0$으로 옮기는 평행이동에 의하여 옮겨지는 포물선의 방정식은

$y+2a=-(x+a-3)^2+8$

$\therefore y=-(x+a-3)^2+8-2a$

이 포물선의 꼭짓점 $(-a+3, 8-2a)$가 x축 위에 있으므로

$8-2a=0$ $\quad\therefore a=4$

0281 답 ③

직선 $x+3y-1=0$을 x축의 방향으로 a만큼 평행이동하면
$(x-a)+3y-1=0$ ∴ $x+3y-a-1=0$
이 직선이 원 $(x-2)^2+(y+1)^2=10$에 접하므로 원의 중심
$(2, -1)$과 이 직선 사이의 거리는 원의 반지름의 길이 $\sqrt{10}$과 같다.
즉, $\dfrac{|2-3-a-1|}{\sqrt{1^2+3^2}}=\sqrt{10}$이므로
$|-a-2|=10$, $a+2=\pm10$
∴ $a=-12$ 또는 $a=8$
그런데 $a>0$이므로 $a=8$

0282 답 −14

직선 $2x+y-k=0$을 x축의 방향으로 2만큼, y축의 방향으로 -1만큼 평행이동한 직선의 방정식은
$2(x-2)+y+1-k=0$
∴ $2x+y-k-3=0$
이 직선과 직선 $y=-2x-4$ 위의 점 $(0, -4)$ 사이의 거리가 $\sqrt{5}$이므로
$\dfrac{|-4-k-3|}{\sqrt{2^2+1^2}}=\sqrt{5}$, $|-k-7|=5$
$k+7=\pm5$ ∴ $k=-12$ 또는 $k=-2$
따라서 모든 k의 값의 합은
$-12+(-2)=-14$

0283 답 ①

원 $(x+5)^2+(y+7)^2=4$를 x축의 방향으로 4만큼, y축의 방향으로 a만큼 평행이동한 원 C의 방정식은
$(x-4+5)^2+(y-a+7)^2=4$
∴ $(x+1)^2+(y-a+7)^2=4$
원 C의 넓이가 직선 $2x+y+6=0$에 의하여 이등분되려면 이 직선이 원 C의 중심 $(-1, a-7)$을 지나야 하므로
$-2+a-7+6=0$ ∴ $a=3$

0284 답 4

$x^2+y^2+6x-10y+25=0$에서
$(x+3)^2+(y-5)^2=9$
이 원을 x축의 방향으로 a만큼, y축의 방향으로 b만큼 평행이동한 원의 방정식은
$(x-a+3)^2+(y-b-5)^2=9$
이 원이 x축과 y축에 모두 접하고 그 중심은 제1사분면 위에 있으므로
$a-3=3$, $b+5=3$
∴ $a=6$, $b=-2$
∴ $a+b=6+(-2)=4$

0285 답 ②

직선 $y=5x+1$을 x축의 방향으로 -1만큼, y축의 방향으로 a만큼 평행이동한 직선의 방정식은
$y-a=5(x+1)+1$
∴ $y=5x+a+6$
이 직선이 포물선 $y=2x^2+3x+5$에 접하므로 이차방정식
$2x^2+3x+5=5x+a+6$, 즉 $2x^2-2x-a-1=0$의 판별식을 D라 하면
$\dfrac{D}{4}=(-1)^2-2(-a-1)=0$
$2a+3=0$ ∴ $a=-\dfrac{3}{2}$

0286 답 ③

직선 $3x-2y-6=0$을 x축의 방향으로 a만큼, y축의 방향으로 b만큼 평행이동한 직선의 방정식은
$3(x-a)-2(y-b)-6=0$
∴ $3x-2y-3a+2b-6=0$ …… ㉠
그림과 같이 직선 ㉠이 마름모의 넓이를 이등분하려면 직선 ㉠이 마름모의 두 대각선의 교점을 지나야 한다.
이때 마름모 PQRS의 두 대각선의 교점의 좌표는 $(4, 2)$
㉠에 $x=4$, $y=2$를 대입하면
$12-4-3a+2b-6=0$
∴ $3a-2b-2=0$

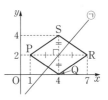

0287 답 ⑤

점 $(3, -1)$을 원점에 대하여 대칭이동한 점의 좌표는
$P(-3, 1)$
점 $(3, -1)$을 직선 $y=-x$에 대하여 대칭이동한 점의 좌표는
$Q(1, -3)$
∴ $\overline{PQ}=\sqrt{\{1-(-3)\}^2+(-3-1)^2}=4\sqrt{2}$

0288 답 ④

점 $A(-4, 6)$을 x축에 대하여 대칭이동한 점의 좌표는
$B(-4, -6)$
점 $A(-4, 6)$을 직선 $y=x$에 대하여 대칭이동한 점의 좌표는
$C(6, -4)$

따라서 그림에서 삼각형 ABC의 넓이는

$\dfrac{1}{2} \times 12 \times 10 = 60$

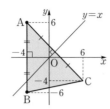

0289

답 ①

점 $P(1, -2)$를 직선 $y=x$에 대하여 대칭이동한 점의 좌표는

$Q(-2, 1)$

점 $P(1, -2)$를 x축에 대하여 대칭이동한 점의 좌표는

$R(1, 2)$

이때 삼각형 PQR의 무게중심의 좌표는

$\left(\dfrac{1+(-2)+1}{3}, \dfrac{-2+1+2}{3} \right)$, 즉 $\left(0, \dfrac{1}{3} \right)$

따라서 $a=0$, $b=\dfrac{1}{3}$이므로

$a+b = 0 + \dfrac{1}{3} = \dfrac{1}{3}$

0290

답 ③

점 $P(a, b)$가 제3사분면 위에 있으므로

$a<0$, $b<0$

세 점 Q, R, S는 각각 점 $P(a, b)$를 x축, y축, 원점에 대하여 대칭이동한 점이므로

$Q(a, -b)$, $R(-a, b)$, $S(-a, -b)$

따라서 그림에서 네 점 P, Q, R, S를 꼭짓점으로 하는 사각형의 넓이는

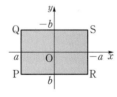

$2|a| \times 2|b| = 20$

$\therefore |ab| = 5$

이때 $a<0$, $b<0$이므로

$ab>0$

$\therefore ab = 5$

0291

답 제1사분면

점 $(a, -b)$를 x축에 대하여 대칭이동한 점의 좌표는

(a, b)

이 점이 제2사분면 위에 있으므로

$a<0$, $b>0$

점 $\left(b-a, \dfrac{a}{b} \right)$를 원점에 대하여 대칭이동한 점의 좌표는

$\left(a-b, -\dfrac{a}{b} \right)$

이 점을 y축에 대하여 대칭이동한 점의 좌표는

$\left(b-a, -\dfrac{a}{b} \right)$

이때 $a<0$, $b>0$이므로

$b-a>0$, $-\dfrac{a}{b}>0$

따라서 점 $\left(b-a, -\dfrac{a}{b} \right)$는 제1사분면 위에 있다.

0292

답 $(3, 9)$

점 A는 직선 $y=x+6$ 위의 점이므로 점 A의 좌표를 $(a, a+6)$ $(a>0)$이라 하자.

점 A를 직선 $y=x$에 대하여 대칭이동한 점은

$B(a+6, a)$

$\therefore \overline{AB} = \sqrt{(a+6-a)^2 + (a-a-6)^2} = 6\sqrt{2}$

점 B를 원점에 대하여 대칭이동한 점은

$C(-a-6, -a)$

$\therefore \overline{AC} = \sqrt{(-a-6-a)^2 + (-a-a-6)^2} = 2\sqrt{2}(a+3)$

이때 점 C는 직선 $y=x+6$ 위의 점이고 삼각형 ABC는 직각삼각형이다.

삼각형 ABC의 넓이가 72이므로

$\dfrac{1}{2} \times 6\sqrt{2} \times 2\sqrt{2}(a+3) = 72$

$12(a+3) = 72$, $a+3 = 6$

$\therefore a=3$

따라서 점 A의 좌표는 $(3, 9)$이다.

유형 **08** **도형의 대칭이동 - 직선**

0293

답 ④

직선 $3x-8y+1=0$을 직선 $y=-x$에 대하여 대칭이동한 직선의 방정식은

$3 \times (-y) - 8 \times (-x) + 1 = 0$

$\therefore 8x-3y+1=0$

0294

답 ④

직선 $ax+2y-5=0$을 x축에 대하여 대칭이동한 직선의 방정식은

$ax-2y-5=0$

이 직선이 점 $(3, 2)$를 지나므로

$3a-4-5=0$, $3a=9$

$\therefore a=3$

0295

답 -3

직선 $x+6y-3=0$을 직선 $y=x$에 대하여 대칭이동한 직선 l_1의 방정식은

$y+6x-3=0$ $\therefore 6x+y-3=0$

직선 l_1을 원점에 대하여 대칭이동한 직선 l_2의 방정식은

$6 \times (-x) + (-y) - 3 = 0$

$\therefore y = -6x-3$

따라서 직선 l_2의 y절편은 -3이다.

0296
답 -2

직선 $y=\dfrac{1}{2}ax+7$을 y축에 대하여 대칭이동한 직선의 방정식은

$y=\dfrac{1}{2}a\times(-x)+7$

$\therefore y=-\dfrac{1}{2}ax+7$ ...... ㉠

직선 $y=\dfrac{1}{2}ax+7$을 원점에 대하여 대칭이동한 직선의 방정식은

$-y=\dfrac{1}{2}a\times(-x)+7$

$\therefore y=\dfrac{1}{2}ax-7$ ...... ㉡

이때 두 직선 ㉠, ㉡이 서로 수직이므로

$-\dfrac{1}{2}a\times\dfrac{1}{2}a=-1,\ a^2=4$

$\therefore a=-2\ (\because a<0)$

0297
답 1

직선 $y=ax+b$가 점 $(2,-3)$을 지나므로

$-3=2a+b$ ...... ㉠

직선 $y=ax+b$를 x축에 대하여 대칭이동한 직선의 방정식은

$-y=ax+b$

$\therefore y=-ax-b$

이 직선이 직선 $y=4x-9$와 만나지 않으려면 두 직선이 평행해야 한다.

따라서 두 직선의 기울기가 같아야 하므로

$-a=4$ $\therefore a=-4$

$a=-4$를 ㉠에 대입하면

$-3=-8+b$ $\therefore b=5$

$\therefore a+b=-4+5=1$

0298
답 ⑤

직선 $y=-3x+1$을 y축에 대하여 대칭이동한 직선의 방정식은

$y=-3\times(-x)+1$

$\therefore y=3x+1$

이 직선과 수직인 직선의 기울기는 $-\dfrac{1}{3}$이므로 구하는 직선의 방정식을 $y=-\dfrac{1}{3}x+k$, 즉 $x+3y-3k=0$이라 하면 이 직선과 원점 사이의 거리는 $\sqrt{10}$이다.

즉, $\dfrac{|-3k|}{\sqrt{1^2+3^2}}=\sqrt{10}$이므로

$|-3k|=10,\ 3k=\pm10$

$\therefore k=\pm\dfrac{10}{3}$

따라서 구하는 직선의 방정식은

$x+3y-10=0$ 또는 $x+3y+10=0$

유형 09 도형의 대칭이동 – 원

0299
답 ④

중심의 좌표가 $(2,-1)$이고 반지름의 길이가 r인 원의 방정식은

$(x-2)^2+(y+1)^2=r^2$

이 원을 x축에 대하여 대칭이동한 원의 방정식은

$(x-2)^2+(-y+1)^2=r^2$

$\therefore (x-2)^2+(y-1)^2=r^2$

이 원이 점 $(5,5)$를 지나므로

$r^2=3^2+4^2=25$ $\therefore r=5\ (\because r>0)$

0300
답 -1

$x^2+y^2+6x-2ay+9=0$에서

$(x+3)^2+(y-a)^2=a^2$

이 원을 y축에 대하여 대칭이동한 원의 방정식은

$(-x+3)^2+(y-a)^2=a^2$

$\therefore (x-3)^2+(y-a)^2=a^2$

이 원의 중심 $(3,a)$가 직선 $x+2y-1=0$ 위에 있으므로

$3+2a-1=0,\ 2a=-2$

$\therefore a=-1$

0301
답 ④

$C_1 : x^2+y^2+8x-4y+16=0$에서

$(x+4)^2+(y-2)^2=4$

원 C_1을 직선 $y=x$에 대하여 대칭이동한 원 C_2의 방정식은

$(y+4)^2+(x-2)^2=4$

$\therefore (x-2)^2+(y+4)^2=4$

그림과 같이 두 점 P, Q 사이의 최소 거리는 두 원 C_1, C_2의 중심 사이의 거리에서 두 원의 반지름의 길이를 뺀 것과 같다.

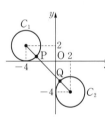

두 원 C_1, C_2의 중심의 좌표가 각각 $(-4,2)$, $(2,-4)$이고 각 원의 반지름의 길이가 2이므로 두 점 P, Q 사이의 최소 거리는

$\sqrt{\{2-(-4)\}^2+(-4-2)^2}-2-2=6\sqrt{2}-4$

유형 10 도형의 대칭이동 – 포물선

0302
답 ③

포물선 $y=x^2-2x+k$를 y축에 대하여 대칭이동한 포물선의 방정식은

$y=(-x)^2-2\times(-x)+k$

$y=x^2+2x+k$

$\therefore y=(x+1)^2+k-1$

이때 포물선의 꼭짓점 $(-1, k-1)$이 직선 $y=4x+1$ 위에 있으므로
$k-1=-4+1$ $\therefore k=-2$

0303
답 ②

포물선 $y=x^2-ax-b$를 원점에 대하여 대칭이동한 포물선의 방정식은
$-y=(-x)^2-a\times(-x)-b$
$y=-x^2-ax+b$
$\therefore y=-\left(x+\dfrac{a}{2}\right)^2+\dfrac{a^2}{4}+b$

이 포물선의 꼭짓점 $\left(-\dfrac{a}{2}, \dfrac{a^2}{4}+b\right)$가 점 $(-6, 11)$과 일치하므로
$-\dfrac{a}{2}=-6, \dfrac{a^2}{4}+b=11$
$\therefore a=12, b=-25$
$\therefore a+b=12+(-25)=-13$

0304
답 8

포물선 $y=ax^2-bx$를 x축에 대하여 대칭이동한 포물선의 방정식은
$-y=ax^2-bx$
$\therefore y=-ax^2+bx$
이 포물선을 y축에 대하여 대칭이동한 포물선의 방정식은
$y=-a\times(-x)^2+b\times(-x)$
$\therefore y=-ax^2-bx$
이 포물선이 두 점 $(1, -4)$, $(3, 0)$을 지나므로
$-4=-a-b, 0=-9a-3b$
두 식을 연립하여 풀면
$a=-2, b=6$
$\therefore b-a=6-(-2)=8$

유형 11 대칭이동의 활용

0305
답 ①

직선 $y=ax-3$을 x축에 대하여 대칭이동한 직선의 방정식은
$-y=ax-3$
$\therefore y=-ax+3$ ……… ㉠
$x^2+y^2+2x+4y+1=0$에서
$(x+1)^2+(y+2)^2=4$
이 원의 넓이를 직선 ㉠이 이등분하려면 직선 ㉠이 원의 중심 $(-1, -2)$를 지나야 하므로
$-2=a+3$ $\therefore a=-5$

0306
답 11

포물선 $y=-x^2+5x-7$을 원점에 대하여 대칭이동한 포물선의 방정식은
$-y=-(-x)^2+5\times(-x)-7$
$\therefore y=x^2+5x+7$
이 포물선이 직선 $y=ax-2$와 접하므로 이차방정식 $x^2+5x+7=ax-2$, 즉 $x^2+(5-a)x+9=0$의 판별식을 D라 하면
$D=(5-a)^2-36=0, (5-a)^2=36$
$5-a=\pm6$ $\therefore a=-1$ 또는 $a=11$
그런데 $a>0$이므로 $a=11$

0307
답 ④

$x^2+y^2+6x-10y+26=0$에서
$(x+3)^2+(y-5)^2=8$
이 원을 y축에 대하여 대칭이동한 원의 방정식은
$(-x+3)^2+(y-5)^2=8$
$\therefore (x-3)^2+(y-5)^2=8$
이 원이 직선 $y=-x+k$, 즉 $x+y-k=0$과 서로 다른 두 점에서 만나려면 원의 중심 $(3, 5)$와 직선 $x+y-k=0$ 사이의 거리는 원의 반지름의 길이 $2\sqrt{2}$보다 작아야 한다.
즉, $\dfrac{|3+5-k|}{\sqrt{1^2+1^2}}<2\sqrt{2}$이므로
$|8-k|<4, -4<k-8<4$
$\therefore 4<k<12$

유형 12 점과 도형의 평행이동과 대칭이동의 활용

0308
답 2

점 $(a, -2)$를 직선 $y=x$에 대하여 대칭이동한 점의 좌표는 $(-2, a)$
이 점을 x축의 방향으로 6만큼, y축의 방향으로 -1만큼 평행이동한 점의 좌표는
$(-2+6, a-1)$, 즉 $(4, a-1)$
이 점이 점 $(2a, b)$와 일치하므로
$2a=4, b=a-1$
$\therefore a=2, b=1$
$\therefore ab=2\times1=2$

0309
답 7

포물선 $y=x^2+x+a$를 x축의 방향으로 1만큼, y축의 방향으로 3만큼 평행이동한 포물선의 방정식은
$y-3=(x-1)^2+(x-1)+a$
$\therefore y=x^2-x+a+3$

이 포물선을 x축에 대하여 대칭이동한 포물선의 방정식은
$-y=x^2-x+a+3$
$\therefore y=-x^2+x-a-3$
이 포물선이 $y=-x^2+x-10$이므로
$-a-3=-10$ $\therefore a=7$

0310 답 ②

점 $(4, 1)$을 지나는 직선의 기울기를 m이라 하면 이 직선의 방정식은
$y-1=m(x-4)$
$\therefore y=mx-4m+1$
이 직선을 x축의 방향으로 -2만큼 평행이동한 직선의 방정식은
$y=m(x+2)-4m+1$
$\therefore y=mx-2m+1$
이 직선을 y축에 대하여 대칭이동한 직선의 방정식은
$y=-mx-2m+1$
이 직선이 점 $(3, 6)$을 지나므로
$6=-3m-2m+1,\ 5m=-5$
$\therefore m=-1$
따라서 처음 직선의 기울기는 -1이다.

0311 답 ④

원 $(x-3)^2+(y+4)^2=20$을 x축의 방향으로 -1만큼, y축의 방향으로 2만큼 평행이동한 원의 방정식은
$(x+1-3)^2+(y-2+4)^2=20$
$\therefore (x-2)^2+(y+2)^2=20$
이 원을 직선 $y=-x$에 대하여 대칭이동한 원의 방정식은
$(-y-2)^2+(-x+2)^2=20$
$\therefore (x-2)^2+(y+2)^2=20$
이 원이 x축과 만나는 점의 x좌표는
$(x-2)^2+2^2=20,\ (x-2)^2=16$
$x-2=\pm 4$ $\therefore x=-2$ 또는 $x=6$
따라서 $\mathrm{P}(-2, 0),\ \mathrm{Q}(6, 0)$ 또는 $\mathrm{P}(6, 0),\ \mathrm{Q}(-2, 0)$이므로
$\overline{\mathrm{PQ}}=6-(-2)=8$

0312 답 ⑤

원 $(x-p)^2+(y-q)^2=64$를 x축에 대하여 대칭이동한 원의 방정식은
$(x-p)^2+(-y-q)^2=64$
$\therefore (x-p)^2+(y+q)^2=64$
이 원을 x축의 방향으로 3만큼 평행이동한 원의 방정식은
$(x-3-p)^2+(y+q)^2=64$
이 원이 x축과 y축에 모두 접하므로
$|3|p|=|\ q\,|=8$
$\therefore p=5,\ q=8\ (\because p>0,\ q>0)$
$\therefore p+q=5+8=13$

0313 답 ②

직선 $y=-\dfrac{1}{3}x+1$을 x축의 방향으로 a만큼 평행이동한 직선의 방정식은
$y=-\dfrac{1}{3}(x-a)+1$
이 직선을 직선 $y=x$에 대하여 대칭이동한 직선 l의 방정식은
$x=-\dfrac{1}{3}(y-a)+1$
$\therefore 3x+y-a-3=0$
직선 l이 원 $(x+2)^2+(y-5)^2=10$과 접하므로 원의 중심 $(-2, 5)$와 직선 l 사이의 거리는 원의 반지름의 길이 $\sqrt{10}$과 같다.
즉, $\dfrac{|-6+5-a-3|}{\sqrt{3^2+1^2}}=\sqrt{10}$이므로
$|-a-4|=10,\ a+4=\pm 10$
$\therefore a=-14$ 또는 $a=6$
따라서 모든 a의 값의 합은
$-14+6=-8$

유형 13 도형 $f(x, y)=0$의 평행이동과 대칭이동

0314 답 ④

방정식 $f(x, y)=0$이 나타내는 도형을 x축에 대하여 대칭이동하면
$f(x, -y)=0$
방정식 $f(x, -y)=0$이 나타내는 도형을 x축의 방향으로 1만큼 평행이동하면
$f(x-1, -y)=0$
따라서 방정식 $f(x-1, -y)=0$이 나타내는 도형은 주어진 도형을 x축에 대하여 대칭이동한 후 x축의 방향으로 1만큼 평행이동한 것이므로 ④이다.

0315 답 ③

ㄱ. 방정식 $f(x, y)=0$이 나타내는 도형을 y축의 방향으로 -2만큼 평행이동하면
$f(x, y+2)=0$
즉, 이 방정식이 나타내는 도형은 [그림 2]와 같다.
ㄴ. 방정식 $f(x, y)=0$이 나타내는 도형을 원점에 대하여 대칭이동하면
$f(-x, -y)=0$
방정식 $f(-x, -y)=0$이 나타내는 도형을 y축의 방향으로 -2만큼 평행이동하면
$f(-x, -y-2)=0$
즉, 이 방정식이 나타내는 도형은 [그림 2]와 같다.
ㄷ. 방정식 $f(x, y)=0$이 나타내는 도형을 직선 $y=r$에 대하여 대칭이동하면
$f(y, x)=0$

방정식 $f(y, x)=0$이 나타내는 도형을 y축의 방향으로 2만큼 평행이동하면
$f(y-2, x)=0$
즉, 이 방정식이 나타내는 도형은 그림과 같다.

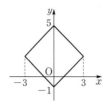

따라서 [그림 2]와 같은 도형을 나타내는 방정식인 것은 ㄱ, ㄴ이다.

유형 14 점 (a, b)에 대한 대칭이동

0316
답 ⑤

점 $(a, 4)$를 점 $(1, 3)$에 대하여 대칭이동한 점의 좌표가 $(-1, b)$이므로
$\dfrac{a+(-1)}{2}=1, \dfrac{4+b}{2}=3$
$\therefore a=3, b=2$
$\therefore a+b=3+2=5$

0317
답 15

$x^2+y^2-12x+11=0$에서
$(x-6)^2+y^2=25$
원의 중심 $(6, 0)$을 점 $(5, 3)$에 대하여 대칭이동한 점의 좌표가 (a, b)이므로
$\dfrac{6+a}{2}=5, \dfrac{b}{2}=3$
$\therefore a=4, b=6$
이때 대칭이동한 원의 반지름의 길이는 5이므로
$r=5$
$\therefore a+b+r=4+6+5=15$

0318
답 ②

$y=x^2+2x-1$에서 $y=(x+1)^2-2$
이 포물선의 꼭짓점의 좌표는
$(-1, -2)$
$y=-x^2-6x-5$에서 $y=-(x+3)^2+4$
이 포물선의 꼭짓점의 좌표는
$(-3, 4)$
이때 점 (a, b)는 두 꼭짓점 $(-1, -2)$, $(-3, 4)$를 이은 선분의 중점이므로
$a=\dfrac{-1+(-3)}{2}=-2, b=\dfrac{-2+4}{2}=1$
$\therefore ab=-2\times 1=-2$

유형 15 직선 $y=mx+n$에 대한 대칭이동

0319
답 ④

두 점 $(2, -1)$, $(-6, -3)$을 이은 선분의 중점의 좌표는
$\left(\dfrac{2+(-6)}{2}, \dfrac{-1+(-3)}{2}\right)$, 즉 $(-2, -2)$
이 점이 직선 $y=ax+b$ 위의 점이므로
$-2=-2a+b$
$\therefore 2a-b=2$ ······ ㉠
또한 두 점 $(2, -1)$, $(-6, -3)$을 지나는 직선이 직선 $y=ax+b$와 수직이므로
$\dfrac{-3-(-1)}{-6-2}\times a=-1$ $\therefore a=-4$
$a=-4$를 ㉠에 대입하면
$-8-b=2$ $\therefore b=-10$
$\therefore a-b=-4-(-10)=6$

0320
답 ③

두 점 $(-4, -1)$, (a, b)를 이은 선분의 중점의 좌표는
$\left(\dfrac{-4+a}{2}, \dfrac{-1+b}{2}\right)$
이 점이 직선 $2x-y+1=0$ 위의 점이므로
$-4+a-\dfrac{-1+b}{2}+1=0$
$\therefore 2a-b=5$ ······ ㉠
또한 두 점 $(-4, -1)$, (a, b)를 지나는 직선이 직선 $2x-y+1=0$, 즉 $y=2x+1$과 수직이므로
$\dfrac{b-(-1)}{a-(-4)}\times 2=-1$
$\therefore a+2b=-6$ ······ ㉡
㉠, ㉡을 연립하여 풀면
$a=\dfrac{4}{5}, b=-\dfrac{17}{5}$ $\therefore a+b=\dfrac{4}{5}+\left(-\dfrac{17}{5}\right)=-\dfrac{13}{5}$

0321
답 ②

직선 l의 방정식을 $y=ax+b$라 하면 선분 PQ의 중점
$\left(\dfrac{-1+5}{2}, \dfrac{1+(-3)}{2}\right)$, 즉 $(2, -1)$이 직선 l 위의 점이므로
$-1=2a+b$ ······ ㉠
또한 직선 PQ가 직선 l과 수직이므로
$\dfrac{-3-1}{5-(-1)}\times a=-1$ $\therefore a=\dfrac{3}{2}$
$a=\dfrac{3}{2}$을 ㉠에 대입하면
$-1=3+b$ $\therefore b=-4$
이때 직선 l의 방정식은 $y=\dfrac{3}{2}x-4$
따라서 직선 l의 x절편은 $\dfrac{8}{3}$, y절편은 -4이므로 직선 l과 x축, y축으로 둘러싸인 삼각형의 넓이는
$\dfrac{1}{2}\times\dfrac{8}{3}\times 4=\dfrac{16}{3}$

0322

답 ⑤

원 $(x-3)^2+(y-4)^2=6$의 중심 $(3, 4)$를 직선 $y=x-1$에 대하여 대칭이동한 점의 좌표를 (a, b)라 하자.

두 점 $(3, 4)$, (a, b)를 이은 선분의 중점의 좌표는

$$\left(\frac{3+a}{2}, \frac{4+b}{2}\right)$$

이 점이 직선 $y=x-1$ 위의 점이므로

$$\frac{4+b}{2}=\frac{3+a}{2}-1 \qquad \therefore a-b=3 \quad \cdots\cdots \text{㉠}$$

또한 두 점 $(3, 4)$, (a, b)를 지나는 직선이 직선 $y=x-1$과 수직이므로

$$\frac{b-4}{a-3}\times 1=-1 \qquad \therefore a+b=7 \quad \cdots\cdots \text{㉡}$$

㉠, ㉡을 연립하여 풀면 $a=5$, $b=2$

따라서 구하는 원의 중심의 좌표는 $(5, 2)$이다.

0323

답 ④

원 $x^2+y^2=16$의 중심의 좌표는 $(0, 0)$

$x^2+y^2-4x+12y+24=0$에서 $(x-2)^2+(y+6)^2=16$

이 원의 중심의 좌표는 $(2, -6)$

두 원의 중심 $(0, 0)$, $(2, -6)$을 이은 선분의 중점의 좌표는

$(1, -3)$

이 점이 직선 $ax+by-2=0$ 위의 점이므로

$$a-3b-2=0 \quad \cdots\cdots \text{㉠}$$

또한 두 점 $(0, 0)$, $(2, -6)$을 지나는 직선이 직선 $ax+by-2=0$,

즉 $y=-\dfrac{a}{b}x+\dfrac{2}{b}$와 수직이므로

$$\frac{-6-0}{2-0}\times\left(-\frac{a}{b}\right)=-1$$

$$\therefore b=-3a \quad \cdots\cdots \text{㉡}$$

㉠, ㉡을 연립하여 풀면

$$a=\frac{1}{5}, b=-\frac{3}{5} \qquad \therefore 2a-b=2\times\frac{1}{5}-\left(-\frac{3}{5}\right)=1$$

0324

답 5

점 $B(3, 1)$을 직선 $y=-x+2$에 대하여 대칭이동한 점 C의 좌표를 (a, b)라 하면 선분 BC의 중점의 좌표는

$$\left(\frac{3+a}{2}, \frac{1+b}{2}\right)$$

이 점이 직선 $y=-x+2$ 위의 점이므로

$$\frac{1+b}{2}=-\frac{3+a}{2}+2 \qquad \therefore a+b=0 \quad \cdots\cdots \text{㉠}$$

또한 직선 BC가 직선 $y=-x+2$와 수직이므로

$$\frac{b-1}{a-3}\times(-1)=-1 \qquad \therefore a-b=2 \quad \cdots\cdots \text{㉡}$$

㉠, ㉡을 연립하여 풀면

$a=1$, $b=-1$

$\therefore C(1, -1)$

따라서 그림에서 삼각형 ABC의 넓이는

$$\frac{1}{2}\times 5\times 2=5$$

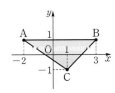

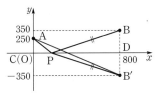

0325

답 ①

그림과 같이 선분 AC를 y축, 선분 CD를 x축으로 하고, 점 C를 원점으로 하는 좌표평면에서 $A(0, 250)$, $B(800, 350)$

점 B를 x축에 대하여 대칭이동한 점을 B′이라 하면

$B'(800, -350)$

이때 $\overline{BP}=\overline{B'P}$이므로

$$\overline{AP}+\overline{BP}=\overline{AP}+\overline{B'P}$$

$$\geq\overline{AB'}$$

$$=\sqrt{(800-0)^2+(-350-250)^2}$$

$$=1000 \text{(m)}$$

따라서 구하는 최단 거리는 1000 m이다.

0326

답 ⑤

그림과 같이 점 $A(4, 5)$를 y축에 대하여 대칭이동한 점을 A′이라 하면

$A'(-4, 5)$

점 $B(5, 4)$를 x축에 대하여 대칭이동한 점을 B′이라 하면

$B'(5, -4)$

이때 $\overline{AP}=\overline{A'P}$, $\overline{BQ}=\overline{B'Q}$이므로

$$\overline{AP}+\overline{PQ}+\overline{QB}=\overline{A'P}+\overline{PQ}+\overline{QB'}$$

$$\geq\overline{A'B'}$$

$$=\sqrt{\{5-(-4)\}^2+(-4-5)^2}$$

$$=9\sqrt{2}$$

따라서 $\overline{AP}+\overline{PQ}+\overline{QB}$의 최솟값은 $9\sqrt{2}$이다.

0327

답 28

그림과 같이 점 $B(3, 2)$를 x축에 대하여 대칭이동한 점을 B′이라 하면

$B'(3, -2)$

이때 $\overline{CB}=\overline{CB'}$이므로

(삼각형 ABC의 둘레의 길이)

$$=\overline{AC}+\overline{CB}+\overline{BA}$$

$$=\overline{AC}+\overline{CB'}+\overline{BA}$$

$$\geq\overline{AB'}+\overline{BA}$$

$$=\sqrt{(3-2)^2+(-2-3)^2}+\sqrt{(3-2)^2+(2-3)^2}$$

$$=\sqrt{26}+\sqrt{2}$$

따라서 삼각형 ABC의 둘레의 길이의 최솟값은 $\sqrt{26}+\sqrt{2}$이므로

$a=26$, $b=2$ 또는 $a=2$, $b=26$

$\therefore a+b=28$

0328

답 ⑤

점 $P(a, a^2)$을 x축의 방향으로 $-\frac{1}{3}$만큼, y축의 방향으로 7만큼

평행이동한 점의 좌표는

$$\left(a-\frac{1}{3}, a^2+7\right)$$

이 점이 직선 $y=6x$ 위에 있으므로

$a^2+7=6\left(a-\frac{1}{3}\right)$, $a^2+7=6a-2$

$a^2-6a+9=0$, $(a-3)^2=0$

$\therefore a=3$

따라서 점 P의 좌표는 $(3, 9)$이다.

답 ⑤

좌표평면 위의 점 $P(a, a^2)$을 x축의 방향으로 $-\frac{1}{2}$만큼, y축

의 방향으로 2만큼 평행이동한 점이 직선 $y=4x$ 위에 있을

때, 상수 a의 값은?

① -2 ② -1 ③ 0   ④ 1   ⑤ 2

0329

답 ①

직선 $4x-3y+8=0$을 y축의 방향으로 n만큼 평행이동한 직선의

방정식은

$4x-3(y-n)+8=0$

$\therefore 4x-3y+3n+8=0$

이 직선이 원 $x^2+y^2=4$에 접하므로 원의 중심 $(0, 0)$과 직선 사이

의 거리는 원의 반지름의 길이인 2와 같다.

즉, $\frac{|3n+8|}{\sqrt{4^2+(-3)^2}}=2$이므로 $|3n+8|=10$

$3n+8=\pm10$ $\therefore n=-6$ 또는 $n=\frac{2}{3}$

따라서 정수 n의 값은 -6이다.

답 ④

좌표평면에서 직선 $3x+4y+17=0$을 x축의 방향으로 n만큼

평행이동한 직선이 원 $x^2+y^2=1$에 접할 때, 자연수 n의 값은?

① 1   ② 2   ③ 3   ④ 4   ⑤ 5

0330

답 8

$x^2+y^2+8x-4y+16=0$에서

$(x+4)^2+(y-2)^2=4$

이 원의 중심의 좌표가 $(-4, 2)$이므로 이 원을 x축에 대하여 대칭

이동한 원 C_1의 중심의 좌표는

$(-4, -2)$

원 C_2의 중심의 좌표는 원 C_1의 중심 $(-4, -2)$를 직선 $y=-x$

에 대하여 대칭이동한 점의 좌표와 같으므로 $(2, 4)$

$\therefore a=2$, $b=4$

원을 대칭이동하여도 반지름의 길이는 변하지 않으므로 $r=2$

$\therefore a+b+r=2+4+2=8$

답 56

좌표평면에서 원 $x^2+y^2+10x-12y+45=0$을 원점에 대하

여 대칭이동한 원을 C_1이라 하고, 원 C_1을 x축에 대하여 대칭

이동한 원을 C_2라 하자. 원 C_2의 중심의 좌표를 (a, b)라 할

때, $10a+b$의 값을 구하시오.

0331

답 10

제1사분면 위의 점 A의 좌표를

(a, b) $(a>0, b>0)$라 하면 점 A를 직선

$y=x$에 대하여 대칭이동한 점은 $B(b, a)$

점 A를 x축에 대하여 대칭이동한 점을 A'이

라 하면 $A'(a, -b)$

이때 $\overline{AP}=\overline{A'P}$이므로

$\overline{AP}+\overline{PB}=\overline{A'P}+\overline{PB}$

$\qquad\qquad \geq \overline{A'B}$

$\qquad\qquad =\sqrt{(b-a)^2+\{a-(-b)\}^2}$

$\qquad\qquad =\sqrt{2(a^2+b^2)}$

이때 $\overline{AP}+\overline{PB}$의 최솟값이 $10\sqrt{2}$이므로

$\sqrt{2(a^2+b^2)}=10\sqrt{2}$

$\therefore \sqrt{a^2+b^2}=10$

따라서 선분 OA의 길이는

$\sqrt{a^2+b^2}=10$

0332

답 ②

직선 OA의 기울기는

$\frac{4-0}{2-0}=2$

직선 OB의 기울기는

$\frac{1-0}{a-0}=\frac{1}{a}$ (단, $a\neq0$)

두 직선 OA, OB는 서로 수직이므로

$2\times\frac{1}{a}=-1$ $\therefore a=-2$

즉, 점 B의 좌표는 $(-2, 1)$이다.

두 점 B, C는 직선 $y=x$에 대하여 서로 대칭이므로 점 C의 좌표는

$(1, -2)$

두 점 B, C를 지나는 직선의 방정식은

$y-1=\frac{-2-1}{1-(-2)}(x+2)$

$\therefore y=-x-1$

따라서 이 직선의 x절편은 -1이다.

답 ④

좌표평면에서 세 점 A(1, 3), B(a, 5), C(b, c)가 다음 조건을 만족시킨다.

> (가) 두 직선 OA, OB는 서로 수직이다.
> (나) 두 점 B, C는 직선 $y=x$에 대하여 서로 대칭이다.

직선 AC의 y절편은? (단, O는 원점이다.)

① $\dfrac{9}{2}$ ② $\dfrac{11}{2}$ ③ $\dfrac{13}{2}$ ④ $\dfrac{15}{2}$ ⑤ $\dfrac{17}{2}$

0333

답 ③

점 A(-2, 1)을 x축의 방향으로 m만큼 평행이동한 점 B의 좌표는 B($-2+m$, 1)

점 B($-2+m$, 1)을 y축의 방향으로 n만큼 평행이동한 점 C의 좌표는
C($-2+m$, $1+n$)

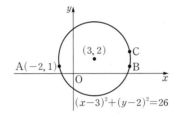

세 점 A, B, C를 지나는 원의 중심의 좌표가 (3, 2)이고 반지름의 길이가 $\sqrt{\{3-(-2)\}^2+(2-1)^2}=\sqrt{26}$이므로 원의 방정식은

$(x-3)^2+(y-2)^2=26$ ...... ㉠

점 B($-2+m$, 1)은 원 ㉠ 위의 점이므로

$(-2+m-3)^2+(1-2)^2=26$

$(m-5)^2=25$ ∴ $m=10$ (∵ $m>0$) ...... ㉡

점 C($-2+m$, $1+n$)도 원 ㉠ 위의 점이므로

$(-2+m-3)^2+(1+n-2)^2=26$

$25+(n-1)^2=26$ (∵ ㉡)

$(n-1)^2=1$ ∴ $n=2$ (∵ $n>0$)

∴ $mn=10\times2=20$

[다른 풀이]

그림과 같이 삼각형 ABC는 $\angle$B$=90°$인 직각삼각형이므로 세 점 A, B, C를 지나는 원의 중심은 변 AC의 중점이다.

이때 변 AC의 중점의 좌표는 $\left(\dfrac{-2+(-2)+m}{2}, \dfrac{1+1+n}{2}\right)$이므로

$\dfrac{-4+m}{2}=3$, $\dfrac{2+n}{2}=2$에서 $m=10$, $n=2$

∴ $mn=10\times2=20$

0334

답 9

원 $(x+1)^2+(y+2)^2=9$는 중심의 좌표가 (-1, -2)이고 반지름의 길이가 3인 원이다.

즉, 평행이동한 원 C는 중심의 좌표가 ($-1+m$, $-2+n$)이고 반지름의 길이가 3인 원이다.

(가)에서 원 C의 중심이 제1사분면 위에 있고, (나)에서 원 C가 x축과 y축에 동시에 접하려면 그림과 같이 중심의 좌표가 (3, 3)이어야 하므로

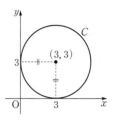

$-1+m=3$, $-2+n=3$

에서 $m=4$, $n=5$

∴ $m+n=4+5=9$

0335

답 ②

두 점 A(4, a), B(2, 1)을 직선 $y=x$에 대하여 대칭이동한 점이 각각 A′, B′이므로

A′(a, 4), B′(1, 2)

그림과 같이 두 직선 AA′, BB′은 각각 직선 $y=x$와 수직이므로 두 직선 AA′, BB′은 평행하고 두 직선 AB와 A′B′의 교점이 P이므로 두 삼각형 APA′, BPB′은 서로 닮은 도형이다.

두 삼각형 APA′, BPB′의 넓이의 비가 9 : 4이므로 두 삼각형 APA′, BPB′의 닮음비는 3 : 2이다.

∴ $\overline{\text{AA}'} : \overline{\text{BB}'}=3 : 2$

$\overline{\text{AA}'}=\sqrt{(a-4)^2+(4-a)^2}=(a-4)\sqrt{2}$ (∵ $a>4$),

$\overline{\text{BB}'}=\sqrt{(1-2)^2+(2-1)^2}=\sqrt{2}$이므로

$(a-4)\sqrt{2} : \sqrt{2}=3 : 2$

$2(a-4)=3$ ∴ $a=\dfrac{11}{2}$

0336

답 ②

원 O_1은 중심의 좌표가 (4, 2)이고 반지름의 길이가 2이므로 원 O_1의 방정식은

$(x-4)^2+(y-2)^2=4$

원 O_1을 직선 $y=x$에 대하여 대칭이동한 원의 방정식은

$(y-4)^2+(x-2)^2=4$

∴ $(x-2)^2+(y-4)^2=4$

이 원을 y축의 방향으로 a만큼 평행이동한 원 O_2의 방정식은

$(x-2)^2+(y-a-4)^2=4$

그림과 같이 원 O_1과 원 O_2의 중심을 각각 C, D라 하면 두 원 O_1, O_2가 만나는 서로 다른 두 점 A, B에 대하여 선분 AB는 선분 CD에 의하여 수직이등분된다.

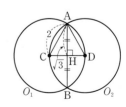

선분 AB와 선분 CD가 만나는 점을 H라 하면

$\overline{\text{AH}}=\overline{\text{BH}}=\dfrac{1}{2}\overline{\text{AB}}=\sqrt{3}$

원 O_1의 반지름의 길이가 2이므로 $\overline{AC}=2$

직각삼각형 ACH에서

$\overline{CH}=\sqrt{2^2-(\sqrt{3})^2}=1$

이때 $\overline{DH}=\overline{CH}=1$이므로 $\overline{CD}=2$

따라서 원 O_1과 원 O_2는 서로의 중심을 지나고 C(4, 2),
D(2, $a+4$)이므로

$\overline{CD}=\sqrt{(2-4)^2+(a+4-2)^2}$

$\qquad =\sqrt{4+(a+2)^2}$

이때 $\overline{CD}=2$이므로

$(a+2)^2=0 \qquad \therefore a=-2$

0337

답 ④

점 A를 직선 $y=x$에 대하여 대칭이동
한 점을 A′이라 하면

A′(3, 2)

점 B를 x축에 대하여 대칭이동한 점을
B′이라 하면

B′(−3, −1)

$\overline{AD}=\overline{A'D}$, $\overline{BC}=\overline{B'C}$이므로

$\overline{AD}+\overline{CD}+\overline{BC}=\overline{A'D}+\overline{DC}+\overline{CB'}$

$\qquad\qquad\qquad\qquad \geq \overline{A'B'}$

$\qquad\qquad\qquad\qquad =\sqrt{\{3-(-3)\}^2+\{2-(-1)\}^2}$

$\qquad\qquad\qquad\qquad =3\sqrt{5}$

따라서 $\overline{AD}+\overline{CD}+\overline{BC}$의 최솟값은 $3\sqrt{5}$이다.

0338

답 $\dfrac{\sqrt{5}}{5}$

포물선 $y=x^2+6x$, 즉 $y=(x+3)^2-9$를 x축의 방향으로 m만큼,
y축의 방향으로 n만큼 평행이동한 포물선의 방정식은

$y-n=(x-m+3)^2-9$

$\therefore y=(x-m+3)^2-9+n$

이 포물선이 $y=x^2-2x-1$, 즉 $y=(x-1)^2-2$와 같으므로

$-m+3=-1$, $-9+n=-2$

$\therefore m=4$, $n=7$

즉, 직선 $l : 2x-y=0$을 x축의 방향으로 4만큼, y축의 방향으로 7
만큼 평행이동한 직선 l'의 방정식은

$2(x-4)-(y-7)=0$

$\therefore 2x-y-1=0$

따라서 두 직선 l, l' 사이의 거리는 직선 l 위의 점 (0, 0)과 직선
l' 사이의 거리와 같으므로 구하는 거리는

$\dfrac{|-1|}{\sqrt{2^2+(-1)^2}}=\dfrac{1}{\sqrt{5}}=\dfrac{\sqrt{5}}{5}$

짝기출

답 45

좌표평면에서 포물선 $y=x^2-2x$를 포물선 $y=x^2-12x+30$
으로 옮기는 평행이동에 의하여 직선 $l : x-2y=0$이 직선 l'
으로 옮겨진다. 두 직선 l, l' 사이의 거리를 d라 할 때, d^2의
값을 구하시오.

0339

답 ③

직선 AB의 방정식은 $y-4=\dfrac{6-4}{6-2}(x-2)$, $y=\dfrac{1}{2}x+3$

$\therefore x-2y+6=0$

점 A를 직선 $y=x$에 대하여 대칭이동한 점 A′의 좌표는 A′(4, 2)

직선 A′B의 방정식은 $y-2=\dfrac{6-2}{6-4}(x-4)$, $y=2x-6$

$\therefore 2x-y-6=0$

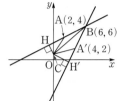

y축 위의 점 C(0, k)에서 두 직선 AB,
A′B에 내린 수선의 발을 각각 H , H′라
하면 조건 ㈏에서 점 C(0, k)와 직선
A′B 사이의 거리는 점 C와 직선 AB 사
이의 거리의 2배이므로 $\overline{CH'}=2\overline{CH}$

$\dfrac{|-k-6|}{\sqrt{2^2+(-1)^2}}=2\times\dfrac{|-2k+6|}{\sqrt{1^2+(-2)^2}}$

㈎에서 $0<k<3$이므로

$|-k-6|=k+6$, $|-2k+6|=-2k+6$

즉, $k+6=2(-2k+6)$이므로

$5k=6 \qquad \therefore k=\dfrac{6}{5}$

II 집합과 명제

2권

유형별 유사문제

PART A' **05 집합의 뜻**

유형 01 집합과 원소

0340
답 ③

ㄱ, ㄷ, ㅁ. '근처에', '높은', '아름다운'은 기준이 명확하지 않아 그 대상을 분명히 정할 수 없으므로 집합이 아니다.

따라서 보기 중 집합인 것은 ㄴ, ㄹ, ㅂ의 3개이다.

0341
답 ⑤

① $\sqrt{25}=5$는 정수이므로 $\sqrt{25}\in Z$

② $\sqrt{12}=2\sqrt{3}$은 무리수이므로 $\sqrt{12}\notin Q$

③ $i^{100}=1$은 정수이므로 $i^{100}\in Z$

④ $\sqrt{3}-1$은 실수이므로 $\sqrt{3}-1\in R$

⑤ $\dfrac{1}{1-i}=\dfrac{1+i}{2}$는 허수이므로 $\dfrac{1}{1-i}\notin Q$

0342
답 7

$(5,\ 8)\in A$이므로 $x=5,\ y=8$을 $ax-by=9$에 대입하면

$5a-8b=9$ ...... ㉠

$(-3,\ -12)\in A$이므로 $x=-3,\ y=-12$를 $ax-by=9$에 대입하면

$-3a+12b=9$ ...... ㉡

㉠, ㉡을 연립하여 풀면 $a=5,\ b=2$

$\therefore a+b=5+2=7$

유형 02 집합의 표현 방법

0343
답 ④

① $12=2^2\times 3$　　② $18=2\times 3^2$　　③ $36=2^2\times 3^2$

④ $42=2\times 3\times 7$　　⑤ $54=2\times 3^3$

따라서 집합 A의 원소가 아닌 것은 ④이다.

0344
답 7

$x+y=8$에서 집합 A의 원소 $(x,\ y)$는 $(1,\ 7),\ (2,\ 6),\ (3,\ 5),$ $(4,\ 4),\ (5,\ 3),\ (6,\ 2),\ (7,\ 1)$의 7개이다.

0345
답 ③

k 미만의 소수가 2, 3, 5, 7, 11, 13이므로 k의 값이 될 수 있는 자연수는 14, 15, 16, 17의 4개이다.

0346
답 ④

④ $112=3\times 37+1$이므로 $112\in B$

유형 03 유한집합과 무한집합

0347
답 ④

① $\{1\}$ ➡ 유한집합

② $\{1,\ 2,\ 3,\ \cdots,\ 199\}$ ➡ 유한집합

③ $\varnothing$ ➡ 유한집합

④ $|x|\leq 4$에서 $-4\leq x\leq 4$ ➡ 무한집합

⑤ $\{-1\}$ ➡ 유한집합

0348
답 ③

ㄱ. $\{\varnothing,\ \{\varnothing\}\}$은 $\varnothing,\ \{\varnothing\}$을 원소로 갖는 집합이다.

ㄴ. 2보다 작은 소수는 존재하지 않으므로 공집합이다.

ㄷ. $x^2+1=0$에서 $x^2=-1$인 실수 x는 존재하지 않으므로 공집합이다.

ㄹ. $|x|<2$에서 $-2<x<2$이므로 $\{x\,|\,|x|<2,\ x$는 정수$\}=\{-1,\ 0,\ 1\}$

ㅁ. $x^2-16<0$에서 $-4<x<4$인 실수 x는 무수히 많으므로 무한집합이다.

0349
답 11

11의 양의 배수는 11, 22, 33, $\cdots$이므로 k의 값이 될 수 있는 자연수는 1, 2, 3, $\cdots$, 11이다.

따라서 자연수 k의 최댓값은 11이다.

유형 04 유한집합의 원소의 개수

0350
답 ②

$A=\{c,\ h,\ m,\ t,\ s\}$이므로 $n(A)=5$

0351

답 ①

$A=\{11, 13, 15, \cdots, 99\}$이므로 $n(A)=45$

$B=\{-10, -9, -8, \cdots, 0, 1, 2, \cdots, 10\}$이므로 $n(B)=21$

$x^2+4\leq0$에서 $x^2\leq-4$인 실수 x는 존재하지 않으므로 $C=\varnothing$

$\therefore n(C)=0$

$\therefore n(A)-n(B)-n(C)=45-21-0=24$

0352

답 ④

① $n(\{0\})=1, n(\{2\})=1$이므로 $n(\{0\})=n(\{2\})$

② $n(\{1, 2, 3\})-n(\{1, 2\})=3-2=1$

③ $n(A)=0$이면 $A=\varnothing$

④ $n(\{\varnothing, \{\varnothing\}\})-n(\varnothing)=2-0=2$

⑤ $n(\{0\})+n(\{\varnothing\})+n(\{0, \varnothing\})=1+1+2=4$

따라서 옳은 것은 ④이다.

0353

답 17

$A=\{1, 2, 5, 10\}$이므로 $n(A)=4$

$n(B)=n(A)=4$에서 $B=\{2, 4, 6, 8\}$이므로

$k=8$ 또는 $k=9$

따라서 구하는 모든 k의 값의 합은 $8+9=17$

유형 **05** 새로운 집합 구하기

0354

답 $B=\{-2, 0, 1, 4\}$

$A=\{-1, 0, 2\}$이므로 $x\in A$,
$y\in A$인 두 수 x, y에 대하여 xy의
값을 구하면 오른쪽 표와 같다.

$\therefore B=\{-2, 0, 1, 4\}$

x \ y	-1	0	2
-1	1	0	-2
0	0	0	0
2	-2	0	4

0355

답 ④

$A=\{1, 2, 3\}$, $B=\{2, 4, 6\}$이므로
$a\in A$, $b\in B$인 두 수 a, b에 대하여
$a+b$의 값을 구하면 오른쪽 표와 같다.

$\therefore C=\{3, 4, 5, 6, 7, 8, 9\}$

따라서 집합 C의 모든 원소의 합은
$3+4+5+6+7+8+9=42$

a \ b	2	4	6
1	3	5	7
2	4	6	8
3	5	7	9

0356

답 ③

$A=\{1, 2\}$이므로 $m\in A$, $n\in A$일 때, 2^m은 2, 4이고,
4^n은 4, 16이다.

2^m+4^n의 값을 구하면 오른쪽 표와 같으므로

$X=\{6, 8, 18, 20\}$

따라서 집합 X의 모든 원소의 합은

$6+8+18+20=52$

2^m \ 4^n	4	16
2	6	18
4	8	20

유형 **06** 기호 $\in$, $\subset$의 사용

0357

답 ⑤

$A=\{-3, 0, 2\}$, $B=\{-5, -3, 0, 2, 9\}$이므로

⑤ $\{-3, 0, 2\}\subset B$

0358

답 ④

ㄱ. $\{a\}\subset A$

ㄴ. $\{b\}\in A$

ㅁ. $\{\{b\}, \{c\}\}\subset A$

따라서 옳은 것은 ㄷ, ㄹ, ㅂ이다.

유형 **07** 집합 사이의 포함 관계

0359

답 ㄱ, ㄹ

주어진 벤다이어그램에서 $A\subset B$

ㄱ. $A\subset B$

ㄴ. $A=\{0, 1, 3, 9\}$, $B=\{0, 1, 4, 9\}$
    $3\in A$, $3\notin B$이므로 $A\not\subset B$

ㄷ. $A=\{2, 3, 5\}$, $B=\{1, 3, 5, 15\}$
    $2\in A$, $2\notin B$이므로 $A\not\subset B$

ㄹ. $A=\{10, 20, 30, 40, \cdots\}$, $B=\{5, 10, 15, 20, \cdots\}$이므로
    $A\subset B$

ㅁ. $A=\{1, 2, 4, 8, 16\}$, $B=\{1, 2, 4\}$
    $8\in A$, $8\notin B$이므로 $A\not\subset B$

따라서 옳은 것은 ㄱ, ㄹ이다.

0360

답 ③

$A=\{\cdots, -11, -8, -5, -2, 1, 4, 7, 10, 13, \cdots\}$,

$B=\{\cdots, -11, -5, 1, 7, 13, \cdots\}$,

$C=\{-5, 4, 13, 22\}$이므로

$B\subset A$, $C\subset A$

0361

답 ②

$x^2=4$에서 $x=-2$ 또는 $x=2$이므로 $A=\{-2, 2\}$

$|x|\leq2$에서 $-2\leq x\leq2$이므로 $B=\{-2, -1, 0, 1, 2\}$

$x^3-4x=0$에서 $x(x^2-4)=0$

$x(x+2)(x-2)=0$

$\therefore x=0$ 또는 $x=-2$ 또는 $x=2$

$\therefore C=\{-2, 0, 2\}$

따라서 $\{-2, 2\}\subset\{-2, 0, 2\}\subset\{-2, -1, 0, 1, 2\}$이므로

$A\subset C\subset B$

0362

답 ③

$A=\{-1, 0, 1\}$

$x^2+1<2$에서 $x^2<1$ $\quad\therefore -1<x<1$

$\therefore B=\{0\}$

$x\in A$, $y\in A$인 두 수 x, y에 대하여
$x+y$의 값을 구하면 오른쪽 표와 같다.

$\therefore C=\{-2, -1, 0, 1, 2\}$

따라서 세 집합 A, B, C 사이의
포함 관계는 $B\subset A\subset C$이다.

x \ y	-1	0	1
-1	-2	-1	0
0	-1	0	1
1	0	1	2

유형 **08** **집합 사이의 포함 관계가 성립하도록 하는 미지수 구하기**

0363

답 ②

$x^2-6x=0$에서

$x(x-6)=0$ $\quad\therefore x=0$ 또는 $x=6$

$\therefore B=\{0, 6\}$

$B\subset A$가 성립하려면 $6\in A$이어야 하므로

$a+3=6$ 또는 $4a-2=6$

$\therefore a=3$ 또는 $a=2$

따라서 구하는 모든 자연수 a의 값의 합은 $3+2=5$

0364

답 2

$A\subset B$이므로 $-3\in B$에서

$-a^2+1=-3$ 또는 $-2a+3=-3$

(i) $-a^2+1=-3$일 때, $a^2=4$

$\quad\therefore a=-2$ 또는 $a=2$

$\quad a=-2$일 때, $A=\{-3, 3\}$, $B=\{-3, 5, 7\}$이므로 $A\not\subset B$

$\quad a=2$일 때, $A=\{-3, -1\}$, $B=\{-3, -1, 5\}$이므로 $A\subset B$

(ii) $-2a+3=-3$일 때, $a=3$

$\quad A=\{-3, -2\}$, $B=\{-8, -3, 5\}$이므로 $A\not\subset B$

(i), (ii)에서 구하는 a의 값은 2이다.

0365

답 -5

$B=\{-4, 1, 6\}$

$B\subset A$이려면 $a<-4$

따라서 정수 a의 최댓값은 -5이다.

0366

답 ②

$A\subset C\subset B$가 성립하도록 세 집합
A, B, C를 수직선 위에 나타내면
오른쪽 그림과 같다.

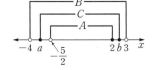

따라서 $-4<a\leq-\dfrac{5}{2}$, $2\leq b<3$이

므로

$a=-3$, $b=2$ ($\because a$, b는 정수)

$\therefore a+b=-3+2=-1$

유형 **09** **서로 같은 집합**

0367

답 ②

$A=\{1, 3, 9\}$, $B=\{a-2, a+4, b\}$이고

집합 B의 두 원소 $a+4$와 $a-2$의 차는 6이므로

$A=B$이려면 $a-2=3$, $a+4=9$ $\quad\therefore a=5$

따라서 $b=1$이므로 $a-b=5-1=4$

0368

답 3

$a^2\neq a^2-5$이므로 $a+1=a^2-5$

$a^2-a-6=0$, $(a+2)(a-3)=0$

$\therefore a=-2$ 또는 $a=3$

(i) $a=-2$일 때

$\quad A=\{-1, 4, 8\}$, $B=\{-1, 8, 9\}$이므로 $A\neq B$

(ii) $a=3$일 때

$\quad A=\{4, 8, 9\}$, $B=\{4, 8, 9\}$이므로 $A=B$

(i), (ii)에서 $a=3$

[다른 풀이]

$a^2\neq a^2-5$이므로 $a^2=9$ $\quad\therefore a=\pm3$

(i) $a=-3$일 때

$\quad A=\{-2, 8, 9\}$, $B=\{4, 8, 9\}$이므로 $A\neq B$

(ii) $a=3$일 때

$\quad A=\{4, 8, 9\}$, $B=\{4, 8, 9\}$이므로 $A=B$

(i), (ii)에서 $a=3$

0369

답 ⑤

$A \subset B$이고 $B \subset A$이므로 $A = B$

$a^2 - 3a = 10$에서 $a^2 - 3a - 10 = 0$

$(a+2)(a-5) = 0$ ∴ $a = -2$ 또는 $a = 5$

$b^2 + 2b = 8$에서 $b^2 + 2b - 8 = 0$

$(b+4)(b-2) = 0$ ∴ $b = -4$ 또는 $b = 2$

따라서 ab의 최댓값은 $a = 5$, $b = 2$일 때 10이다.

0370

답 -3

$A \subset B$이고 $B \subset A$이므로 $A = B$

$a^2 + 4a = -3$이므로 $a^2 + 4a + 3 = 0$

$(a+3)(a+1) = 0$ ∴ $a = -1$ 또는 $a = -3$

(i) $a = -1$일 때

   $A = \{-3, 1, 9\}$, $B = \{-3, 7, 9\}$이므로 $A \neq B$

(ii) $a = -3$일 때

   $A = \{-3, 7, 9\}$, $B = \{-3, 7, 9\}$이므로 $A = B$

(i), (ii)에서 $a = -3$

유형 10 부분집합 구하기

0371

답 ①

집합 S는 집합 A의 부분집합을 원소로 갖는 집합이므로

$S = \{\varnothing, \{p\}, \{q\}, \{p, q\}\}$

따라서 집합 S의 원소가 아닌 것은 ① $\{\varnothing\}$이다.

0372

답 4

$A = \{0, 1, 2, \{1, 2\}\}$

집합 B는 원소가 3개인 집합 A의 부분집합이므로

$\{0, 1, 2\}$, $\{0, 1, \{1, 2\}\}$, $\{0, 2, \{1, 2\}\}$, $\{1, 2, \{1, 2\}\}$의 4개이다.

0373

답 ①

$A = \{1, 2, 3, 4, 5\}$

집합 B가 집합 A의 진부분집합이므로 a와 b가 될 수 있는 수를 순서쌍으로 나타내면

$(1, 3)$, $(1, 4)$, $(3, 1)$, $(3, 4)$, $(4, 1)$, $(4, 3)$

따라서 $a + b$의 최솟값은 4이다.

0374

답 6

$B = \{1, 3, 5, 15\}$이고 $A \subset B$이므로

$3a = 3$ 또는 $3a = 15$

∴ $a = 1$ 또는 $a = 5$

따라서 모든 자연수 a의 값의 합은 $1 + 5 = 6$

유형 11 부분집합의 개수

0375

답 8

$A = \{1, 3, 7, 21\}$의 원소의 개수가 4이므로 부분집합의 개수는

$a = 2^4 = 16$

$B = \{8, 16, 24\}$의 원소의 개수가 3이므로 부분집합의 개수는

$b = 2^3 = 8$

∴ $a - b = 16 - 8 = 8$

0376

답 ③

① 원소의 개수가 6이므로 진부분집합의 개수는

   $2^6 - 1 = 63$

② 원소의 개수가 4이므로 진부분집합의 개수는

   $2^4 - 1 = 15$

③ $\{1, 2, 4, 8, 16\}$의 원소의 개수가 5이므로 진부분집합의 개수는

   $2^5 - 1 = 31$

④ $\{2, 4, 6, 8, 10, 12, 14\}$의 원소의 개수가 7이므로 진부분집합의 개수는

   $2^7 - 1 = 127$

⑤ $\{-2, -1, 0, 1\}$의 원소의 개수가 4이므로 진부분집합의 개수는

   $2^4 - 1 = 15$

0377

답 14

$A = \{11, 13, 17, 19\}$

이때 집합 X는 집합 A의 진부분집합 중 공집합을 제외한 것이므로 그 개수는

$2^4 - 1 - 1 = 14$

0378

답 64

$x^3+x^2-2x=0$에서 $x(x^2+x-2)=0$

$x(x+2)(x-1)=0$ ∴ $x=-2$ 또는 $x=0$ 또는 $x=1$

∴ $A=\{-2, 0, 1\}$

$a\in A$, $b\in A$인 두 수 a, b에 대하여 $a+b$의 값을 구하면 오른쪽 표와 같으므로

a＼b	-2	0	1
-2	-4	-2	-1
0	-2	0	1
1	-1	1	2

$B=\{-4, -2, -1, 0, 1, 2\}$

따라서 집합 B의 부분집합의 개수는

$2^6=64$

유형 12 특정한 원소를 갖거나 갖지 않는 부분집합의 개수

0379

답 15

$A=\{6, 12, 18, 24, 30, 36\}$

집합 X는 집합 A의 진부분집합이고, 12, 30을 반드시 원소로 가지므로 집합 X의 개수는

$2^{6-2}-1=2^4-1=15$

0380

답 ③

집합 A의 원소 중 4의 배수 4, 8, 12를 반드시 원소로 갖고, 5의 배수 5, 10을 원소로 갖지 않는 부분집합의 개수는

$2^{12-3-2}=2^7=128$

0381

답 19

(ⅰ) $8\in X$일 때

부분집합의 개수는 $2^{5-1}=2^4=16$

이 중 $n(X)\geq 2$인 부분집합의 개수는

$16-1=15$

(ⅱ) $8\notin X$일 때

집합 X는 4, 6을 반드시 원소로 갖고 8을 원소로 갖지 않아야 하므로 집합 X의 개수는 $2^{5-2-1}=2^2=4$

(ⅰ), (ⅱ)에서 주어진 조건을 만족시키는 집합 X의 개수는

$15+4=19$

0382

답 ①

$2x^2+3x-14\leq 0$에서 $(2x+7)(x-2)\leq 0$

∴ $-\dfrac{7}{2}\leq x\leq 2$

$A=\{-3, -2, -1, 0, 1, 2\}$이므로 구하는 집합은 음이 아닌 정수 0, 1, 2 중 0, 1 또는 0, 2 또는 1, 2의 두 개의 음이 아닌 정수를 원소로 갖는 부분집합이다.

집합 A의 부분집합 중 0, 1을 반드시 원소로 갖고 2를 원소로 갖지 않는 부분집합의 개수는

$2^{6-2-1}=2^3=8$

마찬가지로 음이 아닌 정수 중 0, 2 또는 1, 2의 두 개의 음이 아닌 정수를 원소로 갖는 부분집합의 개수도 각각 8이다.

따라서 구하는 부분집합의 개수는 $8\times 3=24$

유형 13 $A\subset X\subset B$를 만족시키는 집합 X의 개수

0383

답 16

집합 X는 집합 A의 부분집합 중 집합 B의 원소 a, e를 반드시 원소로 갖는 부분집합이다.

따라서 집합 X의 개수는

$2^{6-2}=2^4=16$

0384

답 8

$x^2-5x+6=0$에서 $(x-2)(x-3)=0$

∴ $x=2$ 또는 $x=3$

$A=\{2, 3\}$, $B=\{1, 2, 3, 4, 5\}$이므로 집합 X는 집합 B의 부분집합 중 집합 A의 원소 2, 3을 반드시 원소로 갖는 부분집합이다.

따라서 집합 X의 개수는

$2^{5-2}=2^3=8$

0385

답 ②

$A=\{1, 2, 3, 4, 6, 8, 12, 24\}$이므로 주어진 조건을 만족시키는 집합 X는 집합 A의 진부분집합 중 1, 4, 6을 반드시 원소로 갖는 집합이다.

따라서 집합 X의 개수는

$2^{8-3}-1=2^5-1=31$

0386

답 8

$A=\{1, 2, 3, \cdots, n\}$, $B=\{2, 4, 6, 8\}$

집합 X의 개수는 집합 A의 부분집합 중 집합 B의 원소 2, 4, 6, 8을 반드시 원소로 갖는 부분집합의 개수에서 집합 B를 제외한 개수와 같으므로

$2^{n-4}-1=15$, $2^{n-4}=16=2^4$

$n-4=4$ ∴ $n=8$

0387

답 24

$A=\{-1, 1, 5, 13, 29\}$이므로 집합 A의 부분집합 중 -1 또는 5를 원소로 갖는 부분집합은 집합 A의 부분집합에서 집합 $\{1, 13, 29\}$의 부분집합을 제외하면 된다.
따라서 구하는 부분집합의 개수는
$2^5-2^3=32-8=24$

0388

답 239

$A=\{7, 14, 21, 28, 35, 42, 49, 56\}$이므로 집합 A의 진부분집합 중 적어도 한 개의 짝수를 원소로 갖는 집합은 집합 A의 진부분집합에서 원소가 모두 홀수인 집합 $\{7, 21, 35, 49\}$의 부분집합을 제외하면 된다.
따라서 구하는 집합의 개수는
$(2^8-1)-2^4=255-16=239$

0389

답 ②

$m(X)\leq 0$을 만족시키려면 집합 X는 -2, -1, 0 중 적어도 하나를 원소로 가져야 한다.
따라서 집합 A의 공집합이 아닌 부분집합 중에서 집합 $\{1, 2, 3\}$의 공집합이 아닌 부분집합을 제외하면 되므로 구하는 집합 X의 개수는
$(2^6-1)-(2^3-1)=63-7=56$

다른 풀이
(ⅰ) 가장 작은 원소가 -2인 부분집합의 개수는 -2를 반드시 원소로 갖는 부분집합의 개수와 같으므로 $2^{6-1}=2^5=32$
(ⅱ) 가장 작은 원소가 -1인 부분집합의 개수는 -1을 반드시 원소로 갖고 -2를 원소로 갖지 않는 부분집합의 개수와 같으므로 $2^{6-1-1}=2^4=16$
(ⅲ) 가장 작은 원소가 0인 부분집합의 개수는 0을 반드시 원소로 갖고 -2, -1을 원소로 갖지 않는 부분집합의 개수와 같으므로 $2^{6-1-2}=2^3=8$
(ⅰ)~(ⅲ)에서 구하는 집합 X의 개수는 $32+16+8=56$

참고

집합 A의 부분집합의 개수에서 집합 $\{1, 2, 3\}$의 부분집합의 개수를 빼면 공집합이 제외되므로 구하는 집합 X의 개수는 $2^6-2^3=64-8=56$으로 구할 수도 있다.

0390

답 56

$x^2+x-6\leq 0$에서 $(x+3)(x-2)\leq 0$
$\therefore -3\leq x\leq 2$
$\therefore A=\{-3, -2, -1, 0, 1, 2\}$

집합 A의 부분집합 중 적어도 한 개의 음수를 원소로 갖는 집합은 집합 A의 부분집합 중 집합 $\{0, 1, 2\}$의 부분집합을 제외하면 된다.
따라서 구하는 부분집합의 개수는
$2^6-2^3=64-8=56$

0391

답 128

$A=\{1, 2, 3, \cdots, 49\}$
(가)에서 $43\in X$이므로 (나)에서
$43\in X$이면 $44\in X$
$44\in X$이면 $45\in X$
$45\in X$이면 $46\in X$
$\vdots$
$48\in X$이면 $49\in X$
$\therefore \{43, 44, 45, 46, 47, 48, 49\}\subset X$
따라서 원소의 개수가 가장 작은 집합 X는
$\{43, 44, 45, 46, 47, 48, 49\}$이므로 부분집합의 개수는
$2^7=128$

0392

답 3

x와 $\dfrac{81}{x}$이 모두 자연수이므로 x는 81의 양의 약수이다.
즉, 집합 S의 원소가 될 수 있는 수는 $1, 3, 9, 27, 81$이고 1과 81, 3과 27은 어느 하나가 집합 S의 원소이면 나머지 하나도 반드시 집합 S의 원소이다.
(ⅰ) $n(S)=3$일 때
$S=\{1, 9, 81\}$, $S=\{3, 9, 27\}$ $\therefore s_3=2$
(ⅱ) $n(S)=4$일 때
$S=\{1, 3, 27, 81\}$ $\therefore s_4=1$
(ⅰ), (ⅱ)에서 $s_3+s_4=2+1=3$

0393

답 ④

(나)에서 집합 B의 원소가 될 수 있는 수는 36의 양의 약수인 $1, 2, 3, 4, 6, 9, 12, 18, 36$이고 1과 36, 2와 18, 3과 12, 4와 9는 어느 하나가 집합 B의 원소이면 나머지 하나도 반드시 집합 B의 원소이다.
(다)에서 집합 B의 원소의 개수가 홀수일 때 집합 B는 6을 반드시 원소로 가지므로 집합 B의 개수는 집합 $\{1, 2, 3, 4\}$의 부분집합의 개수와 같다.
따라서 구하는 집합 B의 개수는
$2^4=16$

0394

답 ④

$2\in B$, $5\not\in B$인 집합 B의 개수는 $2^{6-1-1}=2^4=16$
16개의 집합 B 중 1을 반드시 원소로 갖는 집합의 개수는
$1\in B$, $2\in B$, $5\not\in B$인 집합의 개수와 같으므로
$2^{6-2-1}=2^3=8$
마찬가지로 3, 4, 6을 각각 원소로 갖는 집합의 개수도 8이므로
$S(B)$의 값의 합은 2는 16번 더하고 1, 3, 4, 6은 8번씩 더한 값과
같다.
$\therefore 16\times2+8\times(1+3+4+6)=144$

0395

답 160

집합 A의 부분집합 중 1을 반드시 원소로 갖는 집합의 개수는
$2^{5-1}=2^4=16$
마찬가지로 3, 9, 27, 81을 각각 원소로 갖는 집합의 개수도 16이
므로
$f(A_1)\times f(A_2)\times f(A_3)\times\cdots\times f(A_{31})$
$=1^{16}\times3^{16}\times9^{16}\times27^{16}\times81^{16}$
$=3^{16}\times3^{32}\times3^{48}\times3^{64}$
$=3^{16+32+48+64}=3^{160}$
$\therefore k=160$

0396

답 ③

두 개의 홀수를 원소로 가지므로 홀수 1, 3, 5 중 1, 3 또는 1, 5 또
는 3, 5만을 원소로 갖는다.
(i) 1, 3을 반드시 원소로 갖고 5를 원소로 갖지 않는 부분집합의
개수는 $2^{6-2-1}=2^3=8$
1, 3은 8개의 집합에 모두 포함되어 있고, 2, 4, 6은 각각 4번씩
들어 있으므로
$8\times(1+3)+4\times(2+4+6)=32+48=80$
(ii) 1, 5를 반드시 원소로 갖고 3을 원소로 갖지 않는 부분집합
의 개수는 $2^{6-2-1}=2^3=8$
1, 5는 8개의 집합에 모두 포함되어 있고, 2, 4, 6은 각각 4번씩
들어 있으므로
$8\times(1+5)+4\times(2+4+6)=48+48=96$
(iii) 3, 5를 반드시 원소로 갖고 1을 원소로 갖지 않는 부분집합
의 개수는 $2^{6-2-1}=2^3=8$
3, 5는 8개의 집합에 모두 포함되어 있고, 2, 4, 6은 각각 4번씩
들어 있으므로
$8\times(3+5)+4\times(2+4+6)=64+48=112$
(i)~(iii)에서
$a_1+a_2+a_3+\cdots+a_n=80+96+112=288$

0397

답 4

x와 $10-x$가 모두 자연수이므로 집합 A의 원소가 될 수 있는 수
는 1, 2, 3, 4, 5, 6, 7, 8, 9
이때 1과 9, 2와 8, 3과 7, 4와 6은 어느 하나가 집합 A의 원소이
면 나머지 하나도 반드시 집합 A의 원소이다.
따라서 원소가 3개인 집합 A는
$\{1, 5, 9\}$, $\{2, 5, 8\}$, $\{3, 5, 7\}$, $\{4, 5, 6\}$의 4개이다.

짝기출
답 ③

자연수 전체의 집합의 부분집합 A에 대하여 다음을 만족하는
집합 A의 개수는? (단, $A\neq\varnothing$)

a가 집합 A의 원소이면 $\dfrac{81}{a}$도 집합 A의 원소이다.

① 5   ② 6   ③ 7   ④ 8   ⑤ 9

0398

답 2

$B\subset A$이므로 $-4\in A$에서
$2a=-4$ 또는 $2a+1=-4$ 또는 $2a+3=-4$
(i) $2a=-4$일 때 $a=-2$
$A=\{-4, -3, -1, 6\}$, $B=\{-4, 6\}$이므로 $B\subset A$
(ii) $2a+1=-4$일 때 $a=-\dfrac{5}{2}$
$A=\{-5, -4, -2, 6\}$, $B=\left\{-4, \dfrac{33}{4}\right\}$이므로 $B\not\subset A$
(iii) $2a+3=-4$일 때 $a=-\dfrac{7}{2}$
$A=\{-7, -6, -4, 6\}$, $B=\left\{-4, \dfrac{57}{4}\right\}$이므로 $B\not\subset A$
(i)~(iii)에서 $a=-2$이므로 집합 B의 모든 원소의 합은
$-4+6=2$

짝기출
답 5

두 집합 $A=\{2, 5\}$, $B=\{2, 4, a\}$에 대하여 $A\subset B$일 때, 상
수 a의 값을 구하시오.

0399

답 ②

집합 $A=\{3, 4, 5, 6, 7\}$의 원소 중 곱이 6의 배수가 되는 경우는 6을 포함하거나 6을 포함하지 않으면서 3과 4를 모두 포함하는 경우이다.

(ⅰ) $6\in X$인 경우

부분집합의 개수는 $2^{5-1}=2^4=16$

이 중 $n(X)\geq2$인 부분집합의 개수는

$16-1=15$

(ⅱ) $6\not\in X$, $3\in X$, $4\in X$인 경우

부분집합의 개수는 $2^{5-1-2}=2^2=4$

(ⅰ), (ⅱ)에서 주어진 조건을 모두 만족시키는 집합 X의 개수는

$15+4=19$

0400

답 ①

(ⅰ) 최소인 원소가 1인 경우

구하는 집합은 1을 반드시 원소로 갖는 원소가 2개 이상인 집합이므로 그 개수는 $2^{5-1}-1=15$

(ⅱ) 최소인 원소가 2인 경우

구하는 집합은 2를 반드시 원소로 갖고 1을 원소로 갖지 않는 원소가 2개 이상인 집합이므로 그 개수는 $2^{5-2}-1=7$

(ⅲ) 최소인 원소가 3인 경우

구하는 집합은 3을 반드시 원소로 갖고 1, 2를 원소로 갖지 않는 원소가 2개 이상인 집합이므로 그 개수는 $2^{5-3}-1=3$

(ⅳ) 최소인 원소가 4인 경우

구하는 집합은 4를 반드시 원소로 갖고 1, 2, 3을 원소로 갖지 않는 원소가 2개 이상인 집합이므로 그 개수는 $2^{5-4}-1=1$

(ⅰ)~(ⅳ)에서 구하는 값은

$1\times15+2\times7+3\times3+4\times1=42$

0401

답 78

집합 A의 서로 다른 원소를 a, b, c $(0<a<b<c)$라 하자.

$p\in A$, $q\in A$인 두 수 p, q에 대하여 pq의 값을 구하면 오른쪽 표와 같으므로

p q	a	b	c
a	a^2	ab	ac
b	ab	b^2	bc
c	ac	bc	c^2

$B=\{a^2, b^2, c^2, ab, ac, bc\}$

이때 $n(B)=5$이므로

$a^2<ab<ac<bc<c^2$, $a^2<ab<b^2<bc<c^2$에서 $ac=b^2$이어야 한다.

집합 B의 원소 중 가장 작은 값은 a^2, 가장 큰 값은 c^2이므로

$a^2=16$, $c^2=625$ $\therefore a=4$, $c=25$

$b^2=ac$에서 $b^2=100$ $\therefore b=10$

따라서 집합 $A=\{4, 10, 25\}$이므로 집합 A의 부분집합 중에서 원소의 개수가 2인 부분집합은 $\{4, 10\}$, $\{4, 25\}$, $\{10, 25\}$의 3개이다.

$\therefore S_1+S_2+\cdots+S_n=2\times(4+10+25)=78$

참고

$a<b<c$의 각 변에 a를 곱하면 $a^2<ab<ac$

$a<b<c$의 각 변에 c를 곱하면 $ac<bc<c^2$

$\therefore a^2<ab<ac<bc<c^2$

또한 $a<b<c$의 각 변에 b를 곱하면 $ab<b^2<bc$

$\therefore a^2<ab<b^2<bc<c^2$

따라서 $n(B)=5$이려면 $b^2=ac$이어야 한다.

짝기출 **답 8**

두 집합 $A=\{1, 2, 3, 4, a\}$, $B=\{1, 3, 5\}$에 대하여 집합 $X=\{x+y\,|\,x\in A,\ y\in B\}$라 할 때, $n(X)=10$이 되도록 하는 자연수 a의 최댓값을 구하시오.

0402

답 ④

집합 A의 부분집합 중에서

(ⅰ) $\dfrac{1}{2^4}$을 가장 작은 원소로 갖는 모든 부분집합의 개수는 $\dfrac{1}{2^4}$을 반드시 원소로 갖고 $\dfrac{1}{2^5}$, $\dfrac{1}{2^6}$, $\dfrac{1}{2^7}$, $\dfrac{1}{2^8}$, $\dfrac{1}{2^9}$, $\dfrac{1}{2^{10}}$을 원소로 갖지 않는 부분집합의 개수와 같다.

$\therefore f\left(\dfrac{1}{2^4}\right)=2^{10-6-1}=2^3=8$

(ⅱ) $\dfrac{1}{2^4}$을 가장 큰 원소로 갖는 모든 부분집합의 개수는 $\dfrac{1}{2^4}$을 반드시 원소로 갖고 $\dfrac{1}{2}$, $\dfrac{1}{2^2}$, $\dfrac{1}{2^3}$을 원소로 갖지 않는 부분집합의 개수와 같다.

$\therefore g\left(\dfrac{1}{2^4}\right)=2^{10-3-1}=2^6=64$

(ⅰ), (ⅱ)에서 $g\left(\dfrac{1}{2^4}\right)-f\left(\dfrac{1}{2^4}\right)=64-8=56$

짝기출 **답 ⑤**

집합 $S=\left\{1, \dfrac{1}{2}, \dfrac{1}{2^2}, \dfrac{1}{2^3}, \dfrac{1}{2^4}\right\}$의 공집합이 아닌 서로 다른 부분집합을 A_1, A_2, A_3, $\cdots$, A_{31}이라 하자. 이때 각각의 집합 A_1, A_2, A_3, $\cdots$, A_{31}에서 최소인 원소를 뽑아 이들을 모두 더하면?

① $\dfrac{1}{2}$ ② 1 ③ 2 ④ 4 ⑤ 5

0403

답 ①

n을 최소의 원소로 갖는 부분집합의 개수는 n을 반드시 원소로 갖고 1, 2, 3, $\cdots$, $n-1$을 원소로 갖지 않는 부분집합의 개수와 같으므로

$f(n)=2^{10-1-(n-1)}=2^{10-n}$ $(1 \leq n \leq 9)$, $f(10)=1$

ㄱ. 1을 최소의 원소로 갖는 부분집합의 개수는 1을 반드시 원소로 갖는 부분집합의 개수와 같으므로

　　$f(1)=2^{10-1}=2^9=512$

ㄴ. $a=7$, $b=8$일 때, $7 \in A$, $8 \in A$이고 $7<8$이지만

　　$f(7)=2^{10-7}=2^3=8$, $f(8)=2^{10-8}=2^2=4$

　　이므로 $f(7)>f(8)$

ㄷ. $f(7)=8$, $f(8)=4$, $f(9)=2^{10-9}=2$이므로

　　$f(7)+f(8)+f(9)=8+4+2=14$

따라서 옳은 것은 ㄱ이다.

짝기출 답 ③

집합 $X=\{x | x$는 10 이하의 자연수$\}$의 원소 n에 대하여 X의 부분집합 중 n을 최소의 원소로 갖는 모든 집합의 개수를 $f(n)$이라 하자. 보기에서 옳은 것만을 있는 대로 고른 것은?

보기
ㄱ. $f(8)=4$
ㄴ. $a \in X$, $b \in X$일 때, $a<b$이면 $f(a)<f(b)$
ㄷ. $f(1)+f(3)+f(5)+f(7)+f(9)=682$

① ㄱ　　　　② ㄱ, ㄴ　　　　③ ㄱ, ㄷ
④ ㄴ, ㄷ　　　⑤ ㄱ, ㄴ, ㄷ

참고

k 이하의 자연수 중 n의 배수의 개수는

➡ $\left[\dfrac{k}{n} \right]$ (단, $[x]$는 x보다 크지 않은 최대의 정수이다.)

짝기출 답 ③

두 자연수 a, b의 공약수의 개수를 $N(a, b)$라 하자.

전체집합 $U=\{x | x$는 100 이하의 자연수$\}$의 부분집합 $A_k(a)$를 $A_k(a)=\{x | N(a, x)=k\}$라 할 때, 보기에서 옳은 것만을 있는 대로 고른 것은?

보기
ㄱ. $4 \in A_1(3)$
ㄴ. 집합 $A_3(4)$의 원소의 개수는 23개이다.
ㄷ. a가 소수이면 집합 $A_2(a)$의 원소의 개수는 $\left[\dfrac{100}{a} \right]$개이다. (단, $[x]$는 x보다 크지 않은 최대의 정수이다.)

① ㄱ　　　　② ㄴ　　　　③ ㄱ, ㄷ
④ ㄴ, ㄷ　　　⑤ ㄱ, ㄴ, ㄷ

0404

답 ③

ㄱ. $A_1(7)=\{x | N(7, x)=1\}$에서 $N(7, x)=1$은 7과 x의 공약수의 개수가 1이라는 의미이므로 $A_1(7)$은 100 이하의 자연수 중에서 7과 서로소인 자연수의 집합이다.

　　이때 7과 4는 서로소이므로 $4 \in A_1(7)$

ㄴ. $A_3(9)=\{x | N(9, x)=3\}$에서 $N(9, x)=3$은 9와 x의 공약수의 개수가 3이라는 의미이다. 이때 9의 약수의 개수가 3이므로 $A_3(9)$는 9의 배수의 집합이다.

　　따라서 100 이하의 자연수 중 9의 배수는 9, 18, 27, $\cdots$, 99의 11개이므로 집합 $A_3(9)$의 원소의 개수는 11이다.

ㄷ. $A_2(a)=\{x | N(a, x)=2\}$에서 $N(a, x)=2$는 a와 x의 공약수의 개수가 2라는 의미이다. 이때 a가 소수이면 a의 약수의 개수는 2이므로 x는 a의 배수이어야 한다. 즉, $A_2(a)$는 a의 배수의 집합이다.

　　따라서 집합 $A_2(a)$의 원소의 개수는 100 이하의 자연수 중 a의 배수의 개수와 같으므로 $\left[\dfrac{100}{a} \right]$이다.

따라서 옳은 것은 ㄱ, ㄷ이다.

06 집합의 연산

유형 01 합집합과 교집합

0405
답 ②

$A=\{1, 3, 5, 7, 9\}$, $B=\{1, 2, 5, 10\}$,
$C=\{1, 2, 3, 4, 6, 12\}$이므로
$(A\cup B)\cap C=\{1, 2, 3, 5, 7, 9, 10\}\cap\{1, 2, 3, 4, 6, 12\}$
$\qquad\qquad\quad =\{1, 2, 3\}$
$\therefore n((A\cup B)\cap C)=3$

0406
답 15

$A=\{1, 3, 5, 9, 15, 45\}$, $B=\{1, 2, 3, 5, 6, 10, 15, 30\}$이므로
$A\cap B=\{1, 3, 5, 15\}=\{x\,|\,x$는 15의 양의 약수$\}$
$\therefore k=15$

0407
답 ④

집합 A는 4, 7, 9를 반드시 원소로 갖고, 3, 6, 10은 원소로 갖지
않아야 하므로 집합 A가 될 수 없는 것은 ④ $\{4, 6, 7, 9\}$이다.

유형 02 서로소인 두 집합

0408
답 ⑤

$A=\{4, 6, 8, 9, 10, 12, 14\}$, $B=\{2, 7, k\}$가 서로소이려면
$A\cap B=\varnothing$ 이어야 하므로 k의 값이 될 수 있는 것은 ⑤ 13이다.

> 참고
>
> 합성수는 1보다 큰 자연수 중 소수가 아닌 수이다.

0409
답 ③

ㄱ. $\{2, 5, 8, 11, \cdots\}$ ㄴ. $\{2, 4, 8, 16, \cdots\}$
ㄷ. $\{-2, 3\}$ ㄹ. $\{x\,|-1\leq x\leq 1\}$
ㅁ. $\{1, 2, 4, 7, 14, 28\}$
따라서 집합 $\{3, 5, 7, 9\}$와 서로소인 집합은 ㄴ, ㄹ이다.

0410
답 ⑤

$A=\{-5, -4, -3, \cdots, 3, 4, 5\}$, $B=\{-3, -1, 1, 3, \cdots\}$이므로
$A\cap B=\{-3, -1, 1, 3, 5\}$
즉, 집합 X는 집합 A의 부분집합 중 $-3, -1, 1, 3, 5$를 원소로
갖지 않는 집합이므로 집합 X의 개수는
$2^{11-5}=2^6=64$

유형 03 두 집합이 서로소가 되게 하는 미지수 구하기

0411
답 3

두 집합 A, B가 $A\cap B=\varnothing$ 을 만족
시키려면 오른쪽 그림과 같아야 한다.

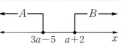

$3a-5<a+2$에서 $2a<7$
$\therefore a<\dfrac{7}{2}$
따라서 정수 a의 최댓값은 3이다.

0412
답 ②

두 집합 A와 B가 서로소, 즉
$A\cap B=\varnothing$ 이려면 오른쪽 그림과 같
아야 한다.

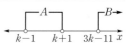

$k+1\leq 3k-11$에서 $2k\geq 12$
$\therefore k\geq 6$
따라서 상수 k의 최솟값은 6이다.

유형 04 여집합과 차집합

0413
답 ③

$U=\{1, 2, 3, \cdots, 8\}$, $A=\{1, 2, 3, 6\}$, $B=\{1, 4, 6, 8\}$이므로
① $B^C=\{2, 3, 5, 7\}$이므로
  $U-B^C=\{1, 2, 3, \cdots, 8\}-\{2, 3, 5, 7\}$
  $\qquad\qquad =\{1, 4, 6, 8\}$
② $A^C=\{4, 5, 7, 8\}$이므로
  $A^C\cap B^C=\{4, 5, 7, 8\}\cap\{2, 3, 5, 7\}=\{5, 7\}$
③ $A-B=\{1, 2, 3, 6\}-\{1, 4, 6, 8\}=\{2, 3\}$이므로
  $(A-B)^C=\{1, 4, 5, 6, 7, 8\}$
④ $B-A^C=\{1, 4, 6, 8\}-\{4, 5, 7, 8\}=\{1, 6\}$
⑤ $A^C-B^C=\{4, 5, 7, 8\}-\{2, 3, 5, 7\}=\{4, 8\}$

0414
답 ⑤

$A\cap B=\{x\,|-2<x\leq 1\}$이므로
오른쪽 그림에서

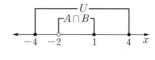

$(A\cap B)^C$
$=\{x\,|-4\leq x\leq -2$ 또는 $1<x\leq 4\}$

0415

답 $\{1, 3, 7, 9\}$

주어진 벤다이어그램에서
$A \cup B = \{1, 3, 5, 6, 7, 8, 9\}$, $(B-A)^C = \{1, 2, 3, 4, 7, 9\}$
$\therefore (A \cup B) \cap (B-A)^C$
   $= \{1, 3, 5, 6, 7, 8, 9\} \cap \{1, 2, 3, 4, 7, 9\}$
   $= \{1, 3, 7, 9\}$

> **참고**
> $(A \cup B) \cap (B-A)^C = A$임을 알 수 있다.

0416

답 ③

$U = \{1, 2, 3, \cdots, 9\}$, $A = \{2, 4, 6, 8\}$이므로
$A^C = U-A = \{1, 3, 5, 7, 9\}$
$B = \{1, 3, 4, 5, 6\}$, $C = \{1, 2, 4, 8\}$이므로
$B-C = \{3, 5, 6\}$
$\therefore A^C - (B-C) = \{1, 3, 5, 7, 9\} - \{3, 5, 6\}$
$\qquad\qquad\qquad = \{1, 7, 9\}$
따라서 $A^C - (B-C)$의 모든 원소의 합은 $1+7+9=17$

유형 05 조건을 만족시키는 집합 구하기

0417

답 $\{2, 6, 7\}$

주어진 조건을 벤다이어그램으로 나타내면
오른쪽 그림과 같으므로
$A \cap B = \{2, 6, 7\}$

0418

답 ③

주어진 조건을 벤다이어그램으로 나타내면
오른쪽 그림과 같으므로
$A = \{2, 4, 10\}$
따라서 집합 A의 모든 원소의 합은
$2+4+10=16$

0419

답 ④

주어진 조건을 벤다이어그램으로 나타내면
오른쪽 그림과 같으므로
$B = \{5, 6, 8\}$
따라서 집합 B의 모든 원소의 합은
$5+6+8=19$

유형 06 집합의 연산을 이용하여 미지수 구하기

0420

답 -2

$B-A = \{0\}$에서 $3 \in (A \cap B)$이므로
$a^2-2a-5=3$, $a^2-2a-8=0$
$(a+2)(a-4)=0$ $\therefore a=-2$ 또는 $a=4$
(i) $a=-2$일 때
   $A = \{-3, 1, 3\}$, $B = \{-3, 0, 3\}$이므로 $B-A = \{0\}$
(ii) $a=4$일 때
   $A = \{-3, 1, 3\}$, $B = \{0, 3, 9\}$이므로 $B-A = \{0, 9\}$
(i), (ii)에서 $a=-2$

0421

답 ②

$A \cap B = \{-1, 3\}$에서 $3 \in B$이므로
$4a-a^2=3$, $a^2-4a+3=0$
$(a-1)(a-3)=0$ $\therefore a=1$ 또는 $a=3$
(i) $a=1$일 때
   $A = \{1, 3, 5, 7\}$, $B = \{-1, 3, 4\}$이므로 $A \cap B = \{3\}$
(ii) $a=3$일 때
   $A = \{-1, 1, 3, 5\}$, $B = \{-1, 3, 4\}$이므로 $A \cap B = \{-1, 3\}$
(i), (ii)에서 $a=3$이므로 $A \cup B = \{-1, 1, 3, 4, 5\}$
따라서 집합 $A \cup B$의 모든 원소의 합은
$-1+1+3+4+5=12$

0422

답 19

$A \cup B = \{2, 5, 6, 8\}$이고 $B = \{2, 8, a+4\}$이므로
$a+4=5$ 또는 $a+4=6$ $\therefore a=1$ 또는 $a=2$
(i) $a=1$일 때
   $A = \{5, 6, 7\}$, $B = \{2, 5, 8\}$이므로 $A \cup B = \{2, 5, 6, 7, 8\}$
(ii) $a=2$일 때
   $A = \{5, 6, 8\}$, $B = \{2, 6, 8\}$이므로 $A \cup B = \{2, 5, 6, 8\}$
(i), (ii)에서 $a=2$이므로 $A = \{5, 6, 8\}$
따라서 집합 A의 모든 원소의 합은 $5+6+8=19$

유형 07 집합의 연산의 성질

0423

답 ②

① $B \cap \varnothing^C = B \cap U = B$
② $U^C = \varnothing$이므로 $U^C \subset A$
⑤ $A \cap (U \cap B^C) = A \cap B^C = A-B$
따라서 옳지 않은 것은 ②이다.

0424
답 ⑤

$(A \cup B^C) \cap A^C = (A \cap A^C) \cup (B^C \cap A^C)$
$= \varnothing \cup (A^C \cap B^C) = A^C \cap B^C$

0425
답 ⑤

① $A - B^C = A \cap (B^C)^C = A \cap B$
② $B - A^C = B \cap (A^C)^C = A \cap B$
③ $B \cap (U \cap A) = A \cap B$
④ $A \cap (U - B^C) = A \cap B$
⑤ $(A \cup A^C) \cap B = U \cap B = B$
따라서 나머지 넷과 다른 하나는 ⑤이다.

유형 08 집합의 연산의 성질 - 포함 관계

0426
답 ④

$A \cap B = A$이므로 $A \subset B$
① $A \subset B$이므로 $B^C \subset A^C$
④ $B \cap A^C = B - A$에서 $A \subset B$이고 $A \neq B$이므로
$\quad B - A \neq \varnothing$
⑤ $B^C \subset A^C$이므로 $A^C \cap B^C = B^C$

0427
답 ③

$A^C \subset B^C$이므로 $B \subset A$
① $A \cup B = A$
② $A \cap (A \cup B) = A \cap A = A$
③ $B \cup (A \cap B) = B \cup B = B$
④ $A \cup (B - A) = A \cup \varnothing = A$
⑤ $(A - B^C) \cup A = (A \cap (B^C)^C) \cup A$
$\qquad\qquad\qquad = (A \cap B) \cup A = B \cup A$
$\qquad\qquad\qquad = A$
따라서 나머지 넷과 다른 하나는 ③이다.

0428
답 ④

A, B^C이 서로소이므로 $A \cap B^C = A - B = \varnothing$
$\therefore A \subset B$
ㄱ. $A - B = \varnothing$
ㄴ. $A \cap B = A$이므로 $(A \cap B)^C = A^C$
ㄷ. $A \subset B$이므로 $B^C \subset A^C$
ㄹ. $B^C - A^C = B^C \cap A = \varnothing$
따라서 옳은 것은 ㄱ, ㄴ, ㄹ이다.

유형 09 집합의 연산과 부분집합의 개수

0429
답 ②

$B \cup X = X$에서 $B \subset X$
$(A \cup B) \cap X = X$에서 $X \subset (A \cup B)$
$\therefore B \subset X \subset (A \cup B)$
$A = \{a, b, c\}$, $B = \{b, d, e, f, g\}$이므로
$A \cup B = \{a, b, c, d, e, f, g\}$
즉, 집합 X는 집합 $A \cup B$의 부분집합 중 b, d, e, f, g를 반드시
원소로 갖는 집합이다.
따라서 집합 X의 개수는 $2^{7-5} = 2^2 = 4$

0430
답 24

$A \cap X = X$에서 $X \subset A$
$B \cap X \neq \varnothing$에서 집합 X는 집합 B의 원소 $-1, 1$ 중 적어도 하나
는 반드시 원소로 갖는다.
따라서 집합 X의 개수는 집합 A의 모든 부분집합의 개수에서
$-1, 1$을 모두 원소로 갖지 않는 부분집합의 개수를 뺀 것과 같다.
$\therefore 2^5 - 2^3 = 32 - 8 = 24$

0431
답 16

$A = \{1, 2, 3, 4, 5, 6, 7\}$, $B = \{1, 3, 5, 7\}$이므로
$A - B = \{2, 4, 6\}$
$(A - B) \cap X = \varnothing$에서 $2 \notin X$, $4 \notin X$, $6 \notin X$이고
$A \cap X = X$에서 $X \subset A$
즉, 집합 X는 집합 A의 부분집합 중 $2, 4, 6$을 원소로 갖지 않는
집합이다.
따라서 집합 X의 개수는 $2^{7-3} = 2^4 = 16$

0432
답 ②

$X \cup A = X$에서 $A \subset X$
$X \cap B^C = X$에서 $X \subset B^C$
$\therefore A \subset X \subset B^C$
$A = \{1, 5\}$이고
$B^C = U - B = \{1, 2, 3, 4, 5, 6, 7\} - \{4, 6, 7\} = \{1, 2, 3, 5\}$
이므로
$\{1, 5\} \subset X \subset \{1, 2, 3, 5\}$
즉, 집합 X는 집합 B^C의 부분집합 중 $1, 5$를 반드시 원소로 갖는
집합이다.
따라서 집합 X의 개수는 $2^{4-2} = 2^2 = 4$

유형 10 드모르간의 법칙

0433
답 ②

$$(A \cap B^c) \cup (A \cup B)^c = (A \cap B^c) \cup (A^c \cap B^c)$$
$$= (A \cup A^c) \cap B^c$$
$$= U \cap B^c$$
$$= B^c$$

0434
답 ⑤

$$(B-A)^c - B^c = (B \cap A^c)^c \cap (B^c)^c$$
$$= (B^c \cup A) \cap B$$
$$= (B^c \cap B) \cup (A \cap B)$$
$$= \varnothing \cup (A \cap B)$$
$$= A \cap B$$
$$= \{5, 9\}$$

따라서 구하는 집합의 모든 원소의 합은
$5+9=14$

0435
답 ③

$$(A^c \cup B^c) \cap C = (A \cap B)^c \cap C = C - (A \cap B)$$
즉, $C-(A \cap B) = \{1, 2, 5, 8, 11\}$이고,
$C = \{1, 2, 5, 7, 8, 9, 11\}$이므로
$7 \in (A \cap B)$, $9 \in (A \cap B)$
따라서 반드시 집합 $A \cap B$의 원소인 모든 수의 합은
$7+9=16$

유형 11 집합의 연산을 간단히 하기

0436
답 ③

$$(A-B)-C = (A \cap B^c) \cap C^c$$
$$= A \cap (B^c \cap C^c)$$
$$= A \cap (B \cup C)^c$$
$$= A - (B \cup C)$$

0437
답 ④

$B-A=\varnothing$에서 $B \subset A$, $A^c \subset B^c$이므로
$A^c \cap B^c = A^c$, $A \cap B = B$
$$(A \cup B^c) \cap (A^c \cup B)$$
$$= \{(A \cup B^c) \cap A^c\} \cup \{(A \cup B^c) \cap B\}$$
$$= \{(A \cap A^c) \cup (B^c \cap A^c)\} \cup \{(A \cap B) \cup (B^c \cap B)\}$$
$$= \{\varnothing \cup (B^c \cap A^c)\} \cup \{(A \cap B) \cup \varnothing\}$$
$$= (A^c \cap B^c) \cup (A \cap B)$$
$$= A^c \cup B$$

0438
답 ③

ㄱ. $A \cap (A^c \cup B) = (A \cap A^c) \cup (A \cap B)$
$\qquad\qquad\quad = \varnothing \cup (A \cap B) = A \cap B$

ㄴ. $(A \cap B^c) \cup (A-B^c) = (A \cap B^c) \cup (A \cap B)$
$\qquad\qquad\qquad\qquad = A \cap (B^c \cup B)$
$\qquad\qquad\qquad\qquad = A \cap U = A$

ㄷ. $\{(A \cup B) \cap (A^c \cup B)\} \cap \{(C-B) \cap (B \cup C)^c\}$
$\quad = \{(A \cup B) \cap (A^c \cup B)\} \cap \{(C \cap B^c) \cap (B^c \cap C^c)\}$
$\quad = \{(A \cap A^c) \cup B\} \cap \{B^c \cap (C \cap C^c)\}$
$\quad = (\varnothing \cup B) \cap (B^c \cap \varnothing)$
$\quad = B \cap \varnothing = \varnothing$

따라서 옳은 것은 ㄱ, ㄷ이다.

0439
답 ㄴ, ㄷ, ㄹ

$$B \cup \{(A-B) \cup (A \cap B)\} = B \cup \{(A \cap B^c) \cup (A \cap B)\}$$
$$= B \cup \{A \cap (B^c \cup B)\}$$
$$= B \cup (A \cap U) = B \cup A$$

즉, $A \cup B = A$이므로 $B \subset A$
ㄱ. $A \cap B = B$
ㄴ. $B-A=\varnothing$
ㄷ. $A \cup B^c = (A \cup B) \cup B^c = A \cup (B \cup B^c)$
$\qquad\quad = A \cup U = U$
ㄹ. $A^c - B^c = A^c \cap (B^c)^c = A^c \cap B$
$\qquad\quad = B-A=\varnothing$

따라서 옳은 것은 ㄴ, ㄷ, ㄹ이다.

0440
답 ①

$$\{A \cap (A \cap B)^c\} \cap (A \cup B^c)$$
$$= \{A \cap (A^c \cup B^c)\} \cap (A \cup B^c)$$
$$= \{(A \cap A^c) \cup (A \cap B^c)\} \cap (A \cup B^c)$$
$$= \{\varnothing \cup (A \cap B^c)\} \cap (A \cup B^c)$$
$$= (A \cap B^c) \cap (A \cup B^c)$$
$$= (A-B) \cap (A^c \cap B)^c$$
$$= (A-B) - (B-A) = A-B$$

$\therefore A = (A-B) \cup (A \cap B)$
$\qquad = \{3, 5\} \cup \{2, 6, 7\} = \{2, 3, 5, 6, 7\}$

따라서 집합 A의 모든 원소의 합은
$2+3+5+6+7=23$

유형 12 벤다이어그램과 집합

0441
답 ⑤

각 집합을 벤다이어그램으로 나타내면 다음과 같다.

①, ③ $A^C - B = A^C \cap B^C$
$= (A \cup B)^C$
$= U - (A \cup B)$

② $U - (A - B) = (A - B)^C$
$= (A \cap B^C)^C$
$= A^C \cup B$

④ $U \cap (A \cap B)^C = (A \cap B)^C$

⑤ $(A \cap B)^C - (A - B)$
$= (A^C \cup B^C) \cap (A \cap B^C)^C$
$= (A^C \cup B^C) \cap (A^C \cup B)$
$= A^C \cup (B^C \cap B)$
$= A^C$

0442
답 ④

각 집합을 벤다이어그램으로 나타내면

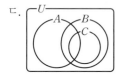 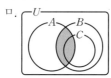

따라서 색칠한 부분을 나타내는 집합은 ㄱ, ㄴ, ㄹ이다.

0443
답 ②

각 집합을 벤다이어그램으로 나타내면 다음과 같다.

①

② $(A^C \cap C^C) \cap B = (A \cup C)^C \cap B$
$= B - (A \cup C)$

③ $(A^C \cap C^C) \cap B^C = A^C \cap B^C \cap C^C$
$= (A \cup B \cup C)^C$

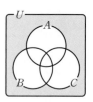

④ $B \cap (A \cap C)^C = B - (A \cap C)$

⑤ $B - (C - A) = B \cap (C \cap A^C)^C$
$= B \cap (C^C \cup A)$
$= (B \cap C^C) \cup (B \cap A)$
$= (B - C) \cup (A \cap B)$

0444
답 ④

ㄷ.

따라서 색칠한 부분을 나타내는 집합은 ㄱ, ㄴ, ㄹ이다.

유형 13 배수와 약수의 집합의 연산

0445
답 16

$A_3 \cap (A_4 \cup A_6) = (A_3 \cap A_4) \cup (A_3 \cap A_6)$
$= A_{12} \cup A_6$
$= A_6$

전체집합 U의 원소 중 6의 배수는 16개이므로 구하는 원소의 개수는 16이다.

0446
답 ③

$B_{45} \cap (B_{10} \cup B_{15}) = (B_{45} \cap B_{10}) \cup (B_{45} \cap B_{15})$
$= B_5 \cup B_{15}$
$= B_{15}$
$= \{1, 3, 5, 15\}$

따라서 구하는 원소의 합은 $1 + 3 + 5 + 15 = 24$

0447
답 ③

ㄱ. $A_{20} \cap A_{12} = A_{60}$이므로 $A_{20} \cap A_{12} \subset A_{10}$
ㄴ. $(A_5 \cap A_6) \cup A_{15} = A_{30} \cup A_{15} = A_{15}$
ㄷ. $(A_{16} \cup A_8) \cap (A_5 \cup A_8) = (A_{16} \cap A_5) \cup A_8$
$= A_{80} \cup A_8 = A_8$

따라서 옳은 것은 ㄱ, ㄷ이다.

0448
답 1

$A \cap B = \{3\}$이므로 $3 \in A$, $3 \in B$

$3 \in A$에서 $9 - 12 + a = 0$

$\therefore a = 3$

$x^2 - 4x + 3 = 0$에서 $(x-1)(x-3) = 0$

$\therefore x = 1$ 또는 $x = 3$

$\therefore A = \{1, 3\}$ ...... ㉠

$3 \in B$에서 $27 + 3b - 6 = 0$

$\therefore b = -7$

$x^3 - 7x - 6 = 0$에서 $(x+2)(x+1)(x-3) = 0$

$\therefore x = -2$ 또는 $x = -1$ 또는 $x = 3$

$\therefore B = \{-2, -1, 3\}$ ...... ㉡

㉠, ㉡에서 $A \cup B = \{-2, -1, 1, 3\}$

따라서 집합 $A \cup B$의 모든 원소의 합은

$-2 + (-1) + 1 + 3 = 1$

0449
답 ⑤

$x^2 - 15x + 26 > 0$에서 $(x-2)(x-13) > 0$

$\therefore x < 2$ 또는 $x > 13$

$\therefore A = \{x | x < 2$ 또는 $x > 13\}$

$\{x - (2k+1)\}(x-k) \le 0$에서 $k \le 2k+1$이므로

$k \le x \le 2k+1$

$\therefore B = \{x | k \le x \le 2k+1\}$

$A \cap B = \varnothing$이려면 오른쪽 그림
과 같아야 하므로

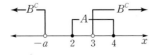

$k \ge 2$, $2k+1 \le 13$

$\therefore 2 \le k \le 6$

따라서 자연수 k는 2, 3, 4, 5, 6의 5개이다.

0450
답 ②

$x^2 - 6x + 8 \le 0$에서 $(x-2)(x-4) \le 0$

$\therefore 2 \le x \le 4$

$\therefore A = \{x | 2 \le x \le 4\}$

$B^C = \{x | x^2 + (a-3)x - 3a > 0\}$이므로

$x^2 + (a-3)x - 3a > 0$에서 $(x-3)(x+a) > 0$

$A - B = A \cap B^C = \{x | 3 < x \le 4\}$

이려면 오른쪽 그림과 같아야 하
므로

$B^C = \{x | x < -a$ 또는 $x > 3\}$이고

$-a \le 2$ $\therefore a \ge -2$

0451
답 31

$U = \{1, 2, 3, 4, 5, 6, 7, 8, 9, 10\}$,

$A = \{1, 3, 5, 7, 9\}$, $B = \{1, 4, 7, 10\}$이므로

$A \cup B = \{1, 3, 4, 5, 7, 9, 10\}$, $A \cap B = \{1, 7\}$

$\therefore (A \cup B) - (A \cap B) = \{3, 4, 5, 9, 10\}$

따라서 집합 $(A \cup B) - (A \cap B)$의 모든 원소의 합은

$3 + 4 + 5 + 9 + 10 = 31$

0452
답 ③

$(A \cup B) \cap (A^C \cup B^C) = (A \cup B) \cap (A \cap B)^C$

$\qquad\qquad\qquad\qquad = (A \cup B) - (A \cap B)$

$\qquad\qquad\qquad\qquad = \{10, 20, 30, 40\}$

집합 $(A \cup B) \cap (A^C \cup B^C)$은 색칠한 부분
과 같고, $A = \{5, 10, 15, 20\}$이므로

$A \cap B = \{5, 15\}$

따라서 $B - A = \{30, 40\}$에서

$B = \{5, 15, 30, 40\}$이므로 집합 B의 모든 원소의 합은

$5 + 15 + 30 + 40 = 90$

0453
답 ④

㈎에서 $X = \{2, 4, 6, 8, 10\}$

㈏의 $\{(X \cup Y) - (X \cap Y)\} \subset (X - Y)$에서

$(X - Y) \cup (Y - X) \subset (X - Y)$이므로

$Y - X = \varnothing$ $\therefore Y \subset X$

즉, 집합 Y는 공집합이 아닌 집합 X의 진부분집합이므로 집합 Y
의 개수는 $2^5 - 1 - 1 = 30$

0454
답 ③

$A = \{2, 4, 6, 8\}$, $B = \{6, 8, 10\}$에서

$A \cup B = \{2, 4, 6, 8, 10\}$, $A \cap B = \{6, 8\}$이므로

$P = (A \cup B) \cap (A \cap B)^C$

$\quad = (A \cup B) - (A \cap B) = \{2, 4, 10\}$

$P \subset X \subset U$이므로

$\{2, 4, 10\} \subset X \subset \{1, 2, 3, 4, 5, 6, 7, 8, 9, 10\}$

즉, 집합 X는 전체집합 U의 부분집합 중 2, 4, 10을 반드시 원소
도 갖는 집합이다.

따라서 집합 X의 개수는 $2^{10-3} = 2^7 = 128$

0455

답 ④

집합
$$A \diamond B = (A \cap B^c) \cup (A^c \cap B)$$
$$= (A-B) \cup (B-A)$$
이므로 오른쪽 벤다이어그램의 색칠한 부분과 같다.

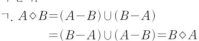

ㄱ. $A \diamond B = (A-B) \cup (B-A)$
$$= (B-A) \cup (A-B) = B \diamond A$$
$$\therefore A \diamond B = B \diamond A$$
ㄴ. $B \diamond B = (B-B) \cup (B-B) = \varnothing \cup \varnothing = \varnothing$
ㄷ. $(A \diamond B) \diamond C$ $A \diamond (B \diamond C)$

$$\therefore (A \diamond B) \diamond C = A \diamond (B \diamond C)$$
따라서 옳은 것은 ㄱ, ㄷ이다.

 유형 16 새로운 집합의 연산

0456

답 ①

$$B \blacklozenge A = (B^c \cup A) \cap (B \cup A) = (B^c \cap B) \cup A$$
$$= \varnothing \cup A = A$$
$$\therefore B \blacklozenge (B \blacklozenge A) = B \blacklozenge A = A$$

0457

답 ④

$B \odot C$를 벤다이어그램으로 나타내면 오른쪽 그림과 같으므로 $A \odot (B \odot C)$를 벤다이어그램으로 나타내면 다음과 같다.

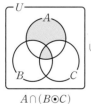 $\cup$ 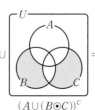 $=$
$A \cap (B \odot C)$ $(A \cup (B \odot C))^c$ $A \odot (B \odot C)$

유형 17 유한집합의 원소의 개수 (1)

0458

답 ①

$n(A^c \cap B^c) = n((A \cup B)^c) = n(U) - n(A \cup B)$이므로
$10 = 40 - n(A \cup B)$ $\therefore n(A \cup B) = 30$
$\therefore n(A \cap B^c) = n(A-B) = n(A \cup B) - n(B)$
$$= 30 - 25 = 5$$

0459

답 16

$n(A^c \cup B^c) = n((A \cap B)^c) = n(U) - n(A \cap B)$이므로
$13 = 18 - n(A \cap B)$ $\therefore n(A \cap B) = 5$
$\therefore n(A \cup B) = n(A-B) + n(B-A) + n(A \cap B)$
$$= 6 + 5 + 5 = 16$$

0460

답 41

$n(A \cup B) = n(A) + n(B) - n(A \cap B)$이므로
$47 = 24 + 29 - n(A \cap B)$ $\therefore n(A \cap B) = 6$
$\therefore n((A-B) \cup (B-A)) = n((A \cup B) - (A \cap B))$
$$= n(A \cup B) - n(A \cap B)$$
$$= 47 - 6 = 41$$

0461

답 ④

$n(A^c \cap B) = n(B-A) = 12$이므로
$n(A \cup B) = n(A) + n(B-A) = 33 + 12 = 45$
$\therefore n(A \cap B) = n(A \cup B) - n((A-B) \cup (B-A))$
$$= 45 - 19 = 26$$

[다른 풀이]
$n(A^c \cap B) = n(B-A) = 12$이므로
$n((A-B) \cup (B-A)) = n(A-B) + n(B-A)$에서
$19 = n(A-B) + 12$ $\therefore n(A-B) = 7$
$\therefore n(A \cap B) = n(A) - n(A-B)$
$$= 33 - 7 = 26$$

유형 18 유한집합의 원소의 개수 (2)

0462

답 ①

수학을 좋아하는 학생의 집합을 A, 과학을 좋아하는 학생의 집합을 B라 하면
$n(A) = 24$, $n(B) = 15$, $n(A \cup B) = 32$
수학과 과학을 모두 좋아하는 학생의 집합은 $A \cap B$이므로
$n(A \cap B) = n(A) + n(B) - n(A \cup B)$
$$= 24 + 15 - 32 = 7$$

이때 수학만 좋아하는 학생의 집합은 $A-B$, 과학만 좋아하는 학생의 집합은 $B-A$이므로 수학과 과학 중 하나만 좋아하는 학생 수는
$n(A-B)+n(B-A)$
$=\{n(A)-n(A\cap B)\}+\{n(B)-n(A\cap B)\}$
$=(24-7)+(15-7)=25$

0463
답 14

학생 전체의 집합을 U, A 통신사를 이용하는 학생의 집합을 A, B 통신사를 이용하는 학생의 집합을 B라 하면
$n(U)=40$, $n(A)=26$, $n(B)=19$, $n((A\cup B)^C)=7$
$\therefore n(A\cup B)=n(U)-n((A\cup B)^C)$
$\qquad\qquad =40-7=33$
$\therefore n(A\cap B)=n(A)+n(B)-n(A\cup B)$
$\qquad\qquad =26+19-33=12$
따라서 A 통신사만을 이용하는 학생 수는
$n(A-B)=n(A)-n(A\cap B)$
$\qquad\qquad =26-12=14$

0464
답 ③

수강생 전체의 집합을 U, 자격증 A, B, C를 취득한 수강생의 집합을 각각 A, B, C라 하면
$n(U)=45$, $n(A)=28$, $n(B)=22$, $n(C)=17$
어느 자격증도 취득하지 못한 수강생이 9명이므로
$n((A\cup B\cup C)^C)=9$
$\therefore n(A\cup B\cup C)=n(U)-n((A\cup B\cup C)^C)=45-9=36$
또한 세 자격증을 모두 취득한 수강생이 없으므로
$n(A\cap B\cap C)=0$
따라서 세 자격증 A, B, C 중 두 종류의 자격증만 취득한 수강생의 수는 $n(A\cap B)+n(B\cap C)+n(C\cap A)$이므로
$n(A\cup B\cup C)=n(A)+n(B)+n(C)$
$\qquad\qquad\quad -n(A\cap B)-n(B\cap C)-n(C\cap A)$
$\qquad\qquad\quad +n(A\cap B\cap C)$
에서
$n(A\cap B)+n(B\cap C)+n(C\cap A)$
$=n(A)+n(B)+n(C)+n(A\cap B\cap C)-n(A\cup B\cup C)$
$=28+22+17+0-36$
$=31$

유형 19 유한집합의 원소의 개수의 최댓값과 최솟값 (1)

0465
답 ⑤

$n(A)<n(B)$이므로 $n(A\cup B)$의 값은 $A\subset B$일 때 최소, $A\cup B=U$일 때 최대이다.
즉, $n(B)\le n(A\cup B)\le n(U)$이므로

$29\le n(A\cup B)\le 45$ $\qquad$ ……㉠
$n(B-A)=n(A\cup B)-n(A)=n(A\cup B)-22$이므로
$n(A\cup B)=n(B-A)+22$ $\qquad$ ……㉡
㉠, ㉡에서 $29\le n(B-A)+22\le 45$이므로
$7\le n(B-A)\le 23$
따라서 $n(B-A)$의 최솟값은 7이다.

0466
답 14

$n(B)=n(U)-n(B^C)=57-14=43$
$n(A)<n(B)$이므로 $n(A\cup B)$의 값은 $A\subset B$일 때 최소, $A\cup B=U$일 때 최대이다.
즉, $n(B)\le n(A\cup B)\le n(U)$이므로
$43\le n(A\cup B)\le 57$ $\qquad$ ……㉠
$n(A\cup B)=n(A)+n(B)-n(A\cap B)$
$\qquad\qquad =31+43-n(A\cap B)$
$\qquad\qquad =74-n(A\cap B)$ $\qquad$ ……㉡
㉠, ㉡에서 $43\le 74-n(A\cap B)\le 57$이므로
$-31\le -n(A\cap B)\le -17$
$\therefore 17\le n(A\cap B)\le 31$
따라서 $M=31$, $m=17$이므로 $M-m=31-17=14$

0467
답 ①

$n(A\cap B)=13$, $n(A\cap B\cap C)=9$이므로 오른쪽 그림의 벤다이어그램에서 해당 부분의 원소의 개수를 각각 x, y라 하면
$n(C-(A\cup B))=23-(9+x+y)$
$\qquad\qquad\qquad =14-(x+y)$

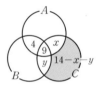

이때 $x+y$가 최대일 때 $n(C-(A\cup B))$의 값이 최소이다.
$x+4+9\le n(A)$, 즉 $x+13\le 17$에서 $x\le 4$
$y+4+9\le n(B)$, 즉 $y+13\le 20$에서 $y\le 7$
$\therefore 0\le x\le 4$, $0\le y\le 7$
따라서 $x=4$, $y=7$일 때 $x+y=11$로 최대이므로
$n(C-(A\cup B))$의 최솟값은
$14-11=3$

유형 20 유한집합의 원소의 개수의 최댓값과 최솟값 (2)

0468
답 18

학생 전체의 집합을 U, A 대회에 참가한 학생의 집합을 A, B 대회에 참가한 학생의 집합을 B라 하면
$n(U)=90$, $n(A)=48$, $n(B)=72$
A 대회와 B 대회에 모두 참가한 학생의 집합은 $A\cap B$이므로 $A\subset B$일 때 $n(A\cap B)$의 값이 최대이다.
$\therefore M=n(A)=48$

또한 $A \cup B = U$일 때 $n(A \cap B)$의 값이 최소이므로
$n(A \cap B) = n(A) + n(B) - n(A \cup B)$에서
$m = 48 + 72 - 90 = 30$
$\therefore M - m = 48 - 30 = 18$

0469 답 17

고객 전체의 집합을 U, 티셔츠를 구매한 고객의 집합을 A,
바지를 구매한 고객의 집합을 B라 하면
$n(U) = 36$, $n(A) = 19$, $n(B) = 17$
티셔츠와 바지 중 어느 것도 구매하지 않은 고객 수는
$n((A \cup B)^C) = n(U) - n(A \cup B)$
$\qquad\qquad\quad = 36 - n(A \cup B)$
이때 $n(A \cup B)$의 최댓값이 36, 최솟값이 19이므로 티셔츠와 바지
중 어느 것도 구매하지 않은 고객 수의 최댓값은 $36 - 19 = 17$이다.

0470 답 ③

학생 전체의 집합을 U, 문제 A를 푼 학생의 집합을 A,
문제 B를 푼 학생의 집합을 B라 하자.
문제 A를 풀지 못하고 문제 B만 푼 학생의 집합은 $A^C \cap B$이므로
$n(U) = 27$, $n(A^C \cap B) = 13$
이때 $U = (A^C \cap B) \cup (A^C \cap B)^C$이고
두 집합 $A^C \cap B$와 $(A^C \cap B)^C = A \cup B^C$은 서로소이다.
즉, $n(U) = n(A^C \cap B) + n(A \cup B^C)$이므로
$27 = 13 + n(A \cup B^C)$
$\therefore n(A \cup B^C) = 14$
그런데 $(A \cap B) \subset (A \cup B^C)$이므로
$n(A \cap B) \leq n(A \cup B^C) = 14$
따라서 $n(A \cap B)$의 최댓값은 14이다.

다른 풀이

문제 A를 풀지 못하고 문제 B만 푼 학생 13명은 문제 A, B를 모
두 푼 학생의 집합에 속하지 않는다.
전체 학생 수가 27명이므로 문제 A, B를 모두 푼 학생 수의 최댓
값은 $27 - 13 = 14$

0471 답 ④

$n(A^C \cup B) = n((A \cap B^C)^C) = n((A - B)^C)$
$\qquad\qquad\quad = n(U) - n(A - B)$
$\qquad\qquad\quad = n(U) - \{n(A) - n(A \cap B)\}$ ······ ㉠
$A = \{1, 2, 3, 5, 6, 10, 15, 30\}$이고
$A \cap B$는 30의 약수 중 3의 배수를 원소로 갖는 집합이므로
$A \cap B = \{3, 6, 15, 30\}$
$\therefore n(A) = 8$, $n(A \cap B) = 4$
㉠에서
$n(A^C \cup B) = n(U) - \{n(A) - n(A \cap B)\}$
$\qquad\qquad\quad = 50 - (8 - 4) = 46$

0472 답 ③

$f(A \cup B) = f(A) + f(B) - f(A \cap B)$에서
$A \cup B = U$, $A \cap B = \{2, 5\}$이므로
$f(U) = f(A) + f(B) - f(\{2, 5\})$
$21 = f(A) + f(B) - 7$ $\therefore f(A) + f(B) = 28$
$f(A) = x \ (7 \leq x \leq 21)$라 하면
$f(B) = 28 - x$이므로
$f(A) \times f(B) = x(28 - x) = -x^2 + 28x$
$\qquad\qquad\qquad\quad = -(x - 14)^2 + 196$
따라서 $f(A) \times f(B)$는 $x = 14$일 때 최댓값 196을 갖는다.

다른 풀이

$f(A \cup B) = f(A) + f(B) - f(A \cap B)$에서
$f(A) + f(B) = f(A \cup B) + f(A \cap B)$
$\qquad\qquad\qquad = f(U) + f(A \cap B)$
$\qquad\qquad\qquad = 21 + 7 = 28$
$f(A) > 0$, $f(B) > 0$이므로 산술평균과 기하평균의 관계에 의하여
$\dfrac{f(A) + f(B)}{2} \geq \sqrt{f(A) \times f(B)}$

(단, 등호는 $f(A) = f(B)$일 때 성립한다.)
$14 \geq \sqrt{f(A) \times f(B)}$
$\therefore f(A) \times f(B) \leq 14^2 = 196$
따라서 $f(A) \times f(B)$의 최댓값은 196이다.

참고

산술평균과 기하평균의 관계 07 명제 단원에서 학습한다.
$a > 0$, $b > 0$일 때,
$\dfrac{a+b}{2} \geq \sqrt{ab}$ (단, 등호는 $a = b$일 때 성립한다.)

답 ①

집합 $X=\{1,\ 2,\ 3,\ 4,\ 5,\ 6\}$의 두 부분집합 $A,\ B$가 다음 조건을 만족시킨다.

> · $A\cup B=X$ · $A\cap B=\{2,\ 3\}$

집합 $A,\ B$의 원소의 합을 각각 $f(A),\ f(B)$라 할 때, $f(A)+f(B)$의 값은?

① 26   ② 27   ③ 28   ④ 29   ⑤ 30

0473   답 ④

$U=\{2,\ 3,\ 4,\ 5\}$, $P=\{2,\ 3,\ 5\}$, $Q=\{3,\ 5\}$
c전등이 점등되는 모든 입력값은 오른쪽 벤
다이어그램에서 색칠한 부분에 있는 원소
3, 4, 5이므로
$\{3,\ 4,\ 5\}=P^C\cup Q$

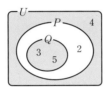

0474   답 ④

$A\blacklozenge B=(A\cup B)\cap (A\cap B)^C$
$\qquad\ =(A\cup B)-(A\cap B)$
이므로 $(A\blacklozenge B)\blacklozenge C$를 벤다이어그램으로 나타내면 다음과 같다.

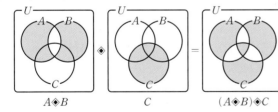

답 ②

그림은 전체집합 U의 서로 다른 세 부분집합 $A,\ B,\ C$ 사이의 관계를 벤다이어그램으로 나타낸 것이다.

다음 중 어두운 부분을 나타내는 집합과 같은 것은?
(단, $A\cap B\cap C\neq\varnothing$이다.)

① $(A\cup B)-C$ ② $A-(B-C)$ ③ $(A\cup C)-B$
④ $A-(B\cup C)$ ⑤ $A-(B\cap C)$

0475   답 ⑤

$A^C\cup B^C=(A\cap B)^C=U-(A\cap B)=\{1,\ 2,\ 4,\ 6\}$이므로
$A\cap B=\{3,\ 5\}$
$5\in A$이므로 $a^2-4a=5$
$a^2-4a-5=0,\ (a+1)(a-5)=0$
$\therefore\ a=-1$ 또는 $a=5$
(i) $a=-1$일 때
$\quad A=\{1,\ 3,\ 5\},\ B=\{3,\ 5,\ 6\}$이므로 $A\cap B=\{3,\ 5\}$
(ii) $a=5$일 때
$\quad A=\{1,\ 3,\ 5\},\ B=\{5,\ 12,\ 45\}$이므로 $B\not\subset U$
(i), (ii)에서 $a=-1$이므로 $A\cup B=\{1,\ 3,\ 5,\ 6\}$
따라서 집합 $A\cup B$의 모든 원소의 합은
$1+3+5+6=15$

답 8

두 집합
$\quad A=\{6,\ 8\},\ B=\{a,\ a+2\}$
에 대하여 $A\cup B=\{6,\ 8,\ 10\}$일 때, 실수 a의 값을 구하시오.

0476   답 7

$x^2-6x+9\geq 0$에서 $(x-3)^2\geq 0$
$\therefore\ x$는 모든 실수
$\therefore\ A=\{x\mid x$는 실수$\}$
$x^2-5x\geq 0$에서 $x(x-5)\geq 0$
$\therefore\ x\leq 0$ 또는 $x\geq 5$
$\therefore\ C=\{x\mid x\leq 0$ 또는 $x\geq 5\}$
$B\cup C=A,\ B\cap C=\{x\mid -2<x\leq 0\}$이므로
오른쪽 그림에서
$B=\{x\mid -2<x<5\}$
$\ \ =\{x\mid (x+2)(x-5)<0\}$
$\ \ =\{x\mid x^2-3x-10<0\}$

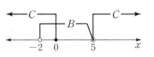

따라서 $a=-3,\ b=-10$이므로 $a-b=-3-(-10)=7$

답 ③

두 집합 $A=\{x\mid x^2-6x+a\leq 0\}$, $B=\{x\mid x^2-x+b<0\}$에
대하여 $A\cup B=\{x\mid -1<x\leq 4\}$를 만족시키는 두 상수 $a,\ b$
에 대하여 $a+b$의 값은?

① 4   ② 5   ③ 6   ④ 7   ⑤ 8

0477

ㄱ. A_6은 2의 배수도 3의 배수도 아닌 수의 집합이므로
$$A_2 \cap A_3 = A_6$$
$A_2 = A_4$이므로 $A_2 \cap A_3 = A_4 \cap A_3 = A_6$

ㄴ. $B_4 \cap (B_3 \cup B_6) = (B_4 \cap B_3) \cup (B_4 \cap B_6)$
$$= B_{12} \cup B_{12} = B_{12}$$

ㄷ. $n(B_3) = 33$, $n(B_4) = 25$
$B_3 \cap B_4 = B_{12}$이므로 $n(B_3 \cap B_4) = n(B_{12}) = 8$
$$\therefore n(B_3 \cup B_4) = n(B_3) + n(B_4) - n(B_3 \cap B_4)$$
$$= 33 + 25 - 8$$
$$= 50$$

따라서 옳은 것은 ㄱ, ㄴ이다.

짝기출 　　　　　　　　　　　　답 ①

자연수 n에 대하여
$$A_n = \{x \mid x는\ n과\ 서로소인\ 자연수\},$$
$$B_n = \{x \mid x는\ n의\ 배수인\ 자연수\}$$
일 때, 보기에서 옳은 것을 모두 고르면?

보기
ㄱ. $A_2 \cup B_2 = \{x \mid x는\ 자연수\}$
ㄴ. $A_2 \cup A_3 = A_5$
ㄷ. $B_2 \cap B_3 = B_5$

① ㄱ　　　　　② ㄴ　　　　　③ ㄱ, ㄷ
④ ㄴ, ㄷ　　　　⑤ ㄱ, ㄴ, ㄷ

0478

$A \cup B^C = (A^C \cap B)^C = (B - A)^C$이므로
㈎에서 $n(A \cup B^C) = n((B - A)^C) = 7$
$B - A = \{4, 7\}$에서 $n(B - A) = 2$
$(B - A) \cup (B - A)^C = U$, $(B - A) \cap (B - A)^C = \varnothing$이므로
$$n(U) = n(B - A) + n((B - A)^C)$$
$$= n(B - A) + n(A \cup B^C)$$
$$= 2 + 7 = 9$$
그러므로 $k = 9$이고 $U = \{1, 2, 3, 4, 5, 6, 7, 8, 9\}$
㈎에서 $B - A = \{4, 7\}$이고 ㈏에서 집합 A의 모든 원소의 합과 집합 B의 모든 원소의 합이 서로 같으므로 집합 $A - B$의 모든 원소의 합은 집합 $B - A = \{4, 7\}$의 모든 원소의 합인 11이다.
따라서 m은 4와 7 중 어느 수도 약수로 갖지 않고, 모든 약수의 합이 11 이상이어야 하므로 m이 될 수 있는 수는 6 또는 9이다.

(i) $m = 6$일 때, 집합 A는 $\{1, 2, 3, 6\}$이다.
　　이때 집합 $A - B = \{2, 3, 6\}$이면 집합 $A - B$의 원소의 합이 11 이므로 조건을 만족시킨다.
(ii) $m = 9$일 때, 집합 A는 $\{1, 3, 9\}$이다.
　　이때 집합 $A - B$의 원소의 합이 11인 경우는 존재하지 않으므로 조건을 만족시키지 않는다.
(i), (ii)에서 $m = 6$이고 이때 $B = \{1, 4, 7\}$이다.
즉, $A \cup B = \{1, 2, 3, 6\} \cup \{1, 4, 7\}$
$$= \{1, 2, 3, 4, 6, 7\}$$

따라서 $A^C \cap B^C = (A \cup B)^C = \{5, 8, 9\}$이므로
집합 $A^C \cap B^C$의 모든 원소의 합은
$5 + 8 + 9 = 22$

0479

$A \cup B^C = (A^C \cap B)^C = (B - A)^C$
집합 $B - A$의 모든 원소의 합을 k라 하면
㈎에서 집합 $(B - A)^C$의 모든 원소의 합은 $5k$이다.
즉, 전체집합 U의 모든 원소의 합이 $k + 5k = 6k$이므로
$$6k = 1 + 2 + 5 + 8 + 17 + 21$$
$$6k = 54 \quad \therefore k = 9$$
집합 $B - A$의 모든 원소의 합이 9이므로
$$B - A = \{1, 8\}$$
이때 $A \cap (B - A) = \varnothing$이므로 $A \subset (B - A)^C$
$$\therefore A \subset \{2, 5, 17, 21\} \qquad \cdots\cdots ㉠$$
$n(A \cup B) = n(A) + n(B - A)$이고
㈏에서 $n(A \cup B) = 5$이므로
$$5 = n(A) + 2 \quad \therefore n(A) = 3 \qquad \cdots\cdots ㉡$$
㉠, ㉡에서 집합 A의 모든 원소의 합이 최소가 되려면
$A = \{2, 5, 17\}$이어야 한다.
따라서 구하는 최솟값은
$2 + 5 + 17 = 24$

짝기출 　　　　　　　　　　　　답 22

전체집합 $U = \{1, 2, 4, 8, 16, 32\}$의 두 부분집합 A, B가 다음 조건을 만족시킨다.

㈎ 집합 $A \cup B^C$의 모든 원소의 합은 집합 $B - A$의 모든 원소의 합의 6배이다.
㈏ $n(A \cup B) = 5$

집합 A의 모든 원소의 합의 최솟값을 구하시오.
　　　　　　　　　　　　(단, $2 \leq n(B - A) \leq 4$)

0480

답 85

학생 전체의 집합을 U라 하고, 체험 활동 A, B를 신청한 학생의 집합을 각각 A, B라 하면

$n(U)=200$, $n(A)=n(B)+20$

어느 체험 활동도 신청하지 않은 학생의 집합은 $A^C \cap B^C$이고 하나 이상의 체험 활동을 신청한 학생의 집합은 $A \cup B$이므로

$n(A^C \cap B^C)=n(A \cup B)-100$ …… ㉠

이때 $A^C \cap B^C=(A \cup B)^C$이므로

$n(A^C \cap B^C)=n(U)-n(A \cup B)$
$\qquad\qquad\quad =200-n(A \cup B)$ …… ㉡

㉠, ㉡에서 $n(A \cup B)-100=200-n(A \cup B)$

$2 \times n(A \cup B)=300$

$\therefore n(A \cup B)=150$

$n(A \cup B)=n(A)+n(B)-n(A \cap B)$에서

$150=n(A)+\{n(A)-20\}-n(A \cap B)$

$\therefore n(A)=\dfrac{1}{2}\{n(A \cap B)+170\}$

체험 활동 A만 신청한 학생의 집합은 $A-B$이므로

$n(A-B)=n(A)-n(A \cap B)=\dfrac{1}{2}\{170-n(A \cap B)\}$

$n(A \cap B)=0$일 때 $n(A-B)$의 값이 최대이므로

$n(A-B)$의 최댓값은 $\dfrac{170}{2}=85$

따라서 체험 활동 A만 신청한 학생 수의 최댓값은 85이다.

0481

답 11

㈎에서 $A^C \cup B^C=(A \cap B)^C=\{1, 2, 4\}$이므로

$A \cap (A \cap B)^C=A-(A \cap B)=\{4\}$ …… ㉠

$\therefore A \cap B=\{3, 5\}$

$(A \cup X)-B=(A \cup X) \cap B^C$
$\qquad\qquad\quad =(A \cap B^C) \cup (X \cap B^C)$ …… ㉡

㉠에서 $A \cap B^C=A-B=A-(A \cap B)=\{4\}$이므로

㉡에서 $(A \cup X)-B=\{4\} \cup (X-B)$

㈏에서 집합 $(A \cup X)-B$의 원소의 개수가 1이므로

$(A \cup X)-B=\{4\} \cup (X-B)$이려면

$X-B=\varnothing$ 또는 $X-B=\{4\}$

(ⅰ) $X-B=\varnothing$일 때

　집합 $X=\{1\}$, $X=\{2\}$, $X=\{3\}$, $X=\{5\}$에 대하여

　$X \subset B$이어야 하므로 $B=\{1, 2, 3, 5\}$

(ⅱ) $X-B=\{4\}$일 때

　$4 \notin B$이어야 하므로 항상 조건을 만족시킨다.

(ⅰ), (ⅱ)에서 $B=\{1, 2, 3, 5\}$이므로 집합 B의 모든 원소의 합은

$1+2+3+5=11$

0482

답 ⑤

$A \cap B=\varnothing$, $A \cup B=U$이므로 $B=A^C$

ㄱ. $10 \in A$이면 $0 \in A$이지만 0은 자연수가 아니므로 조건을 만족시키지 않는다.

　따라서 $10 \notin A$이므로 $10 \in B$

ㄴ. $1 \in A$이면 $9 \in A$, $2 \in A$이면 $8 \in A$,

　$3 \in A$이면 $7 \in A$, $4 \in A$이면 $6 \in A$이고

　$5 \in A$이므로 $n(A)$는 홀수이다.

　즉, $n(B)=10-n(A)$이므로 $n(B)$는 홀수이다.

ㄷ. 가능한 집합 A의 개수는 $2^4=16$이고 집합 A의 모든 원소의 곱이 홀수가 될 때의 집합 A는

　$\{5\}$, $\{1, 5, 9\}$, $\{3, 5, 7\}$, $\{1, 3, 5, 7, 9\}$의 4개이다.

　따라서 집합 A의 모든 원소의 곱이 짝수가 될 때의 집합 A는

　$16-4=12$(개)이다.

따라서 보기에서 옳은 것은 ㄱ, ㄴ, ㄷ이다.

짝기출　　답 ④

전체집합 $U=\{x \mid x$는 10 이하의 자연수$\}$의 두 부분집합 A, B에 대하여 $A=\{2, 3, 5, 6\}$일 때, $A \cap B=\varnothing$을 만족시키는 집합 B의 개수는?

① 8　　② 16　　③ 32　　④ 64　　⑤ 128

PART A′ **07 명제**

유형 **01** 명제

0483
답 ③

①, ⑤ 거짓인 '명제'이다.

②, ④ 참인 '명제'이다.

③ 변수 x의 값에 따라 참, 거짓이 정해지는 '조건'이다.

0484
답 ⑤

① 변수 x의 값에 따라 참, 거짓이 정해지는 '조건'이다.

②, ④ 참, 거짓을 판별할 수 없으므로 명제가 아니다.

③ $\sqrt{5}$는 무리수이므로 거짓인 명제이다.

⑤ 35의 양의 약수의 개수는 1, 5, 7, 35의 4이고, 36의 양의 약수의 개수는 1, 2, 3, 4, 6, 9, 12, 18, 36의 9이므로 주어진 명제는 참인 명제이다.

0485
답 ㄷ, ㄹ

ㄱ. 참인 명제이다.

ㄴ. 참인 명제이다.

ㄷ. 8과 16의 최대공약수는 8이므로 거짓인 명제이다.

ㄹ. 소수 중 2는 짝수이므로 거짓인 명제이다.

따라서 거짓인 명제는 ㄷ, ㄹ이다.

유형 **02** 명제와 조건의 부정

0486
답 ②

각 명제의 부정과 그 참, 거짓은 다음과 같다.

① $3 \notin \{1, 3, 5\}$ (거짓)

② 6은 소수가 아니다. (참)

③ $3 \geq 7$ (거짓)

④ 5는 40의 약수가 아니다. (거짓)

⑤ $3^2 - 2 \neq (-2)^2 + 3$ (거짓)

따라서 그 부정이 참인 명제는 ②이다.

[다른 풀이]

부정이 참인 명제는 거짓이므로 거짓인 명제를 찾으면 ②이다.

0487
답 $-4 \leq x < 3$

조건 '$\sim p$ 그리고 $\sim q$'의 부정은 'p 또는 q'이다.

이때 $p : -4 \leq x \leq -1$, $q : -1 < x < 3$이므로

'p 또는 q'는 $-4 \leq x < 3$

0488
답 ①

ㄴ. $ab = 0$에서 $a = 0$ 또는 $b = 0$이므로 $\sim p : a \neq 0$이고 $b \neq 0$

ㄷ. $a^2 + b^2 + c^2 = 0$에서 $a = 0$, $b = 0$, $c = 0$이므로
$\sim p : a \neq 0$ 또는 $b \neq 0$ 또는 $c \neq 0$

따라서 조건 p와 그 부정 $\sim p$가 바르게 연결된 것은 ㄱ이다.

참고

조건 $abc \neq 0$은 $a \neq 0$, $b \neq 0$, $c \neq 0$과 같다.

유형 **03** 진리집합

0489
답 ②

$U = \{1, 2, 3, 4, 5\}$

$x^2 = 7x - 6$에서 $x^2 - 7x + 6 = 0$

즉, $(x-1)(x-6) = 0$이므로

$x = 1$ 또는 $x = 6$

따라서 조건 $p : x^2 = 7x - 6$의 진리집합은 $\{1\}$이다.

참고

6은 전체집합 U에 속하지 않으므로 진리집합의 원소가 될 수 없다.

0490
답 18

$U = \{1, 2, 3, 4, 5, 6, 7, 8, 9\}$

전체집합 U의 원소 중 홀수는 1, 3, 5, 7, 9이고, 10의 약수는 1, 2, 5이므로 조건 p의 진리집합을 P라 할 때

$P = \{1, 2, 3, 5, 7, 9\}$

따라서 조건 $\sim p$의 진리집합 $P^C = \{4, 6, 8\}$의 모든 원소의 합은

$4 + 6 + 8 = 18$

0491
답 ④

두 조건 p, q의 진리집합을 각각 P, Q라 하자.

전체집합이 자연수 전체의 집합이므로 조건 $q : 1 \leq x \leq 4$에서

$Q = \{1, 2, 3, 4\}$

$x^2 - 4x + 4 = 0$에서 $(x-2)^2 = 0$이므로 $P = \{2\}$

조건 'p 또는 $\sim q$'의 부정은 '$\sim p$이고 q'이고, 그 진리집합은 $P^C \cap Q$이므로 $P^C \cap Q = \{1, 3, 4\}$

따라서 구하는 집합의 모든 원소의 합은

$1 + 3 + 4 = 8$

유형 **04** 명제의 참, 거짓의 판별

0492
답 ③

① 정사각형이면 네 변의 길이는 모두 같으므로 마름모이다. (참)

② $2x - 1 = 3$에서 $x = 2$이므로 $2^2 - 3 \times 2 + 2 = 0$이다. (참)

③ [반례] $x=-1$이면 $x^{100}=1$이지만 $x\neq1$이다. (거짓)

④ 실수 x, y에 대하여 $x-y=0$, 즉 $x=y$이면 $x^2-y^2=0$이다. (참)

⑤ 실수 x, y에 대하여 $|x|+|y|=0$이면 $x=y=0$이므로 $xy=0$
이다. (참)

0493
답 ④

① [반례] 2는 소수이지만 짝수이다. (거짓)

② n이 홀수이면 $n+1$은 짝수이므로 $n(n+1)$은 짝수이다. (거짓)

③ [반례] $\frac{1}{2}$은 유리수이지만 정수가 아니다. (거짓)

④ $a^2+2b^2=0$이면 $a^2=0$, $2b^2=0$이므로 $a=0$, $b=0$이다. (참)

⑤ [반례] 9는 3의 배수이지만 6의 배수가 아니다. (거짓)

0494
답 ②

ㄱ. $x>y>0$이면 $\frac{1}{x}<\frac{1}{y}$이다. (참)

ㄴ. $x^2+y^2=0$이면 $x=y=0$이므로 $|x|+|y|=0$이다. (참)

ㄷ. [반례] $x=2$, $y=-1$이면 $x+y\geq0$이지만 $y<0$이다. (거짓)

따라서 참인 명제는 ㄱ, ㄴ이다.

🔊 **Bible Says** $\dfrac{1}{x}$과 $\dfrac{1}{y}$의 대소 관계

x, y가 실수일 때

(1) $x>y>0$이면 $\dfrac{1}{x}<\dfrac{1}{y}$

(2) $x<y<0$이면 $\dfrac{1}{x}>\dfrac{1}{y}$

(3) $x<0<y$이면 $\dfrac{1}{x}<\dfrac{1}{y}$

유형 05 거짓인 명제의 반례

0495
답 ②

명제 'q이면 $\sim p$이다.'가 거짓임을 보이는 원소는 집합 Q의 원소 중 집합 P^C의 원소가 아닌 것을 찾으면 된다.

이때 $Q\cap(P^C)^C=Q\cap P=\{b\}$이므로 주어진 명제가 거짓임을 보이는 원소는 b이다.

0496
답 ④

두 조건 p, q를 각각

p: 12의 양의 약수이다., q: 18의 양의 약수이다.

라 하고 두 조건 p, q의 진리집합을 각각 P, Q라 하면

$P=\{1, 2, 3, 4, 6, 12\}$, $Q=\{1, 2, 3, 6, 9, 18\}$

주어진 명제의 반례는 집합 $P-Q$의 원소이고 $P-Q=\{4, 12\}$이므로 주어진 명제가 거짓임을 보이는 반례는 4, 12이다.

따라서 주어진 명제가 거짓임을 보이는 반례로 적당한 것은 ④이다.

0497
답 ③

명제 '$\sim q$이면 $\sim p$이다.'가 거짓임을 보이는 원소는 집합 Q^C의 원소 중 집합 P^C의 원소가 아닌 것을 찾으면 된다.

따라서 주어진 명제가 거짓임을 보이는 원소가 속하는 집합은

$Q^C\cap(P^C)^C=Q^C\cap P=P-Q$

0498
답 ⑤

두 조건 p, q의 진리집합을 각각 P, Q라 하면

$P=\{x\,|\,x\leq2$ 또는 $x>6\}$, $Q=\{x\,|\,1<x\leq k\}$

명제 $\sim p\longrightarrow q$가 거짓임을 보이는 반례는 집합 P^C의 원소 중 집합 Q의 원소가 아닌 것이므로 집합 $P^C\cap Q^C$에 속한다.

$P^C=\{x\,|\,2<x\leq6\}$, $Q^C=\{x\,|\,x\leq1$ 또는 $x>k\}$

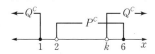

따라서 집합 $P^C\cap Q^C$의 정수인 원소가 6뿐이려면 k의 값의 범위는

$5\leq k<6$

유형 06 명제의 참, 거짓과 진리집합

0499
답 ⑤

명제 $p\longrightarrow\sim q$가 참이므로 $P\subset Q^C$

이것을 벤다이어그램으로 나타내면 그림과 같으므로 $Q-P=Q$

0500
답 ③

ㄱ. $Q\subset P$에서 $P^C\subset Q^C$이므로 명제 $\sim p\longrightarrow\sim q$는 참이다.

ㄴ. $Q\not\subset R^C$이므로 명제 $q\longrightarrow\sim r$는 거짓이다.

ㄷ. $(P\cap R)\not\subset Q^C$이므로 명제 (p이고 r) $\longrightarrow\sim q$는 거짓이다.

ㄹ. $(P\cap Q)\subset P$이므로 명제 (p이고 q) $\longrightarrow p$는 참이다.

따라서 참인 명제는 ㄱ, ㄹ이다.

0501
답 8

명제 $\sim p\longrightarrow q$가 참이 되려면 $P^C\subset Q$이어야 한다.

$U=\{x\,|\,x$는 10 이하의 자연수$\}$이므로

$P=\{3, 5, 7\}$에서 $P^C=\{1, 2, 4, 6, 8, 9, 10\}$

따라서 집합 Q는 1, 2, 4, 6, 8, 9, 10을 반드시 원소로 가져야 하므로 집합 Q의 개수는

$2^{10-7}=2^3=8$

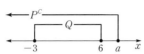

유형 07 명제가 참이 되도록 하는 상수 구하기

0502
답 ④

조건 q: $x^2-3x-18\leq0$에서 $(x+3)(x-6)\leq0$

$\therefore -3\leq x\leq6$

두 조건 p, q의 진리집합을 각각 P, Q라 하면

$P=\{x|x>a\}$, $Q=\{x|-3\leq x\leq6\}$

명제 $q\longrightarrow \sim p$가 참이 되려면

$Q\subset P^C$이어야 한다.

$P^C=\{x|x\leq a\}$이므로 $a\geq6$

따라서 정수 a의 최솟값은 6이다.

0503
답 10

조건 p: $x<0$ 또는 $x\geq5$에 대하여 $\sim p$: $0\leq x<5$

조건 q: $|x-a|\leq4$에서 $-4+a\leq x\leq4+a$

두 조건 p, q의 진리집합을 각각 P, Q라 하면

$P^C=\{x|0\leq x<5\}$, $Q=\{x|-4+a\leq x\leq4+a\}$

명제 $\sim p\longrightarrow q$가 참이 되려면

$P^C\subset Q$이어야 하므로

$-4+a\leq0$, $5\leq4+a$

$\therefore 1\leq a\leq4$

따라서 주어진 명제가 참이 되도록 하는 모든 자연수 a의 값의 합은

$1+2+3+4=10$

0504
답 12

세 조건 p, q, r의 진리집합을 각각 P, Q, R라 하면

$P=\{x|x<a\}$, $Q=\{x|x>3\}$,

$R=\{x|-5<x\leq-1$ 또는 $x\geq b\}$

두 명제 $\sim p\longrightarrow q$, $q\longrightarrow r$가 모두 참이 되려면 $P^C\subset Q$, $Q\subset R$

이어야 하고 $P^C=\{x|x\geq a\}$이므로

$a>3$, $b\leq3$

따라서 정수 a의 최솟값은 4, 정수 b의 최댓값은 3이므로 구하는 곱은

$4\times3=12$

유형 08 '모든'이나 '어떤'을 포함한 명제

0505
답 ④

① $x=-1$에 대하여 $x^2=1$이고, $1\in U$이므로 참이다.

② x의 값이 -3, -2, -1, 0, 1, 2, 3일 때 모두 $x^2\geq0$을 만족시키므로 참이다.

③ 모든 x, y에 대하여 $x-y$의 값은 $(-3)-3=-6$보다 크거나 같으므로 참이다.

④ [반례] $x=-3$, $y=-3$이면 $x+y=-6<-5$이므로 거짓이다.

⑤ $x=0$이면 $x^2=0$이다. 즉, $x^2>0$을 만족시키지 않는 x가 존재하므로 참이다.

0506
답 ①

명제 '어떤 실수 x에 대하여 $x^2-3kx+2k<0$이다.'의 부정은 '모든 실수 x에 대하여 $x^2-3kx+2k\geq0$이다.'이다. ······ ㉠

명제 ㉠이 참이려면 이차방정식 $x^2-3kx+2k=0$의 판별식을 D라 할 때, $D\leq0$이어야 하므로

$D=(-3k)^2-4\times2k\leq0$, $k\left(k-\dfrac{8}{9}\right)\leq0$

$\therefore 0\leq k\leq\dfrac{8}{9}$

따라서 명제 ㉠이 거짓이 되려면 $k<0$ 또는 $k>\dfrac{8}{9}$이어야 하므로 구하는 자연수 k의 최솟값은 1이다.

유형 09 명제의 역, 대우의 참, 거짓

0507
답 ②

명제 $q\longrightarrow \sim p$의 역인 $\sim p\longrightarrow q$가 참이므로 그 대우인 $\sim q\longrightarrow p$도 참이다.

0508
답 ④

① 역: $x^2<1$이면 $0<x<1$이다.

$x^2<1$이면 $-1<x<1$이므로 $0<x<1$이 아니다. (거짓)

② 역: $x^2=1$이면 $x^2-2x+1=0$이다.

[반례] $x=-1$이면 $x^2=1$이지만 $(-1)^2-2\times(-1)+1=4\neq0$이다. (거짓)

③ 역: $x+y<0$이면 $x<0$, $y<0$이다.

[반례] $x=1$, $y=-3$이면 $x+y=-2<0$이지만 $x>0$이다. (거짓)

④ 역: $x=y$이면 $x^3=y^3$이다. (참)

⑤ 역: $x\neq0$ 또는 $y\neq0$이면 $xy\neq0$이다.

[반례] $x=0$, $y=1$이면 $x\neq0$ 또는 $y\neq0$이지만 $xy=0$이다. (거짓)

따라서 그 역이 참인 명제는 ④이다.

0509
답 ④

ㄱ. 명제: $a^2+b^2>0$이면 $a\neq0$ 또는 $b\neq0$이다. (참)

[증명] 대우 '$a=0$이고 $b=0$이면 $a^2+b^2\leq0$이다.'가 참이므로 주어진 명제도 참이다.

역: $a\neq0$ 또는 $b\neq0$이면 $a^2+b^2>0$이다. (참)

[증명] 대우 '$a^2+b^2\leq0$이면 $a=0$이고 $b=0$이다.'가 참이므로 주어진 명제도 참이다.

ㄴ. 명제: $ab=0$이면 $a^2+2ab+5b^2=0$이다. (거짓)

　　[반례] $a=0$, $b=1$이면 $ab=0$이지만

　　$a^2+2ab+5b^2=0+0+5=5\neq0$이므로 거짓이다.

　　역: $a^2+2ab+5b^2=0$이면 $ab=0$이다. (참)

　　[증명] $a^2+2ab+5b^2=(a+b)^2+(2b)^2=0$에서

　　$a+b=0$, $2b=0$이므로 $a=b=0$　　∴ $ab=0$

ㄷ. 명제: $a>0$, $b>0$이면 $ab>0$, $a+b>0$이다. (참)

　　역: $ab>0$, $a+b>0$이면 $a>0$, $b>0$이다. (참)

　　[증명] $ab>0$에서 $a>0$, $b>0$ 또는 $a<0$, $b<0$이고,

　　$a+b>0$이므로 $a>0$, $b>0$이다.

따라서 주어진 명제와 그 명제의 역이 모두 참인 것은 ㄱ, ㄷ이다.

0510

답 3

명제 $p \longrightarrow q$의 역은 $q \longrightarrow p$이다.

$|x-k|\leq3$에서 $k-3\leq x\leq k+3$

두 조건 p, q의 진리집합을 각각 P, Q라 하면

$P=\{x|-2\leq x\leq5\}$, $Q=\{x|k-3\leq x\leq k+3\}$

명제 $q \longrightarrow p$가 참이 되려면

$Q\subset P$이어야 하므로

$-2\leq k-3$, $k+3\leq5$

∴ $1\leq k\leq2$

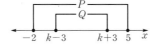

따라서 주어진 명제의 역이 참이 되도록 하는 모든 정수 k의 값의

합은

$1+2=3$

유형 10 명제의 대우를 이용하여 상수 구하기

0511

답 8

주어진 명제가 참이므로 그 대우

'$x>k$이고 $y>2$이면 $x+y\geq10$이다.'

도 참이다.

$x>k$이고 $y>2$이면 $x+y>k+2$이므로

$10\leq k+2$　　∴ $k\geq8$

따라서 자연수 k의 최솟값은 8이다.

$\llcorner \{(x,y)|x+y>k+2\}\subset\{(x,y)|x+y\geq10\}$

0512

답 ④

명제 $q \longrightarrow \sim p$가 참이 되려면 그 대우 $p \longrightarrow \sim q$도 참이 되어야

한다.

p: $|x-a|<5$에서 $a-5<x<a+5$

$\sim q$: $|x+2|\leq7$에서 $-9\leq x\leq5$

실수 전체의 집합에서 두 조건 p, q의 진리집합을 각각 P, Q라 하면

$P=\{x|a-5<x<a+5\}$

$Q^C=\{x|-9\leq x\leq5\}$

명제 $p \longrightarrow \sim q$가 참이 되려면

$P\subset Q^C$이어야 하므로

$-9\leq a-5$, $a+5\leq5$

∴ $-4\leq a\leq0$

따라서 $m=-4$, $M=0$이므로

$M-m=0-(-4)=4$

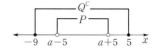

유형 11 삼단논법

0513

답 ①

명제 $p \longrightarrow \sim s$가 참이므로 그 대우 $s \longrightarrow \sim p$도 참이고,

명제 $r \longrightarrow q$가 참이므로 그 대우 $\sim q \longrightarrow \sim r$도 참이다.

두 명제 $s \longrightarrow \sim p$, $\sim q \longrightarrow \sim r$가 참이므로 명제 $s \longrightarrow r$가 참이

되려면 세 명제 $\sim p \longrightarrow \sim q$, $s \longrightarrow \sim q$, $\sim p \longrightarrow \sim r$ 중 적어도

하나가 참이어야 한다.

또한 명제 $\sim p \longrightarrow \sim q$가 참이려면 그 대우 $q \longrightarrow p$도 참이어야 한다.

따라서 명제 $s \longrightarrow \sim r$가 참임을 보이기 위해 필요한 참인 명제는

①이다.

0514

답 ②

명제 $q \longrightarrow r$와 명제 $\sim q \longrightarrow p$가 모두 참이므로 각각의 대우

$\sim r \longrightarrow \sim q$, $\sim p \longrightarrow q$도 모두 참이다.

또한 두 명제 $\sim p \longrightarrow q$, $q \longrightarrow r$가 모두 참이므로 삼단논법에 의

하여 명제 $\sim p \longrightarrow r$도 참이고, 그 대우인 $\sim r \longrightarrow p$도 참이다.

0515

답 ㄱ, ㄴ, ㄷ

명제 $p \longrightarrow \sim r$가 참이므로 그 대우 $r \longrightarrow \sim p$도 참이다.

두 명제 $q \longrightarrow r$, $r \longrightarrow \sim p$가 참이므로 삼단논법에 의하여 명제

$q \longrightarrow \sim p$도 참이고, 그 대우 $p \longrightarrow \sim q$도 참이다.

또한 명제 $r \longrightarrow \sim p$, $p \longrightarrow \sim q$가 참이고 세 조건 p, q, r의 진리

집합이 각각 P, Q, R이므로 $R\subset P^C$, $P\subset Q^C$도 참이다.

따라서 옳은 것은 ㄱ, ㄴ, ㄷ이다.

유형 12 삼단논법과 명제의 추론

0516

답 ⑤

조건 ㈐에 의하여 영희는 취재를 나가지 않았다.

조건 ㈑에 의하여 철수가 취재를 나갔다면 민수도 함께 취재에 나

갔고, 조건 ㈑의 대우에 의하여 함께 취재를 나간 학생이 없으면 철

수는 취재를 나가지 않았다.

조건 ㈎에 의하여 민수, 영희, 철수 중 취재를 나간 사람은 반드시

있으므로 철수가 취재에 나가지 않았다면 민수는 반드시 취재에 나

갔다.

따라서 민수는 반드시 취재에 나갔다.

0517
답 ⑤

조건 (나)의 대우에 의하여 보리밥 또는 청국장을 좋아하는 학생은 일찍 잠을 잔다.

또한 조건 (가)에서 일찍 잠을 자는 학생은 소화 능력이 좋으므로 삼단논법에 의하여 보리밥 또는 청국장을 좋아하는 학생은 소화 능력이 좋다.

유형 13 충분조건, 필요조건, 필요충분조건

0518
답 ①

② $|x|=|y|$이면 $x=y$ 또는 $x=-y$이므로 p는 q이기 위한 필요조건이다.

③ $|x| \leq 2$이면 $-2 \leq x \leq 2$이고, $x^2-2x \leq 0$이면 $0 \leq x \leq 2$이므로 p는 q이기 위한 필요조건이다.

④ $a^2-4ab+8b^2=(a-2b)^2+(2b)^2=0$이므로 $a-2b=0$, $2b=0$에서 $a=b=0$이다. 따라서 p는 q이기 위한 필요충분조건이다.

0519
답 ⑤

① 명제 $p \longrightarrow q$는 참이지만 명제 $q \longrightarrow p$는 거짓이므로 p는 q이기 위한 충분조건이지만 필요조건은 아니다.

② 9는 홀수이지만 소수가 아니고, 2는 소수이지만 짝수이므로 p는 q이기 위한 충분조건도 필요조건도 아니다.

③ $xy<0$에서 $x>0$, $y<0$ 또는 $x<0$, $y>0$
따라서 명제 $p \longrightarrow q$는 참이지만 명제 $q \longrightarrow p$는 거짓이므로 p는 q이기 위한 충분조건이지만 필요조건은 아니다.

④ $x^2+y^2=0$에서 $x=y=0$
따라서 명제 $p \longrightarrow q$는 거짓이지만 명제 $q \longrightarrow p$는 참이므로 p는 q이기 위한 필요조건이지만 충분조건은 아니다.

⑤ $x^2-36=0$에서 $x=\pm 6$, $|x|=6$에서 $x=\pm 6$
$p \Longleftrightarrow q$이므로 p는 q이기 위한 필요충분조건이다.

0520
답 ④

ㄱ. $a^2=b^2$에서 $a=b$ 또는 $a=-b$이므로 p는 q이기 위한 충분조건이지만 필요조건은 아니다. (참)

ㄴ. $|a|=|b|$에서 $a=b$ 또는 $a=-b$이므로 p는 r이기 위한 충분조건이지만 필요조건은 아니다. (거짓)

ㄷ. ㄱ, ㄴ에 의하여 q는 r이기 위한 필요충분조건이다. (참)
따라서 옳은 것은 ㄱ, ㄷ이다.

유형 14 충분·필요조건과 명제의 참, 거짓

0521
답 ⑤

ㄱ. $q \Longrightarrow \sim p$이므로 $p \Longrightarrow \sim q$
즉, p는 $\sim q$이기 위한 충분조건이다. (거짓)

ㄴ. $q \Longrightarrow \sim p$이고, $\sim r \Longrightarrow p$에서 $\sim p \Longrightarrow r$이므로 $q \Longrightarrow r$
즉, r는 q이기 위한 필요조건이다. (참)

ㄷ. $\sim p \Longrightarrow r$이므로 $\sim p$는 r이기 위한 충분조건이다. (참)
따라서 옳은 것은 ㄴ, ㄷ이다.

0522
답 ㄱ, ㄴ, ㄷ

r는 q이기 위한 충분조건이고 p는 q이기 위한 필요조건이므로
$r \Longrightarrow q$, $q \Longrightarrow p$에서 $r \Longrightarrow p$
$r \Longrightarrow q$이므로 $\sim q \Longrightarrow \sim r$, $r \Longrightarrow p$이므로 $\sim p \Longrightarrow \sim r$
따라서 항상 참인 명제인 것은 ㄱ, ㄴ, ㄷ이다.

유형 15 충분·필요·필요충분조건과 진리집합

0523
답 ④

① $R \subset P$이므로 r는 p이기 위한 충분조건이다.

② $R \subset Q^C$이므로 $\sim q$는 r이기 위한 필요조건이다.

③ $Q \subset P$이므로 p는 q이기 위한 필요조건이다.

⑤ $P^C \subset R^C$이므로 $\sim p$는 $\sim r$이기 위한 충분조건이다.

0524
답 ⑤

r는 q이기 위한 충분조건이고, p는 q이기 위한 필요조건이므로 $R \subset Q$, $Q \subset P$이다. 즉, $R \subset Q \subset P$가 성립한다.

세 집합 P, Q, R 사이의 포함 관계를 벤다이어그램으로 나타내면 오른쪽 그림과 같다.

① $P-R \subset P$
② $R \subset (P \cap Q)$
③ $(P \cap R) \subset Q$
④ $(P-R) \cup Q = P$
⑤ $(P \cap Q^C) \subset R^C$
따라서 항상 옳은 것은 ⑤이다.

0525
답 ③

$(R-P^C) \cup (Q-P)=\varnothing$이므로
$R-P^C=\varnothing$, $Q-P=\varnothing$
$\therefore R \cap P=\varnothing$, $Q \subset P$

세 집합 P, Q, R 사이의 포함 관계를 벤다이어그램으로 나타내면 오른쪽 그림과 같다.

ㄱ. $Q \subset P$이므로 q는 p이기 위한 충분조건이다. (참)

ㄴ. $P \subset R^C$이므로 $\sim r$는 p이기 위한 필요조건이다. (거짓)

ㄷ. $R \subset Q^C$이므로 $\sim q$는 r이기 위한 필요조건이다. (참)
따라서 옳은 것은 ㄱ, ㄷ이다.

0526
답 ⑤

$3-2x=x-9$에서 $3x=12$ ∴ $x=4$

이때 $x=4$는 $x^2+ax+b=0$이기 위한 필요충분조건이므로 이차방정식 $x^2+ax+b=0$의 해가 4뿐이어야 한다.

이차항의 계수가 1이고 중근 $x=4$를 갖는 이차방정식은

$(x-4)^2=0$이므로 $x^2+ax+b=x^2-8x+16$

따라서 $a=-8$, $b=16$이므로 $b-a=16-(-8)=24$

0527
답 24

q: $x^2-n=0$(n은 자연수)에서 $x^2=n$ ∴ $x=\pm\sqrt{n}$

두 조건 p, q의 진리집합을 각각 P, Q라 하면

$P=\{x|-5<x\le6\}$, $Q=\{\sqrt{n}, -\sqrt{n}\}$

이때 p가 q이기 위한 필요조건이려면 $Q\subset P$이어야 한다.

n은 자연수이므로

$0<\sqrt{n}\le6$에서 $0<n\le36$ ······ ㉠

$-5<-\sqrt{n}\le0$에서 $0<n<25$ ······ ㉡

㉠, ㉡에서 $0<n<25$이므로 p가 q이기 위한 필요조건이 되도록 하는 자연수 n은 1, 2, 3, ···, 24의 24개이다.

0528
답 8

$x^2-8x+16=(x-4)^2\le0$에서 $x=4$이므로

두 조건 p, q의 진리집합을 각각 P, Q라 하면

$P=\{4\}$, $Q=\{x||x-a|\le1\}$

이때 p가 q이기 위한 충분조건이 되려면 $P\subset Q$이어야 하므로

$4\in P$에서 $4\in Q$이어야 한다.

$|4-a|\le1$이므로 $-1\le4-a\le1$

$-5\le-a\le-3$ ∴ $3\le a\le5$

따라서 a의 최댓값과 최솟값의 합은 $5+3=8$

0529
답 6

r는 p이기 위한 충분조건이고 q는 r이기 위한 필요조건이므로

$R\subset P$, $R\subset Q$

$R\subset P$에서 $2-a=5$ 또는 $b^2+1=5$

(i) $2-a=5$, 즉 $a=-3$일 때,

$P=\{5, b^2+1\}$, $Q=\{-2, 2b-1\}$이고 $R\subset Q$이므로

$2b-1=5$ ∴ $b=3$

(ii) $b^2+1=5$, 즉 $b=2$ 또는 $b=-2$일 때,

$P=\{2-a, 5\}$, $Q=\{1+a, 3\}$

또는 $P=\{2-a, 5\}$, $Q=\{1+a, -5\}$이고

$R\subset Q$이므로

$1+a=5$ ∴ $a=4$

(i), (ii)에서 $a+b$의 최댓값은 $4+2=6$

0530
답 ⑺ 홀수 ⑻ 짝수 ⑼ $2k^2+2l^2-2k-2l+1$

주어진 명제의 대우는 '자연수 m, n에 대하여 mn이 보기홀수 이면 m^2+n^2은 보기짝수 이다.'이다.

mn이 보기홀수 이면 m, n은 모두 보기홀수 이므로

$m=2k-1$, $n=2l-1$ (k, l은 자연수)로 나타낼 수 있다.

이때

$m^2+n^2=(2k-1)^2+(2l-1)^2$

$=4k^2-4k+1+4l^2-4l+1$

$=2(\boxed{2k^2+2l^2-2k-2l+1})$

이므로 m^2+n^2은 보기짝수 이다.

따라서 주어진 명제의 대우가 참이므로 주어진 명제도 참이다.

0531
답 4

주어진 명제의 대우는 '두 자연수 a, b에 대하여 a, b 중 적어도 하나가 홀수이면 a^2+b^2이 4의 배수가 아니다.'이다.

a, b 중 적어도 하나가 홀수라 가정하면

(i) $a=2m$, $b=2n-1$(m, n은 자연수)일 때,

$a^2+b^2=(2m)^2+(2n-1)^2$

$=4m^2+4n^2-4n+1$

$=4(m^2+n^2-n)+1$

이므로 a^2+b^2을 4로 나누었을 때의 나머지는 보기1 이다.

(ii) $a=2m-1$, $b=2n$(m, n은 자연수)일 때,

$a^2+b^2=(2m-1)^2+(2n)^2$

$=4m^2-4m+1+4n^2$

$=4(m^2-m+n^2)+1$

이므로 a^2+b^2을 4로 나누었을 때의 나머지는 보기1 이다.

(iii) $a=2m-1$, $b=2n-1$(m, n은 자연수)일 때,

$a^2+b^2=(2m-1)^2+(2n-1)^2$

$=4m^2-4m+1+4n^2-4n+1$

$=4(m^2+n^2-m-n)+2$

이므로 a^2+b^2을 4로 나누었을 때의 나머지는 보기2 이다.

(i), (ii), (iii)에서 a^2+b^2은 4의 배수가 아니다.

따라서 주어진 명제의 대우가 참이므로 주어진 명제도 참이다.

∴ $k_1+k_2+k_3=1+1+2=4$

0532
답 ②

$\sqrt{5}+1$이 보기유리수 라고 가정하자.

$\sqrt{5}+1=\dfrac{n}{m}$(m, n은 서로소인 자연수)이라 하면

$\sqrt{5}=\dfrac{n}{m}-1$ ······ ㉠

이때 ㉠의 좌변은 $\boxed{무리수}$, 우변은 $\boxed{유리수}$이므로 모순이다.
따라서 $\sqrt{5}$가 무리수이면 $\sqrt{5}+1$도 무리수이다.
➡ ㈎: 유리수, ㈏: 무리수, ㈐: 유리수

0533

답 4

$3a=b^2+1$을 만족시키는 정수 a, b가 존재한다고 가정하자.
b가 정수이므로 정수 k에 대하여 $b=3k$ 또는 $b=3k+1$ 또는 $b=3k+2$로 나타낼 수 있다.
(i) $b=3k$일 때,
$$3a=b^2+1=(3k)^2+1$$
$$=9k^2+1=3(3k^2)+\boxed{1}$$
이므로 등식을 만족시키는 정수 a가 존재하지 않는다.
(ii) $b=3k+1$일 때,
$$3a=b^2+1=(3k+1)^2+1$$
$$=9k^2+6k+2=3(3k^2+2k)+\boxed{2}$$
이므로 등식을 만족시키는 정수 a가 존재하지 않는다.
(iii) $b=3k+2$일 때,
$$3a=b^2+1=(3k+2)^2+1$$
$$=9k^2+12k+5=3(3k^2+4k+1)+\boxed{2}$$
이므로 등식을 만족시키는 정수 a가 존재하지 않는다.
(i), (ii), (iii)에서 조건을 만족시키는 정수 a가 존재하지 않으므로 모순이다.
따라서 $3a=b^2+1$을 만족시키는 정수 a, b는 존재하지 않는다.
$\therefore k_1 k_2 k_3=1\times2\times2=4$

유형 19 실수의 성질을 이용한 절대부등식의 증명

0534

답 ⑤

① $a^2+\dfrac{1}{a^2}\geq2$에서
$$a^2+\dfrac{1}{a^2}-2=\dfrac{a^4-2a^2+1}{a^2}=\dfrac{(a^2-1)^2}{a^2}\geq0$$
② $a^2+3a+3=\left(a+\dfrac{3}{2}\right)^2+\dfrac{3}{4}>0$
③ $a(a-6)\geq-9$에서 $a^2-6a+9=(a-3)^2\geq0$
④ $2ab-a^2\leq10b^2$에서 $a^2-2ab+10b^2\geq0$이므로
$$a^2-2ab+10b^2=(a-b)^2+(3b)^2\geq0$$
⑤ [반례] $a=b=0$이면 $a^2+b^2=0=ab$
따라서 절대부등식이 아닌 것은 ⑤이다.

0535

답 ④

$$(a^2+b^2)(x^2+y^2)-(ax+by)^2$$
$$=(a^2x^2+a^2y^2+b^2x^2+b^2y^2)-(a^2x^2+2axby+b^2y^2)$$
$$=(ay)^2+(bx)^2-2\times ay\times bx$$
$$=(\boxed{ay-bx})^2\geq0$$

따라서 $(a^2+b^2)(x^2+y^2)\geq(ax+by)^2$이다.
이때 등호는 $\boxed{ay=bx}$일 때 성립한다.

0536

답 ④

ㄱ. $ab-a-b+1=a(b-1)-(b-1)=(a-1)(b-1)$
이때 $a>b>1$에서 $a-1>0$, $b-1>0$이므로
$ab-a-b+1>0$ $\therefore ab>a+b-1$ (참)
ㄴ. [반례] $a=3$, $b=2$이면 $\dfrac{a+1}{b+1}=\dfrac{4}{3}<\dfrac{3}{2}=\dfrac{a}{b}$ (거짓)
ㄷ. $\dfrac{c}{a}-\dfrac{c}{b}=\dfrac{c(b-a)}{ab}$
이때 $a>b>1$에서 $ab>0$, $b-a<0$이고, $c<0$이므로
$\dfrac{c}{a}-\dfrac{c}{b}>0$ $\therefore \dfrac{c}{a}>\dfrac{c}{b}$ (참)
따라서 옳은 것은 ㄱ, ㄷ이다.

유형 20 절댓값 기호를 포함한 절대부등식

0537

답 ③

(i) $|a|\geq|b|$일 때,
$$|a+b|^2-(|a|-|b|)^2$$
$$=a^2+2ab+b^2-a^2+2|ab|-b^2$$
$$=2(\boxed{ab+|ab|})\geq0$$
즉, $|a+b|\geq|a|-|b|$이다.
(ii) $|a|<|b|$일 때,
$$|a+b|>0, |a|-|b|<0$$이므로
$$|a+b|>|a|-|b|$$
(i), (ii)에서 $|a+b|\geq|a|-|b|$이다.
여기서 등호가 성립하는 경우는 $|ab|=-ab$이고 $|a|\geq|b|$,
즉 $\boxed{ab\leq0}$이고, $|a|\geq|b|$일 때이다.
➡ ㈎: $ab+|ab|$, ㈏: $ab\leq0$

0538

답 풀이 참조

$|a-b|\geq0$, $||a|-|b||\geq0$이므로
$$|a-b|^2-||a|-|b||^2$$
$$=(a-b)^2-(|a|-|b|)^2$$
$$=a^2-2ab+b^2-(a^2-2|ab|+b^2)$$
$$=-2(ab-|ab|)\geq0 \ (\because ab\leq|ab|)$$
따라서 $|a-b|^2\geq||a|-|b||^2$이므로 $|a-b|\geq||a|-|b||$가
성립한다. 이때 등호는 $ab=|ab|$, 즉 $ab\geq0$일 때 성립한다.

유형 21 산술평균과 기하평균의 관계 – 합 또는 곱이 일정할 때

0539

답 5

$a>0$, $b>0$이므로 산술평균과 기하평균의 관계에 의하여

$5a+b\geq2\sqrt{5ab}$ (단, 등호는 $5a=b$일 때 성립한다.)

이때 $5a+b=10$이므로 $10\geq2\sqrt{5ab}$, $\sqrt{5ab}\leq5$

양변을 제곱하면 $5ab\leq25$　　∴ $ab\leq5$

따라서 ab의 최댓값은 5이다.

0540

$a>0$, $b>0$이므로 산술평균과 기하평균의 관계에 의하여

$2a+4b\geq2\sqrt{2a\times4b}=2\sqrt{8ab}$ (단, 등호는 $2a=4b$일 때 성립한다.)

이때 $ab=32$이므로 $2a+4b\geq2\sqrt{8\times32}=2\times16=32$

따라서 $2a+4b$의 최솟값은 32이다.

0541

답 ④

$x\neq0$, $y\neq0$에서 $x^2>0$, $y^2>0$이므로 산술평균과 기하평균의 관계에 의하여

$x^2+4y^2\geq2\sqrt{x^2\times4y^2}=2\sqrt{4x^2y^2}=4|xy|$

　　　　　　(단, 등호는 $x^2=4y^2$, 즉 $|x|=2|y|$일 때 성립한다.)

이때 $x^2+4y^2=16$이므로

$16\geq4|xy|$, $|xy|\leq4$

x, y는 0이 아닌 실수이므로

$-4\leq xy<0$ 또는 $0<xy\leq4$

따라서 xy의 최댓값은 4, 최솟값은 -4이므로

$M-m=4-(-4)=8$

유형 22 산술평균과 기하평균의 관계 – 식의 전개

0542

답 ⑤

$x>0$, $y>0$이므로 산술평균과 기하평균의 관계에 의하여

$(9x+y)\left(\dfrac{9}{x}+\dfrac{1}{y}\right)=81+\dfrac{9x}{y}+\dfrac{9y}{x}+1$

$\geq82+2\sqrt{\dfrac{9x}{y}\times\dfrac{9y}{x}}=82+2\times9=100$

$\left(\text{단, 등호는 } \dfrac{9x}{y}=\dfrac{9y}{x}, \text{ 즉 } x=y\text{일 때 성립한다.}\right)$

따라서 $(9x+y)\left(\dfrac{9}{x}+\dfrac{1}{y}\right)$의 최솟값은 100이다.

[다른 풀이]

코시-슈바르츠 부등식에 의하여

$(9x+y)\left(\dfrac{9}{x}+\dfrac{1}{y}\right)$

$=\{(3\sqrt{x})^2+(\sqrt{y})^2\}\left\{\left(\dfrac{3}{\sqrt{x}}\right)^2+\left(\dfrac{1}{\sqrt{y}}\right)^2\right\}$

$\geq(9+1)^2=100$ $\left(\text{단, 등호는 } \dfrac{1}{x}=\dfrac{1}{y}, \text{ 즉 } x=y\text{일 때 성립한다.}\right)$

따라서 $(9x+y)\left(\dfrac{9}{x}+\dfrac{1}{y}\right)$의 최솟값은 100이다.

[참고]

코시-슈바르츠 부등식은 유형 25 에서 자세히 살펴보도록 한다.

0543

답 2

$a>0$에서 $a^2>0$이므로 산술평균과 기하평균의 관계에 의하여

$\left(2a-\dfrac{1}{a}\right)\left(a-\dfrac{32}{a}\right)=2a^2-64-1+\dfrac{32}{a^2}$

$\geq-65+2\sqrt{2a^2\times\dfrac{32}{a^2}}$

$=-65+2\times8=-49$

이때 등호는 $2a^2=\dfrac{32}{a^2}$, 즉 $a^4=16$일 때 성립한다.

∴ $a=2$ ($\because a>0$)

0544

답 4

$a>0$, $b>0$, $c>0$이므로 산술평균과 기하평균의 관계에 의하여

$(a+2b+c)\left(\dfrac{1}{a+b}+\dfrac{1}{b+c}\right)$

$=\{(a+b)+(b+c)\}\left(\dfrac{1}{a+b}+\dfrac{1}{b+c}\right)$

$=1+\dfrac{a+b}{b+c}+\dfrac{b+c}{a+b}+1$

$\geq2+2\sqrt{\dfrac{a+b}{b+c}\times\dfrac{b+c}{a+b}}$

$=2+2\times1=4$ $\left(\text{단, 등호는 } \dfrac{a+b}{b+c}=\dfrac{b+c}{a+b}, \text{ 즉 } a=c\text{일 때 성립한다.}\right)$

따라서 $(a+2b+c)\left(\dfrac{1}{a+b}+\dfrac{1}{b+c}\right)$의 최솟값은 4이다.

[다른 풀이]

코시-슈바르츠 부등식에 의하여

$(a+2b+c)\left(\dfrac{1}{a+b}+\dfrac{1}{b+c}\right)$

$=\{(a+b)+(b+c)\}\left(\dfrac{1}{a+b}+\dfrac{1}{b+c}\right)$

$=\{(\sqrt{a+b})^2+(\sqrt{b+c})^2\}\left\{\left(\dfrac{1}{\sqrt{a+b}}\right)^2+\left(\dfrac{1}{\sqrt{b+c}}\right)^2\right\}$

$\geq(1+1)^2=4$ $\left(\text{단, 등호는 } \dfrac{1}{a+b}=\dfrac{1}{b+c}, \text{ 즉 } a=c\text{일 때 성립한다.}\right)$

따라서 $(a+2b+c)\left(\dfrac{1}{a+b}+\dfrac{1}{b+c}\right)$의 최솟값은 4이다.

유형 23 산술평균과 기하평균의 관계 – 식의 변형

0545

답 ④

$a>2$에서 $a-2>0$이므로 산술평균과 기하평균의 관계에 의하여

$49a+\dfrac{1}{a-2}=49(a-2)+\dfrac{1}{a-2}+98$

$\geq2\sqrt{49(a-2)\times\dfrac{1}{a-2}}+98$

$=2\times7+98=112$

$\left(\text{단, 등호는 } 49(a-2)=\dfrac{1}{a-2}, \text{ 즉 } a=\dfrac{15}{7}\text{일 때 성립한다.}\right)$

따라서 $49a+\dfrac{1}{a-2}$의 최솟값은 112이다.

Ⅱ. 집합과 명제 **341**

0546

답 6

$x>-1$에서 $x+1>0$이므로 산술평균과 기하평균의 관계에 의하여

$$x-5+\frac{16}{x+1}=x+1+\frac{16}{x+1}-6$$

$$\geq 2\sqrt{(x+1)\times\frac{16}{x+1}}-6$$

$$=2\times 4-6=2$$

$$\left(\text{단, 등호는 } x+1=\frac{16}{x+1}, \text{ 즉 } x=3\text{일 때 성립한다.}\right)$$

따라서 $a=2$, $b=3$이므로 $ab=2\times 3=6$

> **참고**
>
> 등호는 $x+1=\frac{16}{x+1}$일 때 성립하므로
> $(x+1)^2=16$, $x^2+2x-15=0$, $(x+5)(x-3)=0$
> 이때 $x>-1$이므로 $x=3$
> 따라서 등호는 $x=3$일 때 성립한다.

0547

답 ③

이차방정식 $x^2-6x-a=0$의 판별식을 D라 할 때, 이 이차방정식이 서로 다른 두 실근을 가지므로

$$\frac{D}{4}=9+a>0$$

$a+9>0$이므로 산술평균과 기하평균의 관계에 의하여

$$a+\frac{1}{a+9}+10=a+9+\frac{1}{a+9}+1$$

$$\geq 2\sqrt{(a+9)\times\frac{1}{a+9}}+1$$

$$=2\times 1+1=3$$

$$\left(\text{단, 등호는 } a+9=\frac{1}{a+9}, \text{ 즉 } a=-8\text{일 때 성립한다.}\right)$$

따라서 $a+\frac{1}{a+9}+10$의 최솟값은 3이다.

0548

답 ②

$x=a+\frac{1}{b}$, $y=2b+\frac{2}{a}$이므로

$$4x^2+y^2=4\left(a+\frac{1}{b}\right)^2+\left(2b+\frac{2}{a}\right)^2$$

$$=\left(4a^2+\frac{4}{a^2}\right)+\left(\frac{8a}{b}+\frac{8b}{a}\right)+\left(4b^2+\frac{4}{b^2}\right)$$

$a>0$, $b>0$이므로 산술평균과 기하평균의 관계에 의하여

$$4a^2+\frac{4}{a^2}\geq 2\sqrt{4a^2\times\frac{4}{a^2}}=2\times 4=8$$

$$\left(\text{단, 등호는 } 4a^2=\frac{4}{a^2}, \text{ 즉 } a=1\text{일 때 성립한다.}\right)$$

$$\frac{8a}{b}+\frac{8b}{a}\geq 2\sqrt{\frac{8a}{b}\times\frac{8b}{a}}=2\times 8=16$$

$$\left(\text{단, 등호는 } \frac{8a}{b}=\frac{8b}{a}, \text{ 즉 } a=b\text{일 때 성립한다.}\right)$$

$$4b^2+\frac{4}{b^2}\geq 2\sqrt{4b^2\times\frac{4}{b^2}}=2\times 4=8$$

$$\left(\text{단, 등호는 } 4b^2=\frac{4}{b^2}, \text{ 즉 } b=1\text{일 때 성립한다.}\right)$$

$\therefore 4x^2+y^2\geq 8+16+8=32$ (단, 등호는 $a=b=1$일 때 성립한다.)

따라서 $4x^2+y^2$의 최솟값은 32이다.

유형 24 산술평균과 기하평균의 관계 - 도형에서의 활용

0549

답 116

직육면체 모양의 상자의 세 모서리의 길이를 각각 4, a, b라 하면 대각선의 길이가 l이므로 $l^2=4^2+a^2+b^2$

직육면체의 부피가 200이므로 $4ab=200$에서 $ab=50$

$a>0$, $b>0$이므로 산술평균과 기하평균의 관계에 의하여

$$a^2+b^2\geq 2\sqrt{a^2\times b^2}=2|ab|=2ab$$

$$=2\times 50=100$$

$$(\text{단, 등호는 } a^2=b^2, \text{ 즉 } a=b\text{일 때 성립한다.})$$

위 식의 양변에 4^2을 각각 더하면

$4^2+a^2+b^2\geq 4^2+100$에서 $l^2\geq 116$

따라서 l^2의 최솟값은 116이다.

0550

답 ⑤

그림과 같이 반지름의 길이가 5인 반원의 중심을 O라 하고, 이 반원에 내접하는 직사각형 ABCD에 대하여 $\overline{AB}=x$, $\overline{BO}=y$라 하자.

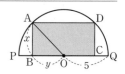

직사각형 ABCD의 넓이는 $\overline{AB}\times\overline{BC}=x\times 2y=2xy$

또한 직각삼각형 ABO에서 피타고라스 정리에 의하여

$x^2+y^2=25$

$x>0$, $y>0$이므로 산술평균과 기하평균의 관계에 의하여

$$x^2+y^2\geq 2\sqrt{x^2\times y^2}=2|xy|=2xy$$

$$(\text{단, 등호는 } x^2=y^2, \text{ 즉 } x=y\text{일 때 성립한다.})$$

이때 $x^2+y^2=25$이므로 $2xy\leq 25$

따라서 직사각형의 넓이의 최댓값은 25이다.

0551

답 ③

A$(a, 0)$, B$(0, b)$이므로 삼각형 OAB의 넓이를 S라 하면

$$S=\frac{1}{2}ab$$

점 $(3, 2)$가 직선 $\frac{x}{a}+\frac{y}{b}=1$ 위의 점이므로 $\frac{3}{a}+\frac{2}{b}=1$

$a>0$, $b>0$이므로 산술평균과 기하평균의 관계에 의하여

$$\frac{3}{a}+\frac{2}{b}\geq 2\sqrt{\frac{3}{a}\times\frac{2}{b}}=2\sqrt{\frac{6}{ab}}$$

$$\left(\text{단, 등호는 } \frac{3}{a}=\frac{2}{b}, \text{ 즉 } 2a=3b\text{일 때 성립한다.}\right)$$

이때 $\dfrac{3}{a}+\dfrac{2}{b}=1$이므로 $1\geq2\sqrt{\dfrac{6}{ab}}$, $\sqrt{\dfrac{6}{ab}}\leq\dfrac{1}{2}$

$\dfrac{6}{ab}\leq\dfrac{1}{4}$ $\therefore ab\geq24$

따라서 삼각형 OAB의 넓이의 최솟값은

$\dfrac{1}{2}\times24=12$

$x^2+\left(\dfrac{x}{2}\right)^2=20$, $\dfrac{5}{4}x^2=20$, $x^2=16$

$\therefore x=\pm4$, $y=\pm2$ (복부호동순)

따라서 $\alpha=10$, $\beta=4$, $\gamma=2$이므로

$\alpha+\beta+\gamma=10+4+2=16$

참고

좌표평면에서 원 $x^2+y^2=20$과 직선 $2x+y=k$가 한 점에서만 만나도록 하는 k의 최댓값이 α이고, 이때의 접점의 x좌표가 β, y좌표가 γ이다.

유형 25 코시-슈바르츠 부등식 – 최댓값과 최솟값

0552

답 10

$3a+b=10$이고 a, b가 실수이므로 코시－슈바르츠 부등식에 의하여

$(3^2+1^2)(a^2+b^2)\geq(3a+b)^2$, $10(a^2+b^2)\geq10^2$

$\therefore a^2+b^2\geq10$ $\left(\text{단, 등호는 }\dfrac{a}{3}=b\text{일 때 성립한다.}\right)$

따라서 a^2+b^2의 최솟값은 10이다.

0553

답 ④

$x^2+y^2=13$이고 x, y가 실수이므로 코시－슈바르츠 부등식에 의하여

$(3^2+2^2)(x^2+y^2)\geq(3x+2y)^2$, $13^2\geq(3x+2y)^2$

$\therefore -13\leq3x+2y\leq13$ $\left(\text{단, 등호는 }\dfrac{x}{3}=\dfrac{y}{2}\text{일 때 성립한다.}\right)$

따라서 $3x+2y$의 최댓값은 13, 최솟값은 -13이므로

$M-m=13-(-13)=26$

참고

좌표평면에서 원 $x^2+y^2=13$과 직선 $3x+2y=k$가 한 점에서만 만나도록 하는 k의 값 중 큰 값이 M, 작은 값이 m이다.

0554

답 ③

$a^2+b^2=17$이므로 $a^2-a+b^2-4b=-(a+4b)+17$

a, b가 실수이므로 코시－슈바르츠 부등식에 의하여

$(1^2+4^2)(a^2+b^2)\geq(a+4b)^2$, $17^2\geq(a+4b)^2$

$\therefore -17\leq a+4b\leq17$ $\left(\text{단, 등호는 }a=\dfrac{b}{4}\text{일 때 성립한다.}\right)$

$\therefore 0\leq-(a+4b)+17\leq34$

따라서 a^2-a+b^2-4b의 최솟값은 0이다.

0555

답 16

$x^2+y^2=20$이고 x, y가 실수이므로 코시－슈바르츠 부등식에 의하여

$(2^2+1^2)(x^2+y^2)\geq(2x+y)^2$, $100\geq(2x+y)^2$

$\therefore -10\leq2x+y\leq10$

이때 등호는 $\dfrac{x}{2}=y$일 때 성립하므로 이를 $x^2+y^2=20$에 대입하면

유형 26 코시-슈바르츠 부등식 – 도형에서의 활용

0556

답 ⑤

직사각형의 가로의 길이를 x, 세로의 길이를 y라 하면 대각선의 길이가 5이므로

$x^2+y^2=25$

직사각형의 둘레의 길이의 합은 $2x+2y$이고 x, y가 양수이므로 코시－슈바르츠 부등식에 의하여

$(2^2+2^2)(x^2+y^2)\geq(2x+2y)^2$

$\left(\text{단, 등호는 }\dfrac{x}{2}=\dfrac{y}{2}\text{, 즉 }x=y\text{일 때 성립한다.}\right)$

$200\geq(2x+2y)^2$

$\therefore 0<2x+2y\leq10\sqrt{2}$

따라서 주어진 직사각형의 둘레의 길이의 합의 최댓값은 $10\sqrt{2}$이다.

0557

답 8

직사각형의 가로와 세로의 길이를 각각 a, b $(a>0, b>0)$라 하자.

원의 지름의 길이는 $2\sqrt{2}$이므로 $a^2+b^2=8$이고, 직사각형의 둘레의 길이는 $2a+2b$이다.

코시－슈바르츠 부등식에 의하여

$(2^2+2^2)(a^2+b^2)\geq(2a+2b)^2$

$\left(\text{단, 등호는 }\dfrac{a}{2}=\dfrac{b}{2}\text{, 즉 }a=b\text{일 때 성립한다.}\right)$

$64\geq(2a+2b)^2$

$\therefore 0<2a+2b\leq8$

따라서 직사각형의 둘레의 길이의 최댓값은 8이다.

0558

답 44

주어진 직육면체의 대각선의 길이가 $\sqrt{43}$이므로

$a^2+b^2+5^2=43$ $\therefore a^2+b^2=18$

a, b는 양수이므로 코시－슈바르츠 부등식에 의하여

$(1^2+1^2)(a^2+b^2)\geq(a+b)^2$ (단, 등호는 $a=b$일 때 성립한다.)

$36\geq(a+b)^2$

$\therefore 0<a+b\leq6$

이때 직육면체의 모든 모서리의 길이의 합은 $4(a+b+5)$이므로

$20<4(a+b+5)\leq44$

따라서 모든 모서리의 길이의 합의 최댓값은 44이다.

0559

답 ②

$|x-3| \leq a$에서 $-a+3 \leq x \leq a+3$

두 조건 p, q의 진리집합을 각각 P, Q라 하면

$P=\{x \mid -a+3 \leq x \leq a+3\}$, $Q^C=\{x \mid 1 \leq x < 10\}$

명제 $p \longrightarrow {\sim}q$가 참이 되려면

$P \subset Q^C$이어야 하므로

$1 \leq -a+3$, $a+3 < 10$

$a \leq 2$, $a < 7$ $\therefore a \leq 2$

따라서 양수 a의 최댓값은 2이다.

답 ④

실수 x에 대하여 두 조건 p, q가

p: $|x| \geq a$,

q: $x < -2$ 또는 $x \geq 4$

일 때, 명제 $p \longrightarrow q$가 참이 되도록 하는 양수 a의 최솟값은?

① 1   ② 2   ③ 3   ④ 4   ⑤ 5

0560

답 ⑤

두 조건 p, q의 진리집합을 각각 P, Q라 하자.

(i) $a=-2$인 경우

p: $ax(x-2)<0$에서 $P=\{x \mid x<0$ 또는 $x>2\}$

q: $x \leq 3a$에서 $Q=\{x \mid x \leq -6\}$

즉, $P \not\subset Q$이므로 명제 'p이면 q이다.'가 참이 되지 않는다.

(ii) $a=-1$인 경우

p: $ax(x-2)<0$에서 $P=\{x \mid x<0$ 또는 $x>2\}$

q: $x \leq 3a$에서 $Q=\{x \mid x \leq -3\}$

즉, $P \not\subset Q$이므로 명제 'p이면 q이다.'가 참이 되지 않는다.

(iii) $a=0$인 경우

p: $ax(x-2)<0$에서 $0<0$이 되어 이 부등식을 만족시키는 실수 x가 존재하지 않으므로 $P=\varnothing$이다.

즉, $P \subset Q$이므로 명제 'p이면 q이다.'가 참이다.

(iv) $a=1$인 경우

p: $ax(x-2)<0$에서 $P=\{x \mid 0<x<2\}$

q: $x \leq 3a$에서 $Q=\{x \mid x \leq 3\}$

즉, $P \subset Q$이므로 명제 'p이면 q이다.'가 참이다.

(v) $a=2$인 경우

p: $ax(x-2)<0$에서 $P=\{x \mid 0<x<2\}$

q: $x \leq 3a$에서 $Q=\{x \mid x \leq 6\}$

즉, $P \subset Q$이므로 명제 'p이면 q이다.'가 참이다.

(i)~(v)에서 명제 'p이면 q이다.'가 참이 되도록 하는 모든 정수 a의 값의 합은

$0+1+2=3$

전체집합 U가 실수 전체의 집합일 때, 실수 x에 대한 두 조건 p, q가

p: $a(x-1)(x-2)<0$, q: $x>b$

이다. 두 조건 p, q의 진리집합을 각각 P, Q라 할 때, 옳은 것만을 보기에서 있는 대로 고른 것은? (단, a, b는 실수이다.)

> **보기**
>
> ㄱ. $a=0$일 때, $P=\varnothing$이다.
>
> ㄴ. $a>0$, $b=0$일 때, $P \subset Q$이다.
>
> ㄷ. $a<0$, $b=3$일 때, 명제 '${\sim}p$이면 q이다.'는 참이다.

① ㄱ   ② ㄱ, ㄴ   ③ ㄱ, ㄷ

④ ㄴ, ㄷ   ⑤ ㄱ, ㄴ, ㄷ

0561

답 2

명제 '어떤 실수 x에 대하여 $x^2+2kx+k+2 \leq 0$이다.'가 참이 되려면 이 명제의 부정 '모든 실수 x에 대하여 $x^2+2kx+k+2>0$이다.'가 거짓이어야 한다.

즉, 이차방정식 $x^2+2kx+k+2=0$의 판별식을 D라 할 때, $D \geq 0$이어야 하므로

$\dfrac{D}{4}=k^2-k-2 \geq 0$, $(k+1)(k-2) \geq 0$

$\therefore k \leq -1$ 또는 $k \geq 2$

따라서 양수 k의 최솟값은 2이다.

답 9

명제

'어떤 실수 x에 대하여 $x^2+8x+2k-1 \leq 0$이다.'

가 거짓이 되도록 하는 정수 k의 최솟값을 구하시오.

0562

답 ③

ㄱ. $P \subset R$에서 $R^C \subset P^C$이므로 ${\sim}r \longrightarrow {\sim}p$는 참이다.

ㄴ. $(P \cup Q) \subset R$이므로 (p 또는 q) $\longrightarrow r$는 참이다.

ㄷ. $(P \cap R) \not\subset Q^C$이므로 ($p$이고 r) $\longrightarrow {\sim}q$는 거짓이다.

따라서 참인 명제는 ㄱ, ㄴ이다.

답 ⑤

전체집합 U에 대하여 세 조건 p, q, r의 진리집합 P, Q, R의 포함 관계를 벤다이어그램으로 나타내면 그림과 같을 때, 다음 명제 중 항상 참인 것은?

① $p \longrightarrow q$　　② $q \longrightarrow r$　　③ $r \longrightarrow \sim q$

④ $\sim r \longrightarrow \sim p$　　⑤ $\sim p \longrightarrow \sim r$

답 17

자연수 n에 대하여 세 조건 p, q, r를 각각

$\quad p : n \geq k$

$\quad q : 2n - 4 \geq 3$

$\quad r : n^2 - 19n \geq 20$

이라 하자. p는 q이기 위한 충분조건이고, p는 r이기 위한 필요조건일 때, 자연수 k의 개수를 구하시오.

0563
답 ㄷ

명제 '$n(A) = n(B)$이면 $n(A) = n(A \cup B)$이다.'의 역은
'$n(A) = n(A \cup B)$이면 $n(A) = n(B)$이다.'이다.

ㄱ, ㄴ. [반례] $A = \{1, 2, 3\}$, $B = \{1, 2\}$이면
　　$n(A) = n(A \cup B) = 3$이지만 $n(A) = 3 \neq 2 = n(B)$ (거짓)

ㄷ. $A \subset B$일 때 $n(A) = n(A \cup B)$이려면 $A = B$이어야 하므로
　　$n(A) = n(B)$이다. (참)

따라서 옳은 것은 ㄷ이다.

답 ①

명제의 역이 참인 것만을 보기에서 있는 대로 고른 것은?

┌ 보기 ┐

ㄱ. $x^3 = 1$이면 $x = 1$이다.

ㄴ. $x \geq 1$이고 $y \geq 1$이면 $x + y \geq 2$이다.

ㄷ. 자연수 x, y에 대하여 $x^2 + y^2$이 홀수이면 xy는 짝수이다.

① ㄱ　　② ㄴ　　③ ㄱ, ㄷ

④ ㄴ, ㄷ　　⑤ ㄱ, ㄴ, ㄷ

0564
답 42

세 조건 p, q, r의 진리집합을 각각 P, Q, R라 하자.

$2 - 3n \leq -5$에서 $3n \geq 7$, 즉 $n \geq \dfrac{7}{3}$이므로

$P = \{3, 4, 5, \cdots\}$

$n(n-6) > 16$에서 $n^2 - 6n - 16 > 0$, 즉 $(n+2)(n-8) > 0$이므로

$Q = \{9, 10, 11, \cdots\}$

q는 r이기 위한 충분조건이고, p는 r이기 위한 필요조건이므로

$Q \subset R$, $R \subset P$

$\therefore Q \subset R \subset P$

$R = \{n \mid n \geq k, n$은 자연수$\}$이므로

$k = 3, 4, 5, 6, 7, 8, 9$

따라서 모든 자연수 k의 값의 합은

$3 + 4 + 5 + 6 + 7 + 8 + 9 = 42$

0565
답 ⑤

$A(a, 0)$, $B(0, b)$로 놓으면 직선 $y = mx + 2m + 3$이 두 점 A, B를 지나므로

$0 = ma + 2m + 3$에서 $a = \dfrac{-2m-3}{m} = \dfrac{-3}{m} - 2 < 0 \ (\because m > 0)$

$b = 0 + 2m + 3$에서 $b = 2m + 3 > 0$

따라서 삼각형 OAB의 넓이는

$\dfrac{1}{2} \times \left(\dfrac{3}{m} + 2\right) \times (2m + 3) = \dfrac{1}{2} \times \left(6 + \dfrac{9}{m} + 4m + 6\right)$

$\qquad\qquad = \dfrac{1}{2} \times \left(4m + \dfrac{9}{m} + 12\right)$

이때 $m > 0$이므로 산술평균과 기하평균의 관계에 의하여

$\dfrac{1}{2} \times \left(4m + \dfrac{9}{m} + 12\right) \geq \dfrac{1}{2} \times \left(2\sqrt{4m \times \dfrac{9}{m}} + 12\right)$

$\qquad\qquad = \dfrac{1}{2} \times (2 \times 6 + 12) = 12$

$\left($단, 등호는 $4m = \dfrac{9}{m}$, 즉 $m = \dfrac{3}{2}$일 때 성립한다.$\right)$

따라서 삼각형 OAB의 넓이의 최솟값은 12이다.

0566
답 ①

이차함수 $f(x) = x^2 - 2ax$의 그래프와 직선 $g(x) = \dfrac{1}{a}x$가 만나는 점의 x좌표는

$x^2 - 2ax = \dfrac{1}{a}x$, $x\left(x - 2a - \dfrac{1}{a}\right) = 0$

$\therefore x = 0$ 또는 $x = 2a + \dfrac{1}{a}$

$x = 2a + \dfrac{1}{a}$을 $y = \dfrac{1}{a}x$에 대입하면 $y = 2 + \dfrac{1}{a^2}$

따라서 점 A의 좌표는 $A\left(2a + \dfrac{1}{a}, 2 + \dfrac{1}{a^2}\right)$이다.

이차함수 $f(x) = x^2 - 2ax = (x-a)^2 - a^2$의 그래프의 꼭짓점의 좌표 B는 $B(a, -a^2)$이고, 선분 AB의 중점의 좌표 C는

$C\left(\dfrac{2a + \dfrac{1}{a} + a}{2}, \dfrac{2 + \dfrac{1}{a^2} - a^2}{2}\right)$, 즉 $C\left(\dfrac{3}{2}a + \dfrac{1}{2a}, 1 + \dfrac{1}{2a^2} - \dfrac{a^2}{2}\right)$

따라서 선분 CH의 길이는 점 C의 x좌표와 같고 $a > 0$이므로 산술평균과 기하평균의 관계에 의하여

$\dfrac{3}{2}a + \dfrac{1}{2a} \geq 2\sqrt{\dfrac{3}{2}a \times \dfrac{1}{2a}} = \sqrt{3}$

$\left($단, 등호는 $\dfrac{3}{2}a = \dfrac{1}{2a}$, 즉 $a = \dfrac{\sqrt{3}}{3}$일 때 성립한다.$\right)$

따라서 선분 CH의 길이의 최솟값은 $\sqrt{3}$이다.

III 함수와 그래프

 유형별 유사문제

PART A′ **08 함수**

유형 01 함수의 뜻

0567
답 ④

①, ②, ③, ⑤ y축 또는 y축과 평행한 직선이 그래프와 항상 한 점에서만 만나는 것은 아니므로 함수의 그래프가 아니다.

④ y축 또는 y축과 평행한 직선이 그래프와 항상 한 점에서만 만나므로 함수의 그래프이다.

따라서 함수의 그래프인 것은 ④이다.

0568
답 ㄴ, ㄷ, ㄹ

ㄱ. $f(-2)=3$이지만 $3\not\in Y$이므로 $f(x)$는 X에서 Y로의 함수가 아니다.

ㄴ. $g(-2)=2$, $g(-1)=2$, $g(0)=1$이고 $2\in Y$, $1\in Y$이므로 $g(x)$는 X에서 Y로의 함수이다.

ㄷ. $h(-2)=2$, $h(-1)=1$, $h(0)=0$이고 $2\in Y$, $1\in Y$, $0\in Y$이므로 $h(x)$는 X에서 Y로의 함수이다.

ㄹ. $i(-2)=0$, $i(-1)=1$, $i(0)=2$이고 $0\in Y$, $1\in Y$, $2\in Y$이므로 $i(x)$는 X에서 Y로의 함수이다.

따라서 X에서 Y로의 함수인 것은 ㄴ, ㄷ, ㄹ이다.

0569
답 ⑤

① $f(x)=-1$이라 하면 $f(-1)=-1$, $f(0)=-1$, $f(1)=-1$이다.
   이때 $-1\in Y$이므로 $y=-1$은 X에서 Y로의 함수이다.

② $f(x)=-x^2+1$이라 하면 $f(-1)=0$, $f(0)=1$, $f(1)=0$이다.
   이때 $0\in Y$, $1\in Y$이므로 $y=-x^2+1$은 X에서 Y로의 함수이다.

③ $f(x)=|x|+1$이라 하면 $f(-1)=2$, $f(0)=1$, $f(1)=2$이다.
   이때 $2\in Y$, $1\in Y$이므로 $y=|x|+1$은 X에서 Y로의 함수이다.

④ $f(x)=2x-1$이라 하면 $f(-1)=-3$, $f(0)=-1$, $f(1)=1$이다.
   이때 $-3\in Y$, $-1\in Y$, $1\in Y$이므로 $y=2x-1$은 X에서 Y로의 함수이다.

⑤ $f(x)=x-1$이라 하면 $f(-1)=-2$이다.
   하지만 $-2\not\in Y$이므로 $y=x-1$은 X에서 Y로의 함수가 아니다.

따라서 X에서 Y로의 함수가 아닌 것은 ⑤이다.

 유형 02 **함숫값**

0570
답 ④

$\dfrac{x+1}{2}=2$에서 $x+1=4$

$\therefore x=3$

$x=3$을 $f\left(\dfrac{x+1}{2}\right)=3x+2$에 대입하면

$f(2)=3\times3+2=11$

0571
답 ⑤

1과 3은 홀수이고 2와 4는 짝수이므로

$f(1)=2\times1=2$

$f(2)=\dfrac{2}{2}=1$

$f(3)=2\times3=6$

$f(4)=\dfrac{4}{2}=2$

$\therefore f(1)+f(2)+f(3)+f(4)=2+1+6+2=11$

0572
답 7

$f(2)=2+2=4$

$f(19)=f(19-3)=f(16-3)=f(13-3)$
$\quad\quad\;\;=f(10-3)=f(7-3)=f(4-3)$
$\quad\quad\;\;=f(1)=1+2=3$

$\therefore f(2)+f(19)=4+3=7$

0573
답 -1

$x+1=0$에서 $x=-1$

$g(x+1)=f(x+3)$에 $x=-1$을 대입하면

$g(0)=f(2)$

$\dfrac{x+3}{2}=2$에서 $x+3=4$ $\quad\therefore x=1$

$f\left(\dfrac{x+3}{2}\right)=x^3-3x+1$에 $x=1$을 대입하면

$f(2)=1-3+1=-1$

$\therefore g(0)=f(2)=-1$

 유형 03 **조건을 이용하여 함숫값 구하기**

0574
답 ①

$f(ab)=f(a)+f(b)$ ⋯⋯ ㉠

㉠에 $a=1$, $b=1$을 대입하면

$f(1)=f(1)+f(1)$

$f(1)=2f(1)$

$\therefore f(1)=0$ ⋯⋯ ㉡

⊙에 $a=2$, $b=\dfrac{1}{2}$을 대입하면

$$f(1)=f(2)+f\left(\dfrac{1}{2}\right)$$

$$\therefore f\left(\dfrac{1}{2}\right)=-2 \ (\because \text{ⓛ}, f(2)=2) \quad \cdots\cdots \text{ⓒ}$$

⊙에 $a=\dfrac{1}{2}$, $b=\dfrac{1}{2}$을 대입하면

$$f\left(\dfrac{1}{4}\right)=f\left(\dfrac{1}{2}\right)+f\left(\dfrac{1}{2}\right)$$

$$\therefore f\left(\dfrac{1}{4}\right)=-4 \ (\because \text{ⓒ}) \quad \cdots\cdots \text{ⓔ}$$

⊙에 $a=\dfrac{1}{4}$, $b=\dfrac{1}{4}$을 대입하면

$$f\left(\dfrac{1}{16}\right)=f\left(\dfrac{1}{4}\right)+f\left(\dfrac{1}{4}\right)$$

$$\therefore f\left(\dfrac{1}{16}\right)=-8 \ (\because \text{ⓔ}) \quad \cdots\cdots \text{ⓜ}$$

⊙에 $a=\dfrac{1}{16}$, $b=\dfrac{1}{4}$을 대입하면

$$f\left(\dfrac{1}{64}\right)=f\left(\dfrac{1}{16}\right)+f\left(\dfrac{1}{4}\right)$$

$$\therefore f\left(\dfrac{1}{64}\right)=-8+(-4)=-12 \ (\because \text{ⓔ}, \text{ⓜ})$$

> **참고**
>
> $f(ab)$와 같이 a와 b의 곱으로 표시된 관계식이 주어졌을 때는 $f(1)$의 값을 기준으로 계산하는 경우가 많다.

0575

답 ①

$$f(x+y)=f(x)+f(y)+2 \quad \cdots\cdots \text{⊙}$$

ㄱ. ⊙에 $x=0$, $y=0$을 대입하면

$$f(0)=f(0)+f(0)+2$$

$$\therefore f(0)=-2 \ (\text{참})$$

ㄴ. ⊙에 $y=-x$를 대입하면

$$f(0)=f(x)+f(-x)+2$$

이때 ㄱ에 의하여 $f(0)=-2$이므로

$f(x)+f(-x)=-4$이다. (거짓)

ㄷ. ⊙에 $x=1$, $y=1$을 대입하면

$$f(2)=f(1)+f(1)+2=6 \ (\because f(1)=2)$$

⊙에 $x=2$, $y=2$를 대입하면

$$f(4)=f(2)+f(2)+2=14 \ (\because f(2)=6)$$

⊙에 $x=4$, $y=4$를 대입하면

$$f(8)=f(4)+f(4)+2=30 \ (\because f(4)=14)$$

⊙에 $x=8$, $y=2$를 대입하면

$$f(10)=f(8)+f(2)+2=38 \ (\because f(8)=30, f(2)=6)$$

이때 ㄴ에 의하여

$f(x)+f(-x)=-4$이므로 $\quad \cdots\cdots \text{ⓛ}$

ⓛ에 $x=10$을 대입하면

$$f(10)+f(-10)=-4$$

$$\therefore f(-10)=-42 \ (\because f(10)=38) \ (\text{거짓})$$

따라서 옳은 것은 ㄱ이다.

> **참고**
>
> $f(a+b)$와 같이 a와 b의 합으로 표시된 관계식이 주어졌을 때는 $f(0)$의 값을 기준으로 계산하는 경우가 많다.

0576

답 10

x, y가 모두 홀수인 자연수일 때

$$f(x+y)=f(x)+f(y) \quad \cdots\cdots \text{⊙}$$

⊙에 $x=1$, $y=1$을 대입하면

$$f(2)=f(1)+f(1)=2f(1) \quad \cdots\cdots \text{ⓛ}$$

⊙에 $x=1$, $y=3$을 대입하면

$$f(4)=f(1)+f(3)$$

이와 같은 방법으로 생각하면

$$f(6)=f(1)+f(5)=2f(3) \quad \cdots\cdots \text{ⓒ}$$

$$f(8)=f(1)+f(7)=f(3)+f(5) \quad \cdots\cdots \text{ⓔ}$$

$$f(10)=f(1)+f(9)=f(3)+f(7)=2f(5)$$

$$\vdots$$

이다.

이때 $f(10)-f(6)=4$이므로

$$2f(5)-2f(3)=4$$

$$\therefore f(5)=f(3)+2 \quad \cdots\cdots \text{ⓜ}$$

ⓜ을 ⓒ에 대입하면

$$f(1)+\{f(3)+2\}=2f(3)$$

$$\therefore f(1)=f(3)-2 \quad \cdots\cdots \text{ⓗ}$$

한편 $f(2)=4$이므로 ⓛ에 의하여 $f(1)=2$이다.

따라서 ⓗ에 의하여 $f(3)=4$이고 ⓜ에 의하여 $f(5)=6$이다.

이를 ⓔ에 대입하면 $f(8)=f(3)+f(5)=4+6=10$

유형 04 정의역, 공역, 치역

0577

답 ④

6의 양의 약수는 1, 2, 3, 6이므로

정의역을 원소나열법으로 나타내면 $\{1, 2, 3, 6\}$이다.

이때 $f(x)=2x+3$이라 하면

$f(1)=5$, $f(2)=7$, $f(3)=9$, $f(6)=15$이므로

주어진 함수의 치역은 $\{5, 7, 9, 15\}$이다.

따라서 치역의 원소가 아닌 것은 ④이다.

0578

답 ③

$f(x)=-(x-2)^2+5$라 하면

$1 \le x \le 4$에서 함수 $f(x)$는 $x=4$일 때 최솟값 1을 갖는다.

이때 함수 $f(x)$의 치역은 $\{y \mid a \le y \le 5\}$이고 치역의 원소 중 최솟값은 a이므로 $a=1$이다.

0579

답 2

$f(-2)=4k+3$, $f(-1)=k+3$, $f(0)=3$, $f(1)=k+3$이므로
치역은 $\{4k+3,\ k+3,\ 3\}$

이때 $4k+3$, $k+3$, 3 중 같은 원소가 있으면 $k=0$이고,
이때 치역은 $\{3\}$이므로 치역의 모든 원소의 합은 3이 되어 주어진
조건을 만족시키지 않는다.

즉, $4k+3$, $k+3$, 3은 모두 다른 원소이므로
$4k+3+k+3+3=19$, $5k=10$ ∴ $k=2$

0580

답 ②

$f(x)=ax-2$라 하면

$1 \leq x \leq 3$에서 함수 $f(x)$는 $f(1)$과 $f(3)$의 값을 최댓값 또는 최솟
값으로 갖는다.

이때 함수 $f(x)$의 공역은 $\{y \mid -1 \leq y \leq 4\}$이므로
$f(x)$가 함수이기 위해서는 $-1 \leq f(1) \leq 4$이고 $-1 \leq f(3) \leq 4$이
어야 한다.

$-1 \leq f(1) \leq 4$에서
$-1 \leq a-2 \leq 4$
∴ $1 \leq a \leq 6$ ······ ㉠

$-1 \leq f(3) \leq 4$에서
$-1 \leq 3a-2 \leq 4$, $1 \leq 3a \leq 6$
∴ $\dfrac{1}{3} \leq a \leq 2$ ······ ㉡

㉠, ㉡에 의하여 주어진 조건을 만족시키는 실수 a의 값의 범위는
$1 \leq a \leq 2$이다.

0581

답 ⑤

집합 X를 원소나열법으로 나타내면 $X=\{9, 18, 27, 36, 45\}$이다.
이때 $f(9)=2$, $f(18)=4$, $f(27)=6$, $f(36)=1$, $f(45)=3$
이므로 함수 f의 치역은 $\{1, 2, 3, 4, 6\}$이다.
따라서 함수 $f(x)$의 치역의 모든 원소의 합은
$1+2+3+4+6=16$

유형 **05** 서로 같은 함수

0582

답 ⑤

집합 $X=\{-1, 1\}$이 정의역일 때

ㄱ. $f_1(x)=|x|$라 하면
$f_1(-1)=1$, $f_1(1)=1$

ㄴ. $f_2(x)=\begin{cases} x & (x \geq 0) \\ -x & (x < 0) \end{cases}$라 하면
$f_2(-1)=1$, $f_2(1)=1$

ㄷ. $f_3(x)=2|x|-1$이라 하면
$f_3(-1)=1$, $f_3(1)=1$

ㄹ. $f_4(x)=2x^2-1$이라 하면
$f_4(-1)=1$, $f_4(1)=1$

따라서 서로 같은 함수는 ㄱ, ㄴ, ㄷ, ㄹ이다.

0583

답 ④

두 함수 f, g가 서로 같은 함수이므로
$f(-1)=g(-1)$에서
$1-a+b=-1-b-a$
∴ $b=-1$
$f(1)=g(1)$에서
$1+a+b=1+b-a$
∴ $a=0$
∴ $a-b=0-(-1)=1$

0584

답 3

두 함수 f, g가 서로 같은 함수이므로
$f(-1)=g(-1)$에서
$1+a=-b+5$
∴ $a+b=4$ ······ ㉠
$f(2)=g(2)$에서
$4+a=2b+5$
∴ $a-2b=1$ ······ ㉡
㉠, ㉡을 연립하여 풀면
$a=3$, $b=1$
∴ $ab=3 \times 1=3$

0585

답 7

$f(x)=g(x)$에서 $x^3+3x^2-1=x+2$
$x^3+3x^2-x-3=0$, $(x+3)(x+1)(x-1)=0$
∴ $x=-3$ 또는 $x=-1$ 또는 $x=1$
따라서 구하는 집합 X는 집합 $\{-3, -1, 1\}$의 공집합이 아닌 부
분집합이므로 집합 X의 개수는
$2^3-1=7$

유형 **06** 일대일함수와 일대일대응

0586

답 ③

ㄱ. $f_1(x)=x^2-3 \ (x \leq 0)$, $X=\{x \mid x \leq 0\}$이라 하면
$x_1 \in X$, $x_2 \in X$인 서로 다른 두 실수 x_1, x_2에 대하여
$f_1(x_1) \neq f_1(x_2)$이므로 일대일함수이다.

ㄴ. $f_2(x)=|x+1|$ $(x\leq0)$, $X=\{x|x\leq0\}$이라 하면
$f_2(-2)=f_2(0)=1$
즉, $x_1\in X$, $x_2\in X$인 서로 다른 두 실수 x_1, x_2에 대하여 항상
$f_2(x_1)\neq f_2(x_2)$를 만족시키지는 않으므로 일대일함수가 아니다.

ㄷ. $f_3(x)=\begin{cases}\frac{1}{2}x-2 & (x\geq2)\\ 2x-8 & (x<2)\end{cases}$, 실수 전체의 집합을 R라 하면
$x_1\in R$, $x_2\in R$인 서로 다른 두 실수 x_1, x_2에 대하여
$f_3(x_1)\neq f_3(x_2)$이므로 일대일함수이다.

따라서 일대일함수인 것은 ㄱ, ㄷ이다.

0587
답 0

$f(-1)=a-b+c$, $f(0)=c$, $f(1)=a+b+c$이고,
함수 $f(x)$는 X에서 X로의 일대일대응이므로
$\{a-b+c, c, a+b+c\}=\{-1, 0, 1\}$이어야 한다.

(i) $c=-1$일 때
$\begin{cases}a-b+c=0\\ a+b+c=1\end{cases}$ 이면 $a=\frac{3}{2}$, $b=\frac{1}{2}$
$\begin{cases}a-b+c=1\\ a+b+c=0\end{cases}$ 이면 $a=\frac{3}{2}$, $b=-\frac{1}{2}$

(ii) $c=0$일 때
$\begin{cases}a-b+c=-1\\ a+b+c=1\end{cases}$ 이면 $a=0$, $b=1$
$\begin{cases}a-b+c=1\\ a+b+c=-1\end{cases}$ 이면 $a=0$, $b=-1$

(iii) $c=1$일 때
$\begin{cases}a-b+c=-1\\ a+b+c=0\end{cases}$ 이면 $a=-\frac{3}{2}$, $b=\frac{1}{2}$
$\begin{cases}a-b+c=0\\ a+b+c=-1\end{cases}$ 이면 $a=-\frac{3}{2}$, $b=-\frac{1}{2}$

(i)~(iii)에서 가능한 abc의 값은 $-\frac{3}{4}$, 0, $\frac{3}{4}$이므로
집합 $\{k|k=abc\}$의 모든 원소의 합은 $-\frac{3}{4}+0+\frac{3}{4}=0$

0588
답 5

ㄱ. 임의의 실수 k에 대하여 직선 $x=k$와 주어진 그래프가 오직 한 점에서만 만나므로 함수이다.
하지만 x축과 그래프가 서로 다른 두 점에서 만나므로 일대일대응은 아니다.

ㄴ. y축과 주어진 그래프가 서로 다른 두 점에서 만나므로 함수가 아니다.

ㄷ. 직선 $x=k$와 주어진 그래프가 만나는 점이 무수히 많도록 하는 어떤 실수 k가 존재하므로 함수가 아니다.

ㄹ. 임의의 실수 k에 대하여 직선 $x=k$와 주어진 그래프가 오직 한 점에서만 만나므로 함수이다.
하지만 직선 $y=t$와 주어진 그래프가 만나는 점이 무수히 많도록 하는 어떤 실수 t가 존재하므로 일대일대응은 아니다.

ㅁ. 임의의 실수 k에 대하여 직선 $x=k$와 주어진 그래프가 오직 한 점에서만 만나므로 함수이다.
또한 임의의 실수 t에 대하여 직선 $y=t$와 주어진 그래프가 오직 한 점에서만 만나므로 일대일대응이다.

ㅂ. 임의의 실수 k에 대하여 직선 $x=k$와 주어진 그래프가 오직 한 점에서만 만나므로 함수이다.
하지만 직선 $y=t$와 주어진 그래프가 만나는 점이 무수히 많도록 하는 어떤 실수 t가 존재하므로 일대일대응이 아니다.

즉, 함수는 ㄱ, ㄹ, ㅁ, ㅂ의 4개이므로 $a=4$
일대일대응은 ㅁ의 1개이므로 $b=1$
$\therefore a+b=4+1=5$

🔊 **Bible Says** **함수의 그래프에서 일대일함수와 일대일대응**

그래프의 치역의 임의의 원소 k에 대하여 x축 또는 x축에 평행한 직선 $y=k$와의 교점이 항상 1개일 때 일대일함수의 그래프이다. 이때 치역과 공역이 같다면 일대일대응이다.

유형 **07** 일대일대응이 되기 위한 조건

0589
답 -6

함수 $f(x)$가 일대일대응이기 위해서는 정의역의 서로 다른 임의의 두 원소 x_1, x_2가 $x_1<x_2$이면 항상 $f(x_1)<f(x_2)$이거나 $f(x_1)>f(x_2)$이어야 한다.
즉, $f(x)$의 나누어진 두 직선의 기울기의 부호가 같아야 하므로
$(a+4)(1-a)>0$에서 $-4<a<1$이다.
따라서 주어진 조건을 만족시키는 정수 a는 -3, -2, -1, 0이므로 구하는 합은
$-3+(-2)+(-1)+0=-6$

0590
답 ②

X에서 Y로의 함수 $f(x)=x^2-2x+a$가 일대일대응이기 위해서는 $f(3)=1$이어야 한다.
$f(3)=1$에서 $9-6+a=1$
$\therefore a=-2$

0591
답 5

X에서 Y로의 함수 $f(x)=ax+b$가 일대일대응이기 위해서는
$f(-1)=-3$, $f(2)=3$이거나 $f(-1)=3$, $f(2)=-3$이어야 한다.
(i) $f(-1)=-3$, $f(2)=3$일 때
$f(-1)=-3$에서 $-a+b=-3$ ...... ㉠
$f(2)=3$에서 $2a+b=3$ ...... ㉡
㉠, ㉡을 연립하여 풀면
$a=2$, $b=-1$

(ii) $f(-1)=3$, $f(2)=-3$일 때

　$f(-1)=3$에서 $-a+b=3$　　……ⓒ

　$f(2)=-3$에서 $2a+b=-3$　　……ⓔ

　ⓒ, ⓔ을 연립하여 풀면

　$a=-2$, $b=1$

(i), (ii)에서 $a=2$, $b=-1$ 또는 $a=-2$, $b=1$이므로 $a^2+b^2=5$

0592　답 ②

$f(x)=-x^2+8x-10=-(x-4)^2+6$이고 그 그래프는 오른쪽 그림과 같다.

함수 $y=-(x-4)^2+6$의 그래프의 대칭축의 방정식은 $x=4$이다.

따라서 함수 $y=f(x)$가 일대일대응이기 위해서는 $a\leq4$이어야 한다.　……ⓐ

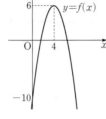

한편 X에서 X로의 함수 $f(x)=-x^2+8x-10$이 일대일대응이기 위해서는 $f(a)=a$이어야 한다.

따라서 $-a^2+8a-10=a$에서

$a^2-7a+10=0$, $(a-2)(a-5)=0$

$\therefore a=2$ $(\because$ ⓐ$)$

> **참고**
>
> 이차함수의 경우 정의역의 범위에 따라서 일대일대응인지 아닌지가 결정되고, 그 기준은 대칭축이다.

0593　답 9

함수 $f(x)$가 일대일대응이기 위해서는 정의역의 서로 다른 임의의 두 원소 x_1, x_2가 $x_1<x_2$이면 항상 $f(x_1)<f(x_2)$이거나 $f(x_1)>f(x_2)$이어야 한다.

즉, $f(x)$의 나누어진 두 직선의 기울기의 부호가 서로 같아야 한다.

따라서 $g(x)=x^2-2x-15$, $h(x)=-(x^2-10x+21)$이라 하면 부등식 $g(x)h(x)>0$을 만족시키는 자연수 x의 값이 n일 때, 함수 $f(x)$는 일대일대응이다.

$g(x)=x^2-2x-15=(x+3)(x-5)$,

$h(x)=-(x^2-10x+21)=-(x-3)(x-7)$

이므로 두 함수 $y=g(x)$, $y=h(x)$의 그래프는 다음 그림과 같다.

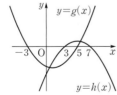

부등식 $g(x)h(x)>0$의 해는 $-3<x<3$ 또는 $5<x<7$이므로 함수 $f(x)$가 일대일대응이 되도록 하는 모든 자연수 n의 값은 1, 2, 6이고 구하는 합은 $1+2+6=9$

0594　답 ⑤

X에서 Y로의 함수 $f(x)=ax+b$에서 $a<0$이므로 함수 $y=f(x)$의 그래프의 기울기는 음수이다.

따라서 함수 $f(x)$가 일대일대응이기 위해서는

$f(-1)=4$, $f(3)=-2$이어야 한다.

$f(-1)=4$에서 $-a+b=4$　　……ⓐ

$f(3)=-2$에서 $3a+b=-2$　　……ⓑ

ⓐ, ⓑ을 연립하여 풀면

$a=-\dfrac{3}{2}$, $b=\dfrac{5}{2}$

따라서 $f(x)=-\dfrac{3}{2}x+\dfrac{5}{2}$이므로 $f(1)=-\dfrac{3}{2}+\dfrac{5}{2}=1$

0595　답 ⑤

X에서 X로의 함수 $f(x)=ax+b$에서 $a<0$이므로 함수 $y=f(x)$의 그래프의 기울기는 음수이다.

따라서 함수 $f(x)$가 일대일대응이기 위해서는

$f(2)=6$, $f(6)=2$이어야 한다.

$f(2)=6$에서 $2a+b=6$　　……ⓐ

$f(6)=2$에서 $6a+b=2$　　……ⓑ

ⓐ, ⓑ을 연립하여 풀면

$a=-1$, $b=8$

$\therefore a+b=-1+8=7$

유형 08　항등함수와 상수함수

0596　답 ①

ㄱ. $f(0)=1$, $f(1)=2$, $f(2)=1$이므로 $f(x)$는 X에서 X로의 함수이다.

ㄴ. $g(0)=0$, $g(1)=0$, $g(2)=0$이므로 $g(x)$는 상수함수이다.

ㄷ. $h(0)=0$, $h(1)=1$, $h(2)=2$이므로 $h(x)$는 항등함수이다.

ㄹ. $i(2)=8$이지만 $8\notin X$이므로 $i(x)$는 X에서 X로의 함수가 아니다.

즉, 함수는 ㄱ, ㄴ, ㄷ의 3개이므로 $a=3$

항등함수는 ㄷ의 1개이므로 $b=1$

상수함수는 ㄴ의 1개이므로 $c=1$

$\therefore a+b+c=3+1+1=5$

0597　답 ②

f는 항등함수이므로 $f(x)=x$에서 $f(-2)=-2$이다.

이때 $f(-2)=g(5)$이므로 $g(5)=-2$이다.

또한 g는 상수함수이므로 모든 실수 x에 대하여 $g(x)=-2$이다.

$\therefore f(5)-g(-2)=5-(-2)=7$

0598 답 ⑤

g는 항등함수이므로 $f(1)=h(3)=g(2)=2$이고
h는 상수함수이므로 $h(x)=2$이다.
또한 f는 일대일대응이므로 $f(1)=2$에서
$f(2)$, $f(3)$의 값은 각각 집합 $\{1, 3\}$의 원소에 하나씩 대응되어야
한다.
이때 $f(2)-f(3)=f(1)=2$이므로
$f(2)=3$, $f(3)=1$이어야 한다.
$\therefore f(2)+g(3)+h(1)=3+3+2=8$

0599 답 ④

f는 항등함수이므로 $g(5)=f(2)=2$이고
g는 상수함수이므로 $g(x)=2$이다.
따라서 $h(x)=f(x)+g(x)=x+2$이므로
$h(4)+h(6)=(4+2)+(6+2)=14$

0600 답 ⑤

함수 f가 항등함수이려면 $f(x)=x$이어야 하므로
$2x^3-x^2=x$에서 $2x^3-x^2-x=0$
$x(2x^2-x-1)=0$, $x(2x+1)(x-1)=0$
$\therefore x=-\dfrac{1}{2}$ 또는 $x=0$ 또는 $x=1$

따라서 f가 항등함수가 되도록 하는 집합 X는 집합 $\left\{-\dfrac{1}{2},\ 0,\ 1\right\}$
의 부분집합이어야 한다.
이때 집합 $\left\{-\dfrac{1}{2},\ 0,\ 1\right\}$의 부분집합 중에서 공집합이 아닌 집합의
개수는 $2^3-1=7$이므로 주어진 조건을 만족시키는 집합 X의 개수
는 7이다.

> **참고**
>
> 집합 $\left\{-\dfrac{1}{2},\ 0,\ 1\right\}$의 부분집합 중에서 공집합이 아닌 집합은
> $\left\{-\dfrac{1}{2}\right\}$, $\{0\}$, $\{1\}$, $\left\{-\dfrac{1}{2},\ 0\right\}$, $\left\{-\dfrac{1}{2},\ 1\right\}$, $\{0, 1\}$, $\left\{-\dfrac{1}{2},\ 0,\ 1\right\}$
> 의 7개이다.

0601 답 ①

함수 f가 항등함수이므로 $f(x)=x$
(i) $x<3$일 때
$f(x)=(x-1)^2=x$에서
$x^2-2x+1=x$, $x^2-3x+1=0$
$\therefore x=\dfrac{3\pm\sqrt{5}}{2}$
(ii) $x\geq3$일 때
$f(x)=-x+7=x$에서
$2x=7$ $\therefore x=\dfrac{7}{2}$

(i), (ii)에서 $X=\left\{\dfrac{3-\sqrt{5}}{2},\ \dfrac{3+\sqrt{5}}{2},\ \dfrac{7}{2}\right\}$
$\therefore f(a)+f(b)+f(c)=a+b+c$
$$=\dfrac{3-\sqrt{5}}{2}+\dfrac{3+\sqrt{5}}{2}+\dfrac{7}{2}=\dfrac{13}{2}$$

> **다른 풀이**
>
> 실수 전체의 집합에서 정의된 함수
> $$g(x)=\begin{cases}(x-1)^2 & (x<3) \\ -x+7 & (x\geq3)\end{cases}$$
> 의 그래프와 직선 $y=x$를 좌표평면 위에 나타내면 다음 그림과 같다.

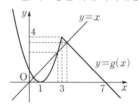

이때 f는 X에서 X로의 항등함수이므로
$f(a)=a$, $f(b)=b$, $f(c)=c$를 만족시켜야 한다.
따라서 f가 함수 $y=g(x)$의 그래프와 직선 $y=x$의 교점의 x좌표
를 원소로 하는 집합을 정의역과 치역으로 할 때, 항등함수가 된다.
방정식 $(x-1)^2=x$, 즉 $x^2-3x+1=0$에서 근과 계수의 관계에
의하여 두 실근의 합은 3이고,
방정식 $-x+7=x$에서 $x=\dfrac{7}{2}$이므로
$$f(a)+f(b)+f(c)=a+b+c=3+\dfrac{7}{2}=\dfrac{13}{2}$$

> 🔊 **Bible Says** 항등함수와 그래프
>
> 항등함수 $f: X \longrightarrow X$는 $x \in X$인 모든 실수 x에 대하여 $f(x)=x$를 만
> 족시킨다. 따라서 f와 함수식이 같고 실수 전체의 집합에서 정의된 함수
> $y=g(x)$의 그래프와 직선 $y=x$의 교점의 x좌표를 이용하여 집합 X를 찾
> 을 수 있다.

유형 09 함수의 개수

0602 답 ③

함수 f의 정의역 X의 원소의 개수는 3이고 공역 X의 원소의 개수
도 3이다.
항등함수 f의 개수는 1이므로 $a=1$
상수함수 f의 개수는 3이므로 $b=3$
일대일함수 f의 개수는 $3!=3\times2\times1=6$이므로 $c=6$
$\therefore a+b+c=1+3+6=10$

0603 답 ②

$f(x)+f(-x)=0$에서 $f(x)=-f(-x)$이므로
$f(0)=-f(0)$에서 $f(0)=0$이고
$f(-1)=-f(1)$이므로
$f(-1)$의 값이 정해지면 $f(1)$의 값도 정해진다.
즉, 함수 f의 개수는 집합 $\{-1\}$에서 집합 X로의 함수의 개수와
같다.

이때 집합 $\{-1\}$의 원소의 개수는 1이고
집합 X의 원소의 개수는 3이므로
집합 $\{-1\}$에서 집합 X로의 함수의 개수는 $3^1=3$이다.
따라서 주어진 조건을 만족시키는 함수 f의 개수는 3이다.

0604
답 ③

㈎에서 g는 일대일함수이므로
$g(1)=a$를 만족시키는 함수 g의 개수는
집합 $\{2, 3, 4\}$에서 집합 $\{b, c, d, e, f\}$로의 일대일함수의 개수
$_5\mathrm{P}_3=5\times4\times3=60$과 같다. …… ㉠
이때 $g(1)=a$이고 $g(2)\neq e$인 일대일함수 g의 개수는
㉠에서 $g(2)=e$인 함수 g의 개수를 뺀 값과 같다.
이때 $g(1)=a$이고 $g(2)=e$인 일대일함수 g의 개수는
집합 $\{3, 4\}$에서 집합 $\{b, c, d, f\}$로의 일대일함수의 개수
$_4\mathrm{P}_2=4\times3=12$와 같으므로 구하는 함수 g의 개수는
$60-12=48$

0605
답 ⑤

집합 X의 원소 중 3개를 택하여 크기가 작은 것부터 차례로 정
의역의 원소 2, 3, 4에 대응시키는 경우의 수는 $_5\mathrm{C}_3=10$
집합 X의 원소 중 1개를 택하여 정의역의 원소 1에 대응시키는 경
우의 수는 $_5\mathrm{P}_1=5$
집합 X의 원소 중 1개를 택하여 정의역의 원소 5에 대응시키는 경
우의 수는 $_5\mathrm{P}_1=5$
따라서 구하는 함수 f의 개수는 $10\times5\times5=250$

0606
답 ④

집합 Y의 원소 중 홀수의 개수는 3이고 짝수의 개수는 3이므로
$f(a)+f(b)+f(c)+f(d)$의 값이 짝수이기 위해서는
$f(a)$, $f(b)$, $f(c)$, $f(d)$의 값 중 홀수는 2개, 짝수는 2개이어야
한다.
1, 3, 5 중 2개의 홀수를 선택하는 경우의 수는 $_3\mathrm{C}_2=3$
2, 4, 6 중 2개의 짝수를 선택하는 경우의 수는 $_3\mathrm{C}_2=3$
2개의 홀수와 2개의 짝수를 정의역의 원소 a, b, c, d에 대응시키
는 경우의 수는 $4!=4\times3\times2\times1=24$
따라서 구하는 함수 f의 개수는 $3\times3\times24=216$

0607
답 ②

참인 명제의 대우는 참이므로 조건 ㈎는 '집합 X의 임의의 원소
x_1, x_2에 대하여 $x_1\neq x_2$이면 $f(x_1)\neq f(x_2)$이다.'와 같은 표현이다.
즉, ㈎에 의하여 f는 일대일함수이다. …… ㉠
한편 ㈏에 의하여 $f(1)+f(2)f(3)=6$이다. …… ㉡

(i) $f(1)=1$일 때
  ㉠에 의하여 $f(2)\in\{2, 3, 4, 5\}$, $f(3)\in\{2, 3, 4, 5\}$이고
  ㉡에 의하여 $f(2)f(3)=5$이므로
  이를 만족시키는 함수 f는 존재하지 않는다.
(ii) $f(1)=2$일 때
  ㉠에 의하여 $f(2)\in\{1, 3, 4, 5\}$, $f(3)\in\{1, 3, 4, 5\}$이고
  ㉡에 의하여 $f(2)f(3)=4$이므로
  $f(2)=1$, $f(3)=4$이거나 $f(2)=4$, $f(3)=1$이어야 한다.
(iii) $f(1)=3$일 때
  ㉠에 의하여 $f(2)\in\{1, 2, 4, 5\}$, $f(3)\in\{1, 2, 4, 5\}$이고
  ㉡에 의하여 $f(2)f(3)=3$이므로
  이를 만족시키는 함수 f는 존재하지 않는다.
(iv) $f(1)=4$일 때
  ㉠에 의하여 $f(2)\in\{1, 2, 3, 5\}$, $f(3)\in\{1, 2, 3, 5\}$이고
  ㉡에 의하여 $f(2)f(3)=2$이므로
  $f(2)=1$, $f(3)=2$이거나 $f(2)=2$, $f(3)=1$이어야 한다.
(v) $f(1)=5$일 때
  ㉠에 의하여 $f(2)\in\{1, 2, 3, 4\}$, $f(3)\in\{1, 2, 3, 4\}$이고
  ㉡에 의하여 $f(2)f(3)=1$이므로
  이를 만족시키는 함수 f는 존재하지 않는다.
(i)~(v)에서 주어진 조건을 만족시키는 함수 f의 개수는 4이다.

유형 10 합성함수의 함숫값

0608
답 ③

$g(3)=-9$이므로
$(f\circ g)(3)=f(g(3))=f(-9)=2\times(-9)+1=-17$

🔊 **Bible Says** 합성함수의 정의

> 두 함수 $f:X\longrightarrow Y$, $g:Y\longrightarrow Z$가 주어졌을 때, 집합 X의 각 원소
> x에 집합 Z의 원소 $g(f(x))$를 대응시키면 X를 정의역, Z를 공역으로
> 하는 새로운 함수를 정의할 수 있다. 이 새로운 함수를 f와 g의 합성함수라
> 하며 이것을 기호로 $g\circ f$와 같이 나타낸다.
> 또한 합성함수 $g\circ f:X\longrightarrow Z$에 대하여 $a\in X$인 a에서의 함숫값을 기
> 호로 $(g\circ f)(a)$와 같이 나타낸다.

0609
답 ②

$\begin{aligned}(h\circ(g\circ f))(-2)&=((h\circ g)\circ f)(-2)\\&=(h\circ g)(f(-2))\\&=(h\circ g)(3)\\&=3\times3-4=5\end{aligned}$

0610
답 ⑤

$g(0)=-4$이므로
$(f\circ g)(0)=f(g(0))=f(-4)=-(-4)+1=5$
$f(2)=2$이므로
$(g\circ f)(2)=g(f(2))=g(2)=2\times2^2-4=4$
$\therefore (f\circ g)(0)+(g\circ f)(2)=5+4=9$

0611
답 ①

$(f \circ g)(a) = f(g(a)) = f(a^2 + 2a - 1)$
$\qquad\qquad = 3(a^2 + 2a - 1) - 2 = 3a^2 + 6a - 5$
$(f \circ g)(a) = 4$에서 $3a^2 + 6a - 5 = 4$이므로
$3a^2 + 6a - 9 = 0$, $a^2 + 2a - 3 = 0$
$(a+3)(a-1) = 0$ $\qquad \therefore a = -3$ 또는 $a = 1$
그런데 a는 양수이므로 $a = 1$

0612
답 2

$(g \circ f)(1) = g(f(1)) = g(-1) = 0$
$(f \circ g)(0) = f(g(0)) = f(-1) = 0$
이때 $f(1) = g(0) = -1$이고
두 함수 f, g는 각각 X에서 X로의 일대일대응이므로
$f(0) = 1$, $g(1) = 1$
$\therefore f(0) + g(1) = 1 + 1 = 2$

유형 11 $f \circ g = g \circ f$인 경우

0613
답 ④

$g(2) = 3$이고 $f \circ g = g \circ f$이므로
$(f \circ g)(x) = (g \circ f)(x)$에 $x = 2$를 대입하면
$(f \circ g)(2) = (g \circ f)(2)$
$(f \circ g)(2) = f(g(2)) = f(3) = 1$,
$(g \circ f)(2) = g(f(2)) = g(5)$에서 $g(5) = 1$이다.
$(f \circ g)(x) = (g \circ f)(x)$에 $x = 5$를 대입하면
$(f \circ g)(5) = (g \circ f)(5)$
$(f \circ g)(5) = f(g(5)) = f(1) = 4$,
$(g \circ f)(5) = g(f(5)) = g(3)$에서 $g(3) = 4$이다.

0614
답 ①

$f(x) = ax + 2$, $g(x) = x - 4$에서
$(f \circ g)(x) = f(g(x)) = f(x-4)$
$\qquad\qquad = a(x-4) + 2 = ax - 4a + 2$
$(g \circ f)(x) = g(f(x)) = g(ax+2)$
$\qquad\qquad = (ax+2) - 4 = ax - 2$
이때 $f \circ g = g \circ f$이므로
$ax - 4a + 2 = ax - 2$
$-4a + 2 = -2$ $\qquad \therefore a = 1$

0615
답 -2

$f(x) = 4x + 3$, $g(x) = ax + b$에서
$(f \circ g)(x) = f(g(x)) = f(ax+b)$
$\qquad\qquad = 4(ax+b) + 3 = 4ax + 4b + 3$

$(g \circ f)(x) = g(f(x)) = g(4x+3)$
$\qquad\qquad = a(4x+3) + b = 4ax + 3a + b$
이때 $f \circ g = g \circ f$이므로
$4ax + 4b + 3 = 4ax + 3a + b$
$4b + 3 = 3a + b$ $\qquad \therefore b = a - 1$
이를 $g(x)$의 식에 대입하면
$g(x) = ax + a - 1 = a(x+1) - 1$
따라서 함수 $y = g(x)$의 그래프는 a의 값에 관계없이
점 $(-1, -1)$을 지난다.
따라서 $c = -1$, $d = -1$이므로
$c + d = -1 + (-1) = -2$

유형 12 $f \circ g$에 대한 조건이 주어진 경우

0616
답 ③

$(f \circ f)(x) = f(f(x)) = f(ax+b)$
$\qquad\qquad = a(ax+b) + b = a^2x + ab + b$
이때 주어진 조건에 의하여 $(f \circ f)(x) = 9x + 8$이므로
$a^2x + ab + b = 9x + 8$에서 $a^2 = 9$, $ab + b = 8$
$\therefore a = 3$, $b = 2$ ($\because a > 0$)
따라서 $f(x) = 3x + 2$이므로 $f(3) = 3 \times 3 + 2 = 11$

0617
답 ②

$(f \circ f)(x) = f(f(x)) = f(2x^2 + a)$
$\qquad\qquad = 2(2x^2 + a)^2 + a = 8x^4 + 8ax^2 + 2a^2 + a$
이때 $(f \circ f)(x)$가 $x + 1$로 나누어떨어지면 $(f \circ f)(-1) = 0$이다.
즉, $(f \circ f)(-1) = 8 + 8a + 2a^2 + a = 0$에서
$2a^2 + 9a + 8 = 0$
이 이차방정식의 판별식을 D라 하면
$D = 9^2 - 4 \times 2 \times 8 = 17 > 0$
이므로 이 이차방정식은 서로 다른 두 실근을 갖는다.
이 두 실근을 각각 α, β라 할 때, 근과 계수의 관계에 의하여
$\alpha + \beta = -\dfrac{9}{2}$

따라서 구하는 모든 실수 a의 값의 합은 $-\dfrac{9}{2}$이다.

0618
답 -3

$g(x) = (f \circ f \circ f)(x) = f(f(f(x)))$
$\qquad = f(f(2x+a)) = f(2(2x+a)+a)$
$\qquad = f(4x+3a) = 2(4x+3a) + a$
$\qquad = 8x + 7a$
함수 $g(x)$는 x의 값이 증가하면 $g(x)$의 값도 증가하므로
함수 $g(x)$는 $x = -2$에서 최솟값 -23을 갖는다.
즉, $g(-2) = -23$이므로 $-16 + 7a = -23$
$7a = -7$ $\qquad \therefore a = -1$

따라서 $g(x)=8x-7$이고, $x=b$에서 최댓값 17을 가지므로
$g(b)=17$
$8b-7=17$, $8b=24$ $\quad\therefore b=3$
$\therefore ab=-1\times3=-3$

0619
답 ②

(다)에서 $\{g(2)\}^2-7g(2)+10=0$이므로
$\{g(2)-2\}\{g(2)-5\}=0$
$\therefore g(2)=2$ 또는 $g(2)=5$
이때 (가)에서 $g(x)$는 일대일함수이고,
(나)에서 $g(3)=5$이므로 $g(2)\neq5$이다.
$\therefore g(2)=2$
또한 $g(x)$가 일대일함수이고 $g(2)=2$, $g(3)=5$이므로
$g(5)=3$ 또는 $g(5)=4$
(i) $g(5)=3$일 때
　(나)에서 $f(g(5))=5$이므로
　$f(g(5))=f(3)=5$
　이때 (나)에 의하여 $f(3)=2$이므로 조건에 모순이다.
(ii) $g(5)=4$일 때
　(나)에서 $f(g(5))=5$이므로
　$f(g(5))=f(4)=5$에서 $f(4)=5$
(i), (ii)에서 $f(4)=5$, $g(5)=4$, $g(4)=3$이므로
$f(4)+g(4)+g(5)=5+3+4=12$

유형 13 $f\circ h=g$를 만족시키는 함수 구하기

0620
답 ④

$(h\circ f)(x)=h(f(x))=h\left(\dfrac{x}{2}+1\right)$이므로
$(h\circ f)(x)=g(x)$에서 $h\left(\dfrac{x}{2}+1\right)=x^2+2$ $\quad$…… ㉠
$\dfrac{x}{2}+1=3$에서 $x=4$
㉠에 $x=4$를 대입하면 $h(3)=4^2+2=18$
[다른 풀이]
$(h\circ f)(x)=h(f(x))=h\left(\dfrac{x}{2}+1\right)=x^2+2$에서
$\dfrac{x}{2}+1=t$라 하면 $x=2(t-1)$이므로
$h(t)=4(t-1)^2+2$
$\therefore h(3)=4(3-1)^2+2=18$

0621
답 ⑤

$h(x)=ax+b$라 하면
$(h\circ f)(x)=h(f(x))=h\left(\dfrac{1}{2}x+1\right)$
$\qquad\qquad\quad=a\left(\dfrac{1}{2}x+1\right)+b=\dfrac{a}{2}x+(a+b)$

$(h\circ f)(x)=g(x)$에서 $\dfrac{a}{2}x+(a+b)=3x+1$이므로
$\dfrac{a}{2}=3$, $a+b=1$ $\quad\therefore a=6$, $b=-5$
$\therefore h(x)=6x-5$

0622
답 -2

$(g\circ f)(x)=g(f(x))=g(2x+1)$이므로
$g(2x+1)=x^2+x-\dfrac{7}{2}$ $\quad$…… ㉠
$2x+1=-3$에서 $x=-2$
㉠에 $x=-2$를 대입하면 $g(-3)=(-2)^2-2-\dfrac{7}{2}=-\dfrac{3}{2}$
$\therefore (f\circ g)(-3)=f(g(-3))=f\left(-\dfrac{3}{2}\right)$
$\qquad\qquad\qquad\quad=2\times\left(-\dfrac{3}{2}\right)+1=-2$

유형 14 f^n 꼴의 합성함수

0623
답 ①

$f^1\left(\dfrac{1}{7}\right)=f\left(\dfrac{1}{7}\right)=\dfrac{2}{7}$,
$f^2\left(\dfrac{1}{7}\right)=f\left(f\left(\dfrac{1}{7}\right)\right)=f\left(\dfrac{2}{7}\right)=\dfrac{4}{7}$,
$f^3\left(\dfrac{1}{7}\right)=f^2\left(f\left(\dfrac{1}{7}\right)\right)=f^2\left(\dfrac{2}{7}\right)=f\left(f\left(\dfrac{2}{7}\right)\right)=f\left(\dfrac{4}{7}\right)=\dfrac{6}{7}$,
$f^4\left(\dfrac{1}{7}\right)=f^3\left(f\left(\dfrac{1}{7}\right)\right)=f^3\left(\dfrac{2}{7}\right)=f^2\left(f\left(\dfrac{2}{7}\right)\right)=f^2\left(\dfrac{4}{7}\right)$
$\qquad\quad=f\left(f\left(\dfrac{4}{7}\right)\right)=f\left(\dfrac{6}{7}\right)=\dfrac{2}{7}$,
　$\vdots$
이므로 $f^{3k+1}\left(\dfrac{1}{7}\right)=\dfrac{2}{7}$ (k는 음이 아닌 정수)이다.
$\therefore f^{100}\left(\dfrac{1}{7}\right)=f^{3\times33+1}\left(\dfrac{1}{7}\right)=\dfrac{2}{7}$

0624
답 ③

$f^1(2)=f(2)=3$,
$f^2(2)=f(f(2))=f(3)=4$,
$f^3(2)=f(f^2(2))=f(4)=0$,
$f^4(2)=f(f^3(2))=f(0)=1$,
$f^5(2)=f(f^4(2))=f(1)=2$,
$f^6(2)=f(f^5(2))=f(2)=3$,
　$\vdots$
이므로 $f^{5k-1}(2)=1$ (k는 자연수)이다.
마찬가지로
$f^1(3)=f(3)=4$,
$f^2(3)=f(f(3))=f(4)=0$,
$f^3(3)=f(f^2(3))=f(0)=1$,
$f^4(3)=f(f^3(3))=f(1)=2$,

$f^5(3)=f(f^4(3))=f(2)=3$,
$f^6(3)=f(f^5(3))=f(3)=4$,
$\vdots$
이므로 $f^{5k-1}(3)=2$ (k는 자연수)이다.
$\therefore f^{199}(2)+f^{299}(3)=f^{5\times40-1}(2)+f^{5\times60-1}(3)=1+2=3$

$\therefore f\left(\dfrac{1}{4}\right)+f^2\left(\dfrac{1}{4}\right)+f^3\left(\dfrac{1}{4}\right)+\cdots+f^8\left(\dfrac{1}{4}\right)$
$=2\left(\dfrac{3}{4}+\dfrac{1}{2}+1+\dfrac{1}{4}\right)$
$=5$

유형 15 그래프를 이용하여 합성함수의 함숫값 구하기

0625
답 2

$f(a)=b$라 하면 $(f\circ f)(a)=\dfrac{1}{2}$에서
$(f\circ f)(a)=f(f(a))=f(b)=\dfrac{1}{2}$
이때 주어진 그래프에서 $f(1)=\dfrac{1}{2}$이므로 $b=1$이고
$f(2)=1$이므로 $a=2$이다.

0626
답 ⑤

주어진 그래프에서
$f(d)=e$, $g(e)=d$이므로
$(f\circ g\circ f)(d)=f(g(f(d)))=f(g(e))=f(d)=e$
즉, $p=e$이다.
또한 주어진 그래프에서 $g(d)=c$이므로
$f(q)=a$라 할 때, $(g\circ f)(q)=g(f(q))=g(a)=c$에서 $a=d$이다.
즉, $f(q)=d$이고, 주어진 그래프에서 $f(c)=d$이므로 $q=c$이다.
따라서 $p=e$, $q=c$이므로 $p+q=c+e$이다.

0627
답 5

주어진 함수 $y=f(x)$의 그래프를 이용하여 $f(x)$의 식을 구하면
$f(x)=\begin{cases} x+\dfrac{1}{2} & \left(0\le x\le\dfrac{1}{2}\right) \\ -x+\dfrac{5}{4} & \left(\dfrac{1}{2}<x\le1\right)\end{cases}$이다.

$f\left(\dfrac{1}{4}\right)=\dfrac{3}{4}$,
$f^2\left(\dfrac{1}{4}\right)=f\left(f\left(\dfrac{1}{4}\right)\right)=f\left(\dfrac{3}{4}\right)=\dfrac{1}{2}$,
$f^3\left(\dfrac{1}{4}\right)=f\left(f^2\left(\dfrac{1}{4}\right)\right)=f\left(\dfrac{1}{2}\right)=1$,
$f^4\left(\dfrac{1}{4}\right)=f\left(f^3\left(\dfrac{1}{4}\right)\right)=f(1)=\dfrac{1}{4}$,
$f^5\left(\dfrac{1}{4}\right)=f\left(f^4\left(\dfrac{1}{4}\right)\right)=f\left(\dfrac{1}{4}\right)=\dfrac{3}{4}$,
$\vdots$
이므로 자연수 k에 대하여
$f^{4k-3}\left(\dfrac{1}{4}\right)=\dfrac{3}{4}$, $f^{4k-2}\left(\dfrac{1}{4}\right)=\dfrac{1}{2}$, $f^{4k-1}\left(\dfrac{1}{4}\right)=1$, $f^{4k}\left(\dfrac{1}{4}\right)=\dfrac{1}{4}$
이다.

유형 16 합성함수의 그래프 그리기

0628
답 ①

주어진 두 함수 $y=f(x)$, $y=g(x)$의 그래프를 이용하여
$f(x)$, $g(x)$의 식을 구하면
$f(x)=-x+3$ $(0\le x\le3)$, $g(x)=\begin{cases}\dfrac{1}{2}x & (0\le x\le2) \\ 2x-3 & (2<x\le3)\end{cases}$이다.

따라서
$(g\circ f)(x)=g(f(x))$
$=\begin{cases}\dfrac{1}{2}f(x) & (0\le f(x)\le2) \\ 2f(x)-3 & (2<f(x)\le3)\end{cases}$
$=\begin{cases}-2x+3 & (0\le x<1) \\ -\dfrac{1}{2}x+\dfrac{3}{2} & (1\le x\le3)\end{cases}$
이므로 함수 $y=(g\circ f)(x)$의 그래프는 오른쪽 그림과 같다.
따라서 옳은 것은 ①이다.

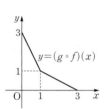

0629
답 ④

주어진 함수 $y=f(x)$의 그래프를 이용하여 $f(x)$의 식을 구하면
$f(x)=\begin{cases}2 & (0\le x\le1) \\ -2x+4 & (1<x\le2)\end{cases}$이다.

따라서 $(f\circ f)(x)=\begin{cases}2 & (0\le f(x)\le1) \\ -2f(x)+4 & (1<f(x)\le2)\end{cases}$이고,

$0\le x<\dfrac{3}{2}$일 때 $1<f(x)\le2$,

$\dfrac{3}{2}\le x\le2$일 때 $0\le f(x)\le1$이므로

$(f\circ f)(x)=f(f(x))=\begin{cases}0 & (0\le x\le1) \\ 4x-4 & \left(1<x<\dfrac{3}{2}\right) \\ 2 & \left(\dfrac{3}{2}\le x\le2\right)\end{cases}$

이다. 따라서 함수 $y=(f\circ f)(x)$의 그래프는 오른쪽 그림과 같으므로 옳은 것은 ④이다.

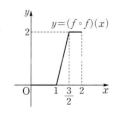

0630

답 ㄱ, ㄴ, ㄷ

주어진 함수 $y=f(x)$, $y=g(x)$의 그래프를 이용하여 $f(x)$, $g(x)$의 식을 구하면

$$f(x)=\begin{cases}2x & \left(0\le x\le \dfrac{3}{2}\right)\\-2x+6 & \left(\dfrac{3}{2}<x\le 3\right)\end{cases},$$

$$g(x)=\begin{cases}2x & (0\le x\le 1)\\\dfrac{1}{2}x+\dfrac{3}{2} & (1<x\le 3)\end{cases}$$ 이다.

따라서 $(f\circ g)(x)=f(g(x))=\begin{cases}2g(x) & \left(0\le g(x)\le \dfrac{3}{2}\right)\\-2g(x)+6 & \left(\dfrac{3}{2}<g(x)\le 3\right)\end{cases}$

이고,

$0\le x\le \dfrac{3}{4}$일 때 $0\le g(x)\le \dfrac{3}{2}$,

$\dfrac{3}{4}<x\le 3$일 때 $\dfrac{3}{2}<g(x)\le 3$이므로

$$(f\circ g)(x)=f(g(x))=\begin{cases}4x & \left(0\le x\le \dfrac{3}{4}\right)\\-4x+6 & \left(\dfrac{3}{4}<x\le 1\right)\\-x+3 & (1<x\le 3)\end{cases}$$ 이다.

따라서 함수 $y=(f\circ g)(x)$의 그래프는 다음 그림과 같다.

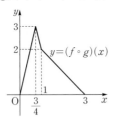

ㄱ. 함수 $y=(f\circ g)(x)$의 치역은 $\{y\,|\,0\le y\le 3\}$이다. (참)

ㄴ.

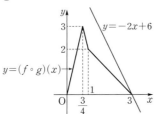

위의 그림과 같이 함수 $y=(f\circ g)(x)$의 그래프와 직선 $y=-2x+6$은 점 $(3,\,0)$에서만 만난다. (참)

ㄷ. 함수 $y=(f\circ g)(x)$의 그래프에서 방정식 $(f\circ g)(x)=1$의 해는 $0<x<\dfrac{3}{4}$에서 하나 존재하고, $1<x<3$에서 하나 존재한다.

$0<x<\dfrac{3}{4}$일 때, $4x=1$에서 $x=\dfrac{1}{4}$

$1<x<3$일 때, $-x+3=1$에서 $x=2$

따라서 방정식 $(f\circ g)(x)=1$의 모든 실근의 곱은 $\dfrac{1}{4}\times 2=\dfrac{1}{2}$이다. (참)

따라서 옳은 것은 ㄱ, ㄴ, ㄷ이다.

유형 **17** 역함수

0631

답 ⑤

$f(2)=4$이고

$f(3)=2$에서 $f^{-1}(2)=3$이므로

$f(2)+f^{-1}(2)=4+3=7$

0632

답 ④

$f^{-1}(5)=k$라 하면 $f(k)=5$이므로

$f(k)=2k-3=5$에서 $k=4$

$\therefore f^{-1}(5)=4$

0633

답 ④

$f(1)=3$이고

$f^{-1}(1)=3$에서 $f(3)=1$,

$f^{-1}(2)=4$에서 $f(4)=2$이다.

이때 f는 X에서 X로의 일대일대응이므로

$f(1)=3$, $f(3)=1$, $f(4)=2$에서 $f(2)=4$이다.

따라서 $f^{-1}(4)=2$이므로

$f(2)+f^{-1}(4)=4+2=6$

0634

답 ⑤

$x\le 4$일 때, $x+6\le 10$

$x>4$일 때, $3x-2>10$

$f^{-1}(5)=m$이라 하면 $f(m)=5\le 10$이므로

$m+6=5$ $\therefore m=-1$

$f^{-1}(13)=n$이라 하면 $f(n)=13>10$이므로

$3n-2=13$, $3n=15$ $\therefore n=5$

$\therefore f^{-1}(5)+f^{-1}(13)=-1+5=4$

유형 **18** 역함수가 존재하기 위한 조건

0635

답 $-3<a<3$

함수 $f(x)$의 역함수가 존재하려면 $f(x)$가 일대일대응이어야 한다.

이때 함수 $f(x)$가 일대일대응이 되기 위해서는 x의 값의 범위에 의하여 나누어진 두 직선의 기울기의 부호가 서로 같아야 한다.

따라서 $(3-a)(3+a)>0$이므로 $-3<a<3$

0636 답 ⑤

$f(x)=x^2-4x-36=(x-2)^2-40$이고,

함수 f의 역함수가 존재하려면 f는 일대일대응이어야 하므로

$a\geq2$, $f(a)=a$

$f(a)=a$에서 $a^2-4a-36=a$

$a^2-5a-36=0$, $(a+4)(a-9)=0$

$\therefore a=9$ $(\because a\geq2)$

0637 답 7

f가 함수이기 위해서는 $x=0$에서의 함숫값이 1개이어야 한다.

즉, $1=-b+9$에서 $b=8$

한편 함수 $f(x)$가 역함수를 갖기 위해서는 $f(x)$가 일대일대응이어

야 한다. …… ㉠

이때 $X=\{x|x\geq0\}$이라 하면 $x_1\in X$, $x_2\in X$인 임의의 두 원소

x_1, x_2에 대하여 $x_1<x_2$이면 $f(x_1)<f(x_2)$이다.

따라서 ㉠을 만족시키기 위해서는 $x<0$에서 함수 $f(x)$의 그래프

의 기울기가 양수이어야 한다.

즉, $a+2>0$이므로 $a>-2$

따라서 정수 a의 최솟값은 -1이므로 $a+b$의 최솟값은

$-1+8=7$

유형 19 역함수 구하기

0638 답 ①

$y=f(x)$라 하면 $y=4x-3$

x에 대하여 정리하면 $x=\dfrac{1}{4}y+\dfrac{3}{4}$

이 식에서 x와 y를 서로 바꾸면 $y=\dfrac{1}{4}x+\dfrac{3}{4}$

$\therefore f^{-1}(x)=\dfrac{1}{4}x+\dfrac{3}{4}$

따라서 $a=\dfrac{1}{4}$, $b=\dfrac{3}{4}$이므로

$a+b=\dfrac{1}{4}+\dfrac{3}{4}=1$

[다른 풀이]

$f(x)=4x-3$에서 $f(0)=-3$, $f(1)=1$이다.

$f(0)=-3$에서 $f^{-1}(-3)=0$이므로 $-3a+b=0$ …… ㉠

$f(1)=1$에서 $f^{-1}(1)=1$이므로 $a+b=1$ …… ㉡

㉠, ㉡을 연립하여 풀면

$a=\dfrac{1}{4}$, $b=\dfrac{3}{4}$

$\therefore a+b=\dfrac{1}{4}+\dfrac{3}{4}=1$

0639 답 $f^{-1}(x)=3x-11$

$f(3x-2)=x+3$에서 $3x-2=t$라 하면 $x=\dfrac{t+2}{3}$이므로

$f(t)=\dfrac{t+2}{3}+3=\dfrac{1}{3}t+\dfrac{11}{3}$

즉, $f(x)=\dfrac{1}{3}x+\dfrac{11}{3}$이다.

이때 $y=f(x)$라 하면 $y=\dfrac{1}{3}x+\dfrac{11}{3}$

이것을 x에 대하여 정리하면 $x=3y-11$

이 식에서 x와 y를 서로 바꾸면 $y=3x-11$

$\therefore f^{-1}(x)=3x-11$

0640 답 $f^{-1}(x)=\begin{cases}-\dfrac{1}{2}x+\dfrac{3}{2} & (x\leq1) \\ -\dfrac{1}{3}x+\dfrac{4}{3} & (x>1)\end{cases}$

함수 $f(x)$는 일대일대응이므로 역함수가 존재한다.

(i) $x\geq1$일 때, $y=-2x+3$이라 하면

$y\leq1$이고 $2x=-y+3$ $\therefore x=-\dfrac{1}{2}y+\dfrac{3}{2}$

이 식에서 x와 y를 서로 바꾸면

$y=-\dfrac{1}{2}x+\dfrac{3}{2}$ $(x\leq1)$

(ii) $x<1$일 때, $y=-3x+4$라 하면

$y>1$이고 $3x=-y+4$ $\therefore x=-\dfrac{1}{3}y+\dfrac{4}{3}$

이 식에서 x와 y를 서로 바꾸면

$y=-\dfrac{1}{3}x+\dfrac{4}{3}$ $(x>1)$

(i), (ii)에서 구하는 역함수는

$f^{-1}(x)=\begin{cases}-\dfrac{1}{2}x+\dfrac{3}{2} & (x\leq1) \\ -\dfrac{1}{3}x+\dfrac{4}{3} & (x>1)\end{cases}$

유형 20 합성함수와 역함수

0641 답 ④

$f(2)=1$이므로

$(g\circ f)(2)=g(f(2))=g(1)=3$

$g(3)=1$에서 $g^{-1}(1)=3$이므로

$(f\circ g^{-1})(1)=f(g^{-1}(1))=f(3)=2$

$\therefore (g\circ f)(2)+(f\circ g^{-1})(1)=3+2=5$

0642 답 ①

$f^{-1}(2)=1$에서 $f(1)=2$이다.

$(g\circ f)(x)=3x+2$에 $x=1$을 대입하면

$(g\circ f)(1)=3\times1+2=5$

이때 $(g\circ f)(1)=g(f(1))=g(2)$이므로

$g(2)=5$

0643

답 ③

g는 항등함수이므로

㈐에서 $f(1)=g(2)=2$이고,

㈎에 의하여

$(f \circ f)(1)=f(f(1))=f(2)=1$

또한 함수 f는 일대일대응이고

㈐에 의하여 $f(3) \neq g(3)$, 즉 $f(3) \neq 3$이므로 $f(3)=4$이다.

$\therefore f^{-1}(4)=3$

$\therefore (f \circ g)(2)+f^{-1}(4)=f(g(2))+3$

$\qquad\qquad\qquad\qquad =f(2)+3$

$\qquad\qquad\qquad\qquad =1+3=4$

0644

답 2

$(g \circ f)(x)=g(f(x))=a(x+a)-b=ax+a^2-b$

즉, $ax+a^2-b=3x+7$이므로

$a=3$, $a^2-b=7$ $\quad \therefore a=3$, $b=2$

$\therefore g(x)=3x-2$

$g^{-1}(4)=k$라 하면 $g(k)=4$이므로

$g(k)=3k-2=4$, $3k=6$ $\quad \therefore k=2$

$\therefore g^{-1}(4)=2$

0645

답 −3

$f^{-1}(3)=-2$에서 $f(-2)=3$이므로

$f(-2)=-4+k=3$ $\quad \therefore k=7$

$\therefore f(x)=x|x|+7$

$(f^{-1} \circ f^{-1})(3)=f^{-1}(f^{-1}(3))=f^{-1}(-2)=a$라 하면

$f(a)=-2$에서

(ⅰ) $a \geq 0$일 때, $f(a)=a^2+7=-2$, $a^2=-9$

이를 만족시키는 실수 a는 존재하지 않는다.

(ⅱ) $a<0$일 때, $f(a)=-a^2+7=-2$, $a^2=9$

$\therefore a=-3$ ($\because a<0$)

(ⅰ), (ⅱ)에서 $(f^{-1} \circ f^{-1})(3)=-3$

유형 21 역함수의 성질

0646

답 ③

$(f \circ (g \circ f)^{-1})(-1)=(f \circ f^{-1} \circ g^{-1})(-1)=g^{-1}(-1)$

이때 $g^{-1}(-1)=k$라 하면 $g(k)=-1$이므로

$g(k)=-3k+7=-1$

$\therefore k=\dfrac{8}{3}$

$\therefore (f \circ (g \circ f)^{-1})(-1)=\dfrac{8}{3}$

> **참고**
>
> 일반적으로 $(g \circ f)^{-1} \neq g^{-1} \circ f^{-1}$임에 유의하여 계산한다.

0647

답 −2

$(g \circ (f \circ g)^{-1} \circ f \circ g^{-1})(-2)$

$=(g \circ g^{-1} \circ f^{-1} \circ f \circ g^{-1})(-2)$

$=g^{-1}(-2)$

따라서 $g^{-1}(-2)=1$에서 $g(1)=-2$이다.

0648

답 ④

ㄱ. $(f \circ g^{-1} \circ f^{-1})^{-1}=(f^{-1})^{-1} \circ (g^{-1})^{-1} \circ f^{-1}$

$\qquad\qquad\qquad\qquad =f \circ g \circ f^{-1}$ (참)

ㄴ. [반례] $X=\{1,\,2\}$이고 $f(1)=2$, $f(2)=1$이면

$f^{-1}(1)=2$, $f^{-1}(2)=1$이므로 $f=f^{-1}$이다.

하지만 f는 항등함수가 아니다. (거짓)

ㄷ. 두 함수 f, g 모두 X에서 X로의 일대일대응이므로 두 함수

$f \circ g$, $g \circ f$도 모두 X에서 X로의 일대일대응이다.

따라서 두 함수 $f \circ g$, $g \circ f$ 모두 역함수를 갖는다.

이때 $f \circ g=g \circ f$이면 $(g \circ f)^{-1}=(f \circ g)^{-1}=g^{-1} \circ f^{-1}$이다.

(참)

따라서 옳은 것은 ㄱ, ㄷ이다.

> **참고**
>
> 함수 $f : X \longrightarrow X$가 일대일대응일 때 $x_1 \in X$, $x_2 \in X$이고 $x_1 \neq x_2$이면 $f(x_1) \neq f(x_2)$이다. 또한 $f(x_1)=y_1$, $f(x_2)=y_2$라 하면 f는 X에서 X로의 함수이므로 $y_1 \in X$, $y_2 \in X$이다. 이때 함수 $g : X \longrightarrow X$가 일대일대응이면 $y_1 \neq y_2$에서 $g(y_1) \neq g(y_2)$이다.
> 즉, $x_1 \neq x_2$이면 $g(f(x_1)) \neq g(f(x_2))$이므로 함수 $g \circ f$는 일대일대응이다.

유형 22 그래프를 이용하여 역함수의 함숫값 구하기

0649

답 6

$f(2)=3$이므로 $(f \circ f)(2)=f(3)=5$이다.

또한 $f(1)=2$에서 $f^{-1}(2)=1$이고 $f(2)=3$에서 $f^{-1}(3)=2$이므로

$(f \circ f)^{-1}(3)=f^{-1}(f^{-1}(3))=f^{-1}(2)=1$이다.

$\therefore (f \circ f)(2)+(f \circ f)^{-1}(3)=5+1=6$

0650

답 6

$g(4)=3$에서 $g^{-1}(3)=4$이고 $f(4)=4$에서 $f^{-1}(4)=4$이므로

$(g \circ f)^{-1}(3)=(f^{-1} \circ g^{-1})(3)=f^{-1}(g^{-1}(3))=f^{-1}(4)=4$이다.

또한 $g(2)=2$에서 $g^{-1}(2)=2$이다.

$\therefore (g \circ f)^{-1}(3)+g^{-1}(2)=4+2=6$

0651

ㄱ. $f(d)=c$이고 $f(c)=b$이므로
$\quad (f \circ f)(d)=f(f(d))=f(c)=b$이다. (참)

ㄴ. $f(d)=c$이므로 $f^{-1}(c)=d$이다. (참)

ㄷ. $f(c)=b$이므로
$\quad (f^{-1} \circ f)(c)=f^{-1}(f(c))=f^{-1}(b)=c$이다. (거짓)

ㄹ. $f(b)=a$에서 $f^{-1}(a)=b$이고 $f(c)=b$에서 $f^{-1}(b)=c$이므로
$\quad (f \circ f)^{-1}(a)=f^{-1}(f^{-1}(a))=f^{-1}(b)=c$이다. (참)

ㅁ. $f(c)=b$에서 $f^{-1}(b)=c$이고 $f(d)=c$에서 $f^{-1}(c)=d$이므로
$\quad (f^{-1} \circ f^{-1})(b)=f^{-1}(f^{-1}(b))=f^{-1}(c)=d$이다. (거짓)

따라서 옳은 것은 ㄱ, ㄴ, ㄹ이다.

유형 23 역함수의 그래프의 성질

0652

$f(x)$는 일차함수이므로 함수 $y=f(x)$의 그래프와 직선 $y=x$의 교점의 개수는 1이고,

$f^{-1}(x)$도 일차함수이므로 두 함수 $y=f(x)$, $y=f^{-1}(x)$의 그래프의 교점의 개수도 1이다.

따라서 함수 $y=f(x)$의 그래프와 그 역함수 $y=f^{-1}(x)$의 그래프의 교점은 함수 $y=f(x)$의 그래프와 직선 $y=x$의 교점과 같다.

이때 $-2x+3=x$에서 $3x=3$ $\quad \therefore x=1$

즉, 함수 $y=f(x)$의 그래프와 직선 $y=x$의 교점의 좌표는 $(1, 1)$이므로 $a=1$, $b=1$

$\therefore a+b=1+1=2$

> **참고**
>
> $f^{-1}(x)$의 식을 구한 뒤 방정식 $f(x)=f^{-1}(x)$를 풀어서 교점의 좌표를 구할 수도 있다. 하지만 두 함수 $y=f(x)$, $y=f^{-1}(x)$의 그래프가 직선 $y=x$에 대하여 대칭임을 이용하여 방정식 $f(x)=x$를 통해 교점의 좌표를 찾는 것이 비교적 간단하다.

0653

$x \geq 2$에서 함수 $f(x)$는 x의 값이 커질 때 함숫값이 커지므로 두 함수 $y=f(x)$와 $y=g(x)$의 그래프의 교점은 직선 $y=x$ 위에 존재한다.

$x^2-4x+k=x$에서 $x^2-5x+k=0$ $\quad$ ...... ㉠

이때 두 함수 $y=f(x)$, $y=g(x)$의 그래프의 교점의 개수는 2이므로 이차방정식 ㉠은 서로 다른 두 실근을 갖는다.

이 두 실근을 각각 α, β라 하면 두 교점의 좌표는 (α, α), (β, β)이고, 이 두 교점 사이의 거리가 $\sqrt{2}$이므로

$\sqrt{(\alpha-\beta)^2+(\alpha-\beta)^2}=\sqrt{2}$, $|\alpha-\beta|=\sqrt{2}$

$\therefore |\alpha-\beta|=1$

이때 $(\alpha-\beta)^2=(\alpha+\beta)^2-4\alpha\beta$이고 이차방정식 ㉠의 근과 계수의 관계에 의하여

$\alpha+\beta=5$, $\alpha\beta=k$이므로

$1^2=5^2-4 \times k$, $4k=24$ $\quad \therefore k=6$

역함수가 존재하는 함수 $f(x)$가
(1) x의 값이 커질 때 함숫값이 커지는 경우
두 함수 $y=f(x)$, $y=f^{-1}(x)$의 그래프의 교점은 반드시 직선 $y=x$ 위에 존재한다.
(2) x의 값이 커질 때 함숫값이 작아지는 경우
함수 $y=f(x)$의 그래프와 직선 $y=x$의 교점은 반드시 두 함수 $y=f(x)$, $y=f^{-1}(x)$의 그래프의 교점이고, 두 함수 $y=f(x)$, $y=f^{-1}(x)$의 그래프의 교점 중에서 직선 $y=x$ 위에 있지 않은 점이 존재할 수도 있다.

0654

함수 $y=f(x)$의 그래프와 그 역함수 $y=g(x)$의 그래프는 직선 $y=x$에 대하여 대칭이므로 구하는 부분의 넓이는 함수 $y=f(x)$의 그래프와 직선 $y=x$로 둘러싸인 부분의 넓이의 2배와 같다.

$3x-6=x$에서 $2x=6$

$\therefore x=3$

즉, 함수 $y=3x-6$ $(x \geq 2)$의 그래프와 직선 $y=x$의 교점의 좌표는 $(3, 3)$이다.

또한 $\dfrac{2}{3}x-\dfrac{4}{3}=x$에서 $\dfrac{x}{3}=-\dfrac{4}{3}$

$\therefore x=-4$

즉, 함수 $y=\dfrac{2}{3}x-\dfrac{4}{3}$ $(x<2)$의 그래프와 직선 $y=x$의 교점의 좌표는 $(-4, -4)$이다.

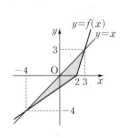

따라서 구하는 넓이는

$2 \times \left(\dfrac{1}{2} \times 2 \times 4 + \dfrac{1}{2} \times 2 \times 3 \right)$

$=2 \times (4+3)=14$

0655

$f(x)=\dfrac{1}{4}x^2+2$ $(x \geq 0)$에서

$f(2)=3$이고 $f(6)=11$이다.

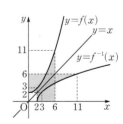

이때 함수 $y=f(x)$의 그래프와 역함수 $y=f^{-1}(x)$의 그래프는 직선 $y=x$에 대하여 대칭이므로 역함수 $y=f^{-1}(x)$의 그래프와 두 직선 $y=2$, $y=6$ 및 y축으로 둘러싸인 도형의 넓이는 함수 $f(x)=\dfrac{1}{4}x^2+2$ $(x \geq 0)$의 그래프와 두 직선 $x=2$, $x=6$ 및 x축으로 둘러싸인 도형의 넓이인 A와 서로 같다.

이때 역함수 $y=f^{-1}(x)$의 그래프와 두 직선 $x=3$, $x=11$ 및 x축으로 둘러싸인 도형의 넓이는

네 점 $(0, 0)$, $(11, 0)$, $(11, 6)$, $(0, 6)$을 꼭짓점으로 하는 직사각형의 넓이에서 네 점 $(0, 0)$, $(3, 0)$, $(3, 2)$, $(0, 2)$를 꼭짓점으로

하는 직사각형의 넓이와 역함수 $y=f^{-1}(x)$의 그래프와 두 직선 $y=2$, $y=6$ 및 y축으로 둘러싸인 도형의 넓이를 뺀 값과 같다.

따라서 구하는 넓이는 $11\times6-3\times2-A=60-A$이다.

0656
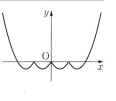

답 32

㈎에서 P(2, 3)이고 점 P는 곡선 $y=f(x)$ 위의 점이므로 $f(2)=3$

또한 함수 $y=f(x)$의 그래프와 그 역함수 $y=f^{-1}(x)$의 그래프는 직선 $y=x$에 대하여 대칭이고

㈏에서 선분 PQ와 직선 $y=x$가 서로 수직이므로

Q(3, 2)   ····· ㉠

㈐에서 직선 QS와 x축은 서로 평행하므로 ㉠에 의하여 점 S의 y좌표는 2이다.

따라서 점 S의 좌표를 $(\alpha,\ 2)$라 하면

㈏에서 선분 SR와 직선 $y=x$가 서로 수직이므로

R($2,\ \alpha$)

또한 점 R는 곡선 $y=f^{-1}(x)$ 위의 점이므로 $f^{-1}(2)=\alpha$

주어진 조건에 의하여 $f(2)=f^{-1}(2)+8$이므로

$3=\alpha+8$에서 $\alpha=-5$

따라서 P(2, 3), Q(3, 2), S(-5, 2), R(2, -5)이므로

$\overline{PQ}=\sqrt{(3-2)^2+(2-3)^2}=\sqrt{2}$

$\overline{SR}=\sqrt{\{2-(-5)\}^2+(-5-2)^2}=7\sqrt{2}$

또한 직선 SR의 방정식은 $y=-x-3$이므로

이 직선 $x+y+3=0$과 점 P(2, 3) 사이의 거리를 d라 하면

$d=\dfrac{|2+3+3|}{\sqrt{1^2+1^2}}=4\sqrt{2}$

따라서 사각형 PQRS의 넓이는

$\dfrac{1}{2}\times(\sqrt{2}+7\sqrt{2})\times4\sqrt{2}=32$

Bible Says 점과 직선 사이의 거리

점 $(x_1,\ y_1)$과 직선 $ax+by+c=0$ 사이의 거리는

$\dfrac{|ax_1+by_1+c|}{\sqrt{a^2+b^2}}$

특히, 원점과 직선 $ax+by+c=0$ 사이의 거리는

$\dfrac{|c|}{\sqrt{a^2+b^2}}$

유형 24 절댓값 기호를 포함한 식의 그래프

0657

답 ④

함수 $y=f(|x|)$의 그래프는 함수 $y=f(x)$의 그래프에서 $x<0$인 부분을 없애고, $x\geq0$인 부분을 y축에 대하여 대칭이동한 것이므로 함수 $y=f(|x|)$의 그래프의 개형은 오른쪽 그림과 같다.

따라서 옳은 것은 ④이다.

Bible Says 절댓값 기호를 포함한 식의 그래프

절댓값 기호를 포함한 식의 그래프는 다음과 같이 그린다.

(1) $y=|f(x)|$의 그래프 그리기
   함수 $y=f(x)$의 그래프에서 $y<0$인 부분을 x축에 대하여 대칭이동하여 그린다.

(2) $y=f(|x|)$의 그래프 그리기
   함수 $y=f(x)$의 그래프에서 $x<0$인 부분을 없애고, $x\geq0$인 부분을 y축에 대하여 대칭이동하여 그린다.

(3) $|y|=f(x)$의 그래프 그리기
   함수 $y=f(x)$의 그래프에서 $y<0$인 부분을 없애고, $y\geq0$인 부분을 x축에 대하여 대칭이동하여 그린다.

(4) $|y|=f(|x|)$의 그래프 그리기
   함수 $y=f(x)$의 그래프를 제1사분면만 그리고, 이것을 x축, y축, 원점에 대하여 대칭이동하여 그린다.

0658

답 ①

함수 $y=|f(x)|$의 그래프는 함수 $y=f(x)$의 그래프에서 $y<0$인 부분을 x축에 대하여 대칭이동한 것이므로 함수 $y=|f(x)|$의 그래프의 개형은 오른쪽 그림과 같다.

따라서 옳은 것은 ①이다.

0659
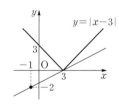

답 ③

$y=|x-3|$에서 절댓값 기호 안의 식의 값이 0이 되는 x의 값이 3이므로

(i) $x<3$일 때
   $y=-(x-3)=-x+3$

(ii) $x\geq3$일 때
   $y=x-3$

(i), (ii)에서 함수 $y=|x-3|$의 그래프는 오른쪽 그림과 같다.

한편 직선 $y=m(x+1)-2$는 m의 값에 관계없이 항상 점 $(-1,\ -2)$를 지난다.

이때 두 점 $(-1,\ -2)$와 $(3,\ 0)$을 이은 직선의 기울기는 $\dfrac{0-(-2)}{3-(-1)}=\dfrac{1}{2}$이므로

함수 $y=|x-3|$의 그래프와 직선 $y=m(x+1)-2$가 서로 만나기 위해서는 $m<-1$ 또는 $m\geq\dfrac{1}{2}$이어야 한다.

따라서 m의 값으로 적당하지 않은 것은 ③이다.

0660

답 ③

$y=|x-1|+2|x-3|$에서 절댓값 기호 안의 식의 값이 0이 되는 x의 값이 1, 3이므로

(i) $x<1$일 때

$\quad y=-(x-1)+2\times\{-(x-3)\}=-3x+7$

(ii) $1\leq x<3$일 때

$\quad y=(x-1)+2\times\{-(x-3)\}=-x+5$

(iii) $x\geq3$일 때

$\quad y=(x-1)+2\times(x-3)=3x-7$

(i)~(iii)에서 함수

$y=|x-1|+2|x-3|$의 그래프의 개

형은 오른쪽 그림과 같다.

따라서 옳은 것은 ③이다.

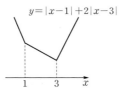

0661

답 ②

$f(x)=-|x|+\dfrac{5}{4}x+3$에서 절댓값 기호 안의 식의 값이 0이 되는 x의 값이 0이므로

(i) $x<0$일 때

$\quad f(x)=-(-x)+\dfrac{5}{4}x+3=\dfrac{9}{4}x+3$

(ii) $x\geq0$일 때

$\quad f(x)=-x+\dfrac{5}{4}x+3=\dfrac{x}{4}+3$

(i), (ii)에서 함수 $f(x)=-|x|+\dfrac{5}{4}x+3$

의 그래프는 오른쪽 그림과 같다.

한편 함수 $y=f(|x|)$의 그래프는 함수

$y=f(x)$의 그래프에서 $x<0$인 부분을 없

애고, $x\geq0$인 부분을 y축에 대하여 대칭이

동한 것이다.

또한 함수 $y=f^{-1}(x)$의 그래프는 함수 $y=f(x)$의 그래프를 직선 $y=x$에 대하여 대칭이동한 것이고,

함수 $y=|f^{-1}(x)|$의 그래프는 함수 $y=f^{-1}(x)$의 그래프에서 $y<0$인 부분을 x축에 대하여 대칭이동한 것이다.

따라서 두 함수 $y=f(|x|)$,

$y=|f^{-1}(x)|$의 그래프는 오

른쪽 그림과 같다.

이때 두 함수 $y=f(|x|)$,

$y=|f^{-1}(x)|$의 그래프의 교

점의 개수는 2이므로

방정식 $f(|x|)=|f^{-1}(x)|$의 모든 실근의 개수는 2이다.

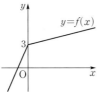

0662

답 ③

$g^{-1}(k)=a$라 하면

$(f\circ g^{-1})(k)=f(g^{-1}(k))=f(a)=7$

이때 $f(a)=4a-5=7$에서 $a=3$이다.

따라서 $g^{-1}(k)=3$이므로 $g(3)=k$이다.

$\therefore k=g(3)=3\times3+1=10$

0663

답 ③

함수 $f:X\longrightarrow X$가 항등함수이면

$f(-1)=-1$, $f(0)=0$, $f(2)=2$이다.

$f(-1)=-1$에서 $a+b=-1$ ······ ㉠

$f(2)=2$에서 $4a+b=2$ ······ ㉡

㉠, ㉡을 연립하여 풀면

$a=1$, $b=-2$

또한 $f(0)=0$에서 $-a+c=0$

$\therefore c=a=1$

$\therefore a^2+b^2+c^2=1^2+(-2)^2+1^2=6$

짝기출

답 ③

집합 $X=\{-2, -1, 3\}$에 대하여 함수 $f:X\longrightarrow X$가

$$f(x)=\begin{cases}ax^2+bx-2 & (x<0)\\ 3 & (x\geq0)\end{cases}$$

이다. 함수 $f(x)$가 항등함수가 되도록 하는 두 상수 a, b에 대하여 $a+b$의 값은?

① -5 ② -4 ③ -3 ④ -2 ⑤ -1

0664

답 ③

$f(x)=(2x^2$의 일의 자리의 숫자$)$이므로

$g(x)=2x^2$이라 하면

$g(1)=2$에서 $f(1)=2$

$g(2)=8$에서 $f(2)=8$

$g(3)=18$에서 $f(3)=8$

$g(4)=32$에서 $f(4)=2$

$g(5)=50$에서 $f(5)=0$

이때 함수 f에서

집합 Y의 원소 2에 대응되는 집합 X의 원소는 1과 4이고

집합 Y의 원소 8에 대응되는 집합 X의 원소는 2와 3이므로

a, b의 순서쌍 (a, b)로 가능한 것은

$(1, 2)$, $(1, 3)$, $(4, 2)$, $(4, 3)$이다.

따라서 $a=4$, $b=3$일 때 $a+b$의 최댓값은 7이다.

0665
답 ⑤

(가)에서 f는 항등함수이므로 $f(x)=x$

(가)에서 g는 상수함수이므로 집합 X의 원소 중 하나를 k라 할 때,

$g(x)=k$

(나)에서 $f(x)+g(x)+h(x)=x+k+h(x)=7$이므로

$h(x)=-x+7-k$

$x\in X$에서 $1\leq x\leq 5$이므로

$2-k\leq -x+7-k\leq 6-k$

이때 $1\leq h(x)\leq 5$이어야 하므로

$2-k\geq 1$이고 $6-k\leq 5$ $\therefore k=1$

즉, $g(x)=1$, $h(x)=-x+6$에서

$g(3)+h(1)=1+5=6$

다른 풀이

(가)에서 g는 상수함수이므로 $g(3)=g(1)$

(나)에서 $f(1)+g(1)+h(1)=7$이고

(가)에서 f는 항등함수이므로 $f(1)=1$

$\therefore g(3)+h(1)=g(1)+h(1)=7-f(1)=7-1=6$

0666
답 ⑤

집합 $\{x\,|\,3\leq x\leq 4\}$에서 정의된 함수

$y=x-3$의 치역은 $\{y\,|\,0\leq y\leq 1\}$이므로

함수 f가 일대일대응이 되기 위해서는 집합 $\{x\,|\,0\leq x<3\}$에서 정의된 함수

$y=ax^2+b$의 치역이 $\{y\,|\,1<y\leq 4\}$이어야 하고 함수 $y=f(x)$의 그래프는 오른쪽 그림과 같아야 한다.

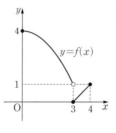

따라서 $g(x)=ax^2+b$라 할 때, $g(0)=4$, $g(3)=1$이다.

$g(0)=4$에서 $b=4$

$g(3)=1$에서 $9a+b=1$ $\therefore a=-\dfrac{1}{3}$

즉, $f(x)=\begin{cases}-\dfrac{1}{3}x^2+4 & (0\leq x<3)\\ x-3 & (3\leq x\leq 4)\end{cases}$

이므로

$f(1)=-\dfrac{1}{3}\times 1^2+4=\dfrac{11}{3}$

참고

위의 풀이에서 이차함수
$g(x)=ax^2+b$에 대하여
$g(0)=1$, $g(3)=4$인 경우에는 함수
$y=f(x)$의 그래프가 오른쪽 그림과 같다.
이 경우에는 $f(0)=f(4)=1$이므로 함수
$f(x)$는 일대일대응이 아니다. 또한 공역의
원소 4가 치역에 속하지 않으므로 함수
$f(x)$는 일대일대응이 아니다.

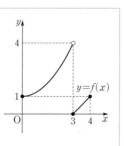

0667
답 ③

함수 $f(x)=x^2-2x+k$ $(x\geq 1)$의
그래프와 그 역함수 $y=f^{-1}(x)$의
그래프가 만나는 점은 함수
$y=f(x)$의 그래프와 직선 $y=x$가
만나는 점과 같다.
점 P는 직선 $y=x$ 위의 점이므로 점
P의 좌표를 (a, a)라 하자.
삼각형 POH의 넓이가 8이므로

$\triangle POH=\dfrac{1}{2}\times\overline{OH}\times\overline{PH}=\dfrac{1}{2}a^2=8$

$a^2=16$ $\therefore a=4$ $(\because a\geq 1)$

따라서 P$(4, 4)$이다.

점 P는 함수 $f(x)=x^2-2x+k$ $(x\geq 1)$의 그래프 위의 점이므로

$f(4)=4^2-2\times 4+k=8+k=4$ $\therefore k=-4$

0668
답 ④

두 함수 $f\circ g$, $g\circ f$는 모두 X에서 X로의 함수이므로

$(f\circ g)(a)$의 값과 $(g\circ f)(b)$의 값 모두 4 이하의 자연수이다.

따라서 $(f\circ g)(a)+(g\circ f)(b)=8$을 만족시키기 위해서는

$(f\circ g)(a)=4$이고 $(g\circ f)(b)=4$이어야 한다.

(i) $(f\circ g)(a)=4$일 때

$g(a)=k_1$이라 하면 $f(k_1)=4$

이때 $f(3)=4$이므로 $k_1=3$이다.

따라서 $g(a)=3$이고 $g(3)=3$이므로 $a=3$이다.

(ii) $(g\circ f)(b)=4$일 때

$f(b)=k_2$라 하면 $g(k_2)=4$

이때 $g(2)=4$이므로 $k_2=2$이다.

따라서 $f(b)=2$이고 $f(4)=2$이므로 $b=4$이다.

(i), (ii)에서 $a=3$, $b=4$이므로

$a+b=3+4=7$

짝기출
답 ①

그림은 집합 X에서 X로의 두 함수 f, g를 나타낸 것이다.

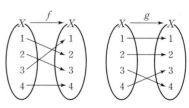

$(f\circ g)(1)+(g\circ f)(3)$의 값은?

① 3   ② 4   ③ 5   ④ 6   ⑤ 7

0669

함수 f의 역함수가 존재하므로 함수 f는 일대일대응이다.
따라서 $f(1)=2$에서 $\{f(2),\ f(3),\ f(4)\}=\{1,\ 3,\ 4\}$이다.

(i) $f(2)=1$일 때
$$f^3(1)=f(f^2(1))=f(f(f(1)))$$
$$=f(f(2))=f(1)=2$$
이므로 f^3은 항등함수가 아니다.

(ii) $f(2)=3$일 때
$$f^3(1)=f(f^2(1))=f(f(f(1)))$$
$$=f(f(2))=f(3)=1$$
이어야 하므로
$f(1)=2$, $f(2)=3$, $f(3)=1$, $f(4)=4$이다.

(iii) $f(2)=4$일 때
$$f^3(1)=f(f^2(1))=f(f(f(1)))$$
$$=f(f(2))=f(4)=1$$
이어야 하므로
$f(1)=2$, $f(2)=4$, $f(3)=3$, $f(4)=1$이다.

(i)~(iii)에서 $f(1)=2$, $f(2)=3$, $f(3)=1$, $f(4)=4$
또는 $f(1)=2$, $f(2)=4$, $f(3)=3$, $f(4)=1$이다.

(iv) $f(1)=2$, $f(2)=3$, $f(3)=1$, $f(4)=4$일 때
$g(1)=3$, $g(2)=1$, $g(3)=2$, $g(4)=4$이다.
이때
$g(1)=3$, $g^2(1)=2$, $g^3(1)=1$
$g(2)=1$, $g^2(2)=3$, $g^3(2)=2$
$g(3)=2$, $g^2(3)=1$, $g^3(3)=3$
$g(4)=4$, $g^2(4)=4$, $g^3(4)=4$
이므로 $g^3=I$이다.
따라서 $g^7=g^{3\times 2+1}=g$이고 $g^8=g^{3\times 2+2}=g^2$이므로
$$g^7(2)+g^8(1)=g(2)+g^2(1)=1+2=3$$

(v) $f(1)=2$, $f(2)=4$, $f(3)=3$, $f(4)=1$일 때
$g(1)=4$, $g(2)=1$, $g(3)=3$, $g(4)=2$이다.
이때
$g(1)=4$, $g^2(1)=2$, $g^3(1)=1$
$g(2)=1$, $g^2(2)=4$, $g^3(2)=2$
$g(3)=3$, $g^2(3)=3$, $g^3(3)=3$
$g(4)=2$, $g^2(4)=1$, $g^3(4)=4$
이므로 $g^3=I$이다.
따라서 $g^7=g^{3\times 2+1}=g$이고 $g^8=g^{3\times 2+2}=g^2$이므로
$$g^7(2)+g^8(1)=g(2)+g^2(1)=1+2=3$$
(iv), (v)에서 $g^7(2)+g^8(1)=3$

> **짝기출** 답 ②
>
> 함수 f에 대하여 $f^2(x)=f(f(x))$, $f^3(x)=f(f^2(x))$, $\cdots$이
> 라 정의하자. 이때 집합 $X=\{1,\ 2,\ 3\}$에 대하여 함수
> $f:X\longrightarrow X$가 두 조건
> $$f(1)=3,\ f^3=I\ (I\text{는 항등함수})$$
> 를 만족한다. 함수 f의 역함수를 g라 할 때, $g^{10}(2)+g^{11}(3)$의
> 값은?
>
> ① 6　　　② 5　　　③ 4　　　④ 3　　　⑤ 2

0670

$f(x)=3x^2\ (x\leq 0)$에서 $f(-2)=12$이다.　……㉠
이때 함수 $y=f(x)$의 그래프와 그 역함수 $y=f^{-1}(x)$의 그래프는
직선 $y=x$에 대하여 대칭이고, ㉠에 의하여 함수 $y=f(x)$의 그래
프는 점 $(-2,\ 12)$를 지나므로 역함수 $y=f^{-1}(x)$의 그래프는
점 $(12,\ -2)$를 지난다.
따라서 함수 $y=f(x)$의 그래프와
직선 $y=12$ 및 y축으로 둘러싸인
부분의 넓이는 함수 $y=f^{-1}(x)$의
그래프와 직선 $x=12$ 및 x축으로
둘러싸인 부분의 넓이와 서로 같다.
이때 함수 $y=f^{-1}(x)$의 그래프와
직선 $x=12$ 및 y축으로 둘러싸인

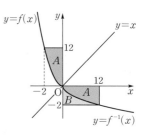

부분의 넓이와 함수 $y=f^{-1}(x)$의 그래프와 직선 $y=-2$ 및 y축으
로 둘러싸인 부분의 넓이의 합은 네 점 $(0,\ 0)$, $(0,\ -2)$, $(12,\ -2)$,
$(12,\ 0)$을 꼭짓점으로 하는 사각형의 넓이와 같으므로
$$A+B=12\times 2=24$$

> **짝기출** 답 ③
>
> 집합 $X=\{x\,|\,x\geq 1\}$에 대하여 함수 $f:X\longrightarrow X$가
> $$f(x)=x^2-2x+2$$
> 이다. 방정식 $f(x)=f^{-1}(x)$의 모든 근의 합은?
>
> ① 1　　　② 2　　　③ 3　　　④ 4　　　⑤ 5

0671

ㄱ. $f(3)=3$이므로 $f(f(3))=f(3)=3$이다. (참)

ㄴ. $f\left(\dfrac{1}{2}\right)=1$이므로 $f^{-1}(1)=\dfrac{1}{2}$이다. (참)

ㄷ. 함수 $y=f(x)$의 그래프와 직선 $y=x$의 교점의 개수는 3이므
로 함수 $y=f(x)$의 그래프와 그 역함수 $y=f^{-1}(x)$의 그래프
의 교점의 개수는 3이다. (거짓)

ㄹ. $g(1)=\dfrac{11}{2}$, $g(2)=5$, $g(3)=3$,

$g(4)=1$, $g(5)=\dfrac{1}{2}$, $g(6)=0$이고

$f\left(\dfrac{11}{2}\right)=5$, $f(5)=4$, $f(3)=3$,

$f(1)=2$, $f\left(\dfrac{1}{2}\right)=1$, $f(0)=0$이다.

따라서

$f^{-1}(5)=\dfrac{11}{2}$, $f^{-1}(4)=5$, $f^{-1}(3)=3$,

$f^{-1}(2)=1$, $f^{-1}(1)=\dfrac{1}{2}$, $f^{-1}(0)=0$이므로

$f^{-1}(a)=g(b)$를 만족시키는 두 자연수 a, b의 순서쌍 (a, b) 는 $(5, 1)$, $(4, 2)$, $(3, 3)$, $(2, 4)$, $(1, 5)$의 5개이다. (참) 따라서 옳은 것은 ㄱ, ㄴ, ㄹ이다.

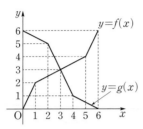
0672   답 6

$(f\circ f)(a)=f(a)$에서 $f(a)=t$로 치환하면 $f(t)=t$

$t<2$일 때 $2t+2=t$에서 $t=-2$이고,

$t\geq 2$일 때 $t^2-7t+16=t$에서 $(t-4)^2=0$이므로 $t=4$이다.

(i) $t=-2$인 경우, $f(a)=-2$에서

     $a<2$일 때, $2a+2=-2$ $\therefore a=-2$

     $a\geq 2$일 때, $a^2-7a+16=-2$, $a^2-7a+18=0$

     이 이차방정식의 판별식을 D라 하면

     $D=(-7)^2-4\times 1\times 18=-23<0$

     이므로 $a\geq 2$일 때, $f(a)=-2$를 만족시키는 실수 a의 값이 존재하지 않는다.

(ii) $t=4$인 경우, $f(a)=4$에서

     $a<2$일 때, $2a+2=4$ $\therefore a=1$

     $a\geq 2$일 때, $a^2-7a+16=4$, $a^2-7a+12=0$

     $(a-3)(a-4)=0$ $\therefore a=3$ 또는 $a=4$

(i), (ii)에 의하여 $(f\circ f)(a)=f(a)$를 만족시키는 모든 실수 a의 값의 합은

$-2+1+3+4=6$

0673   답 4

$f^n(2)$를 구해 보면

$f^1(2)=f(2)=3$

$f^2(2)=f(f^1(2))=f(3)=1$

$f^3(2)=f(f^2(2))=f(1)=2$

$f^4(2)=f(f^3(2))=f(2)=3$

$f^5(2)=f(f^4(2))=f(3)=1$

$f^6(2)=f(f^5(2))=f(1)=2$

     $\vdots$

이므로 $f^n(2)$의 값은 3, 1, 2가 반복된다.

$$\therefore f^n(2)=\begin{cases} 3 & (n=3k+1) \\ 1 & (n=3k+2) \\ 2 & (n=3k+3) \end{cases} (k는\ 음이\ 아닌\ 정수)$$

따라서 $776=3\times 258+2$이므로 $f^{776}(2)=f^2(2)=1$

또한 $f^n(3)$을 구해 보면

$f^1(3)=f(3)=1$

$f^2(3)=f(f^1(3))=f(1)=2$

$f^3(3)=f(f^2(3))=f(2)=3$

$f^4(3)=f(f^3(3))=f(3)=1$

$f^5(3)=f(f^4(3))=f(1)=2$

$f^6(3)=f(f^5(3))=f(2)=3$

     $\vdots$

이므로 $f^n(3)$의 값은 1, 2, 3이 반복된다.

$$\therefore f^n(3)=\begin{cases} 1 & (n=3k+1) \\ 2 & (n=3k+2) \\ 3 & (n=3k+3) \end{cases} (k는\ 음이\ 아닌\ 정수)$$

따라서 $777=3\times 259$이므로 $f^{777}(3)=f^3(3)=3$

$\therefore f^{776}(2)+f^{777}(3)=1+3=4$

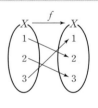
0674   답 7

함수 f는 집합 X에서 집합 X로의 함수이므로

함수 f의 공역의 원소의 개수는 8이다.

㈎에서 함수 f의 치역의 원소의 개수가 7이므로

함수 f의 정의역의 서로 다른 두 원소 a, b에 대하여

$f(a)=f(b)=n$을 만족시키는 함수 f의 공역 X의 원소 n이 한 개 있어야 한다.

           └ 함수 f의 치역의 원소의 개수가 함수 f의 공역의 원소의 개수보다 1만큼 작기 때문이다.

그리고 함수 f의 공역의 원소 중 함숫값으로 사용되지 않은 원소
(치역에 포함되지 않은 원소)가 한 개 있어야 하므로
그 원소를 m이라 하자.

㈏에서
$$f(1)+f(2)+f(3)+f(4)+f(5)+f(6)+f(7)+f(8)$$
$$=1+2+3+4+5+6+7+8+n-m$$
$$=36+n-m$$
이므로
$$36+n-m=42 \qquad \therefore n-m=6$$
집합 X의 원소 m, n에 대하여 $n-m=6$인 경우는
$m=1$, $n=7$ 또는 $m=2$, $n=8$이다.

(ⅰ) $m=1$, $n=7$일 때
　　함수 f의 치역은 $\{2, 3, 4, 5, 6, 7, 8\}$
　　함수 f의 치역의 원소 중 최댓값과 최솟값의 차는 $8-2=6$
　　이므로 ㈐를 만족시킨다.

(ⅱ) $m=2$, $n=8$일 때
　　함수 f의 치역은 $\{1, 3, 4, 5, 6, 7, 8\}$
　　함수 f의 치역의 원소 중 최댓값과 최솟값의 차는 $8-1=7$
　　이므로 ㈐를 만족시키지 않는다.

(ⅰ), (ⅱ)에서 $n=7$

0675　답 ③

함수 g의 역함수가 존재하려면 g는 일대일대응이어야 한다.
이때 $x<-2$에서 $g(x)<-18$이고 $x>2$에서 $g(x)>14$이므로
g가 일대일대응이기 위해서는 $-2\le x\le 2$에서 $-18\le g(x)\le 14$,
즉 $-18\le f(x)\le 14$이어야 한다.
또한 g가 일대일대응이므로 $f(-2)=-18$, $f(2)=14$이거나
$f(-2)=14$, $f(2)=-18$이어야 한다.

ㄱ. $\dfrac{f(-2)\times f(2)}{36}=\dfrac{-18\times 14}{36}=-7$ (참)

ㄴ. $g(0)=2$, $g(2)=14$이면 $f(-2)=-18$, $f(0)=2$, $f(2)=14$
　　이다.
　　이때 $f(x)=ax^2+bx+c$ $(a<0)$라 하면
　　$f(-2)=-18$에서 $4a-2b+c=-18$ 　……　㉠
　　$f(0)=2$에서 $c=2$ 　……　㉡
　　$f(2)=14$에서 $4a+2b+c=14$ 　……　㉢
　　㉡을 ㉠과 ㉢에 대입하여 정리하면
　　$4a-2b=-20$ 　……　㉣
　　$4a+2b=12$ 　……　㉤
　　㉣, ㉤을 연립하여 풀면
　　$a=-1$, $b=8$
　　$\therefore f(x)=-x^2+8x+2=-(x-4)^2+18$
　　따라서 함수 $f(x)$는 $x=4$에서 최댓값을 가지므로
　　모든 실수 x에 대하여 $f(x)\le f(4)$, 즉 $f(x)-f(4)\le 0$이다.
　　　　　　　　　　　　　　　　　　　　　　　　　(참)

ㄷ. 곡선 $y=f(x)$의 꼭짓점의 x좌표가 -2이면
　　함수 $f(x)$는 $x=-2$에서 최댓값을 갖는다.
　　따라서 $f(-2)=14$, $f(2)=-18$이다.
　　이때 $f(x)=p(x+2)^2+q$라 하면
　　$f(-2)=14$에서 $q=14$ 　……　㉥
　　$f(2)=-18$에서 $16p+q=-18$ 　……　㉦
　　㉥을 ㉦에 대입하면
　　$16p=-32 \qquad \therefore p=-2$
　　따라서 $f(x)=-2(x+2)^2+14$이므로 $g(1)=f(1)=-4$이다.
　　이때 함수 g는 역함수가 존재하므로
　　$g(1)=-4$에서 $g^{-1}(-4)=1$이다. (거짓)
따라서 옳은 것은 ㄱ, ㄴ이다.

짝기출　답 ⑤

최고차항의 계수가 양수인 이차함수 $f(x)$에 대하여 함수
$g(x)$를 다음과 같이 정의하자.
$$g(x)=\begin{cases} -x+4 & (x<-2) \\ f(x) & (-2\le x\le 1) \\ -x-2 & (x>1) \end{cases}$$
함수 $g(x)$의 치역이 실수 전체의 집합이고, 함수 $g(x)$의 역함수가 존재할 때, 보기에서 옳은 것만을 있는 대로 고른 것은?

┌ **보기** ─────────────────────────
│ ㄱ. $f(-2)+f(1)=3$
│ ㄴ. $g(0)=-1$, $g(1)=-3$이면 곡선 $y=f(x)$의 꼭짓점
│ 　　의 x좌표는 $\dfrac{5}{2}$이다.
│ ㄷ. 곡선 $y=f(x)$의 꼭짓점의 x좌표가 -2이면
│ 　　$g^{-1}(1)=0$이다.
└────────────────────────────

① ㄱ　　　　　② ㄴ　　　　　③ ㄱ, ㄴ
④ ㄱ, ㄷ　　　⑤ ㄱ, ㄴ, ㄷ

0676　답 ①

ㄱ. ㈎, ㈏에 의하여 함수 f는 일대일대응이고
　　집합 $X\cap Y=\{2, 3, 4\}$의 모든 원소 x에 대하여
　　$g(x)-f(x)=1$이므로 2, 3, 4 중 $f(x)=5$인 x가 존재하면
　　$g(x)=6$이 되어 모순이다.
　　그러므로 집합 $X\cap Y=\{2, 3, 4\}$의 모든 원소 x에 대하여
　　$f(x)\le 4$이고 함수 f는 일대일대응이므로
　　$\{f(2), f(3), f(4)\}=\{2, 3, 4\}$
　　㈏에서 $g(x)-f(x)=1$이므로 $g(x)=f(x)+1$
　　$\therefore \{g(2), g(3), g(4)\}=\{3, 4, 5\}$
　　따라서 합성함수 $g\circ f$의 치역은 Z이다. (참)

ㄴ. $\{f(2), f(3), f(4)\}=\{2, 3, 4\}$
이고 함수 f는 일대일대응이므
로 $f(1)=5$
∴ $f^{-1}(5)=1$ (거짓)

ㄷ. ㄴ에서 $f(1)=5$이므로
$f(3)<g(2)<f(1)$에서
$f(3)<g(2)<5$

(i) $g(2)=3$일 때, $f(2)=g(2)-1=2$
이때 함수 f는 일대일대응이므로 $f(3)=3$ 또는 $f(3)=4$
따라서 $f(3)<g(2)$를 만족시키지 않는다.

(ii) $g(2)=4$일 때, $f(2)=g(2)-1=3$
이때 함수 f는 일대일대응이므로 $f(3)=2$ 또는 $f(3)=4$
$f(3)<g(2)$이어야 하므로 $f(3)=2$

(i), (ii)에서 $f(2)=3$, $f(3)=2$이므로 일대일대응인 함수 f에
대하여 $f(4)=4$
∴ $f(4)+g(2)=4+4=8$ (거짓)

따라서 옳은 것은 ㄱ이다.

참고

위의 ㄷ에서 $f(1)=5$, $f(2)=3$, $f(3)=2$, $f(4)=4$, $g(2)=4$이고,
㈏에 의하여
$g(3)=f(3)+1=2+1=3$
$g(4)=f(4)+1=4+1=5$
이므로 두 함수 $f:X\longrightarrow Y$,
$g:Y\longrightarrow Z$는 오른쪽 그림과 같다.
단, 주어진 조건으로는 $g(5)$의 값을
알 수 없다.

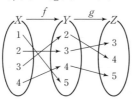

0677
답 ③

㈎에 의하여 f는 일대일대응이고,
㈏에 의하여 $f(1)=3$ 또는 $f(2)=6$이다. ······ ㉠

ㄱ. $f(1)=4$이면 ㉠에 의하여 $f(2)=6$이다. (참)

ㄴ. $(f\circ f)(5)=k$라 하면
㈐에 의하여 $f(k)=5$
이때 $f^{-1}(5)=k$이므로 $(f\circ f)(5)=f^{-1}(5)$이다. (참)

ㄷ. (i) $f(1)=3$일 때
f는 일대일대응이므로 $f(3)\in\{1, 2, 4, 5, 6\}$
이때 $f(3)=1$이면
$(f\circ f\circ f)(1)=f(f(f(1)))=f(f(3))=f(1)=3$
에서 ㈐를 만족시키지 않는다.
$f(3)=2$이면 ㈐에서
$(f\circ f\circ f)(1)=f(f(f(1)))=f(f(3))=f(2)=1$
마찬가지로 $f(3)=4$이면 $f(4)=1$이고
$f(3)=5$이면 $f(5)=1$,
$f(3)=6$이면 $f(6)=1$이다.

한편 $f(3)=2$일 때
$f(1)=3$, $f(3)=2$, $f(2)=1$에서
$\{f(4), f(5), f(6)\}=\{4, 5, 6\}$
이때 ㈐를 만족시키기 위해서는
$f(4)=4$, $f(5)=5$, $f(6)=6$
또는 $f(4)=5$, $f(5)=6$, $f(6)=4$
또는 $f(4)=6$, $f(5)=4$, $f(6)=5$
이어야 한다.
마찬가지로 $f(3)=4$, $f(3)=5$, $f(3)=6$일 때도 각각 3가
지 경우가 있다.
따라서 $f(1)=3$일 때 ㈎, ㈐를 만족시키는 함수 f의 개수는
$4\times3=12$

(ii) $f(2)=6$일 때
(i)에서와 마찬가지로 생각하면
$f(2)=6$일 때 ㈎, ㈐를 만족시키는 함수 f의 개수는
$4\times3=12$

(iii) $f(1)=3$이고 $f(2)=6$일 때
(i), (ii)와 마찬가지로 생각하면
$f(3)=4$, $f(4)=1$, $f(5)=2$, $f(6)=5$
또는 $f(3)=5$, $f(5)=1$, $f(4)=2$, $f(6)=4$
이어야 한다.
따라서 $f(1)=3$이고 $f(2)=6$일 때 ㈎, ㈐를 만족시키는 함
수 f의 개수는 2이다.

(i)~(iii)에서 구하는 함수 f의 개수는
$12+12-2=22$ (거짓)

따라서 옳은 것은 ㄱ, ㄴ이다.

◀)) Bible Says **합성함수와 일대일대응**

함수 $f:X\longrightarrow X$가 일대일대응이 아닐 때,
즉 $f(x_1)=f(x_2)$를 만족시키는 집합 X의 서로 다른 두 원소 x_1, x_2가 존
재할 때 $f^1=f$, $f^{n+1}=f\circ f^n$ (n은 자연수)라 하면 $f^2(x_1)=f^2(x_2)$이
고 $f^3(x_1)=f^3(x_2)$이므로 $f^3=I$를 만족시킬 수 없다.
따라서 $f^3=I$이기 위해서는 함수 $f:X\longrightarrow X$는 반드시 일대일대응이
어야 한다.

짝기출
답 ⑤

집합 $X=\{1, 2, 3, 4\}$에 대하여 X에서 X로의 일대일대응인
함수 f가 다음 조건을 만족시킨다.

㈎ 집합 X의 모든 원소 x에 대하여 $(f\circ f)(x)=x$이다.
㈏ 집합 X의 어떤 원소 x에 대하여 $f(x)=2x$이다.

보기에서 옳은 것만을 있는 대로 고른 것은?

▶ 보기

ㄱ. $f(3)=f^{-1}(3)$
ㄴ. $f(1)=3$이면 $f(2)=4$이다.
ㄷ. 가능한 함수 f의 개수는 4이다.

① ㄱ   ② ㄴ   ③ ㄱ, ㄴ
④ ㄱ, ㄷ   ⑤ ㄱ, ㄴ, ㄷ

09 유리식과 유리함수

유형 01 유리식의 덧셈과 뺄셈

0678
답 ④

$$\frac{4}{x(x+2)}+\frac{4}{(x+2)(x+4)}=\frac{4(x+4)+4x}{x(x+2)(x+4)}$$
$$=\frac{8(x+2)}{x(x+2)(x+4)}$$
$$=\frac{8}{x(x+4)}$$

0679
답 ④

$$\frac{1}{x^2-2x}-\frac{1}{x^2-x-2}=\frac{1}{x(x-2)}-\frac{1}{(x-2)(x+1)}$$
$$=\frac{(x+1)-x}{x(x-2)(x+1)}$$
$$=\frac{1}{x(x-2)(x+1)}$$
$$=\frac{1}{x^3-x^2-2x}$$

0680
답 ③

$$\frac{a}{(a-b)(a-c)}+\frac{b}{(b-a)(b-c)}+\frac{c}{(c-a)(c-b)}$$
$$=\frac{-a(b-c)-b(c-a)-c(a-b)}{(a-b)(b-c)(c-a)}$$
$$=\frac{-ab+ca-bc+ab-ca+bc}{(a-b)(b-c)(c-a)}=0$$

유형 02 유리식의 곱셈과 나눗셈

0681
답 ③

$$\frac{x^2-4}{x^2-2x-3}\div\frac{x-2}{x^2+x}=\frac{x^2-4}{x^2-2x-3}\times\frac{x^2+x}{x-2}$$
$$=\frac{(x+2)(x-2)}{(x+1)(x-3)}\times\frac{x(x+1)}{x-2}$$
$$=\frac{x(x+2)}{x-3}$$

0682
답 2

$$\frac{a+b}{a-b}+\frac{a-b}{a+b}=\frac{(a+b)^2+(a-b)^2}{(a-b)(a+b)}=\frac{2(a^2+b^2)}{(a-b)(a+b)}$$
$$\frac{a+b}{a-b}-\frac{a-b}{a+b}=\frac{(a+b)^2-(a-b)^2}{(a-b)(a+b)}=\frac{4ab}{(a-b)(a+b)}$$
$$\therefore\left(\frac{a+b}{a-b}+\frac{a-b}{a+b}\right)\div\left(\frac{a+b}{a-b}-\frac{a-b}{a+b}\right)$$
$$=\frac{2(a^2+b^2)}{(a-b)(a+b)}\times\frac{(a-b)(a+b)}{4ab}$$
$$=\frac{a^2+b^2}{2ab}=\frac{20}{2\times5}=2$$

0683
답 ①

$$\frac{a^2-2a-8}{a+1}\times\frac{a^2-3a}{a^2-5a+4}=f(a)\times\frac{a^2-a-6}{a-1}$$에서

$$f(a)=\frac{a^2-2a-8}{a+1}\times\frac{a^2-3a}{a^2-5a+4}\div\frac{a^2-a-6}{a-1}$$
$$=\frac{a^2-2a-8}{a+1}\times\frac{a^2-3a}{a^2-5a+4}\times\frac{a-1}{a^2-a-6}$$
$$=\frac{(a-4)(a+2)}{a+1}\times\frac{a(a-3)}{(a-4)(a-1)}\times\frac{a-1}{(a+2)(a-3)}$$
$$=\frac{a}{a+1}$$

유형 03 유리식과 항등식

0684
답 ⑤

$(x+1)(x+3)=x^2+4x+3$이므로

$$\frac{1}{x+1}+\frac{1}{x+3}=\frac{ax+b}{x^2+4x+3}$$의 양변에 x^2+4x+3을 곱하면

$(x+3)+(x+1)=ax+b$
$2x+4=ax+b$
이 등식이 x에 대한 항등식이므로 $a=2$, $b=4$
$\therefore ab=2\times4=8$

0685
답 ③

$(x+1)(x-2)=x^2-x-2$이므로

$$\frac{a}{x+1}-\frac{b}{x-2}=\frac{2x-1}{x^2-x-2}$$의 양변에 x^2-x-2를 곱하면

$a(x-2)-b(x+1)=2x-1$
$\therefore (a-b)x-(2a+b)=2x-1$
이 등식이 x에 대한 항등식이므로
$a-b=2$ ······ ㉠
$2a+b=1$ ······ ㉡
㉠, ㉡을 연립하여 풀면 $a=1$, $b=-1$
$\therefore a+b=1+(-1)=0$

다른 풀이

$(x+1)(x-2)=x^2-x-2$이므로

$\dfrac{a}{x+1}-\dfrac{b}{x-2}=\dfrac{2x-1}{x^2-x-2}$의 양변에 x^2-x-2를 곱하면

$a(x-2)-b(x+1)=2x-1$

이 식의 양변에

$x=0$을 대입하면 $-2a-b=-1$ $\cdots\cdots$ ㉠

$x=3$을 대입하면 $a-4b=5$ $\cdots\cdots$ ㉡

㉠, ㉡을 연립하여 풀면 $a=1$, $b=-1$

$\therefore a+b=1+(-1)=0$

🔊 **Bible Says** 항등식의 미정계수법

항등식에 포함된 계수를 결정하는 방법은 다음과 같다.
(1) 계수비교법: 항등식의 성질을 이용
  양변의 동류항의 계수를 비교하여 계산한다.
  ① $ax^2+bx+c=a'x^2+b'x+c'$이 x에 대한 항등식이면
   $a=a'$, $b=b'$, $c=c'$이다.
  ② $ax+by+c=a'x+b'y+c'$이 x,y에 대한 항등식이면
   $a=a'$, $b=b'$, $c=c'$이다.
(2) 수치대입법: 항등식의 정의를 이용
  적당한 수를 대입하여 연립방정식을 풀어 계산한다.

0686 답 ③

$\dfrac{x^5+1}{(x-2)^6}=\dfrac{a_1}{x-2}+\dfrac{a_2}{(x-2)^2}+\cdots+\dfrac{a_6}{(x-2)^6}$의 양변에

$(x-2)^6$을 곱하면

$x^5+1=a_1(x-2)^5+a_2(x-2)^4+\cdots+a_6$

이 등식이 x에 대한 항등식이므로 양변에

$x=3$을 대입하면

$3^5+1=a_1+a_2+a_3+a_4+a_5+a_6$ $\cdots\cdots$ ㉠

$x=1$을 대입하면

$1^5+1=-a_1+a_2-a_3+a_4-a_5+a_6$ $\cdots\cdots$ ㉡

㉠$-$㉡을 하면

$2(a_1+a_3+a_5)=242$

따라서 $a_1+a_3+a_5=121=11^2$이므로 $k=11$ $(\because k>0)$

참고

수치대입법을 이용하여 계산할 때, $x-2$의 값이 1과 -1이 되도록 $x=3$과 $x=1$을 각각 대입하면 계산이 간편해진다.

유형 **04** (분자의 차수)≥(분모의 차수)인 유리식

0687 답 ①

$\dfrac{x^2-3x-4}{x^2-5x+4}-\dfrac{2}{x-1}=\dfrac{(x+1)(x-4)}{(x-1)(x-4)}-\dfrac{2}{x-1}$

$=\dfrac{x+1}{x-1}-\dfrac{2}{x-1}=\dfrac{(x+1)-2}{x-1}$

$=\dfrac{x-1}{x-1}=1$

0688 답 ②

$\dfrac{x^3+3}{x^2-4}-\dfrac{4}{x+2}=\dfrac{x^3+3}{x^2-4}-\dfrac{4(x-2)}{(x+2)(x-2)}$

$=\dfrac{x^3-4x+11}{x^2-4}=\dfrac{x(x^2-4)+11}{x^2-4}$

$=x+\dfrac{11}{x^2-4}$

따라서 $a=1$, $b=0$, $c=11$이므로 $a+b+c=1+0+11=12$

0689 답 40

$\dfrac{x+2}{x+1}-\dfrac{2x+5}{x+2}-\dfrac{x+4}{x+3}+\dfrac{2x+9}{x+4}$

$=\dfrac{(x+1)+1}{x+1}-\dfrac{2(x+2)+1}{x+2}-\dfrac{(x+3)+1}{x+3}+\dfrac{2(x+4)+1}{x+4}$

$=\left(1+\dfrac{1}{x+1}\right)-\left(2+\dfrac{1}{x+2}\right)-\left(1+\dfrac{1}{x+3}\right)+\left(2+\dfrac{1}{x+4}\right)$

$=\dfrac{1}{x+1}-\dfrac{1}{x+2}-\dfrac{1}{x+3}+\dfrac{1}{x+4}$

$=\left(\dfrac{1}{x+1}-\dfrac{1}{x+2}\right)-\left(\dfrac{1}{x+3}-\dfrac{1}{x+4}\right)$

$=\dfrac{1}{(x+1)(x+2)}-\dfrac{1}{(x+3)(x+4)}$

$=\dfrac{(x+3)(x+4)-(x+1)(x+2)}{(x+1)(x+2)(x+3)(x+4)}$

$=\dfrac{4x+10}{(x+1)(x+2)(x+3)(x+4)}$

따라서 $a=4$, $b=10$이므로 $ab=4\times10=40$

유형 **05** 부분분수로의 변형

0690 답 ③

$f(x)$

$=\dfrac{1}{(x-1)(x+1)}+\dfrac{1}{(x+1)(x+3)}+\dfrac{1}{(x+3)(x+5)}$

$=\dfrac{1}{2}\left(\dfrac{1}{x-1}-\dfrac{1}{x+1}\right)+\dfrac{1}{2}\left(\dfrac{1}{x+1}-\dfrac{1}{x+3}\right)+\dfrac{1}{2}\left(\dfrac{1}{x+3}-\dfrac{1}{x+5}\right)$

$=\dfrac{1}{2}\left(\dfrac{1}{x-1}-\dfrac{1}{x+5}\right)$

$\therefore f(2)=\dfrac{1}{2}\left(1-\dfrac{1}{7}\right)=\dfrac{1}{2}\times\dfrac{6}{7}=\dfrac{3}{7}$

0691 답 $\dfrac{n}{2n+1}$

$\dfrac{1}{3}+\dfrac{1}{15}+\dfrac{1}{35}+\cdots+\dfrac{1}{(2n-1)(2n+1)}$

$=\dfrac{1}{1\times3}+\dfrac{1}{3\times5}+\dfrac{1}{5\times7}+\cdots+\dfrac{1}{(2n-1)(2n+1)}$

$=\dfrac{1}{2}\left(1-\dfrac{1}{3}\right)+\dfrac{1}{2}\left(\dfrac{1}{3}-\dfrac{1}{5}\right)+\dfrac{1}{2}\left(\dfrac{1}{5}-\dfrac{1}{7}\right)$

$\qquad\qquad\qquad\cdots+\dfrac{1}{2}\left(\dfrac{1}{2n-1}-\dfrac{1}{2n+1}\right)$

$=\dfrac{1}{2}\left(1-\dfrac{1}{2n+1}\right)=\dfrac{1}{2}\times\dfrac{2n}{2n+1}=\dfrac{n}{2n+1}$

0692

$f(x)=\dfrac{1}{x(x+1)}=\dfrac{1}{x}-\dfrac{1}{x+1}$

$\therefore f(1)+f(2)+\cdots+f(1000)$

$=\left(1-\dfrac{1}{2}\right)+\left(\dfrac{1}{2}-\dfrac{1}{3}\right)+\left(\dfrac{1}{3}-\dfrac{1}{4}\right)+\cdots+\left(\dfrac{1}{1000}-\dfrac{1}{1001}\right)$

$=1-\dfrac{1}{1001}=\dfrac{1000}{1001}$

유형 06 번분수식의 계산

0693

답 ②

$\dfrac{\dfrac{1}{x-y}+\dfrac{1}{x+y}}{\dfrac{1}{x-y}-\dfrac{1}{x+y}}=\dfrac{\dfrac{2x}{(x-y)(x+y)}}{\dfrac{2y}{(x-y)(x+y)}}=\dfrac{x}{y}$

0694

답 $\dfrac{3x-1}{2x-1}$

$1+\cfrac{1}{1+\cfrac{1}{1+\cfrac{1}{x-1}}}=1+\cfrac{1}{1+\cfrac{1}{\dfrac{x}{x-1}}}=1+\cfrac{1}{1+\dfrac{x-1}{x}}$

$=1+\cfrac{1}{\dfrac{2x-1}{x}}=1+\dfrac{x}{2x-1}=\dfrac{3x-1}{2x-1}$

0695

답 ①

$\dfrac{48}{19}=2+\dfrac{10}{19}=2+\cfrac{1}{\dfrac{19}{10}}=2+\cfrac{1}{1+\dfrac{9}{10}}$

$=2+\cfrac{1}{1+\cfrac{1}{\dfrac{10}{9}}}=2+\cfrac{1}{1+\cfrac{1}{1+\dfrac{1}{9}}}$

따라서 $a=2$, $b=1$, $c=1$, $d=9$이므로

$a+b+c+d=2+1+1+9=13$

> **참고**
>
> b, c, d는 모두 자연수이므로 $b+\cfrac{1}{c+\dfrac{1}{d}}$ 은 1보다 큰 수이다.
>
> 따라서 $\cfrac{1}{b+\cfrac{1}{c+\dfrac{1}{d}}}$ 은 1보다 작은 수이므로 $\dfrac{48}{19}$ 을 자연수와 1보다 작은
>
> 양수의 합으로 나타내면 a의 값을 구할 수 있다.
> 마찬가지 방법으로 b, c, d의 값을 구할 수 있다.

유형 07 유리식의 값 구하기 - $x^n \pm \dfrac{1}{x^n}$ 꼴

0696

답 40

$3x^2+4x+7+\dfrac{4}{x}+\dfrac{3}{x^2}=3\left(x^2+\dfrac{1}{x^2}\right)+4\left(x+\dfrac{1}{x}\right)+7$

$=3\left\{\left(x+\dfrac{1}{x}\right)^2-2\right\}+4\left(x+\dfrac{1}{x}\right)+7$

$=3(3^2-2)+4\times 3+7=40$

0697

답 110

$ab\neq 0$이므로

$a^2-5ab+b^2=0$의 양변을 ab로 나누면

$\dfrac{a}{b}-5+\dfrac{b}{a}=0$ $\therefore \dfrac{a}{b}+\dfrac{b}{a}=5$

$\therefore \dfrac{a^3}{b^3}+\dfrac{b^3}{a^3}=\left(\dfrac{a}{b}+\dfrac{b}{a}\right)^3-3\left(\dfrac{a}{b}+\dfrac{b}{a}\right)$

$=5^3-3\times 5=110$

0698

답 $-112\sqrt{3}$

$x^2+4x+1=0$에서 $x\neq 0$이므로 양변을 x로 나누면

$x+4+\dfrac{1}{x}=0$ $\therefore x+\dfrac{1}{x}=-4$

$\left(x-\dfrac{1}{x}\right)^2=\left(x+\dfrac{1}{x}\right)^2-4=(-4)^2-4=12$이므로

$x-\dfrac{1}{x}=\pm 2\sqrt{3}$

이때 $-1<x<0$에서 $x>\dfrac{1}{x}$이므로 $x-\dfrac{1}{x}=2\sqrt{3}$

$\therefore x^4-\dfrac{1}{x^4}=\left(x-\dfrac{1}{x}\right)\left(x+\dfrac{1}{x}\right)\left(x^2+\dfrac{1}{x^2}\right)$

$=2\sqrt{3}\times(-4)\times\left\{\left(x+\dfrac{1}{x}\right)^2-2\right\}$

$=-8\sqrt{3}\times\{(-4)^2-2\}=-112\sqrt{3}$

유형 08 유리식의 값 구하기 - $a+b+c=0$ 이용

0699

답 ③

$\dfrac{1}{(a+b)(a+c)}+\dfrac{1}{(b+c)(b+a)}+\dfrac{1}{(c+a)(c+b)}$

$=\dfrac{(b+c)+(c+a)+(a+b)}{(a+b)(b+c)(c+a)}$

$=\dfrac{2(a+b+c)}{(a+b)(b+c)(c+a)}$

$=0\ (\because a+b+c=0)$

$a+b+c=0$에서 $a+b=-c$, $b+c=-a$, $c+a=-b$이므로

$$\frac{1}{(a+b)(a+c)}+\frac{1}{(b+c)(b+a)}+\frac{1}{(c+a)(c+b)}$$

$$=\frac{1}{bc}+\frac{1}{ca}+\frac{1}{ab}$$

$$=\frac{a+b+c}{abc}=0 \ (\because a+b+c=0)$$

0700   답 ②

$a+b+c=0$에서

$a^3+b^3+c^3-3abc=(a+b+c)(a^2+b^2+c^2-ab-bc-ca)=0$

이므로

$a^3+b^3+c^3=3abc$

$\therefore \dfrac{2-3a^2}{bc}+\dfrac{2-3b^2}{ca}+\dfrac{2-3c^2}{ab}$

$\quad =\dfrac{a(2-3a^2)+b(2-3b^2)+c(2-3c^2)}{abc}$

$\quad =\dfrac{2(a+b+c)-3(a^3+b^3+c^3)}{abc}$

$\quad =\dfrac{-9abc}{abc}=-9$

0701   답 ②

$\dfrac{1}{a}+\dfrac{1}{b}+\dfrac{1}{c}=0$에서 $\dfrac{ab+bc+ca}{abc}=0$이므로

$ab+bc+ca=0 \ (\because abc\neq 0)$

따라서

$\dfrac{1}{a+b}+\dfrac{1}{b+c}+\dfrac{1}{c+a}$

$=\dfrac{(b+c)(c+a)+(a+b)(c+a)+(a+b)(b+c)}{(a+b)(b+c)(c+a)}$

$=\dfrac{(c^2+ab+bc+ca)+(a^2+ab+bc+ca)+(b^2+ab+bc+ca)}{(a+b)(b+c)(c+a)}$

$=\dfrac{a^2+b^2+c^2}{(a+b)(b+c)(c+a)} \ (\because ab+bc+ca=0)$

이고

$(a+b)(b+c)(c+a)$

$=\dfrac{(a+b)(b+c)(c+a)}{a^2b^2c^2}\times a^2b^2c^2$

$=\dfrac{a+b}{ab}\times \dfrac{b+c}{bc}\times \dfrac{c+a}{ca}\times a^2b^2c^2$

$=\left(\dfrac{1}{b}+\dfrac{1}{a}\right)\times \left(\dfrac{1}{c}+\dfrac{1}{b}\right)\times \left(\dfrac{1}{a}+\dfrac{1}{c}\right)\times a^2b^2c^2$

$=\left(-\dfrac{1}{c}\right)\times \left(-\dfrac{1}{a}\right)\times \left(-\dfrac{1}{b}\right)\times a^2b^2c^2 \ \left(\because \dfrac{1}{a}+\dfrac{1}{b}+\dfrac{1}{c}=0\right)$

$=-abc$

이므로

$\dfrac{abc}{a^2+b^2+c^2}\times \left(\dfrac{1}{a+b}+\dfrac{1}{b+c}+\dfrac{1}{c+a}\right)$

$=\dfrac{abc}{a^2+b^2+c^2}\times \dfrac{a^2+b^2+c^2}{-abc}=-1$

유형 09 유리식의 값 구하기 - 비례식이 주어질 때

0702   답 ③

$\dfrac{a}{5}=\dfrac{b}{7}$에서 $7a=5b$이므로 $a:b=5:7$이다.

$a=5k$, $b=7k$ $(k\neq 0)$로 놓으면

$\dfrac{2a^2+2b^2}{-3a^2+b^2}=\dfrac{2\times(5k)^2+2\times(7k)^2}{-3\times(5k)^2+(7k)^2}=\dfrac{148k^2}{-26k^2}=-\dfrac{74}{13}$

$\dfrac{a}{5}=\dfrac{b}{7}$에서 $a=\dfrac{5}{7}b$이므로

$\dfrac{2a^2+2b^2}{-3a^2+b^2}=\dfrac{2\times\left(\dfrac{5}{7}b\right)^2+2b^2}{-3\times\left(\dfrac{5}{7}b\right)^2+b^2}=\dfrac{148b^2}{-26b^2}=-\dfrac{74}{13}$

0703   답 10

$3x=2y$이므로 $x:y=2:3$이고,

$5y=4z$이므로 $y:z=4:5$이다.

따라서 $x:y:z=8:12:15$이므로

$x=8k$, $y=12k$, $z=15k$ $(k\neq 0)$로 놓으면

$\dfrac{x+y+2z}{x+y-z}=\dfrac{8k+12k+30k}{8k+12k-15k}=\dfrac{50k}{5k}=10$

$3x=2y$에서 $x=\dfrac{2}{3}y$이고, $5y=4z$에서 $z=\dfrac{5}{4}y$이므로

$\dfrac{x+y+2z}{x+y-z}=\dfrac{\dfrac{2}{3}y+y+\dfrac{10}{4}y}{\dfrac{2}{3}y+y-\dfrac{5}{4}y}=\dfrac{50y}{5y}=10$

0704   답 ⑤

$x:y=1:3$에서 $y=3x$, 즉 $x=\dfrac{1}{3}y$

$y:z=2:3$에서 $2z=3y$, 즉 $z=\dfrac{3}{2}y$

$\therefore x:y:z=\dfrac{1}{3}y:y:\dfrac{3}{2}y=2:6:9$

$x=2k$, $y=6k$, $z=9k$ $(k\neq 0)$로 놓으면

$\dfrac{6x+y+2z}{3x-y+z}=\dfrac{12k+6k+18k}{6k-6k+9k}=\dfrac{36k}{9k}=4$

유형 10 유리식의 값 구하기 - 방정식이 주어질 때

0705   답 ④

x, y, z가 실수이므로 $(2x-y)^2+(5y-2z)^2=0$에서

$2x-y=0$, $5y-2z=0$ $\therefore y=2x$, $z=\dfrac{5}{2}y=5x$

$\therefore \dfrac{3x^2-yz+z^2}{x^2-xy+y^2}=\dfrac{3x^2-10x^2+25x^2}{x^2-2x^2+4x^2}=\dfrac{18x^2}{3x^2}=6$

0706

$x+2y-4z=0$ $\cdots\cdots$ ㉠

$x-3y+6z=0$ $\cdots\cdots$ ㉡

㉠-㉡을 하면 $5y-10z=0$ $\therefore y=2z$

이를 ㉠에 대입하면 $x=0$

$\therefore \dfrac{x^2y+y^2z+z^2x}{x^3+y^3+z^3}=\dfrac{(2z)^2\times z}{(2z)^3+z^3}=\dfrac{4z^3}{9z^3}=\dfrac{4}{9}$

0707

답 ④

$x+\dfrac{1}{3y}=1$에서 x를 y에 대하여 정리하면

$x=1-\dfrac{1}{3y}=\dfrac{3y-1}{3y}$ $\therefore \dfrac{1}{x}=\dfrac{3y}{3y-1}$

$3y+\dfrac{4}{z}=1$에서 z를 y에 대하여 정리하면

$\dfrac{4}{z}=1-3y$ $\therefore z=\dfrac{4}{1-3y}$

$\therefore \dfrac{4}{x}+z=\dfrac{12y}{3y-1}+\dfrac{4}{1-3y}=\dfrac{4(3y-1)}{3y-1}=4$

유형 11 비례식의 활용

0708

답 ⑤

A 학교와 B 학교의 합격자의 수를 각각 a, $2a$ $(a\neq0)$라 하고 A 학교와 B 학교의 불합격자의 수를 각각 $3b$, $2b$ $(b\neq0)$라 하자.

	A 학교	B 학교	합계
합격	a	$2a$	$3a$
불합격	$3b$	$2b$	$5b$
합계	$a+3b$	$2a+2b$	

A 학교와 B 학교에 지원한 지원자의 수의 비가 $2:3$이므로

$(a+3b):(2a+2b)=2:3$에서

$4a+4b=3a+9b$ $\therefore a=5b$

따라서 $p=a+3b=5b+3b=8b$, $q=a=5b$이므로

$\dfrac{q}{p}=\dfrac{5b}{8b}=\dfrac{5}{8}$

> **참고**
>
> 주어진 수량 사이의 비의 관계를 이용하여 수량을 미지수로 나타낼 때, 표를 이용하면 그 관계를 파악하기 쉽다.

0709

답 400

두 자동차 A, B의 연료통의 용량을 각각 $8a$ L, $5a$ L $(a\neq0)$라 하고 두 자동차 A, B가 1 L로 휘발유로 갈 수 있는 거리를 각각 $7b$ km, $8b$ km $(b\neq0)$라 하면 두 자동차 A, B의 연료통에 모두 휘발유를 가득 채우고 각각 112 km를 간 후, 남아 있는 휘발유의 양은 다음과 같다.

	연료통의 용량(L)	1 L로 갈 수 있는 거리(km)	112 km를 간 후, 연료통에 남아 있는 휘발유의 양(L)
자동차 A	$8a$	$7b$	$8a-\dfrac{112}{7b}=8a-\dfrac{16}{b}$
자동차 B	$5a$	$8b$	$5a-\dfrac{112}{8b}=5a-\dfrac{14}{b}$

두 자동차 A, B의 연료통에 모두 휘발유를 가득 채우고 각각 112 km를 간 후 연료통에 남아 있는 휘발유의 양의 비가 $4:1$이므로

$\left(8a-\dfrac{16}{b}\right):\left(5a-\dfrac{14}{b}\right)=4:1$에서

$8a-\dfrac{16}{b}=20a-\dfrac{56}{b}$, $12a=\dfrac{40}{b}$ $\therefore ab=\dfrac{40}{12}=\dfrac{10}{3}$

따라서 자동차 B의 연료통에 휘발유를 가득 채운 뒤 갈 수 있는 최대 거리는

$5a\times 8b=40ab=40\times\dfrac{10}{3}=\dfrac{400}{3}$ (km)

즉, $x=\dfrac{400}{3}$이므로 $3x=3\times\dfrac{400}{3}=400$

유형 12 반비례 관계의 그래프

0710

답 ②

ㄷ. $k>0$이면 그래프는 제1사분면과 제3사분면을 지난다. (거짓)

ㅁ. $|k|$의 값이 커질수록 그래프는 원점에서 멀어진다. (거짓)

따라서 옳은 것은 ㄱ, ㄴ, ㄹ이다.

0711

답 ①

반비례 관계 $y=\dfrac{k}{x}$의 그래프가 제2사분면을 지나므로 $k<0$이다.

$\cdots\cdots$ ㉠

또한 반비례 관계 $y=\dfrac{k}{x}$의 그래프 위의 점 A의 y좌표는 4이므로

$4=\dfrac{k}{x}$에서 $x=\dfrac{k}{4}$

즉, A$\left(\dfrac{k}{4}, 4\right)$이고 $\overline{\text{OA}}^2=17$이므로 $\left(\dfrac{k}{4}\right)^2+4^2=17$에서

$\left(\dfrac{k}{4}\right)^2=1$, $k^2=16$ $\therefore k=-4$ ($\because$ ㉠)

0712

답 11

점 A의 좌표를 $\left(a, \dfrac{1}{a}\right)$ $(a>0)$이라 하자.

점 A를 지나고 x축에 평행한 직선이 반비례 관계 $y=\dfrac{k}{x}$의 그래프와 만나는 점의 y좌표는 $\dfrac{1}{a}$이므로

점 B의 x좌표를 b라 할 때, $\dfrac{k}{b}=\dfrac{1}{a}$에서 $b=ka$이다.

또한 점 A를 지나고 y축에 평행한 직선이 반비례 관계 $y=\dfrac{k}{x}$의 그래프와 만나는 점의 x좌표는 a이므로

점 C의 y좌표를 c라 할 때, $c=\dfrac{k}{a}$이다.

따라서 $\overline{\mathrm{AB}}=ka-a=(k-1)a$이고 $\overline{\mathrm{CA}}=\dfrac{k}{a}-\dfrac{1}{a}=\dfrac{k-1}{a}$이므로 삼각형 ABC의 넓이는

$\dfrac{1}{2}\times(k-1)a\times\dfrac{(k-1)}{a}=50$

즉, $\dfrac{1}{2}(k-1)^2=50$에서 $(k-1)^2=100$이므로

$k-1=\pm10$ $\therefore k=11\ (\because k>1)$

유형 **13** 유리함수의 평행이동

0713
<답> 0

$y=\dfrac{2x+1}{x+2}=\dfrac{2(x+2)-3}{x+2}=-\dfrac{3}{x+2}+2$이므로

함수 $y=\dfrac{2x+1}{x+2}$의 그래프는 함수 $y=-\dfrac{3}{x}$의 그래프를 x축의 방향으로 -2만큼, y축의 방향으로 2만큼 평행이동한 것이다.

따라서 $a=-2$, $b=2$이므로 $a+b=-2+2=0$

0714
<답> ③

$y=\dfrac{4x-6}{x-1}=\dfrac{4(x-1)-2}{x-1}=-\dfrac{2}{x-1}+4$이므로

함수 $y=\dfrac{4x-6}{x-1}$의 그래프는 함수 $y=-\dfrac{2}{x}$의 그래프를 x축의 방향으로 1만큼, y축의 방향으로 4만큼 평행이동한 것이다.

따라서 $k=-2$, $a=1$, $b=4$이므로

$k+a+b=-2+1+4=3$

0715
<답> ①

ㄱ. 함수 $y=\dfrac{2}{x-3}$의 그래프를 x축의 방향으로 -3만큼 평행이동하면 함수 $y=\dfrac{2}{x}$의 그래프와 일치한다.

ㄴ. $y=\dfrac{1}{2x-1}+2=\dfrac{\dfrac{1}{2}}{x-\dfrac{1}{2}}+2$이므로 이 함수의 그래프를 x축 또는 y축의 방향으로 평행이동하여도 함수 $y=\dfrac{2}{x}$의 그래프와 일치하지 않는다.

ㄷ. $y=-\dfrac{x}{x+2}=\dfrac{-(x+2)+2}{x+2}=\dfrac{2}{x+2}-1$이므로 이 함수의 그래프를 x축의 방향으로 2만큼, y축의 방향으로 1만큼 평행이동하면 함수 $y=\dfrac{2}{x}$의 그래프와 일치한다.

ㄹ. $y=\dfrac{2x+3}{x+1}=\dfrac{2(x+1)+1}{x+1}=\dfrac{1}{x+1}+2$이므로 이 함수의 그래프를 x축 또는 y축의 방향으로 평행이동하여도 함수 $y=\dfrac{2}{x}$의 그래프와 일치하지 않는다.

따라서 구하는 함수는 ㄱ, ㄷ이다.

유형 **14** 유리함수의 정의역과 치역

0716
<답> ⑤

정의역이 $\{x\,|\,x$는 2가 아닌 실수$\}$, 치역이 $\{y\,|\,y$는 4가 아닌 실수$\}$이므로 $f(x)=\dfrac{k}{x-2}+4\ (k\neq0)$로 나타낼 수 있다.

$\dfrac{k}{x-2}+4=\dfrac{k}{x-2}+\dfrac{4(x-2)}{x-2}=\dfrac{4x-8+k}{x-2}=\dfrac{bx+a^2b}{x+a}$에서

$a=-2$, $b=4$, $k=24$

따라서 $f(x)=\dfrac{4x+16}{x-2}$이므로 $f(3)=\dfrac{12+16}{3-2}=28$

다른 풀이

$f(x)=\dfrac{bx+a^2b}{x+a}=\dfrac{b(x+a)-ab+a^2b}{x+a}=\dfrac{ab(a-1)}{x+a}+b$이므로

함수 $f(x)$의 정의역은 $\{x\,|\,x$는 $-a$가 아닌 실수$\}$이고 치역은 $\{y\,|\,y$는 b가 아닌 실수$\}$이다.

이때 주어진 조건에 의하여 $-a=2$에서 $a=-2$이고 $b=4$이다.

0717
<답> ①

$y=\dfrac{2x-3}{x-1}=\dfrac{2(x-1)-1}{x-1}=-\dfrac{1}{x-1}+2$이므로

함수 $y=\dfrac{2x-3}{x-1}$의 그래프는 함수 $y=-\dfrac{1}{x}$의 그래프를 x축의 방향으로 1만큼, y축의 방향으로 2만큼 평행이동한 것이다.

이때 함수 $y=-\dfrac{1}{x}$은 $x>0$에서 x의 값이 커질 때 함숫값도 커지므로 주어진 함수 $f(x)$도 $2<x\leq3$에서 x의 값이 커질 때 함숫값도 커진다.

따라서 $x=3$일 때 $y=k$이므로 $k=\dfrac{6-3}{3-1}=\dfrac{3}{2}$

0718
<답> 11

$f(x)=\dfrac{3x+2}{x+a}=\dfrac{3(x+a)-3a+2}{x+a}=\dfrac{-3a+2}{x+a}+3$이므로

함수 $f(x)$의 정의역은 $\{x\,|\,x$는 $-a$가 아닌 실수$\}$이고 치역은 $\{y\,|\,y$는 3이 아닌 실수$\}$이다.

이때 $f(x)$는 집합 X에서 집합 X로의 함수이므로 $-a=b=3$에서 $a=-3$, $b=3$

또한 $f(x)=\dfrac{11}{x-3}+3$이므로 함수 $y=f(x)$의 그래프는

함수 $y=\dfrac{11}{x}$의 그래프를 x축의 방향으로 3만큼, y축의 방향으로 3만큼 평행이동한 것이다.

따라서 $c=11$이므로

$a+b+c=-3+3+11=11$

유형 15 유리함수의 그래프의 점근선

0719 답 ④

$y=\dfrac{2}{x-1}+3$의 그래프의 점근선의 방정식은 $x=1$, $y=3$

따라서 $a=1$, $b=3$이므로

$a+b=1+3=4$

0720 답 ⑤

$y=\dfrac{3x-4}{x-2}=\dfrac{3(x-2)+2}{x-2}=\dfrac{2}{x-2}+3$의 그래프의 점근선의 방정식은 $x=2$, $y=3$

따라서 이 두 점근선은 모두 점 $(2, 3)$을 지나므로 $a=2$, $b=3$

$\therefore b-a=3-2=1$

0721 답 11

두 점근선의 교점의 좌표가 $(2, 3)$이므로 두 점근선의 방정식은

$x=2$, $y=3$

즉, 주어진 함수를 $y=\dfrac{k}{x-2}+3$ $(k\neq 0)$으로 나타낼 수 있다.

이 함수의 그래프가 점 $(3, 5)$를 지나므로

$5=k+3$ $\quad \therefore k=2$

$\therefore y=\dfrac{2}{x-2}+3=\dfrac{2+3(x-2)}{x-2}=\dfrac{3x-4}{x-2}$

따라서 $a=3$, $b=-4$, $c=-2$이므로

$a+bc=3+(-4)\times(-2)=11$

0722 답 $y\le 0$ 또는 $y\ge 2$

$y=\dfrac{x+b}{ax+2}=\dfrac{\dfrac{1}{a}(ax+2)+b-\dfrac{2}{a}}{ax+2}=\dfrac{b-\dfrac{2}{a}}{ax+2}+\dfrac{1}{a}$ $\quad\cdots\cdots$ ㉠

이때 $y=\dfrac{x+b}{ax+2}$의 그래프의 두 점근선 중 하나가 직선 $x=-2$이므로

$-\dfrac{2}{a}=-2$ $\quad \therefore a=1$

또한 $y=\dfrac{x+b}{x+2}$의 그래프가 점 $(1, 2)$를 지나므로

$2=\dfrac{1+b}{3}$ $\quad \therefore b=5$

㉠에서 $y=\dfrac{3}{x+2}+1$이므로

함수 $y=\dfrac{x+5}{x+2}$의 그래프는 함수 $y=\dfrac{3}{x}$의 그래프를 x축의 방향으로 -2만큼, y축의 방향으로 1만큼 평행이동한 것이다.

따라서 $-5\le x<-2$ 또는 $-2<x\le 1$

에서 함수 $y=\dfrac{x+5}{x+2}$의 그래프는 오른쪽 그림과 같으므로 구하는 함숫값의 범위는

$y\le 0$ 또는 $y\ge 2$

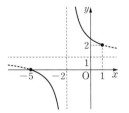

0723 답 3

$y=\dfrac{3x-1}{x-k}=\dfrac{3(x-k)+3k-1}{x-k}=\dfrac{3k-1}{x-k}+3$의 그래프의 점근선의 방정식은 $x=k$, $y=3$

$y=\dfrac{-kx+2}{x-1}=\dfrac{-k(x-1)-k+2}{x-1}=\dfrac{-k+2}{x-1}-k$의 그래프의 점근선의 방정식은 $x=1$, $y=-k$

따라서 네 직선 $x=k$, $y=3$, $x=1$, $y=-k$로 둘러싸인 부분의 넓이가 12이므로

$|k-1|\times|3-(-k)|=12$, $|(k-1)(k+3)|=12$

$(k-1)(k+3)=-12$ 또는 $(k-1)(k+3)=12$

(i) $(k-1)(k+3)=-12$일 때

$k^2+2k-3=-12$, $k^2+2k+9=0$

이 이차방정식의 판별식을 D라 하면

$\dfrac{D}{4}=1-9=-8<0$

따라서 이를 만족시키는 양수 k는 존재하지 않는다.

(ii) $(k-1)(k+3)=12$일 때

$k^2+2k-3=12$, $k^2+2k-15=0$

$(k+5)(k-3)=0$ $\quad \therefore k=3$ $(\because k>0)$

(i), (ii)에서 주어진 조건을 만족시키는 양수 k는 3이다.

유형 16 유리함수의 그래프의 대칭성

0724 답 ④

$y=\dfrac{-3x+7}{x-2}=\dfrac{-3(x-2)+1}{x-2}=\dfrac{1}{x-2}-3$이므로

함수 $y=\dfrac{-3x+7}{x-2}$의 그래프는 함수

$y=\dfrac{1}{x}$의 그래프를 x축의 방향으로 2만큼, y축의 방향으로 -3만큼 평행이동한 것이다.

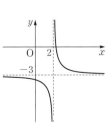

ㄱ. 함수 $y=\dfrac{-3x+7}{x-2}$의 그래프는

제1, 3, 4사분면을 지난다. (거짓)

ㄴ. 함수 $y=\dfrac{-3x+7}{x-2}$의 그래프의 점근선의 방정식은

$\qquad x=2,\ y=-3$이다. (참)

ㄷ. 함수 $y=\dfrac{-3x+7}{x-2}$의 그래프의 두 점근선의 교점의 좌표는

$\qquad (2,\ -3)$이므로 이 함수의 그래프는 점 $(2,\ -3)$을 지나고 기

$\qquad$울기가 ±1인 직선에 대하여 대칭이다.

$\qquad$즉, 함수 $y=\dfrac{-3x+7}{x-2}$의 그래프는 직선 $y=x-5,\ y=-x-1$

에 대하여 대칭이다. (참)

따라서 옳은 것은 ㄴ, ㄷ이다.

Bible Says **유리함수의 그래프의 대칭성과 평행이동**

유리함수 $y=\dfrac{k}{x}\ (k\neq0)$의 그래프는 두 직선 $y=x,\ y=-x$에 대하여 대칭이므로 이 함수의 그래프를 x축의 방향으로 p만큼, y축의 방향으로 q만큼 평행이동한 유리함수 $y=\dfrac{k}{x-p}+q$의 그래프는 두 직선 $y=(x-p)+q,\ y=-(x-p)+q$에 대하여 대칭이다.

0725

답 1

유리함수의 그래프는 이 그래프의 두 점근선의 교점을 지나고 기울기가 ±1인 직선에 대하여 대칭이다.

따라서 두 직선 $y=x-3,\ y=-x-1$의 교점이 유리함수의 그래프의 두 점근선의 교점이 된다.

$x-3=-x-1$에서 $2x=2$ $\qquad\therefore x=1$

이를 $y=x-3$에 대입하면 $y=-2$

즉, 두 점근선의 교점의 좌표는 $(1,\ -2)$이므로

유리함수의 식을 $y=\dfrac{k}{x-1}-2\ (k\neq0)$로 나타낼 수 있다.

이때 이 함수의 그래프가 점 $(2,\ -4)$를 지나므로

$-4=\dfrac{k}{2-1}-2$에서 $k=-2$

$\therefore y=\dfrac{-2}{x-1}-2=\dfrac{-2-2(x-1)}{x-1}=\dfrac{-2x}{x-1}=\dfrac{x}{-\frac{1}{2}x+\frac{1}{2}}$

따라서 $a=-\dfrac{1}{2},\ b=\dfrac{1}{2},\ c=0$이므로

$2a+4b+c=2\times\left(-\dfrac{1}{2}\right)+4\times\dfrac{1}{2}+0=-1+2+0=1$

0726

답 ①

$y=\dfrac{3x-1}{x-1}=\dfrac{3(x-1)+2}{x-1}=\dfrac{2}{x-1}+3$의 그래프의 두 점근선의

방정식은 $x=1,\ y=3$이다.

이때 함수 $y=\dfrac{3x-1}{x-1}$의 그래프는 두 점근선의 교점 $(1,\ 3)$을 지나고 기울기가 1 또는 -1인 직선에 대하여 대칭이므로

$y=-x+a$에 $x=1,\ y=3$을 대입하면

$3=-1+a$ $\qquad\therefore a=4$

$y=x+b$에 $x=1,\ y=3$을 대입하면

$3=1+b$ $\qquad\therefore b=2$

$\therefore ab=4\times2=8$

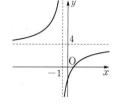

유형 **17** **유리함수의 그래프가 지나는 사분면**

0727

답 ④

$y=\dfrac{4x+k-7}{x+1}=\dfrac{4(x+1)+k-11}{x+1}=\dfrac{k-11}{x+1}+4$이므로

함수 $y=\dfrac{4x+k-7}{x+1}$의 그래프는 함수

$y=\dfrac{k-11}{x}$의 그래프를 x축의 방향으로

-1만큼, y축의 방향으로 4만큼 평행이동

한 것이다.

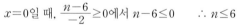

따라서 함수 $y=\dfrac{4x+k-7}{x+1}$의 그래프가

제4사분면을 지나기 위해서는 $k-11<0$이고 $x=0$일 때의 함숫값

이 0보다 작아야 한다.

$k-11<0$에서 $k<11$ $\qquad\cdots\cdots$ ㉠

$x=0$일 때, $k-7<0$에서 $k<7$ $\qquad\cdots\cdots$ ㉡

㉠, ㉡에서 $k<7$이므로 주어진 조건을 만족시키는 자연수 k는

$1,\ 2,\ 3,\ 4,\ 5,\ 6$

따라서 구하는 그 합은 $1+2+3+4+5+6=21$

0728

답 ⑤

$y=\dfrac{3x+n-6}{x-2}=\dfrac{3(x-2)+n}{x-2}=\dfrac{n}{x-2}+3$이므로

함수 $y=\dfrac{3x+n-6}{x-2}$의 그래프는 함수

$y=\dfrac{n}{x}$의 그래프를 x축의 방향으로 2만큼,

y축의 방향으로 3만큼 평행이동한 것이다.

이때 n은 자연수이므로 이 함수의 그래프

가 제3사분면을 지나지 않기 위해서는

$x=0$일 때의 함숫값이 0 이상이어야 한다.

$x=0$일 때, $\dfrac{n-6}{-2}\geq0$에서 $n-6\leq0$ $\qquad\therefore n\leq6$

따라서 주어진 조건을 만족시키는 자연수 n은 $1,\ 2,\ 3,\ 4,\ 5,\ 6$의 6

개이다.

0729

답 ④

$y=\dfrac{5x+k}{x-1}=\dfrac{5(x-1)+5+k}{x-1}=\dfrac{5+k}{x-1}+5$이므로

유리함수 $y=\dfrac{5x+k}{x-1}$의 그래프는 함수

$y=\dfrac{5+k}{x}$의 그래프를 x축의 방향으로 1만

큼, y축의 방향으로 5만큼 평행이동한 것

이다.

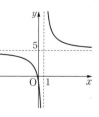

따라서 유리함수 $y=f(x)$의 그래프가 모든 사분면을 지나기 위해서는 $5+k>0$이고 $x=0$일 때의 함숫값이 0보다 작아야 한다.

$5+k>0$에서 $k>-5$ ...... ㉠

$x=0$일 때, $-k<0$에서 $k>0$ ...... ㉡

㉠, ㉡에서 $k>0$이므로 주어진 조건을 만족시키는 정수 k의 최솟값은 1이다.

유형 18 그래프를 이용하여 유리함수의 식 구하기

0730

답 ④

주어진 그래프에서 점근선의 방정식이 $x=2$, $y=1$이므로
$b=2$, $c=1$

함수 $y=\dfrac{a}{x-2}+1$의 그래프가 원점을 지나므로

$0=\dfrac{a}{-2}+1$에서 $a=2$

$\therefore a+b-c=2+2-1=3$

0731

답 ①

주어진 그래프에서 점근선의 방정식이 $x=2$, $y=4$이므로

이 함수의 식을 $y=\dfrac{k}{x-2}+4$ $(k\neq0)$로 나타낼 수 있다.

이 함수의 그래프가 점 $(0, 3)$을 지나므로

$3=\dfrac{k}{-2}+4$에서 $k=2$

즉, $y=\dfrac{2}{x-2}+4=\dfrac{2}{x-2}+\dfrac{4(x-2)}{x-2}=\dfrac{4x-6}{x-2}$이므로

$a=-2$, $b=4$, $c=-6$

$\therefore a+b+c=-2+4+(-6)=-4$

0732

답 ㄴ, ㄷ

$y=\dfrac{b}{x-a}+c$의 그래프의 점근선의 방정식은 $x=a$, $y=c$이므로

주어진 그래프에서 $a<0$, $c>0$

ㄱ. $y=\dfrac{b}{x}$의 그래프가 제2, 4사분면을 지나므로 $b<0$

　즉, $a<0$, $b<0$이므로 $ab>0$ (거짓)

ㄴ. $b<0$, $c>0$이므로 $c-b>0$ (참)

ㄷ. $ac<0$이고 $\dfrac{b}{c}<0$이므로 $ac\cdot\dfrac{b}{c}<0$ (참)

따라서 옳은 것은 ㄴ, ㄷ이다.

유형 19 유리함수의 그래프의 성질

0733

답 ①

$y=\dfrac{4x+3}{2x+1}=\dfrac{2(2x+1)+1}{2x+1}=\dfrac{1}{2x+1}+2$

① 유리함수 $y=\dfrac{4x+3}{2x+1}$의 그래프는 함수 $y=\dfrac{1}{2x}$의 그래프를 x축의 방향으로 $-\dfrac{1}{2}$만큼, y축의 방향으로 2만큼 평행이동한 것이다. (참)

② 유리함수 $y=\dfrac{4x+3}{2x+1}$의 그래프의 점근선의 방정식은 $x=-\dfrac{1}{2}$, $y=2$이다. (거짓)

③ 유리함수 $y=\dfrac{4x+3}{2x+1}$의 그래프는 점 $\left(2, \dfrac{11}{5}\right)$을 지난다. (거짓)

④ 유리함수 $y=\dfrac{4x+3}{2x+1}$의 그래프는 두 점근선의 교점인

점 $\left(-\dfrac{1}{2}, 2\right)$에 대하여 대칭이다. (거짓)

⑤ 유리함수 $y=\dfrac{4x+3}{2x+1}$의 그래프는 오른쪽 그림과 같이 제1, 2, 3사분면을 지난다. (거짓)

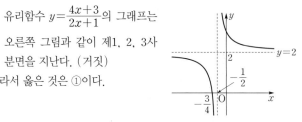

따라서 옳은 것은 ①이다.

0734

답 ④

$f(x)=\dfrac{-3x-5}{x+2}=\dfrac{-3(x+2)+1}{x+2}=\dfrac{1}{x+2}-3$

ㄱ. 함수 $y=f(x)$의 그래프의 점근선의 방정식은 $x=-2$, $y=-3$이다. (거짓)

ㄴ. $y=\dfrac{-2x+3}{x-1}=\dfrac{-2(x-1)+1}{x-1}=\dfrac{1}{x-1}-2$이므로

　함수 $y=f(x)$의 그래프를 x축의 방향으로 3만큼, y축의 방향으로 1만큼 평행이동하면 함수 $y=\dfrac{-2x+3}{x-1}$의 그래프와 일치한다. (참)

ㄷ. $f(0)=-\dfrac{5}{2}<0$이므로 함수 $y=f(x)$의 그래프는 오른쪽 그림과 같이 제1사분면을 지나지 않는다. (참)

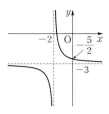

따라서 옳은 것은 ㄴ, ㄷ이다.

0735

답 ⑤

$y=\dfrac{-x+3}{x-2}=\dfrac{-(x-2)+1}{x-2}=\dfrac{1}{x-2}-1$

ㄱ. 함수 $y=\dfrac{-x+3}{x-2}$의 정의역은 $\{x|x\neq2$인 실수$\}$이고 치역은 $\{y|y\neq-1$인 실수$\}$이다. (참)

ㄴ. 함수 $y=\dfrac{-x+3}{x-2}$의 그래프는 두 점근선의 교점인 점 $(2, -1)$ 에 대하여 대칭이다. (참)

ㄷ. 함수 $y=\dfrac{-x+3}{x-2}$의 그래프는 함수 $y=\dfrac{1}{x}$의 그래프를 x축의 방향으로 2만큼, y축의 방향으로 -1만큼 평행이동한 것이다. (참)

따라서 옳은 것은 ㄱ, ㄴ, ㄷ이다.

0736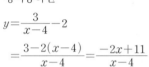

답 ④

함수 $y=\dfrac{3}{x}$의 그래프를 x축의 방향으로 4만큼, y축의 방향으로 -2만큼 평행이동하면

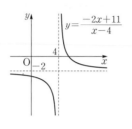

$$y=\dfrac{3}{x-4}-2$$
$$=\dfrac{3-2(x-4)}{x-4}=\dfrac{-2x+11}{x-4}$$

이므로 함수 $y=\dfrac{-2x+11}{x-4}$의 그래프는 그림과 같다.

ㄱ. 제2사분면을 지나지 않는 곡선이다. (거짓)

ㄴ. 두 점근선의 방정식은 $x=4$, $y=-2$이므로 두 점근선의 교점의 좌표는 $(4, -2)$이다. (참)

ㄷ. $a=-2$, $b=11$, $c=-4$이므로
$a+b+c=-2+11+(-4)=5$ (참)

ㄹ. 그래프는 두 점근선의 교점 $(4, -2)$를 지나고 기울기가 ± 1인 두 직선 $y=x-6$, $y=-x+2$에 대하여 대칭이다. (참)

따라서 옳은 것은 ㄴ, ㄷ, ㄹ이다.

유형 20 유리함수의 최대·최소

0737

답 ⑤

$y=\dfrac{3x+13}{x+1}=\dfrac{3(x+1)+10}{x+1}=\dfrac{10}{x+1}+3$이므로

함수 $y=\dfrac{3x+13}{x+1}$의 그래프는 함수 $y=\dfrac{10}{x}$의 그래프를 x축의 방향으로 -1만큼, y축의 방향으로 3만큼 평행이동한 것이다.

이때 함수 $y=\dfrac{10}{x}$은 $x>0$에서 x의 값이 커질 때 함숫값이 작아지므로 정의역이 $\{x|0\leq x\leq 4\}$인 함수 $y=\dfrac{3x+13}{x+1}$도 x의 값이 커질 때 함숫값이 작아진다.

따라서 $0\leq x\leq 4$에서 함수 $y=\dfrac{3x+13}{x+1}$은

$x=4$일 때 최솟값 $\dfrac{12+13}{4+1}=5$를 갖는다.

0738

답 ②

함수 $y=\dfrac{3}{x}$의 정의역은 $\{x|x$는 0이 아닌 실수$\}$이므로

함수 $y=\dfrac{3}{x}$이 $\{x|-2\leq x\leq p\}$에서 정의되기 위해서는 $p<0$이어야 한다.

또한 함수 $y=\dfrac{3}{x}$은 $x<0$에서 x의 값이 커질 때 함숫값이 작아지므로 $-2\leq x\leq p$에서 함수 $y=\dfrac{3}{x}$도 x의 값이 커질 때 함숫값이 작아진다.

따라서 $-2\leq x\leq p$에서 함수 $y=\dfrac{3}{x}$은

$x=-2$일 때 최댓값 $-\dfrac{3}{2}$을 갖고,

$x=p$일 때 최솟값 $\dfrac{3}{p}$을 갖는다.

주어진 조건에 의하여 $q=-\dfrac{3}{2}$이고 $\dfrac{3}{p}=-9$에서 $p=-\dfrac{1}{3}$이다.

$\therefore pq=-\dfrac{1}{3}\times\left(-\dfrac{3}{2}\right)=\dfrac{1}{2}$

0739

답 10

함수 $y=\dfrac{k}{x+2}+3$의 그래프는 함수 $y=\dfrac{k}{x}$의 그래프를 x축의 방향으로 -2만큼, y축의 방향으로 3만큼 평행이동한 것이다.

이때 $k>0$이므로 함수 $y=\dfrac{k}{x}$는 $x>0$에서 x의 값이 커질 때 함숫값이 작아지므로 $1\leq x\leq a$에서 함수 $y=\dfrac{k}{x+2}+3$도 x의 값이 커질 때 함숫값이 작아진다.

따라서 $1\leq x\leq a$에서 함수 $y=\dfrac{k}{x+2}+3$은

$x=1$일 때 최댓값 $\dfrac{k}{1+2}+3=5$를 가지므로 $k=6$

$x=a$일 때 최솟값 $\dfrac{6}{a+2}+3=4$를 가지므로 $a=4$

$\therefore a+k=4+6=10$

유형 21 유리함수의 그래프와 직선의 위치 관계

0740

답 ②

$A\cap B=\varnothing$이므로 두 함수 $y=\dfrac{-2x-1}{x+1}$과 $y=kx-k-6$의 그래프의 교점이 존재하지 않아야 한다.

$\dfrac{-2x-1}{x+1}=k(x-1)-6$의 양변에 $x+1$을 곱하면

$-2x-1=k(x-1)(x+1)-6(x+1)$

$-2x-1=kx^2-6x-k-6$ $\therefore kx^2-4x-k-5=0$

이 이차방정식의 판별식을 D라 하면

$\dfrac{D}{4}=(-2)^2-k(-k-5)<0$에서 $k^2+5k+4<0$

$(k+1)(k+4)<0$ $\therefore -4<k<-1$

따라서 주어진 조건을 만족시키는 정수 k는 -3, -2의 2개이다.

0741

답 ①

$y=\dfrac{3x}{x-2}=\dfrac{3(x-2)+6}{x-2}=\dfrac{6}{x-2}+3$이므로

$f(x)=\dfrac{3x}{x-2}$라 할 때,

$3\le x\le 4$에서 함수 $y=f(x)$
의 그래프는 그림과 같다.

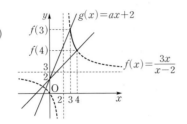

$f(3)=\dfrac{9}{3-2}=9$,

$f(4)=\dfrac{12}{4-2}=6$

이때 $g(x)=ax+2$라 하면 직선 $y=g(x)$는 점 $(0, 2)$를 지나고

$f(3)\ge g(3)$에서 $9\ge 3a+2$이므로 $a\le \dfrac{7}{3}$

$f(4)\le g(4)$에서 $6\le 4a+2$이므로 $a\ge 1$

따라서 $1\le a\le \dfrac{7}{3}$이므로 주어진 조건을 만족시키는 실수 a의 최댓값과 최솟값의 합은 $\dfrac{7}{3}+1=\dfrac{10}{3}$

0742

답 ②

$y=\dfrac{2x+3}{x-1}=\dfrac{2(x-1)+5}{x-1}=\dfrac{5}{x-1}+2$이므로

$f(x)=\dfrac{2x+3}{x-1}$이라 할 때,

$2\le x\le 6$에서 함수
$y=f(x)$의 그래프는
그림과 같다.

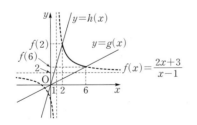

$f(2)=\dfrac{4+3}{2-1}=7$,

$f(6)=\dfrac{12+3}{6-1}=3$

이때 $g(x)=mx$, $h(x)=nx$라 하면 두 직선 $y=g(x)$, $y=h(x)$
는 모두 원점을 지나고

$g(x)\le f(x)$에서 $g(6)\le f(6)$이므로

$6m\le 3$ $\therefore m\le \dfrac{1}{2}$

또한 $f(x)\le h(x)$에서 $f(2)\le h(2)$이므로

$7\le 2n$ $\therefore n\ge \dfrac{7}{2}$

따라서 m의 최댓값은 $\dfrac{1}{2}$이고 n의 최솟값은 $\dfrac{7}{2}$이므로

구하는 합은 $\dfrac{1}{2}+\dfrac{7}{2}=4$

유형 22 유리함수의 그래프의 활용

0743

답 ②

$P\left(a, \dfrac{1}{a-1}+2\right) (a>1)$라 하면 $Q(a, 0)$, $R\left(0, \dfrac{1}{a-1}+2\right)$이므로

$\overline{PQ}+\overline{PR}=\left(\dfrac{1}{a-1}+2\right)+a$

$\qquad =a-1+\dfrac{1}{a-1}+3$

$\qquad \ge 2\sqrt{(a-1)\times \dfrac{1}{a-1}}+3=5$

$\qquad \left(단, 등호는 a-1=\dfrac{1}{a-1}일 때 성립한다.\right)$

따라서 $\overline{PQ}+\overline{PR}$의 최솟값은 5이다.

🔊 **Bible Says** **산술평균과 기하평균의 관계**

$a>0, b>0$일 때 부등식

$$\dfrac{a+b}{2}\ge \sqrt{ab}, 즉 a+b\ge 2\sqrt{ab}$$

는 항상 성립한다. 이때 등호는 $a=b$이면 성립한다.
합이 일정한 두 양수의 곱의 최댓값을 구할 때나 곱이 일정한 두 양수의 합의 최솟값을 구할 때 주로 사용한다.

0744

답 $\dfrac{9}{2}$

점 A의 x좌표를 $k\left(k>\dfrac{1}{2}\right)$라 하면

$A\left(k, \dfrac{8}{2k-1}\right)$, $B(k, -k)$

$\therefore \overline{AB}=\dfrac{8}{2k-1}-(-k)=\dfrac{8}{2k-1}+k$

이때 $k>\dfrac{1}{2}$에서 $2k-1>0$이므로

$\dfrac{8}{2k-1}+k=\dfrac{8}{2k-1}+\dfrac{1}{2}(2k-1)+\dfrac{1}{2}$

$\qquad \ge 2\sqrt{\dfrac{8}{2k-1}\times \dfrac{1}{2}(2k-1)}+\dfrac{1}{2}=4+\dfrac{1}{2}=\dfrac{9}{2}$

$\qquad \left(단, 등호는 \dfrac{8}{2k-1}=\dfrac{1}{2}(2k-1)일 때 성립한다.\right)$

따라서 선분 AB의 길이의 최솟값은 $\dfrac{9}{2}$이다.

0745

답 ⑤

유리함수 $y=\dfrac{k}{x}$의 그래프와 직선

$y=-x+10$은 직선 $y=x$에 대하여
대칭이므로 두 점 P와 Q는 직선
$y=x$에 대하여 대칭이고,
삼각형 OPQ는 $\overline{OP}=\overline{OQ}$인 이등변
삼각형이다.

선분 PQ의 중점을 M이라 할 때, 점 M은 직선 $y=x$ 위의 점이므로 $x=-x+10$에서 $x=5$

즉, 점 M의 좌표는 $(5, 5)$이다.

이때 $\overline{OM}=5\sqrt{2}$이고 삼각형 OPQ의 넓이가 40이므로

$40=\dfrac{1}{2}\times\overline{PQ}\times\overline{OM}$에서

$40=\dfrac{1}{2}\times\overline{PQ}\times5\sqrt{2}$ $\qquad\therefore \overline{PQ}=8\sqrt{2}$

따라서 $\overline{PM}=4\sqrt{2}$이므로 점 M에서 점 P를 지나고 x축에 평행한 직선에 내린 수선의 발을 H라 할 때, $\overline{PH}=4$이다.

즉, 점 P의 x좌표는 9이고 점 P는 직선 $y=-x+10$ 위의 점이므로 y좌표는 1이다.

이때 점 $P(9, 1)$은 유리함수 $y=\dfrac{k}{x}$ $(k>0)$의 그래프 위의 점이므로 $1=\dfrac{k}{9}$에서 $k=9$

0746
답 6

삼각형 PQR에서 변 QR를 밑변이라 하면 삼각형 PQR의 넓이가 최소가 되기 위해서는 점 P와 직선 QR 사이의 거리가 최소가 되어야 한다.

이때 직선 QR의 방정식은 $\dfrac{x}{-1}+\dfrac{y}{-4}=1$, 즉 $4x+y+4=0$이므로

점 P의 좌표를 $\left(p, \dfrac{4}{p}\right)$ $(p>0)$라 하면 점 P와 직선 QR 사이의 거리는

$\dfrac{\left|4p+\dfrac{4}{p}+4\right|}{\sqrt{4^2+1^2}}=\dfrac{4}{\sqrt{17}}\left(p+\dfrac{1}{p}+1\right)$

$\qquad\qquad \geq \dfrac{4}{\sqrt{17}}\times\left(1+2\sqrt{p\times\dfrac{1}{p}}\right)=\dfrac{12}{\sqrt{17}}$

$\qquad\qquad\qquad\qquad$ (단, 등호는 $p=\dfrac{1}{p}$일 때 성립한다.)

또한 $\overline{QR}=\sqrt{(-1)^2+(-4)^2}=\sqrt{17}$이므로

삼각형 PQR의 넓이의 최솟값은

$\dfrac{1}{2}\times\sqrt{17}\times\dfrac{12}{\sqrt{17}}=6$

다른 풀이

삼각형 PQR에서 변 QR를 밑변이라 하면 삼각형 PQR의 넓이가 최소가 되기 위해서는 점 P와 직선 QR 사이의 거리가 최소가 되어야 한다.

이때 직선 QR의 방정식은 $y=-4x-4$이므로

직선 $y=-4x+k$ $(k>-4)$와 함수 $y=\dfrac{4}{x}$의 그래프가 한 점에서 만날 때, 이 점이 P이면 삼각형 PQR의 넓이가 최소이다.

$\dfrac{4}{x}=-4x+k$의 양변에 x를 곱하면

$4=x(-4x+k)$

$\therefore 4x^2-kx+4=0$ $\qquad\cdots\cdots$ ㉠

이때 직선 $y=-4x+k$와 함수 $y=\dfrac{4}{x}$의 그래프가 한 점에서 만나야 하므로 이차방정식 ㉠의 판별식을 D라 하면

$D=(-k)^2-4\times4\times4=0$에서

$k^2=64$ $\qquad\therefore k=8$ $(\because k>-4)$

이를 ㉠에 대입하면

$4x^2-8x+4=0$, $4(x-1)^2=0$

$\therefore x=1$

즉, 점 P의 좌표는 $(1, 4)$이다.

따라서 점 $(1, 4)$와 직선 $y=-4x-4$, 즉 $4x+y+4=0$ 사이의 거리는

$\dfrac{|4+4+4|}{\sqrt{4^2+1^2}}=\dfrac{12}{\sqrt{17}}$

이고, $\overline{QR}=\sqrt{17}$이므로 삼각형 PQR의 넓이의 최솟값은

$\dfrac{1}{2}\times\sqrt{17}\times\dfrac{12}{\sqrt{17}}=6$

🔊)) Bible Says 삼각형의 넓이 (좌표를 알 때)

세 점 (a, b), (c, d), (e, f)를 꼭짓점으로 하는 삼각형의 넓이는

$$\dfrac{1}{2}\times|ad+cf+eb-bc-de-fa|$$

와 같이 계산할 수 있다.

$$\dfrac{1}{2}\left|\begin{array}{cccc} a & c & e & a \\ b & d & f & b \end{array}\right|$$

와 같은 형태로 대각선에 위치한 값들을 곱한 뒤 서로 더하거나 빼서 계산한다.

0747
답 ⑤

함수 $y=\dfrac{8}{x-2}+4$의 그래프의 두 점근선의 교점은 $S(2, 4)$이다.

점 P의 좌표를 $\left(a, \dfrac{8}{a-2}+4\right)$ $(a>2)$라 하면

점 Q의 좌표는 $(a, 4)$이므로

$\overline{PQ}=\dfrac{8}{a-2}$, $\overline{SQ}=a-2$

따라서 직사각형 PRSQ의 둘레의 길이는 $2\left(a-2+\dfrac{8}{a-2}\right)$이다.

이때

$a-2+\dfrac{8}{a-2}\geq2\sqrt{(a-2)\times\dfrac{8}{a-2}}=4\sqrt{2}$

$\qquad\qquad$ (단, 등호는 $a-2=\dfrac{8}{a-2}$일 때 성립한다.)

이므로 직사각형 PRSQ의 둘레의 길이의 최솟값은

$2\times4\sqrt{2}=8\sqrt{2}$

0748
답 ⑤

$f^1(-1)=f(-1)=\dfrac{1}{2}$,

$f^2(-1)=f(f^1(-1))=f\left(\dfrac{1}{2}\right)=2$,

$f^3(-1)=f(f^2(-1))=f(2)=-1$,

$f^4(-1)=f(f^3(-1))=f(-1)=\dfrac{1}{2}$,

$\vdots$

이므로 $f^{3k-2}(-1)=\dfrac{1}{2}$, $f^{3k-1}(-1)=2$,

$f^{3k}(-1)=-1$ (k는 자연수)

$\therefore f^{2000}(-1)=f^{3\times667-1}(-1)=2$

0749
답 2

$f^1(x)=f(x)=\dfrac{x+3}{x-1}$

$f^2(x)=(f\circ f^1)(x)=f(f^1(x))=f\left(\dfrac{x+3}{x-1}\right)$

$=\dfrac{\dfrac{x+3}{x-1}+3}{\dfrac{x+3}{x-1}-1}=\dfrac{\dfrac{x+3+3(x-1)}{x-1}}{\dfrac{x+3-(x-1)}{x-1}}=\dfrac{\dfrac{4x}{x-1}}{\dfrac{4}{x-1}}=x$

$f^3(x)=f(f^2(x))=f(x)=\dfrac{x+3}{x-1}$

이므로

$f^n(x)=\begin{cases}\dfrac{x+3}{x-1} & (n\text{은 홀수})\\ x & (n\text{은 짝수})\end{cases}$

$\therefore f^{3019}(x)=f(x)=\dfrac{x+3}{x-1}$

이때 $f^{3019}(a)=5$에서 $f(a)=5$이므로 $\dfrac{a+3}{a-1}=5$

$a+3=5a-5$, $4a=8$ $\therefore a=2$

0750
답 -14

$f^1(x)=f(x)=\dfrac{x}{1-x}$

$f^2(x)=(f\circ f)(x)=f(f(x))=\dfrac{\dfrac{x}{1-x}}{1-\dfrac{x}{1-x}}=\dfrac{x}{1-2x}$

$f^3(x)=(f\circ f\circ f)(x)=f((f\circ f)(x))=\dfrac{\dfrac{x}{1-2x}}{1-\dfrac{x}{1-2x}}=\dfrac{x}{1-3x}$

같은 방법으로 하면 $f^{15}(x)=\dfrac{x}{1-15x}$

따라서 $a=1$, $b=0$, $c=-15$이므로

$a+b+c=1+0+(-15)=-14$

0751
답 ③

$f^1(1)=f(1)=4$,

$f^2(1)=f(f^1(1))=f(4)=\dfrac{5}{2}$,

$f^3(1)=f(f^2(1))=f\left(\dfrac{5}{2}\right)=1$,

$f^4(1)=f(f^3(1))=f(1)=4$,

$\vdots$

이므로

$f^{3m-2}(1)=4$, $f^{3m-1}(1)=\dfrac{5}{2}$, $f^{3m}(1)=1$ (m은 자연수)

따라서 모든 자연수 m에 대하여

$f^{3m-2}(1)\times f^{3m-1}(1)=10$,

$f^{3m-2}(1)\times f^{3m-1}(1)\times f^{3m}(1)=10$

이므로

$f^1(1)\times f^2(1)\times f^3(1)\times\cdots\times f^k(1)=10^{10}$

을 만족시키는 자연수 k는 29와 30의 2개이다.

따라서 주어진 조건을 만족시키는 모든 자연수 k의 값의 합은

$29+30=59$

0752
답 ①

$(f\circ f)(x)=x$이므로 $f(x)=f^{-1}(x)$이다.

이때 함수 $f(x)=\dfrac{ax+1}{x-3}$의 역함수는

$f^{-1}(x)=\dfrac{-3x-1}{-x+a}=\dfrac{3x+1}{x-a}$이므로

$\dfrac{ax+1}{x-3}=\dfrac{3x+1}{x-a}$에서 $a=3$

따라서 $f(x)=\dfrac{3x+1}{x-3}$이므로 $f(2)=\dfrac{6+1}{2-3}=-7$

[다른 풀이]

$(f\circ f)(x)=x$이므로 $f(x)=f^{-1}(x)$이다.

$f(x)=\dfrac{ax+1}{x-3}=\dfrac{a(x-3)+3a+1}{x-3}=\dfrac{3a+1}{x-3}+a$이므로

함수 $y=f(x)$의 그래프의 두 점근선의 교점의 좌표는 $(3,a)$이고

함수 $y=f^{-1}(x)$의 그래프의 두 점근선의 교점의 좌표는 $(a,3)$이다.

이때 $f(x)=f^{-1}(x)$에서 두 점 $(3,a)$, $(a,3)$이 서로 같아야 하므로 $a=3$이다.

따라서 $f(x)=\dfrac{3x+1}{x-3}$이므로 $f(2)=\dfrac{6+1}{2-3}=-7$

🔊 **Bible Says** 유리함수의 역함수

유리함수 $f(x)=\dfrac{ax+b}{cx+d}$ $(c\neq0,\ ad-bc\neq0)$의 역함수는

$f^{-1}(x)=\dfrac{dx-b}{-cx+a}$

Bible Says 유리함수의 그래프의 대칭성

(1) 함수 $f(x)=\dfrac{k}{x}\,(k\neq0)$의 그래프는 직선 $y=x$에 대하여 대칭이므로 함수 $y=f(x)$의 그래프와 역함수 $y=f^{-1}(x)$의 그래프는 일치한다. 또한 함수 $y=f(x)$의 그래프는 원점에 대하여 대칭이므로 함수 $y=f(x)$의 그래프와 함수 $y=f(x)$의 그래프를 원점에 대하여 대칭이동한 그래프는 일치한다.

(2) 유리함수 $g(x)=\dfrac{ax+b}{cx+d}\,(c\neq0,\ ad-bc\neq0)$의 그래프가 점 (p,q)에 대하여 대칭일 때 함수 $y=g^{-1}(x)$의 그래프는 점 (q,p)에 대하여 대칭이고, 함수 $y=g(x)$의 그래프를 원점에 대하여 대칭이동한 그래프는 점 $(-p,-q)$에 대하여 대칭이다.

0753
답 ⑤

함수 $y=f(x)$의 그래프가 점 $(2,-3)$에 대하여 대칭이므로 이 함수의 그래프의 점근선의 방정식은 $x=2,\ y=-3$

즉, $f(x)=\dfrac{k}{x-2}-3\,(k\neq0)$으로 나타낼 수 있다.

이때 $f^{-1}(2)=0$에서 $f(0)=2$이므로

$f(0)=\dfrac{k}{-2}-3=2$ $\therefore k=-10$

$\therefore f(x)=\dfrac{-10}{x-2}-3=\dfrac{-10}{x-2}-\dfrac{3(x-2)}{x-2}=\dfrac{-3x-4}{x-2}$

따라서 $a=-3,\ b=-4,\ c=-2$이므로

$a+b+c=-3+(-4)+(-2)=-9$

0754
답 ⑤

$g(x)=f^{-1}(x)=\dfrac{1}{-x+1}=-\dfrac{1}{x-1}$에서

$g(3)=-\dfrac{1}{2}$이므로 $f(g(3))=f\left(-\dfrac{1}{2}\right)=3$

따라서 $g(x)+f(g(3))=-\dfrac{1}{x-1}+3$이므로

이 함수의 그래프의 점근선의 방정식은 $x=1,\ y=3$

즉, $a=1,\ b=3$이므로 $a-b=1-3=-2$

유형 25 유리함수의 합성함수와 역함수

0755
답 ③

$\dfrac{7}{2}$이 아닌 모든 양수 x에 대하여 $g(f(x))=x$이므로 함수 $f(x)$의 역함수는 $g(x)$이다.

따라서 $f^{-1}(x)=g(x)$이고 $f(x)=g^{-1}(x)$이다.

이때 $f(x)=\dfrac{-3x+3}{2x-7}$이므로 $g(x)=\dfrac{-7x-3}{-2x-3}=\dfrac{7x+3}{2x+3}$

$\therefore (f\circ(g^{-1}\circ f)^{-1}\circ g)(1)=(f\circ(f\circ f)^{-1}\circ g)(1)$
$\qquad =(f\circ f^{-1}\circ f^{-1}\circ g)(1)$
$\qquad =(f^{-1}\circ g)(1)=(g\circ g)(1)$
$\qquad =g(g(1))=g(2)=\dfrac{17}{7}$

0756
답 -2

함수 $f(x)=\dfrac{x-1}{x}$의 역함수는 $f^{-1}(x)=\dfrac{1}{-x+1}=-\dfrac{1}{x-1}$이므로 $f^{-1}(2)=-1$이다.

또한 $f^{1}(2)=f(2)=\dfrac{1}{2}$,

$f^{2}(2)=f(f^{1}(2))=f\left(\dfrac{1}{2}\right)=-1$,

$f^{3}(2)=f(f^{2}(2))=f(-1)=2$,

$f^{4}(2)=f(f^{3}(2))=f(2)=\dfrac{1}{2}$,

$\qquad\vdots$

이므로

$f^{3k-2}(2)=\dfrac{1}{2},\ f^{3k-1}(2)=-1,\ f^{3k}(2)=2\ (k$는 자연수$)$

따라서 $f^{1562}(2)=f^{3\times521-1}(2)=-1$이므로

$f^{-1}(2)+f^{1562}(2)=-1+(-1)=-2$

0757
답 3

함수 $f(x)=\dfrac{2x+b}{x+a}$의 역함수는

$f^{-1}(x)=\dfrac{ax-b}{-x+2}=\dfrac{-a(x-2)-2a+b}{x-2}=\dfrac{-2a+b}{x-2}-a$

따라서 함수 $y=f^{-1}(x)$의 그래프를 y축에 대하여 대칭이동한 후, x축의 방향으로 1만큼 평행이동한 그래프의 식은

$h(x)=\dfrac{-2a+b}{-(x-1)-2}-a=\dfrac{2a-b}{x+1}-a$

이다. 또한

$(f\circ g)(x)=f(g(x))$
$\qquad =\dfrac{2(-x+1)+b}{-x+1+a}$
$\qquad =\dfrac{2(x-1-a)+2a-b}{x-1-a}$
$\qquad =\dfrac{2a-b}{x-1-a}+2$

이므로 ㈎에서

$\dfrac{2a-b}{x-1-a}+2=\dfrac{2a-b}{x+1}-a$ $\therefore a=-2$

한편, $f(x)=\dfrac{2x+b}{x-2}=\dfrac{2(x-2)+4+b}{x-2}=\dfrac{4+b}{x-2}+2$이므로

함수 $y=f(x)$의 그래프는 함수 $y=\dfrac{4+b}{x}$의 그래프를 x축의 방향으로 2만큼, y축의 방향으로 2만큼 평행이동한 것이다.

따라서 ㈏에서 $4+b=9$이므로 $b=5$

$\therefore a+b=-2+5=3$

【 다른 풀이 】

$h(x)=f^{-1}(-x+1)=f^{-1}(g(x))$이므로 조건 ㈎에 의하여

$f(g(x))=f^{-1}(g(x))$, 즉 $f(x)=f^{-1}(x)$

따라서 함수 $y=f(x)$의 그래프의 두 점근선의 교점 $(-a,2)$가 직선 $y=x$ 위에 있어야 하므로 $a=-2$

0758

답 0

주어진 식의 양변에 $(x-1)(x-2)(x-3)\times\cdots\times(x-20)$을 곱하면

$$1=a_1(x-2)(x-3)\times\cdots\times(x-20)$$
$$+a_2(x-1)(x-3)\cdots(x-20)$$
$$\vdots$$
$$+a_{20}(x-1)(x-2)\times\cdots\times(x-19)$$

위의 식의 우변을 x에 대하여 내림차순으로 정리하면

$$1=(a_1+a_2+\cdots+a_{20})x^{19}+\cdots$$

이 식이 x에 대한 항등식이므로

$$a_1+a_2+a_3+\cdots+a_{20}=0$$

짝기출 **답 10**

서로 다른 두 실수 a, b에 대하여 $\dfrac{(a-5)^2}{a-b}+\dfrac{(b-5)^2}{b-a}=0$일 때, $a+b$의 값을 구하시오.

0759

답 8

$\dfrac{2x+y}{z}=\dfrac{y+z}{2x}=\dfrac{z+2x}{y}=a$라 하면

$$2x+y=az,\quad y+z=2ax,\quad z+2x=ay \quad\cdots\cdots\ \boxed{㉠}$$

세 식을 변끼리 더하면 $2(2x+y+z)=a(2x+y+z)$

이때 $2x+y+z\neq0$이므로 양변을 $2x+y+z$로 나누면 $a=2$

$a=2$를 $\boxed{㉠}$에 대입하면

$$\begin{cases} 2x+y=2z & \cdots\cdots\ \boxed{㉡} \\ y+z=4x & \cdots\cdots\ \boxed{㉢} \\ z+2x=2y & \cdots\cdots\ \boxed{㉣} \end{cases}$$

$\boxed{㉡}-\boxed{㉢}$을 하면 $2x-z=2z-4x$, $2x=z$ $\therefore x=\dfrac{1}{2}z$

이것을 $\boxed{㉣}$에 대입하면 $z+2\times\dfrac{1}{2}z=2y$ $\therefore y=z$

$$\therefore k=\dfrac{xy+yz+zx}{x^2+y^2+z^2}=\dfrac{\frac{1}{2}z\times z+z\times z+z\times\frac{1}{2}z}{\left(\frac{1}{2}z\right)^2+z^2+z^2}=\dfrac{2z^2}{\frac{9}{4}z^2}=\dfrac{8}{9}$$

$$\therefore 9k=9\times\dfrac{8}{9}=8$$

짝기출 **답 ①**

$\dfrac{x+y}{2z}=\dfrac{y+2z}{x}=\dfrac{2z+x}{y}$일 때, $\dfrac{x^3+y^3+z^3}{xyz}$의 값은? (단, $x+y+2z\neq0$)

① $\dfrac{17}{4}$ ② $\dfrac{9}{2}$ ③ $\dfrac{19}{4}$ ④ 5 ⑤ $\dfrac{21}{4}$

0760

답 85

함수 $f(x)=\dfrac{2x+3}{x+5}$의 역함수는

$$f^{-1}(x)=\dfrac{5x-3}{-x+2}=\dfrac{-5x+3}{x-2}=\dfrac{-5(x-2)-7}{x-2}=\dfrac{-7}{x-2}-5$$

이므로 함수 $y=f^{-1}(x)$의 그래프는 두 점근선의 교점인 점 $(2,-5)$에 대하여 대칭이다.

따라서 $a=2$, $b=-5$이므로 $a-b=2-(-5)=7$

$$\therefore 60f(a-b)=60f(7)=60\times\dfrac{14+3}{7+5}=85$$

짝기출 **답 ⑤**

유리함수 $f(x)=\dfrac{2x+5}{x+3}$의 역함수 $y=f^{-1}(x)$의 그래프는 점 (p,q)에 대하여 대칭이다. $p-q$의 값은?

① 1 ② 2 ③ 3 ④ 4 ⑤ 5

0761

답 ⑤

함수 $y=\dfrac{bx+c}{ax-1}$의 그래프의 점근선의 방정식이 $x=1$, $y=2$이므로 이 함수를 $y=\dfrac{k}{x-1}+2\ (k\neq0)$로 나타낼 수 있다.

또한 이 함수의 그래프가 점 $(2,4)$를 지나므로

$$4=\dfrac{k}{2-1}+2 \quad\therefore k=2$$

$$\therefore y=\dfrac{2}{x-1}+2=\dfrac{2}{x-1}+\dfrac{2(x-1)}{x-1}=\dfrac{2x}{x-1}=\dfrac{bx+c}{ax-1}$$

따라서 $a=1$, $b=2$, $c=0$이므로

$$a^2+b^2+c^2=1^2+2^2+0^2=5$$

짝기출 **답 ②**

함수 $y=\dfrac{ax+1}{bx+1}$의 그래프가 점 $(2,3)$을 지나고 직선 $y=2$를 한 점근선으로 가질 때, a^2+b^2의 값은? (단, a와 b는 0이 아닌 상수이다.)

① 2 ② 5 ③ 8 ④ 11 ⑤ 14

0762

답 ②

$\dfrac{a+b-c}{c}=\dfrac{a-b+c}{b}=\dfrac{-a+b+c}{a}=k$라 하면

$$a+b-c=ck \quad\cdots\cdots\ \boxed{㉠}$$
$$a-b+c=bk \quad\cdots\cdots\ \boxed{㉡}$$
$$-a+b+c=ak \quad\cdots\cdots\ \boxed{㉢}$$

$\bigcirc$, $\bigcirc$, $\bigcirc$에서 $\boxed{(k-1)}(a+b+c)=0$이므로

$a+b+c=0$ 또는 $\boxed{(k-1)}=0$이다.

$\boxed{(k-1)}=0$, 즉 $k=1$일 때,

$\bigcirc$에서 $a+b=\boxed{2}c$ $\quad\cdots\cdots$ ㉣

$\bigcirc$에서 $a+c=\boxed{2}b$ $\quad\cdots\cdots$ ㉤

㉣, ㉤에서 $3(b-c)=0$이므로 $b=c$이다.

따라서 ㉣에서 $a=b$이므로 $a=b=c$이다.

그러므로 $\dfrac{a+b-c}{c}=\dfrac{a-b+c}{b}=\dfrac{-a+b+c}{a}$이면

$a+b+c=0$ 또는 $a=b=c$이다.

따라서 $f(k)=k-1$, $m=2$이므로

$f(1)+2m=0+4=4$

0763

답 ③

$x^2+\dfrac{1}{x^2}=\left(x+\dfrac{1}{x}\right)^2-2=14$에서

$\left(x+\dfrac{1}{x}\right)^2=16$ $\quad\therefore x+\dfrac{1}{x}=4$ $(\because x>0)$

양변에 x를 곱하면 $x^2+1=4x$이므로 $x^2-4x+1=0$이다.

ㄱ. $x^2-4x+1=0$의 양변을 x^2으로 나누면

$\quad 1-\dfrac{4}{x}+\dfrac{1}{x^2}=0$ $\quad\therefore 1+\dfrac{1}{x^2}=\dfrac{4}{x}$ (참)

ㄴ. $x-4x^2+x^3+\dfrac{1}{x}-\dfrac{4}{x^2}+\dfrac{1}{x^3}$

$\quad =x(1-4x+x^2)+\dfrac{1}{x^3}(x^2-4x+1)$

$\quad =0+0=0$ (거짓)

ㄷ. $x^{3n}-4x^{3n+1}+x^{3n+2}+\dfrac{1}{x^{3n}}-\dfrac{4}{x^{3n+1}}+\dfrac{1}{x^{3n+2}}$

$\quad =x^{3n}(1-4x+x^2)+\dfrac{1}{x^{3n+2}}(x^2-4x+1)$

$\quad =0+0=0$ (참)

따라서 옳은 것은 ㄱ, ㄷ이다.

답 ③

$x+\dfrac{1}{x}=-1$일 때, 보기에서 옳은 것만을 있는 대로 고른 것은?

┌ 보기 ┐

ㄱ. $1+\dfrac{1}{x}+\dfrac{1}{x^2}=0$

ㄴ. $x+x^2+x^3+\dfrac{1}{x}+\dfrac{1}{x^2}+\dfrac{1}{x^3}=1$

ㄷ. $x^{3n}+x^{3n+1}+x^{3n+2}+\dfrac{1}{x^{3n}}+\dfrac{1}{x^{3n+1}}+\dfrac{1}{x^{3n+2}}=0$

(단, n은 자연수)

① ㄱ $\qquad$ ② ㄴ $\qquad$ ③ ㄱ, ㄷ

④ ㄴ, ㄷ $\qquad$ ⑤ ㄱ, ㄴ, ㄷ

0764
답 ④

A의 가로의 길이는 2, 세로의 길이는 a, 광원의 높이는 $2a$이므로

A의 실지수는 $\dfrac{2a}{2a(2+a)}=\dfrac{1}{2+a}$

B의 가로의 길이는 4, 세로의 길이는 $2a$, 광원의 높이는 a이므로

B의 실지수는 $\dfrac{8a}{a(4+2a)}=\dfrac{4}{2+a}=4\times\dfrac{1}{2+a}$

따라서 B의 실지수가 A의 실지수의 4배이므로 $k=4$이다.

0765
답 21

$f(x)=\dfrac{x+k}{2x-3}=\dfrac{\frac{1}{2}(2x-3)+\frac{3}{2}+k}{2x-3}=\dfrac{\frac{3}{2}+k}{2x-3}+\dfrac{1}{2}$이므로

함수 $f(x)=\dfrac{x+k}{2x-3}$의 그래프의 점근선의 방정식은 $x=\dfrac{3}{2}$, $y=\dfrac{1}{2}$

이다.

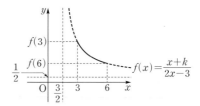

이때 정의역이 $\{x\,|\,3\le x\le 6\}$인 함수 $f(x)=\dfrac{x+k}{2x-3}$의 치역에 집합

$\{y\,|\,2\le y\le 4\}$가 포함되기 위해서는 $\dfrac{3}{2}+k>0$이고 $f(6)\le 2$,

$f(3)\ge 4$이어야 한다.

$\dfrac{3}{2}+k>0$에서 $k>-\dfrac{3}{2}$

$f(6)\le 2$에서 $\dfrac{6+k}{12-3}\le 2$, $6+k\le 18$ $\quad\therefore k\le 12$

$f(3)\ge 4$에서 $\dfrac{3+k}{6-3}\ge 4$, $3+k\ge 12$ $\quad\therefore k\ge 9$

따라서 주어진 조건을 만족시키기 위해서는 $9\le k\le 12$이므로 실수

k의 최댓값은 12, 최솟값은 9이고 구하는 합은

$12+9=21$

답 ①

두 상수 a, b에 대하여 정의역이 $\{x\,|\,2\le x\le a\}$인 함수

$y=\dfrac{3}{x-1}-2$의 치역이 $\{y\,|-1\le y\le b\}$일 때, $a+b$의 값은?

(단, $a>2$, $b>-1$)

① 5 $\qquad$ ② 6 $\qquad$ ③ 7 $\qquad$ ④ 8 $\qquad$ ⑤ 9

0766
답 10

$(f\circ f)(x)=x$이므로 $f(x)=f^{-1}(x)$이다.

즉, 함수 $f(x)=\dfrac{bx+5}{x+a}$의 역함수는

$f^{-1}(x)=\dfrac{ax-5}{-x+b}=\dfrac{-ax+5}{x-b}$

$(f \circ f)(x)=x$에서 $f(x)=f^{-1}(x)$이므로

$\dfrac{bx+5}{x+a}=\dfrac{-ax+5}{x-b}$ $\therefore b=-a$ ...... ㉠

또한 $f(5)=-2$이므로 $\dfrac{5b+5}{5+a}=-2$

$5b+5=-10-2a$ $\therefore 2a+5b=-15$ ...... ㉡

㉠, ㉡을 연립하여 풀면 $a=5$, $b=-5$

$\therefore a-b=5-(-5)=10$

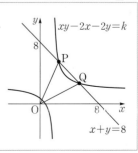

짝기출   답 ②

유리함수 $y=\dfrac{2x-1}{x-a}$의 그래프와 그 역함수의 그래프가 일치할 때, 상수 a의 값은?

① 1   ② 2   ③ 3   ④ 4   ⑤ 5

0767   답 $\dfrac{9}{4}$

$f \circ f^{-1}=f^{-1} \circ f=I$ (I는 항등함수)이므로

$(f^{-1} \circ f \circ f^{-1})\left(\dfrac{5x+4}{x+3}\right)=f^{-1}\left(\dfrac{5x+4}{x+3}\right)$

$f^{-1}\left(\dfrac{5x+4}{x+3}\right)=x+a$에서 $f(x+a)=\dfrac{5x+4}{x+3}$

$x+a=t$라 하면 $x=t-a$이므로

$f(t)=\dfrac{5(t-a)+4}{t-a+3}=\dfrac{5t-5a+4}{t-a+3}$

이때 $f(0)=4$이므로 $\dfrac{-5a+4}{-a+3}=4$

$-5a+4=-4a+12$ $\therefore a=-8$

따라서 $f(t)=\dfrac{5t+44}{t+11}$이므로 $f(-7)=\dfrac{9}{4}$

짝기출   답 14

함수 $f(x)=\dfrac{4x+9}{x-1}$의 그래프의 점근선이 두 직선 $x=a$, $y=b$일 때, $f^{-1}(a+b)$의 값을 구하시오.

0768   답 $0 \le k < 12$

$y=\dfrac{x-2}{x+1}=\dfrac{(x+1)-3}{x+1}=-\dfrac{3}{x+1}+1$

이고, 직선 $y=kx+1$은 k의 값에 관계없이 항상 점 $(0, 1)$을 지나므로 유리함수 $y=\dfrac{x-2}{x+1}$의 그래프와 직선

$y=kx+1$이 만나지 않으려면 오른쪽 그림과 같아야 한다.

(i) $k=0$일 때,

직선 $y=1$은 점근선이므로 유리함수 $y=\dfrac{x-2}{x+1}$의 그래프와 만나지 않는다.

(ii) $k \ne 0$일 때,

$\dfrac{x-2}{x+1}=kx+1$에서 $x-2=(x+1)(kx+1)$

$x-2=kx^2+(k+1)x+1$ $\therefore kx^2+kx+3=0$ ...... ㉠

$y=\dfrac{x-2}{x+1}$의 그래프와 직선 $y=kx+1$이 만나지 않으려면 이차방정식 ㉠의 판별식을 D라 할 때 $D<0$이어야 한다.

$D=k^2-4 \times k \times 3 < 0$, $k^2-12k<0$

$k(k-12)<0$ $\therefore 0<k<12$

(i), (ii)에서 실수 k의 값의 범위는 $0 \le k < 12$

짝기출   답 ③

함수 $y=\dfrac{3x+k-10}{x+1}$의 그래프가 제4사분면을 지나도록 하는 모든 자연수 k의 개수는?

① 5   ② 7   ③ 9   ④ 11   ⑤ 13

0769   답 ④

점 P를 지나고 x축에 수직인 직선이 직선 $y=-x$와 만나는 점이 Q이므로 점 P의 좌표를 $\left(a, \dfrac{4}{a}\right)$ $(a>0)$라 하면 점 Q의 좌표는 $(a, -a)$이다.

또한 점 Q를 지나고 y축에 수직인 직선이 함수 $y=f(x)$의 그래프와 만나는 점이 R이므로 점 R의 좌표는 $\left(-\dfrac{16}{a}, -a\right)$이다.

따라서

$\overline{PQ}=\dfrac{4}{a}-(-a)=a+\dfrac{4}{a}$이고

$\overline{QR}=a-\left(-\dfrac{16}{a}\right)=a+\dfrac{16}{a}$이므로

$\overline{PQ} \times \overline{QR}=\left(a+\dfrac{4}{a}\right)\left(a+\dfrac{16}{a}\right)$

$=a^2+\dfrac{64}{a^2}+20$

$\ge 2\sqrt{a^2 \times \dfrac{64}{a^2}}+20=36$

$\left($단, 등호는 $a^2=\dfrac{64}{a^2}$일 때 성립한다.$\right)$

따라서 구하는 $\overline{PQ} \times \overline{QR}$의 최솟값은 36이다.

짝기출   답 36

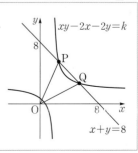

그림과 같이 도형 $xy-2x-2y=k$가 직선 $x+y=8$과 만나는 두 점을 P, Q라 하자. 두 점 P, Q의 x좌표의 곱이 14일 때 $\overline{OP} \times \overline{OQ}$의 값을 구하시오. (단, $k<0$)

0770

답 8

㈎, ㈏에서 함수 f는 일대일대응이므로 치역은

$\{y\,|\,0\le y\le 12\}$이고, $3<x\le 12$에서 $f(x)=\dfrac{24}{x}-2$의 치역은

$\{y\,|\,0\le y<6\}$이므로 함수 $y=f(x)$의
그래프는 그림과 같이 점 $(0,\,12)$, $(3,\,6)$
을 지나야 한다.

즉, $f(0)=12$이므로 $b=12$ $\cdots\cdots$ ㉠

$f(3)=6$에서 $3a+b=6$ $\cdots\cdots$ ㉡

㉠을 ㉡에 대입하면 $3a+12=6$

$3a=-6$ $\quad\therefore a=-2$

$\therefore f(x)=\begin{cases} -2x+12 & (0\le x\le 3) \\ \dfrac{24}{x}-2 & (3<x\le 12) \end{cases}$

이때 $(f\circ f)(k)=10$에서 $f(f(k))=10$

$f(k)=t$라 하면 $f(t)=10$이고 $6\le f(t)\le 12$이므로

$-2t+12=10,\ -2t=-2$ $\quad\therefore t=1$

$f(k)=1$이고 $0\le f(k)<6$이므로

$\dfrac{24}{k}-2=1,\ \dfrac{24}{k}=3$ $\quad\therefore k=8$

짝기출   답 ②

함수 $y=f(x)$의 그래프는 곡선 $y=-\dfrac{2}{x}$를 평행이동한 것이
고 직선 $y=x$에 대하여 대칭이다. 함수 $f(x)$의 정의역이
$\{x\,|\,x\ne -2$인 모든 실수$\}$일 때, $f(4)$의 값은?

① -3 ② $-\dfrac{7}{3}$ ③ $-\dfrac{5}{3}$ ④ -1 ⑤ $-\dfrac{1}{3}$

0771

답 ④

$y=\dfrac{1}{2x-8}+3=\dfrac{1}{2(x-4)}+3$이므로

함수 $y=\dfrac{1}{2x-8}+3$의 그래프는 함수 $y=\dfrac{1}{2x}$의 그래프를 x축의

방향으로 4만큼, y축의 방향으로 3만큼 평행이동한 것이므로 그림
과 같다.

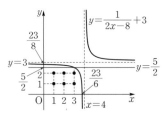

이때 $x=3$에서 $y=-\dfrac{1}{2}+3=\dfrac{5}{2}$이므로 구하는 점의 개수는 함수

$y=\dfrac{1}{2x-8}+3$의 그래프와 두 직선 $y=0$, $y=\dfrac{5}{2}$ 사이에 존재하는

x좌표와 y좌표가 모두 자연수인 점의 개수와 같다.

따라서 구하는 점은 $(1,\,1)$, $(1,\,2)$, $(2,\,1)$, $(2,\,2)$, $(3,\,1)$,
$(3,\,2)$의 6개이다.

0772

답 7

함수 $f(x)=\dfrac{-x-a}{x+3}$의 역함수는

$f^{-1}(x)=\dfrac{3x+a}{-x-1}=\dfrac{-3x-a}{x+1}$

㈎에서

$f(x-2)+b=\dfrac{-(x-2)-a}{(x-2)+3}+b=\dfrac{-x-a+2}{x+1}+b$

$\qquad\qquad\quad =\dfrac{-x-a+2+b(x+1)}{x+1}$

이므로 $\dfrac{-3x-a}{x+1}=\dfrac{(b-1)x+2-a+b}{x+1}$

즉, $b-1=-3$이므로 $b=-2$

㈏에서

$f(f(x))=f\left(\dfrac{-x-a}{x+3}\right)=\dfrac{\dfrac{-x-a}{x+3}-a}{\dfrac{-x-a}{x+3}+3}=\dfrac{(1-a)x-2a}{2x+9-a}$

이고 함수 $y=(f\circ f)(x)$의 그래프의 한 점근선이 $x=-2$이므로

$\dfrac{a-9}{2}=-2$ $\quad\therefore a=5$

$\therefore a-b=5-(-2)=7$

짝기출   답 ①

유리함수 $f(x)=\dfrac{x+b}{x-a}$의 그래프가 점 $(3,\,7)$을 지나고, 직선
$x=2$를 한 점근선으로 가질 때, $a+b$의 값은?
(단, a, b는 상수이다.)

① 6   ② 7   ③ 8   ④ 9   ⑤ 10

0773

답 ①

㈎에서 곡선 $y=f(x)$가 직선 $y=2$와 만나는 점의 개수와 직선
$y=-2$와 만나는 점의 개수의 합은 1이다.

곡선 $y=f(x)$가 x축과 평행한 직선과 만나는 점의 개수는 점근선
을 제외하면 모두 1이므로 두 직선 $y=2$, $y=-2$ 중 하나는 곡선
$y=f(x)$의 점근선이다.

이때 곡선 $y=f(x)$의 점근선이 직선 $y=b$이므로

$b=2$ 또는 $b=-2$ $\cdots\cdots$ ㉠

$f(x)=\dfrac{a}{x}+b$, 즉 $y=\dfrac{a}{x}+b$에서 $\dfrac{a}{x}=y-b,\ x=\dfrac{a}{y-b}$

x와 y를 서로 바꾸면 $y=\dfrac{a}{x-b}$ $\quad\therefore f^{-1}(x)=\dfrac{a}{x-b}$

㈏에서 $f^{-1}(2)=f(2)-1$이므로

$\dfrac{a}{2-b}=\dfrac{a}{2}+b-1$ $\cdots\cdots$ ㉡

㉡에서 $b\ne 2$이므로 ㉠에서 $b=-2$이다.

㉡에 $b=-2$를 대입하면 $\dfrac{a}{4}=\dfrac{a}{2}-3$ $\quad\therefore a=12$

따라서 $f(x)=\dfrac{12}{x}-2$이므로 $f(8)=\dfrac{12}{8}-2=-\dfrac{1}{2}$

10 무리식과 무리함수

유형 01 무리식의 값이 실수가 되기 위한 조건

0774

답 ①

무리식 $\dfrac{\sqrt{x+3}}{\sqrt{2-x}}$ 의 값이 실수가 되기 위해서는

근호 안의 식의 값이 0 이상이고, 분모가 0이 아니어야 한다.

따라서 $x+3 \geq 0$ 에서 $x \geq -3$ 이고

$2-x>0$ 에서 $x<2$ 이므로

$-3 \leq x < 2$ 이다.

🔊 Bible Says **무리식의 값이 실수가 되기 위한 조건**

두 다항식 $f(x)$, $g(x)$에 대하여

(1) $\sqrt{f(x)} \pm \sqrt{g(x)}$ 의 값이 실수일 때

➡ $f(x) \geq 0$, $g(x) \geq 0$

(2) $\dfrac{\sqrt{g(x)}}{\sqrt{f(x)}}$ 의 값이 실수일 때

➡ $f(x) > 0$, $g(x) \geq 0$

0775

답 ④

무리식 $\sqrt{3-x} + \dfrac{\sqrt{2x}}{\sqrt{x+2}}$ 의 값이 실수가 되기 위해서는

근호 안의 식의 값이 0 이상이고, 분모가 0이 아니어야 한다.

따라서 $3-x \geq 0$ 에서 $x \leq 3$ 이고

$x+2>0$ 에서 $x>-2$ 이므로

$-2 < x \leq 3$ 이다.

따라서 주어진 조건을 만족시키는 정수 x는

-1, 0, 1, 2, 3의 5개이다.

0776

답 ⑤

모든 실수 x에 대하여 $\sqrt{kx^2 - kx + 1}$ 의 값이 실수가 되기 위해서는

$kx^2 - kx + 1 \geq 0$ 이어야 한다.

(i) $k=0$ 일 때

$1 \geq 0$ 이므로 $k=0$ 이면 $\sqrt{kx^2 - kx + 1}$ 의 값은 실수이다.

(ii) $k \neq 0$ 일 때

모든 실수 x에 대하여 $kx^2 - kx + 1 \geq 0$ 이어야 하므로 $k>0$

x에 대한 이차방정식 $kx^2 - kx + 1 = 0$ 의 판별식을 D라 할 때,

$D = (-k)^2 - 4k \leq 0$ 이어야 한다.

$k^2 - 4k \leq 0$ 에서

$k(k-4) \leq 0$

$\therefore 0 < k \leq 4 \ (\because k>0)$

(i), (ii)에서 $0 \leq k \leq 4$

따라서 주어진 조건을 만족시키는 정수 k는

0, 1, 2, 3, 4의 5개이다.

유형 02 제곱근의 성질

0777

답 ⑤

$-2 < a < \dfrac{1}{3}$ 에서 $a+2>0$, $3a-1<0$ 이므로

$$\sqrt{a^2+4a+4} - \sqrt{9a^2-6a+1} = \sqrt{(a+2)^2} - \sqrt{(3a-1)^2}$$
$$= |a+2| - |3a-1|$$
$$= a+2+(3a-1) = 4a+1$$

0778

답 $-16a$

$x-2y = 4a^2 + 5 - 8a = 4(a^2-2a) + 5 = 4(a-1)^2 + 1 \geq 1$

$x+2y = 4a^2 + 5 + 8a = 4(a^2+2a) + 5 = 4(a+1)^2 + 1 \geq 1$

따라서 $x-2y>0$, $x+2y>0$ 이므로

$$\sqrt{(x-2y)^2} - \sqrt{(x+2y)^2} = |x-2y| - |x+2y|$$
$$= x-2y-(x+2y) = -4y = -16a$$

0779

답 $2x^2 - 13$

$\sqrt{x-2} + \sqrt{3-x}$ 의 값이 실수가 되기 위해서는

$x-2 \geq 0$, $3-x \geq 0$ 이어야 한다.

$x-2 \geq 0$ 에서 $x \geq 2$ 이고 $3-x \geq 0$ 에서 $x \leq 3$ 이므로

$2 \leq x \leq 3$ $\therefore 4 \leq x^2 \leq 9$

따라서 $x^2 - 3 > 0$, $x^2 - 10 < 0$ 이므로

$$\sqrt{(x^2-3)^2} - \sqrt{(x^2-10)^2} = |x^2-3| - |x^2-10|$$
$$= (x^2-3) + (x^2-10)$$
$$= 2x^2 - 13$$

유형 03 음수의 제곱근의 성질

0780

답 ③

$\sqrt{x-4}\sqrt{3-x} = -\sqrt{(x-4)(3-x)}$ 이므로

$x-4 \leq 0$, $3-x \leq 0$

$\therefore \sqrt{x^2-8x+16} - \sqrt{9-6x+x^2} = \sqrt{(x-4)^2} - \sqrt{(3-x)^2}$
$$= |x-4| - |3-x|$$
$$= -(x-4) + (3-x)$$
$$= -2x+7$$

0781

답 9

$\dfrac{\sqrt{a+2}}{\sqrt{a-5}} = -\sqrt{\dfrac{a+2}{a-5}}$ 이므로 $a+2 \geq 0$, $a-5 < 0$

$\therefore -2 \leq a < 5$

따라서 $a+3>0$, $a-6<0$ 이므로

$$\sqrt{a^2+6a+9} + \sqrt{a^2-12a+36} = \sqrt{(a+3)^2} + \sqrt{(a-6)^2}$$
$$= |a+3| + |a-6|$$
$$= a+3-(a-6) = 9$$

0782

$\sqrt{a-5}\sqrt{4-a}=-\sqrt{(a-5)(4-a)}$이므로

$a-5\leq0,\ 4-a\leq0$ $\therefore 4\leq a\leq5$

$\dfrac{\sqrt{b-1}}{\sqrt{b-3}}=-\sqrt{\dfrac{b-1}{b-3}}$이므로

$b-1\geq0,\ b-3<0$ $\therefore 1\leq b<3$

따라서 $a-b>0,\ a-3>0,\ b-4<0$이므로

$\sqrt{(a-b)^2}+|a-3|-\sqrt{(b-4)^2}$

$=|a-b|+|a-3|-|b-4|$

$=(a-b)+(a-3)+(b-4)=2a-7$

유형 04 분모의 유리화

0783

$\dfrac{1}{\sqrt{x+1}+\sqrt{x+2}}=\dfrac{\sqrt{x+1}-\sqrt{x+2}}{(\sqrt{x+1}+\sqrt{x+2})(\sqrt{x+1}-\sqrt{x+2})}$

$=\dfrac{\sqrt{x+1}-\sqrt{x+2}}{(x+1)-(x+2)}$

$=\dfrac{\sqrt{x+1}-\sqrt{x+2}}{-1}$

$=\sqrt{x+2}-\sqrt{x+1}$

마찬가지 방법으로 계산하면

$\dfrac{1}{\sqrt{x+2}+\sqrt{x+3}}=\sqrt{x+3}-\sqrt{x+2}$

$\dfrac{1}{\sqrt{x+3}+\sqrt{x+4}}=\sqrt{x+4}-\sqrt{x+3}$

$\therefore \dfrac{1}{\sqrt{x+1}+\sqrt{x+2}}+\dfrac{1}{\sqrt{x+2}+\sqrt{x+3}}+\dfrac{1}{\sqrt{x+3}+\sqrt{x+4}}$

$=(\sqrt{x+2}-\sqrt{x+1})+(\sqrt{x+3}-\sqrt{x+2})+(\sqrt{x+4}-\sqrt{x+3})$

$=\sqrt{x+4}-\sqrt{x+1}$

0784

$2+\dfrac{2}{\sqrt{3}+1}=2+\dfrac{2(\sqrt{3}-1)}{(\sqrt{3}+1)(\sqrt{3}-1)}$

$=2+\dfrac{2(\sqrt{3}-1)}{2}$

$=2+(\sqrt{3}-1)=\sqrt{3}+1$

$\therefore 2+\dfrac{2}{2+\dfrac{2}{2+\dfrac{2}{\sqrt{3}+1}}}=2+\dfrac{2}{2+\dfrac{2}{\sqrt{3}+1}}$

$=2+\dfrac{2}{\sqrt{3}+1}$

$=\sqrt{3}+1$

참고

번분수의 계산은 보통 반복되는 계산으로 이어져 있기 때문에 규칙성을 갖
는다. 따라서 주어진 식에서 일부분을 간단히 나타낸 뒤 규칙성을 찾아서
일반화하도록 한다.

0785

$f(x)=\dfrac{1}{\sqrt{x}+\sqrt{x+1}}$

$=\dfrac{\sqrt{x}-\sqrt{x+1}}{(\sqrt{x}+\sqrt{x+1})(\sqrt{x}-\sqrt{x+1})}$

$=\dfrac{\sqrt{x}-\sqrt{x+1}}{x-(x+1)}=\sqrt{x+1}-\sqrt{x}$

$\therefore f(1)+f(2)+f(3)+\cdots+f(35)$

$=(\sqrt{2}-\sqrt{1})+(\sqrt{3}-\sqrt{2})+(\sqrt{4}-\sqrt{3})+\cdots+(\sqrt{36}-\sqrt{35})$

$=\sqrt{36}-\sqrt{1}$

$=6-1=5$

유형 05 무리식의 값 구하기

0786

$\dfrac{x}{\sqrt{x}-\dfrac{x-1}{\sqrt{x}+1}}=\dfrac{x}{\sqrt{x}-\dfrac{(x-1)(\sqrt{x}-1)}{(\sqrt{x}+1)(\sqrt{x}-1)}}$

$=\dfrac{x}{\sqrt{x}-\dfrac{(x-1)(\sqrt{x}-1)}{x-1}}$

$=\dfrac{x}{\sqrt{x}-(\sqrt{x}-1)}$

$=x=\sqrt{2}$

0787

$\dfrac{\sqrt{x+4}}{\sqrt{x+4}-\sqrt{x}}=\dfrac{\sqrt{x+4}(\sqrt{x+4}+\sqrt{x})}{(\sqrt{x+4}-\sqrt{x})(\sqrt{x+4}+\sqrt{x})}$

$=\dfrac{x+4+\sqrt{x(x+4)}}{(x+4)-x}$

$=\dfrac{x+4+\sqrt{x^2+4x}}{4}$

$\dfrac{\sqrt{x+4}}{\sqrt{x+4}+\sqrt{x}}=\dfrac{\sqrt{x+4}(\sqrt{x+4}-\sqrt{x})}{(\sqrt{x+4}+\sqrt{x})(\sqrt{x+4}-\sqrt{x})}$

$=\dfrac{x+4-\sqrt{x(x+4)}}{(x+4)-x}$

$=\dfrac{x+4-\sqrt{x^2+4x}}{4}$

$\therefore \dfrac{\sqrt{x+4}}{\sqrt{x+4}-\sqrt{x}}+\dfrac{\sqrt{x+4}}{\sqrt{x+4}+\sqrt{x}}$

$=\dfrac{x+4+\sqrt{x^2+4x}}{4}+\dfrac{x+4-\sqrt{x^2+4x}}{4}$

$=\dfrac{2(x+4)}{4}=\dfrac{x+4}{2}$

$=\dfrac{(4\sqrt{2}-4)+4}{2}$ $(\because x=4\sqrt{2}-4)$

$=\dfrac{4\sqrt{2}}{2}=2\sqrt{2}$

0788

$$x=\frac{\sqrt{3}+1}{\sqrt{3}-1}=\frac{(\sqrt{3}+1)^2}{(\sqrt{3}-1)(\sqrt{3}+1)}=\frac{4+2\sqrt{3}}{2}=2+\sqrt{3}$$

$$\therefore \frac{\sqrt{x}+\sqrt{2}}{\sqrt{x}-\sqrt{2}}+\frac{\sqrt{x}-\sqrt{2}}{\sqrt{x}+\sqrt{2}}$$

$$=\frac{(\sqrt{x}+\sqrt{2})^2}{(\sqrt{x}-\sqrt{2})(\sqrt{x}+\sqrt{2})}+\frac{(\sqrt{x}-\sqrt{2})^2}{(\sqrt{x}+\sqrt{2})(\sqrt{x}-\sqrt{2})}$$

$$=\frac{x+2\sqrt{2x}+2}{x-2}+\frac{x-2\sqrt{2x}+2}{x-2}$$

$$=\frac{2(x+2)}{x-2}$$

$$=\frac{2\{(2+\sqrt{3})+2\}}{(2+\sqrt{3})-2} \ (\because x=2+\sqrt{3})$$

$$=\frac{8+2\sqrt{3}}{\sqrt{3}}=\frac{6+8\sqrt{3}}{3}$$

유형 **06** 무리식의 값 구하기 $-x=a+\sqrt{b}$ 꼴의 이용

0789

답 $7-2\sqrt{3}$

$x=2-\sqrt{3}$에서 $x-2=-\sqrt{3}$

위의 식의 양변을 제곱하면 $x^2-4x+4=3$

$\therefore x^2-4x+1=0$

$$\therefore x^3-4x^2+3x+3=x(x^2-4x+1)+2x+3$$
$$=2x+3$$
$$=2(2-\sqrt{3})+3=7-2\sqrt{3}$$

0790

답 ⑤

$1<\sqrt{3}<2$에서 $\sqrt{3}$의 정수부분은 1이므로 $x=\sqrt{3}-1$

$x+1=\sqrt{3}$의 양변을 제곱하면

$x^2+2x+1=3$

$\therefore x^2+2x-2=0$

$$\therefore 3x^4+10x^3+9x+1$$
$$=3x^2(x^2+2x-2)+4x^3+6x^2+9x+1$$
$$=4x(x^2+2x-2)-2x^2+17x+1$$
$$=-2(x^2+2x-2)+21x-3$$
$$=21x-3=21(\sqrt{3}-1)-3$$
$$=-24+21\sqrt{3}$$

0791

답 -5

$x=\dfrac{1-\sqrt{5}}{2}$에서 $2x=1-\sqrt{5}$ $\quad\therefore 2x-1=-\sqrt{5}$

위의 식의 양변을 제곱하면

$4x^2-4x+1=5,\ 4x^2-4x-4=0$

$\therefore x^2-x-1=0$

$$x^4-x^3+x^2-2x+3=x^2(x^2-x-1)+2x^2-2x+3$$
$$=2(x^2-x-1)+5=5$$

$$x^3+x^2-3x-3=x(x^2-x-1)+2x^2-2x-3$$
$$=2(x^2-x-1)-1=-1$$

$$\therefore \frac{x^4-x^3+x^2-2x+3}{x^3+x^2-3x-3}=\frac{5}{-1}=-5$$

유형 **07** 무리식의 값 구하기 $-x=\sqrt{a}+\sqrt{b},\ y=\sqrt{a}-\sqrt{b}$ 꼴의 이용

0792

답 ②

$a+b=(1+\sqrt{3})+(1-\sqrt{3})=2$

$ab=(1+\sqrt{3})(1-\sqrt{3})=-2$

$$\therefore \frac{1}{a}+\frac{1}{b}=\frac{b+a}{ab}=\frac{2}{-2}=-1$$

0793

답 ①

$$x=\frac{1}{2-\sqrt{3}}=\frac{2+\sqrt{3}}{(2-\sqrt{3})(2+\sqrt{3})}=2+\sqrt{3},$$

$$y=\frac{1}{2+\sqrt{3}}=\frac{2-\sqrt{3}}{(2+\sqrt{3})(2-\sqrt{3})}=2-\sqrt{3}$$

이므로

$x+y=(2+\sqrt{3})+(2-\sqrt{3})=4,$

$x-y=(2+\sqrt{3})-(2-\sqrt{3})=2\sqrt{3},$

$xy=(2+\sqrt{3})(2-\sqrt{3})=1$

$$\therefore \frac{\sqrt{x}-\sqrt{y}}{\sqrt{x}+\sqrt{y}}=\frac{(\sqrt{x}-\sqrt{y})^2}{(\sqrt{x}+\sqrt{y})(\sqrt{x}-\sqrt{y})}$$

$$=\frac{x+y-2\sqrt{xy}}{x-y}$$

$$=\frac{4-2}{2\sqrt{3}}=\frac{1}{\sqrt{3}}=\frac{\sqrt{3}}{3}$$

0794

답 ①

$a+b=(2-\sqrt{x})+(2+\sqrt{x})=4,$

$ab=(2-\sqrt{x})(2+\sqrt{x})=4-x$이므로

$$a^3+b^3=(a+b)^3-3ab(a+b)$$
$$=64-12(4-x)$$
$$=12x+16=28$$

$12x=12$

$\therefore x=1$

함수 $y=\sqrt{ax+1}+b$의 그래프를 x축의 방향으로 m만큼, y축의
방향으로 1만큼 평행이동한 그래프의 식은

$$y=\sqrt{a(x-m)+1}+b+1$$

이 함수의 그래프를 원점에 대하여 대칭이동한 그래프의 식은

$$y=-\sqrt{a(-x-m)+1}-b-1=-\sqrt{-ax-am+1}-b-1$$

이 함수의 그래프가 함수 $y=-\sqrt{-3x+7}+4$의 그래프와 일치하
므로

$a=3$, $-am+1=7$, $-b-1=4$에서

$a=3$, $b=-5$, $m=-2$

$\therefore a+b+m=3+(-5)+(-2)=-4$

🔊)) **Bible Says** 평행이동과 대칭이동

평행이동 또는 대칭이동하여 나타낸 그래프의 식은 다음과 같이 구한다.
(1) x축의 방향으로 p만큼 평행이동 ➡ x 대신 $x-p$를 대입
(2) y축의 방향으로 q만큼 평행이동 ➡ y 대신 $y-q$를 대입
(3) x축에 대하여 대칭이동 ➡ y 대신 $-y$를 대입
(4) y축에 대하여 대칭이동 ➡ x 대신 $-x$를 대입
(5) 원점에 대하여 대칭이동 ➡ x 대신 $-x$를 대입, y 대신 $-y$를 대입

유형 08 무리함수 $y=\pm\sqrt{ax}$의 그래프

0795 답 ③

무리함수 $y=-\sqrt{ax}$ $(a\neq 0)$의 그래프는 다음 그림과 같다.

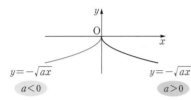

$$y=-\sqrt{ax} \quad (a<0) \qquad y=-\sqrt{ax} \quad (a>0)$$

ㄱ. 치역은 $\{y\,|\,y\leq 0\}$이다. (참)

ㄴ. $a>0$일 때, 함수 $y=-\sqrt{ax}$의 그래프는 제4사분면을 지난다.
(거짓)

ㄷ. $y=-\sqrt{ax}$에서 동일한 x의 값에 대하여 $|a|$의 값이 작아질수
록 함숫값은 커진다.
따라서 $|a|$의 값이 작아질수록 함수 $y=-\sqrt{ax}$의 그래프는
x축에 가까워진다. (참)

따라서 옳은 것은 ㄱ, ㄷ이다.

0796 답 ⑤

① $a<0$이면 함수 $y=\sqrt{ax}$의 정의역은 $\{x\,|\,x\leq 0\}$이다. (거짓)

② a의 값의 부호에 관계없이 함수 $y=-\sqrt{ax}$의 치역은 $\{y\,|\,y\leq 0\}$
이다. (거짓)

③ $a<0$이면 함수 $y=\sqrt{ax}$의 그래프는 제2사분면을 지난다.
(거짓)

④ $a<0$이면 함수 $y=-\sqrt{ax}$의 그래프는 제3사분면을 지난다.
(거짓)

⑤ $a>0$이면 두 함수 $y=\sqrt{ax}$, $y=-\sqrt{ax}$의 정의역은 모두
$\{x\,|\,x\geq 0\}$이므로 두 함수 $y=\sqrt{ax}$, $y=-\sqrt{ax}$의 그래프는 직선
$x=1$과 만난다. (참)

0799 답 ①

$$y=\frac{3x+1}{x-1}=\frac{3(x-1)+4}{x-1}=\frac{4}{x-1}+3\text{이므로}$$

함수 $y=\dfrac{3x+1}{x-1}$의 그래프는 함수 $y=\dfrac{4}{x}$의 그래프를 x축의 방향으
로 1만큼, y축의 방향으로 3만큼 평행이동한 것이다.

$\therefore a=4$, $p=1$, $q=3$

따라서 함수 $y=\sqrt{ax}$의 그래프를 x축의 방향으로 1만큼, y축의 방
향으로 3만큼 평행이동한 그래프의 식은

$$y=\sqrt{4(x-1)}+3=\sqrt{4x-4}+3$$

유형 09 무리함수의 그래프의 평행이동과 대칭이동

0797 답 ③

무리함수 $y=\sqrt{ax}$의 그래프를 x축의 방향으로 -2만큼, y축의 방
향으로 -4만큼 평행이동한 그래프의 식은

$$y=\sqrt{a(x+2)}-4$$

이 함수의 그래프가 점 $(1,-1)$을 지나므로

$-1=\sqrt{3a}-4$

$\sqrt{3a}=3$, $3a=9$

$\therefore a=3$

유형 10 무리함수의 정의역과 치역

0800 답 6

함수 $y=\sqrt{3x+k}+4$의 그래프가 점 $(5,7)$을 지나므로

$7=\sqrt{15+k}+4$, $\sqrt{15+k}=3$

$15+k=9$ $\therefore k=-6$

$\therefore y=\sqrt{3x-6}+4$

$3x-6\geq 0$에서 $x\geq 2$이므로 주어진 함수의 정의역은 $\{x\,|\,x\geq 2\}$

$\therefore a=2$

또한 주어진 함수의 치역은 $\{y\,|\,y\geq 4\}$이므로 $b=4$

$\therefore a+b=2+4=6$

0801

답 정의역: $\left\{x \mid x \leq -\dfrac{1}{2}\right\}$, 치역: $\left\{y \mid y \leq -\dfrac{3}{2}\right\}$

$y=\dfrac{-x}{2x+2}=\dfrac{-\dfrac{1}{2}(2x+2)+1}{2x+2}=\dfrac{1}{2x+2}-\dfrac{1}{2}$ 이므로

유리함수 $y=\dfrac{-x}{2x+2}$ 의 점근선의 방정식은 $x=-1$, $y=-\dfrac{1}{2}$ 이다.

$\therefore a=-1,\ b=-\dfrac{1}{2},\ c=-1+\left(-\dfrac{1}{2}\right)=-\dfrac{3}{2}$

따라서 $y=-\sqrt{ax+b}+c=-\sqrt{-x-\dfrac{1}{2}}-\dfrac{3}{2}$ 이다.

이때 $y=-\sqrt{-x-\dfrac{1}{2}}-\dfrac{3}{2}=-\sqrt{-\left(x+\dfrac{1}{2}\right)}-\dfrac{3}{2}$ 이므로

함수 $y=-\sqrt{-x-\dfrac{1}{2}}-\dfrac{3}{2}$ 의 정의역은 $\left\{x \mid x \leq -\dfrac{1}{2}\right\}$ 이고 치역은

$\left\{y \mid y \leq -\dfrac{3}{2}\right\}$ 이다.

0802

답 ①

무리함수 $y=\sqrt{-x+2}+1=\sqrt{-(x-2)}+1$ 의

정의역은 $\{x \mid x \leq 2\}$ 이고 치역은 $\{y \mid y \geq 1\}$ 이다.

$\therefore a=2,\ b=1$

또한 무리함수 $y=-\sqrt{x-3}-2$ 의 정의역은 $\{x \mid x \geq 3\}$ 이고 치역은

$\{y \mid y \leq -2\}$ 이다.

$\therefore c=3,\ d=-2$

따라서 네 직선 $x=2$, $y=1$, $x=3$, $y=-2$ 로 둘러싸인 부분의 넓이는

$(3-2) \times \{1-(-2)\}=3$

유형 **11** **무리함수의 그래프가 지나는 사분면**

0803

답 ②

무리함수 $y=-\sqrt{x+3}+2$ 의 그래프는 함수 $y=-\sqrt{x}$ 의 그래프를 x 축의 방향으로 -3 만큼, y축의 방향으로 2만큼 평행이동한 것이므로 그 그래프는 그림과 같다.

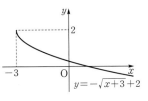

따라서 함수 $y=-\sqrt{x+3}+2$ 의 그래프는 제3사분면을 지나지 않는다.

0804

답 ③

① 함수 $y=\sqrt{x}-1$ 의 그래프는 함수 $y=\sqrt{x}$ 의 그래프를 y축의 방향으로 -1만큼 평행이동한 것이다.
따라서 함수 $y=\sqrt{x}-1$ 의 그래프는 제1 사분면을 지난다.

② 함수 $y=-\sqrt{x}+1$ 의 그래프는 함수 $y=-\sqrt{x}$ 의 그래프를 y축의 방향으로 1 만큼 평행이동한 것이다.
따라서 함수 $y=-\sqrt{x}+1$ 의 그래프는 제 1사분면을 지난다.

③ 함수 $y=-\sqrt{-x}+1$ 의 그래프는 함수 $y=-\sqrt{-x}$ 의 그래프를 y축의 방향으로 1만큼 평행이동한 것이다.
따라서 함수 $y=-\sqrt{-x}+1$ 의 그래프는 제1사분면을 지나지 않는다.

④ 함수 $y=\sqrt{x+1}-1$ 의 그래프는 함수 $y=\sqrt{x}$ 의 그래프를 x축의 방향으로 -1 만큼, y축의 방향으로 -1만큼 평행이 동한 것이다.
따라서 함수 $y=\sqrt{x+1}-1$ 의 그래프는 제1사분면을 지난다.

⑤ 함수 $y=\sqrt{-x+1}+1$ 의 그래프는 함수 $y=\sqrt{-x}$ 의 그래프를 x축의 방향으로 1만큼, y축의 방향으로 1 만큼 평행이동한 것이다.
따라서 함수 $y=\sqrt{-x+1}+1$ 의 그래프는 제1사분면을 지난다.

따라서 주어진 함수 중 그래프가 제1사분면을 지나지 않는 것은 ③ $y=-\sqrt{-x}+1$ 이다.

◁))) **Bible Says** **무리함수의 그래프가 지나는 사분면**

무리함수 $y=A\sqrt{Bx}$ 에서 A와 B의 값의 부호는 오른쪽과 같이 그 그래프의 방향을 나타낸다.
이를 평행이동하여 주어진 함수의 그래프를 나타내고, 경우에 따라서 $x=0$일 때 함숫값이 0보다 큰지, 작은지를 구하여 그래프가 지나는 사분면을 판단할 수 있다.

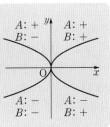

0805

답 ④

점 P는 제4사분면 위의 점이므로 $a>0$, $b<0$ 이고 a와 b가 모두 정수이기 위해서는 a는 12의 양의 약수이어야 한다.
$a=1$이면 $b=-12$이지만 $c=\sqrt{1^2+(-12)^2}=\sqrt{145}$ 이므로 정수가 아니고
$a=2$이면 $b=-6$이지만 $c=\sqrt{2^2+(-6)^2}=\sqrt{40}=2\sqrt{10}$ 이므로 정수가 아니다.
$a=3$이면 $b=-4$이고 $c=\sqrt{3^2+(-4)^2}=\sqrt{25}=5$ 이므로 정수이다.

또한 $a \geq 4$이면 $|a| > |b|$이므로
$a=3$, $b=-4$, $c=5$이다.
이때 함수
$y=\sqrt{c(x+a)}+b$
$\quad=\sqrt{5(x+3)}-4$
의 그래프는 함수 $y=\sqrt{5x}$의 그래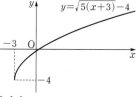
프를 x축의 방향으로 -3만큼, y
축의 방향으로 -4만큼 평행이동한 것이다.
즉, 함수 $y=\sqrt{c(x+a)}+b$의 그래프는 제1, 3, 4사분면을 지난다.

참고

> $y=\sqrt{5(x+3)}-4$에 $x=0$을 대입하면 $y=\sqrt{15}-4<0$이다.
> 따라서 함수 $y=\sqrt{5(x+3)}-4$의 그래프는 제1, 3, 4사분면을 지난다.

유형 12 **그래프를 이용하여 무리함수의 식 구하기**

0806   답 6

주어진 함수의 식은 $y=\sqrt{a(x+2)}-3\ (a>0)$으로 나타낼 수 있다.
이 함수의 그래프가 점 $(1,0)$을 지나므로
$0=\sqrt{3a}-3$에서 $\sqrt{3a}=3$, $3a=9$
$\therefore a=3$
따라서 주어진 그래프의 식은
$y=\sqrt{3(x+2)}-3=\sqrt{3x+6}-3$
이므로 $a=3$, $b=6$, $c=-3$이다.
$\therefore a+b+c=3+6+(-3)=6$

0807   답 ③

주어진 함수의 식은 $y=-\sqrt{a(x+2)}+1\ (a>0)$로 나타낼 수 있다.
이 함수의 그래프가 점 $(0,-1)$을 지나므로
$-1=-\sqrt{2a}+1$에서 $\sqrt{2a}=2$
$2a=4$ $\therefore a=2$
따라서 주어진 그래프의 식은
$y=-\sqrt{2(x+2)}+1=-\sqrt{2x+4}+1$
이므로 $a=2$, $b=4$, $c=1$이다.
이때 $y=\dfrac{4x+1}{x+2}=\dfrac{4(x+2)-7}{x+2}=-\dfrac{7}{x+2}+4$이므로
함수 $y=\dfrac{bx+c}{x+a}$의 그래프의 점근선의 방정식은 $x=-2$, $y=4$이다.

0808   답 ⑤

주어진 함수의 식은 $y=a\sqrt{b(x-p)}\ (a<0,\ b<0,\ p>0)$로 나타낼 수 있다.
즉, $y=a\sqrt{b(x-p)}=a\sqrt{bx+c}$에서 $c=-bp$이므로 $c>0$이다.
이때 유리함수 $y=\dfrac{b}{x+a}+c$의 그래프는 점근선의 방정식이

$x=-a$, $y=c$이고, $-a>0$, $b<0$, $c>0$이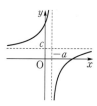
므로 그 그래프는 그림과 같다.
따라서 함수 $y=\dfrac{b}{x+a}+c$의 그래프로 알맞
은 것은 ⑤이다.

유형 13 **무리함수의 그래프의 성질**

0809   답 ②

함수 $y=\sqrt{x+1}-2$의 그래프는 함수 $y=\sqrt{x}$의 그래프를 x축의 방향으로 -1만큼, y축의 방향으로 -2만큼 평행이동한 것이다.

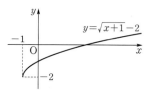

① 함수 $y=\sqrt{x+1}-2$의 정의역은 $\{x|x\geq-1\}$이다. (거짓)
② 함수 $y=\sqrt{x+1}-2$의 치역은 $\{y|y\geq-2\}$이다. (참)
③ $y=\sqrt{x+1}-2$에 $x=0$을 대입하면
$\quad y=\sqrt{1}-2=-1$
이므로 함수 $y=\sqrt{x+1}-2$의 그래프는 점 $(0,-1)$을 지난다.
(거짓)
④ 함수 $y=\sqrt{x+1}-2$의 그래프는 제1사분면을 지난다. (거짓)
⑤ 함수 $y=\sqrt{x+1}-2$의 그래프는 함수 $y=\sqrt{x}$의 그래프를 x축의 방향으로 -1만큼, y축의 방향으로 -2만큼 평행이동한 것이다. (거짓)

0810   답 ③

함수 $f(x)=\sqrt{4-2x}-1=\sqrt{-2(x-2)}-1$의 그래프는 함수 $y=\sqrt{-2x}$의 그래프를 x축의 방향으로 2만큼, y축의 방향으로 -1만큼 평행이동한 것이다.

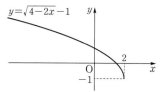

ㄱ. 정의역은 $\{x|x\leq2\}$, 치역은 $\{y|y\geq-1\}$이다. (참)
ㄴ. $y=\dfrac{1}{2}\sqrt{4-8x}-3=\sqrt{\dfrac{4-8x}{4}}-3$
$\qquad =\sqrt{-2x+1}-3=\sqrt{-2\left(x-\dfrac{1}{2}\right)}-3$
이므로 함수 $y=f(x)$의 그래프를 x축의 방향으로 $-\dfrac{3}{2}$만큼, y축의 방향으로 -2만큼 평행이동하면 함수 $y=\dfrac{1}{2}\sqrt{4-8x}-3$의 그래프와 일치한다. (참)
ㄷ. 함수 $y=f(x)$의 그래프는 제3사분면을 지나지 않는다. (거짓)
따라서 옳은 것은 ㄱ, ㄴ이다.

0811
답 ④

$-2<0$이므로 $-2\leq x\leq 2$에서 함수 $y=-\sqrt{5-2x}+a$는
$x=-2$일 때 최솟값 $-\sqrt{5+4}+a=a-3=3$을 가지므로 $a=6$이고
$x=2$일 때 최댓값 $-\sqrt{5-4}+a=a-1=5$를 가지므로 $M=5$이다.
$\therefore a+M=6+5=11$

0812
답 ③

$-4<0$이므로 $-6\leq x\leq -2$에서 무리함수 $y=\sqrt{1-4x}+5$는
$x=-6$일 때 최댓값 $\sqrt{1+24}+5=10$을 갖는다.

0813
답 ⑤

무리함수 $y=-\sqrt{ax+b}+c \ (a>0)$는 $x=\dfrac{5}{2}$일 때 최댓값 2를 가지므로 이 함수의 식을 $y=-\sqrt{a\left(x-\dfrac{5}{2}\right)}+2 \ (a>0)$로 나타낼 수 있다.

이때 이 함수의 그래프가 점 $(3,0)$을 지나므로

$0=-\sqrt{\dfrac{a}{2}}+2$에서 $\sqrt{\dfrac{a}{2}}=2$

$\dfrac{a}{2}=4$ $\therefore a=8$

따라서 $y=-\sqrt{8\left(x-\dfrac{5}{2}\right)}+2=-\sqrt{8x-20}+2$이므로

$a=8$, $b=-20$, $c=2$
$\therefore a-b+c=8-(-20)+2=30$

0814
답 ③

(i) $a>0$일 때
  $4>0$이므로 무리함수 $y=a\sqrt{4x+5}+b$는
  $x=-1$일 때 최솟값 $a+b=-2$를 갖고, ······ ㉠
  $x=5$일 때 최댓값 $\sqrt{25}a+b=5a+b=2$를 갖는다. ······ ㉡
  ㉠, ㉡을 연립하여 풀면
  $a=1$, $b=-3$
(ii) $a<0$일 때
  $4>0$이므로 무리함수 $y=a\sqrt{4x+5}+b$는
  $x=-1$일 때 최댓값 $a+b=2$를 갖고, ······ ㉢
  $x=5$일 때 최솟값 $\sqrt{25}a+b=5a+b=-2$를 갖는다. ······ ㉣
  ㉢, ㉣을 연립하여 풀면
  $a=-1$, $b=3$
(i), (ii)에서 주어진 조건을 만족시키는 모든 a의 값의 합은
$1+(-1)=0$

0815
답 ②

함수 $y=\sqrt{x+2}$의 그래프는 함수 $y=\sqrt{x}$의 그래프를 x축의 방향으로 -2만큼 평행이동한 것이다.

또한 직선 $y=\dfrac{1}{2}x+k$는 기울기가 $\dfrac{1}{2}$인 직선이다.

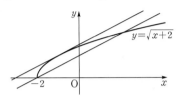

(i) 직선 $y=\dfrac{1}{2}x+k$가 점 $(-2,0)$을 지날 때
  $-1+k=0$에서 $k=1$
(ii) 함수 $y=\sqrt{x+2}$의 그래프와 직선 $y=\dfrac{1}{2}x+k$가 접할 때
  $\sqrt{x+2}=\dfrac{1}{2}x+k$의 양변을 제곱하면
  $x+2=\dfrac{1}{4}x^2+kx+k^2$
  $\therefore x^2+4(k-1)x+4k^2-8=0$
  이 이차방정식의 판별식을 D라 하면
  $\dfrac{D}{4}=4(k-1)^2-(4k^2-8)=0$에서
  $-8k+12=0$ $\therefore k=\dfrac{3}{2}$

(i), (ii)에서 함수 $y=\sqrt{x+2}$의 그래프와 직선 $y=\dfrac{1}{2}x+k$가 서로

다른 두 점에서 만나도록 하는 k의 값의 범위는 $1\leq k<\dfrac{3}{2}$이다.

따라서 주어진 조건을 만족시키는 정수 k는 1뿐이므로 1개이다.

0816
답 ①

함수 $y=\sqrt{x+1}+1$의 그래프는 함수 $y=\sqrt{x}$의 그래프를 x축의 방향으로 -1만큼, y축의 방향으로 1만큼 평행이동한 것이다.

또한 직선 $y=2x+k$는 기울기가 2인 직선이다.

한편, $n(A\cap B)=1$이기 위해서 함수 $y=\sqrt{x+1}+1$의 그래프와 직선 $y=2x+k$는 오직 한 점에서만 만나야 한다.

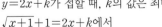

이때 함수 $y=\sqrt{x+1}+1$의 그래프와 직선 $y=2x+k$가 접할 때, k의 값은 최대이다.

$\sqrt{x+1}+1=2x+k$에서
$\sqrt{x+1}=2x+k-1$
양변을 제곱하면
$x+1=(2x+k-1)^2$
$x+1=4x^2+4(k-1)x+(k-1)^2$
$\therefore 4x^2+(4k-5)x+k(k-2)=0$
이 이차방정식의 판별식을 D라 하면
$D=(4k-5)^2-16k(k-2)=0$에서

$-8k+25=0$ $\therefore k=\dfrac{25}{8}$

즉, 주어진 조건을 만족시키는 실수 k의 최댓값은 $\dfrac{25}{8}$이다.

0817
답 ①

함수 $y=\sqrt{1-x}+9=\sqrt{-(x-1)}+9$의
그래프는 함수 $y=\sqrt{-x}$의 그래프를 x
축의 방향으로 1만큼, y축의 방향으로 9
만큼 평행이동한 것이다.

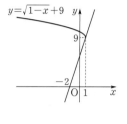

또한 직선 $y=mx+2m=m(x+2)$는
m의 값에 관계없이 항상 점 $(-2,\ 0)$을
지난다.

이때 m이 자연수이면 함수 $y=\sqrt{1-x}+9$의 그래프와 직선
$y=mx+2m$이 만나게 되는 m의 값은 직선 $y=mx+2m$이 점
$(1,\ 9)$를 지날 때 최소이다.

따라서 함수 $y=\sqrt{1-x}+9$의 그래프와 직선 $y=mx+2m$이 만나
지 않기 위해서는 $3m<9$, 즉 $m<3$이어야 하므로
주어진 조건을 만족시키는 자연수 m의 최댓값은 2이다.

0818
답 $6\le k<\dfrac{49}{8}$

함수 $y=\sqrt{3-x}=\sqrt{-(x-3)}$의 그래프는 함수 $y=\sqrt{-x}$의 그래프
를 x축의 방향으로 3만큼 평행이동한 것이고,
함수 $y=\sqrt{3+x}$의 그래프는 함수 $y=\sqrt{x}$의 그래프를 x축의 방향으
로 -3만큼 평행이동한 것이다.

또한 직선 $y=2x+k$는 기울기가 2인 직선이다.

따라서 $n(A\cap B)=3$이 되기 위
해서는 직선 $y=2x+k$는 함수
$y=\sqrt{3-x}$의 그래프와 한 점에서
만나고 함수 $y=\sqrt{3+x}$의 그래프
와 서로 다른 두 점에서 만나야
한다.

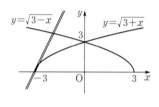

(i) 직선 $y=2x+k$가 함수 $y=\sqrt{3-x}$의 그래프와 한 점에서 만날
때
직선 $y=2x+k$가 점 $(3,\ 0)$을 지날 때 k의 값이 최소이다.
즉, $6+k\ge0$에서 $k\ge-6$
따라서 직선 $y=2x+k$가 함수 $y=\sqrt{3-x}$의 그래프와 한 점에
서 만나기 위해서는 $k\ge-6$이어야 한다.

(ii) 직선 $y=2x+k$가 점 $(-3,\ 0)$을 지날 때
$0=-6+k$에서 $k=6$

(iii) 직선 $y=2x+k$가 함수 $y=\sqrt{3+x}$의 그래프와 접할 때
$\sqrt{3+x}=2x+k$의 양변을 제곱하면
$3+x=(2x+k)^2$
$x+3=4x^2+4kx+k^2$
$\therefore 4x^2+(4k-1)x+k^2-3=0$

이 이차방정식의 판별식을 D라 하면
$D=(4k-1)^2-16(k^2-3)=0$에서
$-8k+49=0$ $\therefore k=\dfrac{49}{8}$

(ii), (iii)에서 직선 $y=2x+k$가 함수 $y=\sqrt{3+x}$의 그래프와 서로 다
른 두 점에서 만나기 위해서는 $6\le k<\dfrac{49}{8}$이어야 하므로
(i)~(iii)에서 $n(A\cap B)=3$이 되도록 하는 실수 k의 값의 범위는
$6\le k<\dfrac{49}{8}$

0819
답 ④

$f(x)=\sqrt{2x-k}=\sqrt{2\left(x-\dfrac{k}{2}\right)}$이므로

함수 $y=f(x)$의 그래프는 함수 $y=\sqrt{2x}$의 그래프를 x축의 방향으
로 $\dfrac{k}{2}$만큼 평행이동한 것이다.

또한 $g(x)=x+|x+2|$에서 절댓값 기호 안의 식의 값이 0이 되
는 x의 값이 -2이므로
$x<-2$일 때, $g(x)=x-(x+2)=-2$
$x\ge-2$일 때, $g(x)=x+(x+2)=2x+2$
따라서 함수 $y=g(x)$의 그래프는 다음 그림과 같다.

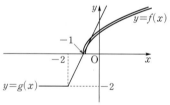

(i) 함수 $y=f(x)$의 그래프가 점 $(-1,\ 0)$을 지날 때
함수 $y=f(x)$의 그래프는 함수 $y=\sqrt{2x}$의 그래프를 x축의 방
향으로 $\dfrac{k}{2}$만큼 평행이동한 것이므로
$\dfrac{k}{2}=-1$에서 $k=-2$

(ii) 함수 $y=f(x)$의 그래프와 직선 $y=2x+2$가 접할 때
$\sqrt{2x-k}=2x+2$의 양변을 제곱하면
$2x-k=(2x+2)^2$
$2x-k=4x^2+8x+4$
$\therefore 4x^2+6x+4+k=0$
이 이차방정식의 판별식을 D라 하면
$\dfrac{D}{4}=9-4(4+k)=0$에서
$-4k-7=0$ $\therefore k=-\dfrac{7}{4}$

(i), (ii)에서 두 함수 $y=f(x)$, $y=g(x)$의 그래프가 서로 다른 두
점에서 만나도록 하는 실수 k의 값의 범위는 $-2\le k<-\dfrac{7}{4}$이다.

따라서 $a=-2$, $b=-\dfrac{7}{4}$이므로

$ab=-2\times\left(-\dfrac{7}{4}\right)=\dfrac{7}{2}$

유형 16 무리함수의 역함수

0820 답 ①

$f(2)=3$이므로
$f(2)=\sqrt{2a+b}=3$에서 $2a+b=9$ ...... ㉠
또한 $g(2)=3$에서 $f(3)=2$이므로
$f(3)=\sqrt{3a+b}=2$에서 $3a+b=4$ ...... ㉡
㉠, ㉡을 연립하여 풀면
$a=-5,\ b=19$
$\therefore a+b=-5+19=14$

[다른 풀이]

$f(2)=3$이므로
$f(2)=\sqrt{2a+b}=3$에서 $2a+b=9$ ...... ㉢
한편, 함수 $f(x)$는 역함수 $g(x)$가 존재하므로 $a\neq0$이고
$f(x)=\sqrt{ax+b}$에서 $g(x)=\dfrac{1}{a}x^2-\dfrac{b}{a}\ (x\geq0)$이다.
이때 $g(2)=3$이므로
$g(2)=\dfrac{4}{a}-\dfrac{b}{a}=3$
$4-b=3a$ $\therefore 3a+b=4$ ...... ㉣
㉢, ㉣을 연립하여 풀면
$a=-5,\ b=19$
$\therefore a+b=-5+19=14$

0821 답 ⑤

함수 $y=f(x)$의 그래프와 그 역함수 $y=f^{-1}(x)$의 그래프는 직선 $y=x$에 대하여 대칭이므로 함수 $y=f(x)$의 그래프와 그 역함수 $y=f^{-1}(x)$의 그래프의 교점은 함수 $y=f(x)$의 그래프와 직선 $y=x$의 교점과 일치한다.
$\sqrt{2x-4}+2=x$에서
$\sqrt{2x-4}=x-2$
양변을 제곱하면
$2x-4=(x-2)^2$
$2x-4=x^2-4x+4$
$x^2-6x+8=0$
$(x-2)(x-4)=0$
$\therefore x=2$ 또는 $x=4$
따라서 두 함수 $y=f(x),\ y=f^{-1}(x)$의 그래프가 만나는 두 점의 좌표는 각각 $(2,\ 2),\ (4,\ 4)$이므로 이 두 점 사이의 거리는
$\sqrt{(4-2)^2+(4-2)^2}=2\sqrt{2}$

0822 답 1

함수 $y=2\sqrt{x}$의 그래프를 x축의 방향으로 2만큼, y축의 방향으로 a만큼 평행이동한 그래프의 식은
$y=2\sqrt{x-2}+a$ $\therefore f(x)=2\sqrt{x-2}+a$

이때 함수 $y=f(x)$의 그래프와 그 역함수 $y=f^{-1}(x)$의 그래프가 접하므로 함수 $y=f(x)$의 그래프와 직선 $y=x$가 접한다.
$2\sqrt{x-2}+a=x$에서 $2\sqrt{x-2}=x-a$
양변을 제곱하면
$4(x-2)=x^2-2ax+a^2$
$\therefore x^2-2(a+2)x+a^2+8=0$
이 이차방정식의 판별식을 D라 하면
$\dfrac{D}{4}=\{-(a+2)\}^2-(a^2+8)=0$
$4a-4=0$ $\therefore a=1$

유형 17 무리함수의 합성함수와 역함수

0823 답 ③

$f^{-1}(g(x))=3x$에서 $g(x)=f(3x)$
따라서 $g(2)=f(6)=\sqrt{6+a}=0$이므로 $a=-6$이다.
$\therefore f(-7a)=\sqrt{-6a}=\sqrt{36}=6$

0824 답 ①

$f^{-1}(\sqrt{3})=k$라 하면 $f(k)=\sqrt{3}$에서
$f(k)=\sqrt{k-2}=\sqrt{3}$
$k-2=3$ $\therefore k=5$
즉, $f^{-1}(\sqrt{3})=5$이므로 $f(5)=\sqrt{3}$이다.
또한 $h(x)=(g\circ f)(x)=g(f(x))=g(\sqrt{x-2})$이고,
$h(x)=\dfrac{x-1}{x+1}$이므로
$g(\sqrt{3})=g(f(5))=h(5)=\dfrac{5-1}{5+1}=\dfrac{2}{3}$
$\therefore f^{-1}(\sqrt{3})\times g(\sqrt{3})=5\times\dfrac{2}{3}=\dfrac{10}{3}$

0825 답 ④

$(g\circ f^{-1})^{-1}(2)+(f\circ g^{-1})^{-1}(2)$
$=(f\circ g^{-1})(2)+(g\circ f^{-1})(2)$
$=f(g^{-1}(2))+g(f^{-1}(2))$ ...... ㉠
$f(x)=\dfrac{x+2}{x-1}\ (x>1)$에서
$f^{-1}(x)=\dfrac{-x-2}{-x+1}=\dfrac{x+2}{x-1}\ (x>1)$이고,
$g(x)=\sqrt{2x+1}\ (x>1)$에서
$g^{-1}(x)=\dfrac{1}{2}x^2-\dfrac{1}{2}\ (x>\sqrt{3})$이다.
따라서 $f^{-1}(2)=4,\ g^{-1}(2)=\dfrac{3}{2}$이므로 ㉠에 대입하면 구하는 값은
$f\left(\dfrac{3}{2}\right)+g(4)=7+3=10$

0826

답 ④

$$\frac{\sqrt{a}}{\sqrt{a}+\sqrt{b}}=\frac{\sqrt{a}(\sqrt{a}-\sqrt{b})}{(\sqrt{a}+\sqrt{b})(\sqrt{a}-\sqrt{b})}=\frac{a-\sqrt{ab}}{a-b}$$

$$\frac{\sqrt{b}}{\sqrt{a}-\sqrt{b}}=\frac{\sqrt{b}(\sqrt{a}+\sqrt{b})}{(\sqrt{a}-\sqrt{b})(\sqrt{a}+\sqrt{b})}=\frac{\sqrt{ab}+b}{a-b}$$

$$\therefore \frac{\sqrt{a}}{\sqrt{a}+\sqrt{b}}+\frac{\sqrt{b}}{\sqrt{a}-\sqrt{b}}=\frac{a-\sqrt{ab}}{a-b}+\frac{\sqrt{ab}+b}{a-b}=\frac{a+b}{a-b}$$

짝기출 답 ④

임의의 양수 a, b에 대하여 $\dfrac{1}{a+\sqrt{ab}}+\dfrac{1}{b+\sqrt{ab}}$을 간단히 하면?

① $\sqrt{a}-\sqrt{b}$ ② $\sqrt{a}+\sqrt{b}$ ③ $\sqrt{ab}$

④ $\dfrac{1}{\sqrt{ab}}$ ⑤ $\dfrac{1}{\sqrt{a}+\sqrt{b}}$

0827

답 ②

$$\frac{1}{\sqrt{x+1}+\sqrt{x}}=\frac{\sqrt{x+1}-\sqrt{x}}{(\sqrt{x+1}+\sqrt{x})(\sqrt{x+1}-\sqrt{x})}$$

$$=\frac{\sqrt{x+1}-\sqrt{x}}{(x+1)-x}$$

$$=\sqrt{x+1}-\sqrt{x}$$

$$\frac{1}{\sqrt{x+1}-\sqrt{x}}=\frac{\sqrt{x+1}+\sqrt{x}}{(\sqrt{x+1}-\sqrt{x})(\sqrt{x+1}+\sqrt{x})}$$

$$=\frac{\sqrt{x+1}+\sqrt{x}}{(x+1)-x}$$

$$=\sqrt{x+1}+\sqrt{x}$$

$$\therefore \frac{1}{\sqrt{x+1}+\sqrt{x}}+\frac{1}{\sqrt{x+1}-\sqrt{x}}$$

$$=(\sqrt{x+1}-\sqrt{x})+(\sqrt{x+1}+\sqrt{x})$$

$$=2\sqrt{x+1}$$

$$=2\sqrt{8+1}\ (\because x=8)$$

$$=6$$

0828

답 ①

함수 $y=\sqrt{x+2}$의 그래프를 x축에 대하여 대칭이동한 그래프의 식은

$$y=-\sqrt{x+2}$$

이 함수의 그래프를 x축의 방향으로 m만큼, y축의 방향으로 n만큼 평행이동한 그래프의 식은

$$y=-\sqrt{(x-m)+2}+n=-\sqrt{x-m+2}+n$$

따라서 $-\sqrt{x-m+2}+n=-\sqrt{x-2}+2$에서

$-m+2=-2$, $n=2$

$\therefore m=4$, $n=2$

$\therefore m+n=4+2=6$

짝기출 답 9

함수 $y=\sqrt{3x}$의 그래프를 x축의 방향으로 m만큼 평행이동시킨 그래프가 함수 $y=\sqrt{3x-27}$의 그래프와 일치하였다. 상수 m의 값을 구하시오.

0829

답 ①

함수 $y=\sqrt{2(x-a)}-a^2+4$의 그래프는 함수 $y=\sqrt{2x}$의 그래프를 x축의 방향으로 a만큼, y축의 방향으로 $-a^2+4$만큼 평행이동한 것이다.

이 그래프가 오직 하나의 사분면을 지나기 위해서는 제1사분면만을 지나야 하므로

$a\geq 0$, $-a^2+4\geq 0$

이어야 한다.

이때 $-a^2+4\geq 0$에서 $a^2\leq 4$

$\therefore -2\leq a\leq 2$

따라서 $0\leq a\leq 2$이므로 조건을 만족시키는 실수 a의 최댓값은 2이다.

0830

답 ④

$y=\sqrt{2x+4}+1=\sqrt{2(x+2)}+1$이므로 함수 $y=\sqrt{2x+4}+1$의 그래프는 함수 $y=\sqrt{2x}$의 그래프를 x축의 방향으로 -2만큼, y축의 방향으로 1만큼 평행이동한 것이다.

또한 직선 $y=-x+k$는 기울기가 -1인 직선이다.

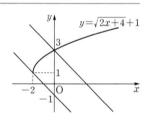

이때 직선 $y=-x+k$가 점 $(0, 3)$을 지나면

$3=-0+k$에서 $k=3$

직선 $y=-x+k$가 점 $(-2, 1)$을 지나면

$1=-(-2)+k$에서 $k=-1$

따라서 함수 $y=\sqrt{2x+4}+1$의 그래프와 직선 $y=-x+k$가 제2사분면에서 만나기 위해서는 $-1\leq k<3$이어야 한다.

따라서 주어진 조건을 만족시키는 모든 정수 k는 -1, 0, 1, 2이므로 그 합은

$$-1+0+1+2=2$$

짝기출 답 ③

함수 $y=5-2\sqrt{1-x}$의 그래프와 직선 $y=-x+k$가 제1사분면에서 만나도록 하는 모든 정수 k의 값의 합은?

① 11   ② 13   ③ 15   ④ 17   ⑤ 19

0831

답 24

점 A는 곡선 $y=\sqrt{x}$ 위의 점이므로 A$(4, 2)$

점 B는 곡선 $y=\sqrt{3x}$ 위의 점이므로 B$(4, 2\sqrt{3})$

이때 점 B를 지나고 x축과 평행한 직선의 방정식은 $y=2\sqrt{3}$이고,

점 C는 곡선 $y=\sqrt{x}$ 위의 점이므로 C$(12, 2\sqrt{3})$

점 D는 곡선 $y=\sqrt{3x}$ 위의 점이므로 D$(12, 6)$

따라서 직선 AD의 방정식은 $y=\dfrac{6-2}{12-4}(x-4)+2=\dfrac{1}{2}x$이고,

직선 BC의 방정식은 $y=2\sqrt{3}$이므로

점 P의 x좌표는 $\dfrac{1}{2}x=2\sqrt{3}$에서 $x=4\sqrt{3}$,

점 P의 y좌표는 $2\sqrt{3}$이다.

$\therefore \alpha=4\sqrt{3}$, $\beta=2\sqrt{3}$

$\therefore \alpha\beta=4\sqrt{3}\times2\sqrt{3}=24$

짝기출　　　　　　　　　　　　　　**답** 16

그림과 같이 양수 a에 대하여 직선 $x=a$와 두 곡선 $y=\sqrt{x}$, $y=\sqrt{3x}$가 만나는 점을 각각 A, B라 하자. 점 B를 지나고 x축과 평행한 직선이 곡선 $y=\sqrt{x}$와 만나는 점을 C라 하고, 점 C를 지나고 y축과 평행한 직선이 곡선 $y=\sqrt{3x}$와 만나는 점을 D라 하자. 두 점 A, D를 지나는 직선의 기울기가 $\dfrac{1}{4}$일 때, a의 값을 구하시오.

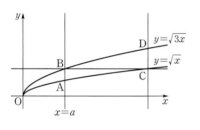

0832

답 ③

함수 $y=-x+k$의 역함수는 $y=-x+k$이므로 함수 $y=\sqrt{4-2x}+3$의 역함수의 그래프와 직선 $y=-x+k$가 서로 다른 두 점에서 만나기 위한 필요충분조건은 함수 $y=\sqrt{4-2x}+3$의 그래프와 직선 $y=-x+k$가 서로 다른 두 점에서 만나는 것이다.

따라서 오른쪽 그림과 같이 직선 $y=-x+k$가 점 $(2, 3)$을 지날 때, k의 값이 최소이므로

$3=-2+k$

$\therefore k=5$

따라서 k의 최솟값은 5이다.

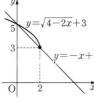

0833

답 ④

$f(x)=-\sqrt{kx+2k}+4$, $g(x)=\sqrt{-kx+2k}-4$라 하자.

ㄱ. $-f(-x)=-(-\sqrt{-kx+2k}+4)$
　　　　　$=\sqrt{-kx+2k}-4$
　　　　　$=g(x)$

따라서 두 곡선 $y=-\sqrt{kx+2k}+4$, $y=\sqrt{-kx+2k}-4$는 원점에 대하여 대칭이다. (참)

ㄴ. $k<0$이면 두 곡선은 다음 그림과 같다.

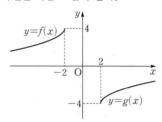

따라서 두 곡선은 서로 만나지 않는다. (거짓)

ㄷ. (i) $k<0$일 때
　　ㄴ에 의하여 두 곡선은 만나지 않는다.

　(ii) $k>0$일 때
　　ㄱ에서 두 곡선은 원점에 대하여 대칭이고 k의 값이 커질수록 곡선 $y=f(x)$는 직선 $y=4$와 멀어진다.

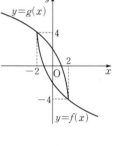

　　따라서 두 곡선이 서로 다른 두 점에서 만나도록 하는 k의 값은 오른쪽 그림과 같이 곡선 $y=f(x)$가 곡선 $y=g(x)$ 위의 점 $(2, -4)$를 지날 때 최대이다.

　　$-4=-\sqrt{2k+2k}+4$에서

　　$\sqrt{4k}=8$, $4k=64$

　　$\therefore k=16$

(i), (ii)에서 두 곡선 $y=-\sqrt{kx+2k}+4$, $y=\sqrt{-kx+2k}-4$가 서로 다른 두 점에서 만나기 위한 실수 k의 최댓값은 16이다.
　　　　　　　　　　　　　　　　　　　　　　　(참)

따라서 옳은 것은 ㄱ, ㄷ이다.

MEMO

MEMO

MEMO

수학의 바이블

모든 유형으로 실력을 밝혀라!

유형 ON
공통수학2

수학의 바이블 유형 ON 특장점

◆ 학습 부담은 줄이고 휴대성은 높인 1권, 2권 구조

◆ 고등 수학의 모든 유형을 담은 유형 문제집

◆ 내신 만점을 위한 내신 빈출, 서술형 대비 문항 수록

◆ 수능, 평가원, 교육청 기출, 기출 변형 문항 수록

◆ 중단원별 종합 문제로 유형별 학습의 단점 극복 및 내신 대비

◆ 1권과 2권의 A PART 유사 변형 문항으로 복습, 오답노트 가능